VDI-Buch

Weitere Bände in der Reihe http://www.springer.com/series/3482

Christian Brecher · Manfred Weck

Werkzeugmaschinen Fertigungssysteme 1

Maschinenarten und Anwendungsbereiche

9. Auflage

Springer Vieweg

Christian Brecher
Werkzeugmaschinenlabor (WZL) der RWTH
Aachen University
Aachen, Deutschland

Manfred Weck
Werkzeugmaschinenlabor (WZL) der RWTH
Aachen University
Aachen, Deutschland

ISSN 2512-5281 ISSN 2512-529X (electronic)
VDI-Buch
ISBN 978-3-662-46564-6 ISBN 978-3-662-46565-3 (eBook)
https://doi.org/10.1007/978-3-662-46565-3

Die Deutsche Nationalbibliothek verzeichnet diese Publikation in der Deutschen Nationalbibliografie; detaillierte bibliografische Daten sind im Internet über http://dnb.d-nb.de abrufbar.

Springer Vieweg
Ursprünglich erschienen unter Weck, M., Werkzeugmaschinen 1

Springer Vieweg ist ein Imprint der eingetragenen Gesellschaft Springer-Verlag GmbH, DE und ist ein Teil von Springer Nature
Die Anschrift der Gesellschaft ist: Heidelberger Platz 3, 14197 Berlin, Germany

Vorwort zum Kompendium Werkzeugmaschinen Fertigungssysteme

Werkzeugmaschinen zählen zu den bedeutendsten Produktionsmitteln der metallverarbeitenden Industrie. Ohne die Entwicklung dieser Maschinengattung wäre der heutige hohe Lebensstandard der Industrienationen nicht denkbar. Die Bundesrepublik Deutschland nimmt bei der Werkzeugmaschinenproduktion eine führende Stellung in der Welt ein. Innerhalb der Bundesrepublik Deutschland entfallen auf den Werkzeugmaschinenbau etwa 7,44 % des Produktionsvolumens des gesamten Maschinenbaus, und 6,96 % der Beschäftigten des Maschinenbaus sind im Werkzeugmaschinenbau tätig (VDW, Stand 2017).

So vielfältig wie das Einsatzgebiet von Werkzeugmaschinen sind auch ihre konstruktive Gestalt und ihr Automatisierungsgrad. Entsprechend den technologischen Verfahren reicht das weitgespannte Feld von den urformenden und umformenden über die trennenden Werkzeugmaschinen (wie spanende und abtragende Werkzeugmaschinen) bis hin zu den Fügemaschinen. In Abhängigkeit von den zu bearbeitenden Werkstücken und Losgrößen haben diese Maschinen einen unterschiedlichen Automatisierungsgrad mit einer mehr oder weniger hohen Flexibilität. So werden Einzweck- und Sonderwerkzeugmaschinen ebenso wie Universalmaschinen mit umfangreichen Einsatzmöglichkeiten auf dem Markt angeboten.

Aufgrund der gestiegenen Leistungs- und Genauigkeitsanforderungen hat der Konstrukteur dieser Maschinen eine optimale Auslegung der einzelnen Maschinenkomponenten sicherzustellen. Hierzu benötigt er umfassende Kenntnisse über die Zusammenhänge der physikalischen Eigenschaften der Bauteile und der Maschinenelemente. Eine umfangreiche Programmbibliothek versetzt den Konstrukteur heute in die Lage, die Auslegungen rechnerunterstützt vorzunehmen. Messtechnische Analysen und objektive Beurteilungsverfahren eröffnen die Möglichkeit, die leistungs- und genauigkeitsbestimmenden Kriterien, wie die geometrischen, kinematischen, statischen, dynamischen, thermischen und akustischen Eigenschaften der Maschine zu erfassen und nötige Verbesserungen gezielt einzuleiten.

Die stetige Tendenz zur Automatisierung der Werkzeugmaschinen hat zu einem breiten Fächer von Steuerungsalternativen geführt. In den letzten Jahren nahm die Entwicklung der Elektrotechnik/Elektronik sowie der Softwaretechnologie entscheidenden Einfluss auf die Maschinensteuerungen. Mikroprozessoren und Prozessrechner ermöglichen steuerungstechnische Lösungen, die vorher nicht denkbar waren. Die Mechanisierungs- und Automatisierungsbestrebungen beziehen auch den Materialtransport und die Maschinenbeschickung mit ein. Die Überlegungen auf diesem Gebiet führten in der Massenproduktion zu Transferstraßen und in der Klein- und Mittelserienfertigung zu flexiblen Fertigungszellen und -systemen. Im Hinblick auf Industrie 4.0 werden zunehmend auch die Informations- und Kommunikationstechnik immer wichtiger werdende Bereiche im Werkzeugmaschinenbau.

Die in dieser Buchreihe erschienenen drei Bände zum Thema „Werkzeugmaschinen Fertigungssysteme“ richten sich sowohl an die Studierenden der Fachrichtung „Produktionstechnik“ als auch an alle Fachleute aus der Praxis, die sich in die immer komplexer werdende Materie dieses Maschinenbauzweiges einarbeiten müssen. Außerdem verfolgen diese Bände das Ziel, dem Anwender bei der Auswahl der geeigneten Maschinen einschließlich der Steuerungen zu helfen. Dem Maschinenhersteller werden Wege für eine optimale Auslegung der Maschinenbauteile, der Antriebe und der Steuerungen sowie Möglichkeiten zur gezielten Verbesserung aufgrund messtechnischer Analysen und objektiver Beurteilungsverfahren aufgezeigt.

Der Inhalt des Gesamtwerkes lehnt sich eng an die Vorlesungen „Werkzeugmaschinen“ sowie „Mechatronik und Steuerungstechnik für Produktionsanlagen" an der Rheinisch-Westfälischen Technischen Hochschule Aachen an und ist wie folgt gegliedert:

Band 1: Werkzeugmaschinen – Maschinenarten und Anwendungsbereiche,

Band 2: Werkzeugmaschinen – Konstruktion, Berechnung und messtechnische Beurteilung,

Band 3: Werkzeugmaschinen – Mechatronische Systeme, Steuerungstechnik und Automatisierung.

Christian Brecher
Aachen, im August 2018

Vorwort zum Band 1

Der erste Band des Kompendiums soll dem Anwender von Werkzeugmaschinen einen umfassenden Überblick über die unterschiedlichen Anwendungsbereiche und die entsprechenden Maschinentypen geben. Angelehnt an die Einteilung der Fertigungsverfahren nach DIN 8580 werden zunächst die unterschiedlichen Werkzeugmaschinentypen für die einzelnen Verfahrensgruppen vorgestellt. Betrachtet werden hierbei sowohl ur- und umformende sowie spanende Werkzeugmaschinen als auch abtragende Maschinen und Anlagen zur Laserstrahlbearbeitung. Anschließend werden verschiedene Einzweckmaschinen beschrieben, die speziell für ein Produkt ausgelegt sind, bevor auf unterschiedliche Arten von Mehrmaschinensystemen eingegangen wird. Im Anschluss daran folgt eine ausführliche Erläuterung unterschiedlicher Ausrüstungskomponenten für Werkzeugmaschinen in einem gesonderten Kapitel. Zum Abschluss des Bandes werden im letzten Kapitel der überarbeiteten Ausgabe detailliert verschiedene Ausführungsbeispiele ausgewählter Werkzeugmaschinen beschrieben, um dem Leser eine weitere Vertiefung und Veranschaulichung konstruktiver Maschinenausführungen zu bieten.

Der Inhalt dieses Bandes gliedert sich im Einzelnen wie folgt:

In einer kurzen Einleitung (*Kapitel 1*) wird allgemein ein Überblick über die Bedeutung, die Historie und grundlegende Anforderungen an Werkzeugmaschinen gegeben. Zudem ist eine kurze Einführung in die Gliederung der Fertigungsverfahren und der Maschinenautomatisierung enthalten.

Anschließend werden in *Kapitel 2* verschiedene Maschinen und Anlagen für die urformende Bearbeitung vorgestellt. Neben klassischen Urformverfahren wie Gießen mit verlorenen und Dauerformen sowie Sintern werden auch Anlagen für das Gießen von Reaktionsharzbeton erläutert und eine Einführung in Maschinen für die generative Fertigung gegeben.

Im *Kapitel 3* erfolgt eine ausführliche Erläuterung unterschiedlicher Typen von umformenden und zerteilenden Maschinen. Hierbei werden im Bereich der umformenden Maschinen unter anderem verschiedene Arten von Pressen (z. B. Spindel-, Kurbel-, Kniehebel- oder Keilpressen etc.) sowie Maschinen für kontinuierliche Umformprozesse wie Walz-, Biege-, Zieh- und Richtmaschinen vorgestellt. Auch auf die speziellen Schutzeinrichtungen an Umformmaschinen wird eingegangen. Im Bereich der zerteilenden Maschinen werden vor allem Scheren und Schneidpressen erläutert.

Kapitel 4 befasst sich schließlich mit spanenden Maschinen für Werkzeuge mit geometrisch bestimmten Schneiden, einem der Kernanwendungsgebiete für Werkzeugmaschinen. Neben verschiedenen Formen von Säge- und Bohrmaschinen sowie Einführungen in Stoß-, Zieh- und Räummaschinen, wird im Hauptteil des Kapitels ausführlich auf Fräs- und Drehmaschinen als besonders verbreitete Vertreter von Werkzeugmaschinentypen eingegangen. Erläutert werden verschiedene konstruktive Bauformen und deren grundlegende Eigenschaften. Im Bereich der Fräsmaschinen wird beispielsweise zwischen Maschinen mit horizontaler und vertikaler Werkzeugspindel sowie Maschinen mit parallelkinematischen Strukturen unterschieden. Anhand von zahlreichen Abbildungen und Prinzipdarstellungen werden die einzelnen Beschreibungen veranschaulicht.

Neben den Maschinen für Werkzeuge mit geometrisch bestimmten Schneiden, bilden auch die spanenden Maschinen für Werkzeuge mit geometrisch unbestimmten Schneiden einen wichtigen Anwendungsbereich von Werkzeugmaschinen. Diese werden im *Kapitel 5* behandelt. Neben einer ausführlichen Beschreibung von unterschiedlichen Typen von Schleifmaschinen (z. B. Rund- und Planschleifmaschinen) sowie von spezifischen Vorrichtungen wie Abrichtsystemen und Messeinrichtungen, werden auch Hon- und Läppmaschinen sowie Maschinen zum mechanischen Entgraten und

Gleitschleifmaschinen behandelt. Im letzten Abschnitt des Kapitels werden zudem Wasserstrahl-Schneidanlagen erläutert.

In *Kapitel 6* wird ein Überblick über abtragende Maschinen gegeben. Hier werden Formen von Werkzeugmaschinen beschrieben, mit denen Bearbeitungen durchgeführt werden, die den abtragenden Fertigungsverfahren nach DIN 8580 zugeordnet sind. Im Einzelnen wird eine kurze Einführung in chemische Ätzanlagen sowie Maschinen für die elektrochemische und funkenerosive Bearbeitung gegeben. Auch Anlagen zum Abtragen durch Elektronenstrahlen und zum thermisch-chemischen Entgraten werden vorgestellt.

Den Maschinen zur Laserstrahlbearbeitung wird aufgrund ihrer zunehmenden Bedeutung in der Produktion in dieser überarbeiteten Ausgabe von Band 1 ein eigenes Kapitel gewidmet. In *Kapitel 7* werden daher zunächst gängige Laserstrahlquellen beschrieben, bevor auf Möglichkeiten zur Umsetzung von Strahlführung und -formung eingegangen wird. Anschließend werden unterschiedliche Arten von Anlagen für die Laserstrahlbearbeitung erläutert. Beschrieben werden sowohl Laserschneid- als auch Laserabtraganlagen sowie Anlagen zur generativen Fertigung mittels Laserbearbeitung und Maschinen zur laserunterstützten Bearbeitung.

Kapitel 8 widmet sich schließlich den Einzweckmaschinen. Diese Maschinentypen sind jeweils auf die Herstellung eines bestimmten Produkts spezialisiert. So werden verzahnende Maschinen beispielsweise nur für die Herstellung von Zahnrädern eingesetzt. Aufgrund der Vielzahl an unterschiedlichen Arten von Verzahnmaschinen werden diese besonders ausführlich behandelt. Im Einzelnen werden verschiedene Typen von wälzenden und profilierenden sowie Sonder- und Umformverzahnmaschinen erläutert. Aber auch Maschinen für die Herstellung von Kurbelwellen durch Fräsen, Drehen, Schleifen oder Walzen sowie Maschinen für die Produktion von Nockenwellen und Gewindespindeln werden in diesem Kapitel behandelt.

Die stetige Forderung nach gesteigerter Leistung und Automatisierung in der Produktion führt zu einer zunehmenden Bedeutung von Mehrmaschinensystemen. *Kapitel 9* befasst sich daher mit den unterschiedlichen Möglichkeiten solche Systeme zu realisieren. Zunächst werden die Grundlagen der Maschinenverkettung erläutert, um den Leser in die Thematik einzuführen. Als Schnittstelle zwischen den einzelnen Maschinen eines Mehrmaschinensystems werden unterschiedliche Handhabungssysteme wie Einlegegeräte oder Industrieroboter kombiniert mit entsprechenden Endeffektoren (z. B. Greifer etc.) verwendet, die ebenfalls in diesem Kapitel vorgestellt werden. Anschließend wird auf Sonderwerkzeugmaschinen wie Rundtakt- oder Längstaktmaschinen eingegangen, bevor unterschiedliche Arten von Transferstraßen sowie flexible Fertigungszellen und -systeme erläutert werden.

Neben den grundlegenden funktionsrelevanten Bauteilen von Werkzeugmaschinen existieren auch zahlreiche, teilweise optionale Ausrüstungskomponenten, die zusätzlich in die Maschinen integriert werden können. In *Kapitel 10* werden diese Komponenten ausführlich behandelt. Nach einer kurzen Übersicht über die verschiedenen Ausrüstungskomponenten werden zunächst Peripheriegeräte für Kühlsysteme, Handhabung von Spänen und zur Schmierung sowie Hydraulikaggregate erläutert. Anschließend wird ausführlich auf unterschiedliche Werkzeugsysteme für Bohr-, Fräs- und Drehmaschinen sowie auf die mechanischen Eigenschaften von Werkzeugschnittstellen eingegangen. Zum Abschluss des Kapitels werden die Aufgaben und die verschiedenen Arten von Werkstückspann- und -zuführsystemen erläutert.

In *Kapitel 11* werden abschließend drei Ausführungsbeispiele ausgewählter Werkzeugmaschinen detailliert erläutert, um dem Leser eine vertiefte und praxisnahe Veranschaulichung unterschiedlicher Maschinentypen zu ermöglichen. Dieses Kapitel wurde neu in die überarbeitete Auflage dieses Bandes integriert und beschreibt ausführlich anhand von Zusammenbau- und Schnittzeichnungen einer Fräs-, einer Schleif- und einer Dreh-Fräsmaschine von unterschiedlichen Firmen den konstruktiven Aufbau und die einzelnen Funktionsweisen.

Die Überarbeitung dieser neunten Auflage geschah unter Mitwirkung meiner wissenschaftlichen Mitarbeiter. Allen Beteiligten möchte ich für ihre große Einsatzbereitschaft sehr herzlich danken. Für die Koordination und Organisation der grundlegenden Überarbeitung zur neunten Auflage möchte ich Herrn Dipl.-Ing. Alexander Hassis und Frau Caroline Kiesewetter-Marko M. Sc. besonders danken.

Den Firmen, die das umfangreiche Bildmaterial für diesen Band zur Verfügung gestellt haben, möchte ich ebenso herzlich danken.

Christian Brecher
Aachen, im August 2018

Inhaltsverzeichnis

1

Kapitel 1

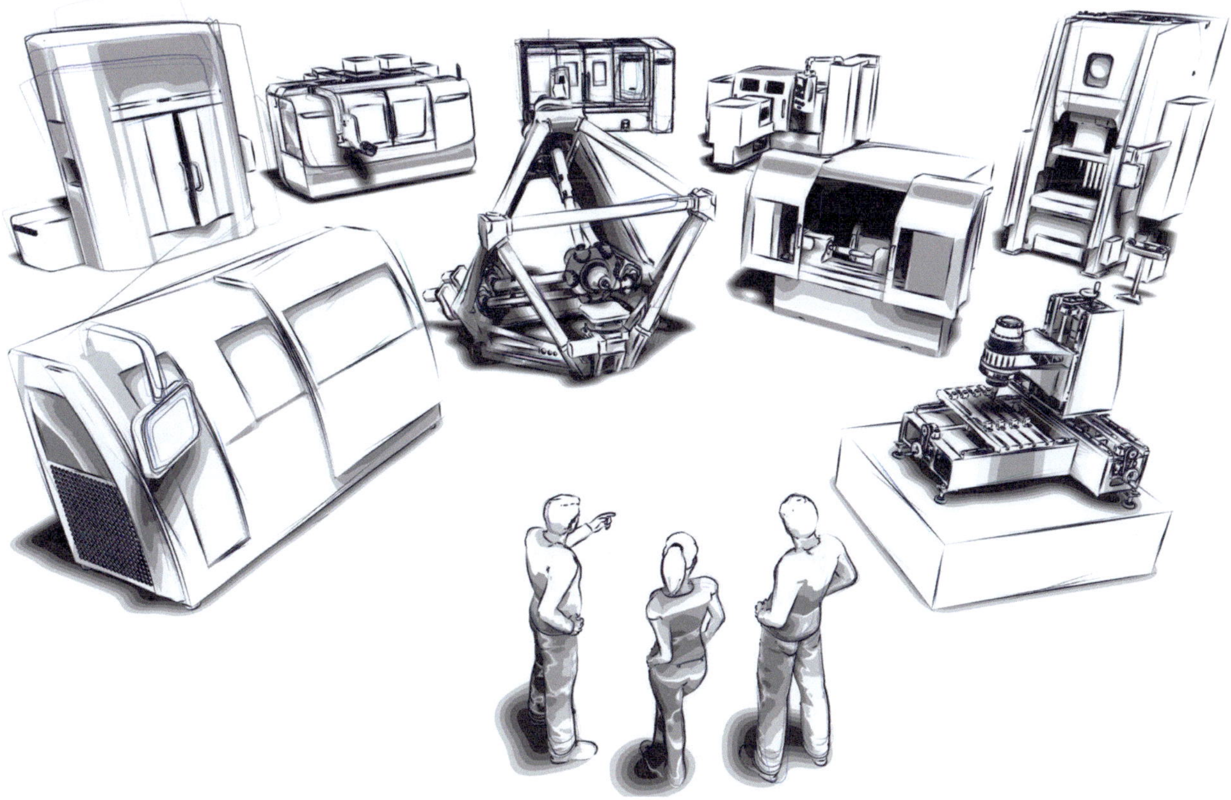

Einführung

Ich danke meinen Mitarbeitern Alexander Hassis M.Sc. und Dipl.-Ing. David Jasper für ihre Mitwirkung bei der Überarbeitung dieses Kapitels.

Einführung

Werkzeuge und Fertigungsmittel sind seit jeher von zentraler Bedeutung für die wirtschaftliche und soziale Entwicklung von Gesellschaften. Kern der im späten 18. Jahrhundert beginnenden industriellen Revolution, die zunächst in England und Europa, später auch in den USA, Japan und bis zum heutigen Tag in nahezu allen Teilen der Welt für grundlegende Änderung der gesellschaftlichen Verhältnisse und ein bis dahin ungekanntes wirtschaftliches Wachstum gesorgt hat, waren die Mechanisierung von Fertigungsprozessen sowie die Bereitstellung zunächst mechanischer und später elektrischer Energie. Zur Herstellung der dafür benötigten Fertigungs- und Energieerzeugungsanlagen sind wiederum Fertigungsmittel notwendig. Werkzeugmaschinen stellen im industriellen Umfeld die wichtigste Gruppe dieser Fertigungsmittel dar. Nicht zu Unrecht wird die Werkzeugmaschine daher auch als die „Mutter aller Maschinen" [CIUP16; KÖHN16] bezeichnet.

Bevor in den folgenden Kapiteln ein grundlegender Überblick über die verschiedenen Arten von Werkzeugmaschinen, ihren Aufbau und ihre Anwendung gegeben wird, werden daher hier zunächst kurz die wirtschaftliche Bedeutung der Werkzeugmaschinenbranche und die geschichtliche Entwicklung der Werkzeugmaschinen dargestellt. Anschließend folgt eine Einführung einiger wesentlicher Begriffe aus dem Bereich der maschinellen Metallbearbeitung.

1.1 Volkswirtschaftliche Bedeutung der Werkzeugmaschinen

Während der Anteil der industriellen Produktion am Bruttoinlandsprodukt in den meisten westlichen Ländern und Japan seit Jahren rückläufig ist, liegt er in Deutschland mit etwa 22 % auf dem Stand von 1994 und damit gleichzeitig deutlich über dem Wert der meisten anderen europäischen Staaten [BMWI16; STAT16b; STAT16a]. Der Maschinenbau wiederum ist in Deutschland nach der Automobilindustrie der zweitgrößte Industriezweig [VCI16]. Wie ◻ Bild 1.1 zeigt,

◻ **Bild 1.1** Beschäftigte und Produktionswert nach Fachzweigen des Maschinenbaus (Stand 2015). Nach [VDMA15]

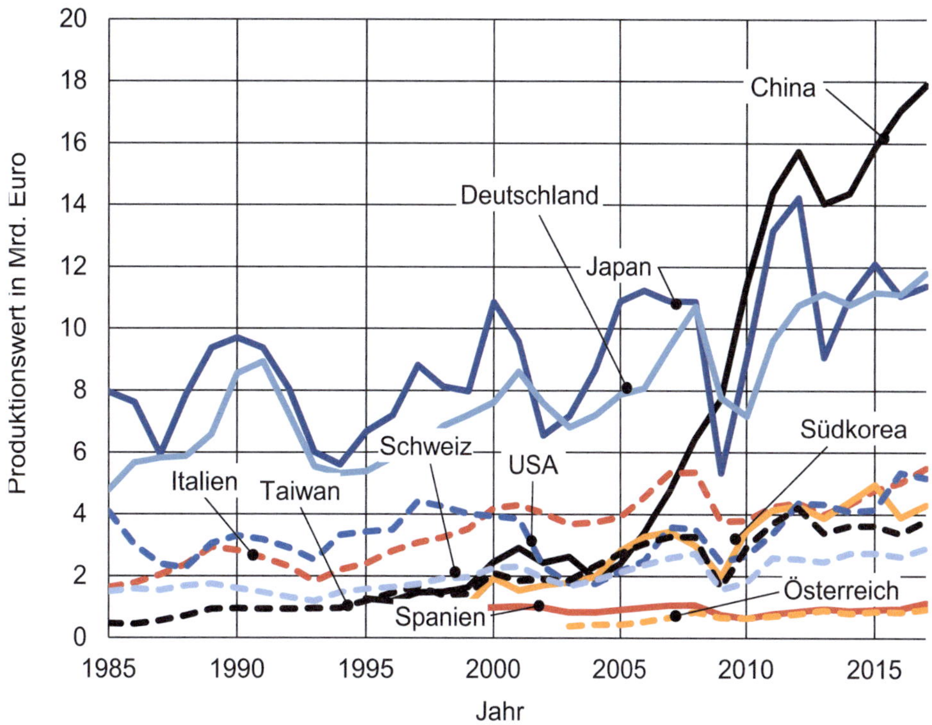

Bild 1.2 Historische Entwicklung der Werkzeugmaschinenproduktion der zehn führenden Herstellerländer. Nach [VDW17]

nimmt der Werkzeugmaschinenbau innerhalb dieses Sektors sowohl nach der Zahl der Beschäftigten als auch nach dem Produktionsvolumen eine führende Stellung ein, was die oben beschriebene Bedeutung der Werkzeugmaschinen für die industrielle Produktion unterstreicht. Die Fähigkeit, Produktionsmittel – und damit auch Werkzeugmaschinen – selbst herzustellen, ist für ein Land mit einem signifikanten Anteil industrieller Produktion daher von elementarer Bedeutung. Bild 1.2 unterstreicht dies mit einer Darstellung der Entwicklung des Produktionswerts der Werkzeugmaschinenindustrie der zehn wichtigsten Herstellerländer. Deutschland und Japan sind hier seit Jahrzehnten führend und entsprechend stärker von den konjunkturellen Schwankungen betroffen als andere Länder. Neben weiteren traditionell wichtigen Werkzeugmaschinenherkunftsländern wie Italien und den USA begann Mitte der 1990er-Jahre zunächst langsam und seit Mitte des letzten Jahrzehnts mit sehr steilem Verlauf der Aufstieg Chinas zum nach Produktionswert gerechnet heute führenden Werkzeugmaschinenherstellerland.

In China ist dieser Trend nur ein Aspekt des starken wirtschaftlichen Wachstums, das – wenn auch in anderen Ausmaßen – wie in den westlichen Ländern Jahrzehnte zuvor zunächst auf Industrialisierung und einem starken Ausbau der Infrastruktur basiert. Sichtbare Zeichen und gleichzeitig weitere Treiber dieser Entwicklung sind etwa die Aufnahme Chinas in die Welthandelsorganisation im Jahr 2001 und der von China in jüngster Zeit angestrebte Status einer Marktwirtschaft [DREG16] oder der Status Chinas als größte Volkswirtschaft der Welt (Stand 2014), der sich an den kommenden Jahrzehnten weiter festigen wird [PWC16].

Vor allem in China und den USA ist die nationale Werkzeugmaschinenproduktion jedoch nicht ausreichend, um den heimischen Bedarf zu decken. In den USA liegt dies unter anderem in einem Trend zur Reindustrialisierung [BAIN16] und dem damit steigenden Bedarf an Werkzeugmaschinen. Neben dem – mit der allgemein stark steigenden industriellen Produktion – ansteigenden Werkzeugmaschinenbedarf in China kommt dort hinzu, dass chinesische Hersteller noch nicht das ganze Portfolio heute benötigter Werkzeugmaschinen abdecken können. Dies erklärt die führende Rolle Chinas und der USA bei dem in Bild 1.3 dargestellten Ranking der Werkzeugmaschinenimporteure.

Weiterhin zeigt Bild 1.3, dass insbesondere Deutschland und Japan einen großen Teil ihrer produzierten Werkzeugmaschinen exportieren. Zusammen mit dem jeweiligen Produktionsvolumen und den vergleichsweise geringen Importen bedeutet dies, dass die Werkzeugmaschinenindustrie in diesen Ländern nicht nur der Ausrüstung der nationalen Industrie dient, sondern zum Exportvolumen beiträgt, was die wirtschaftliche Bedeutung der Branche noch verstärkt.

Einen tiefergehenden Einblick in die Werkzeugmaschinenindustrie in Deutschland liefert Bild 1.4. Dem Produktionsvolumen nach dominieren in Deutschland spanende Werkzeugmaschinen deutlich gegenüber umformenden Maschinen. Ursachen dafür sind unter anderem die viel stärkere Diversifizierung des Angebots der spanenden Werkzeugmaschinen im

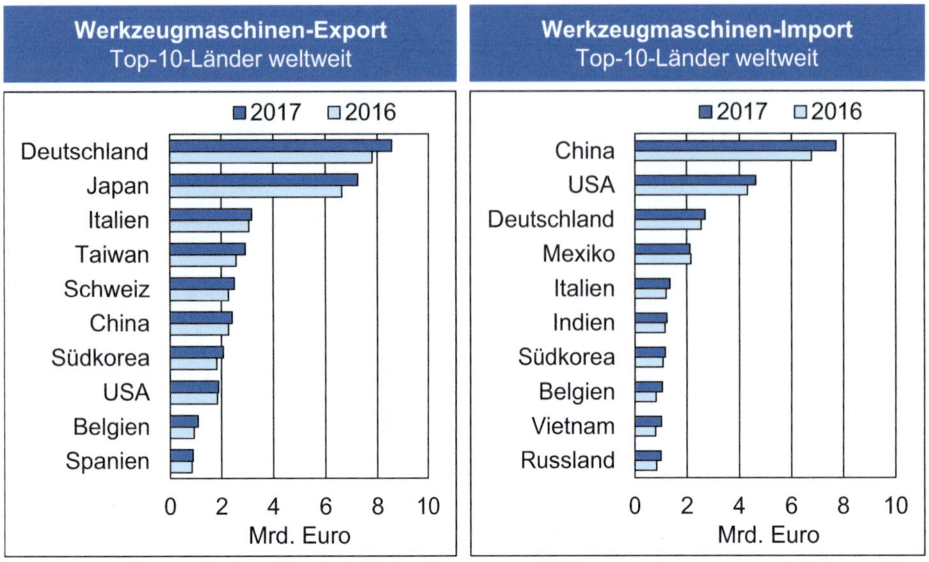

Bild 1.3 Kennzahlen des weltweiten Werkzeugmaschinenhandels. Nach [VDW17]

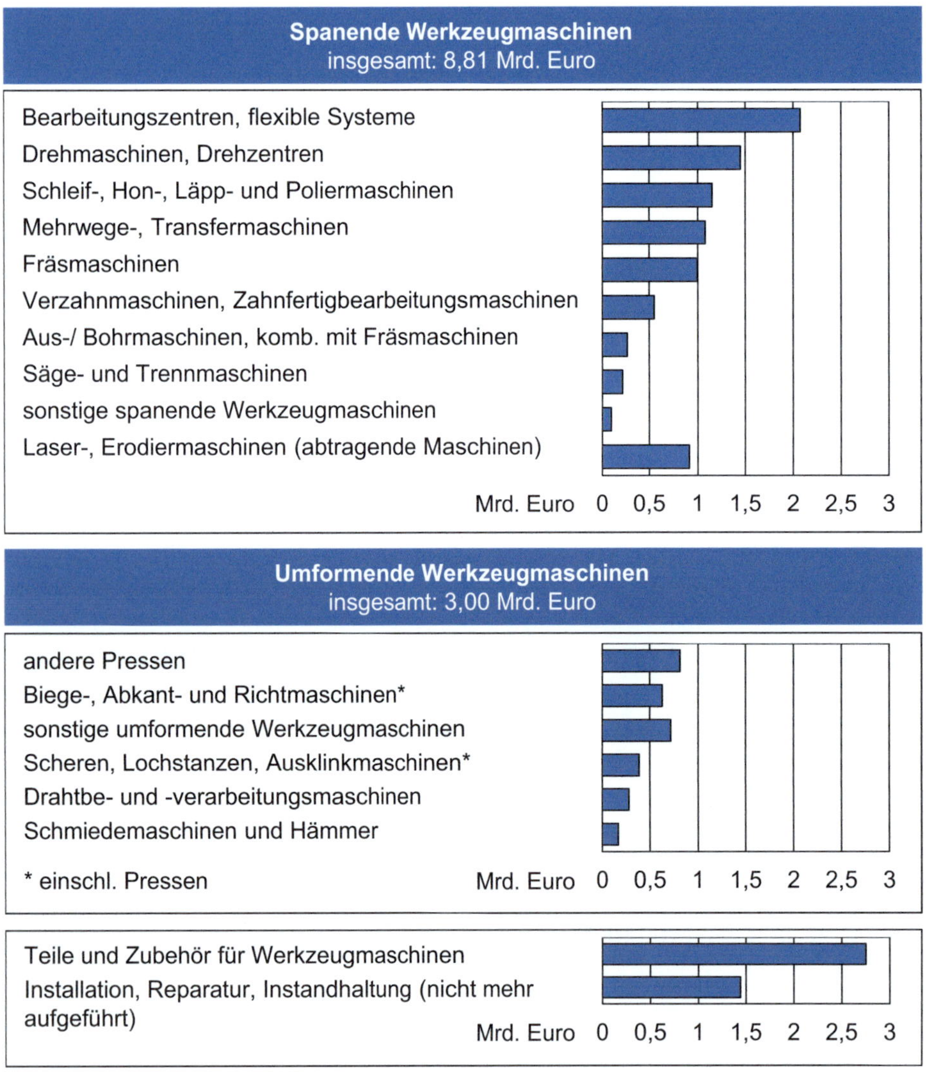

Bild 1.4 Werkzeugmaschinenproduktion 2016 in Deutschland nach Maschinenart. Nach [VDW17]

Vergleich zu den umformenden Maschinen sowie der größere Bedarf an spanenden Maschinen, der sich nicht zuletzt aus der größeren Verbreitung solcher Maschinen und der größeren Nachfrage nach den damit hergestellten Bauteilen ergibt. Weiterhin zeigen die Grafiken, dass – nicht zuletzt wegen der Langlebigkeit vieler Werkzeugmaschinen als Investitionsgut – das Geschäft mit Service und Ersatzteilen ein wesentliches Standbein der deutschen Werkzeugmaschinenindustrie ist.

Entsprechend der wirtschaftlichen Bedeutung der spanenden Werkzeugmaschinen in Deutschland und der großen Vielfalt in dieser Gruppe, liegt hier der Schwerpunkt bei den Beschreibungen der einzelnen Maschinentypen in den folgenden Kapiteln.

1.2 Historische Entwicklung der Werkzeugmaschinen

Durch zahlreiche Funde aus vorgeschichtlichen Zeitabschnitten, durch bildliche und schriftliche Überlieferungen sowie historische Sammlungsgegenstände lässt sich die Entwicklung der Bearbeitungsmaschinen rekonstruieren: Die ersten Werkzeuge waren Meißel und Schabewerkzeuge, deren Wirkung schon bald durch Hebel- und Keileffekte verstärkt wurde. Die ältesten gefundenen Bohrwerkzeuge stammen aus der Steinzeit. Bei diesen Bohrern war am Ende eines Holzstabes ein Feuerstein befestigt, der als Schneide diente. Der Stab war von der Seele eines Fiedelbogens umwickelt, mit dem das Werkzeug durch Hin- und Herbewegen in Drehung versetzt wurde [SPRI41].

Erste Erwähnungen einer Drehmaschine in ihrer primitivsten Form finden sich schon in den homerischen Gedichten aus dem achten Jahrhundert v. Chr. Auch sie wurde über einen Fiedelbogen angetrieben, was bis zum 15. Jahrhundert eines der wichtigsten Antriebsprinzipien darstellte. Daneben erlangte die fußgetriebene Wippe als Antrieb von Bearbeitungsgeräten größere Bedeutung [WITT60].

Insgesamt schritt die Entwicklung mechanischer Bearbeitungsmaschinen vor Beginn der industriellen Revolution nur langsam voran, was nicht zuletzt im Fehlen geeigneter Werkstoffe für die Bauteile der Maschinen begründet war. Die Entwürfe Leonardo da Vincis (1452 bis 1519) waren ihrer Zeit weit voraus. Da zu seiner Zeit Gusseisen ein noch relativ selten eingesetzter Werkstoff war, wurden die meisten Maschinen in Holzbauweise ausgeführt, was unter anderem eine geringe Genauigkeit der Maschinen – bedingt durch die geringe Steifigkeit und den natürlichen Verzug – zur Folge hatte [SPRI41].

Den eigentlichen Durchbruch für die Entwicklung leistungsfähiger Werkzeugmaschinen, mit denen metallische Werkstücke bearbeitet werden konnten, brachte die Weiterentwicklung der 1712 von Thomas Newcomen erfundenen Dampfmaschine. James Watt optimierte in der zweiten Hälfte des 18. Jahrhunderts den Wirkungsgrad der Dampfmaschinen und trug damit zur industriellen Revolution bei. Damit wurde die Möglichkeit geschaffen, die bisher ausschließlich mit Muskelkraft angetriebenen Maschinen motorisch anzutreiben und so deren Leistung um ein Vielfaches zu steigern.

1774 stellte der Engländer John Wilkinson auf der Grundlage einer Erfindung von John Smeaton aus dem Jahre 1765 eine Zylinderbohrmaschine vor, die als erste Metallbearbeitungsmaschine oder Werkzeugmaschine bezeichnet werden kann. Mit ihr konnte die Arbeitsgenauigkeit wesentlich gesteigert werden, sodass die ersten sinnvoll einsetzbaren Dampfmaschinenzylinder für James Watt auf dieser Maschine gebohrt wurden [WITT60]. Im Jahre 1776 schrieb Matthew Boulton an seinen Partner Watt: „Mr. Wilkinson hat uns verschiedene Zylinder fast ohne Fehler gebohrt, derjenige von 50 Zoll Durchmesser, den wir in Tipton aufgestellt haben, weicht an keiner Stelle um die Dicke eines alten Schillingsstückes ab“ [ROE26].

1794 entwickelte Henry Maudslay die erste Bettdrehmaschine. Er nutzte die Führungsbahn des Reitstockes ebenfalls zur Führung des Werkzeugträgerschlittens, dessen Lagerung bisher fest mit dem Reitstock verbunden war, wodurch die Steifigkeit der Werkzeugführung wesentlich erhöht werden konnte. Mit der Mechanisierung des Vorschubes durch eine Leitspindel konnten die Arbeitsgenauigkeit und die Produktivität gesteigert werden [WITT60].

Ein weiterer wesentlicher Schritt zur maschinellen Bereitstellung mechanischer Antriebsenergie waren die Erfindungen des atmosphärischen Gasmotors 1864 durch Nicolaus August Otto und des 4-Takt-Motors im Jahre 1876. Durch diese wurde die Dampfmaschine in den folgenden Jahrzehnten wegen ihres schlechten Wirkungsgrads in vielen – vor allem mobilen – Anwendungen verdrängt. Die Maschinenhallen der Produktionsstätten waren jedoch weiterhin durch die Transmissionsantriebe geprägt, die die Energie von einer zentralen Arbeitsmaschine auf die einzelnen Werkzeugmaschinen übertragen. Erst der im Jahre 1889 erfundene Drehstrommotor löste langsam die Transmissionsantriebe durch Einzelantriebe ab [WZL86].

Die Entwicklung der wichtigsten Arten von Standardwerkzeugmaschinen, wie Dreh-, Hobel-, Stoß-, Bohr- und Fräsmaschinen, war bis zum Ende des 19. Jahrhunderts im Wesentlichen abgeschlossen [WZL86].

Neben den Entwicklungen bei den Werkzeugmaschinen selbst ist die Verfügbarkeit geeigneter Bearbeitungswerkzeuge von zentraler Bedeutung für die Werkstückbearbeitung. Ein wichtiger Schritt war hierbei die Entwickelung des Schnellarbeitsstahls durch den Amerikaner Frederic Winslow Taylor, der im Jahre 1900 auf der Pariser Weltausstellung vorgestellt wurde. Durch Zulegieren von 3,8 % Chrom, 8 % Wolfram sowie Anteilen von Vanadium und Molybdän behielt der Werkzeugstahl seine Schneidfähigkeit bis zu Arbeitstemperaturen von 600 °C. Die Schnittgeschwindigkeit konnte im Vergleich zum reinen Kohlenstoff-Werkzeugstahl um das Drei- bis Fünffache gesteigert werden [WZL86].

Bild 1.5 zeigt die geschichtliche Entwicklung der maximal erreichbaren Schnittgeschwindigkeit für die Bearbeitung von Baustahl in Abhängigkeit des eingesetzten Schneidstoffs.

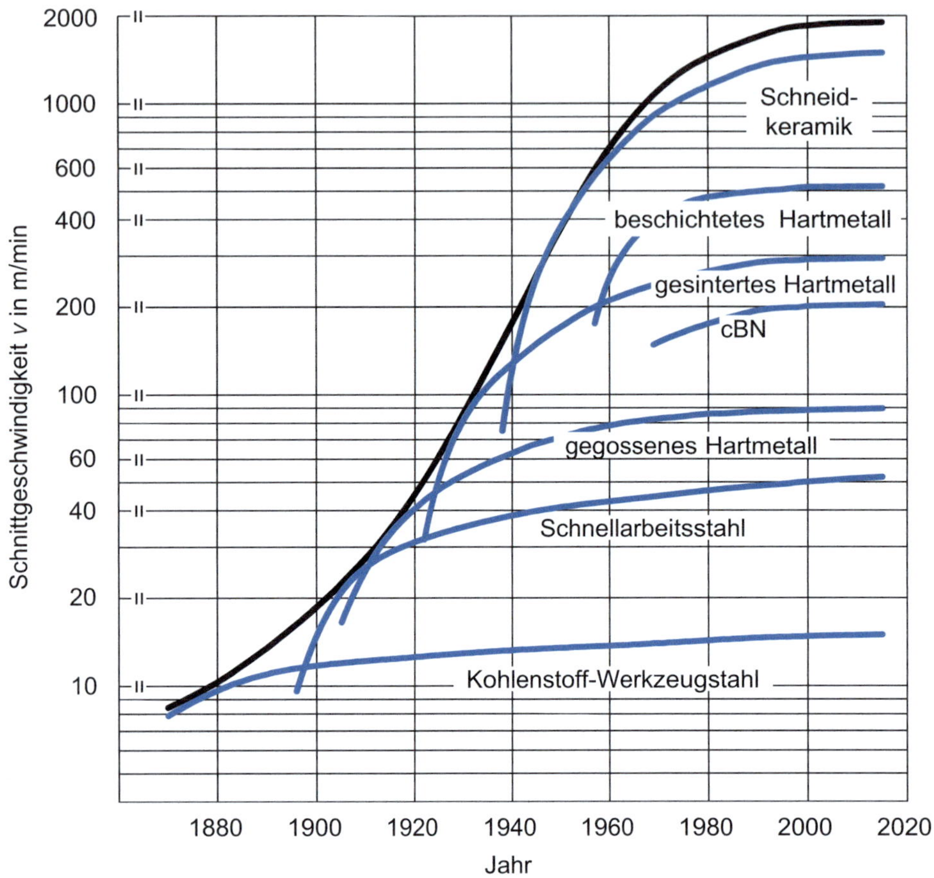

Bild 1.5 Trendentwicklung der Schnittgeschwindigkeiten beim Drehen von Baustahl

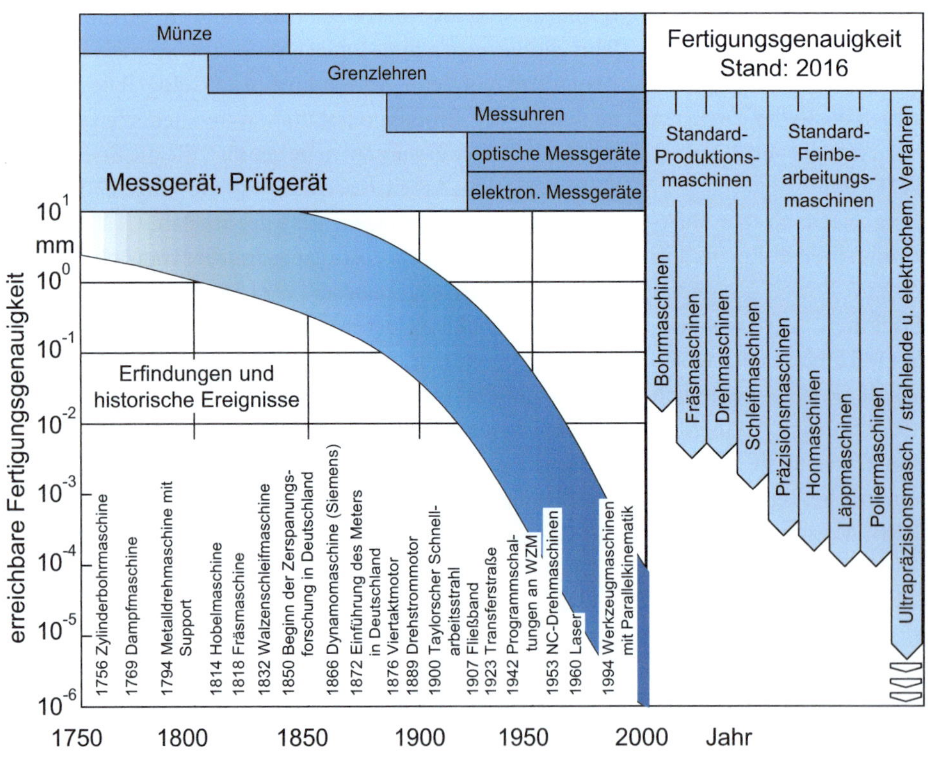

Bild 1.6 Entwicklungsgeschichtlicher Überblick über die erreichbaren Fertigungsgenauigkeiten von Werkzeugmaschinen

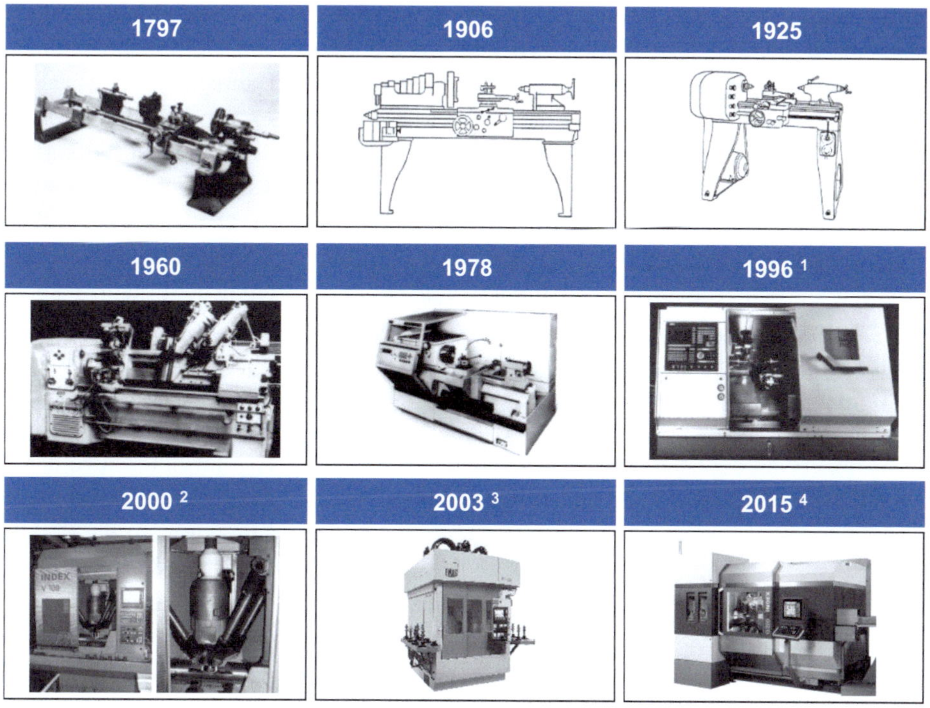

Bild 1.7 Geschichtliche Entwicklung der Drehmaschine.
Quellen: [1]Traub, [2,4]INDEX, [3]EMAG

Mit der Verbesserung der Schneidstoffe stiegen auch die Anforderungen an die Werkzeugmaschinen. Höhere Antriebskräfte, höhere Arbeitsspindeldrehzahlen, steifere sowie höher belastbare Führungen, Arbeitsspindeln und Gestellbauteile sowie verbesserte Getriebe wurden benötigt. Die Maschinen- und Werkzeugentwicklung waren und sind somit sich gegenseitig begünstigende und antreibende Aspekte des Fortschritts der maschinellen Metallbearbeitung. So ermöglichen etwa Schneidkeramiken Schnitt- und Vorschubgeschwindigkeiten, bei deren Realisierung die Grenze der Leistungsfähigkeit der zurzeit verfügbaren Spindellagerungen und Vorschubsysteme erreicht wird. Zusätzlich werden Beschichtungstechnologien genutzt, um die Leistungsfähigkeit von Hartmetallen zu erhöhen.

Mit der fortschreitenden Maschinen- und Werkzeugentwicklung sind auch die Anforderungen an die erzielbaren Fertigungsgenauigkeiten gestiegen, wie Bild 1.6 verdeutlicht. Zur Darstellung der großen Spanne der Fertigungsgenauigkeiten wurde eine logarithmische Skalierung gewählt. Auf der Zeitachse sind einige markante technische Ereignisse und Erfindungen aufgeführt. Parallel zu der Verbesserung der erreichbaren Maschinengenauigkeit mussten auch entsprechende Messmittel entwickelt werden, die zum Nachweis der Fertigungsqualitäten erforderlich sind. Diese Entwicklung ist am oberen Rand des Diagramms dargestellt. Der rechte Teil des Bildes zeigt die mit den heute üblichen Fertigungsverfahren realisierbaren Bauteilgenauigkeiten. Die physikalische Grenze der erreichbaren Genauigkeit ist bei Ultrapräzisionsmaschinen durch den Kristallaufbau bzw. den Atomgitterabstand des zu bearbeitenden Werkstoffes vorgegeben.

Bild 1.7 erläutert am Beispiel der Drehmaschine die Werkzeugmaschinenentwicklung der letzten zwei Jahrhunderte. Die erste Schraubendrehbank von Maudslay (1797) bestand aus einer genau bearbeiteten, 3 Fuß (etwa 0,9 m) langen Doppelprismenführung, einem Spindelstock mit mitlaufender Spitze und einer Leitspindel, die vom Hauptantrieb über Zahnräder angetrieben wurde. Der Vorschub pro Umdrehung konnte durch Austausch der Leitspindel variiert werden. Auffallend ist die Lage der Arbeitsspindel auf der rechten Seite; sie ist aus Gründen besserer Bedienbarkeit heutzutage links angeordnet.

Die Drehmaschine aus dem Jahr 1906 zeigt den noch heute typischen Grundaufbau von Drehmaschinen. Ihr Konzept wurde von Drechselbänken, wie sie in holzverarbeitenden Handwerksbetrieben eingesetzt wurden, abgeleitet. Durch Umlegen des Transmissionsriemens auf die unmittelbar auf der Drehspindel montierten Riemenscheiben unterschiedlicher Durchmesser konnten verschiedene Spindeldrehzahlen eingestellt werden. Die Abhängigkeit von der Transmissionsanlage und der zentral angeordneten Arbeitsmaschine band die Werkzeugmaschine an einen bestimmten Aufstellungsort.

Die Drehmaschine von 1925 wies diesen Nachteil nicht mehr auf. Sie wurde von einem eigenen, im Gestellfuß untergebrachten, Elektromotor angetrieben. Unterschiedliche Spindeldrehzahlen waren durch ein Zahnradschaltgetriebe einstellbar. Das Schaltgetriebe war in dem als geschlossener Kasten ausgeführten Spindelstock untergebracht.

Die 1960 gebaute Drehmaschine besaß eine geschlossene Gestellform, die den Forderungen nach hoher Steifigkeit entsprach. Ihre nahezu senkrechte Bettanordnung ermöglichte einen ungehinderten Spänefall. Die Maschine war mit einer hydraulischen Nachformeinrichtung versehen, mit der beliebige Werkstückkonturen automatisch hergestellt werden konnten. Die Steuerungsbefehle für die Vorschubbewegungen wurden durch Abtasten einer Schablone oder eines Meisterwerkstückes erzeugt. Diese Art der automatischen Vorschubsteuerung wurde lange Zeit erfolgreich in der Klein- sowie Großserienfertigung eingesetzt. Seit Beginn der 1970-Jahre wurde sie von den flexiblen numerischen Steuerungen verdrängt.

Die Drehmaschine der Firma Gildemeister aus dem Jahr 1978 war numerisch gesteuert. Sie erhielt ihre Steuerungsinformationen von digitalen Datenträgern, wie z. B. Lochstreifen oder Magnetkassetten. Die Steuerungsbefehle wurden in Form von alphanumerischen Zeichen vorgegeben. Mithilfe des Bedienfeldes konnte die Maschine über Tastendruck gesteuert werden. Die üblichen Handräder zum Verfahren der Vorschubschlitten fehlten an dieser Maschine. Die Steuerprogramme für die Teilefertigung konnten an separaten Programmierplätzen offline erstellt werden. Ebenfalls war eine Programmierung am Bedienfeld der Maschine möglich, die sogar während der Bearbeitung eines anderen Werkstückes durchgeführt werden konnte.

Das Drehzentrum der Firma Traub aus dem Jahre 1996 wies viele konstruktive und steuerungstechnische Änderungen gegenüber den zuvor beschriebenen Maschinen auf. Als äußeres Merkmal fällt die völlige Kapselung der Maschine auf. Die Maschinensteifigkeit konnte durch die Schrägbettkonstruktion wesentlich erhöht werden. Gleichzeitig diente das Schrägbett einer guten Spanabfuhr, die für automatisch arbeitende Produktionsmaschinen eine notwendige Forderung darstellt. Durch den Einsatz von Werkzeugrevolvern und angetriebenen Werkzeugen konnten auf dieser Maschine komplizierte Werkstücke komplett bearbeitet werden. Die Steuerung der Maschine war eine auf Mikroprozessorbasis aufgebaute NC-Steuerung, die viele Zusatzfunktionen besaß: So konnten die NC-Programme beispielsweise mittels graphischer Bearbeitungssimulation auf dem Bildschirm der Steuerung dargestellt und auf Programmierfehler überprüft werden. Die Maschine war durch das konstruktive und steuerungstechnische Konzept für den Einsatz in flexiblen Fertigungssystemen vorbereitet. Mithilfe von Handhabungseinrichtungen konnten Werkstücke, Werkzeuge und die Spannbacken des Spannfutters automatisch gewechselt werden. Die Maschine besaß viele Überwachungs- und Diagnosefunktionen sowie integrierte Sensorik, die einen einwandfreien Ablauf der automatischen Produktion und eine schnelle Fehlerdiagnose sicherstellten. Mit den Möglichkeiten der Ferndiagnose und der Betriebsdatenerfassung konnten Statusinformationen der Maschine zu jeder Zeit von einer externen Servicestation abgefragt und ausgewertet werden, was einen ersten Schritt zur Fernwartung von Werkzeugmaschinen darstellte [HEKE85; ZEPP86].

Diese Entwicklung findet heute durch die Anbindung von Werkzeugmaschinen an das Internet ihre Fortsetzung. Damit können beispielsweise große Datenmengen mit Informationen über den Zustand der Maschine übermittelt werden, was eine Voraussetzung für die Realisierung vorausschauender Wartungsstrategien ist.

Die Maschine V100 der Firma Index aus dem Jahr 2000 verfügt über eine vertikal angeordnete Hauptspindel sowie ein neues Kinematikkonzept. Mittels einer parallelen Stabkinematik (vergrößert dargestellt) wird eine vollständig dreidimensionale Beweglichkeit der hängenden Motorspindel im Raum erzielt. Diese ermöglicht es, das Werkstück mit der Spindel zu greifen (Pick-Up-Spindel) und mit maximaler Geschwindigkeit zu den stehenden Werkzeugen zu bringen. Durch kurze Verfahrwege sowie hohe Eilganggeschwindigkeiten werden die werkstück- und werkzeugbezogenen Nebenzeiten stark gesenkt.

Das Drehzentrum der Firma EMAG aus dem Jahr 2003 ist ebenfalls mit einer vertikal angeordneten Pick-Up-Spindel ausgerüstet. An den Seiten der Maschine sind Rohteilspeicher sowie Fertigteilspeicher angebracht. Durch zwei zeitparallel arbeitende Greifer wird das Fertigteil entnommen und ein neues Werkstück in die Maschine eingelegt, wodurch eine Verringerung der Nebenzeiten erzielt wird. Der Grundkörper der Maschine besteht aus Polymerbeton, der Schwingungen dämpft und somit bessere Oberflächengüten und längere Werkzeugstandzeiten ermöglicht.

Bei der Index G220 aus dem Jahr 2015 handelt es sich ebenfalls um eine Maschine zur kombinierten Dreh- und Fräsbearbeitung. Sie verfügt neben einem Revolver mit stehenden Werkzeugen über eine zusätzliche Frässpindel zur Werkstückbearbeitung. Weiterhin ist sie mit zwei Hauptspindeln ausgerüstet, die die gleichzeitige Bearbeitung zweier Werkstücke sowie das Übergeben eines Werkstücks von einer Spindel an die andere und somit die Komplettbearbeitung ohne externe Werkstückhandhabung ermöglichen.

1.3 Grundlegende Anforderungen an Werkzeugmaschinen

Im Umfeld moderner industrieller Produktion werden vielfältige Anforderungen an Werkzeugmaschinen gestellt. Aus betrieblicher Sicht betrifft dies vor allem die technische Eignung der Maschine für die damit durchzuführenden Prozesse sowie betriebswirtschaftliche Aspekte wie etwa die Stück- oder Lebenszykluskosten. Gleichzeitig werden durch den Staat und die Gesellschaft etwa in Form von Gesetzen Anforderungen an die Maschinen gestellt, die beispielsweise die Benutzersicherheit oder die Umwelteigenschaften der Maschine betreffen. Wie ◘ Bild 1.8 zeigt, haben alle diese Anforderungen Auswirkungen auf die konstruktive Gestaltung von Werkzeugmaschinen.

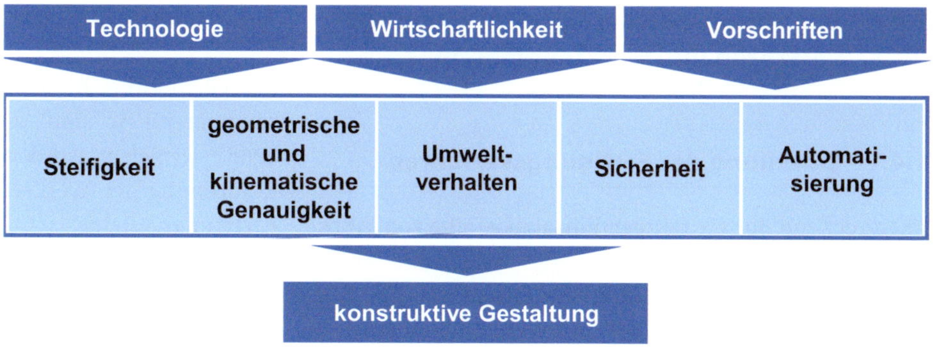

Bild 1.8 Anforderungsschwerpunkte bei Werkzeugmaschinen

Die an der Bearbeitungsstelle der Maschine auftretenden genauigkeitsbeeinflussenden Verlagerungen werden durch das statische, dynamische und thermische Verhalten sämtlicher im Kraftfluss liegender Baugruppen beeinflusst. Die Fertigungsgenauigkeit, die Oberflächengüte der Werkstücke sowie die ausnutzbare Maschinenleistung und die daraus resultierende Produktivität hängen von diesen Maschineneigenschaften ab. Darüber hinaus wird der wirtschaftliche Einsatz durch den Automatisierungsgrad bestimmt. Die Automatisierung beschränkt sich nicht nur auf den Ablauf des eigentlichen Bearbeitungsprozesses, sondern auch auf die Beschickung der Maschinen, d. h. die Zu- und Abfuhr von Werkstücken, Werkzeugen und Spänen.

Rechtliche Rahmenbedingungen sind etwa Vorgaben von Berufsgenossenschaften zur Arbeitsplatzsicherheit oder staatliche Verordnungen. Von besonderer Bedeutung ist hierbei seit einigen Jahren die sogenannte europäische Maschinenrichtlinie (kurz: MRL, 2006/42/EG), die zunächst die sicherheitsgerechte Gestaltung von Maschinen und Anlagen zum Schwerpunkt hatte und in den letzten Jahren um Regelungen zum Umweltschutz erweitert wurde.

Bild 1.9 zeigt, dass bei der Auslegung einer Werkzeugmaschine sämtliche Aspekte der damit durchzuführenden Fertigungsaufgaben beachtet werden müssen, um eine bestmögliche Eignung für die dazu notwendigen Prozesse zu erreichen. Zunächst sind die Leistungsmerkmale des Fertigungsverfahrens zu definieren. Entsprechend der Fertigungsaufgabe und des gewählten Verfahrens sind die arbeitsraumbestimmenden Kenngrößen wie Anzahl und Lage der Bewegungsachsen und die funktionalen Eigenschaften der Bearbeitungseinheiten (z. B. Drehzahlbereich, Drehmomente) festzulegen. Die geforderte Genauigkeit und Oberflächengüte der Werkstücke bestimmen die statischen und dynamischen Steifigkeitsanforderungen an die einzelnen Baugruppen. Die leistungs- und belastungsmäßige Auslegung der Maschinenkomponenten ist von dem Spektrum der Arbeitsaufgaben abhängig. Die Vielfalt der zu bearbeitenden Werkstücke und deren Losgrößen bestimmen den Grad der Automatisierung. Weiterhin sind bei der Gestaltung der Werkzeugmaschine sämtliche zur Produktion notwendigen Hilfsmittel, insbesondere die Spannzeuge sowie die Mess- und die Transporteinrichtungen, zu berücksichtigen.

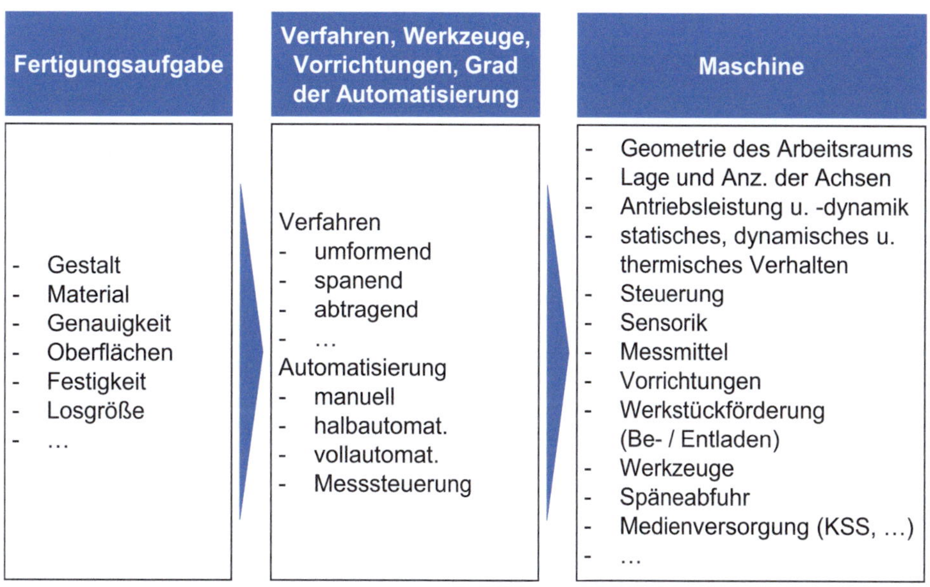

Bild 1.9 Gesichtspunkte bei der Auswahl und Konstruktion von Werkzeugmaschinen für bestimmte Fertigungsaufgaben

1.4 Begriffliche Gliederung der Fertigungsverfahren und Werkzeugmaschinen

1.4.1 Einteilung der Fertigungsverfahren

Entsprechend der vielfältigen Einsatzbereiche von Werkzeugmaschinen gibt es eine große Bandbreite unterschiedlicher Maschinen. Über die Jahrzehnte der Entwicklung wurde es daher sinnvoll, die historisch gewachsenen Begriffe zu systematisieren und eindeutig festzulegen. Die Gliederung und Bezeichnungen der Werkzeugmaschinen orientieren sich dabei an der begrifflichen Systematik der Fertigungsverfahren zur Metallbearbeitung, die in der Norm DIN 8580 festgelegt sind, ◘ Bild 1.10 [DIN03].

1.4.2 Einteilung der Werkzeugmaschinen

Die Gliederung, Einteilung und Bezeichnung der Werkzeugmaschinen sind durch die zurückgezogene DIN 69651 festgelegt worden [DIN81]. ◘ Bild 1.11 zeigt die Einordnung der Werkzeugmaschinen in die Gruppe der Fertigungssysteme.

Werkzeugmaschinen werden definiert als „... mechanisierte und mehr oder weniger automatisierte Fertigungseinrichtungen, die durch relative Bewegungen zwischen Werkzeug und Werkstück eine vorgegebene Form oder Veränderung am Werkstück erzeugen" [DIN81]. Sie werden als Elemente von Fertigungsanlagen verstanden.

Die Einteilung der Fertigungsanlagen ist an die Gliederung der Fertigungsverfahren für die Metallbearbeitung nach DIN 8580 angelehnt. Wie aus ◘ Bild 1.11 ersichtlich

◘ **Bild 1.10** Gliederung der Fertigungsverfahren nach DIN 8580 [DIN03]

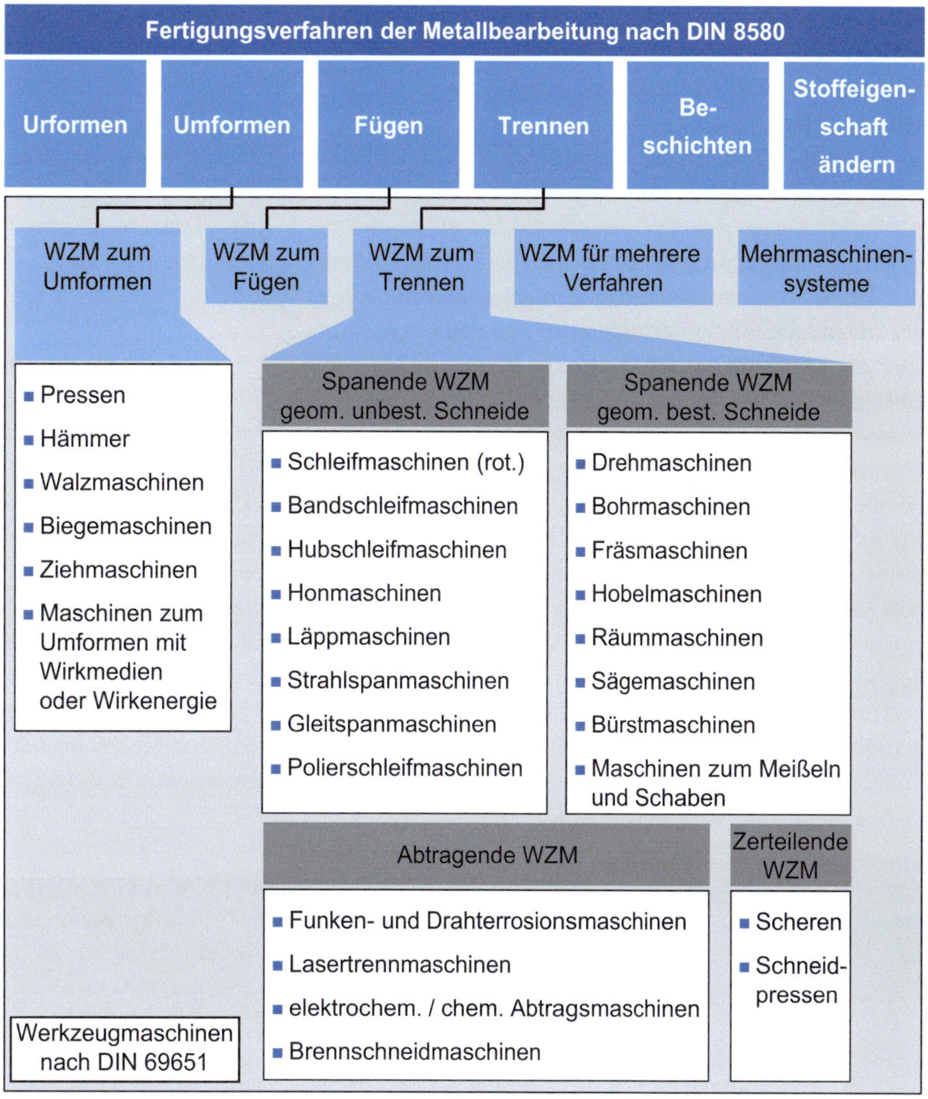

Bild 1.11 Gliederung der Werkzeugmaschinen nach DIN 69651 [DIN81]

ist, beschränkt sich der Begriff der Werkzeugmaschine auf die Fertigungsverfahren des Umformens, Trennens und Fügens.

1.4.3 Bezeichnung der Werkzeugmaschinen

Nach DIN 69651 werden die Werkzeugmaschinen in Einzelmaschinen und Mehrmaschinensysteme unterteilt [DIN81]. Die Bezeichnung der Werkzeugmaschinen erfolgt nach dem Fertigungsverfahren und dem Automatisierungsgrad.

Die Einzelmaschinen werden nach dem Fertigungsverfahren bezeichnet. Können sie nur ein Verfahren ausführen, werden sie nach diesem Verfahren bezeichnet, z. B. Drehmaschine.

Wenn sie hilfsweise andere Verfahren ausführen können, werden sie durch den Namen desjenigen Verfahrens gekennzeichnet, für das sie hauptsächlich gebaut und ausgerüstet sind. So kann beispielsweise eine Fräsmaschine meist auch bohren.

Können mehrere Fertigungsverfahren von einer Maschine ausgeführt werden, so wird der Begriff „Bearbeitungs-" vor die Bezeichnung gestellt und die Verfahrensgruppe als attributive Ergänzung beigefügt, z. B. Bearbeitungsmaschine für Drehteile, für prismatische Teile, für Blechteile. Die zur Gruppe der Einzelmaschinen gehörenden Einzweckmaschinen sind nur für eine spezielle Bearbeitungsaufgabe geeignet und sind nicht universell einsetzbar. Sie werden nach dem zu fertigenden Werkstück und dem angewendeten Fertigungsverfahren benannt, z. B. Kegelrad-Hobelmaschine oder Sägeblatt-Schleifmaschine.

Zur weiteren Unterscheidung nach Bauformen werden Werkzeugmaschinen häufig nach ihrem konstruktiven Aufbau bezeichnet, wie z. B. Konsolfräsmaschine, Portalfräsmaschine, Mehrspindeldrehmaschine, Schrägbettdrehmaschine oder Zweiständer-Säulenbohrmaschine.

Wie bereits oben angeführt, erfolgt die nähere Bezeichnung der Fertigungssysteme, zu denen neben den Einzelmaschinen auch Mehrmaschinensysteme gehören, nach dem Automatisierungsgrad. In Bild 1.12 sind die Bezeichnungen erläutert.

Das Bild zeigt einen schalenförmigen Aufbau. Den Kern bildet die Maschine mit ihrer Mechanik und den Antrieben zur Erzeugung der Arbeits- (Hauptspindel) und Vorschubbewegung (Vorschubachsen). In der nächsten Schale befindet sich die für den automatischen und programmierbaren Ablauf der Maschinenfunktion erforderliche NC-Steuerung. Damit wird die Maschine zur NC-Maschine. Besitzt die Maschine eine automatische Werkzeugwechseleinrichtung und einen Werkzeugspeicher, wird sie als Bearbeitungszentrum bezeichnet. In einer flexiblen Fertigungszelle werden ein oder mehrere Bearbeitungszentren über ein Handlingsystem (z. B. Roboter) aus einem Werkstückspeicher bestückt. Größere Anlagen, bei denen mehrere Bearbeitungszentren über ein flexibles Transportsystem mit einem Materiallager und teilweise auch mit einem Werkzeuglager verkettet werden, bezeichnet man als flexible Fertigungssysteme (FFS). In der Großserienfertigung kommen häufig weniger flexibel automatisierte Mehrmaschinensysteme zum Einsatz, wie z. B. Rundtaktmaschinen oder Transferstraßen.

Letztere bestehen aus zusammengesetzten Bearbeitungssystemen, heute zunehmend auch aus NC-gesteuerten Maschineneinheiten oder Bearbeitungszentren, die jeweils eine oder mehrere Teilfunktionen einer Werkzeugmaschine abbilden und über einen gerichteten Materialfluss miteinander verkettet sind. Eine genauere Erläuterung der unterschiedlichen Mehrmaschinensysteme und deren Einsatzgebiete befindet sich in ▶ Kap. 9.

1.5 Grundlagen der Werkzeugmaschinenautomatisierung

Die Automatisierungstechnik hat wesentlich zur Steigerung der Produktivität, Flexibilität, Fertigungsqualität und Wirtschaftlichkeit moderner Produktionseinrichtungen beigetragen. Dadurch ergeben sich kürzere Durchlaufzeiten, geringere Kapitalbindungskosten, geringere Lohnkosten und höhere Auslastungen des Produktionspotentials sowie kürzere Lieferzeiten und niedrigere Herstellungskosten.

In den Anfängen der Automatisierungstechnik wurden Werkzeugmaschinen mit mechanischen Ablaufsteuerungen ausgerüstet. Die einzelnen Funktionen wurden von Hebeln,

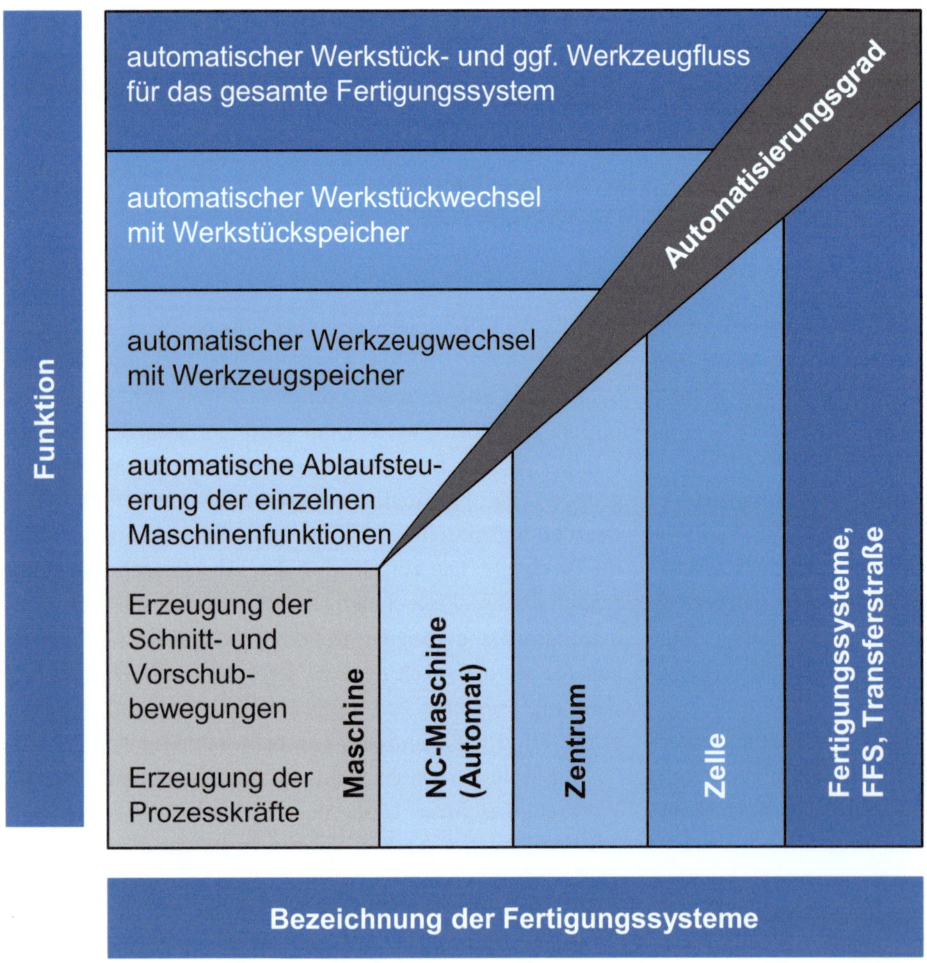

Bild 1.12 Bezeichnung der Fertigungssysteme nach dem Automatisierungsgrad

Bild 1.13 NC-Steuerinformationen nach DIN 66025 [DIN83]

Beispiel eines NC-Steuersatzes nach DIN 66025

N1 G54 Z50	Nullpunktverschiebung
N2 T10 S1000 M06 M07 M04	Werkzeugwechsel, Drehzahl 1.000 U/min, Spindel ein, Kühlschmierstoff ein
N3 G46 G90	Absolutvermaßung, Schneidenradiuskompensation „ein“
N4 G00 X75 Z45	Positionieren
N5 G01 X29 F4000	Planen
N6 G01 Z46	Abheben
N7 G00 Z100	Freifahren
N8 M30	Programmende

Elemente der NC-Steuerbefehle nach DIN 66025

NC – Achsen	
A, B, C	Winkelbewegung um X-, Y-, Z-Achse
D, E	Zusatzwinkel
X, Y, Z	Hauptbewegung in X-, Y-, Z-Richtung
U, V, W	2. Bewegung X-, Y-, Z-Richtung
P, Q, R	3. Bewegung X-, Y-, Z-Richtung

Organisatorische Zeichen	
%	Programmanfang
N	Satznummer
:	Hauptsatz
/	Satz überlesen
LF	Satzende
DEL	Löschen

Technologische und geometrische Daten	
F	Vorschub
E	2. Vorschub
D	3. Vorschub
G	Wegbedingung
I, J, K	Interpolationsfunktionen
S	Spindeldrehzahl
T	Werkzeugnummer

Sonderfunktionen	
H, L	frei verfügbar (z.B. Kühlmittelzufuhr, Anzahl der Durchläufe eines Unterprogramms)
N	Zusatzfunktion (z.B. Spindeldrehrichtung)

Nocken oder Kurvenscheiben gesteuert. Der Einsatz hydraulischer Nachformeinrichtungen ermöglichte die wirtschaftliche Bearbeitung komplexer Formen, insbesondere bei größeren Stückzahlen.

Im Jahre 1953 wurde in den USA am MIT (Massachusetts Institute of Technology) die erste numerisch gesteuerte Werkzeugmaschine in Betrieb genommen. NC-Steuerungen führen die Koordinatenbewegungen und Steuerbefehle von Produktionsmaschinen, die in Form von alphanumerischen Informationen vorgegeben werden, automatisch aus.

Die Informationen werden in digitaler Form, früher über einen Lochstreifen, heute über übliche Rechnerspeichermedien oder über die Verbindung zu einem Server, eingelesen und in der NC-Steuerung decodiert und aufbereitet. Die programmierten Verfahrbewegungen werden durch Interpolation in sehr feine Schritte zerlegt, aus denen die Sollwertsignale für die Bewegung der Achsen gebildet werden.

Während des Maschinenprozesses werden in Lageregelkreisen die Verfahrwege mit den Sollwerten verglichen und daraus die Ansteuersignale für die Antriebe gebildet [WERN83].

Die NC-Steuerinformationen zur automatischen Herstellung eines Werkstücks sind in einem Teileprogramm zusammengefasst. Das Teileprogramm ist in einzelne Sätze unterteilt, deren Satzformat durch die DIN 66025 festgelegt ist [DIN83]. Der Steuerdatensatz besteht aus alphanumerischen Zeichen, die entsprechend dem ISO-(ISO International Standards Organization) oder dem EIA-Code (EIA Electronic Industries Association) dargestellt werden, Bild 1.13.

Zu Beginn der 1970er Jahre wurden die einzelnen Abläufe der Maschinenfunktionen noch durch fest verdrahtete logische Verknüpfungen realisiert. Durch die Entwicklungen auf dem Gebiet der Halbleitertechnik kamen Mitte der siebziger Jahre CNC-Steuerungen (Computerized Numerical

Control) auf den Markt, bei denen die logischen Verknüpfungen durch einen Digitalrechner mittels entsprechender Software verwirklicht wurden. Bei diesen Steuerungen können die Teilprogramme über das Bedienfeld eingegeben, abgeändert und in einem Speicher abgelegt werden. Im Laufe der Entwicklung änderten sich die Speichermedien für die Steuerinformationen von NC-Lochstreifen über Magnetbandcassetten und Disketten zu einer Verbindung zu einem externen Rechner mittels eines DNC-Interfaces (Direct Numerical Control) [WERN83].

Seit Beginn der achtziger Jahre werden nur noch Steuerungen auf Mikrorechnerbasis angeboten, sodass eine Unterscheidung zwischen NC und CNC nicht mehr erforderlich ist. Im folgenden Text wird daher für die heute üblichen Rechnersteuerungen der Begriff „NC" verwandt.

Neben der reinen Eingabe und Änderung von Programmbefehlen bieten heutige Maschinensteuerungen eine Reihe von softwareunterstützten Hilfsfunktionen, welche die Teileprogrammerstellung vereinfachen. Viele Funktionen und programmtechnische Hilfsmittel wurden aus benachbarten Gebieten der Informationsverarbeitung übernommen, sodass die NC-Steuerung heute mehr Programmierkomfort bietet als höhere Programmiersprachen [PETE01]. Insbesondere die grafische Unterstützung und Makroprogrammierung zur Erzeugung von Teileprogrammen sind hierbei zu erwähnen. ◘ Bild 1.14 zeigt das Bedienfeld einer modernen NC-Steuerung mit einigen Funktionen der geometrischen Programmierunterstützung.

Diese Entwicklung zur NC-Technik war eine wichtige Voraussetzung für eine zeitgemäße, automatisierte Produktion. Heute werden in der Bundesrepublik Deutschland im Universalmaschinenbereich so gut wie keine handbetriebenen Maschinen mehr gebaut. Sie werden allerdings noch in Reparaturbetrieben eingesetzt.

Der Einsatz von Mikroprozessoren in der NC-Technik eröffnete völlig neue Möglichkeiten hinsichtlich der Datenverarbeitung und Integration. In dem zunehmenden Bestreben, die elektronische Datenverarbeitung durchgängig in allen Bereichen der Produktionsbetriebe einzusetzen, wurde mit den NC-Maschinen die Möglichkeit geschaffen, diese als datenverstehende und datenumsetzende Einrichtungen in das Datennetz der Betriebe zu integrieren. Diese Fähigkeit macht die NC-Maschine zu einem wesentlichen Baustein einer modernen Fabrik.

Durch die vielfältigen Möglichkeiten der Steuerungstechnik und Informationsverarbeitung entstanden zwangsläufig auch neue Maschinenkonzepte. Es wurden automatisierungsgerechte Werkzeugmaschinen entwickelt, die für

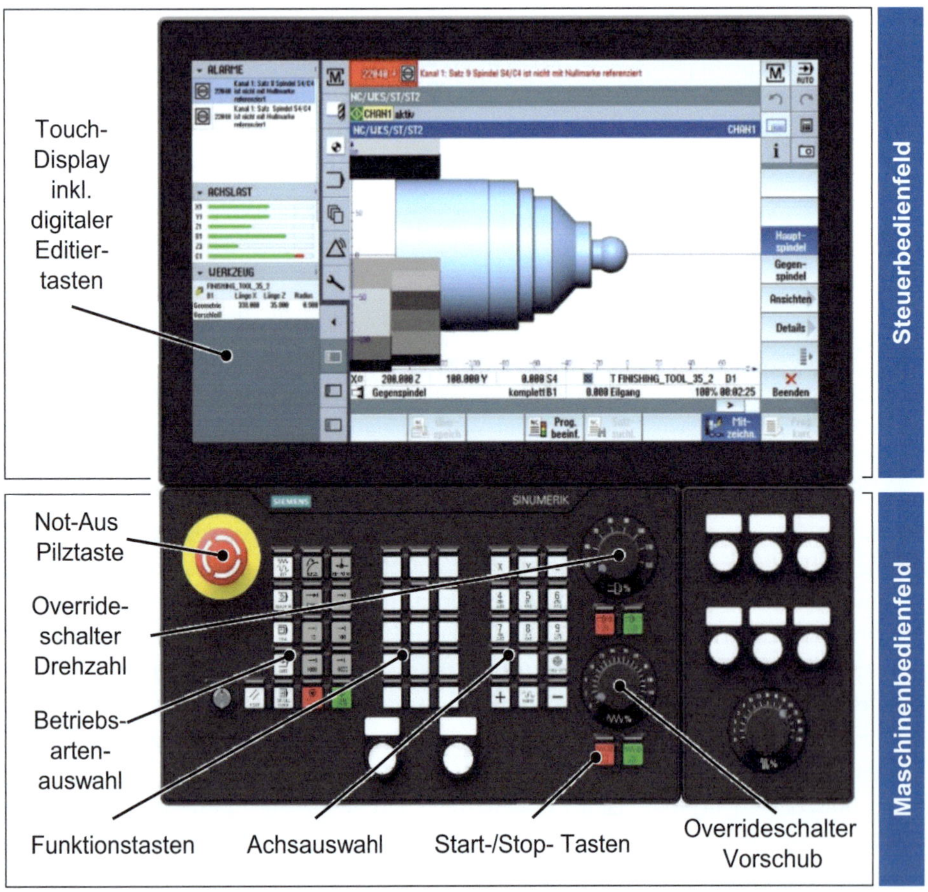

◘ **Bild 1.14** Steuer- und Maschinenbedientafel einer NC-Steuerung. Quelle: Siemens

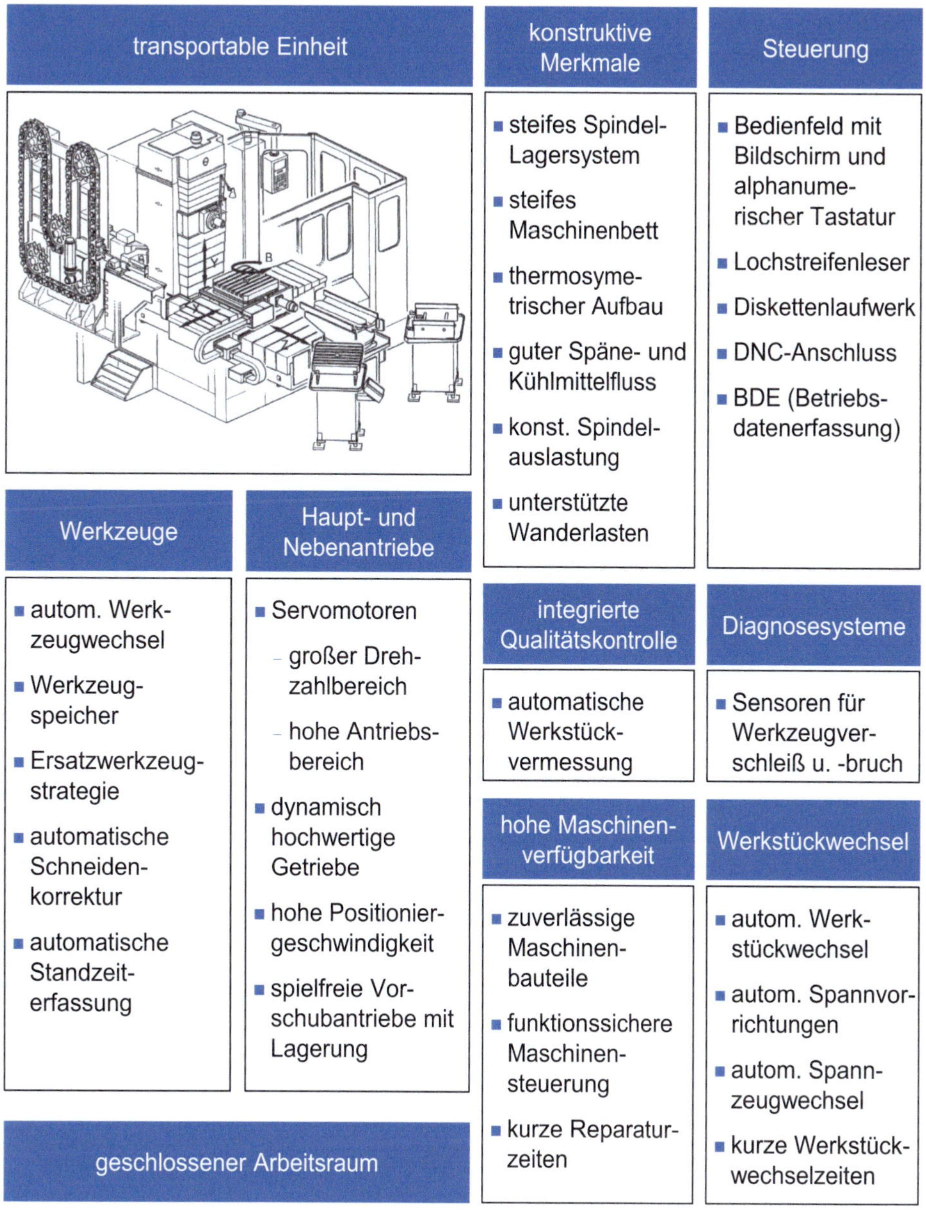

Bild 1.15 Komponenten und Eigenschaften eines Bearbeitungszentrums

den Einsatz in automatischen Fertigungssystemen geeignet sind, ▫ Bild 1.15. Werkzeug- und Werkstückspeicher, automatische Wechseleinrichtungen und integrierte Messstationen übernehmen die bisher manuell ausgeführten Tätigkeiten. Sensoren zur Überwachung von Maschinenfunktionen und Prozesszuständen, wie Werkzeugverschleiß und Werkzeugbruch, sichern den automatischen Fertigungsablauf. ▫ Bild 1.15 zeigt die wichtigsten Komponenten, Baugruppen und Eigenschaften eines Fräsbearbeitungszentrums.

Flexible Fertigungssysteme bestehen aus einer oder mehreren Bearbeitungsstationen mit gemeinsamer Werkstückversorgung, die von einem Zellenrechner koordiniert werden.

In ▫ Bild 1.16 sind der Informations- und Materialfluss eines solchen Fertigungssystems dargestellt. Die Fertigungsaufträge, die in einem flexiblen Fertigungssystem abgearbeitet werden sollen, werden in der Produktionsplanung festgelegt. Die Auftragsdaten liegen in einem Produktionsplanungs- und -steuerungssystem (PPS) vor und werden an den Leitrechner übertragen. Der Leitrechner ist für die automatisierte Durchführung der Fertigungsaufträge verantwortlich. Manche Leitrechner optimieren darüber hinaus zunächst die Reihenfolge der vorgegebenen Fertigungsaufträge, um z. B. unnötige Rüstvorgänge zu vermeiden oder Werkzeugreststandzeiten vollständig auszunutzen. Zur Ausführung der Aufträge werden diese in einzelne Operationen aufgelöst, die entsprechend der zeitlichen Vorgaben an die Steuerungen der Geräte des Fertigungssystems übermittelt werden. Aus der Steuerungsebene werden Rückmeldungen an den Leitrechner geschickt, die

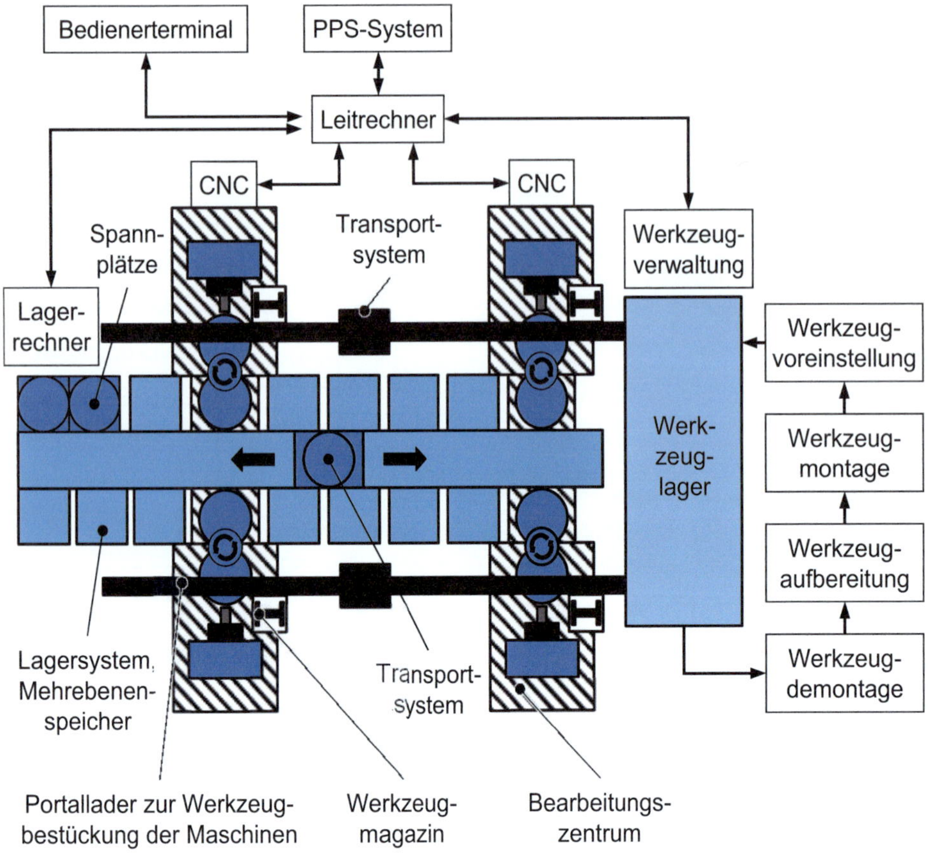

Bild 1.16 Informations- und Materialfluss eines flexiblen Fertigungssystems

zur Überwachung des Fertigungsgeschehens ausgewertet und bei Bedarf dem Anlagenbediener zur Verfügung gestellt werden können.

Flexible Fertigungssysteme sind aus mehreren Stationen, wie z. B. flexiblen Fertigungs- oder Montagezellen, Teilelagern und Transportsystemen zusammengesetzt und werden von einem zentralen Fertigungsleitrechner gesteuert.

Eine mögliche Steuerungsstruktur soll an dem Beispiel eines integrierten, flexiblen Fertigungs- und Montagesystems (IFMS), Bild 1.17, vorgestellt werden. Die Steuerungsstruktur ist in drei wesentliche Schichten aufgeteilt, die Leit-, Zellen- und Maschinenebene. Auf der Leitebene werden in der Auftragsplanung der übergreifende Ablauf und die Materialflüsse festgelegt sowie die Durchführung der geplanten Fertigungsaufträge koordiniert. Auf der Zellebene werden die von der Leitebene übergebenen Teilaufträge autonom weiterverarbeitet. Dies umfasst u. a. die Initiierung und Überwachung der Materialfluss-, Fertigungs- und Montagevorgänge. Die Verbindung zu den Maschinen, Robotern und Transportgeräten wird auf der Maschinenebene hergestellt. Über entsprechende Treibermodule können die DNC-Schnittstellen der entsprechenden Gerätesteuerungen angesprochen werden, um die notwendigen physikalischen Operationen (Fertigung, Transport, Handhabung etc.) auszulösen [PETE01].

In allen Unternehmensbereichen erfolgen Planungen, Entscheidungen und Handlungen auf der Grundlage von Informationen. Mit dem Einsatz von EDV-Systemen wurden Arbeitsmittel geschaffen, die in allen Betriebsebenen die Informationsmengen rationell verarbeiten, verwalten und dem Benutzer die richtige Information schnell zur Verfügung stellen.

Die zunehmende Zahl an EDV-Insellösungen führte allerdings zu zahlreichen Brüchen im Unternehmensinformationsfluss. Die Bemühungen, ein übergreifendes Integrationskonzept für die Informationsverarbeitung in Produktionsunternehmen zu entwickeln, wurden in den 1980er Jahren unter dem Begriff „Computer-Integrated Manufacturing (CIM)“ zusammengefasst. Als Hauptaufgabe stand dabei die Vereinigung von Produktionsplanung und -steuerung mit den CAx-Technologien im Vordergrund. [BREC14]

Damals fehlte allerdings noch die passende Technologie und es wurde versucht alle Instanzen zentral zu steuern. In der damaligen Vision stand der Mensch in der Fabrik nicht im Mittelpunkt. Die Einführung neuer Technologien wie das Internet, WLAN, High Performance Computing und Big Data führten zu grundsätzlich neuen Möglichkeiten in der Vernetzung und Datenverarbeitung und damit in die Vierte Industrielle Revolution (Industrie 4.0). Der Nutzen

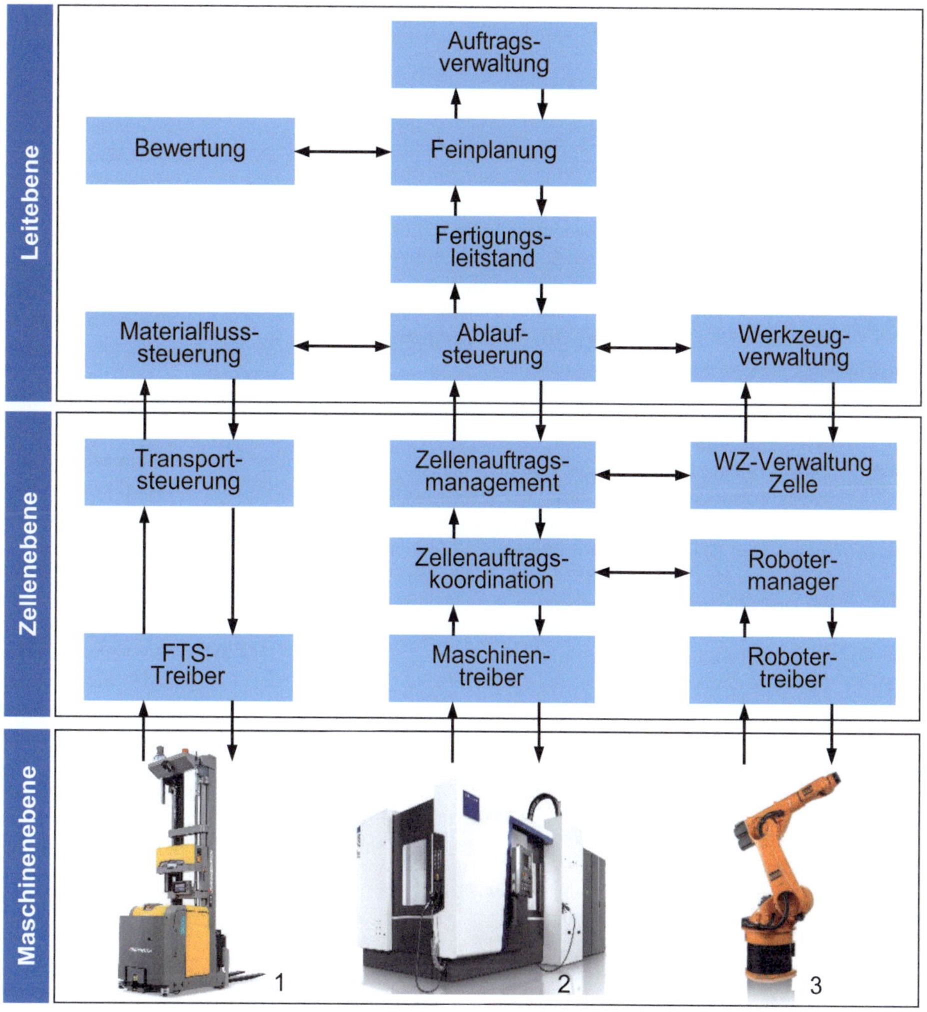

Bild 1.17 Softwarebausteine und Steuerungsstruktur eines IFMS. Quelle: [1]Jungheinrich, [2]Heller, [3]KUKA

von Industrie 4.0 liegt in hochflexiblen, wandlungsfähigen Wertschöpfungssystemen, die es erlauben, Wertschöpfung dorthin zu transferieren, wo sie am besten erbracht werden kann. Dies senkt die Komplexitätskosten insbesondere bei der individualisierten Produktion und es entstehen neue Wirtschaftlichkeitspotenziale. Hierfür werden alle Wertschöpfungspartner und somit auch die Kunden hierarchiearm in die Wertschöpfungssysteme integriert und vernetzt. Die Einbindung der Mitarbeiter durch adaptive und selbstlernende Mensch-Maschine-Schnittstellen sorgt für umfassende Akzeptanz im Arbeitssystem und schafft die Basis für agile, robuste und lernende Wertschöpfungssysteme. [BAUE16]

Die steuerungstechnischen Aspekte der Werkzeugmaschine (NC-Steuerung) sowie der Fertigungszellen und flexiblen Fertigungssysteme (Leitstände) werden im ▶ Band 3 dieses Kompendiums ausführlich behandelt.

Abkürzungsverzeichnis

cBN	kubisches Bornitrid
CAx	Computer-Aided x (x: Ablaufschritt oder Technologie der Produktion)
CIM	Computer-Integrated Manufacturing
CNC	Computerized Numerical Control
DIN	Deutsches Institut für Normung
DNC	Direct Numeric Control
EDV	elektronische Datenverarbeitung
EIA	EIA Electronic Industries Association
FFS	flexibles Fertigungssystem
IFMS	integriertes, flexibles Fertigungs- und Montagesystem
ISO	International Standards Organization
MIT	Massachusetts Institute of Technology
MRL	Maschinenrichtlinie
NC	Numerical Control

1

PPS	Produktionsplanungs- und -steuerungssystem
WLAN	Wireless Local Area Network

Literaturverzeichnis

[BAIN16] Bain & Company: Go West! Wie Unternehmen von der Reindustrialisierung der USA profitieren können. URL: http://www.bain.de/Images/Bain-Studie_Reindustrialisierung_USA_FINAL_ES.pdf. [Stand: 30.07.2016] [BAUE16] Bauernhansl, T.; Krüger, J.; Reinhart, G.; Schuh, G.: WGP-Standpunkt Industrie 4.0, Wissenschaftliche Gesellschaft für Produktionstechnik, 2016

[BAUE16] Bauernhansl, T.; Krüger, J.; Reinhart, G.; Schuh, G.: WGP-Standpunkt Industrie 4.0, Wissenschaftliche Gesellschaft für Produktionstechnik, 2016

[BMWI16] BMWi – Bundesministerium für Wirtschaft und Energie: Strukturelle Entwicklungen. URL: http://www.bmwi.de/DE/Themen/Industrie/Industrienation-Deutschland/strukturelle-entwicklungen.html. [Stand: 30.07.2016] [BREC14] Brecher, C.; Behnen, D.; Brumm, M.; Carl, C.; Ecker, C.; Herfs, W.; Klement, R.; Königs, M.: Virtualisierung und Vernetzung in Produktionssystemen. In Brecher, C.; Klocke, F.; Schmitt, R.; Schuh, G. (Hrsg.): Integrative Produktion. Aachen: Shaker, 2014. S. 35–68

[CIUP16] Ciupek, M.: Werkzeugmaschinen auf Wachstumskurs. URL: http://www.vdi-nachrichten.com/Technik-Gesellschaft/Werkzeugmaschinen-Wachstumskurs. [Stand: 30.07.2016]

[DIN03] Norm DIN 8580 (September 2003). Fertigungsverfahren – Begriffe, Einteilung

[DIN81] Norm DIN 69651 (März 1981). Werkzeugmaschinen für die Metallbearbeitung. Teil 1: Begriffe

[DIN83] Norm DIN 66025-1 (Januar 1983). Programmaufbau für numerisch gesteuerte Arbeitsmaschinen; Allgemeines

[DREG16] Dreger, C.: Ist China eine Marktwirtschaft? URL: https://www.diw.de/documents/publikationen/73/diw_01.c.534441.de/16-21-4.pdf. [Stand: 30.07.2016]

[HEKE85] Hekeler, M.: In Stufen zur flexiblen Drehzelle durch Automatisierung von Werkstück- Werzeug- und Spannbackenhandhabung. In: TZ für die Metallbearbeitung. 79. Jg., 1985, Nr. 9

[KÖHN05] Köhn, R.: Ohne die „Mutter aller Maschinen" gäbe es keine Autos. URL: http://www.faz.net/aktuell/wirtschaft/unternehmen/branchen-10-werkzeugmaschinenbau-ohne-die-mutter-aller-maschinen-gaebe-es-keine-autos-1256459.html. [Stand: 30.07.2016]

[PETE01] Peters, A.: Benutzerorientierte Leitsoftware für automatisierte Fertigungssysteme in Komponentenstruktur. Diss. RWTH Aachen, 2001

[PWC16] PwC – PricewaterhouseCoopers: The world in 2050 – Will the shift in global economic power continue? URL: http://www.pwc.com/gx/en/issues/the-economy/assets/world-in-2050-february-2015.pdf. [Stand: 30.07.2016] [ROE26] Roe, J. W.: English and American Tool Builders. 2. Aufl. New York, London: Mc Graw-Hill, 1926

[ROE26] Roe, J. W.: English and American Tool Builders. 2. Aufl. New York, London: Mc Graw-Hill, 1926

[SPRI41] Springer, W.: Der Weg zur modernen Bohrmaschine. Köln: H. Kolb Werkzeugmaschinenfabrik, 1941

[STAT16a] Statistisches Bundesamt: Japan – Statistische Länderprofile G20 Industrie- und Schwellenländer. URL: https://www.destatis.de/DE/Publikationen/Thematisch/Internationales/Laenderprofile/Japan2013.pdf?__blob=publicationFile. [Stand: 23.09.2016]

[STAT16b] Statistisches Bundesamt: Anteil der Industrie am BIP seit 20 Jahren nahezu konstant. URL: https://www.destatis.de/DE/Presse-Service/Presse/Pressemitteilungen/2015/04/PD15_124_811pdf.pdf;jsessionid=FEDEF99E03095D09A3DF7660A56C5FA5.cae3?__blob=publicationFile. [Stand: 30.07.2016] [VCI16] VCI – Verband der chemischen Industrie: Industrieland Deutschland – Wettbewerbsfähigkeit der Chemie stärken. URL: https://www.vci.de/vci/downloads-vci/top-thema/daten-fakten-industrieland-deutschland-wettbewerbsfaehigkeit-der-chemie-staerken.pdf. [Stand: 30.07.2016]

[VCI16] VCI – Verband der chemischen Industrie: Industrieland Deutschland – Wettbewerbsfähigkeit der Chemie stärken. URL: https://www.vci.de/vci/downloads-vci/top-thema/daten-fakten-industrieland-deutschland-wettbewerbsfaehigkeit-der-chemie-staerken.pdf. [Stand: 30.07.2016]

[VDMA15] VDMA – Verband Deutscher Maschinen- und Anlagenbau e.V. (Hrsg.): Statistisches Handbuch für den Maschinenbau – Ausgabe 2015. Frankfurt am Main: VDMA, 2015

[VDW17] VDW – Verein Deutscher Werkzeugmaschinenfabriken e.V.: Marktbericht 2017, 2017

[WERN83] Werner, P. und Schmid, R.: Möglichkeiten zur Lösung von Fertigungsaufgaben mit Hilfe von NC-Steuerungen. (Reihe: Trenn-Kompendium. Bd. 2). Bergisch Gladbach: ETF Edition Technischer Fachinformationen, 1983

[WITT60] Wittmann, K.: Die Entwicklung der Drehbank bis zum Jahr 1939. 2. Aufl. Düsseldorf: VDI-Verlag, 1960

[WZL86] WZL (Hrsg.): 80 Jahre WZL. Innovation aus Tradition. Impulse für die Produktionstechnik. Köln: Greven, 1986

[ZEPP86] Zeppelin, W. von: Informationstechnische Einbindung einer NC-Werkzeugmaschine in eine rechnergestützte betriebsorganisation. In: ZWF. 81. Jg., 1986, Nr. 11

Kapitel 2

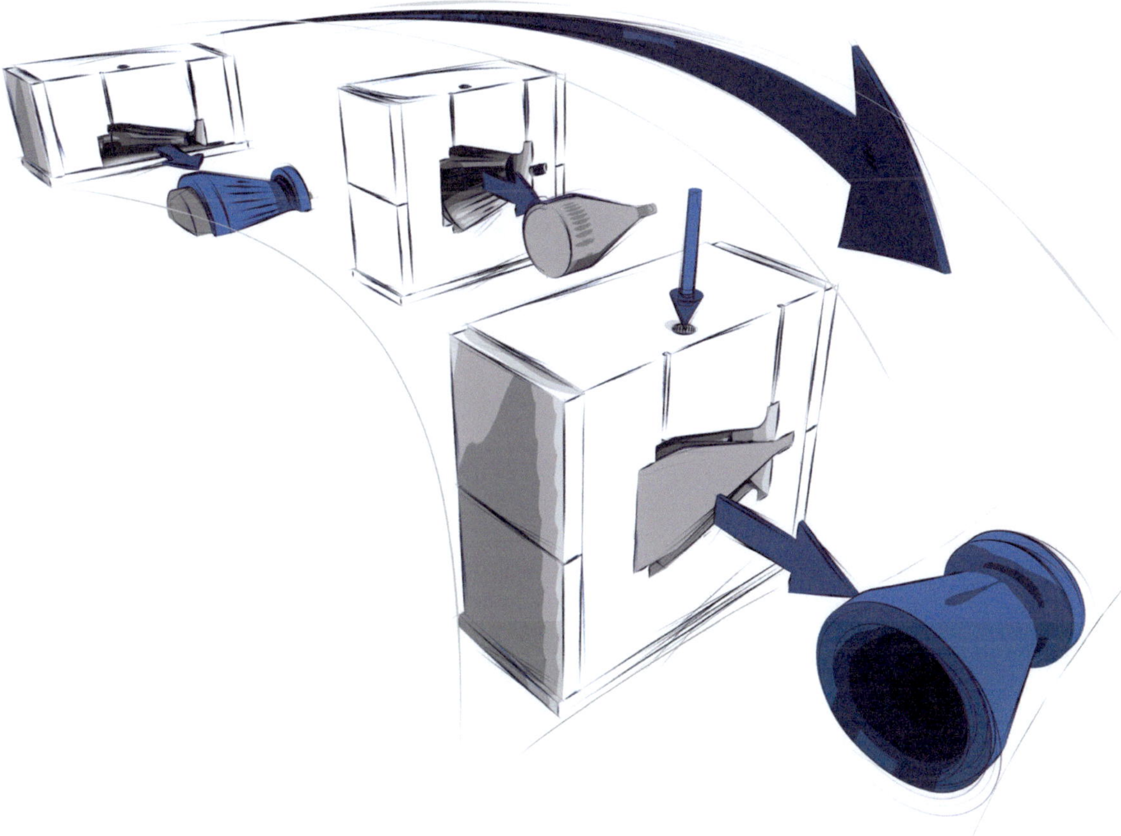

Urformende Maschinen und Anlagen

Ich danke meinen Mitarbeitern Michael Wagner M.Sc. und Alexander Hassis M.Sc. für ihre Mitwirkung bei der Überarbeitung dieses Kapitels.

Urformende Maschinen und Anlagen

Unter dem fertigungstechnischen Begriff Urformen versteht man das Herstellen eines festen Körpers vorgegebener Gestalt aus einem Werkstoff, der in einem formlosen Ausgangszustand flüssig oder pulverförmig vorliegt. Während des Urformvorganges ändert der Werkstoff seinen Zustand und erhält seinen festen Zusammenhalt über das gesamte Werkstückvolumen.

In ▣ Bild 2.1 sind die verschiedenen Urformverfahren nach DIN 8580 gegliedert [DIN03]. Die relevanten Verfahren zur Herstellung metallischer Formteile sind den Gruppen „Urformen aus dem flüssigen Zustand" und „Urformen aus dem körnigen oder pulverförmigen Zustand" zugeordnet. Ist der formlose Ausgangszustand die flüssige Phase eines Metalls und wird der Zusammenhalt dieses Werkstoffes durch den Erstarrungsprozess in der gestaltgebenden Form erreicht, so spricht man vom Urformen aus dem flüssigen Zustand. Häufig eingesetzte Verfahren sind das Schwerkraft-, Druck-, Schleuder- und Stranggießen. Ein weiteres gängiges Urformverfahren metallischer Formteile ist das Pressen. Dabei wird das Formteil aus körnigen oder pulverförmigen Ausgangsstoffen gefertigt. Das Pulver wird unter hohem Druck in die gewünschte Form gepresst, wodurch die Korngrenzen aktiviert werden.

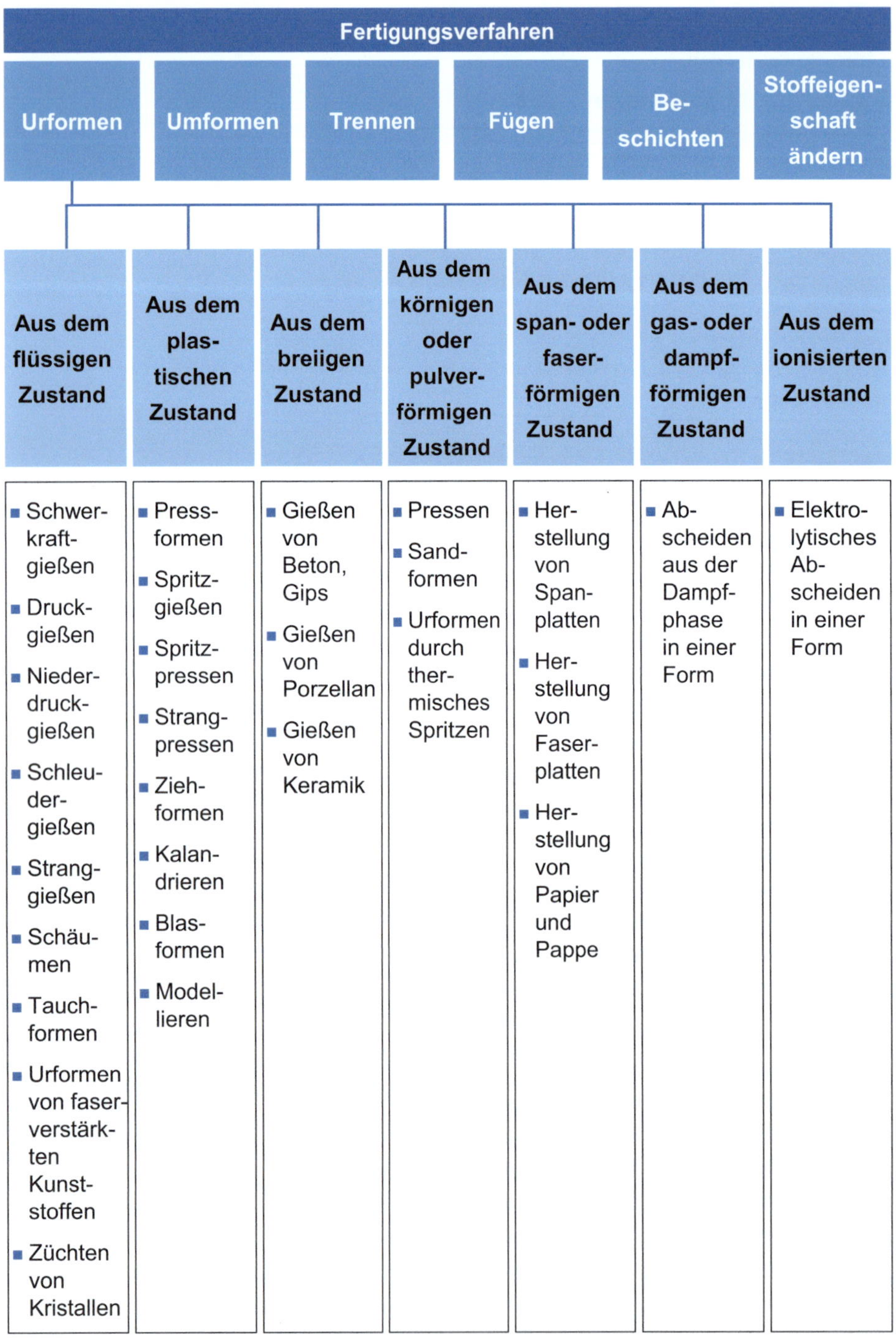

▣ **Bild 2.1** Aufteilung der Urformverfahren. Nach [DIN03]

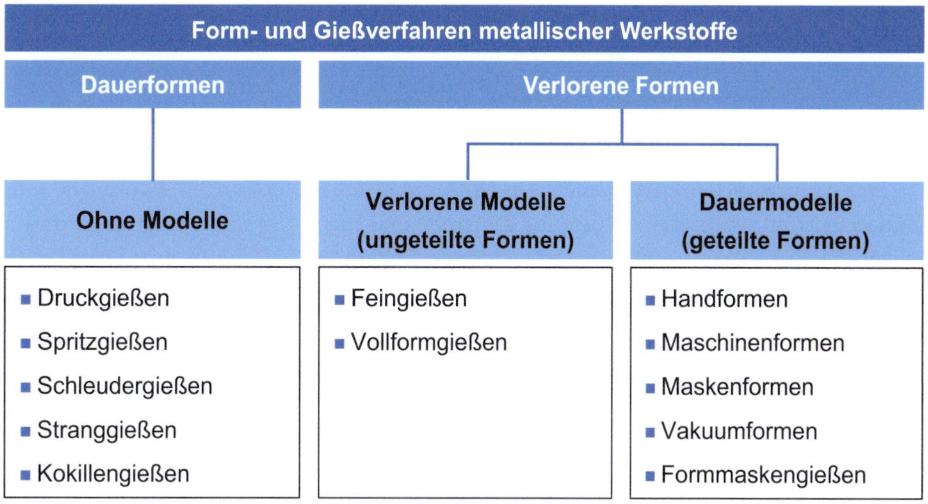

Bild 2.2 Form- und Gießverfahren

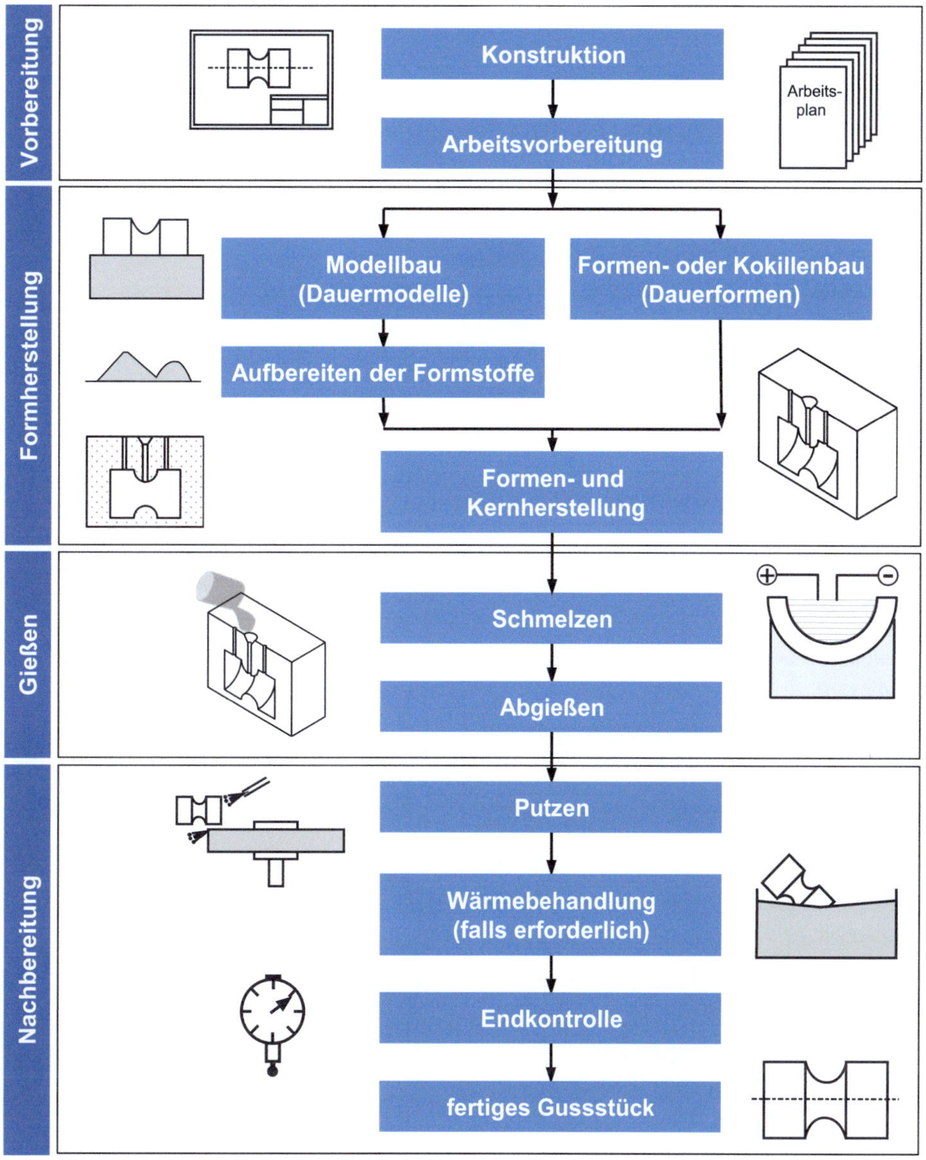

Bild 2.3 Verfahrensablauf beim Gießen

Durch Diffusions- und Kristallisationsglühvorgänge verbindet sich der gepresste Rohling, der auch als Grünling bezeichnet wird, zu einem hochfesten Formteil. Die Temperaturbehandlung des Grünlings wird als Sintern bezeichnet.

Den Urformverfahren, wie auch den Umformverfahren (▶ Kap. 3), kommt durch die steigende Rohstoff- und Energieverknappung eine immer größer werdende Bedeutung zu. Die Vorteile der Urformverfahren liegen in der nahezu freien Gestaltung und Formgebung der Werkstücke bei minimalem Werkstoffabfall (z. B. Späne). So reicht die Anwendung von der kundenspezifischen Einzelteilfertigung bis hin zu millionenfacher Serienfertigung von Automobilkomponenten. Dabei können Bauteile von wenigen Gramm bis zu mehreren hundert Tonnen im Schwermaschinenbau gefertigt werden [BÜHR14].

Neben der Einteilung der Urformverfahren nach DIN 8580 können die Gießverfahren nach klassischer Aufteilung unterschieden werden in Gießen in Dauerformen und Gießen in verlorenen Formen, ◘ Bild 2.2. Verlorene Formen werden nur einmalig gebraucht. Die Form wird aus einem körnigen Formwerkstoff, einem Bindemittel und Zusatzstoffen hergestellt und wird nach dem Abguss zerstört. Dauerformen bestehen meist aus einem metallischen Werkstoff und ermöglichen so ein mehrmaliges Abgießen [BÜHR14].

Der grundsätzliche Ablauf von der Konstruktion bis zum fertigen Gussteil ist in ◘ Bild 2.3 dargestellt. Der Verfahrensablauf beim Gießen kann in die Phasen Vorbereitung, Formherstellung, Gießen und Nachbereitung eingeteilt werden. Nach der Vorbereitung muss die Gussform gefertigt werden. Im linken Pfad in ◘ Bild 2.3 ist dazu der

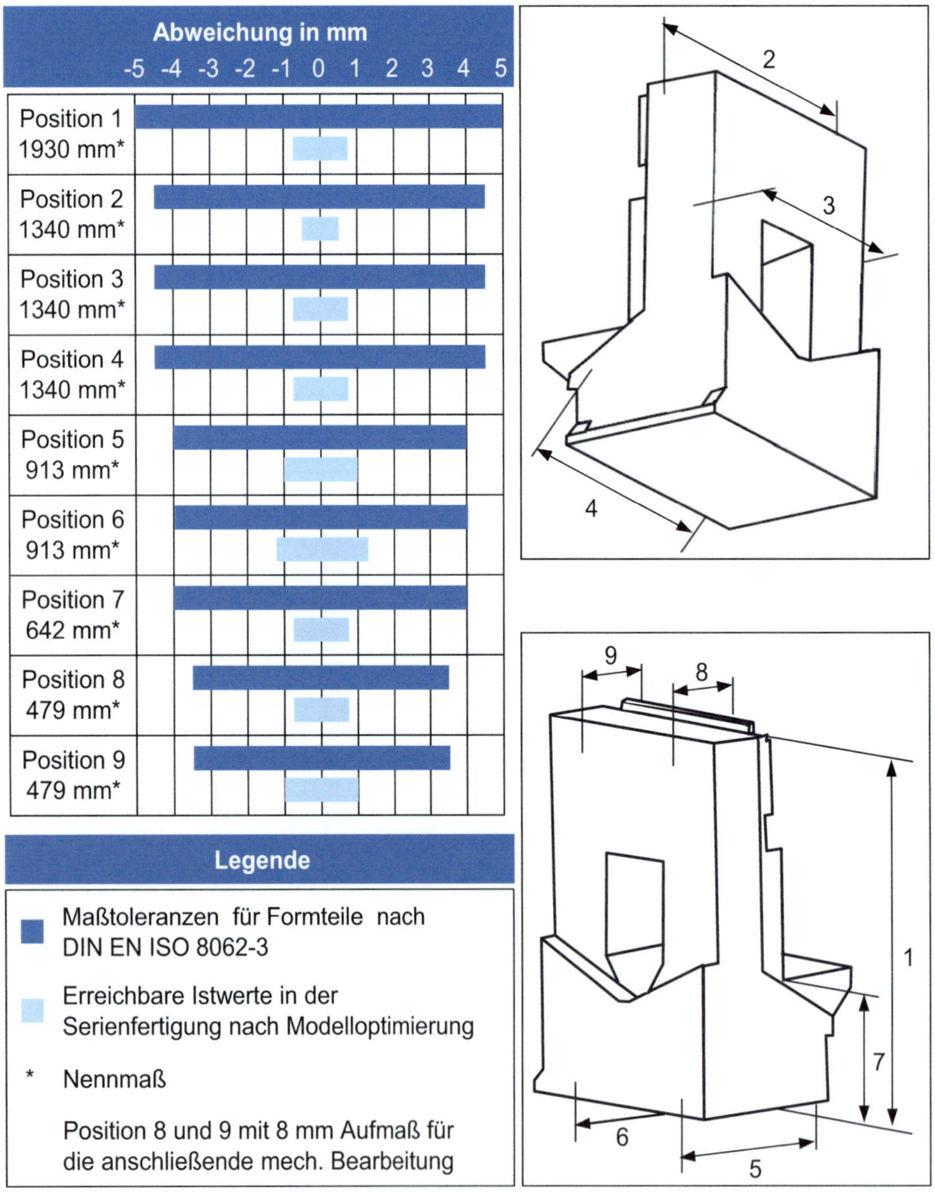

◘ **Bild 2.4** Fertigungsstreubreiten eines Ständers einer Zahnradbearbeitungsmaschine. Nach Heidenreich & Harbeck

Ablauf bei der Herstellung von verlorenen Formen durch Dauermodelle dargestellt. Im Gegensatz zu der Fertigung mit Dauerformen wird die Fertigung mit verlorenen Formen häufig in den Prozess der Gießerei integriert, nachzulesen in ▶ Kap. 2.2. Nach dem eigentlichen Urformvorgang, der den Abguss des aufgeschmolzenen Werkstoffes und dessen Erstarrung beinhaltet, wird das Gussteil entnommen und der Nachbereitung zugeführt. Das Gussteil wird hier von Angüssen, Speisern, Steigern sowie von Graten, die aus Ungenauigkeiten der Gießform entstehen, befreit und bei Bedarf sandgestrahlt und wärmebehandelt. Nach der Endkontrolle wird das Gussteil für die weitere Verwendung bzw. Bearbeitung freigegeben.

2.1 Wirtschaftliche Bearbeitung von Gussteilen

Da beim Gießen das Endprodukt direkt aus der flüssigen Schmelze erstarrt, zählt das Gießen zu einem der wirtschaftlichsten Fertigungsverfahren. Dies setzt voraus, dass das Gussteil mit nur geringem Aufwand endbearbeitet werden muss. Durch die Minimierung der Bearbeitungszugaben für Funktionsflächen kann eine wirtschaftliche Zerspanung sichergestellt und damit Zeit und Geld eingespart werden.

Für komplexe Bauteile weichen die Rohmaße oft deutlich vom Nennwert ab, da die Schwindungsbehinderung beim Abkühlen durch die Kerne trotz modernster Rechenprogramme nicht exakt vorhergesagt werden kann. So wird in der Großserie zunächst ein preiswertes, schnell verfügbares Vormodell eingesetzt. Dieses wird nach den Erfahrungen aus der Ersteilfertigung, der Erstmontage beim Abnehmer, den Erkenntnissen der Markteinführung und der abschließenden Erprobung des Produkts auf die Serie hin optimiert. Unter anderem werden dabei die Putzaufwendungen und die Bearbeitungszugaben systematisch minimiert und die erforderliche Dauergenauigkeit der Modelleinrichtung sichergestellt. Erfahrungsgemäß ist der Mehraufwand für eine solche stufenweise Optimierung gering gegenüber dem Vorteil des enormen Zeitgewinns bei der Endbearbeitung und der Risikominimierung.

◻ Bild 2.4 zeigt einen Ständer einer Zahnradbearbeitungsmaschine und einige kritische Positionsmaße. Im Diagramm sind die nach der DIN EN ISO 8062-3 maximal einzuhaltenden Abweichungen sowie die Istwerte, die heute nach einer Modelloptimierung möglich sind, gegenübergestellt. Es ist deutlich zu erkennen, dass die Abweichungen auf bis zu 20 % der engsten Maßtoleranzen für maschinengeformte und handgeformte Teile nach der angegebenen DIN reduziert werden können. Die geringe Streubreite des Istwerts garantiert eine hinreichende Prozesssicherheit, die eine aufsichtsfreie Bearbeitung ermöglicht.

2.2 Anlagen für das Gießen mit verlorenen Formen

Sandguss zählt zu den Gießverfahren mit verlorenen Formen. In ◻ Bild 2.5 ist die Herstellung einer geteilten Form für ein rotationssymmetrisches Gussteil dargestellt. Beide Modellhälften werden in einen Formkasten gesetzt und mit Formstoff, einer Mischung aus Quarzsand und Binder, gefüllt. Der Formstoff wird durch Rütteln oder Pressen verdichtet. Bei der Herstellung der oberen Formhälfte werden zusätzlich noch Modelle für das Angusssystem und die Speiser eingesetzt. Der Kern wird in die gefertigten Halbformen eingesetzt und die Form geschlossen. Nach dem Gießvorgang wird das Gussteil unter Zerstörung der Form entnommen.

Die gießereitechnische Fertigung mit Sandformen war in der Vergangenheit vorwiegend durch manuelle Tätigkei-

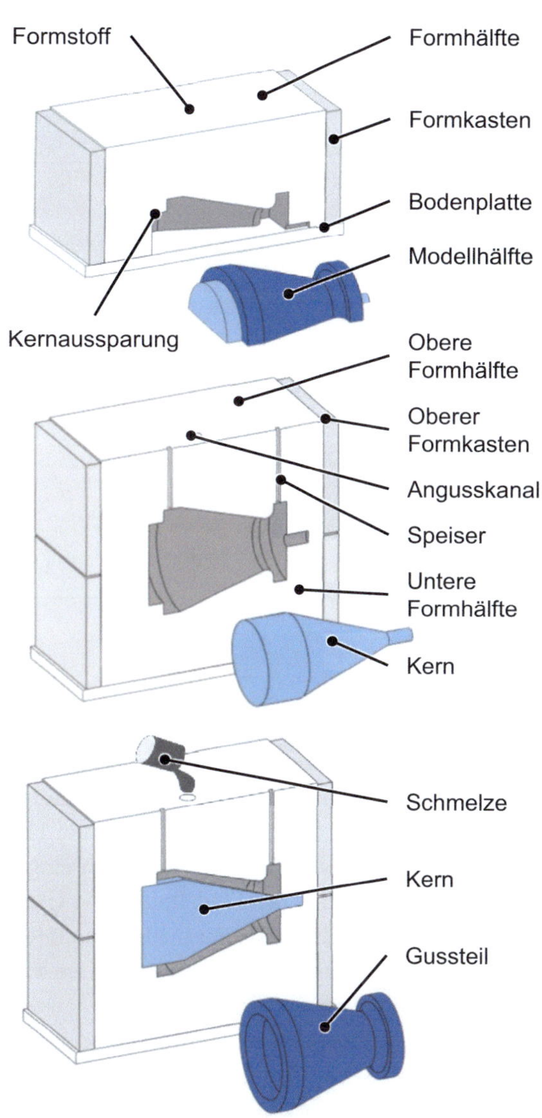

◻ **Bild 2.5** Sandgussherstellung mit verlorenen Formen. Nach Aixonix

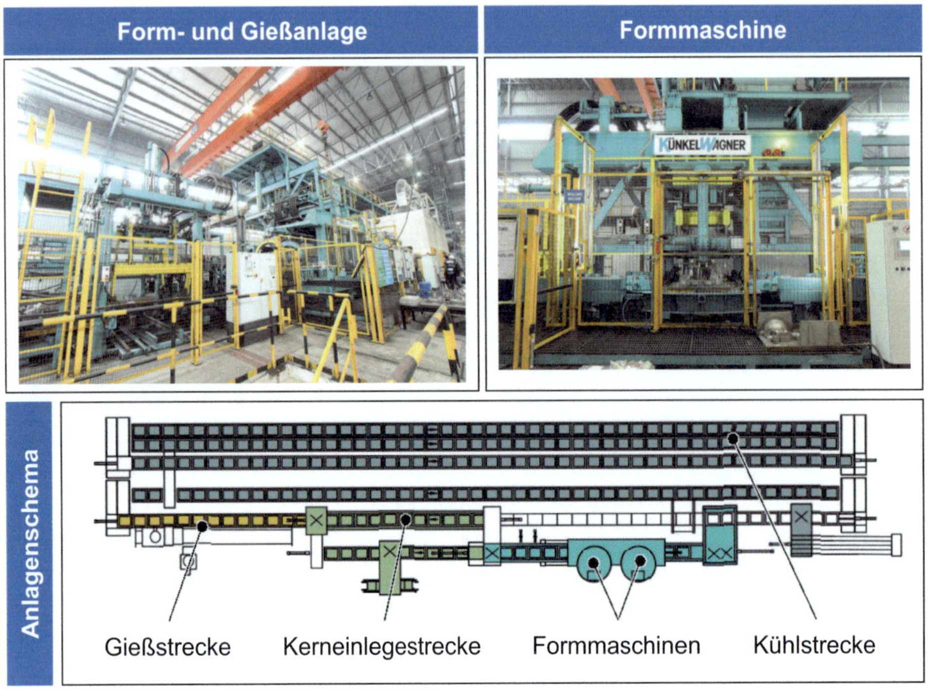

Bild 2.6 Automatisierte Gießanlage. Quelle: Künkel Wagner

Bild 2.7 Anlagen zum Entformen. Quelle: Küttner

ten geprägt. Zur Produktivitätssteigerung wird versucht, die Handhabung der Formen, Kerne und der Formstoffe weitgehend zu automatisieren. Eine derartige automatisierte Gießanlage ist in Bild 2.6 dargestellt. Zum Herstellen der Kastenformen werden Formmaschinen eingesetzt, sodass nach dem Abheben der Modellplatte die Gießform vorliegt. Technologisch kann das Verdichten durch Rütteln, Pressen oder durch Impulsverdichtungsverfahren erreicht werden.

Das Entformen abgegossener Werkstücke erfolgt häufig mittels sogenannter Schwingtrommeln, Bild 2.7 links. In der auf Federn gelagerten Stahltrommel werden die Formkästen entleert. Quer zur Trommelachse angebrachte Richterreger versetzen die Trommel so in Schwingungen, dass die Form zerfällt und das Gussteil im Sand schwimmend zum Trommelausgang transportiert wird. Durch ein nachgeschaltetes Trennrost kann das Gussteil vom Formsand separiert werden. Derartige Trommeln sind hauptsächlich zur Massenproduktion kleinerer Teile geeignet. Mit ihnen können ca. 5 bis 20 t Gussstücke pro Stunde entsandet werden. Das Entformen kleinerer Serien und Großguss-Erzeugnissen wird mit Auspackbrechern durchgeführt (Bild 2.7 rechts). Dazu wird das Ausschlagrost in der Regel durch Unwuchtwellen in Schwingungen versetzt.

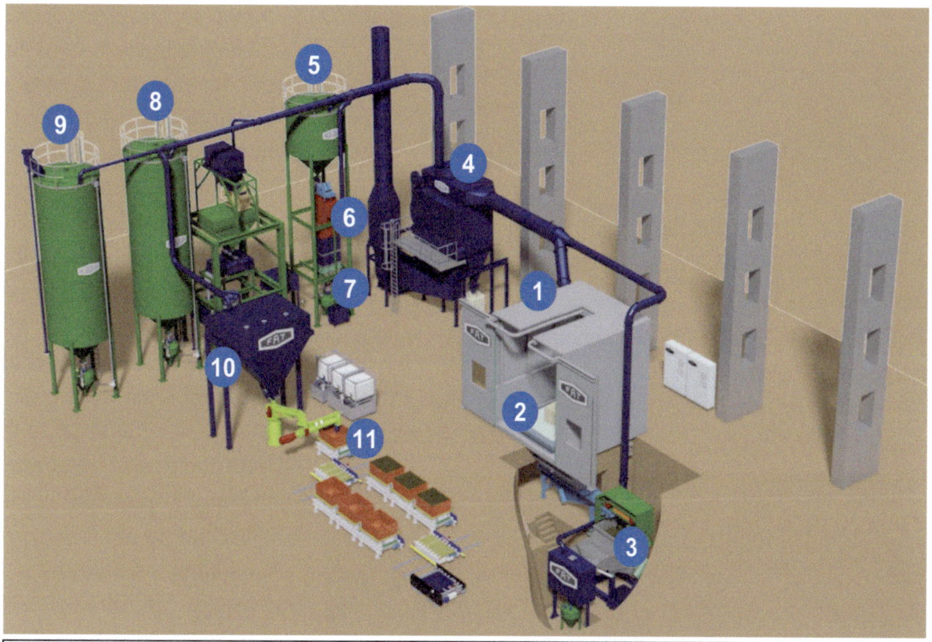

1	Formkasten-Ausleerstation	7	Sandkühler
2	Ausschlagrost mit Wendelbrecher	8	Altsandsilo
3	Pneumatik-Förderer	9	Neusandsilo
4	Entstaubungsanlage	10	Mischer
5	Silo für heißen Altsand	11	Formen
6	Sandsichter		

Bild 2.8 Formanlage mit Altsandregenerierung. Quelle: FAT Förder- und Anlagentechnik GmbH

Das Aufbereiten des Formsandes erfolgt über Altsandaufbereitungsanlagen, Bild 2.8. Der Altsand, der hier aus einer Ausleerstation für Gussteile (z. B. Maschinengestelle) kommt, wird im Wendelbrecher zerkleinert und nach der Sichtung (Entstaubung) und Kühlung mit Neusand vermischt, um anschließend erneut der Formherstellung zugeführt zu werden.

2.3 Anlagen für das Gießen mit Dauerformen

2.3.1 Schleudergussmaschinen

Die Materialeigenschaften eines Werkstückes hängen u. a. von der Dichte des Gefüges und damit von dem Druck ab, unter dem das flüssige Metall während des Erstarrungsvorganges steht. Beim Schwerkraftgießen kann der Druck im flüssigen Metall nur durch die Gießhöhe beeinflusst werden. Beim Schleudergießen von rohrförmigen Werkstücken lässt sich der Flüssigkeitsdruck durch den Einfluss der Zentrifugalbeschleunigung der rotierenden Kokille, die ein Vielfaches der Erdbeschleunigung beträgt, wesentlich steigern. In Bild 2.9 ist eine Schleudergussmaschine mit horizontaler Drehachse und vorgeheizter Kokille, die eine gesteuerte Erstarrung ermöglicht, dargestellt. Durch die ständige Einwirkung der Zentrifugalkraft entsteht beim Schleudergießen ein dichtes und gerichtetes Gefüge, das die mechanischen Eigenschaften des Gussteils begünstigt.

2.3.2 Druckgussmaschinen

Beim Druckgussverfahren wird das flüssige Metall unter Druck in Metallformen eingebracht. Der hohe Flüssigkeitsdruck wird auch während des Erstarrens der Schmelze, z. B. durch ein Kolben-Zylinder-System, aufrechterhalten. Durch eine möglichst hohe Einspritzgeschwindigkeit erreicht man, dass selbst verwinkelte Formteile mit kleinen und unterschiedlichen Wanddicken gefertigt werden können. Durch glatte Oberflächen der Form lassen sich hohe Oberflächengüten der Werkstücke erreichen. Die Funktionsweise einer Druckgussmaschine ist in Bild 2.10 schematisch dargestellt, während in Bild 2.11 der Aufbau einer Druckgussmaschine gezeigt wird. Eine Druckgussmaschine besteht im Wesentlichen aus zwei Funktionsbaugruppen, der Formschließeinheit und der Gießeinheit. Die Formschließeinheit

2

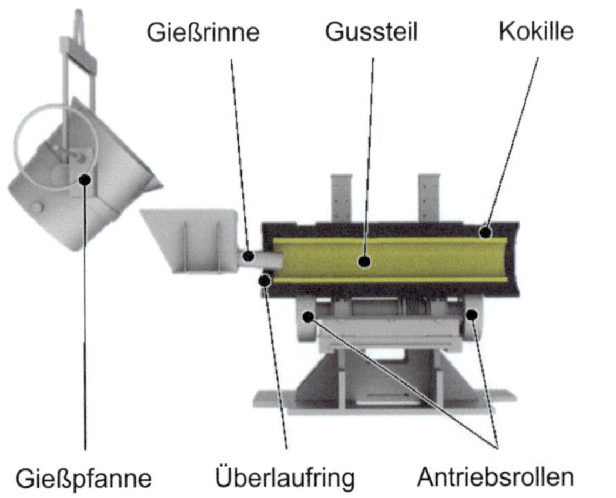

Bild 2.9 Horizontale Schleudergussanlage. Quelle: Küttner

öffnet und schließt die Gießform und erzeugt die notwendige Zuhaltekraft. Die Gießeinheit fördert das flüssige Metall mit der erforderlichen Geschwindigkeit in die Gießform und bringt den notwendigen Gießdruck auf. Der Gießdruck wird in der Regel von einem hydraulischen Antriebszylinder auf den Gießkolben übertragen. [BÜHR14]

Man unterscheidet zwischen Warm- und Kaltkammermaschinen, deren jeweilige Anwendung durch den zu gießenden Werkstoff bestimmt wird. Beim Kaltkammerverfahren entsprechend Bild 2.10 wird der zu gießende Werkstoff in einem externen Ofen aufgeschmolzen und warmgehalten. Die für einen Gießvorgang notwendige Menge der Metallschmelze wird mithilfe einer Dosiereinrichtung der Gießkammer zugeführt. Bei einer Warmkammermaschine befindet sich der zu gießende Werkstoff unmittelbar an der Maschine in einem beheizten Behälter. Die Gießkammer befindet sich in der Regel direkt in dem mit Schmelze gefüllten Behälter, sodass sich durch Zurückziehen des Gießkolbens die Gießkammer selbsttätig füllt. Dieses Verfahren ist nur bei Zink-, Zinn- und Bleilegierungen möglich, da die Metallschmelzen dieser Werkstoffe den üblichen Behälterwerkstoff (Stahl oder Gusseisen) nicht angreifen. Messing-, Magnesium- und Aluminiumwerkstoffe werden wegen ihrer höheren Schmelztemperatur bzw. wegen ihrer Lösungsfähigkeit gegenüber Eisen und Stahl in der Regel auf Kaltkammermaschinen verarbeitet. Heute wird das Warmkammerverfahren aber auch für Aluminiumdruckguss angewendet. In diesem Fall sind die mit dem Aluminium in Berührung kommenden, hochbeanspruchten Bauteile des Warmkammergießaggregates aus Titanborid hergestellt.

Der Gießdruck, der bei mittleren Werkstückabmessungen etwa 500 bis 1.000 bar beträgt, versucht die beiden Formhälften auseinander zu drücken. Die sich hieraus er-

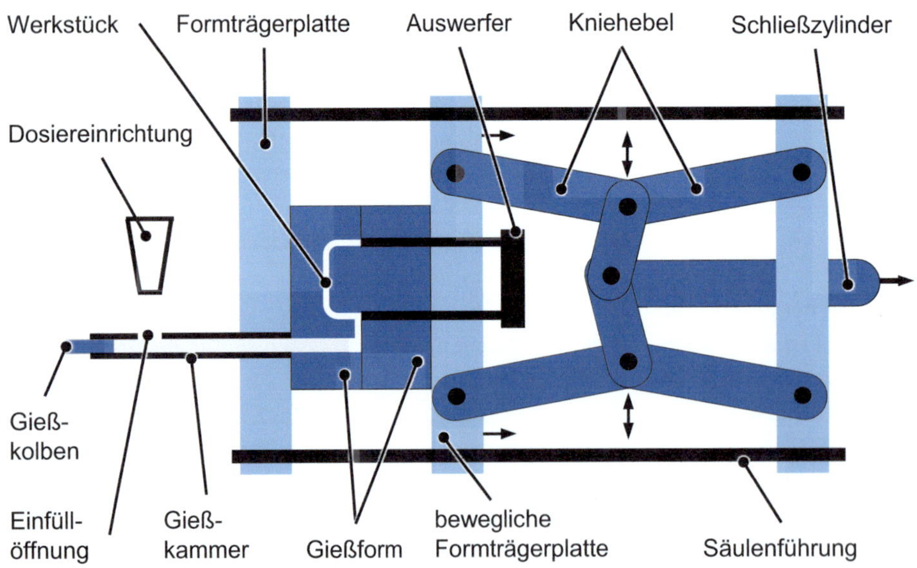

Bild 2.10 Funktionsweise einer Druckgussmaschine nach dem Kaltkammerverfahren

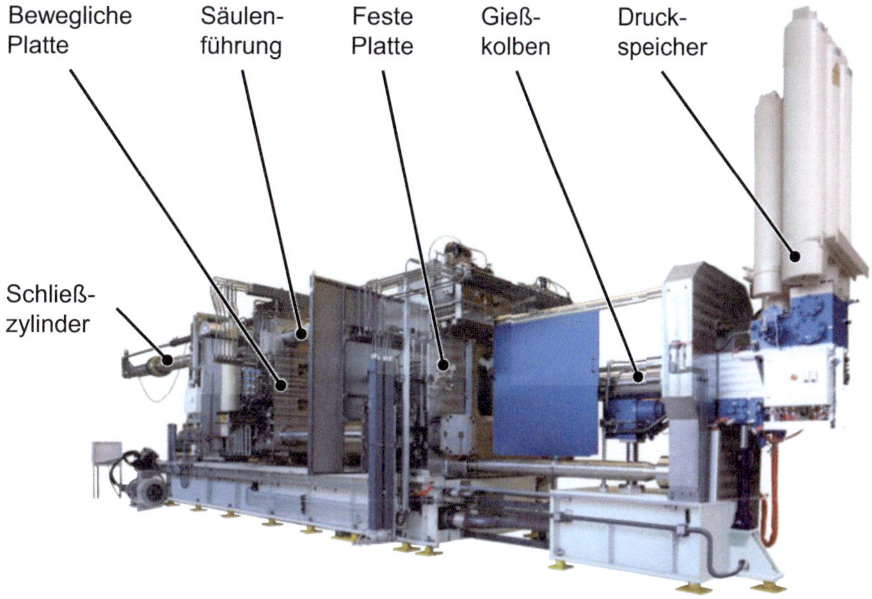

Bild 2.11 Aufbau einer Druckgussmaschine. Quelle: OSKAR FRECH

gebenden hohen Kräfte müssen von der Schließeinheit der Druckgussmaschine aufgenommen werden. Die Betätigung des Schließmechanismus erfolgt bei allen Druckgussmaschinen durch einen hydraulischen Schließzylinder. Dieser kann bei kleinen Druckgussmaschinen unmittelbar zur kraftschlüssigen Formzuhaltung dienen. Bei mittleren und großen Bauformen ist eine Kraftübersetzung nötig, die meist in der Form eines Doppelkniehebels realisiert wird, Bild 2.10. Die Maschine wird in der Weise eingestellt, dass in der gestreckten Lage der Kniehebel eine ausreichende Vorspannung der Formhälften vorliegt, sodass der Gießdruck die Formhälften nicht auseinandertreiben kann. Warmkammer- und Kaltkammermaschinen werden mit Schließkräften von bis zu 1.000 MN bzw. 45.000 MN gebaut [BÜHR14].

Eine Sonderform des Druckgießens ist das sogenannte Thixogießen. Dabei befindet sich das Vormaterial innerhalb des Solidus/Liquidus-Intervalls, in dem ein Teil der werkstoffbildenden Phasen bereits flüssig und andere Phasen noch fest sind. Das Vormaterial weist so ein thixotropes Fließverhalten auf, die Viskosität des Vormaterials nimmt also mit zunehmender Scherbeanspruchung ab. Es wird zwischen Thixocasting und Thixomolding unterschieden. Beim Thixocasting wird das Vormaterial in die Gießkammer konventioneller Kaltkammermaschinen eingelegt und über den Gießkolben in die Gießform gepresst. Das Thixomolding ähnelt dem Spritzgießen von Kunststoffen. Magnesium-Granulat wird durch Erwärmung und Scherung bei der Förderung mit einer Extruderschnecke teilverflüssigt [BÜHR14].

2.3.3 Stranggussmaschinen

Zum Herstellen von Blöcken und Halbzeug-Profilen werden das Blockgießen und das Stranggießen in Verbindung mit anschließendem Warmwalzen angewendet. Der klassische Blockguss hat jedoch einige schwerwiegende Nachteile, wie geringe Produktivität und Qualitätsmängel des Werkstücks durch Seigerungen und Lunker.

Das Prinzip des Stranggießens ist in Bild 2.12 dargestellt. In eine wassergekühlte Kokille, die das Querschnittprofil des zu gießenden Stranggusses aufweist, wird aus der Gießpfanne über ein Zwischen- bzw. Verteilergefäß kontinuierlich Schmelze eingegossen. Das erstarrte Metall verlässt die Profilkokille nach unten und wird durch die Sekundärkühlung weiter abgekühlt.

Die zeitliche Materialeingießmenge, der Wärmeentzug in Verbindung mit der Kristallisationsgeschwindigkeit und die Absenkgeschwindigkeit des erstarrenden Materials müssen sorgfältig aufeinander abgestimmt sein. Größere Schwindungshohlräume und Seigerungen vermeidet man durch die stetige Kristallisation im Bereich der gekühlten Profilkokille sowie durch zusätzliche Einrichtungen wie z. B. Elektromagnetisches Rühren (EMS) im Kokillen- und Strangbereich sowie einer gezielten schwachen Dickenreduktion (Soft-Reduction) im endgültigen Erstarrungsbereich [KOBL00]. Die Absenkgeschwindigkeit des Stranges liegt je nach den Abmessungen des Strangquerschnitts und des Materials bei etwa 0,1 bis 7 m/min.

Die ursprüngliche Bauform vertikaler Stranggussanlagen ist geprägt durch die geradlinige Anordnung der Teilsysteme. Dem Verteilergefäß folgen die Kokille, die Stütz- und Führungsrollen (Treiber) sowie die Trenneinrichtung, Bild 2.12 links. Bei diesen Vertikalanlagen ist die maximale Stranglänge

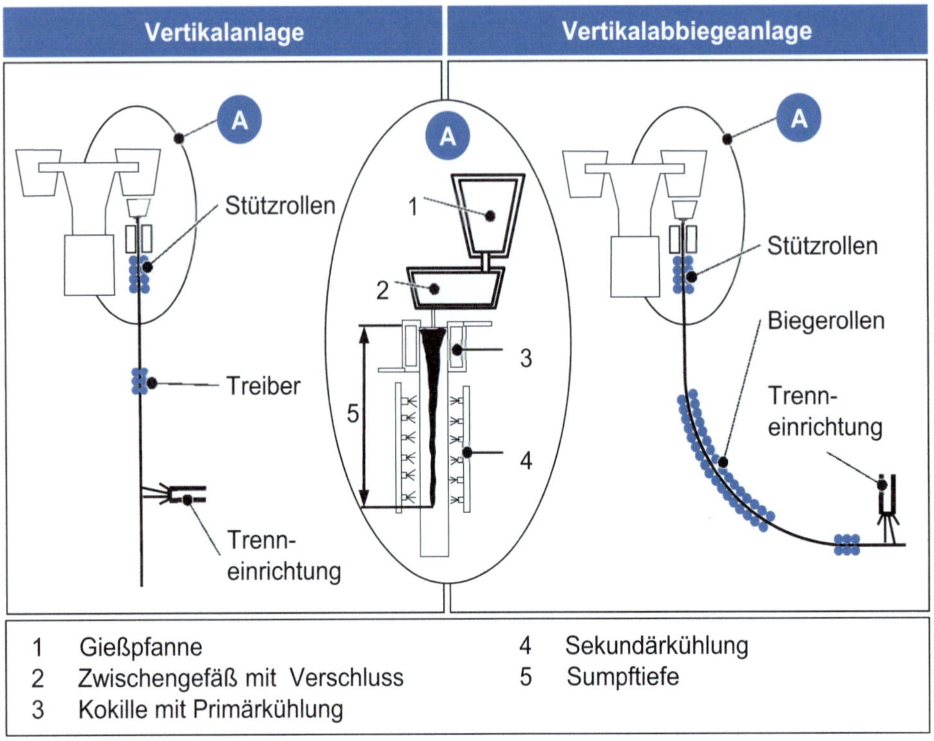

Bild 2.12 Vertikales Stranggießen. Nach SMS group

aus baulichen Gründen auf ca. 12 m begrenzt. Die Forderung nach größeren Strangabmessungen führte über verschiedene Zwischenstationen zu bogenförmigen Anlagen. Hierbei wird das erstarrende oder erstarrte, noch duktile Material entweder in der Kokille oder nach Verlassen der Kokille bogenförmig in die horizontale Lage umgelenkt, sodass man bei diesem kontinuierlichen Verfahren beliebige Stranglängen erzeugen kann, Bild 2.12 rechts.

Mittlerweile gibt es Verfahren (Inline Strip Process), bei denen mit endabmessungsnahem Gießen „inline“, d. h. ohne Prozessunterbrechung, das gewalzte Endprofil erzeugt werden kann. Mit der CSP Technologie (Compact Strip Production) wurde ein Anlagenkonzept etabliert, das die wirtschaftliche Erzeugung von Warmbreitband durch einen gekoppelten Prozess aus Gießen und Walzen ermöglicht, Bild 2.13. Mit einer entsprechend voreingestellten CSP-Trichter-Kokille werden Brammendicken im Bereich von 40 bis 90 mm erzeugt [ROSE09].

Bild 2.13 zeigt die Prinzipskizze einer CSP Anlage, bei der die Dicke der Dünnbramme mittels LCR Technologie (Liquid Core Reduction) stufenlos zur Anpassung an eine entsprechende Walzstrategie mit noch flüssigem

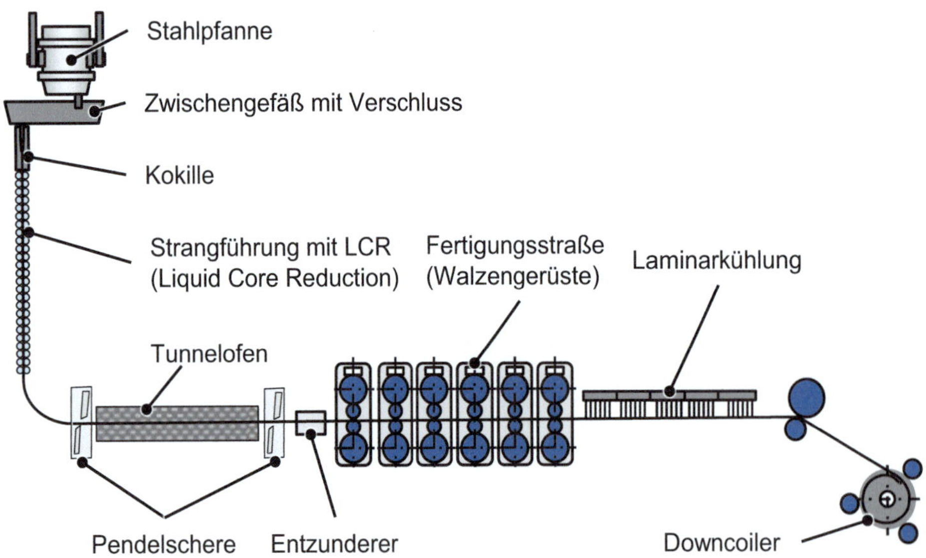

Bild 2.13 CSP Anlage. Nach SMS group

■ **Bild 2.14** Fünfadrige Stranggussanlage. Quelle: SMS group

Kern unterhalb der Kokille reduziert wird. Nach vollständiger Erstarrung erfolgen dann eine Temperaturhomogenisierung sowie Endwalzen durch eine entsprechende Anzahl von Walzgerüsten. Eine Stranggussanlage ist in ■ Bild 2.14 gezeigt. Die Stranggussprodukte werden dann in separaten Schritten, wie Aufheizen und Walzen, zu verkaufsfertigen Profil- und Flachprodukten weiterverarbeitet. [ROSE09]

2.3.4 Anlagen für das Gussputzen

Zur Herstellung gebrauchsfähiger und maßgenauer Gussteile müssen die Gusskörper nach dem Gießprozess nachbearbeitet werden. Die Nachbehandlungen, die unter dem Begriff Gussputzen zusammengefasst werden, umfassen unter anderem das Entsanden und Entzundern des Gusskörpers sowie das Entfernen von Angüssen, Steigern, Speisern und Graten. Das Gussputzen erfolgt überwiegend von Hand. Anguss- und Speisersysteme werden beispielsweise manuell durch Brennschneidverfahren vom Gusskörper getrennt und die Gusskörper mithilfe von Strahlverfahren entgratet. Die Werktätigen an diesen Arbeitsplätzen sind hohen Lärmpegeln und erheblichen Staubemissionen ausgesetzt. Das Gussputzen erfolgt aufgrund hoher Werkstückgewichte häufig unter ergonomisch ungünstigen Bedingungen. Die geringe Attraktivität eines derartigen Arbeitsplatzes führt zu einer hohen und kostenintensiven Personalfluktuation in der Gussputzerei. Daher werden zum Gussputzen vermehrt Roboter eingesetzt. Die stark schwankenden geometrischen Abmessungen von Graten, Steigern usw. sowie die groben Gusstoleranzen verursachen jedoch starke Schwankungen der Schnittkräfte, die zu einer unsauberen Gratbearbeitung oder sogar zum Werkzeugbruch führen können. Darüber hinaus kann die Lage der gewünschten Sollkontur von der Bearbeitungsmaschine im Gegensatz zum Menschen nicht erkannt werden. Mit einer sanften Prozessführung oder durch die Verwendung von Schnittkraftsensoren, mit denen die vorprogrammierte Bahn des Putzwerkzeuges relativ zum Gussteil korrigiert werden kann, lassen sich Roboter zu Bearbeitungsmaschinen umfunktionieren. Die mangelnde statische und dynamische Steifigkeit der Roboter führt zu Überlegungen, sensorgeführt und numerisch gesteuerte Werkzeugmaschinen zum Gussputzen einzusetzen. So können mit einer Fräsmaschine quasi-kraftgeführt Gussteile selbst mit großen Toleranzen automatisch geputzt werden.

2.4 Anlagen für das Sintern

Das Sintern ist ein spezieller Verfahrensschritt bei der pulvermetallurgischen Herstellung von Halbzeugen oder Fertigteilen. Der gesamte Verfahrensablauf der Werkstückherstellung aus Metallpulvern wird unter dem Begriff Sintertechnik zusammengefasst. In ◘ Bild 2.15 sind die einzelnen Verfahrensschritte des Herstellungsprozesses dargestellt. Maschinen dienen in diesem Verfahrensablauf zum Pressen und Kalibrieren der Werkstücke.

Die zunehmend komplexe Formgebung bei gleichzeitiger Steigerung der Festigkeitswerte führt zwangsläufig zu immer höheren Anforderungen an die Presstechnik. Während ursprünglich vielfach übliche Pressen der Umformtechnik in der Sintertechnik Verwendung fanden, geht der Trend zu speziell für die Sintertechnik entwickelten Maschinen.

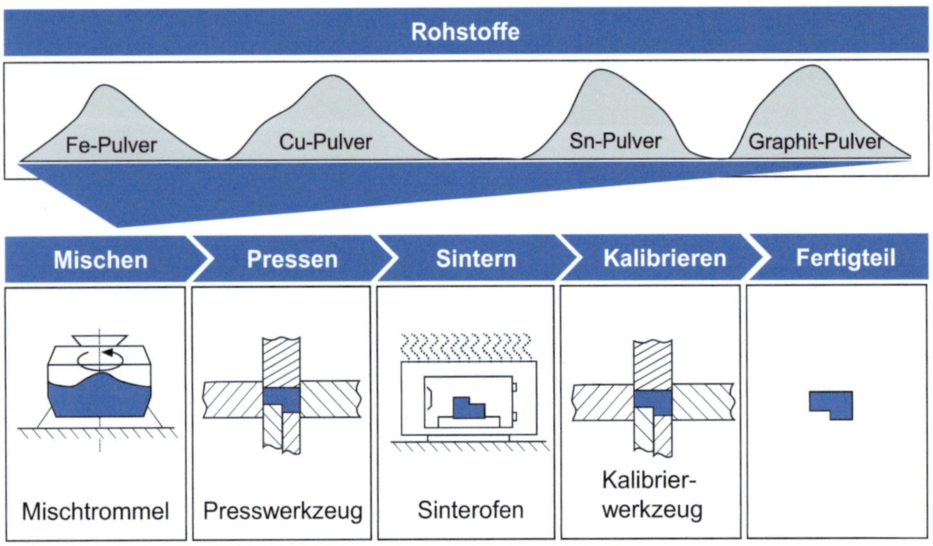

◘ **Bild 2.15** Verfahrensschritte in der Pulvermetallurgie

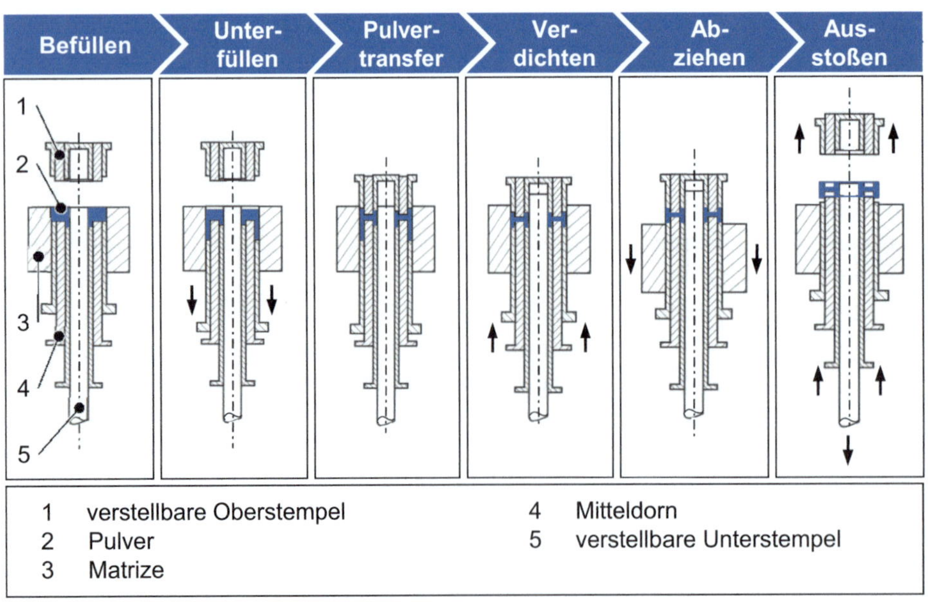

◘ **Bild 2.16** Arbeitsschritte beim Sinterpressen. Nach SMS group

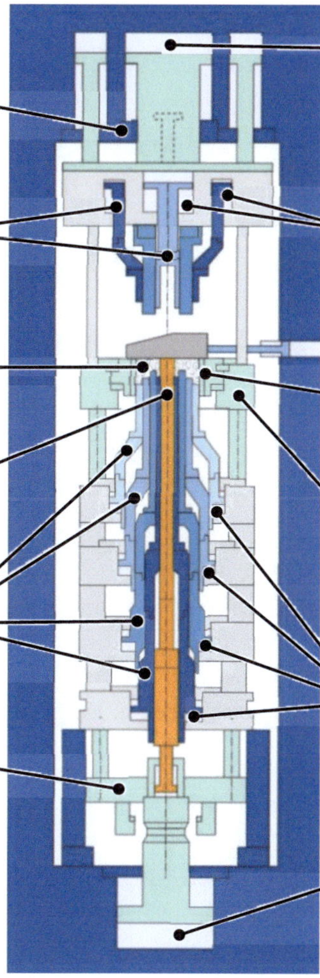

Bild 2.17 Adaptertechnik zur geregelten Stempelbewegung in der Pulverpresse. Nach SMS group

Durch den Einsatz mehrerer Unterstempel lässt sich ein größeres Bauteilspektrum realisieren. NC-gesteuerte Pulverpressen ermöglichen dabei geregelte hydraulische Pressvorgänge bei höchster Genauigkeit. Die verschiedenen Stempel sowie die Matrize und der Mitteldorn der Sinteranlage lassen sich unabhängig voneinander kraft- bzw. weggesteuert verfahren. Durch die unabhängige Verstellung sowohl der Stempel (Ober- und Unterstempel) als auch der Matrize ist eine Verdichtung des Materials unter Berücksichtigung einer optimalen Raumfüllung möglich. Gerade und mehrstufige Bauteile erfordern komplexe Stempelbewegungsfolgen. Hierdurch wird gewährleistet, dass während des Pressvorgangs gleiche Sektionsdichten und somit keine Risse erzeugt werden.

Zum Verpressen des Metallpulvers wird dieses in den Ringraum zwischen Matrize und Mitteldorn eingefüllt, Bild 2.16. Nach dem Füllen wird, je nach Bauteil, eine Unterfüllung durchgeführt, um auch in dünnen Außenwänden die gewünschte Dichte zu erreichen. Die Unterfüllung erfolgt durch entsprechende Bewegung der Unterstempel, wodurch Pulver in weniger dicht gefüllten Zonen bereitgestellt wird. Durch das Schließen des Füllraumes wird der Pulvertransfer abgeschlossen. In der letzten Phase der Verdichtung werden die Lagen der verschiedenen Stempel eingestellt. Um Risse zu vermeiden, wird der Grünling während der Abzugsbewegung der Matrize durch den Oberstempel belastet und die Matrize abgezogen. Die unterschiedlichen Stempelstauchungen und die damit verbundenen Auffederungen der Unterstempel können während der Presskraftreduktion kompensiert werden. Damit der Grünling nicht am Werkzeugoberteil klebt, ist die Abdrückbewegung eines Oberstempels notwendig. Das Ausstoßen erfolgt durch die Hubbewegung eines Unterstempels und Rückziehen des Dorns, wonach das Werkstück dem Arbeitsraum entnommen werden kann. Bild 2.17 zeigt eine hydraulische Pulverpresse mit mehreren interagierenden Stempelebenen.

Nach dem Pressvorgang erfolgt das Sintern bei Temperaturen, die unterhalb des Schmelzpunktes des Metalls liegen. Damit die Diffusionsvorgänge nicht durch Oxidbildung behindert werden, werden Sinteröfen unter inerter Atmosphäre betrieben. Ist kein weiterer Sintervorgang erforderlich, wird das Werkstück kalibriert bzw. geschmiedet. Das Bild 2.18 veranschaulicht den vollständigen Ablauf des Sinterns anhand eines Geräteschemas.

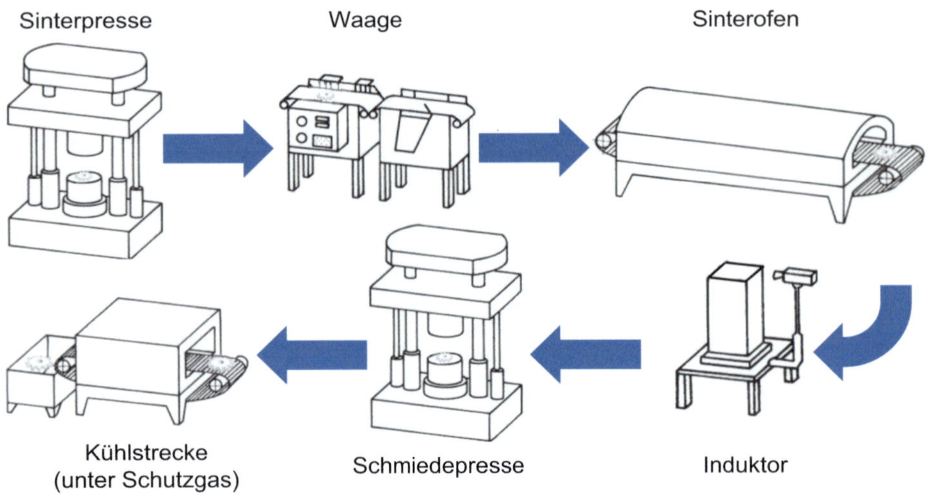

Bild 2.18 Geräteschema zum Sinterpressen. Quelle: Sintermetall Krebsöge GmbH & Co.KG

2.5 Anlagen für das Gießen von Reaktionsharzbeton

Ein Gemenge aus Steinen unterschiedlicher Körnung und Reaktionsharz bezeichnet man als Reaktionsharzbeton. Das Material wurde ursprünglich im Bauwesen zur Herstellung von Fertigteilen (säurefeste Rohre, Drainagerinnen usw.) eingesetzt. Infolge seiner hohen thermischen Trägheit, seines guten Dämpfungsverhaltens sowie aus wirtschaftlichen Interessen hat sich das Anwendungsspektrum dieses Werkstoffes

Bindemittel: Kunstharze

	Eigenschaften	Polyesterharze	Epoxidharze	Metacrylatharze
Verarbeitung	Aushärtungsmechanismus	Polymerisation	Polyaddition	Polymerisation
	Zähigkeit in kg/m/s	0,03 – 1,7	0,01 - 20	0,001 - 0,17
	Topfzeit in min	4 - 120	5 - 240	1 - 40
	Volumenschwindung in %	8 - 12	0,5 - 5	8 - 21
Gebrauch	Zugfestigkeit in N/mm²	20 - 70	27 - 92	20 - 100
	Elastizitätsmodul in kN/mm²	3 - 5	2 - 4	2,8 - 4,5
	Dichte in g/cm³	1,0 - 1,8	1,1 - 1,8	0,9 - 1,7
	Wärmeausdehnungskoeffizient in µm/m/K	20 - 90	32 - 90	30 - 80

Zuschlagstoffe: Quarz, Kies, Basalt, Granit

Größe der Zuschlagstoffe in mm	Zuschlagstoffe in Gew. -% entsprechend Sieblinie
0 - 1	35
1 - 2	5
2 - 3	5
3 - 4	-
4 - 8	-
8 - 16	-
16 - 32	55

Sieblinie

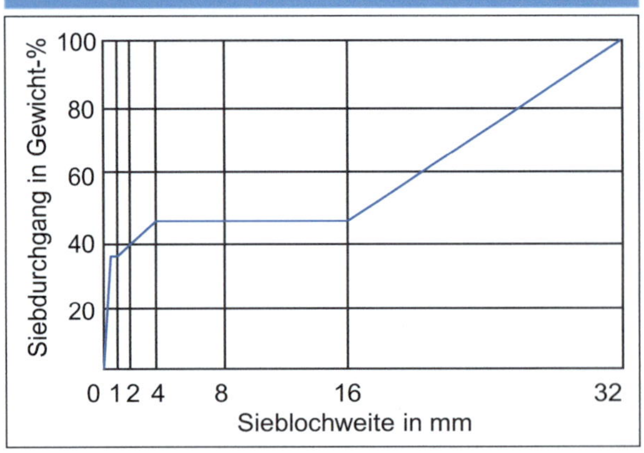

Bild 2.19 Komponenten des Reaktionsharzbetons. Nach [SAHM87]

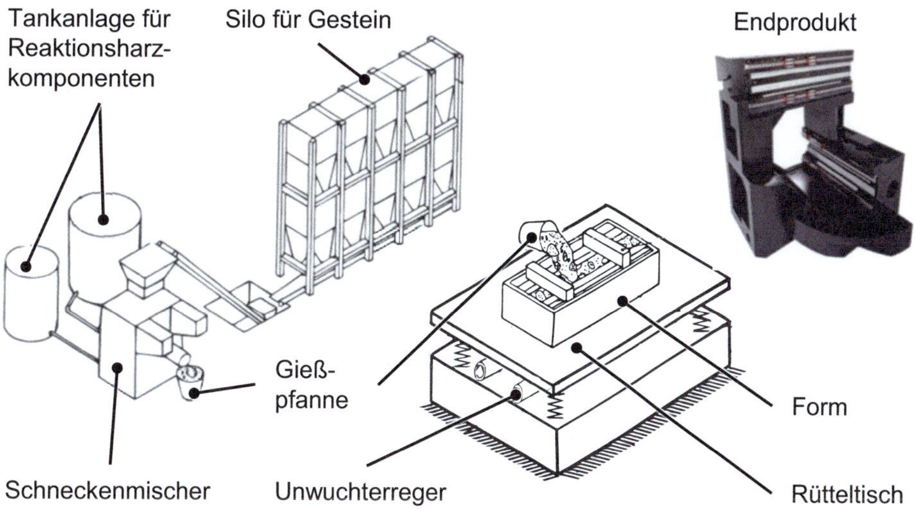

Bild 2.20 Anlage zur Herstellung von Bauteilen aus Reaktionsharzbeton. Quelle: RAMPF Holding

auf die Herstellung von Teilen des allgemeinen Maschinenbaus, wie z. B. Maschinengestelle und Getriebegehäuse, erweitert.

Reaktionsharzbeton besteht aus einem Reaktionsharz als Bindemittel und mineralischen Zuschlagstoffen. Die wichtigsten Harze sind mit ihren Eigenschaften in Bild 2.19 dargestellt. Bei den mineralischen Zuschlagstoffen werden hauptsächlich Granit und Quarz genutzt, die entweder in ihrer natürlichen Form (Sand, Kies) verwendet oder durch Zerkleinern von Gestein (Splitt, Brechsand, Gesteinsmehl) gewonnen werden. Beim Herstellen von Reaktionsharzbeton werden die Zuschlagstoffe unterschiedlicher Korngrößen entsprechend sogenannter Sieblinien gemischt, Bild 2.19 unten rechts. In diesem Diagramm ist als Ordinate der gewichtsmäßige Durchgang durch genormte Prüfsiebe dargestellt, als Abszisse die entsprechende Sieblochweite der Siebe. Die Interpretation der Sieblinie ist zusätzlich aus der unteren Tabelle des Bildes zu erkennen, welche die einzelnen Gewichtsanteile der enthaltenen Korngrößen nochmals angibt. Die angegebene Sieblinie wird für Reaktionsharzbeton angewandt, sie erfüllt damit die Forderung nach einer möglichst geringen zu benetzenden Kornoberfläche verbunden mit einer höchsten Packungsdichte.

Werden unter Zusatz von Reaktionsmitteln (z. B. Härter, Beschleuniger) das Reaktionsharz und das Gestein vermischt, fängt das Gemenge nach einer gewissen Zeit (Topfzeit) an, unter Volumenschwund auszuhärten. Während der Topfzeit wird der Reaktionsharzbeton in eine Form gefüllt und durch Rütteln verdichtet. Eine Anlage zur Herstellung von Bauteilen aus Reaktionsharzbeton ist in Bild 2.20 dargestellt.

Der Betonzwangsmischer dient zum Vermischen der Komponenten des Reaktionsharzbetons. Die fertige, noch nicht ausgehärtete Mischung, die als Reaktionsharzmasse bezeichnet wird, wird in die mit Trennmittel eingesprühte Form gefüllt und anschließend durch Rütteln verdichtet. Nachdem der Reaktionsharzbeton ausgehärtet ist, wird das Bauteil entformt. Das Eingießen von Montageplatten oder -leisten ermöglicht die Befestigung von Anbauteilen wie Führungsbahnen, Lagerböcke oder Ähnlichem. Präzise Funktionsflächen können auch durch die Verwendung hochgenauer Abformlehren hergestellt werden, diese übertragen mit speziellen Belagsystemen ihre Kontur auf den Gussrohling.

Die mechanischen und thermischen Eigenschaften des ausgehärteten Reaktionsharzbetons werden im Vergleich zu Guss- und Stahlwerkstoffen in Bild 2.21 dargestellt. Unter dem Aspekt der Formbeständigkeit eines Werkzeugmaschinengestells unter Last ist neben dem Elastizitätsmodul die Streckgrenze, also die Spannung, bei der der Werkstoff beginnt, sich plastisch zu verformen, von Interesse.

Dieser Kennwert ist für Reaktionsharzbeton im Vergleich zu Stahl und Gusseisen sehr gering, jedoch muss berücksichtigt werden, dass in konventionellen Werkzeugmaschinengestellen mit Ausnahme von Pressen und Hämmern nur an den Krafteinleitungsstellen höhere Spannungen auftreten. Durch angepasste Krafteinleitungselemente können zu große Spannungen im Reaktionsharzbeton vermieden werden. Die thermischen Eigenschaften des Reaktionsharzbetons differieren ebenfalls stark von denen der Eisenwerkstoffe. Die Wärmeleitfähigkeit ist wesentlich geringer als bei den Eisenwerkstoffen, die spezifische Wärmekapazität hingegen wesentlich größer. Das bedeutet, dass die Zeitkonstanten des thermoelastischen Verformungsverhaltes von Maschinen aus Reaktionsharzbeton wesentlich größer sind als bei vergleichbaren Maschinen aus Stahl oder Grauguss. Um Bimetalleffekte an Stellen des Materialverbunds zwischen Reaktionsharzbeton und Stahl zu vermeiden, ist man bestrebt, durch entsprechende Zusammenstellungen von Harzen und Zuschlagstoffen den thermischen Längenänderungskoeffizienten des Betons an den der Eisenwerkstoffe anzugleichen.

2

Kennwert	Einheit	Stahl	Guss EN-GJL-			RHB
			200	250	300	
Dichte ρ	kg/dm³	7,8	7,15	7,2	7,3	2,1 - 2,4
Elastizitätsmodul E	kN/mm²	210	88 - 113	103 - 118	123 - 143	15 - 55
Auf Dichte bezogener Elastizitätsmodul	10^6 m²/s²	27	14	15,4	18,2	15
Zugfestigkeit R_m	kN/mm²	0,35 - 1,5	0,2 - 0,3	0,25 - 0,35	0,35 - 0,45	0,01 - 0,03
Streckgrenze R_p	kN/mm²	0,25	0,13 - 0,195	0,165 - 0,228	0,228 - 0,285	0,002
Materialdämpfung (log. Dekr.)	10^3 kg/m/s	0,002	0,003	0,003	0,003	0,02 - 0,04
Wärmeausdehnungs-koeffizient α	µm/m/K	12	10 - 13	10 - 13	10 - 13	10 - 20
Wärmeleitfähigkeit λ	W/m/K	45 - 50	50-46	48,5 - 44,5	45,5 - 41,5	1,3 - 3,0
Wärmekapazität C_p	kJ/kg/K	0,45 - 0,5	0,46 - 0,535	0,46 - 0,535	0,46 - 0,535	0,9 - 1,3
Relative Werkstoffkosten	-	1	0,63	0,63	0,63	0,32

Bild 2.21 Vergleich der Werkstoffkennwerte von Stahl, Guss und Reaktionsharzbeton (RHB). Quelle: [WEIß12; ANGU78]

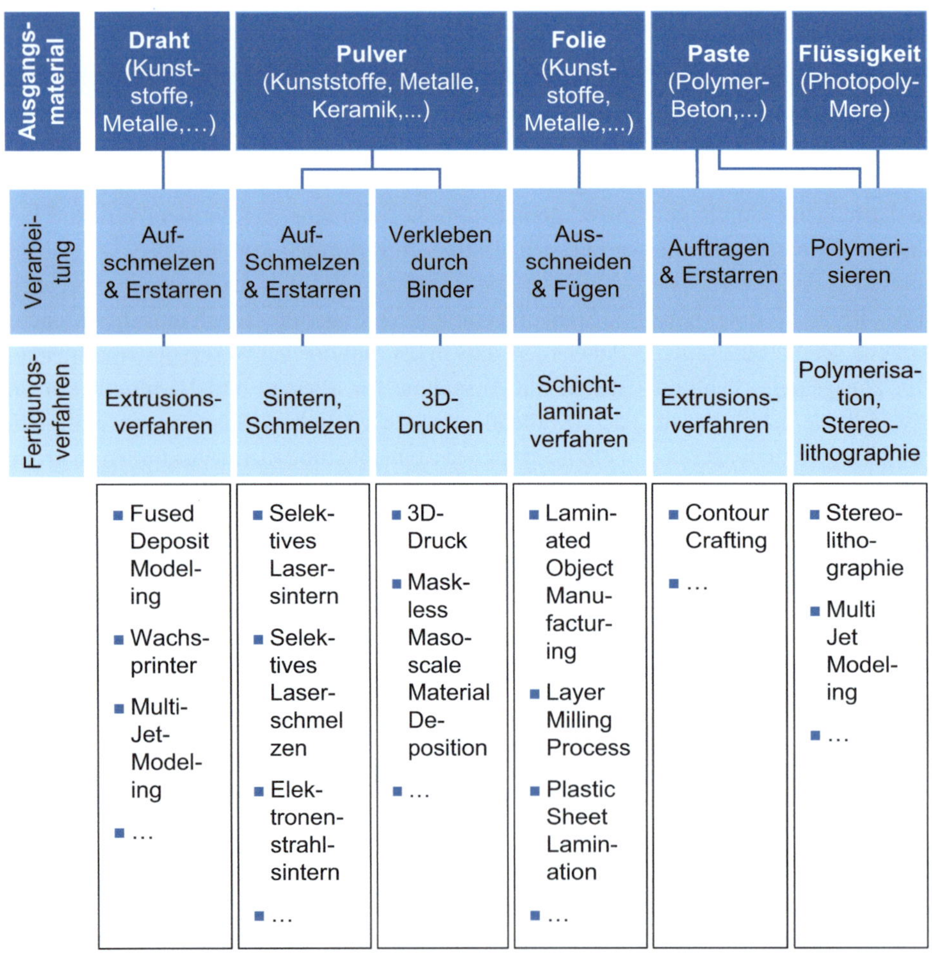

Bild 2.22: Klassifizierung generativer Fertigungsverfahren. Nach [GEBH07]

In ► Kap. 3.5 im zweiten Band dieser Buchreihe wird ausführlich auf die konstruktiven und fertigungstechnischen Besonderheiten von Maschinenkomponenten aus Reaktionsharzbeton eingegangen.

2.6 Maschinen für die generative Fertigung

Generative Fertigungsverfahren, die auch additive Fertigungsverfahren genannt werden, erzeugen eine Bauteilgeometrie durch schichtweises Aneinanderfügen von Volumenelementen ohne den Einsatz von Werkzeugen wie bspw. Formen oder Zerspanwerkzeugen. Dies erlaubt die Fertigung komplexer Strukturen ohne geometrische Restriktionen, die bei konventionellen Verfahren notwendig sind. Aufgrund der direkten Umsetzung von CAD-Daten in ein physisches Bauteil eignen sich die generativen Fertigungsverfahren besonders für Prototypen, kleine Stückzahlen und kundenspezifisch angepasste Produkte. [VDI14]

Eine Gliederung der generativen Fertigungsverfahren kann neben dem Aggregatzustand des Ausgangsmaterials nach der Erscheinungsform des Ausgangsmaterials, dem Mechanismus der Schichtbildung und der Bezeichnung des Verfahrens erfolgen, ◘ Bild 2.22.

Das ► Kap. 7.5 widmet sich der detaillierteren Behandlung generativer Fertigungsverfahren. In diesem Kapitel werden generative Fertigungsanlagen vorgestellt sowie weitere Einblicke in diese Art der Fertigung gegeben.

Abkürzungsverzeichnis

CAD	Computer Aided Design
CSP	Compact Strip Production
DIN	Deutsches Institut für Normung
EMS	Elektromagnetisches Rühren
EN	Europäische Norm
ISO	International Standards Organization
LCR	Liquid Core Reduction
NC	Numeric Control
RHB	Reaktionsharzbeton

Literaturverzeichnis

[ANGU78] Angus, H. T.: Cast Iron – Physical and Engineering Properties. 2. Aufl. London: Butterworths, 1978

[BÜHR14] Bühring-Polaczek, A.; Michaeli, W.; Spur, G.: Handbuch Urformen. (Reihe: Ed. Handbuch Fertigungstechnik). München: Hanser, 2014

[DIN03] Norm DIN 8580 (September 2003). Fertigungsverfahren – Begriffe, Einteilung

[GEBH07] Gebhardt, A.: Generative Fertigungsverfahren. 3. Aufl. München: Hanser, 2007

[KOBL00] Koblenzer, H.: Einfluß einer Umformung mit flüssigem Kern auf die Innenbeschaffenheit von im Strang gegossenen Stahlknüppeln. Diss. RWTH Aachen, 2000

[ROSE09] Rosenthal, D.; Krämer, S.; Klein, C.; Geerkens, C.; Müller, J.: 20 years of CSP. In: Stahl und Eisen. 129. Jg., 2009, Nr. 11, S. 73–89

[SAHM87] Sahm, D.: Reaktionsharzbeton für Gestellbauteile spanender Werkzeugmaschinen. Diss. RWTH Aachen, 1987

[VDI14] Richtlinie VDI 3405 (Dezember 2014). Additive Fertigungsverfahren

[WEIß12] Weißbach, W.; Dahms, M.: Werkstoffkunde. (Reihe: Studium Festigkeitslehre und Werkstofftechnik). 18. Aufl. Wiesbaden: Vieweg und Teubner, 2012

Kapitel 3

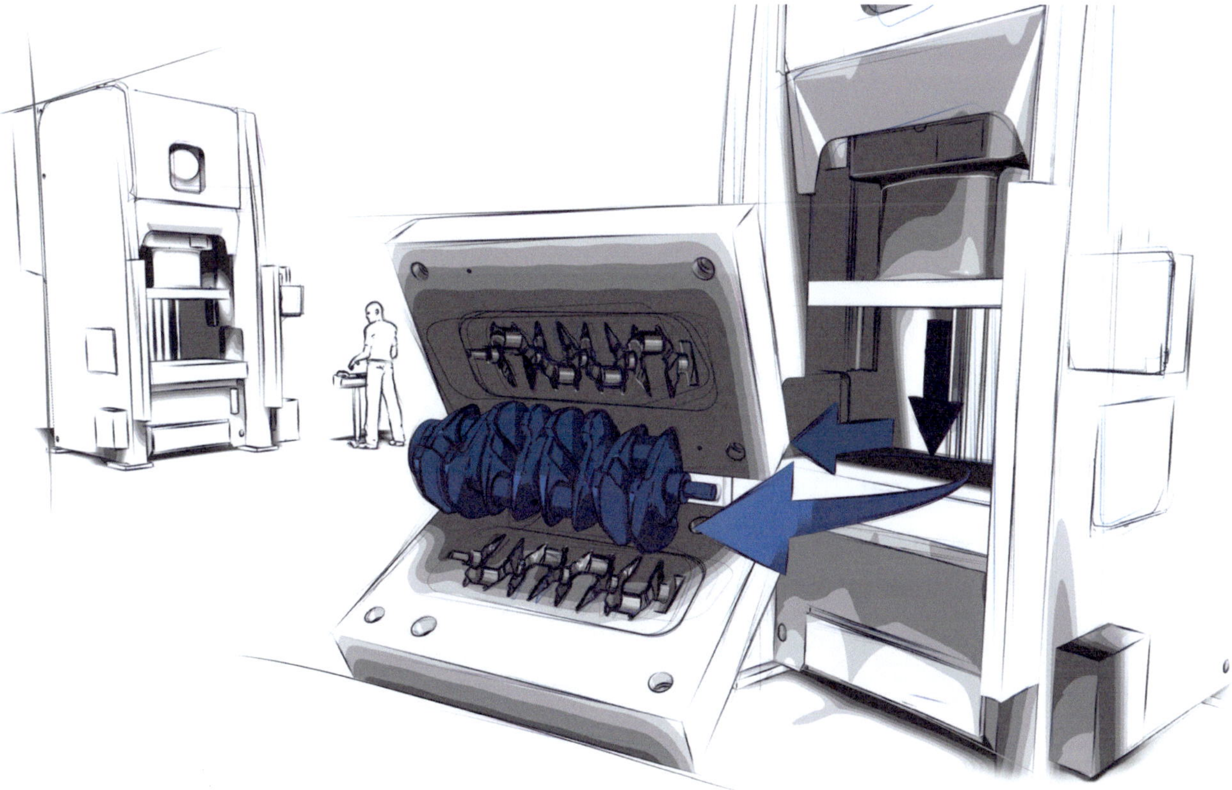

Umformende und zerteilende Maschinen

Ich danke meinen Mitarbeitern Dr.-Ing. Kolja Bakarinow, Dipl.-Ing. Bastian Esser, Alexander Hassis M.Sc. und Florian Kneer M.Sc. für ihre Mitwirkung bei der Überarbeitung dieses Kapitels.

Einzelmaschinen

3.1 Umformende Maschinen

Unter dem fertigungstechnischen Begriff „Umformen“ versteht man nach DIN 8580 [DIN03f] das Formgeben der Werkstücke durch bildsames (plastisches) Ändern der Form eines Körpers. Dabei werden sowohl die Masse als auch der Zusammenhalt des Materials beibehalten. Die Teilmassen werden lediglich anders verteilt. Somit gehört das Umformen zu den spanlosen Fertigungsverfahren, welche sich im Allgemeinen durch geringe Materialverluste und Fertigungszeiten auszeichnen. Häufig können zusätzlich der optimale Materialfaserverlauf in den Werkstücken und eine Steigerung der Festigkeit durch Kaltverfestigung beim Kaltumformen vorteilhaft genutzt werden. Der Einsatz dieser Verfahren ist in der Regel jedoch nur bei großen Losgrößen zu vertreten, sodass die hohen Werkzeugkosten weniger stark ins Gewicht fallen.

Die Fertigungsverfahren der Umformtechnik werden entsprechend der Norm DIN 8582 [DIN03g] nach der beim Umformvorgang auftretenden Hauptbeanspruchung des Werkstoffs bei Formänderung gegliedert. Es werden die fünf Verfahrenshauptgruppen Druck-, Zug-Druck-, Zug-, Biege- und Schubumformen unterschieden, ◘ Bild 3.1. Eine weitere Einteilung erfolgt nach DIN 8583 bis 8587 [DIN03h; DIN03e; DIN03c; DIN03d; DIN03b] nach den Kriterien Kinematik (Relativbewegung zwischen Werkstück und Werkzeug) sowie Werkstück- und Werkzeuggeometrie, ◘ Bild 3.2.

Unabhängig von dieser Systematik hat sich in der industriellen Praxis eine andere Einteilung der Umformverfahren etabliert. Nach der räumlichen Ausdehnung der Werkstücke werden die beiden Gruppen Blech- und Massivumformung unterschieden [o.V.02]. Dabei erfolgt bei den Verfahren der Massivumformung (z. B. Fließpressen, Stauchen, Schmieden), ausgehend von räumlich ausgeprägten Rohlingen, eine dreidimensionale Werkstoffverteilung mit großen Querschnitts- und Wanddickenänderungen. Die Verfahren der Blechumformung (z. B. Tiefziehen, Biegen) sind dadurch gekennzeichnet, dass aus flächigen Werkstücken dreidimensionale Teile, z. B. Hohlteile, mit annähernd konstanter Wandstärke, die etwa der Blechdicke entsprechen, geformt werden. Die Maschinen und Werkzeuge für die Massivumformung (Schmiedemaschinen) sind infolge des wesentlich höheren Kraftbedarfs steifer ausgeführt als die für die Blechumformung. Ein anderer Gliederungsgesichtspunkt ist die Umformtemperatur: Es wird unterschieden zwischen Kalt-, Halbwarm- und Warmumformung. Bei der Kaltumformung ist die Ausgangstemperatur des Werkstoffs die Raumtemperatur. Die Halbwarmumformung findet in einem Werkstücktemperaturbereich zwischen 600 °C und 900 °C statt. Die Warmumformung findet bei einer Temperatur statt, die meist oberhalb der Rekristallisationstemperatur des jeweiligen Werkstoffs liegt. Nach anderen Definitionen (s. auch [DIN03g]) handelt es sich schon um Warmumformung, wenn das Werkstück vor dem Umformen über die Raumtemperatur hinaus erwärmt wird. Ein Vorteil der Warmumformung ist das große Formänderungsvermögen. Die Bauteile der Kaltmassivumformung weisen im Allgemeinen höhere Maß- und Formgenauigkeiten, sowie bessere Oberflächenqualitäten auf. Die Halbwarmumformung verbindet die Vorteile der Kalt- und der Warmumformung. Sie wird aufgrund der höheren Entwicklungs- und Werkzeugkosten zumeist bei sehr großen Stückzahlen angewendet.

Zur Umformung bei hohen Temperaturen benötigt man wegen der größeren Werkstoffduktilität eine geringe Umformenergie und eine niedrigere Umformkraft. Dieser Zusammenhang wird aus ◘ Bild 3.3 anhand des Verlaufs der Formänderungsfestigkeit in Abhängigkeit von der Temperatur und des Umformgrads für den Werkstoff 1.0401 (Kohlenstoffstahl C15) deutlich. Die Warmfestigkeit der Werkzeuge, die Grobkornbildung des Materials sowie die Energiekosten begrenzen die Höhe der Temperatur beim Warmumformen [KÖNI06].

Die für die Fertigungsverfahren der Umformtechnik eingesetzten Umformmaschinen haben die Aufgabe, die für das jeweilige Verfahren notwendigen Kräfte und Energien bei den

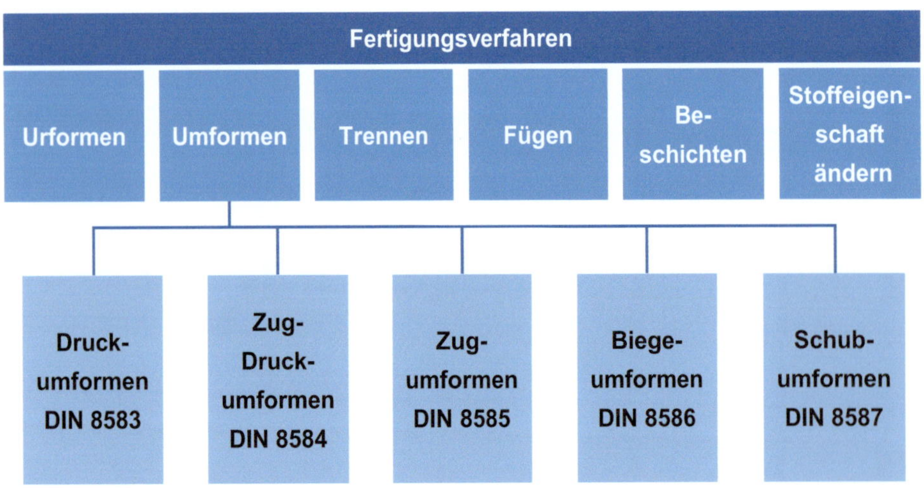

◘ **Bild 3.1** Aufteilung der Umformverfahren. Nach DIN 8580 [DIN03f], DIN 8582 [DIN03g]

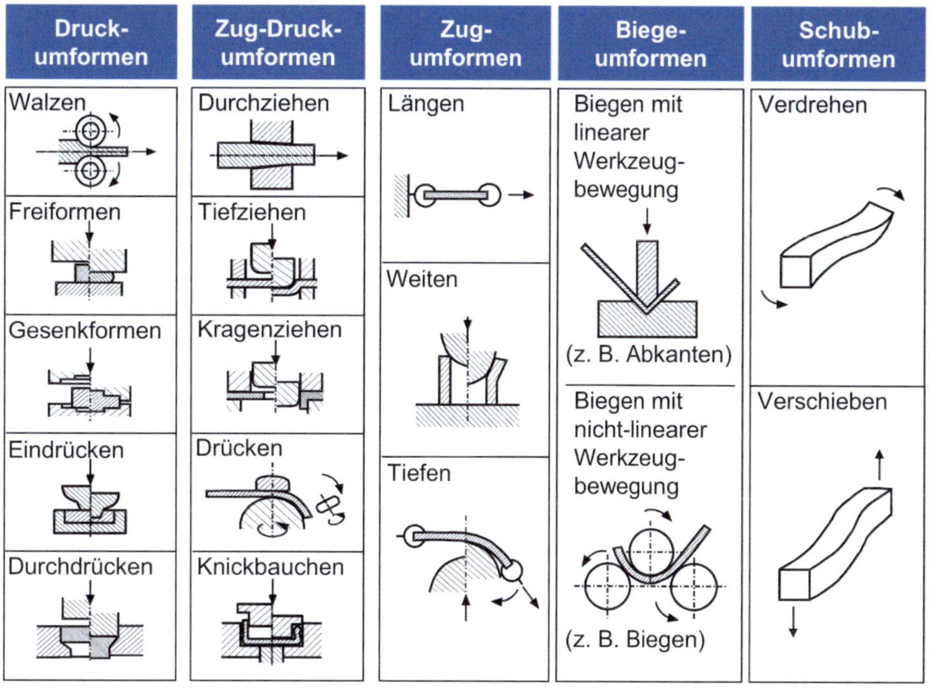

Bild 3.2 Unterteilung der Umformverfahren. Nach DIN 8583 - 8587 [DIN03h; DIN03e; DIN03c; DIN03d; DIN03b]

erforderlichen Umformhüben bereitzustellen und die Umformwerkzeuge genau zu führen und in Eingriff zu bringen.

Eine Einteilung der Umformmaschinen nach den oben beschriebenen Fertigungsverfahren [DIN03h; DIN03e; DIN03c; DIN03d; DIN03b] ist nicht zweckmäßig, da sich bei gleichartiger Maschinenkinematik durch Einbau verschiedenartiger Werkzeuge und Hilfseinrichtungen mehrere Fertigungsverfahren in einer Maschine verwirklichen lassen. Aus diesem Grunde bietet sich die in Bild 3.4 dargestellte Gliederung nach der Maschinenart und der Maschinenfunktion an. Die weitere Untergliederung erfolgt nach den Ordnungsgesichtspunkten: Funktionsprinzip, Antriebsart, Kinematik, Werkzeugbewegung, Werkzeug- und Werkstückgeometrie, Anwendungsbereich und Einsatzgebiet.

Einen Einblick in die grobe Gliederung der Funktionsprinzipien der Umformmaschinen sowie deren Kenngrößen gibt Bild 3.5. Umformmaschinen werden zunächst in energiegebundene Maschinen, weggebundene Maschinen und kraftgebundene Maschinen eingeteilt. Hämmer und Spindelpressen sind Maschinen, bei denen das Arbeitsvermögen die kennzeichnende Größe darstellt. Für jeden Umformvorgang wird ein bestimmter Betrag an Arbeitsvermögen zur Verfügung gestellt, der über die Massen und Geschwindigkeiten der bewegten Maschinenbauteile beeinflusst und eingestellt werden kann. Der Umformvorgang ist dann beendet, wenn die kinetische Energie der geradlinig oder rotatorisch bewegten Massen vollständig in Formänderungsarbeit umgesetzt wurde (energiegebundene Maschinen). Die während des

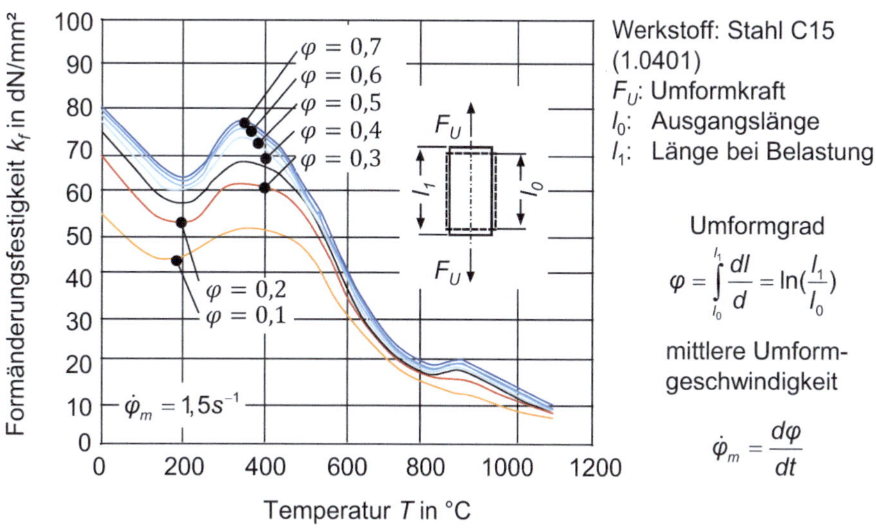

Bild 3.3 Formänderungsfestigkeit in Abhängigkeit von Temperatur und Umformgrad

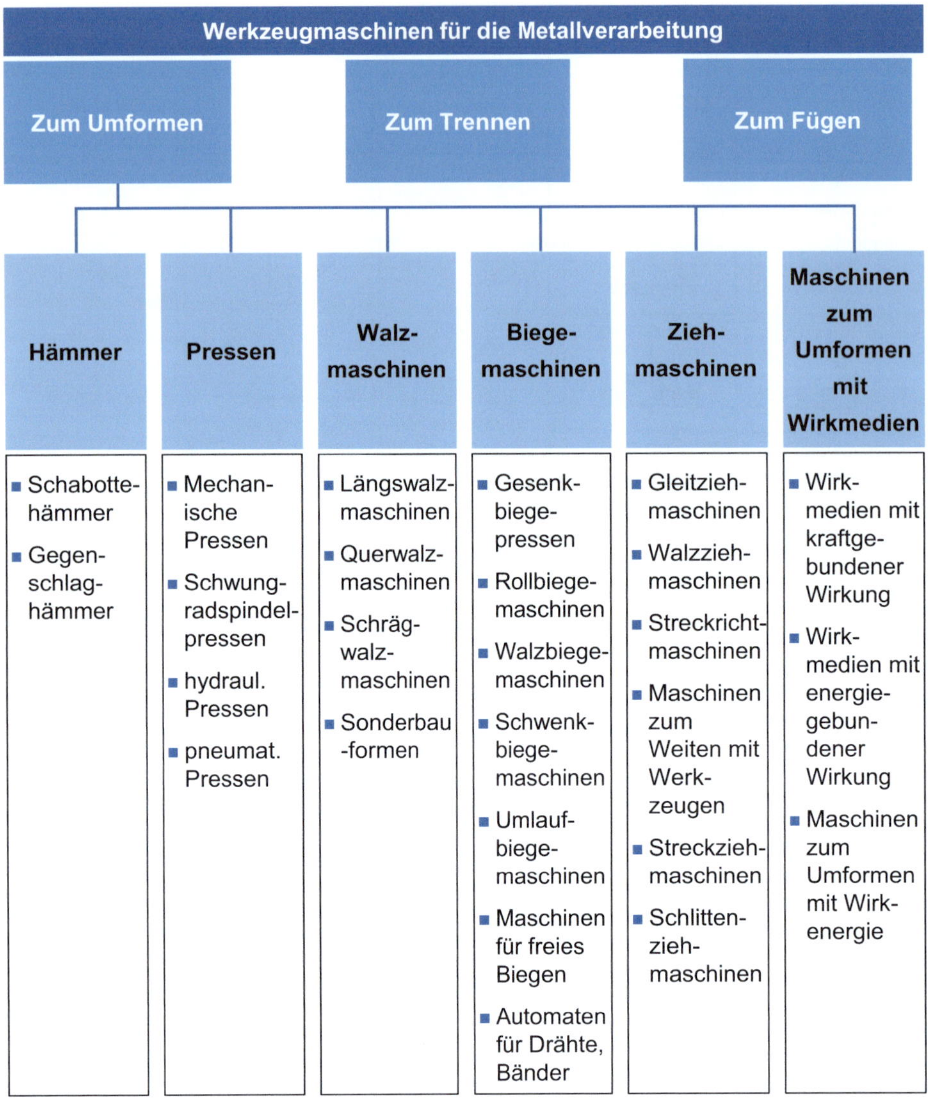

Bild 3.4 Arten und Ausführungen von Umformmaschinen

Umformvorgangs auftretenden Kräfte stellen sich dabei prozessabhängig ein. Einflussfaktoren auf die auftretenden Umformkräfte sind zum einen die Form, die Abmessung und der Werkstoff des Werkstücks und zum anderen der erforderliche Umformweg.

Bei Exzenter-, Kurbel-, Kniehebel- und Keilpressen ist der Stößelweg, der durch die Totlagen des Kurbeltriebs begrenzt wird, die charakteristische Kenngröße (weggebundene Maschinen). Die Größe der am Werkzeug bzw. Stößel nutzbaren Kraft ist abhängig von der jeweiligen Stößelstellung. Die für die Maschine charakteristische Nennpresskraft wird abhängig von der jeweiligen Antriebsart einige Winkelgrade vor dem unteren Umkehrpunkt erreicht. Zu den weggebundenen Umformmaschinen zählen auch die Walzmaschinen, bei denen die Walzenzustellung, auch Stichabnahme genannt, die kennzeichnende Größe ist.

Als wesentliche Kenngröße bei hydraulischen Pressen gilt die längs des Stößelwegs beeinflussbare Kraft, die sich aus dem Systemdruck und der Kolbenfläche ergibt (kraftgebundene Maschinen). Damit lassen sich hydraulische Pressen hinsichtlich des Kraft- und Arbeitsbedarfs, der Geschwindigkeit und des Umformweges leicht an die Anforderungen des Umformvorganges anpassen.

Bei der Auswahl einer Umformmaschine für eine bestimmte Umformaufgabe ist eine Vielzahl von Kriterien zu berücksichtigen. Einige wichtige sind in Bild 3.6 genannt.

Bild 3.7 zeigt eine zusammenfassende Darstellung der wichtigsten Kenngrößen zur Beschreibung der Eigenschaften von Umformmaschinen. Unterschieden wird zwischen Kraft-, Energie-, Umwelt-, Zeit- und Genauigkeitskenngrößen sowie geometrischen Kenngrößen und Bedingungen am Aufstellplatz. Anhand dieser Kenngrößen kann im Vergleich mit den Anforderungen, die sich aus dem gewünschten Umformprozesses ergeben, die richtige Auswahl der für das Verfahren optimal geeigneten Maschine erfolgen. Die Produktivität einer Presse ist dabei allgemein durch die Hubzahl je Zeiteinheit begrenzt.

Bild 3.5 Funktionsprinzipien von Umformmaschinen

Funktionsprinzip		Maschine	Charakteristische Kenngröße	Weg-Zeit Gestz der Stößelbew.	wesentl. Vorteile des Prinzips
Funktionsprinzip	energiegebunden	Fallhammer	$E = mgh = \frac{1}{2}mv^2$		geringe Investitionskosten, hohe Umformgeschwindigkeit
	energiegebunden	Oberdruckhammer	$E = mgh + \int Ap(h)dh = \frac{1}{2}mv^2$		geringe Bauhöhe, hohe Umformgeschwindigkeit
	energiegebunden	Gegenschlaghammer	$E = \int Ap(h)dh = \frac{1}{2}(m_0 + m_u)v^2$		hohe Umformgeschwindigkeit, hohe Umformenergie
	energiegebunden	Spindelpresse	$E = \frac{1}{2}J\omega^2$		hohe Arbeitsgenauigkeit, hohe hohe Umformenergie
	weggebunden	Exzenterpresse	$h = r(1 - \cos\alpha)$ für $r \ll l$		hohe Produktivität, einstellbare Hublänge
	weggebunden	Kurbelpresse	$h = r(1 - \cos\alpha)$ für $r \ll l$		hohe Produktivität, große Hublänge
	weggebunden	Kniehebelpresse	$h = f(r, \alpha, \ldots)$		große Endkräfte, geringe Arbeitsgeschwindigkeit
	weggebunden	modifiz. Kniehebelpresse	$h = f(r, \alpha, \ldots)$		hohe Rückschubgeschwindigkeit, geringe Arbeitsgeschwindigkeit
	kraftgebunden	hydraulische Presse	$F = pA$	frei steuerbar	flexibles Weg-Zeit-Verhalten des Stößels

Bild 3.6 Auswahlkriterien einer Umformmaschine

Kriterium	Maschinencharakteristik
Werkstückgröße	Arbeitsraum
erforderliche Kraft / Energie	Maschinengröße
Umformgeschwindigkeit	Funktionsprinzip
geforderte Werkstückgenauigkeit	geometrische Genauigkeit sowie Steifigkeit von Werkzeug und Maschine

Bild 3.7 Kenngrößen von Umformmaschinen

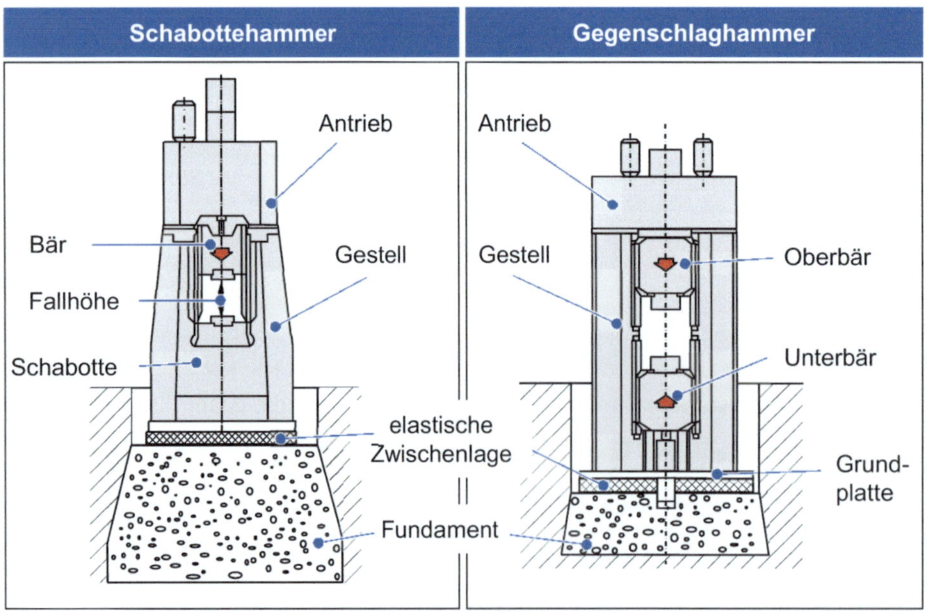

Bild 3.8 Prinzipieller Aufbau von Schmiedehämmern

3.1.1 Hämmer

Hämmer gehören zu den energiegebundenen Umformmaschinen. Aufgrund des einfachen konstruktiven Aufbaus stellen sie die wirtschaftlichsten Umformmaschinen zum Erzeugen sehr großer Kräfte und zum Bereitstellen eines hohen Arbeitsvermögens dar. Durch einfache Änderung von Schlagstärke und Schlagfolge lassen sie sich in ihrem Schlagprogramm sehr schnell an die jeweilige verfahrensbedingte Bearbeitungsaufgabe anpassen. Ein weiterer Vorteil der Hämmer ist darin zu sehen, dass sie nicht überlastet werden können, da Hammergestell und -antrieb während des Arbeitsvorgangs nicht im Kraftfluss liegen.

Nach der Art der bewegten Massen (Bären) wird entsprechend ◘ Bild 3.8 in Schabotte- und Gegenschlaghämmer unterschieden. Schabottehämmer zeichnen sich dadurch aus, dass der beschleunigte Bär auf eine feststehende Schabotte auftrifft. Die Kräfte müssen dabei von der Schabotte und dem Fundament aufgenommen werden. Demgegenüber schlagen beim Gegenschlaghammer die in etwa gleich großen Massen von Ober- und Unterbär mit gleicher Geschwindigkeit gegeneinander, sodass sich die nach außen wirkenden Kräfte theoretisch aufheben. Die beim Aufprall der

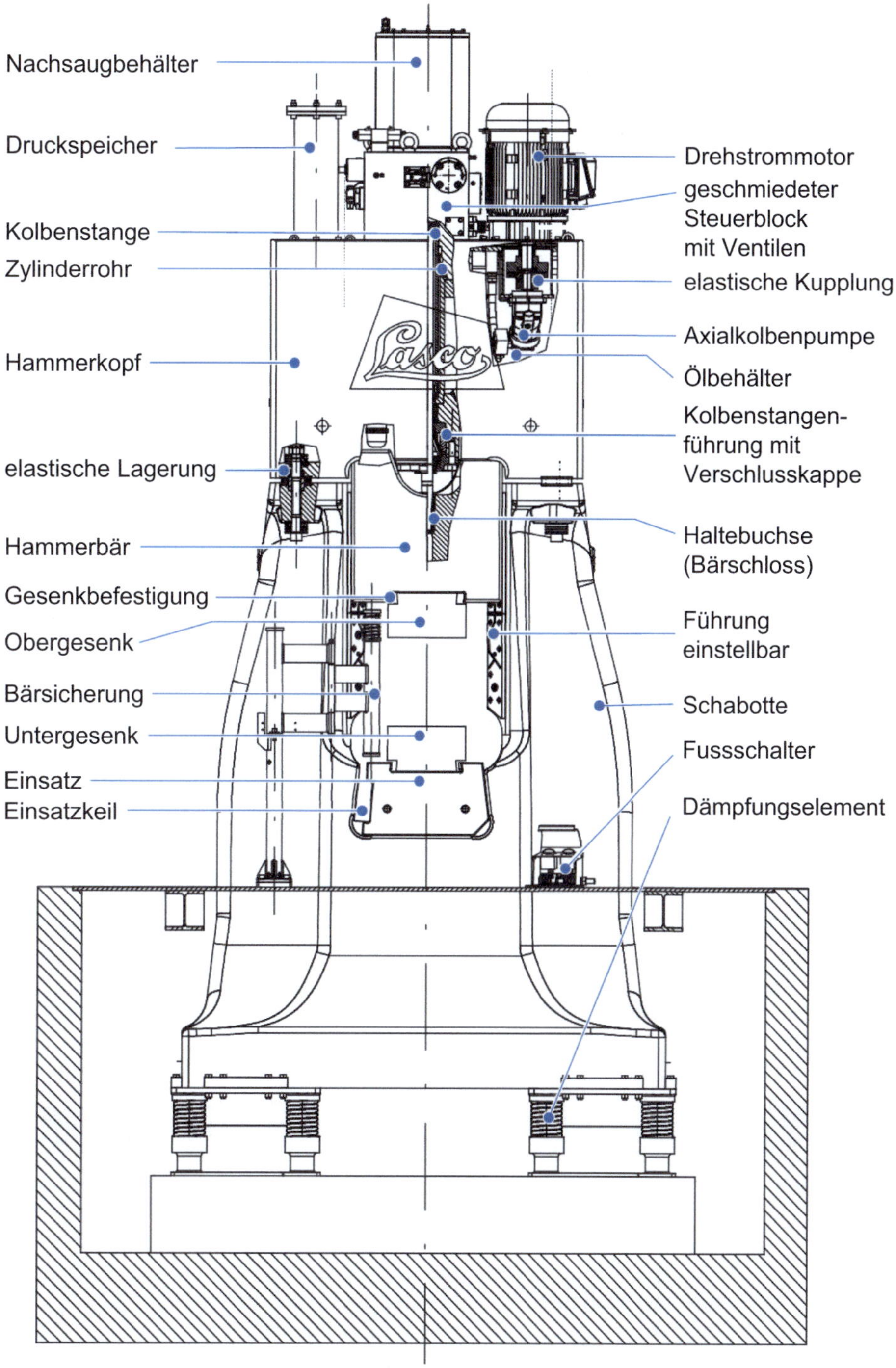

◘ **Bild 3.9** Hydraulischer Oberdruckhammer. Quelle: LASCO Umformtechnik

Bären in das Fundament und die Umgebung eingeleiteten Erschütterungen sind daher wesentlich geringer als bei Umformvorgängen mit Schabottehämmern, sodass beim Einsatz von Gegenschlaghämmern nur kleine Fundamente erforderlich sind. Trotz des höheren Arbeitsvermögens können Gegenschlaghämmer insgesamt leichter ausgeführt werden.

Nach der Ausführung der bewegten Massen werden die Gruppen der reinen Fallhämmer und der Oberdruckhämmer unterschieden. Letztere haben sich durchgesetzt; wobei in erster Linie die elektrohydraulischen Hämmer zu nennen sind. Bei diesen wird der Bär während seiner Abwärtsbewegung von einem hydraulischen Linearantrieb beschleunigt. Dadurch wird das Arbeitsvermögen der Hämmer vergrößert bzw. bei gleichem Arbeitsvermögen eine kleinere Bauhöhe (Fallhöhe) benötigt.

Bei den Gegenschlaghämmern werden nach der Kopplung von Ober- und Unterbär die Bauarten mit mechanischer (Stahlband), pneumatischer oder hydraulischer Bärkupplung unterschieden. Die Aufwärtsbewegung des Unterbären wird über die Bärkupplung vom Oberbär gesteuert.

Eine weitere Unterteilung erfolgt nach der Bauart des Hammerständers. Dabei wird zwischen Ein- und Doppelständerausführungen unterschieden. Aufgrund der üblicherweise geforderten Werkstückgenauigkeiten wird meistens die Doppelständerbauweise ausgeführt. Der gesamte Ständer ist standardmäßig aus einem Stück gefertigt. In ◻ Bild 3.9 ist ein Oberdruckhammer mit hydraulischem Antrieb und Doppelständer dargestellt. Als Treibmedium für den Bären wird Drucköl eingesetzt, dessen Arbeitsdruck bis zu 200 bar betragen kann. Damit liegt das Arbeitsvermögen bei 200 kNm und die Schlagzahl zwischen 80 und 140 min^{-1}. Für die Abwärtsbewegung wird das Drucköl aus den Druckspeichern durch den Steuerblock auf die Kolbenoberseite gesteuert (vgl. ◻ Bild 3.10). Dadurch wird der mit der Kolbenstange verbundene Bär nach unten beschleunigt. Anschließend wird die

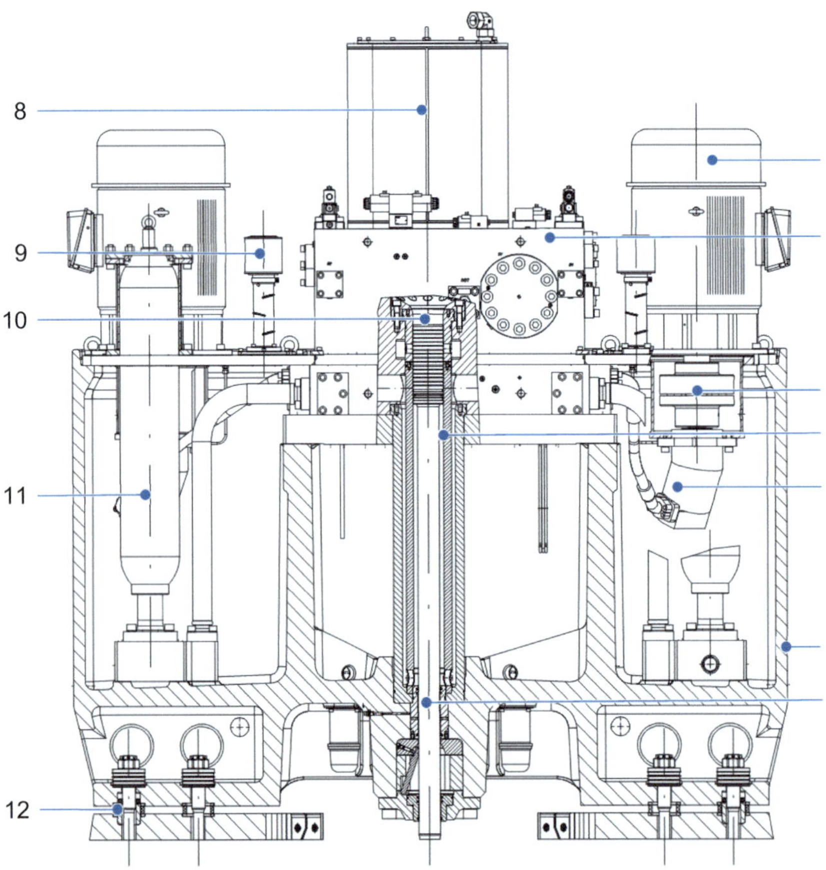

Legende

1 Drehstrommotor	7 Kolbenstange
2 Steuerblock	8 Nachsaugbehälter
3 elastische Kupplung	9 Luftfilter
4 Ringkolbenfläche für Rückhub	10 Kolbenfläche für Arbeitshub
5 Axialkolbenpumpe	11 Druckspeicher
6 Ölwanne	12 Gummipuffer

◻ **Bild 3.10** Hydraulischer Oberdruckantrieb für Gesenkschmiedehammer. Quelle: LASCO Umformtechnik obere Zylinderkammer drucklos geschaltet und der ständig an der Ringfläche der Kolbenunterseite anliegende Öldruck sorgt für den Rückhub.

Die Schabotte aus legiertem Stahlguss ist U-förmig ausgeführt. Der als Ölbehälter ausgebildete Hammerkopf nimmt alle hydraulischen Antriebsaggregate wie Zylinderrohr, Axialkolbenpumpen, Druckspeicher, Ventile und Drehstrommotoren auf und ist mit dem Hammeruntergestell elastisch verbunden. Die biegeelastische und massearme Kolbenstange wird präzise geführt. Sie ist mit dem Bären mittels eines Bärschlosses elastisch verbunden. Die nachstellbar ausgeführten Bärführungen lassen eine genaue Verstellung des Führungsspieles zu, sodass eine hohe Arbeitsgenauigkeit erzielt wird. Über die elektronische Steuerung können die erforderliche Schlagstärke und die Schlagfrequenz eingestellt werden.

Eine weitere Erhöhung der charakteristischen Größen (Kraft, Energie und Umformgeschwindigkeit) wird bei einem Gegenschlaghammer erreicht.

▪ Bild 3.11 zeigt einen elektrohydraulisch angetriebenen Gegenschlaghammer, bei dem die Bewegung von Ober- und Unterbär über eine hydraulische Bärkupplung miteinander gekoppelt sind.

Der Antrieb des Oberbären erfolgt nach dem beschriebenen Oberdruckprinzip, ▪ Bild 3.12. Wird die Kolbengeschwindigkeit so groß, dass über das Einlassventil nicht genügend Öl nachfließt, öffnet das Nachsaugventil, sodass die Druckkammer gefüllt wird. Der Antrieb des Unterbären erfolgt indirekt vom Oberbären über die hydraulische Bärkupplung. Diese besteht im Wesentlichen aus zwei mit dem Oberbär verbundenen Kupplungskolben, die beim Schlaghub (Abwärtsbewegung des Oberbären) über eine Ölsäule den am Unterbär angreifenden Kupplungskolben beaufschlagen. Diese Kolben sind ohne elastische Zwischenglieder direkt am Bären befestigt. Das Massenverhältnis der Bären ist so gewählt, dass sie sich aufgrund der Gewichtskraft zurück in ihre Ausgangspositionen bewegen. Zusätzlich werden sie über Öldruck auf der Ringfläche der Kolbenunterseite beschleunigt, um kurze Schlagfolgen verwirklichen zu können. Die Kolbenstange ist mit dem Kolbenrohr verbunden und bewusst schlank ausgeführt, um eine hohe Elastizität zu realisieren. Mögliche Fluchtungsfehler zwischen Kolben und Bär werden so ausgeglichen. Kurz vor dem oberen Totpunkt taucht der Kolben samt Kolbenrohr in einen hydraulischen Endla-

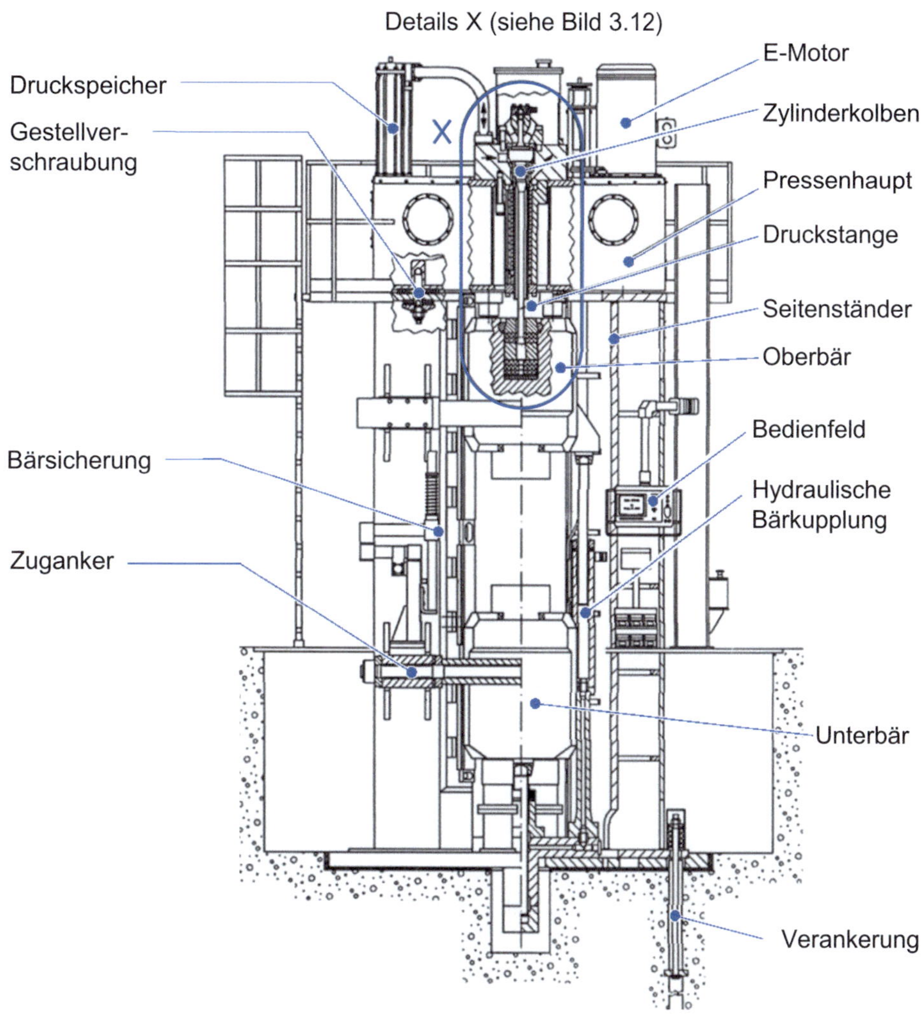

▪ **Bild 3.11** Gegenschlaghammer mit hydraulischer Bärkupplung. Quelle: Schuler

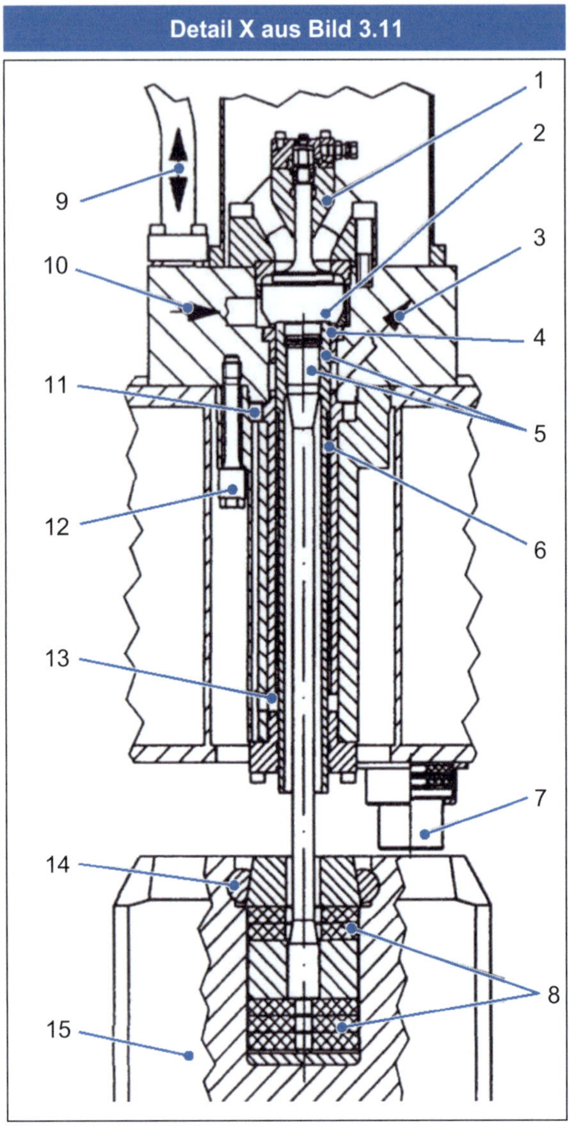

Legende

1 Nachsaugventil
2 Arbeitshub-Beschleunigungsfläche
3 Tankleitung (über Auslassventil)
4 Bremsbuchse mit konischem Ringspalt
5 Kolbenstange mit Kolbenrohr fest verbunden
6 Rückhub-Ringfläche
7 Endlagendämpfer
8 elastische Ankopplung der Kolbenstange
9 Hydraulikspeicherleitung zum Einlassventil
10 Hydraulikspeicherleitung vom Einlassventil
11 Ringkanal für Rückhubsteuerung
12 Verschraubung von Querhaupt und Bockhydraulik
13 Öl Zu- und Abflussleitung zur Rückhub-Ringfläche
14 Klemmteil
15 Oberbär

Bild 3.12 Antrieb eines elektrohydraulischen Gegenschlaghammers. Quelle: Schuler

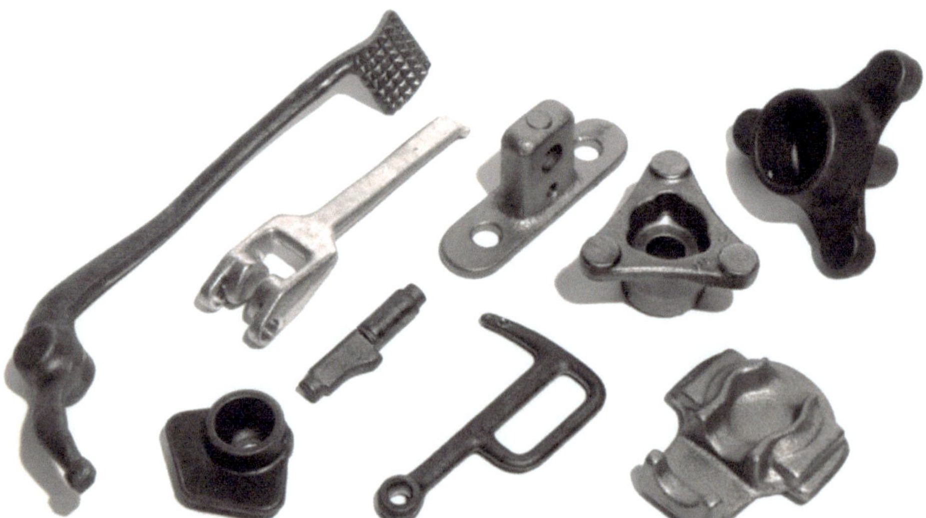

Bild 3.13 Fertigungsbeispiele für das Schmieden im Gesenk. Quelle: Siempelkamp

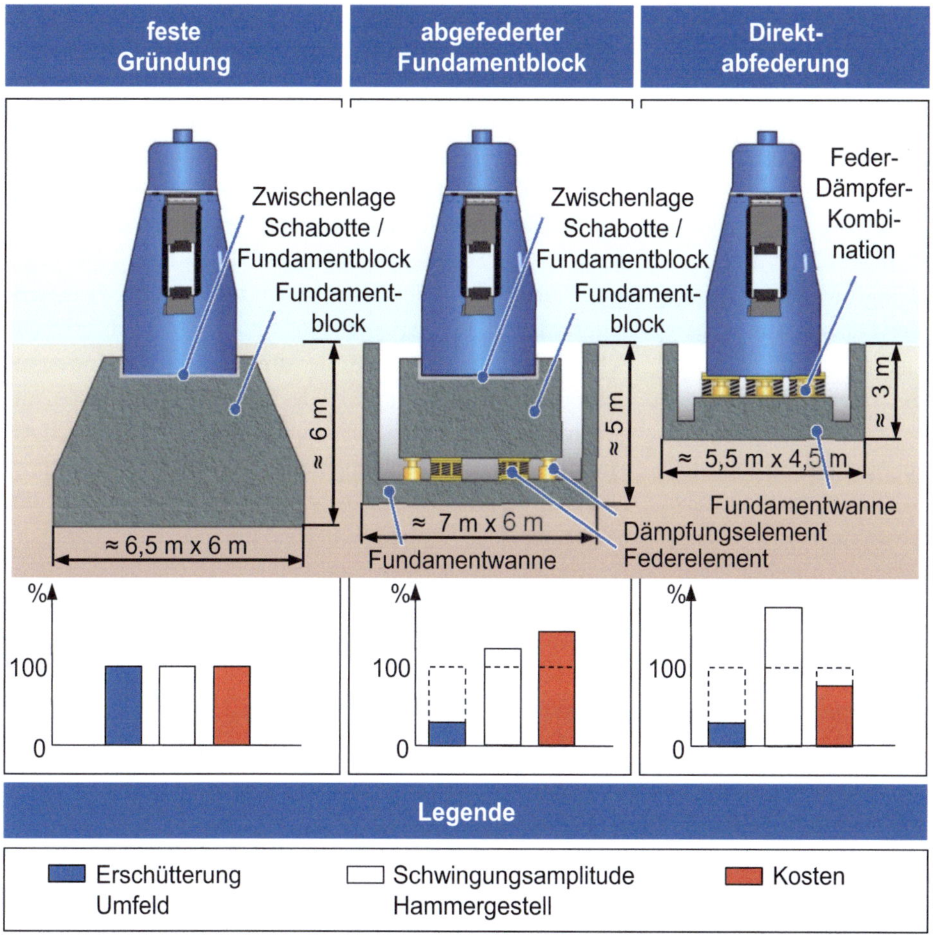

Bild 3.14 Schwingungsisolierung an Umformmaschinen. Quelle: GERB Berlin

gendämpfer mit konischem Ringspalt ein. Da das Öl aus der Kammer oberhalb des Kolbens über diesen während der Aufwärtsbewegung enger werdenden Ringspalt abfließt, wird die Bärbewegung gebremst. Zusätzlich sind im oberen und unteren Bereich Endlagendämpfer angebracht, welche die Bären elastisch abfangen. Das Hammergestell besteht aus zwei Kastenständern in stabiler Schweißkonstruktion, die über Traversen und eine Grundplatte zu einem exakt vorgespannten Führungssystem verbunden sind. Durch eine asymmetrische Anordnung der Kupplungskolben an den Bären wird eine eindeutige Anlage der Bären am Führungsgestell erreicht. Seitliche Ausweichbewegungen von Ober- und Unterbär innerhalb des Bärspiels während der lastfreien Abwärtsbewegung werden vermieden. Beide Gesenkhälften werden somit exakt zueinander ausgerichtet aufeinander zu bewegt. Während des eigentlichen Umformvorganges wird die Bewegung der Gesenkhälften durch die werkzeuginternen Führungen geführt. Insgesamt wird eine hohe Fertigungsgenauigkeit erzielt, die mit der von Schabottehämmern ähnlicher Größenordnung vergleichbar ist. Hauptanwendungsbereiche für die vorgestellten Hämmer sind das Freiform- und vor allem das Gesenkformschmieden. Kleine bis mittlere Teile (Hebel, Schraubenschlüssel etc.) werden vorwiegend auf Fallhämmern gefertigt, schwere und große Werkstücke (Kurbelwellen, Flansche, Ringe etc.) auf Gegenschlaghämmern mit großen Schlagenergien. Bei Schmiedestücken mit dünnen Wandstärken, wie z. B. Turbinenschaufeln, kommen aufgrund der erforderlichen hohen Umformkräfte nur Hämmer mit höheren Auftreffgeschwindigkeiten und kurzen Druckberührzeiten zum Einsatz. Bild 3.13 zeigt einige typische Fertigungsbeispiele für das Schmieden mit dem Hammer.

Die beim Betrieb eines Hammers verfahrensbedingt auftretenden Erschütterungs- und Geräuschemissionen können das betriebliche Umfeld sehr stark beeinträchtigen. Um diese Emissionen in annehmbaren Grenzen zu halten, müssen daher in der Regel hohe Aufwendungen für eine geeignete Maschinenaufstellung erbracht werden. Möglichkeiten zur Verminderung der Bodenerschütterungen durch eine entsprechende Aufstellung der Maschine sind in Bild 3.14 dargestellt. Mit einer schwingungsisolierten Aufstellung kann ein Isolierwirkungsgrad von 90 Prozent erzielt werden [o.V.92]. Die hohen Lärm- und die noch relativ hohen Erschütterungsemissionen bei diesen Maschinen werden jedoch auch in Zukunft Problemfelder darstellen.

3.1.2 Spindelpressen

Spindelpressen gehören zu den energiegebundenen Umformmaschinen, die ihr Arbeitsvermögen aus einer rotierenden Schwungmasse beziehen. Drehzahl und Abmessungen des Schwungrades bestimmen dabei die Größe des Arbeitsvermögens. Die Drehbewegung des Schwungrades wird durch einen senkrecht angeordneten Gewindespindel-Mutterantrieb in eine Längsbewegung des im Gestell geführten Stößels umgesetzt. Die meist mehrgängig ausgeführte Gewindespindel ist mit dem motorisch angetriebenen Schwungrad form- oder kraftschlüssig verbunden.

Hinsichtlich ihrer konstruktiven Ausführung unterteilt man die Maschinen nach der Art des Schwungradantriebes sowie nach der Bauart mit vertikal beweglicher oder ortsfester Spindel. ◘ Bild 3.15 zeigt verschiedene Antriebsarten für Spindelpressen.

Die traditionelle Antriebsform stellt der Reibradantrieb mit Dreischeiben-Zylinderreibgetriebe bei vertikal beweglicher Spindel, ◘ Bild 3.16, dar. Ein Elektromotor treibt über einen Flachriemen die Antriebswelle und die darauf angeordneten Treibräder an. Diese drehen sich mit konstanter Drehzahl und sind in axialer Richtung mit der Antriebswelle verschiebbar. Durch wechselseitiges Andrücken der Treibräder wird das Schwungrad über Reibschluss entweder nach unten oder oben beschleunigt und somit die Drehrichtungsumkehr für Arbeits- und Rückhub realisiert. Die Schwungscheibe ist fest mit der dreigängigen Gewindespindel verbunden. In der im Kopf des Pressengestells ortsfest angebrachten Mutter dreht sich die Spindel und bewegt sich zusammen mit der Schwungmasse in vertikaler Richtung. Dadurch vergrößert sich bei der Abwärtsbewegung der Berührradius der Antriebsscheibe. Infolgedessen wird die Schwungscheibe auch bei konstanter Drehzahl der Antriebsscheibe in gewünschter Weise beschleunigt. Beim Hochfahren

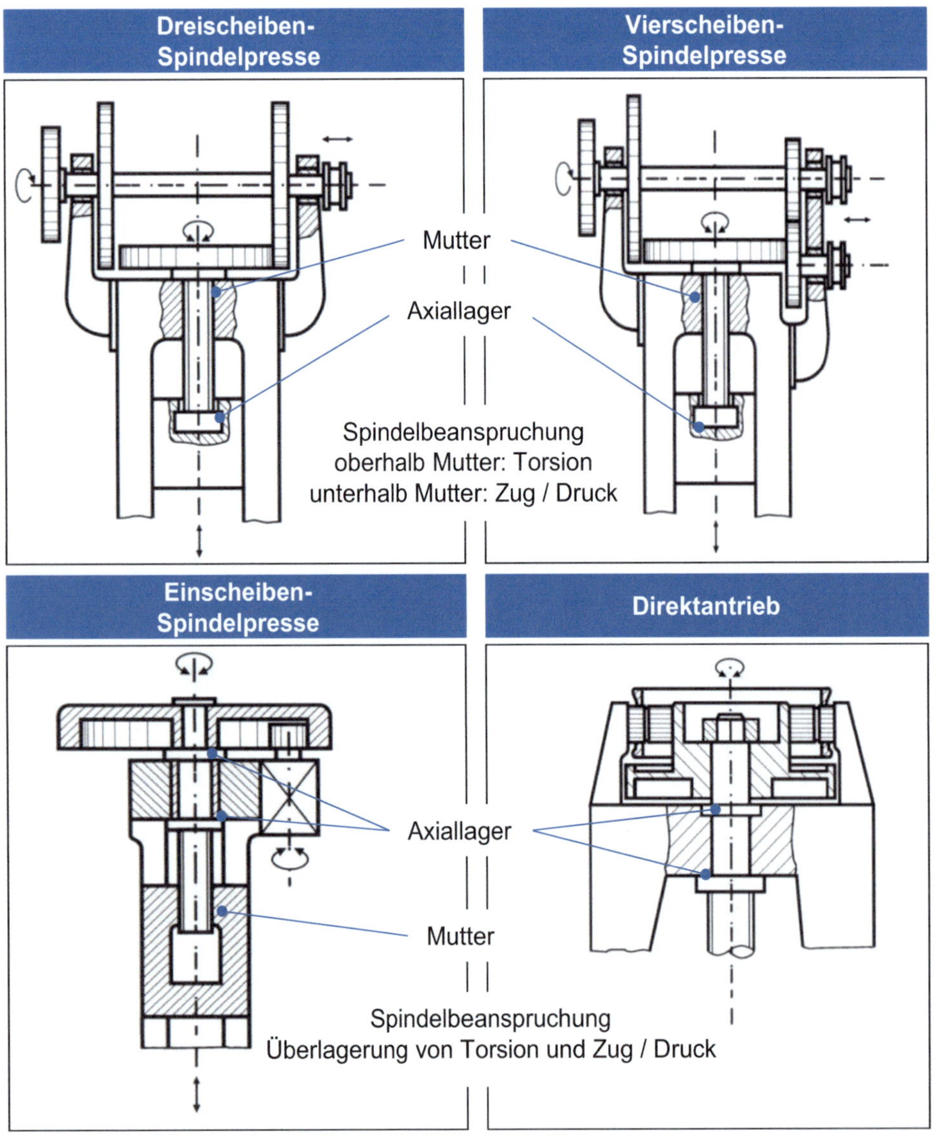

◘ **Bild 3.15** Antriebsarten von Spindelpressen

des Stößels, wenn die gegenüberliegende Antriebsscheibe die Schwungscheibe durch Reibschluss antreibt, sind die Übertragungsverhältnisse sehr ungünstig. Die Schwungscheibe muss bei maximalem Reibradius der Treibscheibe nahezu aus dem Stillstand beschleunigt werden; dadurch sind der Schlupf und damit verbunden der Verschleiß der Reibbeläge sehr hoch, was letztlich zu einem geringen Wirkungsgrad führt.

Durch aufwendigere Antriebe wie etwa die Vierscheiben-Spindelpresse, ◘ Bild 3.15, werden diese Nachteile der herkömmlichen Dreischeibenpressen vermieden. Einfachere Antriebskonzepte sind bei der Einscheiben-Spindelpresse und der Spindelpresse mit Direktantrieb realisiert. Hier treibt der Antriebsmotor das Schwungrad unmittelbar an oder der Rotor des Motors ist Bestandteil des Schwungrades. Nachteilig ist bei diesen Konzepten, dass die ortsfeste Spindel zwischen ihrem Axiallager im Pressenhaupt und dem Stößel sowohl Zug-oder Druckspannungen als auch Torsionsspannungen ertragen und die Mutter in den Stößel integriert werden muss. Daher muss der Spindeldurchmesser bei gleicher zu übertragender Umformkraft größer ausgelegt werden als bei Spindeln der Scheibenspindelpressen. Dort ist die Spindel oberhalb der ortsfesten Spindelmutter ausschließlich torsionsbelastet und zwischen Spindelmutter und Stößel ausschließlich zug- oder druckbelastet.

Pressengestelle von Reibspindelpressen, ◘ Bild 3.16, werden häufig über Zuganker vorgespannt. Die Muttern, die die Vorspannkraft und die Umformkraft vom Gestell auf die Zuganker übertragen, sind als Zugmuttern ausgebildet. Durch ihre spezielle Formgebung wird eine Überlastung der ersten Gewindegänge verhindert. Die Verbindung zwischen Spindel und Stößel ist durch ein hydrodynamisches Axiallager realisiert. Die Steuerung der Antriebswelle erfolgt über je einen direkt auf der Welle montierten Druckluftzylinder. Mit einer elektropneumatischen Bremse, die direkt auf das Schwungrad wirkt, kann der Stößel in kürzester Zeit stillgesetzt werden.

Für Maschinen mit größerem Umformvermögen (>80 MN Prellschlagkraft) wird aufgrund der schlechten Energieübertragung und des hohen Verschleißes beim Reibradantrieb der Ritzel-Schwungradantrieb in Einscheibenbauweise eingesetzt, ◘ Bild 3.17. Dabei ist das Schwungrad als schrägverzahntes Zahnrad ausgebildet. Über Ritzel, die mit Asynchronmotoren oder hydraulischen Axialkolbenmotoren verbunden sind, wird das Schwungrad angetrieben. Schwungrad und Spindel sind durch eine Rutschkupplung zur Begrenzung der Presskraft verbunden. Die Spindel schraubt sich beim Auf- und Abwärtshub durch die in der Traverse des Pressenkörpers eingelassene Mutter.

Schwungrad und Spindel werden von den Antriebsmotoren beschleunigt und bewegen sich während eines Arbeitsspiels um das Maß des Hubes auf und ab. Da die Motoren ortsfest im Pressenkörper gelagert sind, gleiten die Ritzel in der Verzahnung des Schwungrades in Längsrichtung der Zähne. Das verzahnte Schwungrad ist daher sehr breit ausge-

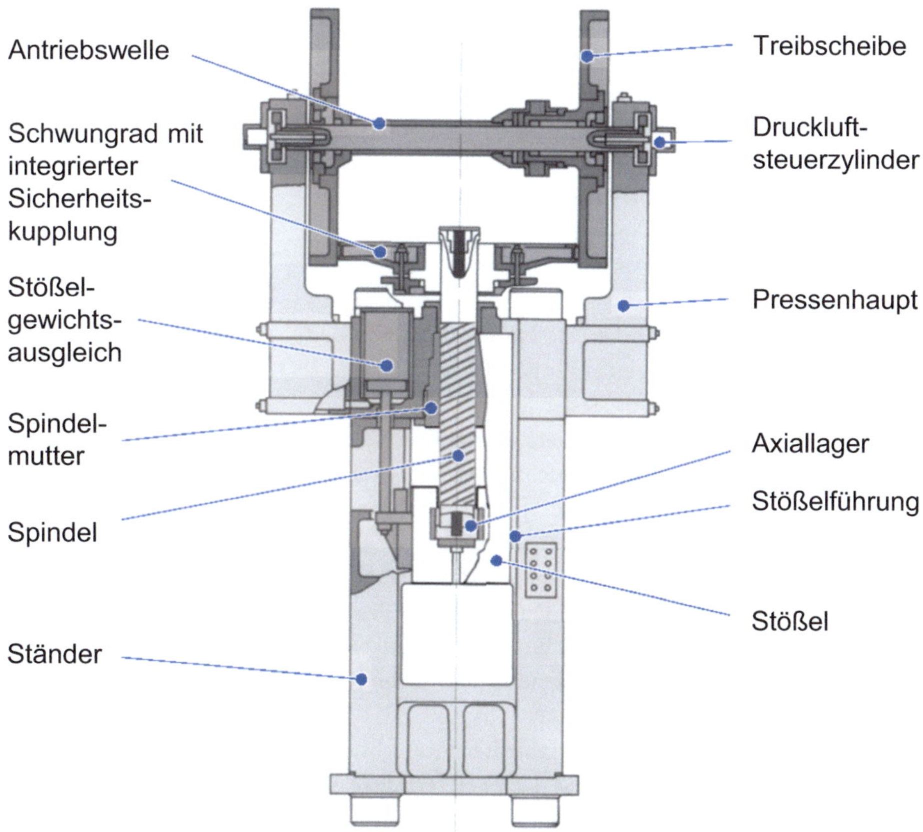

◘ **Bild 3.16** Reibspindelpresse in Drei-Scheibenausführung. Quelle: SMS group

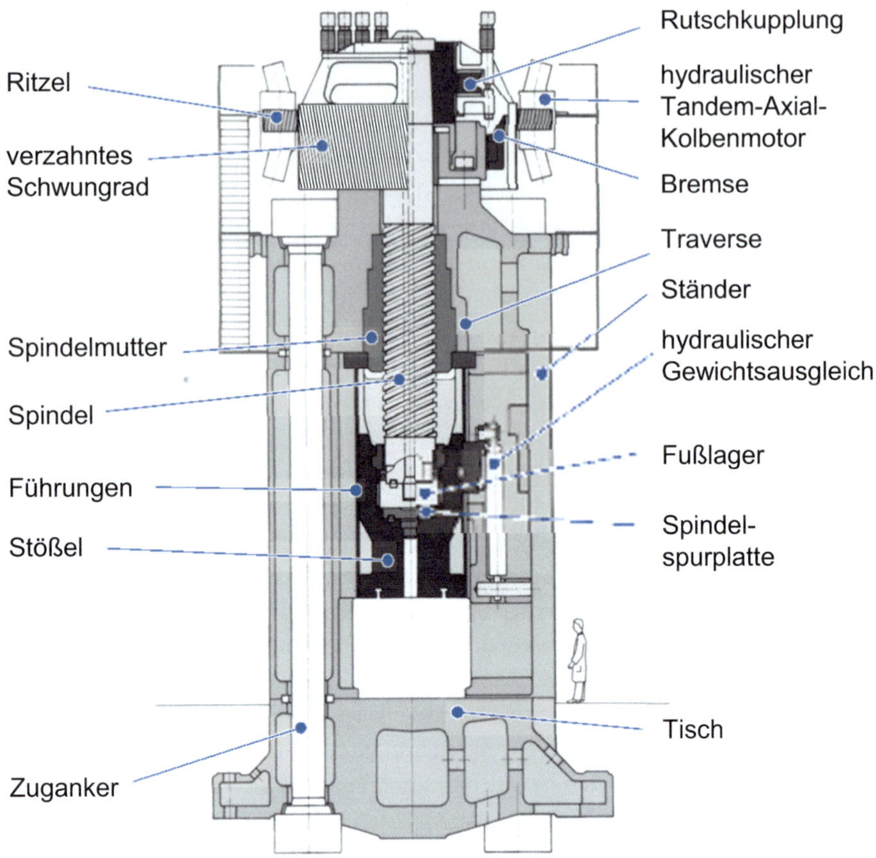

Bild 3.17 Spindelpresse mit ölhydraulischem Zahnradantrieb. Quelle: SMS group

führt. Die Mindestbreite setzt sich aus Pressenhub plus Ritzelbreite zusammen. Für den Rückhub wird die Drehrichtung der Motoren umgekehrt. Die Druckversorgung und Steuerung beim hydraulischen Antrieb erfolgt über Pumpenaggregate, Speicherbatterie und Steuerblock, die außerhalb der Maschine untergebracht sind.

Das System der längsbewegten Spindel hat gegenüber einer ortsfesten Spindel den Vorteil, dass im Bereich oberhalb der Spindelmutter die Spindel nur auf Torsion und unterhalb nur auf Druck beansprucht wird. Ortsfeste Spindeln unterliegen dagegen im gleichen Querschnitt sowohl Druck- als auch Torsionskräften, sodass sie bei gleichem Spindeldurchmesser nur kleinere Presskräfte übertragen können.

Eine solche Presse mit ortsfester Spindel und einer im Stößel eingesetzten Spindelmutter zeigt Bild 3.18. Wesentliches Merkmal dieser Umformmaschine ist ihr Direktantrieb, bei dem Schwungscheibe und Spindel berührungslos durch einen Reversiermotor angetrieben werden. Der Läufer des Antriebsmotors ist unmittelbar mit Schwungscheibe und Spindel gekoppelt, der Stator ist am Querhaupt des Pressenkörpers befestigt. Das Drehmoment zum Beschleunigen der Antriebsmassen wird durch das Magnetfeld zwischen Rotor und Stator erzeugt.

Im Vergleich zu den bisher vorgestellten Antriebsarten ist der mechanische Wirkungsgrad dieses elektrischen Direktantriebs aufgrund geringeren Schlupfes und geringerer anderer mechanischer Verluste mit 70 bis 80 Prozent sehr hoch. Weiterhin ist die Maschine elektrisch steuerbar, sodass das Arbeitsvermögen sehr genau auf die Umformaufgabe abgestimmt werden kann. Eine Besonderheit der hier dargestellten Spindelpresse ist das in Längsrichtung der Spindel integrierte hydraulische Kissen, welches eine Überlastung der Maschine verhindert. Diese hydraulische Überlastsicherung übernimmt hier die Funktion einer Rutschkupplung.

Das Pressengestell besteht aus einem Ständer in Monoblockbauweise. Die Lagerung der Gewindespindel zur Aufnahme des nach unten wirkenden Spindelgewichtes erfolgt durch ein Wälzlager, das auf der Oberseite des Kopfstückes angeordnet ist. Die Belastung während des Umformvorganges wird von einem Druckgleitlager auf der Unterseite des Querhauptes aufgenommen. Beim Ansteigen der Presskraft bewegt sich die Gewindespindel um das Axialspiel im Drucklager nach oben und kommt mit ihrem Druckbund am Bronze-Drucklager an der Unterseite des Kopfstückes zur Anlage.

Bild 3.19 zeigt eine Spindelpresse mit einem Antriebsprinzip, bei dem die bauartbedingten Nachteile der Spindelpressen wie geringe Hubzahlen, durch das Beschleunigungsvermögen begrenztes Umformvermögen und Abhängigkeit zwischen Energie und Presskraft nicht mehr auftreten [GOLF85; SCHI86]. Die wesentliche Änderung

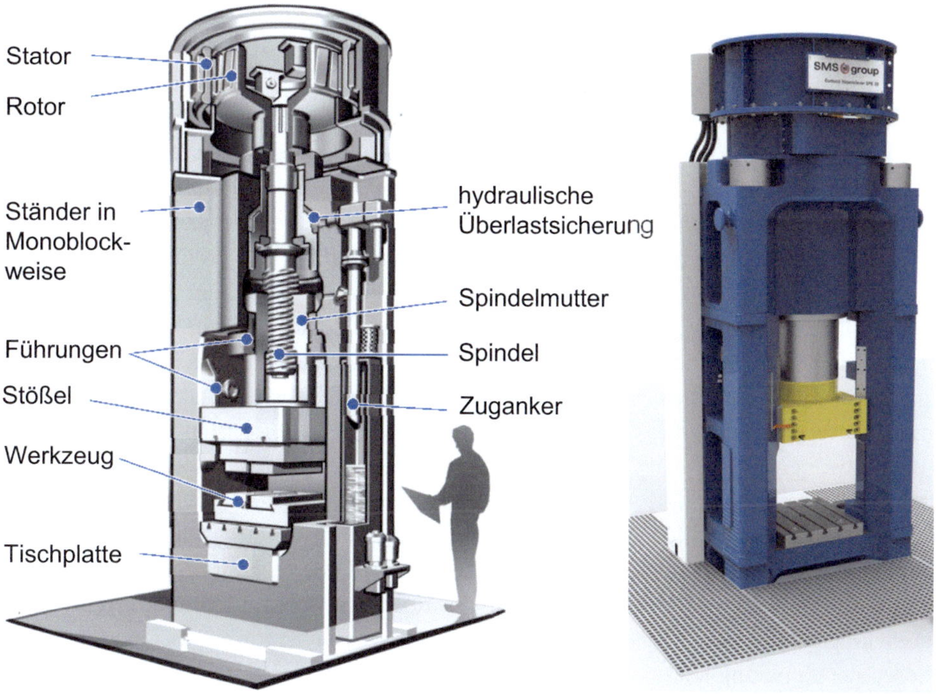

■ **Bild 3.18** Spindelpresse mit direktem Elektroantrieb. Quelle: SMS group

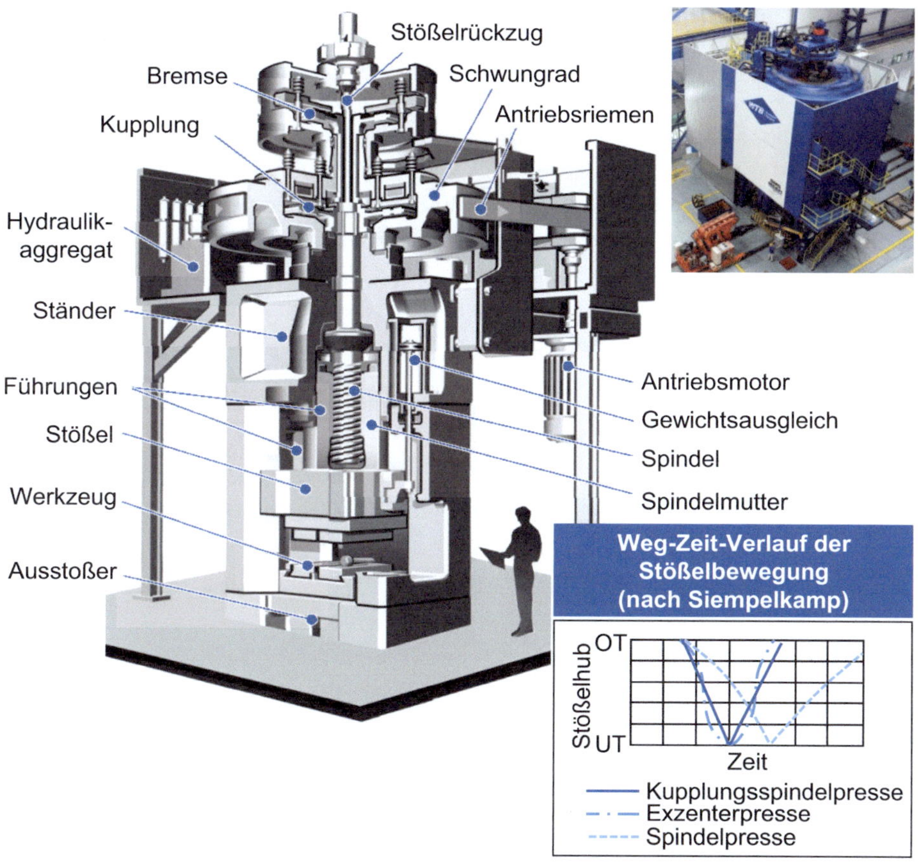

■ **Bild 3.19** Kupplungsspindelpresse. Quelle: SMS group

gegenüber der herkömmlichen Spindelpresse besteht in der Ankopplung von Motor, Schwungrad und Spindel.

Kennzeichen der Kupplungsspindelpresse ist das, ähnlich wie bei Kurbel- und Exzenterpressen, in einer Richtung kontinuierlich umlaufende Schwungrad, das über einen Elektromotor und Keilriemen angetrieben wird. Da das Schwungrad stets in der gleichen Richtung mit nahezu konstanter Geschwindigkeit rotiert, muss es kaum beschleunigt werden, sodass der Elektromotor mit wenig Leistung auskommt. Zur Auslösung des Arbeitshubes wird das Schwungrad über eine schaltbare Kupplung mit dem Spindeltrieb reibschlüssig verbunden, wobei der Kupplungsring von mehreren Hydraulikzylindern mit Kraft beaufschlagt wird. Mitnehmerscheibe, Spindel und Stößel werden aufgrund ihrer im Vergleich zum Schwungrad geringen Masse innerhalb kürzester Zeit auf die volle Drehzahl beschleunigt. Somit kann fast der gesamte Arbeitshub mit konstanter Stößelgeschwindigkeit und einer durch das steuerbare Kupplungsmoment begrenzten, konstanten Umformkraft durchfahren werden.

In einem weiten Bereich besteht damit keine Abhängigkeit zwischen Presskraft und Arbeitsvermögen. Auch während des eigentlichen Umformvorganges bleibt diese Stößelgeschwindigkeit bis auf eine geringe Reduzierung, die proportional dem Drehzahlabfall des Schwungrades ist, erhalten. Dabei wird während der Umformung dem Schwungrad nur so viel Energie entzogen, wie zum Umformen des Werkstücks einschließlich der auftretenden Verluste notwendig ist. Bei jedem Umformvorgang wird also nur ein Teil der im Schwungrad gespeicherten Energie umgesetzt. Das Ende des Arbeitshubes wird durch ein Lösen der Kupplung realisiert. Der Auskuppelvorgang geschieht selbsttätig, abhängig von einem über den Öldruck voreinstellbaren Reibmoment oder bei Erreichen eines voreinstellbaren Umformweges. Rückzugzylinder bringen den Stößel wieder in eine vorher bestimmte obere Ausgangsstellung. Um dieses zu ermöglichen, wird die Steigung der Spindel so gewählt, dass sie nicht selbsthemmend ist.

Eine weitere konstruktive Besonderheit von Kupplungsspindelpressen stellt das Drucklager zur axialen Lagerung der Spindel dar. Es ist sphärisch ausgebildet, sodass bei exzentrischer Belastung eine Spindelbiegung vermieden wird. Durch die Kombination einer Rund- und Diagonalführung wird der Stößel genau zentrisch zum Antriebssystem und auch bei außermittiger Belastung parallel zur Tischfläche geführt. In ◘ Bild 3.20 ist eine solche Ausführung dargestellt. Der Stößel besteht aus einer einteiligen Sphärogusskonstruktion; er wird zum einen in einer Rundführung am Kopfteil des Pressenständers, zum anderen in einer nachstellbaren Flachführung zwischen Ständer und Stößel geführt. Diese Flachführung ist als O-Führung ausgeführt und somit weitgehend temperaturneutral. Die gewählte Anordnung gewährleistet die Einstellung eines sehr engen Führungsspiels zur Erzielung einer hohen Bearbeitungsgenauigkeit. Hierzu können die stößelseitigen Führungsleisten mittels eines mit Langlöchern versehenen Keils zugestellt werden. Die dazu notwendige Längsbewegung des Keils erfolgt durch Verdrehen des durchbohrten Gewindebolzens im Innengewinde der Grundplatte. Die optimierte Führungsleiste wird anschließend mittels Kontermutter und Schraube arretiert.

Im Vergleich zu anderen Umformmaschinen zeichnet sich die Kupplungsspindelpresse dadurch aus, dass sie unterschiedliche günstige Eigenschaften von Umformmaschinen wie variable Hublänge, kurze Druckberührzeit, Überlastsicherheit, hohe Schlagfolge, außermittige Belastbarkeit, große Umformenergie, hoher Wirkungsgrad und voreinstellbare Endpresskraft weitgehend in sich vereinigt.

Das Arbeitsvermögen von ausgeführten Spindelpressen beträgt bis zu 6.000 kNm, dabei werden Nennkräfte bis zu 120 MN und Schlagzahlen von maximal 30 min^{-1} erreicht. Wegen ihres kurzen harten Schlages, der in seiner Wirkung zwischen Hammer und Kurbelpresse liegt, werden Spindelpressen bevorzugt für Massivpräge- und

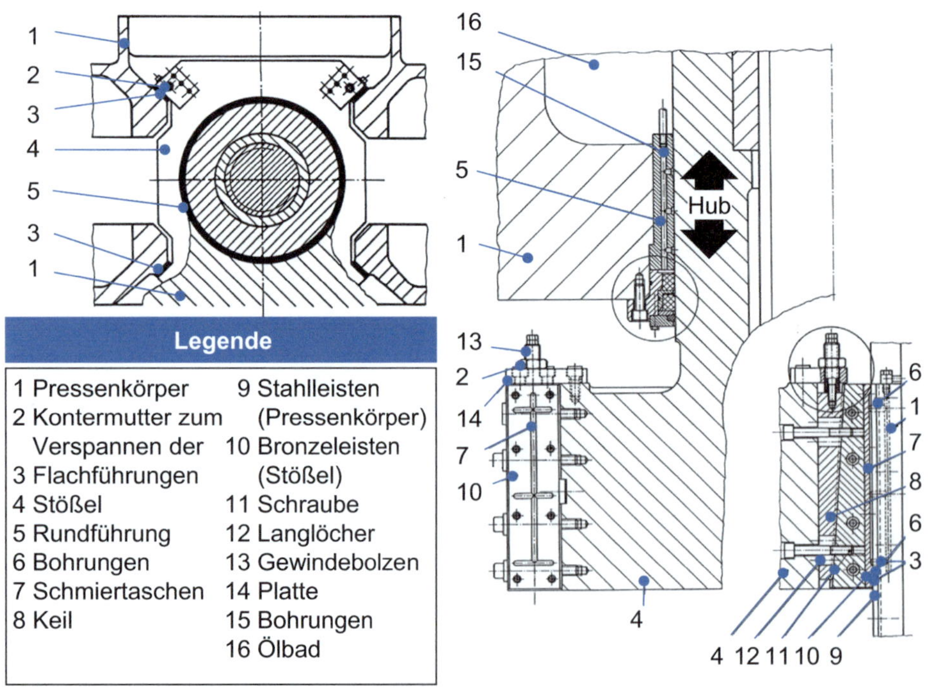

◘ **Bild 3.20** Stößelführung einer Kupplungsspindelpresse. Quelle: Siempelkamp

Schmiedearbeiten eingesetzt. Typische Einsatzbeispiele sind das Prägen und Ausformen von Bestecken und Münzen sowie das Schmieden von Hebeln, Flanschen, Achsschenkeln usw. Ein wichtiges Anwendungsgebiet ist auch das Kalibrier- und Präzisionsschmieden von Turbinenschaufeln [REIH97], die mit hoher Maßgenauigkeit hergestellt werden.

3.1.3 Exzenter- und Kurbelpressen

Exzenter- und Kurbelpressen sind weggebundene Umformmaschinen, deren Antrieb durch einen Schubkurbeltrieb gekennzeichnet ist. Wesentliches Merkmal dieser Antriebsart ist die durch die Kinematik des Schubkurbelgetriebes vorgegebene Bewegung des Arbeitsstößels sowie die von der jeweiligen Stößelstellung abhängige Umformkraft.

Bild 3.21 zeigt am Beispiel einer Kurbelpresse das konstruktive Prinzip dieser Pressenantriebsart. Ein Elektromotor treibt über Riemen, pneumatisch oder hydraulisch betätigte Schaltkupplung und Schwungrad eine Kurbelwelle an, die über einen Pleuel den im Gestell meist vertikal geführten Stößel geradlinig auf und ab bewegt. Die Bremse ist so ausgelegt, dass sie innerhalb eines vorgegebenen Bremsweges den Pressenstößel abbremsen kann. Der Antrieb der Kurbelwelle kann direkt oder, wie hier gezeigt, zur Anpassung von Drehzahl und Arbeitsvermögen, über ein zusätzliches Vorgelege erfolgen, das zwischen Schwungrad und Schubkurbelgetriebe angeordnet wird. Das Schwungrad dient als Energiespeicher, der den Energiebedarf eines Umformvorganges deckt.

Bei Exzenterpressen wird der Pressenhub durch eine Welle mit exzentrischer Form umgesetzt. Man unterscheidet zwischen Maschinen mit festem und verstellbarem Exzenter, Bild 3.22. Der Vorteil des festen Exzenters gegenüber der Kurbelwelle liegt in der steifen und nicht geschwächten Wellengestaltung. Bei hubverstellbaren Exzenterantrieben wird auf den Hubzapfen einer Kurbelwelle eine Exzenterscheibe montiert. Der Pleuel umfasst die Exzenterscheibe. Durch die relative Winkellage von Zapfen und Exzenterscheibe lassen sich die resultierende Exzentrizität des Antriebes und damit der Hub verstellen. Die Exzenterscheibe wird im Betrieb üblicherweise mittels einer Hirthverzahnung relativ zur Kurbelwelle in ihrer Position gehalten. Diese Position wird von der Steuerung verarbeitet, um den oberen Totpunkt des Stößels zu berechnen.

Bis auf die Exzenterwellengestalt und die Möglichkeit einer Hubverstellung ist der konstruktive Aufbau von Kurbel- und Exzenterpresse in etwa gleich. Man unterscheidet deshalb oft beide Bauarten nach der Möglichkeit der Hubverstellung. Im Allgemeinen weisen Exzenterpressen im Vergleich zu den Kurbelpressen gleicher Baugröße einen wesentlich kleineren Stößelhub, höhere Hubzahlen und aufgrund geringerer Lagerabstände eine steifere Bauweise auf.

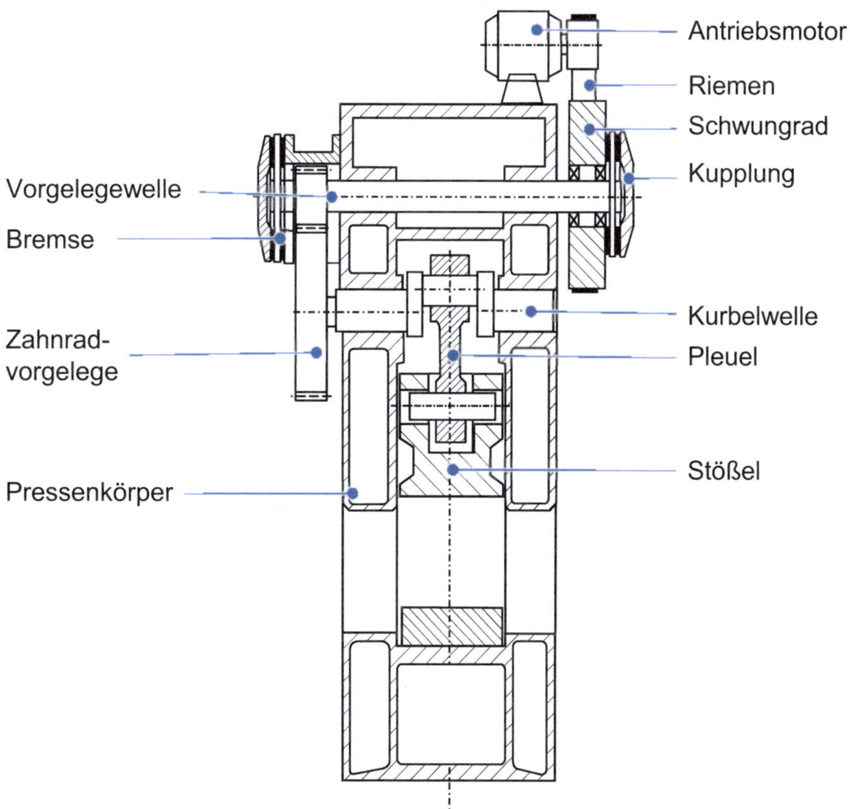

Bild 3.21 Antriebsschema einer Kurbelpresse

3

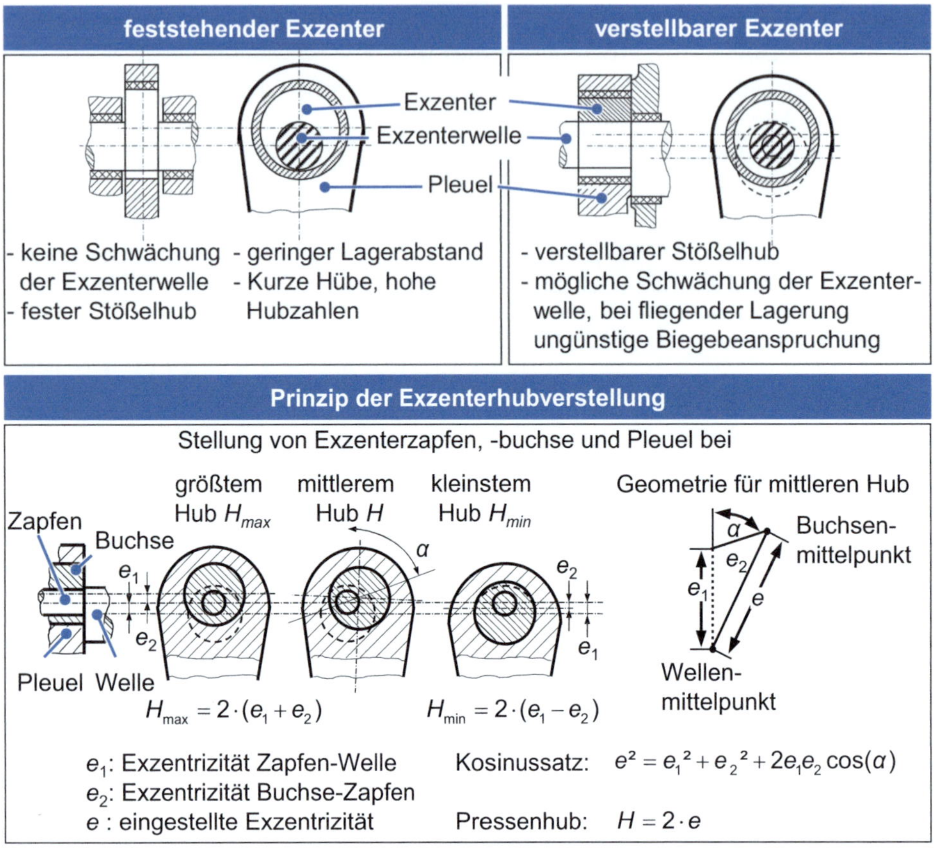

Bild 3.22 Bauformen des Exzenterwellenantriebs

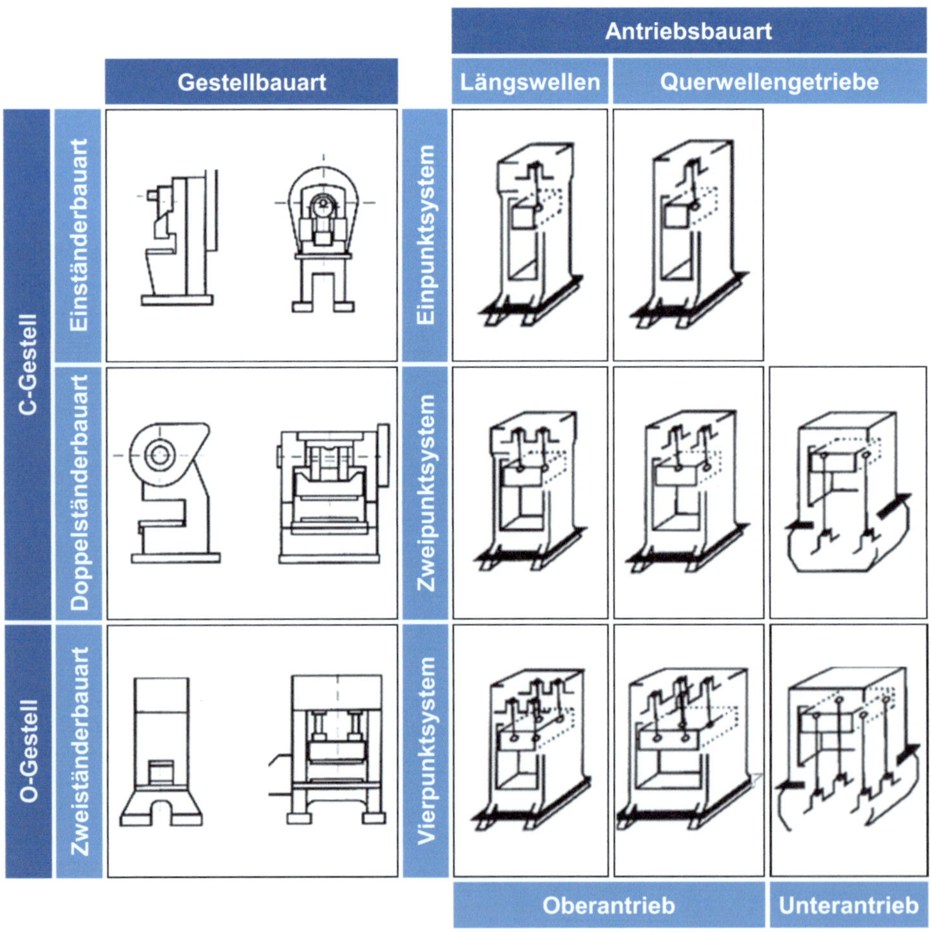

Bild 3.23 Bauarten von Kurbel- und Exzenterpressen

Exzenterpressen werden vorwiegend zum Schneiden sowie für Präge- und Biegearbeiten eingesetzt, soweit die kleineren Stößelwege ausreichen. Kurbelpressen verwendet man bevorzugt für Umformarbeiten, bei denen große Hübe erforderlich sind und die Umformgeschwindigkeit längs des Stößelweges nicht konstant sein muss, d.h. zum Fließpressen, Gesenkschmieden, Tiefziehen und Biegen.

Eine weitere Unterteilung der beiden Maschinenarten erfolgt nach der Art des Stößelantriebes und der Gestellbauformen. ◘ Bild 3.23. Bei den Gestellbauformen unterscheidet man offene, ausladende C-Gestelle und geschlossene O-Gestelle in Zweiständerausführung. C-Gestelle, die vorwiegend für Pressen kleiner bis mittlerer Baugröße Verwendung finden, unterteilt man zusätzlich in Ein- und Doppelständerbauart. Die Einständerbauart ist gekennzeichnet durch einen einteiligen, senkrecht stehenden Ständer, der als biegesteifer Kasten ausgeführt ist. Das Doppelständergestell besteht, ähnlich der Zweiständerausführung, aus zwei parallelen Ständerwänden, die am Pressenkopf und Pressentisch durch Querverbindungen unmittelbar miteinander verbunden sind. Bei O-Gestellen sind die Verbindungen dieser Baugruppen in kleinen Maschinen in einem ungeteilten Maschinenkörper realisiert, bei größeren Maschinen verwendet man geteilte Maschinenkörper, die über Zuganker verspannt werden.

◘ Bild 3.24 zeigt eine Einständer-Exzenterpresse mit verstellbarem Stößelhub. Die Hubverstellung wird, wie oben dargestellt, durch Verdrehen der Exzenterscheibe relativ zum Zapfen der Exzenterwelle vorgenommen. Zur Höhenverstellung ist der Pleuel zweigeteilt. Durch eine Gewindeverstellung kann die Pleuellänge verändert werden, wodurch die Lage des Stößels beim unteren bzw. oberen Totpunkt eingestellt und der jeweiligen Werkzeughöhe angepasst werden kann. Von einem drehzahlgeregelten Drehstrommotor wird über einen Riementrieb das Schwungrad auf der Antriebswelle des Zahnradvorgeleges in Rotation versetzt und somit die Maschine angetrieben. Die Kupplungs-Brems-Kombination, die aus Sicherheitsgründen zweifach vorhanden ist, wird pneumatisch betätigt. Wird sie geschaltet, so wird das Schwungrad mit der Antriebswelle verbunden. Bei Druckabfall wird das Schwungrad ausgekuppelt und die Antriebswelle wird gebremst.

C-Gestelle haben den Nachteil, dass sie durch die Umformkraft aufgebogen werden. Dabei können Fluchtungs-

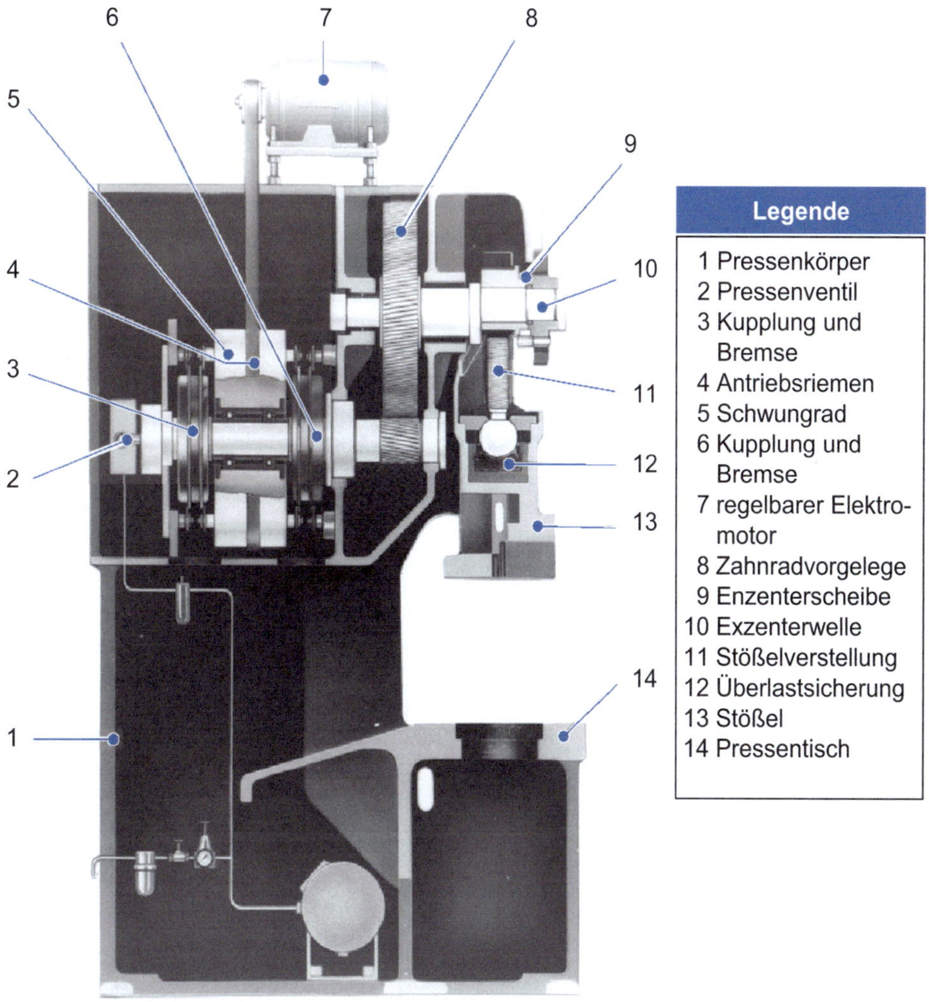

◘ **Bild 3.24** Einständer-Exzenterpresse mit verstellbarem Stößelhub. Quelle: Schuler fehler in den Werkzeughälften auftreten. Dafür ist jedoch die Zugänglichkeit zum Arbeitsraum von drei Seiten gewährleistet. Die Auffederung und Aufbiegung des Gestells unter Last kann durch das zusätzliche Anbringen von Zugankern zwischen Pressentisch und Pressenkopf verringert werden. Geschlossene Gestellbauformen werden ab mittleren Baugrößen vor allem immer dann eingesetzt, wenn das Werkzeug bei den während des Umformvorgangs auftretenden Kräften eine besonders steife und genaue Führung verlangt. Die Gestelle werden in Sphäroguss, Stahlguss und heute vermehrt auch als Stahlschweißkonstruktionen ausgeführt. Bezüglich der Lage von Exzenter- oder Kurbelwelle zur Materialdurchlaufrichtung bzw. zum Gestell unterscheidet man weiterhin zwischen Längs- und Querwellenantrieb sowie zwischen Ober- und Unterantrieb, ◘ Bild 3.23. Nach der Anzahl der den Stößel bewegenden Pleuel unterteilt man weiterhin in Einpunkt-, Zweipunkt- und Vierpunktsysteme. Zwei- und Vierpunktsysteme werden vorwiegend bei breiten und großflächigen Stößeln eingesetzt, damit bei exzentrischer Belastung ein Verkanten des Stößels in den Führungen vermieden wird. Die Bewegungsgenauigkeit des Stößels wird außer durch die Ausführungsform von Gestell und Antrieb im Wesentlichen durch die Art der Stößelführung bestimmt. Die wichtigsten Ausführungsformen von Stößelführungen sind schematisch in ◘ Bild 3.25 dargestellt. Im Allgemeinen sind sie als Gleitführungen ausgebildet und finden in allen Umformmaschinenarten, jedoch abhängig von der Gestellbauart, Verwendung.

Pressen in C-Gestellbauweise werden häufig mit Schwalbenschwanz- oder Prismenführungen versehen, wohingegen in Umformmaschinen mit geschlossener Gestellbauform überwiegend zwei weitere Prismenführungsformen, auch bekannt als Diagonal- oder X-Führung und O-Führung, zum Einsatz kommen. Maschinen mit erhöhten Genauigkeitsanforderungen an die Stößelführung werden mit Flachführungen in Rechteckanordnung ausgerüstet. Durch die Art der Stößelführungsgeometrie wird bei diesem Prinzip auch in horizontaler Richtung eine hohe Maschinensteifigkeit erreicht. Auch Wälzführungsschienen oder hydrostati-

Rundführung			- schlechte Ein- und Nachstellung des Führungsspiels - einfache und kostengünstige Fertigung
Rechteck-flachführung		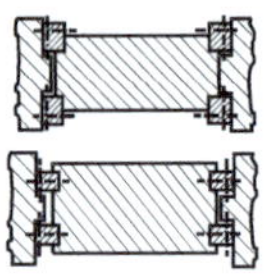	- hohe Führungsgenauigkeit - hohe horizontale Steifigkeit - einfache und genaue Einstellung des Führungsspiels über Schrauben, Rundkeile oder Keilleisten - aufwändige Fertigung und Anpassarbeit
Prismenführung	O-Führung		- O-Anordnung - Kraftwirklinien ergeben ein O - hohe horizontale Steifigkeit - gute Führungsspieleinstellung - temperaturneutrales Führungsverhalten
	X-Führung	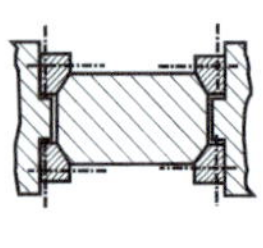	- Diagonal- oder X-Anordnung - Kraftwirklinien ergeben ein X - hohe Steifigkeit, kostengünstig - gute Führungsspieleinstellung - schlechte Führung um die vertikale Stößelachse
	X-Führung	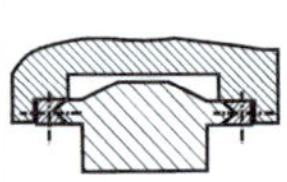	- für C-Gestellbauweise - leichte Einstellung des Stößelspiels - relativ geringer Fertigungsaufwand
Schwalben-schwanz-führung		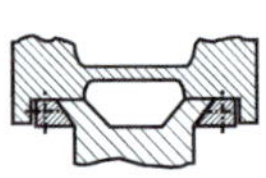	- für C-Gestellbauweise - kleiner Bauraum hoher Fertigungsaufwand - Steifigkeit abhängig von der Anpassgenauigkeit

◘ **Bild 3.25** Stößelführungsprinzipien

sche Führungen finden bei Pressen heute Anwendungen. Rundführungen kommen häufig in hydraulischen Pressen mit Unterantrieb zum Einsatz. Neben der Stößelführungsgeometrie beeinflussen auch die wirksame Führungslänge und das Führungsspiel die erzielbare Bewegungsgenauigkeit. Letzteres ist bei Prismen- und Flachführungen über die im Pressengestell angeordneten Führungsleisten mittels Schrauben, Rundkeilen oder Keilleisten einfach ein- und nachstellbar. Fertigungstechnisch gesehen sind jedoch Rundführungen wesentlich einfacher und kostengünstiger herzustellen als Flach- oder Prismenführungen.

◘ Bild 3.26 zeigt eine Schnittdarstellung einer Zweiständer-Exzenterpresse mit Längswellenantrieb in Zweipunktausführung. Die Hubzahl wird durch den drehzahlregelbaren Drehstrommotor eingestellt. Das Zahnradvorgelege ist schrägverzahnt und läuft wartungsfrei im Ölbad. Die Kupplungs-Brems-Kombination ist in Einscheibenbauweise mit pneumatischer Betätigung ausgeführt. Das freie Wellenende der Exzenterwelle steht zum Antrieb von Materialvorschub- und Transfereinrichtungen zur Verfügung. Der Stößel ist in acht langen Flachführungen geführt, die wahlweise als Bronze-Gleitführung oder bei extremen Genauigkeitsanforderungen auch als spielfrei einstellbare Rollenführung ausgebildet sind. Aufgrund der geometrischen Anordnung der Führungen wird mit diesem Führungsprinzip auch in horizontaler Richtung eine hohe Maschinensteifigkeit erreicht. Weitere wesentliche Konstruktionsmerkmale dieses Pressentyps stellen die Stößelhubverstellung über Exzenterscheibe, die motorische Hublagenverstellung, die hydraulische Überlastsicherung sowie der pneumatische Stößelgewichtsausgleich dar. Mit dem Stößelgewichtsausgleich wird ein ruhiger Lauf der Presse erreicht, da alle spielbehafteten Antriebselemente nach oben vorgespannt werden. Aufgrund dieser konstruktiven Gegebenheiten sind diese Umform- und Schneidpressen Universalmaschinen, die sich sowohl zum Umformen mit großem Arbeitsvermögen (z. B. Tiefziehen) als auch zum Schneiden mit hohen Hubzahlen eignen. Sie können für Zieh-, Schneid- und Prägearbeiten mit Einzel-, Folge- oder Transferwerkzeugen eingesetzt werden. Ihr weites Anwendungsfeld erstreckt sich von der Massenfertigung mit einer automatisierten Materialzuführung bis hin zur Kleinserienfertigung qualitativ hochwertiger Werkstücke mit handbedienten Maschinen. Wegen ihrer geringen und symmetrischen Auffederung unter Last sowie des genauen Führungsverhaltens ermöglichen solche Maschinen eine hohe Werkzeugstandmenge und enge Werkstücktoleranzen. Die Presskräfte dieser Maschinen liegen in einem Bereich bis zu 6.300 kN, die Hubzahlen im Dauerlauf zwischen 20 und 250 min^{-1}. Maschinen mit höherer Presskraft (10.000 kN) werden häufiger mit Querwellenantrieb ausgeführt. Durch die kurzen Achsen der Querwellen wird eine hohe Triebwerksteifigkeit erreicht. Ein weiteres Anwendungsgebiet für Zweiständer-Exzenterpressen ist die Massenfertigung von Stanzteilen. Hierzu werden spezielle Exzenterpressen, sogenannte Stanzautomaten und Schnellläuferpressen, ◘ Bild 3.27, eingesetzt. Diese zeichnen sich zur Steigerung der Wirtschaftlichkeit der Anlage insbesondere durch sehr hohe Arbeitshubzahlen und Vorschubgeschwindigkeiten aus [HELL12]. Je nach Presskraftauslegung und Stößelhub werden Hubzahlen von 2.000 min^{-1} erreicht.

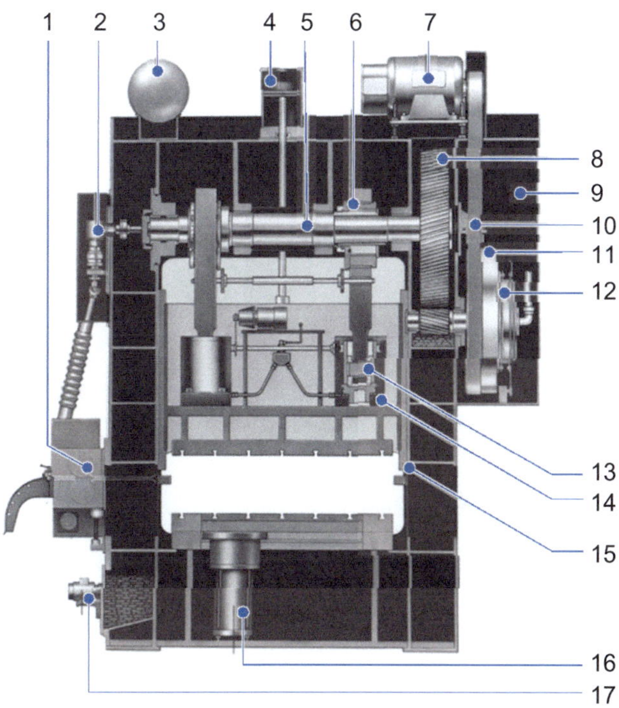

Legende

1 Walzenvorschub
2 Vorschubantrieb
3 Luftkessel
4 Stößelgewichtsausgleich
5 Exzenterwelle
6 Stößelhubverstellung (verstellbarer Exzenter)
7 Antriebsmotor
8 Zahnradvorgelege
9 Pressenkörper
10 Schwungradbremse
11 Schwungrad
12 Kupplung und Bremse
13 Stößelverstellung
14 hydraulische Überlastsicherung
15 Stößelführung
16 pneumatische Kissen
17 automatische Ölumlaufschmierung

◘ **Bild 3.26** Zweiständerexzenterpresse in Längswellenausführung. Quelle: Schuler

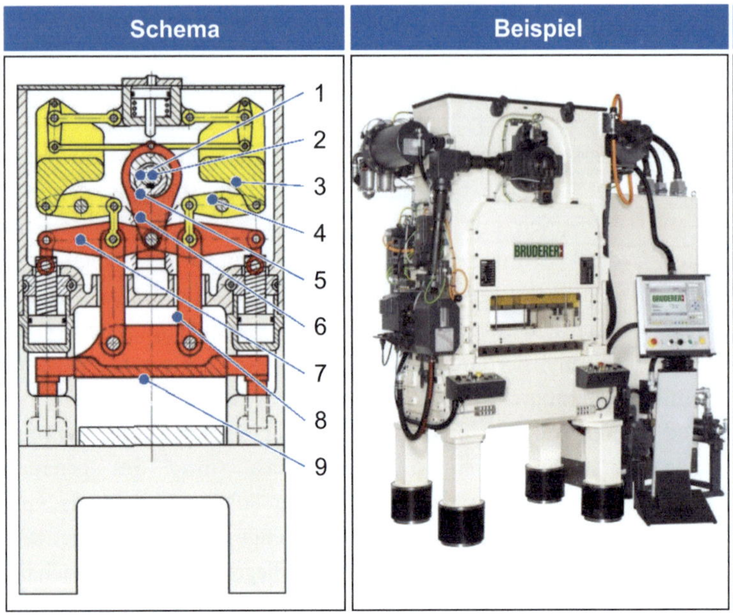

Legende

1 Exzenterwelle
2 Exzenterbuchse
3 Ausgleichsmasse
4 Lenker
5 Exzenter
6 Pleuel
7 Haupthebel
8 Druckstange
9 Stößel

Bild 3.27 Hochleistungsstanzautomat mit Massenausgleich. Quelle: BRUDERER

Bei derart hohen Hubzahlen treten durch die oszillierende Bewegung von Pleuel, Stößel, Stößelplatte und Oberwerkzeug sehr hohe, quadratisch mit der Hubfrequenz ansteigende Massenkräfte auf, welche die Maschine hohen dynamischen Belastungen aussetzen. Aus diesem Grund sind Schnellläuferpressen mit einem vollen dynamischen Massenausgleich ausgerüstet, der sowohl die oszillierenden als auch die rotierenden Massenkräfte in vertikaler und horizontaler Richtung ausgleicht. Der dynamische Ausgleich der hin- und hergehenden Massen von Stößel und Werkzeugoberteil, rot in Bild 3.27, wird dabei durch eine etwa gleich große, entgegen gerichtete dynamische Kraft durch die Ausgleichsmassen erreicht, Bild 3.27, gelb. Bei der in Bild 3.27 dargestellten Maschine werden diese Ausgleichskräfte durch eine, von den Haupthebeln abgeleitete, Gegenbewegung der Ausgleichsmassen erzeugt. Der Ausgleich der horizontalen Massenkräfte der Exzenterwelle erfolgt ebenfalls aus der Bewegung der Gegengewichte, die hierzu über zwei horizontale Lenker von oben bewegt werden. Die vorliegende Lösung des Massenausgleichs berücksichtigt auto-

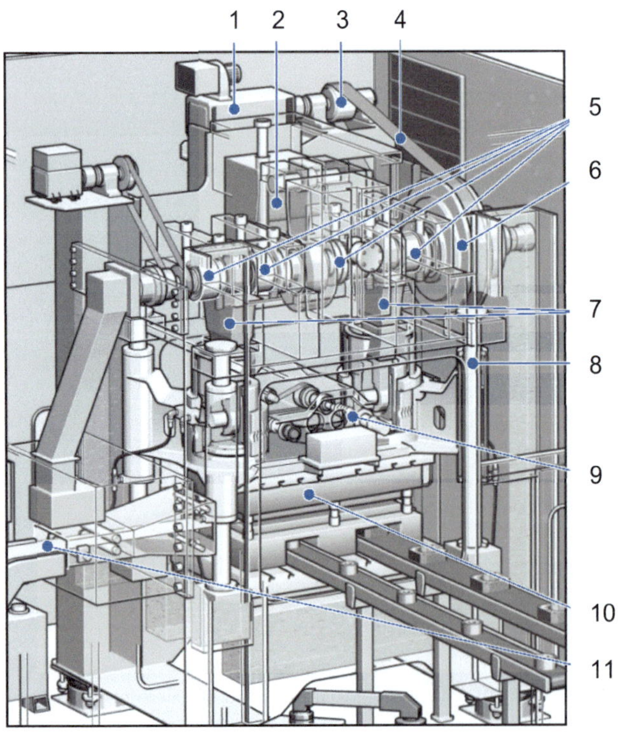

Legende

1 Motor
2 Pleuel für dynamische Ausgleichsmasse
3 Antriebswelle
4 Flachriemen
5 Lager
6 Exzenterwelle mit Schwungrad
7 Pleuelstange
8 Rundführung
9 Stößelhubverstellung
10 Folgeschneidwerkzeug
11 Bandzufuhr

Bild 3.28 Schnellläuferpressen zum Stanzen von Rotor- bzw. Statorblechen. Quelle: Schuler matisch Änderungen des Pressenhubs und der Stößeleinbaulage. Durch dieses Antriebssystem mit Massenausgleich wird ein nahezu schwingungsfreier Lauf bei allen Einstellungen der Betriebsparameter erreicht. Die Restschwingungen aus dem Maschinenlauf und dem Stanzprozess werden durch Federelemente in den Maschinenfüßen aufgenommen. Es ist dadurch keine aufwendige Fundamentierung erforderlich.

Weitere Merkmale von Schnellläuferpressen sind kleine Hübe, steife Gestelle, schnellschaltende Kupplungs-Brems-Systeme, kleinste Lagerspiele und hochgenaue Stößelführungen. Da solche Anlagen in Verbindung mit automatisierten Materialzu- und -abführsystemen eine hohe Wirtschaftlichkeit aufweisen, werden sie häufig in der Großserienfertigung für das Schneiden von Rotor-, Stator- und Magnetblechen eingesetzt. Zusätzlich können sie mit Vorrichtungen zum automatischen Werkzeugwechsel ausgestattet werden, um die Nebenzeiten auf ein Minimum zu reduzieren. Als Beispiel einer solchen Schnellläuferpresse zum Stanzen von Rotor- und Statorblechen ist in ◘ Bild 3.28 eine Presse mit einer Nennkraft von 4.000 kN sowie einem stufenlos regelbaren Hubzahlbereich bis 400 min^{-1} dargestellt.

Die Presse ist mit einer schwingungsisolierten Hauptmotorbefestigung versehen, sodass das Antriebsaggregat gegen die im Prozess auftretenden Stanzschwingungen geschützt ist. Die Exzenterwelle ist in der Presse in Längsrichtung angeordnet. Der Abstand zwischen den beiden Pleuelstangen bewirkt eine Minimierung der Stößelkippung aufgrund außermittiger Belastung. Als Pleuellager sind Gleitlager vorgesehen, die Exzenterwelle ist im Kopfstück der Presse über vier Wälzlager gelagert. Eine hohe horizontale Steifigkeit wird durch den Einsatz von Säulenführungen erreicht, deren Wälzkörper in der Schneidebene und in einer zweiten Ebene oberhalb des Stößels angeordnet sind. Zur Verbesserung des dynamischen Maschinenverhaltens der Schnellläuferpresse wurde ein dynamischer Massenausgleich vorgesehen.

Das Bandmaterial wird der Presse von einer Haspel über eine Schlaufe zugeführt, wobei die Bandablaufgeschwindigkeit an der Haspel automatisch über den Schlaufendurchhang geregelt wird. Als Bandvorschubsystem wird ein Walzenvorschub verwendet, der von einem NC-gesteuerten Servoantrieb angetrieben wird. Häufig wird auch die Exzenterwelle über ein formschlüssiges Kurvenschaltgetriebe zum Antrieb des Walzenvorschubs genutzt. Über entsprechende Stapelsysteme und Transporteinrichtungen werden die Rotor- und Statorbleche bei kontinuierlichem Durchlauf der Presse nach dem Nutbild geordnet, auf Dorne gestapelt und aus der Presse herausgefördert. Zur Verminderung der Lärmbelastung werden die Pressen häufig komplett mit einer Schallschutzkabine verkleidet.

◘ Bild 3.29 zeigt ein typisches Folgeschneidwerkzeug, auf dem die Werkstücke in einer 2-fach-Schnittfolge hergestellt werden. Neben dem einreihigen Werkzeug kommen heute auch mehrreihige Schneidfolgen zum Einsatz, die den Vorteil bieten, dass breiteres und somit preiswerteres Band verwendet werden kann.

Des Weiteren werden auch Komplettschneidwerkzeuge genutzt, bei denen alle Schneidvorgänge zur Herstellung eines Fertigteiles gleichzeitig erfolgen. Diese Werkzeuge werden vorwiegend für Rotor- und Statorbleche, Ronden, Ringe und Segmente in mittleren Serien eingesetzt. Da Komplettschneidwerkzeuge gegenüber einem möglichen Werkzeugversatz besonders gefährdet sind, werden an die Führungsgenauigkeit und die Steifigkeit der Presse besonders hohe Anforderungen gestellt. Erfordert die Herstellung eines Werkstückes mehrere Arbeitsoperationen, die nicht auf Universalpressen durchgeführt werden können, so muss das Werkstück in einzelnen Werkzeugen nacheinander bearbeitet werden. Zur wirtschaftlichen Fertigung des Blechteils werden die erforderlichen Einzeloperationen in einer Presse, der sogenannten Stufen- oder Transferpresse als weiterer Sonderbauart der Zweiständerpresse, zusammengefasst. Die Anzahl der Werkzeuge entspricht dann der Anzahl der Arbeitsstufen, die zur Herstellung eines Stufenziehteils erforderlich sind.

Einen Einblick in den Werkzeugeinbauraum einer solchen Stufenpresse gibt ◘ Bild 3.30. Nachdem eine Zuführeinrichtung die Werkstückplatine von der Zentrierstation in die erste Pressenstufe eingelegt hat, übernehmen die in drei Achsen gesteuerten Greiferschienen, die die Werkstücke im Takt der Anlage von einer Station zur nächsten befördern, den weiteren

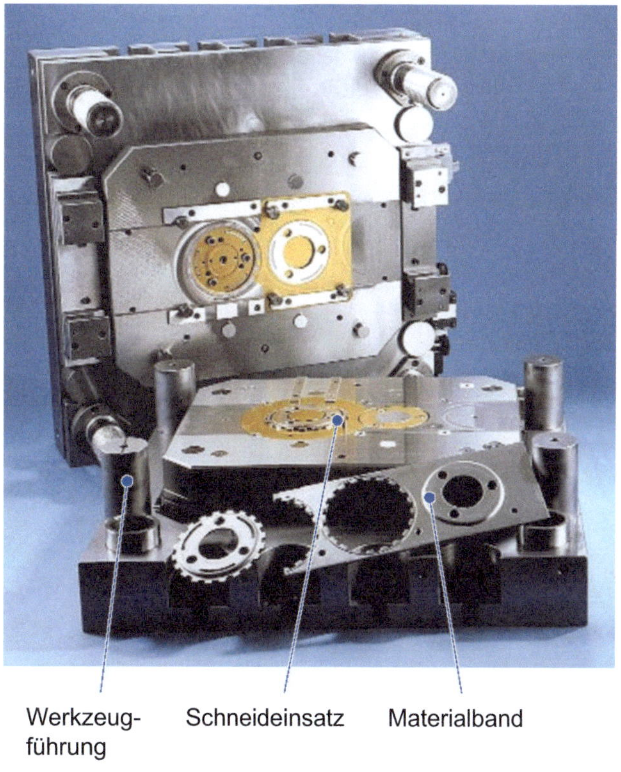

◘ **Bild 3.29** Schneidwerkzeug für den Einsatz auf Schnellläuferpressen. Quelle: Schuler

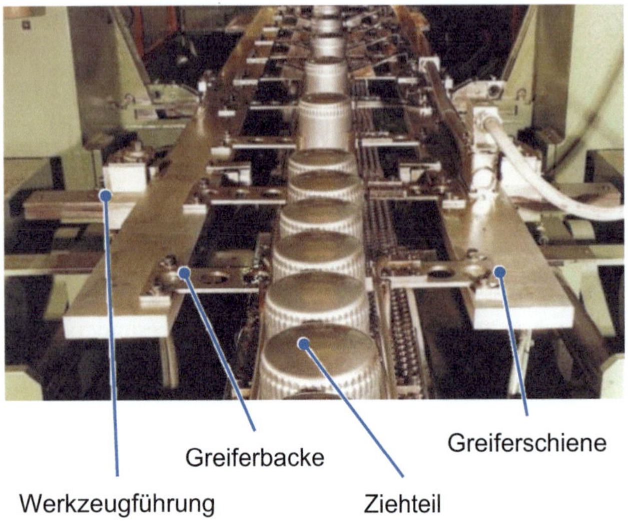

Bild 3.30 Werkzeugeinbauraum einer Transferpresse. Quelle: Schuler

Werkstücktransport, Bild 3.31. Bestehen zwischen den Werkzeugen z. B. wegen Pressenständern nach der ersten Umformstufe unterschiedliche Transportstrecken, muss eine Zwischenablage vorgesehen werden. Die Schienen sind mit pneumatisch betätigten Aktivzangen oder Schaufeln sowie mit je nach Blechteilgeometrie auswechselbaren Backeneinsätzen ausgerüstet. Aufgrund von kinematischen Gesichtspunkten werden Greiferschienen massearm in Kastenbauweise aus Hohlprofilen gefertigt. Der Teiletransport wird während des Prozesses im Hinblick auf Teilepräsenz, Teilelage und weitere Funktionen elektronisch überwacht, um Störungen im Prozess möglichst frühzeitig zu identifizieren. Die über Kurvengetriebe gesteuerten Längs- und Querbewegungen sowie eventuelle Hubbewegungen der Transporteinrichtungen werden vielfach vom Hauptantrieb abgeleitet und sind dadurch mit der Stößelbewegung synchronisiert.

Stufenpressen ermöglichen hohe Produktionsleistungen, da alle zur Herstellung eines Werkstückes erforderlichen Fertigungsschritte gleichzeitig durchgeführt werden. Mit jedem Stößelhub wird ein Teil fertiggestellt, unabhängig davon, wie viele Arbeitsstationen zur Herstellung im Einzelfall erforderlich sind. Für Tiefzieharbeiten sind oft mehrfach wirkende Prozesse nötig. Während der Stempel des Werkzeuges das Blech durch die Matrize treibt, muss der äußere Blechrand (Zarge) zum Vermeiden von Falten gezielt von einem Niederhalter eingespannt werden. Das Material wird entsprechend dem Fortschritt des Ziehvorgangs in die Matrize hineingezogen.

Solche Prozesse lassen sich z. B. mit Pressen gestalten, die einen mechanischen oder hydraulischen Niederhalterantrieb besitzen, Bild 3.32. Von der Kurbelwelle wird ein Schieber in vertikaler Richtung synchron in Gegenrichtung zum Ziehstößel bewegt. Über einen Schwinghebel mit festem Drehpunkt und eine Druckstange wird die Bewegung in den Niederhalter eingeleitet. Die konstante Tieflage des Niederhalters während des eigentlichen Tiefziehhubs des Ziehstößels wird durch die Anordnung der Getriebeelemente zu einem Rastgetriebe erreicht, indem der Schubkurbeltrieb und der Kniehebeltrieb sich etwa zum gleichen Zeitpunkt in ihren Umkehrlagen befinden.

Ein Hauptanwendungsgebiet von mechanischen Tiefziehpressen stellt das Fertigen von Karosserieteilen dar. Dazu werden großflächige Platinen in mehreren Arbeitsgängen auf einzelnen einfach- oder doppelt-wirkenden Karosseriepressen verarbeitet. Entsprechend der Anzahl der Fertigungsschritte sind die Karosseriepressen hintereinander angeordnet, wobei die Kopfpresse häufig als zweifach-wirkende und die Folgepressen als einfach-wirkende Pressen ausgeführt sind. Über entsprechende Beschickungs-, Transport- und Stapelungseinrichtungen werden die einzelnen Karosseriepressen zu einer automatischen Pressenlinie miteinander

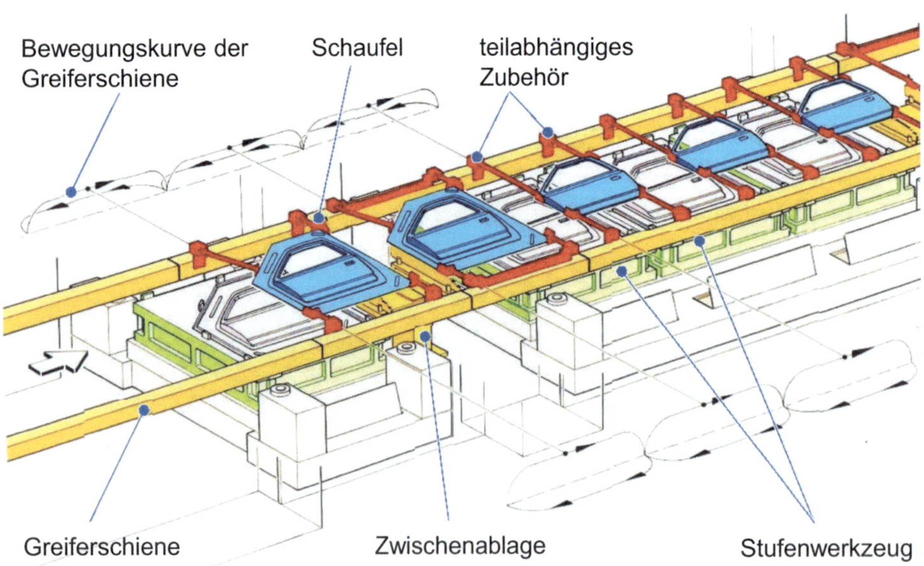

Bild 3.31 Greiferschienen -Transfer an Großteiltransferpresse. Quelle: Schuler

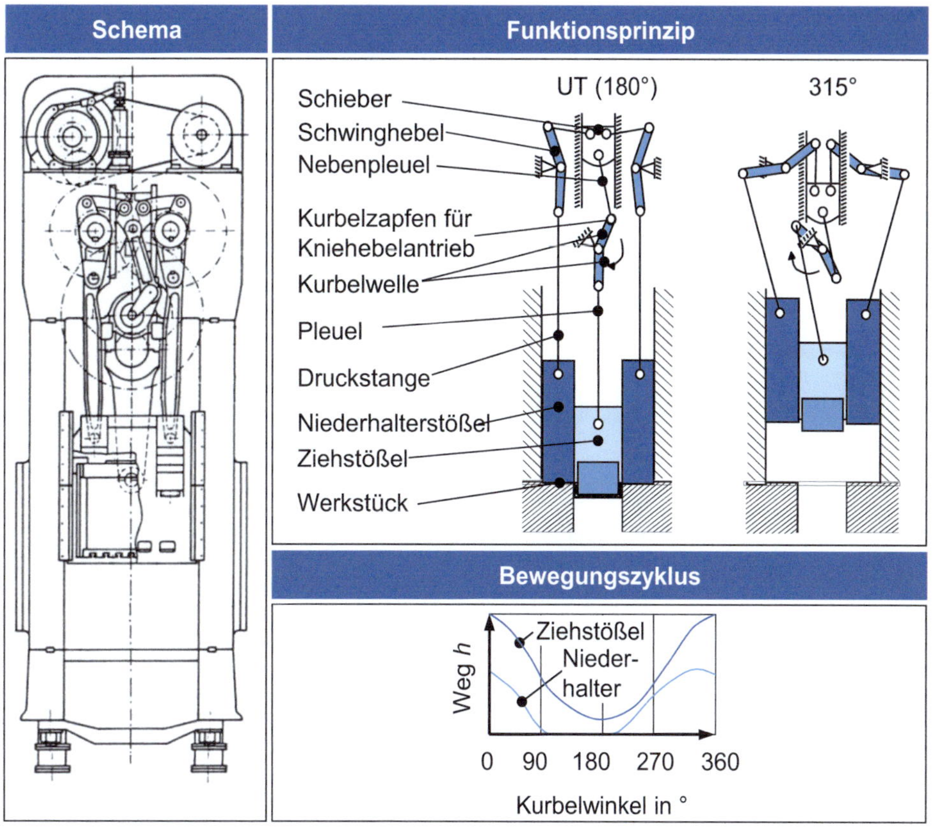

Bild 3.32 Antrieb einer zweifach wirkenden Tiefziehpresse. Quelle: Schuler

verkettet. Werden Zieheinrichtungen eingesetzt, können Tiefziehoperationen auch auf einfach wirkenden Pressen durchgeführt werden [HOFF91; HOFF92; KOHN01]. In **Bild 3.33** ist eine solche Zieheinrichtung gezeigt. Schon vor Beginn des Umformvorganges wird die Platine zwischen Werkzeugoberteil und Blechhalter geklemmt. Dazu wird der Blechhalter von den Plungerzylindern über Hubbrücke und Drucksäulen angehoben. Während des Umformvorganges bewegt sich das Oberteil des Werkzeuges nach unten, wobei auch der Blechhalter gegen die Blechhalterkraft nach unten gedrückt wird. Das Blech wird vom Ziehstempel geformt, hierbei bleibt die an den vier Plungerzylindern getrennt einstellbare Blechhalterkraft erhalten.

Für die Fertigung großflächiger, instabiler Blechteile wurde die in **Bild 3.34** dargestellte Großteil-Transferpresse konzipiert [HOFF89; GEIS96], die prinzipiell aus hintereinander angeordneten Einzelpressen besteht. Sie ist modular aufgebaut, sodass für jede der fünf Umformstationen Einzel-

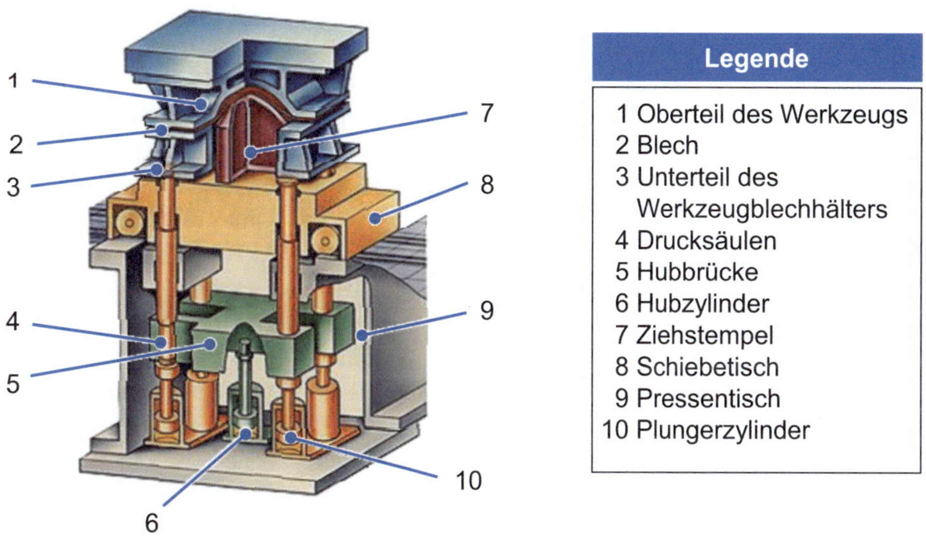

Bild 3.33 Zieheinrichtung. Quelle: Schuler

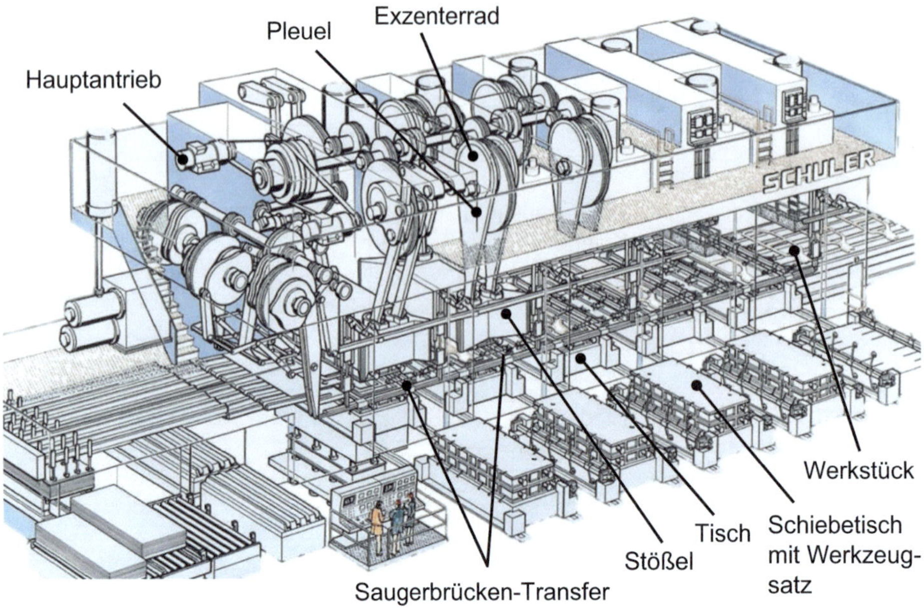

Bild 3.34 Großteiltransferpresse mit Saugerbrückentransfer. Quelle: Schuler

stößel, Kopfstück, Ständer und Tisch zur Verfügung stehen. Durch die Auslegung mit jeweils einem Stößel pro Umformvorgang kann die jeweils notwendige Umformkraft individuell angepasst werden. Eine Beeinflussung der verschiedenen Umformstößel kann außerdem vermieden werden, da die einzelnen Stößel weitgehend mittig belastet werden.

Sämtliche Antriebe und der Saugerbrücken-Transfer werden über Zwischengetriebe und -kupplungen vom Pressenhaupt- und Transferantrieb angetrieben [HOFF92]. Die Exzenterwellen sind querliegend im Kopfstück angeordnet und treiben die Stößel über Exzenterräder, Führungslenker und Pleuel in vier Punkten an. Hierbei ist die erste Stufe mit einer speziellen Gelenkkinematik ausgestattet. Ein Vorteil dieser modifizierten Kniehebelkinematik liegt in einer sehr geringen, nahezu konstanten Stößelgeschwindigkeit im Arbeitsbereich. Gleichzeitig besitzt dieser Antrieb hohe Geschwindigkeiten im Vor- und Rücklauf, Bild 3.5. Die kinematischen Eigenschaften dieses Gelenkantriebes sind speziell auf die Belange des Tiefziehens abgestimmt. Die weiteren Umformstufen sind mit Exzenterantrieben ausgestattet. Um die Stößelschrägstellung bei außermittiger Belastung zu minimieren, sind an jeder Presse jeweils vier Pleueldruckpunkte vorhanden. Über Schiebetische kann ein vollautomatisch gesteuerter Werkzeugwechsel erfolgen.

Ein Beispiel eines Gelenkantriebs für den Einsatz in der ersten Stufe von Transferpressen zeigt Bild 3.35. Dargestellt ist ein achtgliedriger Gelenkantrieb, der über zwei Exzentersysteme angesteuert wird. Über die Hauptantriebswelle der Transferpresse (3) sowie ein Zwischenrad (1) wird das Schwungrad (2) der ersten Stufe angetrieben, welches über weitere Zwischenräder zwei symmetrisch angeordnete Räder (5) der Exzenterwellen antreibt. Die beiden Exzenterwellen übertragen ihre Drehbewegung über jeweils zwei Doppelhebel (7, 8) mit weiteren Anlenkhebeln auf den Stößel (15). Im Unterschied zu herkömmlichen Kniehebelsystemen, bei denen die Lage des äußeren Anlenkpunktes des Kniehebels (11) fest ist, treibt der verdeckt dargestellte Doppelhebel (7, im Bild links gestrichelt dargestellt) als Steuerpleuel eine Hebelwelle (9) an, die die Lage des Anlenkpunktes des Kniehebels (11) während des Hubes ändert. Somit kann die Kniehebelbewegung des kraftübertragenden Hebelsystems bestehend aus dem Doppelhebel (9), Kniehebel (12) sowie Pleuel (13) bezüglich ihrer Geschwindigkeit im Bereich des unteren Totpunktes für Ziehoperationen noch günstiger gestaltet werden.

Aufgrund der geringen Eigenstabilität von großen Blechplatinen können Greiferschienen bei Großteiltransferpressen nicht eingesetzt werden. Der Werkstücktransport geschieht bei diesen Transferpressen mit Hilfe sogenannter Saugerbrücken, Bild 3.36. Mittels der vertikal beweglichen Längsbalken werden die von den Saugern gehaltenen Werkstücke von den Formen abgehoben bzw. auf diesen abgelegt. Die Querbalken werden, von Steuerstangen gelenkt, paarweise horizontal verfahren, um so die Stationen zu be- oder entladen. Die Werkstückablagen zwischen den einzelnen Umformstationen werden programmgesteuert abwechselnd in eine Ablege- und eine Entnahmeposition verfahren. Im Gegensatz zu den Greiferschienen kann der Schienenrücklauf jedoch nicht während des Umformvorgangs erfolgen, da sich die Brücken zwischen den Werkzeugen befinden. Daher werden sie in eine Parkstellung außerhalb des Werkzeugbereichs gebracht. In Bild 3.37 ist das Ablaufdiagramm des Saugerbrücken-Transfers dargestellt.

Nach dem geschilderten Pressenprinzip wurde z. B. eine Großteil-Transferpresse mit einer Nennpresskraft

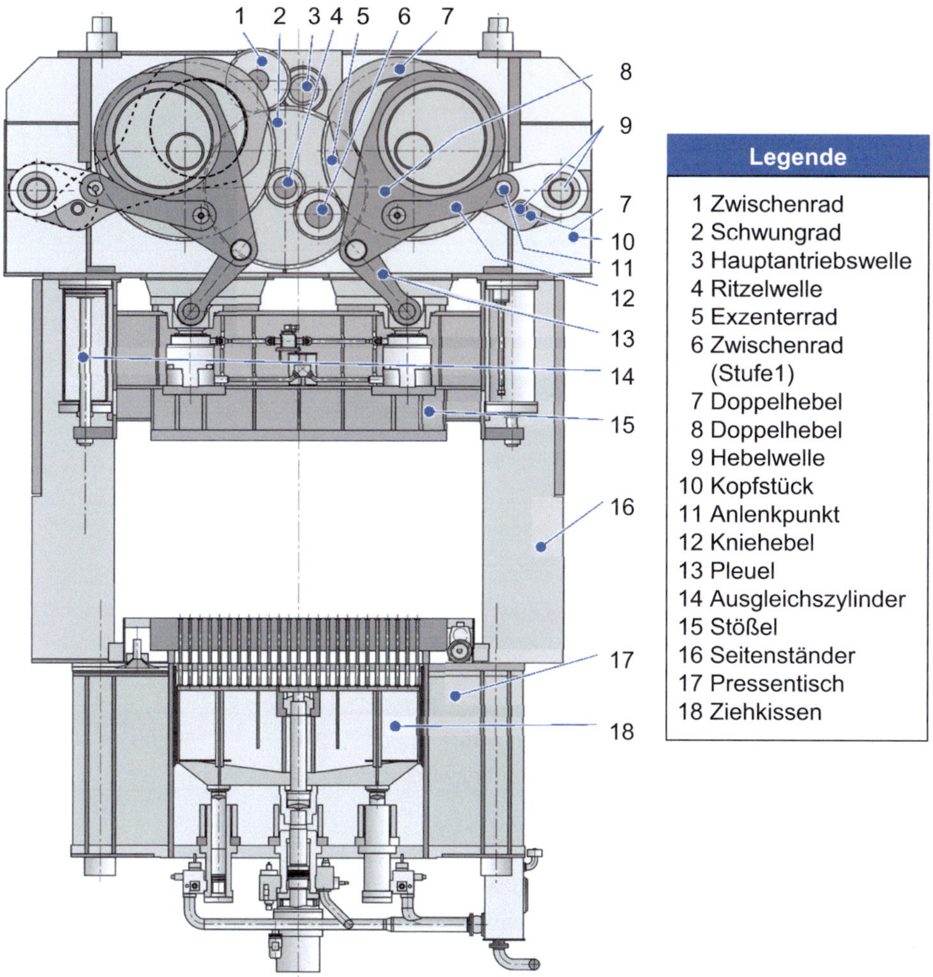

Bild 3.35 Schnitt durch die erste Stufe einer Großteiltransferpresse. Quelle: Schuler

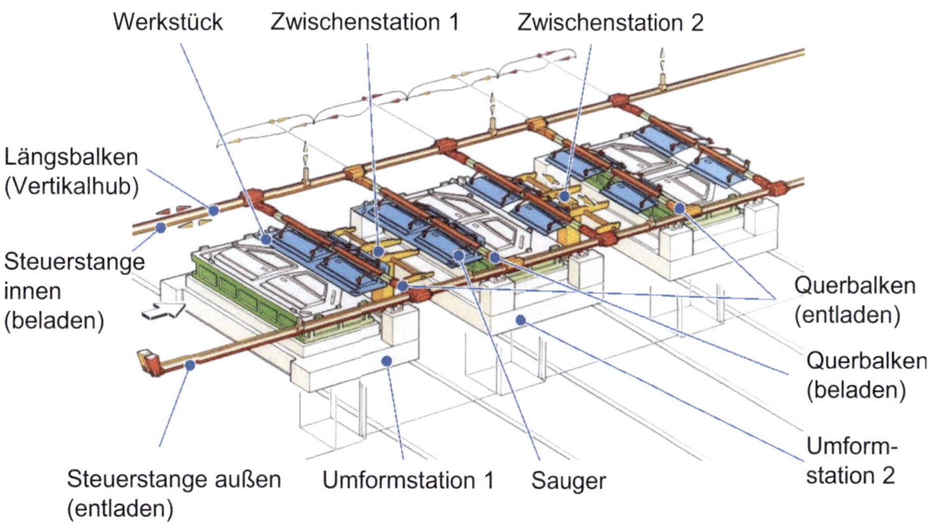

Bild 3.36 Saugerbrücken-Transfer an Großteil-Transferpresse. Quelle Schuler

von 52.000 kN gebaut, wobei die erste Station für 20.000 kN, die zweite und dritte für je 9.000 kN und die vierte und fünfte für je 7.000 kN ausgelegt ist. Bei einem Gesamtgewicht der Presse von ca. 2.200 t beträgt die Länge ca. 40 m, die Breite 11 m, die Höhe über Flur 9 m und unter Flur 6 m. Bei einem Transportschritt von 2.000 mm ist die Werkzeugaufspannfläche pro Werkzeugstation ca. 4.500 · 2.000 mm² groß. Das entspricht einer maximalen Teilegröße von 4.000 · 1.750 mm². Die Produktionshubzahlen betragen bis zu 16 Hub/min. Exzenter- und Kurbelpressen werden im Bereich der Massivumformung auch als Schmiedepressen, **Bild 3.38**, mit Nennkräften bis zu

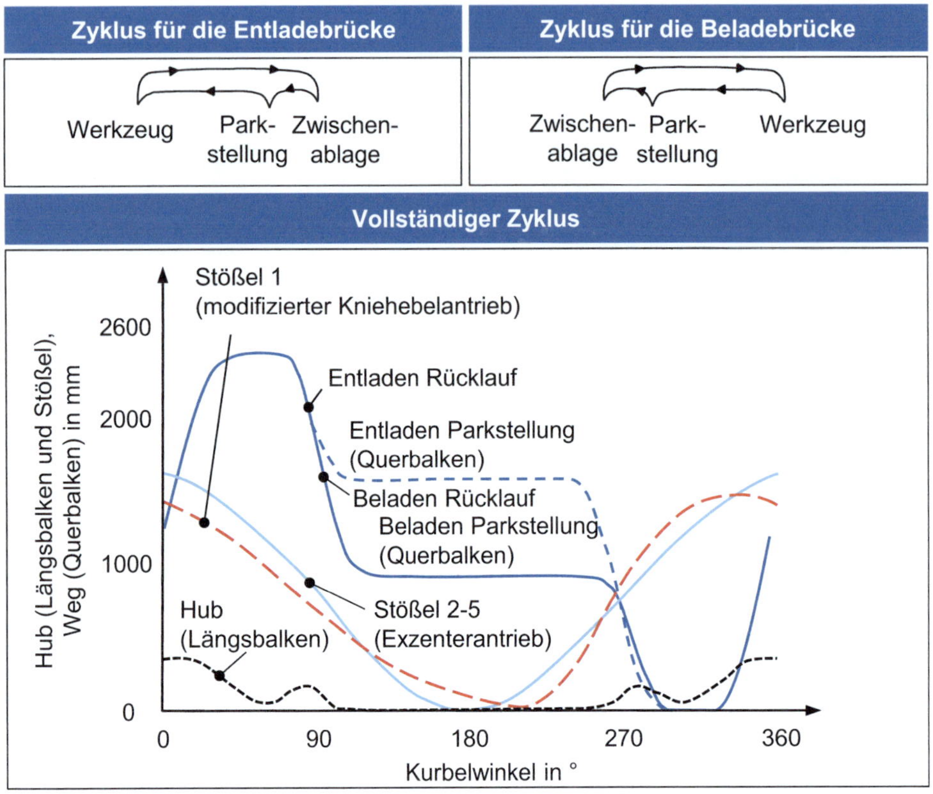

Bild 3.37 Ablaufdiagramm des Saugerbrücken-Transfers. Quelle: Schuler

160.000 kN eingesetzt. Den geforderten Arbeitsgenauigkeiten unter den extremen Belastungen beim Schmieden trägt der Maschinentyp durch eine steife und massive Bauweise sowohl des Gestelles als auch des Triebwerkes Rechnung. Der Pressenständer ist für Presskräfte bis 40.000 kN als O-Gestell in Massivbauweise aus Stahlguss mit extrem geringer Ständerweite ausgeführt, für höhere Presskräfte wird ein Gestell mit Zugankern gewählt. Die Hauptantriebswelle ist als biegesteife, aus legiertem Stahl geschmiedete Exzenterwelle mit einem besonders breiten Exzenter ausgebildet. Der breite Pleuel drückt mit seinem unteren Teil gegen einen ebenfalls exzentrisch gelagerten Druckbolzen. Über diesen Druckbolzen lässt sich die Stößellage zur Anpassung an die Werkzeughöhe mit Hilfe des Schneckentriebes verstellen.

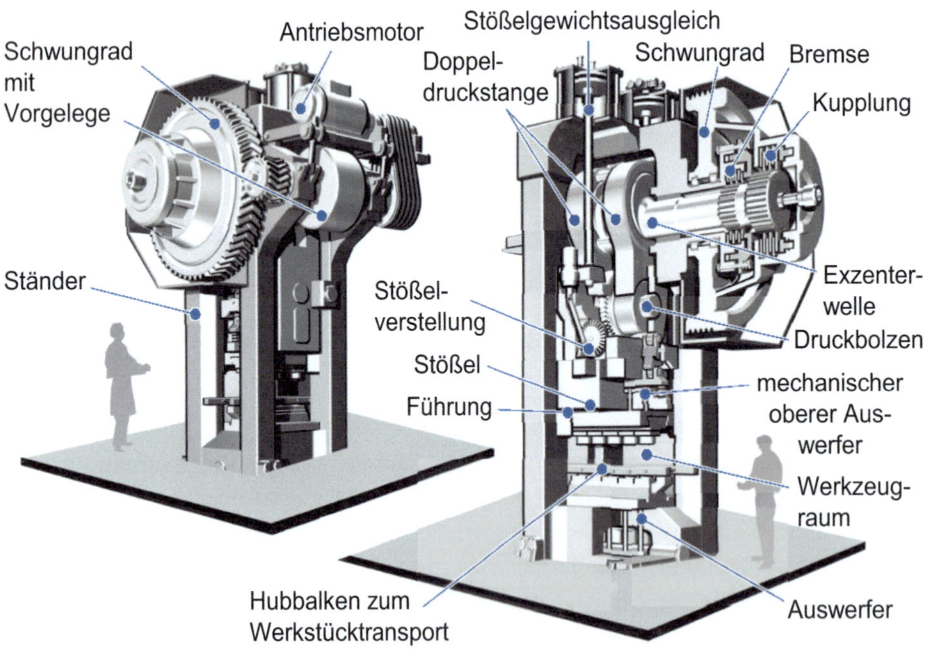

Bild 3.38 Exzenter-Schmiedepresse. Quelle: SMS group

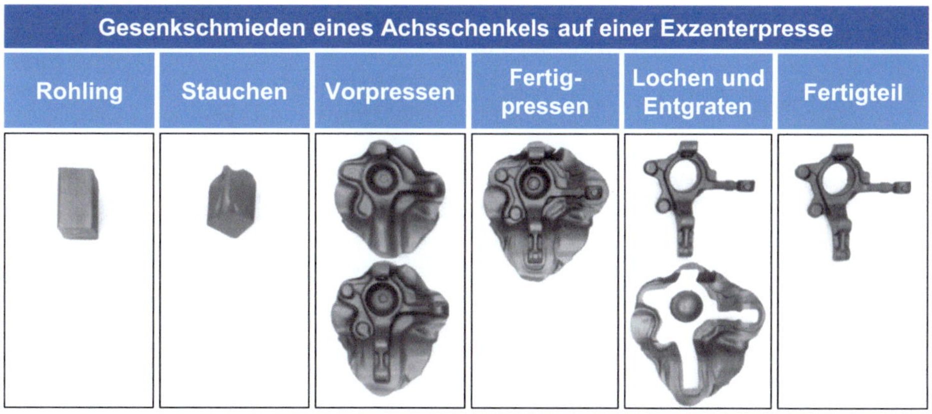

Bild 3.39 Beispiel für das Gesenkschmieden auf einer Exzenterpresse. Quelle: SMS group

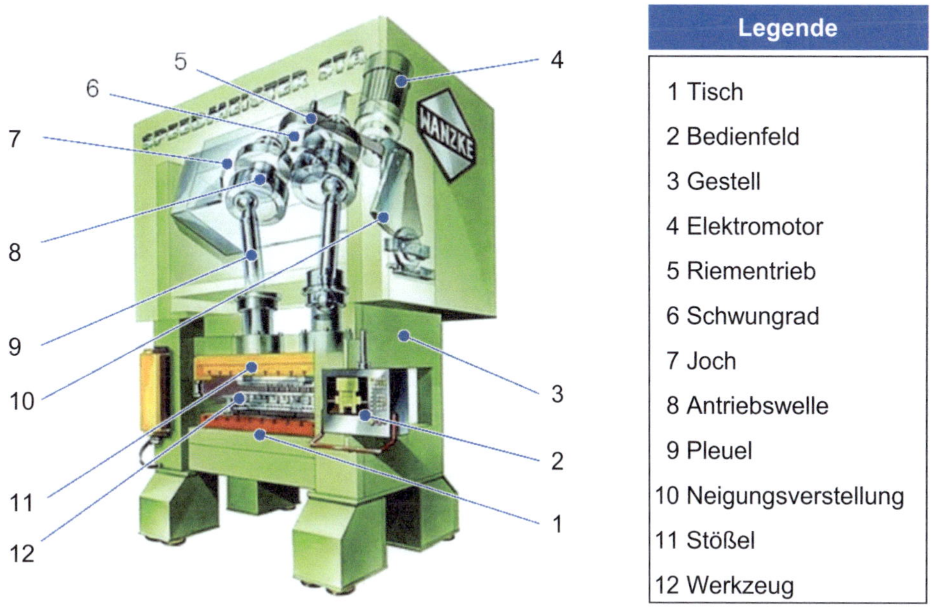

Bild 3.40 Schnellläuferpresse mit Raumlenkerantrieb. Quelle: Wanzke Umformtechnologie

Pneumatische Zylinder-Kolbensysteme auf dem Kopf der Presse ziehen den Stößel ständig gegen den Pleuel und diesen gegen die Exzenterwelle und sorgen damit für die erforderliche Vorspannung. Der hintere Ausgleichszylinder wird zusätzlich zur Klemmung des exzentrischen Druckbolzens für die Stößelverstellung verwendet. In Verbindung mit der ebenfalls sehr massiv gestalteten und in Diagonalform ausgebildeten Stößelführung werden auch bei relativ großen außermittigen Belastungen sehr gute Genauigkeiten in vertikaler und horizontaler Richtung erzielt. Reibungskupplung und -bremse sind direkt auf der Exzenterwelle angeordnet und werden elektro-pneumatisch gesteuert. Die Kupplung dient dabei gleichzeitig als Überlastsicherung, die bei Überschreiten des zulässigen Drehmoments durchzurutschen beginnt. Als Beispiel für die Fertigungsmöglichkeiten mit Schmiede-Exzenterpressen und Stufenwerkzeugen ist die Fertigungsfolge für einen Achsschenkel in ◘ Bild 3.39 dargestellt.

Neben den verbreiteten Kurbelwellen- und Exzenterantrieben wurde der sogenannte Raumlenkerantrieb für Schnellläuferpressen entwickelt, ◘ Bild 3.40. Die gezeigte Maschine arbeitet bei Hubzahlen von bis zu 2.000 min^{-1} ohne Massenausgleich. Ihr gesamter Antrieb ist auf einem Joch aufgebaut, welches um seine horizontale Achse schwenkbar gelagert ist. Ein Elektromotor treibt über einen Riementrieb und ein Schwungrad zwei Antriebswellen gegensinnig an. In den Wellen sind jeweils die oberen Kugelköpfe zweier Pleuel exzentrisch gelagert. Die unteren Pleuelköpfe sind im Stößel gelagert. Durch eine Verstellung der Neigung des Joches lässt sich der Pressenhub stufenlos einstellen, ohne dass sich dabei der untere Totpunkt des Stößels verschiebt. Dabei ändern sich Nennkraft und Stößelgeschwindigkeit, wohingegen das Arbeitsvermögen nicht beeinflusst wird. Das Führungssystem der Presse ist vom Rahmen entkoppelt, sodass sich durch Umformkräfte bedingte Verformungen des Gestells nicht auf Stößel und Werkzeug auswirken. Weitere Vorteile dieser Bauweise liegen darin, dass sich die Lagerkräfte an den oberen Pleuelköpfen gleichmäßiger verteilen als die an den oberen Pleuelstangenenden von Exzenterpressen und dass die Seitenkräfte aus dem Pleuelschub um mehr als 50 Prozent kleiner als bei Exzenterantrieben sind.

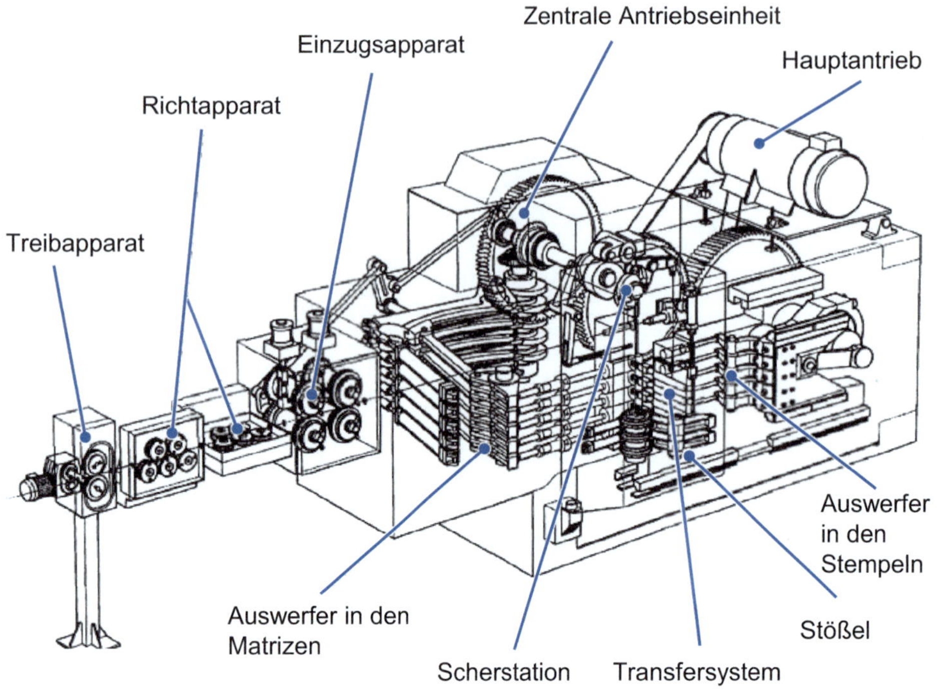

Bild 3.41 Horizontale Mehrstufenpresse. Quelle: Schuler

Die in Bild 3.41 gezeigte horizontale Mehrstufenpresse wird speziell für die Massivumformung mit Draht als Ausgangsmaterial gebaut. Der Treibapparat zieht den Draht vom Drahtbund ab und transportiert den Drahtanfang nach einem Bundwechsel in die Presse. Anschließend richten die vertikal bzw. horizontal wirkenden Richtapparate den Draht. Der Einzugapparat schließlich, dessen Bewegung wie die aller anderen Maschinenkomponenten über die zentrale Antriebseinheit vom Hauptantrieb abgeleitet wird, transportiert den Draht im Maschinentakt bis zum Anschlag der Scherstation. Die abgelängten Drahtstücke werden vom Transfersystem zum ersten Stempel transportiert. Insgesamt besitzt die dargestellte Mehrstufenpresse fünf Stempel, die zur Einstellung der Werkzeuge für den Bediener ergonomisch günstig untereinander im Stößel angeordnet sind. Ihnen gegenüber befinden sich fünf Matrizen. Auswerfer in den Stempeln und den Matrizen sorgen dafür, dass die Bauteile nach jedem Umformvorgang vom Transfersystem gegriffen und weitergeleitet werden können. Sie werden, wie das Transfersystem auch, über getrennt einstellbare Kurvenscheiben betätigt. Zum Werkzeugwechsel kann das Transfersystem ausgeschwenkt werden.

3.1.4 Kniehebelpressen

Die Kniehebelpresse unterscheidet sich von der Kurbel- und Exzenterpresse durch das Antriebsprinzip. Die Umformkraft wird im Wesentlichen über die Kniehebel auf den Stößel und auf das Kopfstück des Maschinengestells übertragen. Hydraulische Zylinder-Kolbensysteme oder Kurbeltriebe treiben die Kniehebel an, Bild 3.42. Durch die hohe Kraftübersetzung der Kniehebel erreicht man, dass der vorgelagerte Teil des Antriebs, z. B. der Pleuel und die Kurbelwelle mit ihrer Lagerung, nur mit einem Bruchteil der Pressennennkraft beaufschlagt wird.

Kniehebelpressen haben im Vergleich zu Exzenter- und Kurbelpressen eine andere Kraft-Hubweg-Charakteristik. Nachteilig ist hierbei der kleine Stößelweg, über den die Nennkraft zur Verfügung steht. Hauptanwendungsgebiete sind das Prägen von Münzen, Medaillen, Besteck, Schmuck, das Kalibrieren sowie das Kaltfließpressen von Werkstücken mit hoher Genauigkeit (Toleranzen im Bereich von IT5 / IT6).

Man unterscheidet die beiden Arbeitsverfahren Vorwärtsfließpressen mit Werkzeugbewegung und Werkstofffluss in einer Richtung sowie das Rückwärtsfließpressen mit entgegengesetzten Bewegungsrichtungen von Werkstückmaterial und Werkzeug. Letzteres wird vorwiegend zur Herstellung von dünnwandigen Hohlkörpern und Tuben eingesetzt. Einer Erhöhung der Arbeitshübe sind oft technologische Grenzen gesetzt. Die Umformgeschwindigkeit nimmt zu, was dann in der Regel mit einem Anstieg der Kräfte verbunden ist. Außerdem können unerlaubt große dynamische Schwingungsamplituden im Werkzeug auftreten, die zu erhöhtem Verschleiß führen.

Eine Erhöhung der Hubzahl ist nur dann möglich, wenn es durch konstruktive Gestaltung der Antriebselemente gelingt, die unproduktiven Zeitabschnitte eines Arbeitshubes (z. B. Rückhub, Durchfahren des Leerweges vor Beginn des Umform- oder Schneidprozesses) zu verkürzen, während der eigentliche Bearbeitungsvorgang langsam abläuft. Das Antriebsschema einer servomechanischen Feinschneidpresse mit Doppelkniehebelantrieb ist in Bild 3.43 dargestellt.

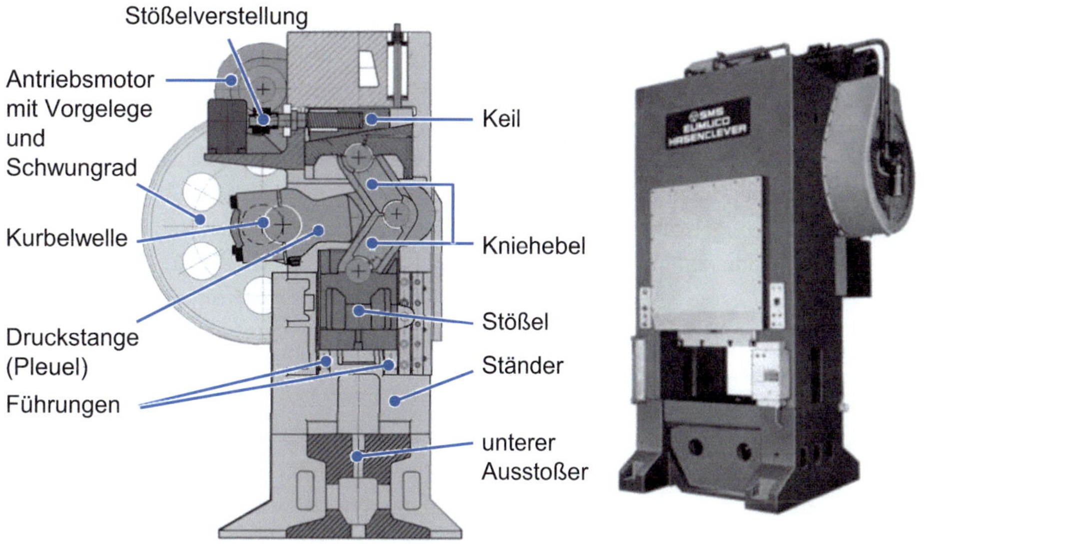

Bild 3.42 Presse mit Kniehebelantrieb. Quelle: SMS group

Mithilfe der Servotechnologie konnte die Ausbringungsleistung bei dieser Presse gegenüber konventionellen Feinschneidpressen nahezu verdoppelt werden. Der Antrieb über zwei direkt mit dem Doppelkniehebel verbundene, geregelte Servomotoren ermöglicht dank derer Dynamik auch bei hohen Taktzahlen einen zuverlässigen Werkzeugschutz. Der Bewegungsablauf des Stößels ist nicht wie bei einer mechanischen Presse fest vorgegeben, sondern kann flexibel programmiert und angesteuert werden. Die Servomechanik der Maschine ermöglicht eine partielle,

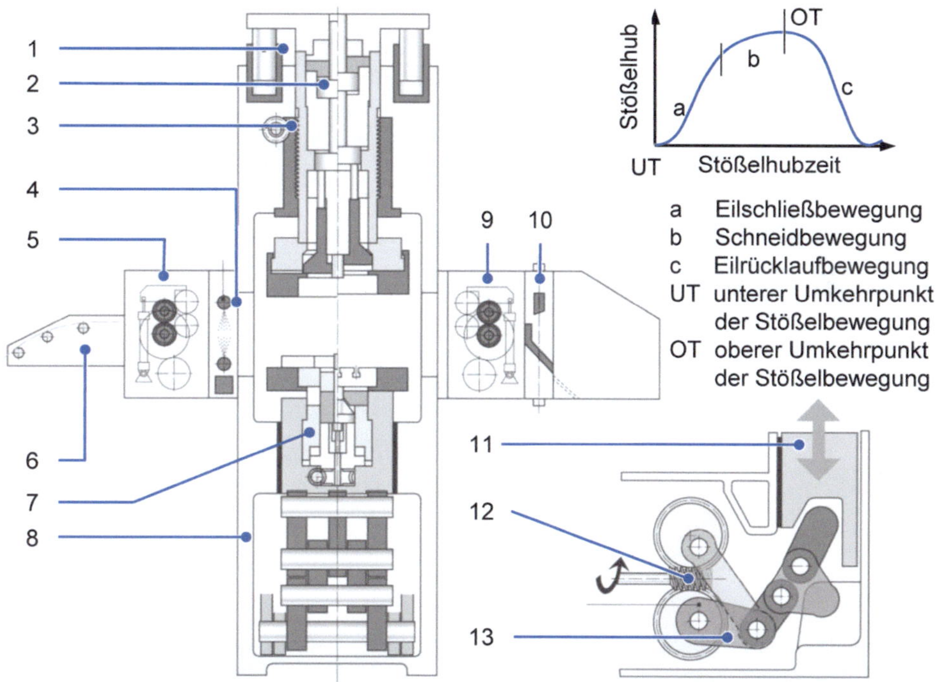

Maschinenelemente	
1	Kopfspindelblockierung
2	Ringzackenkolben
3	Werkzeughöhenverstellung
7	Gegenhalterkolben
8	Vier-Säulen-Pressenkörper
11	Stößel
12	Getriebe
13	Doppel-Kniehebel

Elemente des Vorschubsystems	
4	Sprühgerät
5	Einlaufvorschub
6	Rollenkorb
9	Auslaufvorschub
10	Abfalltrenner

Bild 3.43 Feinschneidpresse mit Doppelkniehebelantrieb. Quelle: Feintool (Technologie AG)

nach unten nicht begrenzte Reduzierung der Umformgeschwindigkeit. Deshalb ist es möglich, Bewegungs- und Kraftverläufe während des Pressvorgangs zu variieren und genau auf die jeweilige Anwendung anzupassen.

Dank der Servotechnik produziert die Feinschneidpresse bei Hubzahlen bis 140 min^{-1}. Die Maschine nutzt sowohl das flexible Verfahrprofil hydraulischer Pressen als auch die hohe Arbeitsgeschwindigkeit mechanischer Pressen.

3.1.5 Keilpressen

Die Keilpresse ist eine mechanisch oder hydraulisch angetriebene Presse für hohe Presskräfte. Zum Bewegen des Stößels dient ein breiter Keil, der zwischen dem oberen Teil des Ständers und dem Stößel angeordnet ist, ◘ Bild 3.44. Der Keil hat einen Steigungswinkel von etwa 30 °. Unter Vernachlässigung der Reibkräfte entspricht dies einem Übersetzungsverhältnis zwischen der Stößelkraft und der Keilantriebskraft von etwa 1,7:1. Der Keil wird bei dieser mechanischen Exzenter-Keilpresse von einem Exzenterantrieb bewegt, der sich auf der Rückseite der Presse befindet. Er besitzt Umgriffe, sodass auch bei einem Ausfall der Gewichtsausgleichszylinder Keil und Stößel nicht herabfallen können. Durch die breite Berührfläche zwischen Keil und Stößel und durch die steife Ausführung des Pressengestells ist die Pressenbauart weitgehend unempfindlich gegen außermittige Belastungen. Ein Kippen des Stößels tritt nicht auf. Die Keilpresse wird daher bevorzugt zum Gesenkschmieden von Genauschmiedeteilen und bei Prozessen mit unvermeidlicher außermittiger Maschinenbelastung eingesetzt. Durch die Anordnung des Antriebes auf der Rückseite der Maschine ist die Bauhöhe im Vergleich zur Kurbelpresse kleiner. Wie in ◘ Bild 3.44 dargestellt, werden mechanische Keilpressen üblicherweise von Kurbel- bzw. Exzentertrieben angetrieben.

Mechanische Keilpressen werden mit Nennkräften von 20 bis 120 MN gebaut und haben Hubzahlen von 20 bis

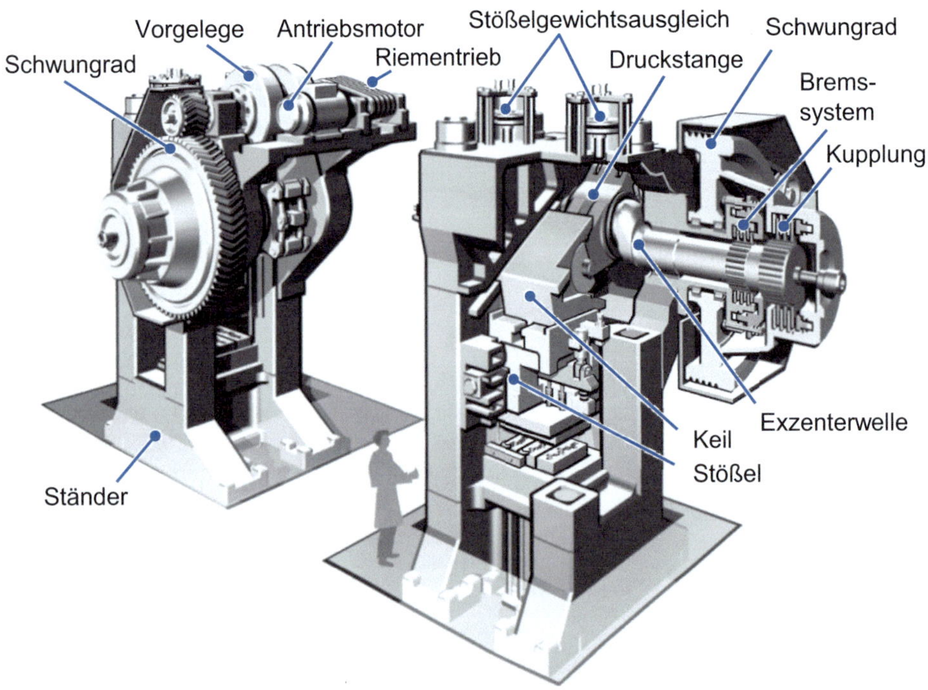

◘ Bild 3.44 Schmiedepresse mit Keilantrieb. Quelle: SMS group

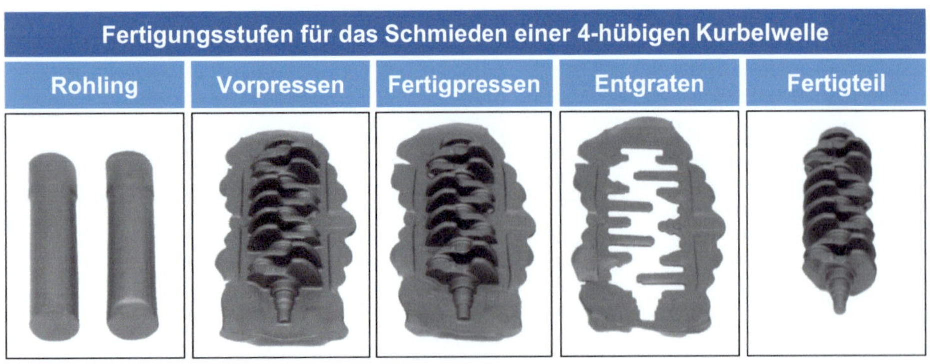

◘ Bild 3.45 Beispiel für das Schmieden auf einer mechanischen Keilpresse. Quelle: SMS group

70 min^{-1}. Mit hydraulischen Keilpressen lassen sich Presskräfte bis zu 800 MN erreichen. Als typisches Fertigungsbeispiel ist in Bild 3.45 das Schmieden einer Kurbelwelle dargestellt.

3.1.6 Hydraulische Pressen und Umformmaschinen mit hydraulischem Wirkprinzip

Hydraulisch betätigte Pressen zählen zu den kraftgebundenen Maschinen. Diese sind dadurch gekennzeichnet, dass an jeder Stelle des Stößelhubs und damit unabhängig von der Werkzeugstellung eine Kraft bis zur Höhe der Nennkraft wirksam werden kann. Deswegen haben sich hydraulische Pressen vor allem auf jenen Gebieten der Umformtechnik bewährt, bei denen die Kraft längs des Stößelweges konstant oder verfahrensbedingt steuerbar sein muss.

Als physikalische Grundlage der Arbeitsweise von hydraulischen Pressen dient das hydrostatische Prinzip, nach dem sich der Druck in einer Flüssigkeit nach allen Seiten hin gleichmäßig ausbreitet und auf den angrenzenden Flächen eine der Fläche und dem Druck proportionale Kraft erzeugt. Innerhalb eines Zylinder-Kolbensystems, das unmittelbar mit einem Stößel gekoppelt ist, lässt sich damit die hohe Druckenergie des Druckmediums in mechanische Arbeit zur Erzeugung der Arbeitsbewegung umsetzen. Wesentliche Kenngrößen des hydraulischen Antriebes stellen der Druck und der Förderstrom des Druckmediums dar. Über entsprechende Pumpen und Regeleinrichtungen (Leistungs-, Druck-, und Nullhubregler) können beide Kenngrößen dem jeweiligen Arbeitsvorgang entsprechend eingestellt werden. Weitere Grundlagen zum hydraulischen Prinzip finden sich in ► Band 2 dieser Reihe.

Prinzipiell unterscheidet man die Antriebsarten des unmittelbaren Pumpenantriebes und die sogenannten Speicherantriebe. Diese werden jedoch selten in ihrer Reinform eingesetzt, sondern vielmehr den jeweiligen Anforderungen angepasst. So zeigt Bild 3.46 das Schema eines hydraulischen Kreislaufes, dass das Prinzip des direkten Pumpenantriebes darstellt. Grundsätzlich wird das Fördervolumen der Antriebspumpe so geregelt, dass sie das Arbeitsmedium (Öl oder Wasser) bedarfsgerecht bereitstellt. Um eine hohe Antriebsdynamik zu erzielen und Druckschwankungen auszugleichen, wird gleichzeitig, ähnlich wie beim Speicherantrieb, ein Hydrospeicher eingesetzt, der kurzfristig ein gewisses Volumen des Mediums mit dem eingestellten Druck bereitstellen kann. Das Medium wirkt auf den Hauptarbeitszylinder bzw. auf den Differentialkolben, der zur Erzeugung der Presskraft auf der großen und zum Heben des Stößels auf der kleinen Fläche beaufschlagt wird. Pumpe und Antriebsmotor müssen hier nicht wie bei der Reinform des Direktantriebes auf den größten momentanen Leistungsbedarf der Presse ausgelegt sein. Der Hauptvorteil gegenüber dem Speicherantrieb bleibt erhalten und die geregelte Pumpe fördert bedarfsgerecht, wodurch eine höhere Energieeffizienz erreicht wird. Der Druckregler sorgt dafür, dass das Fördervolumen der Pumpe sich auf den Ölmengenbedarf einstellt. Die Betriebsdrücke liegen bei hydraulischen Pressen zwischen 200 und 300 bar.

Die Gestellbauarten der hydraulischen Pressen entsprechen denen der mechanischen Pressen (s. Bild 3.23). Überwiegend werden die Pressenständer jedoch in Zweiständerbauart als Stahlschweißkonstruktion ausgeführt. Bei Pressen größerer Presskraft und größerer Ständerweite besteht auch hier der Maschinenständer aus mehreren Komponenten (Tisch, Kopfstück, Seitenständer), die über Zuganker gegeneinander verspannt werden. Die hydraulischen Antriebsele-

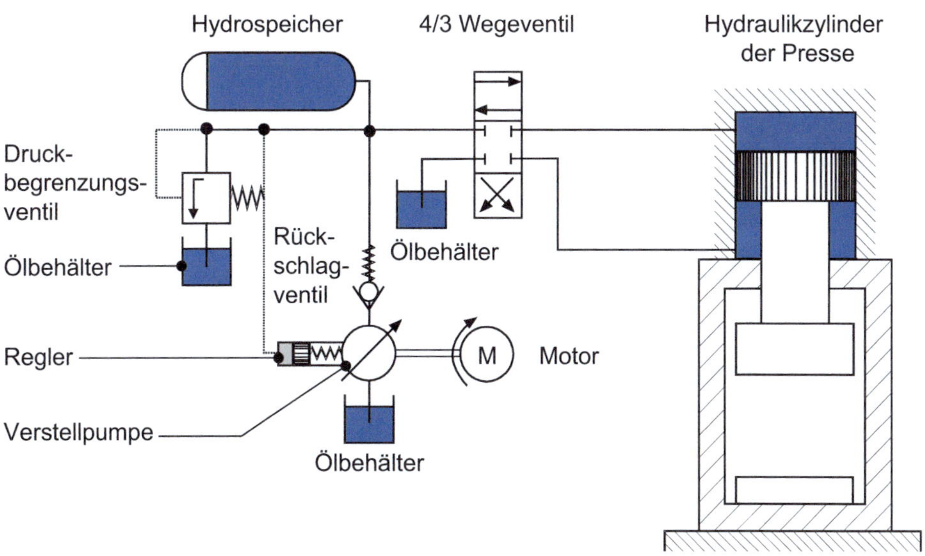

Bild 3.46 Hydraulischer Pressenantrieb

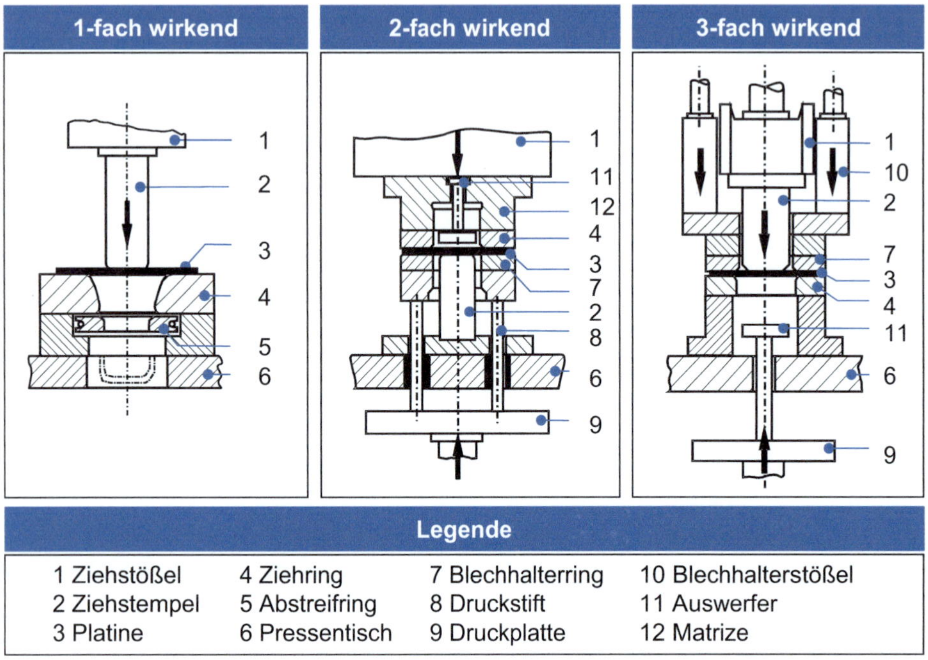

Bild 3.47 Wirkprinzipien hydraulischer Umformpressen. Quelle: Schuler

mente ermöglichen einen verhältnismäßig einfachen Einbau im Maschinengestell. Hierdurch lassen sich ohne Weiteres mehrere hydraulische Antriebe für kombinierte Umform- und Schneidvorgänge (Ziehen, Niederhalten, Schneiden, Auswerfen usw.) in einer Maschine unterbringen und die nötigen Bewegungsabläufe sehr gut koordinieren. Man unterscheidet dabei einfach-, zweifach- und dreifach-wirkende Pressen, deren unterschiedliche Bewegungsmöglichkeiten am Beispiel eines Ziehwerkzeuges in Bild 3.47 dargestellt sind. Während bei einfach-wirkenden Pressen nur eine Bewegung des Hauptstößels erfolgt, kommen bei zweifach- bzw. dreifach-wirkenden Pressen eine bzw. zwei zusätzliche Bewegungen hinzu, mit denen z. B. die Funktionen eines Ziehkissens, Auswerfers oder Niederhalters realisiert werden können.

Ein Beispiel für eine einfach-wirkende Presse ist die Freiformschmiedepresse, Bild 3.48. Das Freiformschmieden wird zur Vorformung oder zur Herstellung großer Schmiedeteile (bis zu 500 t) angewendet. Die Vorteile des Verfahrens liegen in der Umformbarkeit großer Werkstücke, die entsprechend großen Hub und Umformkraft benötigen, sowie in der schnellen Handhabung der Werkzeuge, welche bei kleinen Losgrößen zu einem wirtschaftlichen Vorteil führen können. Im Gegensatz zum Gesenkschmieden werden beim Freiformschmieden keine begrenzten Werkzeuge eingesetzt. Die Form entsteht durch das Führen des Werkstücks zwischen den Werkzeugen, wobei die Werkzeuggeometrie glatt oder die Form der Sollgeometrie hat. Die Handhabung der Werkstücke kann dabei durch Schmiederoboter (bis 300 kg Bauteilgewicht) oder Manipulatoren (bis 250 t Bauteilgewicht) erfolgen. Nachteilig ist die begrenzte Erreichbarkeit hoher Toleranzen und die im Vergleich zum Gesenkschmieden geringe Möglichkeit zur Produktion größerer Losgrößen. Typische Einsatzgebiete sind die Herstellung von Kurbelwellen, Walzen, Scheiben, Ringe oder Blöcke aus Stahl-, Aluminium-, Titan-, Nickel- oder Kobaltlegierungen.

Grundsätzlich gibt es verschiedene Ausführungsformen von Freiformschmiedepressen: Oberflur- oder Unterflurbauweise, Zwei- oder Vier-Säulen-Ausführung, öl- oder wasserhydraulischer Antrieb. Die in Bild 3.48 dargestellte 2-Säulen-Freiformschmiedepresse kann Schmiedeteile als Fertigprodukt oder als Vorprodukt für die nachfolgenden Gesenkschmiedeprozesse herstellen. Es wird eine Prozesskraft von 25 MN beim Schmieden und von 30 MN beim Stauchen erreicht. Der Pressenhub beträgt 2.400 mm. Dieser Hub wird für das Umformen großer Strukturteile benötigt. Der 6 m lange Pressentisch ist verfahrbar, sodass der Tisch zum Werkstückwechsel um 6,5 m ausfahren kann. Hierdurch wird die Fertigung eines Werkstücks bei gleichzeitiger Vorbereitung des nächsten Werkstücks ermöglicht. Der mittlere Presszylinder ist in den Oberholm integriert und dessen Kolben in den Laufholm eingezapft. In Verbindung mit dem X-Führungssystem gewährleistet dies eine exakte Führung des Laufholms über den gesamten Pressenhub auch bei hohen exzentrischen Lasten. Das Gewicht des Laufholmes ist gegenüber einem umlaufend geführten Laufholm geringer, wodurch die Schmiedefrequenz erhöht werden kann. Die mehrteilige Struktur ist mit Hilfe von Zugankern verspannt, um ein Aufbiegen der Struktur zu verhindern.

Bild 3.49 zeigt eine dreifach-wirkende hydraulische Tiefziehpresse , bei der zwei Stößel von oben und einer von unten

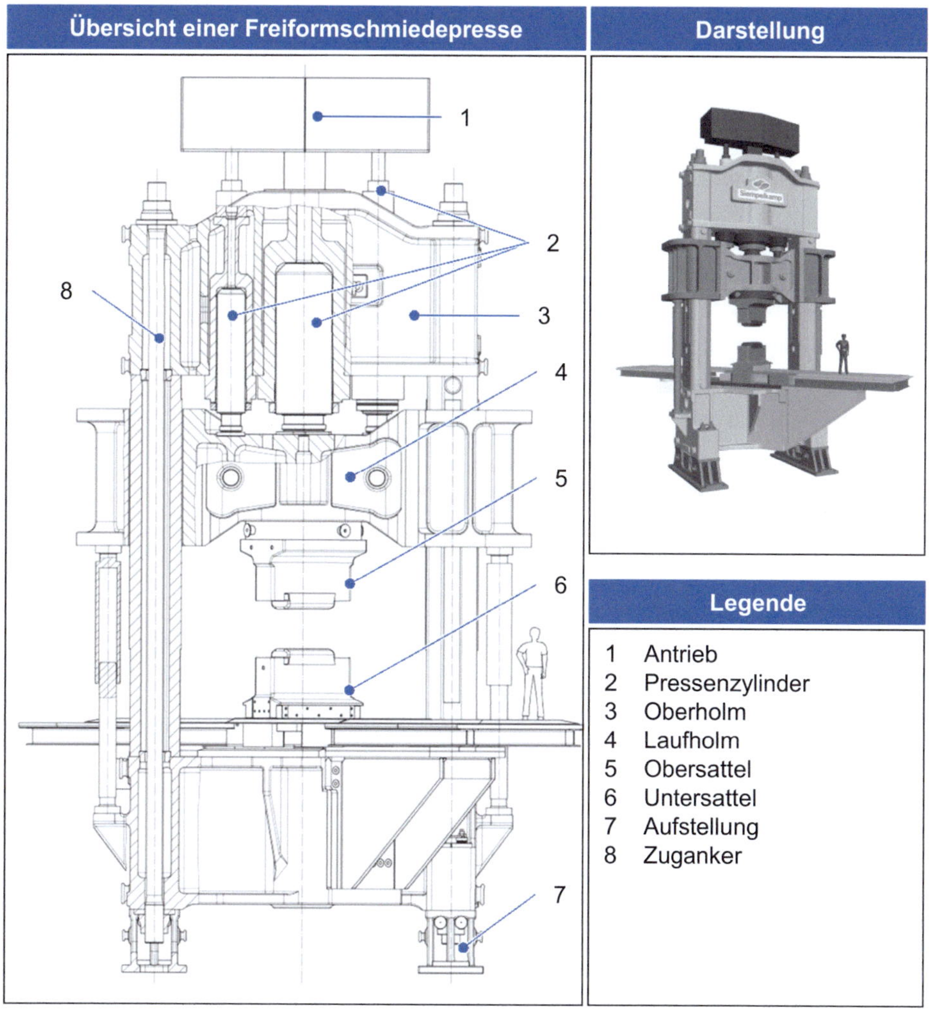

Bild 3.48 Aufbau einer Freiformschmiedepresse. Quelle: Siempelkamp

wirken. Der obere, innenliegende Stößel stellt den eigentlichen Ziehstößel dar, der in den Führungen des äußeren Blechhalterstößels gleitet. Der Ziehstößel wird vom Hauptzylinder mit dem Differentialkolben angetrieben, wohingegen der Blechhalterstößel über vier Zylinder mit Plungerkolben angetrieben wird. Das unter dem Tisch angeordnete Ziehkissen kann hier auch die Funktion eines Auswerfers erfüllen.

Während des Bearbeitungsvorganges bewegen sich Zieh- und Blechhalterstößel gemeinsam abwärts bis der Blechhalterring im Werkzeug auf der Platine aufsitzt, Bild 3.49 rechts. Die Formgebung beginnt nun durch die alleinige Weiterbewegung des Ziehstempels. Er zieht dabei die Platine durch den Ziehring nach unten. Das Ziehkissen bleibt während des Vorganges in unterster Stellung und tritt erst nach der Formgebung als Auswerfer in Funktion.

Auch das Feinschneiden benötigt dreifach-wirkende Pressen, Bild 3.50. Die Krafteinleitung erfolgt vom Elektromotor über eine Axialkolbenpumpe zum Druckspeicher. Das geförderte Drucköl gelangt über gesteuerte Ventile in den Arbeitszylinder. Für die Eilschließbewegung wird Öl aus dem Druckspeicher in die Schnellschließzylinder gefördert, sodass der Hauptarbeitskolben Öl aus dem Tank nachsaugt. Der Schneidewegbereich verlangt das Umschalten des Drucköls in den Hauptarbeitszylinder. Über den Förderstrom der Pumpe wird die nötige Stößelgeschwindigkeit eingestellt. Im oberen Totpunkt seiner Bewegung läuft der Stößel gegen einen Festanschlag. Der Hauptkolben und der Schnellschließkolben werden entlastet und umgeschaltet und bewirken den Eilrücklauf. Die Ringzackenkraft und die Gegenkraft werden ebenfalls hydraulisch aufgebracht und müssen unabhängig voneinander einstellbar sein. In der Mehrzahl der Anwendungsfälle werden Werkzeuge mit festen Schneidstempeln in hydraulischen Feinschneidpressen eingesetzt, während in mechanischen Feinschneidpressen auch Werkzeuge mit beweglichem Schneidstempel zum Einsatz kommen. Durch den Einsatz von Werkzeugen mit festem Schneidstempel können dicke und große Bauteile feingeschnitten werden. Den Aufbau und die Funktionen eines typischen Werkzeuges während eines Stößelhubs zeigen Bild 3.51 und Bild 3.52.

Der feste Schneidstempel (3) Bild 3.51 wird auf eine Druckplatte (2) und auf das Obergestell des Schneidwerk-

Schema	Beispiel

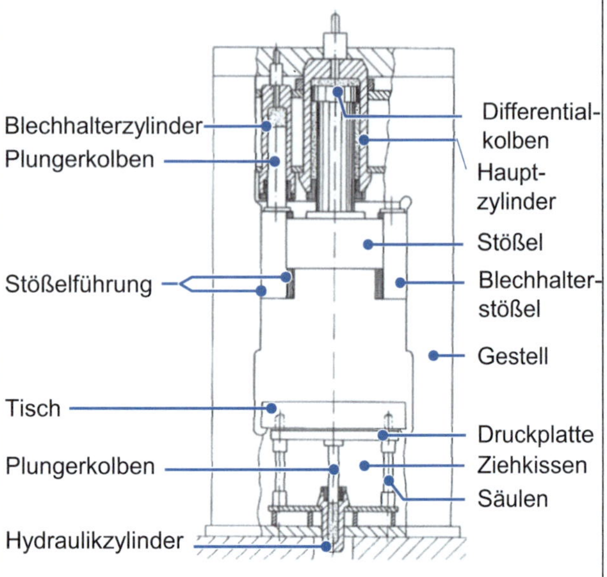

Bild 3.49 Dreifach-wirkende hydraulische Tiefziehpresse. Quelle: Schuler, Galdabini [GALD]

Maschinenelemente

1 Vier-Säulen-Pressenkörper
2 Hauptarbeitszylinder
3 Festanschlag des Stößels
4 Stellmotor
5 Stößelführung
6 Schnellschließzylinder
7 Gegenhalterzylinder
8 Mittenabstützungen
9 Werkzeugaufspanntische
10 Ringzackenzylinder

Elemente des Vorschubantriebs

11 Einlaufvorschub
12 Bandsprühgerät
13 Anschneideautomatik
14 Bandendkontrolle
15 Vorschubhöhenverstellung
16 Auslaufvorschub
17 Abfalltrenner

Schema

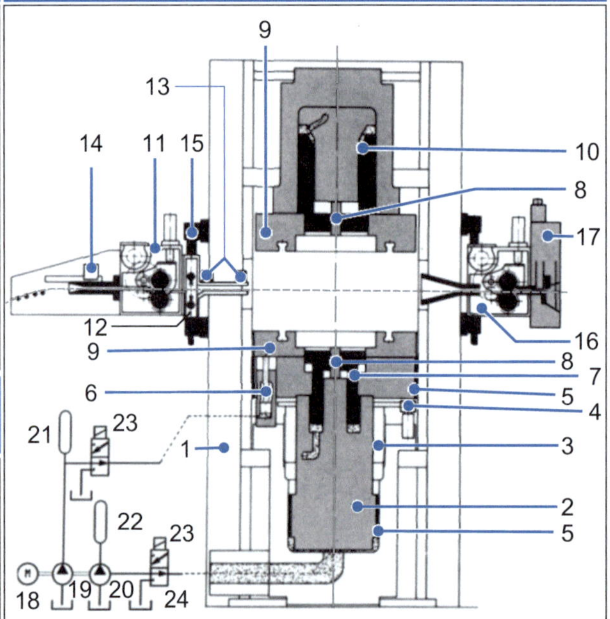

Elemente des Hauptantriebs

18 Antriebsmotor
19 Niederdruckpumpe
20 Hochdruckpumpe
21 Niederdruckspeicher
22 Hochdruckspeicher
23 Ventil
24 Tank

Bild 3.50 Feinschneidpresse mit hydraulischem Antrieb. Quelle: Feintool (Technologie AG)

zeugs (1) aufgesetzt und mit diesen verschraubt. Löcher und Innenformen des Werkstücks werden in den Hauptschneidstempel eingeschnitten und durch die Ausstoßer (20) ausgestoßen. Die Kraftwirkung erfolgt über die Ringzackenhydraulik (24) und die Führungsplatte mit Ringzacken (5). Druckbolzen (10) pressen die Ringzacke der Führungsplatte in das Werkstück. Der aktive Teil des Werkzeugs trägt somit die Ringzacke und wird über die Säulen des Werkzeugge-

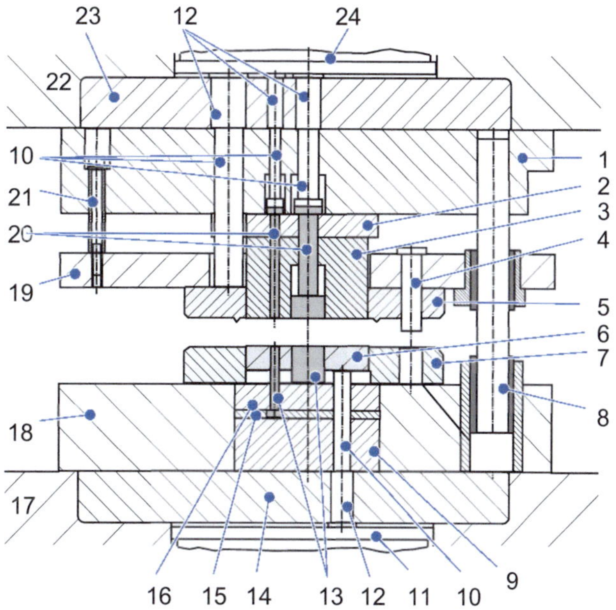

Bild 3.51 Aufbau eines Feinschneidwerkzeugs. Quelle: Feintool (Technologie AG)

Legende		
1 Werkzeug-Oberteil	11 Gegenhalterkolben	19 Führungsplatte
2 Druckplatte	12 Druckbolzen im Einlagering	20 Ausstoßer (Oberteil)
3 Schneidstempel	13 Loch- bzw. Formstempel	21 Halteschraube (im Rohr)
4 Verriegelungsbolzen	14 Einlagering (Unterteil)	22 Maschinentisch oben
5 Führungsplatte mit Ringzacke	15 Distanzplatte	23 Einlagering oben
6 Auswerfer (Unterteil)	16 Lochstempelhalteplatte	24 Ringzackenkolben
7 Schneidplatte	17 Maschinentisch unten	
8 Werkzeugführung	18 Werkzeug-Unterteil	
9 Untersatz		
10 Druckbolzen		

stells (8) geführt. Vor Schneidbeginn werden die Schneidplatte (7) und die Führungsplatte (19) mit Riegelbolzen (4) verriegelt.

Beim Feinschneiden werden zunächst die beiden Werkzeughälften zusammengefahren (Zustand a, Bild 3.52), bis das Werkzeug geschlossen ist. Dies geschieht über den Hauptarbeitszylinder der Presse. Das Werkstück ist nun innerhalb und außerhalb der Schnittlinie mittels der Ringzacke (oberer Hydraulikkolben) und Gegenkraft (untere Hydraulikkolben) eingespannt. Im folgenden Schritt wird der Werkstoff angeschnitten (Zustand b). Hierzu wird die untere Werkzeugseite über den Hauptantrieb der Presse nach oben verfahren. Die anliegende Schnittkraft, Gegenhalterkraft sowie Haltekraft des Ringzackenzylinders werden über die Pressensteuerung gesteuert. Im nächsten Prozessschritt (Zustand c) ist der Stößelhub über den Hauptantrieb beendet, das Bauteil ist vollständig geschnitten. Die ausgeschnittenen Blechabfälle sind für die Innenformen in den Hauptschneidstempel eingeschnitten, während das geschnittene Bauteil in der Schneidplatte eingeschnitten ist. Nach Abschalten der Ringzackenkraft sowie der Gegenkraft werden nun die beiden Werkzeughälften über den Hauptantrieb der Presse geöffnet (Zustand d). Durch Betätigen des Druckregelventils für den Ringzackenzylinder wirkt nun anstelle der Ringzackenkraft die Abstreiferkraft zum Ausstoßen der Innenformabfälle sowie zum Abstreifen des Stanzgitters (Zustand e). Anschließend wird auch der Gegenhalterzylinder mit Druck beaufschlagt, sodass er durch die fehlende Gegenkraft das fertiggeschnittene Werkstück ausstößt (Zustand f). Sämtliche Blechabfälle sowie das geschnittene Bauteil können entfernt und das Stanzgitter über den Walzenvorschub weitergeführt werden, bevor der Schneidzyklus von vorne beginnt.

Die wesentlichen Vorteile von Pressen mit hydraulischem Antrieb gegenüber mechanischen Pressen sind die bessere Anpassung von Kraft und Geschwindigkeit an den Arbeitsvorgang, die leichtere Einstellung der Hubhöhe, die Möglichkeit der Unterbrechung des Arbeitshubes sowie die Sicherheit gegen Überlastung. Diese Vorteile kommen insbesondere bei modernen NC-gesteuerten Pressen zum Tragen, bei denen z. B. Kraft-Weg-Verläufe gemessen und gezielt gesteuert werden können. Daher werden hydraulische Antriebe auch in der Kalt- und Warmmassivumformung, in der GFK-

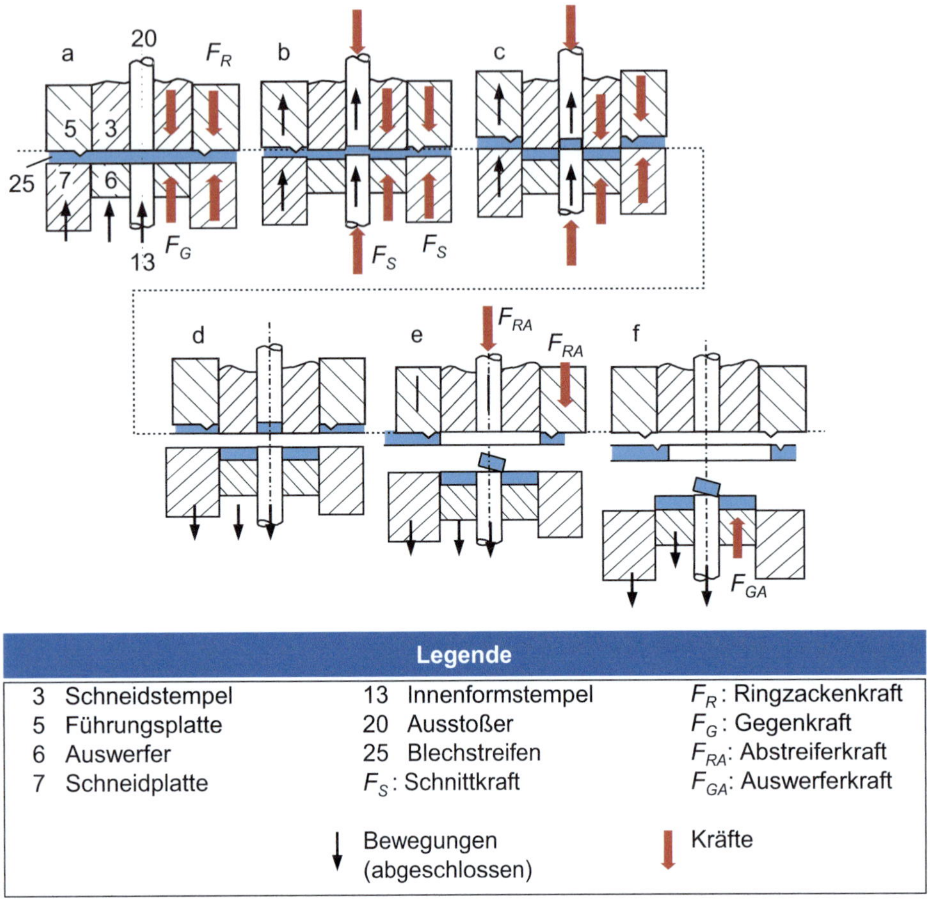

Bild 3.52 Arbeitsablauf eines Feinschneidwerkzeugs. Quelle: Feintool (Technologie AG)

Verarbeitung und insbesondere in Gummikissengesenkpressen genutzt. Bei Schneid- und Umformautomaten mit hoher Hubzahl ist der mechanische Antrieb dem hydraulischen jedoch klar überlegen.

In Bild 3.53 sind das Aktive Hydro-Mechanische Tiefziehen und eine für dieses Verfahren geeignete Maschine skizziert. Die Blechhalterzylinder bewegen den Blechhalterstößel mit dem Blechhalter nach unten, bis der Blechhalter auf die Platine aufsetzt und dabei den Raum in der darunter befindlichen Wanne abdichtet. Im Anschluss an den Verfahrzyklus des Blechhalterantriebs wird in dem als Wanne bzw. Wasserkasten ausgebildeten unteren Blechhalter ein definierter Druck aufgebaut (20 – 30 bar). Durch diesen Innendruck wird die Platine über die gesamte Bauteilfläche vorgestreckt, bis sie am Stempel anliegt. Das Werkzeug wird nun über den Stößelzylinder, Stößel und die Koppelsäule bis zum über die Pressensteuerung einstellbaren Anschlag nach unten bewegt. Über die verstellbaren Anschläge im Umformstößel (in der Darstellung in zwei unterschiedlichen Ebenen geschnitten) ist der vertikale Abstand zwischen Blechhalter und Werkzeug eingestellt. Das Werkzeug ist über Koppelsäulen am Umformstößel befestigt. Die vorgereckte Platine wird nun durch die Abwärtsbewegung des Werkzeugs (Stößel) umgeformt, wobei bei diesem Vorgang, dem sogenannten Gegenzug, Emulsion aus dem Wasserkasten verdrängt wird. Der Druck in der Wanne kann über die Steuerung geregelt werden. Nach Beendigung des Ziehvorganges durch den Stößel wird der Druck in der Wanne erneut aufgebaut, um die Platine optimal an die Kontur des Stempels anzulegen und auszuformen [AUST03]. Dieses Verfahren hat eine Reihe von Vorteilen. Durch die mittels des Vorreckens erzielte Kaltverfestigung können insbesondere bei großflächigen Bauteilen erhöhte Beulsteifigkeiten erreicht werden. Da nur eine Gestalt gebende Werkzeughälfte benötigt wird, sinken die Werkzeugkosten. Gleichzeitig werden höhere Werkzeugstandzeiten erzielt, da der Verschleiß durch die Umformung mit Wirkmedium minimal ist. Schließlich können Bauteile mit qualitativ hochwertigen Oberflächen erzeugt werden. Dies gilt insbesondere für die dem Wirkmedium zugewandte Seite.

Ähnlich wie das aktive hydromechanische Tiefziehen stellt das Verfahren des Innenhochdruckumformens (IHU) ein Kaltumformverfahren dar, welches zur Herstellung von Hohlkörpern komplizierter Geometrie aus einem rohr- oder platinenförmigen Rohteil angewendet wird. Es basiert darauf, dass die Hohlkörper aufgeweitet, dabei in axialer oder auch radialer Richtung gestaucht und zuletzt durch einen Kalibrierdruck gegen die Werkzeugwand expandiert werden.

Grundsätzlich unterscheidet man beim IHU-Prozess Bauteile, die aufgrund der vorliegenden Bedingungen,

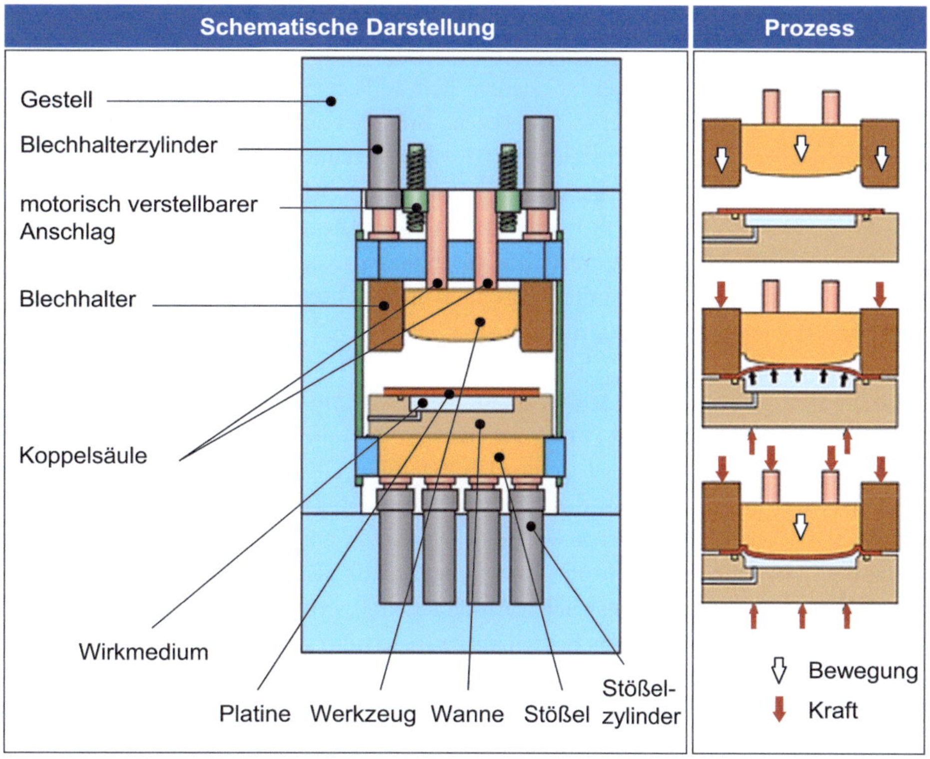

Bild 3.53 Aktives Hydro-Mechanisches Tiefziehen. Quelle: Schuler

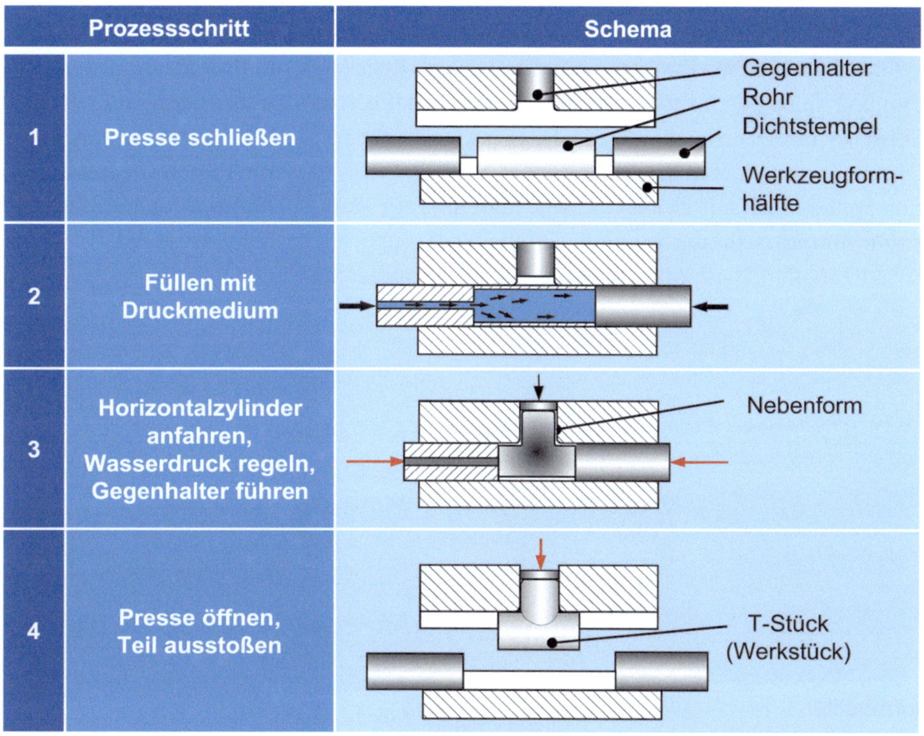

Bild 3.54 Prozess des Innenhochdruckumformens. Quelle: Schuler

insbesondere der Bauteilgeometrie und der Reibung, durchgängig axialen Materialfluss (ASE-Bauteile) oder keinen axialen Materialfluss durch axiales Stauchen (AE-Bauteile) zulassen. ASE-Bauteile sind aufgrund des axialen Materialflusses durch hohe Umformgrade über der gesamten Werkzeugkontur gekennzeichnet. Sie werden während des Prozesses aufgeweitet, gestaucht und expandiert. Durch den axialen Materialfluss sind höhere Formänderungen erreichbar als beim radialen Umformen. Bei AE-Bauteilen kann aus bauteilspezifischen Gründen nicht axial nachgeschoben werden. Dieses Verfahren ist daher ein Kalibriervorgang; die Formgebung erfolgt nur in radialer Richtung. Als Beispiel für die Innenhochdruckumformung wird das Umformen eines T-Stücks betrachtet, Bild 3.54. In einer speziellen hydraulischen Presse ist ein zweiteiliges Mehrfachwerkzeug mit zwei zu den Rohrenden axialen Dichtstempeln (Horizontalzylindern) und einem vertikal wirkenden Gegenhalterstempel eingebaut. Das zylindrische Rohteil wird in das Unterwerkzeug eingelegt und das Werkzeug geschlossen. Mit den axialen Stempeln werden die Rohrenden abgedichtet und das Rohteil mit dem Druckmedium (Wasser-Öl-Emulsion) gefüllt. Im eigentlichen Umformvorgang stauchen die Stempel das Rohteil, wobei es durch das Wirkmedium gleichzeitig aufweitet und zur Anlage an die Werkzeugkontur gebracht wird. Zusätzlich regelt der Gegenhalter den Werkstofffluss des sich ausbildenden T-Stücks. Mit dem Kalibrierdruck wird das Werkstück am Ende des Vorgangs so ausgeformt, dass seine Kontur der des Werkzeughohlraums entspricht. Abschließend wird das Werkzeug geöffnet und das Bauteil ausgeworfen.

Pressen für die Innenhochdruckumformung haben eine spezielle Bauform. Ihre Komponenten werden den besonderen Anforderungen des Verfahrens angepasst. Es handelt sich entweder um Vier-Säulen-Pressen oder Rahmenpressen, Bild 3.55. Plunger- und Differentialzylinder, Lage, Hub und Durchmesser der Horizontal- sowie Gegenhalterzylinder werden werkstückabhängig festgelegt. Regelbare Pumpen füllen die Werkstücke bis zu einem definierten Vordruck mit Druckmedium. Die darüber hinausgehenden Drücke werden durch Druckübersetzer erzeugt [VDI00]. Eine weitere hydraulisch angetriebene Maschine zur Massivumformung stellt die Kurzhub-Frontlader-Strangpresse, Bild 3.56, dar. Diese Maschinen dienen der Profilherstellung, bei der zunächst ein aufgeheizter Block (15) des Ausgangsmaterials mit dem Linearblocklader (8) präzise in Pressenmitte positioniert und zentrisch zwischen dem Pressstempel (18) und der formgebenden Matrize (14) geklemmt wird. In einem zweiten Schritt verfährt der Blockaufnehmer (16) in Richtung Gegenholm (11) und umschließt somit den Block. Anschließend verpresst der Hauptzylinder (3) mit hohem Druck den Block durch die Matrize. Durch den hohen Druck beginnt der Werkstoff zu fließen und kann so durch die mitunter sehr komplexen Matrizen gedrückt werden. Es entsteht ein Langprodukt, dass im Auslaufbereich abgekühlt und auf Länge geschnitten wird.

Um die Steifigkeit der Maschine zu erhöhen, ist der Pressenrahmen mit vorgespannten Säulen in Zuglamellen-/Druckkastenbauweise (10) vorgespannt. Eine Maschine zur konzentrischen Kaltverformung ist in Bild 3.57 dargestellt. Mit dieser können z. B. Armaturen auf Hydraulikschläuche aufgepresst werden. Dazu wird das hydraulisch angetriebene Führungsprisma nach oben bewegt, sodass sich die konzentrisch angeordneten Grundbacken aufeinander zu bewegen. Wird das Führungsprisma zurückgezogen, werden die Grundbacken von den Grundbackenfedern in ihre Ausgangspositionen verschoben. Durch das Strangpressen können verschiedenste Profilformen produziert werden. Beispiele sind unter anderem Vollprofile, Winkelprofile, Hohl- und Rohrprofile. Beim zu verarbeitendem Ausgangsmaterial für das Strangpressen handelt es sich zumeist um Aluminium-, Magnesium- und Kupferlegierungen; seltener wird Stahl verpresst.

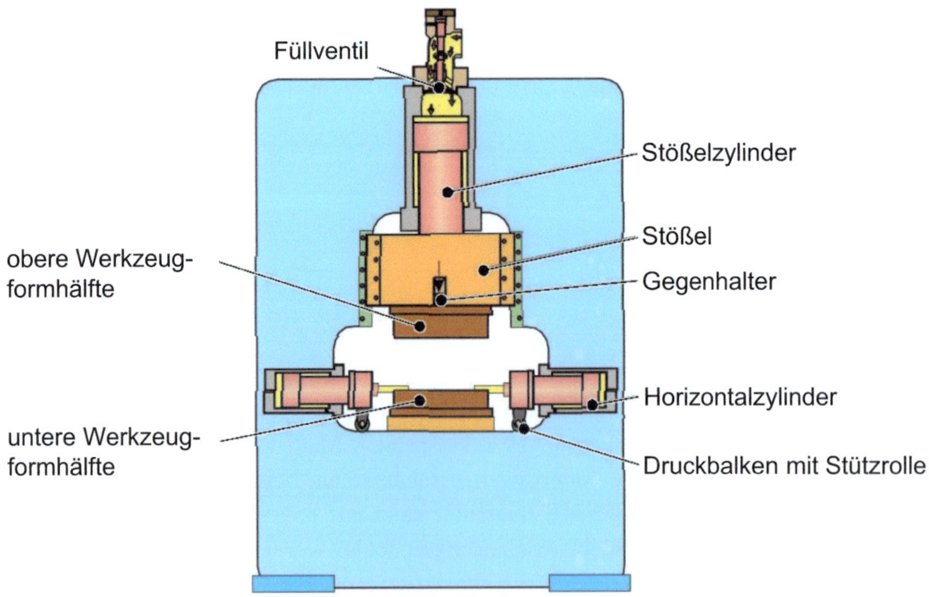

Bild 3.55 Presse für die Innenhochdruckumformung. Quelle: Schuler

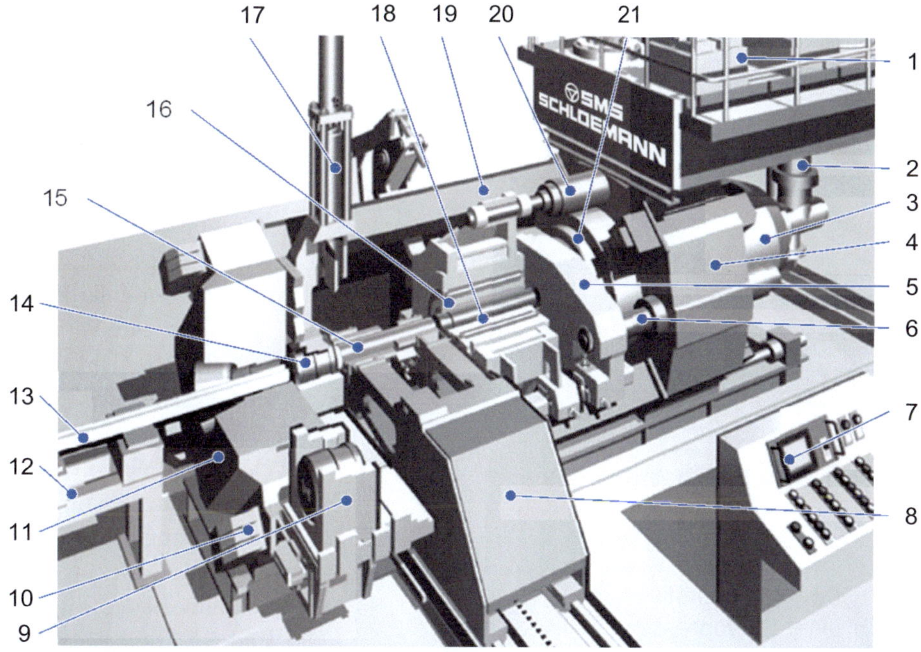

Legende					
1	Hydraulikaggregat	8	Blocklader	15	Pressblock
2	Füllventil	9	Kassetenverschiebung	16	Beheizter Blockaufnehmer
3	Hauptzylinder	10	Zuglamellen	17	Pressrestschere
4	Zylinderholm	11	Gegenholm	18	Pressstempel
5	Laufholm	12	Begin des Auslaufes	19	Druckkästen
6	Vor-/ Rückzugzylinder	13	Strangpressprofil	20	Aufnehmerverschiebezylinder
7	Steuerpult	14	Matrize	21	Hauptkolben

Bild 3.56 Kurzhub-Frontlader-Strangpresse. Quelle: SMS group

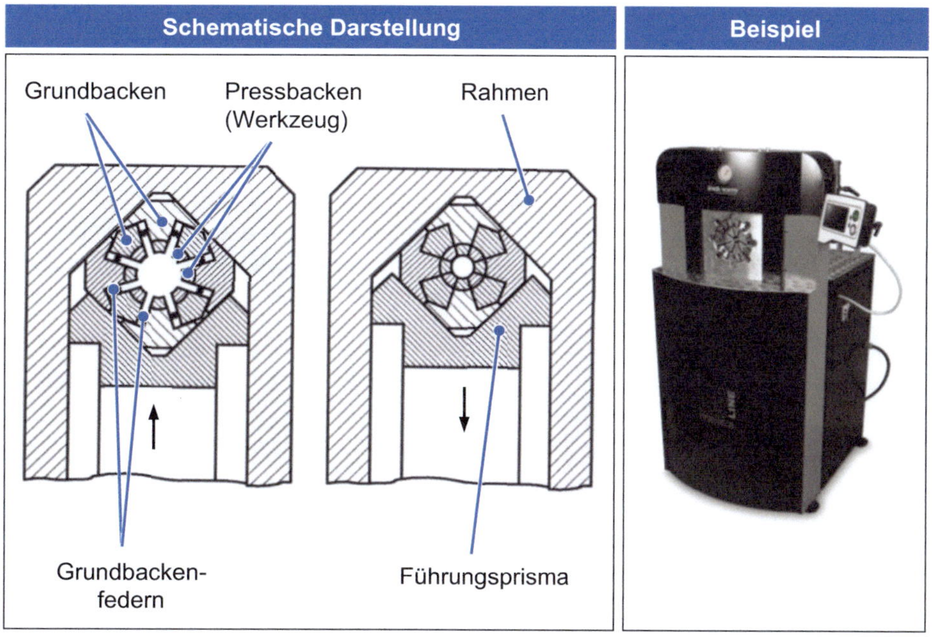

Bild 3.57 Presse für die konzentrische Kaltverformung. Quelle: Indunorm Hydraulik

3.1.7 Servopressen

In den letzten Jahren hat sich mit den Servopressen eine neue Technologie von Pressen auf dem Markt etabliert. Aufgrund besonderer Möglichkeiten dieses Pressentyps gewinnen sie zunehmend an Bedeutung in der Umformtechnik [BERG09; GROC09]. Den Antrieb dieses Pressentyps bilden Torquemotoren mit einer Einzelleistung von bis zu 500 kW, auch Servomotoren genannt, vgl. [BEHR11].

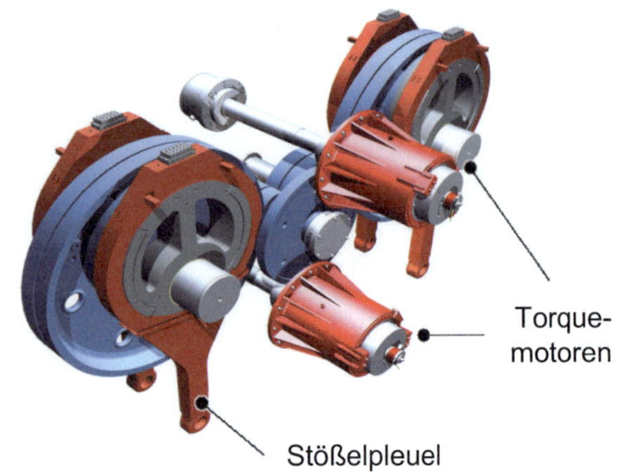

Bild 3.58 Typischer Aufbau einer Servopresse. Quelle: Schuler

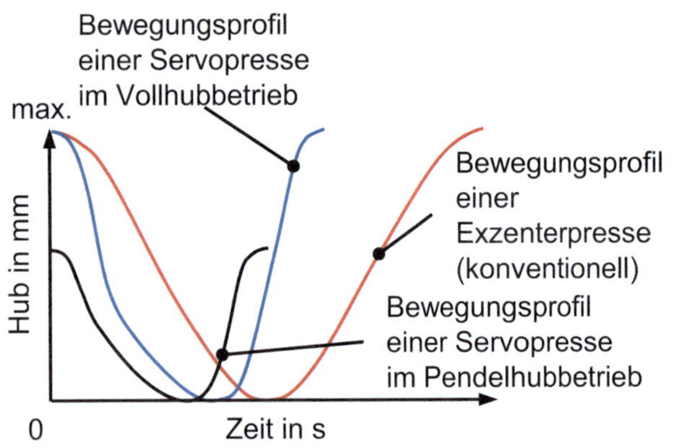

Bild 3.59 Weg-Zeit-Verlauf einer konventionellen Presse und einer Servopresse. Quelle: Schuler

Diese erzeugen sehr hohe Drehmomente bei relativ kleinen Drehzahlen und bieten eine hohe Dynamik. Zudem sind sie geräusch- und wartungsarm. Der prinzipielle Aufbau einer Servopresse ist in **Bild 3.58** dargestellt. Die Stößelbewegung wird über ein Getriebe direkt von den Servomotoren erzeugt, wodurch mechanische Komponenten wie Schwungscheiben und Übertragungsglieder eingespart werden, was zu einem geringeren Wartungsaufwand der Presse führt.

Durch die Verwendung von Torquemotoren ergibt sich die Möglichkeit der freien Einstellbarkeit des Weg-Zeit-Verlaufs des Stößels. Konventionelle Pressen sind meist durch ihr Antriebskonzept, z. B. der Kniehebelmechanik auf eine Bewegungsform, eingeschränkt. Der Stößelweg kann dadurch optimal an die jeweilige Umformaufgabe angepasst werden [BEYE10]. Dies ermöglicht ihre Anwendung in einem weiten Bereich der Umformtechnik. So kann die Geschwindigkeit des Stößels bei der Zustell- und Rückholbewegung deutlich erhöht werden, was die Produktionszeit je Bauteil minimiert und in einer Steigerung der Produktivität widerspiegelt. **Bild 3.59** zeigt einen möglichen Weg-Zeit-Verlauf einer Servopresse im Vergleich zu einer mechanischen Presse mit vorgegebener Sinusbewegung des Stößels. Während des Umformprozesses bietet sich die Möglichkeit die Umformgeschwindigkeit zu verringern, wodurch höhere Umformgrade erzielt werden können. Der Rückhub der Servopresse ist gegenüber der konventionellen Presse zeitlich verkürzt.

Die Vorteile der Servopressen gegenüber konventionellen Pressen sind somit die höhere Produktivität, erhöhte Bauteilqualität durch optimierte Umformgeschwindigkeit und verringerte Betriebskosten. Einen Nachteil der Servotechnik bil-

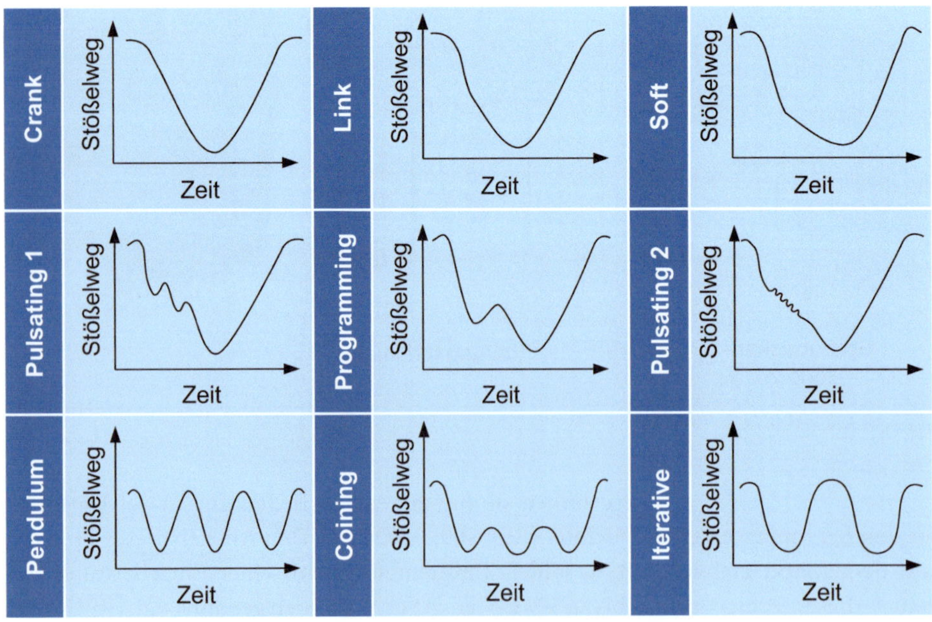

Bild 3.60 Typische Bewegungsprofile bei Servopressen. Quelle: AMADA

det die benötigte hohe Antriebsleistung. Zudem sind die Systeme aufgrund der komplizierten Steuerung teurer als konventionelle Pressen. Der genannte Vorteil der Flexibilität besteht zudem nur, wenn hierfür ein Bedarf vorliegt. Werden Bauteile in Einzelteilfertigung hergestellt, bringt der freie Weg-Zeit-Verlauf keinen Vorteil, wodurch hierfür auf konventionelle Pressen zurückgegriffen werden kann. Einen weiteren Nachteil der Servopressen bildet die begrenzte Umformkraft, welche durch die Leistung der Servomotoren vorgegeben ist. Neuere Forschungsergebnisse zeigen jedoch, dass höhere Umformgrade und gleichzeitige Verringerung der Umformkraft mithilfe überlagerter Schwingungen erzielbar sind [BRÜN09; GROC07]. Dadurch können Bauteile, für die bei konventionellen Pressen sehr große Umformkräfte benötigt werden, mit geringerer Umformkraft auf Servopressen hergestellt werden. ▫ Bild 3.60 zeigt typische Bewegungsprofile des Stößels, welche mithilfe der Servotechnologie umsetzbar sind. Grundsätzlich kann die Servotechnik in sämtlichen Bereichen der Umformtechnik wiedergefunden werden, so z. B. in der Blechbearbeitung oder in der Massivumformung. Beispielhaft werden im Folgenden zwei Typen von Servopressen vorgestellt.

3.1.7.1 Servopressen in Monoblockbauweise / Zugankerbauweise (Direktantrieb)

Der Monoblockpressenkörper wird als Schweißkonstruktion realisiert, ▫ Bild 3.61. Die Exzenterräder sind zur axialen Führung und zur Geräuschminderung doppelschrägverzahnt. Die Stößelrollenführung ist spielfrei vorgespannt. Servopressen in Monoblockbauweise sind zum heutigen Stand mit verfügbaren Umformkräften bis 8.000 kN möglich, in Zugankerbauweise bis 32.000 kN.

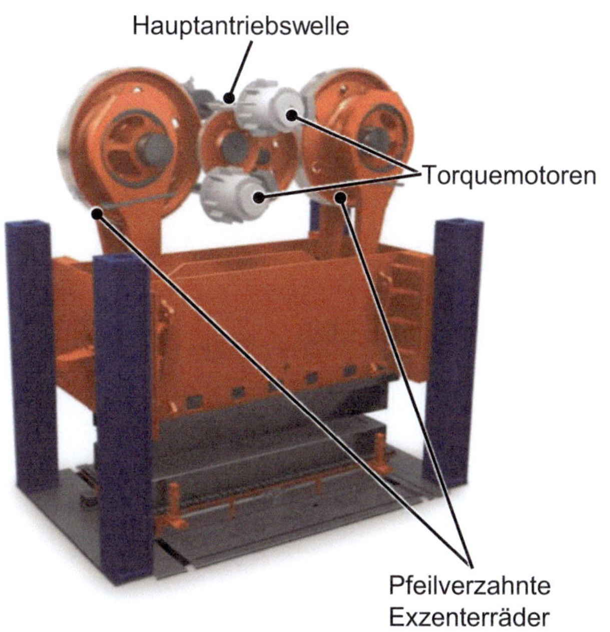

▫ **Bild 3.61** Servopresse in Zugankerbauweise. Quelle: Schuler

3.1.7.2 Kniehebelpressen mit Servoantrieb

Das bewährte Kniehebel-Konzept ermöglicht aufgrund der charakteristischen Stößelbewegung bereits eine sehr hohe Bauteilgenauigkeit, da die Umformgeschwindigkeit vor dem unteren Totpunkt reduziert wird. Zudem findet die Krafteinleitung bei einer Kniehebelmechanik an den Stößelaußenseiten statt, wodurch der Stößel sehr kippsteif ist, ▫ Bild 3.62. Durch die Verknüpfung dieses Konzepts mit der Servotechnik kann ein bewährtes Verfahren hinsichtlich der Eigenschaften Flexibilität und Produktivität weiter optimiert werden. Bauteilabhängige Parameter, wie z. B. die Umformgeschwindigkeit, können noch optimaler und mit weniger Aufwand eingestellt werden, wodurch sich einerseits die Nebenzeiten verkürzen und andererseits die Bauteilqualität weiter erhöht.

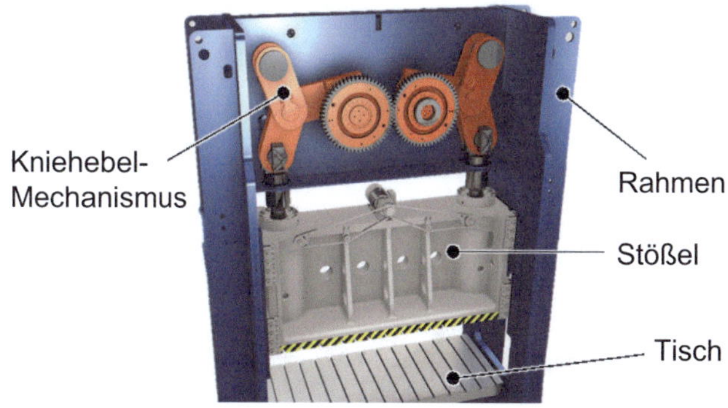

▫ **Bild 3.62** Kniehebelpresse mit Servoantrieb. Quelle: Schuler

3.1.8 Radialschmiedemaschinen

Für das Schmieden von schlanken Teilen mit kleinem Durchmesser / Länge-Verhältnis wurde die in ▫ Bild 3.63 dargestellte Radial-Schmiedemaschine konzipiert, die hydraulisch angetrieben wird.

Es kommen gleichzeitig vier radial wirkende Stößel zum Einsatz, sodass sich die Mittelachse des von einem oder zwei Manipulatoren gehandhabten Werkstückes nicht verschiebt. Die Zylindereinheiten sind über Zuganker mit den Gestellbauteilen der Schmiedeeinheit verspannt. Die oberhalb der Kolben befindlichen Kammern der Zylinder werden kontinuierlich mit Drucköl versorgt. Während des Rückhubes oder wenn die Presse stillsteht, fließt das Öl über die axialen Kolbenbohrungen ab. Um einen Pressenhub auszulösen, werden die Kolbenbohrungen von Ventilschiebern verschlossen. Mit den von Servomotoren angetriebenen Ventilschiebern können Stößelweg und -kraft geregelt werden. Die Ringnuten unterhalb der Kolben werden ebenfalls kontinuierlich mit Drucköl beaufschlagt, sodass der Rückhub erfolgt, sobald die Ventilschieber zurückgezogen werden und das Drucköl aus den Zylinderkammern oberhalb der Kolben über die axia-

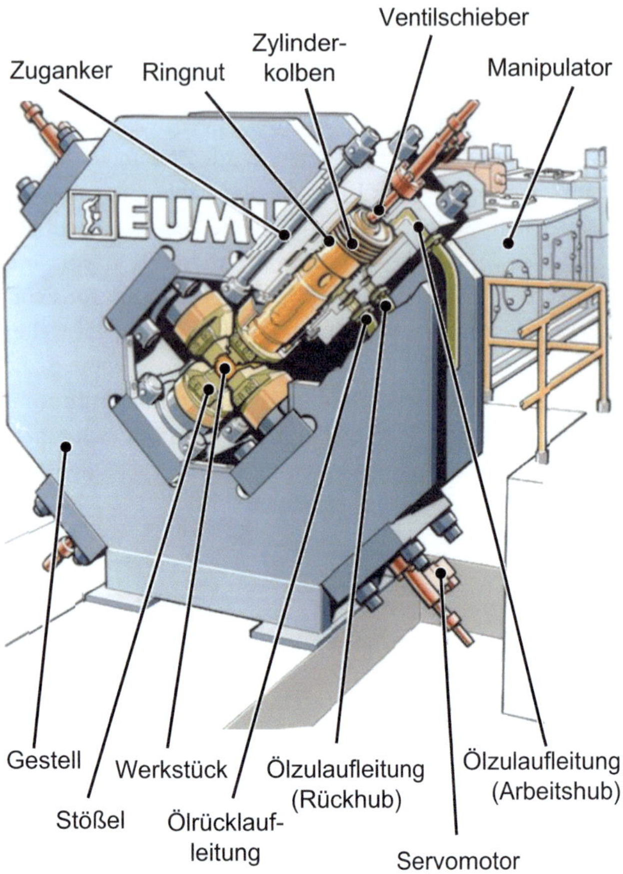

Bild 3.63 Radial-Schmiedemaschine. Quelle: SMS group

len Kolbenbohrungen abfließt. So lassen sich Hubzahlen bis zu 300 min^{-1} erreichen.

Die beidseitige Handhabung des Werkstückes in der Schmiedemaschine wird mit zwei baugleichen Manipulatoren bewältigt, von denen in Bild 3.64 einer dargestellt ist. Von diesen werden die Werkstücke gedreht, der axiale Vorschub realisiert und während des jeweiligen Umformvorganges die Längenänderung des Werkstückes ausgeglichen. Dazu sind die Manipulatoren mit einer Dreh- und einer Linearachse ausgestattet, die jeweils auf zweifache Weise angesteuert werden können. Die Hauptdrehachse besteht aus einem Schneckengetriebe, dessen Schneckenwelle von einem Elektromotor gleichförmig angetrieben wird. Zusätzlich kann die Drehachse auch hochdynamisch bewegt werden. Hierbei wird die Schneckenwelle während des Umformprozesses von einem Hydraulikzylinder axial verschoben, sodass die Drehbewegung des Werkstückes kurzzeitig unterbrochen wird.

Die lineare Vorschubachse wird über zwei Ritzel/Zahnstange-Getriebe realisiert, die von je einem Hydraulikmotor gleichförmig angetrieben werden. Um während des Umformprozesses dennoch einen relativen Stillstand zwischen Werkstück und Schmiedekasten zu erreichen und die Längenänderungen des Werkstückes beim Schmiedevorgang auszugleichen, wurde ein weiterer dynamischer Zusatzantrieb installiert: über Hydraulikzylinder können die Greifer mit dem eingespannten Werkstück in Werkstückachsrichtung kraftgesteuert bewegt werden.

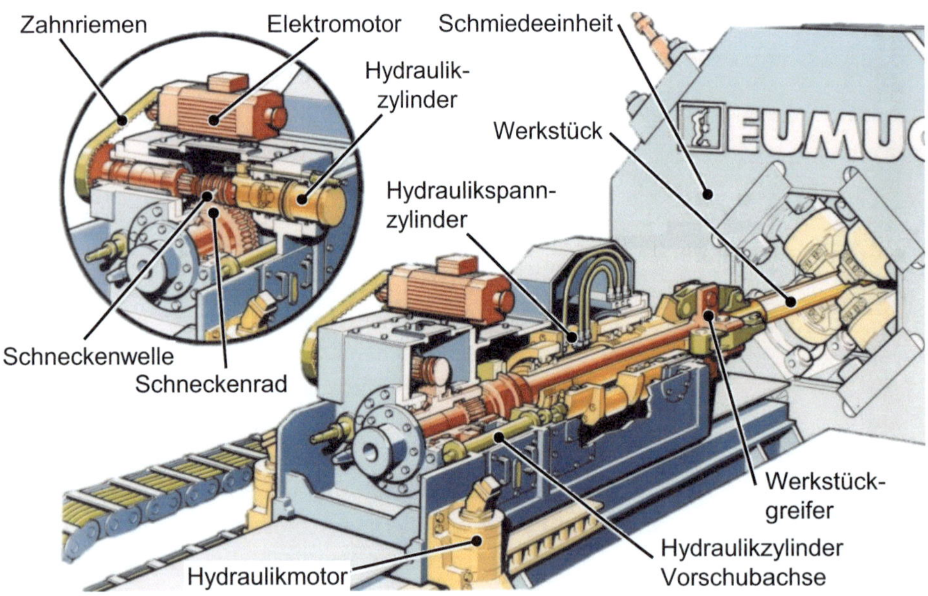

Bild 3.64 Manipulator für Radial-Schmiedemaschine. Quelle: SMS group

3.1.9 Walzmaschinen

Unter Walzmaschinen werden Maschinen mit einer oder mehreren sich drehenden Walzen oder anders bewegten Werkzeugen verstanden. Die Relativbewegung zwischen Werkzeug und Werkstück ist eine Abrollbewegung. Die Veränderung der Geometrie und/oder der Oberflächenstruktur der Werkstücke geschieht hierbei durch Druckumformen. Weiterhin wird entsprechend ◘ Bild 3.4 in Längs-, Quer- und Schrägwalzmaschinen sowie Sonderbauformen unterschieden. Beim Längswalzen wird das Walzgut senkrecht zu den Walzenachsen ohne Eigendrehung durch den Walzspalt bewegt; man unterscheidet hierbei zwischen Flach- und Profilwalzen.

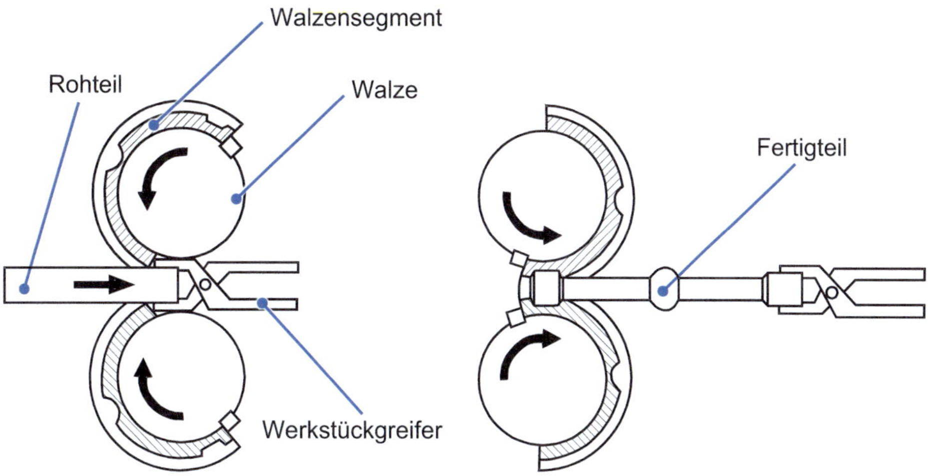

◘ **Bild 3.65** Prinzip des Reckwalzens. Quelle: SMS group

3.1.9.1 Reckwalzmaschinen

Das Reckwalzen wird bevorzugt in Schmiedestraßen zum Vorformen von Gesenkschmiedewerkstücken eingesetzt. Das Prinzip des Reckwalzens ist in ◘ Bild 3.65 dargestellt. Als Werkzeug dienen paarweise auf den Walzen angeordnete und leicht auswechselbare Walzsegmente, in die die Negativform der Werkstücke eingebracht ist. Für das Walzen in mehreren Umformschritten werden die notwendigen Walzsegmentpaare nebeneinander auf den Walzen angeordnet. Die Zuführung der Werkstücke erfolgt über eine automatisierte Handhabungseinrichtung, deren Transportbewegungen über eine Kurbelschwinge mechanisch mit der Walzenbewegung gekoppelt sind, ◘ Bild 3.66.

Der hydraulisch betätigte Werkstückgreifer führt die vorgewärmten Werkstücke nacheinander in die verschiedenen Walzsegmentformen ein und kann, falls erforderlich, zwischen den Walzschritten eine Werkstückdrehung um jeweils 90 ° realisieren. Da bei der automatischen Handhabung Walzsegmente mit einem Umschließungswinkel von maximal 180 ° verwendet werden, steht für das Zurückziehen, Drehen, seitliche Verschieben und Vorschieben der Werkstücke zwischen den Walzschritten eine halbe Walzendrehung zur Verfügung. Das fertig gewalzte Teil wird zwischen den Walzen hindurch ausgestoßen. ◘ Bild 3.67 zeigt die durch das Reckwalzen erzeugten Vorformlinge und die durch das Gesenkschmieden hergestellten Fertigteile.

3.1.9.2 Querwalzmaschinen

Beim Querwalzen, ◘ Bild 3.68, handelt es sich um die kinematische Umkehrung des Reckwalzens. Das Werkstück rotiert um seine Achse und die Werkzeuge führen eine geradlinige oder bogenförmige gegenläufige Bewegung aus. Es können somit nur rotationssymmetrische Werkstücke hergestellt werden.

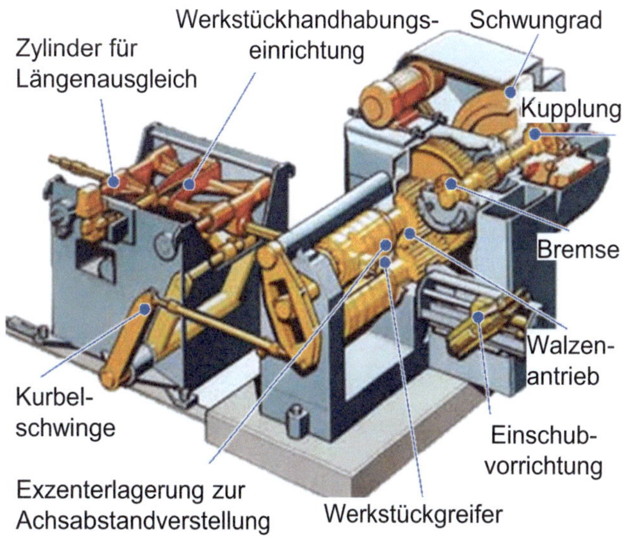

◘ **Bild 3.66** Reckwalzmaschine mit automatischem Werkstücktransport. Quelle: SMS group

3

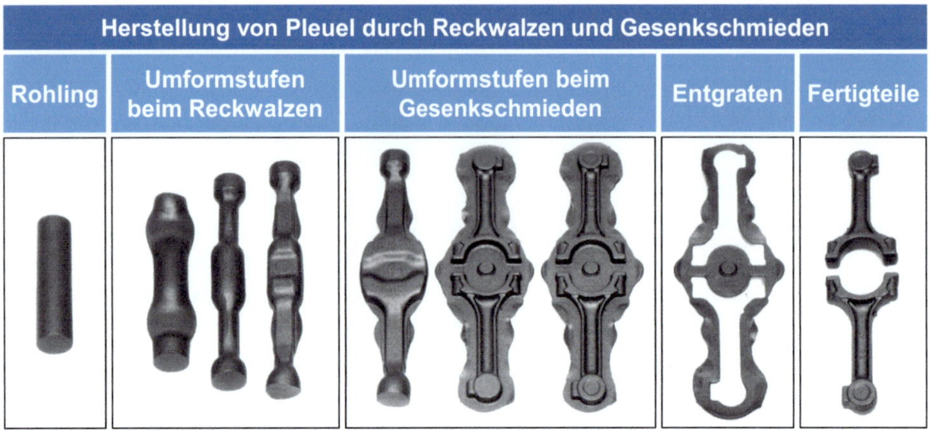

Bild 3.67 Herstellung von Pleuel durch Reckwalzen und Gesenkschmieden. Quelle: SMS group

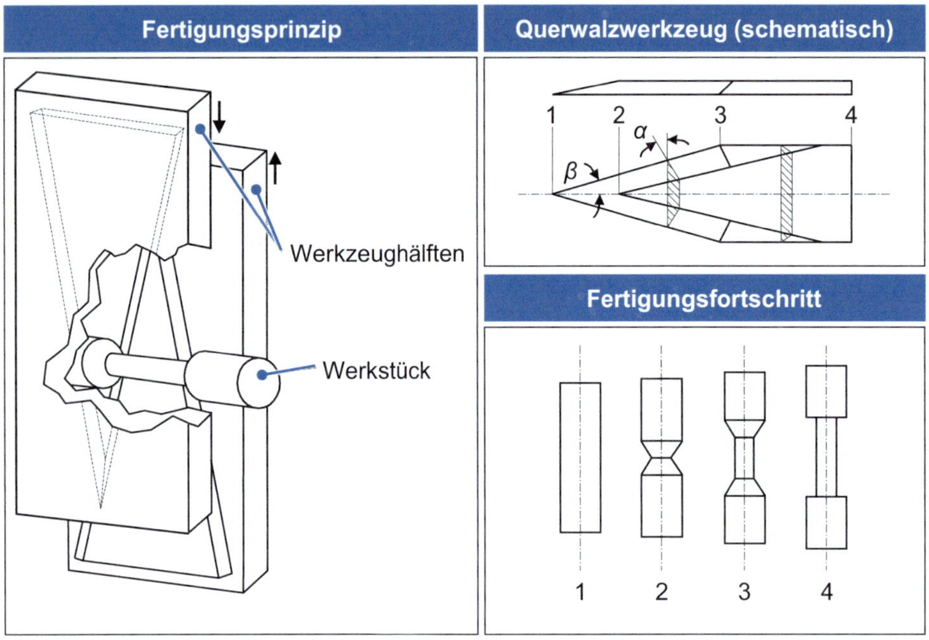

Bild 3.68 Prinzip des Querwalzens. Quelle: Schuler

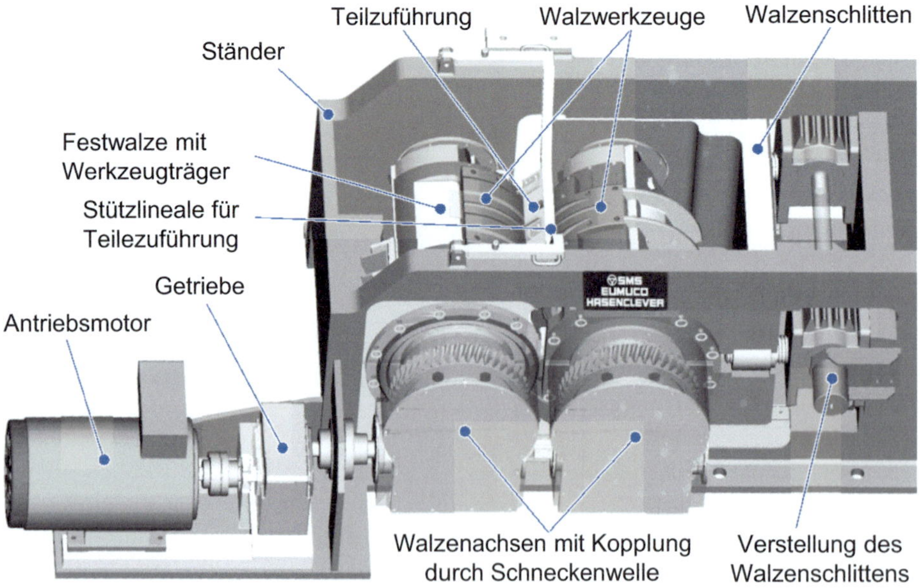

Bild 3.69 Rundbacken-Querwalzmaschine. Quelle: SMS group

Die Geometrie der Querwalzwerkzeuge wird durch gegenläufige Linearbewegungen beim Flachbackenwalzen bzw. Drehbewegungen beim Rundbackenwalzen der Werkzeuge auf das abrollende Werkstück übertragen. In ◘ Bild 3.69 ist eine Rundbacken-Querwalzmaschine dargestellt.

Zu erkennen sind die beiden Walzen, von denen eine zur Feinverstellung des Walzspaltes auf einem Schlitten angeordnet ist. Die gegenläufige Bewegung der Werkzeuge im Walzspalt wird mit Schneckengetrieben erzeugt, die über eine gemeinsame Schneckenwelle miteinander gekoppelt sind. Beide Walzen haben dabei den gleichen Drehsinn. Der Teil des Walzenumfangs (ca. 180 °), der nicht vom Werkzeug bedeckt ist, wird teilweise zur Aufnahme von Handhabungseinrichtungen (z. B. Führungsleisten) genutzt. Nachdem das bearbeitete Werkstück nach unten aus dem Walzspalt entnommen wurde, fällt das unbearbeitete Werkstück von der Führungsleiste in den Walzspalt. Das noch heiße Werkstück wird direkt nach dem Walzprozess in einer Gesenkschmiedeanlage weiterverarbeitet.

Die Taktzeit zur Erzeugung einer Vorform zum Schmieden beträgt typischerweise einige Sekunden. Sollte eine höhere Taktzeit notwendig sein, so können mehrere Querwalzen parallel betrieben werden, um den Austrag zu erhöhen [o.V.03].

3.1.9.3 Ringwalzmaschinen

Die Radial-Axial-Ringwalzmaschine, ◘ Bild 3.70, dient zum Walzen von nahtlosen, ringförmigen Werkstücken aus vorgewärmten, durch Pressen oder Hämmern hergestellten

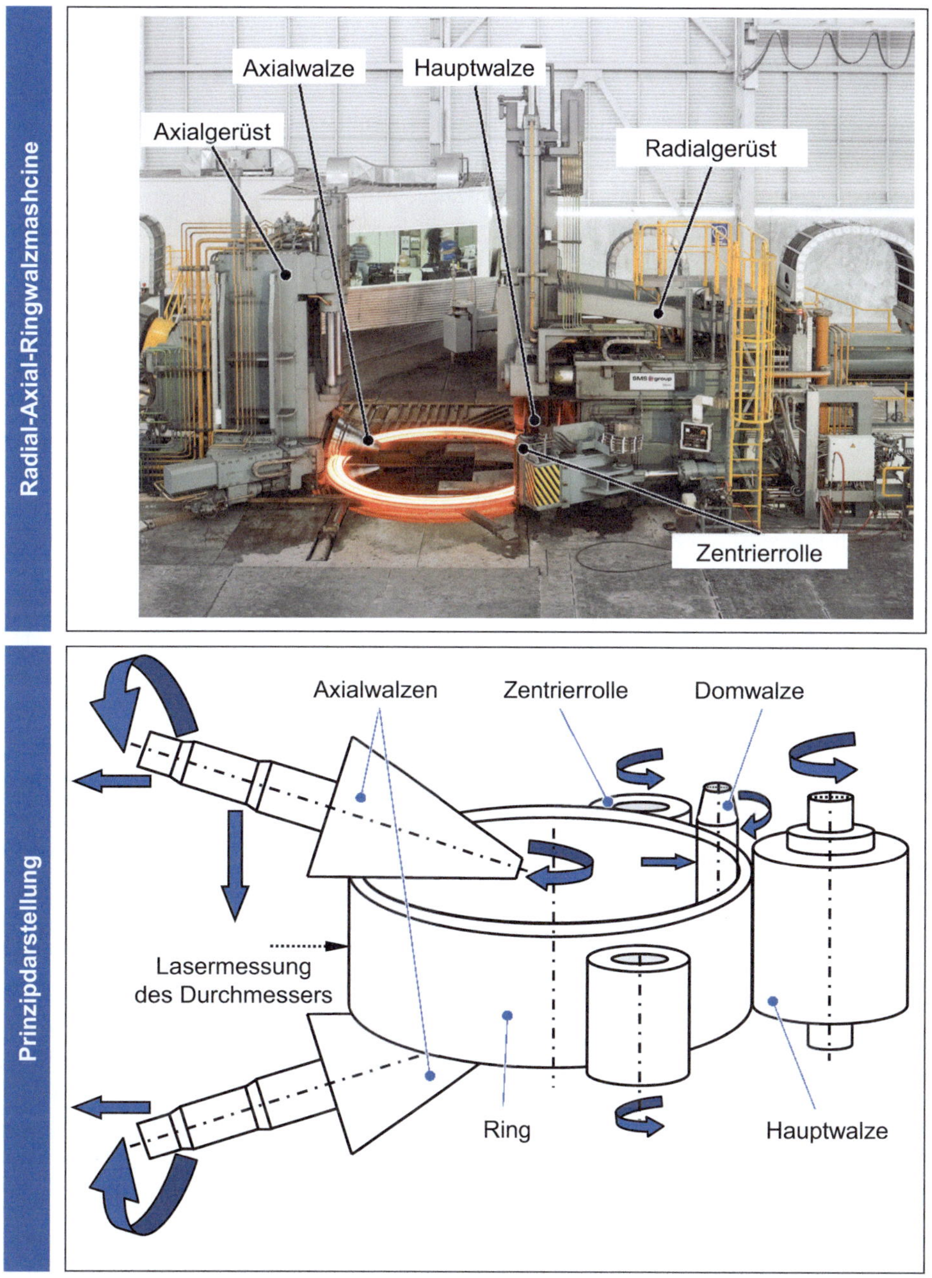

◘ **Bild 3.70** Radial-Axial-Ringwalzmaschine. Quelle: SMS group

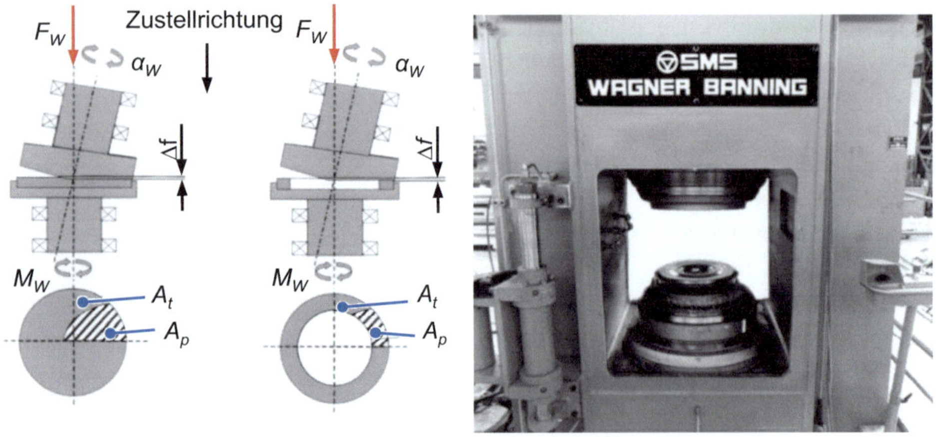

F_W: Axiale Walzkraft
M_W: Drehmoment des Unterwerkzeuges
α_W: Neigungswinkel Oberwerkzeug zur Vertikalen
A_t: Gesamtfläche des Werkstückes
A_p: Partielle Berührungsfläche
Δf: Abwalzung pro Umdrehung

Bild 3.71 Axial-Gesenkwalzmaschine. Quelle: SMS group

Ringrohlingen. Werkstücke können beispielsweise Rohlinge für große Wälzlager sein. Im Radialwalzspalt, bestehend aus Hauptwalze und radial verfahrbarer Dornwalze, wird die Wanddicke des zu walzenden Ringes eingestellt, während gleichzeitig die Ringhöhe im Axialwalzspalt durch die beiden konischen Axialwalzen reduziert wird. Während des Prozesses wird der Ring von zwei Zentrierrollen, die hydraulisch der sich ändernden Ringgeometrie nachgeführt werden, automatisch zentriert. Der Werkstückantrieb erfolgt über die mit regelbaren Elektromotoren angetriebenen Haupt- und Axialwalzen.

Die axiale Walzgeschwindigkeit wird abhängig von Zentrierkraftdifferenzen geregelt, um ein seitliches Ausweichen des Ringes zu verhindern. Die Zustellbewegungen erfolgen über Lageregelkreise. Der Ringaußendurchmesser wird dabei kontinuierlich mit Hilfe eines Lasermesssystems überwacht. Um ein Überschreiten der maximalen Walzkräfte oder Motormomente sicher zu vermeiden, sorgt eine adaptive Leistungsregelung für eine entsprechende Anpassung der Walzvorschübe [o.V.03].

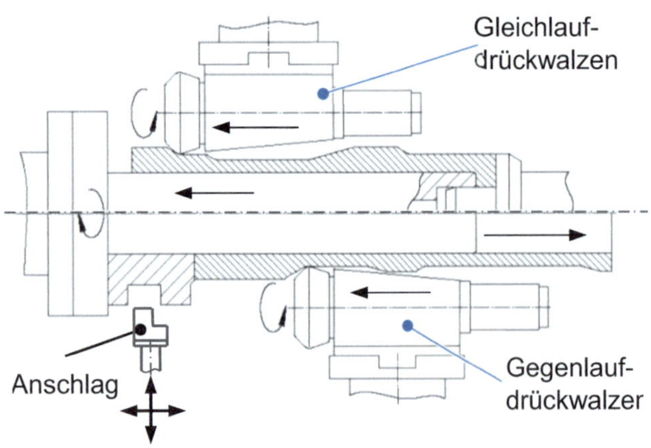

Bild 3.72 Prinzip des Drückwalzens. Quelle: Leifeld Metal Spinning

3.1.9.4 Gesenkwalzmaschinen

Das Prinzip des Ringwalzens beruht auf der partiellen Umformung eines Werkstückes. Das Gesenkwalzverfahren nutzt zusätzlich die Vorteile der Gesenktechnik bezüglich Präzision, geometrischer Gestaltgebung und Wiederholbarkeit. Eine Axial-Gesenkwalzmaschine ist in Bild 3.71 abgebildet. Das Untergesenk, welches um seine senkrechte Achse rotiert, nimmt den umzuformenden Rohling auf. Das um eine geneigte Achse rotierende Oberwerkzeug walzt das Material durch axiale Zustellung in die Gravur. Ein hydraulisches Auswerfersystem befindet sich in der unteren Rotationseinheit. Das Bild zeigt auch die kinematischen Verhältnisse im Umformprozess. Durch die geringe Größe der lokal begrenzten Umformzone Ap und der entsprechend geringen axialen Walzkraft F_W kann die Gesenkwalzmaschine verglichen mit einer Schmiedepresse bei vergleichbaren Umformaufgaben wesentlich kleiner dimensioniert werden. Typische Werkstücke für das Axialgesenkwalzen sind Eisenbahnräder und Aluminiumfelgenrohlinge.

3.1.9.5 Drückwalzmaschinen

Der Prozess des Drückwalzens, Bild 3.72, dient zur spanlosen Herstellung rotationssymmetrischer Hohlkörper [LEIF10]. Dabei wird der Werkstoff in Ausgangsform eines Rohres oder einer Blechronde zwischen einem rotierenden Dorn und den radial und axial angestellten Drückwalzen zum Fließen gebracht. Beim sogenannten Gleichlaufdrückwalzen, Bild 3.72, obere Bildhälfte, sind die axiale Vorschubrichtung der Drückwalzen und die Fließrichtung des Materials gleichgerichtet. Beim Gegenlauf-

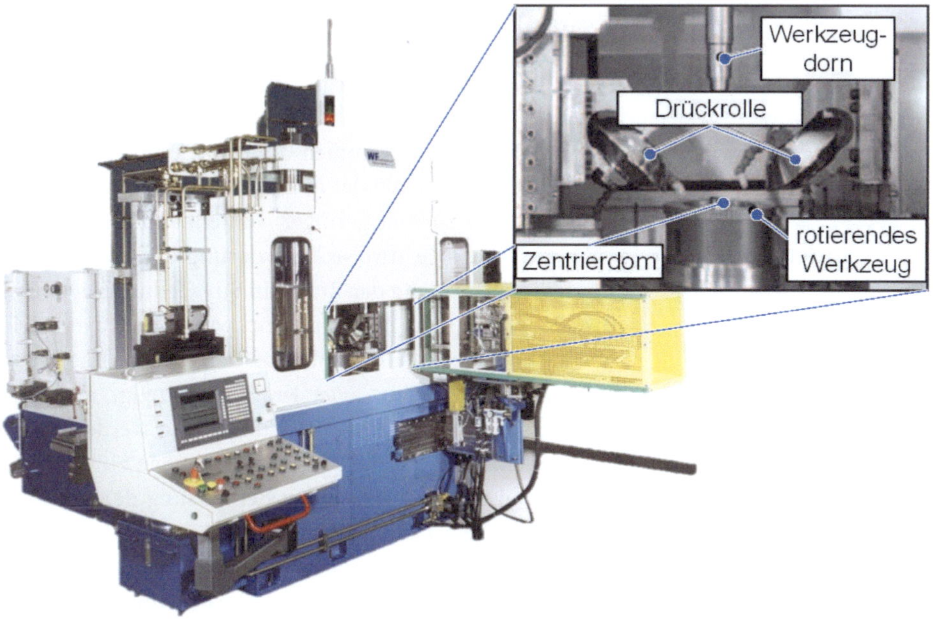

Bild 3.73 Drückwalzmaschine. Quelle: WF Maschinenbau und Blechformtechnik

drückwalzen, untere Bildhälfte, wird die Materialbewegung in Richtung der axialen Vorschubbewegung der Drückwalzen durch einen Anschlag behindert, sodass das Material unter den Drückwalzen entgegen der Vorschubrichtung fließt.

Bild 3.73 zeigt eine Drückwalzmaschine zur Anformung von Naben an Riemenscheiben oder verzahnte Antriebsräder. Das Verfahren ist in Bild 3.74 schematisch dargestellt. Die Ausgangsronde liegt zunächst flach auf dem rotierenden Werkzeug. Sie wird mittels eines Dornes zentriert und von dem Werkzeugdorn axial fixiert. Eine speziell geformte Drückrolle wird nach dem Start des Werkzeugs in die Rondenoberfläche gedrückt und danach radial zur Rondenmitte hin zugestellt [WFM03]. Dabei wird Material von der flachen Rondenoberfläche in Richtung des Werkzeugdorns gedrückt. Zwischen dem Werkzeugdorn und der Drückrolle wirft sich dann die Nabe auf, deren innere und äußere Beschaffenheit von der Form

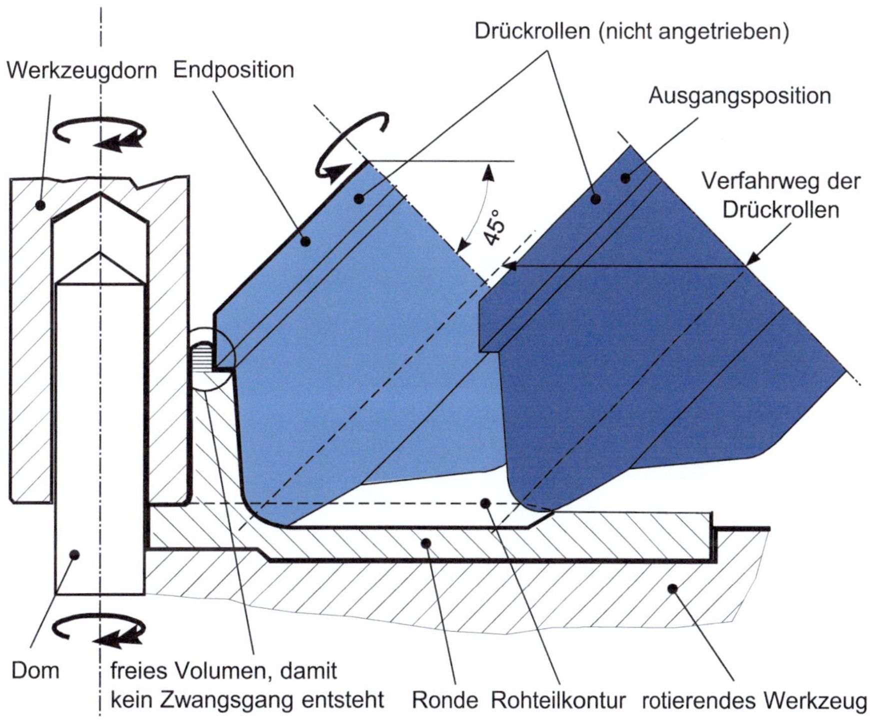

Bild 3.74 Nabenherstellung im Drückwalzprozess. Quelle: WF Maschinenbau und Blechformtechnik

3

des Werkzeugdorns (innen) bzw. der Form der Drückrolle (außen) vorgegeben ist.

Bei der Anformung von Naben ergeben sich wirtschaftliche und technische Vorteile im Vergleich zu schweiß- oder zerspantechnischen Lösungen:

- Die starke Kaltverformung der Naben sorgt für eine höhere Festigkeit.
- Das Drücken von Naben benötigt wenig Zeit.
- Der beim Schweißen zu erwartende Materialverzug tritt nicht auf.
- Das Bauteil kann einteilig ausgeführt werden.

3.1.9.6 Gegenrollen-Drückwalzmaschinen

Bei der Gegenrollen-Drückwalzmaschine, ◘ Bild 3.75, handelt es sich um eine Sondermaschine zur Herstellung zylindrischer Hohlformen mit großen Abmessungen wie das Gehäuse für die Feststoffmotoren (Booster) der Ariane 5-Rakete.

◘ Bild 3.76 zeigt das Prinzip des Gegenrollen-Drückwalzens. Das Werkstück wird auf dem Drehtisch der Maschine fest aufgespannt. Der Umformvorgang erfolgt durch vier antriebsfreie Drückwalzrollenpaare, die auf dem angetriebenen Werkstück abrollen. Dabei werden durch den Vorschubantrieb alle Rollenpaare gleichzeitig von oben nach unten gefahren. Bei dem hieraus resultierenden Umformvorgang wird unter Beibehaltung des mittleren Durchmessers die Wanddicke des Rohres durch kontinuierliches Walzen an Außen- und Innenwand gleichmäßig reduziert. Aufgrund des durch den Drückvorgang verdrängten Werkstoffs, der entgegen der Vorschubrichtung der Drückwerkzeuge nach oben fließt (Gegenlaufverfahren, s. ◘ Bild 3.72), erfolgt neben einer Reduktion der Rohrwandstärke eine Verlängerung des Bauteils.

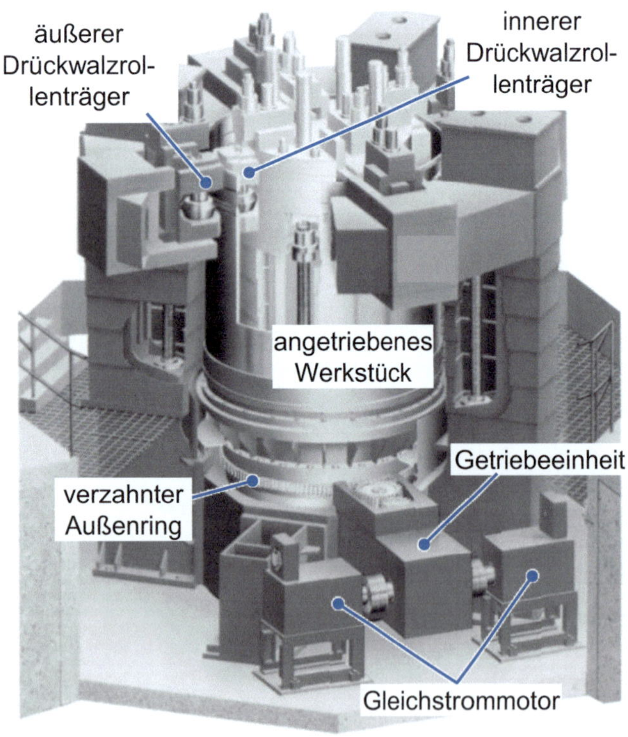

◘ **Bild 3.75** Gegenrollen-Drückwalzmaschine. Quelle: SMS group

Die Walzenpaare kommen aufgrund eines Höhenversatzes (3 mm) nacheinander in Eingriff und erzeugen durch einen von Paar zu Paar geringer werdenden radialen Walzenabstand die schrittweise Reduzierung der Wandstärke. Durch die Anordnung der Rollen in 90 °-Teilung auf einem äußeren und einem inneren Drückwalzrollenträger gleichen sich die hohen Radialkräfte weitgehend aus. Hierdurch wird ein geschlossener Kraftfluss erzeugt, wodurch eine massive Maschinenstruktur umgangen werden kann. Um eine einfache Beschickung der Maschine zu ermöglichen und eine maschinenseitige Begrenzung der maximal möglichen Höhe der Fertigteile zu vermeiden, existieren kopfseitig keine Verbindungen zwischen äußerem und innerem Drückwalzrollenträger. Bei der Kaltumformung der sieben Einzelsegmente je Booster der Ariane 5-Rakete wird die Wanddicke der Rohrsegmente von max. 48 mm bis auf 8 mm reduziert wobei die Höhe des Werkstücks von 1 m auf 3,50 m anwächst.

3.1.9.7 Drückmaschinen

Zur Umformung von planen Rundblechen (Ronden) zu rotationssymmetrischen Hohlkörpern werden Drückmaschinen eingesetzt. Die Blechronde wird zwischen einem rotierenden Drückfutter und dem Drückkopf gespannt und in Rotation versetzt. Mittels einer in 3 Achsen (X, Z, B) geführten Drückrolle wird das Blech der Form des Drückfutters angepasst, ◘ Bild 3.77. Folgende Drückstrategien werden eingesetzt:

- Stufenweises Aufdrücken:
  Die Drückrolle beschreibt kurvenförmige Bewegungen zum Rand der rotierenden Ronde und zurück und legt so das Material in Stufen an das Drückfutter an.
- Stufenweises Einziehen:
  Soll ein Werkstück in Radien und / oder Schrägen eingezogen werden, muss bei beidseitig offenen Stücken mit axial zweigeteilten Drückfuttern oder bei einseitig geschlossenen Stücken mit radial geteilten Teilfuttern, Innenrollen oder „auf Luft", d. h. ohne Gegenfutter gearbeitet werden.
- Projizierdrücken:
  Die Drückrolle bewegt sich parallel zum Drückfutter, wobei sich das Rondenmaterial unter gleichzeitiger Abnahme der Wanddicke axial verschiebt. Der noch nicht bearbeitete Teil der Ronde steht senkrecht zur Rotationsachse. Mit diesem Verfahren werden polierfähige Oberflächen mit geringen Toleranzen erzielt.

Die Drückmaschine in Flachbettbauweise in ◘ Bild 3.78 gleicht im Grundaufbau einer Drehmaschine. Sie verfügt über einen Hauptspindelantrieb mit Drehzahlen bis 2500 min^{-1}.

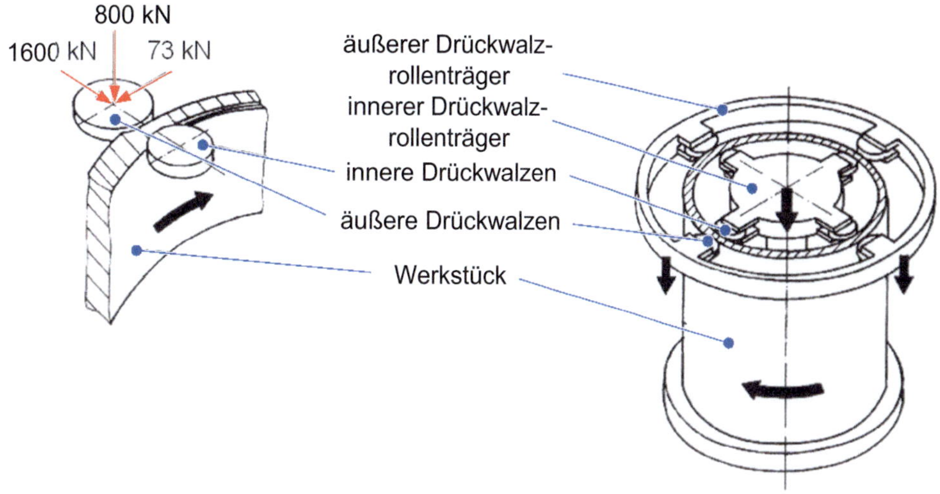

Bild 3.76 Prinzip des Gegenrollendrückwalzens. Quelle: SMS group

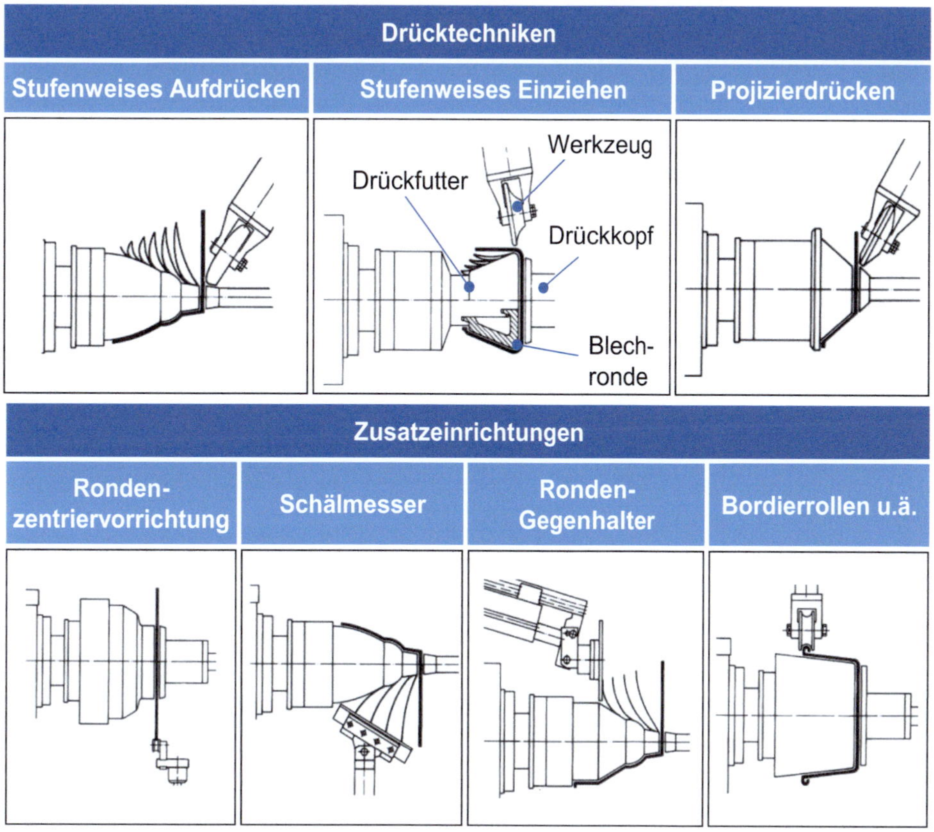

Bild 3.77 Prinzip und Zusatzeinrichtungen des Drückens. Quelle: Leifeld Metal Spinning AG

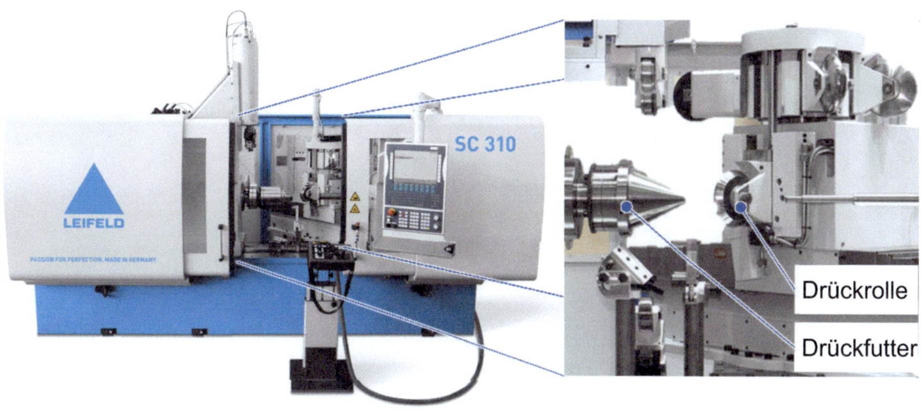

Bild 3.78 NC-Drückmaschine. Quelle: Leifeld Metal Spinning AG

3

Ronden bis 1000 mm Durchmesser können verarbeitet werden. Die verschieden geformten Drückrollen sind in einem 6-fach Werkzeugrevolver mit klemmbaren Schnellwechselhaltern aufgenommen. Weitere Werkzeuge können diverse Bordier- und Profilrollen sowie Schneidrollen oder ein Drehmeißel zur Nachbearbeitung sein. Einige Möglichkeiten für zusätzliche in der Maschine eingesetzte Bearbeitungseinrichtungen sind neben den Drücktechniken in ◘ Bild 3.77 dargestellt.

3.1.10 Biegemaschinen

Nach DIN 8586 ist eine Biegemaschine definiert als eine umformende Werkzeugmaschine, bei der mittels geradlinig oder drehend bewegter Werkzeuge unstetige oder stetige Biegungen an Werkstücken um gerade Biegeachsen vorgenommen werden [DIN03d]. Die weitere Untergliederung der Bauformen von Biegemaschinen erfolgt nach ihrer Kinematik.

3.1.10.1 Gesenkbiegepressen

Eine Biegemaschine mit geradliniger Werkzeugbewegung ist die hydraulisch angetriebene CNC-Gesenkbiegepresse, ◘ Bild 3.79, die ebene Blechzuschnitte im offenen Gesenk scharfkantig oder mit beliebigen Eckenradien biegt. Press-Stempel und Gesenk werden je nach Bearbeitungsaufgabe gewechselt.

Konstruktive Hauptanforderung an solche Maschinen sind die biegesteife Ausführung der Oberwange mit Press-Stempel bzw. des Tischs mit Gesenk und Blechauflage sowie die Gestellsteifigkeit gegen Aufbiegen. Die wesentlichen Bauteile einer Gesenkbiegepresse zeigt ◘ Bild 3.80. Mögliche Biegearten auf einer solchen Maschine sowie ein Arbeitsbeispiel sind in ◘ Bild 3.81 dargestellt.

Da die Bedeutung von Leichtbauwerkstoffen wie Magnesium, Titan oder Aluminium in den letzten Jahren an Bedeutung gewinnen, wird in Forschungsarbeiten ein hybrides Maschinenkonzept, bestehend aus einer Gesenkbiegepresse und einer Lasereinheit zur lokalen Erwärmung des Bauteils entwickelt [KUHN09]. Durch die lokale Erwärmung auf 150 °C bis 300 °C entlang der Biegelinie steigt die Bruchdehnung des Materials um ein Vielfaches, sodass das Bauteil schädigungsfrei umgeformt werden kann. Die laserunterstützte Blechumformung befindet sich teilweise noch in der Entwicklungsphase, zeigt jedoch bereits großes Zukunftspotential.

3.1.10.2 Automatische Biegezellen

Zur flexiblen, automatischen Fertigung von Biegeteilen hat sich der Aufbau von Biegezellen bestehend aus einer Gesenkbiegepresse und einem Industrieroboter durchgesetzt. ◘ Bild 3.82 zeigt ein solches System.

Während der Folge verschiedener Biegeoperationen wird das Werkstück von einem Roboter relativ zum Biegewerkzeug in die jeweils erforderliche Lage gebracht, sodass keinerlei manuelle Operationen notwendig sind. Die Programmierung erfolgt über eine spezielle Software, die die Bewegungen von Biegemaschine und Roboter synchronisiert. Auf diese Weise wird die kollisionsfreie Verfahrbahn des Roboters automatisch berechnet. Der Prozess wird vor der Durchführung graphisch simuliert, um eine Funktions-

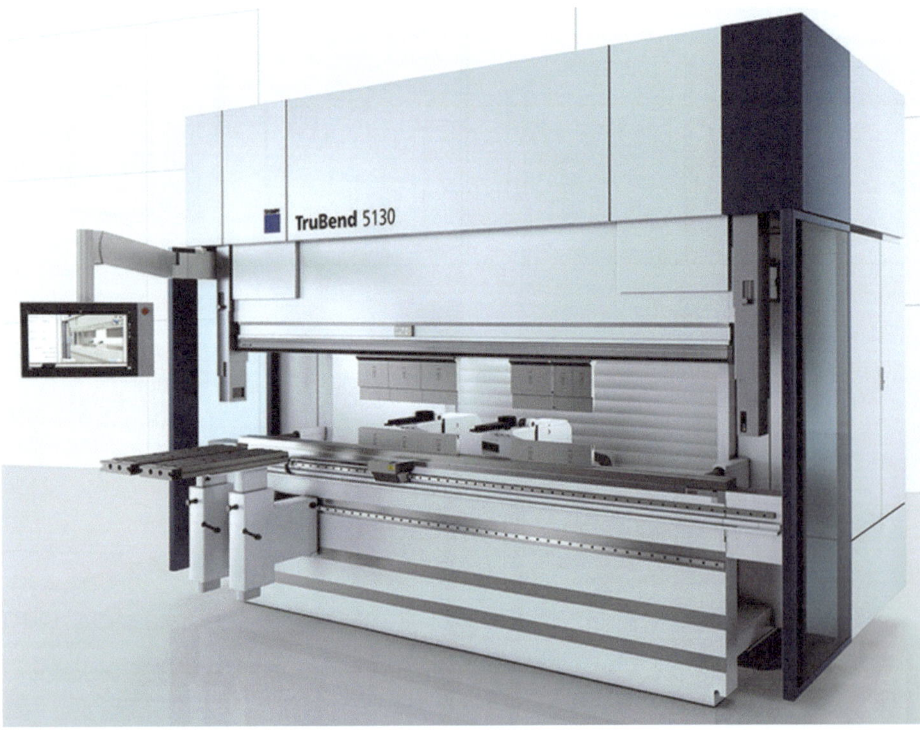

◘ **Bild 3.79** CNC-Gesenkbiegepresse mit hydraulischem Antrieb. Quelle: TRUMPF-Gruppe

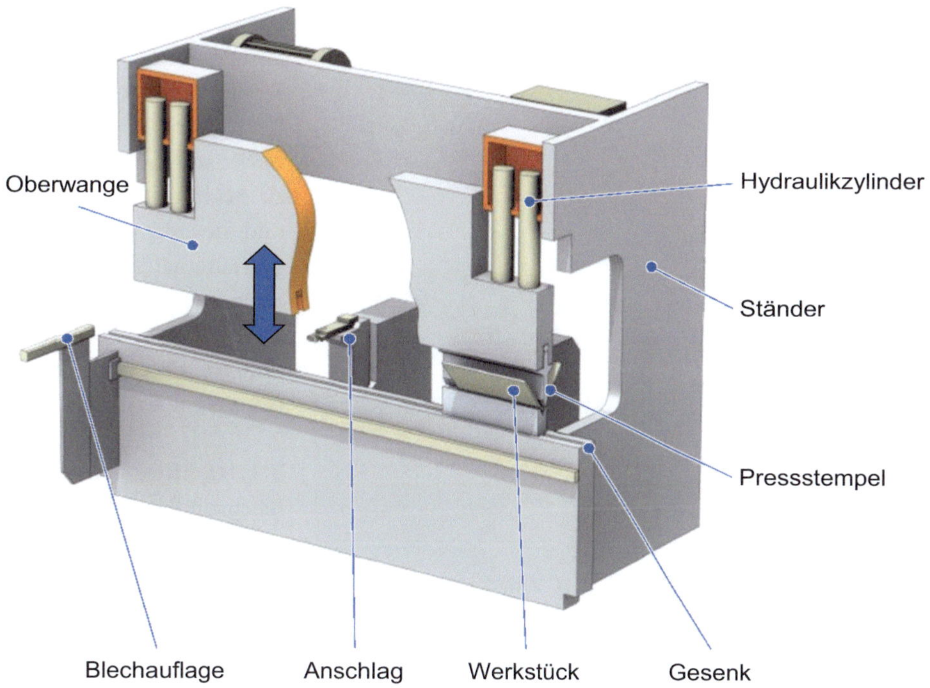

Bild 3.80 Prinzip einer Gesenkbiegepresse. Quelle: TRUMPF-Gruppe

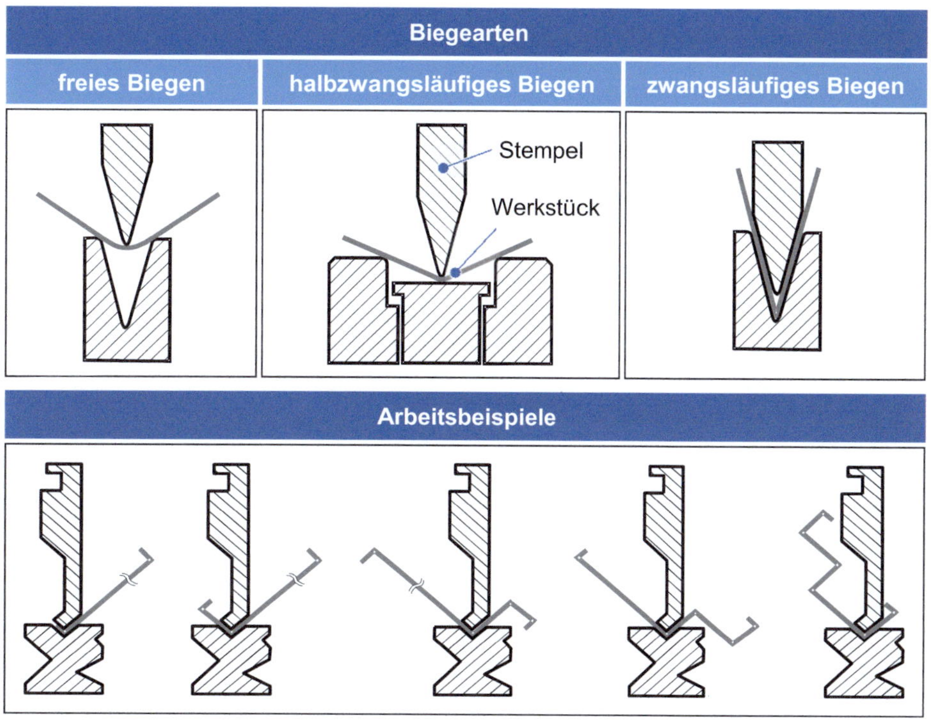

Bild 3.81 Biegearten und Arbeitsbeispiele. Quelle: TRUMPF-Gruppe

und Kollisionsüberprüfung vorzunehmen. Mit Hilfe eines im Zangen- oder Sauggreifer eingebauten Sensors wird das Werkstück erkannt und lagegerecht positioniert. Dadurch entfallen die üblicherweise verwendeten Positionierstationen. Der Roboter führt das Werkstück während des Biegevorgangs nach. Die Bauform als Biegezelle lässt eine flexible Erweiterung zu.

Ein Online-Winkelmesssystem zur Erfassung des Blechbiegewinkels sichert während des Biegevorgangs die Bearbeitungsgenauigkeit, Bild 3.83. Das System besteht aus zwei Tastscheiben unterschiedlichen Durchmessers, die im Oberwerkzeug beweglich integriert sind. Während des Biegevorgangs zentrieren sich die Scheiben zwischen den Biegeschenkeln, sodass jede Scheibe zwei Berührungspunkte

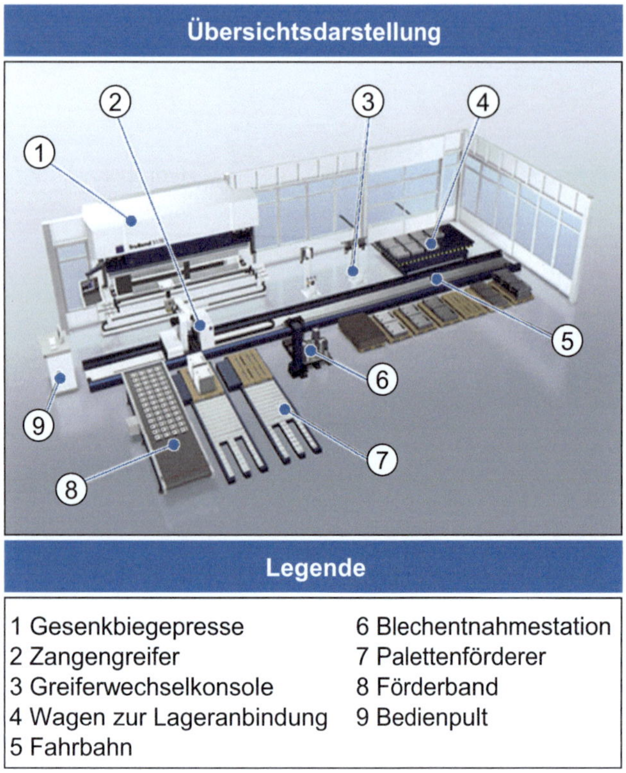

Bild 3.82 Automatische Biegezelle. Quelle: TRUMPF-Gruppe

mit dem Werkstück hat. Über den Abstand der Scheibenmittelpunkte, welcher sich mit zunehmendem Biegewinkel erhöht, lässt sich der aktuelle Biegewinkel berechnen. Bei Bedarf verändert die Steuerung die Eintauchtiefe des Oberwerkzeugs. So können während einer Identifikationsphase zu Beginn der Produktion die Rückfederung des Bleches und die entsprechende Höhenkorrektur des Oberwerkzeuges automatisch bestimmt und in der Produktionsphase ohne Zeitverzögerung berücksichtigt werden. Treten während der Produktion erneut Abweichungen zwischen Soll- und Ist-Biegewinkeln auf, wird automatisch eine weitere Anpassung im Programm vorgenommen. [JANS11]

3.1.10.3 Blechrundbiegemaschinen

Blechrundbiegemaschinen werden zur Herstellung von Rohren, Mulden, Behältern, Spiralen und konischen Teilen eingesetzt. In einem kontinuierlichen Arbeitsprozess werden die Werkstücke aus einer ebenen Blechtafel geformt. Der erreichbare Genauigkeitsgrad ist von der Art des Anbiegens der Bleche abhängig. Da mit konventionellen 3-Walzen-Maschinen Bleche nicht bzw. nur schwerlich automatisch angebogen werden können, wurden für die Serienfertigung 4-Walzen-Maschinen entwickelt. Das Prinzip des 4-Walzen-Blechrundbiegens ist in Bild 3.84 dargestellt.

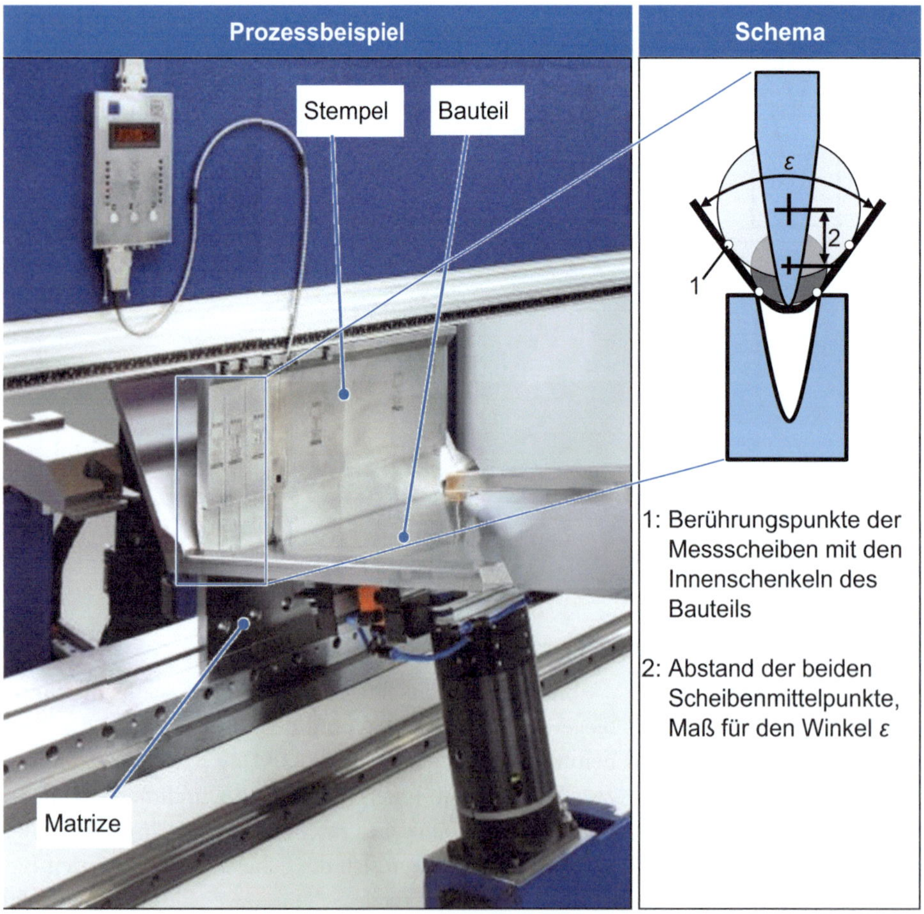

Bild 3.83 Werkzeug mit Messsystem zur Biegewinkelerfassung. Quelle: TRUMPF-Gruppe

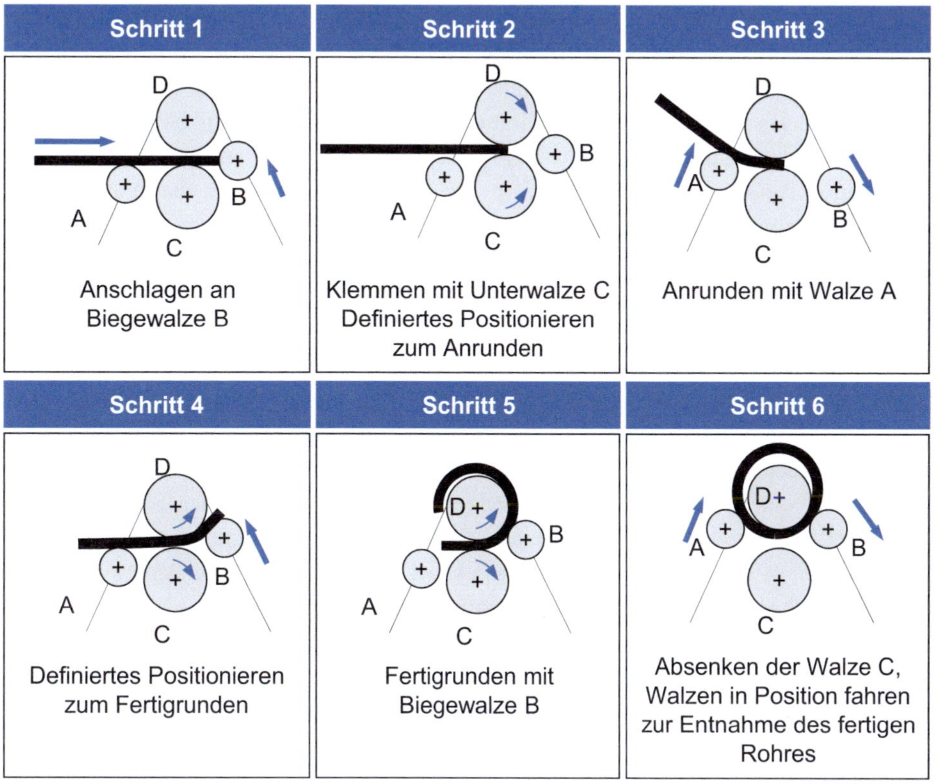

Bild 3.84 Prinzip des 4-Walzen-Rundbiegens

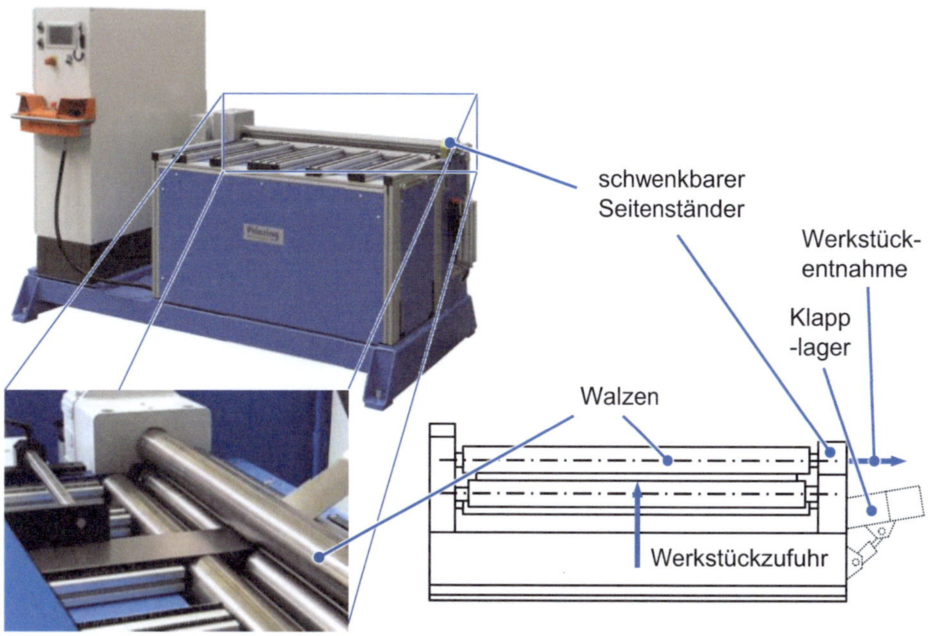

Bild 3.85 4-Walzen-Rundbiegemaschine. Quelle: Peter Prinzing

Dabei wird das Werkstück zunächst eingezogen, bis es an der Biegewalze B anschlägt, Schritt 1 in Bild 3.84. Danach wird das Werkstück zwischen die Walzen C und D geklemmt und zum anschließenden Anrunden positioniert, Schritt 2 in Bild 3.84. Beim Anrunden, Schritt 3 in Bild 3.84, wird die Walze A so zugestellt, dass das Blech angebogen wird. Zum Fertigrunden wird das Blech durch die Walzen C und D eingezogen, Schritte 4–5 in Bild 3.84, die Walze A zurückgefahren und Walze B entsprechend zugestellt. Das Rohr wird nun um die Walze D herumgebogen. Im letzten Fertigungsschritt wird Walze C zurückgefahren. Anschließend kann das Rohr entnommen und geschweißt werden, Schritt 6 in Bild 3.84. Bild 3.85 zeigt einen 4-Walzen-Blechrundbiegeautomat. Die Walzen werden mit Hilfe stufenloser Motoren positioniert und sorgen für den Vorschub, den Biegewinkel und die Blechwinkelanstellung. 4-Walzen-Blechrundbiegemaschinen sind besonders für die Serienfertigung geeignet, da sich der Biegevorgang nach einmaligem Einlegen des Bleches vollständig automatisieren lässt. Bei 3-Walzen-Maschinen muss das Blech für das Anrunden ein zweites Mal eingelegt werden. Der Vorteil der 3-Walzen-Maschinen ist jedoch die bessere Biegequalität beim Anrunden der Bleche. Außerdem sind die Anschaffungskosten einer Drei-Walzen-Maschine deutlich geringer als bei entsprechenden Maschinen mit vier Walzen.

3.1.10.4 Schwenkbiegemaschinen

Biegemaschinen mit drehender Werkzeugbewegung werden als Schwenkbiegemaschinen bezeichnet, ◘ Bild 3.86. Die dargestellte Maschine kann zum Biegen von Blechen bis zu 6 mm Dicke eingesetzt werden. Dabei wird durch einen 3-Achsen-Servoantrieb eine Spannkraft bis zu 200 Tonnen erreicht. Mit geeigneten Niederhalter- und Biegeschienen können scharfe Abkantungen in verschiedenen Biegewinkeln sowie verschiedene Radien hergestellt werden. Zur Anpassung an die Dicke der zu biegenden Bleche, für genaues Rundbiegen sowie für den Einsatz von Spezialschienen bei ausgefallenen Biegeoperationen können die Lage des Drehpunktes und die Biegewange im Bewegungsradius zum Drehpunkt verstellt werden. Wird der Drehpunkt nach oben verstellt und die Biegewange um den gleichen Betrag nach unten, so liegt das Biegewerkzeug in der Ausgangsposition weiterhin auf gleicher Höhe mit der Blechauflage der Unterwange. Der Drehpunkt liegt aber höher, der Bewegungsradius der Biegewange ist entsprechend größer. Dies führt dazu, dass das Biegewerkzeug während der Schwenkbewegung an der Unterseite des Bleches entlanggleitet und so eine Rundung formt.

Um die Durchbiegung der Biegewange unter der Biegekraft auszugleichen, kann zwischen Biegewange und Biegewerkzeug eine Bombierung eingebracht werden. Unter dem Biegewerkzeug werden dafür zwei lange, gegeneinander verschiebbare Keile so zusammengeschoben, dass das Biegewerkzeug mittig leicht angehoben wird. Unter der während des Biegeprozesses auftretenden Last ist das Werkzeug durch die auftretende gegenläufige Verformung dann annähernd gerade. Ein integriertes Sensor-Mess-System ermittelt die Durchbiegung der Biegewange und das intelligente Bombiersystem gleicht die gemessene Verformung automatisch aus. ◘ Bild 3.87 zeigt das Funktionsprinzip einer Schwenkbiegemaschine.

3.1.11 Ziehmaschinen

Ziehmaschinen dienen im Wesentlichen zur Herstellung bzw. Nachbearbeitung von Drähten, Rohren, Stäben oder Profilen. Die Einteilung der verschiedenen Bauformen kann entsprechend ◘ Bild 3.4 erfolgen.

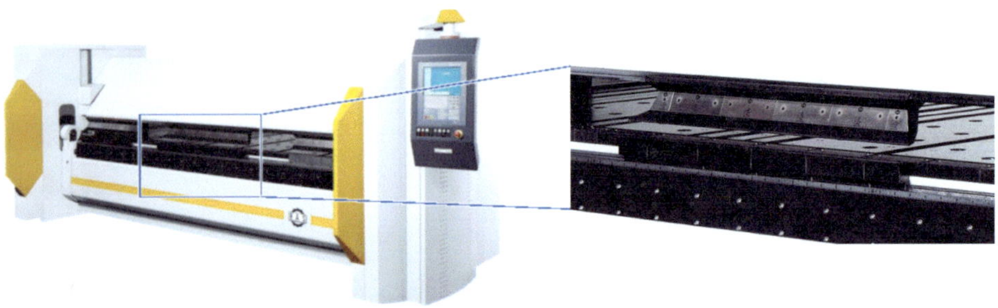

◘ **Bild 3.86** Schwenkbiegemaschine. Quelle: RAS Reinhardt Maschinenbau

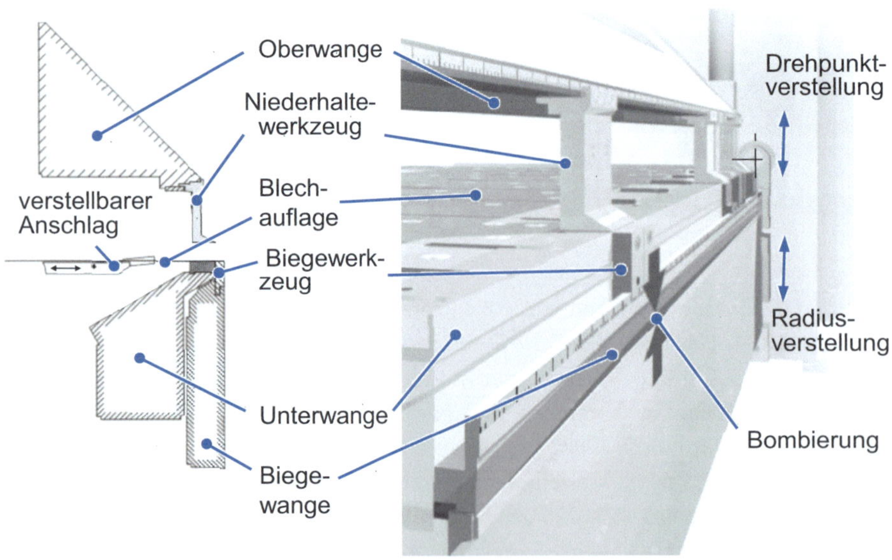

◘ **Bild 3.87** Funktionsprinzip einer Schwenkbiegemaschine. Quelle: Schröder-Fasti Technologie

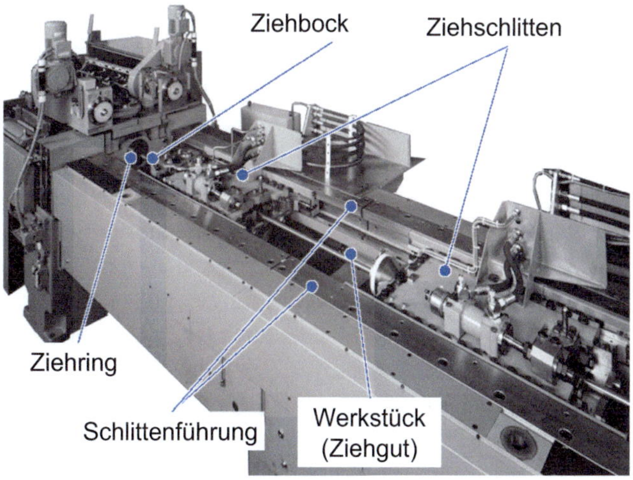

■ **Bild 3.88** Kontinuierliche Schlittenziehmaschine. Quelle: SMS group

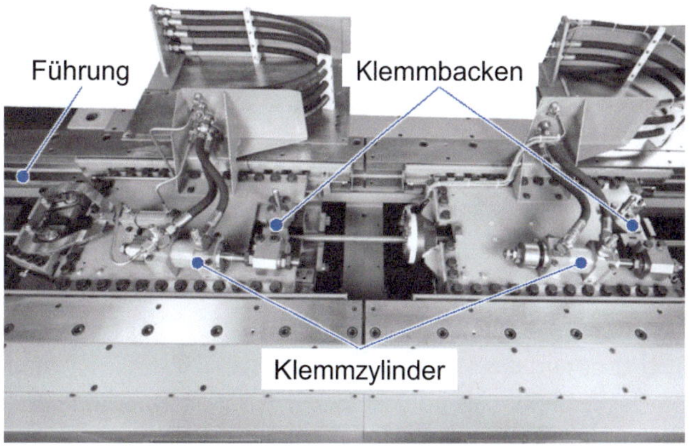

■ **Bild 3.89** Ziehschlitten einer Ziehmaschine. Quelle: SMS group

■ **Bild 3.90** Raupenzugeinheit einer Ziehmaschine. Quelle: SMS group

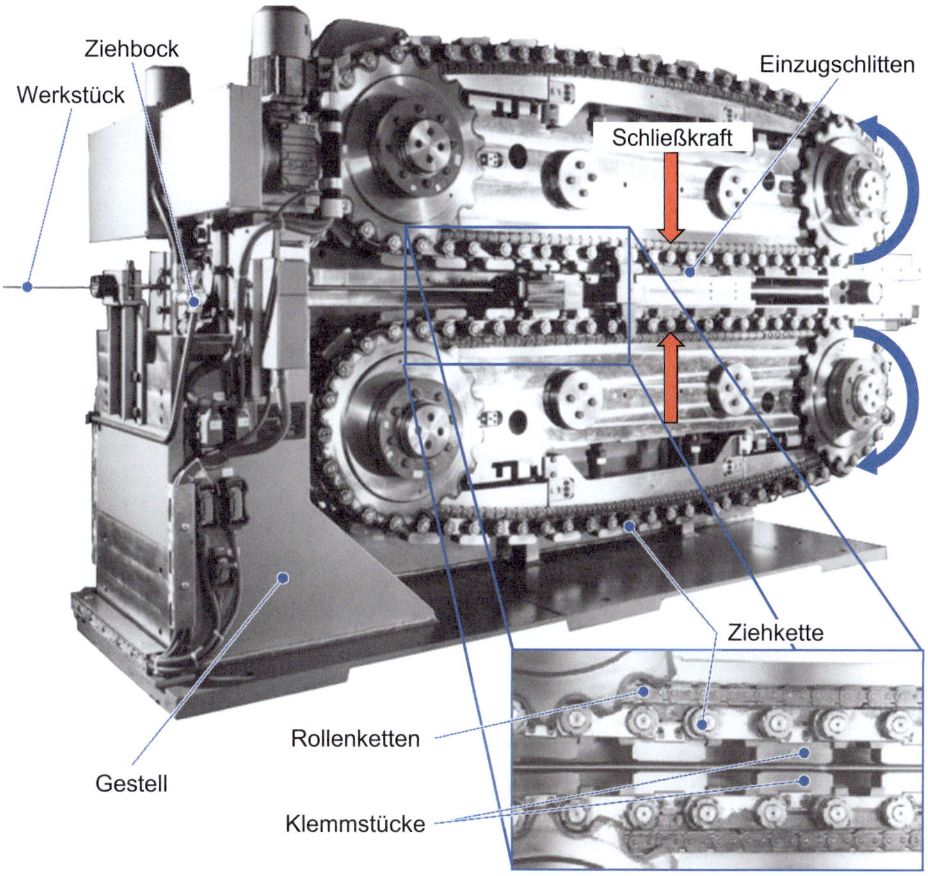

Eine kontinuierliche Schlittenziehmaschine zur Reduzierung des Querschnittes von Rohren, Stangen und Kantmaterial zeigt ■ Bild 3.88. Von den beiden im Gegentakt hin- und hergehenden Ziehschlitten wird das Material abwechselnd durch die im Ziehbock befindliche Matrize (Ziehring) gezogen. Dabei können Ziehkräfte bis 450 kN und Ziehgeschwindigkeiten von 150 m/min erreicht werden. Die Bewegungen der Ziehschlitten sind dabei so aufeinander abgestimmt, dass eine kontinuierliche Materialbewegung stattfindet. Antrieb und Synchronisation der Ziehschlittenbewegung erfolgen über mechanisch gekoppelte Axial-Kurvenscheiben, wodurch hohe Ziehleistungen erreicht werden. Die Hauptwelle, die die Kurvenscheiben trägt, ist im Rumpf der Maschine unter den Ziehschlitten angeordnet. Die Klemmbacken in den beiden Ziehschlitten, ■ Bild 3.89, die zum Greifen des Materials beim Arbeitshub dienen, werden hydraulisch über eine Plungersteuerung betätigt, deren Hydraulikzylinder von

3

auf der Hauptwelle angebrachten Kurvenscheiben angesteuert werden. Zu Beginn des Ziehvorganges wird das Material entweder mit Rundhämmermaschinen oder durch Reckwalzen angespitzt und durch den Ziehring geschoben oder aber mit hoher Kraft von einer hydraulischen Einstoßvorrichtung durch den Ziehring gedrückt.

Eine Möglichkeit zum Erreichen höherer Ziehgeschwindigkeiten zeigt ◘ Bild 3.90. Dargestellt ist ein sogenannter Raupenzug, der die kontinuierliche Bewegung seiner Ziehketten auf das Werkstück überträgt. Die angetriebenen Ketten mit aufgesetzten Klemmstücken (Blocklaschenketten) sorgen für den Transport des Materials. Da das Material über die Klemmstücke reibschlüssig mitgenommen wird, ist eine hohe Anpresskraft erforderlich, die über hinter den Klemmstücken liegende Rollenketten übertragen wird. Die Rollenketten stützen sich auf den Verbindungskörpern zwischen den Kettenrädern ab. So können Ziehgeschwindigkeiten von bis zu 500 m/min erreicht werden.

Neben den vorgestellten eigentlichen Zieheinheiten und der Einstoßvorrichtung gehören zu einer Ziehmaschine eine Vielzahl weiterer Einrichtungen zum Vor- und Nachbearbeiten des Materials. Dazu zählen z. B. Abhaspel- und Richtmaschinen zur Vorbearbeitung sowie Prüf- und Ablängvorrichtungen zur Nachbearbeitung. Für die Kupferrohrfertigung gibt es auch sog. Kaskaden, bei denen bis zu drei gekoppelte Ziehmaschinen in Linie mit entsprechend hoher Produktivität arbeiten.

3.1.12 Richtmaschinen

Durch spanabhebende Bearbeitung sowie durch Wärmebehandlung verziehen sich Werkstücke in der Regel. Zum Richten dieser Werkstücke und von Halbzeugen wie Blechen, Stäben, Drähten und Rohren werden Richtverfahren eingesetzt, die auf das Fertigungsverfahren „Biegeumformen" zurückzuführen sind. Das bedeutet, dass der Richtvorgang durch eine Verformung des Werkstückes über den elastischen Bereich hinaus erfolgt. Hierdurch wird die gewünschte plastische Verformung erreicht.

Man unterscheidet grundsätzlich zwei auf diese Art der Umformung zurückzuführende Richtverfahren, das Biegerichten und das Walzrichten. ◘ Bild 3.91 und ◘ Bild 3.92 geben einen Überblick über mögliche Varianten dieser beiden Verfahren, die wiederum in diskontinuierlich und kontinuierlich arbeitende Verfahren eingeteilt werden können.

Zu den diskontinuierlichen Verfahren zählen die Biegerichtverfahren zum Richten mit Richt- oder Rollenbock sowie mit einer Richtpresse. Diese Verfahren werden meist zum Richten einzelner Werkstücke vor der abschließenden Schleifbearbeitung eingesetzt. Ein typischer Einsatzfall ist das Richten von Führungsbahnleisten oder -schienen nach dem Härten und vor der abschließenden Schleifbearbeitung. Als Richtpressen haben sich hydraulische, richthubgesteuerte Pressen bewährt, die Richtgenauigkeiten im µm-Bereich

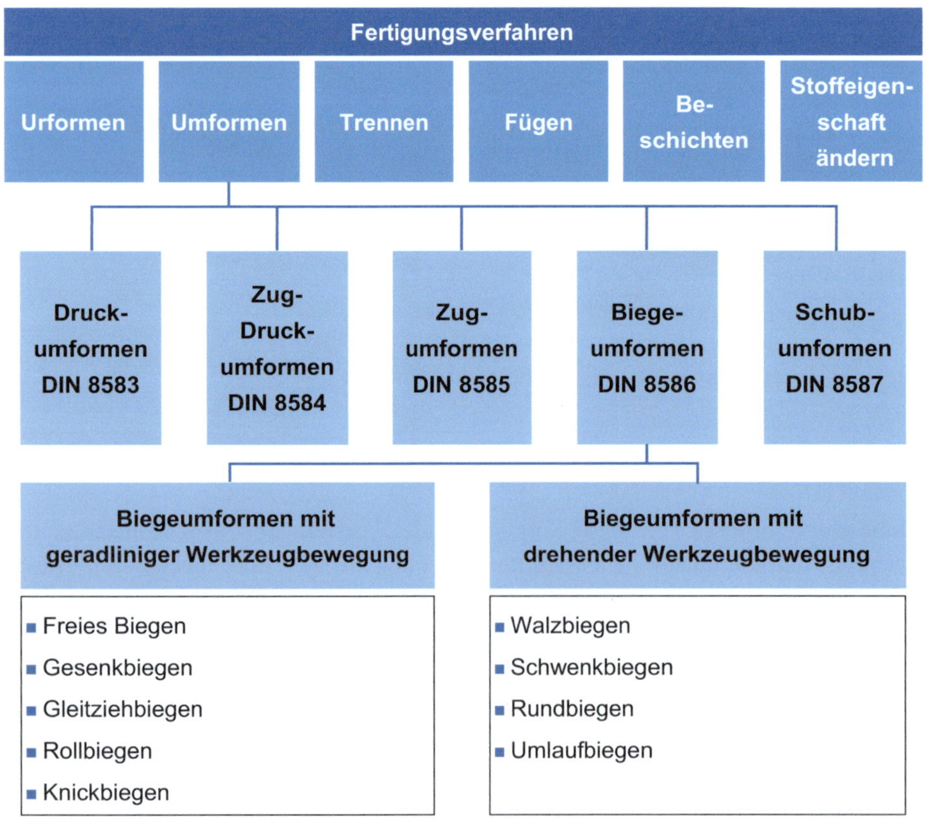

◘ **Bild 3.91** Eingliederung der Fertigungsverfahren „Biegerichten" und „Walzrichten". Nach DIN 8580 [DIN03f], DIN 8586 [DIN03d]

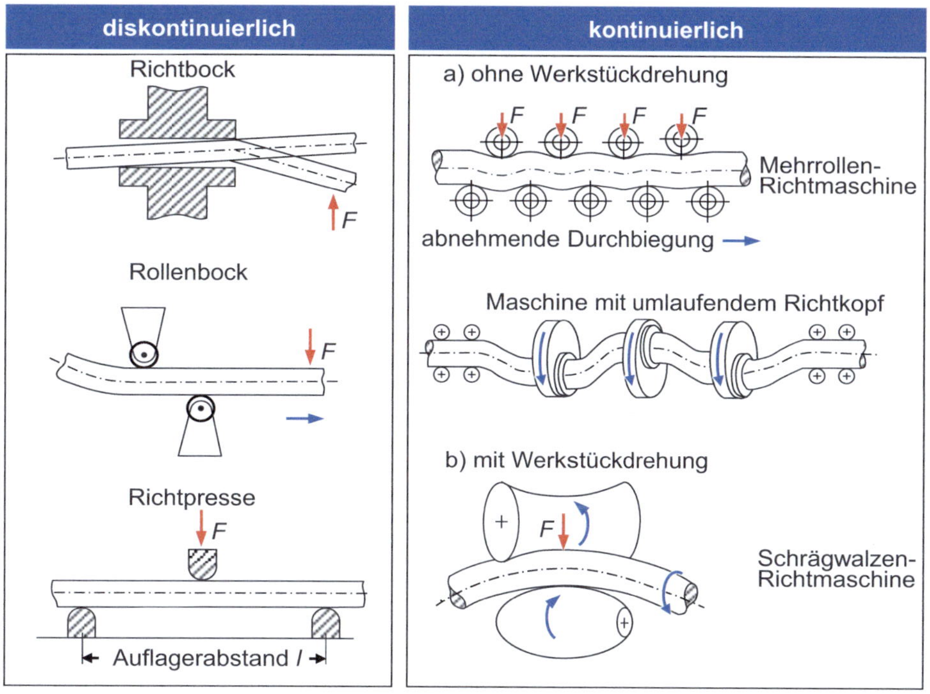

Bild 3.92 Richtverfahren für Rundstahl. Quelle: SMS group

ermöglichen. Die Formänderung, die der Druck des Pressenstößels auf das Werkstück bewirkt, wird auf den im Bild 3.93 erkennbaren Messuhren abgelesen, deren Messfühler über eine Hebelübersetzung ständig am Werkstück anliegen.

In der Massenfertigung werden oft auch selbstlernende Verfahren eingesetzt. Die Maschinensteuerung erlernt aus dem Biegeergebnis, welche Biegungen bzw. Biegekräfte für die Werkstücke entsprechend ihrer Krümmung aufzubringen sind.

Im Bild 3.93 ist das Richten einer Kegelradgetriebewelle gezeigt. Durch Drehen des beidseitig in Auflagen aufgenommenen Werkstückes wird mit den Messuhren der Schlag ermittelt. Über einen Handhebel wird dann synchron die Hubbewegung des Pressenstößels gesteuert. Das Ergebnis ist direkt an den Messuhren abzulesen. Alternativ kann die Rundlaufabweichung mittels einer Leuchtsäulenanzeige überprüft werden. Neben dem Richthub verhält sich auch die Stößelgeschwindigkeit proportional zum Handhebelausschlag. Um ein Überrichten und damit die Gefahr von Werkstückbruch zu vermeiden, ist der Stößelhub begrenzt. Meist sind mehrere Richthübe erforderlich, um das Werkstück zu begradigen [o.V.98].

Die im Bild 3.92 dargestellten kontinuierlichen Walzrichtverfahren lassen sich in solche mit und ohne Werkstückdrehung einteilen. Ohne Werkstückdrehung arbeiten z. B. Mehrrollen-Richtmaschinen. Die Verfahren mit Werkstückdrehung sind allgemein unter dem Begriff Schrägwalzen-Richten bekannt. Eine typische Bearbeitungsaufgabe für das Schrägwalzen-Richten, das verfahrensbedingt (Werkstückdrehung) nur für Werkstücke mit kreisförmigem Querschnitt geeignet ist, ist das Richten von blankem Rundstahl

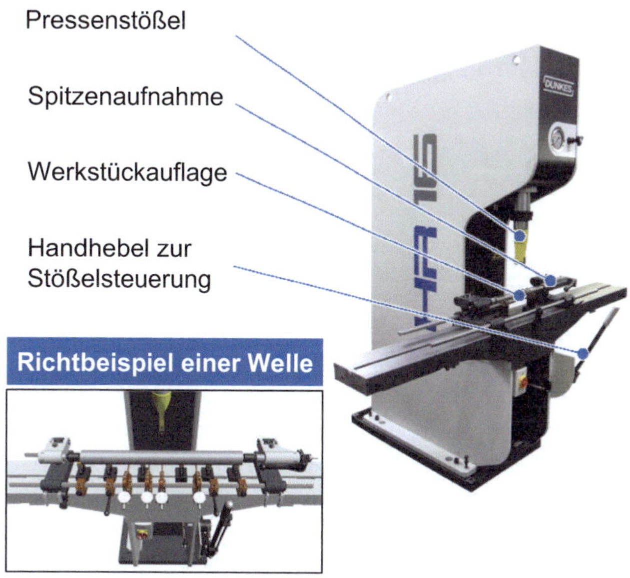

Bild 3.93 Hydraulische richthubgesteuerte Presse. Quelle: DUNKES

und Rohren als Halbzeug. Der Rundstahl wird z. B. zum Herstellen von Federn und Schrauben verwendet. Dabei bestehen hohe Anforderungen an die Geradheit des Stangenmaterials, die durch den Zerspanprozess (Schäldrehen oder spitzenloses Schleifen) des gewalzten Rohmaterials allein nicht erzielt werden kann. Die geforderte Geradheit wird nur durch den nachgeschalteten Richtprozess erreicht.

Bild 3.94 zeigt das Prinzip des Zweiwalzen-Richtverfahrens (Schrägwalzen-Richten). Das Werkstück wird, bedingt durch Lage und Form der Richtwalzen, so sehr durchgebogen, dass es sich im Bereich der Walzenmitte plastisch

3

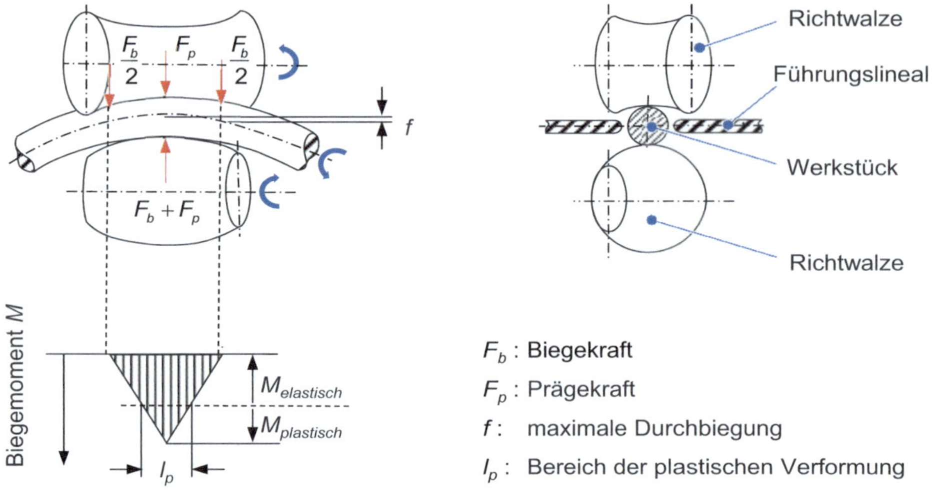

Bild 3.94 Zweiwalzen-Richtverfahren

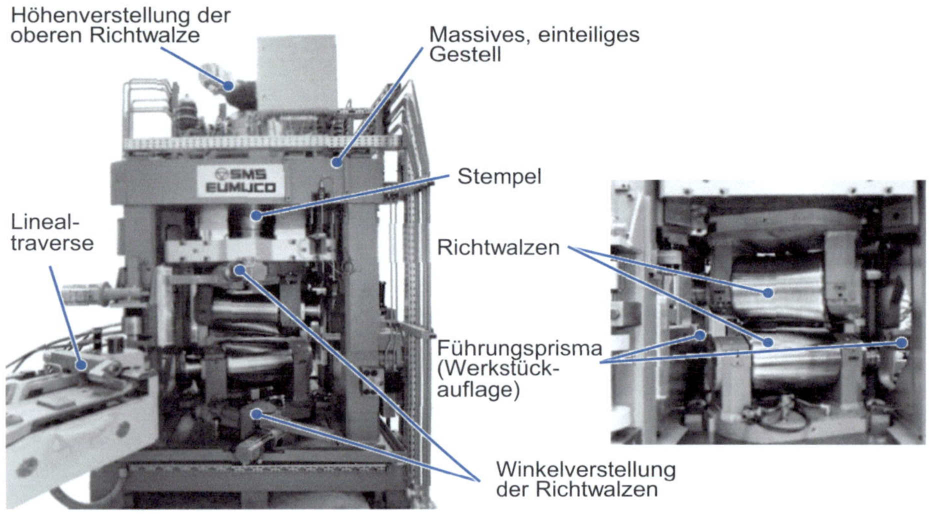

Bild 3.95 Zweiwalzen-Richtmaschinen. Quelle: SMS group

verformt. Dabei muss man die Größe der plastischen Verformung so wählen, dass sich die größte im ungerichteten Stab auftretende Krümmung noch kompensieren lässt. Die dazu nötige maximale Durchbiegung *f* ist durch die beiden Walzwinkel, d.h. durch die Schrägstellung der beiden Richtwalzen zur Stange und die Walzenzustellung einzustellen. Wird der Biegevorgang mehrmals mit abnehmendem Biegemoment wiederholt, nimmt die Restkrümmung des gerichteten Stabes ab und erreicht nach wenigen Durchläufen einen technisch brauchbaren Wert. Die dritte wichtige Stellgröße neben den Walzenwinkeln ist der Walzenabstand. Durch Verstellen des Walzenabstandes lässt sich Rundstahl mit verschiedenen Durchmessern mit demselben Walzenpaar richten. Zusätzlich zur Richtkraft (Biegekraft) wird in der Walzenmitte durch eine entsprechende Einstellung des Walzenabstandes eine Prägekraft aufgebracht. Durch eine genügend hohe Prägekraft lässt sich die Stangenoberfläche so weit glätten, dass man bei guter Vorbearbeitungsqualität Rautiefen bis zu Rz = 2 µm erreichen kann. Zur Vermeidung von Werkstückbruch durch Überrichten kommt eine hydraulische Überlastsicherung zum Einsatz.

Bild 3.95 gibt den Aufbau einer Zweiwalzen-Richtmaschine wieder. Der einteilige, geschweißte Körper bildet eine steife Konstruktion und nimmt die hohen Walzkräfte auf. Den Antrieb der verstellbaren Richtwalzen übernehmen Kreuzgelenkwellen. Mit Maschinen dieser Art kann man Rundmaterial mit Durchmessern zwischen 3 und 300 mm richten. Die erreichbare Richtgenauigkeit liegt bei bis zu 0,1 mm/m Geradheitsabweichung für Blankmaterial. Die Richtgeschwindigkeiten (Vorschubgeschwindigkeiten) können für Material mit einem Durchmesser von 10 mm bis zu 120 m/min betragen.

3.1.13 Schutzeinrichtungen an Umformmaschinen

Umformende Maschinen werden mit mechanischen und elektronischen Einrichtungen versehen, die einen möglichst weitgehenden Schutz des Bedienungspersonals, der Maschine (Überlastung), des Werkzeugs, des Werkstücks sowie der Umwelt gewähren sollen. Eine detaillierte Ausführung zu Richtlinien bei der Maschinengestaltung ist in ▶ Kap. 8 des zweiten Bandes dieser Reihe zu finden.

Um die Bedienungsperson vor Verletzungen zu schützen, wird der Werkzeugraum während des Arbeitshubs durch Gitter oder Schutzscheiben vor einem manuellen Eingreifen abgeschirmt. Auch berührungslos wirkende Schutzeinrichtungen, wie Lichtschranken und Lichtvorhänge, sind geeignet, die Bedienungsperson während des manuellen Einlegens der Werkstücke vor einem unvorhergesehenen Ingangsetzen der Maschine zu schützen. Entsprechende Vorschriften hat der Gesetzgeber durch den Hauptverband der gewerblichen Berufsgenossenschaften erlassen [DIN09; DIN11; DIN12; DIN14; SCHU08].

Eine weitere, allerdings oft nicht ausreichende Sicherung des Bedienungspersonals ist die Zweihandschaltung an Umformmaschinen. Das Einleiten des Arbeitshubs darf nur möglich sein, wenn man die Betätigung der Schaltorgane durch beide Hände gleichzeitig vornimmt. Die Schalter müssen während des gesamten Umformvorgangs betätigt bleiben. Das Einleiten eines weiteren Arbeitshubs nach dem Beschicken der Maschine kann erst nach dem Lösen und dem erneuten Betätigen der Zweihandschaltung geschehen [SCHU08]. Weitere wichtige Elemente der Sicherheitseinrichtung von mechanischen Pressen stellen die Nachlaufüberwachung sowie die Durchlaufsicherung dar. Die Nachlaufüberwachung detektiert unzulässige Verlängerungen des Bremsvorgangs, um bei Bedarf die Pressensteuerung zu blockieren und so ein Arbeiten mit nicht mehr funktionsfähigen Bremsen zu verhindern. Die Durchlaufsicherung soll verhindern, dass der Stößel nach einem begonnenen Hub bei Bremsversagen erst mit oder sogar nach dem Schließen des Werkzeuges zum Stillstand kommt. In der Regel wird diese Forderung durch eine zweite Betriebsbremse erfüllt, die auch beim normalen Bremsvorgang mitwirkt, jedoch auch in der Lage ist, die Maschine alleine sicher zum Stillstand zu bringen [SCHU08]. Kupplung und Bremse beeinflussen damit wesentlich die Sicherheit einer Presse. Entsprechend der Unfallverhütungsvorschrift dürfen bei Handeinlegebetrieb mit Zweihandschaltung oder Lichtschranke ausschließlich kraftschlüssige Reibungskupplungen und -bremsen verwendet werden. Hier haben sich die pneumatisch betätigten Einscheibenkupplungen und -bremsen durchgesetzt. Insgesamt muss auch die Steuerung der Maschine so beschaffen sein, dass durch Fehlfunktionen keine Unfälle verursacht werden können. Nur durch eine sichere Steuerung ist auch die Funktion der weiteren Sicherheitseinrichtungen gewährleistet. Als Überlastschutz an Umformmaschinen kommen mechanische Sollbruchstellen und hydraulische Systeme zum Einsatz. Da mit dem Austausch mechanischer Sicherungen ein relativ großer Montage- und damit Zeit- und Kostenaufwand verbunden ist, haben sich die hydraulischen Überlastsicherungen an Kurbel- und Exzenterpressen weitgehend durchgesetzt, ◘ Bild 3.96.

Im dargestellten System ist die Ventilplatte von unten mit Drucköl beaufschlagt. Sie stützt sich über den Ventilsitz gegen das Gehäuse ab. Die Presskraft wirkt über

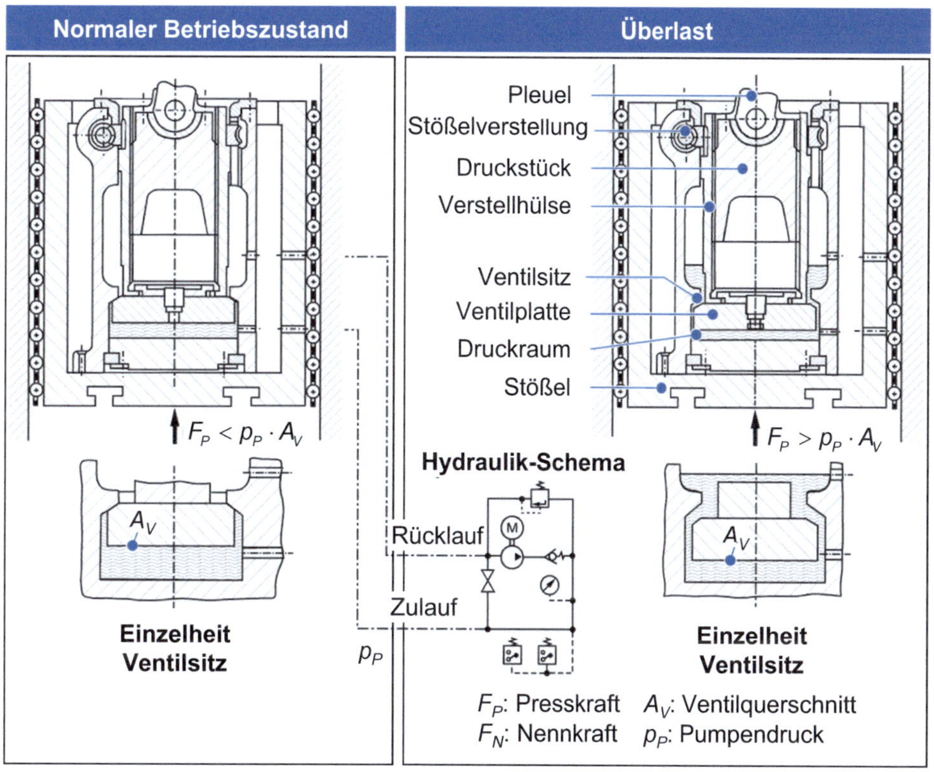

◘ **Bild 3.96** Hydraulische Überlastsicherung im Pressenstößel

Pleuel, Druckstück und Verstellhülse auf die Ventilplatte. Übersteigt die Presskraft die durch den Öldruck einstellbare Vorspannkraft, so hebt die Ventilplatte vom Ventilsitz ab, der Kraftschluss zwischen Pleuel und Stößel ist unterbrochen und das Öl fließt drucklos in den über der Ventilplatte liegenden Freiraum ab. Durch Druckschalter wird die Presse abgeschaltet. Die hydraulische Überlastsicherung hat gegenüber der mechanischen den Vorteil, dass die maximal übertragbare Presskraft sehr einfach über den Öldruck einstellbar ist. Nach Ansprechen des Überlastschutzes ist die Presse nach wenigen Minuten wieder einsatzbereit.

Zur Sicherung gegen Drehmomentüberschreitungen z. B. bei großen Exzenter- und Spindelpressen werden üblicherweise Reibkupplungen im Pressenantriebsstrang eingesetzt. Vor einer Überlastung der im Kraftfluss liegenden Bauteile rutscht die Kupplung durch. Unterschiedliche Reibungskoeffizienten sowie natürlicher Verschleiß beeinflussen die zeitliche Konstanz der eingestellten Grenzbelastung bei dieser Sicherungsart in hohem Maße, sodass nur bei großen Drehmomentüberschreitungen eine ausreichende Sicherheit gegeben ist.

Das wesentliche Sicherheitselement in hydraulischen Maschinen ist das sogenannte Pressensicherheitsventil, das grundsätzlich im hydraulischen Kreislauf zwischen Antrieb (Pumpe) und dem Zylinder eingefügt ist. Nach Erreichen des einstellbaren maximal zulässigen Systemdrucks öffnet sich dieses Ventil und verhindert eine Überlastung des Gestelles bzw. des Werkzeuges.

Beschädigungen des Werkzeuges können z. B. dadurch entstehen, dass Werkstücke oder ausgeschnittene Butzen nicht restlos aus dem Arbeitsbereich des Werkzeugs entfernt werden, bevor neue Rohlinge einlegt werden. Eine Überwachung des Arbeitsbereichs übernehmen vielfach Taststifte oder elektronische Sensoren, die in das Werkzeug integriert sind. Eine andere Möglichkeit der Werkzeugsicherung besteht in einer wegabhängigen Kraftmessung: Ein nicht planmäßiger, z. B. vorzeitiger Kraftanstieg, verursacht durch nicht ausgeräumte Werkzeuge, bewirkt über Schnellschaltkupplungen und Bremsen ein sofortiges Stillsetzen der Werkzeugbewegungen. Gefährdungen und Beeinträchtigungen der Umwelt durch Umformmaschinen entstehen vor allem durch Erschütterungen und Geräuschemissionen [HUBE12]. Diese Beeinträchtigungen der Umgebung werden u. a. durch eine Schnittschlagdämpfung [FAHR05], Schallschutzkabinen, ein schwingungsisoliertes Aufstellen der Maschinen und gezielte technologische Maßnahmen vermindert.

3.2 Zerteilende Maschinen

Zerteilende Maschinen sind in der Blechbearbeitung von besonderer Bedeutung, da sie eine kostengünstige Herstellung von Halbzeugen sowie fertigbearbeiteten Werkstücken erlauben. Das Fertigungsverfahren Zerteilen ist definiert als das mechanische Trennen von Materialien ohne Spanbildung. ◘ Bild 3.97 zeigt, ausgehend vom Oberbegriff Trennen nach DIN 8580 und den Untergruppen der trennenden Verfahren, die Feingliederung für die zerteilenden Verfahren. Nach DIN 8588 lassen sich die zerteilenden Verfahren in Scherschneiden, Messerschneiden, Beißschneiden, Spalten, Reißen und Brechen unterteilen.

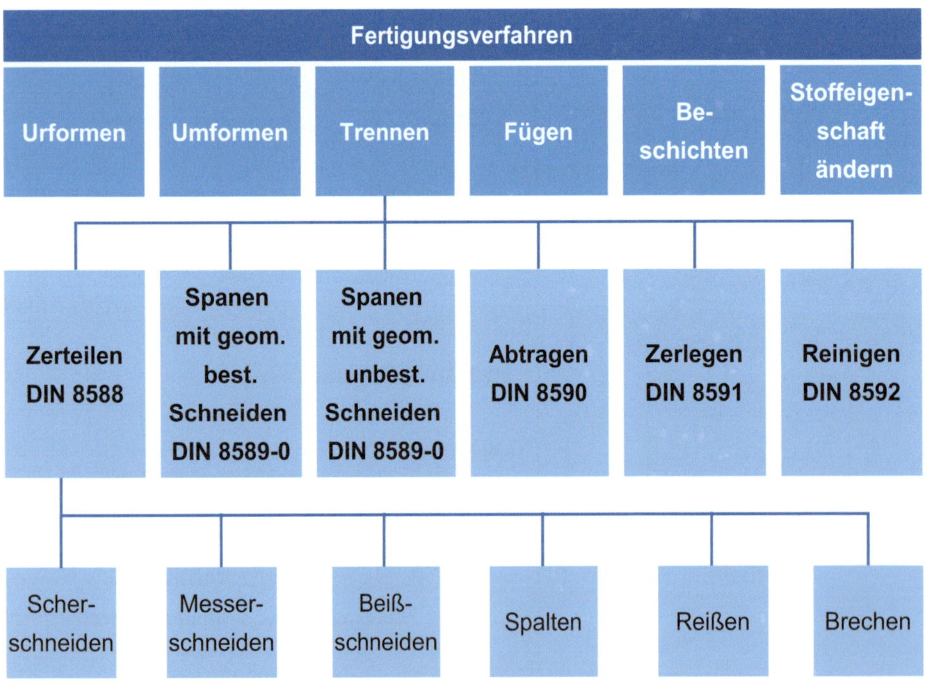

◘ **Bild 3.97** Unterteilung der Fertigungsverfahren - Zerteilen. Nach DIN 8588 [DIN03a]

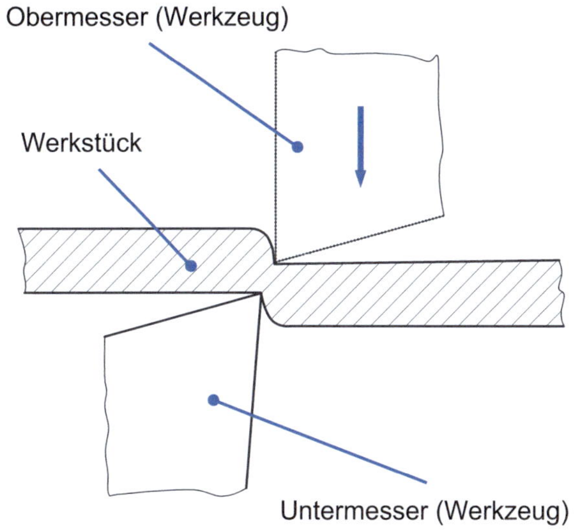

Bild 3.98 Prinzip des Scherschneidens. Nach DIN 8588 [DIN03a]

Während das Scherschneiden eine breite Anwendung in der Fertigungstechnik findet, haben die anderen zerteilenden Verfahren bei der industriellen Metallbearbeitung eine untergeordnete Bedeutung. Die meisten zerteilenden Maschinen arbeiten daher nach dem Prinzip des Scherschneidens, dass in Bild 3.98 dargestellt ist.

Der Prozess des Scherschneidens kann in vier Phasen eingeteilt werden. Mit dem Aufsetzen von Ober- und Untermesser auf dem Werkstück setzt an diesem eine elastische Verformung ein. Infolge der Zustellbewegung zwischen Ober- und Untermesser kommt es anschließend zu plastischer Verformung und Fließen des Werkstücks. In der dritten Phase startet, ausgehend von den Schneiden von Ober- und Untermesser, die Rissbildung am Werkstück, welche in der vierten Phase in der Trennung des Werkstücks resultiert. Die Schnittqualität beim Scherschneiden wird durch Dicke und Material des Werkstücks sowie den Schneidspalt bestimmt. Zudem sinkt die Schnittqualität mit zunehmendem Verschleiß von Ober- und Untermesser. Der Eingriff von Ober- und Untermesser erfolgt kontinuierlich.

3.2.1 Scheren

Scheren werden zum Zerteilen von Blechen, Stäben, Profilen und Hohlkörpern eingesetzt. Charakteristisch für Scheren ist, dass die Werkzeuge (Messer) integrierte Bestandteile der Maschine sind. Sie sind mit den Maschinenstrukturkomponenten verschraubt und mit geringem Montageaufwand auswechselbar. Scheren werden entsprechend der Gestalt der Werkzeuge (Messer) in Langmesser- und Kreismesserscheren unterteilt. Langmesserscheren, auch Tafelscheren genannt, werden überwiegend für die Teilung von Blechen mit Dicken ab ca. 2 mm eingesetzt. Die translatorische Scherbewegung der Messer wird durch einen Kurbeltrieb oder einen Hydraulikzylinder erzeugt. Für kleinere Blechdicken sind auch handbetätigte Hebelscheren im Einsatz.

Bei Langmesserscheren ist das Untermesser ortsfest mit dem Maschinengestell verbunden, während das Obermesser die geführte translatorische Hubbewegung ausübt. Bild 3.99 zeigt exemplarisch eine Langmesserschere, im Bildausschnitt sind die Anordnungen von Ober- und Untermesser sowie der Niederhalter für das Werkstück und andere Zusatzeinrichtungen, wie Blechanschlagflächen und Handschutzgitter, schematisch dargestellt.

Bei Kreismesserscheren bestehen die Schneidwerkzeuge aus zwei oder mehreren paarweise angeordneten Kreismessern. Die Messer werden von Motoren angetrieben und schneiden den Werkstoff beim Abrollvorgang zwischen Ober- und Untermesser. Eine Kreisschere zum Ausschneiden von Blechronden und -ringen ist in Bild 3.100 abgebildet.

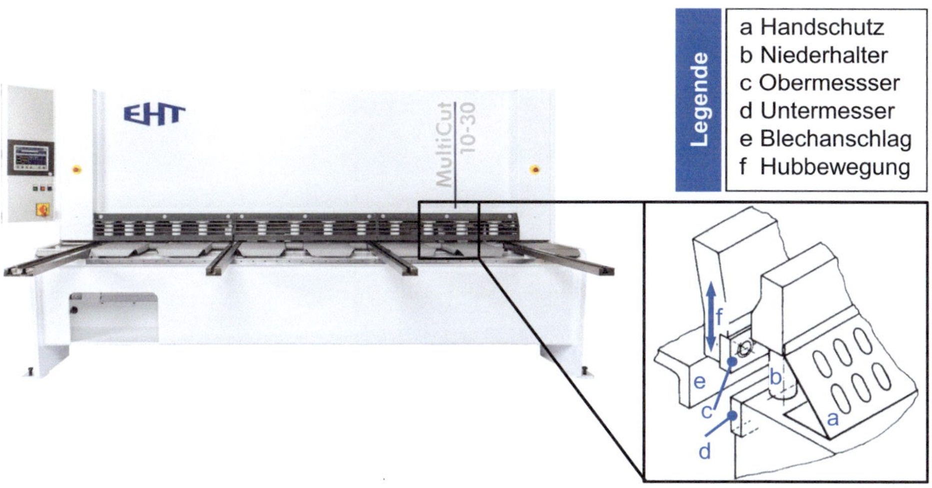

Bild 3.99 Tafelschere. Quelle: TRUMPF-Gruppe

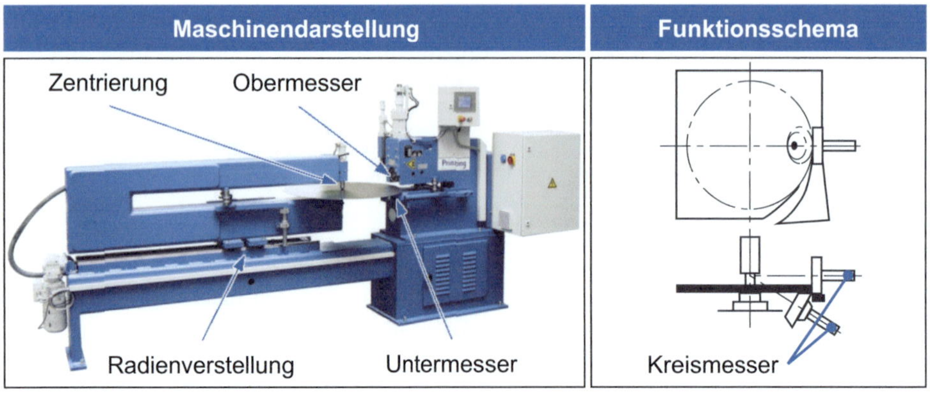

Bild 3.100 Kreisschere. Quelle: Peter Prinzing

3.2.2 Schneidpressen

Schneidpressen sind universelle Maschinen zum Lochen, Schneiden oder Besäumen von Blechtafeln. In der Mehrzahl solcher Maschinen sind automatische Werkzeugwechsel sowie eine CNC-gesteuerte Bewegung der Blechplatte realisiert. Charakteristische Merkmale solcher Maschinen sind kleine Hübe bei großen Hubzahlen und genauer Stempelführung. Vielfach werden die Blechschneideoperationen mit Kurbel und Exzenterpressen durchgeführt, wobei die Exzenterpresse durch die Möglichkeit der Hublängenverstellung bei gleichzeitig hohen Hubzahlen häufiger eingesetzt wird. Heute werden vermehrt auch elektrohydraulisch betriebene Maschinen eingesetzt. Die verschiedenen Antriebskonzepte sind in ▶ Kap. 3.1 beschrieben.

Eine Schneidpresse mit Peripherie und möglichen Automatisierungskomponenten zeigt Bild 3.101. Die Blechplatine wird auf dem Tisch numerisch gesteuert positioniert. Hierzu wird das Blech von Werkstückgreifern, die an der in x- und y-Richtung beweglichen Querschiene befestigt sind, gehalten und mit der Querschiene bewegt. Die Beladung der Maschine mit Rohblechen und die Entnahme der Fertigteile erfolgen durch eine Belade- und Entladeeinheit. Kleinteile werden an der Maschine direkt über eine Teileklappe unter dem Stanzkopf ausgeschleust. Zur Erzeugung unterschiedlicher Bearbeitungskonturen in der Blechplatte

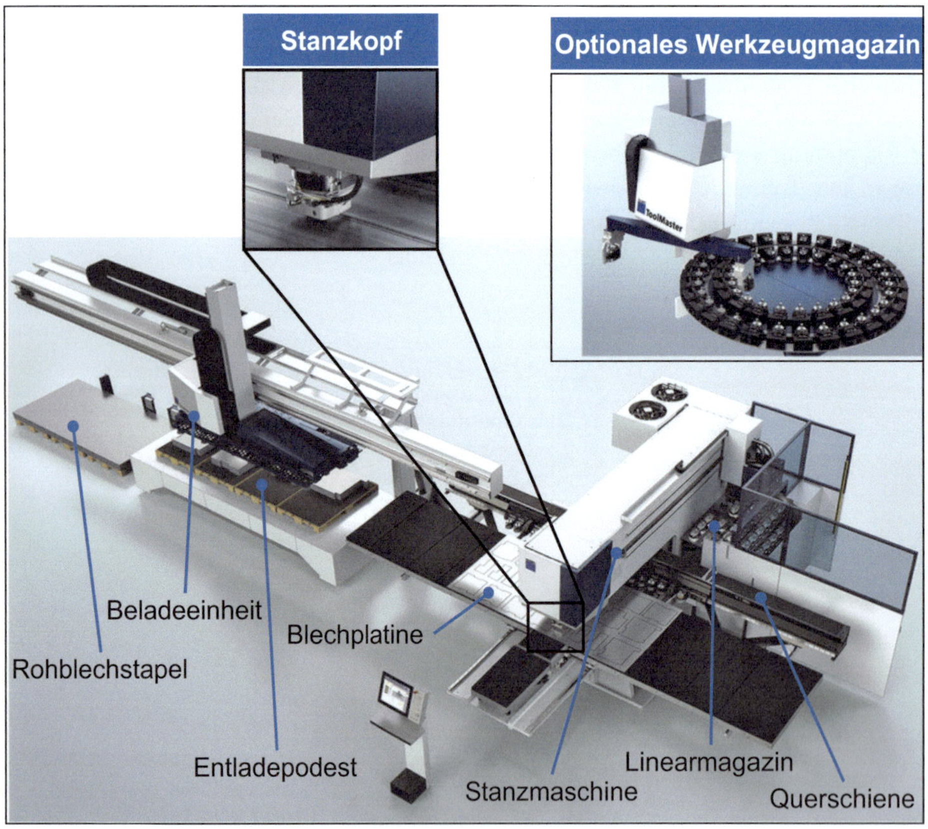

Bild 3.101 Schneidpresse mit Peripherie. Quelle: TRUMPF-Gruppe

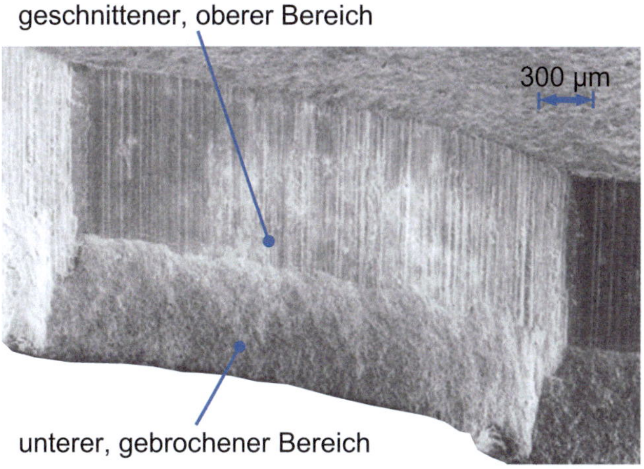

Bild 3.102 Schnittbild eines Stanzprozesses. Quelle: TRUMPF-Gruppe

Das Stanzen kann, ausgehend von der Anwendung, in Teilbereiche gegliedert werden. Durch Verwendung von Werkzeugen mit der Kontur des gewünschten Bauteils kann die Fertigbearbeitung von Werkstücken in einem Hub erfolgen. Dabei können sowohl Klein- als auch Großteile in Serienfertigung hergestellt werden. Bild 3.103 zeigt ein formgebendes Stanzwerkzeug, wie es in Schneidpressen verwendet wird. Im Allgemeinen bestehen Stanzwerkzeuge aus Stempel und Matrize. Bei der Bearbeitung wird das zu bearbeitende Blech zwischen Stempel und Matrize positioniert. Zur Erzeugung des gewünschten Ausschnitts wird der Stempel durch die Matrize bewegt, dabei werden die Kanten von Stempel und Matrize parallel aneinander vorbeigeführt und trennen das Blech. Häufig werden zusätzlich zu Stempel und Matrize noch Abstreifer verwendet, diese ermöglichen eine ungehinderte Rückführung des Stempels aus der Matrize.

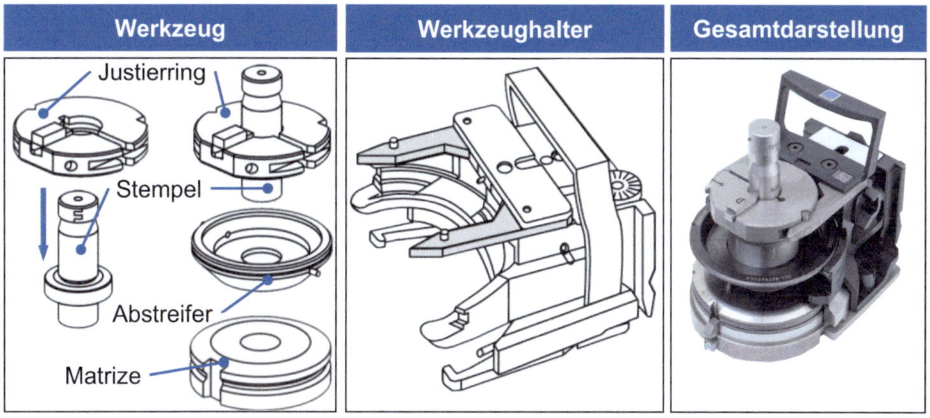

Bild 3.103 Formgebendes Stanzwerkzeug einer Schneidpresse. Quelle: TRUMPF-Gruppe

kann über ein automatisiertes Werkzeugwechselsystem der Schneidkopf ausgetauscht werden. Die Werkzeuge für die Blechbearbeitung werden an der Maschine in einem Linearmagazin gelagert und mit Hilfe der Positionierantriebe in die Stößelposition gebracht und dort automatisch gewechselt. Sollte das Linearmagazin nicht ausreichend Platz bieten, kann optional auch ein zusätzlicher Werkzeugspeicher außerhalb der Maschine angebracht werden. Dessen Werkzeugsätze werden von einem zusätzlichen Wechselsystem in das Werkzeugmagazin der Maschine gebracht. Die Maschine nutzt für die Erzeugung von Berandungen und Durchbrüchen das Verfahrensprinzip des Stanzens. Stanzprozesse sind dem Scherschneiden zuzuordnen und werden in der Blechbearbeitung vielfältig zur Herstellung von Flachteilen eingesetzt. Ein Merkmal ist die vollständige Blechdurchtrennung bei jedem einzelnen Hub. Stanzprozesse erzeugen keine geraden Schnitte. Aufgrund der starken Kräfte wird das Material nur im oberen Bereich geschnitten, im unteren Bereich hingegen bricht das Material aus. Bild 3.102 zeigt eine mikroskopische Aufnahme des Schnittbildes eines Stanzprozesses mit den charakteristischen Bereichen.

Eine weitere Form des Stanzens ist das sogenannte Nibbeln oder Knabberschneiden. Als Nibbeln bezeichnet man eine periodische Aneinanderreihung von einzelnen, sich überschneidenden Stanzprozessen zur Erzeugung von Blechteilen unterschiedlichster Konturen. Nibbelwerkzeuge sowie beim Nibbeln entstehende Konturen zeigt Bild 3.104. Das Anwendungsfeld ist die Kleinserien- und Einzelfertigung, bei der das Anfertigen von speziellen Schneidwerkzeugen für bestimmte Werkstückformen unwirtschaftlich ist. Besonders bei Schneidaufgaben mit großen und konturenreichen Schnittkantenlängen erweist sich das Nibbeln als wirtschaftliche Lösung.

Aufgrund des weiten Anwendungsfeldes von Stanzprozessen in der Blechbearbeitung wurden in den letzten Jahren vermehrt Anstrengungen zur Verbesserung des Prozesses unternommen. Eine Möglichkeit der Optimierung ist das Verfahrensprinzip des laserunterstützen Scherschneidens, Bild 3.105. Hierbei wird der zu bearbeitende Blechbereich mit Hilfe eines Lasers erwärmt und anschließend der Schneidprozess durchgeführt. Ziel ist

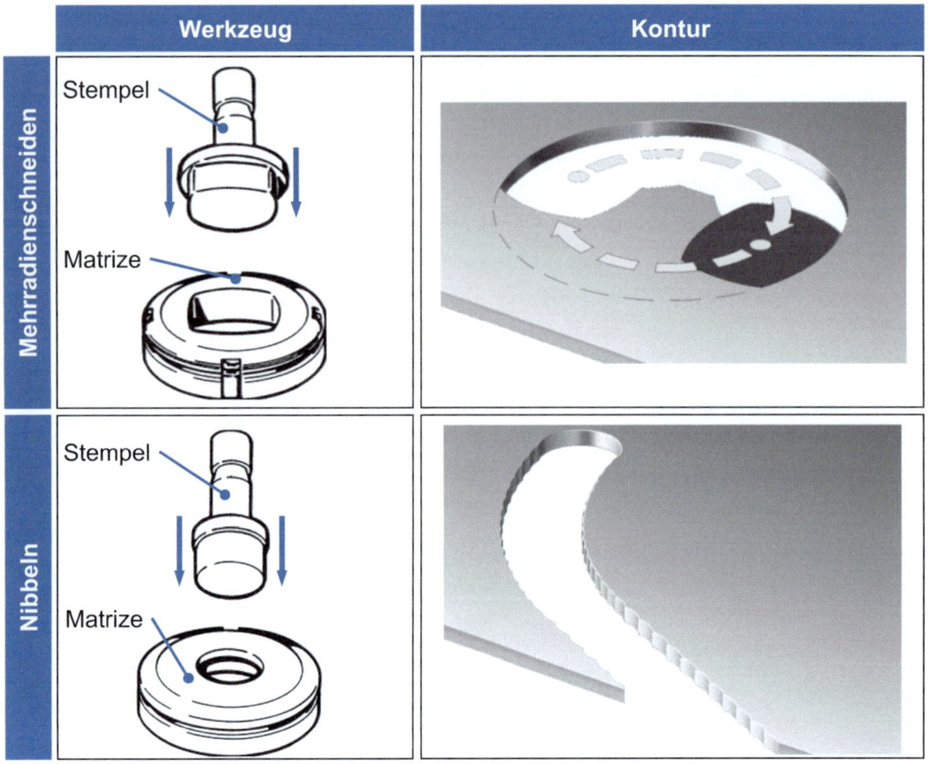

Bild 3.104 Mehrradien- und Nibbelwerkzeuge mit entstehender Kontur. Quelle: TRUMPF-Gruppe

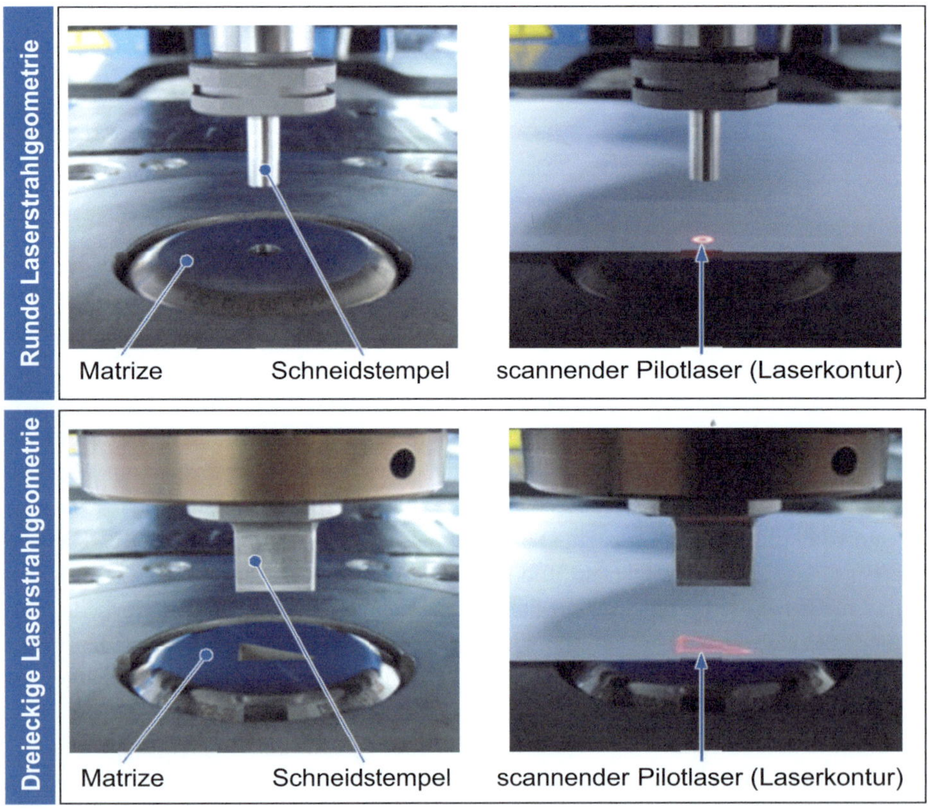

Bild 3.105 Laserunterstütztes Scherschneiden (Stanzen)

die Steigerung der Bauteilqualität durch einen gesteigerten Schnittanteil, einer Reduktion des Kanteneinzugs sowie einer allgemeinen Reduzierung der Prozesskräfte. Zudem soll das Produktspektrum durch die Bearbeitung größerer Blechdicken und Werkstoffe höherer Festigkeit erweitert werden. Eine detaillierte Beschreibung des Aufbaues sowie der Funktionsweise von Lasern ist in ▶ Kap. 7 zu finden.

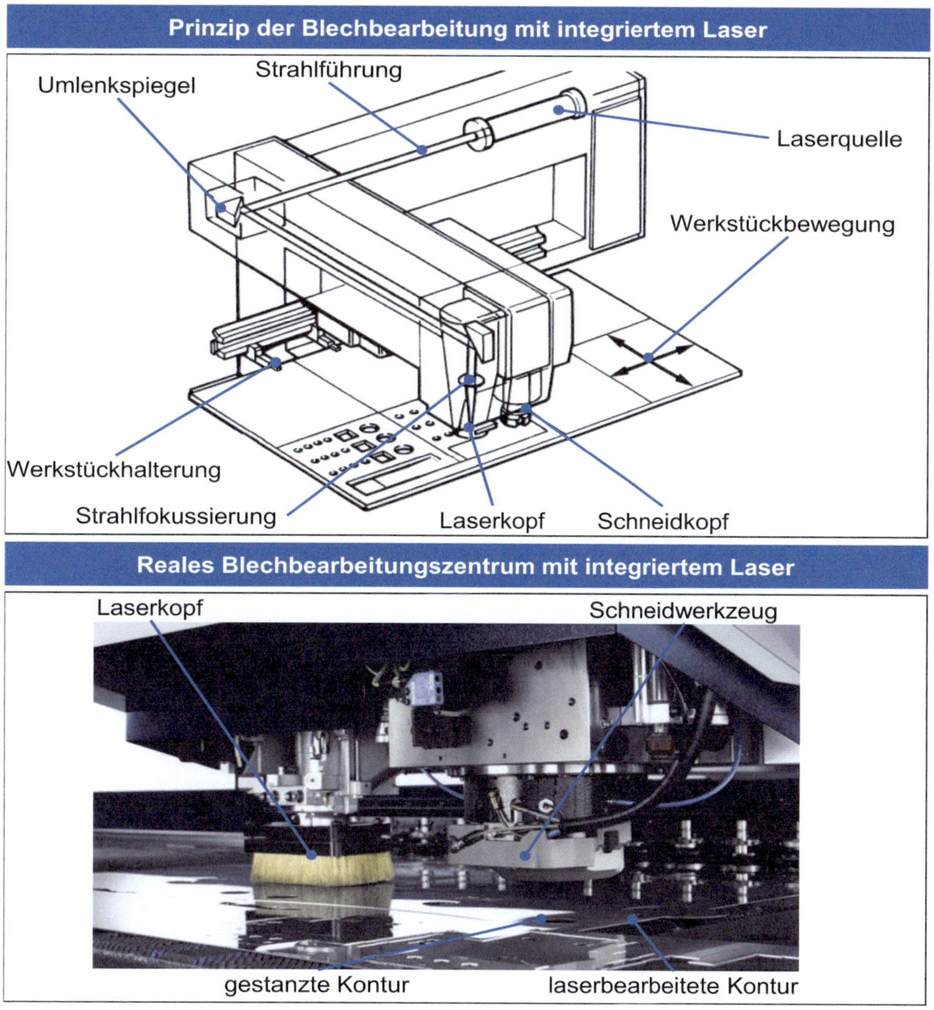

Bild 3.106 Blechbearbeitung mit integriertem Schneidlaser. Quelle: TRUMPF-Gruppe

Eine andere Erweiterungsmöglichkeit für Schneidpressen ist in Bild 3.106 dargestellt. Bei diesem Blechbearbeitungszentrum wurde eine Laserschneidanlage in die Maschine integriert, sodass zusätzlich zur Stanzbearbeitung das Trennen mittels Laserstrahl möglich wird. Die Vorteile des Laserschneidens gegenüber dem Stanzen liegen vorwiegend beim Einsatz im Dünnblechbereich (Blechdicke kleiner 5 mm) und sind gekennzeichnet durch die höhere Schnittqualität und die wesentlich höhere Flexibilität bei der Bearbeitung von komplexen und filigranen Werkstückgeometrien.

Abkürzungsverzeichnis

cBN	kubisches Bornitrid
CAx	Computer-Aided x (x: Ablaufschritt oder Technologie der Produktion)
CIM	Computer-Integrated Manufacturing
CNC	Computerized Numerical Control
DIN	Deutsches Institut für Normung
DNC	Direct Numeric Control
EDV	elektronische Datenverarbeitung
EIA	EIA Electronic Industries Association
FFS	flexibles Fertigungssystem
IFMS	integriertes, flexibles Fertigungs- und Montagesystem
ISO	International Standards Organization
MIT	Massachusetts Institute of Technology
MRL	Maschinenrichtlinie
NC	Numerical Control
PPS	Produktionsplanungs- und -steuerungssystem
WLAN	Wireless Local Area Network

3

Formelzeichenverzeichnis

Formelzeichen	Einheit	Bedeutung
A	m^2	Druckfläche
A_p	mm^2	Partielle Berührungsfläche
A_t	mm^2	Gesamtfläche des Werkstückes
A_V	m^2	Ventilquerschnitt
E	J	Arbeitsvermögen
e	mm	Exzentrizität
F	N	Richtkraft
F_W	N	Axiale Walzkraft
F_b	N	Biegekraft
F_N	N	Nennkraft
F_p	N	Prägekraft
F_P	N	Presskraft
F_U	N	Umformkraft
g	m/s^2	Erdbeschleunigung
H	mm	Hub
h	mm	Höhe
Ip	mm	Bereich der plastischen Verformung
J	kgm^2	Trägheitsmoment
l	mm	Länge
l	mm	Pleuellänge
m	kg	Masse
M	Nm	Biegemoment
M_W	Nm	Drehmoment des Unterwerkzeuges
m_O	kg	Masse Oberbär
m_U	kg	Masse Unterbär
p	N/m^2	Druck
p_P	N/m^2	Pumpendruck
r	mm	Exzenterradius
v	m/s	Fallgeschwindigkeit
α	°	Kurbelwinkel
α_W	°	Neigungswinkel Oberwerkzeug zur Vertikelen
Δ_f	mm	Abwalzung pro Umdrehung
$\dot{\varphi}_m$	s^{-1}	Mittlere Umformgeschwindigkeit
ω	–	Umformgrad
ω	s^{-1}	Winkelgeschwindigkeit

Literaturverzeichnis

[AUST03] Aust, M.: Hydromechanisches Tiefziehen von Karosserieteilen. Diss. Universität Stuttgart, 2003

[BEHR11] Behrends, P.: Elektrische Maschinen. (Reihe: Vogel-Fachbuch : Die Meisterprüfung). 14. Aufl. Würzburg: Vogel, 2011

[BERG09] Berger, J.: Man muss die Servotechnik vernünftig sehen. In: Blech Rohre Profile. 51. Jg., 2009, Nr. 4. S. 30–31

[BEYE10] Beyer, J.: Energieeffiziente Servopressen – Energieeinsparung durch ServoDirekt-Technologie. In Neugebauer, R. (Hrsg.): Energieeffiziente Produkt- und Prozessinnovationen in der Produktionstechnik. Auerbach: Wiss. Scripten, 2010. S. 139–156

[BRÜN09] Brüninghaus, G.: Servopressen. In: Servopressen und Werkzeugsysteme zur Blechverarbeitung. Bad Böll, 10.–11. März 2009. Europäische Forschungsgesellschaft für Blechverarbeitung (Veranst.). S. 11–17

[DIN03a] Norm DIN 8588 (September 2003). Fertigungsverfahren Zerteilen – Einordnung, Unterteilung, Begriffee

[DIN03b] Norm DIN 8587 (September 2003). Fertigungsverfahren Schubumformen – Einordnung, Unterteilung, Begriffe

[DIN03c] Norm DIN 8585 (September 2003). Fertigungsverfahren Zugumformen – Tiefen; Einordnung, Unterteilung, Begriffe

[DIN03d] Norm DIN 8586 (September 2003). Fertigungsverfahren Biegeumformen – Einordnung, Unterteilung, Begriffe

[DIN03e] Norm DIN 8584 (September 2003). Fertigungsverfahren Zugdruckumformen – Tiefziehen; Einordnung, Unterteilung, Begriffe

[DIN03f] Norm DIN 8580 (September 2003). Fertigungsverfahren – Begriffe, Einteilung

[DIN03g] Norm DIN 8582 (September 2003). Fertigungsverfahren Umformen – Einordnung; Unterteilung, Begriffe, Alphabetische Übersicht

[DIN03h] Norm DIN 8583 (September 2003). Fertigungsverfahren Druckumformen – Eindrücken; Einordnung, Unterteilung, Begriffe

[DIN09] Norm DIN EN 13736 (November 2009). Sicherheit von Werkzeugmaschinen – Pneumatische Pressen

[DIN11] Norm DIN EN 693 (November 2011). Werkzeugmaschinen – Sicherheit – Hydraulische Pressen

[DIN12] Norm DIN EN 692 (Oktober 2012). Werkzeugmaschinen – Mechanische Pressen – Sicherheit

[DIN14] Norm DIN EN 12622 (Februar 2014). Sicherheit von Werkzeugmaschinen – Hydraulische Gesenkbiegepressen

[DUNK98] Die hubgesteuerten Präzisions-Richtpressen von Dunkes. Kirchheim, 1998. Firmenschrift

[FAHR05] Schutzrecht DE102005053350 A1 (07.11.2005). Fahrenbach, J.: Presse mit Schnittschlagdämpfung

[GALD] Galdabini SPA: stamping-deep-drawing. URL: http://www.galdabini.eu/metalforming/stamping-deep-drawing

[GEIS96] Schutzrecht DE 19642684 C2 (16.10.1996). Geisendörfer, E.; Reinkunz.H.: Großteil-Transferpresse

[GERB92] Schwingungsisolierungen. Essen, 1992. Firmenschrift

[GOLF85] Golf, K. H.: Kupplungsspindelpresse. In: Industrie-Anzeiger. 107. Jg., 1985, Nr. 4

[GROC07] Groche, P.: Oszillierende Kaltmassivumformung. In: wt Werkstatttechnik online. 97. Jg., 2007, Nr. 1. S. 741–744

[GROC09] Groche, P.: Konstruktion und Steuerung von Servopressen – Ein Überblick. In: Servopressen und Werkzeugsysteme zur Blechverarbeitung. Bad Boll, 10.–11.03.2009. Europäische Forschungsgesellschaft für Blechverarbeitung (Veranst.). S. 19–28

[HELL12] Hellwig, W., Kolbe, M.: Spanlose Fertigung Stanzen. 10. Aufl. Wiesbaden: Vieweg & Teubner, 2012

[HOFF89] Hoffmann, H.: Wirtschaftlich fertigen auf Großteil-Stufenpressen. In: Werkstatt und Betrieb. 122. Jg., 1989, Nr. 5/6. S. 489–491

[HOFF91] Hoffmann, H.: Vergleichende Untersuchung von Zieheinrichtungen. In: Bänder Bleche Rohre. 32. Jg., 1991, Nr. 12

[HOFF92] Hoffmann, H.: Prozeßgesteuerte Zieheinrichtung paßt Blechhaltekraft flexibel an. In: Bänder Bleche Rohre. 33. Jg., 1992, Nr. 1

[HUBE12] Huber, W.: An diesen Elementen bleibt der Schall sicher hängen. In: Industrie-Anzeiger. 122. Jg., 2012, Nr. 18. S. 46–47

[JANS11] Schutzrecht EP 2 529 850 A1 (30.05.2011). Janson, M.: Biegewinkelsensor und Verfahren zum Messen eines Biegewinkels

[KOHN01] Kohnhäuser, M.: Entwicklung und praxisgerechte Verifizierung von CAE-Methoden zur Optimierung des Karosserieteiletransfers in Grosspressen. (Reihe: Utg-Forschungsberichte. Bd. 14). München: Hieronymus, 2001

[KÖNI06] König, W.; Klocke, F.: Fertigungsverfahren. (Reihe: VDI. Bd. 4). 5. Aufl. Berlin: Springer, 2006

[KUHN09] Kuhn, D.: Der Laser ist ein elementarer Baustein der Umformtechnik. In: MM Maschinenmarkt. 115. Jg., 2009, Nr. 50. S. 24–25

[LANG02] Lange, K. (Hrsg.): Umformtechnik. 2. Aufl. Berlin: Springer, 2002

[LEIF10] Leifeld Metal Spinning: Drückwalzen in neuen Dimensionen. In: Blech Rohre Profile. 55. Jg., 2010, Nr. 3. S. 54–57

[REIH97] Reihle, M.: Spindelschlagpressen zum Schmieden von Turbinenschaufeln. In: Industrie-Anzeiger. 107. Jg., 1997, Nr. 86

[SCHI86] Schiller, W.: Spindelpressen mit Schaltkupplung. In: Industrie-Anzeiger. 108. Jg., 1986, Nr. 23. S. 20–22

[SCHU08] Schulte, M.; Volkmar, E.; Liedtke, H.: Unfallverhütung an Pressen. 3. Aufl. Berlin: Erich Schmidt, 2008

[SMS03] Querwalzen. Mönchengladbach, 2003. Firmenschrift

[SMS03] Reckwalzen. Mönchengladbach, 2003. Firmenschrift

[VDI00] Richtlinie VDI 3146 (April 2000). Innenhochdruck-Umformen – Maschinen und Anlagen

[WFM03] WF Maschinenbau und Blechformtechnik: Nabenanformung im Kaltrollverfahren. Sendenhorst, 2003. Firmenschrift

Kapitel 4

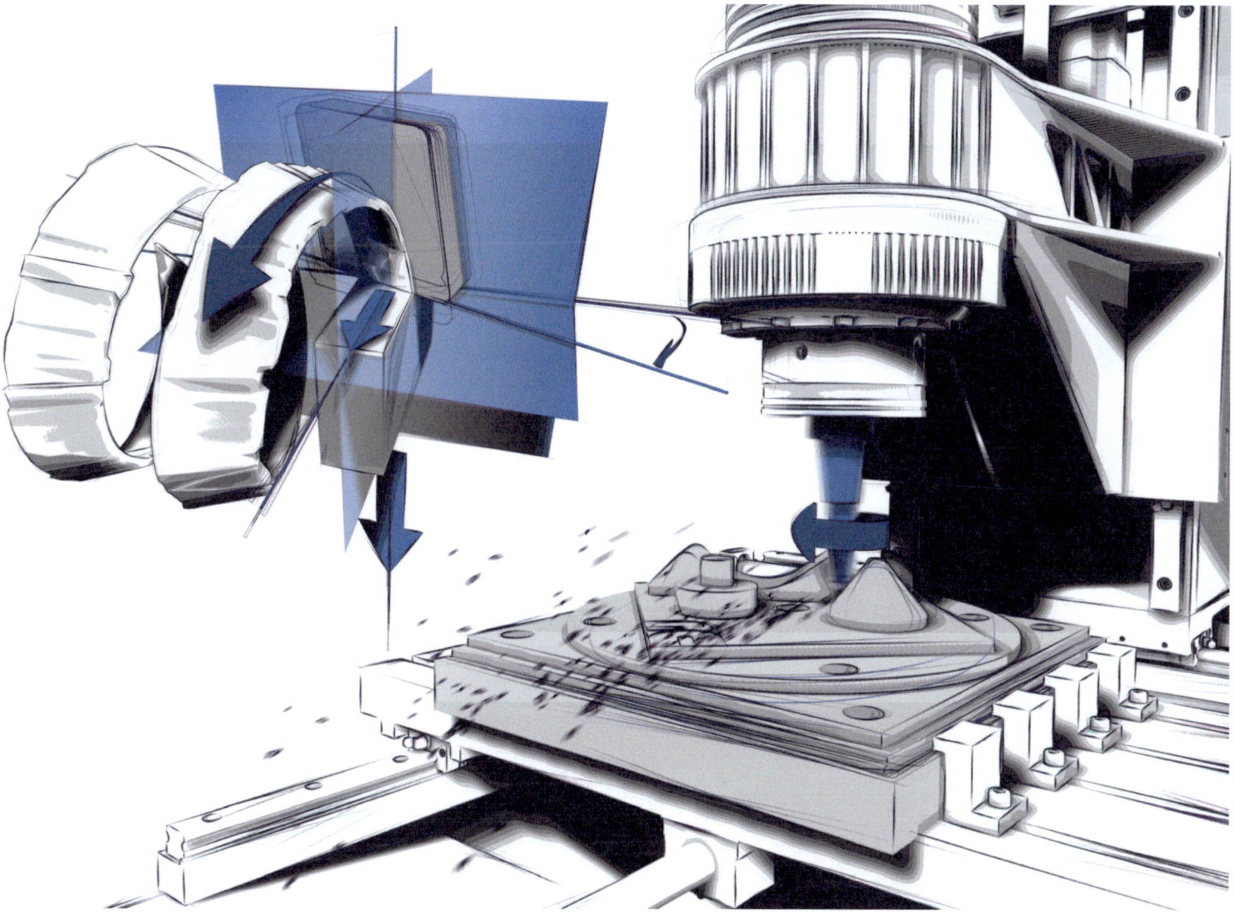

Spanende Maschinen für Werkzeuge mit geometrisch bestimmter Schneide

Ich danke meinen Mitarbeitern Dipl.-Ing. Frédéric du Bois-Reymond, Dipl.-Ing. Christian Krella, Dipl.-Ing. Richard Habermann und Alexander Hassis M.Sc. für ihre Mitwirkung bei der Überarbeitung dieses Kapitels.

Spanende Maschinen für Werkzeuge mit geometrisch bestimmter Schneide

Die Fertigungsverfahren des Spanens mit geometrisch bestimmter Schneide gehören zur Gruppe des Trennens. Ihre Einordnung in die Fertigungsverfahren nach DIN 8580 [DIN03f] zeigt ▪ Bild 4.1.

Der Begriff des Spanens ist im Normblatt DIN 8589-0 definiert: Spanen ist „Trennen, bei dem durch die Schneiden eines Werkzeuges von einem Werkstück Werkstoffschichten in Form von Spänen auf mechanischem Wege abgetrennt werden“ [DIN03e, S. 4]. Beim Spanen mit geometrisch bestimmten Schneiden wird ein Werkzeug verwendet, „dessen Schneidenanzahl, Geometrie der Schneidkeile und die Lage der Schneiden zum Werkstück bestimmt sind.“ [DIN03e, S. 4]

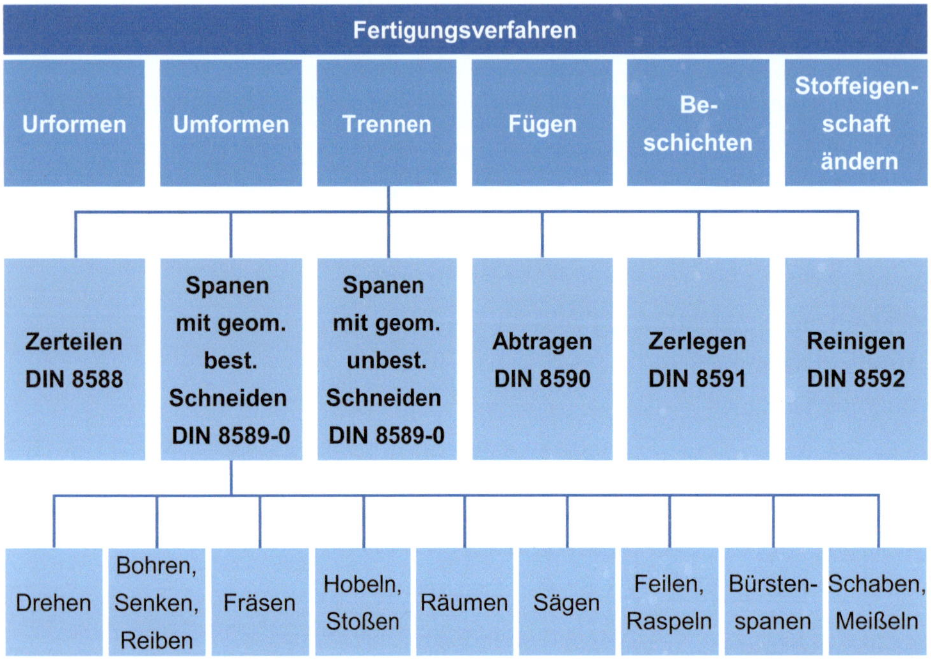

▪ **Bild 4.1** Einteilung der spanenden Fertigungsverfahren. Nach [DIN03f]

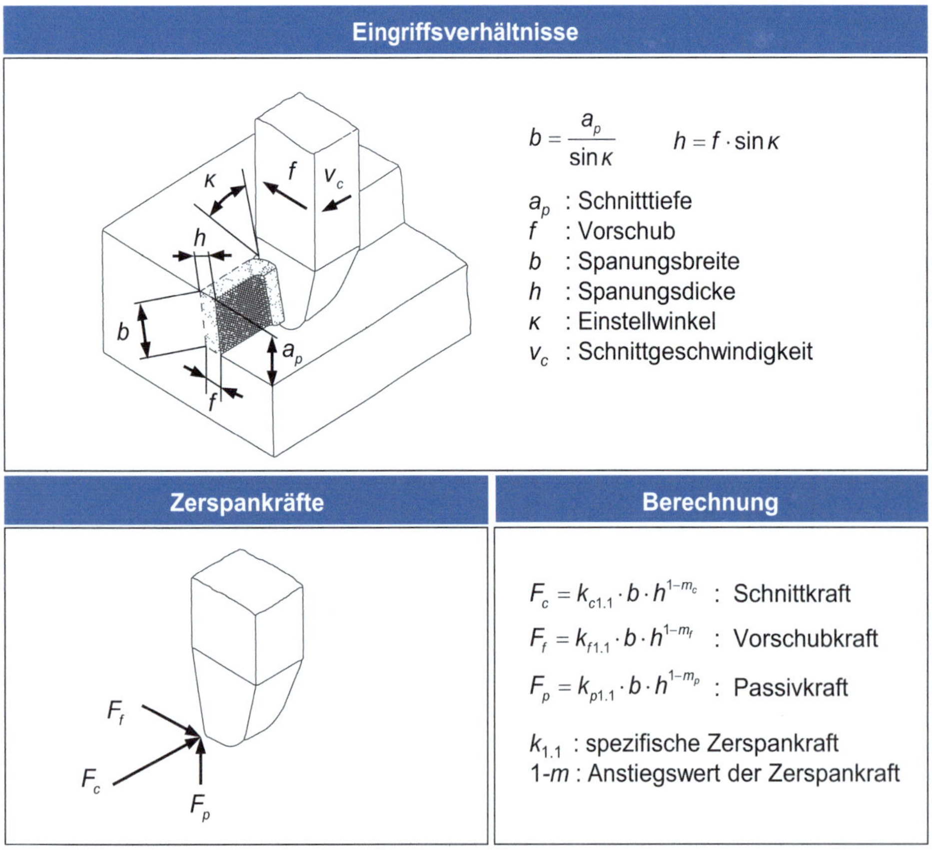

▪ **Bild 4.2** Kenngrößen der Zerspanung mit geometrisch bestimmter Schneide. Nach [KLOC08]

Bild 4.3 Zerspankraftwerte für metallische Werkstoffe. Nach [KÖNI82]

Werkstoff	Spezifische Schnittkraft $k_{c1.1}$ [N/mm²]	Anstiegswert $1-m_c$	Spezifische Vorschubkr. $k_{f1.1}$ [N/mm²]	Anstiegswert $1-m_f$	Spezifische Passivkraft $k_{p1.1}$ [N/mm²]	Anstiegswert $1-m_p$
GG 30	897	0,6308	156	0,2806	124	0,2901
St 70-2	1.547	0,6983	454	0,3835	311	0,5067
CK 45	1.320	0,7224	302	0,3534	209	0,4926
42CrMo4	1.601	0,8262	268	0,3120	247	0,6066
9SMnPb36	1.303	0,9198	250	0,3669	207	0,5823
G-AlMG5	574	0,7635	159	0,4224	120	0,5065

Schneidgeometrie und technologische Daten

Freiwinkel:	α = 5°	Eckenwinkel:	ε = 90°
Spanwinkel:	γ = 6°	Eckenradius:	r = 0,8 mm
Neigungswinkel:	δ = 0°	Schnittgeschwindigkeit:	v_c = 200 m/min
Einstellwinkel:	κ = 70°		

Das Prinzip der Zerspanung mit geometrisch bestimmter Schneide ist in Bild 4.2 am Beispiel eines einschneidigen translatorisch bewegten Werkzeugs dargestellt.

Die an der Schneide angreifenden Zerspankräfte lassen sich mithilfe unterschiedlicher Zerspankraftmodelle berechnen. Verbreitet ist dabei vor allem der Einsatz des Modells nach Kienzle, bzw. der Kienzle-Formeln [KLOC08]. Für die wichtigsten Werkstoffgruppen sind die Zerspankraftkennwerte in Bild 4.3 angegeben [KÖNI82].

Der Kraftfluss zwischen Werkzeug und Werkstück wird über die Maschinenstruktur geschlossen. Die zur Realisierung der Hauptschnittbewegung benötigte Leistung liefert der Hauptantrieb, während die Nebenantriebe (Vorschubantriebe) die relative Lage zwischen Werkzeug und Werkstück und somit die Geometrie des Werkstücks bestimmen. Gebräuchliche Antriebsarten für den Hauptantrieb und die Nebenantriebe sind rotierende Drehstrommotoren (Synchron- oder Asynchronmaschinen) [BREC16]. Seit einigen Jahren werden für die Nebenantriebe auch elektrische Lineardirektantriebe eingesetzt, die aufgrund ihrer hohen Beschleunigungen und Verfahrgeschwindigkeiten einige Vorteile für die Hochgeschwindigkeitsbearbeitung aufweisen. Zu den Hilfsfunktionen einer Werkzeugmaschine für die Zerspanung mit geometrisch bestimmter Schneide zählen u. a. die Kühlschmiermittelzufuhr, der automatische Werkzeug- und Werkstückwechsel sowie die Späneabfuhr.

Die Maschinen für Werkzeuge mit geometrisch bestimmten Schneiden werden nach dem jeweiligen Fertigungsverfahren bezeichnet (▶ Kap. 1.4). Im Folgenden werden Säge-, Bohr-, Fräs-, Stoß- und Zieh- sowie Räummaschinen vorgestellt.

4.1 Sägemaschinen

Sägemaschinen dienen zum Trennen von Materialien wie beispielsweise Stabstahl, Platten oder Blech. Dabei wird das Material mit kreisförmiger oder gerader Schnittbewegung mit einem vielzahnigen Werkzeug von geringer Schnittbreite zerspant. Die Schnittbewegung erfolgt werkzeugseitig [DIN03a]. Der technologische Vorgang ist dem Fräsen sehr ähnlich, wie sich besonders beim Kreissägen zeigt. Das dünne Sägeblatt mit seinem großen Durchmesser wirkt wie ein Scheibenfräser. Bei Bügel und Bandsägen nimmt der Fräserdurchmesser eine theoretisch unendliche Größe an, was zu einer translatorischen Schnittbewegung führt, dargestellt in Bild 4.4. Während Band- und Kreissägemaschinen mit kontinuierlicher Schnittbewegung arbeiten, liegt bei Bügelsägen eine diskontinuierliche Bewegung vor.

Automatisierte Band- oder Kreissägen ermöglichen neben der Vorgabe der querschnittsabhängigen Vorschübe auch die Einstellung der Schnittgeschwindigkeit in Abhängigkeit vom Werkstoff. Wichtig für effizientes Arbeiten der Säge ist eine entsprechend leistungsfähige Peripherie zur Werkstückhandhabung. So ermöglichen vorgeschaltete Flachmagazine das Zusammenstellen größerer Aufträge, die von der Säge mannlos abgearbeitet werden können. Vollautomatische Nachschubautomaten sowie Abfuhr- und Sortiereinrichtungen steuern den Materialfluss. Dynamische Spanneinrichtungen mit Druck-Weg-Begrenzung gewährleisten verformungsfreies Spannen auch dünnwandiger Rohre und Profile. Der reduzierte Einsatz von Kühlschmierstoffen trägt zur Vermeidung von Kosten und Umweltbelastungen bei. Aus diesem Grund bietet sich eine Minimalmengenschmierung von Sägeblättern an. Solche Mi-

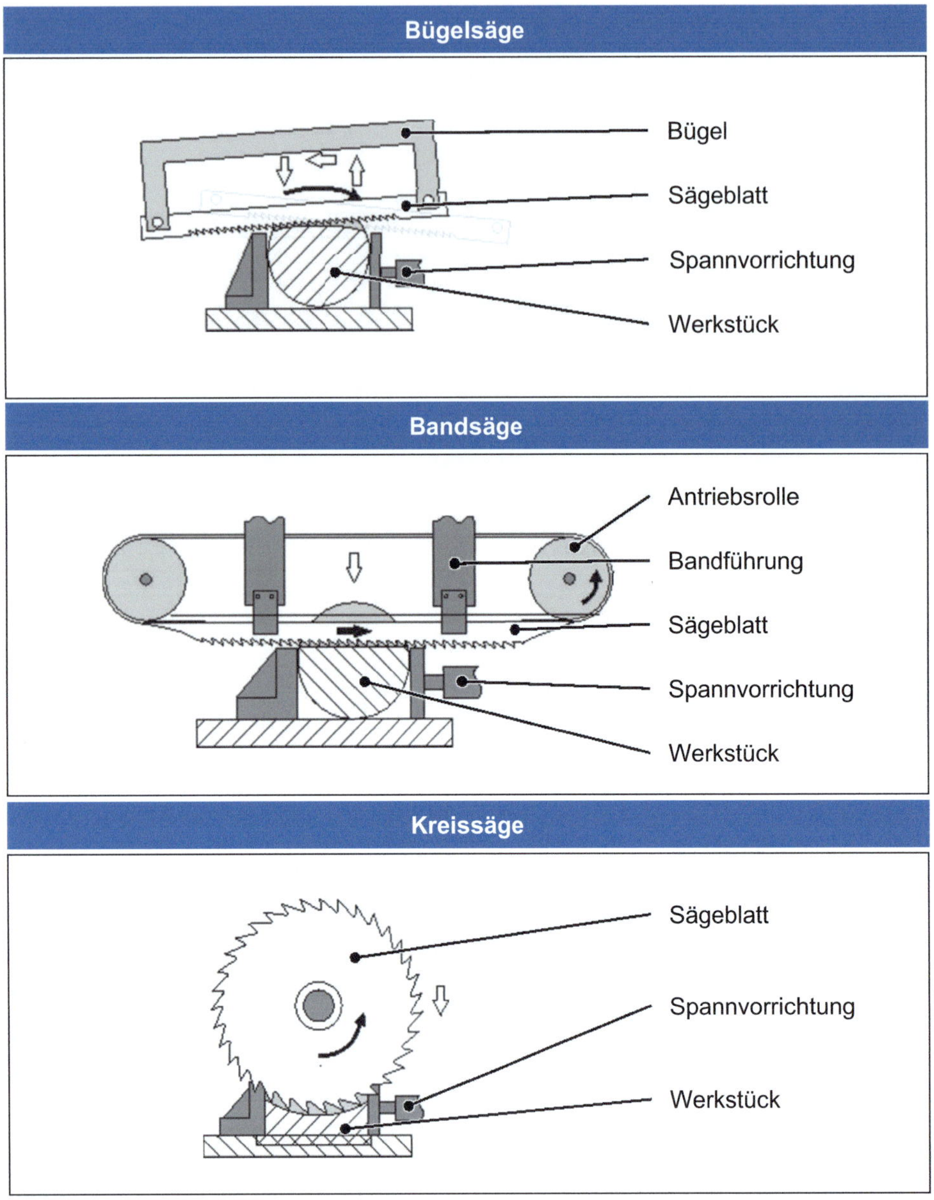

Bild 4.4 Sägeverfahren

krosprühsysteme zerstäuben ein Fluid und erzeugen auf diese Weise einen feinen Schmierfilm auf der Werkzeugoberfläche. Einen derartigen Sprühköpf für Band- und Kreissägen zeigt Bild 4.5.

4.1.1 Bügelsägemaschinen

Bügelsägemaschinen trennen Werkstücke in einem Arbeitsbereich von 200–500 mm. Eine Kurbelschleife erzeugt die reversierende Hauptbewegung während des bogenförmigen Schnitts. Das Sägeblatt arbeitet stoßend und wird beim Rückhub mechanisch oder hydraulisch vom Werkstück abgehoben, wie in Bild 4.4 dargestellt. Die aufgrund dieser Kinematik am Sägeblatt entlangwandernde Eingriffszone ermöglicht die Zerspanung auch dünnwandiger Teile mit hoher Leistung und führt zu einer guten Standzeitausnutzung des Sägeblatts. Bedingt durch den unterbrochenen Schnittverlauf ist die Trennleistung beim Bügelsägen jedoch kleiner als bei kontinuierlichen Sägeverfahren, sodass Bügelsägen bei geringen Kapazitätsanforderungen eingesetzt werden. Sie sind wegen der niedrigen Werkzeugkosten als robuste Werkstattmaschinen geeignet, Bild 4.6.

4.1.2 Bandsägemaschinen

Bandsägemaschinen sind in unterschiedlichsten Automatisierungsgraden erhältlich und eignen sich besonders zum Trennen größerer Werkstückdurchmesser. Aufgrund der geringen Spanabnahme pro Sägezahn von ca. 0,01 mm ist die benötigte Antriebsleistung gering. Kleinere Werkstück-

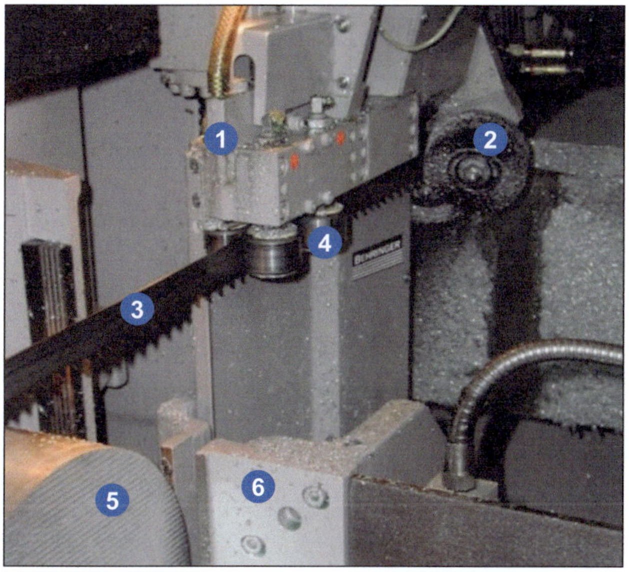

1 Kühlschmiernebelkopf
2 Spänebürste
3 Sägeblatt
4 Führungsrolle
5 Werkstück
6 Spannbacke

Bild 4.5 Sägeblatt-Rollenführung mit Minimalmengenschmierung. Quelle: Behringer

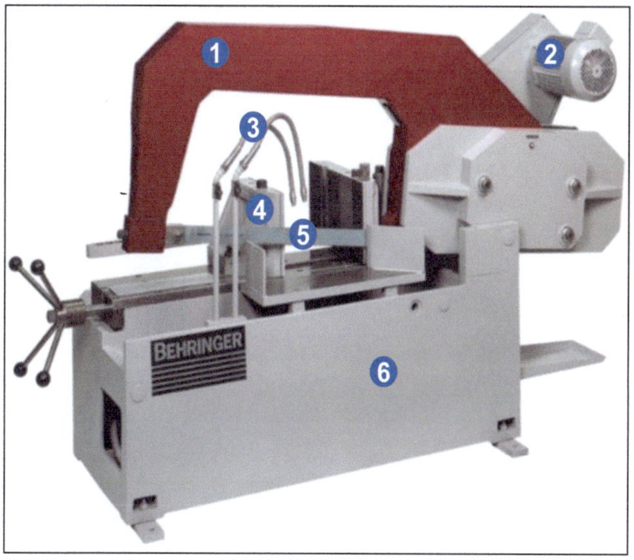

1 Bügel
2 Antriebsmotor
3 Kühlschmierstoffzufuhr
4 Spannbacke
5 Sägeblatt
6 Gestell

Bild 4.6 Bügelsägemaschine. Quelle: Behringer

durchmesser, wie sie in der Massenfertigung vorkommen, lassen sich wirtschaftlich durch Lagen- oder Bündelschnitt trennen. Horizontal-Bandsägemaschinen werden einerseits in Schwenkrahmenbauweise, häufiger jedoch in der steiferen Zweisäulenbauweise ausgeführt. Bild 4.7 zeigt eine derart konzipierte Großband-Sägemaschine mit CNC-Steuerung. Maschinen dieser Baugröße eignen sich für Werkstückabmessungen von 600 – 2.000 mm.

Die Bandführungen verhindern ein Verlaufen des Sägebands und passen sich in ihrem Abstand dem Werkstück-

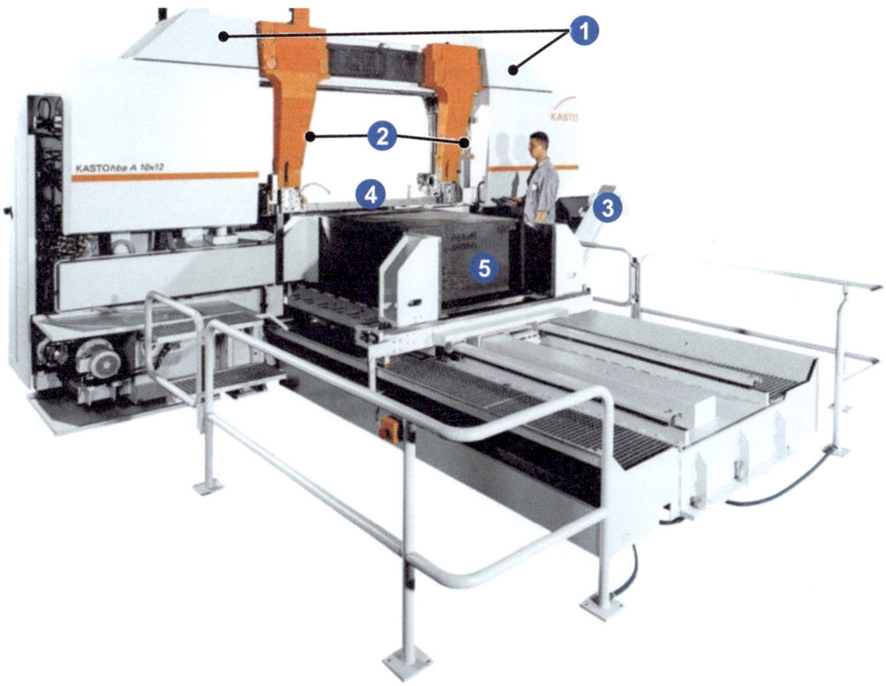

1 Führungssäulen
2 Bandführungen
3 Späneförderer
4 Sägeband
5 Werkstück

Bild 4.7 Großband-Sägemaschine. Quelle: Kasto

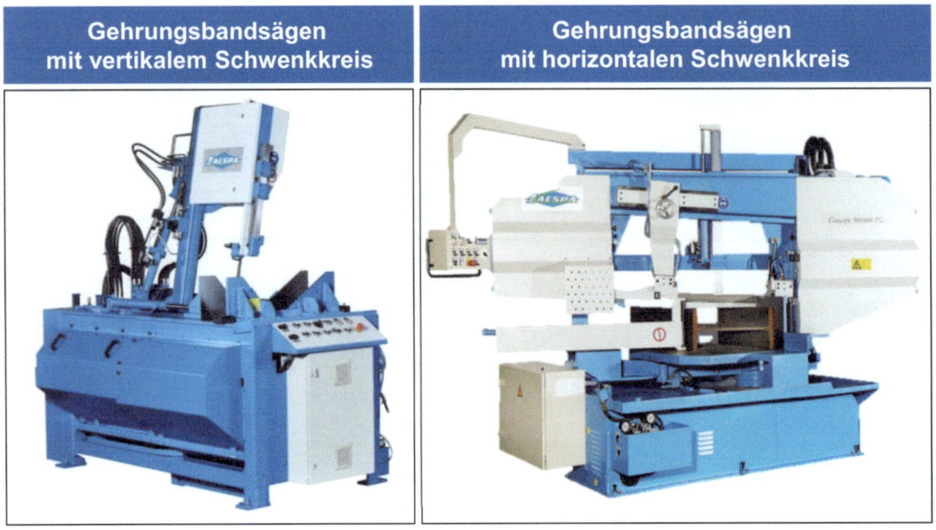

Bild 4.8 Gehrungsbandsägen. Quelle: Jaespa

querschnitt an. Das Verlaufen des Bands stellt zudem das Standzeitkriterium für das Werkzeug dar. Aus diesem Grund wird der Sägeblattverlauf elektronisch überwacht und die Technologiedaten dem Verschleißzustand des Bands automatisch angepasst bzw. die Maschine bei Erreichen des Standzeitendes abgeschaltet. Es sind Ablänggenauigkeiten von 0,1 mm pro 100 mm Werkstückhöhe erreichbar [STOL96].

Als Werkzeug für das Sägen von ungehärtetem Stahl werden Bimetall-Sägebänder mit einem Trägerband aus legiertem Vergütungsstahl in Kombination mit Schneiden aus Hochleistungs-Schnellarbeitsstahl verwendet. Zur Vermeidung von Schwingungen werden die Sägebänder mit einer variablen Zahnteilung versehen. Die Bearbeitung gehärteter Stähle ermöglicht die Herstellung hartmetallbestückter Sägebänder, deren Zähne sich in Vor- und Nachschneidegeometrie jeweils abwechseln. Solche Sägebänder eignen sich auch zum Bearbeiten von Nichteisenmetallen wie Aluminium mit hohen Zerspanleistungen [KULL94; OV94].

Zwei Bandsägen zum Ausführen von Gehrungsschnitten mit variablem Winkel zeigt Bild 4.8. Die Bauform mit vertikal laufendem Sägeband (im Bild links) benötigt eine geringer Aufstellfläche und wird beispielsweise für den Zuschnitt von Trägerprofilen im Stahlbau eingesetzt. Bei der horizontalen Bauform (im Bild rechts) ermöglicht ein Drehtisch das Drehen des Schwenkrahmens nach beiden Seiten. Der Dreh-

Bild 4.9 Modulare Gehrungsbandsäge. Quelle: Kasto

punkt entspricht dem Schnittpunkt der Sägeblatteingriffslinie und der Materialanlagekante, wodurch die Maßhaltigkeit auch bei unterschiedlichen Gehrungswinkeln gewährleistet wird.

Häufig werden Gehrungsbandsägen auch in modular aufgebaute, automatisierte Sägeanlagen integriert. Bei dem in Bild 4.9 gezeigten Beispiel handelt es sich um eine Säge, mit der Gehrungsschnitte von bis zu 550 · 700 mm (H · B) bei 45 ° bzw. 550 · 460 mm (H · B) bei 60 ° Gehrung durchgeführt werden können. Die Gehrungswinkel werden vollautomatisch NC-gesteuert positioniert, sodass eine Reproduzierbarkeit der Gehrungsschnitte gewährleistet ist. Für den Materialfluss und die weitere Automatisierung stehen verschiedene Einrichtungen zur Verfügung. Dabei handelt es sich zum Beispiel zuführseitig um Rollensegmente und Rollenbahnen, wobei die direkt in die Maschine integrierten Rollensegmente hydraulisch angehoben bzw. abgesenkt werden können. Dasselbe gilt für die Abfuhrseite, wodurch ein einfaches Handling möglich wird. Als weiterer Materialflussbaustein wird ein NC-gesteuerter Messanschlag mit einem Messbereich von 60 bis 16.000 mm eingesetzt. [KAST04]

4.1.3 Kreissägemaschinen

Kreissägemaschinen lassen sich als Universalsägen mit hoch automatisierter Peripherie einsetzen, da sie bei Verwendung hartmetallbestückter Sägeblätter höchste Schnittleistungen ermöglichen. Das im Vergleich zum Sägeband kompakte Kreissägeblatt erlaubt einen automatisierten Werkzeugwechsel in Abhängigkeit vom Verschleißzustand oder vom Werkstückmaterial. Mittels einer automatischen Sägeblattüberwachung durch elektromagnetische Sensoren können gebrochene Zähne oder ausgebrochene Schneidkanten erkannt und angezeigt werden. Speziell für den Einsatz schwingungsempfindlicher Hartmetallsägeblätter konzipierte Maschinen bieten eine steife Konstruktion und erreichen durch Mineralgussfüllung des Maschinenkörpers ein hohes Maß an Eigendämpfung. Als Grenze für den trennbaren Werkstückdurchmesser kann ein Drittel des jeweiligen Sägeblattdurchmessers angesehen werden, weshalb Arbeitsbereiche über 500 mm den Bandsägen zufallen. Je 100 mm Werkstückhöhe werden Längentoleranzen von +/- 0,1 mm erreicht, bei der Feinsägebearbeitung mit Vollhartmetallblättern auch +/- 0,02 mm [STOL96]. Zur Trockenbearbeitung eignen sich hartmetallbestückte Dünnschnitt-Sägeblätter mit Schnittbreiten von 2,2 mm, die bei geringem Vorschub und Schnittgeschwindigkeiten bis zu 1200 m/min nur wenig Energie in das Werkstück einbringen [OV96a; OV96b]. Der Bauform nach wird zwischen Kreissägen mit von oben kommendem Sägeblatt, s. Bild 4.10, und Maschinen mit unterhalb des Tisches angeordnetem Sägeblatt, s. Bild 4.11, unterschieden. Häufig werden diese Maschinentypen mit einem zusätzlichen Schwenkkreis versehen, sodass auch Gehrungsschnitte ausgeführt werden können und die Maschine universell einsetzbar ist.

Bild 4.10 zeigt eine Gehrungskreissägemaschine für große Werkstücke mit einem Sägeblattdurchmesser von 1.430 mm. Der im Bild 4.10 sichtbare Vorschubzylinder stützt das hohe Gewicht von Sägeblatt und Schwerarbeitsgetriebe ab und ermöglicht so die Steuerung der Vorschubgeschwindigkeit, mit der das Sägeblatt gewichtskraftbedingt in das Werkstück eindringt.

Bei der in Bild 4.11 gezeigten Universal-Kaltkreissägemaschine mit von unten kommendem Sägeblatt erfolgt der Sägeblattvorschub über einen hydraulischen oder elektromechanischen Antrieb mit schnellem Rücklauf, um die Taktzeiten zu verkürzen. Ein Material-Nachschubgreifer sorgt für die automatische Materialzufuhr sowie für die Materialspannung. Zusätzlich wird das Material über ein Vertikaldruckstück sowie durch den Abschnittsgreifer gespannt. Der Abschnittsgreifer sorgt zugleich für den automatischen Abtransport der Gutteile bzw. Abschnitte / Reste. Durch entsprechende Abfuhreinrichtungen werden die Abschnitte au-

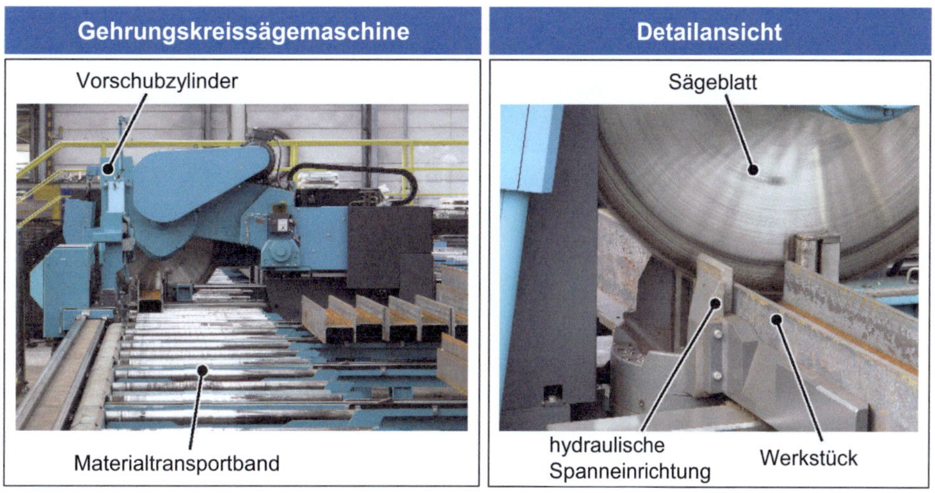

Bild 4.10 Universal-Kreissägemaschine für Großteile. Quelle: Kaltenbach

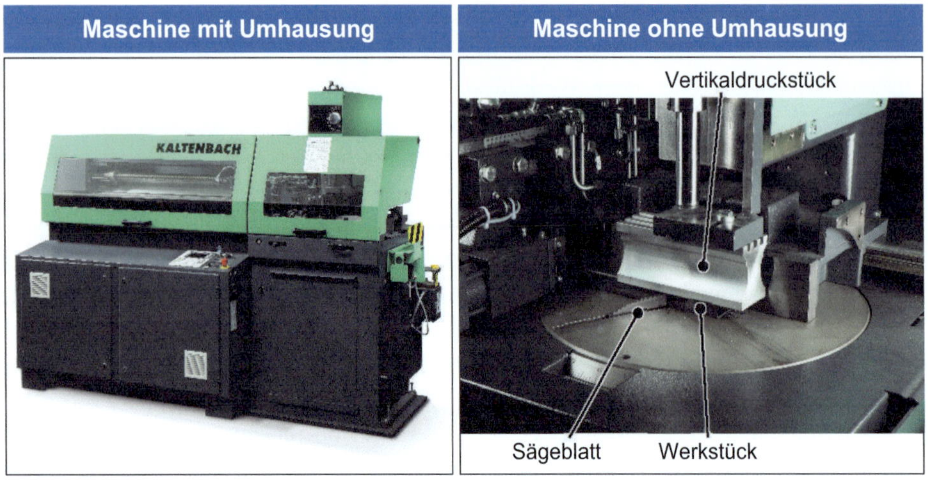

Bild 4.11 Universal-Kreissägemaschine. Quelle: Kaltenbach

tomatisch auf vorwählbare Positionen verteilt. Kreissägeoperationen mit kleinen Sägeblattdurchmessern werden auch in Fräs- und Drehbearbeitungszentren ausgeführt. Hierzu befindet sich das Sägeblatt zum Einwechseln im Werkzeugmagazin. Den Zuschnitt von Stahlplatten übernehmen Langschnitt-Kaltkreissägen, bei denen das Sägeblatt in Schnittrichtung verfahrbar ist. Auf diese Weise lassen sich große Schnittlängen realisieren.

4.1.4 Sägezentren

Leistungsfähige Sägen in Kombination mit einem Kragarm- und/oder Kassettenhochlager, sogenannte Sägezentren, erlauben eine flexible und automatisierte Materialhandhabung. Das an der Ein- und Auslagerstation aufgegebene Stangenmaterial wird von einem NC-gesteuerten Regalbediengerät innerhalb der Lagerblöcke einsortiert, von dort bei Bedarf wieder abgeholt und über eine Schnellwechselstation einer Säge zugeführt [OV96a]. Auf diese Weise können Materialwechselzeiten von ca. 30 Sekunden (Span-zu-Span) erreicht werden. Eine Abschnittsortiereinrichtung kommissioniert das gesägte Material entsprechend den einzelnen Aufträgen, während das Restmaterial mittels Regalbediengerät zurückgelagert wird. Im zentralen Leitstand verwaltet ein Lagerrechner Werkstoffqualitäten, Abmessungen und entsprechende Lagermengen. Bild 4.12 zeigt ein solches Sägezentrum.

1 Stangenmagazin
2 Regalbediengerät
3 Robotereinheit
4 Sägemaschine
5 Rollenband

Bild 4.12 Sägezentrum mit Einzelstablager, Sägemaschine und Abschnittorientierung. Quelle: Kasto

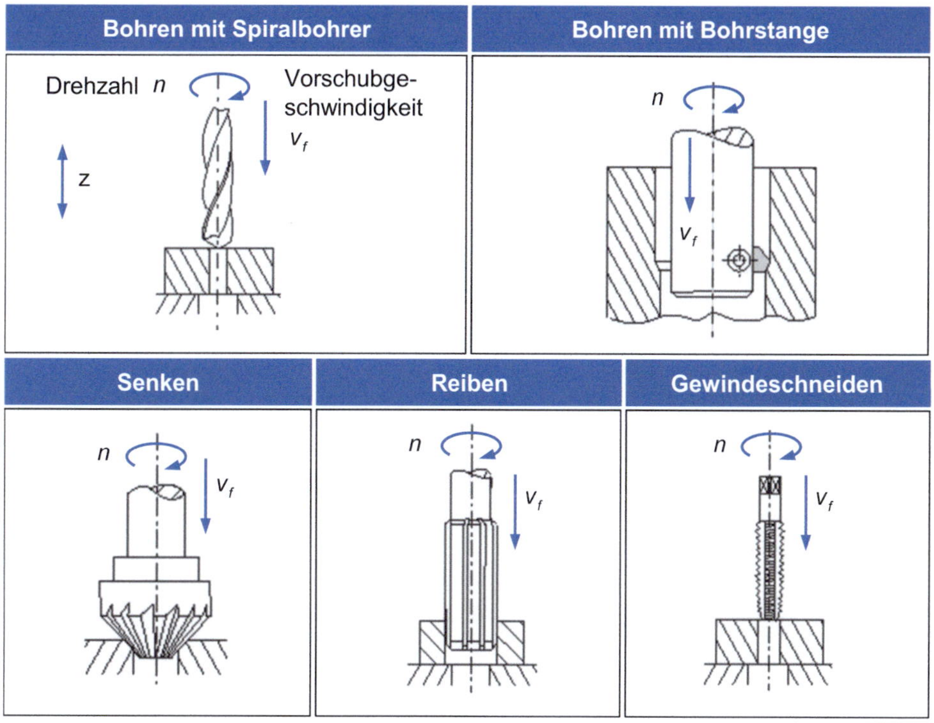

Bild 4.13 Auf Bohrmaschinen durchführbare Bearbeitungsarten

4.2 Bohrmaschinen

Beim Bohren ergibt sich die Spanbildung durch eine rotatorische Schnittbewegung des Werkzeugs. Die Vorschubbewegung erfolgt entweder durch das Werkstück oder durch das Werkzeug in Richtung der Werkzeugdrehachse (z-Achse). Neben dem Bohren mit Spiralbohrern können auf Bohrmaschinen die in Bild 4.13 dargestellten Bearbeitungsarten „Bohren mit Bohrstange", „Senken", „Reiben" und „Gewindeschneiden" durchgeführt werden. Die Schnitt- und Vorschubbewegungen dieser Bearbeitungsarten entsprechen denen des Bohrprozesses.

4.2.1 Säulenbohrmaschinen

Für den Einsatz in metallverarbeitenden Werkstätten werden in der Regel Bohrmaschinen mit senkrechter Spindelanordnung gewählt. Wegen ihrer einfachen Bedienungsweise und ihres geringen Wartungsaufwands haben Säulenbohrmaschinen den größten Verbreitungsgrad in diesem Bereich.

Je nach Größe der zu realisierenden Antriebsleistung werden Säulenbohrmaschinen als Tisch- oder Standmaschine ausgeführt. Bild 4.14 zeigt eine NC-gesteuerte Hochleistungs-Standbohrmaschine, mit der in Abhängigkeit der installierten Motorleistung Bohrungen bis zu einem Durchmesser von 60 mm in Stahl angefertigt werden kön-

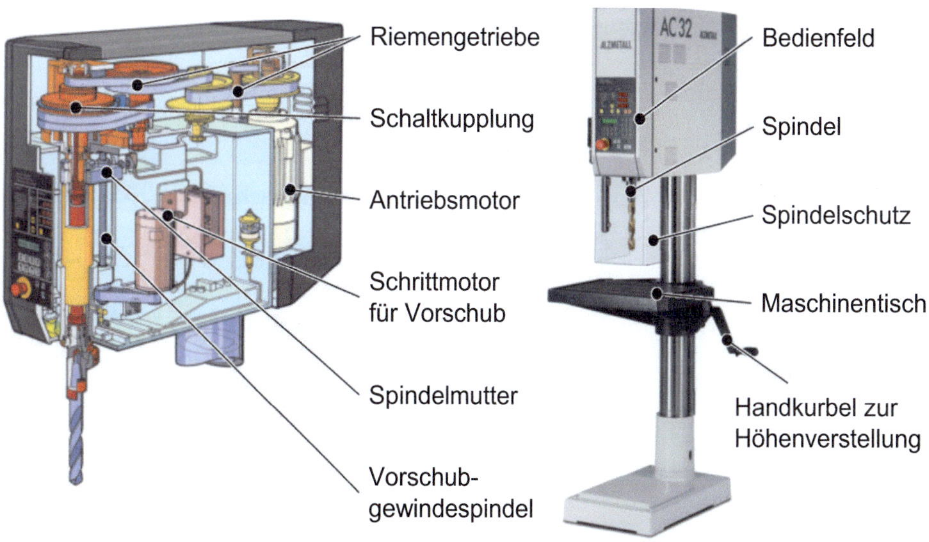

Bild 4.14 Säulenbohrmaschine. Nach Alzmetall

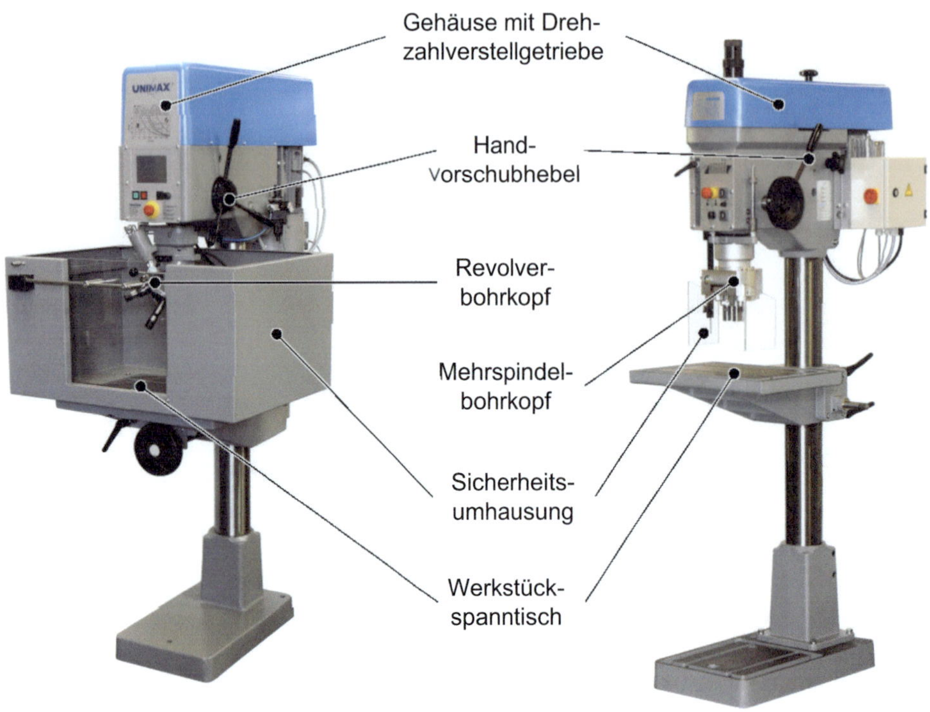

Bild 4.15 Säulenbohrmaschine mit Revolver- und Mehrspindelbohrkopf. Nach Maxion

nen. Die Tischhöhe kann der Werkstückgröße angepasst werden. Bei der gezeigten Beispielmaschine erfolgt die Vorschubbewegung des Bohrers automatisch durch einen NC-gesteuerten Vorschubantrieb. Häufig erfolgt die Zustellung jedoch nur manuell über einen seitlich am Maschinengehäuse angebrachten Vorschubhebel (vgl. Bild 4.15). Im NC-Betrieb können durch eine Kopplung von Werkzeugrotation und Vorschubbewegung Gewinde bis zu einer Größe von M42 ohne Ausgleichsfutter geschnitten werden. Zur Steigerung der Wirtschaftlichkeit können die Bohrmaschinen durch unterschiedliche Bohrköpfe optimal an die Bearbeitungsaufgabe angepasst werden. Der links in Bild 4.15 eingesetzte Revolverbohrkopf erlaubt den vollautomatischen Ablauf eines kompletten Bearbeitungszyklusses, da für alle sechs Werkzeugspindeln die Bearbeitungsparameter, wie z. B. Drehzahl, Vorschub, Bohrtiefe, etc., programmiert werden können. Der in der rechten Bildhälfte dargestellte Mehrspindelbohrkopf ermöglicht das gleichzeitige Einbringen mehrerer Bohrungen und / oder Gewinde in einem Bearbeitungsgang.

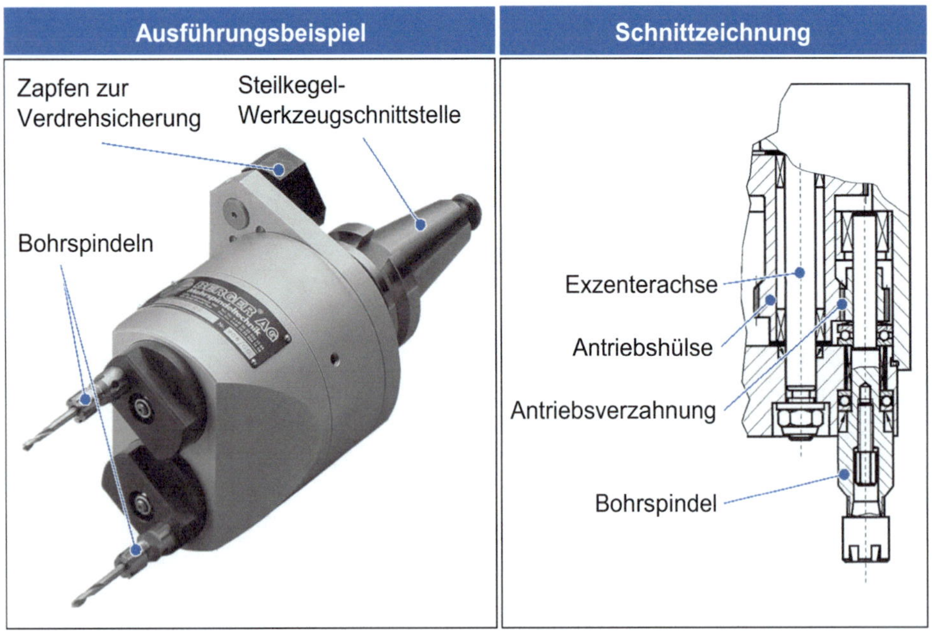

Bild 4.16 Verstellbarer Mehrspindelbohrkopf. Nach Berger

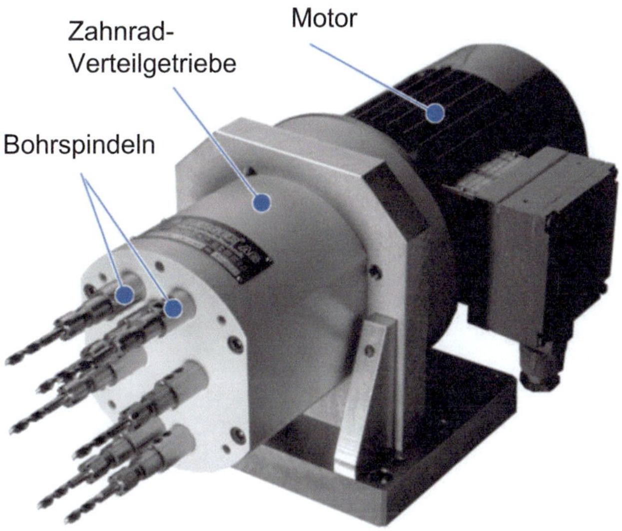

Bild 4.17 Direkt angetriebener Mehrspindelbohrkopf. Nach Berger

Neben konventionellen Mehrspindelbohrköpfen mit festem Lochbild werden verstellbare Mehrspindelbohrköpfe eingesetzt. Bild 4.16 zeigt eine Detailansicht sowie die Funktionsweise eines solchen Bohrkopfs, bei dem der Abstand der Bohrspindeln von Hand stufenlos durch eine exzentrische Lagerung der Bohrspindeln verändert und so an unterschiedliche Bohrungsabstände angepasst werden kann. Die wälzgelagerten Bohrspindeln werden über Zahnräder von der Maschinenspindel angetrieben. Der Bohrkopf wird über eine Steilkegel-Schnittstelle von der Maschinenspindel aufgenommen. Ein seitlicher Zapfen verhindert ein Verdrehen des Gehäuses. Verstellbare Mehrspindelbohrköpfe werden in erster Linie zur Produktivitätssteigerung in der Kleinserienfertigung eingesetzt. Sie lassen sich über standardisierte Werkzeugschnittstellen an Bohr- und Fräsmaschinen adaptieren.

Durch die direkte Anbindung eines Motors an einen Mehrspindelbohrkopf lassen sich autarke Bohreinheiten realisieren, die in Sondermaschinen eingesetzt werden, Bild 4.17. Auf diesen lassen sich mit einer Zustellbewegung mehrere Bohrungen gleichzeitig in ein Werkstück einbringen, deren relative Toleranzen auch bei kurzen Bearbeitungszeiten sehr gering sein können.

4.2.2 Auslegerbohrmaschinen

Zum Bohren größerer Werkstücke werden im Werkstattbereich Auslegerbohrmaschinen, auch Radialbohrmaschinen genannt, eingesetzt, Bild 4.18. Der Bohrkopf, der auf dem um 330 ° schwenkbaren, radial verfahrbaren Ausleger befestigt ist, gestattet eine ergonomische Handhabung, da kein Ausrichten und Umspannen des Werkstücks erforderlich ist. Der Ausleger lässt sich zur Anpassung an die Werkstückhöhe in senkrechter Richtung verfahren und klemmen. Die hydraulisch klemmbaren Dreh- und Radialachsen werden mit einem geringen Krafteinsatz (ca. 20 N Reibkraft) bewegt. Die Maschine verfügt darüber hinaus über eine digitale Positionieranzeige in den drei Achsen.

Bild 4.19 zeigt eine numerisch gesteuerte Schnellradialbohrmaschine. Bei diesem Maschinenkonzept sind Handbetrieb und 4-Achs-CNC-Betrieb vereint. Neben den Achsen zur Ausführung des Säulen- und Pinolenhubs, der Drehachse und Radialachse lassen sich optionale Zusatzachsen, wie z. B. ein integrierter Drehtisch, NC-gesteuert verfahren. Die Ziele dieser Variante sind eine deutliche Senkung der Nebenzeiten sowie eine gleichbleibende Fertigungsqualität. Der Werkstücknullpunkt, auch unausgerichteter Bauteile, kann durch dreimaliges Antasten im Rahmen eines automatisieren Einmessverfahrens schnell ermittelt werden. Das Programmieren erfolgt rechnergestützt im Dialog mit dem

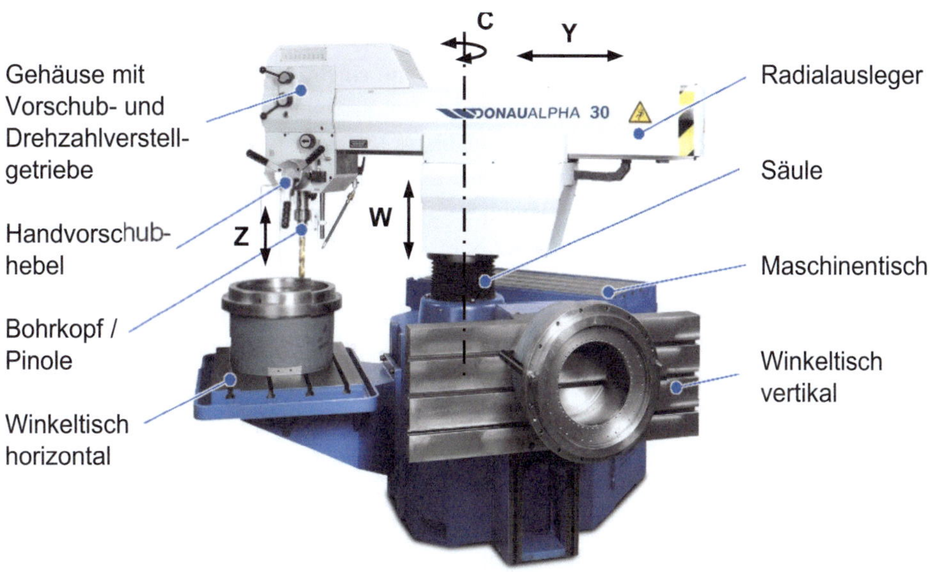

Bild 4.18 Schnellradialbohrmaschine. Nach DONAU

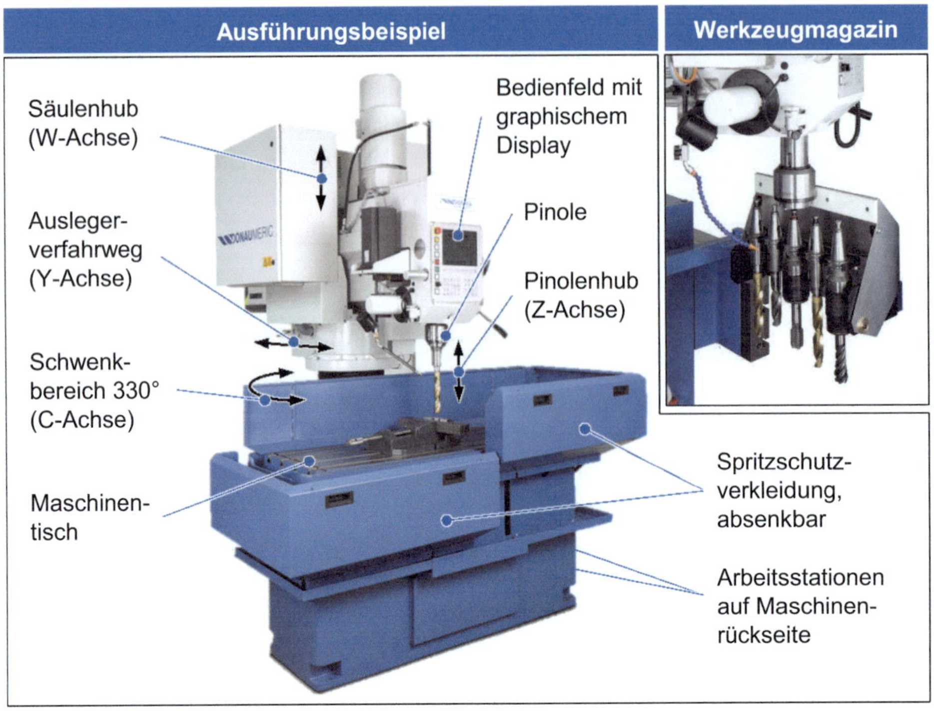

Bild 4.19 CNC-gesteuerte Schnellradialbohrmaschine. Nach DONAU

Bediener. Dabei steht eine Vielzahl von Zyklen zur Auswahl. Das automatische Positionieren ersetzt das Anreißen und Ankörnen sowie notwendige Bohrschablonen. Für den automatisierten Werkzeugwechsel ist die CNC-gesteuerte Schnellradialbohrmaschine mit einem Werkzeugmagazin, wie in Bild 4.19 dargestellt, ausgerüstet, welches sich, ebenso wie zwei weitere Arbeitsstationen, auf der Rückseite der Maschine befindet.

4.2.3 Tiefbohrmaschinen

Unter Tiefbohren wird die Herstellung von Bohrungen verstanden, bei denen das Verhältnis zwischen Bohrtiefe (l) und Bohrdurchmesser (D) größer als 10 ist. Während mit normalen Bohrmaschinen beim Vollbohren Bohrungen mit einem l/D-Verhältnis von ca. 5 hergestellt werden können, lassen sich mit Tiefbohrmaschinen Verhältnisse von bis zu 150 realisieren. Das Tiefbohrprinzip ist durch ein hohes Zerspanvolumen sowie eine hohe Präzision im Hinblick auf Geradheit, Maßgenauigkeit und Oberflächengüte der Bohrung gekennzeichnet. [SAND12]

Beim Tiefbohren werden die Späne durch den erhöhten Kühlschmierstoffdruck entlang des Werkzeugs aus der Bohrung gespült. Dabei werden grundsätzlich drei Bohrsysteme unterschieden.

Den einfachsten Aufbau besitzt das Einlippenbohrsystem (ELB), Bild 4.20. Einlippenbohrer werden in einem Durchmesserbereich von 1 bis 40 mm eingesetzt. Sie bestehen aus einem einschneidigen Hartmetallbohrkopf oder einem mit wechselbaren Hartmetall-Schneidplatten bestückten Bohrkopf. Der Bohrerschaft besitzt zur Spänerückführung eine Längsnut, vgl. Bild 4.21 links / mitte. Die Zentrierung des Bohrers im Bohrloch erfolgt durch Führungsleisten, die am Bohrkopf angeschliffen bzw. befestigt sind und deren Anzahl und Anordnung von der Ausführungsart des Bohrers abhängen. Der Kühlschmierstoff (KSS) wird unter Hochdruck durch ein bis zwei Kanäle innerhalb des Bohrers zur Schneidkante geleitet. Dort werden die Späne vom Kühlschmierstoff durch einen V-förmigen Kanal zwischen Bohrerschaft und Bohrungswand abtransportiert. Das Kühlschmierstoff-Späne-Gemisch strömt durch die abgedichtete Bohrbuchse in den Bohrbuchsenträger (Spänekasten) und wird anschließend einem Kühlschmierstoff-Filter zugeführt, wo Späne und Feinschmutz (Abrieb) abgeschieden werden.

Beim BTA-Bohrsystem (BTA: Boring and Trepanning Association) wird im Vergleich zum Einlippenbohrsystem die Richtung des Kühlschmierstoffflusses und des Späneabtransports umgekehrt, Bild 4.22. Die Zufuhr des KSS erfolgt von außen unter Hochdruck durch einen Bohrölzuführapparat (BOZA), der die Bohrbuchse trägt. Dabei strömt der Kühlschmierstoff durch die Bohrbuchse über den Ringraum zwischen Bohrungswand und Bohrrohr zu den Werkzeugschneiden. Zusammen mit den Spänen fließt der Kühlschmierstoff durch das Spanmaul im Bohrkopf und das Bohrrohr zurück. Durch die hohe Geschwindigkeit des Fluids erfolgt ein problemloser Späneabtransport. Der BTA-Bohrkopf (vgl. Bild 4.21 rechts) ist mit einer oder mehreren Schneidplatten bestückt und wird – wie der Einlippenbohrer – durch Leisten im Bohrloch radial geführt. Durch seinen

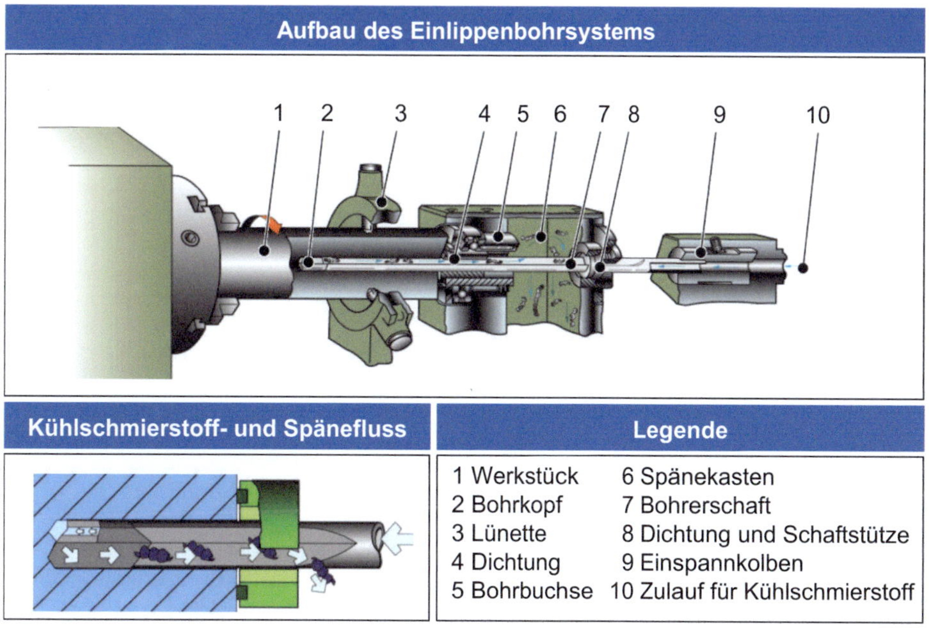

Bild 4.20 Aufbau und Funktionsweise des Einlippenbohrsystems. Nach Sandvik Coromant

runden Querschnitt und die damit verbundene höhere Werkzeugsteifigkeit ist die Produktivität beim BTA-Bohren höher als beim Einlippenbohren [SAND12]. Das BTA-Bohrsystem wird in einem Durchmesserbereich von 6 bis 200 mm und bei mehrstufigem Aufbohren bis 2.000 mm eingesetzt.

Eine Variante des BTA-Bohrsystems stellt das Ejektorbohrsystem dar, **Bild 4.22**. Hierbei erfolgt die Kühlschmierstoffzufuhr in einem Ringraum zwischen dem Bohrrohr und einem Innenrohr. Der Kühlschmierstoff tritt kurz hinter dem Bohrkopf seitlich aus dem Bohrrohr aus, umspült den Bohrkopf und fließt mit den Spänen im Innenrohr zurück. Ein Teil des Kühlschmierstoffs wird über eine Ringdüse in das Innenrohr eingeleitet. Durch den entstehenden Unterdruck am Spanmaul wird der Rückfluss des Kühlschmierstoff-Späne-Gemischs unterstützt (Ejektor-Effekt) [VDI99]. Im Gegensatz zum BTA-Bohrsystem entfällt die Abdichtung gegen Austreten von Kühlschmierstoff an der Bohrbuchse. Damit ist der Einsatz auf konventionellen Werkzeugmaschi-

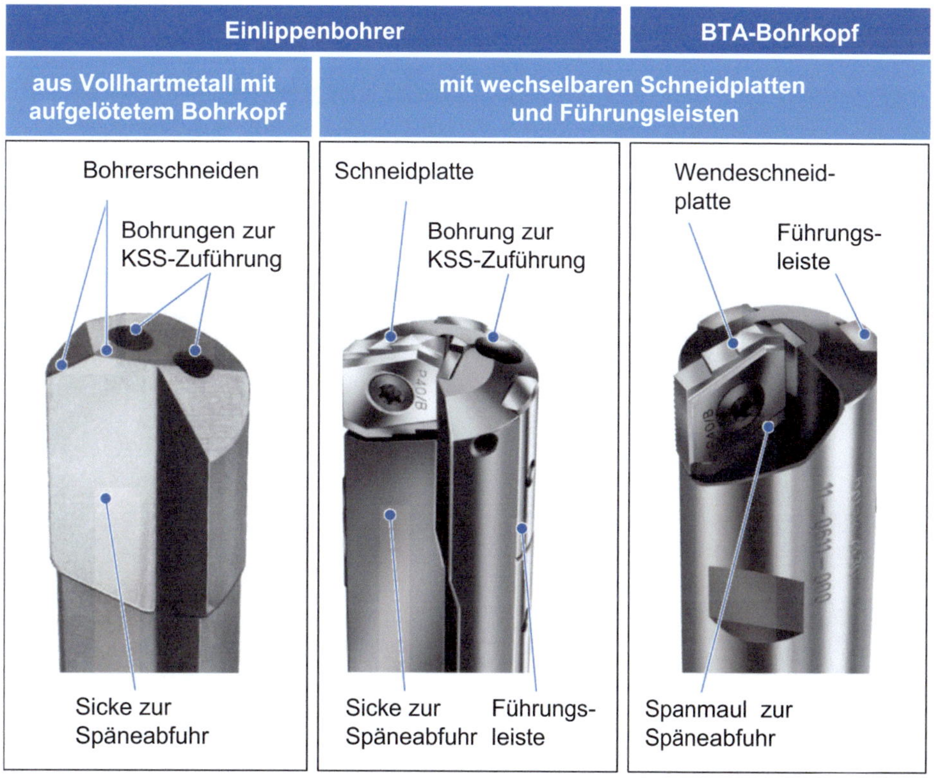

Bild 4.21 Tiefbohrwerkzeuge. Nach Botek

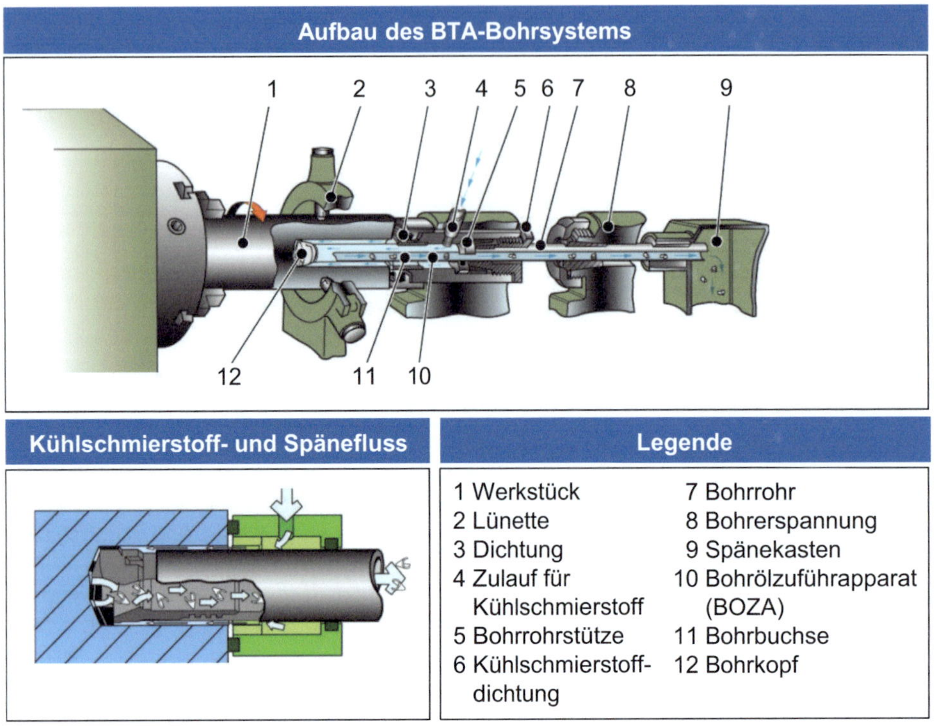

Bild 4.22 Aufbau und Funktionsweise des BTA-Bohrsystems. Nach: Sandvik Coromant

nen möglich. Der Einsatz des Ejektorverfahrens auf speziellen Tiefbohrmaschinen erfolgt nur dann, wenn die für das BTA-Bohren erforderliche Abdichtung nicht möglich ist. Das Ejektorbohrsystem wird beim Vollbohren für Durchmesser von 18 bis 180 mm und beim Aufbohren bis 250 mm eingesetzt.

Während bei den speziell für das Tiefbohren entwickelten Maschinen die axiale Vorschubbewegung immer durch das Werkzeug erfolgt, kann die für die Spanbildung erforderliche Rotation auf drei verschiedene Arten erzeugt werden [VDI14]:

- Feststehendes Werkstück und rotierendes Werkzeug, universell für alle Werkstücke geeignet.
- Rotierendes Werkstück und nicht rotierendes Werkzeug, nur für rotationssymmetrische Werkstücke geeignet, bei großer Bohrtiefe geringer Mittenverlauf möglich.

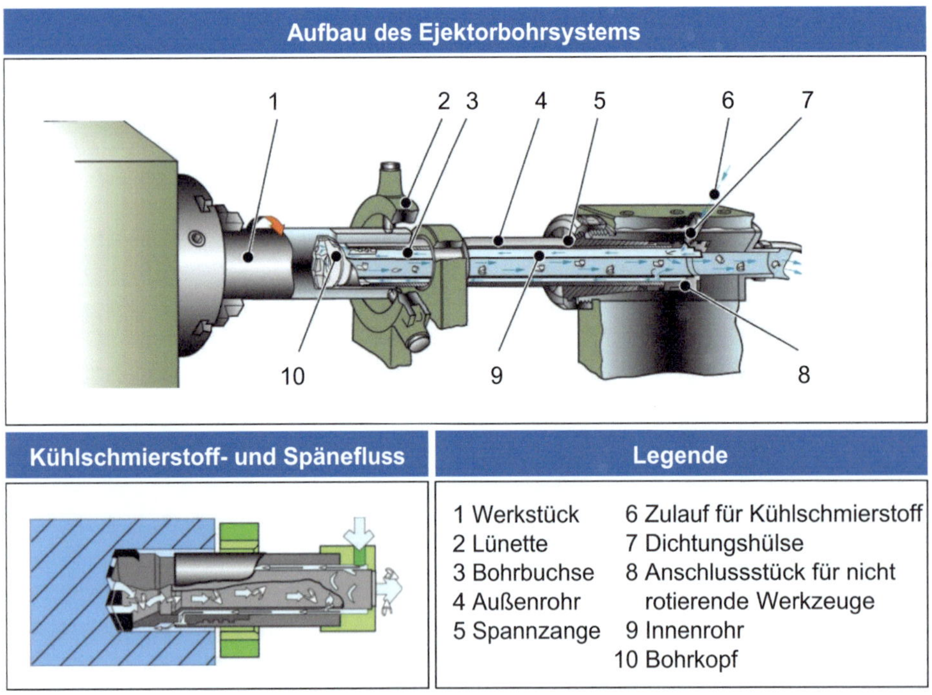

Bild 4.23 Aufbau und Funktionsweise des Ejektorbohrsystems. Nach: Sandvik Coromant

- Gegenläufig rotierendes Werkstück und rotierendes Werkzeug, für rotationssymmetrische Werkstücke bzw. mit geringstem Mittenverlauf der Bohrung von der Werkstückachse.

Bild 4.24 zeigt eine einspindelige Langbetttiefbohrmaschine für die Bearbeitung rotationssymmetrischer Bauteile, wie sie hauptsächlich für das BTA-Bohren bei größeren Bohrdurchmessern eingesetzt wird. Die Maschine besitzt einen feststehenden Werkstückspindelkasten und einen verfahrbaren Bohrspindelkasten. Die Position des BOZAs kann mithilfe des verfahrbaren Führungsschlittens an die Länge des zu bearbeitenden Werkstücks angepasst werden. Um ein Durchbiegen langer Werkstücke zu vermeiden, werden diese mit einem Rollensetzstock abgestützt. Dasselbe gilt für lange Werkzeuge, die von einer Lünette getragen werden. Die für die Spanbildung erforderliche Rotation erfolgt durch das Werkzeug und / oder durch das Werkstück. Die Vorschubbewegung des Bohrspindelkastens wird durch einen Schneckenantrieb realisiert, mit dem eine maximale Vorschubkraft von 60 kN erzeugt werden kann. Die maximale Nennbohrtiefe der dargestellten Maschine beträgt 15.000 mm bei einem Bohrdurchmesser von bis zu 200 mm beim Vollbohren und 400 mm beim Aufbohren.

Zum Tiefbohren sowie für konventionelle Bearbeitungsarten, wie z. B. Spiralbohren, Gewindeschneiden und Fräsen, eignet sich die in Bild 4.25 dargestellte Tiefbohrmaschine. Auf dem in X-Richtung verfahrbaren Werkstückdrehtisch mit einer Aufspannfläche von 1.500 × 1.000 mm^2 können kubische Werkstücke mit einem Gewicht von bis zu 10.000 kg aufgenommen werden. Die Bohr-Fräseinheit wird in Y-Richtung an dem in Z-Richtung beweglichen Fahrständer geführt. Darüber hinaus kann die Bohr-Fräseinheit durch die integrierte Schwenkachse A in einem Bereich von –25 ° bis +30 ° schräg angestellt werden. Die lineare Vorschubbewegung des Tiefbohrwerkzeugs erfolgt durch den als W-Achse ausgeführten Bohrschlitten. Alle Werkzeuge werden über eine normierte Steilkegel-Schnittstelle von der Werkzeugspindel aufgenommen. Für die konventionelle Fräsbearbeitung erfolgt ein teilautomatisierter Werkzeugwechsel, bei dem zunächst die komplette Bohrstange inklusive der vorderen Dichtung mit Bohrbuchse manuell entnommen wird. Anschließend fährt der Bohrschlitten in die vordere W-Achs-Position, sodass bei horizontaler Bohr-Fräseinheit die Fräswerkzeuge automatisch eingewechselt werden können.

Ein Tiefbohr-Fräszentrum zur 4-Seiten-Bearbeitung kubischer Werkstücke in einer Aufspannung ist in Bild 4.26 (ohne Werkstückaufspanntisch) dargestellt. Das Hauptmerkmal dieses Maschinenkonzepts ist das parallelkinematische Schwingensystem, mit dem die Vertikal- und Schwenkbewegung des Spindelkastens realisiert werden. Auf einem Kreuzschlitten, mit dem die Verfahrbewegungen in X- und Z-Richtung realisiert werden, verfahren drei Schlitten, die in Abhängigkeit ihrer Position über das Schwingensystem die Lage in Y-Richtung und um die A-Achse bestimmen. Dabei sind die vorderen Schwingen doppelt ausgeführt, um die in Z-Richtung wirkenden Bearbeitungskräfte besser abstützen zu können. Die hintere Schwinge ist hingegen nur einfach ausgeführt, da hier nur die entstehenden Kippmomente abgestützt werden müssen. Die Maschine kann im Einlippenbohrverfahren bis zu einer maximalen Bohrtiefe von 1.500 mm eingesetzt werden. Neben der Tiefbohreinheit ist in der Maschine eine Fräseinheit integriert. Zum Einwech-

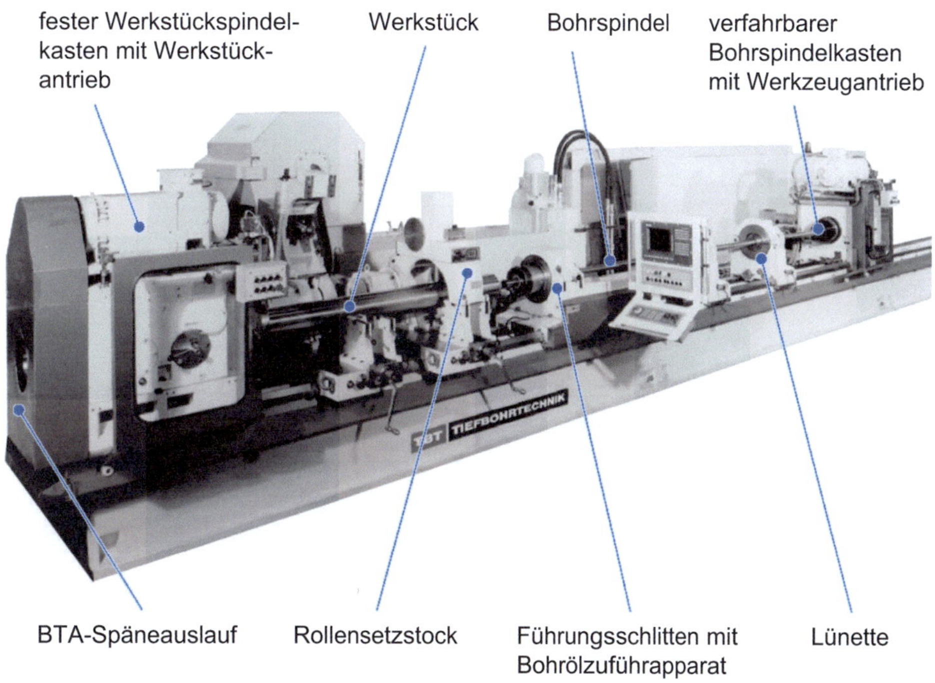

Bild 4.24 Langbetttiefbohrmaschine. Nach TBT Tiefbohrtechnik

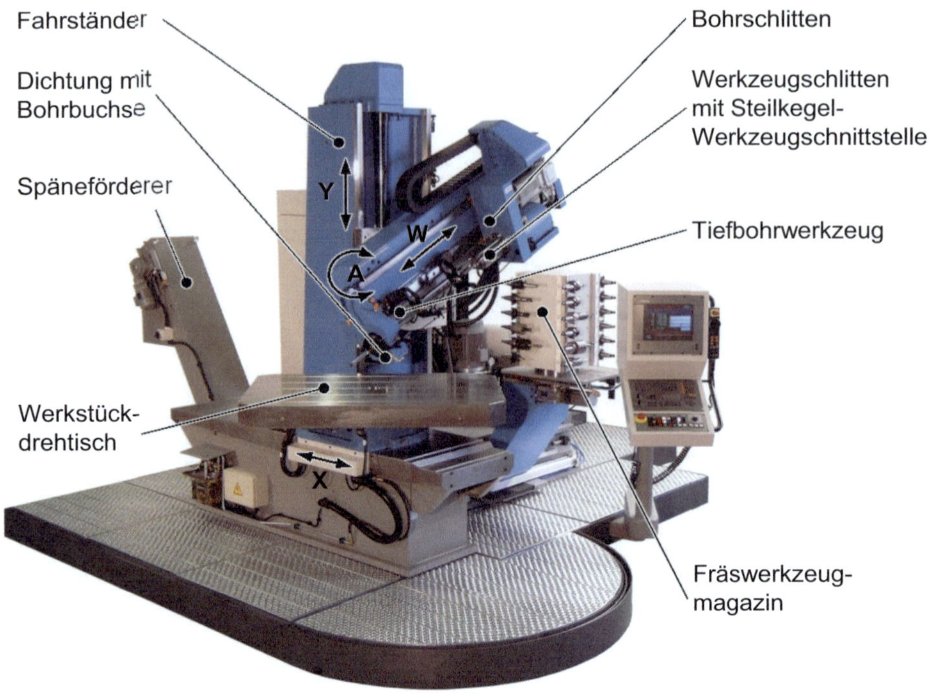

Bild 4.25 Tiefbohrmaschine. Nach Ermafa Auerbach

seln der Fräseinheit wird die Bohrstange mit dem Antrieb nach hinten gefahren. Dann werden die Bohreinheit durch den automatischen Revolverkopf aus- und die Fräseinheit eingeschwenkt. Anschließend fährt der Antrieb wieder nach vorne und wird mit der Frässpindel gekoppelt. Durch den automatischen Revolverkopf können sehr kurze Wechselzeiten zwischen Bohr- und Fräsbearbeitung realisiert werden. Darüber hinaus gestaltet sich die Programmierung der Bear-

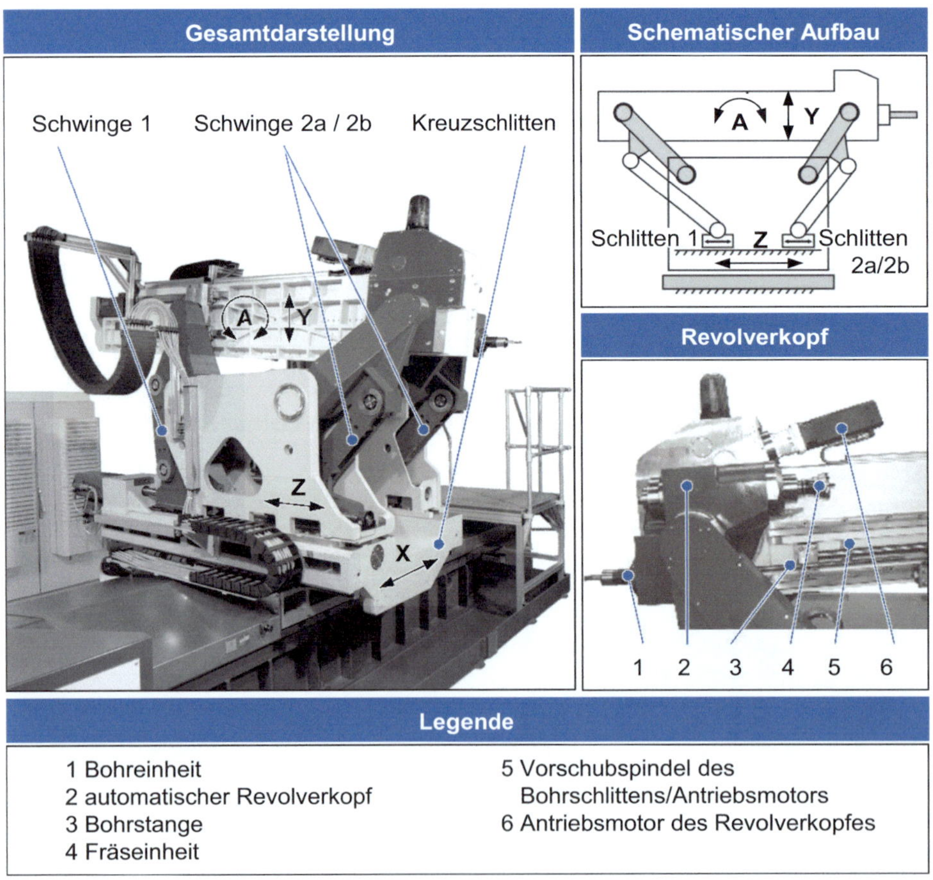

Bild 4.26 Tiefbohr-Fräszentrum mit Parallelkinematik. Nach TBT Tiefbohrtechnik

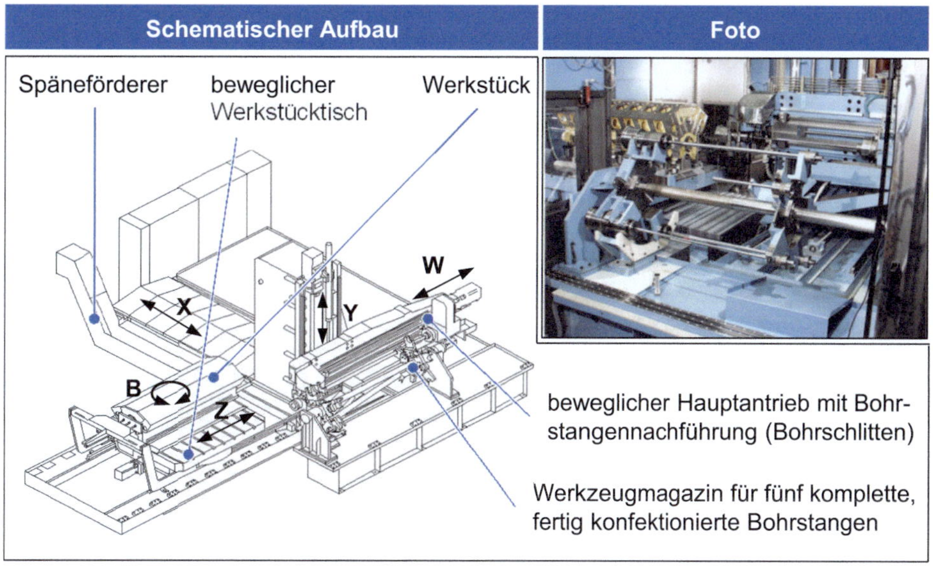

Bild 4.27 Tiefbohrzentrum mit Trommelrevolver-Werkzeugwechsler. Nach TBT Tiefbohrtechnik

beitungspositionen einfacher, da die Bohr- und Fräsbearbeitung in einer Achse erfolgen und somit keine Kollisionsgefahr besteht.

Ein Beispiel eines vollautomatischen Werkzeugwechslers, mit dem bis zu fünf Tiefbohrwerkzeuge schnell eingewechselt werden können, zeigt **Bild 4.27**. Für das BTA-Bohren können dabei die kompletten, fertig konfektionierten Werkzeugeinheiten mit Werkzeug, Bohrstange, BOZA, Schwingungsdämpfer und Spannelement vom Trommelrevolver in die Maschine eingewechselt werden.

4.3 Fräsmaschinen und Bearbeitungszentren

Das Fräsen ist ein dem Bohren sehr ähnliches Bearbeitungsverfahren, bei dem die Schnittbewegung ebenfalls durch eine Rotation des Werkzeugs erzeugt wird. Im Gegensatz zum Bohren erfolgt die Vorschubbewegung jedoch hauptsächlich senkrecht zur Drehachse des Werkzeugs, wobei sich bei einigen Verfahrensvarianten mehrere miteinander gekoppelte Vorschubbewegungen überlagern.

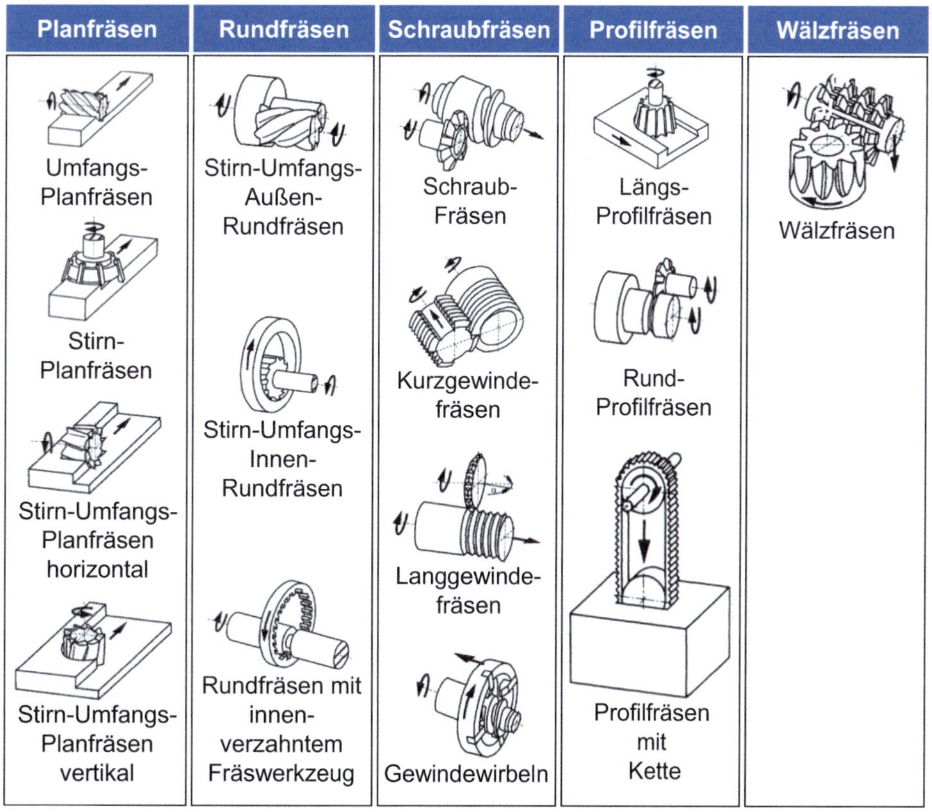

Bild 4.28 Verschiedene Fräsverfahren

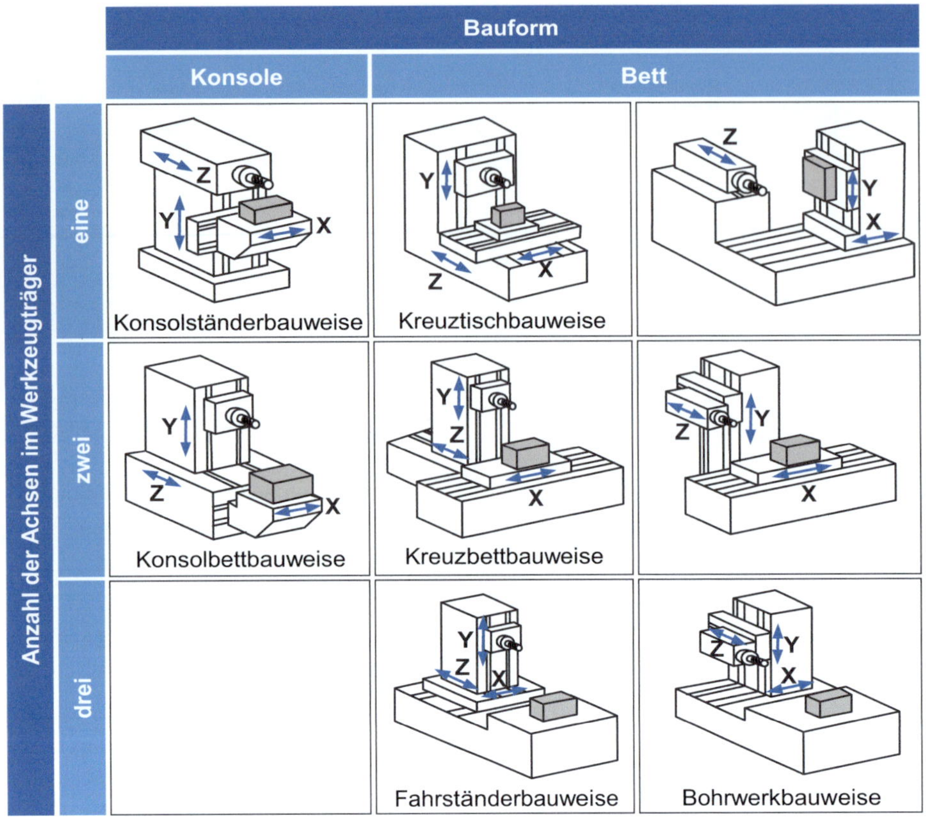

Bild 4.29 Bauformen horizontaler Bohr- und Fräsmaschinen

Bild 4.28 gibt einen Überblick über die wichtigsten Fräsverfahren [DIN03b]. Ebene Flächen können durch Umfangsfräsen, Stirnfräsen oder Stirn-Umfangsfräsen, einer Kombination der beiden erstgenannten Fräsverfahren, hergestellt werden. Zur Erzeugung runder Körper werden ebenfalls diese Verfahren eingesetzt. Statt des linearen Vorschubs, der bei der Herstellung ebener Flächen eingesetzt wird, rotiert beim Rundfräsen zusätzlich zum Werkzeug auch das Werkstück. Die Rotation des Werkstücks kann auch durch eine bahngesteuerte Bewegung des Werkzeugs in der Ebene senkrecht zur Werkzeugdrehachse ersetzt werden. Als Schraubfräsen wird das Fräsen mit wendelförmiger Vorschubbewegung zur Erzeugung von schraubenförmigen Flächen, wie z. B. einer Zylinderschnecke oder einem Gewinde, bezeichnet. Mit den Verfahren Langgewindefräsen und Gewindewirbeln können Gewinde mit theoretisch unbegrenzter Länge hergestellt werden. Im Gegensatz dazu ist die Länge der mit Kurzgewindefräsern herstellbaren Gewinde auf die Breite des mehrprofiligen Gewindefräsers begrenzt. Zur Herstellung von Zahnrädern wird das Wälzfräsen eingesetzt. Hierbei führt das profilierte Werkzeug während des Zerspanvorgangs eine zur Vorschubbewegung simultane Wälzbewegung mit dem Werkstück aus (▶ Kap. 8.1.1.1). Beim Profilfräsen bildet sich das Profil des Werkzeugs auf dem Werkstück ab. Neben ebenen und rotationssymmetrischen Profilflächen können auch profilierte Löcher hergestellt werden. Unabhängig von den dargestellten Fräsverfahren können auf Fräsmaschinen und Bearbeitungszentren im Regelfall auch Bohr-Bearbeitungen durchgeführt werden.

Einen Überblick über die wichtigsten Bauformen von Bohr- und Fräsmaschinen sowie Bearbeitungszentren mit horizontaler und vertikaler Werkzeugspindel geben Bild 4.29 und Bild 4.30. Die Positionier- und Vorschubbewegungen werden vom Werkzeugträger (Ständer, Spindelkasten) und oder Werkstückträger (Tisch) ausgeführt. Die Konstruktionsprinzipien sind entsprechend der Aufteilung der Bewegungsachsen in den Bildern schematisch dargestellt.

Aufgrund der senkrechten Werkstücktischbewegung, bei der der Tischantrieb das Werkstückgewicht tragen muss, findet die Konsolständerbauweise nur bei kleineren Werkzeugmaschinen Anwendung. Das Hauptanwendungsfeld dieser Universalmaschinen ist der Werkzeug- und Vorrichtungsbau sowie die Produktion in kleinen und mittleren Losgrößen. Für die Bearbeitung schwerer Werkstücke kommen Bettfräsmaschinen zum Einsatz. Im Gegensatz zur Konsolständerbauweise befindet sich bei dieser Bauart der Werkstücktisch auf einem starren Maschinenbett. Bei der Bettbauform wird von einer Kreuztischbauweise gesprochen, wenn der Werkstückträger zwei zueinander senkrechte Bewegungsrichtungen ausführt. Als Kreuzbettbauweise werden die Ausführungen bezeichnet, bei denen zwei senkrechte Vorschubbewegungen auf dem Bett realisiert werden, wobei die eine der werkzeugtragenden Baugruppe (meist Ständer) und die

Bild 4.30 Bauformen vertikaler Bohr- und Fräsmaschinen

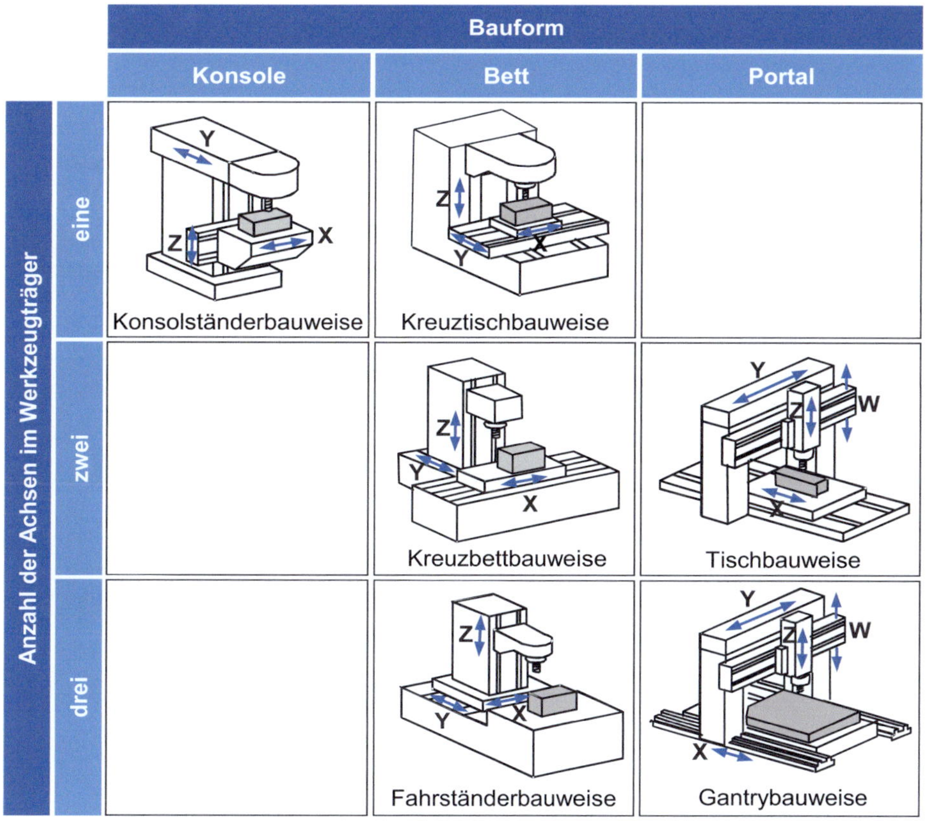

andere der werkstücktragenden Baugruppe (meist Tisch) zuzuordnen ist. Maschinenbauformen, bei denen alle linearen Bewegungsachsen der Werkzeugseite zugeordnet sind, werden je nach Ausführung als Fahrständer- oder Bohrwerkbauweise bezeichnet. Im Gegensatz zur Fahrständerbauweise ist bei einem Bohrwerk die Hauptspindel in der Regel horizontal angeordnet und ist am Ständer senkrecht verfahrbar angebracht. Der Spindelstock enthält dabei die gesamte Antriebs- und Vorschubeinheit für die Hauptspindel, die oft als Pinole ausgebildet ist. Eine Bauweise, die nur im Bereich der Maschinen mit vertikaler Werkzeugspindel Anwendung gefunden hat, ist die Portalbauweise sowie auch Zweiständerbauweise mit Querhaupt genannt. In der Tischausführung liegen zwei Bewegungsachsen auf der Werkzeugseite und eine Bewegungsachse auf der Werkstückseite. Bei der Gantrybauweise werden alle Bewegungen durch die Werkzeugseite ausgeführt.

Zur Bearbeitung komplexer Bauteile werden zunehmend vier- oder fünfachsige Maschinensysteme eingesetzt. Da bei kartesisch aufgebauten Werkzeugmaschinen bereits alle drei translatorischen Bewegungsrichtungen umgesetzt werden, sind die vierte und ggf. fünfte Achse als rotatorische Achse hinzugefügt. Je nach Anwendungsfall werden diese Achsen werkzeug- oder werkstückseitig realisiert. Haben die Werkstücke eine vergleichsweise geringe Masse, kommen oft werkstückseitige Drehtische für eine vierachsige Bearbeitung, bzw. Dreh-Schwenktische für eine fünfachsige Bearbeitung zum Einsatz. Die Dreh-, bzw. Dreh-Schwenktische ermöglichen das Anstellen des Werkstücks um eine, bzw. zwei zusätzliche Achsen (in der Regel A- und B-Achse).

Werden sehr große Werkstücke, bspw. auf einer Portalfräsmaschine bearbeitet, können die zusätzlich benötigten Achsen werkzeugseitig realisiert werden. Für die Umsetzung einer vierten werkzeugseitigen Achse kommen Vorsatzköpfe zum Einsatz. Diese Vorsatzköpfe können durch Winkelköpfe mit einer starren Winkelvorgabe oder durch Winkelköpfe, die beispielsweise über eine Hirth-Verzahnung auf festen Rastpositionen verschiedene Winkelstellungen einnehmen können, realisiert werden. Hydraulisch geklemmte Winkelköpfe können auf beliebigen Winkeln arretiert werden. Darüber hinaus gibt es Winkelköpfe, die nicht arretiert werden, sondern während des Prozesses verfahren werden können. Wird eine fünfte werkzeugseitige Achse benötigt, kann diese als C-Achse umgesetzt werden. Der Winkelkopf kann somit um die Z-Achse gedreht werden. Hierbei gibt es ebenfalls verschiedene Varianten, bei denen die C-Achse während der Bearbeitung verfahren werden oder auf festen Rastpositionen und beliebigen Winkelstellungen geklemmt werden kann. Sogenannte HV-Köpfe (Horizontal-Vertikal-Köpfe) oder Gabelköpfe ermöglichen während der Bearbeitung die vierte und fünfte Achse zu verfahren. Gerade bei sehr hohen Antriebsleistungen sind Vorsatzköpfe in der Auslegung sehr komplex, da das gesamte Antriebsmoment im Vorsatzkopf über aufwendige Getriebe spielfrei umgelenkt werden muss.

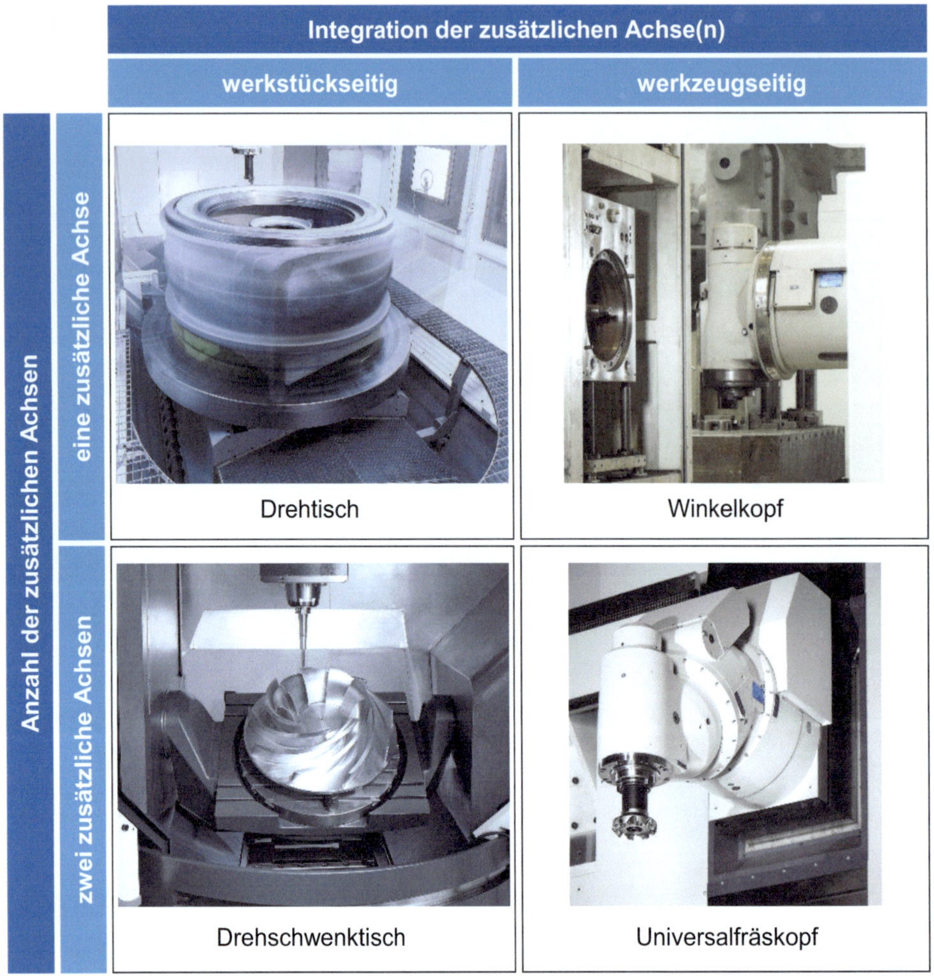

Bild 4.31 Möglichkeiten zur Realisierung einer vierten und fünften Maschinenachse. Quellen: Starrag Technology (Produktbereich Scharmann)", Union-Chemnitz

Neben der Möglichkeit bei einer fünfachsigen Bearbeitung beide Achsen werkzeug- oder werkstückseitig umzusetzen, gibt es auch Mischformen. So haben beispielsweise Bohrwerke oft eine vierte Achse in Form eines Drehtischs. Bei Bedarf kann eine zusätzliche fünfte Achse werkzeugseitig über einen Winkelkopf realisiert werden.

Zusätzlich zu den in Bild 4.29 und Bild 4.30 aufgeführten konventionellen Bauformen existieren Werkzeugmaschinen mit parallelkinematischen Strukturen. Im Unterschied zu konventionellen, in der Regel kartesisch aufgebauten Werkzeugmaschinen, bei denen die einzelnen Achsen seriell, d. h. nacheinander angeordnet sind, wirken bei parallelkinematischen Maschinen alle Bewegungsachsen direkt auf eine zu bewegende Plattform, die die Hauptspindel mit Werkzeug trägt. Um eine Bewegung der Plattform auszuführen, müssen bei parallelkinematischen Maschinen in der Regel alle Antriebe gleichzeitig, d. h. zeitparallel zueinander bewegt werden. Parallelkinematische Maschinen werden im ▶ Kap. 4.3.3 vorgestellt und beschrieben.

In den folgenden Unterkapiteln werden einige exemplarische Fräsmaschinen der unterschiedlichen, konventionellen Bauformen vorgestellt und erläutert. Dazu werden die Maschinen nach Lage ihrer Werkzeugspindel gruppiert.

4.3.1 Maschinen mit horizontaler Werkzeugspindel

In diesem Unterkapitel werden zunächst die Maschinen mit horizontaler Werkzeugspindel vorgestellt. Im ▶ Kap. 4.3.2 werden anschließend Maschinensysteme mit vertikaler Werkzeugspindel erläutert.

4.3.1.1 Maschinen in Kreuzbettbauweise

Die häufigste Bauweise von Fräsmaschinen mit horizontaler Werkzeugspindel ist die Kreuzbettbauweise. Wie Bild 4.30 zu entnehmen ist, wird die Verfahrbewegung von Maschinen dieser Bauweise durch zwei Achsen auf der Werkzeugseite (oft X- und Y-Achse) sowie einer Achse auf der Werkstückseite (oft Z-Achse) realisiert. Durch Erweiterung der Werkstückseite um einen Drehtisch kann die Maschine zu einem 4-Achs-Berabeitungszentrum erweitert werden.

In Bild 4.32 ist beispielhaft ein solches Bearbeitungszentrum dargestellt. Auf dem T-förmig ausgeführten Maschinenbett aus Grauguss sind die Führungen des Rundlauftischs sowie des thermosymmetrischen Torständers angebracht. Das Maschinenbett ist hinsichtlich hoher dynamischer Steifigkeit bei geringer Masse optimiert und besteht

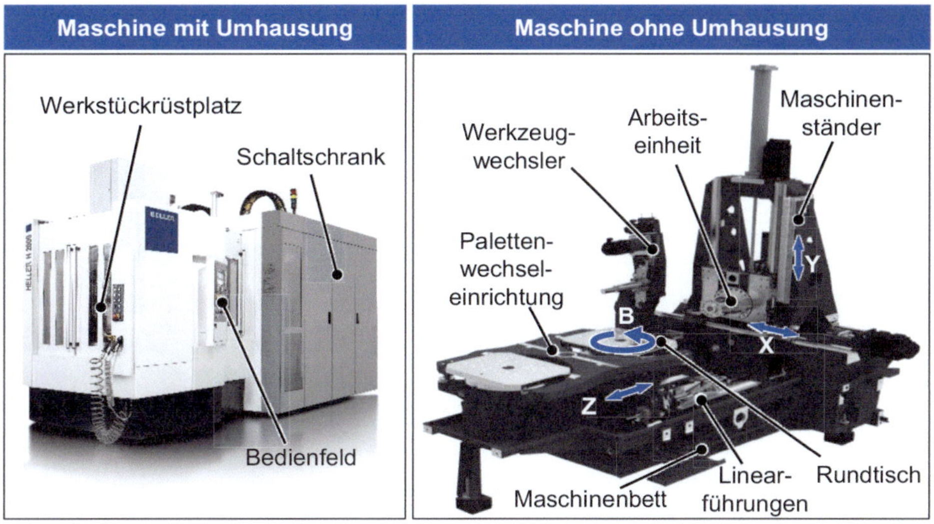

Bild 4.32 Bearbeitungszentrum in Kreuzbettbauweise. Quelle: HELLER

ebenso wie der Maschinenständer, der die X-Achsbewegung realisiert, aus Grauguss. Aufgrund der statisch und dynamisch steifen Konstruktion wird dieses Maschinenkonzept bevorzugt in der Automobilindustrie für die Schwerzerspanung von Motorenbauteilen eingesetzt.

Die lineare Verfahrbewegung in Z-Richtung und die rotatorische Bewegung um die B-Achse wird durch den Rundtisch realisiert. Die B-Achse ermöglicht dabei eine maximale Drehzahl von 40 1/min bei einem maximalen Tangentialmoment von 5.000 Nm und einem maximalen Kippmoment von 8.000 Nm. Die im Eilgang maximal erreichten Geschwindigkeiten betragen 65 m/min bzw. 90 m/min in der Power bzw. Speedausführung der Antriebe. In drei Konfigurationen der Arbeitseinheit mit direktem Spindelantrieb sind Drehzahlen von 10.000 1/min bis 24.000 1/min und Drehmomente von 40 Nm bis 242 Nm möglich, wobei eine Öl-Luftschmierung der Spindellager und ein wassergekühlter Spindelhals thermoelastisch bedingte Verlagerungen minimieren.

Zur Reduktion der Nebenzeiten durch hauptzeitparallele Bauteilhandhabung und -spannung ist in das 4-Achs-Bearbeitungszentrum ein Hub-Schwenk-Palettenwechsler mit einer maximalen beidseitigen Beladung von 1000 kg integriert, **Bild 4.33**. Hierbei entfällt ein maximales Bauteilgewicht von 800 kg auf eine Beladungsseite. Alternativ zum manuell drehbaren Rüstplatz kann über ein Stirnradgetriebe und einen Servo-Getriebemotor mit Absolutgeber die nächste Teilstellung des drehbaren Rüstplatzes automatisch angefahren werden. Bei geschlossener Rüstplatz-Schutztür erfolgt die Drehbewegung im Eilgang. Bei geöffneter Schutztür wird die Sicherheit für den Bediener durch ein Lichtgitter gewährleistet. Bei hydraulischen Werkstückspannungen dauert die Palettenwechselzeit 10,5 s, manuell 0,5 Sekunden weniger.

Zur Bildung eines größeren Arbeitsvorrats oder zum parallelen Umrüsten von Vorrichtungen kann ein Palettenspeicher in Kombination mit einem Palettenmanagementsystem für Mehrfachaufspannung eingesetzt werden. Zusammen mit der Maschine kann das System dann sechs Paletten aufnehmen.

Um eine kurze Span-zu-Span-Zeit erreichen zu können, wird ein Zweiachs-Servo-Werkzeugwechsler eingesetzt. Der automatische Werkzeugwechsel wird mittels eines durch zwei Servoachsen gesteuerten Doppel-Schwenkgreifers aus-

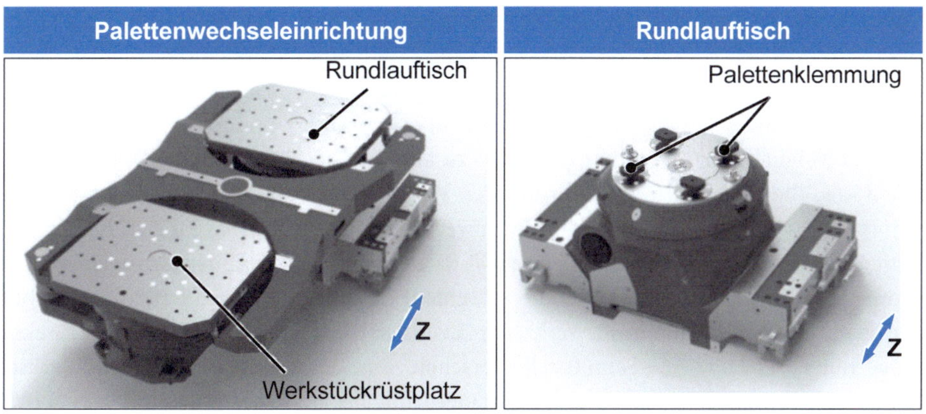

Bild 4.33 Palettenwechseleinrichtung und Rundtisch. Quelle: HELLER

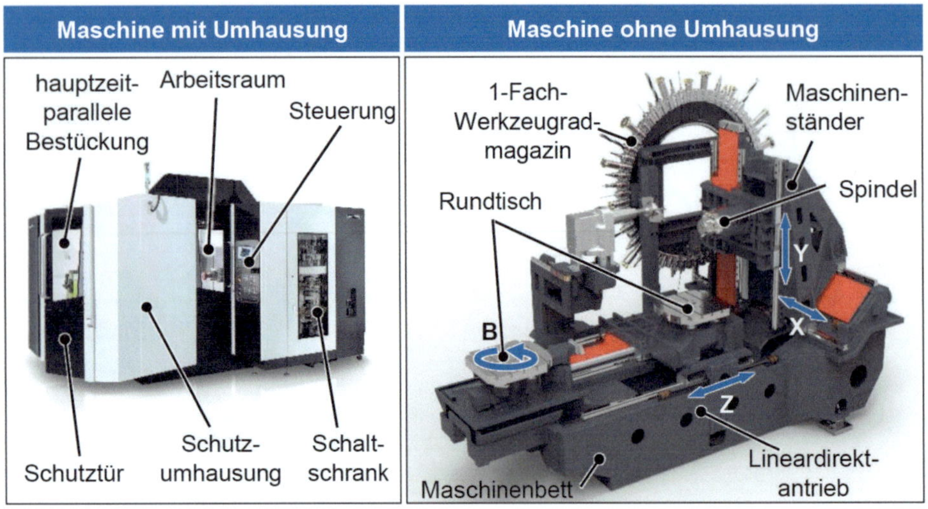

■ **Bild 4.34** Bearbeitungszentrum in Kreuzbettbauweise. Quelle: DMG MORI

geführt. Als Magazintyp wird entweder ein Ketten- oder Regalmagazin eingesetzt. Das Kettenmagazin fasst bis zu 240 Werkzeuge mit einem maximalen Durchmesser von 160 mm. Bei der Regalausführung des Magazins können bis zu 409 Werkzeuge mit einem maximalen Durchmesser von 188 mm aufgenommen werden.

Weiter ermöglicht das 4-Achs-Bearbeitungszentrum die Onlinekompensation des Z-Spindelwachstums auf der Basis diverser Sensorwerte, unabhängig davon, ob diese prozess- oder umgebungsbedingt auftreten. Zudem wird die Erweiterung zu einem flexiblen Fertigungssystem durch die Option der Einbindung externer Palettenautomatisierungssysteme, der Roboterbeladung sowie eines automatischen Rüstablaufs realisiert.

Ein weiteres 4-Achs-Bearbeitungszentrum in Kreuzbettbauweise ist in ■ Bild 4.34 in der Seitenansicht mit und ohne Umhausung abgebildet. In ■ Bild 4.35 sind weitere Detailansicht der verschiedenen Maschinenmerkmale des 5-Achs-Bearbeitungszentrum dargestellt. Die Zustellbewegung in Z-Richtung beider Bearbeitungszentren wird durch den verfahrbaren Rundtisch, in Y-Richtung durch den Fahrständer und in X-Richtung durch den Spindelkasten realisiert. Die translatorischen Bewegungen werden durch Lineardirektantriebe, alternativ durch Kugelgewindetriebe, durchgeführt. Der in ■ Bild 4.34 abgebildete Rundtisch ist zusätzlich mit einer rotatorischen B-Achse versehen und kann durch eine weitere rotatorische A-Achse, wie in ■ Bild 4.35 gezeigt, die Maschine zu einem 5-Achsbearbeitungszentrum erweitern.

Eine Möglichkeit die Fertigungsabläufe zu automatisieren ist es, die abgebildete Ausführung der Werkzeugmaschine werkstückseitig mit einem Palettenwechsler auszustatten, der je nach Ausführung bis zu zwölf Paletten fassen kann. Werkzeugseitig ist die Maschine mit einem modular aufgebauten Radmagazin mit 40 Werkzeugplätzen für Werkzeuge mit einer HSK-A63-Schnittstelle versehen. Eine Erweiterung des Magazins auf bis zu fünf Rädern mit bis zu 303 Werkzeugen ist möglich. Ab dem zweiten Magazinrad lässt sich Haupt- und Nebenzeit durch paralleles, satzweises Rüsten realisieren.

In ■ Bild 4.35 links sind die Kühlmaßnahmen des Maschinensystems bei einer Ausführung mit Lineardirektantrieben dargestellt. Neben der Kühlung der Lineardirektantriebe für die translatorischen Bewegungen in X-, Y-, und Z-Richtung geht ein wesentlicher Teil der Kühlleistung in das Spindelsystem. Zusätzlich werden die Antriebe der Dreh-Schwenk-Einheit gekühlt. Die Kühlmaßnahmen konzentrieren sich somit auf Bereiche, in denen durch Verlustenergie der Antriebe Wärme entsteht. Die Profilschienenführungen, an denen durch Reibung bei Verfahrbewegungen ebenfalls Wärme entsteht, werden bei dem vorgestellten Maschinenkonzept nicht zusätzlich gekühlt. Es gibt allerdings auch Maschinenkonzepte, bei denen eine Kühlung der Führungen vorgesehen ist (vgl. z. B. ■ Bild 4.42).

In ■ Bild 4.35 rechts ist das Maschinensystem in Ausführung mit Kugelgewindetrieben dargestellt. Durch den Einsatz der Kugelgewindetriebe statt der Lineardirektantriebe wird dieses Antriebskonzept deutlich kostengünstiger, büßt jedoch Verfahrdynamik ein.

■ Bild 4.36 zeigt eine preiswerte Alternative zu den vorgestellten Hochleistungs-Bearbeitungszentren. Dem internationalen Kostendruck folgend, wurde bei der Entwicklung besonderer Wert auf geringe Herstellungskosten bei gleichzeitig hoher Zuverlässigkeit gelegt. Das überwiegend aus Standardkomponenten aufgebaute horizontale Bearbeitungszentrum in Kreuzbettbauweise ist im mittleren Leistungsbereich angesiedelt. Mit den Kugelgewindetrieben der einzelnen Achsen lassen sich Eilganggeschwindigkeiten von 50 m/min bei Beschleunigungen von 7 m/s^2 realisieren. Die Span-zu-Span-Zeit liegt bei der abgebildeten Magazinkette für 40 Werkzeuge bei rund vier Sekunden. Über den Palettenschwenkwechsler können Werkstückpaletten von bis zu 500 kg in sieben Sekunden getauscht werden. Durch die konsequente

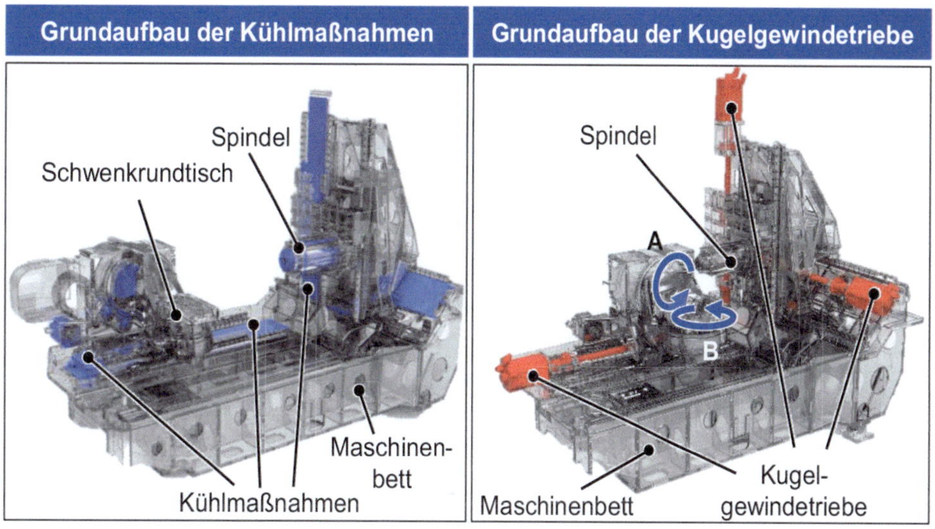

Bild 4.35 Maschinenbett in Kreuzbettbauweise. Quelle: DMG MORI

kostengünstige Auslegung der Maschine mit bewährten Komponenten und Techniken konnte die Investitionssumme für diese Maschine letztendlich um fast 50 % im Vergleich zu herkömmlichen Hochleistungsmodellen des Herstellers reduziert werden. Hierdurch ergeben sich insbesondere im Bereich der Lohnfertigung erweiterte Marktchancen.

Als weiteres Beispiel für eine besondere Form der Kreuzbettbauweise ist in Bild 4.37 eine als Bohrwerk ausgeführte Werkzeugmaschine mit horizontaler Werkzeugspindel für die Schwerzerspanung dargestellt. Die Zustellungen in Z- und Y-Richtung werden durch den im Torständer geführten Spindelkasten realisiert. Der Torständer sorgt für eine symmetrische Lastverteilung und thermische Ausgeglichenheit. Bewegungen in X-Richtung werden durch das Verfahren der NC-Rundtische verwirklicht. Die dargestellte Konfiguration mit zwei NC-Rundtischen ermöglicht das hauptzeitparallele Rüsten von großen Bauteilen. Der maximale Arbeitsbereich beträgt 3.500 mm · 1.800 mm · 1.300 mm in den drei Linearachsen bei einer maximalen Tischaufspannfläche von 1.250 mm · 1.400 mm. Zusätzlich kann die Bohrspindel mit ihrer vorgezogenen Hauptlagerung in der W-Achse um 500 mm ausfahren und erlaubt dadurch die Bearbeitung nahe der Tischmitte. Ein zweistufiges Getriebe und ein leistungsfähiger Hauptantrieb von bis zu 37 kW ermöglichen Drehzahlen bis 3.500 1/min und hohe Drehmomente. Die serienmäßige Öl-Kühlung des Spindelkastens sorgt dabei für thermische Stabilität.

Das Werkzeugmagazin fasst bis zu 100 Werkzeuge. Die Werkzeugwechsel können mit einem Doppelgreifer automatisch vorgenommen werden. Zusätzlich kann zur Steigerung des Automatisierungsgrads ein Palettenwechselsystem mit bis zu drei Ablagestationen und automatischer Türöffnung installiert werden.

Die Erweiterung des Einsatzspektrums wird durch verschiedene Vertikal-Fräsköpfe oder Universal-Fräsköpfe mit oder ohne Hirth-Verzahnung, mit manueller oder automatischer

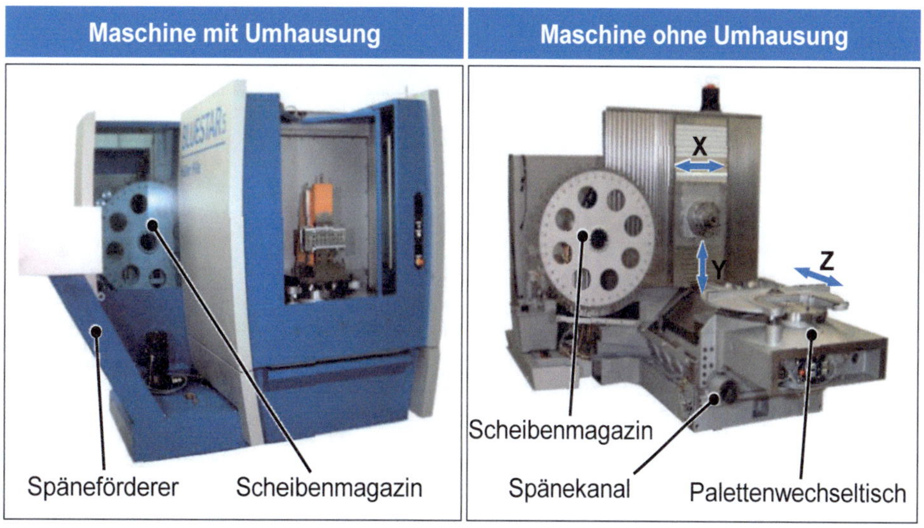

Bild 4.36 Horizontales Bearbeitungszentrum. Quelle: MAG IAS/ Zuse Hüller Hille

4

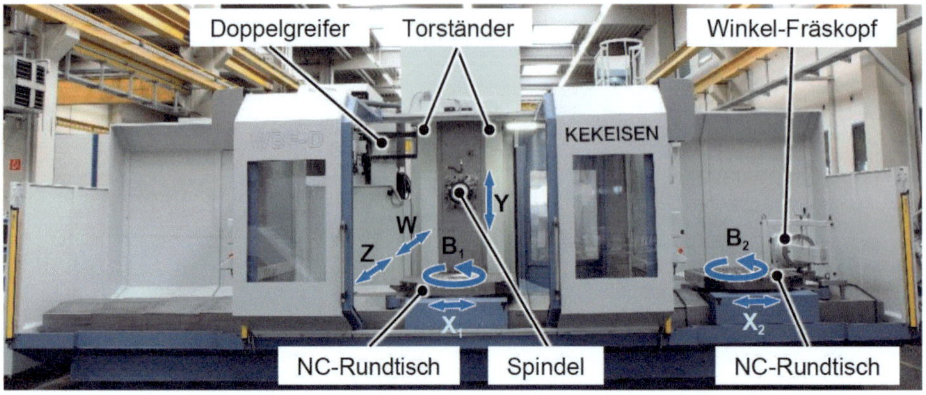

Bild 4.37 Bohrwerk in Kreuzbettbauweise. Quelle: Kekeisen

Verstellung erreicht. Weiter können bei schweren Bearbeitungen und weit ausgefahrener W-Achse verschiedene Vorsatzstützlager mit unterschiedlichen Längen eingesetzt werden.

Zur Steigerung der Produktivität in der Serienfertigung werden neben entsprechenden Hochgeschwindigkeitsmaschinen Doppelspindel-Bearbeitungszentren mit zwei nebeneinander angeordneten Hauptspindeln eingesetzt. Bild 4.38 zeigt ein solches Bearbeitungszentrum mit zwei horizontalen Hauptspindeln in Kreuzbettbauweise mit einem modifizierten Fahrständer in Rahmenständerbauweise. Der Ständer ist ebenso wie die Palettenwechseleinheit fest mit dem Maschinengestell verbunden. Ein in Kulissenbauform ausgebildeter Kreuzschlitten mit X- und Y-Achse wird in dem Ständer geführt. Die Zustellung in Z-Richtung erfolgt über das Verfahren der Tischeinheit, in der die A-Achse und die beiden B-Achsen integriert sind. Ständer und Kreuzschlitten sind aus gewichts- und topologieoptimierten Stahlprofilen hergestellt. Sie bilden eine steife und massearme Schweißkonstruktion.

Durch die gering zu bewegenden Massen sind in den linearen Achsen Vorschubgeschwindigkeiten von bis zu 120 m/min mit Linearantrieben möglich. Die Werkzeugspindel ist als Motorspindel zur Aufnahme von Werkzeugen mit der Schnittstelle HSK-A63 oder HSK-100 ausgeführt. Je nach Ausführung der Motorspindel sind maximale Drehzahlen von 18.000 1/min, eine maximale Leistung von 52 kW und ein maximales Drehmoment von 378 Nm möglich. Das abgebildete L-Ketten-Magazin fasst 72 Werkzeuge mit einem maximalen Werkzeugdurchmesser von 230 mm, einer maximalen Werkzeuglänge von 550 mm und einem maximalen Gewicht von je 3,5 kg. In der abgebildeten Ausführung der Tischeinheit mit einer Kombination aus A- und B-Achse können Werkstücke von maximal 2 · 290 kg aufgespannt werden. Mit dem Werk-

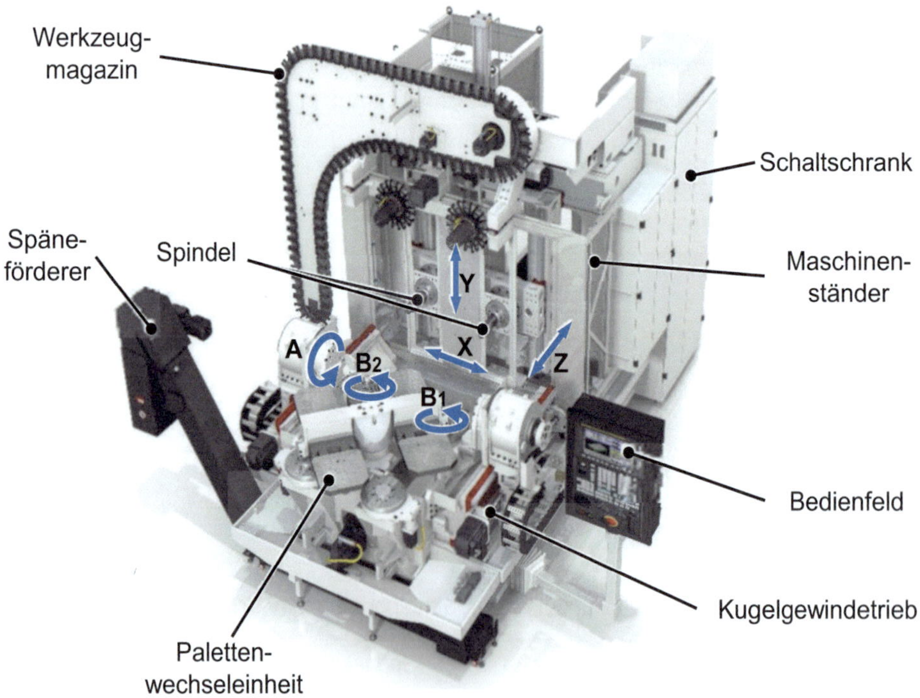

Bild 4.38 Doppelspindliges Hochgeschwindigkeits-Bearbeitungszentrum in Kreuzbettbauweise. Quelle: MAG IAS

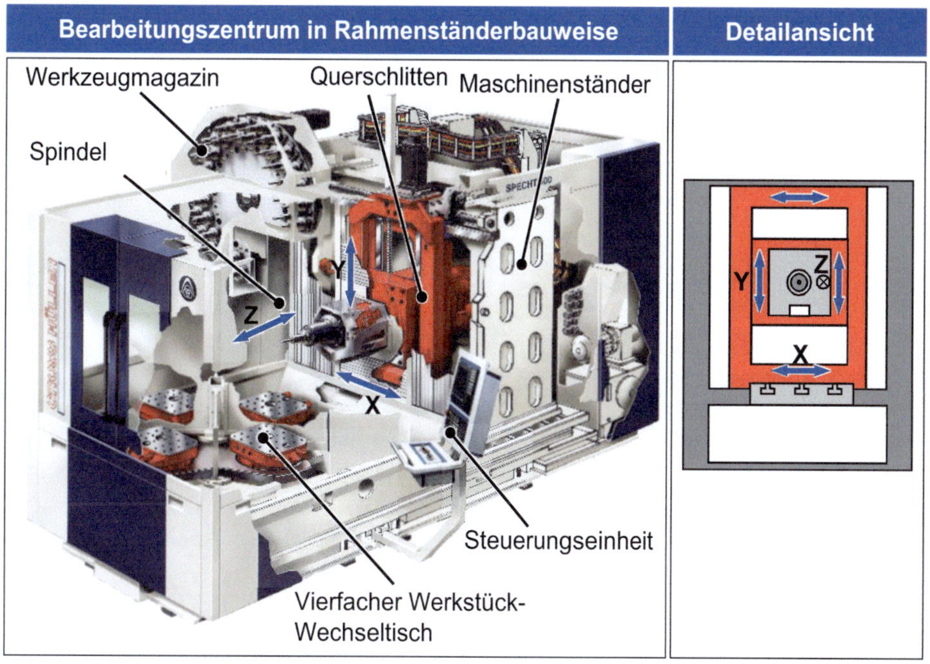

Bild 4.39 Hochgeschwindigkeits-Bearbeitungszentrum in Rahmenständerbauweise. Quelle: Cross Hüller

zeugmagazin und der Palettenwechseleinheit bildet die gezeigte Maschine eine Stand-alone-5-Achs-Bearbeitungszelle. Durch den modularen Aufbau der Maschine lassen sich die einzelnen Einheiten jedoch auch zu flexiblen Fertigungszellen bzw. Transferstraßen verketten.

4.3.1.2 Maschinen in Fahrständerbauweise

Der in Rahmenständerbauweise ausgeführte Ständer bei der in Bild 4.39 dargestellten Maschine unterscheidet sich wesentlich von der klassischen Fahrständerbauweise, Bild 4.43. Der Ständer ist ebenso wie die Tisch-/ Palettenwechselbaugruppe fest mit dem Maschinengestell verbunden. Ein in Kulissenbauform ausgebildeter Kreuzschlitten mit linearer X- und Y-Achse wird in dem Ständer geführt. Der als Pinole ausgeführte Z-Schlitten trägt die Werkzeugspindel und ist am Y-Schlitten befestigt. Ständer und Kreuzschlitten sind aus gewichts- und topologieoptimierten Stahlprofilen hergestellt. Sie bilden eine steife und massearme Schweißkonstruktion. Durch die geringe zu bewegenden Massen sind mit der Maschine in allen linearen Achsen Vorschubgeschwindigkeiten von mehr als 60 m/min möglich. Die Werkzeugspindel ist als Motorspindel ausgeführt, die mit Hybridwälzlagern (Stahlringe mit Keramikwälzkörpern) ausgestattet ist. Die maximale Drehzahl beträgt 16.000 1/min. Bei Öl-/ Luftschmierung der Lager sind Spindeldrehzahlen bis 24.000 1/min möglich. Mit Werkzeugmagazin, hier als Teller ausgeführt, und Palettenwechseleinrichtung bildet die Maschine eine stand-alone Bearbeitungszelle.

Als weiteres Beispiel für eine Maschine in Fahrständerbauweise mit horizontaler Werkzeugspindel zeigt Bild 4.40 ein Bohrwerk, dessen lineare Bewegungsachsen auf der Werkzeugseite in einem kreuzverfahrbaren, schwingungssteifen Kastenständer realisiert sind. Die Ständereinheit wird in X-Richtung auf einem Langbett von bis zu 40 m geführt. Als Antrieb dient ein spielfreier Doppelritzelantrieb mit Zahnstange. Die Führungen sind je nach Modell als geregelte Hydrostatik oder vorgespannte Linear-Kompakt-Rollenführung ausgeführt. Das dargestellte Bohrwerk verfügt über eine Mehrfachkompensation. Neben dem Spindeldurchhang werden die Tragbalkenbiegung und die Ständerneigung kompensiert. Durch die zusätzliche Integration eines vollautomatischen Werkzeugwechslers wird die Funktionalität des Bohrwerks zu einem Bearbeitungszentrum erweitert. Für den Werkzeugwechsel über Pick-Up-Stationen stehen bis zu 300 Werkzeuge zur Verfügung. Zur Werkstückaufspannung werden feststehende oder transportable Dreh-, Verschiebe- oder Kipptische und schnelldrehende Tische zur Karussellbearbeitung eingesetzt, die mit Gleitführung, Wälzführung oder hydrostatischer Führung ausgelegt sind. Durch den rechts in Bild 4.40 dargestellten Universalfräskopf können Bohrwerke um eine vierte und fünfte Achse auf der Werkzeugseite erweitert werden.

Neben Bohrwerken für große Maschinenteile gibt es auch kompakte Bearbeitungszentren in Fahrständerausführung. In Bild 4.41 ist ein horizontales doppelspindliges Bearbeitungszentrum in Fahrständerbauweise dargestellt. Die beiden Spindeln haben einen Abstand von 600 mm. Je nach Ausführung sind die Spindeln in Z-Richtung gekoppelt oder autonom verfahrbar. Auf der Werkzeugseite sorgen die drei linearen Achsen für eine werkstückunabhängige Dynamik. Zwei Werkstücke mit einem maximalen Durchmesser von 600 mm und einer Höhe von 500 mm

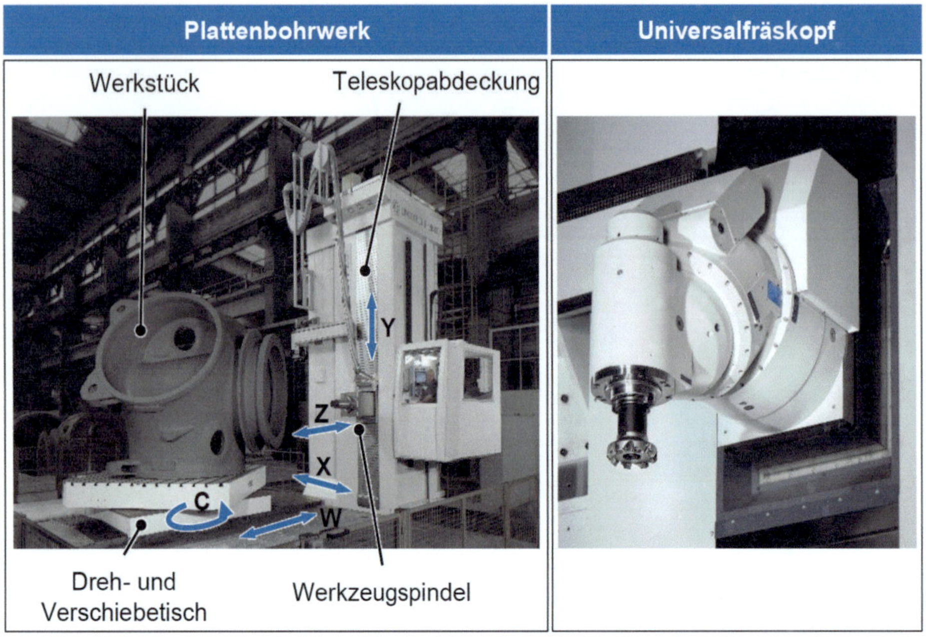

Bild 4.40 Bohrwerk in Fahrständerbauweise. Quelle: Union-Chemnitz

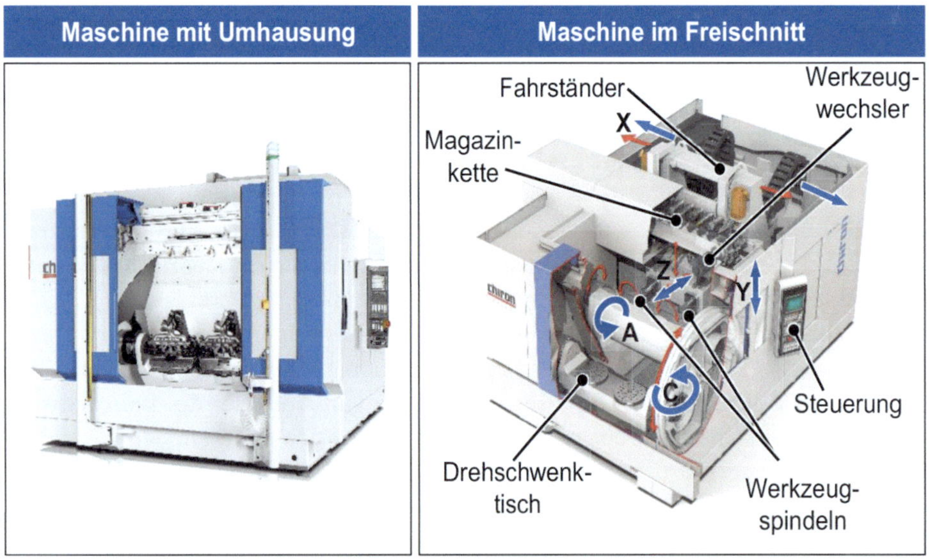

Bild 4.41 Doppelspindliges Hochgeschwindigkeits-Bearbeitungszentrum in Fahrständerbauweise. Quelle: CHIRON Werke

können gleichzeitig auf den zweiachsigen Dreh-Schwenktisch aufgespannt werden. Das hauptzeitparallele Be- und Entladen der Werkstückspindel erfolgt über eine Trommel-Werkstückwechseleinrichtung mit einer maximalen Zuladung von 1.000 kg pro Seite. Die Span-zu-Span Zeit im Pick-Up Verfahren liegt bei der abgebildeten Magazinkette für 2 · 42 Werkzeuge bei rund zwei Sekunden. Die gezeigte Maschine erreicht Eilganggeschwindigkeiten von 60 m/min und kann mit Motorspindeldrehzahlen von bis zu 20.000 1/min betrieben werden. Außerdem benötigt das Bearbeitungszentrum eine kompakte Aufstellfläche von nur 3.045 mm · 4.820 mm.

4.3.2 Maschinen mit vertikaler Werkzeugspindel

Nach den Maschinensystemen mit horizontaler Werkzeugspindel werden in diesem Unterkapitel Fräsmaschinen mit vertikaler Werkzeugspindel vorgestellt. Die Gliederung orientiert sich an den in Bild 4.30 dargestellten Bauformen.

4.3.2.1 Maschinen in Fahrständerbauweise

In Bild 4.42 ist ein Bearbeitungszentrum mit einer vertikalen Werkzeugspindel in Fahrständerbauweise dargestellt. Die Maschine besitzt drei lineare und optional zwei rotatorische Achsen im Werkstückträger. Eine Komplettbearbeitung durch Fräsen und Drehen ist für eine Drehzahl von

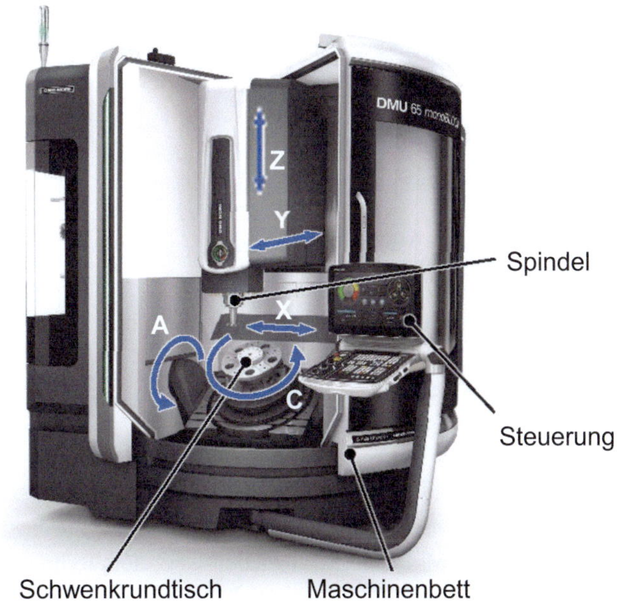

Bild 4.42 Fünf-Achs-Maschine in Fahrständerbauweise. Quelle: DMG MORI

1.200 1/min bei einem Drehmoment von 1.000 Nm umsetzbar. Diese kompakt ausgeführte Werkzeugmaschine benötigt eine Stellfläche von nur 7,5 m^2. Es kann zwischen zwei Tischvarianten, einem starren Tisch und einem Dreh-Schwenktisch mit ein- oder beidseitigem Antrieb gewählt werden. Mit einem Schwenkrundtisch mit beidseitigem Antrieb ist eine 5-Achs-Simultanbearbeitung für Werkstücke mit einem maximalen Durchmesser von 840 mm und 1.000 kg Gewicht möglich. Auf einem starren Tisch können Werkstücke bis zu 3.000 kg mit maximalen Werkstückabmessungen von 1.000 mm · 840 mm · 560 mm gefertigt werden.

Für die Beladung der Maschine kann das Werkstück mit einem Kran von oben bis über die Tischmitte transportiert werden. Der Arbeitsraum und das Werkzeugmagazin sind auch bei Automatisierung vollständig zugänglich. Die Werkzeuge werden in einem vertikalen Kettenmagazin mit Platz für 30 Werkzeuge eingespannt, das auf 180 Plätze erweiterbar ist. Die Abmessungen und Masse des Werkzeugs sind durch einen maximalen Werkzeugdurchmesser von 160 mm, eine Werkzeuglänge von 315 mm und ein Werkzeuggewicht von 8 kg beschränkt. Die kurze Span-zu-Span-Zeit von 4,9 Sekunden wird durch kurvengesteuerte Doppelgreifer realisiert.

Die Realisierung aller drei Zustell- und Vorschubachsen auf der Werkzeugseite kennzeichnet das in Bild 4.43 links dargestellte Bearbeitungszentrum in Fahrständerbauweise. Der hinter dem festen Werkstücktisch angeordnete Ständerunterschlitten verfährt in der X-Achse auf dem Maschinenbett. Auf diesem Schlitten befindet sich der in Y-Richtung verfahrbare Werkzeugständer. Der frontseitig am Ständer befestigte Werkzeugspindelkasten führt die Z-Zustellung aus. Darüber hinaus ist die Maschine mit einem NC-Dreh-Schwenktisch mit einem Schwenkbereich von +/−100 ° ausgestattet, sodass eine 5-Seiten Bearbeitung komplexer Werkstücke in einer Aufspannung möglich ist. Eine Besonderheit der Maschine stellt der in Bild 4.43 links gezeigte Korb-Werkzeugwechsler dar. Die Werkzeuge (max. 20 Stück) sind oberhalb der Spindelnase sternförmig um die Werkzeugspindel angeordnet und werden beim Verfahren der Spindeleinheit mitbewegt. Jedes Werkzeug verfügt über einen eigenen Werkzeuggreifer, der das Werkzeug sowohl im eingewechselten Zustand als auch im Magazin ständig umfasst. Durch dieses Prinzip reduziert sich die reine Werkzeugwechselzeit auf ca. 0,9 Sekunden und die Span-zu-Span-Zeit beträgt nur rund 1,9 Sekunden.

Bei der in Bild 4.44 abgebildeten Fahrständer-Maschine handelt es sich um eine Langbettausführung, die mit einem maximalen Verfahrweg in X-Richtung von bis zu 10 m ausgerüstet werden kann. Das 5-Achs-Berabeitungszentrum basiert auf einem Grundgestell aus Mineralguss. Dieser weist schwingungsdämpfende und montagegenaue Eigenschaften auf und ermöglicht verbesserte Gestaltungsmöglichkeiten. In zwei Werkzeugmagazinen sind je 64 Werkzeuge untergebracht, die durch ein Zusatzmagazin mit bis zu 200 Werkzeugen erweitert werden können.

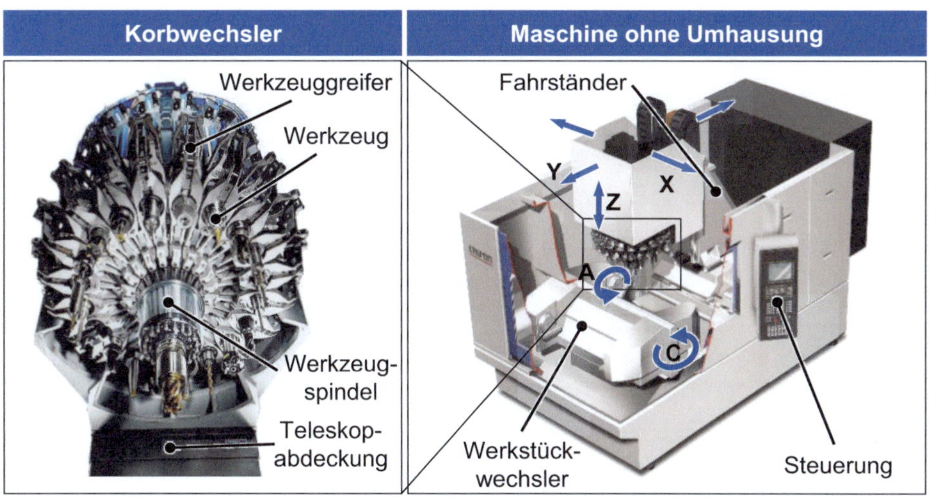

Bild 4.43 Fahrständer-Bearbeitungszentrum mit Korb-Werkzeugwechsler. Quelle: CHIRON Werke

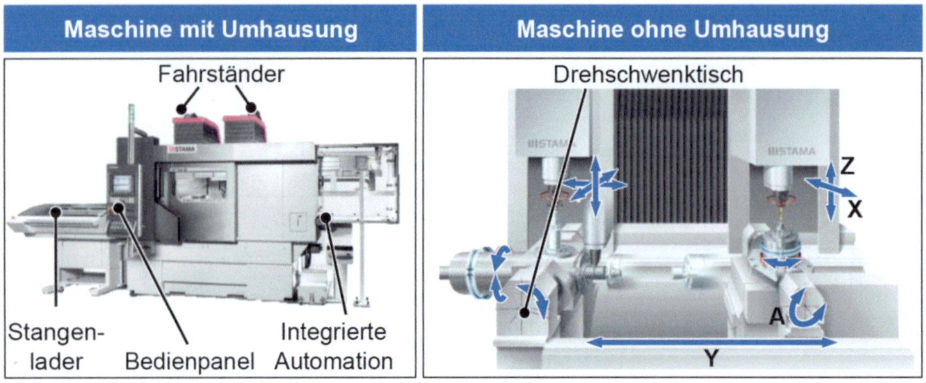

Bild 4.44 Bearbeitungszentrum in Fahrständerbauweise.
Quelle: STAMA MASCHINENFABRIK

Neben der Bearbeitung von langen Werkstücken ist auch der Betrieb im sogenannten Pendelverfahren möglich. Hierzu wird in der Mitte des Werkstücktischs eine Wand für die Trennung von Bearbeitungsraum und Aufspannplatz montiert wodurch der Arbeitsraum in zwei getrennte Aufspannflächen aufgeteilt wird. Dadurch kann hauptzeitparallel Be- und Entladen werden – auf der einen Seite kann ein Werkstück bearbeitet werden, während gleichzeitig auf der anderen Tischseite bereits das neue Werkstück aufgespannt wird. Zwei unabhängige Fahrständer ermöglichen hierbei eine 5-Achs-Komplettbearbeitung. Darüber hinaus kann die Maschine mit einer automatisch öffnenden Dachkonstruktion ausgestattet werden, die ein Be- und Entladen schwerer Werkstücke oder Vorrichtungen per Kran ermöglicht.

4.3.2.2 Maschinen in Konsolenständerbauweise

Die in Bild 4.45 abgebildete Fräsmaschine mit vertikaler Werkzeugspindel ist in Konsolbettbauweise ausgeführt und besitzt zwei lineare Bewegungsachsen im Werkzeug und eine Achse im Werkstück. Der als Rundtisch ausgeführte Werkstücktisch verfährt vertikal in der Z-Achse an dem Maschinenbett. Das Maschinenbett ist als eigensteifer Massivblock in Reaktionsharzbeton-Technologie mit einer hohen thermischen Stabilität sowie guten Dämpfungseigenschaften ausgeführt. Die der Y-Pinole vorgesetzte Motorspindeleinheit besitzt eine zusätzliche CNC-gesteuerte Schwenkachse (B-Achse), sodass in Kombination mit der C-Achse des Rundtischs eine 5-Seiten-Bearbeitung möglich ist. Ergänzt werden die flexiblen Bearbeitungsmöglichkeiten durch ein als Pick-Up-System ausgeführtes Werkzeug-Ringmagazin. Der Werkzeugwechsel erfolgt hierbei ohne Zuhilfenahme eines zusätzlichen Greifers, indem die Werkzeugspindel ein Werkzeug direkt aus dem Magazin entnimmt bzw. es direkt im Magazin ablegt (Pick-Up Verfahren).

4.3.2.3 Portalfräsmaschinen

Für die Bearbeitung großflächiger, schwerer Werkstücke mit hohen Zerspanleistungen eignen sich besonders Maschinen in Portalbauweise. Bild 4.46 zeigt zwei Ausführungsformen

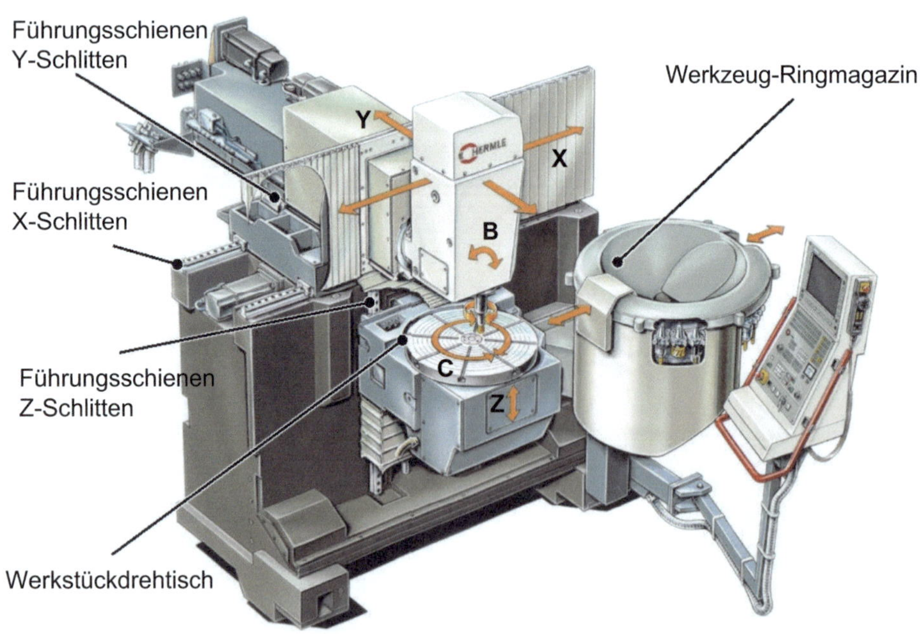

Bild 4.45 Bearbeitungszentrum in Konsolständerbauweise.
Quelle: Maschinenfabrik Berthold Hermle

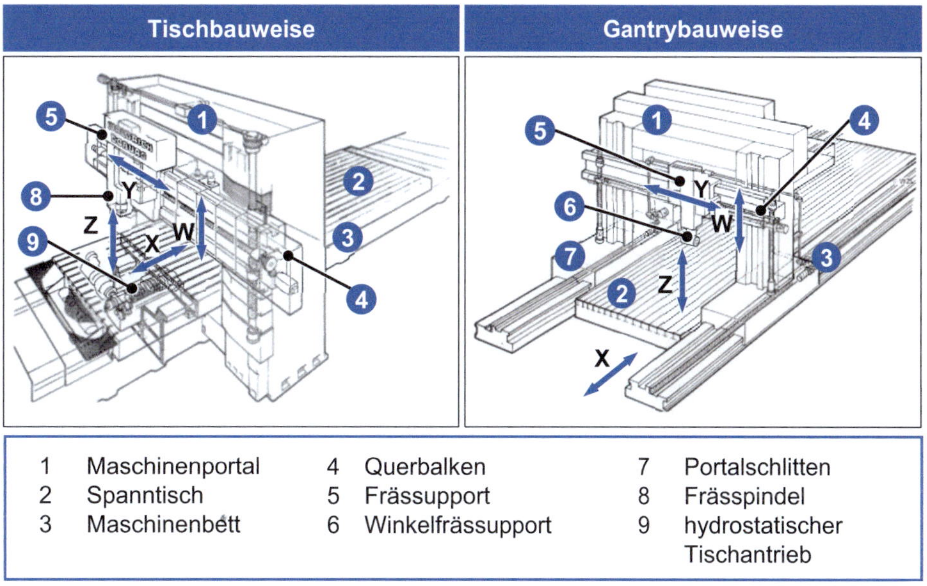

Bild 4.46 Portalmaschine in Tisch- und Gantrybauweise. Quelle: WALDRICH COBURG

dieser Bauart. Die Tischbauweise, Bild 4.46 oben, ist mit einem in der X-Achse verfahrbaren Tisch ausgestattet. Um mit dem Werkzeug jede Stelle des Werkstücktischs erreichen zu können, muss das Bett der Maschine doppelt so lang sein wie der Tisch. Alle weiteren Zustell- und Vorschubbewegungen in Richtung der Maschinenkoordinatenachsen werden vom Werkzeug ausgeführt. Der Querbalken, an dem der in Y-Richtung verfahrbare senkrechte Z-Schieber (auch Z-Stößel genannt) befestigt ist, kann in vertikaler Richtung bewegt werden (W-Achse). Seine Arbeitshöhe richtet sich nach der Höhe des Werkstücks. Um die Ausfahrlänge des biegeweichen Z-Schiebers möglichst gering zu halten, wird der Querbalken so tief wie möglich, d.h. kurz über der Werkstückoberkante positioniert. Die Arbeitsbewegung in Z-Richtung führt üblicherweise der Z-Schieber aus, an dessen unteren Ende der Frässupport integriert ist. Den gleichen Aufbau von Querbalken, Frässupport und Frässpindel besitzt auch die in Bild 4.46 unten abgebildete Portalmaschine in Gantrybauweise. Bei dieser Bauart ist jedoch der Aufspanntisch für das Werkstück ortsfest. Für Vorschubbewegungen in Richtung der X-Achse wird das gesamte Portal verfahren. Der Vorteil der Gantrybauweise besteht darin, dass das Maschinenbett nur noch so lang sein muss wie das längste zu bearbeitende Werkstück bzw. die Aufspannplatte. Eine Maschine in Tischbauweise wird daher für die gleiche Bearbeitungsaufgabe doppelt so lang gebaut.

In Bild 4.47 ist eine Portalmaschine in Gantrybauweise zur Bearbeitung von Großbauteilen abgebildet. Als Besonderheit verfügt diese Maschine neben dem Spanntisch auch über einen Drehtisch (im Bild verdeckt), der die Drehbearbeitung rotationssymmetrischer Werkstücke ermöglicht. Die Schieberfräseinheit besitzt einen thermosymmetrischen Aufbau und hat eine C-Achse integriert. Da eine Kapselung der großen Portalmaschinen zu aufwendig ist, werden Stellwände zum Schutz des Bedienpersonals vor umherfliegenden Spänen eingesetzt. Ein Fräskopfwechsel ist über eine Kopfwechselschnittstelle möglich.

Eine Variante einer Portalfräsmaschine ist die Querbalkenmaschine in Gantrybauweise (Portalmaschine mit oben liegendem Gantry), Bild 4.48, bei der nur der Querbalken in X-Richtung verfährt. Der Querbalken lagert auf den Führungsbahnen, die sich auf zwei hochgezogenen, fixen Wänden befinden. Hierdurch lassen sich die bewegten Massen in X-Richtung reduzieren und bessere dynamische Eigenschaften der Maschinen realisieren. Die X- und Y-Bewegung erfolgt jeweils durch einen vorgespannten Zahnstangen-Ritzel-Antrieb. Die Bewegung in Z-Richtung erfolgt ausschließlich durch den Z-Schieber (Spindelschlitten). Dabei kommt ein konventioneller Kugelgewindetrieb mit Massenausgleich zum Einsatz. Am Ende des Supports können unterschiedliche Bearbeitungsköpfe mit bis zu zwei Schwenkachsen adap-

Bild 4.47 Portalmaschine in Gantrybauweise. Quelle: Starrag Technology (Produktbereich Droop+Rein)

4

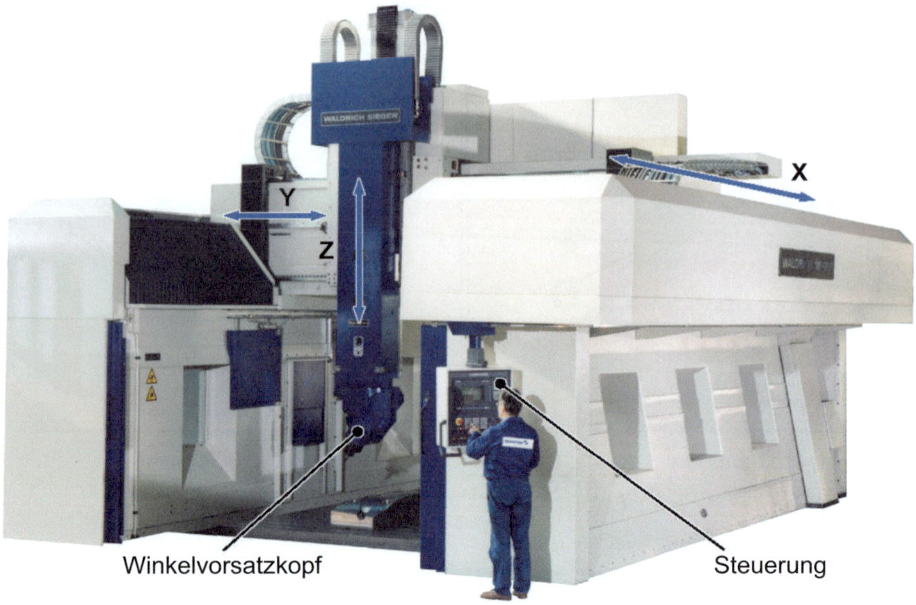

Bild 4.48 Portalmaschine mit oben liegendem Gantry. Quelle: Waldrich Siegen

tiert werden, die Drehzahlen von bis zu 40.000 1/min erreichen. Durch die massiven Seitenwände aus Mineralguss besitzt die Maschine eine sehr hohe Dämpfung und eine hohe statische Steifigkeit. Die Seitenwände dienen dabei gleichzeitig zur Kapselung des Arbeitsraums, um die Umgebung vor umherfliegenden Spänen zu schützen. Durch die integrierten Sichtfenster aus Sicherheitsglas kann der Prozess vom Maschinenbediener beobachtet werden.

4.3.2.4 Maschinen mit modifizierter Gantrybauweise

Portalmaschinen werden nicht nur für die Bearbeitung großer, schwerer Werkstücke eingesetzt. So zeigt Bild 4.49 eine kompakte Maschine in modifizierter Gantrybauweise zur Bearbeitung kleinerer Werkstücke. Das Maschinenbett ist als Massivblock in Mineralgusstechnologie mit einer hohen thermischen Stabilität sowie sehr guten Dämpfungseigenschaften ausge-

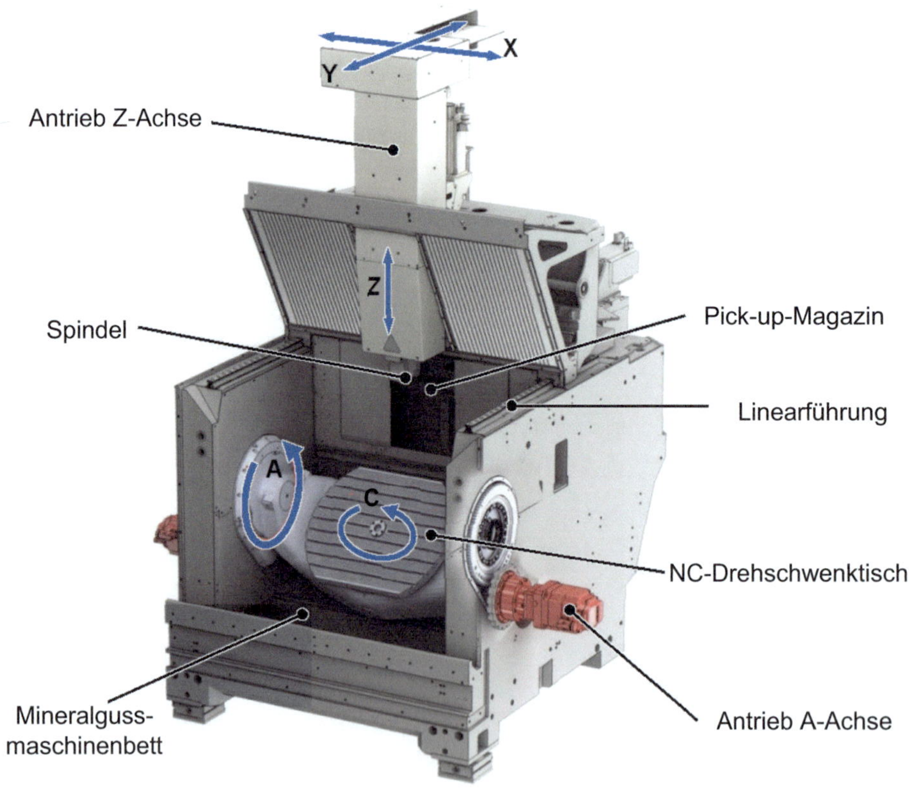

Bild 4.49 Bearbeitungszentrum in modifizierter Gantrybauweise. Quelle: Maschinenfabrik Berthold Hermle

führt und besitzt aufgrund seiner halboffenen, quaderförmigen Bauweise eine sehr hohe Steifigkeit. Die X-Achse liegt im Gegensatz zu herkömmlichen Portalmaschinen nicht senkrecht zum Querbalken, sondern in dessen Längsrichtung. Ferner liegen die Führungsschienen des X-Schlittens nicht in der kartesischen X-/ Z-Ebene, sondern sind in Richtung der Y-Achse versetzt auf dem Querbalken angeordnet, um eine verbesserte Kippsteifigkeit um die X-Achse zu erzielen (s. ◘ Bild 4.50). Als Linearführungen werden Profilschienenwälzführungen eingesetzt. Der Querbalken, hier als Y-Schlitten ausgeführt, ist mit den vier Führungswagen auf zwei außen angeordneten Führungsschienen gelagert, die sich auf den hochgezogenen Seitenwänden des Grundgestells befinden. Die Bewegung in Z-Richtung wird durch das vertikale Verfahren des Werkstücktischs realisiert. Dieser wird an den Maschinenseitenwänden geführt. Die Gestaltung des Betts erlaubt den Einsatz verschiedener Werkstückaufnahmen. Neben dem in ◘ Bild 4.49 abgebildeten einfachen Maschinentisch kann auch ein NC-Spannwürfel eingesetzt werden, mit dem eine stufenlose Drehung des Werkstücks um die B-Achse möglich ist. Entsprechend seiner vier Würfelflächen können gleichzeitig bis zu vier Werkstücke aufgespannt werden. Neben den translatorischen Achsen verfügt die Maschine über zwei rotatorische Achsen im Werkstück. Verfahrgeschwindigkeiten von bis zu 60 m/min sind in allen drei Linearachsen realisierbar. Der hier dargestellte NC-Dreh-Schwenktisch kann entweder als NC-Dreh-Schwenktisch mit Schneckenantrieb oder mit Torqueantrieb ausgeführt werden. Die max. Zuladung beträgt je nach Ausführung 850 kg bzw. 1.400 kg. Die Drehzahlen der A-Achse können 55 1/min und der C-Achse 65 1/min erreichen. Eine dritte Tischvariante ist ein starrer Tisch mit einer Zuladung von 2.000 kg und Werkstückabmessungen von 1.050 mm · 805 mm.

Für unterschiedliche Bearbeitungsaufgaben kann die Maschine mit zwei Spindelvarianten, einer zweiteiligen Spindel oder einer Kompakt-Spindel mit jeweils fünf Drehzahlbereichen und einer HSK-A63-Schnittstelle, ausgestattet werden. Maximal können Drehzahlen von 25.000 1/min bei einer Leistung von 29 kW und einem Drehmoment von 100 Nm erreicht werden.

Ergänzt werden die flexiblen Bearbeitungsmöglichkeiten durch ein als Pick-Up System ausgeführtes Werkzeugringmagazin für 42 Werkzeuge (vgl. ◘ Bild 4.50). Der Werkzeugwechsel erfolgt hierbei ohne Zuhilfenahme eines zusätzlichen Greifers, indem die Werkzeugspindel ein Werkzeug direkt aus dem Magazin entnimmt bzw. es direkt im Magazin ablegt (Pick-Up Verfahren). Erweitert werden kann das Werkzeugmagazin mit Zusatzmagazinen mit bis zu 160 Werkzeugplätzen. Zur Kranbeladung verfährt die Spindel, wie bei einem Werkzeugwechsel, in das Magazin, um maximalen Raum bei der Bauteilhandhabung zu ermöglichen.

In der konventionellen Gantrybauweise werden die Brücken oder Querbalken auf die Seitenwände der Maschine aufgelegt [STEI01]. Dabei verbiegen sich die Seitenwände, wenn Kräfte, wie z. B. Zerspan- oder Beschleunigungskräfte, auf diese einwirken. Die Verformungen sind von den physikalischen Eigenschaften der Wände (Flächenträgheitsmoment, E-Modul, Kraglänge) abhängig. Die linearen Führungselemente – in einer Ebene angeordnet – wirken dabei wie Drehgelenke. Wegen ihrer relativ geringen Fähigkeit, Drehmomente aufzunehmen, können sie die Verbiegung der Seitenwände nicht wesentlich reduzieren, sodass Geometriefehler am Werkstück entstehen. Um hier Abhilfe zu schaffen und die statische wie dynamische Steifigkeit zu erhöhen, wurde das in ◘ Bild 4.51 dargestellte, neuartige Gantrykonzept entwickelt. Bei dieser Bauweise liegen die Führungselemente nicht auf den Seitenwänden, sondern sind innenliegend, ◘ Bild 4.52. Darüber hinaus sind die Führungselemente nicht in einer, sondern in zwei Ebenen angeordnet, was zu einer Verspannung des Querträgers führt. Das gleiche Konzept wurde bei der Anordnung der Führungselemente für den Träger des Z-Schiebers realisiert. Er befindet sich in der Mitte des Querbalkens. Kräfte in Z-Richtung erzeugen somit

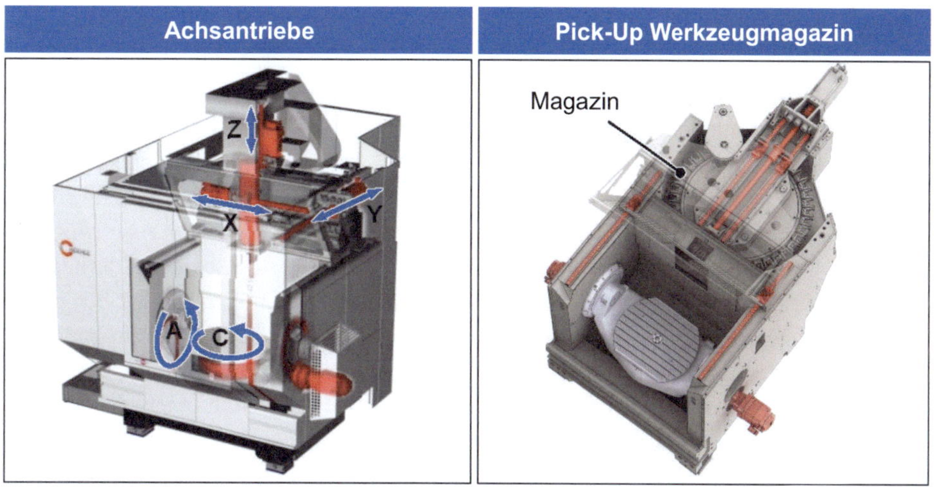

◘ **Bild 4.50** Achsantriebe und Werkzeugmagazin des Bearbeitungszentrums in modifizierter Gantrybauweise. Quelle: Maschinenfabrik Berthold Hermle

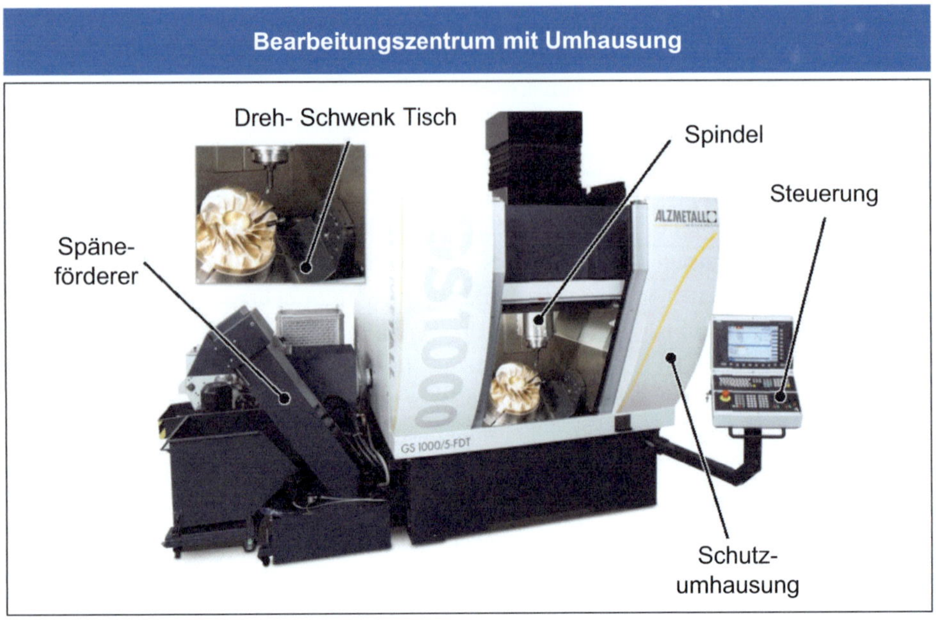

Bild 4.51 Bearbeitungszentrum in Gantrybauweise mit Koordinatenfahrwerk. Quelle: ALZMETALL

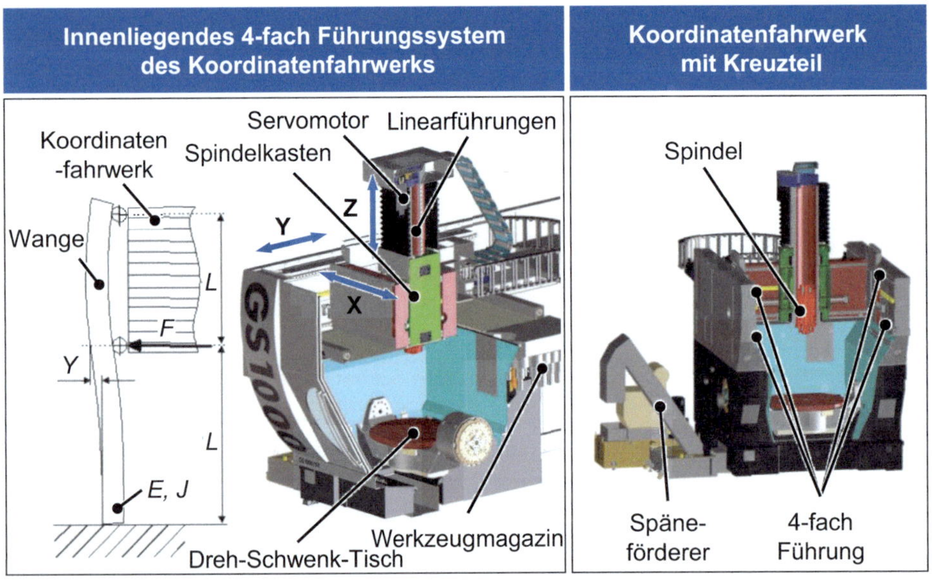

Bild 4.52 Maschinengestell in Gantrybauweise mit Koordinatenfahrwerk. Quelle: ALZMETALL

kein Torsionsmoment um die Querbalkenlängsachse. Durch die besondere Führungsanordnung werden bei auftretenden Querkräften in die Seitenwände des Gestells zwei gegenläufige Biegebeanspruchungen eingeleitet, sodass sich die Steifigkeit verdoppelt und damit die Verlagerung Y halbiert. Die gezeigte Maschine ist für Eilganggeschwindigkeiten von 60 m/s bei einer Beschleunigung von 1 g geeignet und kann mit Motorspindeldrehzahlen von bis zu 24.000 1/min betrieben werden.

4.3.2.5 Sonderformen von Bearbeitungszentren

Eine Sonderform eines Bearbeitungszentrums zeigt Bild 4.53. Hierbei handelt es sich um eine Maschine zur 5-achsigen Komplettbearbeitung von stangenförmigen Werkstoffen, in der die Fertigungstechnologien Fräsen, Bohren, Gewinden und Drehen kombiniert sind. Die Werkzeug- und Werkstückdrehachse sind unter 90° zueinander angeordnet. Auf der Werkzeugseite werden mit einem Kreuzschlitten die horizontalen Bewegungen in X- und Z-Richtung realisiert. Werkstückseitig erfolgt die Zustellung in vertikaler Y-Richtung, wobei die Werkstückspindel zusätzlich um die X-Achse geschwenkt werden kann. Die Beladung der Werkstückspindel erfolgt über ein in die Maschine integriertes 7-fach Lademagazin für Rund- und Profilmaterialstangen mit einer Länge von bis zu 1,1 m. Hierzu wird die Werkstückspindel in die horizontale Position geschwenkt und auf die entsprechende Übergabeposition verfahren. Die Klemmung der Werkstücke erfolgt über ein automatisiertes Dreibackenfutter, das mit einer Drehzahl von 30 1/min bei einem maximalen Nennmoment von 510 Nm betrieben werden kann. Die maximale Drehzahl der Werkzeugspindel beträgt 16.000 1/min bei einem maximalen Moment von 139 Nm.

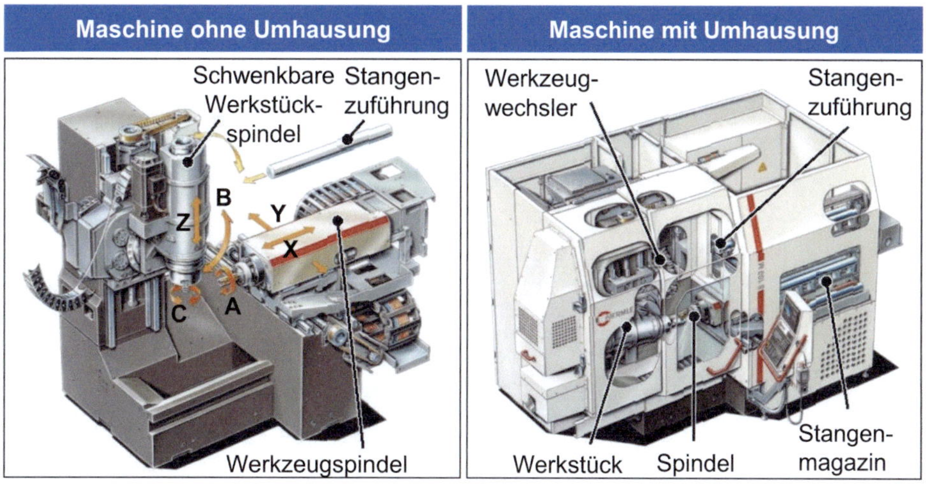

Bild 4.53 Stangenbearbeitungszentrum. Quelle: Maschinenfabrik Berthold Hermle

4.3.3 Maschinen mit parallelkinematischen Strukturen

Einen anderen Ansatz zur Erzeugung der Relativbewegungen zwischen Werkzeug und Werkstück stellen Werkzeugmaschinen mit parallelkinematischen Strukturen dar, die seit Mitte der neunziger Jahre eingesetzt werden (vgl. Bild 4.54). Bei den meisten Maschinen, die sich in der Praxis bewährt haben, handelt es sich jedoch um hybride Lösungen, d.h. nur bei einem Teil der Vorschubachsen handelt es sich um parallele Achsen. Die restlichen Achsen sind seriell aufgebaut.

Ein Beispiel eines rein parallelkinematischen Konzepts zur Bewegungsumsetzung zeigt Bild 4.55. Bei dieser 3-Achs-Parallelstab-Kinematik wird die Spindelplattform von sechs längenunveränderlichen Stabkoppeln gehalten. Durch die Anordnung von je zwei dieser Koppeln auf den

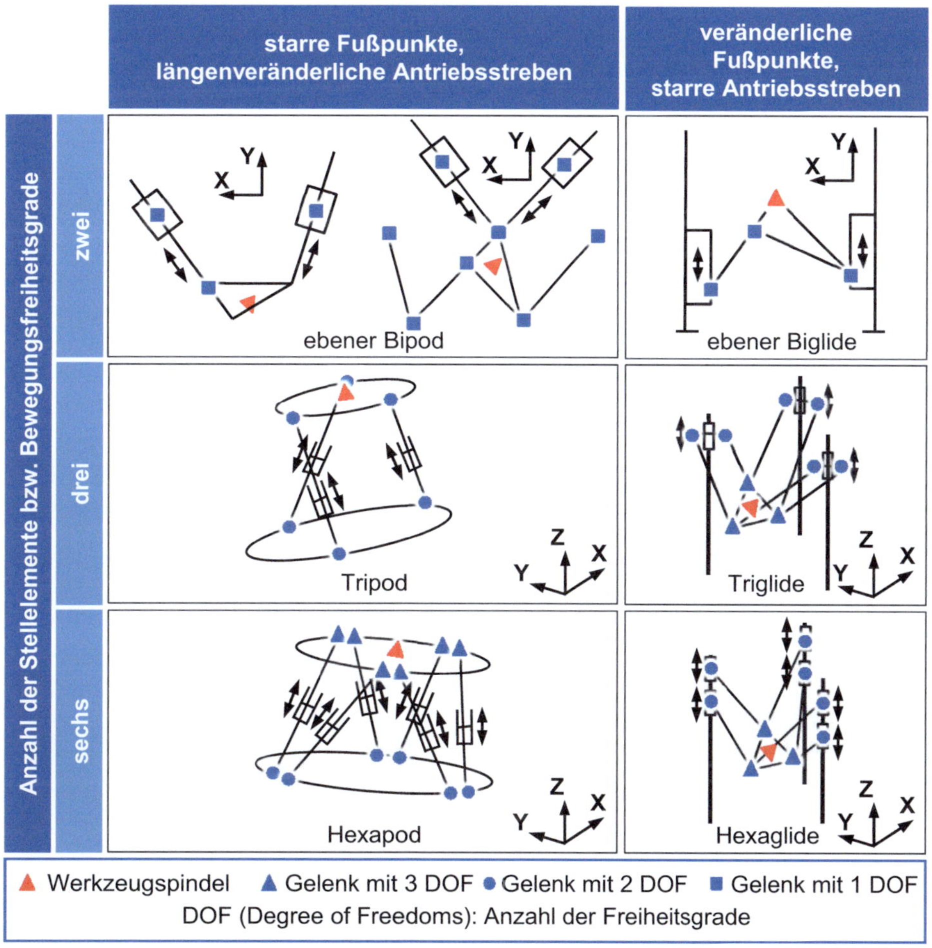

Bild 4.54 Bauformen parallelkinematischer Fräsmaschinen

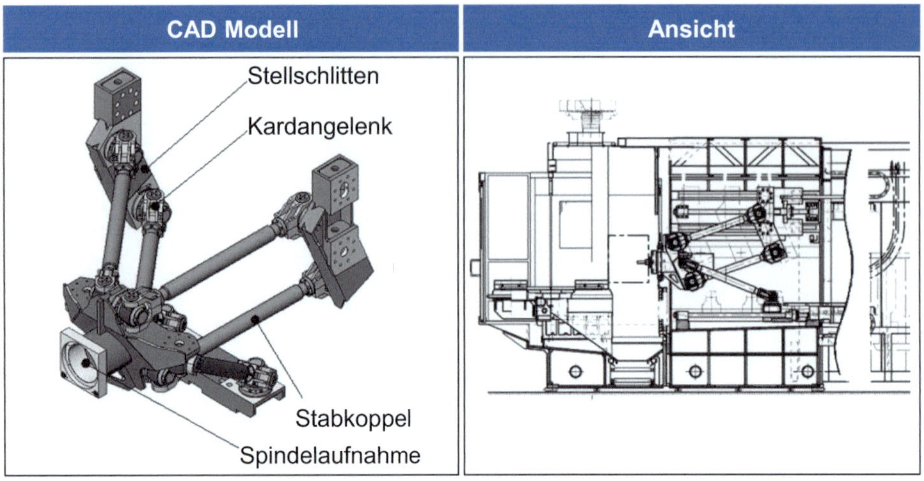

Bild 4.55 Bearbeitungszentrum mit Parallelkinematik. Quelle: Krauseco

drei in Z-Richtung beweglichen Stellschlitten werden die drei rotatorischen Freiheitsgrade der Spindelplattform festgesetzt, sodass nur noch die drei translatorischen Bewegungen in den Koordinatenrichtungen X, Y und Z möglich sind. Einen anderen Ansatz zur parallelkinematischen Erzeugung der Relativbewegung zwischen Werkzeug und Werkstück stellen Werkzeugmaschinen auf Basis des Hexapod-Prinzips dar. Diese Maschinen beruhen auf der 1956 von Stewart beschriebenen und nach ihm benannten Stewart-Plattform. Die Plattform wird von sechs längenveränderlichen Stelzen getragen, wobei durch eine Änderung der Stelzenlängen die Position und Orientierung der Plattform (6 Freiheitsgrade) verändert werden kann.

Bild 4.56 zeigt ein solches Beispiel einer Hexapod-Maschine mit horizontaler Werkzeugspindel. Die kinematische Maschinenstruktur besteht aus sechs paarweise gekreuzten Struts. Diese sind mit Kardangelenken an dem Rohrgestell der Maschine und mit Kugelgelenken an der beweglichen Plattform, die die Frässpindel mit Antriebsmotor trägt, befestigt. Die in Teleskopbauweise ausgeführten Struts werden durch motorgetriebene, integrierte Kugelrollspindeln in ihrer Länge verändert. Der horizontale Tisch ist feststehend und dient zur Werkstückaufnahme. Die in Dreiecken aufgebaute Rohr-Fachwerkstruktur des Maschinengestells sorgt für eine hohe Maschinensteifigkeit. Dabei sind die Gelenke der Struts in die Fachwerkknoten integriert. Auf diese Weise werden sowohl die Struts als auch die Fachwerkstreben nur auf Zug/Druck belastet. Da nahezu keine Biegebeanspruchung auftritt, verfügt die Maschine über ein ausgezeichnetes statisches und dynamisches Nachgiebigkeitsverhalten. Zur Vermeidung thermoelastischer Dehnungen der Maschinenstruktur können die rohrförmigen Streben mit temperiertem (gekühltem) Wasser durchflutet werden, sodass die Maschine ein gutes thermoelastisches Genauigkeitsverhalten aufweist.

Hexapod-Maschinen bestehen im Bereich der Vorschubantriebe aus Gleichteilen, was die Fertigung und Montage der Maschine vereinfacht. Bei der Montage der Maschinen sind keine besonderen Anpass- und Ausrichtearbeiten notwendig. Die Lage der Gelenkpunkte, die zur genauen Achsansteuerung bekannt sein muss, wird nach der Montage durch einen Kalibriervorgang bestimmt. Für die linearen Be-

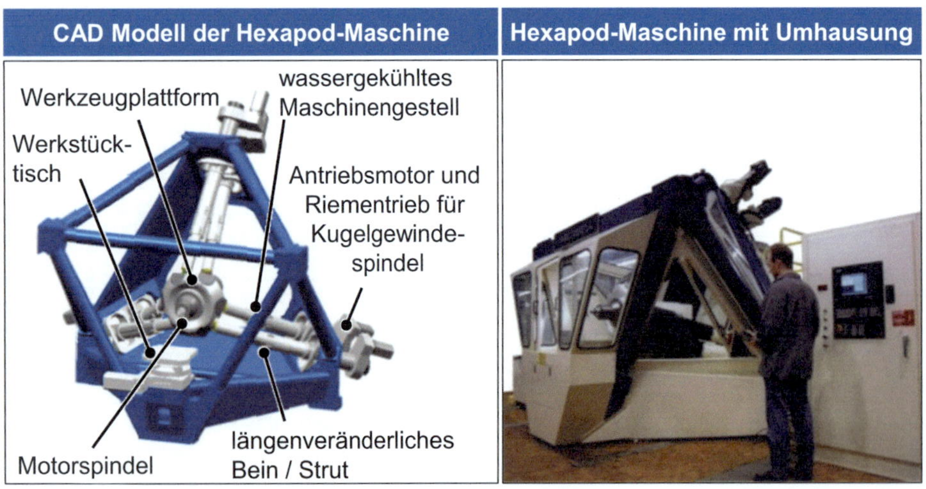

Bild 4.56 Bearbeitungszentrum in Hexapodbauweise mit horizontaler Werkzeugspindel. Quelle: Ingersoll

Bild 4.57 Vor- und Nachteile der Hexapod-Struktur

Vorteile	Nachteile
✓ eigensteife Konstruktion ✓ geringe bewegte Massen ✓ Alle Antriebe (Struts) identisch; Wiederholteile ✓ Struts nur auf Zug/Druck belastet; Vermeidung von Biegeanteilen ✓ hohe Dynamik	✗ hoher Steuerungsaufwand, da Koordinatentransformationen für alle sechs Achsen durchzuführen sind ✗ aufwändige Lagerung der Beine sowie aufwändiges Wegmesssystem zur Gewährleistung von Steifigkeit und Genauigkeit ✗ große thermische Wirklängen ✗ ungünstiges Verhältnis Arbeitsraum zu Maschinenvolumen ✗ Begrenzter Schrenkwinkel für 5-Achs-Bearbeitung

wegungen in Richtung der kartesischen Maschinenkoordinatenachsen sind stets alle sechs Struts anzusteuern. Ein in der Steuerung hinterlegtes Modell sorgt für die Koordinatentransformation von den globalen karthesischen Achsen auf die Maschinenachsen (Strutlängen). Die 5-Achs-Fähigkeit der Hexapod-Maschinen wird durch den begrenzten Schwenkwinkel der Plattformen eingeschränkt. Daher wird für eine 5-Seiten-Bearbeitung in der Regel der Einsatz einer zusätzlichen Dreh- und Schwenkachse auf der Werkstückseite vorgesehen. In Bild 4.57 sind abschließend die spezifischen Vor- und Nachteile von Hexapod-Maschinen aufgeführt.

Die zahlreichen Nachteile der Hexapod-Struktur, insbesondere die aufwendige Kühlung sowie der relativ große Aufstellplatzbedarf im Vergleich zum Arbeitsraum, führte zu einer sehr geringen Akzeptanz dieses Maschinenkonzepts in der Industrie. Um dennoch die Vorteile dieses Maschinenkonzepts nutzen zu können und somit die Akzeptanz zu steigern, wurden Hybridkinematiken entwickelt. Die aufgeführten Hybridkinematiken, das Hochgeschwindigkeits-Bearbeitungszentrum mit V-förmiger Parallelkinematik, das Bipod-Maschinenkonzept mit Koppelgetriebe, das Bipod-Maschinenkonzept mit linearen Direktantrieben und das Fräsbearbeitungszentrum mit 3-Achs-Vorsatzfräskopf werden im Folgenden kurz vorgestellt.

Bild 4.58 zeigt ein kompaktes Hochgeschwindigkeits-Bearbeitungszentrum, das die Bewegung in der X-Y-Ebene mittels einer V-förmigen Parallelkinematik (PKM), einer sogenannten ebenen Bipod-Struktur, mit linearen Direktantrieben ausführt. Durch eine entsprechende Ausfahrlänge der beiden Achsschenkel kann jeder Punkt in der X-Y-Arbeitsebene angefahren werden. Die Bewegung in Z-Richtung erfolgt hingegen konventionell mittels eines an der vorderen Spindelplattform angelenkten, verfahrbaren Spindelkastens. Das dargestellte Maschinenkonzept ermöglicht eine deutliche Reduktion der bewegten Massen bei gleichzeitig verstärkter Steifigkeit, sodass sich Eilganggeschwindigkeiten von bis zu 120 m/min und Achsbeschleunigungen von bis zu 3 g bei einer Span-zu-Span-Zeit von 1,2 Sekunden realisieren lassen. Sowohl die schnell hochlaufende und abbremsende Motorspindel mit bis zu 40.000 1/min, als auch der Pick-Up Werkzeugwechsler mit Wechselzeiten von 0,5 Sekunden sorgen für eine sehr kurze Span-zu-Span-Zeit.

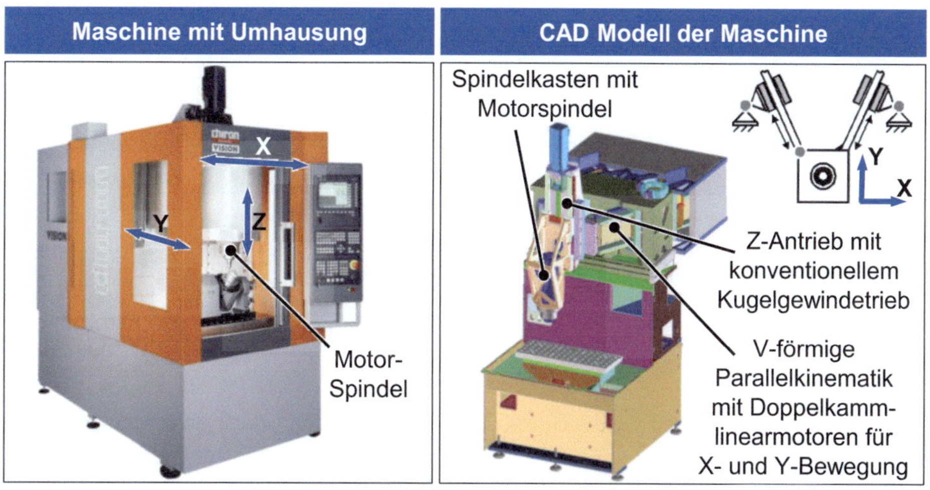

Bild 4.58 Hochgeschwindigkeits-Bearbeitungszentrum mit V-förmiger Parallelkinematik.
Quelle: CHIRON Werke

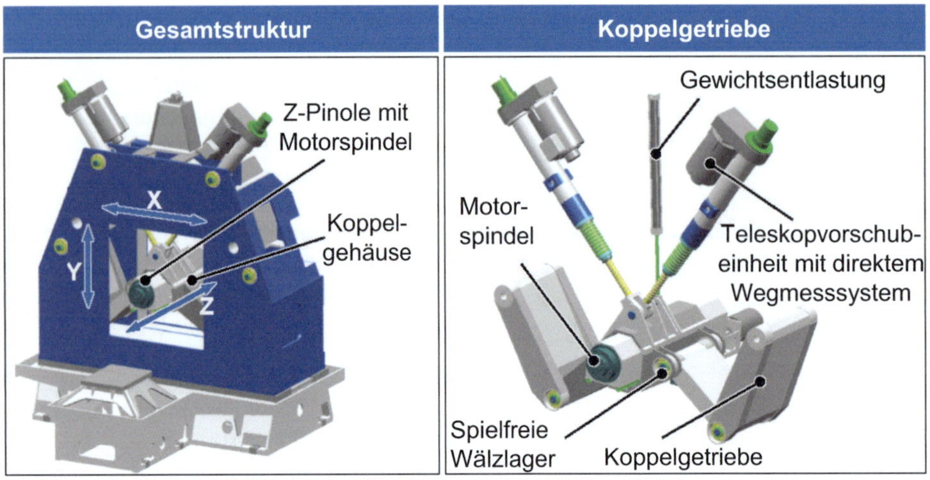

Bild 4.59 Bipod-Maschinenkonzept mit Koppelgetriebe

Ein anderes ebenes Bipod-Maschinenkonzept ist in Bild 4.59 dargestellt. Diese Maschine besteht aus einer in der X-Y-Ebene verfahrbaren Z-Pinole mit Motorspindel. Die Bewegung der Spindel in X-Y-Richtung und ihre Steifigkeit senkrecht dazu (Z-Achse) werden durch ein W-förmiges Koppelgetriebe gewährleistet. In den Gelenken des Koppelgetriebes sorgen spielfrei eingestellte Wälzlager für eine steife und reibungsarme Verbindung. Der Antrieb des Koppelgetriebes erfolgt durch zwei Teleskop-Kugelgewindespindeln. Die Teleskopspindeln sind auf der einen Seite an der Werkzeugspindel und auf der anderen Seite in einem schwenkbar aufgehängten Führungsrahmen angekoppelt. Für Verfahrwege in X- und Y-Richtung von jeweils 500 mm sind Teleskopspindeln mit einer Gesamtlänge von 1.450 mm erforderlich. Durch die als Pinole ausgeführte Motorspindel erfolgt die Zustellung in Z-Richtung auch auf der Werkzeugseite. Folglich kann dieses Maschinenkonzept sowohl als standalone Maschine als auch als Bearbeitungsmodul innerhalb von Transferstraßen verwendet werden.

Alternativ ist auch eine Ausführung mit einer in Z-Richtung starren Spindeleinheit möglich, bei der die Zustellung in dieser Achse durch eine Linearbewegung der Werkstückpalette erfolgt. Bild 4.60 zeigt eine Maschine mit Parallelkinematik für die X-Y-Ebene. Die scherenförmige Koppelkinematik dieser Maschine ist der Kinematik in Bild 4.59 sehr ähnlich. Die Bewegung in der X-Y-Ebene wird durch zwei parallel und senkrecht wirkende Schlitten ausgeführt, die durch Linearmotoren angetrieben werden. Die Fußpunkte der Koppeln befinden sich an den Schlitten, die an dem rahmenförmigen Maschinenständer geführt werden. Durch diese konstruktiven Merkmale sowie die Integration linearer Direktantriebe wird eine höhere Steifigkeit und Dynamik der Maschine erreicht. Die maximale Verfahrgeschwindigkeit liegt bei 120 m/min bei Beschleunigungen von 1,5 g.

Ein weiteres Anwendungsbeispiel für den Einsatz parallelkinematischer Maschinenkonzepte zeigt das in Bild 4.61 dargestellte Hochgeschwindigkeitsbearbeitungszentrum für die 5-achsige Bearbeitung mittelgroßer Strukturbauteile im Flugzeugbau. Die Maschine besitzt einen stationären, geschlossenen Rahmenständer, in dem in Y-Richtung ein mittels zweier Kugelgewindetriebe bewegter, parallelkinematischer 3-Achs-Vorsatzfräskopf geführt wird. Der Bearbei-

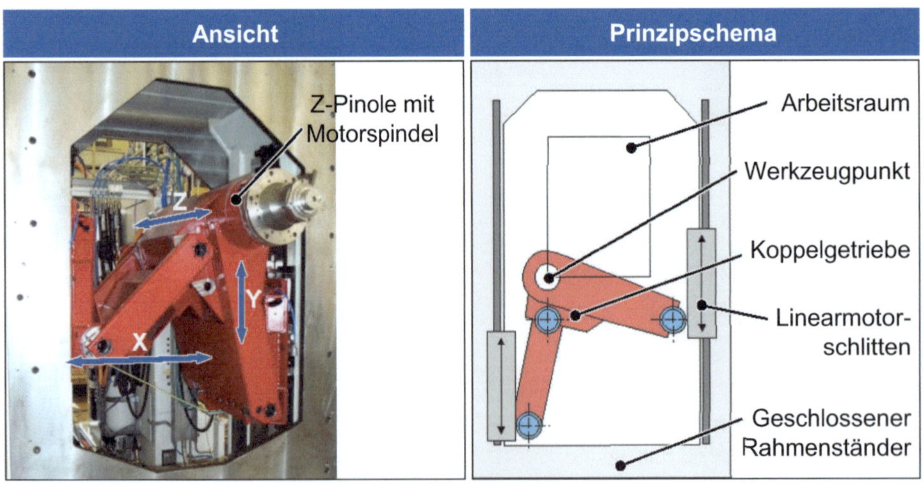

Bild 4.60 Bipod-Maschinenkonzept mit linearen Direktantrieben. Quelle: MAG IAS

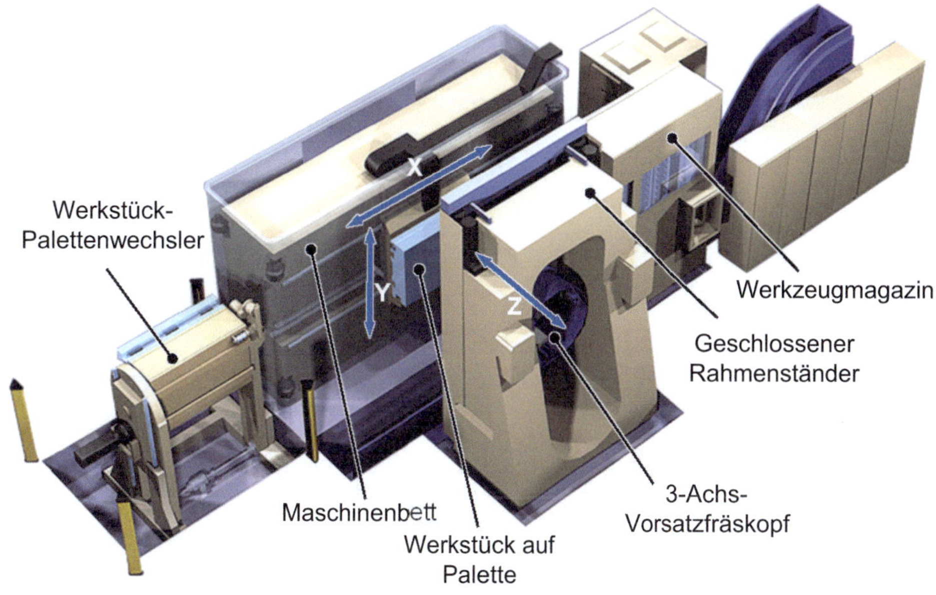

Bild 4.61 Fräsbearbeitungszentrum mit 3-Achs-Vorsatzfräskopf. Quelle: Starrag Technology (Produktbereich Scharmann)

tungskopf trägt, führt und bewegt die auf einer Plattform montierte Motorspindel über drei längenunveränderliche Stabkoppeln (3-Stab-Kinematik), Bild 4.62.

Die drei in Z-Richtung beweglichen Fußpunkte dieser Koppeln werden über Schlitten, die mit Kugelrollspindeln angetrieben werden, verfahren. In Abhängigkeit von den Verfahrwegen der jeweiligen Koppel-Fußpunkte ergibt sich so eine translatorische (Z-Achse) bzw. Schwenkbewegung (A-/B-Achse) der Spindelplattform. Der Schwenkbereich der Plattform für die simultane A- und B-Achse beträgt +/–40 ° bei einer maximalen Achsgeschwindigkeit von 80 °/s und einer Achsbeschleunigung von 685 °/s2. Die Bewegung in X-Richtung erfolgt über einen elektrisch verspannten Doppelritzel-Antrieb mit zwei Vorschubmotoren werkstückseitig durch den verfahrbaren Maschinentisch. Für die translatorischen Bewegungen in allen drei Koordinatenachsen ergeben sich maximale Achsgeschwindigkeiten von 50 m/min bei Beschleunigungen von 1 g. Auf der seitlich an der Maschine angeordneten drehbaren Doppelpalettenstation kann eine 3 m · 2 m große Palette horizontal beladen werden, um anschließend in vertikaler Stellung an den Maschinentisch übergeben zu werden. Hierdurch kann das Rüsten hauptzeitparallel erfolgen. Mittlerweile sind über 100 Maschinen mit dem parallelkinematischen 3-Achs-Vorsatzkopf im industriellen Einsatz.

4.4 Drehmaschinen

Drehmaschinen sind Werkzeugmaschinen, auf denen hauptsächlich rotationssymmetrische Werkstücke hergestellt werden. Die Schnittbewegung wird dabei vornehmlich durch Rotation des Werkstückes erzeugt. Drehmaschinen sind heutzutage vielfach mit Zusatzfunktionen ausgerüstet, mit denen auch fräsende und bohrende Bearbeitungsoperationen parallel, senkrecht oder sogar in beliebigen Winkeln zur Werkstückachse sowie die Rückseitenbearbeitung durchge-

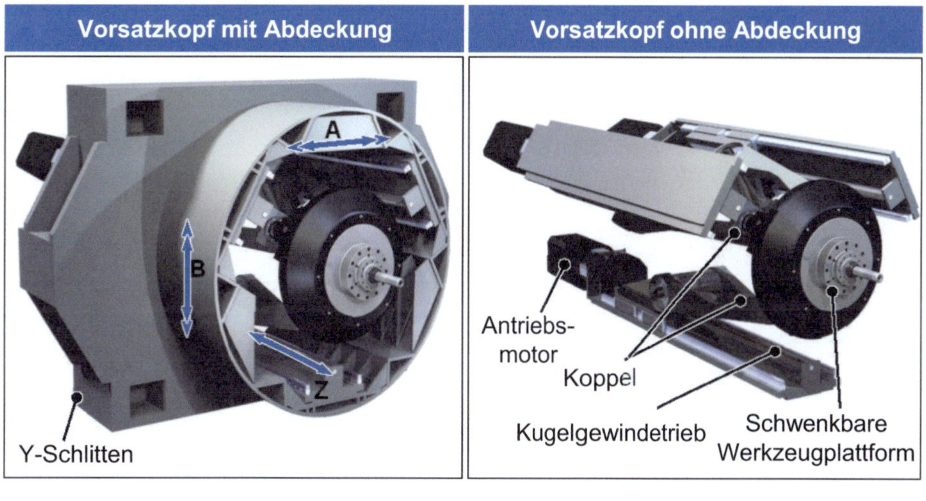

Bild 4.62 Parallelkinematischer 3-Achs-Vorsatzfräskopf. Quelle: Starrag Technology (Produktbereich Scharmann)

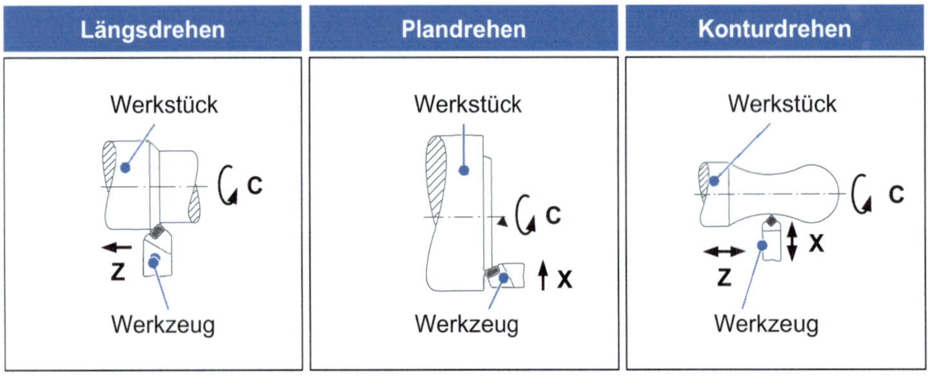

Bild 4.63 Arten des Drehens

führt werden können. Werkzeugrevolver und Werkzeugmagazine mit Werkzeugwechseleinrichtungen erlauben es, eine große Zahl unterschiedlicher Werkzeuge nacheinander automatisiert in Eingriff zu bringen. Die Ebene der Hauptvorschubbewegungen (X-Z-Ebene) liegt senkrecht zum Schnittgeschwindigkeitsvektor im Werkzeugeingriffspunkt des Drehmeißels, wobei die Z-Vorschubachse definitionsgemäß in Richtung der Rotationsachse des Werkstücks liegt.

Wie **Bild 4.63** zeigt, wird entsprechend der Vorschubbewegung zwischen folgenden Drehoperationen unterschie-

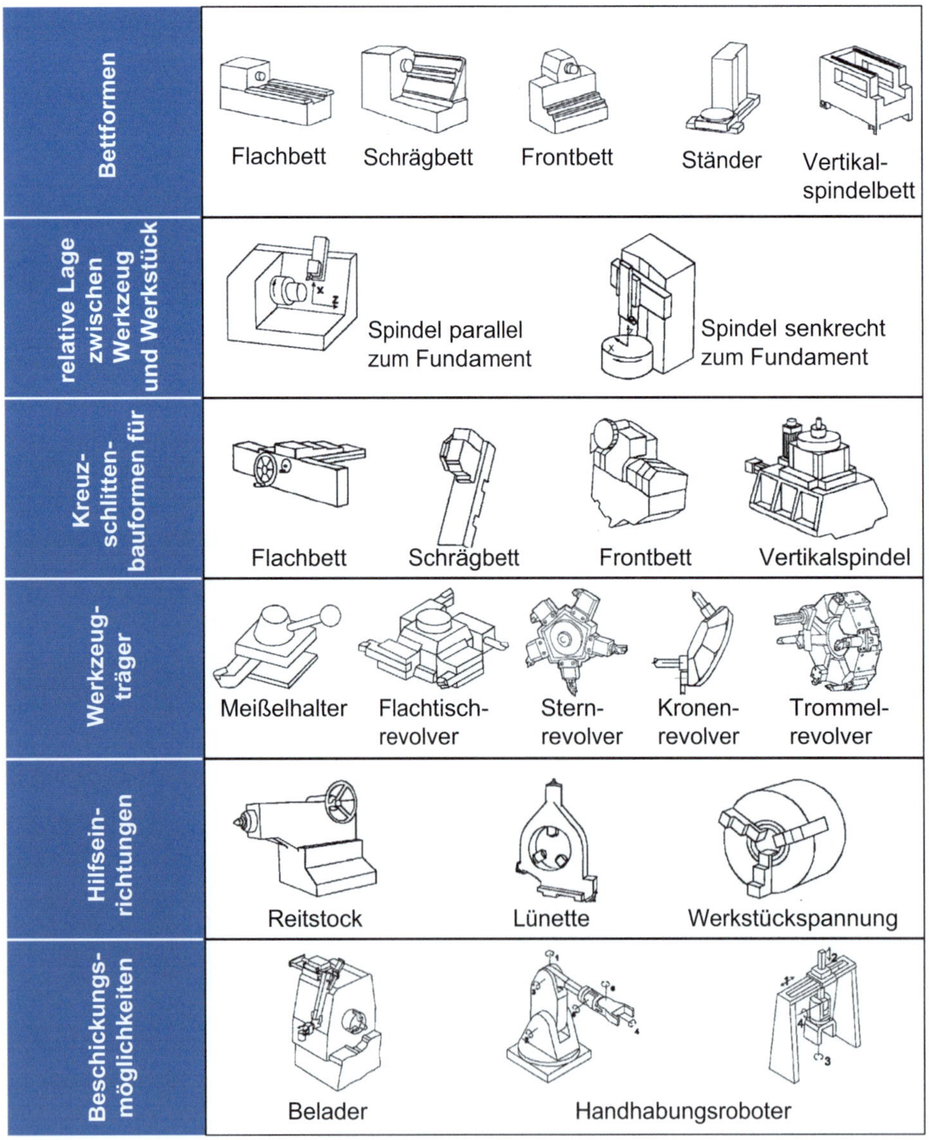

Bild 4.64 Komponenten und Bauformen von Drehmaschinen

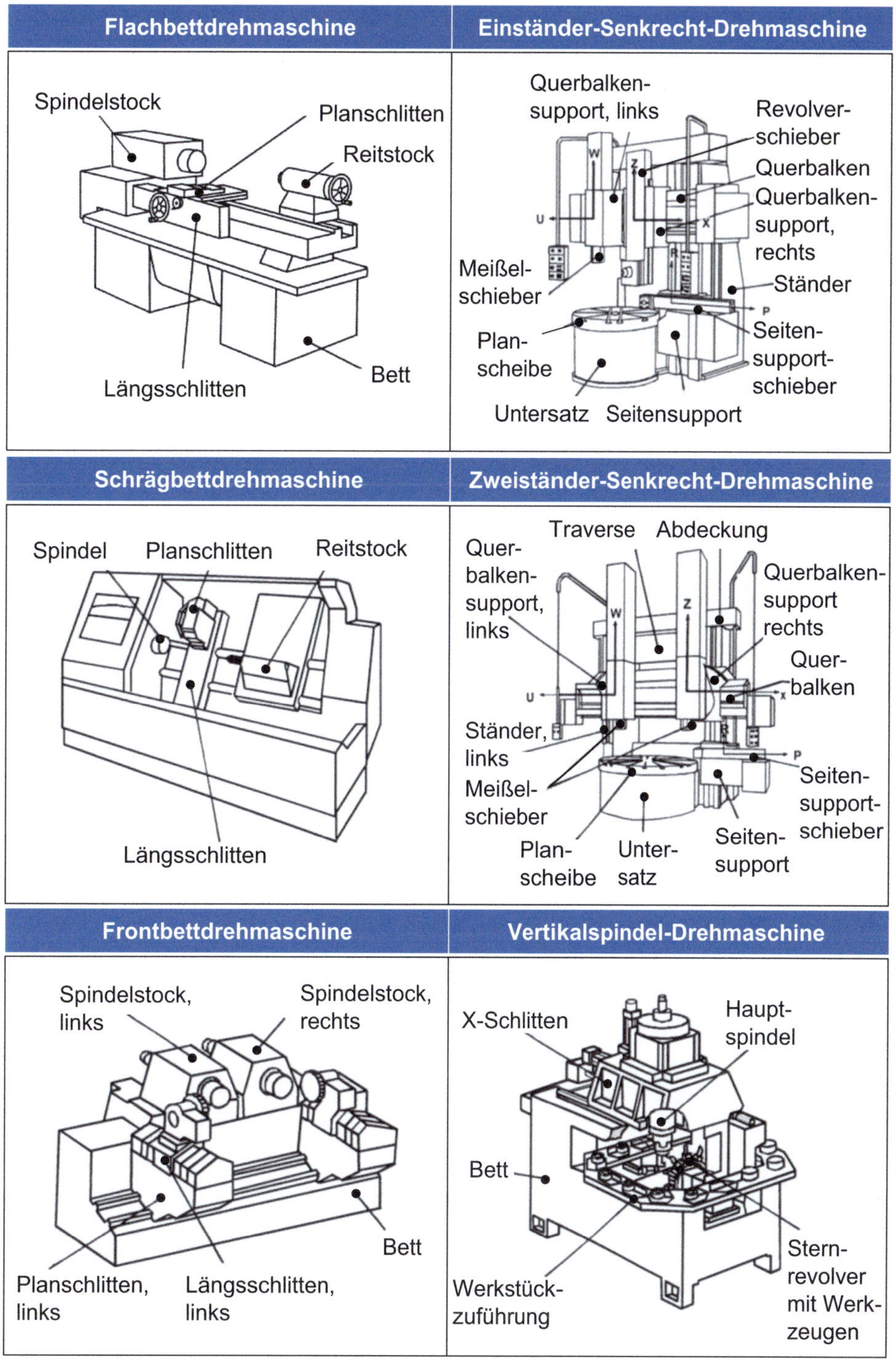

Bild 4.65 Systematik der Drehmaschinen-Bauformen

den: Längsdrehen (Axialvorschub), Plandrehen (Radialvorschub) und Konturdrehen (gleichzeitiger Axial- und Radialvorschub). Die numerisch gesteuerte Synchronisation der X- und Z-Achsen mit der Drehbewegung der Hauptantriebsspindel (C-Achse) erlaubt es, in Verbindung mit angetriebenen Werkzeugen komplexe Werkstückgeometrien zu erzeugen, die früher nur mit Fräsmaschinen herstellbar waren.

Die wichtigsten konstruktiven Komponenten und Bauformen von Drehmaschinen sind in Bild 4.64 zusammengefasst.

Drehmaschinen unterscheiden sich vor allem in der räumlichen Anordnung der Werkstückachse (waagrecht/senkrecht). Dabei sind der Aufbau des Maschinenbetts sowie die Lage der Spindel wichtige Klassifizierungskriterien. Horizontale Flachbettdrehmaschinen werden immer dort eingesetzt, wo hohe Maschinensteifigkeiten benötigt werden. Die Schrägbettbauweise ermöglicht einen schnellen Abtransport der heißen Späne und des Kühlschmiermittels, sodass hier die Gefahr einer thermischen Verformung des Maschinenbetts im Vergleich zu anderen Bauformen geringer ist. Lange Werkstücke werden von einem Reitstock mit einer Körnerspitze abgestützt. Frontbettdrehmaschinen eignen sich besonders gut für die Bearbeitung von Futterteilen mit automatisiertem Werkstückwechsel. Eine Bauform mit vertikal angeordneter, hängender Spindel bietet sowohl den Vorteil eines günstigen Werkstückwechsels (das Futter kann die Werkstücke direkt von einer Palette greifen und nach der Bearbeitung auf diese zurücklegen), als auch eines günstigen Späneabtransports. Senkrechtdrehmaschinen in Ständerbauweise können auf ihrem rotierenden Werkstücktisch (Planscheibe) im Durchmesser große, dünnwandige Bauteile aufnehmen. Die Werkstückeigenverformung durch Gravitation wird hierbei weitgehend ausgeschlossen.

Für den Aufbau der Werkzeugträger stehen ebenfalls unterschiedliche Ausführungsformen zur Verfügung (► Kap. 10). Je nach Bearbeitungsaufgabe ist bei der Anordnung der Werkzeuge und der Festlegung des Arbeitsablaufs auf Kollisionsfreiheit zwischen Werkstück und Werkzeugen zu achten. Allgemein sind bei Drehmaschinen zwei Werkstückspannarten möglich: Lange Werkstücke werden in der Regel von zwei Drehspitzen aufgenommen (Spitzendrehmaschine). Bei großem Schlankheitsgrad wird das Drehteil zusätzlich durch eine oder mehrere Lünetten gegen Durchbiegung abgestützt. Kurze Werkstücke spannt man einseitig in das sogenannte Futter (Futterdrehmaschine) oder, wenn es sich um nicht rotationssymmetrische Teile handelt, auf eine Planscheibe (Plandrehmaschine). Für die in ◘ Bild 4.64 dargestellten Bettformen sind der Aufbau typischer Drehmaschinen sowie die Bezeichnungen der wesentlichen Bauteile in ◘ Bild 4.65 zusammengefasst.

4.4.1 Universal- bzw. Werkstattdrehmaschinen

◘ Bild 4.66 zeigt eine handbediente Universaldrehmaschine mit Zyklenautomatik zum Ausführen von Dreharbeiten, wie Außen- und Innendrehen, Konturdrehen sowie axiale Bohr- und Gewindeschneidarbeiten.

Diese Maschine bietet alle Funktionen einer Werkstattdrehmaschine. Die Bewegung der Handräder wird allerdings im Gegensatz zu konventionellen Maschinen elektronisch auf die Vorschubantriebe übertragen. Dadurch kann die Drehmaschine um automatische Funktionen wie eine Joystick-Steuerung, Zyklenautomatik oder numerische Steuerung (NC-Steuerung) erweitert werden. Die Synchronisation von Werkstückdrehzahl und Vorschub beim Gewindeschneiden, die bei früheren, mechanisch gesteuerten Drehmaschinen von Leitspindel und Schlossmutter übernommen wird, erfolgt hier ebenfalls durch eine NC-Steuerung.

Die Maschine ist in Flachbettbauweise ausgeführt. Die Führungsbahnen für Längsschlitten und Reitstock sind eine Kombination aus Doppelprismen- und Flachführungen. Große Führungsflächen mit geringer Flächenpressung gewährleisten eine hohe Führungssicherheit und einen geringen Verschleiß auch bei großem Überhang außerhalb der Drehmitte (z. B. beim Drehen großer Werkstücke). Zur Bewegung des Planschlittens werden Schwalbenschwanzführungen und Flachführungen eingesetzt, die auch bei einer Belastung durch hohe Momente ein Abheben des Schlittens verhindern.

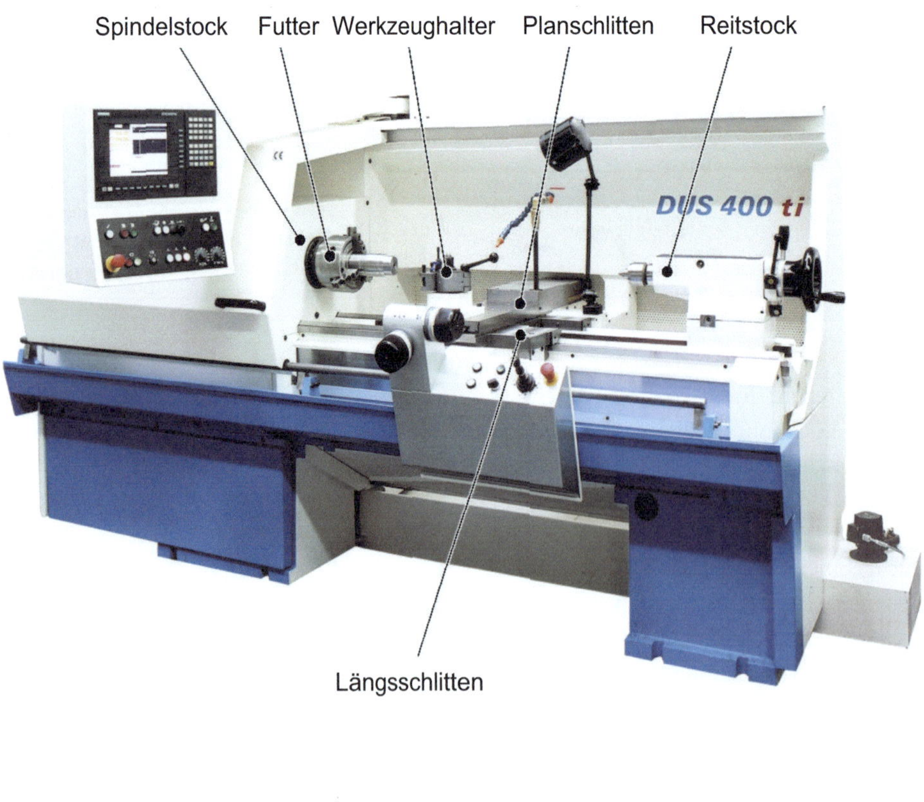

◘ **Bild 4.66** Flachbett-Drehmaschine. Nach Boehringer

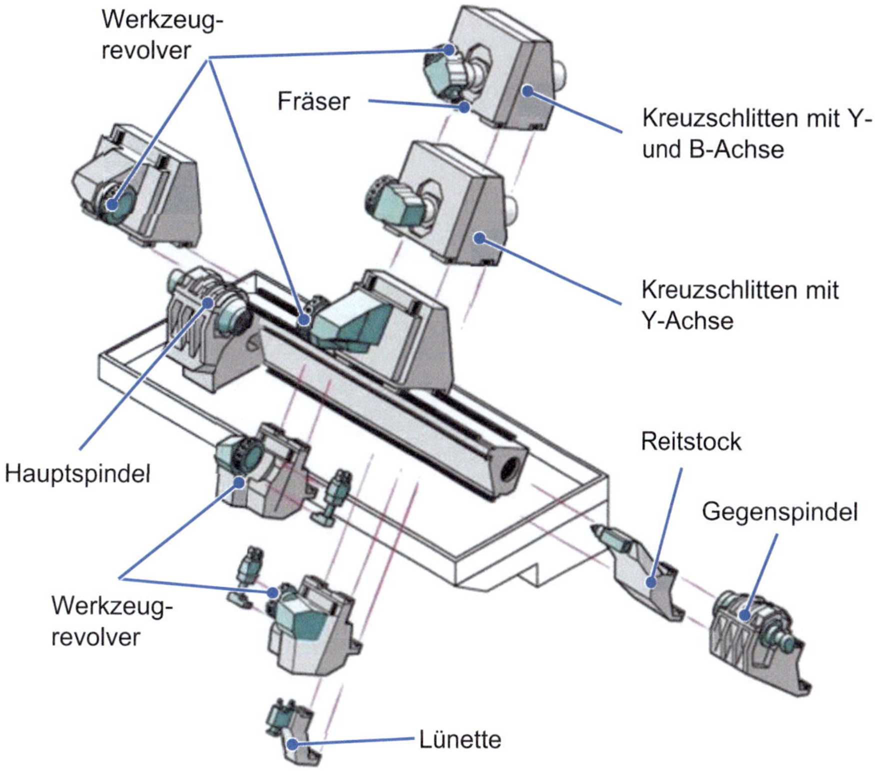

Bild 4.67 Komponenten einer NC-Schrägbett-Drehmaschine. Nach Index

4.4.2 Drehautomaten

Abgestimmt auf die Anforderungen der Kleinserienfertigung finden heute numerisch gesteuerte Drehautomaten mit hohen Ausbringungsleistungen Anwendung. Kennzeichnend für diese Maschinenart ist, dass alle Funktionen wie Schnittgeschwindigkeit und Vorschubgeschwindigkeit, Vorschubweg sowie Werkzeugwechsel durch numerische Informationen gesteuert werden. Die Werkstückzu- und Werkstückabfuhr kann durch Handhabungsgeräte ebenfalls automatisiert werden (▶ Kap. 9).

Bild 4.67 zeigt die Komponenten eines numerisch gesteuerten Drehautomaten für Futter- und Spitzenarbeiten. Durch einen modularen Aufbau ist es möglich, die Maschine den jeweiligen Kundenwünschen entsprechend zu konfigurieren. Dabei kann sowohl ein Reitstock für die Spitzenbearbeitung als auch eine Gegenspindel für die Rückseitenbearbeitung eingesetzt werden. Neben einem konventionellen Werkzeugrevolver kann diese Maschine auch mit einer schwenkbaren Werkzeugträger- und Fräseinheit ausgestattet werden. Für die Bearbeitung des Werkstücks in einer Gegenspindel oder für die Bearbeitung mit mehreren gleichzeitig in Eingriff befindlichen Werkzeugen kann ein zusätzlicher Revolver ergänzt werden. Zur Unterstützung längerer Werkstücke dienen Lünetten, die eine Durchbiegung der Werkstücke verhindern. Bei der Anordnung der Werkzeuge und der Festlegung des Arbeitsablaufs ist auf Kollisionsfreiheit zwischen Werkstück und Werkzeugen zu achten.

Während bei Futterdrehmaschinen die Werkstücke aus einem Magazin automatisch oder von Hand in das Futter eingelegt und wieder entnommen werden, wird beim Stangendrehautomaten das Stangenmaterial durch die Spindel zugeführt. Der Abstechvorgang ist hier der letzte Bearbeitungsvorgang an der Hauptspindel: Dabei wird das Werk-

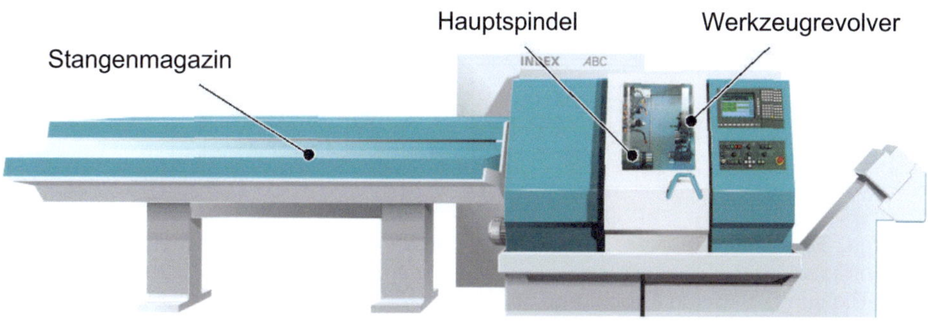

Bild 4.68 Drehmaschine mit Stangenmagazin. Nach Index

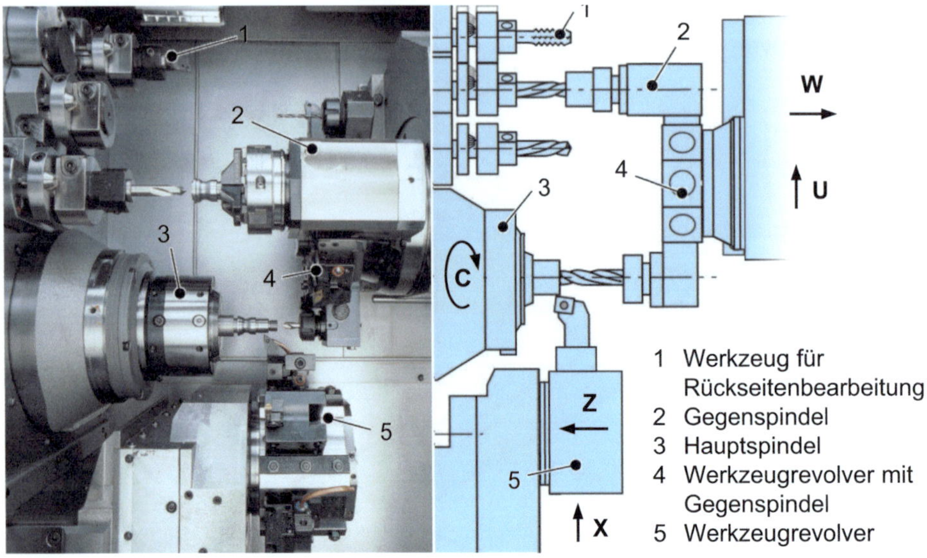

Bild 4.69 Arbeitsraum der Drehmaschine aus Bild 4.68. Nach Index

stück von der Stange getrennt. Bild 4.68 zeigt ein Stangendrehzentrum. Bei entsprechender Ausstattung solcher Maschinen mit Gegenspindel und zusätzlichen Achsen (bspw. mit Y-Achse und B-Achse wie in Bild 4.67 dargestellt) sowie angetriebenen Werkzeugen können über die üblichen Drehoperationen hinaus eine Vielzahl unterschiedlicher Bohr- und Fräsoperationen durchgeführt werden. Nach der automatischen Übergabe des Werkstücks an die Gegenspindel kann die Rückseitenbearbeitung erfolgen. Auf diese Weise kann ein Bauteil automatisiert ohne manuelles Umspannen nach Bearbeitung aller Seiten in einer Maschine fertiggestellt werden.

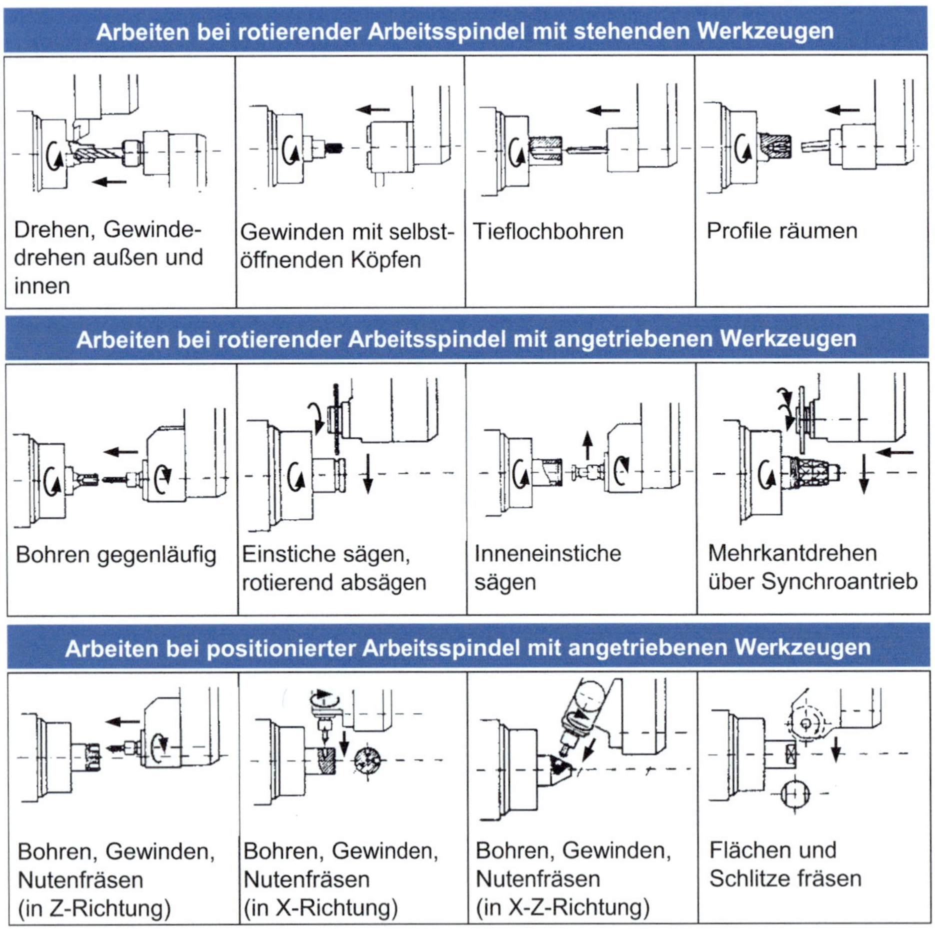

Bild 4.70 Bearbeitungsmöglichkeiten, Teil 1. Nach Traub

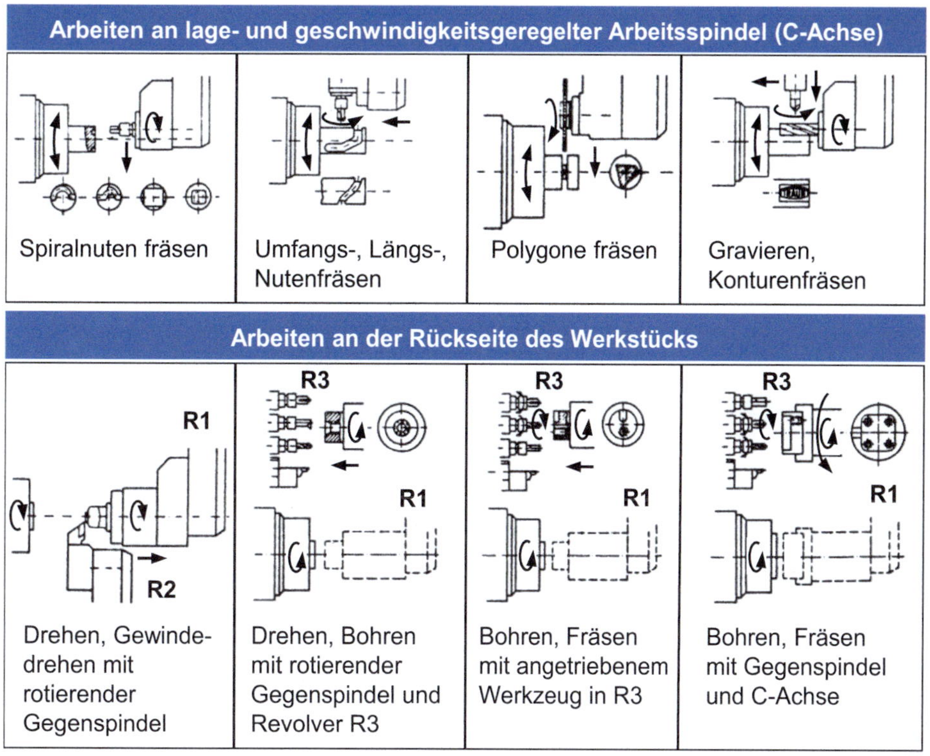

Bild 4.71 Bearbeitungsmöglichkeiten, Teil 2. Nach Traub

Die in Bild 4.68 gezeigte Maschine verfügt über zwei unabhängig steuerbare Werkzeugrevolver, von denen der obere zusätzlich eine Gegenspindel trägt, Bild 4.69. Bei entsprechender Konfiguration der Werkzeuge können somit mehrere Arbeitsschritte gleichzeitig ausgeführt werden. In Bild 4.69 werden beispielsweise gleichzeitig ein Konturdreh- und ein Bohrprozess an der Vorderseite des Werkstücks in der Hauptspindel und ein Bohrprozess an der Rückseite des Werkstücks in der Gegenspindel durchgeführt. Das Stangenmaterial wird mithilfe einer hydraulisch betätigten Vorschubeinrichtung des Stangenmagazins durch die Hauptspindel entsprechend der Werkstücklänge in den Arbeitsraum vorgeschoben. Die Vielfalt der Bearbeitungsmöglichkeiten auf entsprechend ausgestatteten Futter- oder Stangendrehautomaten sowie einen Überblick über das herstellbare Werkstückspektrum zeigen Bild 4.70 bis Bild 4.72.

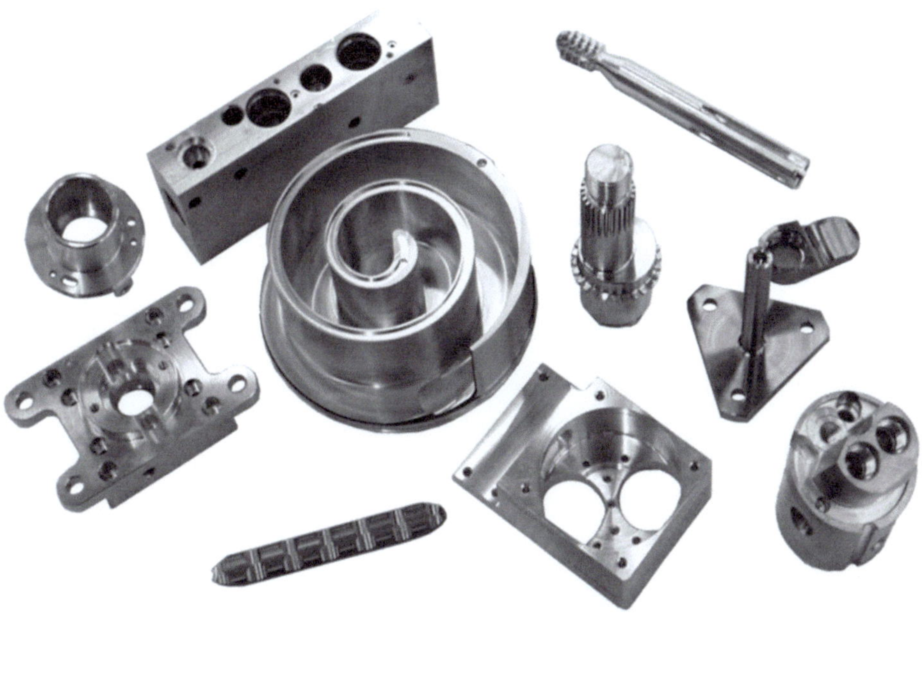

Bild 4.72 Werkstückspektrum der Drehbearbeitung. Nach Index

4.4.3 Langdrehautomaten

Auf Drehautomaten werden Werkstücke aus Stangenmaterialien in kleinen und mittleren Durchmessergrößen bearbeitet. Dabei werden häufig schlanke Werkstücke hergestellt, die sich aufgrund ihrer geringen Steifigkeit und der während der Bearbeitung wirkenden Kräfte durchbiegen. Dadurch können Maß- und Formfehler entstehen, die außerhalb der erlaubten Toleranzen liegen. Eine geeignete Verfahrensvariante stellt das Langdrehen dar, bei dem die Bearbeitungskräfte bedingt durch die Kinematik immer unmittelbar am Futter bzw. an der Führungsbüchse wirken und damit nur zu geringen Verformungen an der Zerspanstelle führen. Typische Werkstücke sind Präzisionsteile aus der Feinwerktechnik (z. B. Uhrenindustrie) und dem Gerätebau. Bei den Langdrehautomaten werden prinzipiell zwei verschiedene Aufbauprinzipien unterschieden: Bei der ersten Variante führt das Werkstück mit der Spindel die Z-Bewegung aus. Eine feststehende Führungsbüchse (Gleit- oder Wälzführung) dient dazu, das Werkstück in radialer Richtung zu halten. Die rotierende Werkstückstange wird von hinten in axialer Richtung von dem verfahrenden Werkstückspindelstock durch die Führungsbüchse geschoben. Die Werkzeuge sind dabei direkt vor der feststehenden Führungsbüchse angeordnet und werden nur in X-Richtung zugestellt („Schweizer Prinzip"). Bei der zweiten Variante kann auch die Führungsbüchse zusammen mit den Werkzeugen relativ zum feststehenden Spindelstock bewegt werden („Offenbacher Prinzip").

▣ Bild 4.73 zeigt den Arbeitsraum einer Langdrehmaschine nach „Schweizer Prinzip" sowie die Anordnung der Dreh- und Vorschubachsen. Der rotatorische Antrieb des Werkstücks sowie der Vorschub erfolgen durch die in Z-Richtung bewegliche Spindel. Die radialen Zustellbewegungen werden durch die Werkzeugschlitten realisiert. Mithilfe der in den Frontapparat integrierten Gegenspindel ist die abstichseitige Bearbeitung der Werkstücke möglich.

▣ Bild 4.74 zeigt die Schnittdarstellung der Führungsbüchse einer Langdrehmaschine. Das Werkstück wird als Stangenrohling von hinten durch die Spindel und die Schiebehülse zur Spannzange geführt. Die Spannzange muss die Spankraft besonders präzise und gleichmäßig aufbringen, da eine zu hohe Spannkraft die axiale Beweglichkeit des Werkstücks behindern würde. Eine zu lose Spannung hingegen würde die Wirksamkeit der Führung beeinträchtigen. Zur genauen Ansteuerung der Spannzange wird die relativ kleine Kolbenfläche A, die ringförmig im stehenden Teil der Führungsbüchse angeordnet ist, über den Hydraulikanschluss mit hohem Öldruck beaufschlagt. Die so erzeugte Spannkraft wird über ein Schrägkugellager auf die rotierende Spannzange übertragen. Erfordert der Bearbeitungsprozess keine axiale Verschiebung des Werkstücks, kann die Spannzange auch mit höherer Spannkraft vollständig geschlossen werden. Die Drehung der Werkstückspindel wird über eine axiale Nut in der Schiebehülse von der darin verschiebbaren Spindelwelle auf die Führungsbüchse übertragen.

4.4.4 Mehrschlitten-Einstechdrehautomaten

Bei größeren Serien ist die Produktivität der Maschinen eine wichtige Voraussetzung für die Wirtschaftlichkeit. Diese kann zum einen durch höhere Drehzahlen und Schnittgeschwindigkeiten, zum anderen aber auch durch den Einsatz mehrerer gleichzeitig arbeitender Werkzeuge gesteigert werden. Hierzu werden Mehrschlitten-Drehautomaten verwendet, bei denen mehrere Werkzeuge gleichzeitig radial in das Werkstück einstechen.

Die auf den radial um die Hauptspindel herum angebrachten Schlitten montierten Formwerkzeuge besitzen dabei die Kontur, die auf dem Werkstück erzeugt werden soll.

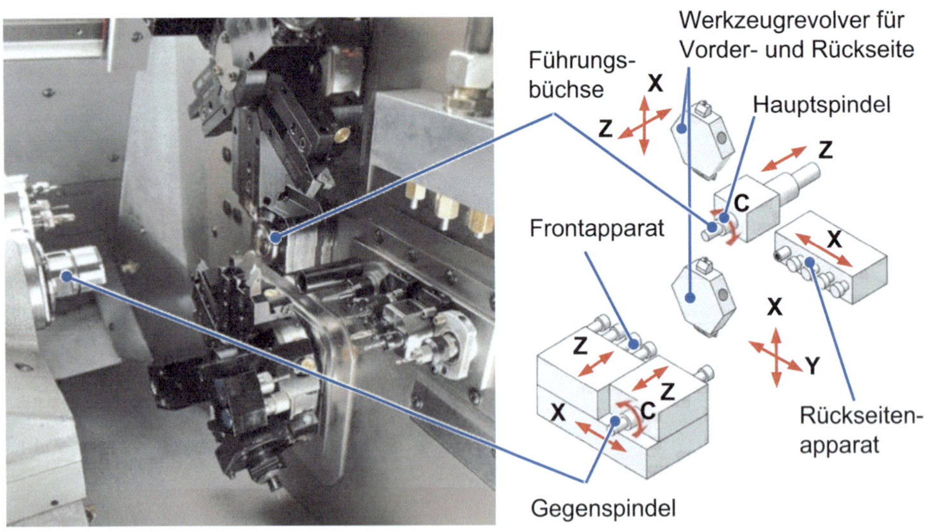

▣ **Bild 4.73** Arbeitsraum einer Langdrehmaschine. Nach Traub

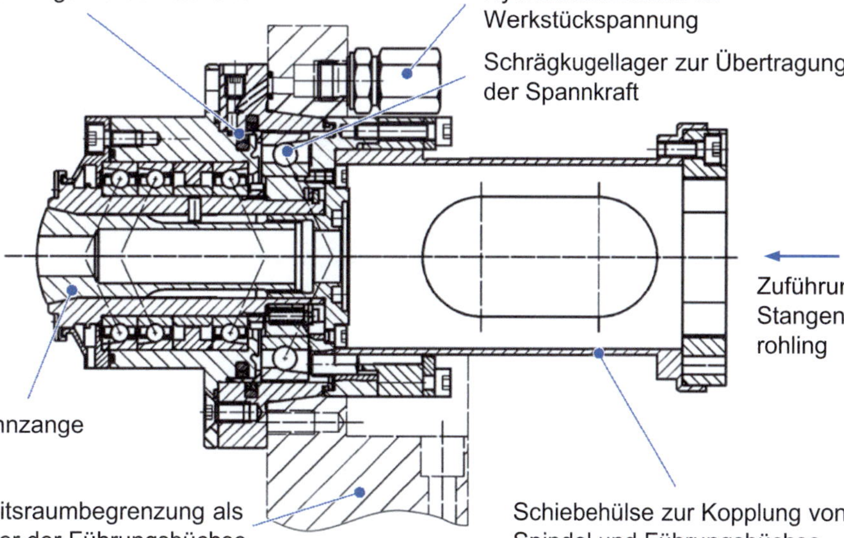

Bild 4.74 Schnittdarstellung der Führungsbüchse einer Langdrehmaschine. Nach Traub

Da bei der Einstechbearbeitung große Spanbreiten und damit große Zerspankräfte auftreten, ist eine ausreichend steife Dimensionierung der Maschinen erforderlich. Ist die dimensionierte Steifigkeit nicht ausreichend, können während der Bearbeitung unerwünschte Ratterschwingungen auftreten, die die bearbeitete Oberfläche schädigen. Die erforderliche Steifigkeit wird konstruktiv dadurch erreicht, dass sich die Einstechschlitten in unmittelbarer Nähe zur Spindellagerung befinden.

In einem axial vor dem Werkstück befindlichen Revolver können darüber hinaus in einigen Maschinen Werkzeuge zur axialen und weiteren radialen Bearbeitung des Werkstücks (z. B. zum Bohren, Fräsen und Plandrehen) platziert werden. Nach der Bearbeitung der Innen- und Außenkontur kann das Werkstück außerdem von einer synchron mitlaufenden Gegenspindel, die am Revolver angebracht ist, aufgenommen und durch ein auf einem der Radialschlitten montiertes Abstechwerkzeug von der Stange getrennt werden. Abschließend ist dann eine Bearbeitung der rückwärtigen Werkstückseite (z. B. das Einbringen von Bohrungen oder Gewinden) möglich. Hierzu schwenkt der Revolverkopf üblicherweise die Gegenspindel mit dem Werkstück in eine andere Position, an der feststehende oder auch angetriebene Werkzeuge die Fertigbearbeitung vornehmen können.

4.4.5 Mehrspindel-Drehautomaten

Mehrspindel-Drehautomaten besitzen mehrere (üblicherweise zwei bis acht) Arbeitsspindeln. In solchen Maschinen werden mehrere Arbeitsschritte an je einem Werkstück gleichzeitig durchgeführt. Die Spindeln sind in einer Spindeltrommel gelagert. Sie werden von einer Werkzeugstation zur nächsten weitergeschaltet. Nach jedem Schaltschritt hat eines der Drehteile den letzten Arbeitsschritt durchlaufen und ist fertiggestellt. Die Spindeltrommelschaltung wird entweder mechanisch direkt von der Steuerwelle abgeleitet oder über hydraulische oder elektrische Antriebe ausgeführt. Während die Steuerung solcher Mehrspindelautomaten früher ausschließlich über Kurvenscheiben und mechanische Übersetzungen erfolgte, werden in modernen Mehrspindlern teilweise NC-Steuerungen zur Steuerung und Überwachung der Maschinenfunktionen eingesetzt.

Im Arbeitsraum dieser Drehautomaten lässt sich eine Vielzahl von Werkzeugen und Zusatzeinrichtungen unterbringen, sodass sehr unterschiedliche Bearbeitungsaufgaben an Werkstücken durchgeführt werden können. Die Werkzeuge zur axialen Werkstückbearbeitung befinden sich auf Längsschlitten, die um die Drehachse der Spindeltrommel angeordnet sind, während sich die Werkzeuge zur radialen Bearbeitung auf Planschlitten befinden. Die für die Teileherstellung erforderlichen Werkzeuge arbeiten alle gleichzeitig in nur einem automatisch ablaufenden Arbeitszyklus, wobei die zeitintensivste Fertigungsoperation die Stückzeit bestimmt. Bild 4.75 zeigt den Aufbau eines kurvengesteuerten Mehrspindeldrehautomaten. Die Vorschubbewegungen werden bei dieser Maschine über Kurvenscheiben gesteuert. Über Hebelmechanismen werden die Hubwege der Werkzeuge der Bearbeitungsaufgabe angepasst. Eine detaillierte Beschreibung der mechanischen Steuerung von Drehautomaten findet sich in ▶ Band 3 dieser Buchreihe.

Das Einrichten solcher Maschinen auf eine neue Fertigungsaufgabe nimmt einige Stunden bis Tage in Anspruch, sodass der Einsatz einer solchen Maschine nur bei hohen Stückzahlen wirtschaftlich ist. Zur Einstellung der Spindeldrehzahlen und Vorschubgeschwindigkeiten dienen Wechselräder. Zur Erhöhung der Flexibilität derartiger Maschinen besteht die Möglichkeit, die Kurvenscheiben nicht durch den

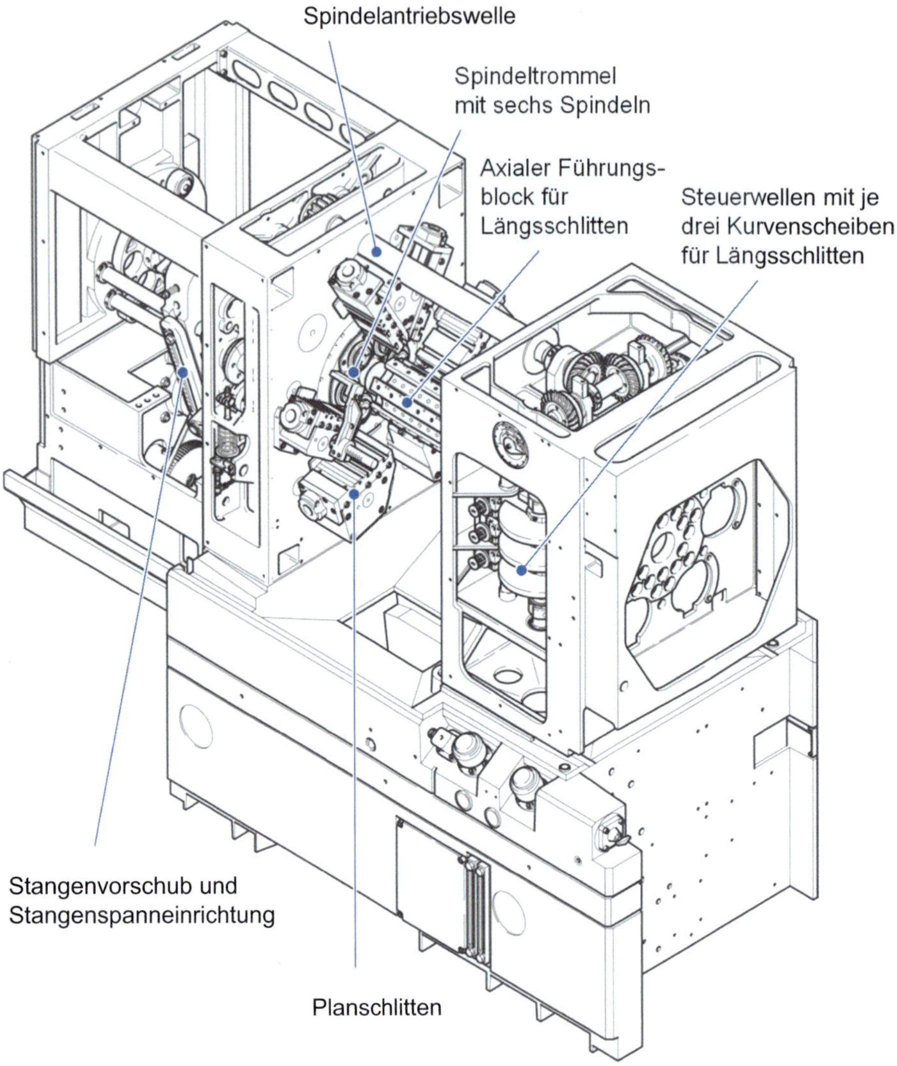

Bild 4.75 Mehrspindel-Drehautomat. Nach Schütte

Zentralantrieb über Verzweigungsgetriebe mit Wechselrädern, sondern jeweils die Hauptspindeln und Kurvenscheiben getrennt anzutreiben. Damit wird eine Anpassung der Werkzeugbewegungen an schwierige Bearbeitungsaufgaben erleichtert.

Während in konventionellen Mehrspindeldrehmaschinen Kurvenscheibensteuerungen zum Einsatz kommen, werden in modernen Mehrspindeldrehautomaten zunehmend numerisch gesteuerte Achsen eingesetzt. Dadurch wird vor allem die Flexibilität erhöht, da die Umstellung von einem auf ein anderes Werkstück nur relativ kurze Umrüstzeiten erfordert. Gegenüber herkömmlichen Mehrspindeldrehautomaten mit Kurvenscheibensteuerungen, bei denen die Vorschubwege über Hebeleinstellungen angepasst bzw. Kurvenscheiben getauscht werden müssen, wird eine Umstellung des Teilespektrums bei numerisch gesteuerten Mehrspindeldrehmaschinen durch das Einlesen eines neuen NC-Programms realisiert. Der Einsatz herkömmlicher Mehrspindeldrehautomaten ist auf die Großserienfertigung beschränkt, während numerisch gesteuerte Mehrspindeldrehmaschinen durch die wesentlich kürzeren Umrüstzeiten auch bei mittleren Losgrößen wirtschaftlich eingesetzt werden können. Trotz des großen Vorteils einer gesteigerten Flexibilität NC-gesteuerter Maschinen, bedingt durch die numerische Ansteuerung der Achsen, werden herkömmliche Mehrspindeldrehmaschinen in der Großserienfertigung vor allem deshalb weiterhin eingesetzt, weil sie auch bei hohen Geschwindigkeiten genauere Stellwege besitzen und zudem im Allgemeinen weniger störungsanfällig sind.

Bild 4.76 zeigt den Arbeitsraum und den inneren Aufbau eines numerisch gesteuerten sechsspindeligen Stangendrehautomaten mit Gegenspindeln. Es gibt in diesem Konzept keinen Führungsblock für gesonderte Axialschlitten, stattdessen bewegen sich die radialen Werkzeugschlitten zusätzlich zur X- auch in die Z-Richtung sowie um die R-Achse. Durch Synchronisation der C-Achse der Hauptspindel und der parallelen R-Achse des Werkzeugträgers wird relativ zum Werkstück eine Positionierung des Werkzeugs senkrecht zu X- und Z-Richtung ermöglicht. Damit können außermittige Radialbohrungen angebracht und kleine Fräsoperationen

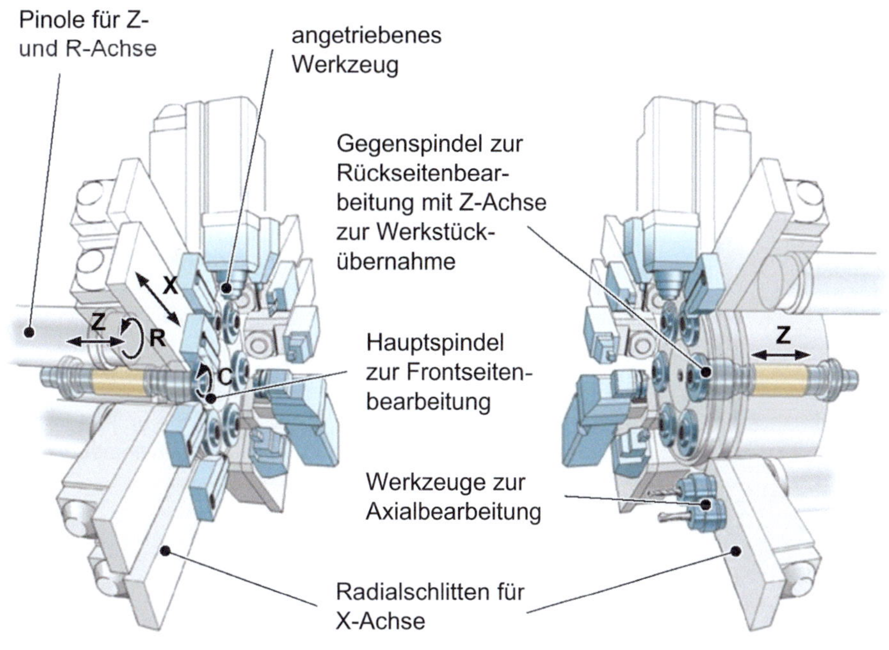

Bild 4.76 Innerer Aufbau eines NC-gesteuerten Mehrspindel-Drehautomaten. Nach Index

durchgeführt werden. Die Vorschubbewegungen der einzelnen Achsen werden bei dieser Maschine durch die NC-Steuerung koordiniert. Die Spindeltrommel (Bild 4.77) enthält sechs Motorspindeln und wird nach dem Weitertakten um eine Spindelteilung durch eine Hirth-Verzahnung positioniert. Die Gegenspindeltrommel ermöglicht zusätzlich zum Antrieb der Spindeln noch ein Ausfahren der Spindeln in Z-Richtung, was die Übernahme von Werkstücken aus den gegenüberliegenden Spindeln an jeder Arbeitsstation ermöglicht. Ein Drehautomat mit modularem Aufbau wie in Bild 4.76 kann je nach Kundenanforderung eine Aufbaustufe erreichen, die bis zu 70 NC-gesteuerte Vorschubachsen bietet.

Durch den standardmäßigen Anbau eines Stangenmagazins (▶ Kap. 10) eignen sich die vorgestellten Mehrspindeldrehautomaten besonders für die Bearbeitung von kleinen bis mittelgroßen Drehteilen von der Stange. Für Futterteile, d. h. Teile, die vor der Bearbeitung einzeln in das Spindelfut-

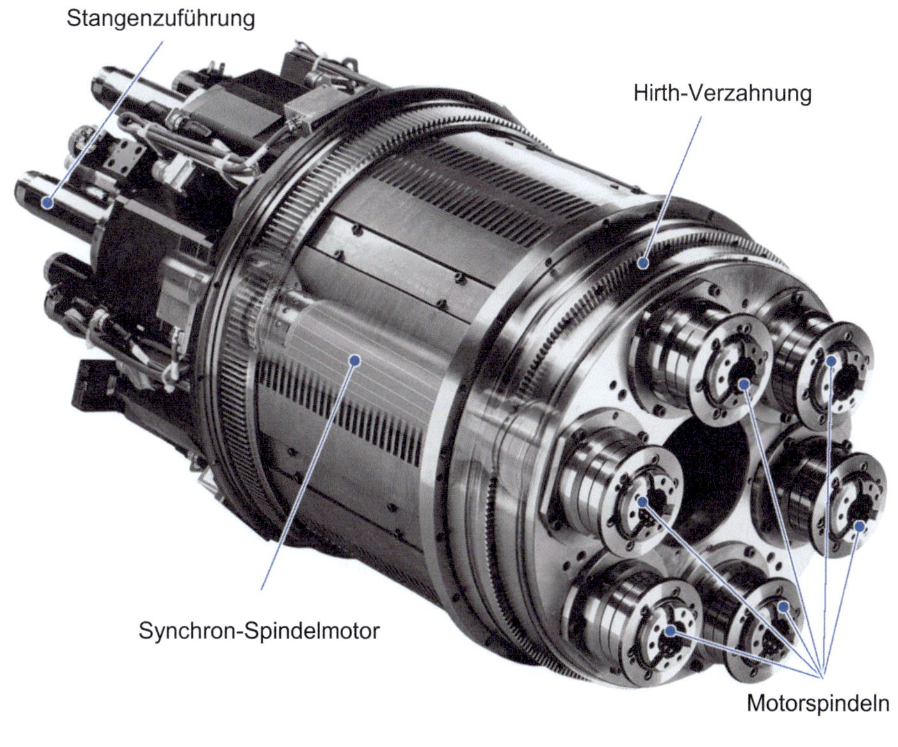

Bild 4.77 Spindeltrommel eines Mehrspindel-Drehautomaten. Nach Index

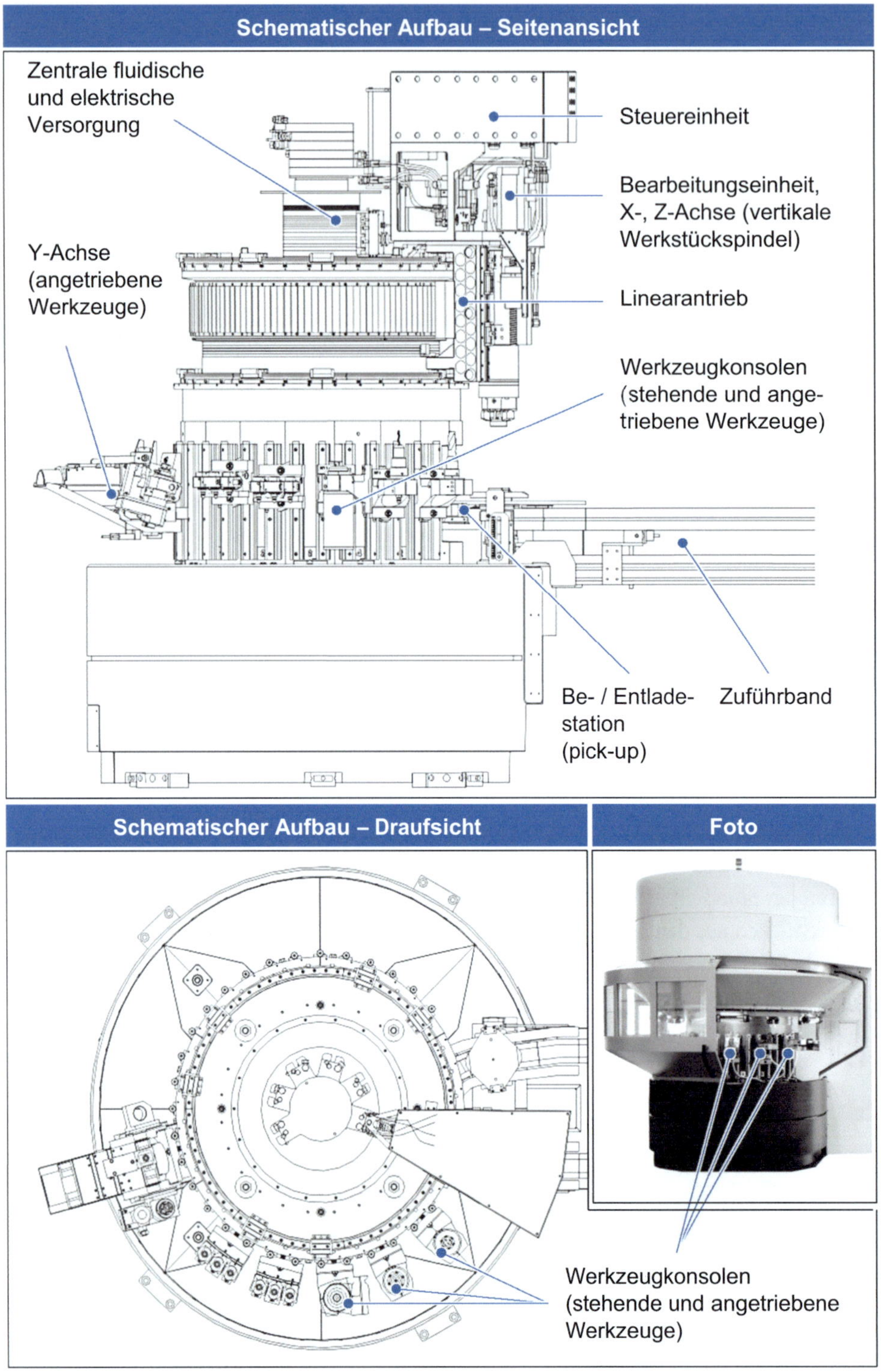

Bild 4.78 Mehrspindel-Futter-Drehautomat. Nach Schütte

ter eingelegt werden müssen, werden integrierte Handhabungsroboter eingesetzt (▶ Kap. 10).

Guter Spänefall und die Möglichkeit, mit der Arbeitsspindel Futterteile greifen zu können und dadurch das Werkstückhandling sehr zu vereinfachen, hat zu Maschinen mit vertikal hängenden Spindeln geführt (▶ Kap. 4.4.6). Bild 4.78 zeigt einen Senkrecht-Mehrspindeldrehautomat. Das Foto zeigt den Blick in den Arbeitsraum der Maschine mit den Spannkonsolen für die Werkzeugaufbauten. Die Spindeln sind oberhalb der Werkzeuge angeordnet. Jede Spindel ist zusammen mit ihrem Antrieb und einer Steuerungs- und Versorgungseinheit auf einer eigenen Bearbeitungseinheit montiert. Die Bearbeitungseinheiten können sich, angetrieben von einem Linearmotor, unabhängig voneinander kreisförmig um die vertikale Achse der Maschine bewegen. Zusätzlich sind die Spindeln in Richtung der Spindelachsen (Z-Richtung) beweglich, sodass sie ohne weitere Zusatzgeräte zur Aufnahme der Werkstücke von einem Zu-

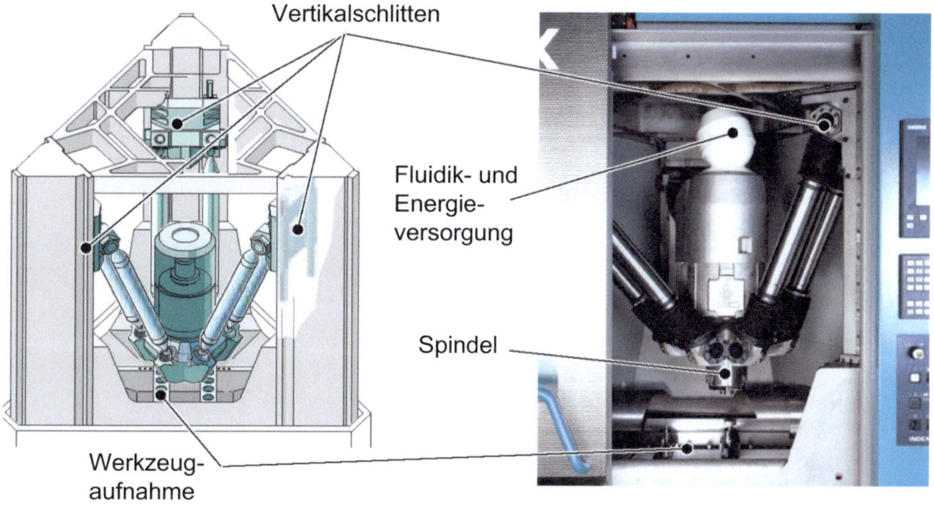

Bild 4.79 Parallelkinematische Senkrechtdrehmaschine. Nach Index

führband geeignet sind (Pick-Up-Spindeln). Wird für eine Fräsbearbeitung eine zusätzliche Y-Achse benötigt, kann die entsprechende Einrichtung zusammen mit dem Werkzeug auf die vorgesehenen Werkzeugkonsole aufgesetzt werden, wie Bild 4.78 schematisch zeigt. Zur Wahrung der Übersichtlichkeit ist hier nur eine der verfahrbaren Bearbeitungseinheiten dargestellt. Die Maschine kann aber mit bis zu acht dieser Einheiten ausgestattet werden.

Die zeitliche Unabhängigkeit der Weitertaktung der Bearbeitungseinheiten erlaubt unter Beachtung der Kollisionsfreiheit den Aufbau von Bearbeitungsstationen mit unterschiedlichen Bearbeitungszeiten. Die unproduktive Zeit kann dadurch in vielen Fällen gegenüber einem Mehrspindler mit Spindeltrommel reduziert werden. Die Taktzeit wird allerdings nach wie vor von der längsten Bearbeitungsoperation bestimmt.

4.4.6 Drehmaschinen mit vertikaler Spindel

Gegenüber den Drehmaschinen mit horizontaler Spindel fallen bei Drehmaschinen mit vertikal hängend angeordneter Spindel die Späne durch die Schwerkraft ungehindert in die Entsorgungseinrichtungen und verbleiben dadurch nur kurz im Bearbeitungsraum. Ein thermischer Einfluss der oft heißen Späne auf die Maschinenstruktur kann dadurch weitgehend vermieden werden. Ein weiteres Kriterium bei in der Serienfertigung eingesetzten Maschinen ist die Be- und Entladung der Werkstücke. Häufig werden dabei zusätzliche Handhabungsgeräte in Form von Robotern oder Portalladern erforderlich, die die Werkstücke zur bzw. von der Bearbeitungsposition befördern oder zwischen den Bearbeitungsgängen oder -stationen bewegen. Bei Senkrechtdrehmaschinen hingegen wird in der Regel die Achsbewegung der Hauptspindel für die Werkstückhandhabung genutzt. Zusätzliche Handhabungsgeräte können so meist entfallen.

Ein Beispiel für solche Drehmaschinen ist in Bild 4.79 dargestellt. Die Abbildung zeigt eine Senkrechtdrehmaschine, bei der die Drehspindel durch eine Parallelkinematik in den drei linearen Vorschubachsen bewegt wird (zur Erläuterung parallelkinematischer Strukturen in Werkzeugmaschinen s. ▶ Kap. 4.3.3). Hierzu ist das Spindelgehäuse über drei Doppelstreben mit den drei Vertikalschlitten verbunden, die in vertikaler Richtung an den drei Maschinensäulen durch Kugelgewindetriebe bewegt werden. Der parallelkinematische Aufbau kann dabei in einer sehr hohen Steifigkeit der Maschine resultieren, die beispielsweise hohe Zerspanvolumina bei der Schwerzerspanung ermöglicht.

Bild 4.80 zeigt den Arbeitsraum der Maschine. Zur Drehbearbeitung wird das Werkstück an den ortsfest auf dem Tisch befestigten Werkzeugen vorbeigeführt. Es können auch angetriebene Werkzeuge zum Bohren und Fräsen auf der Tischplatte angebracht werden. Durch die große Bewegungsfreiheit in der waagerechten Ebene kann die Maschine die Futterteile aufnehmen, die mit einem Förderband an dem Arbeitsraum vorbeigeführt werden, und die fertig bearbeiteten wieder dort ablegen. Ein zusätzliches Werkstückhandhabungssystem ist nicht erforderlich.

Häufig werden Drehmaschinen mit vertikalen Spindeln zur beidseitigen Bearbeitung von Werkstücken genutzt. Solche Maschinen haben zwei Spindeln, die jeweils ein Werkstück an der Frontseite und ein Werkstück an der Rückseite bearbeiten. Zwei Beispiele sind in Bild 4.81 und in Bild 4.82 dargestellt. Die in Bild 4.81 gezeigte Maschine hat zwei gegenüberliegende Spindeln. Das Futter der in X- und Z-Achsrichtung beweglichen, hängend angeordneten Spindel (links) greift das Werkstück von einem Transportband. Nach der Bearbeitung des Werkstücks am feststehenden Werkzeugrevolver wird das Werkstück an die steuerungstechnisch gekoppelte zweite, stehende Spindel übergeben. Dabei wird die erste Spindel so verfahren, dass sie dem Futter der zweiten Spindel ge-

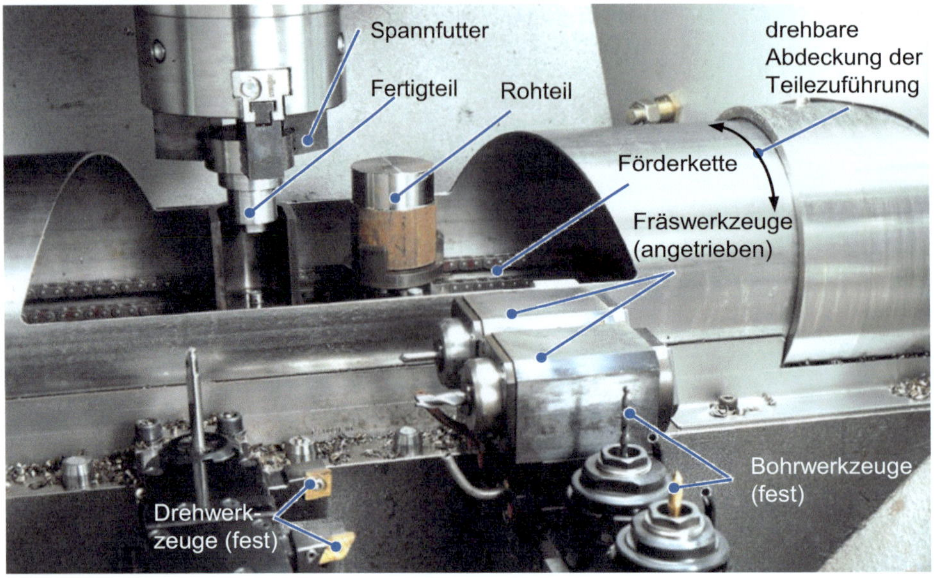

Bild 4.80 Werkstückwechsel mit Pick-Up-Spindel. Nach Index

genübersteht und das Werkstück übergibt. Im Futter der feststehenden Spindel wird die rückwärtige Bearbeitung des Werkstücks von dem in X- und Z-Richtung bewegten Werkzeugschlitten durchgeführt (rechts in Bild 4.81). Ein am zweiten Revolverschlitten befestigter Greifer nimmt das fertig bearbeitete Teil aus dem Spindelfutter und legt es auf dem rechten Transportband ab. Durch die Anordnung der beiden Spindeln lassen sich beide Seiten des Werkstücks bearbeiten, ohne dass es gewendet werden muss. In den Revolvern der beiden Bearbeitungspositionen können jeweils bis zu zwölf angetriebene Werkzeuge eingesetzt werden.

Bild 4.82 zeigt eine ähnlich aufgebaute Maschine, jedoch mit zwei hängenden Spindeln. Das erforderliche Wenden des Werkstücks wird hier von einer Wendeeinrichtung außerhalb des Arbeitsraums übernommen. Eine Fördereinrichtung führt die Werkstücke den Spindeln und der Wendestation zu. Ein wesentlicher Vorteil ist die modulare Bauweise der Maschine, die dem Hersteller mit vergleichsweise geringem Konstruktionsaufwand eine Ausführung auch als ein- oder dreispindeliges System erlaubt. Der Anwender hat zusätzlich die Option, beide Spindeln für die Frontseitenbearbeitung zu nutzen. Zwischen Arbeitsraum und Transportband ist außerdem die Möglichkeit der Anbringung von Messwerkzeugen vorgesehen. Diejenigen Maßänderungen, die sich durch Werkzeugverschleiß und thermische

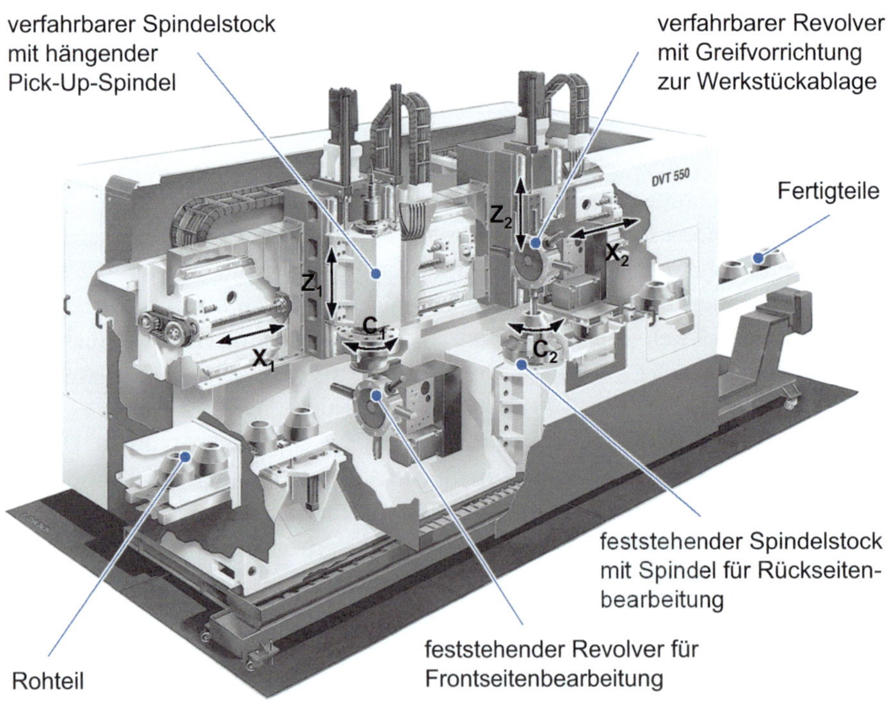

Bild 4.81 Zweispindel-Senkrechtdrehmaschine. Nach FFG Werke

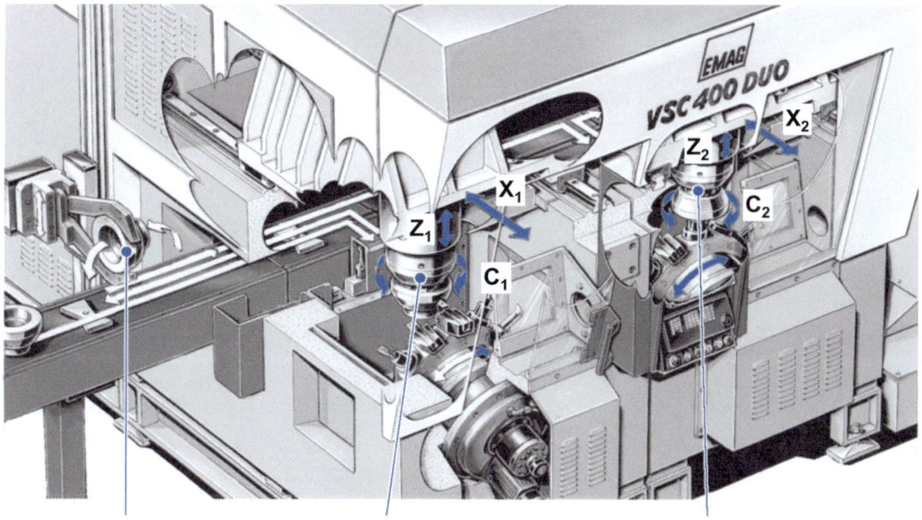

Bild 4.82 Zweispindel-Senkrechtdrehmaschine. Nach EMAG

Drift anbahnen, können sofort erfasst und durch die Steuerung kompensiert werden. Durch eine externe Kühlung wird die im Bearbeitungsprozess entstehende Wärme schnell aus der Maschine abgeführt. Auf diese Weise werden sowohl das aus Reaktionsharzbeton bestehende Maschinenbett als auch die Motorspindel, das Hydraulikaggregat und der Schaltschrank auf konstanter Temperatur gehalten. Damit wird eine Verbesserung der Fertigungsgenauigkeit erreicht. Die unten im Bearbeitungsraum angeordneten Scheibenrevolver tragen bis zu zwölf Werkzeuge, die auch angetrieben sein können. Der Bearbeitungsprozess kann durch eine frontal angeordnete Scheibe vom Maschinenbediener beobachtet werden.

4.4.7 Großdrehmaschinen

4.4.7.1 Waagerecht-Großdrehmaschinen

Große Waagerechtdrehmaschinen (z. B. Walzendrehmaschinen) bearbeiten Werkstücke bis 30 m Länge und 6 m Durchmesser. Sie dienen beispielsweise zur Fertigung von Walzen für Walzwerke und Papiermaschinen, von Antriebswellen für Schiffe sowie von Turbinenläufern. In Bild 4.83 ist eine Waagerecht-Großdrehmaschine mit einem aufgespannten Turbinenläufer dargestellt. Die Drehmaschine ist für Werkstückdurchmesser von maximal 4,5 m und Werkstücklängen von maximal 20 m ausgelegt. Das maximale Werkstückgewicht, das zwischen den Spitzen aufgenommen werden kann, beträgt 350 t. Die Spitzenhöhe liegt bei 2,3 m über den Führungsbahnen des Werkstückbetts.

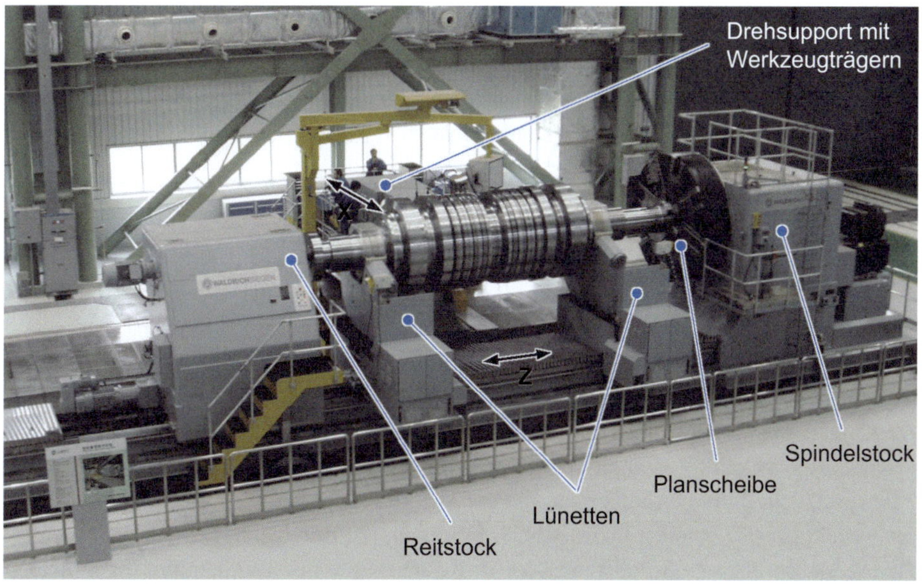

Bild 4.83 Waagerecht-Großdrehmaschine für Turbinenläufer. Nach WaldrichSiegen

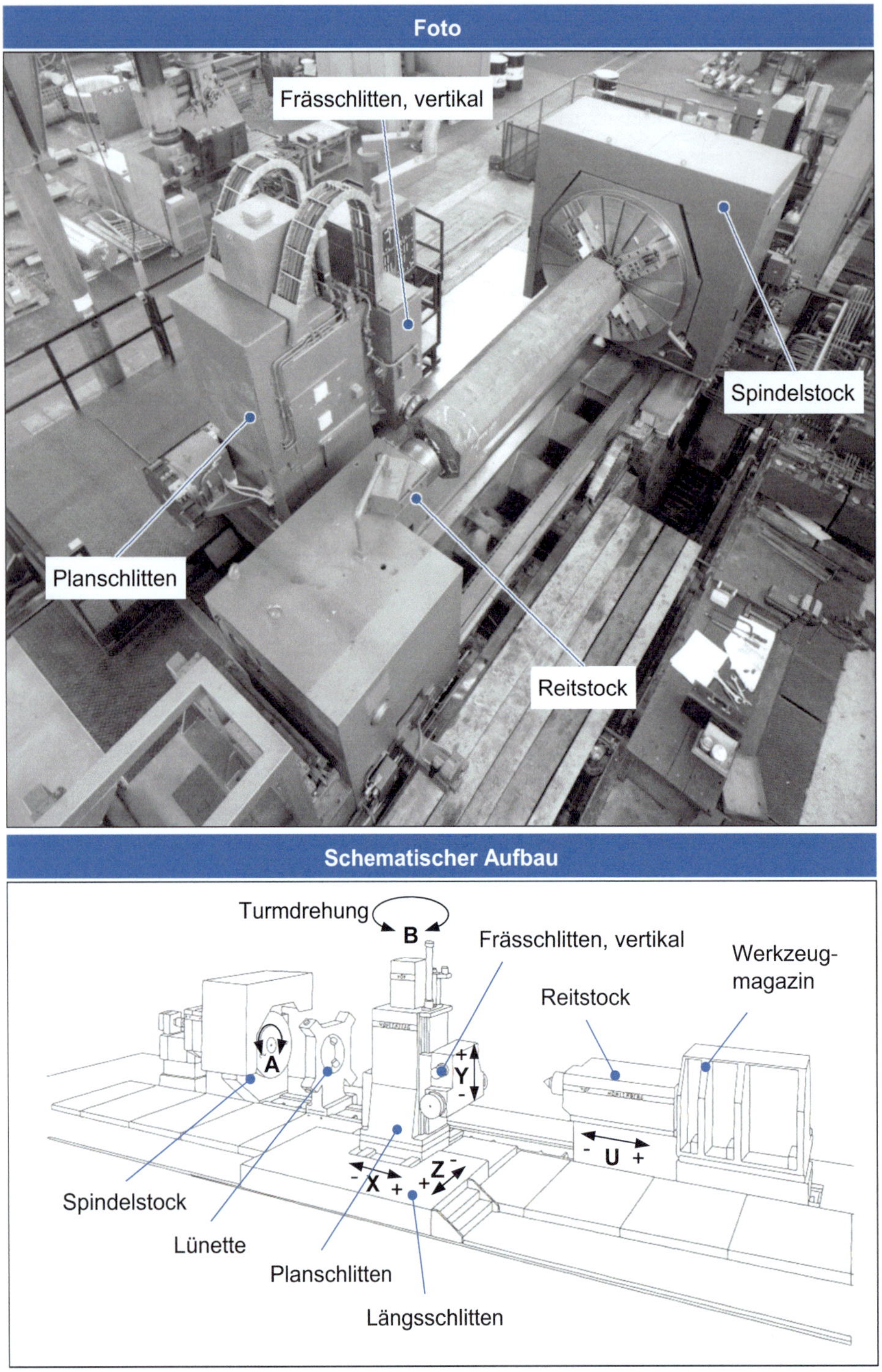

Bild 4.84 Waagerecht-Großdrehzentrum. Nach Wohlenberg

Auf der Werkstückseite ist rechts der Spindelstock zu sehen, der die Werkstücke mithilfe der Planscheibe mit einer Antriebsleistung von 225 kW bei einem maximalen Drehmoment von 250.000 Nm antreibt. Demgegenüber befindet sich auf der linken Seite der verfahrbare Reitstock, der die Werkstücke über eine axial verschiebbare Pinole aufnimmt, zentriert und spannt. Zwischen Spindelstock und Reitstock sind zusätzliche Lünetten integriert, die die Werkstücke an den jeweiligen Lagerstellen hydrostatisch unterstützen. Auf der Werkstückrückseite befindet sich der in Z-Richtung verfahrbare Drehsupport. Auf dem Drehsupport befinden sich massive Werkzeugträger, die in unterschiedlichen Positionen vorpositioniert und fixiert werden können. Die Werkstücke werden mit Werkzeugkassetten bearbeitet, die auf den Werkzeugträgern befestigt sind. Für die präzise Werkzeugzustellung kann der Support zum Werkstück in X-Richtung mithilfe eines vorgespannten Kugelgewindetriebs verfahren werden.

Bild 4.84 zeigt ein Waagerecht-Großdrehzentrum, mit dem neben Drehoperationen auch weitere Bearbeitungsoperationen durchgeführt werden können. Ziel ist es, große und schwere Werkstücke auf einer Maschine komplett fertig bearbeiten zu können.

Durch die Integration eines Frässchlittens, der an einem drehbar gelagerten Turm angebracht ist, können Bearbeitungsoperationen wie z. B. Fräsen, Bohren und Schleifen ausgeführt werden. Die unterschiedlichen Werkzeuge und Vorrichtungen befinden sich in einem Magazin neben dem Reitstock. Sie können vom Fräskopf nach dem Pick-Up-Verfahren ausgewechselt werden (s. ► Kap. 10.4.3.3). Damit ist im Rahmen des Gesamtverfahrwegs ein Werkzeugeinsatz in jeder beliebigen Winkel- und Höhenposition zur Werkstückachse möglich. Durch die Verfahrensintegration auf einer Maschine besteht die Möglichkeit, auch große Werkstücke in einer Aufspannung fertig zu bearbeiten und so mehrmaliges Umrüsten und Ausrichten auf verschiedenen Maschinen zu vermeiden. Hierdurch werden Neben- und Rüstzeiten reduziert sowie Transportwege und Zwischenläger abgebaut. Allerdings bleibt immer ein großer Anteil der Maschinenkomponenten ungenutzt, was die Wirtschaftlichkeit solcher Anlagen häufig infrage stellt.

Alle neun Achsen der in ◘ Bild 4.84 dargestellten Maschine werden numerisch gesteuert. Zur Bearbeitung langer Werkstücke werden Lünetten eingesetzt, die ein Durchbiegen des Werkstücks verhindern.

4.4.7.2 Senkrecht-Großdrehmaschinen

Senkrecht-Großdrehmaschinen, auch Karusselldrehmaschinen genannt, bieten den Vorteil einer günstigen Aufnahme des Werkstückgewichts sowie einfacher Aufspannmöglichkeiten von labilen Werkstücken mit großem Durchmesser. ◘ Bild 4.85 zeigt oben den prinzipiellen Aufbau von Senkrecht-Großdrehmaschinen in Einständer- und Portalbauweise. Die Planscheibe wird über ein Getriebe angetrieben. Drehmomente bis 125.000 Nm und Leistungen von über 200 kW sind üblich. Auf derartigen Maschinen können Werkstücke mit einem Durchmesser von bis zu 20 m bearbeitet werden.

Um die Rüstzeiten klein zu halten und ein Umspannen zu vermeiden, wird vor allem bei der Großteilefertigung die möglichst vollständige Bearbeitung des Werkstücks in einer Aufspannung angestrebt. Hierzu ist heute meist der Drehmeißelhalter (◘ Bild 4.85 unten links) gegen unterschiedliche Schleif-, Bohr- und Fräsköpfe austauschbar (◘ Bild 4.85 unten Mitte und rechts). Automatische Werkzeug- und Werkstückwechselvorrichtungen erweitern heute auch Großwerkzeugmaschinen zu flexiblen Fertigungszellen, die in der Lage sind, ein Spektrum verschiedener, großer Werkstücke ohne Rüstunterbrechung zu bearbeiten. Während die Drehwerkzeuge in einer feststehenden Klemmeinrichtung

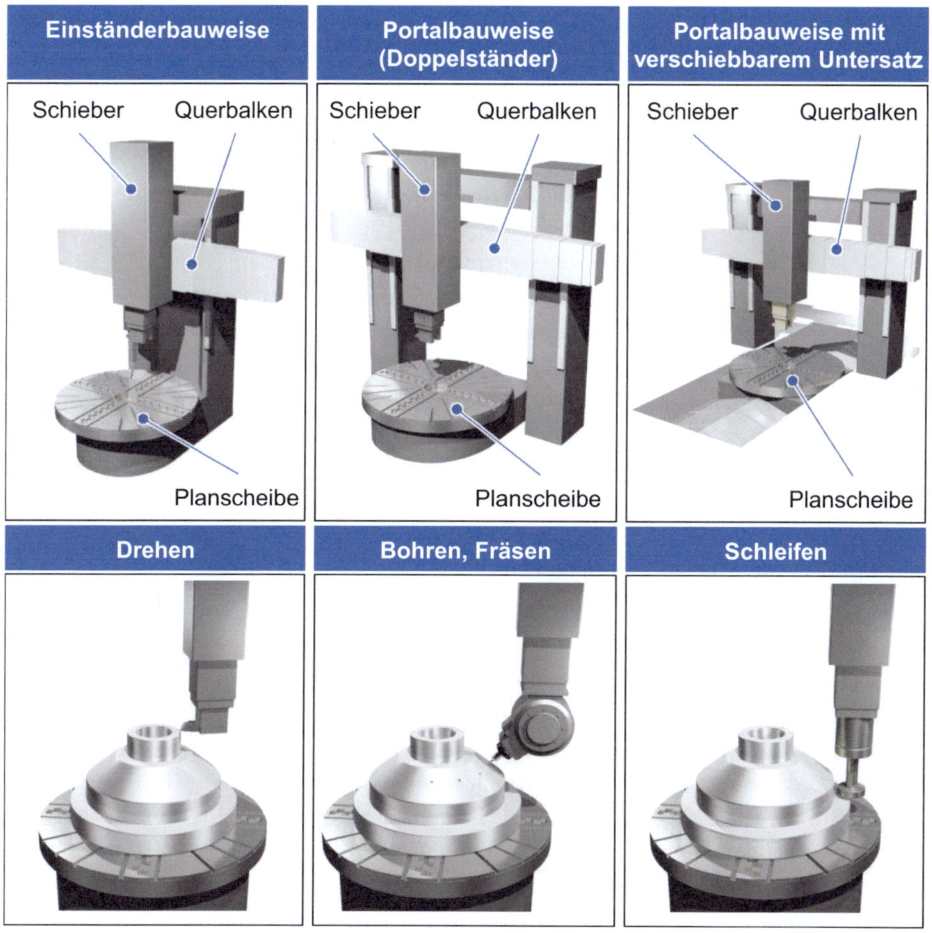

◘ **Bild 4.85** Bauarten und Einsatzmöglichkeiten von Senkrecht-Großdrehmaschinen. Quelle: Starrag Technology (Produktbereich Dörries)

Bild 4.86 Zweiständer-Senkrecht-Großdrehmaschine in Portalbauweise. Quelle: Starrag Technology (Produktbereich Dörries)

gehalten werden, werden die rotierenden Fräs- und Bohrwerkzeuge von einer Spindel mit genormter Steilkegel- oder Hohlschaftkegelschnittstelle aufgenommen. Zur Erhöhung der Zerspanleistung werden am Querbalken häufig zwei Werkzeuge an unabhängigen Z-Schlitten (Schieber) eingesetzt, die bei der Drehbearbeitung gleichzeitig im Eingriff sind. Bild 4.86 zeigt eine Zweiständer-Senkrechtdrehmaschine mit zwei Bearbeitungsstationen und einem Umlaufdurchmesser von 10 m. Die Planscheibe besitzt einen Durchmesser von 7 m. Beide Bearbeitungsstationen führen an dem Zahnkranz Drehoperationen aus.

4.4.7.3 Drehschälmaschinen

Drehschälmaschinen werden vorwiegend in der Massenfertigung zur wirtschaftlichen Herstellung von Blankstahl hoher Qualität und zum Grobschälen dickwandiger Rohre sowie von gewalztem oder gegossenem Rundstahl eingesetzt. Man erhält auf diese Weise das Vormaterial für umformende (z. B. Schmiedeteile) oder für spanende Bearbeitungsverfahren (z. B. Antriebswellen). Das Schäldrehen ist ein vom Drehen abgeleitetes Fertigungsverfahren, vgl. Bild 4.87. Es handelt sich um die kinematische Umkehrung des Längs-Runddrehens mit großem Vorschub unter Verwendung eines umlaufenden Werkzeuges, durch das das Material konzentrisch hindurchgeschoben oder -gezogen wird.

Bild 4.88 zeigt schematisch die Prozessfolge bei der Bearbeitung von Coil- und Stangenmaterial. Durch die Kombination mit zusätzlichen Trenn- und Richtoperationen kann die Schälbearbeitung an das Ausgangsmaterial angepasst werden. Je nach gewünschtem Endprodukt schließen sich an die spanende Bearbeitung weitere Konfektionierungsoperationen an.

Die wichtigsten Baugruppen einer Schälmaschine sind in Bild 4.89 zu erkennen. Die Einschubrollen des Einschubapparates bewirken den Axialvorschub der Stangen durch den mit Hartmetallwerkzeugen bestückten Drehkopf und nehmen die bei der Zerspanung entstehenden Schnittkräfte auf. Durch den Schälprozess werden im Material Eigenspannungen freigesetzt, die insbesondere bei kleinen Stangendurchmessern (bis Ø 40 mm) zu einer gleichförmigen Krümmung des Stangenmaterials führen können. Hierdurch wird die Handhabung der Stangen erschwert. Zur Reduzierung dieses Effekts werden die Einschubrollen um bis zu 2,5 ° zur Einlaufrichtung verschränkt. Dadurch wird die zu schälende Stange rotierend durch die Schnittebene transportiert. Das einlaufende Material wird dabei entlang der Einlaufrichtung vorverformt, sodass nach der Schälbearbeitung lediglich eine leichte spiralförmige Restverformung verbleibt. Die Verstellung der Einschubrollen erfolgt über eine gleitgelagerte Taumelachse.

Die Führungsrollen unmittelbar vor und hinter dem Drehkopf sorgen für die Zentrierung des Materials. Je nach Maschinentyp wird das Werkstück von drei, vier oder fünf Führungsrollen umschlossen. Die Führungsrollenhalter können einzeln über je einen Kugelgewindetrieb zugestellt werden, um das Werkstück auszurichten. Die Halter sind teilweise in Patronenbauweise ausgeführt, um die Wartung und den Austausch zu vereinfachen. Jede Führungsrolle ist radial über Tellerfedern angestellt und wird zusätzlich über eine hydraulische Klemmbuchse gedämpft. Der Auszugs-

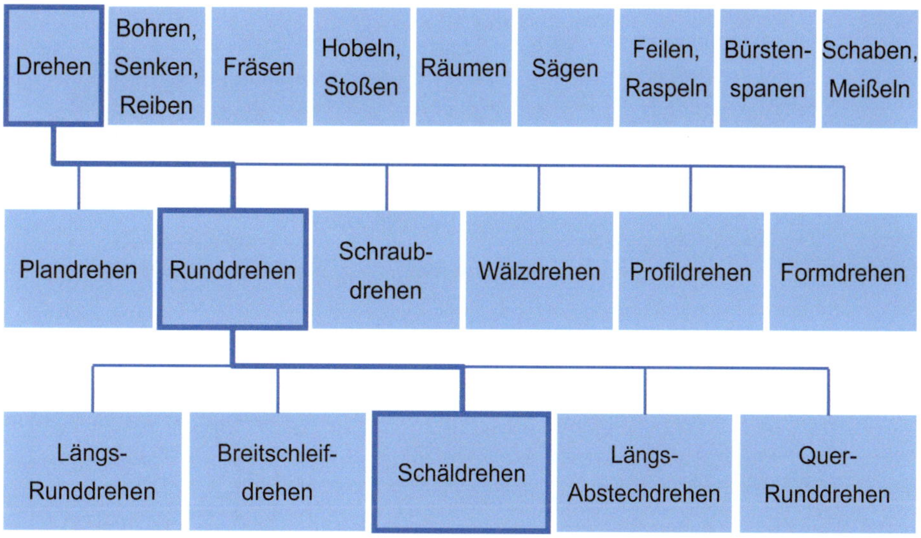

Bild 4.87 Eingliederung des Fertigungsverfahrens „Schäldrehen". Nach [DIN03c]

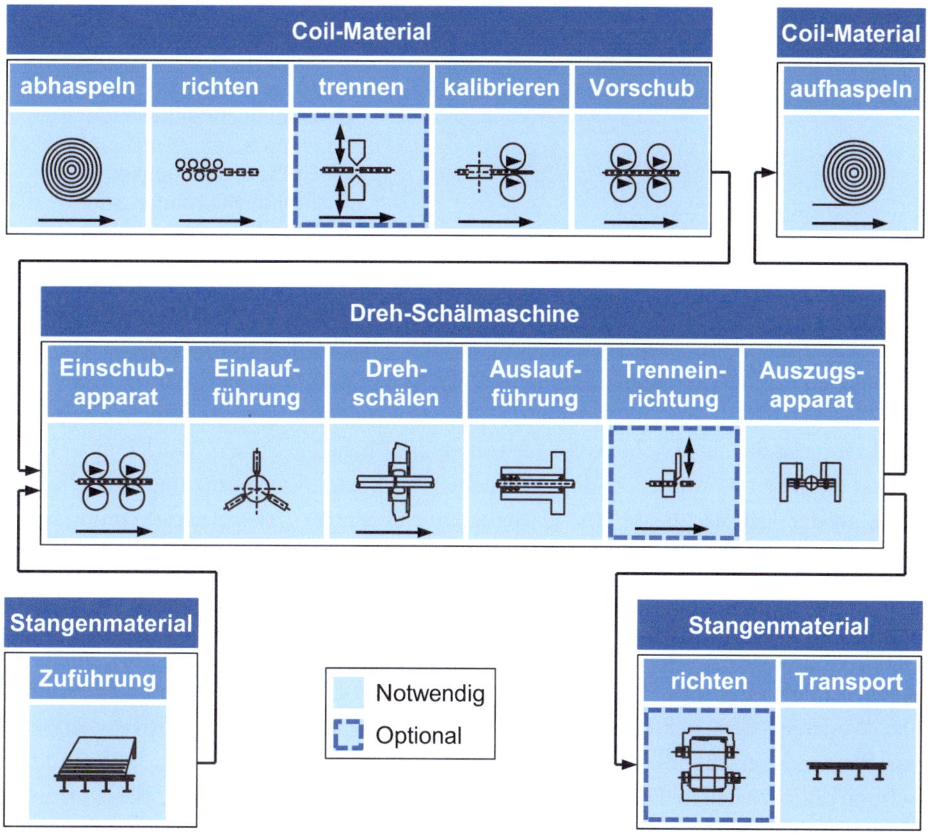

Bild 4.88 Prozesskette zur Bearbeitung von Coil- und Stangenmaterial. Nach Schumag

wagen übernimmt den Axialvorschub sobald das Werkstück die Einschubrollen verlassen hat. Um Absätze und Markierungen auf der Oberfläche zu vermeiden, werden die Antriebe der Einschubrollen und des Auszugwagens synchronisiert.

Bei der Bearbeitung von Stangenmaterial ist insbesondere beim An- und Ausschnitt (Stangenanfang und -ende) die Stangenführung problematisch und es kann erhöhter Werkzeugverschleiß auftreten. Zur Vermeidung dieses Effekts und zur Erhöhung der Wirtschaftlichkeit wird Stab an Stab gefahren. Das nachfolgende Material wird dazu rechtzeitig in den angetriebenen Rollgang abgelegt, wobei es durch die erhöhte Geschwindigkeit der Transportrollen zum vorherigen Stab aufschließt.

Der für einen bestimmten Durchmesserbereich ausgelegte Drehkopf besitzt mehrere innenliegende, auf Schlitten montierte und radial verstellbare Schneidplatten. Durch die Integration von Werkzeugkassetten in die Schlitten wird

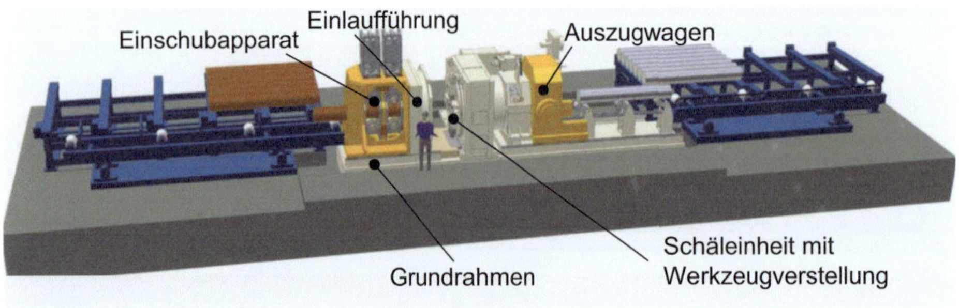

Bild 4.89 Schälmaschine und ihre Hauptbaugruppen. Nach SMS Meer

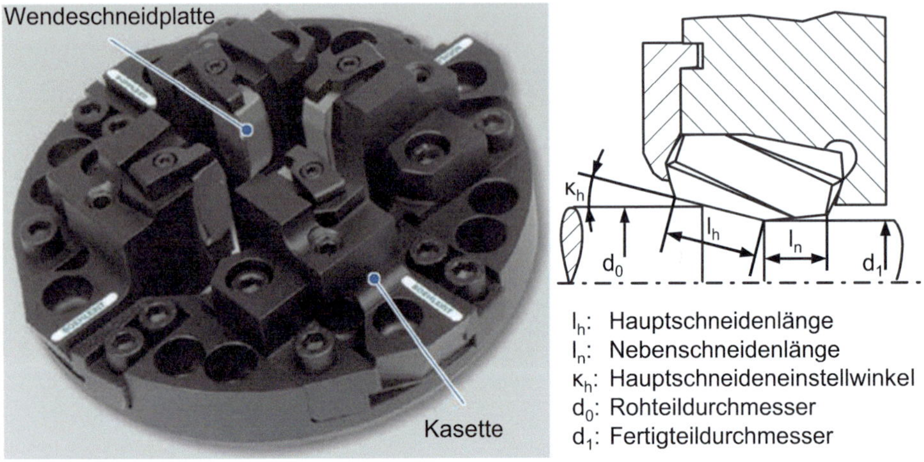

Bild 4.90 Drehkopf in Kassettenausführung. Nach Boehlerit, Saar-Hartmetall und Werkzeuge

die Auswechselbarkeit der Schneidplatten erleichtert und zusätzlich die Verwendung verschiedener Schneidplattengeometrien und -abmessungen ermöglicht, vgl. Bild 4.90.

Charakteristisch für die Geometrie der verwendeten Werkzeuge ist die lange Nebenschneide mit einem Einstellwinkel zwischen 0 ° und 2 °, sodass sich neben der Zerspanung an der Hauptschneide eine zusätzliche Schälzerspanung an der Nebenschneide ergibt. Damit werden Oberflächenqualitäten von R_z = 15 μm und R_a= 2,5 μm erreicht. Es sind Toleranzen bis ISO h8 realisierbar.

Einen guten Einblick in die Anordnung von Drehkopf, Antriebshohlwellen und Materialführung bietet Bild 4.91. Das Werkzeug lässt sich zur Durchmesserverstellung und zur Werkzeugverschleißkompensation während der Bearbeitung radial zustellen. Dies erfolgt durch die Axialverstellung einer mit der Hohlwelle umlaufenden, kegeligen Hülse, die auf die abgeschrägten Enden der radial beweglichen Werkzeugschlitten im Drehkopf einwirkt.

Da das Schälen in erster Linie zur Form- und Oberflächenverbesserung eingesetzt wird, ist die Schnitttiefe im Allgemeinen sehr klein. Der Vorschub je Schneide ist durch die große Länge der Nebenschneide vorgegeben. Die Stahlzerspanung ermöglicht Vorschübe bis zu 30 mm/U. Übliche Schnittgeschwindigkeiten liegen dabei für Hartmetallschneiden in Abhängigkeit von der Stahlqualität und dem Materialdurchmesser zwischen 30 m/min und 160 m/min [SMS98].

Das in Bild 4.92 dargestellte Prinzip des Rohrinnenschälens ist eine Variante des bisher beschriebenen Schäldrehens. Der Drehkopf mit außen am Umfang angeordneten Schneiden befindet sich am vorderen Ende einer Werkzeugstange, deren freies Ende von einer Spannzange gehalten wird. Sie dient zur Übertragung des Antriebsmoments auf die Werkzeugstange. Für die Bearbeitung wird das zu schälende Rohr auf die Werkzeugstange geschoben, die anschließend erneut gespannt wird. Nun beginnt der Schälvorgang, indem das Rohr von Transportrollen axial über den rotierenden Drehkopf mit den im Eingriff befindlichen Hartmetallwerkzeugen hinweggezogen wird. Die Position des Drehkopfes bleibt währenddessen im mittleren Bereich der Vorschubrollen, die somit eine optimale Führung und Stützung des Rohres gewährleisten.

4.4.8 Hochpräzisions- und Ultrapräzisionsdrehmaschinen

Bei der Endbearbeitung durch Drehen kann zwischen dem Präzisions-, Hochpräzisions- und Ultrapräzisionsdrehen unterschieden werden (Bild 4.93). Beim Präzisionsdrehen werden Stähle oder Nicht-Eisen-Metalle (NE-Metalle) mit diversen Schneidstoffen mit Zustellungen bzw. Vorschüben im Bereich von 1/10 mm in ISO-Toleranzen bis IT7 zerspant.

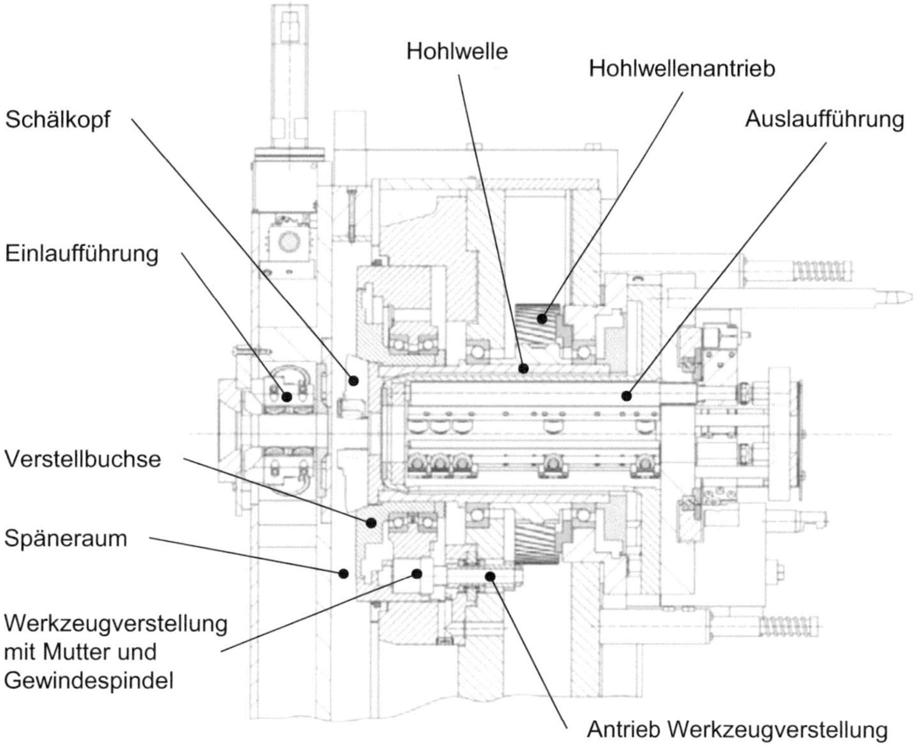

Bild 4.91 Schäleinheit einer Drehschälmaschine. Nach SMS Meer

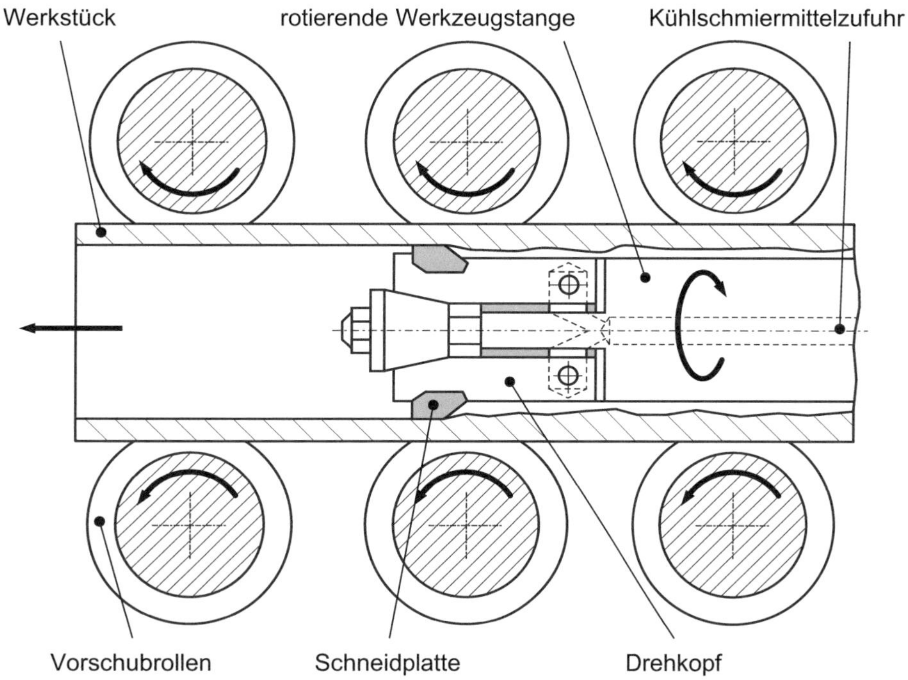

Bild 4.92 Prinzip des Rohrinnenschälens

Beim Hochpräzisionsdrehen kommen für das gleiche Werkstoffspektrum als Schneidstoffe z. B. kubisch-kristallines Bornitrid (CBN), monokristalliner Diamant (MKD), Hartmetall (HM) und Cermets zum Einsatz. Mit Vorschüben und Zustellungen im Bereich 1/100 mm werden ISO-Toleranzen zwischen IT2 und IT6 erreicht.

Beim Ultrapräzisionsdrehen werden überwiegend NE-Metalle bearbeitet. Als Schneidstoff kommt dabei monokristalliner Diamant zum Einsatz, womit mit Zustellungen und Vorschüben im Bereich weniger Mikrometer Werkstücktoleranzen von IT1 bis IT01 erreicht werden. Ultrapräzisionsdrehmaschinen werden zum Glanzdrehen eingesetzt, um optische Oberflächen wie z. B. an Linsen oder Spiegeln direkt durch Drehen herzustellen. Ein nachfolgendes Polieren oder Läppen entfällt. Die bei der Ultrapräzisionszerspanung erreichten Formabweichungen bewegen sich im Bereich von

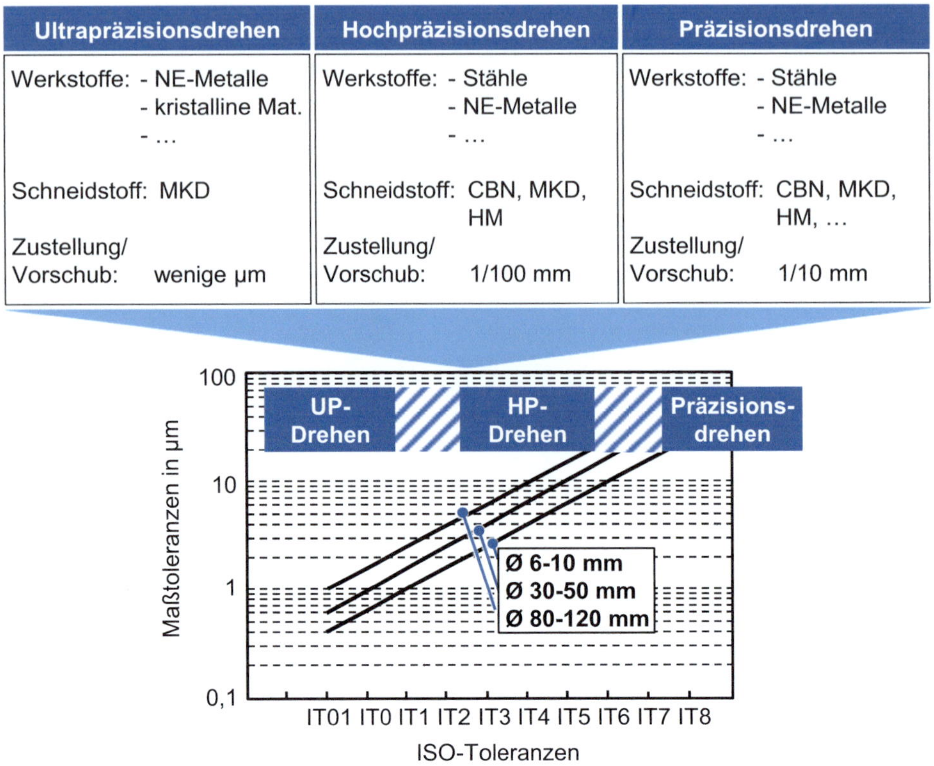

Bild 4.93 Einsatzgebiete und erreichbare Genauigkeiten des Ultrapräzisions(UP)-, Hochpräzions(HP)- und Präzisionsdrehens. Nach [DIN10]

0,1 bis 0,5 µm bei einem Spiegel-Durchmesser von 100 mm. Die dabei erzielten mittleren Rauheiten liegen in Abhängigkeit des bearbeiteten Materials bei R_a-Werten zwischen 2 und 5 nm. Zum Erzielen der erforderlichen geometrischen Genauigkeiten werden hydrostatische Achsen mit Direktantrieb und sowohl hydro- als auch aerostatische Spindeln mit Torque-Motoren eingesetzt. Das schwingungsisoliert aufgestellte Maschinenbett wird zur Verbesserung der thermischen Langzeitstabilität aus Granit aufgebaut. Die Aufstellung der Maschinen erfolgt in auf eine maximale Temperaturdifferenz von ±0,1 K klimatisierten Räumen.

Bild 4.94 zeigt eine kompakte Ultrapräzisionsdrehmaschine. Der Hauptanwendungsbereich ist die Herstellung komplexer Freiformoptiken und Mikrostrukturen durch monokristalline Diamantwerkzeuge (mittlere Oberflächenrauheit $R_a < 10$ nm). Die dargestellte Maschine besitzt für die Vorschubbewegung eine hydrostatisch gelagerte X-Achse mit Direktantrieb mit einer Positioniergenauigkeit im einstelligen Nanometerbereich. Die Messung der Schlittenbewegung erfolgt optisch anhand eines Glasmaßstabs. Die luftgelagerte Hauptspindel (C-Achse) erlaubt höchste Rundlaufgenauigkeiten bei bis zu 5.000 1/min. Die Z-Achse

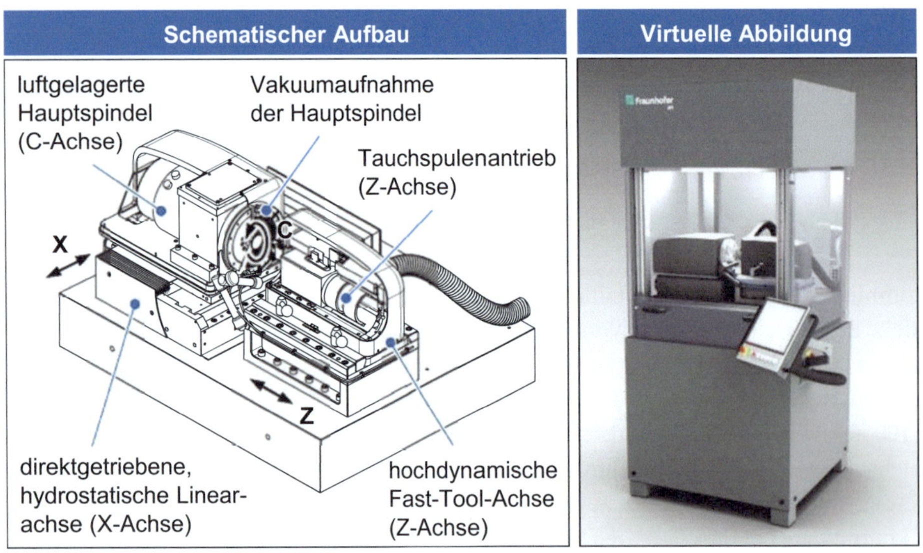

Bild 4.94 Ultrapräzisionsdrehmaschine. Nach Fraunhofer IPT

ist zweistufig aufgebaut. Die mit einem Tauchspulenantrieb angetriebene Stufe realisiert geringdynamische Verfahrbewegungen. Die zur Herstellung von Freiformen und Mikrostrukturen benötigte hochdynamische Zustellbewegung wird durch eine ebenfalls luftgelagerte Vorschubstufe erzeugt, die als Fast-Tool-Z-Achse bezeichnet wird.

4.4.9 Kombinationsmaschinen

Obwohl in modernen Drehmaschinen häufig Integrationsmöglichkeiten für angetriebene Werkzeuge oder zusätzliche Achsen zur Fräs- und Bohrbearbeitung vorgesehen sind, gibt es einen Trend, spezielle Kombinationsmaschinen anzubieten, auf denen verschiedene Bearbeitungsverfahren in gleichem Umfang realisierbar sind. Im Folgenden werden zwei Beispiele vorgestellt.

4.4.9.1 Fräs-Dreh-Zentrum

Bild 4.95 zeigt eine Maschine, die zur Komplettbearbeitung von Werkstücken aus einem Stangenrohling konzipiert wurde. Mithilfe von zwölf NC-gesteuerten Achsen ist die Fertigbearbeitung eines Bauteils von allen Seiten möglich. Die Werkstückstange wird im Spindelfutter über drei Drehbacken aufgenommen. Mit einem Werkzeugträger, der sowohl feststehende Werkzeuge für den Drehprozess als auch Fräswerkzeuge aufnehmen kann, wird nur die erste Seite des Werkstücks fertig bearbeitet. Das Werkstück wird nun der Gegenspindel übergeben und von der Stange durch Einstechdrehen oder Sägen getrennt. Danach wird die Rückseite fertig bearbeitet. Die Schwenkmöglichkeiten der Spindel erlauben beliebige Lagen von Bohrungen und Flächen.

Die Umstellung der Maschine auf ein anderes Bauteil ist damit in vielen Fällen sehr schnell möglich, ohne dass Umrüstungsarbeiten durchgeführt werden müssen. In Bild 4.95

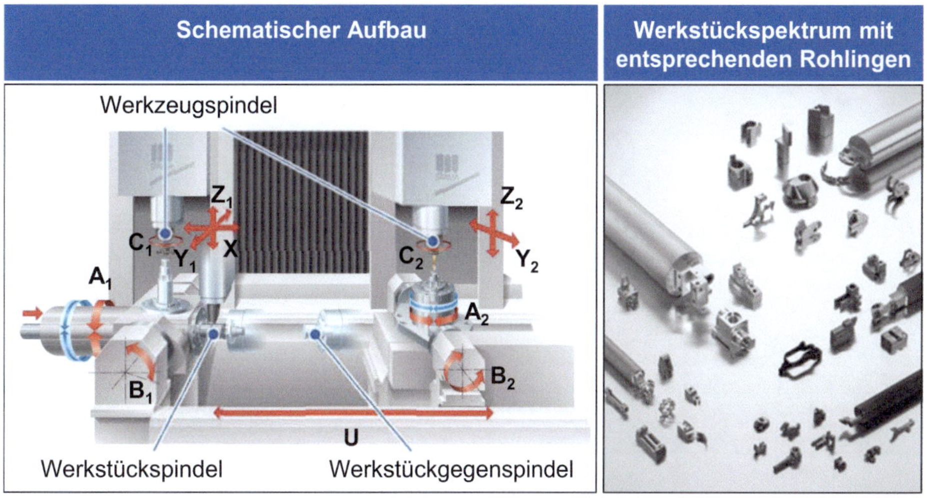

Bild 4.95 Kombinationsmaschine Drehen-Fräsen. Nach Stama Maschinenfabrik

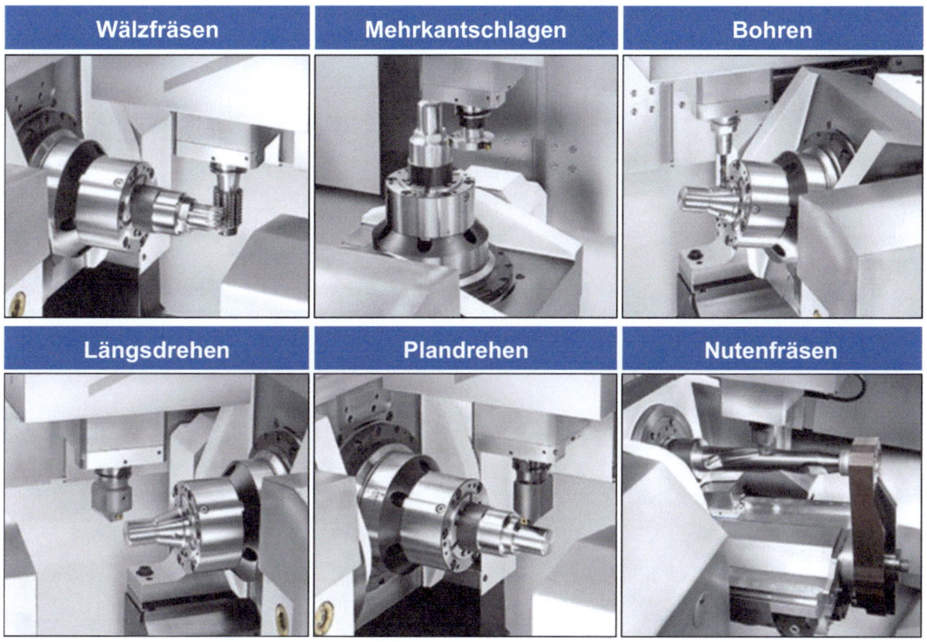

Bild 4.96 Bearbeitungsmöglichkeiten in einer Fräs-Dreh-Maschine. Nach Stama Maschinenfabrik

ist rechts ein Spektrum der möglichen Werkstücke mit den entsprechenden Rohlingen dargestellt. ◘ Bild 4.96 zeigt einige der möglichen Bearbeitungsoperationen auf der vorgestellten Maschine.

4.4.9.2 Dreh-Schleif-Maschine

Die Dreh-Schleif-Kombinationsmaschine in ◘ Bild 4.97 wird meist in der Verfahrenskombination Hartdrehen / Schleifen zur technologisch optimierten Bearbeitung von Bohrungen, Planflächen und Synchronkegeln / Synchronflächen an Getrieberädern oder ähnlichen Werkstücken eingesetzt. Die Hauptspindel übernimmt als Pick-Up-Spindel die Werkstückhandhabung. Die Arbeitsräume für die Schleif- und die Drehbearbeitung sind durch eine Wand getrennt, sodass die Entsorgung von Spänen und Hilfsstoffen der Prozesse unabhängig erfolgen kann. Auf der senkrecht angeordneten T-Nu-

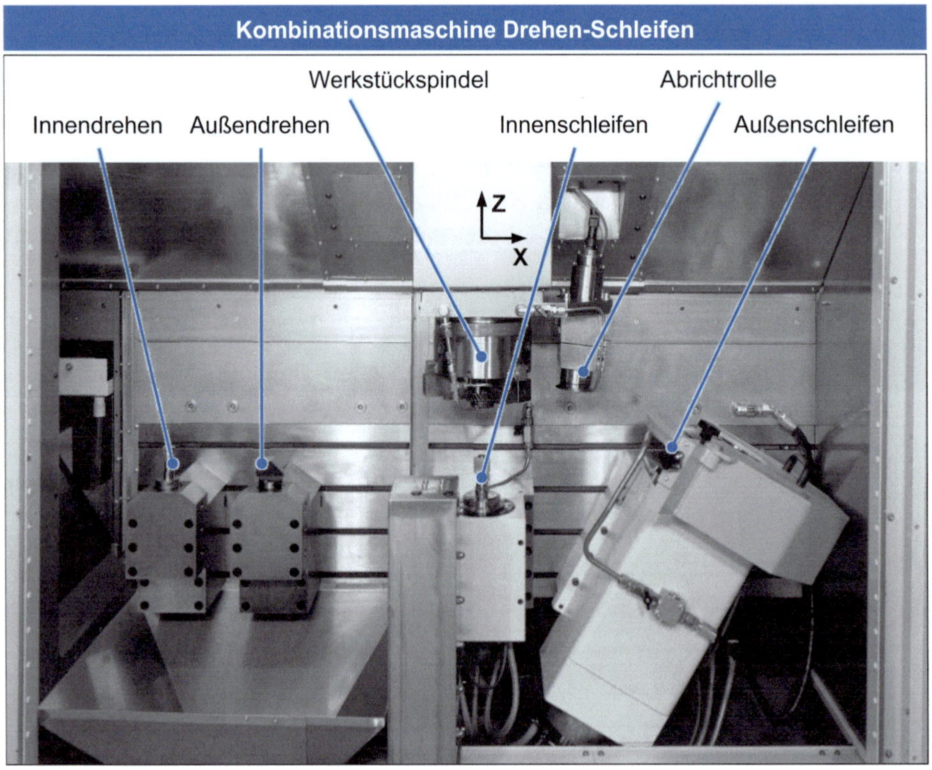

◘ Bild 4.97 Kombinationsmaschine Drehen-Schleifen. Nach Schaudt Mikrosa

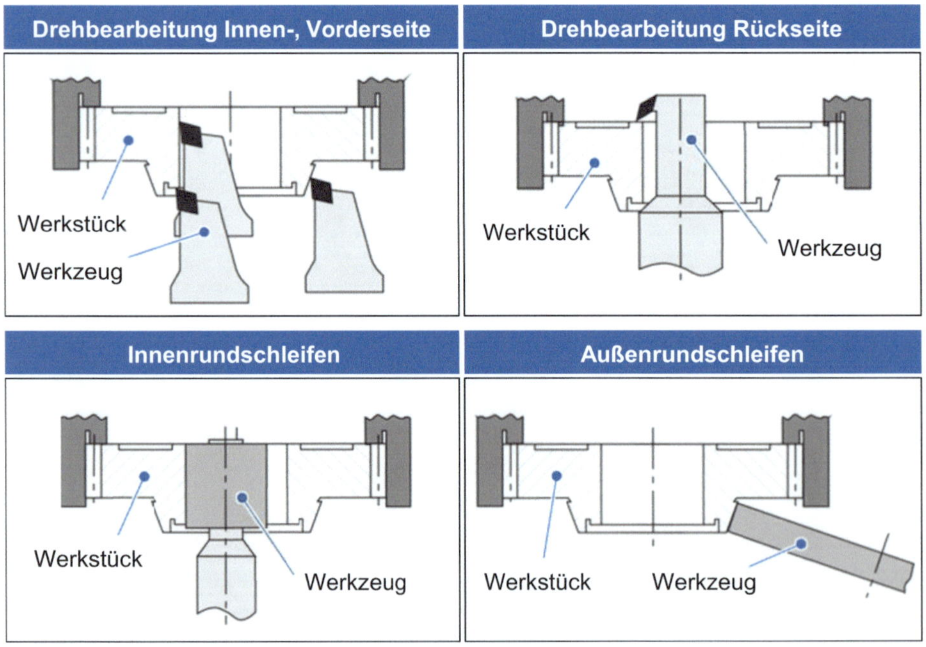

◘ Bild 4.98 Komplettbearbeitung eines Schaltrades. Nach Schaudt Mikrosa

ten-Platte können Werkzeuge schnell und variabel positioniert werden. Eine Abrichtspindel für die Schleifwerkzeuge ist am Spindelstock angebracht. Als Beispiel sind in Bild 4.98 die für die Herstellung eines Schaltrades auf der vorgestellten Maschine notwendigen Arbeitsschritte dargestellt.

4.5 Stoß- und Ziehmaschinen

Im Folgenden wird ein Überblick verschiedener Stoß- und Ziehmaschinen und ihre Eigenschaften gegeben. Eine meist gradlinige, wiederholte Schnittbewegung des Werkzeugs bei schrittweiser Zustellung der Werkzeugschneide senkrecht zur Schnittrichtung charakterisiert die Kinematik des Nutstoßens und Nutziehens [DIN03d]. Bild 4.99 verdeutlicht die jeweiligen Bewegungsabläufe.

Beim Nutenziehen ist das Werkzeug in einem Werkzeughalter eingespannt, der zusammen mit der Vorschubstange in der Werkzeugführung auf- und abgleitet. Das obere Ende der Vorschubstange ist keilförmig ausgebildet und kann durch einen Vorschubschlitten relativ zum Messerhalter bzw. Hubschlitten verfahren werden, sodass bedingt durch die Keilsteigung das Ziehmesser in Richtung der Nuttiefe zugestellt wird. Nach einem Arbeitshub wird das Werkzeug beim Rückhub zum Schutz der Schneide in entsprechender Weise vom Nutgrund abgehoben. Diese Doppelhub-Bewegung wiederholt sich so lange, bis eine programmierte Nuttiefe erreicht ist.

Beim Stoßen wirken Arbeits- und Rückhub in entgegengesetzter Richtung. Diese Bearbeitungsart eignet sich daher besonders zum Profilieren von Sacklochbohrungen mit geringem Werkzeugauslauf. Typisch für die stoßende Bearbeitung sind Werkstücke mit komplexer Form und mitunter schwer zugänglichen Bearbeitungsstellen.

Beide Verfahren erfordern eine intensive Schneidölzufuhr, um die einwandfreie Schmierung des Werkzeugs und das Ausspülen der Späne zu gewährleisten. Bild 4.100 zeigt eine Nut- und Profiliermaschine, mit der sich Stoß-, Zieh- und auch Räumoperationen ausführen lassen.

Die Baugröße des motorgetriebenen Teiltisches entspricht der Nutmaschine. Mithilfe des Teiltischs können Werkstücke um die Hochachse gedreht werden, sodass sich Nuten in verschiedensten Teilungen einbringen lassen. Die vertikale Bewegung des Werkzeugs und des Vorschubschlittens erfolgt elektromechanisch mittels zweier unabhängiger Kugelgewindetriebe, die über Zahnriemen mit jeweils einem Servomotor verbunden sind. Dies ermöglicht schnelle Hub- und genaue Positionierbewegungen. Realisierbar sind Zustellungen in 0,01 mm bis 0,1 mm Schritten. Durch Synchronisieren von Teiltischrotations-, Werkzeug-, und Vorschubbewegung über eine CNC-Bahnsteuerung können auch Drall- oder Konturnuten erzeugt werden, wie rechts in Bild 4.100 am Beispiel eines Werkstücks zu erkennen ist. Durch die Ausführung des Teiltischs als kombinierter Kreuz-Drehtisch können Nuten an unterschiedlichen Positionen im Werkstück in einer Aufspannung eingebracht werden. Zur weiteren Erhöhung der Flexibilität kann die Nutmaschine mit einem Werkzeugwechsler ausgerüstet werden. Mit auf dem Markt verfügbaren Nutmaschinen lassen sich bis zu 1.800 mm lange Nuten bei einer maximalen Breite von 150 mm fertigen. Die Zugkraft kann je nach Baugröße der Ziehmaschine bis zu 100 kN betragen.

Mit dem in Bild 4.101 gezeigten Stoßwerkzeug lassen sich Nuten am Umfang einer Bohrung fertigen, ohne das Werkstück mittels eines Teilapparates drehen zu müssen. Die Drehbewegung entsprechend der einzelnen Teilschritte von Nut zu Nut führt das Werkzeug aus. Die Führung des Messerkopfs ist während des Bearbeitungsvorgangs in der Bohrung zentriert und wird durch die am Umfang angebrachten Öl-Drallnuten geschmiert. Paralleles Anordnen solcher Werkzeuge erlaubt die gleichzeitige Bearbeitung mehrerer Bohrungen, sodass diese Multi-Nuttechnik bei-

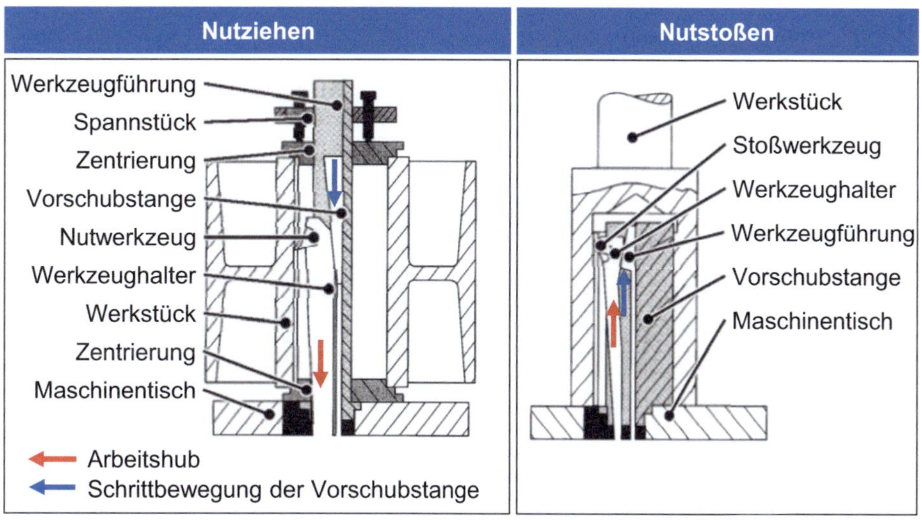

Bild 4.99 Nutverfahren

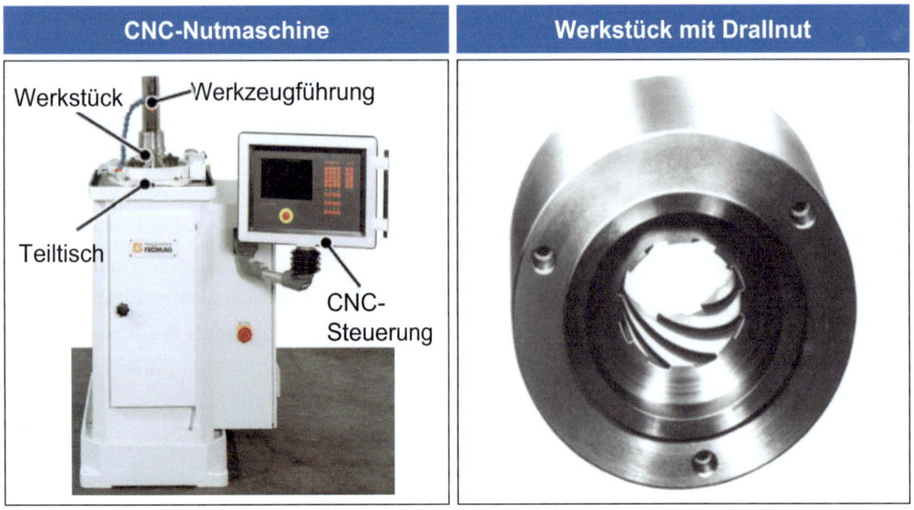

Bild 4.100 CNC-Nutmaschine mit elektromechanischem Antrieb. Quelle: Frömag

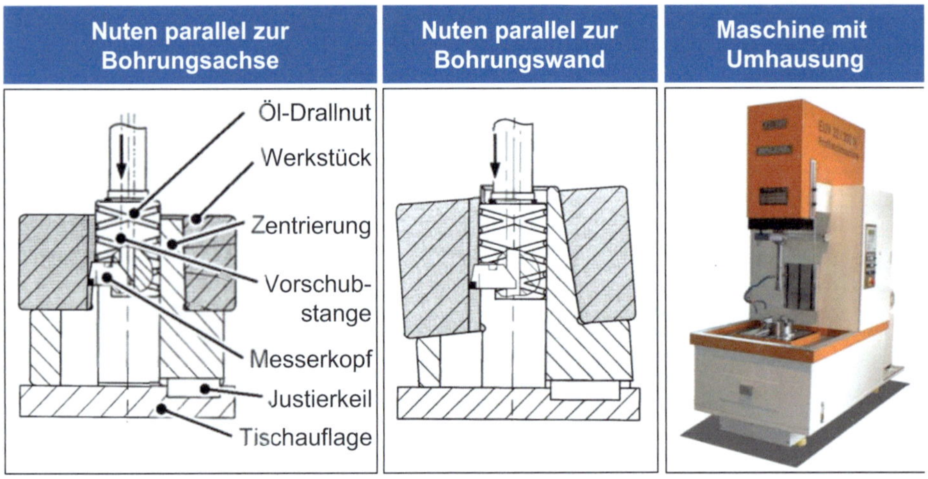

Bild 4.101 Hydraulisches Nutsystem mit selbstzentrierendem Messerkopf. Quelle: Balzat

Bild 4.102 Typische Werkstücke für die Stoß- und Ziehbearbeitung. Quelle: Balzat

spielsweise bei der Fertigung von Motorgehäusen in Transferstraßen eingesetzt wird.

Abschließend ist in Bild 4.102 ein typisches Teilespektrum für die Stoß- und Ziehbearbeitung dargestellt. Dabei kommt diese Art der Nuttechnik primär immer dann zum Einsatz, wenn geschlossene Kammernuten in Werkstücke bzw. wenn Nuten in geschlossene Bauteile eingebracht werden müssen. Darüber hinaus findet bei offenen Bauteilen die Stoß- und Ziehtechnik immer dann Anwendung, wenn die Herstellung einer teuren Räumnadel wirtschaftlich nicht vertretbar ist.

4.6 Räummaschinen

Räummaschinen erlauben die Komplettzerspanung mit einem mehrzahnigen Werkzeug in einem Arbeitshub. Bild 4.103 zeigt die Funktionsweise einer Innen-

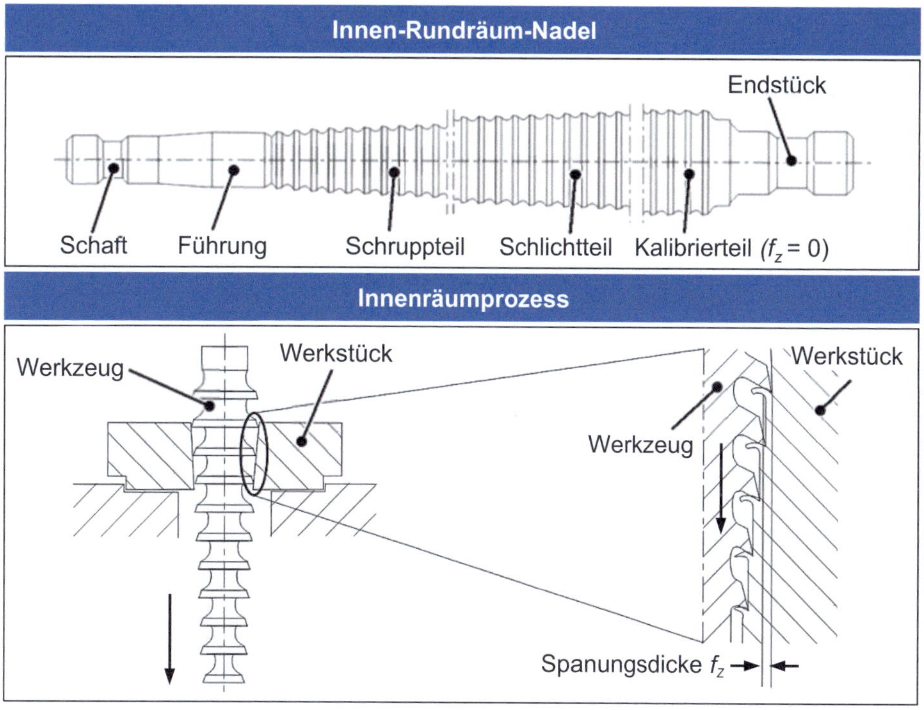

Bild 4.103 Räumwerkzeug mit Kalibrierteil

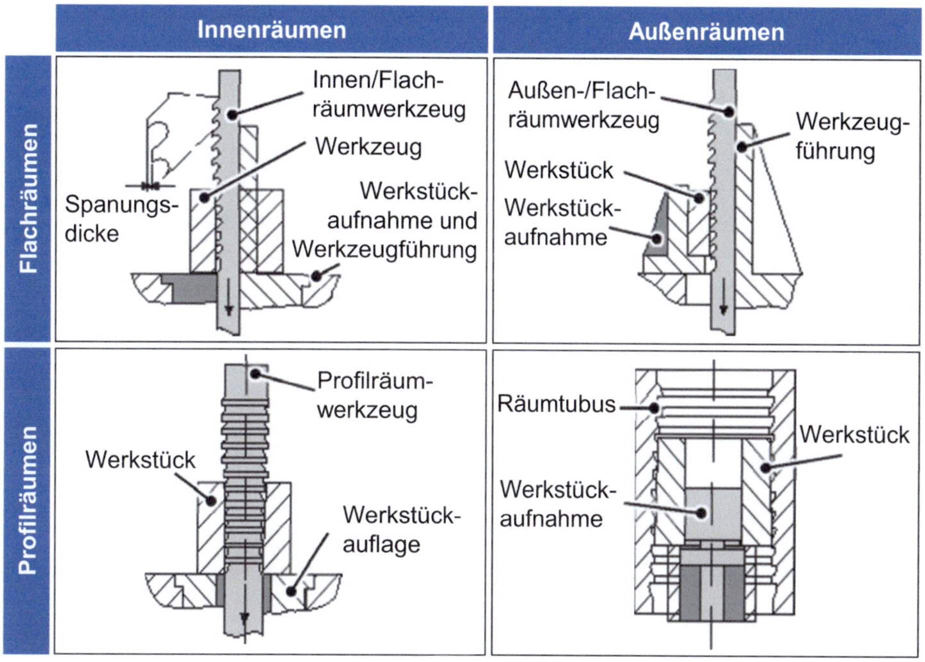

Bild 4.104 Räumverfahren

Rundräum-Nadel. Die Schneiden der Räumnadel liegen hintereinander und sind jeweils um die entsprechende Spanungsdicke fz für das Schruppen bzw. Schlichten gestaffelt, wodurch die radiale Zustellung ersetzt wird [DIN03g]. Im Kalibrierteil ist das Steigungsmaß jedoch gleich null. Wird das Werkzeug nachgeschliffen, so verschiebt sich das gesamte Werkzeugprofil um einen Zahn zum Kalibrierteil. Damit wird der vorherige erste Kalibrierzahn zum letzten Schlichtzahn und das teure Werkzeug kann abhängig von der Anzahl der Kalibrierzähne 15–20 mal nachgeschliffen werden. Durch eine verschleißmindernde Beschichtung aus Titiannitrid (TiN) lässt sich die Standzeit der Räumwerkzeuge erhöhen. Aufgrund der hohen Werkzeugkosten eignet sich das Räumen jedoch nur für den Einsatz in der Großserienfertigung bzw. bei vielen gleichen Nuten. Das Räumen der Tannenbaumprofile von Turbinenläufern für die Luftfahrtindustrie oder den Kraftwerksbau sind typische Anwendungsbeispiele. Die Bearbeitung hochfester Werkstoffe mit hoher Warmfestigkeit führt zu hohen Räumkräften und stellt eine besondere Herausforderung an die Konstruktion der Maschinenstruktur (Steifigkeit) und das Verschleißverhalten der Werkzeuge dar. Eine schematische Darstellung der unterschiedlichen Räumverfahren zeigt ◘ Bild 4.104.

Je nach Bearbeitungsaufgabe werden Innen- oder Außenräummaschinen eingesetzt, die in senkrechter oder waagerechter Bauform ausgeführt sein können. Die Schnittbewegung des Räumwerkzeugs realisieren hydraulische oder elektromechanische Antriebe, wobei die höhere Steifigkeit des elektromechanischen Antriebs die Schwingungsneigung des Werkzeugs in Richtung seiner Längsachse, wie sie in Folge wechselnder Schnittkräfte auftreten kann, herabsetzt. Obwohl hydraulische Antriebe die preisgünstigere Alternative darstellen, gewinnt die Möglichkeit des Verzichts auf Hydraulikflüssigkeit und der Energieeinsparung durch elektromechanische Antriebe durch die zunehmend restriktivere Umweltgesetzgebung an Attraktivität [OV94].

4.6.1 Innenräummaschinen

◘ Bild 4.105 zeigt die Schnittzeichnung einer Senkrecht-Innenräummaschine und ein Detailfoto eines Profilräumwerkzeugs mit zwei typischen Werkstücken. Zur Bearbeitung wird das Werkstück auf die Werkstückvorlage aufgelegt und zentriert. Das im Endstückhalter hängende Räumwerkzeug wird in die Werkstückbohrung eingeführt und unterhalb des Werkstücks im Schafthalter verriegelt. Die beiden Hydraulikkolben übertragen die Kraft über die angekoppelte Zugtraverse und den Schafthalter auf das Werkzeug und ziehen dieses durch die Werkstückbohrung. Den letzten Teil des Räumhubs führt das Werkzeug vom Endstückhalter gelöst ohne obere Führung aus. Die Räumnadel wird vollständig durch das Werkstück gezogen und das fertig bearbeitete Werkstück der Maschine entnommen. Der Schafthalter fährt dann mit dem Werkzeug wieder nach oben, wo es im Endstückhalter verriegelt wird. Nachdem der Schafthalter das Räumwerkzeug am unteren Ende freigegeben hat, kann dieses zur Eingabe des nächsten Werkstücks in die Ausgangsposition gehoben werden.

Eine Variante einer Innenräummaschine stellt die in ◘ Bild 4.106 gezeigte Hubtischräummaschine dar. Bei diesem Maschinentyp werden mehrere Bauteile gleichzeitig von mehreren Räumnadeln bearbeitet. Hier führt nicht das Räumwerkzeug den Arbeitshub aus, sondern der Hubtisch mit den Werkstücken [HOFF03]. Gegenüber herkömmlichen Senkrecht-Innenräummaschinen kann so die Bauhöhe deutlich reduziert werden. Die Räumwerkzeuge bleiben über den gesamten Arbeitshub an Schaft und Endstück eingespannt und gewährleisten so einen ruhigen Maschinenlauf, hohe Oberflächengüten und lange Werkzeugstandzeiten. Hubschlitten und Zubringereinrichtung haben gemeinsame, vorgespannte Linear-Wälzführungen. Die Räumkraft beträgt 100 kN bei einer maximalen Räumlänge von 1.250 mm und einer Räumgeschwindigkeit v_f von 25 m/min. [DIN03g]

Mit konventionellen Räumwerkzeugen können nur offene Nuten, d.h. Nuten deren Profil von der Werkzeugeintrittsebene bis zur Werkzeugaustrittsebene des Werkstücks reicht, hergestellt werden. Für geschlossene Nutformen, bei denen das Profil nicht bis zur entsprechenden Werkstückeintrittsebene bzw. -austrittsebene reicht, kam nur die zeitaufwändigere Stoß- und Ziehtechnik infrage. Aus diesem Grund

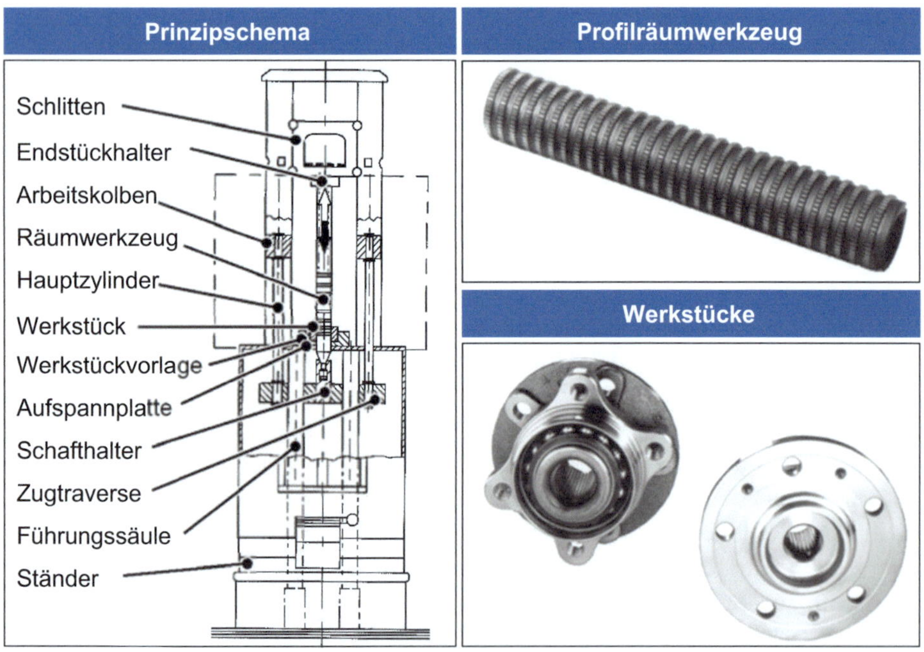

◘ **Bild 4.105** Innenräummaschine. Quelle: Forst

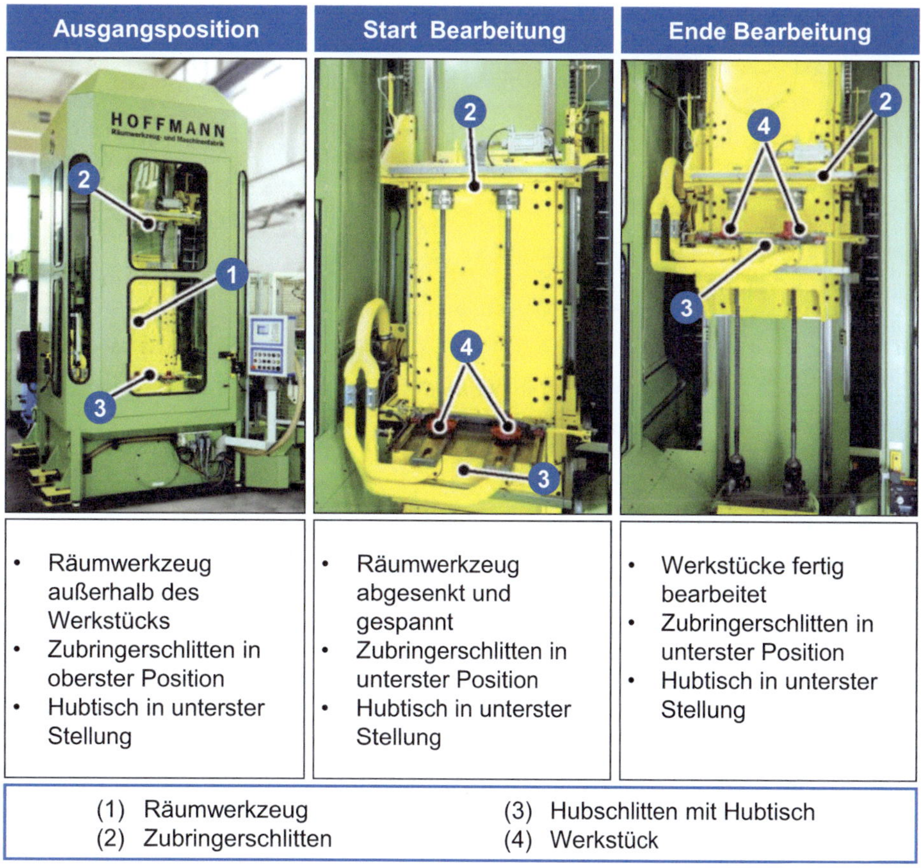

Bild 4.106 Räumvorgang bei einer Hubtischräummaschine. Quelle: Hoffmann Räumtechnik (GmbH)

wurde ein Innenräumwerkzeug mit verschiebbaren Messerschneiden entwickelt, mit dem auch geschlossene Kammernuten in einem Werkzeughub bearbeitet werden können. **Bild 4.107** zeigt einen Querschnitt durch ein solches Werkzeug sowie mögliche Nutformen, die mit dieser Werkzeugart hergestellt werden können.

Während der Abwärtsbewegung des Schafts befinden sich die verschiebbaren Messer zunächst in einer Ausgangsposition innerhalb der Umfangskontur des Schafts, bis das Steuerteil des Messers die Schablone berührt. Während der Linearbewegung des Schafts dringen die Messer entsprechend der Kontur der Schablone in die Wand des Werkstücks

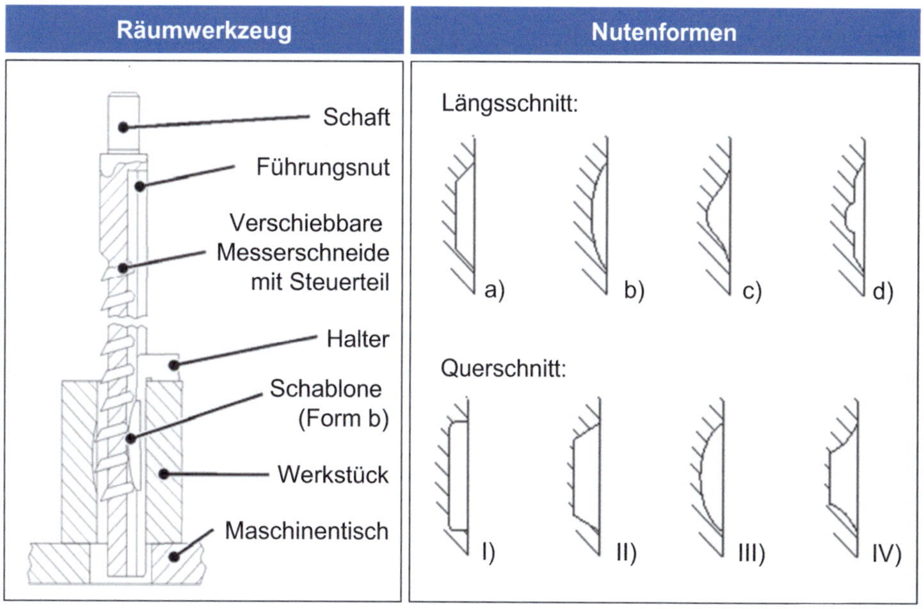

Bild 4.107 Räumwerkzeug mit verschiebbaren Messerschneiden. Quelle: Balzat

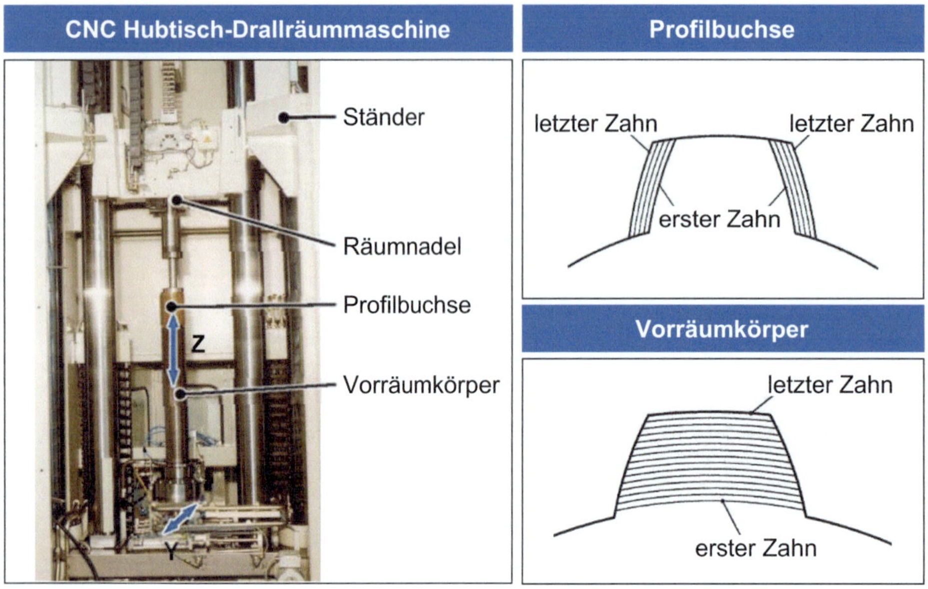

Bild 4.108 Drallräummaschine. Quelle: KARL KLINK

ein und tragen den Werkstoff ab. Die Messerlängen nehmen von unten nach oben zu, sodass die Längendifferenz zweier benachbarter Messer wie bei konventionellen Räumnadeln genau der Spanungsdicke entspricht. Hierdurch lassen sich konturierte Vertiefungen sowohl in Innennuten als auch an der Außenseite eines Werkstücks in nur einem Arbeitshub herstellen.

Ein weiteres Spezialverfahren des Innenräumens mit Hubtisch ist das sogenannte Drallräumverfahren. Bei diesem Verfahren wird das Werkzeug mithilfe eines Cyclo-Getriebes während des Räumprozesses um die Z-Achse gedreht (s. Bild 4.108). Dadurch können mit dem Innenräumverfahren auch schräge Nuten hergestellt werden. Der Antrieb entlang der Z-Achse erfolgt über Planetenrollengewindetriebe oder Kugelgewindetriebe. Die Drallkinematik kann frei programmiert werden. Es ist ein Rechts- oder Linkslauf bei unterschiedlichen Drallwinkeln möglich. Die Dralleinheit verfügt dazu über ein spielfreies und torsionssteifes Getriebe, das Drehmomente bis zu 10.000 Nm aufnehmen kann. Um die Werkstücke zwischen der Be- und Entladeposition zu verfahren, wird der Schiebetisch, der sich auf dem Hubtisch befindet, entlang der Y-Achse verfahren. Die Doppelständerbauweise erlaubt die Installation einer automatischen Be- und Entladung von der Maschinenrückseite. Gleichzeitig bleibt der Zugang von vorne frei für Einrichtbetrieb, Werkzeugwechsel, Wartung oder manuelle Be- und Entladung.

Das Räumwerkzeug kann hierbei in zwei unterschiedliche Schneidteile unterteilt werden, den Vorräumkörper in Tiefenstaffelung für das Vorräumen und die flankenschnei-

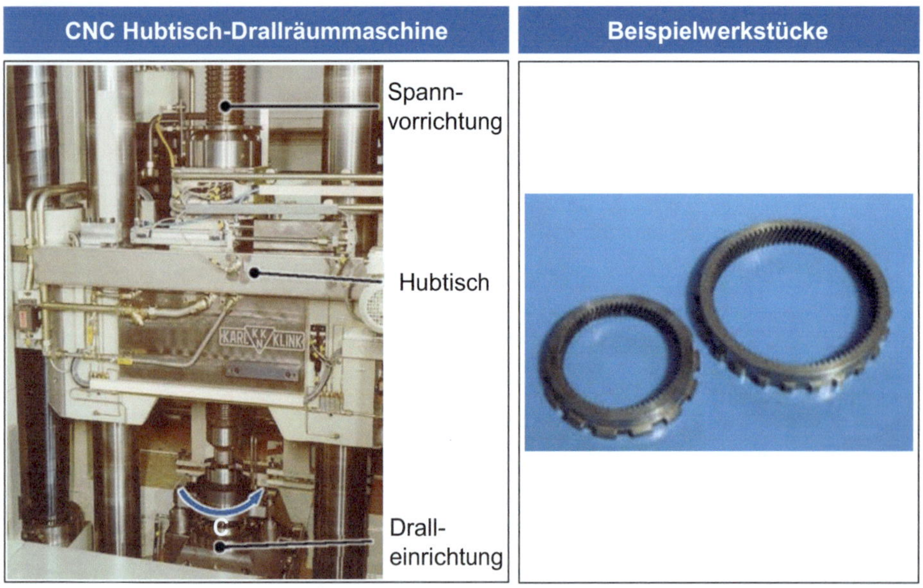

Bild 4.109 Drallräummaschine. Quelle: KARL KLIN

dende Profilräumbuchse in Seitenstaffelung für das Fertigräumen. Während des Fertigräumens wird der Spandruck minimiert, um eine maximale Verzahnungsqualität zu erreichen. Der Spanndruck für die Spannvorrichtung ist auf dem Hubtisch einstellbar.

Der Hubtisch (s. ▪ Bild 4.109) wird durch einen Gantry-Verband angetrieben, wobei sich auf beiden Seiten des Hubtischs je ein elektro-mechanischer Antriebsstrang befindet, die elektronisch gekoppelt sind. Da eventuell thermisch oder mechanisch bedingte geometrische Abweichungen der Antriebsspindeln auftreten können, existiert auf jeder Seite ein Längenmaßstab, der die Fehler zeitnah misst und so einen Ausgleich ermöglicht. Somit werden die mechanischen Komponenten vor einseitigen Überlastungen geschützt.

4.6.2 Außenräummaschinen

Für Bearbeitungsaufgaben, die sehr große Räumwerkzeuglängen erfordern, werden unter anderem Senkrecht-Außenräummaschinen eingesetzt, wie ▪ Bild 4.110 für die Bearbeitung von Tannenbaumnuten in einer Turbinenverdichterscheibe zeigt. Durch das Aufteilen des bis zu 22,5 m langen Räumwerkzeugs auf maximal zehn nebeneinanderliegende, automatisch einwechselbare Werkzeugkassetten, bleiben die Maschinenabmessungen verhältnismäßig kompakt. Die Räummaschine ist mit einem elektromechanischen Antrieb ausgestattet und verfügt über bis zu sieben NC-gesteuerte Achsen. Die Vorteile der senkrechten Maschinenbauweise sind der geringere Flächenbedarf, die Vermeidung der Durchbiegung des Räumwerkzeugs durch das Eigengewicht sowie die bessere Kühlschmierwirkung und gute Integriebarkeit in Transferstraßen.

Neben Senkrecht-Räummaschinen werden bei größeren Werkzeuglängen auch waagerechte Ausführungen eingesetzt. Die Vorteile einer Waagerecht-Räummaschinen sind eine wesentlich geringere Aufstellhöhe; weiterhin wird kein Grubenfundament benötigt. Außerdem können schwere Werkstücke besser zugeführt werden. Demgegenüber stehen eine viel größere Aufstellfläche, eine schlechtere Integrationsmöglichkeit in Transferstraßen, eine schlechtere Kühlschmierwirkung sowie eine mögliche Durchbiegung der Räumnadel aufgrund von Eigengewicht.

Analog zu den Senkrechträummaschinen wird das Werkstück auf einen Tisch gespannt und über die Maschinenachsen positioniert. Um schräge oder auslaufende Nuten realisieren zu können, gibt es Tische mit einer A- und B-Rotationsachse zum Drehen und Kippen. In ▪ Bild 4.111 rechts ist ein solcher Tisch dargestellt. Die Kinematik für den Vorschub lässt sich auf zwei Arten realisieren: Entweder wird das Werkstück an der ortsfesten Räumnadel vorbeigeführt oder das Werkstück ist ortsfest und die Räumnadel wird bewegt. In ▪ Bild 4.111 links ist ein Maschinentyp mit bewegtem Werkzeug dargestellt. Vorteile dieses Konzepts bestehen darin, dass die Genauigkeitsanforderungen an das Fundament und die Maschinenstruktur deutlich niedriger sind, da der Prozess immer ortsfest stattfindet (s. auch Vor- und Nachteile von Portalfräsmaschinentypen, ► Kap. 4.3.2). Der Nachteil ist die große Aufstellfläche, da die zweifache Räumnadel-, bzw. Räumschlittenlänge vorgehalten werden muss. Die Räumnadellänge beträgt üblicherweise 6,3 m. Es sind allerdings auch Maschinen mit Räumnadellängen von drei Metern oder zehn Metern verfügbar. Die in ▪ Bild 4.111 dargestellte Räummaschine ist für die Produktion von Turbinenscheiben mit Durchmessern von 150 mm bis 1.400 mm für Flugzeugtriebwerke oder Turbolader konzipiert und verfügt über

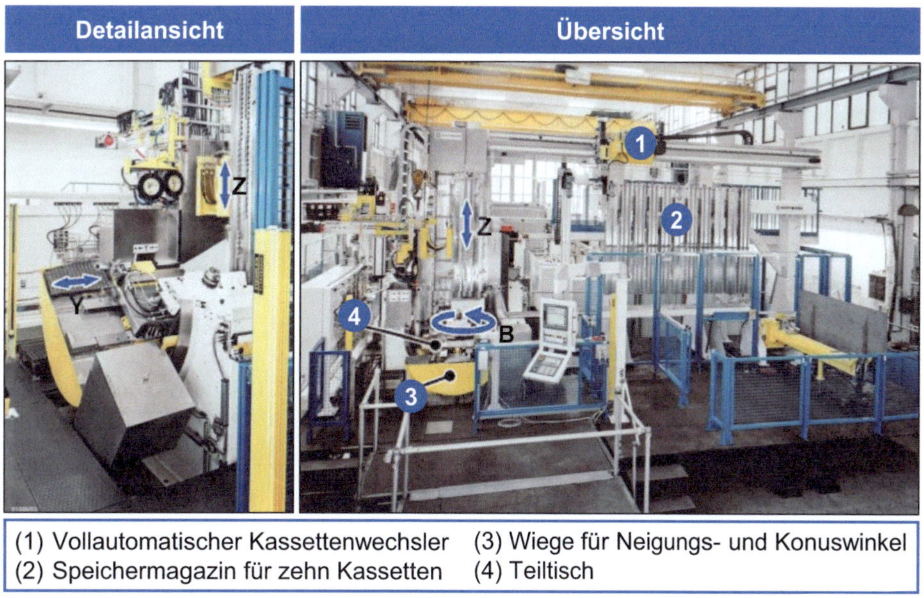

▪ **Bild 4.110** Senkrecht-Außenräummaschine. Quelle: Hoffmann Räumtechnik (GmbH)

4

Bild 4.111 Waagerecht-Außenräummaschine. Quelle: Hoffmann Räumtechnik (GmbH)

einen elektromechanischen Antrieb mit Asynchron-Servomotor und Schneckengetriebe mit einer Leistung je nach Ausführung zwischen 80 kW und 100 kW. Die maximal aufnehmbaren Räumkräfte bei einer Räumgeschwindigkeit von 60 m/min betragen 250 kN. Es sind Varianten mit Räumkräften bis 320 kN verfügbar. Die Spandicke liegt in der Regel bei 0,01 mm. Die Führungen des dargestellten Maschinensystems sind hydrostatisch ausgeführt, um eine hohe Steifigkeit zu gewährleisten. Für die Bahnsteuerung ist keine NC-Steuerung erforderlich. Es kommen allerdings dennoch NC-Steuerungen aufgrund ihrer Funktionalität bezüglich der Werkzeugverwaltung, der flexiblen Programmierung und der Programmverwaltung zum Einsatz. Das Maschinensystem wird üblicherweise durch einen automatischen Werkzeugwechsler ergänzt. Alternativ zu einem Werkzeugwechsler können mehrere Räumnadeln nebeneinander auf einem großen Räumschlitten aufgespannt werden. Im industriellen Umfeld ist allerdings eine klare Tendenz zu einem Werkzeugwechsler zu erkennen. Dies liegt an der Kollisionsgefahr bei parallelen Räumnadeln auf einem Schlitten und der schwerer zu realisierenden hohen Gesamtsteifigkeit eines breiten Räumschlittens mit mehreren Bahnen. Die Werkstückspannung erfolgt wegen der relativ langen Bearbeitungszeiten auf der Maschine normalerweise manuell. Zur Verkürzung der Umrüstzeiten werden Maschinen gebaut, die über ein Schnellwechselsystem für Vorrichtungen verfügen. Hierdurch besteht die Möglichkeit, hauptzeitparallel das nächste Werkstück in eine Vorrichtung zu rüsten und die Vorrichtung mit Werkstück dann auf der Maschine zu spannen.

Das Kettenräumen ist eine besondere Art des Außenräumens mit ortsfestem Werkzeug und kontinuierlich translatorisch bewegten Werkstücken. Das Verfahren findet heute nur noch sehr selten Anwendung. Die an den umlaufenden Räumketten befestigten Spannvorrichtungen fahren mit den Werkstücken im Werkzeugtunnel am feststehenden Räumwerkzeug vorbei, sodass die gewünschten Flächen spanend bearbeitet werden. Das Beschicken und Entladen der Räumvorrichtungen mit den Werkstücken ist bei Kettenräummaschinen üblicherweise automatisiert.

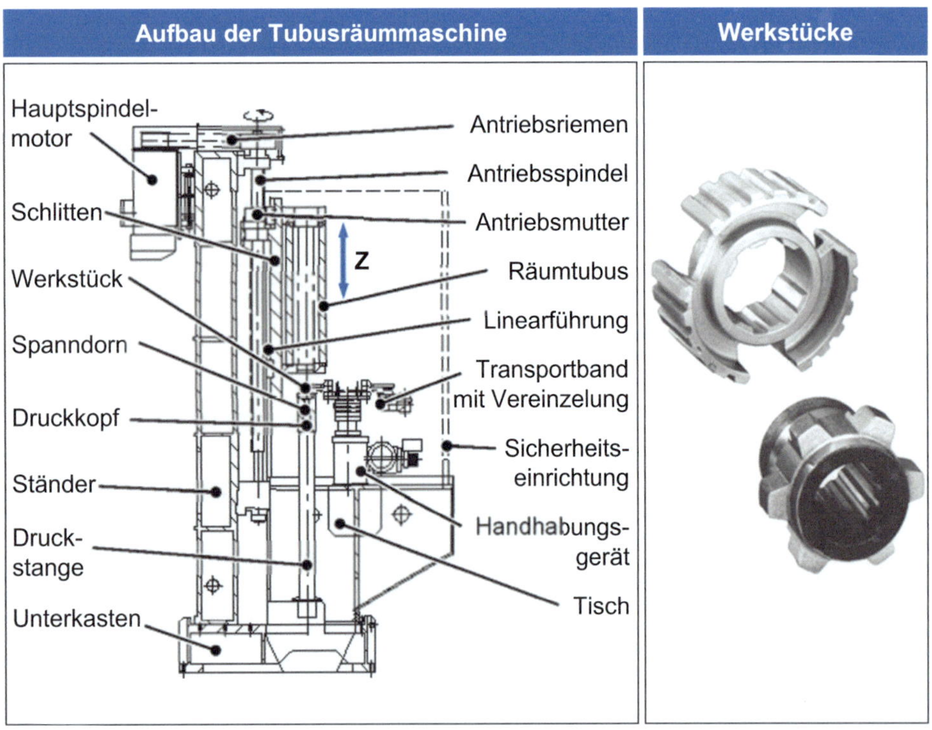

Bild 4.112 Tubusräummaschine. Quelle: Forst Technologie

Beim Räumen mittels einer Tubusräummaschine, wie sie in Bild 4.112 gezeigt, erzeugt der das Werkstück umschließende Räumtubus die gewünschte Außenkontur. Das Werkzeug ist an einem linear geführten Schlitten mit Spindelantrieb montiert und wird über das durch einen Spanndorn auf der Druckstange befestigte Werkstück geschoben. Der Werkstückwechsel erfolgt automatisiert durch ein Transportband und ein Handhabungsgerät.

Abkürzungsverzeichnis

CBN	kubisches Bohrnitrid
CNC	Computerized Numerical Control
ELB	Einlippenbohrsystem
HM	Hartmetall
HP	Hochpräzisionsdrehen
HSK	Hohl-Schaft-Kegel
HV-Köpfe	Horizontal-Vertikal-Köpfe
KKS	Kühlschmierstoff
MKD	monokristalliner Diamant
NC	Numerical Control
NE-Metalle	Nicht-Eisen-Metalle
PKM	Parallelkinematik
UP	Ultrapräzisionsdrehen

Formelzeichenverzeichnis

Formelzeichen	Einheit	Bedeutung
$1\text{-}m$	[-]	Anstiegswert der Zerspankraft
B	[mm]	Breite
D	[mm]	Bohrdurchmesser
F_c	[N]	Schnittkraft
F_f	[N]	Vorschubkraft
F_p	[N]	Passivkraft
H	[mm]	Höhe
R_a	[nm]	Arithmetischer Mittelwert der Profilordinaten
R_z	[nm]	Größte Höhe des Profils
T	[mm]	Tiefe
a_p	[mm]	Schnitttiefe
b	[mm]	Spanungsdicke
f	[mm]	Vorschub
h	[mm]	Spanungsdicke
$k_{1,1}$	[N/mm²]	spezifische Zerspankraft
l	[mm]	Bohrtiefe
v_c	[m/s]	Schnittgeschwindigkeit
v_f	[m/s]	Räumgeschwindigkeit
κ	[°]	Einstellwinkel

Literaturverzeichnis

[BREC16] Brecher, C.: Werkzeugmaschinen Fertigungssysteme. (Reihe: Werkzeugmaschinen Fertigungssysteme. Bd. 2). 9. Aufl. Berlin: Springer, 2016

[DIN03a] Norm DIN 8589-6 (September 2003). Fertigungsverfahren Spanen – Teil 6: Sägen – Einordnung, Unterteilung, Begriffe

[DIN03b] Norm DIN 8589-3 (September 2003). Fertigungsverfahren Spanen – Teil 3: Fräsen – Einordnung, Unterteilung, Begriffe

[DIN03c] Norm DIN 8580 (September 2003). Fertigungsverfahren – Begriffe, Einteilung

[DIN03d] Norm DIN 8589-4 (September 2003). Fertigungsverfahren Spanen – Teil 4: Hobeln, Stoßen – Einordnung, Unterteilung, Begriffe

[DIN03e] Norm DIN 8589-0 (September 2003). Fertigungsverfahren Spanen – Teil 0: Allgemeines; Einordnung, Unterteilung, Begriffe

[DIN03f] Norm DIN 8580 (September 2003). Fertigungsverfahren – Begriffe, Einteilung

[DIN03g] Norm DIN 8589-5 (September 2003). Fertigungsverfahren Spanen – Teil 5: Räumen – Einordnung, Unterteilung, Begriffe

[DIN10] Norm DIN EN ISO 286-1 (November 2010). Geometrische Produktspezifikation (GPS) – ISO-Toleranzsystem für Längenmaße – Teil 1: Grundlagen für Toleranzen, Abmaße und Passungen

[HAßL92] Haßlach, K. H. (Hrsg.): Elektromechanische Antriebe an Räummaschinen. Karlsruhe, 1992

[HOFF03] Hoffmann Räumtechnik GmbH: Hubtisch-Räummaschine COMPACT. Pforzheim, 2003. Firmenschrift

[KAST04] Kasto Maschinenbau: Rationelles Gehrungssägen großer Querschnitte. Achern-Gamshurst, 2004. Firmenschrift

[KLOC08] Klocke, F.; König, W.: Fertigungsverfahren 1. 8. Aufl. Berlin: Springer, 2008

[KÖNI82] König, W.; Witte, K.; Essel, L.: Spezifische Schnittkraftwerte für die Zerspanung metallischer Werkstoffe. Düsseldorf: Stahleisen, 1982

[KULL94] Kullmann, J. H.: Profilen Zähne zeigen. In: NC-Fertigung, 1994, Nr. 2

[OV94] o. V.: Sieben in einem Schnitt. In: NC-Fertigung, 1994, Nr. 6

[OV96a] o. V.: Flexibles Sägezentrum für Teile in kleiner und mittlerer Losgröße. In: MM Maschinenmarkt, 1996, Nr. 8

[OV96b] o. V.: Kaltkreissäge ermöglicht Trockenschnitte. In: MM Maschinenmarkt, 1996, Nr. 25

[SAND12] Sandvik Coromant: Tiefbohren. Düsseldorf, 2012. Firmenschrift

[SMS98] SMS Eumuco GmbH: Blank und Edel: Maschinen und Anlagen zur Herstellung von Blankstahl höchster Qualität., 1998. Firmenschrift

[STEI01] Steinbusch, G.: Sicher konstruieren mit Mechatronik-Simulation. In: Werkstatt und Betrieb. 134. Jg., 2001, Nr. 9, S. 163–166

[STOL96] Stolzer, A.: Wirtschaftliches Zuschneiden und Komissionieren. In: Technica, 1996, Nr. 11

[VDI14] VDI-Richtlinie VDI 3208 (April 2014). Tiefbohren mit Einlippenbohrern

[VDI99] VDI-Richtlinie VDI 3209-1 (November 1999). Tiefbohren mit äußerer Zuführung des Kühlschmierstoffes (BTA- und ähnliche Verfahren)

Kapitel 5

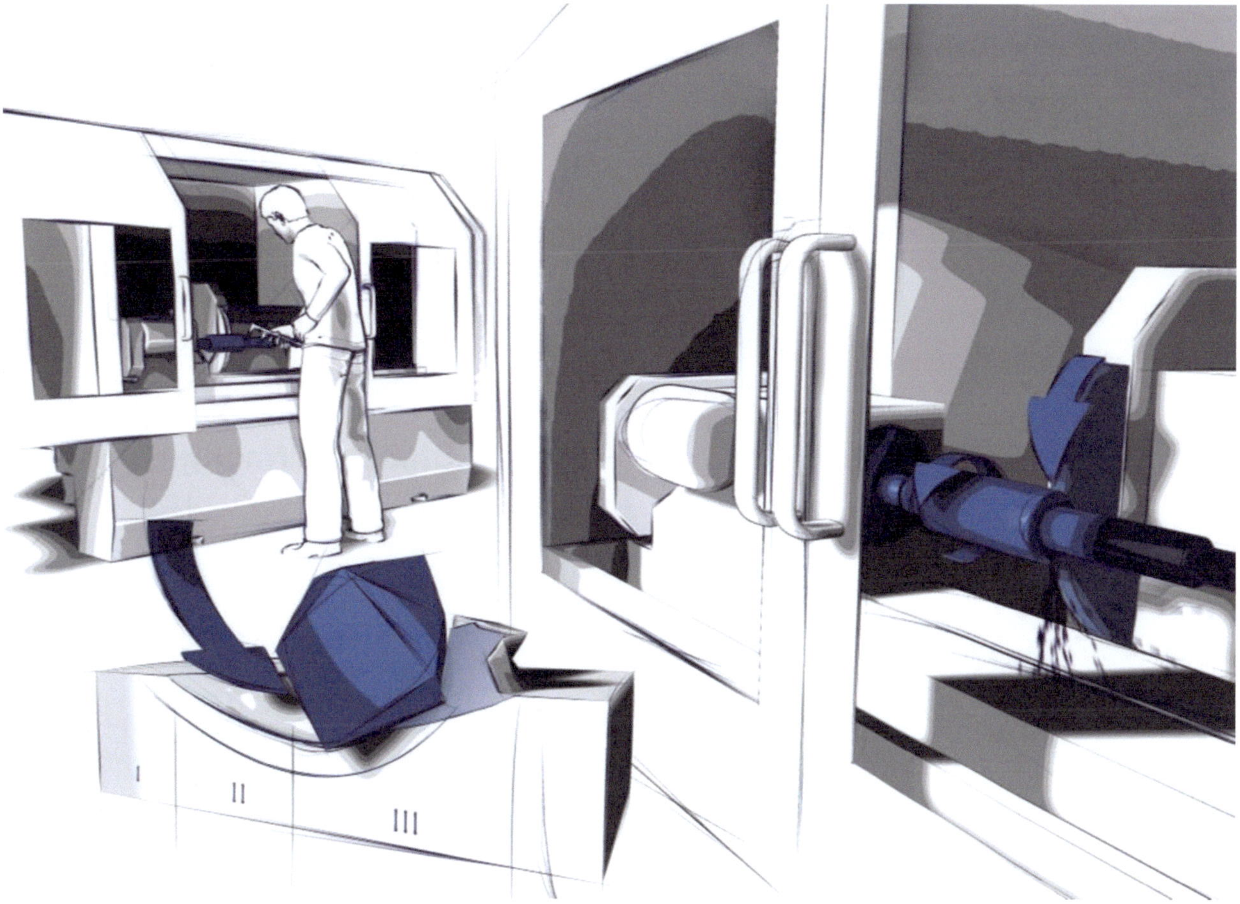

Spanende Maschinen für Werkzeuge mit geometrisch unbestimmten Schneiden

Ich danke meinen Mitarbeitern Dipl.-Ing. Stephan Neus, Alexander Hassis M.Sc., Dipl.-Ing. Richard Habermann und Tobias Motschke M.Sc. für ihre Mitwirkung bei der Überarbeitung dieses Kapitels.

Spanende Maschinen für Werkzeuge mit geometrisch unbestimmten Schneiden

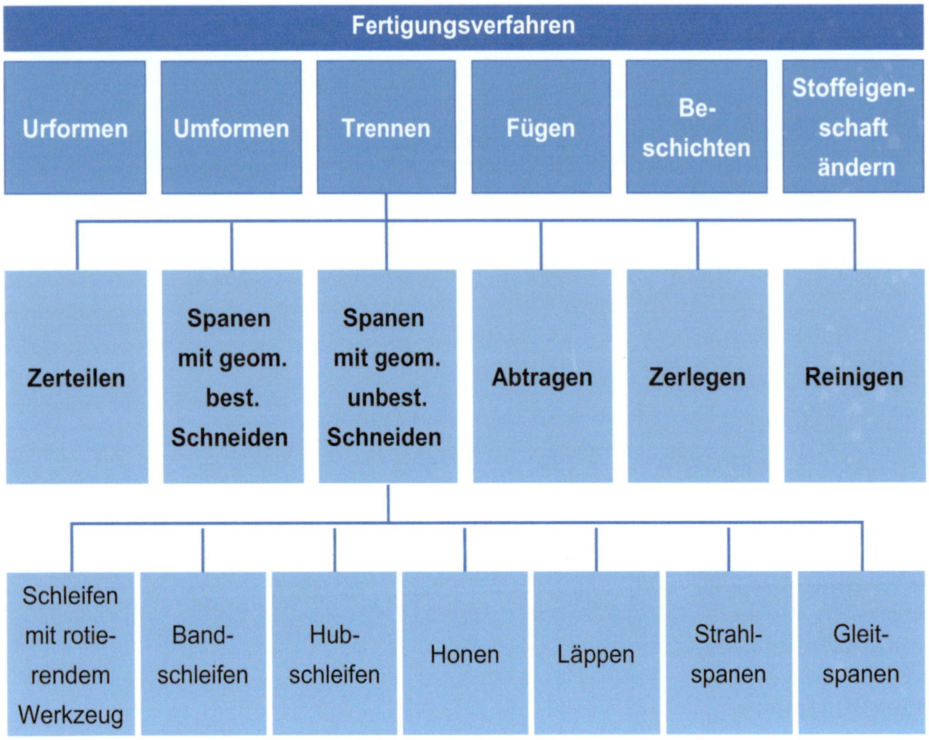

Bild 5.1 Spanen mit geometrisch unbestimmten Schneiden - Einteilung der Fertigungsverfahren. Quelle: [DIN03b]

Das trennende Fertigungsverfahren „Spanen mit geometrisch unbestimmten Schneiden" umfasst solche Verfahren, bei denen Werkzeuge eingesetzt werden, deren Schneidenzahl, Geometrie der Schneidkeile und Lage der Schneiden zum Werkstück unbestimmt sind [DIN03c]. Die Einordnung in die Fertigungsverfahren nach [DIN03c] sowie untergeordnete Verfahrensvarianten sind in Bild 5.1 dargestellt. Den Werkstoffabtrag eines Werkzeugs für dieses Verfahren (hier Schleifscheibe), dessen Schneiden sich mit hoher Schnittgeschwindigkeit relativ zum Werkstück bewegen, zeigt Bild 5.2. Die Schnittgeschwindigkeiten liegen im Bereich von 18 – 80 m/s für konventionelle Korund- und Siliciumcarbid-Schleifscheiben sowie im Bereich von 80 – 180 m/s für Hochleistungsdiamant- und CBN-Schleifscheiben.

Der Anwendungsschwerpunkt dieser Verfahren ist allgemein die Feinbearbeitung. Das Schleifen wird jedoch heute ebenso für den Werkstoffabtrag mit großen Abtragsraten eingesetzt. Die Feinbearbeitungsverfahren finden i. Allg. dann Anwendung, wenn die geforderte Form- und Maßgenauigkeit sowie die Oberflächengüte der Werkstücke durch andere spanende Verfahren nicht zu erreichen sind. Durch Schrupp- und anschließende Schlichtbearbeitung kann das Werkstück beim Schleifen in einer Aufspannung vor- und fertigbearbeitet werden. Ein wichtiges Einsatzfeld der Schleifbearbeitung besteht darin, Werkstücke aus gehärtetem Stahl oder sogar aus Hartmetall zu bearbeiten.

Im Hinblick auf die Weiterentwicklung von Hochleistungsschleifscheiben stellen sich neue Anforderungen z. B.

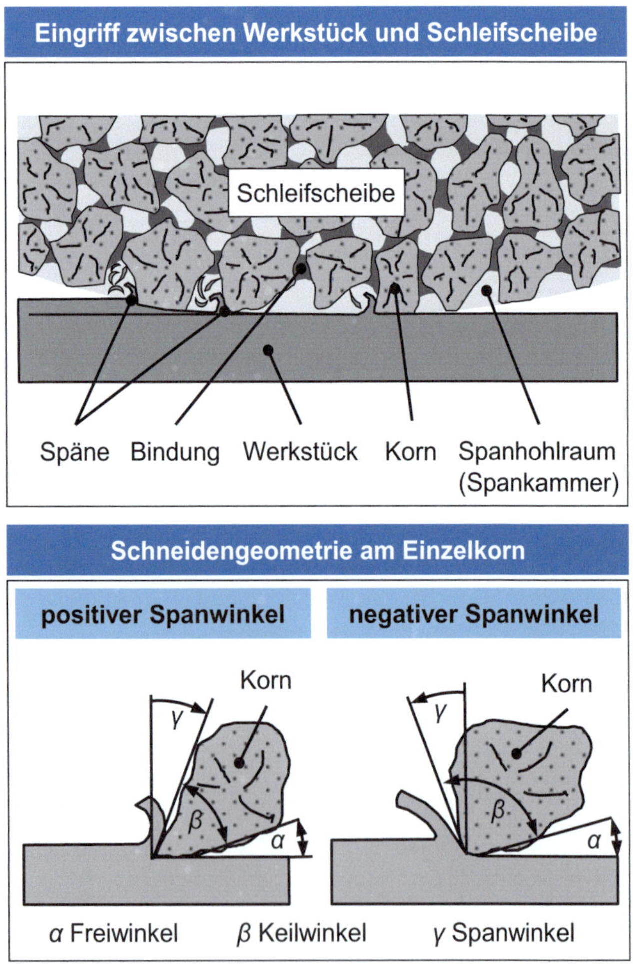

Bild 5.2 Eingriffsverhältnisse zwischen Werkstück und Schleifscheibe

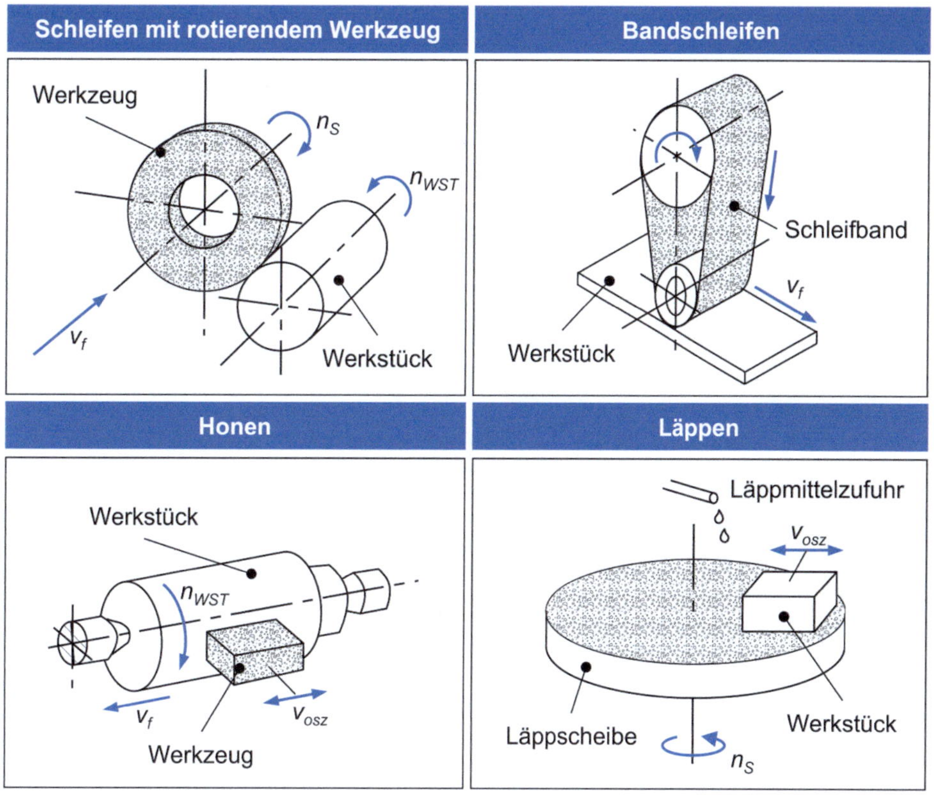

Bild 5.3 Spanen mit geometrisch unbestimmter Schneide - Verfahrensbeispiele

durch Mindermengenschmierung. Grundsätzlich sind beim CBN-Schleifen Schnittgeschwindigkeiten und Spanabtragsraten möglich, die man i. A. vom Fräsen kennt.

Die Trennverfahren mit geometrisch unbestimmten Schneiden werden nach der Bewegungsart der Werkzeuge unterteilt. Bild 5.3 gibt einen Überblick der wichtigsten Verfahren. Eine grundsätzliche Unterteilung orientiert sich dabei an der Form und Art des Werkzeugs. Schleifen mit rotierenden Werkzeugen, im Folgenden kurz Schleifen genannt, findet die breiteste Anwendung. In diesem Fall ist das Werkzeug eine Scheibe, deren Umfang oder Stirnseite die Schnittbewegung realisiert. Beim Bandschleifen sind die Schleifkörper in ein endloses, umlaufendes Band eingearbeitet.

Honmaschinen werden i. A. in Langhub- und Kurzhubhonmaschinen eingeteilt. Der Werkstoffabtrag wird hierbei ebenfalls durch ein Werkzeug mit geometrisch unbestimmten Schneiden (Honstein) erzeugt, allerdings wird im Gegensatz zum Schleifen mit verhältnismäßig langsamer Schnittbewegung gearbeitet. Das Honen dient hauptsächlich der Verbesserung von Oberflächengüte und Maßgenauigkeit. Der Ausgleich von Formfehlern (Verbesserung der Maßgenauigkeit in mehr als einer Koordinatenrichtung) ist jedoch nur bedingt und mit erheblichem gerätetechnischem Zusatzaufwand möglich, da die Honsteine elastisch an das Werkstück angepresst werden und keine Zwangsführung besitzen.

Läppmaschinen sind im Wesentlichen zum Planläppen im Gebrauch. Das Läppen ist ähnlich wie das Honen vor allem dazu geeignet, die Oberflächenrauhigkeit zu vermindern und gleichzeitig die Maßgenauigkeit des Werkstücks zu erhöhen. Beim Läppen entsteht der Werkstückabtrag durch eine Relativbewegung zwischen Werkstück und Läppscheibe, wobei ein Läppmittel aus feinen Läppkörnern mit Öl zugeführt wird. Beim Form- oder Passungsläppen werden die beiden zu passenden Werkstückteile unter Zugabe von Läppmittel gegeneinander bewegt (z. B. Zahnradläppen, Läppen von Führungsbolzen in Bohrungen).

5.1 Schleifmaschinen

Bei Schleifmaschinen führt grundsätzlich das zylindrische Werkzeug durch Rotation die Schnittbewegung aus. Der Schnittbewegung sind eine oder mehrere Vorschubbewegungen sowie die Zustellung überlagert. Die Form der zu schleifenden Werkstücke bestimmt das Verfahren und die Bewegungsachsen, d. h. die Bauart der Maschine. In Bild 5.4 sind die verschiedenen Bauarten und die kinematischen Verhältnisse von Schleifmaschinen an je einem Bearbeitungsbeispiel dargestellt [DIN03b; DIN81].

Die Verfahrensmöglichkeiten des Schleifens lassen sich nach Gesichtspunkten wie der Kontaktfläche am Werkzeug (Umfangsschleifen – Seitenschleifen) oder der relativen Richtung der Schnittbewegung zur Hauptvor-

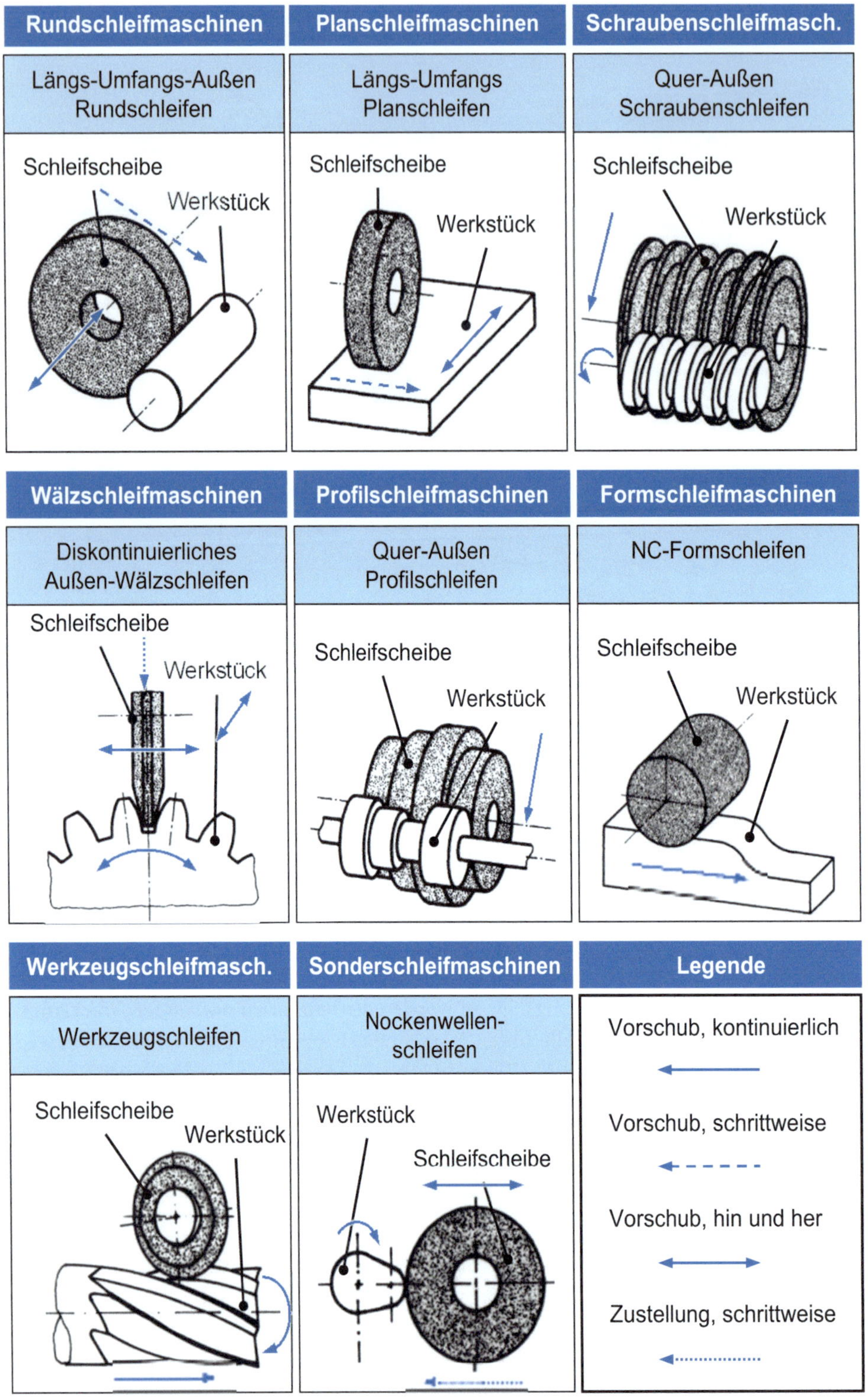

Bild 5.4 Wirkprinzipien von Schleifmaschinen-Bauarten. Nach [DIN03c]

schubbewegung (Gleichlauf-, Gegenlauf-, Pendelschleifen) gliedern.

Entsprechend der sehr unterschiedlichen Aufgaben und Anforderungen sind die Bauformen der Schleifmaschinen sehr vielfältig. In den folgenden Abschnitten werden die wichtigsten Maschinenarten in Verbindung mit den jeweiligen technologischen Aufgabenstellungen besprochen. Sondermaschinen für die Kurbel- und Nockenwellenbearbeitung sowie Wälzschleifmaschinen für die Bearbeitung von Zahnrädern werden aufgrund der besseren thematischen Zusammenhänge getrennt behandelt (▶ Kap. 8.2).

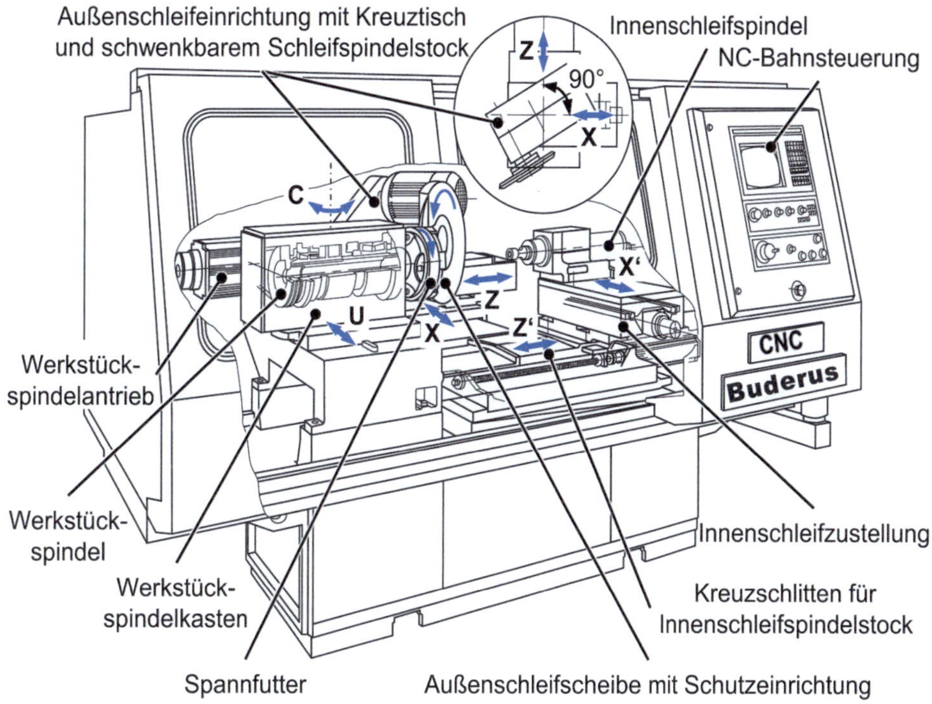

Bild 5.5 Universal-Rundschleifmaschine. Quelle: Buderus

5.1.1 Rundschleifmaschinen

Rundschleifmaschinen sind dadurch gekennzeichnet, dass eine Komponente der Vorschubbewegung durch das rotierende runde Werkstück ausgeführt wird. Die zweite Vorschubbewegung und die Zustellung wirken in Längs- oder Radialrichtung des Werkstückes.

Bild 5.5 zeigt eine Universalrundschleifmaschine, also eine Maschine, die für eine Außen- und Innenbearbeitung sowie eine Planbearbeitung der Werkstückstirnseiten vorgesehen ist.

Die Außenschleifeinrichtung wird von einem Kreuzschlitten (X-, Z-Achse) getragen, auf welcher der Schleifspindelstock schwenkbar angeordnet ist. Beim Längsschleifen übernimmt die Z-Achse den Vorschub und die X-Achse die schrittweise Zustellung, beim Quer- oder Seitenschleifen sind Vorschub- und Zustellungsrichtung vertauscht. Das Schrägschleifen ist mit dieser Schlittenanordnung über eine entsprechende Schrägstellung der Schleifspindel und die koordinierte Bewegung beider Achsen möglich.

Die Innenschleifeinrichtung besteht aus einem separaten Kreuzschlitten zur Aufnahme der Schleifspindel. Der Längs- und Quervorschub werden über die Z'- und X'-Achse realisiert. Mit der Innenschleifeinrichtung kann darüber hinaus bei Einsatz einer geeigneten Schleifscheibe (Topfscheibe) auch plangeschliffen werden.

Das Werkstück wird im Spannfutter des Werkstückspindelkastens gehalten und zur Erzeugung des Rundvorschubs über einen Drehstrom-Servomotor angetrieben. Für die Ausführung von kegeligen Schliffen ist der Werkstück-Spindelkasten schwenkbar und in x-Richtung verschiebbar.

Eine alternative Bauform einer Universal-Rundschleifmaschine ist in Bild 5.6 dargestellt. Die Außen- und Innenrundschleifspindeln sind bei dieser Maschine auf einem Revolver-Schleifspindelstock angeordnet und können alternativ in die Arbeitsposition eingeschwenkt werden. Die Schwenkachse (B-Achse) dient gleichzeitig der Winkelverstellung der Schleifscheibe für das Schräglängs- oder Schrägeinstechschleifen. Im Gegensatz zu der in Bild 5.5 dargestellten Maschine wird der Längsvorschub in diesem Fall durch den Werkstücktisch übernommen. Sowohl in der X- als auch in der Z-Achse kommen hydrodynamische Prismen-Flach-Führungen zum Einsatz.

Schlanke Bauteile werden üblicherweise zwischen Spitzen bearbeitet. Zur Anpassung an die Werkstücklänge sind sowohl der Werkstückspindelkasten als auch der Reitstock auf dem Z-Schlitten manuell verstellbar. Die Spannung des Werkstücks erfolgt über eine federnd angestellte Pinole im Reitstock. Alternativ zu der Werkstückspannung zwischen Spitzen kann die Maschine mit einem Werkstückspannfutter ausgerüstet werden.

Lange, schwere Werkstücke (z. B. Walzen für die industrielle Anwendung) werden auf Maschinen bearbeitet, bei denen das Werkstück ortsfest ist und der Schleifspindelstock sowohl die Längsvorschub- als auch die radiale Zustellbewegung ausführt. Ein Beispiel zeigt Bild 5.7. Diese Maschine bearbeitet Werkstücke bis zu 6 m Länge, 0,8 m Durchmesser und 6 t Masse. Um eine höchstmögliche Genauigkeit gewährleisten zu können, ist die Maschine mit einem In-Process-Messsystem zur Durchmesserbestim-

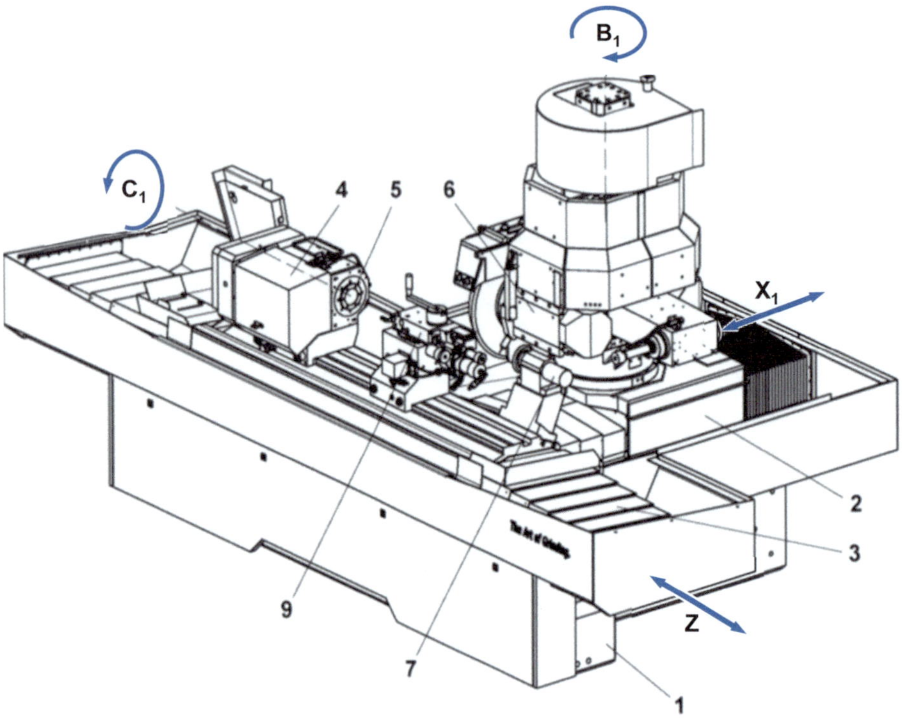

1 Maschinenbett	6 Schleifspindel
2 Querachse (X)	7 Abrichtspindel
3 Längsschlitten (Z)	8 Abrichtvorrichtung (inkl. U-Achse optional, hier nicht vorhanden)
4 Werkstückspindelstock (C)	
5 Werkstückaufnahme	9 Reitstock

Bild 5.6 Universal-Rundschleifmaschine. Quelle: Schleifring, Studer

(1) Reitstock	(4) Werkstückspindelstock
(2) Schleifscheibe	(5) Schleifspindelstock
(3) Werkstück	(6) Messsystem

Bild 5.7 Walzenschleifmaschine. Quelle: Waldrich Siegen

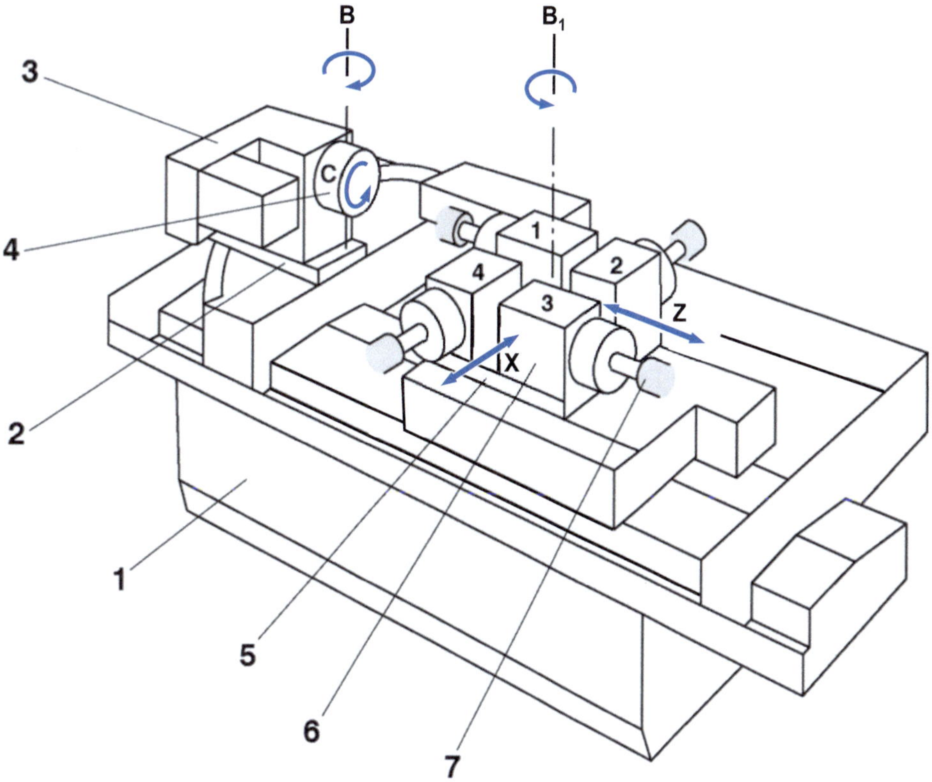

■ **Bild 5.8** Innenrundschleifmaschine. Quelle: Schleifring, Studer

1	Maschinenbett der Kreuzschlittenmaschine (X/Z)	5	Schleiftisch mit max. 4 Werkzeugpositionen
2	Werkstücktisch (Schwenktisch)	6	Schleifspindelträger
3	Werkstückspindelstock	7	Schleifscheibe
4	Werkstückaufnahme		

mung ausgestattet. Eine konstruktive Besonderheit der Maschine sind die im Spindelstock integrierten redundanten Zustell- und Schwenkachsen, die eine hochgenaue Feinverstellung beim Hohl- und Balligschleifen von Walzen ermöglichen.

Maschinen, die ausschließlich zur Innenrundbearbeitung konzipiert sind, kommen in der Praxis relativ selten vor und werden vorwiegend in der Serienproduktion eingesetzt. Ansonsten greift man auf Universalrundschleifmaschinen zurück (■ Bild 5.5). ■ Bild 5.8 zeigt eine Innenrundschleifmaschine mit zwei Hauptspindeleinheiten. Die Ausstattung mit zwei Schleifspindeln erlaubt die Durchführung verschiedener Schleifoperationen auf einer Maschine ohne Scheibenwechsel. In der Praxis kann dies beispielsweise für die Vor- und Schlichtbearbeitung oder auch für unterschiedliche Schleifverfahren wie Längs- und Schrägeinstechschleifen genutzt werden.

Die Schleifspindeln sind jeweils auf einer separaten Kreuzschlitteneinheit angeordnet, die auf einer gemeinsamen Führungsbahn für die x-Richtung gelagert sind. In x-Richtung kommt eine hydrodynamische Prismen-Flachführung zum Einsatz. Hingegen finden in z-Richtung jeweils Wälzführungssysteme Verwendung.

Sowohl der Schleifscheibendurchmesser als auch der Durchmesser der Schleifspindel sind beim Innenrundschleifen in der Regel deutlich kleiner als beim Außenrundschleifen. Dies hat einerseits einen starken Radialverschleiß und andererseits eine hohe statische und dynamische Nachgiebigkeit zur Folge. Um optimale Bedingungen zu schaffen, werden daher beim Innenrundschleifen häufig speziell an den jeweiligen Prozess angepasste Werkzeuggeometrien und Schleifspindeln eingesetzt.

Beim spitzenlosen Außenrundschleifen wird das Werkstück zwischen einer Auflageschiene und einer Regelscheibe gehalten, ■ Bild 5.9. Die angetriebene Regelscheibe aus Kunstharz oder Hartgummi versetzt das Werkstück in Rotation. Die schneller rotierende Schleifscheibe versucht das Werkstück weiter zu beschleunigen, wobei die höhere Reibung zwischen Regelscheibe und Werkstück dazu führt, dass diese, von geringem Schlupf abgesehen, die gleiche Umfangsgeschwindigkeit haben. Der Schleifabtrag wird

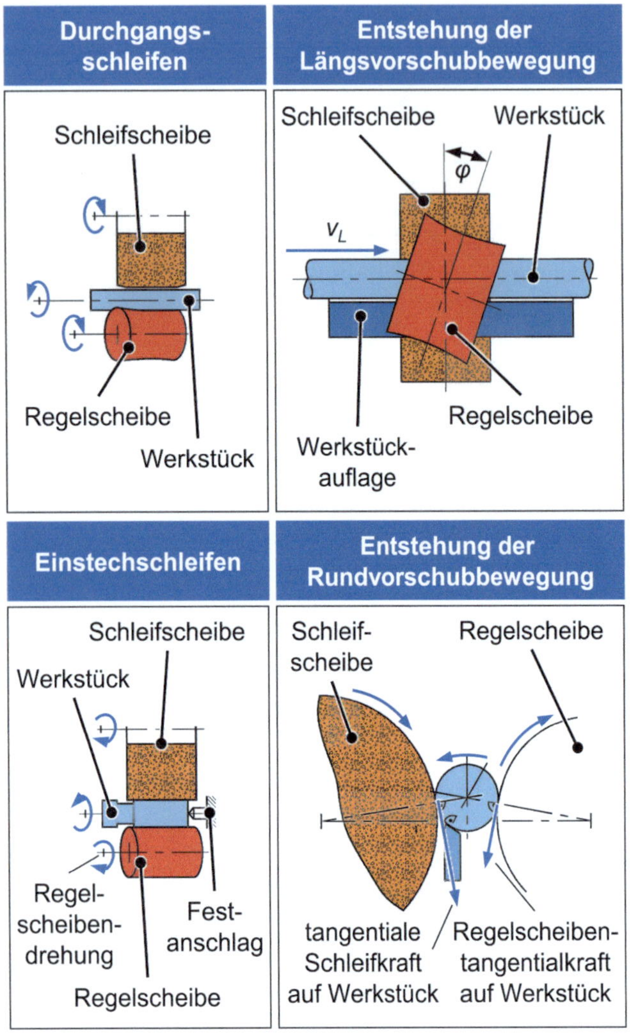

Bild 5.9 Varianten des Spitzenlos-Außen-Rundschleifen

über die so erzeugte Relativbewegung zwischen Schleifscheibe und Werkstück erreicht.

Die Werkstückachse liegt über der Verbindungslinie von Schleif- und Regelscheibenachse, Bild 5.9 unten rechts. Dies ist notwendig, um Abweichungen von der Kreisform des Werkstücks zu vermeiden bzw. zu verringern [KLOC05]. Die Werkstückauflage muss wegen des Reibkontakts aus verschleißfestem Material bestehen. Es sind auch Auflagen bekannt, bei denen das Werkstück auf einem Ölkissen läuft. Zur Erhöhung der Anpresskraft des Werkstücks an die Regelscheibe ist die Auflagefläche um einen Winkel φ gegen die Regelscheibe geneigt.

Beim spitzenlosen Außenrundschleifen ist sowohl Längs- als auch Querschleifen möglich. Der Vorschub wird beim Querschleifen durch Verringern des Abstands zwischen Schleif- und Regelscheibe oder Zustellung der Auflageschiene erreicht. Die axiale Fixierung beim Querschleifen wird realisiert, indem die Regelscheibenachse um einen geringen Winkel geschwenkt wird, sodass eine Kraft in Werkstücklängsrichtung entsteht. Diese wird durch einen Anschlag abgefangen.

Zum Längsschleifen wird der Winkel φ (Bild 5.9 oben) vergrößert. Die Längsvorschubgeschwindigkeit v_L ergibt sich damit annähernd zu

$$v_L = d_R \cdot n_R \cdot \sin\varphi \qquad (5.1)$$

mit d_R als dem mittleren Regelscheibendurchmesser, n_R als der Regelscheibendrehzahl und φ als dem Winkel zwischen der Werkstück- und der Regelscheibenachse. Um in diesen Fällen den Linienkontakt zwischen Werkstück und Regelscheibe aufrechterhalten zu können, muss die Regelscheibe rotationshyperboloidförmig abgerichtet werden. Der Quervorschub beim Durchgangsschleifen wird durch die relative Durchmesserzunahme (Kegelform) von Schleif- und Regelscheibe in axialer Vorschubrichtung des Werkstücks erreicht. Dies entspricht der zu realisierenden Durchmesserabnahme des wandernden Werkstücks.

Generell eignet sich dieses Verfahren insbesondere für die Massenfertigung, da die Stückzahlleistung wegen der hohen Abtragsleistung und der kleinen Nebenzeiten (Durchgangsschleifen) beachtlich ist. Der Rüstaufwand beträgt jedoch gegenüber normalen Außenrundschleifmaschinen ein Vielfaches.

Bild 5.10 zeigt einen Ausschnitt des vielfältigen Teilespektrums, das mit Spitzenlosschleifmaschinen bearbeitet werden kann.

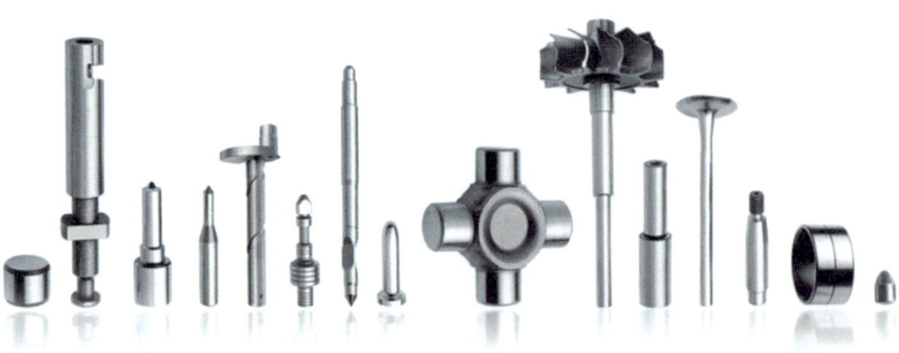

Bild 5.10 Typisches Teilespektrum beim Spitzenlos-Außen-Rundschleifen. Quelle: Junker

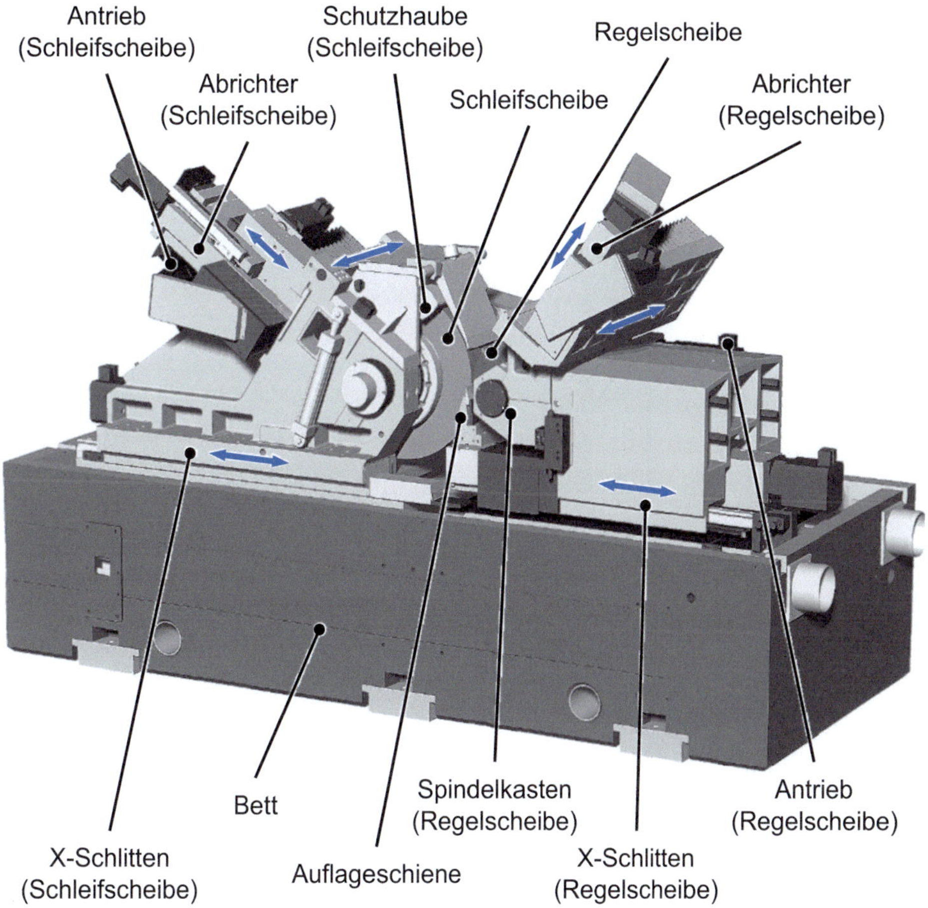

Bild 5.11 Spitzenlos-Außen-Rundschleifmaschine. Quelle: Schleifring, Schaudt Mikrosa BWF

Der Aufbau einer Spitzenlos-Außenrundschleifmaschine ist in Bild 5.11 dargestellt. Man unterscheidet hier zwei Bauarten. Bei der einen sind, wie im Bild dargestellt, Schleif- und Regelscheibenspindelstock auf je einem separaten Schlitten angeordnet und getrennt bewegbar. Die Werkstückauflage ist in der Höhe verstellbar. Bei dieser Anordnung ist das Werkstück ortsfest. Hierdurch vereinfacht sich die automatische Werkstückzufuhr. Diese Bauart eignet sich insbesondere zum Durchgangsschleifen von Stangen und zum automatischen Werkstückhandling. Bei der anderen Bauart ist die Schleifscheibe ortsfest. Regelscheibe und Auflage sind zusammen auf einem Schlitten angeordnet.

Bei der in Bild 5.11 dargestellten Maschine sind die beiden Schlitteneinheiten für die Schleif- und Regelspindeleinheiten durch Linearwälzführungen auf einem aus Mineralguss gefertigten Maschinenbett geführt. Das Spindelgehäuse der Regelscheibe kann zur Einstellung eines definierten Winkels gegenüber dem Schlitten geschwenkt werden. Wie bei Spitzenlos-Schleifmaschinen üblich, sind die Schleif- und Regelscheibe aufgrund der großen Scheibenbreite beidseitig gelagert. Die Maschine ist mit zwei separaten Abrichteinheiten für die Schleif- und die Regelscheibe ausgestattet. Um auch komplexe Geometrien, wie z. B. die hyperbolische Regelscheibenkontur beim Durchgangsschleifen erzeugen zu können, sind die Abrichter jeweils an den Rückseiten von Schleif- und Regelscheibeneinheit angeordnet und auf Kreuzschlitten verfahrbar.

5.1.2 Planschleifmaschinen

Mit Plan- oder Flachschleifverfahren werden ebene Flächen erzeugt (Bild 5.4). Es wird zwischen Umfangs- und Seitenschleifen unterschieden. Plan- oder Flachschleifmaschinen können sowohl mit Lang- als auch Rundtischen ausgerüstet sein.

Der Aufbau einer typischen Planschleifmaschine mit waagerechter Spindel und Langtisch ist in Bild 5.12 dargestellt. Die Längs- und die Quervorschubbewegung werden in diesem Fall durch die Bewegung des Werkstücks mithilfe eines Kreuztisches entlang der X- und Z-Achse realisiert. Die vertikale Zustellung erfolgt durch die Bewegung der Hauptspindeleinheit. In allen drei Achsen kommen Linearwälzführungen und elektromechanische Vorschubantriebe auf Basis von Kugelgewindetrieben zum Einsatz. Neben den hier verwendeten elektrisch an-

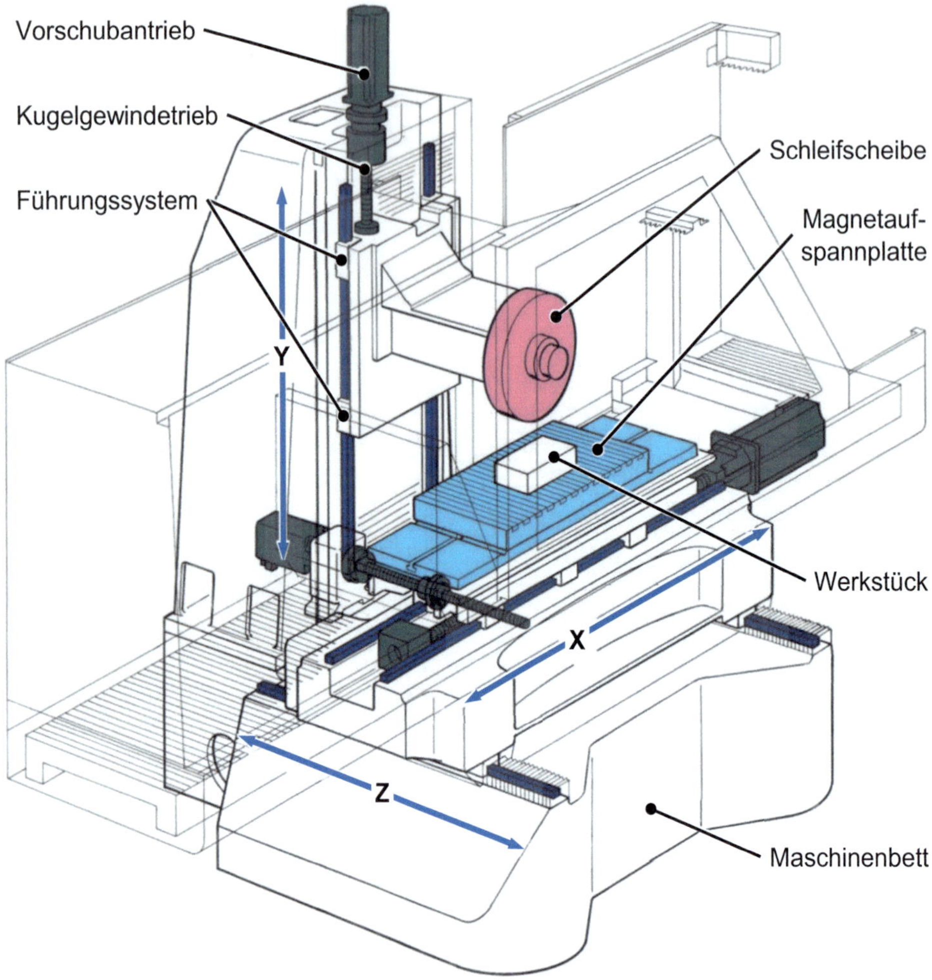

Bild 5.12 Planschleifmaschine. Quelle: Schleifring, Blohm

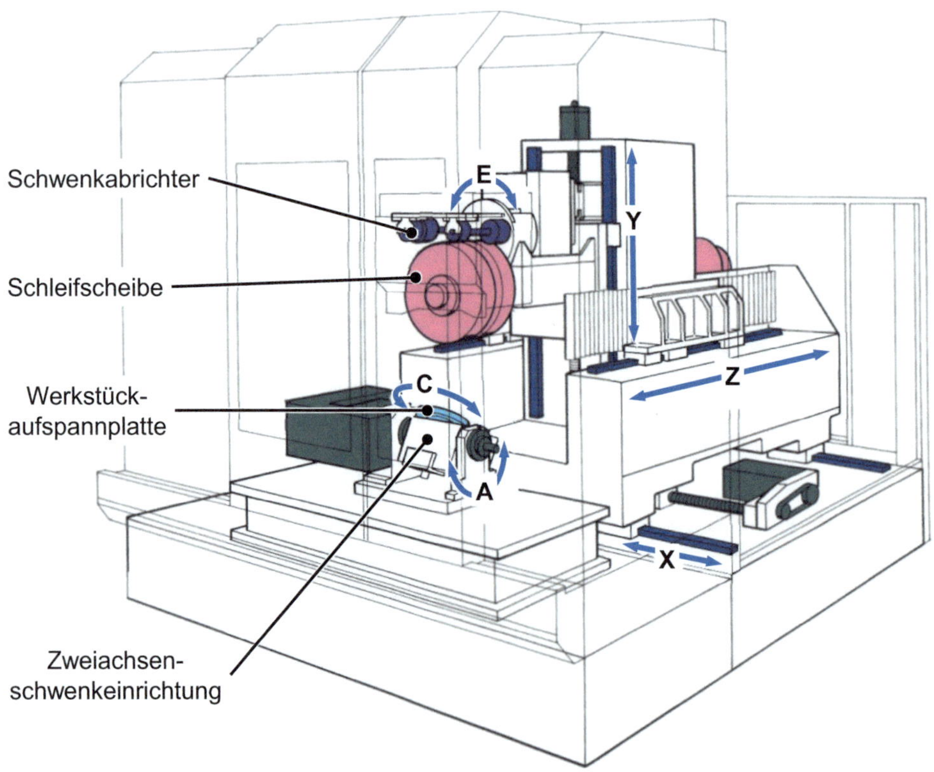

Bild 5.13 Planschleifmaschine. Quelle: Schleifring, Blohm

Bild 5.14 Planschleifmaschine. Quelle: Schleifring, Mägerle

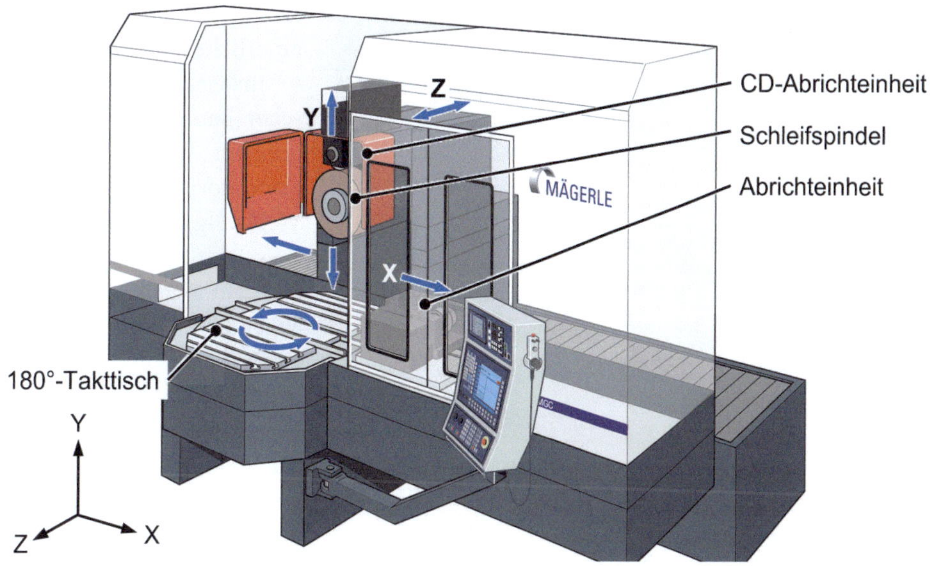

getriebenen Kugelgewindetrieben werden für den Tischlängsvorschub alternativ auch hydraulische Zylinder-Kolbensysteme oder elektrische Lineardirektantriebe eingesetzt. Zum Spannen des Werkstücks verwendet man bei Universal-Flachschleifmaschinen häufig Magnetaufspannplatten.

Bei der in **Bild** 5.13 dargestellten Schleifmaschine liegen alle drei Linearachsen auf der Werkzeugseite. In Anlehnung an die Bezeichnung von Fräsmaschinen spricht man in diesem Fall auch von einer Fahrständerbauweise. Die Werkstücke werden auf den feststehenden Tisch aufgespannt. Bei Bedarf können eine Werkstückschwenk- und/oder Rotationsachse auf den Werkstücktisch aufgespannt werden. Damit ist neben der reinen Planbearbeitung auch das Schleifen komplexer Geometrien, wie z. B. von Turbinenschaufeln, möglich. Unmittelbar auf dem Schleifspindelgehäuse ist die Abrichteinheit mit angetriebenen Abrichtrollen angebracht. Durch eine NC-gesteuerte Schwenkbewegung ist eine kontinuierliche Zustellbewegung der Abrichtrollen während des Schleifprozesses (Continuous Dressing bzw. CD) möglich (▶ Kap. 5.1.4).

Eine andere Planschleifmaschine in Fahrständerbauweise zeigt Bild 5.14. Neben den drei NC-gesteuerten linearen Vorschubachsen verfügt diese Maschine über einen 180 °-Takttisch, der ein hauptzeitparalleles Spannen der Werkstücke erlaubt. Die Maschine kann alternativ mit einer der beiden dargestellten Abrichteinheiten ausgerüs-

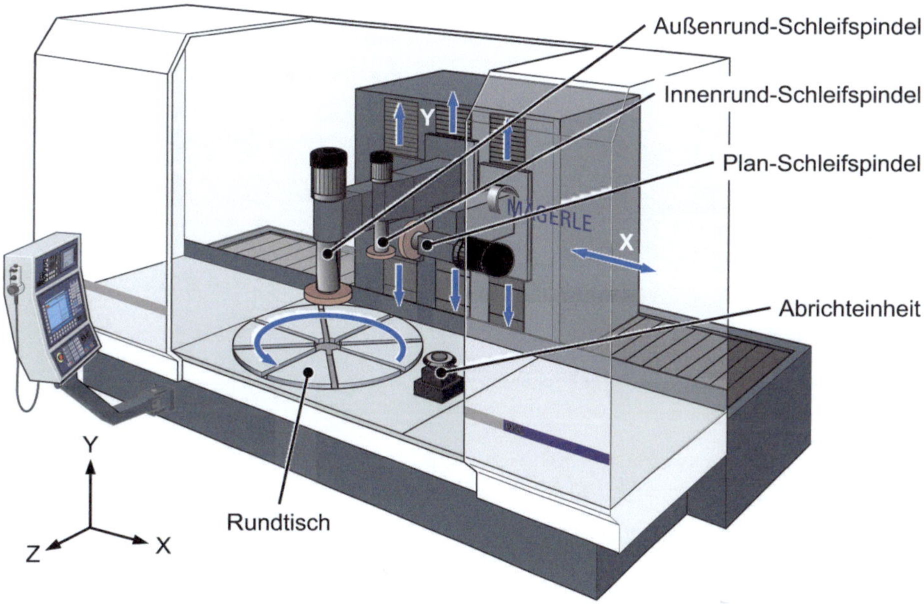

Bild 5.15 Schleifzentrum. Quelle: Schleifring, Mägerle

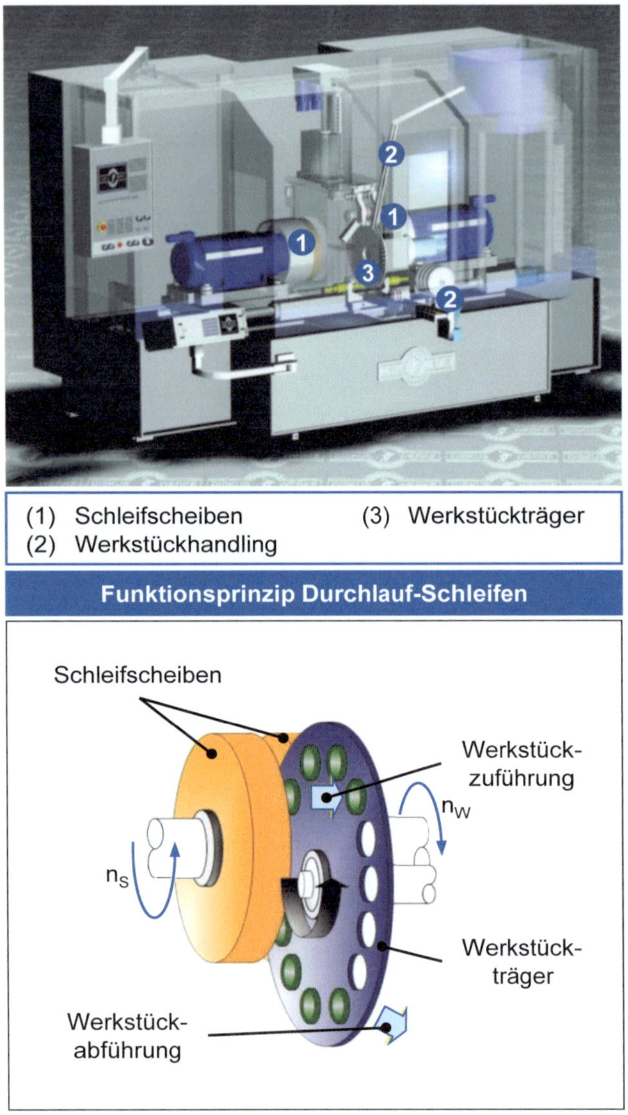

Bild 5.16 Plan-Seiten-Durchlauf Schleifmaschine. Quelle: Diskus

tet werden, die entweder für intermittierendes oder kontinuierliches Rollen-Abrichten geeignet sind.

Insbesondere für die Fertigung rotationssymmetrischer Bauteile sind Planschleifmaschinen mit Rundtisch geeignet. Üblicherweise wird bei diesen Maschinen eine translatorische Positionierung in zwei Achsen durch die Werkzeugseite realisiert, während der Maschinentisch ausschließlich die rotatorische Vorschubbewegung vollzieht. In Bild 5.15 ist ein Schleifzentrum mit Rundtisch abgebildet, das zur kompletten Bearbeitung mehrerer Funktionsflächen in einer Werkstückspannung geeignet ist. Mithilfe verschiedener Schleifspindeleinheiten, die jeweils eine eigene vertikale Führung im Fahrständer besitzen, können in diesem Fall neben der Planbearbeitung auch Innen- und Außenrund-Schleifoperationen durchgeführt werden.

Bild 5.16 zeigt den Aufbau einer Doppel-Plan-Seiten-Schleifmaschine. Dieser Maschinentyp wird typischerweise zur Herstellung planparalleler Werkstücke in der Massenfertigung eingesetzt. Entsprechend ist die Werkstückzu- und abfuhr automatisiert. Bei der vorliegenden Maschine werden die Werkstücke aus einem Rüttelbehälter über die Zuführeinrichtung in den lochblechförmigen Werkstückträger geleitet. Durch die Rotation des Werkstückträgers werden die Werkstücke in den Schleifspalt geführt. Die Bearbeitung der Werkstücke erfolgt durch die gegenläufig arbeitenden Spindeln an beiden Seiten gleichzeitig. Grundsätzlich ist mit der Maschine sowohl die Bearbeitung im Durchlauf- als auch im Einstechverfahren möglich.

Führungsbahn- und Flächenschleifmaschinen sind Planschleifmaschinen in Ständer- oder Portalbauweise, die höchsten Anforderungen an die geometrische Genau-

Bild 5.17 Führungsbahn- und Flächenschleifmaschine. Quelle: Waldrich Coburg

igkeit bei gleichzeitig großen Arbeitsraumabmessungen genügen müssen. Die in ◘ Bild 5.17 dargestellte Schleifmaschine basiert auf einem feststehenden Portal, an dessen Vorderseite die Y- und Z-Vorschubschlitten angeordnet sind. Der Längsvorschub in x-Richtung erfolgt durch den hydraulisch angetriebenen Maschinentisch, wobei die Doppeltischausführung das hauptzeitparallele Spannen der Werkstücke erlaubt. Um sowohl horizontale als auch vertikale oder schräg orientierte Flächen (z. B. Prismenführungen) bearbeiten zu können, verfügt der Schleifsupport über eine zusätzliche Schwenkachse (A-Achse).

5.1.3 Werkzeugschleifmaschinen

Werkzeugschleifmaschinen werden zur Herstellung und zum Nachschärfen von Dreh- und Hobelmeißeln, Bohrern, Fräsern und Sägen verwendet. Außer den einfachen Meißelschleifmaschinen, bei denen der Meißel von Hand gegen das Schleifwerkzeug geführt wird, sind Universal- und Spezialwerkzeugschleifmaschinen zu nennen, die zum Schleifen von Werkzeugen mit komplizierter Geometrie eingesetzt werden.

Die in ◘ Bild 5.18 dargestellte Schleifmaschine wird hauptsächlich zur Fertigung von Fräswerkzeugen eingesetzt. Um die komplexen Formmerkmale derartiger Werkzeuge wie z. B. spiralige Nuten erzeugen zu können, verfügt die Maschine über insgesamt fünf NC-Achsen. Das Maschinenbett bildet mit dem Kühlschmierstofftank eine Einheit und bietet dadurch eine ausgeglichene Temperaturverteilung bzw. geringe thermische Verformungen. Zur Verbesserung der Steifigkeit wurde die B-Achse in einem Winkel von 30 ° gegenüber der Vertikalen geneigt angeordnet. Um die übliche Programmierung in orthogonal zueinander liegenden Achsen zu ermöglichen, erfolgt eine steuerungsinterne Koordinaten-Transformation. Zur Realisierung des Z-Vorschubs wird der gesamte Schleifkopf am Ständer in horizontaler Richtung verfahren. Zusätz-

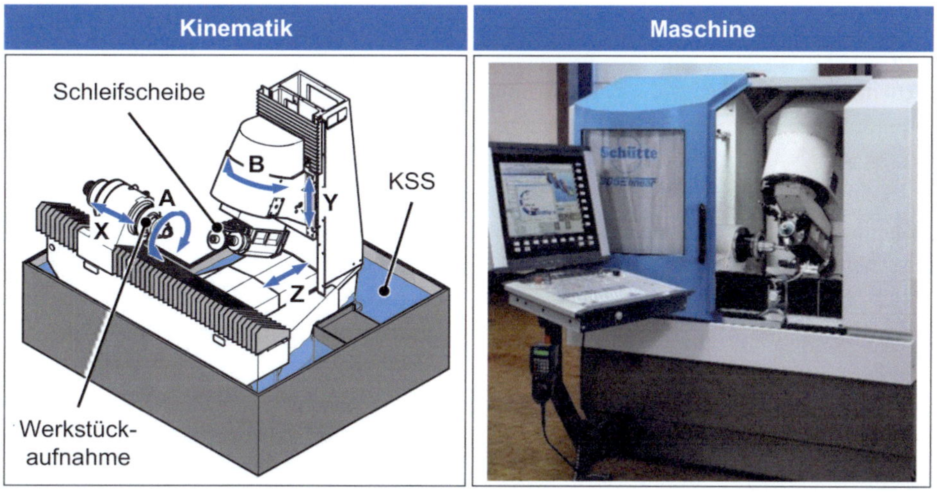

◘ **Bild 5.18** Werkzeugschleifmaschine. Quelle: Schütte

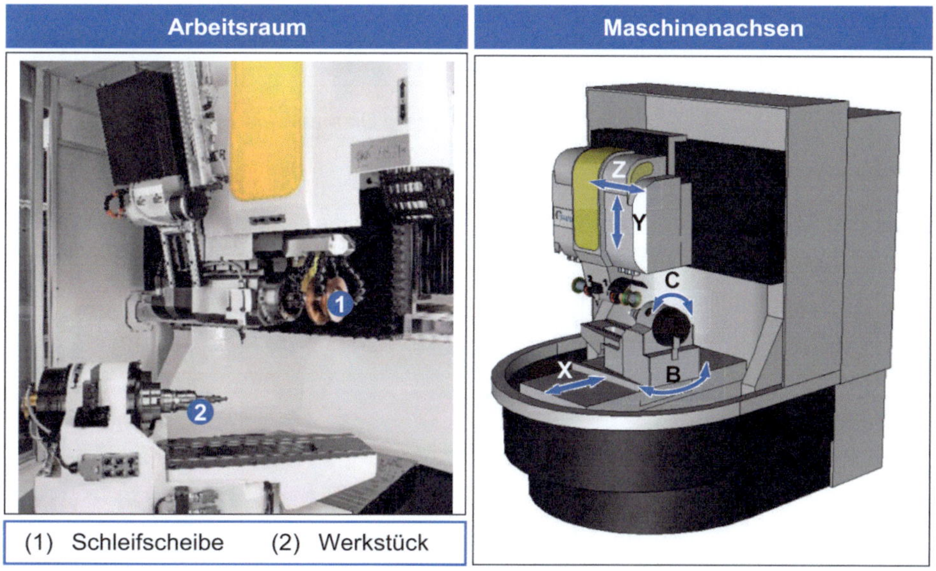

◘ **Bild 5.19** Werkzeugschleifmaschine. Quelle: Walter

lich ist eine Ausgleichsbewegung in y-Richtung erforderlich.

Bild 5.19 zeigt die Achsanordnung und den Arbeitsraum einer weiteren Werkzeugschleifmaschine. Das Bett der Maschine ist aus Mineralguss gefertigt und der Antrieb aller Achsen erfolgt über Linearmotoren. Die Schleifspindel ist mittig gelagert und kann daher beidseitig mit mehreren Schleifscheiben bestückt werden. Dadurch ist es möglich, verschiedene Geometrieformelemente ohne Schleifscheibenwechsel zu bearbeiten. Zum Spannen des Werkstücks werden i. A. Spannzangen-, aber auch Backen- oder Hydrodehnspannfutter eingesetzt.

5.1.4 Abrichtsysteme

Das Abrichten gibt der Schleifscheibe eine definierte geometrische Form (Makrogeometrie) und erzeugt darüber hinaus eine definierte Schleifscheibentopographie, die neben Lage und Struktur der Körner zur Mikrogeometrie gezählt wird. Während die Makrogeometrie der Schleifscheibe in erster Linie einen Einfluss auf die Maß- und Formgenauigkeit des Werkstücks hat, wird durch die Mikrogeometrie hauptsächlich die Oberflächenrauheit des Werkstücks beeinflusst. Beim Abrichten werden mithilfe eines mit Diamantschneiden versehenen Abrichtwerkzeugs die Schleifkörner durch Ausbruch oder Splittern entsprechend der geforderten Geometrie abgetragen.

Die wichtigsten Verfahren für das Abrichten von Schleifscheiben sind in Bild 5.20 dargestellt. Generell unterscheidet man zwischen dem Abrichten mit stehenden Werkzeugen und rotierenden Werkzeugen. Zu den stehenden Werkzeugen zählen Abrichtfliesen, Einkorndiamanten und Vielkornabrichter. Abrichtfliesen und Einkorndiamanten weisen einen annähernd punktförmigen Kontakt zur Schleifscheibe auf und sind damit auch zur Erzeugung profilierter Oberflächen, wie z. B. Radien, geeignet. Der Einsatz von Vielkornabrichtern ist hingegen auf die Generierung gerader Profile beschränkt.

Für die Erzeugung einer zylindrischen Schleifscheibengeometrie sind zwei Bewegungsachsen, eine für die radiale Zustellung (x-Richtung) und eine für die axiale Vorschubbewegung (z-Richtung) erforderlich. Zur Erzeugung komplexer Profile setzt man häufig eine zusätzliche Schwenkachse ein, die eine Ausrichtung des Abrichtwerkzeugs normal zur Scheibenoberfläche ermöglicht.

Zu den rotierenden Abrichtwerkzeugen zählen Formrollen und Profilrollen. Formrollen weisen je nach Gestalt eine punktförmige oder linienförmige Wirkzone auf. Das Schleifscheibenprofil ergibt sich, wie bei den stehenden Abrichtwerkzeugen, aus der Bewegung des Abrichters relativ zur Schleifscheibe. Dagegen weisen die Profilrollen das Negativprofil der zu erzeugenden Schleifscheibenkontur auf. Dieses Profil wird durch das radiale Eintauchen der Abrichtrolle unmittelbar auf die Schleifscheibe übertragen.

Die verschiedenen Abrichtverfahren und die zugehörigen Abrichtvorrichtungen sind im Folgenden näher erläutert.

Zum Profilieren von Schleifscheiben mit Diamantprofilrollen verwendet man Profileinrollvorrichtungen nach Bild 5.21. Der Aufbau des Abrichtgeräts oberhalb der Scheibe stört somit nicht den Kontakt der Schleifscheibe zum Werkstück. Die Profilrolle hat die Negativform des Schleifscheibensollprofils. Durch Einsenken der sich drehenden Rolle in die sich drehende Schleifscheibe entsteht

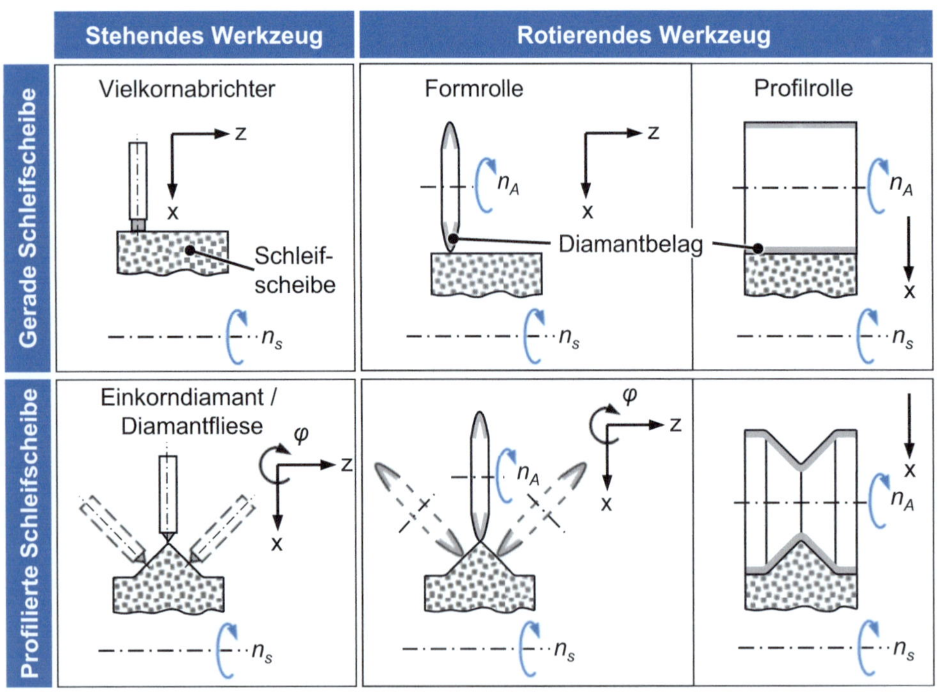

Bild 5.20 Einteilung der Abrichtverfahren nach kinematischen Gesichtspunkten

gleichzeitig das gesamte Schleifscheibenprofil. Die Erzeugung einer zylindrischen Schleifscheibe, wie bei den hier angedeuteten nahezu rechtwinkligen Profilen, ist zu vermeiden, da der Flankenverschleiß durch ein wiederholtes Abrichten nicht zu kompensieren ist. Wie in Bild 5.21 rechts unten zu sehen ist, wird deshalb in diesen Fällen entweder auf eine genau senkrechte Flanke verzichtet, oder das Werkstück wird durch eine entsprechende Aufspannung etwas geneigt, sodass die rechtwinkligen Stirnflächen einseitig durch schräg abgerichtete Schleifscheiben erzeugt werden können.

Ein Vorteil der Position des Abrichtgeräts auf dem Schleifspindelstock liegt darin, dass ein kontinuierliches Abrichten während der Bearbeitung (Continuous Dressing bzw. CD) möglich ist. Hierbei wird die Schleifscheibendurchmesserverminderung, die durch den Schleifscheibenverschleiß bei der Bearbeitung und durch den Abrichtprozess entsteht, durch eine entsprechend Zustellung kontinuierlich kompensiert. Zusätzlich vermeidet das kontinuierliche Abrichten ein Zusetzen der Spanhohlräume mit Spänen und garantiert damit eine dauerhaft scharfe Schleifscheibe. Beim Abrichten wird die Diamant-Profilrolle von einem eigenen Antriebssystem so gedreht, dass eine für das Abrichten günstige Relativgeschwindigkeit zwischen Abricht- und Schleifwerkzeug entsteht. Die Vorteile der Diamant-Profilrolle gegenüber dem Einzeldiamanten sind die große Standzeit und die kurze Abrichtzeit. Die Abrichtvorrichtung muss jedoch wegen der großen Abdrängkräfte sehr steif aufgebaut sein.

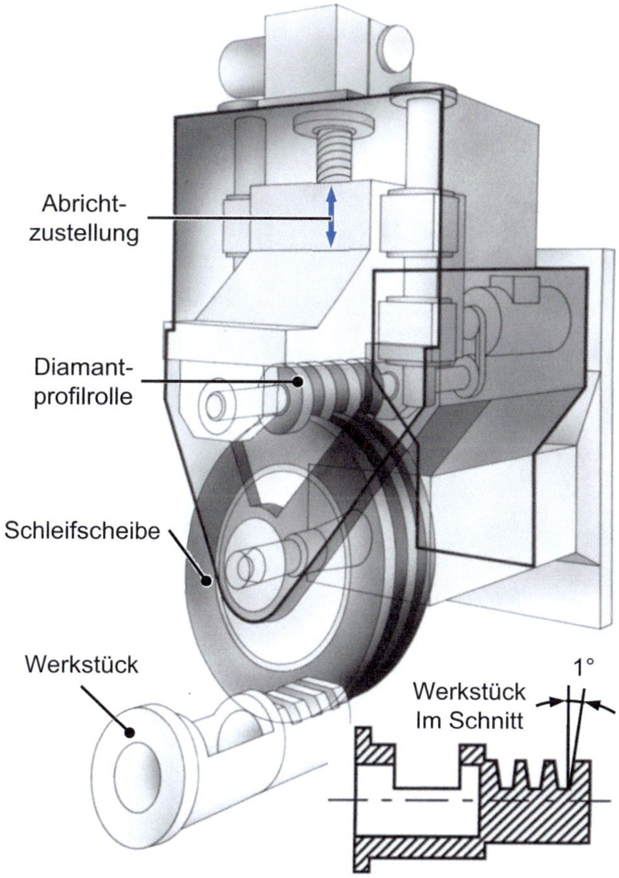

Bild 5.21 Profileinrollvorrichung. Quelle: Elb

Ein Vergleich zwischen konventionellem Pendelschleifen und Tiefschleifen mit CD ist in Bild 5.22 dargestellt. Beim konventionellen Pendelschleifen wird nur eine geringe Profiltiefe pro Überschliff erreicht (Bild 5.22, links). Hierbei sind in der Regel mehrere Überschliffe zum Erreichen der Endkontur notwendig. Das Abrichten geschieht intermittierend nach mehreren Überläufen, je nach Scheibenverschleiß.

Durch den Einsatz einer CD-Abrichteinheit (Bild 5.22, rechts) kann die endgültige Kontur des Werkstücks in einem Überschliff mit großer Profiltiefe durch einen sogenannten Tiefschleifprozess erzeugt werden. Der hierbei auftretende Werkzeugverschleiß wird dabei durch kontinuierliches Nachstellen der Abrichtrolle und der Schleifscheibe kompensiert, wodurch auch hochpräzise Formen in schwer zer-

Bild 5.22 Vergleich konventionelles Pendelschleifen und Tiefschleifen mit Continuous Dressing. Quelle: Elb

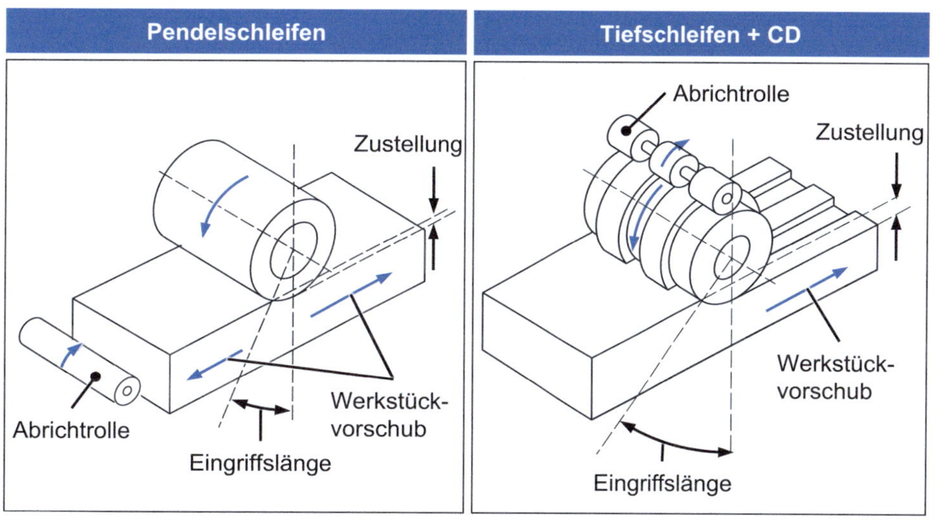

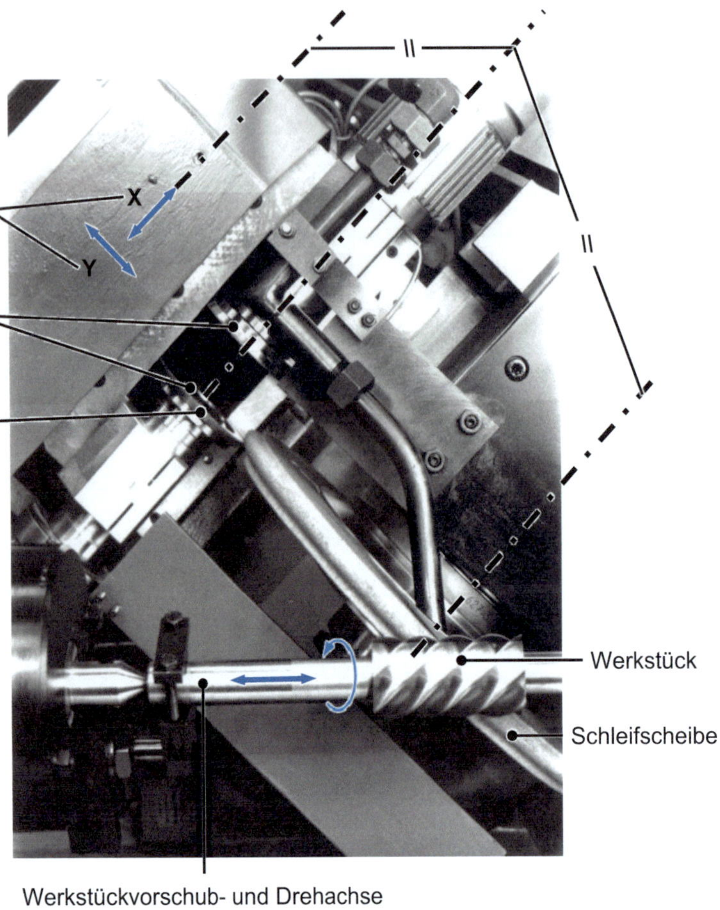

Bild 5.23 Arbeitsraum einer Verzahnungsschleifmaschine mit 2-Rollen-NC-Abrichteinheit. Quelle: Klingelnberg

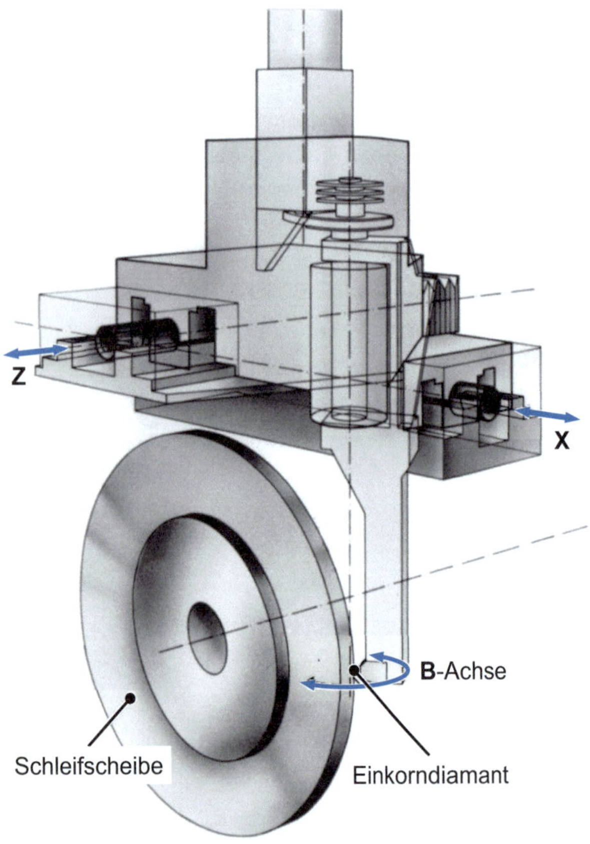

Bild 5.24 Einzeldiamant-NC-Abrichteinheit. Quelle: Elb

spanbaren Werkstücken (wie z. B. Turbinenschaufeln) in einem Durchgang geschliffen werden können.

Befindet sich das Abrichtgerät auf dem Werkstücktisch (z. B. beim Längsprofilschleifen in Höhe der Sollkontur des Werkstücks und in Verlängerung der Längsvorschubbewegung), so kompensiert sich die abrichtbedingte Verminderung des Schleifscheibendurchmessers selbsttätig, da die relative Lage des Schleifscheibenkontaktbereichs zum Werkstück konstant bleibt. Neben den bereits vorhandenen Maschinenachsen werden für das Abrichten hierbei keine zusätzlichen Achsen benötigt.

Alternativ zu Profilrollen werden zunehmend Formrollen zur Erzeugung profilierter Schleifscheibengeometrien eingesetzt. Bild 5.23 zeigt ein auf dem Schleifspindelkopf befestigtes Abrichtgerät mit zwei Diamantformrollen. Die beiden Abrichtrollen, die auf einer gemeinsamen Achse parallel zur Schleifspindelachse liegen und deren räumliche Position zueinander konstant ist, profilieren jeweils eine Schleifscheibenflanke. Dazu führt der NC-gesteuerte x-y-Schlitten die Abrichtrollen nacheinander an den beiden Schleifscheibenflanken vorbei. Das NC-Abrichten stellt bei der Profilgenerierung ein sehr komfortables Hilfsmittel dar. Es sind gezielte Profilkorrekturen möglich, die umso wichtiger sind, je stärker das abzurichtende Schleifscheibenprofil von der theoretischen Negativform des herzustellenden Werkstücks abweicht. Dieser Fall liegt bei dem in Bild 5.23 gezeigten Schleifen von Zylinderschnecken mit einer flächenhaften Berührung zwischen Schleifscheibe und Werkstück vor. Der Einsatz nicht schwenkbarer Abrichtrollen bedingt die Einschränkung, dass ein seitliches Hinterziehen der Schleifscheibe nicht möglich ist.

Mithilfe der Schwenkachse B im Bild 5.24 wird der Einkorndiamant stets senkrecht zur Profilbahn in der x-y-Ebene gestellt, sodass in jedem Bahnbereich nahezu konstante Eingriffsverhältnisse zwischen Diamant und Schleifscheibe auch bei verschleißbedingten Veränderungen der Diamantschneidengeometrie vorliegen.

Falls das Abrichtwerkzeug im Bahnbetrieb entlang der Schleifscheibensollkontur geführt wird, besteht für die Abrichtsteuerung die Forderung, eine bestimmte, konstante Bahngeschwindigkeit zur Realisierung einer gezielten Oberflächenqualität einzuhalten. Beim Abrichten von Bahnsegmenten mit kleinen Krümmungskreisradien bedeutet dies, dass innerhalb der sog. Satzfolgezeit ein relativ kurzer NC-Satz verfahren wird und der nächste NC-Satz bereitgestellt werden muss. Abhängig von Bahngeschwindigkeit und Bahnkrümmungen gehen die Beträge der Satzfolgezeiten bis auf eine Millisekunde herab. Der bei konventionellen Steuerungen auftretende kurze Stillstand, falls ein kurzer NC-Satz mit zu hoher Geschwindigkeit gefahren wurde und der nächste Satz noch nicht bereitgestellt ist, kann beim Abrichten nicht akzeptiert werden, da hierdurch die Oberflächenqualität beeinflusst wird.

Drehzahlgeregelte Antriebe für Abrichtrollen sind notwendig, wenn die Rollendrehzahl aufgrund der sich ändernden Schleifscheibendrehzahl beim Schleifen mit konstanter Umfangsgeschwindigkeit nachgeführt werden soll (CD-Schleifen). Weiterhin ist zur Erzielung be-

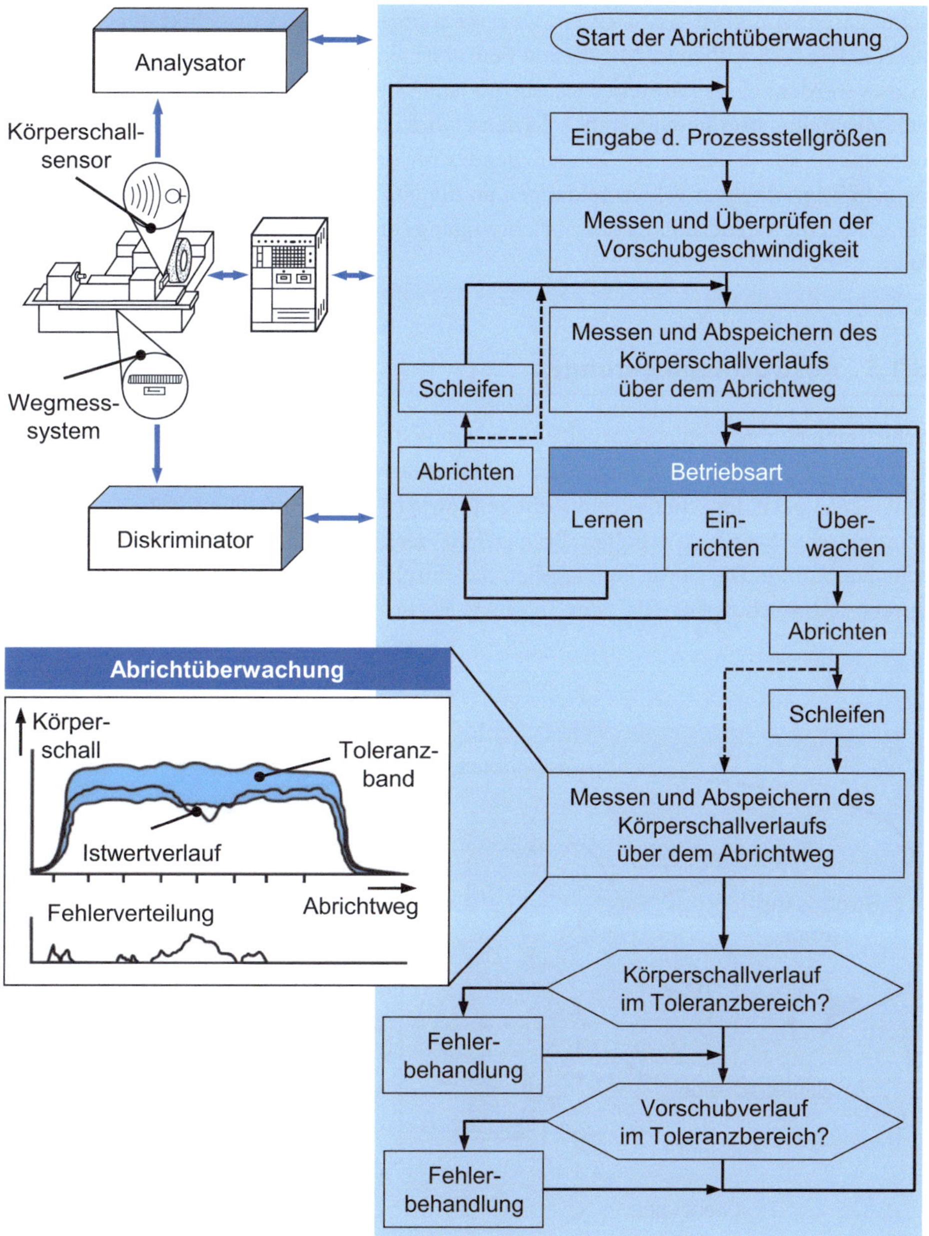

Bild 5.25 Funktionsablauf einer Abrichtüberwachung

stimmter Oberflächenqualitäten optionales Gleichlauf- oder Gegenlaufschleifen von Vorteil. Besondere Bedeutung hat die Drehzahleinstellung der Abrichtrolle beim kontinuierlichen Abrichten, da hier ein nicht ganzzahliges Drehzahlverhältnis zwischen Rolle und Schleifscheibe erforderlich ist, um eine Übertragung von Diamantrollen-Plan- und Rundlauffehlern auf das Werkstück zu vermeiden.

Neben der Steuerung für das Abrichtgerät werden externe Abrichtüberwachungssysteme eingesetzt, wenn veränderte Abrichtbedingungen sich fehlerverursachend auf den Gesamtbearbeitungsprozess auswirken können [WECK83]. Zur Überprüfung der tatsächlichen Abrichtzustellung wird der Amplitudenverlauf über dem Abrichtweg mithilfe eines in geeigneter Weise angebrachten Körperschallsensors gemessen. Durch das Körperschallsignal über dem Abrichtweg und die gemessene Abrichtvorschubgeschwindigkeit lässt sich ein Überwachungssystem nach ◘ Bild 5.25 aufbauen. Mit diesem Sensorsystem kann erfasst werden, ob das Abrichtwerkzeug an jeder Stelle der Schleifscheibe profilierend und schärfend wirksam war oder nicht. Bei Verlassen des Toleranzbandes für das Körperschallsignal folgen Fehlermeldungen an die NC-Steuerung, die eine Wiederholung des Abrichtvorgangs auslösen kann.

5.1.5 Auswuchteinrichtungen

Schleifscheiben müssen ausgewuchtet werden, da die durch Unwuchten erzeugten Schwingungen die Oberflächengüte und Genauigkeit des Schliffs beeinträchtigen sowie zu größerem Verschleiß und zu erhöhter Bruchgefahr der Schleifscheiben führen. Die Unwuchten ergeben sich durch geometrische Abweichungen von der idealen Form, durch Aufspannfehler und durch Inhomogenitäten des Schleifscheibengefüges.

Die geometrisch bedingten Unwuchten können durch Abrichten der Scheibe am Umfang und durch seitliches Abrichten der parallelen Seitenflächen beseitigt werden. Zur Kompensation der verbleibenden Unwuchten unterscheidet man zwischen statischem Auswuchten (Radienebene des Schwerpunkts der Unwucht entspricht nicht der Wuchtebene) und dynamischem Auswuchten. Idealerweise müsste die anzubringende Wuchtmasse in der Rotationsebene des Schwerpunkts der Unwucht liegen. Nur dann ist ein dynamisch einwandfreies Auswuchten gegeben. Da dies aber in der Praxis nicht möglich ist (die Auswuchtmassen sind häufig nur stirnseitig an der Schleifscheibe anzubringen) entsteht ein dynamisches Moment senkrecht zur Rotationsachse, das mit der Spindeldrehzahl umläuft. Das Moment wird bestimmt durch die Multiplikation von Wucht- bzw. Unwuchtkraft mit dem Abstand Wucht- zu Unwucht-Rotationsebene. Mit einer zweiten Wuchtebene, z. B. auf der Rückseite der Scheibe, lässt sich dieser Effekt kompensieren. Man spricht dann von einer dynamisch ausgewuchteten Scheibe. In der Regel werden Schleifscheiben nur statisch ausgewuchtet. Lediglich sehr breite Schleifscheiben, wie sie etwa beim spitzenlosen Schleifen verwendet werden, können ein dynamisches Auswuchten erfordern.

Die häufig angewandte Wuchtfehlerprüfung bei ausgebauter Schleifscheibe ist ein statisches Auswuchtverfahren, denn hiermit wird die stabile Gleichgewichtslage des Schleifscheibenschwerpunktes festgestellt. Dazu wird die Scheibe mit der Aufnahme auf einen Dorn gespannt. Diesen Dorn lässt man auf zwei waagerechten Schneiden oder einem Abrollbock abrollen. Falls die Scheibe eine statische Unwucht hat, pendelt sie solange, bis der Schwerpunkt vertikal unter der Drehachse liegt. Zum Auswuchten werden zwei oder drei Gleitsteine in einer Nut am Umfang des Schleifscheibenflan-

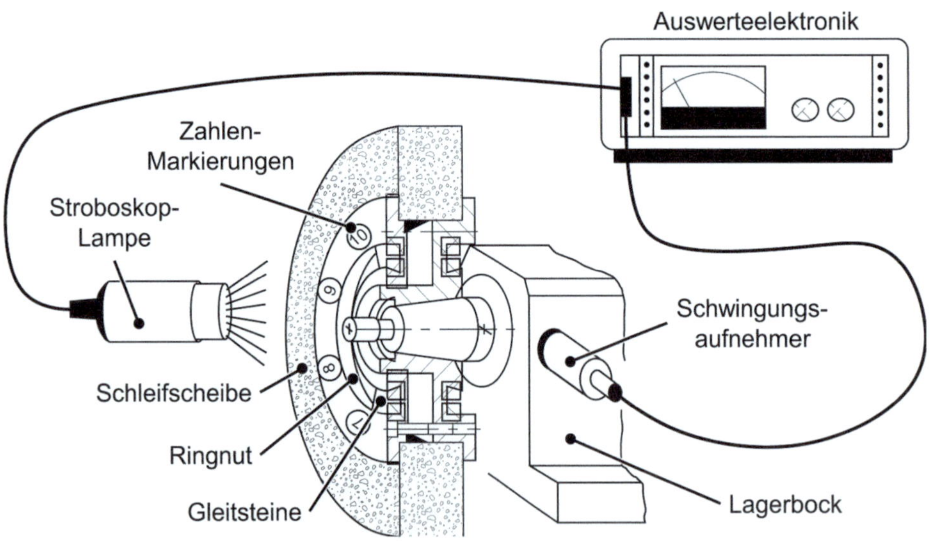

◘ **Bild 5.26** Stroboskopauswuchtgerät

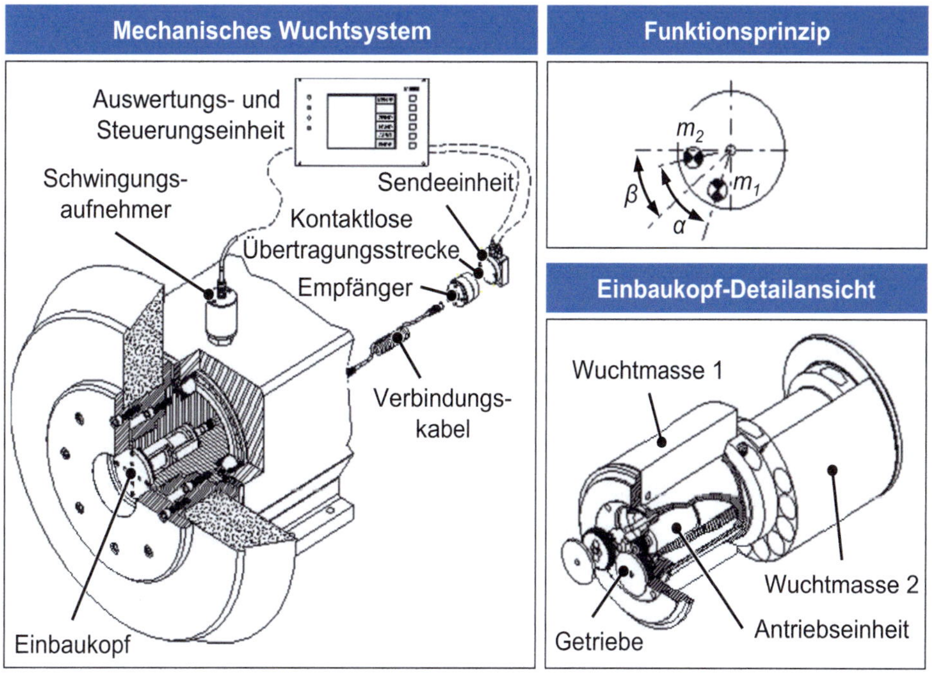

Bild 5.27 Mechanisches Wuchtsystem. Quelle: Dittel

sches verschoben. Dieses einfache, jedoch relativ ungenaue Verfahren wird häufig zum Vorwuchten verwendet.

Durch den Einsatz von Wuchtverfahren mit drehender Schleifscheibe wird durch den Wegfall von Ein- und Ausbauzeiten eine wesentliche Zeiteinsparung erzielt. Darüber hinaus werden Wuchtfehler durch ein mögliches Nichtübereinstimmen der Einspannverhältnisse von ausgebauter und in der Maschine eingebauter Scheibe vermieden.

Man bringt hierbei am Spindellagerblock einen Schwingungsaufnehmer an, der die unwuchtbedingten Schwingungen in einer definierten Richtung erfasst. Das Schwingungsmesssystem wird so abgestimmt, dass nur Schwingungen mit der Schleifscheibendrehfrequenz aufgenommen werden. Damit lässt sich der Betrag der Unwuchtkraft ermitteln. Die räumliche Lage der Unwucht auf der Schleifscheibe ergibt sich durch eine Phasenmessung. Dazu wird die Phasenlage zwischen einer Markierung auf der Schleifscheibe und dem in einer durch die Messung definierten Richtung auftretendem Schwingungsmaximum erfasst. Bei dem im Bild 5.26 dargestellten Stroboskopauswuchtgerät macht eine Stroboskoplampe die Phasenbeziehung sichtbar. Die auf die Signale des Schwingungsaufnehmers getriggerten Lichtblitze erzeugen ein stehendes Bild der Schleifscheibe. Dabei weist die Unwuchtkaft in Richtung der Schwingungsmessung. Die Zahlenmarkierungen erlauben eine Zuordnung des Unwuchtvektors zur Position der Schleifscheibe zum Messzeitpunkt. Weitere Möglichkeiten zur Bestimmung der Phasenlage bieten induktive oder kapazitive Aufnehmer, die ortsfest an der Maschine montiert sind und spezielle Markierungen auf dem Schleifscheibenflansch auswerten. Die Kompensation der Unwuchtkraft erreicht man durch Wuchtmassen, deren Lage und wirksamer Betrag im Bereich der Schleifscheibenaufnahme geändert wird. Eine einfache Wuchtvorrichtung besteht aus Gleitsteinen, die in einer Ringnut der Schleifscheibenaufnahme verschieb- und arretierbar angebracht sind (Bild 5.26). Nachteilig ist, dass die Gleitsteine nur bei stillstehender Schleifscheibe einstellbar sind.

Aufgrund des großen Zeitbedarfs manueller Wuchtsysteme werden heute üblicherweise automatische Wuchtsysteme eingesetzt, die entweder auf einem mechanischen oder einem hydraulischen Wuchtkopf basieren. Neben der Zeitersparnis bieten diese Systeme den Vorteil, dass bei sich veränderndem Wuchtzustand auch während des Betriebs nachgewuchtet werden kann.

Ein mechanischer Wuchtkopf besteht, wie in Bild 5.27 dargestellt, aus zwei Wuchtmassen, deren Winkellage unabhängig voneinander eingestellt werden kann. Durch die Spreizung α der beiden Massen wird die Größe der Kompensationskraft und durch den Winkel β die Lage der Kompensationskraft gegenüber der Spindel bestimmt. Beide Wuchtmassen werden über jeweils einen Elektromotor und ein zwischengeschaltetes Planetengetriebe verstellt. Die Ansteuerung der Wuchtmassen erfolgt automatisch durch die Auswertung- und Steuerungseinheit auf der Basis der am Spindelkasten gemessenen Schwingungen. Die Energieübertragung von der Steuerung auf die rotierende Spindel erfolgt über eine kontaktlose induktive Übertragungsstrecke.

Ein hydraulisches Wuchtsystem besteht aus vier um 90° zueinander versetzten Kammern, Bild 5.28. Je nach Größe und Lage der geforderten Kompensationskraft wird in die

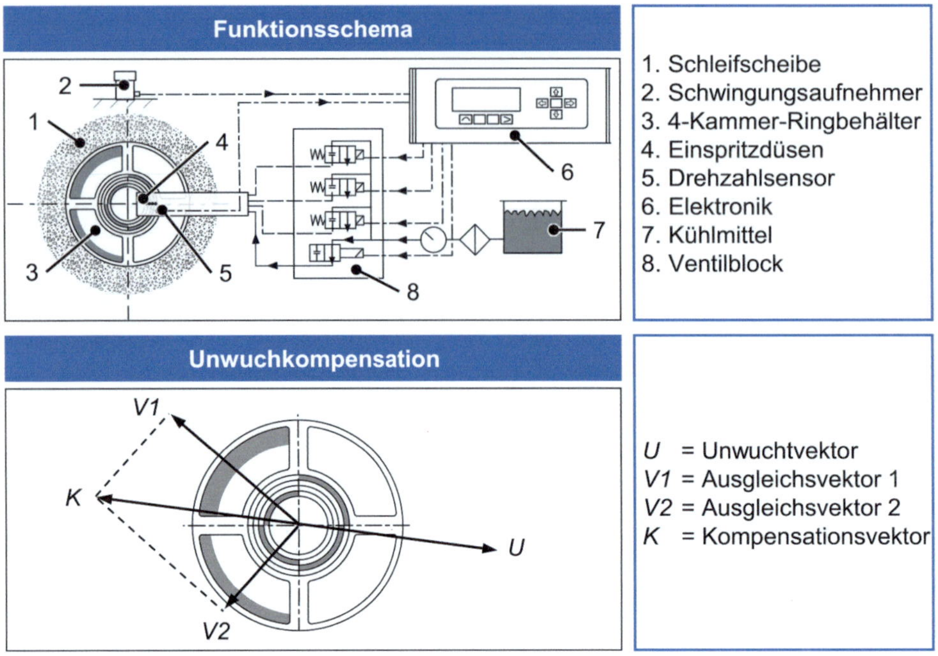

Bild 5.28 Hydraulisches Wuchtsystem. Quelle: Hofmann

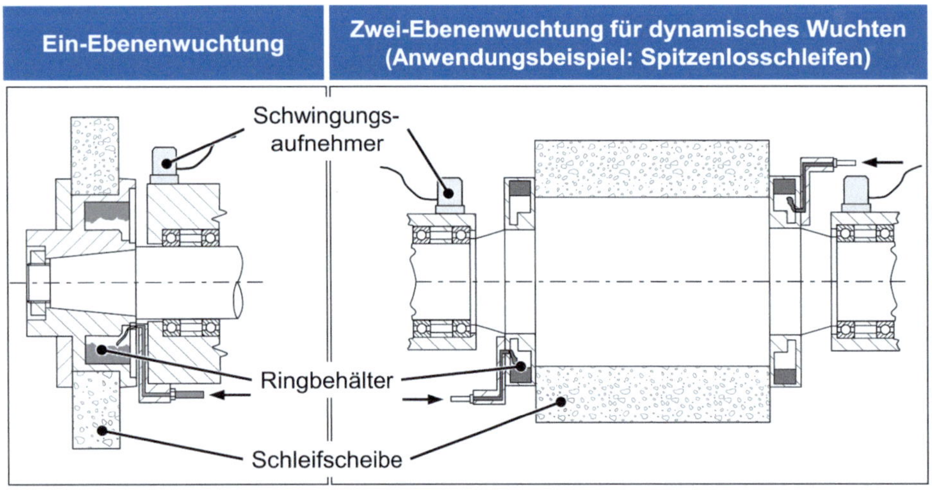

Bild 5.29 Hydraulisches Wuchtsystem. Quelle: Hofmann

5

einzelnen Kammern gesteuert durch vier Magnetventile eine Flüssigkeit eingespritzt. Als Flüssigkeit wird in der Regel der an der Maschine eingesetzte Kühlschmierstoff verwendet. Die Ansteuerung erfolgt analog zu dem in Bild 5.27 dargestellten System automatisch auf Grundlage der am Spindelgehäuse erfassten Schwingungssignale. Nachteil dieser Geräte ist, dass bei jedem Anlauf der Schleifspindel neu gewuchtet werden muss.

Bild 5.29 zeigt hydraulische Auswuchtsysteme für die Ein- und Zwei-Ebenenwuchtung. Die Zwei-Ebenenwuchtung erlaubt neben der Kompensation statischer Unwuchten die Kompensation dynamischer Unwuchten und wird z. B. beim Spitzenlosschleifen aufgrund der großen Scheibenbreite angewendet.

5.1.6 Messeinrichtungen

Um beim Schleifen eine höchstmögliche Qualität am Werkstück zu erzielen, wird In-Prozess gemessen. Hierzu sind Durchmessermesseinrichtungen geeignet, die programmgesteuert die zu bearbeitenden Werkstückdurchmesser erfassen. Dadurch ist es möglich, Fehler aufgrund von Temperaturschwankungen, elastischen Verformungen, Schmutz und sonstigen Werkstatteinflüssen zu kompensieren.

Ein Beispiel für eine In-Prozess-Messeinrichtung zeigt Bild 5.30. Diese Messeinrichtungen nehmen das Maß des Werkstücks während des Schleifens auf und liefern der Maschinensteuerung und dem Bediener die notwendigen Daten zur Anpassung der Prozessparameter. Je nach Art der eingesetzten Tastelemente können mit dem

(1) Schleifscheibe (2) Werkstück (3) Messkopf

Bild 5.30 Durchmessermesseinrichtung für das Außenrundschleifen. Quelle: Marposs

System unterschiedliche Durchmesserbereiche gemessen werden. Durch den prozessparallelen Einsatz müssen die Sensoren gegenüber dem Einfluss des eingesetzten Kühlmittels robust ausgeführt sein, um die Messergebnisse nicht zu beeinflussen.

5.2 Honmaschinen

Dort, wo engste Toleranzen bezüglich Maß- und Formgenauigkeit bei der Feinbohr- oder Schleifbearbeitung nicht wirtschaftlich eingehalten werden können, wird dies durch anschließendes Honen erreicht. Im Unterschied zum Schleifen entsteht die Schnittbewegung des feinkörnigen, keramisch oder mit Kunststoff gebundenen Werkzeugs (Honstein) durch Überlagern zweier Bewegungsrichtungen, von denen mindestens eine oszillierend ist. Hierdurch entsteht eine Oberfläche hoher Güte, die man an feinen, sich kreuzenden Bearbeitungsspuren erkennt. Primär werden Honmaschinen eingesetzt, um auf dem Werkstück Oberflächen mit Rauhtiefen bis $R_a \leq 0{,}1$ µm zu erreichen, wodurch bei belasteten Gleitpaarungen (Wälzlagerteile, Gleitlagerzapfen, Führungssäulen, Zylinderlaufbuchsen) Reibungen und Verschleiß vermindert werden. Das Abtragen der von der Vorbereitung noch vorhandenen riefigen Oberflächen vergrößert den Traganteil von 15 % bis 40 % auf bis zu 95 %, wodurch hochbelastbare Bauelemente entstehen (z. B. Lagersitze, Zapfen, Dichtflächen).

Die Fähigkeit NC-gesteuerter Honmaschinen, mittels Istwert-Erfassung von Durchmesser, Zylindrizität, Zentrizität und Rundheit, bei der Bearbeitung auch kleine Form- und Lagefehler auszugleichen oder bei Einhalten engster Toleranzen die Geometrie des Werkstücks zu beeinflussen, wird darüber hinaus zunehmend genutzt. Neuere Honmaschinen können somit durch Variation des Werkzeugandrucks über die Länge des Arbeitsweg konische Bohrungen oder kegelige oder tonnenförmige Wälzkörper erzeugen. Derartige spezielle Anwendungsfälle werden als Formhonen bezeichnet. Im Übrigen bestimmt die Kontur der zu bearbeitenden Fläche das Fertigungsverfahren. Dabei wird zusätzlich je nach Lage

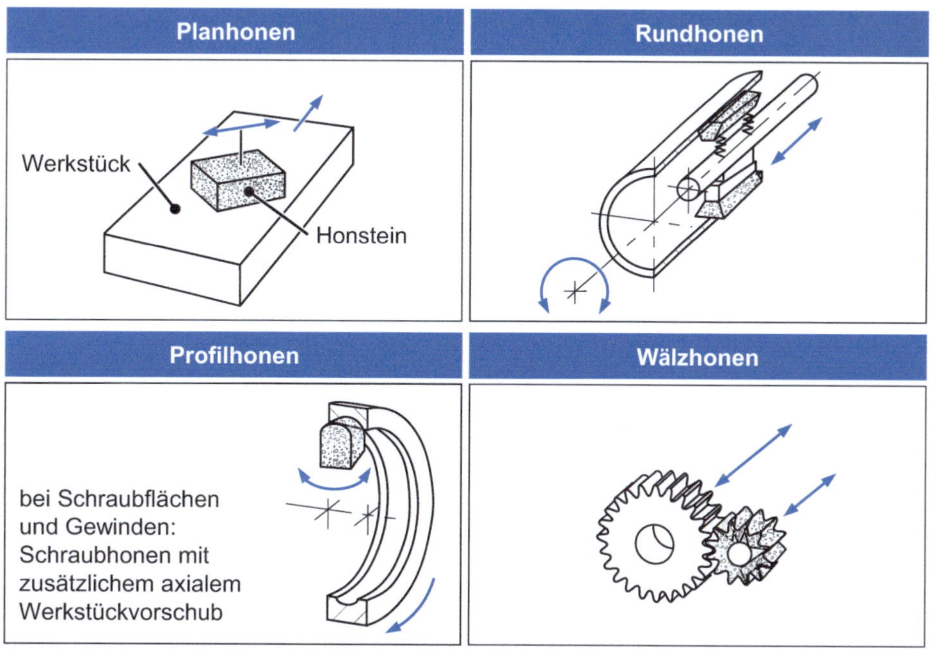

Bild 5.31 Honverfahren. Nach [DIN03a]

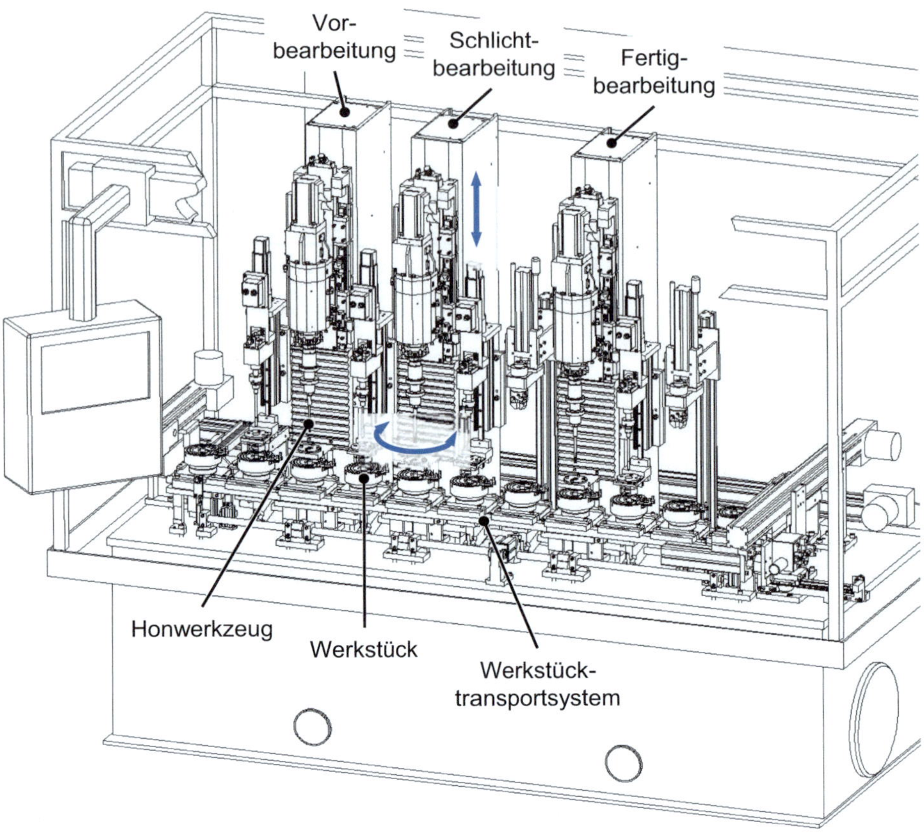

Bild 5.32 Rund-Honmaschine. Quelle: KADIA

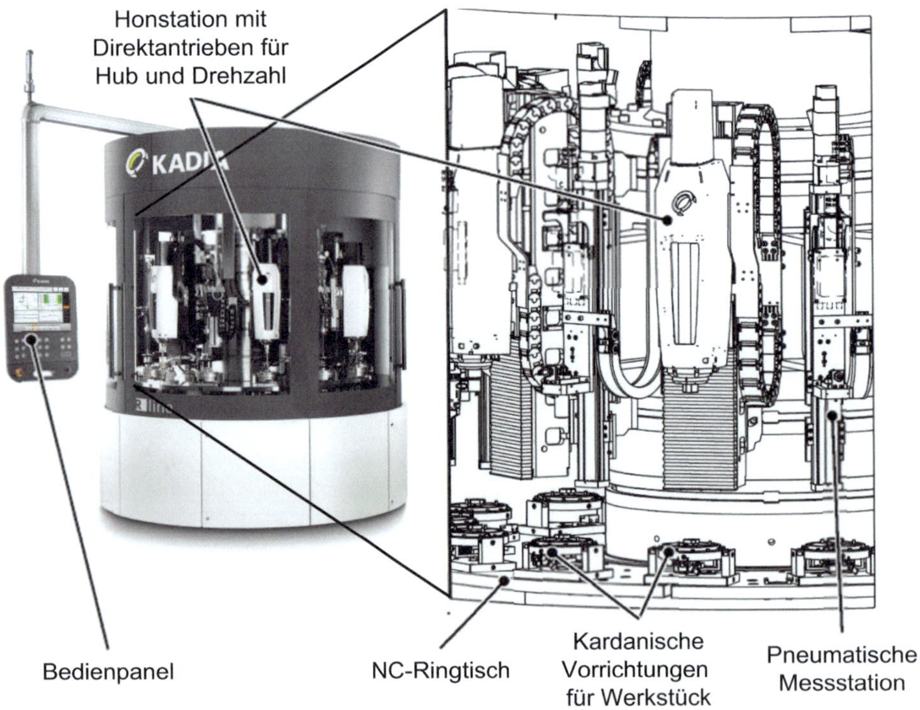

Bild 5.33 Innen-Rund-Honmaschine. Quelle: KADIA

der Bearbeitungsstelle am Werkstück zwischen Außen- und Innenhonen entschieden, Bild 5.31.

Beim Rundhonen kommen hauptsächlich Honahlen zum Einsatz, bei denen die Zustellung der Honleisten kraftgebunden über Federn oder ein hydraulisches System erfolgt. Dabei beträgt der Leistenanpressdruck zwischen 10 und 100 N/cm^2. Die Härte und Körnung der Honleisten ist so gewählt, dass sie sich im Gebrauch eigenständig nachschärfen.

Ein dünnflüssiges, gefiltertes Honöl schmiert und kühlt die Zerspanstelle und spült Werkstückabtrag und Honsteinabrieb fort.

Beim Rund-, Plan- und Formhonen wird das Langhubhonen eingesetzt, bei dem die Schnittbewegung aus einer Drehbewegung und einer langhubigen Oszillationsbewegung zusammengesetzt ist. ▣ Bild 5.32 zeigt eine Rund-Honmaschine, die typischerweise zur Bearbeitung hochgenauer Einspritzpumpenteile für die Automobilindustrie eingesetzt wird. Die Maschine ist mit insgesamt drei Honeinheiten für die Vor-, Schlicht- und Fertigbearbeitung ausgerüstet, wobei die Werkstücke durch ein automatisiertes Transportsystem von jeweils einer Station zur nächsten weitergetaktet werden. Vor und zwischen den Honstationen sind Messstationen zur Erfassung des Aufmaßes sowie Bearbeitungseinheiten zum Entgraten angeordnet. Ein besonderes Merkmal der hier dargestellten Maschine ist die Hubbewegung durch Lineardirektantriebe. Alternativ dazu werden zur Generierung der Hubbewegung in Honmaschinen meist Kurbelschwingen oder Hydraulikzylinder eingesetzt.

Die in ▣ Bild 5.33 dargestellte Innen-Rund-Honmaschine besteht aus einer zentralen Säule, die mit bis zu vier Honeinheiten sowie maximal 5 Messstationen für die aufeinander folgenden Bearbeitungsoperationen mit feiner werdenden Schneidkörnern ausgerüstet werden kann. Die Honeinheiten sind mit wartungsarmen Direktantrieben für Hub und Spindeldrehung ausgerüstet. Durch die Messstationen lassen sich Aufmaß und Honleistenverschleiß erfassen und kompensieren. Zusätzlich ist mit einer vorgelagerten Kolben-Messstation ein sogenanntes Paarungs-Honen möglich. Mit diesem Verfahren wird z. B. für Benzin-Hochdruckeinspritzpumpen der Durchmesser der Bohrung exakt so bearbeitet, dass der Kolben ohne Dichtung alleine über den umlaufenden Ringspalt abdichtet. Durch den um die Säule angeordneten NC-Drehtisch sind minimale Transportzeiten (< 1 s) auch bei großen kardanisch gelagerten oder schwimmenden Vorrichtungen für die Werkstücke möglich.

Superfinish-Bearbeitung

Das Feinstbearbeitungsverfahren Superfinish wird technisch auch als Kurzhubhonen bezeichnet und gehört nach DIN 8589-14 zur Familie des Spanens mit geometrisch unbestimmter Schneide [DIN03a]. Die erreichbaren Oberflächengüten sind kleiner als $R_a = 0{,}05$ µm.

Wie auch bei anderen spanenden Fertigungsverfahren wird beim Superfinish-Verfahren ein Werkzeug in Flächenkontakt mit einem Werkstück gebracht. Hierdurch lassen sich insbesondere sehr genaue zylindrische und rotationssymmetrische Geometrien erzeugen. ▣ Bild 5.34 zeigt eine Kurzhubhonmaschine, die zur Fertigung solcher Geometrien, z. B. von rollenförmigen Wälzkörpern, eingesetzt wird. Das Superfinish-Werkzeug, das mit einer Frequenz zwischen 2 und 85 Hz oszilliert, wird unter einem konstanten Druck von 9 bis 40 N/cm² auf die rotierende Werkstückoberfläche gepresst. Durch die Überlagerung von Werkstückrotation und Werkzeugoszillation bewegt sich ein einzelnes Korn entlang einer für dieses Verfahren typischen Sinuslinie, ▣ Bild 5.35 unten. Alle im Eingriff befindlichen Schleifkörner erzeugen durch Überlagerung der einzelnen Sinuslinien die

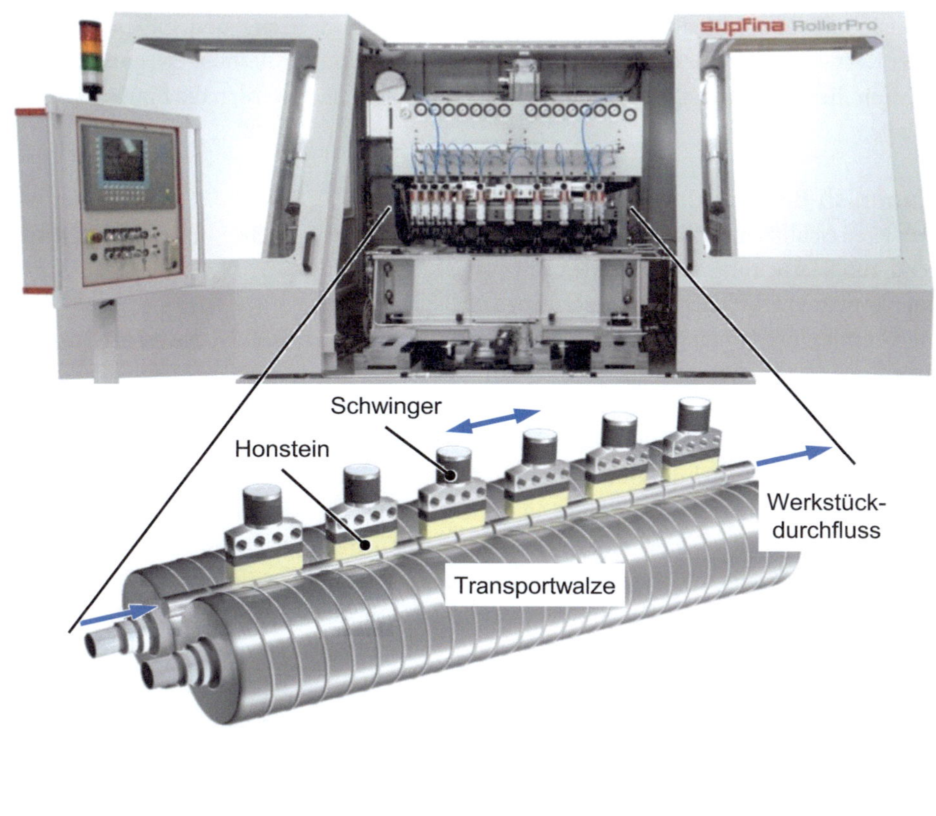

▣ **Bild 5.34** Spitzenlose Durchlauf-Kurzhubhonmaschine. Quelle: Supfina

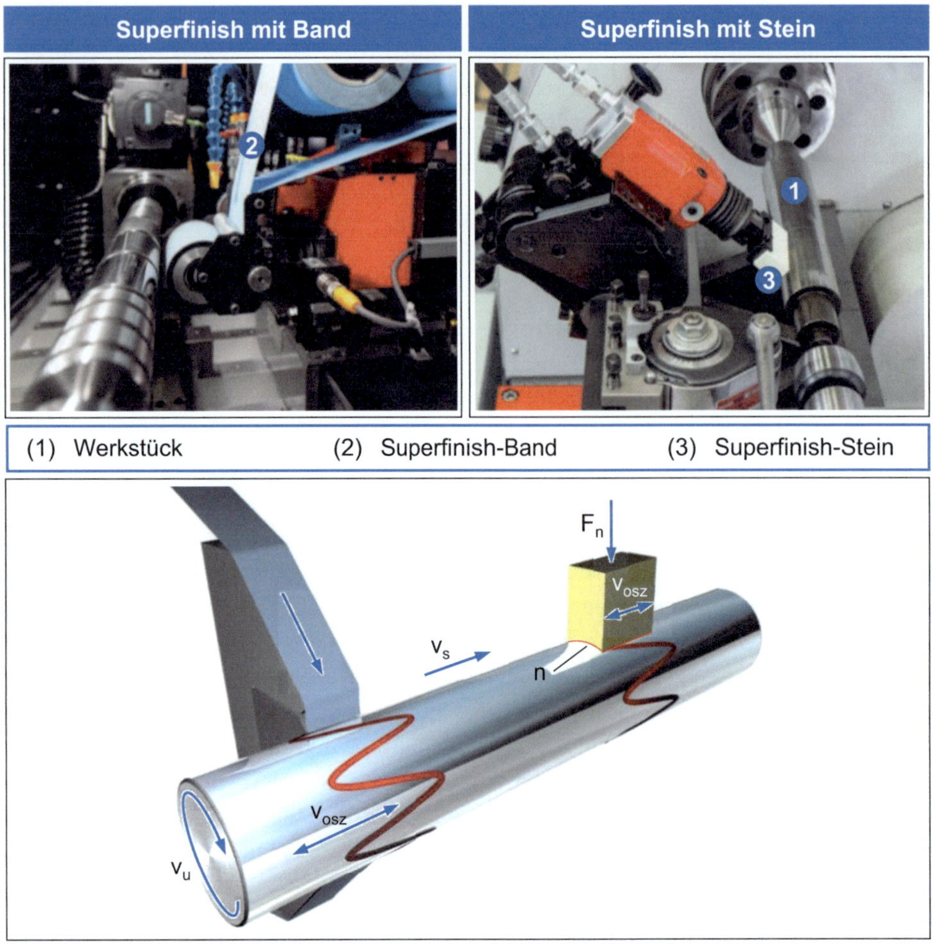

Bild 5.35 Superfinish-Aufsatzgeräte. Quelle: Supfina

sich unter einem definierten Winkel kreuzenden Bearbeitungsspuren. Bei den Werkzeugen, die hier zum Einsatz kommen, handelt es sich um Superfinish-Steine (Bild 5.35 rechts) oder um Schleifmittel auf flexibler Unterlage mit einer Körnung, deren mittlerer Durchmesser zwischen 1 und 260 µm liegt, sogenannte Superfinish-Bänder (Bild 5.35 links).

Planfinish-Bearbeitung

Das Kreuzschliff-Superfinish ist ein Verfahren, das vorwiegend zur Bearbeitung von Bauteilen mit planen, konkaven oder konvexen Oberflächen eingesetzt wird, Bild 5.36. Das hierbei mit einer Umfangsgeschwindigkeit von 1 bis 20 m/s rotierende Werkzeug wird mit definiertem Druck auf das ebenfalls rotierende Werkstück gepresst. Durch das Verschieben oder Kippen der Werkzeugachse entsteht, betrachtet man auch hier nur die Bewegung eines schneidenden Korns, eine kreisbogenförmige Linie. In diesem Fall erzeugen alle im Eingriff befindlichen Schleifkörner, durch Überlagerung der einzelnen Kreisbögen, die sich radial kreuzenden Bearbeitungsspuren. Beim Kreuzschliff-Superfinish kommen gebundene Schleifmittel in Topf- oder Hülsenform sowie Segmentschleifköpfe zum Einsatz, deren mittlerer Korndurchmesser zwischen 15 und 70 µm liegt.

Für die Einzel- und Kleinserienfertigung werden Kurzhubhongeräte zum Aufbau auf Dreh- oder Schleifmaschinen angeboten. Sie bestehen im Wesentlichen nur aus dem Werkzeug und einem pneumatischen Antrieb für die schnelle Kurzhubbewegung. Für die Vorschübe und deren Steuerung werden die Einrichtungen der jeweiligen Trägermaschine genutzt.

5.3 Läppmaschinen

5.3.1 Konventionelle Läppmaschinen

Das Läppen ist ein Bearbeitungsverfahren, bei dem Werkstück und Werkzeug mit einem Auflagedruck von etwa 10 N/cm² aufeinander gleiten. Das beigegebene Läppmittel besteht aus Mineralöl und Läppkörnern, deren Korngröße je nach Anwendungsfall zwischen 3 und 45 µm liegt. Die Zerspanung der Werkstückoberfläche erfolgt dabei durch die Schleifkörner. Die Körner zersplittern durch die mechanische Beanspruchung und bleiben somit stets scharfkantig. Bei kontinuierlich abnehmender Korngröße wird auf diese Weise für eine automatische Verfeinerung der Werkstücko-

Bild 5.36 Planfinish-Bearbeitung. Quelle: Supfina

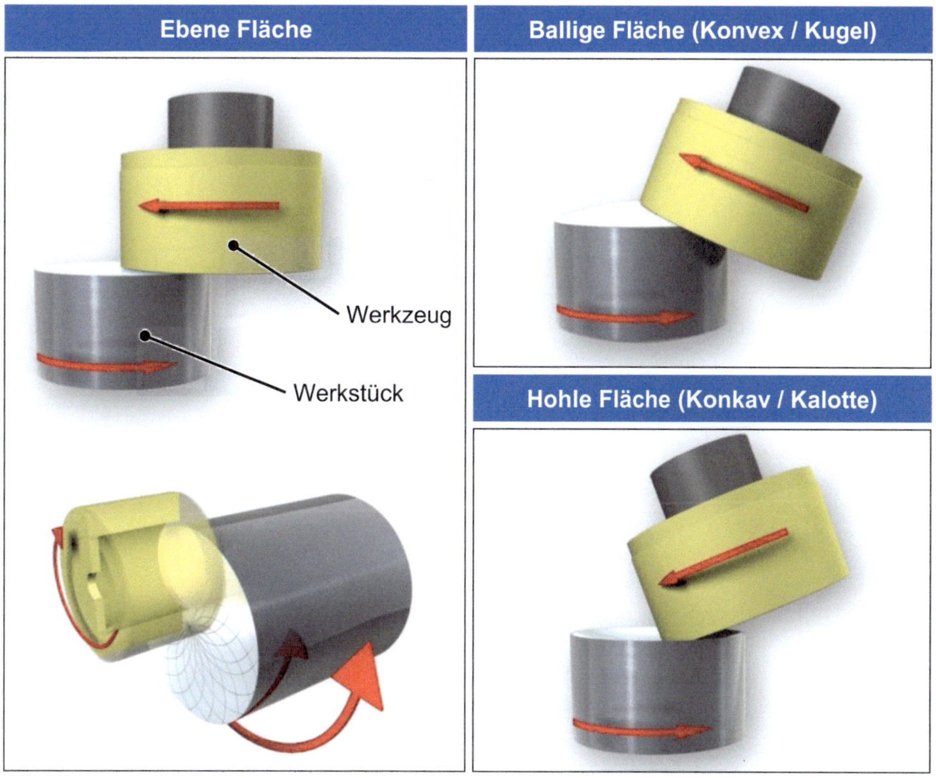

berfläche gesorgt. Wie beim Honen ist auch hier das Bearbeitungsziel das Erreichen höchster Maß- und Formgenauigkeit bei gleichzeitiger Verbesserung der Oberflächenqualität $R_z \leq 0{,}1$ μm). Die Einteilung nach den Fertigungsverfahren ist analog zum Honen (▶ Kap. 5.2). In größerem Umfang werden Läppmaschinen nur für die Erzeugung oder Verbesserung der Ebenheit (erreichbare Planheit ≤ 0,3 μm) und der Parallelität von Flächen in Ständer- oder Portalbauweise hergestellt. Für das Läppen jeweils einer Werkstückebene (einseitiges Planläppen) werden meist mehrere Werkstücke in einem der Werkstückkontur angepassten Werkstückhalter oder bei Kleinteilen in Läppringen auf die aus Grauguss gefertigte Läppscheibe aufgesetzt. Durch die exzentrische Lagerung des maschinenfesten oder auch gegensinnig angetriebenen Halters gegenüber der angetriebenen Läppscheibe entsteht eine zykloidenförmige Relativbahn zwischen Werkstück und Läppscheibe, **Bild 5.37**. Leichte Werkstücke können bei größeren Läppmaschinen pneumatisch belastet werden, um den Abtrag, der typischerweise bei einigen Mikrometern liegt, zu beeinflussen. Wegen der vollflächigen, ununterbrochenen Auflage des Werkstücks lassen sich auch sehr dünne, bruchempfindliche Teile sicher bearbeiten.

Zweischeibenläppmaschinen besitzen zwei koaxial oder exzentrisch zueinander drehende Läppscheiben, **Bild 5.38**.

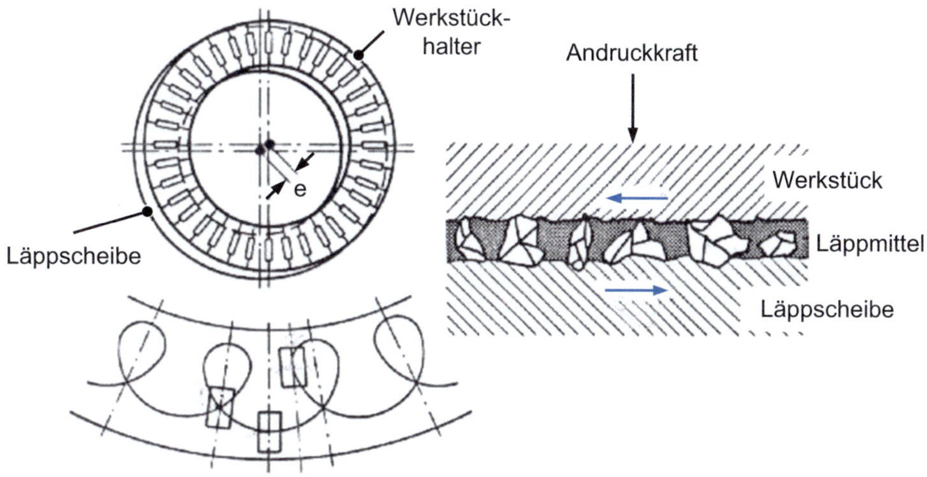

Bild 5.37 Läppvorgang und Relativbewegung der Werkstücke beim einseitigen Planläppen

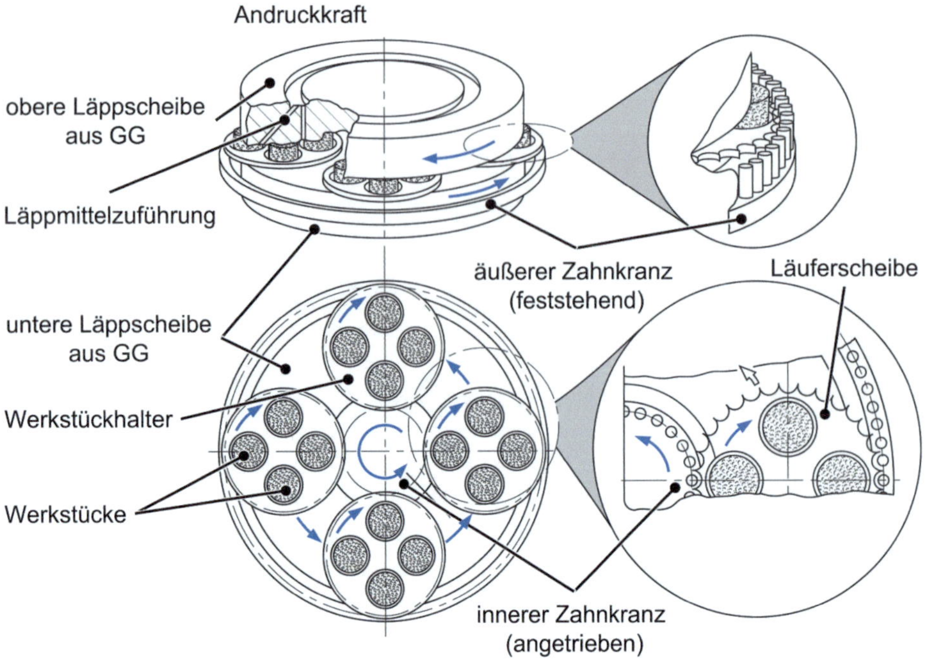

Bild 5.38 Verfahrensprinzip des zweiseitigen Planläppens

Dazwischen befinden sich die Werkstücke im Werkstückhalter. Die Werkstückhalter sind hier in Form von Planetenrädern ausgebildet, welche die zykloidische Relativbewegung der zur beidseitigen Bearbeitung eingelegten Werkstücke gegenüber den Läppscheiben erzeugen.

Der Aufbau einer Zweischeiben-Läppmaschine ist in **Bild 5.39** dargestellt. Zur Anpassung an verschiedene Werkstückdicken kann die gesamte obere Läppeinheit vertikal verstellt werden. Die Feinzustellung bzw. die Druckaufbringung erfolgt über einen Wagebalken mit einem pneumatischen Aktor. Um im gesamten Arbeitsbereich einen gleichmäßigen Anpressdruck sicherzustellen, ist die obere Arbeitsscheibe pendelnd gelagert.

Dem Werkstückabtrag steht ein entsprechender Läppscheibenverschleiß gegenüber. Dieser wird bei Maschinen mit Messsteuerung kompensiert. Zum Erhalten der Ebenheit der Läppscheiben werden die Werkstücke durch die Werkstückhalter über den äußeren und inneren Rand der Läppscheiben hinweggeführt, sodass der Scheibenverschleiß gleichmäßig über die gesamte Breite erfolgt. Den gleichen Zweck erfüllen bei Einscheiben-Läppmaschinen die aufgesetzten Läppringe. Da jeder dennoch auftretende ungleichförmige Verschleiß die erreichbare Planheit verschlechtert, wird das Profil der Läppscheiben mit Messlineal und -taster überwacht und gegebenenfalls durch Abdrehen mit Hartmetall-Drehmeißeln korrigiert.

Auch schwer zerspanbare Werkstoffe wie gehärtete Stähle, Hartmetall, Hartkeramik, Glas oder Silizium lassen sich auf Läppmaschinen wirtschaftlich bearbeiten. Für einen größeren Abtrag weicher Materialien werden bei einigen Maschinen die Läppscheiben gegen Siliziumkarbid-Schleifscheiben ausgetauscht.

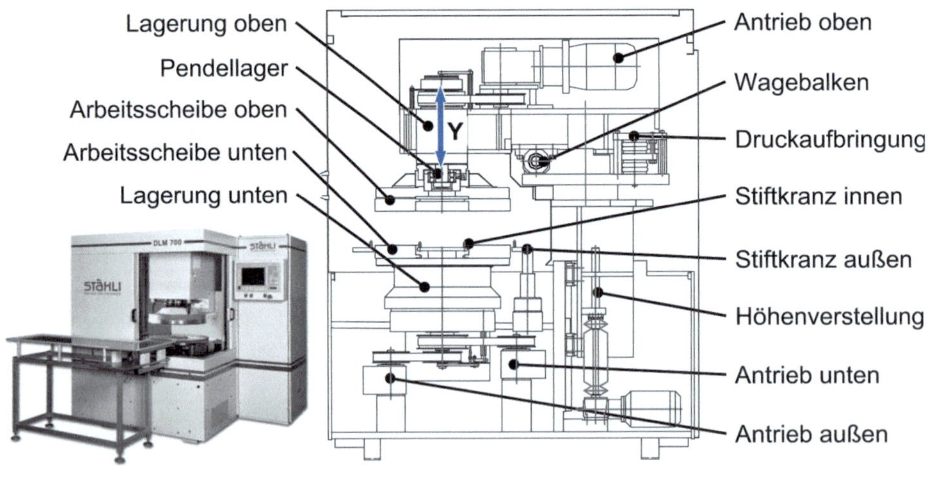

Bild 5.39 Zweischeiben-Läppmaschine. Quelle: Stähli

5.3.2 Ultraschallunterstützte Läppmaschinen

Ultraschallbearbeitungsanlagen werden vorwiegend für Einsenkaufgaben an elektrisch leitenden und nichtleitenden, spröden Werkstoffen (Glas, Quarz, Oxidkeramik, Edelsteine, Carbide, Germanium, Silizium, Graphit sowie Hartmetalle) eingesetzt, bei denen das funkenerosive Abtragsverfahren nicht möglich ist. Das Prinzip veranschaulicht ◘ Bild 5.40. Ein Hochfrequenzgenerator regt den magnetostriktiven Schwingkopf an, der den Bohrrüssel mit dem aufgelöteten Werkzeug in hochfrequente Schwingungen in Vorschubrichtung versetzt. Das Werkzeug ist dabei nur mittelbar am eigentlichen Bearbeitungsprozess beteiligt. Den Abtrag selbst erreicht man durch die in der Schleifmittelsuspension enthaltenen Körnchen, die, analog zum Läppprozess, wie eine Anzahl gleichzeitig im Eingriff befindlicher Schneiden wirken. Die Schleifmittelsuspension wird von außen an die Bearbeitungsstelle geführt und durch den Bohrrüssel abgesaugt.

Bei älteren Anlagen wurde vielfach auf ein Vorschubsystem verzichtet, da bei vertikaler Anordnung des Systems Werkzeug-Werkstück das Werkzeug auf Grund seiner Gewichtskraft entsprechend dem Arbeitsfortschritt in das Werkstück eindringt. Moderne Anlagen hingegen besitzen ein Vorschubsystem, das die Sonotrode so verfährt, dass eine im Mittel konstante Kraft auf das Werkstück ausgeübt wird. Ein solches System ist in ◘ Bild 5.41 dargestellt. Das Stellsystem in z-Richtung besteht aus einem Servomotor, der über einen Zahnriemen ein Spindel-Mutter-System antreibt. Im Arbeitskopf ist eine Kraftmessplattform zur Überwachung der Prozesskräfte eingebaut. Der Vorschub wird so geregelt, dass die gemessene Kraft in z-Richtung konstant ist. Um auch Planetärbewegungen wie beim funkenerosiven Senken zu ermöglichen, besitzt der Antriebskopf noch zwei weitere Antriebe.

5.4 Maschinen zum mechanischen Entgraten

Bei der spanenden Bearbeitung von Metall entstehen an den Kanten verfahrensbedingte Grate, die die Funktion und Montierbarkeit der Werkstücke beeinträchtigen. Darüber hinaus bedeuten Grate eine erhebliche Verletzungsgefahr. Es existieren verschiedene Verfahren, mit denen Grate entfernt

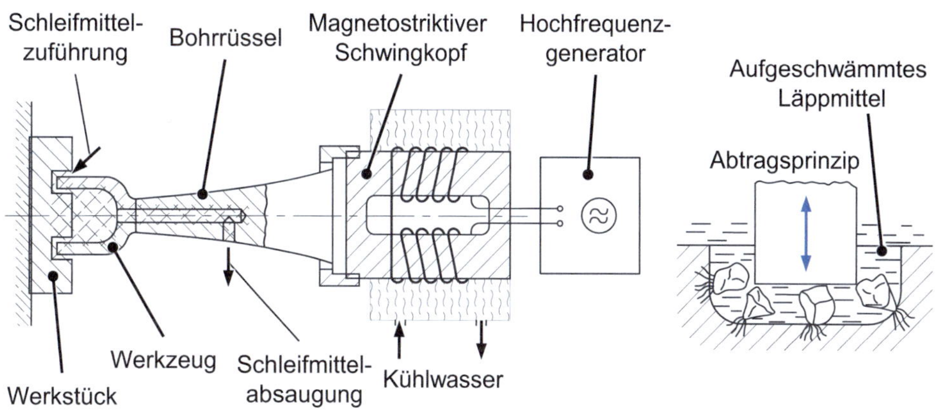

◘ **Bild 5.40** Prinzip der Ultraschallbearbeitung

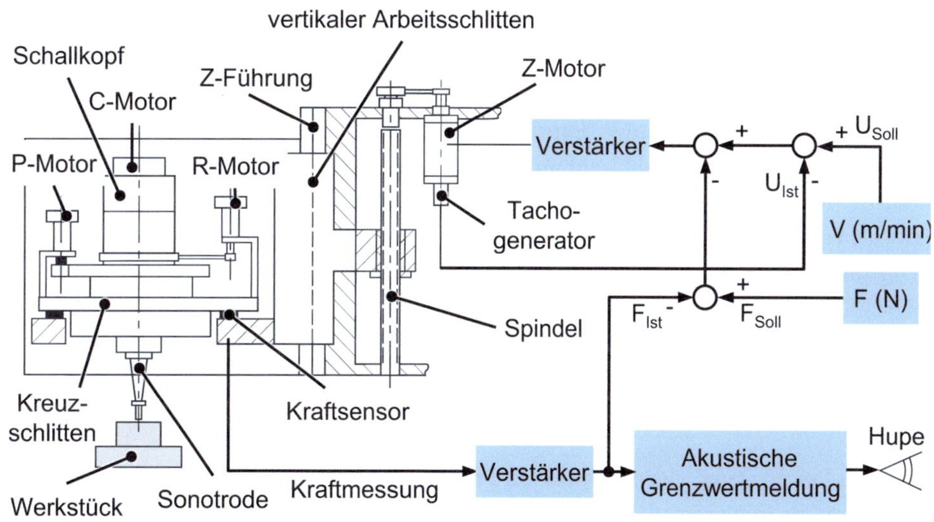

◘ **Bild 5.41** Prinzip der geregelten Vorschubachse einer Ultraschallanlage. Quelle: Dieter Hansen AG

Bild 5.42 Mechanisches Entgraten von Drehteilen (Quelle: Firma Rausch)

werden können, im Folgenden wird das mechanische Entgraten beschrieben. Auf das Gleitschleifen, ein Verfahren, das unter anderem auch zum Entgraten eingesetzt wird, wird in ▶ Kap. 5.5 ausführlich eingegangen. Auf das elektro-chemische Entgraten wird in ▶ Kap. 6.2, auf das thermisch-chemische Entgraten in ▶ Kap. 6.5 eingegangen.

Das mechanische Entgraten ist nicht eindeutig mit einem bestimmten Fertigungsverfahren verbunden. Abhängig von Werkstückwerkstoff, Gratstärke und Werkstückgeometrie kann das Entgraten durch Fräsen, Schleifen oder Bürsten erfolgen. Mechanische Entgratverfahren lassen sich grundsätzlich dann anwenden, wenn die Grate von außen mit einem entsprechenden Abgratwerkzeug zu erreichen sind.

Eine einfache Lösung zum mechanischen Entgraten von gefrästen Nuten und Drehkanten an Drehteilen zeigt Bild 5.42. Der Entgratungsvorgang läuft automatisch ab. Nach dem Einschalten der Werkstückdrehung wird die rotierende Bürstscheibe mit Hilfe eines Stellmotors bis zum Erreichen einer definierten, einstellbaren Anpresskraft an das zu entgratende Profil herangefahren. Die Scheibe folgt dann zwangsläufig dieser Werkstückkontur. Nach dem Entgraten werden die Werkstück- und die Bürstendrehung ausgeschaltet und die Bürste hebt vom Werkstück ab. Das Maß der Entgratung, d.h. die Fasenbreite, wird durch Einstellen der entsprechenden Anpresskraft der Bürste an das Werkstück vorgeben. An Stelle von Stahldrahtbürsten eignen sich auch Schleifscheiben, Feilscheiben, Frässcheiben, Fingerfräser usw. als Werkzeuge. Durch die Nutzung verschiedener Werkzeugkombinationen für spezielle Entgrataufgaben wird eine hohe Maschinenflexibilität erreicht.

5.5 Gleitschleifmaschinen

Mit dem Begriff „Gleitschleifen" wird ein Prozess zum Kantenverrunden, Entgraten, Schleifen und Glätten bezeichnet, der wie in Bild 5.43 dargestellt den Fertigungsverfahren des Spanens mit geometrisch unbestimmten Schneiden zuzuordnen ist.

Die Spanabnahme erfolgt durch unregelmäßige Relativbewegungen zwischen dem Werkstück und einer Vielzahl loser Schleifkörper (Chips). Durch den Zusatz von Flüssigcompounds, die im Wesentlichen aus Wasser mit synthetischen Waschrohstoffen, Detergenzien und Korrosionsinhibitoren bestehen, kann die Bearbeitungseffektivität noch gesteigert werden. Werkstücke und Chips werden sauber bzw. griffig gehalten und Bearbeitungsrückstände werden aus dem System gespült. Zuerst wurden unregelmäßig geformte Schmelz- und Naturprodukte genutzt, die durch einfach geformte keramische Chips ersetzt wurden. Neuere Entwicklungen nutzen spezielle Schleifkörperformen und weitere Materialien, es wurden beispielsweise stern- und pfeilspitzförmige keramische Chips sowie kunststoffbasierte „Drache" und „Nippel" genannte Formen entwickelt. Die Auswahl der Form, Größe und Zusammensetzung werden auf die zu bearbeitenden Werkstücke sowie Typ und Größe der Gleitschleifanlage abgestimmt. Bild 5.44 zeigt einen Ausschnitt möglicher Schleifkörperformen und vergleicht Schleifleistung und Oberflächengüte in Abhängigkeit der eingesetzten Schleifkörpermaterialien.

Von den vier in Bild 5.43 genannten Gleitschleifverfahren zählt das Fliehkraftgleitschleifen wegen der relativ einfach zu realisierenden Halb- und Vollautomatisation zu den wirtschaftlichsten Verfahren. Beim Fliehkraft-Gleitschleifen befinden sich die Werkstücke in einem feststehenden, zylindrischen Arbeitsbehälter, der zu ca. 50–70 % mit Schleifkörpern gefüllt ist und dessen Boden als rotierender Teller ausgebildet ist. Durch die Tellerrotation (60 bis 250 1/min) wird die Schleifkörper-/ Werkstückmasse beschleunigt und an der Innenwand des Arbeitsbehälters nach oben gelenkt. Hervorgerufen durch

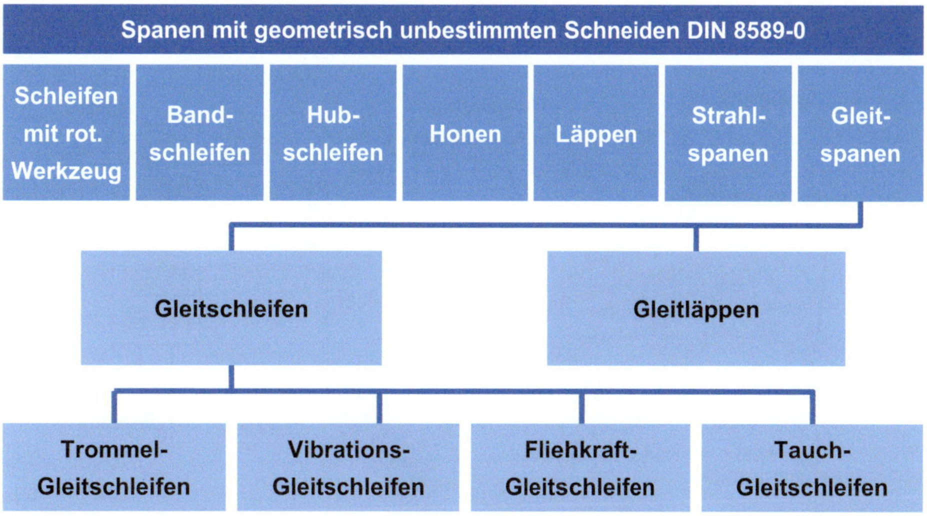

Bild 5.43 Eingliederung des Fertigungsverfahrens „Gleitschleifen" und dessen Varianten (nach DIN 8589)

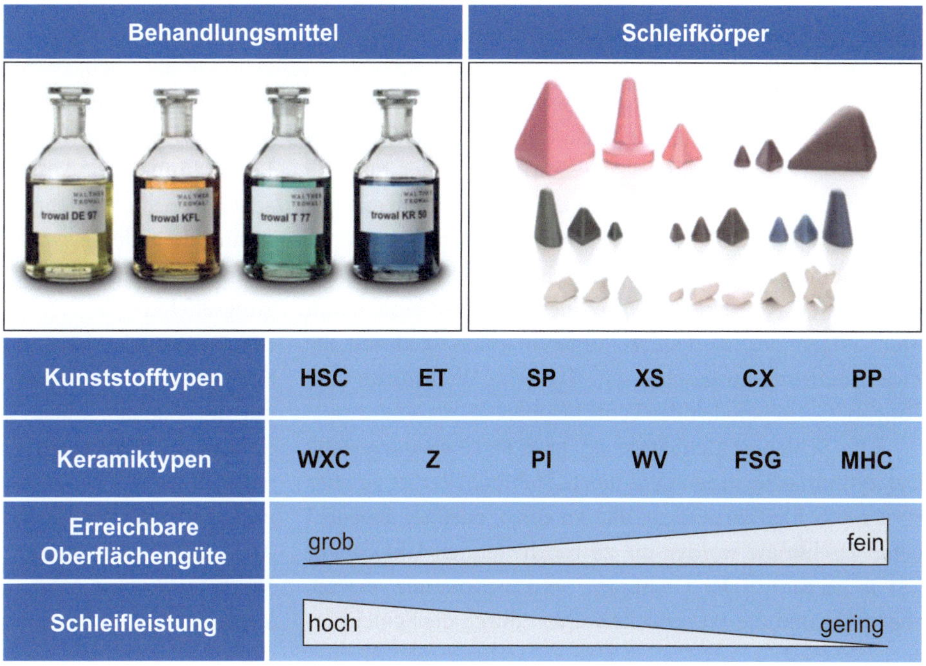

Bild 5.44 Schleifkörper, Compounds und Schleifleistungsvergleich verschiedener Schleifkörperwerkstoffe (Quelle: Walther Trowal)

Reibung und Schwerkraft entsteht ein typischer spiralförmiger Bewegungsablauf. Die hohe Schleifwirkung wird vor allem durch die reibende Berührung der mit hoher Andruckkraft gegen die Werkstücke gedrückten Chips erzielt. Hinzu kommt eine zusätzliche Schleifwirkung durch den Umlauf der Chips im Arbeitsbehälter. Im Vergleich zum Vibrations-Gleitschleifen ist die Schleifleistung bis zu 10-fach höher und führt so zu einer drastischen Verkürzung der Bearbeitungszeiten.

Bild 5.45 zeigt eine Langtrog-Durchlaufanlage nach dem Vibrationsprinzip für kontinuierlichen und Chargenbetrieb. Ihr Nutzvolumen beträgt bis 2080 l und ermöglicht die Bearbeitung voluminöser Werkstücke, wie z. B. Leichtmetallmotorblöcke, Kurbelwellen und Flugzeugholme.

Die Schwingungserregung des Arbeitsbehälters erfolgt mit einem unterhalb des Behälters angebrachten Unwuchtsystem. Die Werkstücke werden dem mit Gummi ausgekleideten Arbeitsbehälter mit Hilfe einer Beschickungsvorrichtung zugeführt, durchlaufen diesen etwa 5 bis 25 Minuten lang und werden in der stirnseitig angebrachten Siebtrennanlage von den Schleifkörpern getrennt. Von dort gelangen die Schleifkörper mit einem Förderband wieder zurück zum Kopf des Arbeitsbehälters. Der am Ende des Arbeitsbehälters flexibel angeflanschte und separat angetriebene Austragekanal regelt das Niveau des Schleifkörper-Werkstückgemisches, steuert die Durchlauf- bzw. Verweilzeit je Werkstück und hebt durch Einstellen einer besonderen Transportcharakteristik schwere und kompliziert ausgebildete Werkstücke aus. Durch An- und Ausschalten des Austragkanals wird

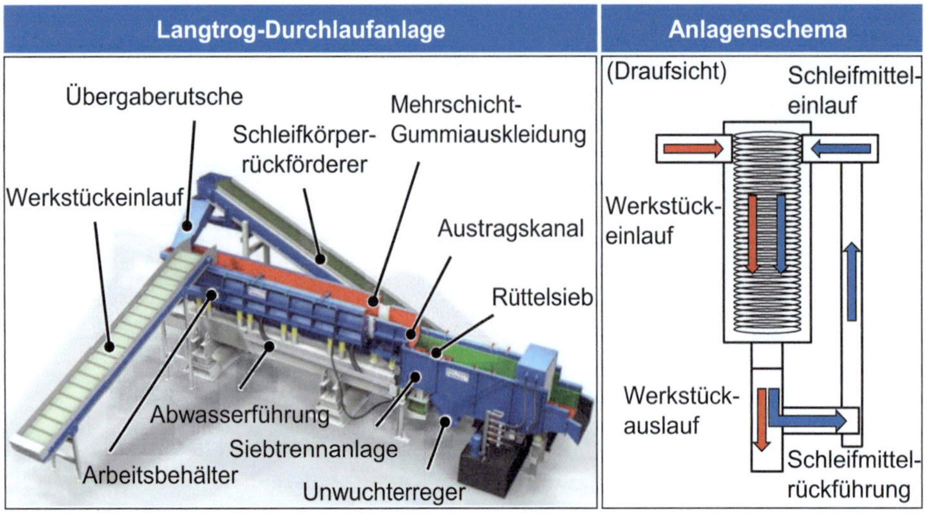

Bild 5.45 Langtrog-Durchlaufanlage für das Vibrationsgleitschleifen (Quelle: Walther Trowal)

zudem das Umschalten der Anlage auf Chargenbetrieb realisiert. [WALT15]

Das Schleppschleifen ist eine weiterentwickelte Kombination des Tauch-Gleitschleifens. Der wesentliche Unterschied zum Vibrations-Gleitschleifen liegt in der deutlich höheren Zerspanleistung, die hauptsächlich dadurch erreicht wird, dass die mittels Spannvorrichtung geführten Werkstücke mit hoher Relativgeschwindigkeit an den Schleifkörpern vorbeibewegt werden. Gegenseitiges Berühren und damit Beschädigen der Werkstücke untereinander ist durch die Zwangsführung ausgeschlossen. Typische Werkstücke sind Zangen, Getriebeteile oder Ventilklappen.

Eine Schleppschleifanlage ist in Bild 5.46 dargestellt. Der zylindrische, innen gummierte Stahlbehälter ist zu etwa 80 % mit Schleifkörpern gefüllt. An einem darüber angeordneten Drehkranz werden die zu bearbeitenden Werkstücke fest eingespannt. Der Drehkranz wird in Rotation versetzt, abgesenkt und die Werkstücke werden durch die Schleifkörperschüttung gezogen. Zur Sicherstellung gleichmäßiger Ergebnisse auf allen Werkstückoberflächen rotieren die Teile während der Bearbeitung zusätzlich um ihre eigene Achse und werden in bestimmten Zeitintervallen bei umgekehrter Laufrichtung des Drehkranzes durch die Schüttung geschleppt. Mit zunehmender Drehzahl des Drehkranzes nimmt die freie Beweglichkeit der Chips sehr schnell ab. Die Chips verkeilen sich gegeneinander. Durch diesen Abstützungseffekt ergibt sich im Bereich der Schleppbahn, d. h. um die Werkstücke herum, eine höhere Packungsdichte der Schleifkörper und damit ein Anstieg der Anpresskraft und der je Flächeneinheit wirksamen Einzelschneiden. Dies kommt der Abtragsleistung zugute. Die Effektivität liegt bis zum 20-fachen höher als in Vibrations-Gleitschleifanlagen und die Bearbeitung ist wesentlich intensiver als in Fliehkraft-Gleitschleifanlagen. Da die Schleifkörperströmung der Werkstückkontur folgt, können sowohl konvexe als auch konkave Flächen bearbeitet werden.

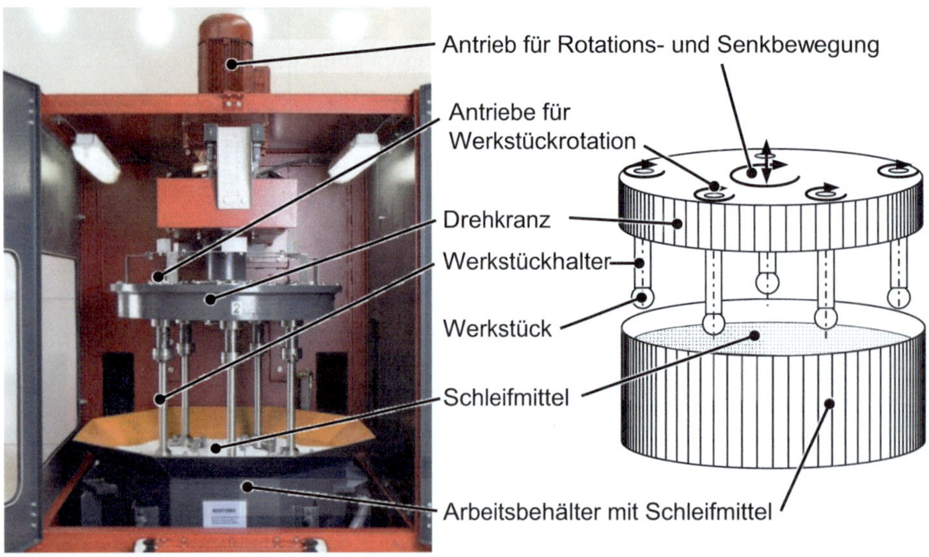

Bild 5.46 Schleppschleifanlage (Quelle: Walther Trowal)

Allen aufgeführten Verfahren ist eines gemein: Es entstehen Gleitschleifabwässer, die den Abrieb der Werkstücke und der Schleifkörper enthalten. Weiterhin fallen Chemikalien aus Reinigungsmitteln, Öle und Fette aus einer Vorbehandlung und die Compounds, die für den Gleitschleifprozess unumgänglichen Behandlungsflüssigkeiten, an. Daher sind neben der stetigen Entwicklung von Maschinen mit optimiertem Wasser- und Compoundverbrauch heutzutage auch Anlagen zum Abwasserrecycling ein fester Bestandteil der Produktpalette der Anlagenhersteller. Bei minimalen prozessbedingten Mengen von Wasser und Compoundflüssigkeit liegt ein besonderer Fokus auf der Weiterentwicklung bestehender Recyclingtechnologien zur Abwasseraufbereitung, etwa der Zentrifugen- und Flockungstechnik.

5.6 Wasserstrahl-Schneidanlagen

In der Fertigungstechnik kommt das Wasserstrahlschneiden als Kaltschneidverfahren dort zum Einsatz, wo der Laser vor Allem bezüglich der Werkstückdicke an Grenzen stößt oder andere Verfahren unzureichend oder mit hohem Aufwand verbunden sind. So ist bei der Konturbearbeitung von Faserverbundwerkstoffen, filzähnlichen Dämmmaterialien oder Bauteilen aus Hartschaum und anderen nichtmetallischen Werkstoffen das staubfreie Wasserstrahlschneiden durchaus wirtschaftlich. Es gehört nach DIN 8580 zu den trennenden Verfahren, wobei die Untergruppe Strahlspanen in der DIN 8200 zusammengefasst ist [DIN82; DIN03b]. Das Prinzip des Wasserstrahlschneidens beruht auf der Möglichkeit des Materialabtrages durch einen Flüssigkeitsstrahl mit extrem hoher Geschwindigkeit. Grundsätzlich lassen sich alle pumpbaren Flüssigkeiten als Strahlfluid verwenden. In den meisten Fällen wird jedoch Wasser aufgrund seiner Verfügbarkeit, der geringen Kosten und seiner guten physiologischen Verträglichkeit genutzt.

Der Aufbau einer Wasserstrahlschneidanlage ist schematisch in ■ Bild 5.47 dargestellt. Es wird zwischen dem reinen Druckerzeuger, links im Bild, und der Schneidanlage, rechts, unterschieden. Das Kernstück im Druckerzeuger bildet ein kolbenartiger Druckübersetzer, der durch eine Hydraulikpumpe mit Öldruck beaufschlagt wird. Auf die großen Kolbenflächen wirkt der Öldruck, sodass über die Kolbenflächenverhältnisse eine Druckübersetzung zwischen dem Ölkreislauf und dem Arbeitsmedium Wasser erzeugt wird. Durch ein Umschaltventil wird der Druckübersetzer wechselweise von beiden Seiten mit Öldruck beaufschlagt und erzeugt bei der Hubbewegung im Wasserkreislauf den notwendigen hohen Arbeitsdruck und Volumenstrom. Ein großvolumiger Ausgleichsbehälter wirkt als Pulsationsdämpfer zum Ausgleich der Druckstöße, bevor das Arbeitsmedium Wasser über eine Hochdruckleitung zu der Schneiddüse in der Schneidanlage gelangt. Bei den geforderten Arbeitsdrücken von 500 bis zu 5000 bar erfährt das Wasser eine Volumenverminderung von bis zu 13 %.

Die Schneidanlage besteht im Wesentlichen aus einem NC-gesteuerten Kreuztisch, mit dem das Werkstück unterhalb der Schneiddüse entsprechend der zu bearbeitenden Kontur geführt wird. Unter dem Schneidtisch ist ein Auffangbehälter für den Restwasserstrahl eingebaut, aus dem

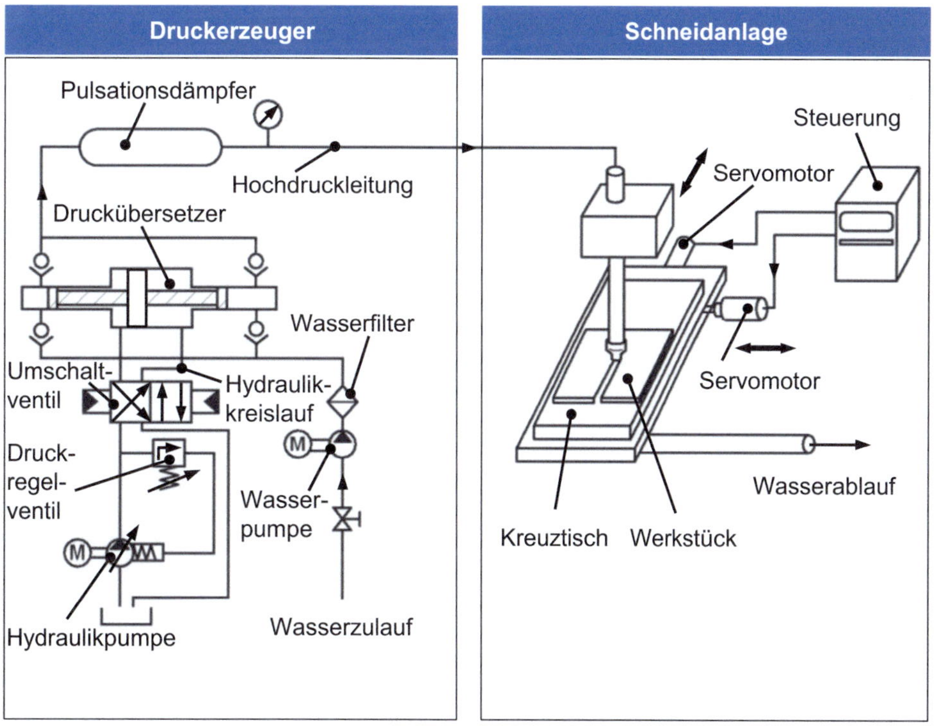

■ **Bild 5.47** Prinzipdarstellung einer Wasserstrahlschneidanlage

Bild 5.48 Wasserschneidanlage und typisches Bearbeitungsbeispiel (Quelle: INNOMAX AG)

das Wasser nach einer Filterung in die Kanalisation abläuft. Durch die enge Schneiddüsenöffnung erfährt der Wasserstrahl eine hohe Beschleunigung und damit die erforderliche kinetische Energie zum Materialabtrag. Als Düsenmaterialien können nur hochfeste Werkstoffe wie Hartmetall, Saphir und Diamant verwendet werden, weil die Düse einem erheblichen Verschleiß durch Reibkräfte und Kavitation unterliegt. Der Düsendurchmesser für die Bearbeitung ohne Abrasivstoffe wird möglichst klein gehalten, zwischen 0,08 bis 0,6 mm, um den Volumenstrom und damit die Pumpenleistung klein zu halten und schmale Schnittfugen zu erreichen.

Um die Abtragsleistung des Wasserstrahles zu erhöhen können bei Sonderbauformen der Düse dem mit 800 bis 900 m/s ausströmenden Fluidstrahl noch Abrasivstoffe wie Quarzsand, Granat oder Korund zugeführt werden. Dies erfolgt entweder nach dem Injektor- oder dem Suspensionsprinzip. Bei dem Injektorprinzip saugt der Wasserstrahl das Abrasivmittel selbstständig durch Unterdruck in der Mischkammer an und beschleunigt es in einer zweiten, auch Fokus genannten, Düse. Wird dem Wasser das Abrasivmittel im Druckkreis zugeführt spricht man vom Suspensionsprinzip. Mit diesem geht ein hoher apparativer Aufwand einher, da sich der Feststoffvorrat in einem Druckbehälter befindet und als Suspension aufrecht erhalten werden muss. Des Weiteren lassen sich solche Behälter nur für relativ geringe Drücke (max. 700 bar) auslegen, sodass zum Erreichen der erforderlichen Leistung ein hoher Suspensionsstrom notwendig ist. Allerdings ist der Beschleunigungsprozess des nur aus Wasser und Abrasivmitteln bestehenden Suspensionsstrahls effektiver als der des Injektorstahls, da dieser zu einem Großteil aus Luft besteht und dadurch die beschleunigende Wirkung des Wassers verringert wird.

Der Durchmesser solcher Abrasivdüsen beträgt in diesem Fall 0,8 bis 1,2 mm. Mit dem Wasserstrahlschneiden kann jedes Material geschnitten werden, dessen Härte geringer ist als die des Abrasivmittels. Heutige Wasserstrahlanlagen sind in der Lage Stähle bis zu einer Dicke von 100 mm und Verbundstoffe bis zu einer Dicke von 140 mm zu schneiden. Die maximalen Schnittgeschwindigkeiten betragen beim Wasserstrahlschneiden mit Abrasivstoffen 680 mm/min für Werkzeugstahl und bis zu 8900 mm/min für keramische Fliesen (Materialstärke jeweils 5 mm). [FRIT12]

Bild 5.48 zeigt ein Wasserstrahl-Bearbeitungszentrum sowie typische Bearbeitungsbeispiele. Das Wasser wird über Hochdruckleitungen an den Schneidkopf geführt. Nach Austritt aus der Wasserdüse hat der Strahl eine Geschwindigkeit von ca. 800 m/s. Dieser Strahl fließt nun durch eine Hartmetalldüse. Durch den Venturi-Effekt wird dabei ein scharfkantiges Abrasivmittel (Granatsand) zugeführt. Das Gemisch Wasser – Sand – Luft tritt mit Schallgeschwindigkeit auf das Werkstück. Letzteres ist auf einem Schneidtisch befestigt, welches einerseits die Schneidkopfbewegung kontrolliert, und gleichzeitig den Reststrahl im Wasserbad aufnimmt. Das Abrasivmittel wird von einem Vorratsbehälter automatisch an den Schneidkopf transportiert, pro Schneidminute werden ca. 450 Gramm verbraucht. Das Becken wird von einer Entschlammungsanlage automatisch vom Schneidschlamm gesäubert. Der flüssige Schlamm wird in ein Filter geleitet um Wasser und Schlamm zu separieren. Während der Schlamm einer Wiederaufbereitung zugeführt werden kann, wird das Wasser über die Entschlammungsanlage der Kanalisation zugeführt. Falls erforderlich kann die Abwasserqualität über Beruhigungsbecken noch weiter verbessert werden.

Das Wasserstrahlschneiden steht hinsichtlich der Wirtschaftlichkeit in Konkurrenz zum Laserstrahlschneiden. Grundsätzlich ist die Bearbeitung mit dem Laser wirtschaftlicher als mit dem Wasser-Abrasivstrahl, da bei nahezu gleichem Maschinenstundensatz das Laserschnei-

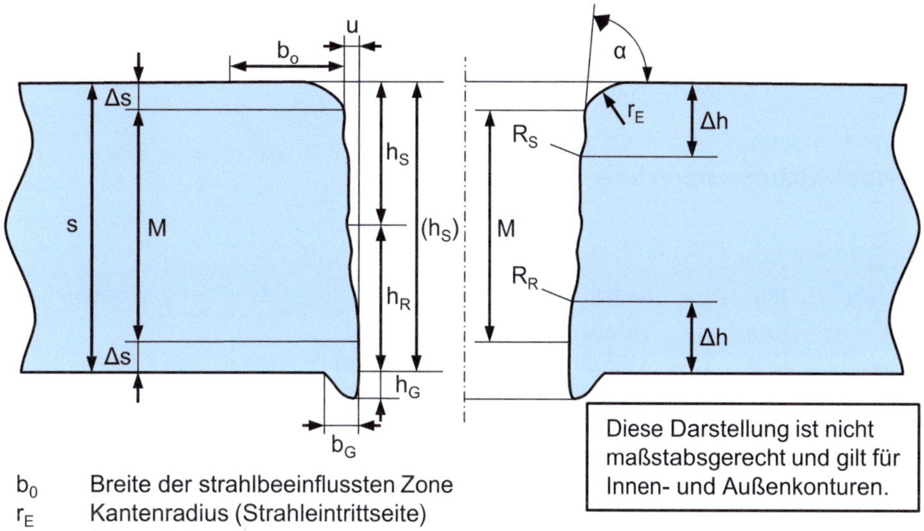

b_0	Breite der strahlbeeinflussten Zone
r_E	Kantenradius (Strahleintrittseite)
h_S	Glattschnitt
h_S/s	Glattschnittanteil
R_S	Schnittflächenrauheit
h_R	Restflächenhöhe
h_R/s	Restflächenanteil
R_R	Restflächenrauheit
b_G, h_G	Gratbreite, Grathöhe
u	Rechtwinkligkeits- und Neigungstoleranz
α	Flankenwinkel
s	Blechdicke
Δs	= 0,1 s für s < 2 mm = 0,2 mm für s ≥ 2 mm
M	Messbereich zur Bestimmung von u und α

Bild 5.49 Schnittflächenkenngrößen zur Bewertung der Schnittflächenqualität von abrasiv-wasserstrahlgeschnittenen Werkstücken. Nach [VDI94]

den höhere Schnittgeschwindigkeiten aufweist. Diese Betrachtung gilt jedoch nur für die vom Laser schneidbare Materialdicke, die bei Baustahl bei ca. 20 mm und bei Aluminium bzw. nichtrostenden Stählen bei 6–8 mm liegt. Für größere Materialdicken wird primär die Wasserstrahltechnologie eingesetzt. Ähnliche Vorzüge zugunsten der Wasserstrahltechnik ergeben sich beim Schneiden von Kunststoffen, Schaumstoffen und Gummi, die mit dem Laser aufgrund der Entstehung toxischer Gase nur bedingt geschnitten werden dürfen. Jedoch besteht durch den entstehenden Wassernebel ein erhöhtes Korrosionspotential, sowie ein hoher Geräuschpegel. Die Entscheidung zwischen Laser- oder Wasserstrahlbearbeitung ergibt sich somit aus der zu schneidenden Materialart und -stärke.

Breite Anwendung findet das Wasserstrahlschneiden auch in der Medizin und in der Lebensmittelindustrie, da das Strahlmedium durch die hohen Drücke sterilisiert wird und daher keine Keimübertragung zwischen den zu schneidenden Objekten stattfindet. Auch das Ausschneiden komplizierter Formen aus einfachem, wie auch kugelsicherem Glas ist möglich, da dieses so nicht entlang gerader Kanten gebrochen werden muss. Elastische Materialien können durch die hohen Strahlgeschwindigkeiten ohne nennenswerten Verzug geschnitten werden. Verschiedene Werkstoffkombinationen, wie Verbundwerkstoffe, werden getrennt, ohne dass die Struktur ausfranst.

Ein Nachteil des Wasserstrahlschneidens ist die Beschaffenheit der Schnittflächen. Bei hohen Schnittgeschwindigkeiten ergibt sich von der Werkstoffoberfläche ins Innere eine Verjüngung und bei niedrigeren Geschwindigkeiten eine Aufweitung. Lediglich für bestimmte Geschwindigkeiten dazwischen tritt dieser Geometriefehler nicht auf und die Schnittflächen verlaufen parallel. Weitere Faktoren für einen abnehmenden Winkelfehler ($\alpha \neq 90$ °, vgl. Bild 5.50) sind:

- abnehmender Abstand der Düse zum Werkstück
- zunehmende Härte des Werkstücks
- zunehmende Qualität des Abrasivmittels
- abnehmende Werkstoffdicke
- zunehmende Fokussierbarkeit der Düse.

Die Maßtoleranzen und die Beschaffenheit der Schnittflächen sind von der Höhe des Wasserdrucks, des Abrasivmittels und insbesondere der Schnittgeschwindigkeit abhängig. Üblicherweise wird bei der Bewertung der Schnittflächen zwischen drei Qualitätsstufen unterschieden und die dafür erforderlichen Merkmale gemäß Bild 5.49 bestimmt. Für einen Grob- oder Trennschnitt (Q1) ist eine Angabe der Toleranz nicht nötig. Bei einem Normal- oder Mittelschnitt (Q2) belaufen sich die Maßtoleranzen der Teiloberkante auf ± 0,1 mm, der Oberflächenrauigkeit auf R_z = 20 bis 50 µm und die der Winkelabweichung auf 1 ° bis 3 °. Der Qualitätsschnitt (Q3) erfordert eine Maßtoleranz von ±0,05 mm an der Teiloberkante, eine Oberflächenrauigkeit von R_z = 10 µm und eine Wikelabweichung von 0,5 ° bis 1 °. [FRIT12]

Abkürzungsverzeichnis

CD Continuous Dressing

Formelzeichenverzeichnis

Formel-zeichen	Einheit	Bedeutung
M	[mm]	Messbereich
R_a	[µm]	Arithmetrischer Mittenrauwert
R_R	[µm]	Restflächenrauheit
R_S	[µm]	Schnittflächenrauheit
b_0	[mm]	Breite der Strahbeeinflussten Zone
b_{G}	[mm]	Gratbreite
d_{R}	[mm]	Mittlerer Regelscheiben-durchmesser
h_{G}	[mm]	Grathöhe
h_{R}	[mm]	Restflächenhöhe
h_{S}	[mm]	Glattschnitt
m_{i}	[kg]	Masse i
n_{R}	[min^{-1}]	Regelscheibendrehzahl
n_{s}	[min^{-1}]	Schleifscheibendrehzahl
n_{WST}	[min^{-1}]	Werkstückdrehzahl
r_{E}	[mm]	Kantenradius (Strahleintrittseite)
s	[mm]	Blechdicke
u	[°]	Rechtwinkligkeits- und Neigungstoleranz
v_{f}	[m/s]	Vorschubgeschwindigkeit
v_{L}	[m/s]	Längsvorschubgeschwindigkeit
v_{OSZ}	[m/s]	Oszillationsgeschwindigkeit
α	[°]	Freiwinkel/ Spreizung von 2 Massen beim mechanischen Wuchtsystem
β	[°]	Keilwinkel/ Lage der Kompensationskraft gegenüber der Spindel/ Flankenwinkel
γ	[°]	Spanwinkel
Δs	[mm]	Freimaß auf jeder Seite vor und hinter der Messlänge
φ	[°]	Winkel zwischen Werkstück und Regelscheibenachse

Literaturverzeichnis

[DIN03a] Norm. DIN 8589 Teil 14 (September, 2003). Fertigungsverfahren Spanen – Honen; Ordnung, Unterteilung, Begriffe.

[DIN03b] Norm. DIN DIN 8580 (September, 2003). Fertigungsverfahren – Begriffe, Einteilung.

[DIN03c] Norm. DIN 8589 Teil 11 (September, 2003). Fertigungsverfahren Spanen – Schleifen mit rotierendem Werkzeug; Einordnung, Unterteilung, Begriffe.

[DIN81] Norm. DIN 69651 Teil 1 bis 6 (Oktober, 1981). Werkzeugmaschinen; Werkzeugmaschinen für die Metallbearbeitung.

[DIN82] Norm. DIN 8200 (Oktober, 1982). Strahlverfahrenstechnik – Begriffe, Einordnung der Strahlverfahren.

[FRIT12] Fritz, A. H.; Schulze, G.: Fertigungstechnik. Berlin, Heidelberg: Springer, 2012.

[KLOC05] Klocke, F.; König, W.: Fertigungsverfahren 2. Schleifen, Honen, Läppen. 4. Aufl. Berlin: Springer, 2005.

[VDI94] VDI-Richtlinie. VDI VDI 2906-10 (1994). Schnittflächenqualität beim Schneiden, Beschneiden und Lochen von Werkstücken aus Metall – Abrasiv-Wasserstrahlschneiden.

[WALT15] Walther Trowal: Durchlaufanlagen AV. Firmenschrift. Haan, 2015.

[WECK83] Weck, M.; Durst, H.; Varlik, M.: Abrichtüberwachungssystem mit Bedienerführung. In: Industrie-Anzeiger, 1983, Nr. 105.

Kapitel 6

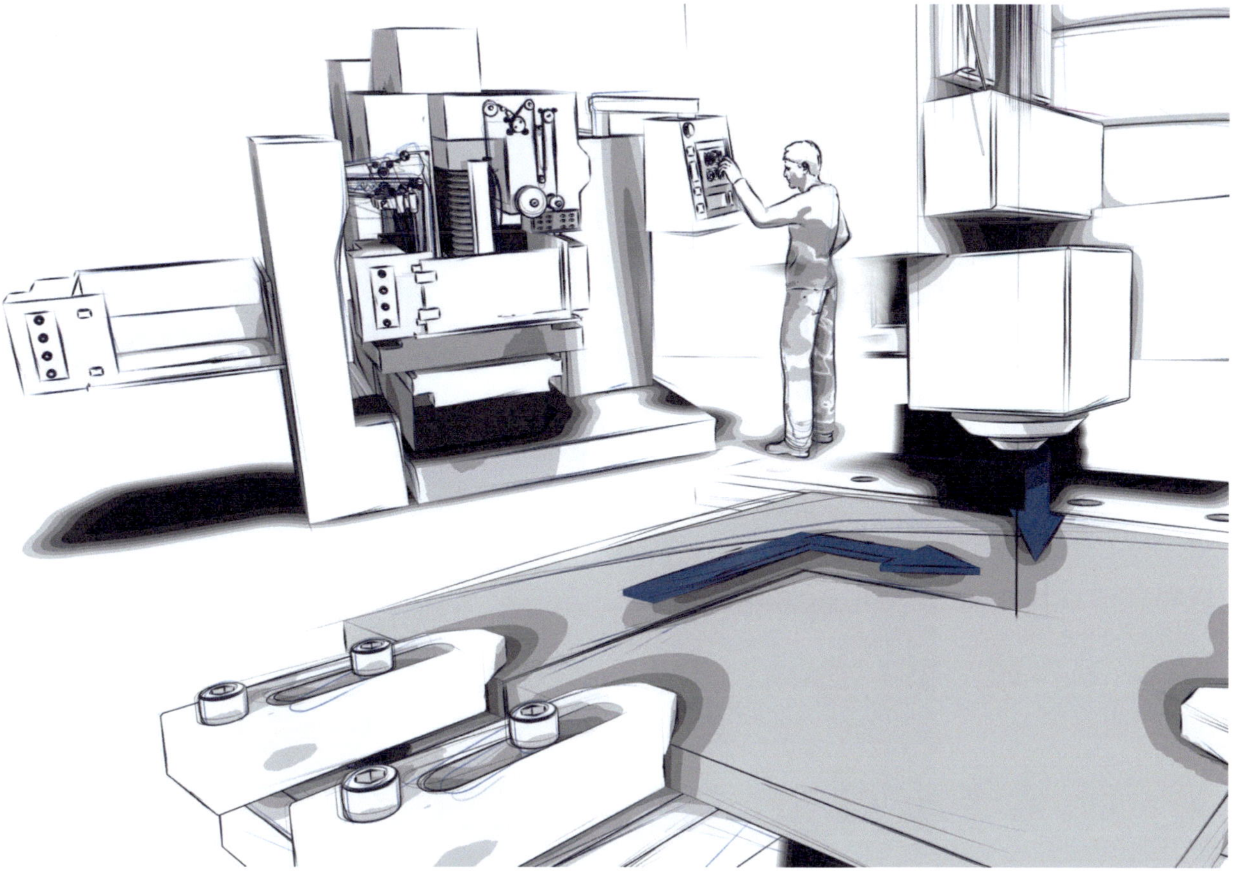

Abtragende Maschinen

Ich danke meinen Mitarbeitern Alexander Hassis M.Sc., Caroline Kiesewetter-Marko M.Sc. und Dipl.-Ing. Richard Habermann für ihre Mitwirkung bei der Überarbeitung dieses Kapitels.

Abtragende Maschinen

Abtragende Maschinen werden dem Fertigungsverfahren Trennen zugeordnet (s. ◘ Bild 6.1). Dabei wird nach DIN 8590 [DIN03a] zwischen chemischem, thermischem und elektrochemischem Abtragen unterschieden. Diese drei Teilbereiche werden jeweils noch in weitere Fertigungsverfahren untergliedert. Im Folgenden sollen jedoch nur die Verfahren betrachtet werden, die auch mit herkömmlichen Verfahren und Werkzeugmaschinen durchgeführt werden. Dementsprechend werden für das elektrochemische Abtragen nur das elektrochemische Formabtragen und für das chemische Abtragen das Ätzen und das thermisch-chemische Abtragen betrachtet. Im Bereich des thermischen Abtragens sollen aufgrund der zahlreichen Unterkategorien exemplarisch nur Maschinen für häufig angewendete Verfahren betrachtet werden, deren Anlagenaufbau sehr speziell ist. Dazu gehören unter anderem das Abtragen mit elektrischen Funken (funkenerosives Abtragen) und das Abtragen durch Strahl, zu dem das Elektronenstrahlabtragen gehört. Theoretisch ist hier auch das Abtragen durch Laserstrahlen einzuordnen, jedoch wird diesem Verfahren aufgrund seiner vielfältigen Anwendbarkeit ein eigenes Kapitel gewidmet (s. ▶ Kap. 7).

6.1 Chemische Ätzanlagen

Beim chemischen Ätzen erfolgt der Materialabtrag durch die chemische Reaktion eines Werkstückwerkstoffes mit einem Wirkmedium. Für das Wirkmedium werden unterschiedliche Laugen und Säuren eingesetzt. Die Bearbeitung findet entweder im Bad (Tauchätzen) oder durch Aufsprühen (Sprühätzen) des Wirkmediums auf das Werkstück statt. Das Abtragprinzip des chemischen Ätzens sowie die beiden genannten Verfahren sind in ◘ Bild 6.2 dargestellt. Anwendung findet das chemische Ätzen beispielsweise in der Herstellung von Leiterplatten.

Um definierte Werkstückgeometrien erzeugen zu können, werden die Oberflächen, die keine Bearbeitung erfahren sollen, durch Masken vor dem Wirkmedium geschützt. Das Auftragen der Masken kann durch das Fotolackverfahren oder das Siebdruckverfahren erfolgen. Beim Fotolackverfahren wird zunächst das gesamte Werkstück durch Rollen oder Tauchen mit einem lichtempfindlichen Lack überzogen. Das Werkstück besteht hierbei aus einem kupferkaschierten Basismaterial. Anschließend wird eine fotografische Aufnahme der gewünschten Geometrie auf das lackierte Bauteil projiziert. Hierbei werden nur die Teile der Oberfläche belichtet, die später nicht bearbeitet werden sollen. In den belichteten Bereichen wird der Lack polymerisiert und dadurch säurebeständig. Auf diese Weise entsteht die schützende Maske, auch Resist genannt [FEYE07]. Beim Siebdruckverfahren hingegen wird die Schutzmaske direkt auf das Werkstück aufgebracht.

Besonders wichtig beim chemischen Ätzen ist die Vermeidung von unkontrollierten Unterätzungen, die zum Beispiel bei Leiterbahnen zu Abweichungen in der Bahnbreite führen können. Diese Fehler können zum Beispiel durch Ätzmittelansammlungen auf der Oberfläche des Bauteils verursacht werden, wodurch es zu unterschiedlichen Ätzraten auf der Ober- und Unterseite der Bauteile kommen kann. Daher werden in modernen Anlagen Absaugeinheiten eingesetzt, um überschüssiges Wirkmedium zu entfernen [FEYE07]. Nach dem Abschluss der Bearbeitung wird durch den sogenannten Stripvorgang die Schutzmaske von den

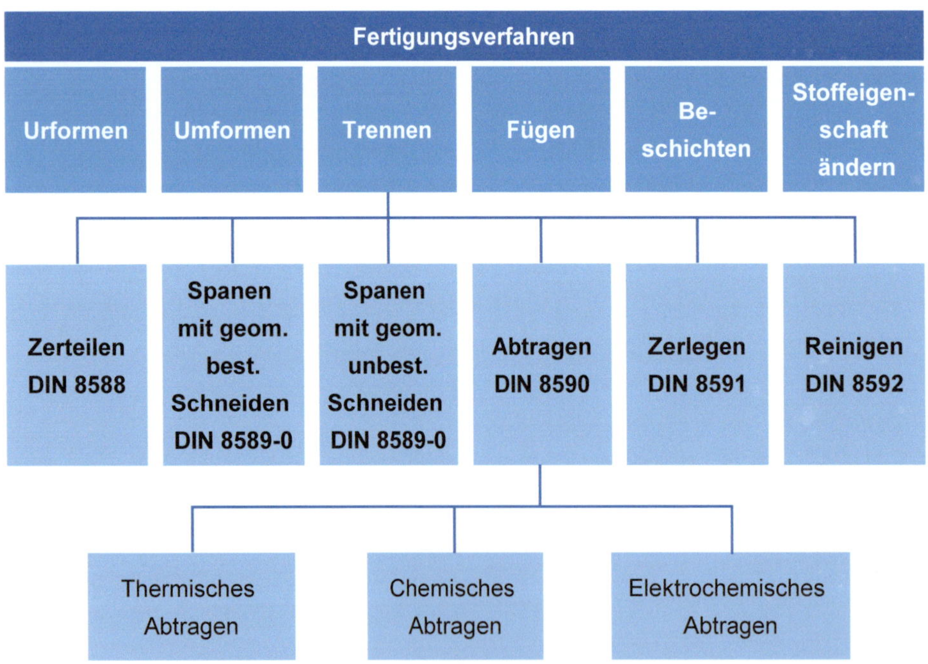

◘ **Bild 6.1** Einordnung der Fertigungsverfahren nach DIN 8580. Quelle: [DIN03b]

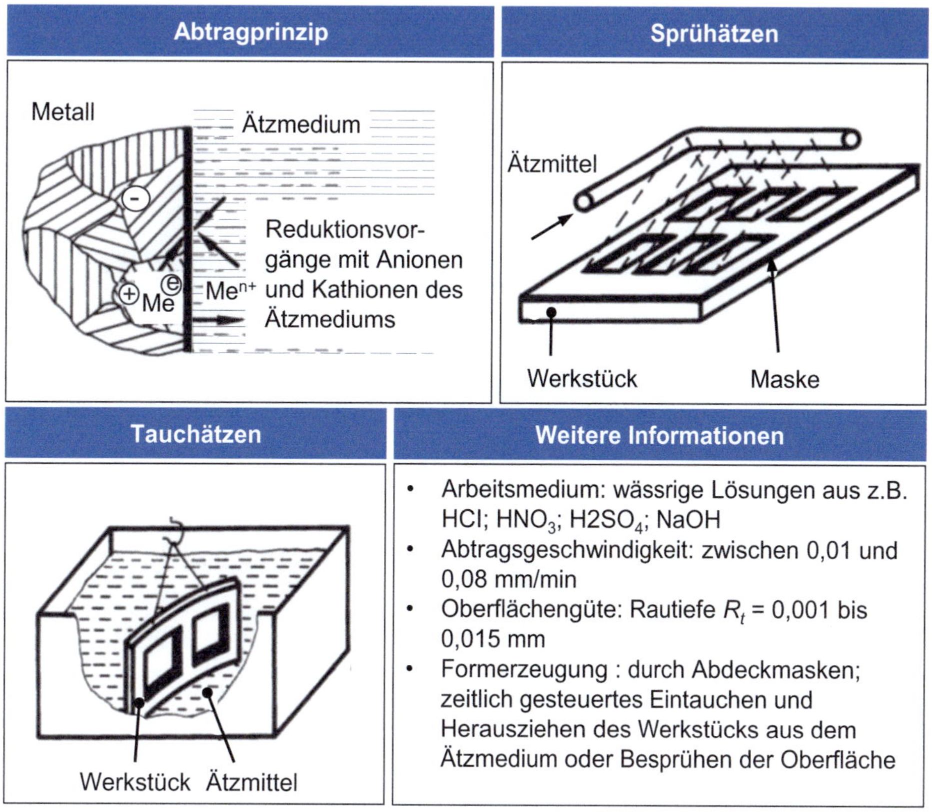

Bild 6.2 Prinzip und Verfahrensarten der chemischen Bearbeitung (Ätzen)

Bauteilen wieder entfernt. Zum Schutz des Bedienpersonals erfolgt die eigentliche Bearbeitung in geschlossenen Kammern mit Entlüftungssystem. Zudem müssen alle Teile der Anlage, die mit dem Wirkmedium in Berührung kommen, korrosionsfest ausgeführt sein. Bei der Bearbeitung entstehen außerdem gesundheitsschädliche Abfallprodukte wie Metallsalze, die durch Filter oder Zentrifugen von dem Wirkmedium getrennt werden, um dieses gesondert entsorgen zu können. Bild 6.3 zeigt ein Beispiel für eine Durchlaufanlage zum Sprühätzen. Nach dem Einlauf gelangen die Werkstücke in die Ätzkammer, wo der Ätzmittelauftrag erfolgt und überschüssiges Wirkmedium direkt durch Absaugeinheiten entfernt wird. Anschließend werden die Werkstücke gespült, getrocknet und über den Auslauf aus der Anlage ausgegeben.

6.2 Elektrochemische Bearbeitungsanlagen

Bei der elektrochemischen Bearbeitung (ECM – Electrochemical Machining) wird nach DIN 8590 ein metallischer Werkstoff durch elektrischen Strom und eine Elektrolytlösung anodisch aufgelöst [DIN03a]. Dazu wird mittels einer Gleichspannungsquelle eine Spannung zwischen dem metallischen Werkstück (Anode) und dem Werkzeug (Kathode) erzeugt. Dazwischen sorgt eine wässrige Elektrolytlösung für den Stromfluss. An der Anode, also dem Werkstück, werden dabei Metallionen abgetragen, die mit dem Elektrolyt in Lösung gehen. Das hierdurch erreichbare Abtragvolumen kann durch das Faradaysche Gesetz berechnet werden.

$$V = V_{Sp} \cdot I \cdot t \tag{6.1}$$

mit

$$V_{Sp} = a / (n \cdot \rho \cdot F) \tag{6.2}$$

Hierbei ist I die Arbeitsstromstärke, die zwischen dem Werkzeug und dem Werkstück herrscht, und t ist die Bearbeitungszeit. V_{Sp} wiederum stellt eine Konstante dar, die abhängig vom verwendeten Werkstoff ist. Sie kann aus dem Atomgewicht a, der Lösungswertigkeit n, der Dichte ρ und der Faradaykonstante F bestimmt werden. Die Stromstärke hängt hierbei von der angelegten Spannung, dem Abstand zwischen Werkzeug und Werkstück, der Bearbeitungsfläche und der Leitfähigkeit ab.

Um Kurzschlüsse zu vermeiden, muss zwischen Werkstück- und Werkzeugelektrode ein Arbeitsspalt verbleiben, womit es sich bei der ECM-Bearbeitung um ein berührungsloses Verfahren handelt. In den Arbeitsspalt wird die Elektrolytlösung gepumpt und dient dabei, neben dem Stromfluss, gleichzeitig auch zum Abtransport des abgetragenen Materials und der Wärmeenergie aus dem Arbeitsspalt [DEGN84]. Das Werkstück wird demnach weder mechanisch noch thermisch beansprucht, was einen besonderen Vorteil gegenüber anderen Verfahren (z. B. Spanen) darstellt. Als Elektrolyte

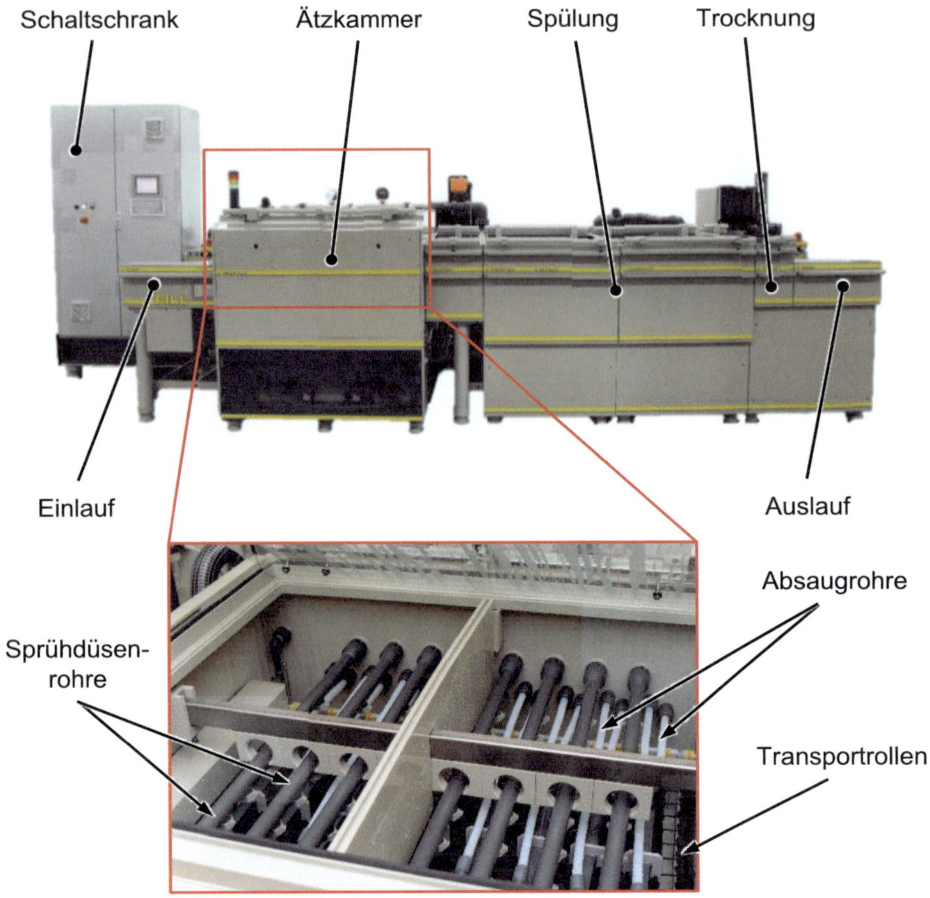

Bild 6.3 Sprühätzanlage. Nach Pill

kommen beispielsweise wässrige Natriumnitrat- ($NaNO_3$) oder Natriumchloridlösungen (NaCl) sowie Säuren (H_2SO_4, HNO_3, HCl etc.) und Laugen zum Einsatz. Durch Abdeckungen, gezielte Bespülung mit der Elektrolytlösung und entsprechende Ausbildung des Werkzeugs kann an jeder beliebigen Stelle eine genau bestimmbare Menge Metall aufgelöst werden. Das abgetragene Material wird anschließend im Elektrolyt durch weitere elektrochemische Reaktionen in Metallhydroxide umgewandelt, die als feste Abfallprodukte anfallen. Die Kathode erfährt bei diesem Verfahren keinen Abtrag. [KLOC07]

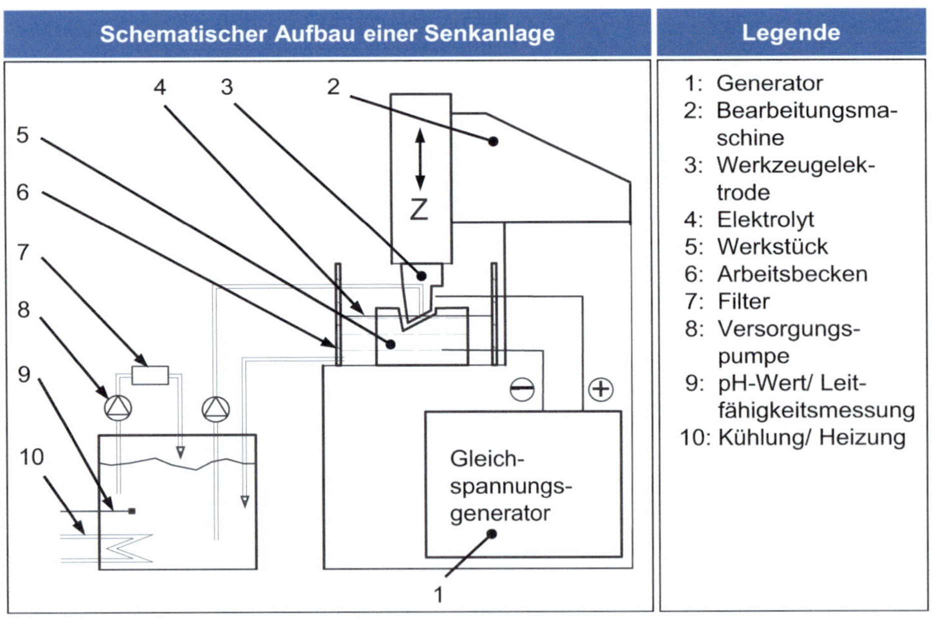

Bild 6.4 Schematischer Aufbau einer ECM-Bearbeitungsanlage

Bild 6.4 zeigt die schematische Darstellung einer ECM-Bearbeitungsanlage. Diese kann grundsätzlich in drei Hauptkomponenten unterteilt werden: Den Generator, die Bearbeitungsmaschine und das Elektrolytmanagementsystem [FRIT10]. Der Generator stellt dabei die Spannungsversorgung sicher und besteht aus einem Transformator, der die Netzwerkspannung auf die maximale Arbeitsspannung reduziert, und einem Gleichrichter. Da die Arbeitsspannung einen wesentlichen Einfluss auf das Abtragergebnis besitzt, kann diese stufenlos eingestellt werden. Der Gleichspannungsgenerator liefert Ströme von 150 bis 3000 A bei Spaltspannungen zwischen 5 und 65 V für das Entgraten und Stöme von 20 kA bei Spaltspannungen zwischen 8 und 24 V für das Senken. Zusätzlich verfügt der Generator über eine Kurzschlussabschaltung, die auftretende Kurzschlüsse erkennt und durch eine schnelle Stromabschaltung das Auftreten von Schäden an Werkzeug und Werkstück verhindert. Das Elektrolytmanagementsystem ist für die Versorgung und Aufbereitung der Elektrolytlösung zuständig [DEGN84]. Hierbei fördert die Versorgungspumpe die wässrige Elektrolytlösung aus dem Tank an die Bearbeitungsstelle. Diese Lösung sorgt während des Prozesses für den Abtransport von Wärme und Abtragmaterial aus dem Arbeitsspalt. Da die Temperatur und der pH-Wert der Elektrolytlösung großen Einfluss auf die Leitfähigkeit und damit auf das Ergebnis des Abtrags haben, muss die Elektrolytversorgung diese Parameter möglichst konstant halten. Daher sind eine Temperaturregelung und eine Vorrichtung zur Messung des pH-Wertes in den Tank integriert [BERG77]. Die Temperaturregelung beinhaltet dabei ein Kühlaggregat, einen Temperaturregler und Heizelemente. Zusätzlich müssen die entstandenen Abtragprodukte in Form von Metallhydroxiden aus der Elektrolytlösung entfernt werden, bevor diese wieder der Bearbeitungsstelle zugeführt werden kann. Anderenfalls dickt die Elektrolytlösung mit der Zeit ein, sodass es zu Prozessstörungen und Kurzschlüssen kommen kann. Die Entfernung der Metallhydroxide geschieht in der Elektrolytaufbereitung über Separatoren, Zentrifugen und Filterpressen. [KLOC07]

Bild 6.5 zeigt zwei Beispiele für Elektrolytmanagementsysteme der Firma EMAG.

Die Bearbeitungsmaschine verfügt generell über Aufspannvorrichtungen für Werkstück und Werkzeug sowie die Kontakte zur Strom- und Spannungsübertragung (s. Bild 6.4) [FRIT10]. Für die Übertragung müssen die Kontaktflächen besonders genau ausgeführt sein, um die Übergangswiderstände zu Werkstück und Werkzeug klein zu halten. In den Aufspannvorrichtungen und Werkzeugelektroden sind, soweit möglich, auch die Zuleitungen für die Elektrolytlösung integriert. Somit kann diese direkt an die Bearbeitungsstelle geleitet werden. Um eine Beschädigung durch die aggressiven Elektrolytlösungen zu verhindern, müssen zudem alle Elemente, die mit der Lösung in Berührung kommen, korrosionsbeständig ausgeführt werden [DEGN84]. Hierzu bieten sich Werkstoffe wie beispielsweise Kupfer, Messing, Graphit, rostfreie Stähle oder Titan an. Auch die Verwendung von Kunststoffen zur Beschichtung und Isolation von Komponenten ist verbreitet. Zusätzlich soll eine hohe thermische Stabilität des Maschinengestells angestrebt werden. Hierdurch wird Veränderungen der relativen Lage von Werkzeug zu Werkstück und somit einer Qualitätsminderung des Abtragergebnisses vorgebeugt, die anderenfalls aus der erzeugten Wärmeenergie im Arbeitsspalt entstehen können. [KLOC07]

Bei Maschinen für das ECM-Senken, bei dem eine Formelektrode für die Bearbeitung verwendet wird, muss die Bearbeitungsmaschine außerdem über eine Vorschubachse zur Nachführung der Werkzeugelektrode verfügen [FRIT10]. Die Achse muss dabei in der Lage sein einen gleichförmigen und stick-slip freien Vorschub realisieren zu können, um Kurzschlüsse zu vermeiden. Da wegen der geringen Spaltweiten für die Spülung verhältnismäßig hohe Elektrolytdrücke im Arbeitsspalt vorherrschen (> 20 bar), muss die Maschine außerdem über eine hohe

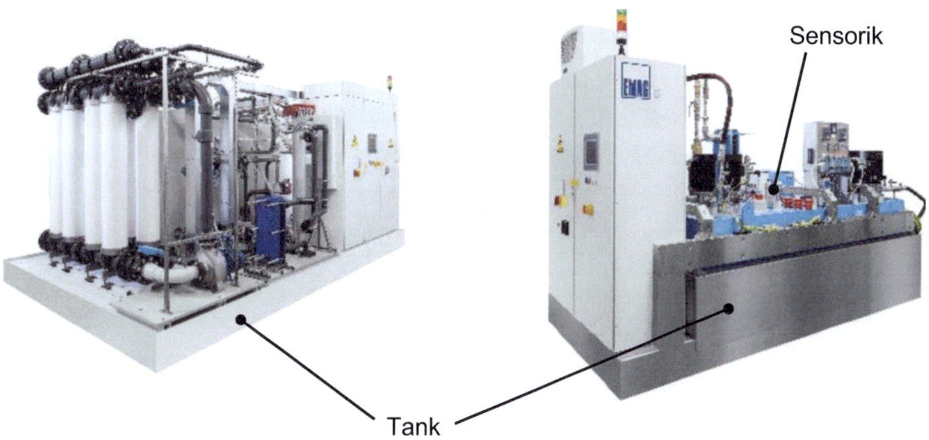

Bild 6.5 Elektrolytmanagementsysteme. Nach EMAG

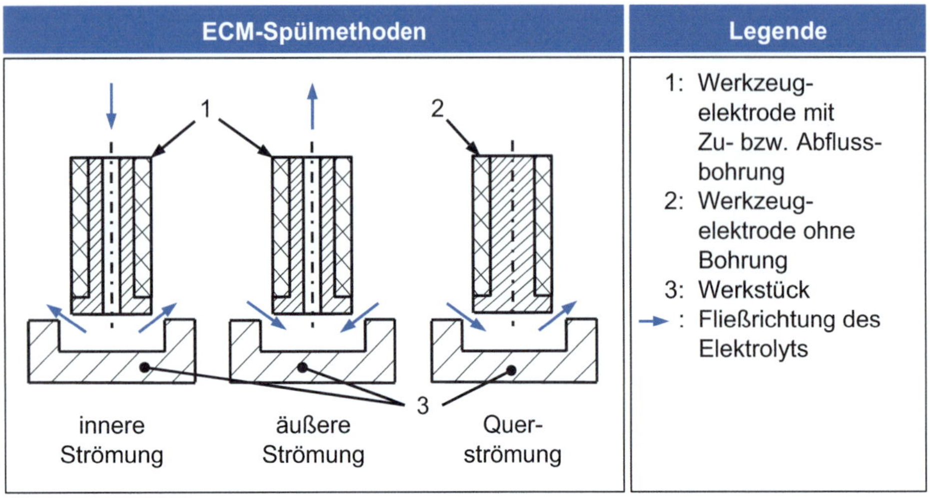

Bild 6.6 Spülmethoden beim ECM-Senken

Steifigkeit verfügen. Ähnlich wie bei der thermischen Stabilität werden auf diese Weise Lageveränderungen zwischen Werkzeug und Werkstück und ein daraus resultierender Genauigkeitsverlust vermieden. Dementsprechend werden ECM-Senkmaschinen in der Regel in C-Gestell- oder Portalbauweise ausgeführt. Bezüglich der Spülung wird zwischen innerer und äußerer Strömung unterschieden. Bei der inneren Strömung wird die Elektrolytlösung durch eine Bohrung in der Werkzeugelektrode zugeleitet, während bei der äußeren Strömung die Fließrichtung genau umgekehrt ist (s. Bild 6.6 links und mittig). Ist die Werkzeugelektrode zu klein für Zu- oder Abflussbohrungen, so ist auch eine Ausführung als Querströmung möglich (s. Bild 6.6 rechts). [KLOC07]

Eine Herausforderung des elektrochemischen Senkens ist die maßgenaue Abbildung von räumlichen Formen. Beispielsweise kann bei der Erzeugung einer zylindrischen Bohrung kein zylindrisches Werkzeug verwendet werden, da nicht nur an der Stirnfläche, sondern auch an den Mantelflächen ein Stromfluss besteht. Somit kommt es zu einer Spaltaufweitung, je tiefer das Werkzeug in das Werkstück einfährt, wodurch eine konische Bohrung erzeugt wird. Um diesen Effekt zu vermeiden, muss die Mantelfläche des Werkzeugs isoliert werden. Bild 6.7 zeigt die unterschiedlichen Spaltausbildungen bei nicht-isoliertem und isoliertem Werkzeug. [DEGN84]

Das elektrochemische Entgraten entspricht vom Prinzip her dem ECM-Senken. Allerdings erfährt die Werk-

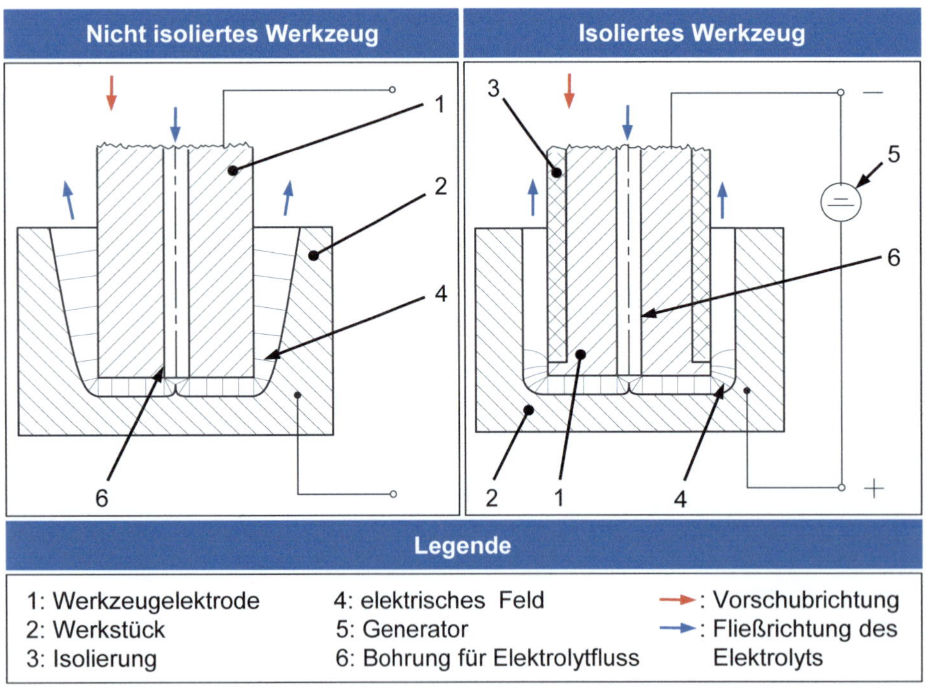

Bild 6.7 Werkzeuge zum ECM-Senken zylindrischer Bohrungen

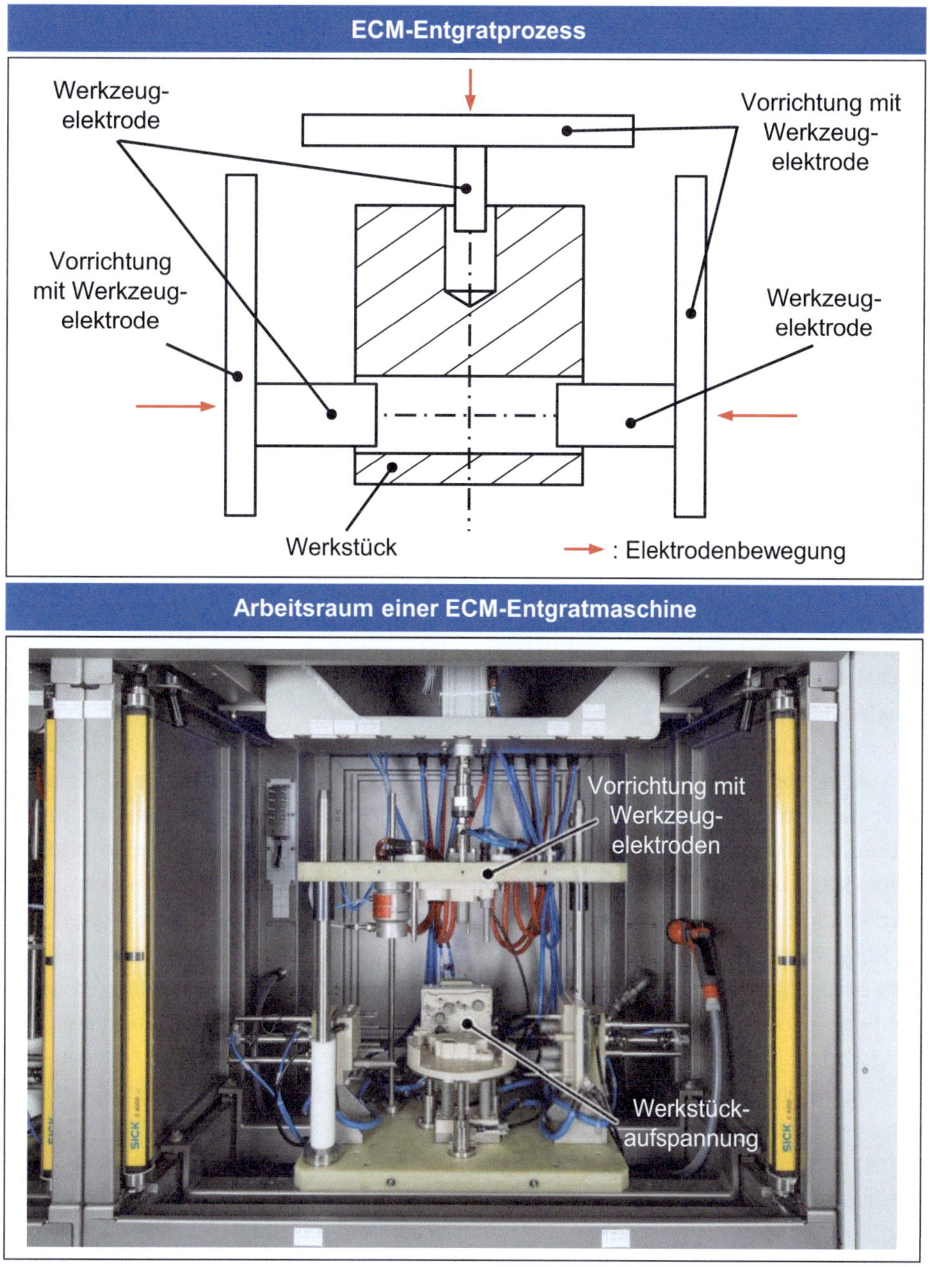

Bild 6.8 ECM-Entgratprozess, oben: Schematische Darstellung, unten: Arbeitsraum einer ECM-Entgratmaschine. Nach EMAG

zeugelektrode hier keine Vorschubbewegung während des Prozesses. Stattdessen wird der Arbeitsspalt vor Beginn der Bearbeitung eingestellt. Da Grate und spitze Kanten in der Regel über die Sollgeometrie des Werkstücks hinausragen, befinden sie sich näher am Werkzeug als der Rest des Werkstücks und werden somit vornehmlich abgetragen [KLOC07]. Zudem sind die Arbeitsspalte bei diesem Verfahren größer als beim Senken, sodass ECM-Entgratmaschinen aufgrund des geringeren Drucks im Arbeitsspalt weniger steif ausgeführt werden müssen als Senkmaschinen. Bild 6.8 zeigt den Arbeitsraum einer Maschine, mit der Grate elektrochemisch abgetragen werden. Das Werkstück wird dabei in eine Vorrichtung eingespannt, über die auch die Stromkontaktierung realisiert wird. Die Form und Lage der Werkzeugelektroden ist der jeweiligen Entgrataufgabe angepasst. Vor Beginn der Bearbeitung werden die Elektroden an das Werkstück herangefahren und der Arbeitsspalt eingestellt.

Neben der klassischen ECM-Bearbeitung, bei der Gleichstrom verwendet wird, gibt es auch eine Variante, bei der mit einer gepulsten Spannungsquelle gearbeitet wird. Während der Stromeinschaltdauer kann hierbei mit einer höheren Stromdichte gearbeitet werden, sodass auch die Spaltweite verringert werden kann. Durch die kleinen Arbeitsspalte kann eine höhere Genauigkeit auch bei komplexen Formen erreicht werden. Zwischen den Pulsen kann zudem die Elektrolytlösung im Arbeitsspalt durch Spülung ausgetauscht werden und somit die entstandene

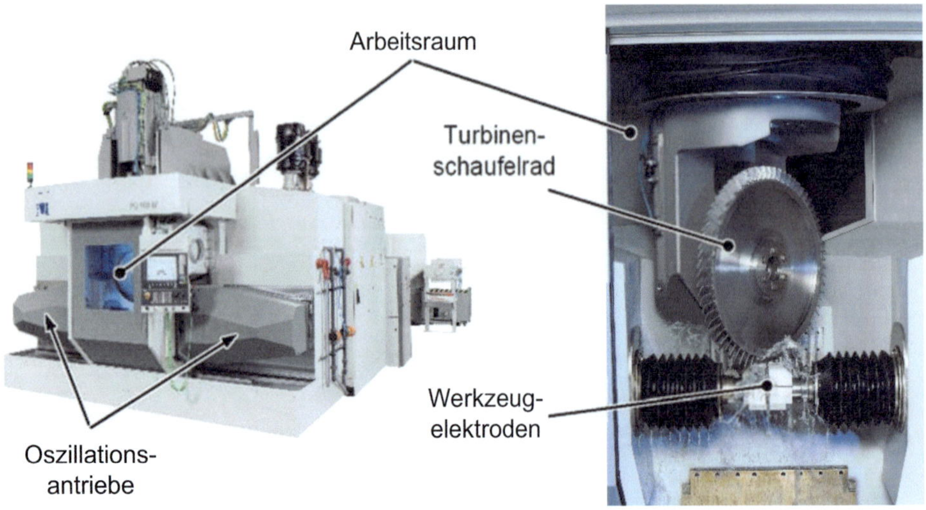

Bild 6.9 ECM-Bearbeitungsmaschine mit gepulster Spannungsquelle und oszillierendem Werkzeug. Nach EMAG

Wärme sowie das Abtragmaterial abtransportiert werden. Auf diese Weise hat die Elektrolytlösung während des nächsten Bearbeitungspulses wieder ihre anfänglichen optimalen Parameter und Kurzschlüsse durch Verunreinigungen werden trotz des geringen Arbeitsspalts verhindert. Als weitere Variante ist, zusätzlich zu der Verwendung einer gepulsten Spannungsquelle, der Einsatz einer oszillierenden Werkzeugelektrode möglich. Hierbei wird während der Ausschaltdauer die Werkzeugelektrode vom Werkstück wegbewegt und somit der Arbeitsspalt kurzzeitig vergrößert. Dies begünstigt die Spülung und ermöglicht eine weitere Verringerung des Arbeitsspalts während der Bearbeitungspulse. Auf diese Weise kann eine weitere Steigerung der Genauigkeit erreicht werden. Zusätzlich kann während der Abhebebewegung eine Neupositionierung der Werkzeugelektrode und somit eine Spaltweitenkorrektur realisiert werden. Für die Erzeugung der Oszillationsbewegung können beispielsweise geeignete Piezoantriebe in die Maschine integriert werden. [KLOC07]

Bild 6.9 zeigt eine ECM-Anlage, die eine Bearbeitung mit gepulster Spannungsquelle und oszillierender Werkzeugelektrode durchführen kann. Mit dieser werden beispielsweise Turbinenschaufeln für die Luft- und Raumfahrtindustrie bearbeitet, wie ebenfalls in Bild 6.9 dargestellt ist. Die abgebildete Maschine kann eine Pulsfrequenz von 100 kHz realisieren und Werkstücke bis zu einem Gewicht von 500 kg und Durchmessern bis zu 900 mm aufnehmen. Die Werkzeugelektroden inklusive Oszillationsantrieb sind in diesem Fall horizontal angebracht. [EMAG11]

6.3 Funkenerosive Bearbeitungsanlagen

Ein Verfahren wird als funkenerosive Bearbeitung (EDM – Electrical Discharge Machining) bezeichnet, wenn der Materialabtrag durch elektrische Entladungen zwischen Werkzeug und Werkstück erfolgt. Die prinzipielle Funktionsweise des Verfahrens zeigt Bild 6.10. Ähnlich wie bei einem Plattenkondensator wird dabei zwischen Werkstück und Werkzeug ein Arbeitsspalt eingestellt und dieser mit einem flüssigen Dielektrikum gefüllt [FRIT10]. Durch das Aufbringen von Spannungsimpulsen kommt es zum Materialabtrag, wobei der Vorgang pro Impuls in drei Hauptphasen unterteilt werden kann. In der Aufbauphase wird durch Anlegen der Spannung ein, um die Zündverzögerungszeit t_d verzögerter, Anstieg der Stromstärke bewirkt (s. Bild 6.10). Nach Überschreiten der Durchschlagfestigkeit des Arbeitsmediums (Dielektrikums) entsteht ein Stromfluss. Hierbei wird zwischen Werkstück und Werkzeug ein äußerst energiereicher Plasmakanal erzeugt, in dem hohe Temperaturen herrschen. Durch diese Temperaturen wiederum schmilzt bzw. verdampft das Material. Dies wird als Entladephase (t_e) bezeichnet. In der Abbauphase schließlich wird die Spannung unterbrochen, was zu einem Zusammenbruch des Plasmakanals und zum Ausschleudern des abgetragenen Materials aus dem Spalt führt. Hierdurch entsteht die typische unregelmäßige Oberfläche eines funkenerosiv bearbeiteten Werkstücks. Die Leerlaufspannung u_i liegt, je nach Bearbeitungsaufgabe, zwischen 70 und 250 V. Die Frequenzen der Bearbeitungsimpulse können bis zu mehreren 100 kHz betragen, während der Arbeitsstrom je nach Bearbeitungsart (Schruppen oder Schlichten) in Bereichen von über 200 A oder im Bereich von 1 A liegt.

Die funkenerosive Bearbeitung ist, wie auch die elektrochemische Bearbeitung, ein berührungsloses Verfahren. Im Gegensatz zur elektrochemischen Bearbeitung

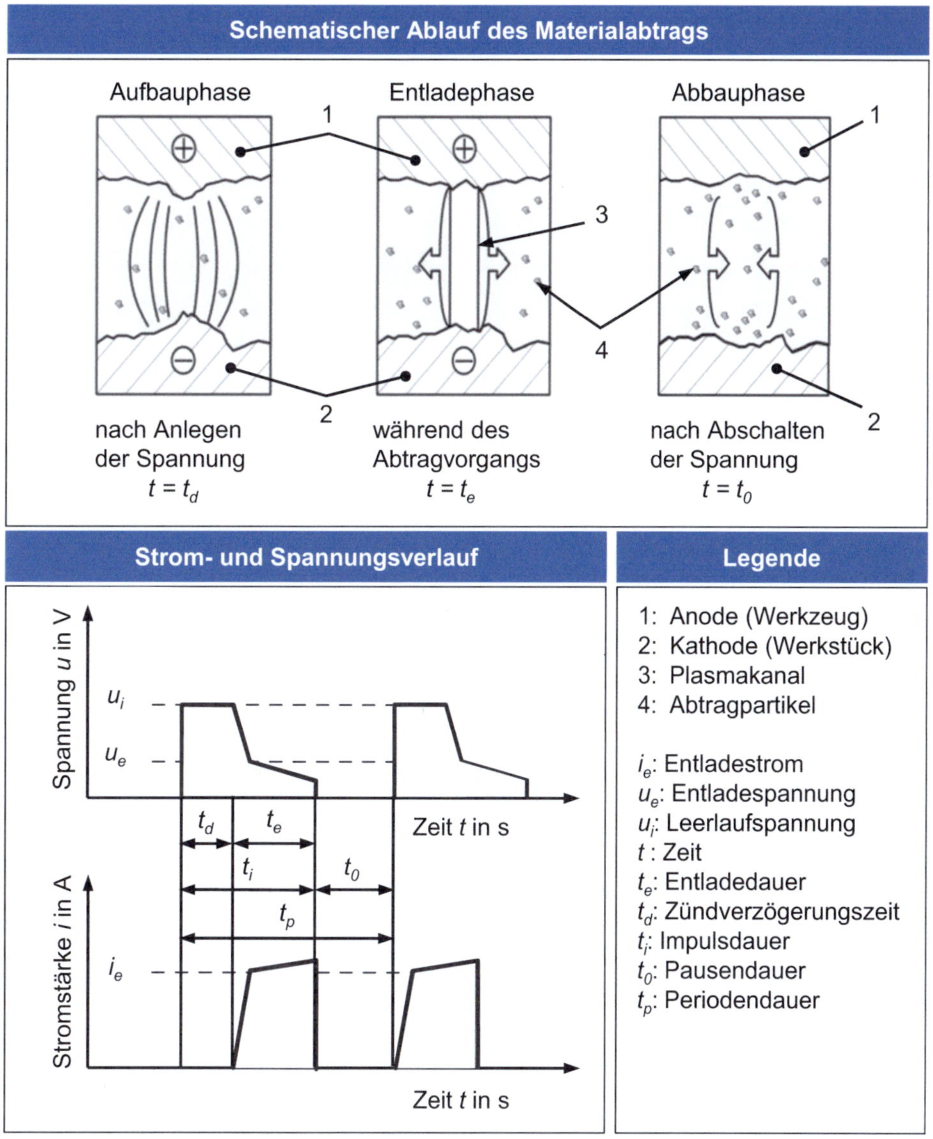

Bild 6.10 Schematische Darstellung des funkenerosiven Abtragprinzips

tritt hier allerdings auch ein Abtrag an der Werkzeugelektrode (Anode) auf. Dieser muss im Hinblick auf die zu erzielende Genauigkeit beachtet werden. [KLOC07]

Generell kann das funkenerosive Bearbeitungsverfahren in zwei Hauptgebiete unterteilt werden: Das funkenerosive Senken und das funkenerosive Schneiden. Beim funkenerosiven Senken wird die Bearbeitung über eine entsprechend geformte Werkzeugelektrode realisiert, während beim funkenerosiven Schneiden meist eine Drahtelektrode zum Einsatz kommt.

6.3.1 Funkenerosive Senkanlagen

Beim funkenerosiven Senken wird die Werkzeugelektrode als das Negativ der gewünschten Form hergestellt. Anschließend wird die Elektrode an das Werkstück herangefahren und trägt an diesem durch Funkenerosion das Material ab bis die gewünschte Kontur fertiggestellt ist [FRIT10]. Einige Bearbeitungsbeispiele mit Werkstück und Werkzeugelektrode zeigt Bild 6.11.

Bild 6.12 zeigt den schematischen Aufbau einer funkenerosiven Senkanlage. Dabei existieren vier Hauptkomponenten: Der Generator, die Regelung, die eigentliche Bearbeitungsmaschine und das Aggregat zur Aufbereitung des Dielektrikums. Der Generator ist dabei für das Aufbringen der Spannungsimpulse verantwortlich, die wie oben beschrieben zum Materialabtrag führen. Die Regelung stellt die optimale Spaltweite entsprechend des Arbeitsfortschritts und der Bedingungen innerhalb des Spaltes ein [BERG77], sodass es zu einer Zündung im Arbeitsspalt kommt und ein Materialabtrag erfolgen kann. Ist der Spalt zu groß, liegt lediglich die Leerlaufspannung zwischen Werkstück und Werkzeug an. Da die Durchschlagfestigkeit des Arbeitsmedi-

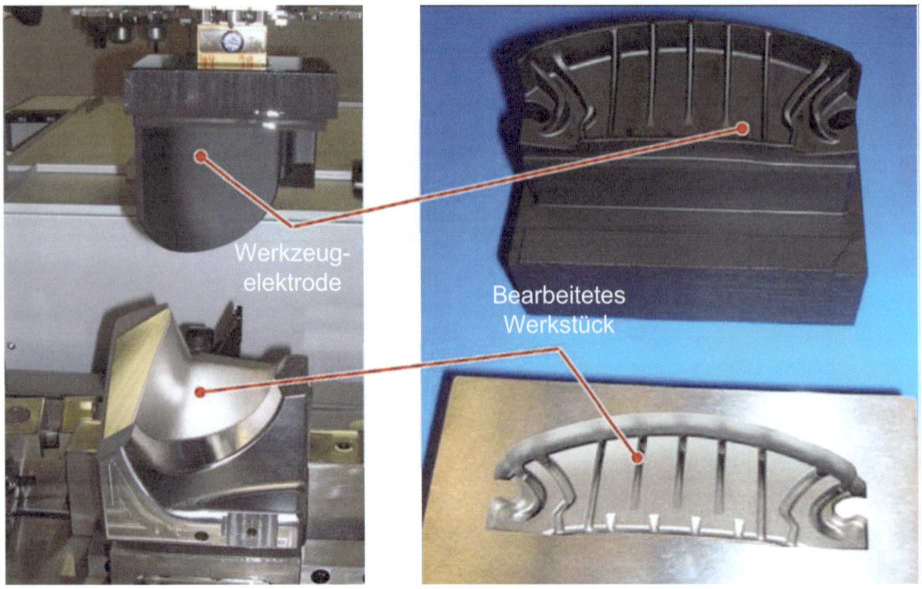

Bild 6.11 Bearbeitungsbeispiele zum funkenerosiven Senken. Nach OPS-INGERSOLL

ums unter anderem von der Spaltweite abhängt, kann in diesem Stadium kein Strom über den Spalt fließen und somit auch kein Material abgetragen werden (s. Bild 6.13). Ist der Spalt zu klein, kann es zu Fehlentladungen oder sogar zu Kurzschlüssen kommen, die sowohl die Werkzeug- als auch die Werkstückelektrode beschädigen können. Da es jedoch kein Verfahren zur Bestimmung der Spaltweite während der Bearbeitung gibt, müssen stattdessen Ersatzgrößen geregelt werden. Hierfür können beispielsweise die Spaltspannung oder die Zündverzögerungszeit t_d zwischen Anlegen der Spannung und Materialabtrag herangezogen werden [KLOC07].

An die Bearbeitungsmaschine werden keine so hohen Steifigkeitsanforderungen gestellt wie beim elektrochemischen Bearbeiten, da bei der Funkenerosion vergleichsweise geringe Kräfte im Arbeitsspalt auftreten. Die meisten aktuellen Maschinen für die funkenerosive Bearbeitung sind in C-Gestellbauweise ausgeführt. Großmaschinen, auf denen beispielsweise Werkzeuge für die Fertigung von Karosseriebauteilen bearbeitet werden, verfügen über geschlossene O-Gestelle, da die verwendeten Werkzeugelektroden aufgrund ihrer Größe entsprechend schwer sind. Die Vorschubbewegung der Werkzeugelektrode findet dabei in der Regel in Z-Rich-

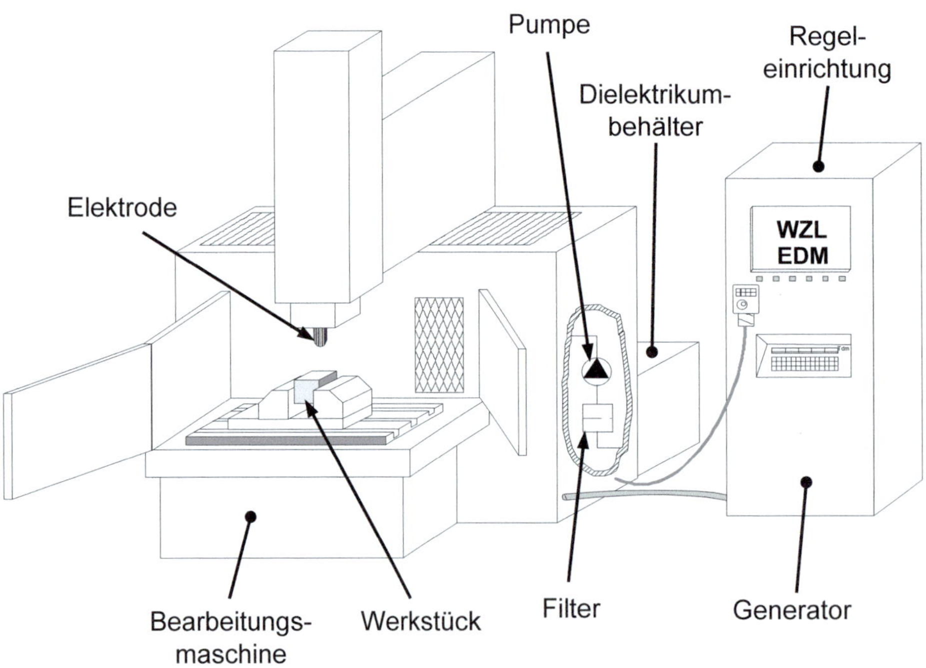

Bild 6.12 Schema einer funkenerosiven Senkanlage. Nach [KLOC07]

tung des Maschinenkoordinatensystems statt. Zur Realisierung einer Bewegung in X- und Y-Richtung kann entweder die Werkzeugelektrode oder der Arbeitstisch mitsamt aufgespanntem Werkstück verfahren werden. Da die Bearbeitung innerhalb des flüssigen Dielektrikums stattfinden muss, wird zudem ein Behälter benötigt, der den Arbeitsraum umschließt. Vor allem bei kleinen und mittleren Anlagen wird dazu ein Hubbehälter verwendet, dessen Wände angehoben und abgesenkt werden können. Dadurch wird die Aufspannplatte zugänglich und somit auch das Auf- und Abrüsten des Werkstücks leichter. Mit einem solchen Hubbehälter ist die Bewegung des Arbeitstisches jedoch nur schwierig umzusetzen, sodass hierbei in den meisten Fällen der Arbeitskopf die Bewegung in X- und Y-Richtung ausführt. Zusätzlich kann ein automatischer Elektrodenwechsler in die Maschine integriert werden, wenn viele unterschiedliche Werkzeugelektroden benötigt werden, um die Rüstzeiten zu verkürzen.

Ein weiterer wichtiger Bestandteil einer funkenerosiven Bearbeitungsanlage ist das Aggregat für das Dielektrikum. Das Dielektrikum erfüllt dabei mehrere unterschiedliche Aufgaben: Unter anderem sorgt es durch die Einschnürung des Plasmakanals für eine höhere Energiedichte und es transportiert das abgetragene Material aus dem Arbeitsspalt und kühlt die Bearbeitungsstelle. Insbesondere für die Erfüllung der letzten beiden Punkte ist ein kontinuierlicher Austausch des Dielektrikums an der Bearbeitungsstelle nötig [BERG77]. Dafür werden beim funkenerosiven Senken drei verschiedene Spülmethoden angewendet, die in Bild 6.14 schematisch dargestellt sind. Bei einer flachen Senkung kann zum Beispiel auf einfache Art und Weise eine seitliche Spülung realisiert werden, indem an einer Seite des Spaltes der Druck erhöht wird. Bei tiefen Senkungen und kleinen Spaltweiten ist dies jedoch nicht wirkungsvoll genug. Hier kann eine Druck- beziehungsweise Saugspülung durch die Elektrode eingesetzt werden, sofern dies die Geometrie der Elektrode zulässt. Ist dies nicht der Fall, kann auch eine Spülung durch Abheben der Werkzeugelektrode realisiert werden. Hierbei ist allerdings zu bedenken, dass dadurch der Prozess regelmäßig unterbrochen und damit langsamer wird. In vielen Fällen wird auch eine Kombination unterschiedlicher Spülmethoden angewendet. [KLOC07]

Die Versorgung der Spülung (außer bei alleiniger Spülung durch Abhebebewegung des Werkzeugs) wird über eine Pumpe realisiert, die auch den Arbeitsbehälter mit Dielektrikum füllt. Aus dem Arbeitsbehälter gelangt das Dielektrikum anschließend in den Aufbereitungstank. Hier werden die Abtragprodukte über Papierfilterpatronen, Anschwemm- oder Kiesfilter entfernt. Außerdem muss das Dielektrikum hier gekühlt werden, da es wie oben bereits erwähnt zum Abführen der Prozesswärme dient. Das gereinigte Dielektrikum gelangt schließlich wieder in den Versorgungstank und kann erneut verwendet werden.

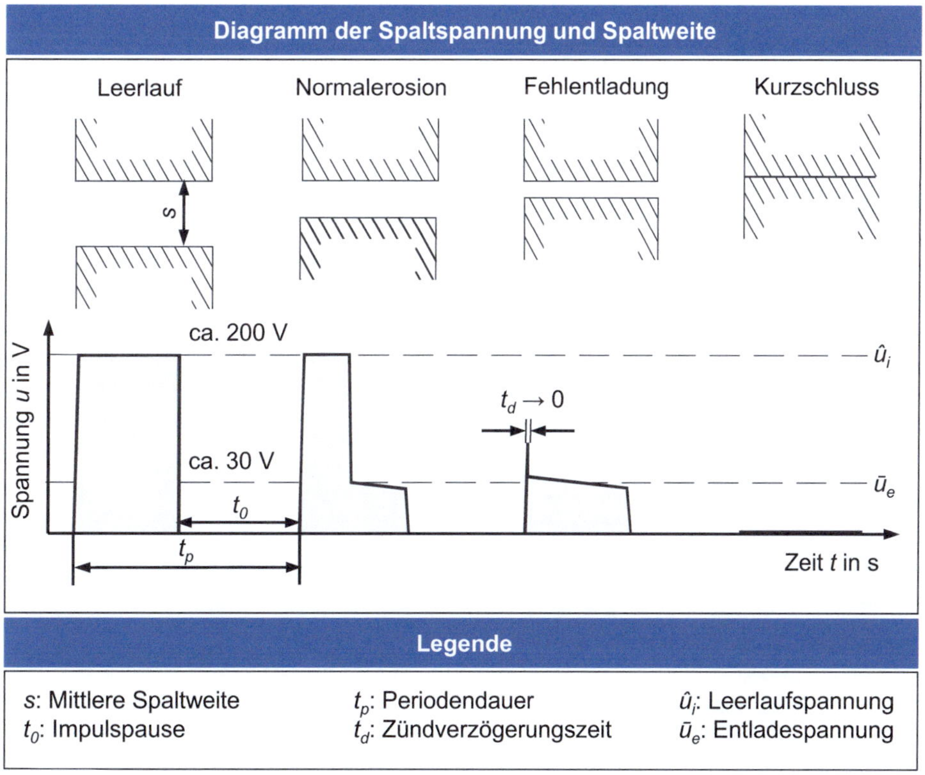

Bild 6.13 Spaltspannung und Spaltweite beim funkenerosiven Senken

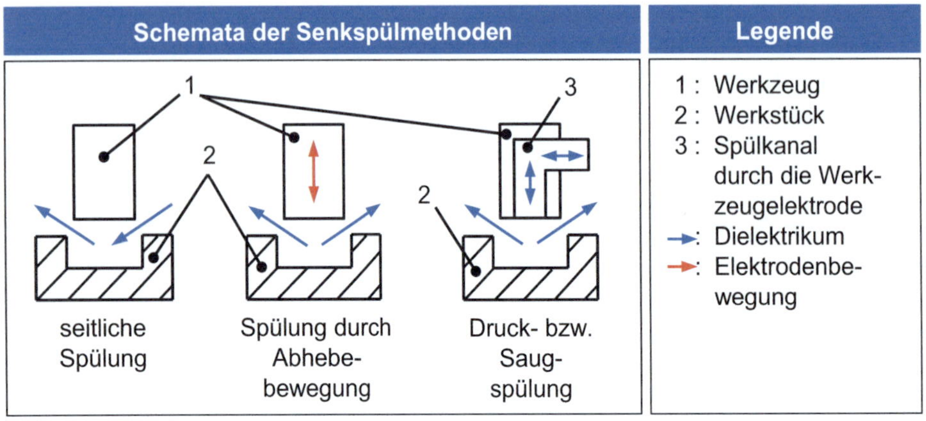

Bild 6.14 Spülmethoden beim funkenerosiven Senken

Für funkenerosive Senkprozesse werden zumeist Kohlenwasserstoffdielektrika verwendet, da diese keine Korrosion verursachen und kleinere Arbeitsspalte ermöglichen. Allerdings sind sie leicht entflammbar, umweltschädlich und gesundheitsgefährdend, was die Einhaltung diverser Schutzmaßnahmen, wie beispielsweise Absauganlagen zur Entfernung giftiger Dämpfe, erfordert. [KLOC07]

Praxisbeispiele für die Ausführung von funkenerosiven Senkmaschinen sind in Bild 6.15 dargestellt. Oben links ist eine klassische EDM-Senkmaschine in Gantrybauweise mit geöffnetem Arbeitsraum zu sehen. Der Arbeitstisch dieser Maschine besitzt eine Tragfähigkeit von 1.000 kg und der Hubbehälter verfügt über Abmessungen von 770 · 670 · 440 mm (B · T · H). Die Achsen erreichen

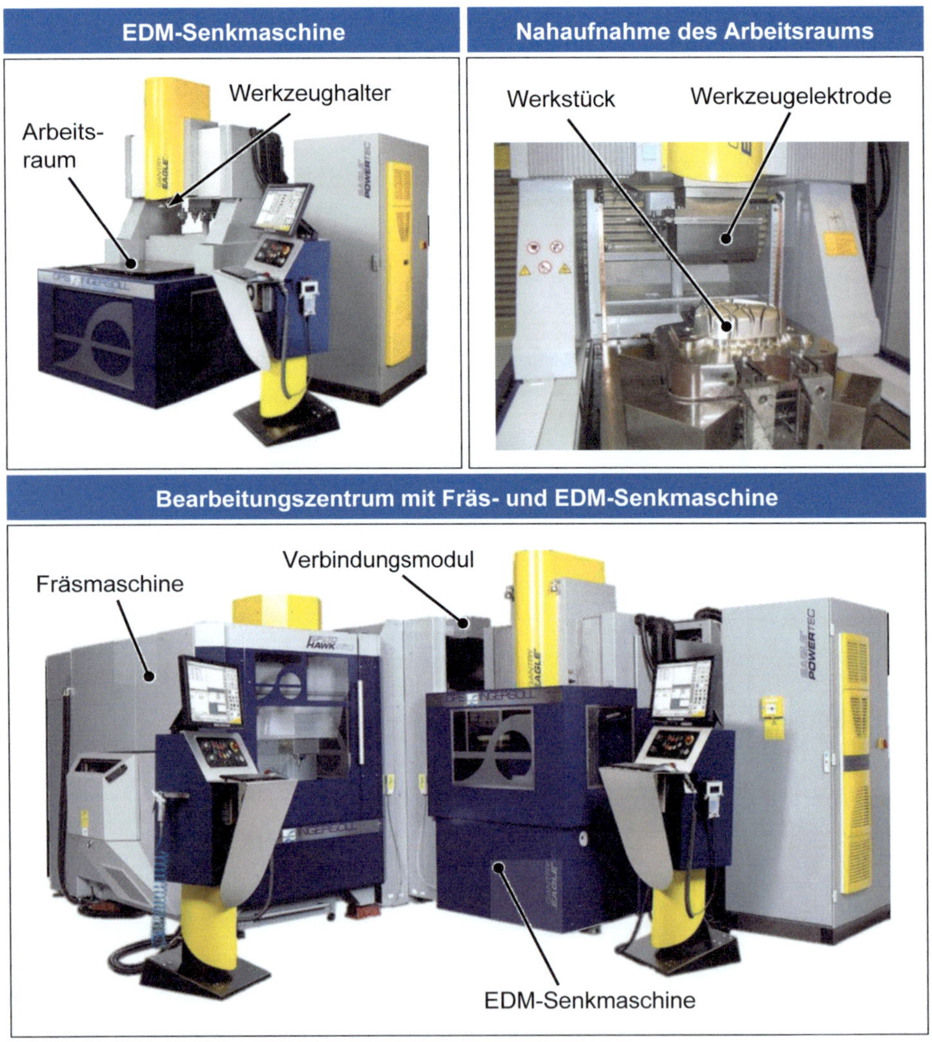

Bild 6.15 Funkenerosive Senkmaschinen. Nach OPS-INGERSOLL

eine Verfahrgeschwindigkeit von maximal 5.000 mm/min [OPSI15a]. Oben rechts in ◘ Bild 6.15 ist die Nahaufnahme des Arbeitsraumes mit ausgerüsteter Werkzeugelektrode und aufgespanntem Werkstück dargestellt. ◘ Bild 6.15 unten zeigt ein Bearbeitungszentrum als Verbund einer Fräsmaschine (links) und einer EDM-Senkmaschine (rechts). Beide Maschinen sind über ein zusätzliches Modul miteinander verbunden, sodass die Werkzeugelektroden vollautomatisch zwischen der Fräs- und der EDM-Senkmaschine ausgetauscht werden können. Auf diese Weise kann parallel zu der EDM-Bearbeitung bereits die nächste benötigte Werkzeugelektrode gefertigt und später an die funkenerosive Senkmaschine übergeben werden. Es besteht allerdings auch die Möglichkeit, bereits verwendete Werkzeugelektroden in der Fräsmaschine zu vermessen und falls nötig nachzubearbeiten, sodass die geforderte Genauigkeit der Produkte gewährleistet werden kann. [OPSI15b]

Der klassische Senkprozess hat den Nachteil, dass hiermit keine Hinterschnitte realisiert werden können. Zudem kann die Herstellung der Elektrode je nach abzubildender Form sehr aufwendig und teuer werden, vor allem wenn mehrere Werkzeugelektroden benötigt werden. Dies kann zum Beispiel der Fall sein, wenn nach der Schrupp- eine Schlichtbearbeitung vorgesehen ist, bei der eine neue Elektrode mit entsprechendem Schlichtaufmaß erforderlich ist. Die im Folgenden vorgestellten Verfahrensmodifikationen der Planetär- und Bahnerosion beseitigen diese Einschränkungen.

Bei der sogenannten Planetärerosion wird der eigentlichen Einsenkbewegung (in Z-Richtung) eine räumliche, meist kreisförmige Bewegung (z. B. in der X-,Y-Ebene) überlagert. Dadurch ist es möglich Hinterschnitte und konische Formen mit einfachen Werkzeugelektroden herzustellen (s. ◘ Bild 6.16 links oben). Zudem kann das beim klassischen Senkprozess erforderliche Aufmaß der Schlichtelektrode gegenüber der Schruppelektrode kompensiert werden, sodass sowohl Schrupp- als auch Schlichtbearbeitung mit nur einer Elektrode durchgeführt werden können (s. ◘ Bild 6.16 rechts). Wie bereits erwähnt, können dadurch bei der Elektrodenfertigung erhebliche Kosten gespart werden. Zudem wird die Spülung begünstigt, da die Spaltweite an der Stelle, die der augenblicklichen Bearbeitungsstelle gegenüberliegt, leicht vergrößert ist. In Zusammenhang

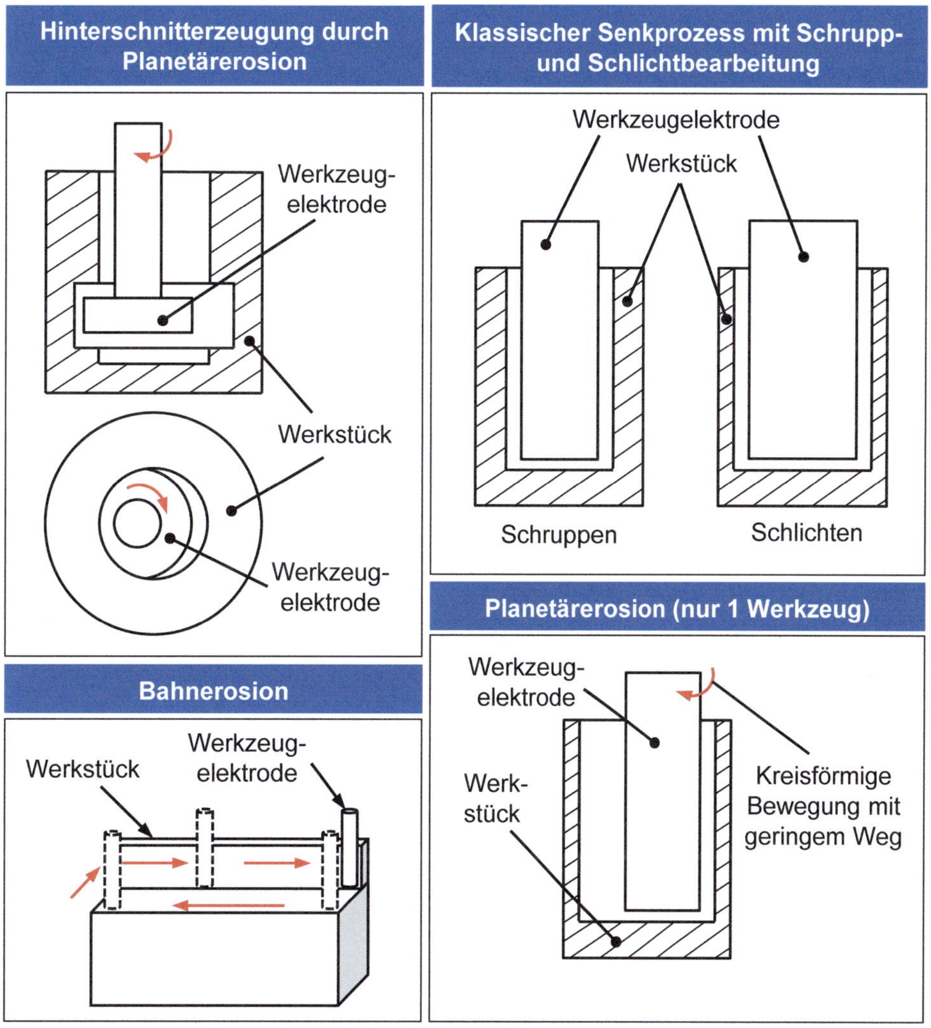

◘ **Bild 6.16** Planetär- und Bahnerosion

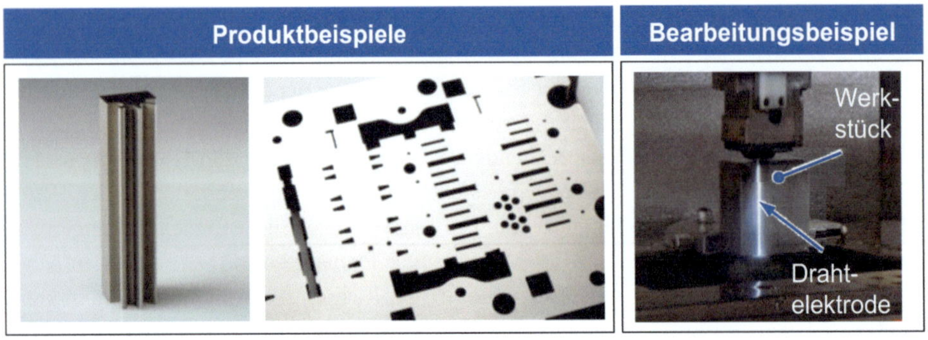

■ **Bild 6.17** Anwendungsbeispiele für funkenerosives Drahtschneiden. Quelle: GF Machining Solutions

mit der Elektrodenbewegung in der Ebene ergibt sich somit eine wechselnde Druck-Saugspülung. [KLOC07]

Bei der Bahnerosion werden zylindrische Elektroden verwendet, die auf einer beliebigen programmierten Bahn im Raum verfahren können (s. ■ Bild 6.16 links unten). Damit ist die Ausführung der Elektroden noch einfacher gehalten als bei der Planetärerosion. Die Realisierung der Bahnbewegung erfolgt hierbei ähnlich wie bei einem Fräsprozess mit Schaftfräser, mit dem Unterschied, dass nach jeder abgetragenen Schicht die aktuelle Elektrodenlänge bestimmt werden muss, um eine Verschleißkorrektur durchführen zu können. Aufgrund der einfachen Elektrodenform können hier auch Standardelektroden verwendet werden, sodass nicht mehr für jede Kontur eine spezielle Elektrode benötigt wird. Allerdings ist der Volumenabtrag pro Schicht sehr gering und ähnlich wie beim Fräsen ist die Herstellung kleiner Ecken durch den Durchmesser der Werkzeugelektrode begrenzt [KLOC07].

6.3.2 Funkenerosive Schneidanlagen

Beim funkenerosiven Schneiden wird, im Gegensatz zum Senken, nicht mit einer speziell geformten Elektrode, sondern mit einer von einer Spule ablaufenden Drahtelektrode gearbeitet. Unter anderem wird dieses Verfahren in der Mikrobearbeitung sowie zur Herstellung komplexer und feiner Strukturen verwendet. ■ Bild 6.17 zeigt eine Auswahl an Bearbeitungsbeispielen für die Drahterosion.

Der generelle Aufbau einer Anlage zum funkenerosiven Schneiden mit Drahtelektrode ist in ■ Bild 6.18 zu sehen. Grundsätzlich besteht die Anlage aus den gleichen Komponenten wie eine funkenerosive Senkanlage: Generator, Regelung, Bearbeitungsmaschine und Aggregat für das Dielektrikum. Den hauptsächlichen Unterschied zwischen Schneid- und Senkanlagen bildet dabei prinzipbedingt der Aufbau der Bearbeitungsmaschine. Wie bereits erwähnt, wird bei diesem Verfahren ein Draht als Werk-

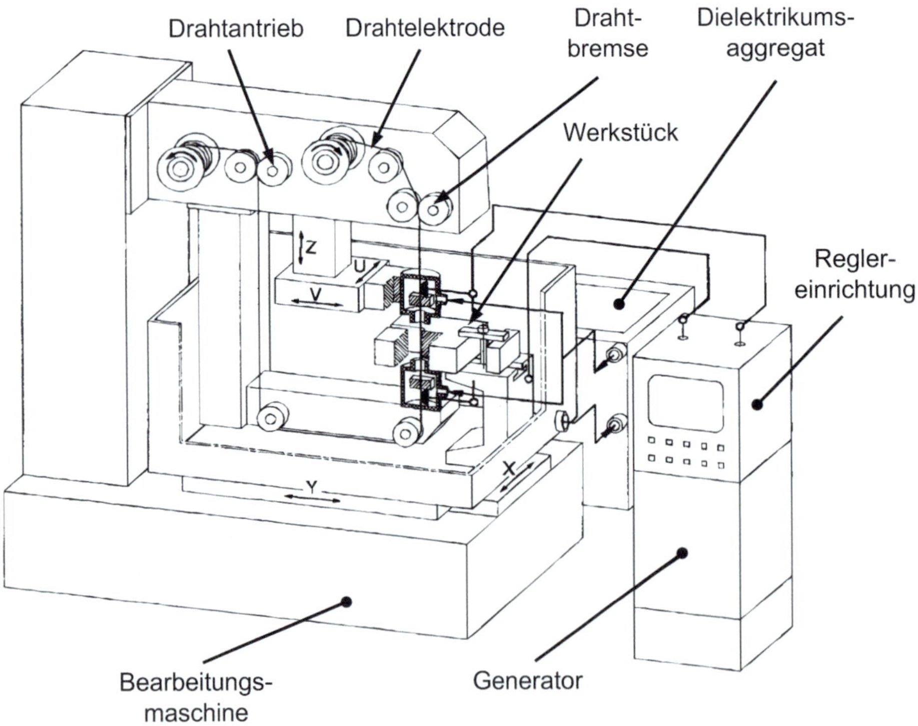

■ **Bild 6.18** Schematischer Aufbau einer funkenerosiven Schneidanlage. Nach [KLOC07]

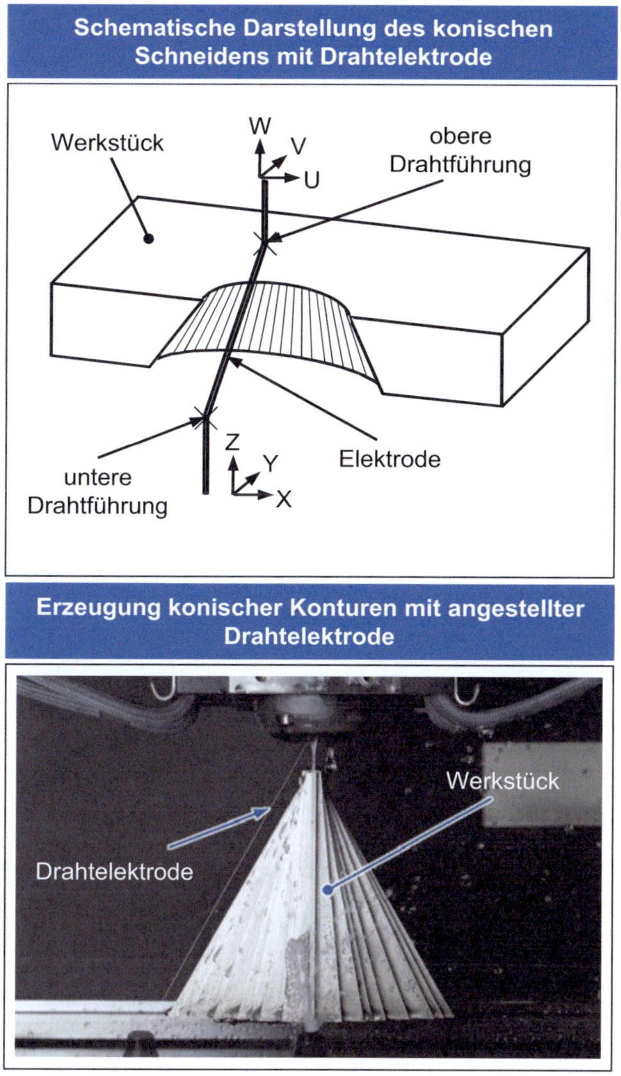

Bild 6.19 Konisches Schneiden, oben: schematische Darstellung. Nach [KLOC07], unten: Bearbeitungsbeispiel. Quelle: GF Machining Solutions

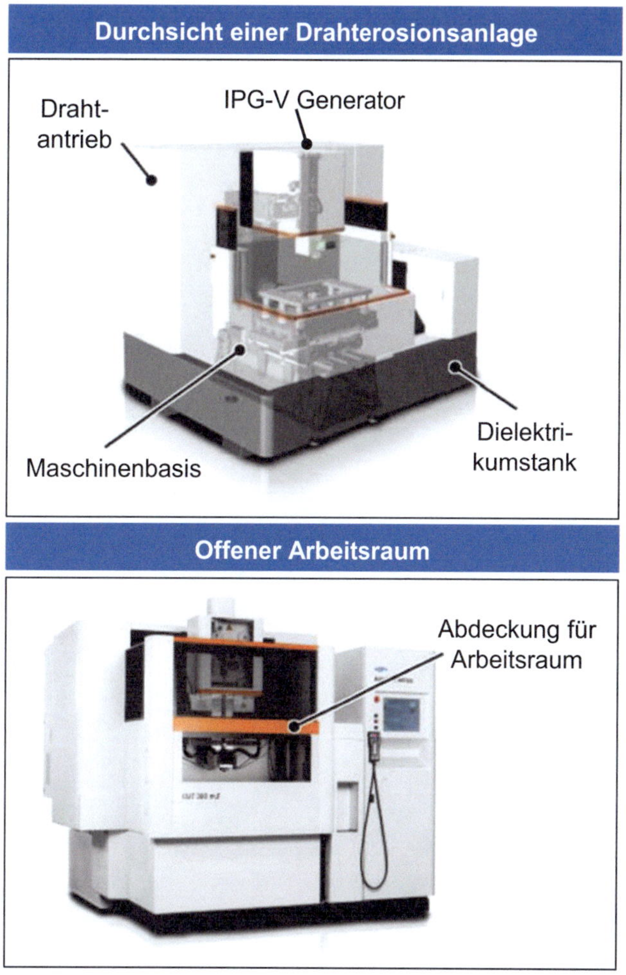

Bild 6.20 Praxisausführungen von funkenerosiven Schneidanlagen. Quelle: GF Machining Solutions

zeugelektrode verwendet, der von der Drahtspule abgewickelt und durch zwei Führungsarme auf einer beliebigen Bahn relativ zum Werkstück geführt wird. Da der Draht genau wie eine Formelektrode einem Verschleiß durch die Funkenerosion unterliegt, jedoch nur über geringe Durchmesser verfügt, wird er kontinuierlich nachgeführt. Auf diese Weise werden ein Reißen des Drahtes und eine damit verbundene Prozessunterbrechung vermieden. Des Weiteren sind die aufgebrachten Spannungsimpulse sehr kurz, damit der Draht nicht zu sehr thermisch beansprucht wird. Der abgenutzte Draht wird dabei nach einmaligem Gebrauch entsorgt. Die Parameter Drahtzugspannung, Drahtablaufgeschwindigkeit sowie der Abstand der Führungsarme voneinander werden entsprechend der Bearbeitungsaufgabe und der Werkstückabmessungen eingestellt. [KLOC07]

Das zu bearbeitende Werkstück wird auf dem Arbeitstisch aufgespannt. Sind die beiden Führungsarme so ausgeführt, dass einer der beiden (mit den Hilfsachsen U und V) gegenüber den X- und Y-Achsen des anderen verschoben werden kann (s. Bild 6.19), so können auch konische Schnitte mit konstantem, aber auch mit variablem Winkel realisiert werden. Auf diese Weise wird ein großes Anwendungsgebiet für das funkenerosive Drahtschneiden erschlossen. [KLOC07]

In Bild 6.20 sind Drahterosionsanlagen der Firma GF Machining Solutions in unterschiedlichen Ausführungsarten dargestellt. In der Durchsicht (oben in Bild 6.20) sind die Positionen der einzelnen Anlagenbestandteile unterhalb der Verkleidungen zu erkennen. Die Darstellung unten in Bild 6.20 zeigt eine Anlage mit geöffnetem Arbeitsraum zum Be- und Entladen der Werkstücke. Diese Maschine ist für ein maximales Werkstückgewicht von 1500 kg ausgelegt und ermöglicht Konizitäten von bis zu 45 ° bei 400 mm Werkstückhöhe. Zudem können die X- und Y-Achsen (bzw. U- und V-Achsen) mit bis zu 3 m/min verfahren werden. [GF M12], [GF M13]

Bild 6.21 zeigt ein Ausführungsbeispiel für die Drahtführungsarme. Zur Prozessüberwachung können zudem

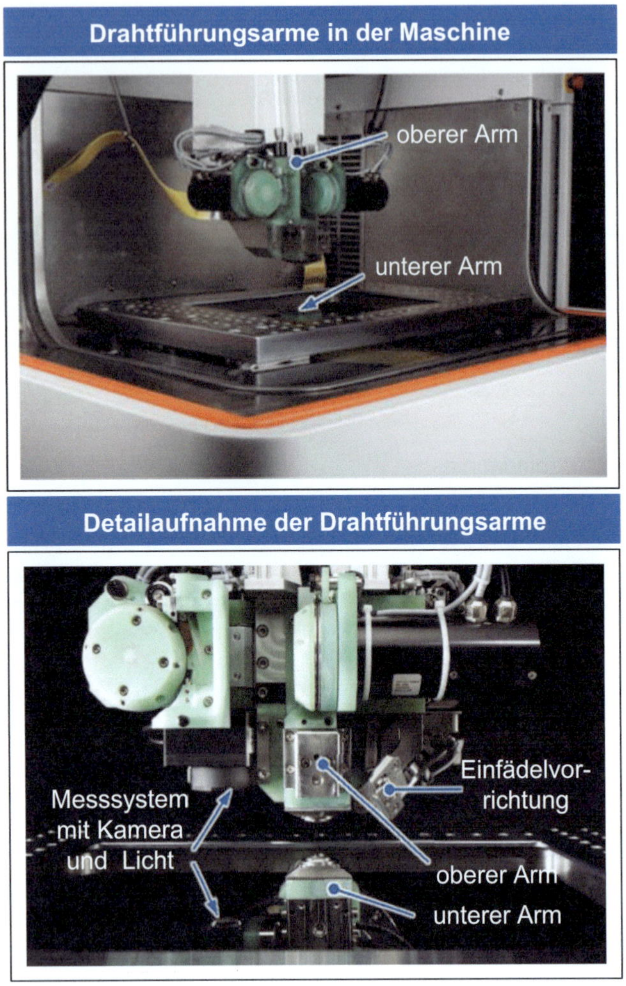

■ **Bild 6.21** Drahtführungsarme. Nach GF Machining Solutions

Messeinrichtungen in die Arme integriert werden, wie hier beispielsweise durch eine integrierte CCD-Kamera mit Hintergrundbeleuchtung realisiert wurde (s. ■ Bild 6.21 unten). [GF M15]

Zusätzlich kann eine Vorrichtung zum automatischen Einfädeln des Drahtes in die Startbohrung bei Beginn des Prozesses integriert werden. Eine solche Vorrichtung ist in ■ Bild 6.22 dargestellt. Durch die konische Form kann der Draht präzise in der Startbohrung positioniert und vom unteren Drahtführungsarm aufgenommen werden. Während der Bearbeitung kann die Vorrichtung aus dem Arbeitsbereich geschwenkt werden (s. ■ Bild 6.21 unten und ■ Bild 6.22). [GF M15]

Neben der Elektrodenform bildet die Spülmethode einen weiteren Unterschied zwischen der Drahterosion und dem funkenerosiven Senken. Hierbei gibt es einerseits die Möglichkeit einer Spülung innerhalb des Dielektrikumsbades koaxial zum Draht, andererseits ist auch ein Sprühstrahl koaxial zur Drahtlaufrichtung möglich, ohne dass der Arbeitsraum vollständig vom Dielektrikum geflutet ist (s. ■ Bild 6.23). Im Gegensatz zum Senken, wird zudem deionisiertes Wasser statt Kohlenwasserstoffen als Dielektrikum verwendet, da dieses nicht brennbar oder umweltschädlich ist und somit keine aufwändigen Schutzmaßnahmen notwendig sind. Allerdings muss das Wasser zunächst deionisiert werden, damit es nicht mehr leitet. Zusätzlich muss die Anlage korrosionsfest ausgeführt werden. [KLOC07]

6.4 Anlagen zum thermischen Abtragen durch Elektronenstrahl

Anders als bei der Funkenerosion oder dem ECM-Verfahren können Elektronenstrahlanlagen neben abtragenden Bearbeitungen auch andere Verfahren wie Schweißen oder Oberflächenbehandlung ausführen. Der Aufbau der Anlage ist jedoch generell unabhängig vom angewendeten Verfahren. Dabei können insgesamt drei Hauptkomponenten der Anlage unterschieden werden: Strahlerzeu-

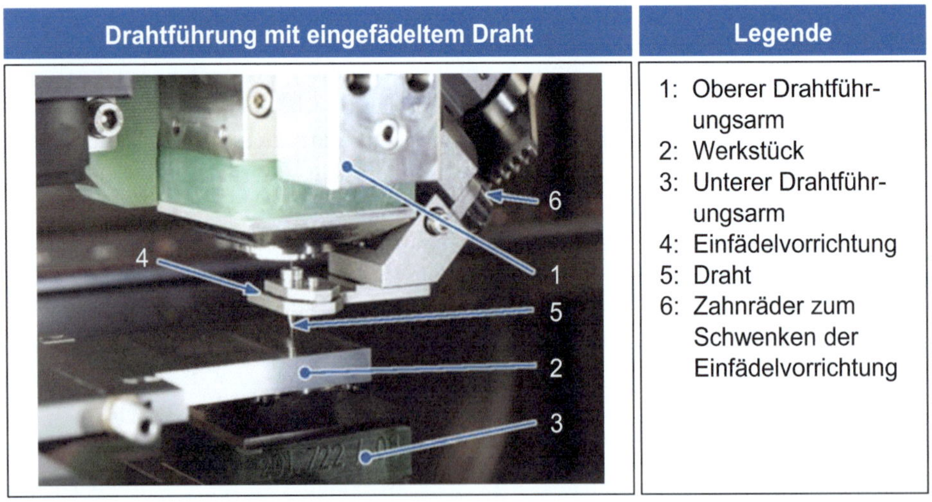

■ **Bild 6.22** Drahtführung. Nach GF Machining Solutions

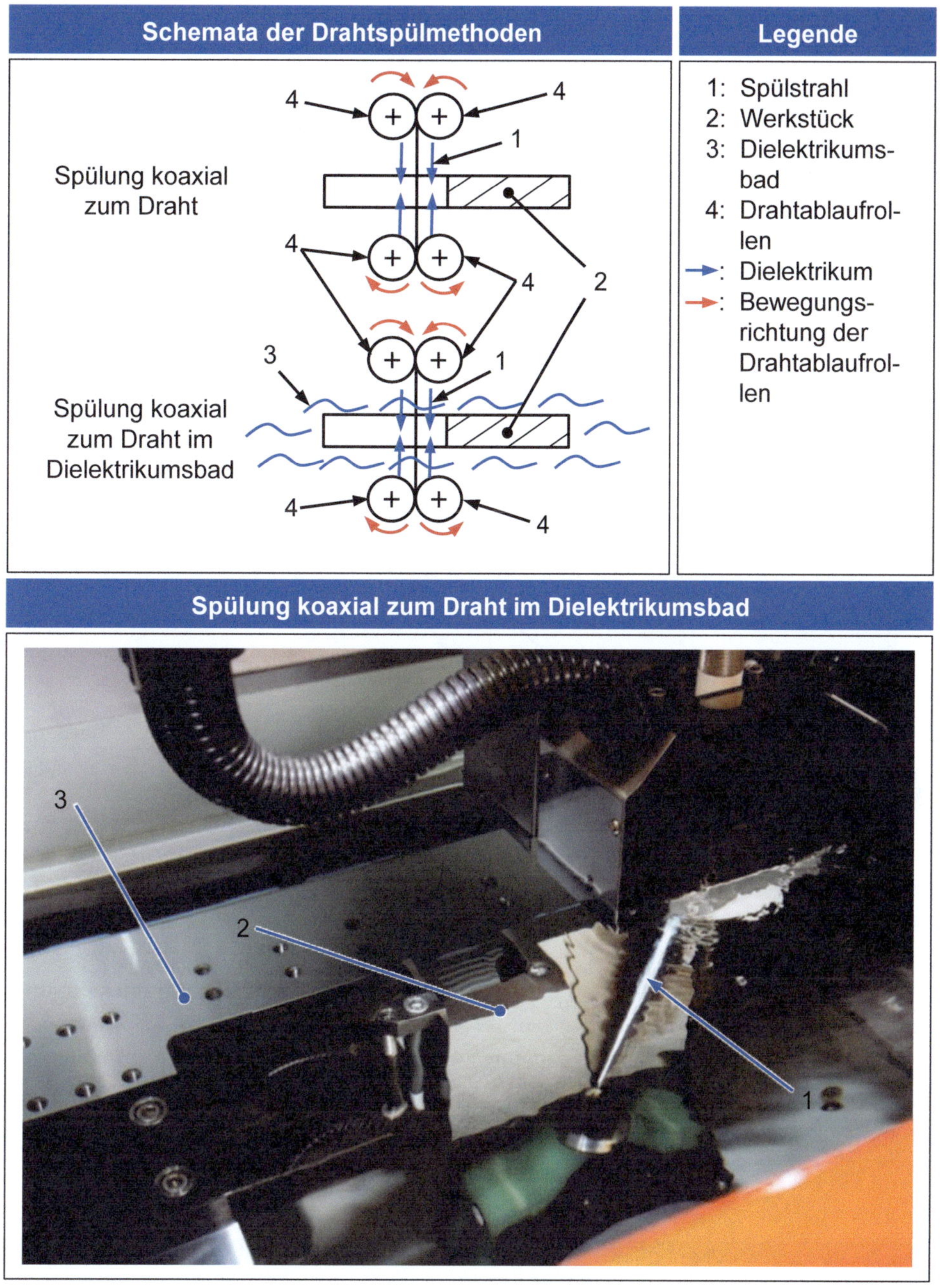

Bild 6.23 Spülmethoden beim funkenerosiven Schneiden, oben: Schematische Darstellung, unten: Reale Umsetzung. Nach GF Machining Solutions

gung, Strahlführung und -formung sowie die Arbeitskammer. Bild 6.24 zeigt eine schematische Darstellung einer Elektronenstrahlbearbeitungsanlage (EBM – Electro Beam Machining).

Die Strahlerzeugung besteht aus der Beschleunigungskathode, der Steuerelektrode und der Anode. Die Kathode wird elektrisch beheizt und emittiert dadurch Elektronen. Diese sammeln sich zunächst in einer Elektronenwolke vor der Kathode und werden durch die Spannung zwischen Kathode und durchbohrter Anode bis auf zwei Drittel der Lichtgeschwindigkeit beschleunigt [FRIT10]. Zur Regelung und Bündelung dieser beschleunigten Elektronen dient die Steuerelektrode (auch Wehnelt-Zylinder genannt). Zwischen dieser und der Kathode liegt die sogenannte Sperrspannung an, die dafür sorgt, dass nur eine bestimmte Menge der Elektronen vor der Kathode die Sperrung überwinden kann. Auf diese Weise kann die Leistung des Elektronenstrahls geregelt werden. Für die Bündelung des Strahls sorgt zudem die spezielle hohlspiegelähnliche Form der Steuerelektrode (s. Bild 6.24). [KLOC07]

Nach dem Passieren der Anode divergiert der Strahl allerdings wieder, was die Notwendigkeit der Strahlführung und -formung begründet. Die Justierspule sorgt für einen gerichteten Strahl, während die Stigmatorspule zur Korrektur des Abbildungsfehlers der Linse verwendet wird. Die elektromagnetische Fokussierspule erhöht die Leistungsdichte des Strahls, indem sie ihn fokussiert. Durch die Ablenkspule wiederum kann eine oszillierende Strahlbewegung realisiert

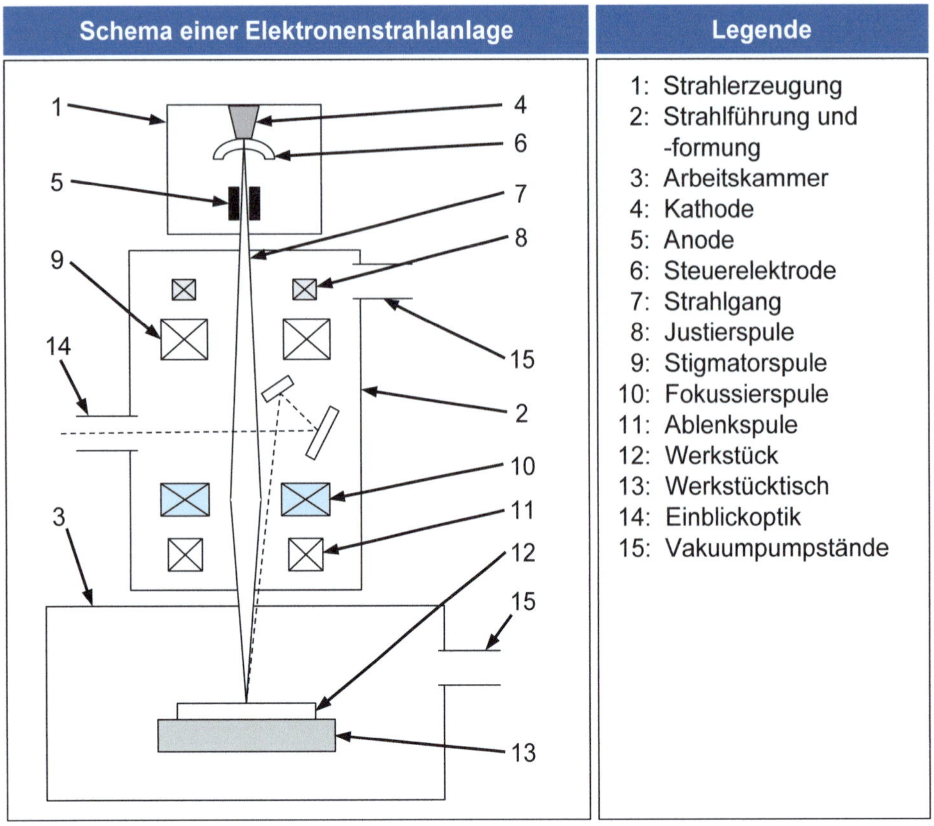

Bild 6.24 Schematischer Aufbau einer Elektronenstrahlanlage

werden (s. Bild 6.25). Damit der Strahl genau über der Arbeitsstelle positioniert werden kann, sind meistens noch Einblickoptiken oder Videosysteme in die Strahlführung integriert. Die eigentliche Bearbeitung findet in der Arbeitskammer statt. Generell wird bei der Strahlerzeugung zwischen Hoch- und Niederspannungsgeneratoren unterschieden, wobei die Hochspannungsgeneratoren eine Beschleunigungsspannung von etwa 150 kV und die Niederspannungsgeneratoren eine Spannung von etwa 60 kV bereitstellen [STEI15a].

Die Strahlerzeugung muss im Hochvakuum (etwa $p < 10^{-4}$ mbar) stattfinden, um eine Oxidation der Kathode und eine Reaktion der Elektronen mit der Umgebungsluft zu verhindern und somit den Aufbau des Strahls zu ermöglichen [BERG77]. Da auch nach der Erzeugung und Formung

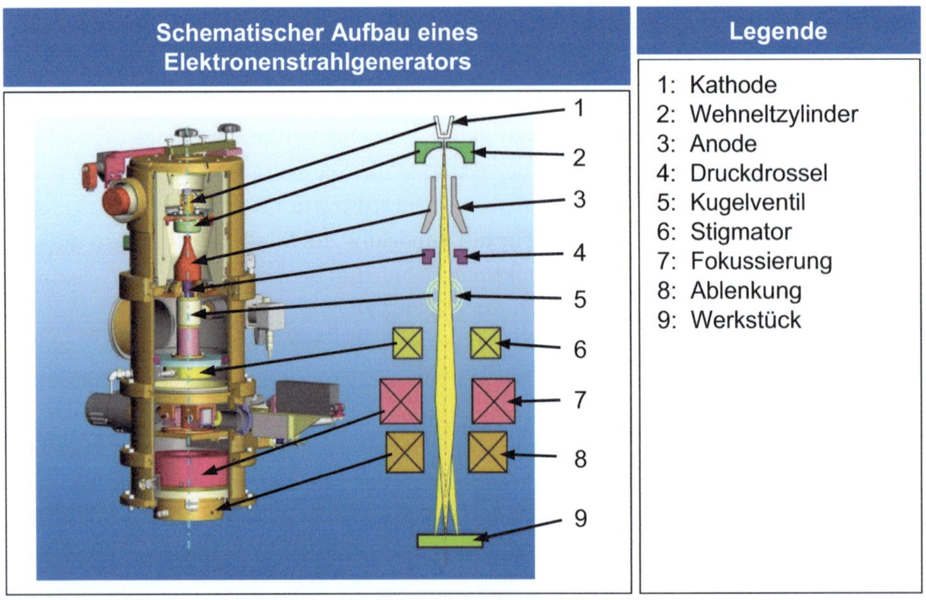

Bild 6.25 Praktische Ausführung von Strahlgeneratoren. Quelle: Steigerwald Strahltechnik

des Strahls dieser an der Atmosphäre aufgrund von Streuung und Reaktionen mit der Luft stark divergiert, findet auch die Bearbeitung meist unter Vakuum statt. Je nach Anforderung an die Qualität der Bearbeitung ist es jedoch möglich, den Arbeitsvorgang unter höheren Umgebungsdrücken oder sogar mit Atmosphärendruck auszuführen. Dabei wird unterschieden zwischen Anlagen mit Hochvakuum (etwa $p = 10^{-4}$ mbar), Feinvakuum (etwa $p = 10^{-2}$ mbar) und Atmosphärendruck (auch non-vacuum Elektronenstrahlbearbeitung genannt) [STEI15b]. Um das benötigte Vakuum zu erzeugen, werden Pumpen eingesetzt, wie z. B. mechanische Pumpen, Öldiffusionspumpen oder Kryopumpen.

Zusätzlich zu der Unterscheidung bezüglich der Beschleunigungsspannung und des Arbeitsdrucks, können EBM-Anlagen auch nach dem jeweiligen Anlagenkonzept unterschieden werden. Die häufigste Form ist dabei ein Anlagenaufbau als Universal- oder Kammeranlage, wie sie beispielsweise in Bild 6.26 dargestellt ist. Diese werden hauptsächlich für die Einzelteilbearbeitung verwendet und verfügen über eine Arbeitskammer, die unabhängig vom Strahlengenerator evakuiert werden kann. Die Größe der Kammer richtet sich nach den jeweils zu bearbeitenden Werkstücken. Die Arbeitsbewegung wird hierbei meist auf der Werkstückseite durch verfahr- bzw. dreh- und schwenkbare Tische realisiert, da eine Bewegung des Strahlgenerators aufgrund seiner Größe und Komplexität in der Regel äußerst aufwändig ist. Es gibt mittlerweile allerdings auch den Ansatz, über sogenannte Scheibenfahrwerke eine Bewegung des Strahlgenerators und somit kleinere benötigte Arbeitskammern zu ermöglichen. Der Generator wird dabei über ein bis drei ineinander gelagerte Exzenterscheiben sowie einen vertikalen Antrieb verfahren (s. Bild 6.27). Bislang ist dies allerdings nur in Kombination mit einem Niederspannungsgenerator möglich. [STEI15c]

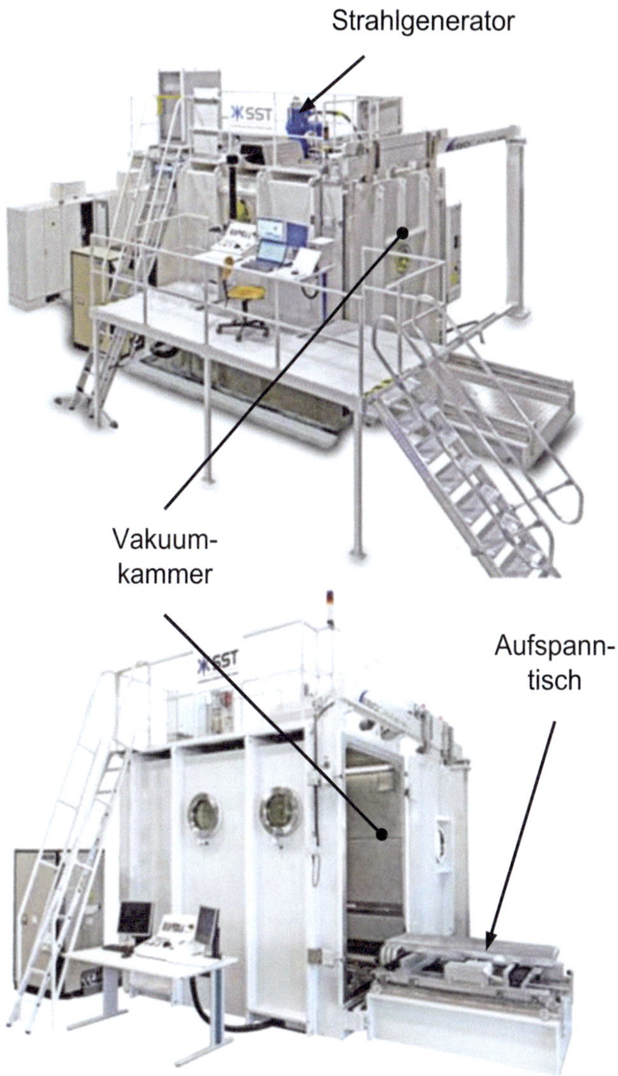

Bild 6.26 Kammeranlagen. Nach Steigerwald Strahltechnik

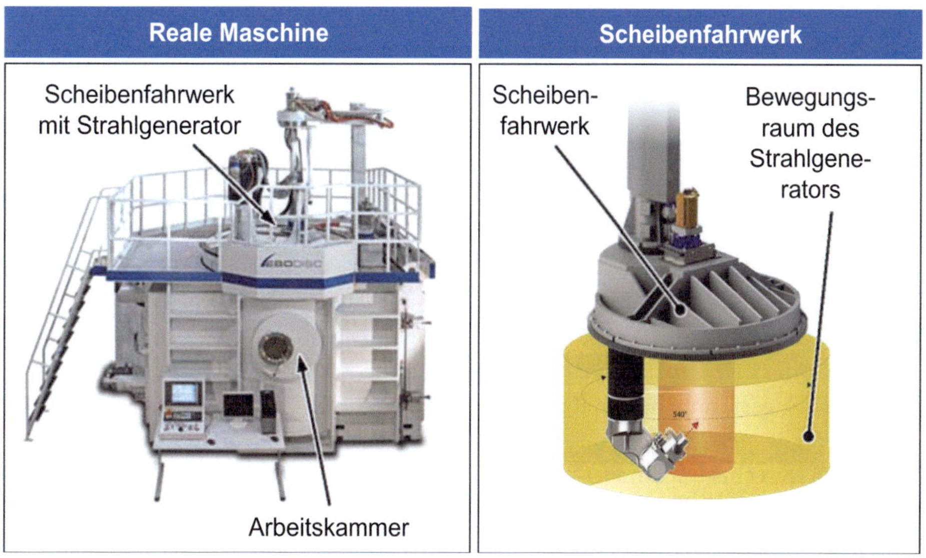

Bild 6.27 Kammeranlage mit Scheibenfahrwerk. Nach Steigerwald Strahltechnik

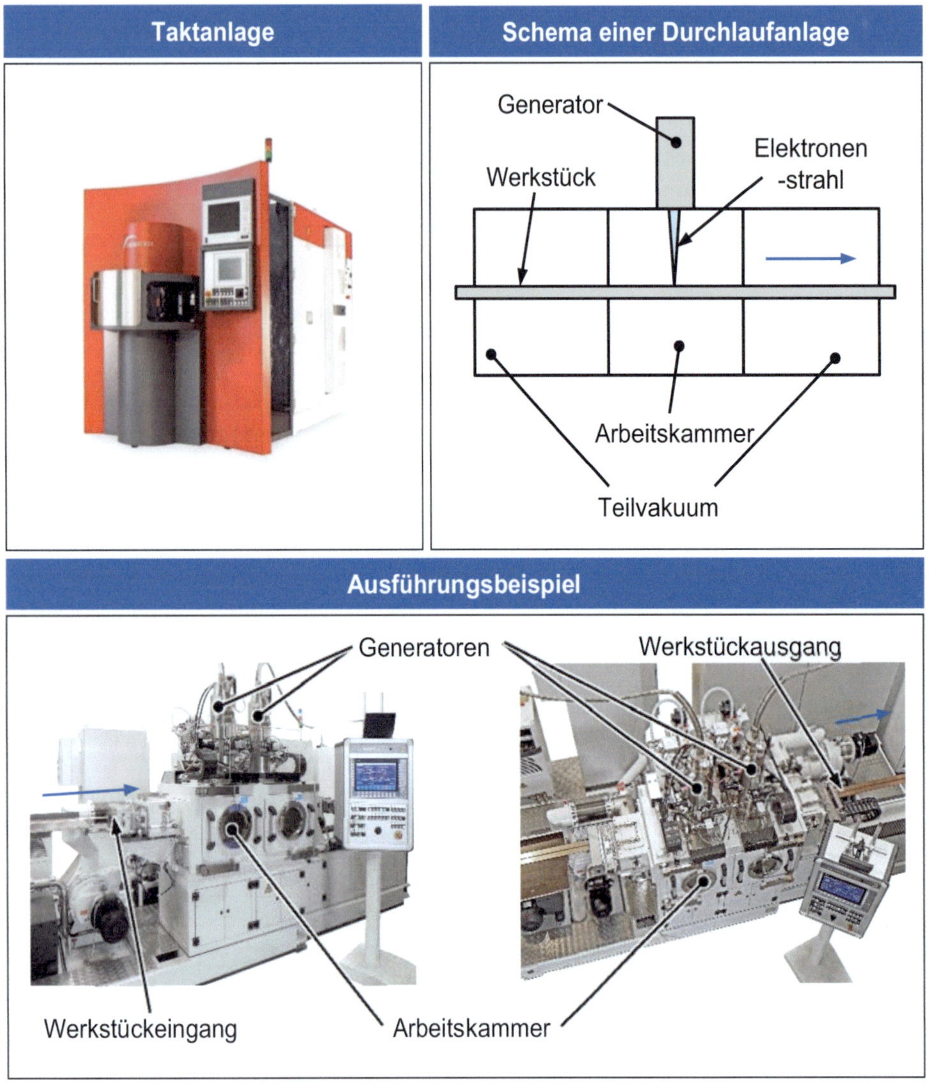

Bild 6.28 links: Taktanlage. Quelle: Steigerwald Strahltechnik, rechts: Schematische Darstellung einer Durchlaufanlage, unten: Beispiel einer Durchlaufanlage. Nach Steigerwald Strahltechnik

Sogenannte Taktmaschinen verfügen über mehrere Arbeitskammern, die unabhängig voneinander evakuiert werden können und sich somit vor allem für die Massenteilfertigung eignen. Dabei sind die Arbeitskammern an die Werkstückgröße angepasst, wodurch die Evakuierungszeit deutlich verringert werden kann. Während ein Werkstück bearbeitet wird, können somit die anderen Kammern be- und entladen sowie evakuiert und geflutet werden. Dies senkt die Taktzeit und erhöht die Produktivität der Anlage (s. Bild 6.28 links). Durchlaufanlagen wiederum wurden insbesondere für die kontinuierliche Bearbeitung von bandförmigen Materialien, wie beispielsweise Sägebändern, konzipiert. Hierbei werden der eigentlichen Arbeitskammer weitere Kammern mit Teilvakuum vor- und nachgelagert, um das Material kontinuierlich und unter dem gewünschten Druck bearbeiten zu können (s. Bild 6.28 rechts und unten).

6.5 Anlagen zum thermisch-chemischen Entgraten

Das thermisch-chemische Entgraten (TEM – Thermische Entgrat-Methode) ist ein chemisches Abtragen, bei dem Grate an metallischen und nichtmetallischen Werkstücken in einer sauerstoffreichen Atmosphäre verbrannt werden.

Als Brenngas dient Wasserstoff oder eine Erdgas-Methan-Mischung. Das thermisch-chemische Entgraten ist ein ungezieltes Abtragsverfahren. Die gesamte Werkstückoberfläche wird durch die Gasverbrennung bei Sauerstoffüberschuss während ca. 20 ms Temperaturen von 2.500 bis 3.500 °C ausgesetzt. Die Temperatureinwirkung ist so kurz, dass nur die Stellen die Oxidationstemperaturen erreichen, die in der Lage sind, aufgrund großer Oberflächen bei kleiner Materialmasse viel Energie aufzunehmen. Dies sind bei jedem Werkstück die Ecken und die Kanten und insbeson-

Bild 6.29 Maschinenaufbau zum thermisch-chemischen Entgraten. Quelle: Extrude Hone; ATL Thermisches Entgraten

Generelles Funktionsprinzip

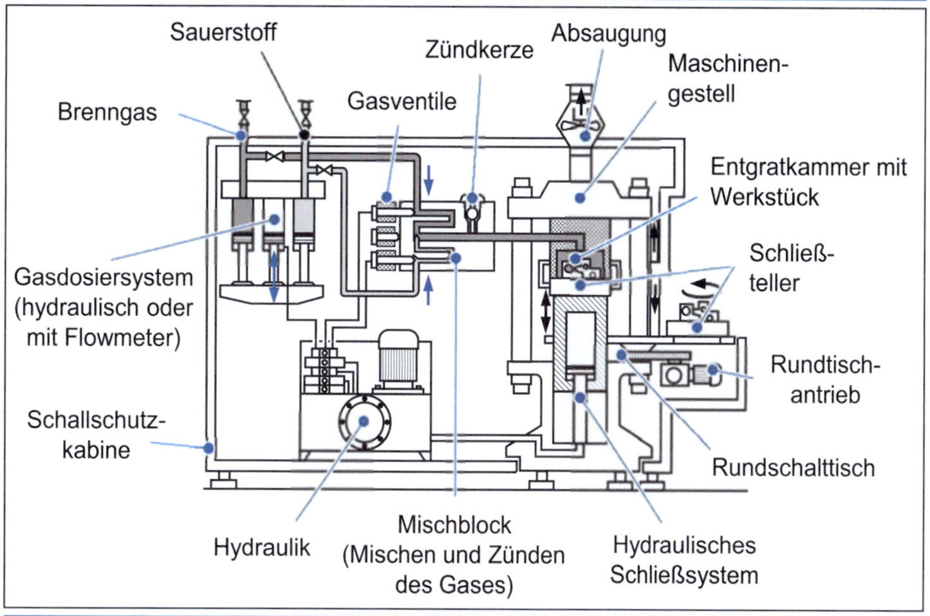

Ausführungsbeispiel

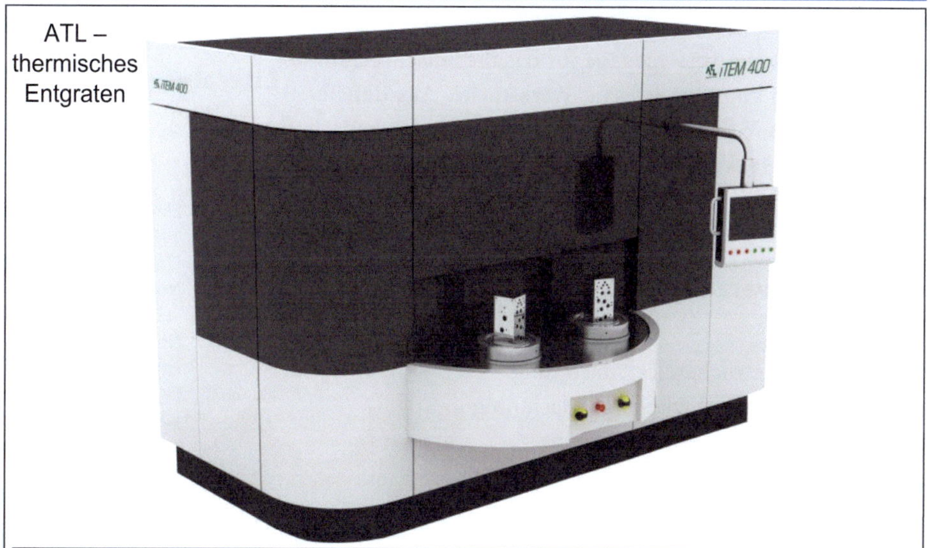

maximale Bauteilgröße:	Maschinendimensionen:
zylindrische Bauteile: Ø 395 x H 280 mm³	Maße: 3800 x 2500 x 2600 mm³
quadratische Bauteile: 275 x 275 x 280 mm³	Gewicht: 15.000 kg

dere freistehende Grate oder lose Späne. Das Werkstück erwärmt sich dabei nur mäßig. Durch die gleichmäßige Verteilung des Gases im Bearbeitungsraum können auch Grate in unzugänglichen Hohlräumen und Bohrungen abgetragen werden.

Bild 6.29 oben zeigt das Funktionsprinzip einer TEM-Anlage. Die Entgratkammer hängt als unten offene Glocke in einem Pressengestell. Der Kammerboden, der das Werkstück trägt, ist beweglich und wird über ein hydraulisches Schließsystem gegen die Kammer gepresst. Dabei verschließt die in den Boden eingelegte Kunststoffdichtung die Kammer gasdicht. Die Kunststoffdichtung selbst ist durch eine metallische Vorabdichtung vor Abbrand geschützt. Die Kammer wird nun durch einen Hub der Gasdosierzylinder mit Brenngas und Sauerstoff in dem gewünschten Mischungsverhältnis auf den für die Bearbeitungsaufgabe nötigen Druck gefüllt. Der Hub der Dosierzylinder sowie der Gasdruck in den Zylindern sind stufenlos einstellbar. Die vor dem Eintritt in die Entgratkammer gemischten Gaskomponenten werden nach Beendigung des Füllvorganges

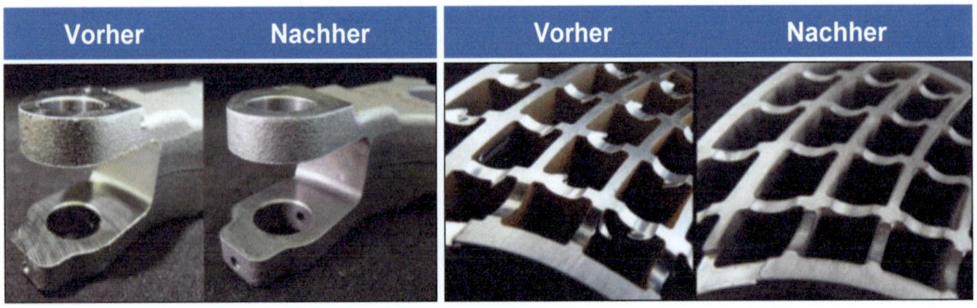

Bild 6.30 Bearbeitungsbeispiele für das thermisch-chemische Entgraten. Quelle: ATL Thermisches Entgraten

über eine Zündkerze gezündet. Der eigentliche Entgratvorgang dauert ca. 20 ms. Der Kammer-Schließteller ist zur Verkürzung der Maschinentaktzeit gleichzeitig als Werkstückträger gestaltet. Die in Bild 6.29 unten gezeigte Beispielmaschine besitzt fünf dieser Schließteller, die auf einem Rundschalttisch angeordnet sind. Die Maschine ist mit einer Schallschutzkabine ummantelt. Dieser Maschinentyp lässt sich für kleine Losgrößen bei großer Teilevielfalt ebenso vorteilhaft einsetzen wie für das Entgraten in der Großserie. Kleinteile können dabei in Körben auf dem Schließteller abgelegt werden.

Bild 6.30 zeigt verschiedene für das thermisch-chemische Entgraten charakteristische Werkstücke. Aus der Beschreibung des Verfahrens wird deutlich, dass theoretisch alle oxidierbaren Werkstoffe TEM-entgratet werden können.

Abkürzungsverzeichnis

ECM	Electrochemical Machining
EDM	Electrical Discharge Machining
EBM	Electro Beam Machining
H_2SO_4	Schwefelsäure
HCl	Chlorwasserstoff
HNO_3	Salpetersäure
NaCl	Natriumchlorid
$NaNO_3$	Natriumnitrat
TEM	Thermische Entgrat-Methode

Formelzeichenverzeichnis

Formelzeichen	Einheit	Bedeutung
F	[C/mol]	Faradaykonstante
I	[A]	Arbeitsstromstärke
R_t	[mm]	Rautiefe
V	[mm^3]	Abtragsvolumen bei ECM Bearbeitung
V_{Sp}	[$m^3 \cdot mol/C$]	Werkstoffabhängige Konstante
a	[kg/mol]	Atomgewicht
i	[A]	Stromstärke
n	–	Lösungswertigkeit
p	[bar]	Druck
t	[s]	Zeit
u	[V]	Spannung
ρ	[kg/m^3]	Dichte

Literaturverzeichnis

[BERG77] Berger, A.: Elektrisch abtragende Fertigungsverfahren. Düsseldorf: VDI-Verlag, 1977

[DEGN84] Degner, W.; Nestler, K.; Pirsig, W.; Rößner, E.; Wetzel, W.; Wicht, H.: Elektrochemische Metallbearbeitung. Berlin: VEB Verlag Technik, 1984

[EMAG11] EMAG ECM: ECM/PECM Technologie. Gaildorf, 2011. Firmenschrift

[DIN03a] Norm DIN 8590 (September 2003). Fertigungsverfahren Abtragen - Einordnung, Unterteilung, Begriffe

[DIN03b] Norm DIN 8580 (September 2003). Fertigungsverfahren - Begriffe, Einteilung

[FEYE07] Feyerabend, Volker: Vakuum-Ätz-Technologie. In: PLUS - Produktion von Leiterplatten und Systemen - Fachzeitschrift für Aufbau- und Verbindungstechnik in der Elektronik, 2007, Nr. 8, S. 1–3

[FRIT10] Fritz, H.; Schulze, G. (Hrsg.): Fertigungstechnik. 9. Aufl. Heidelberg: Springer, 2010

[GF M12] GF Machining Solutions: Kenndaten CUT 1000, CUT 1000 OilTech. Schorndorf, 2012. Firmenschrift

[GF M13] GF Machining Solutions: Kenndaten CUT 200 mS, CUT 300 mS. Schorndorf, 2013. Firmenschrift

[GF M15] GF Machining Solutions: Bilder. Schorndorf, 2015. Firmenschrift

[KLOC07] Klocke, F.; König, W.: Fertigungsverfahren 3. Abtragen, Generieren und Lasermaterialbearbeitung. (Reihe: Fertigungsverfahren. Bd. 3). 4. Aufl. Berlin: Springer, 2007

[OPSI15a] OPSIngersoll: Funkenerosion auf höchstem Niveau. Burbach, 2015. Firmenschrift

[OPSI15b] OPSIngersoll: Automation - Technologien intelligent verbinden. Burbach, 2015. Firmenschrift

[STEI15a] Steigerwald Strahltechnik: Aufbau eines Elektronenstrahl-Generators. Maisach, 2015. Firmenschrift

[STEI15b] Steigerwald Strahltechnik: EB-Atmosphärenschweißen (NVEBW). Maisach, 2015. Firmenschrift

[STEI15c] Steigerwald Strahltechnik: Kammermaschine: Baureihe EBOdisc. Maisach, 2015. Firmenschrift

Kapitel 7

Maschinen zur Laserstrahlbearbeitung

Ich danke meinen Mitarbeitern Alexander Hassis M.Sc., Dipl.-Ing. Dipl.-Wirt.Ing. Henning Janssen, Florian Schmidt M.Sc., Dipl.-Ing. Markus Eckert und Caroline Kiesewetter-Marko M.Sc. für ihre Mitwirkung bei der Überarbeitung dieses Kapitels.

Maschinen zur Laserstrahlbearbeitung

Der heute gebräuchliche Begriff LASER ist eine Abkürzung für ein physikalisches Prinzip und steht für Light Amplification by Stimulated Emission of Radiation (Engl. für: Lichtverstärkung durch stimulierte Strahlungsemission). Die Verwendung des Begriffes LASER als Synonym für Laserstrahlquellen ist heute verbreitet. Ein Laserstrahl entsteht in einer Laserquelle durch Anregung eines laseraktiven Mediums zu stimulierter Emission von elektromagnetischer Strahlung mit folgenden Eigenschaften [POPR05]:

- Monochromatisch: Die Wellenlänge ist auf ein schmales Band um die zentrale Laserwellenlänge begrenzt. Je nach laseraktivem Medium kann die Wellenlänge im sichtbaren Bereich (zwischen 380 – 780 nm) oder im unsichtbaren Bereich liegen. Hier wird zwischen ultravioletter (UV-Strahlung: 1 nm- 380 nm) oder infraroter Strahlung (IR: 780 nm – 1000 µm) unterschieden. Strahlquellen für die Materialbearbeitung emittieren häufig Strahlung im unsichtbaren Bereich, was besondere Anforderungen an den Laserschutz stellt.
- Minimale Divergenz: Der erzeugte Laserstrahl breitet sich unter einem geringen Öffnungswinkel (Divergenzwinkel) im Raum aus. Bei einer idealen Laserquelle ist der minimale Divergenzwinkel durch die Beugung nach unten begrenzt. Die geringe Divergenz ermöglicht die Strahlführung von kollimierten Laserstrahlen über weite Strecken und ist eine Grundvoraussetzung, um einen Laserstrahl auf minimale Durchmesser zu fokussieren.
- Kohärenz: Alle Wellenzüge eines idealen Laserstrahls haben dieselbe Phasenlage. Dies gilt sowohl zeitlich als auch räumlich: Das heißt, dass sowohl an unterschiedlichen Orten zur selben Zeit, als auch am gleichen Ort zu unterschiedlicher Zeit eine feste Phasenbeziehung vorliegt. Die Kohärenz ist ebenfalls eine Voraussetzung für das Erzielen kleinster Fokusdurmesser – bei Strahlquellen für die Materialbearbeitung ist diese Anforderung nur teilweise erfüllt.

Laserstrahlen, die zur Materialbearbeitung genutzt werden, weichen in der Regel von den genannten, idealen Eigenschaften von Laserstrahlung ab. Der Grad der Abweichung hängt dabei unter anderem von der Art und Güte der verbauten Komponenten sowie der Ausgangsleistung ab.

In Werkzeugmaschinen werden Laserstrahlen als flexible, nahezu verschleiß- und kraftfreie photonische Werkzeuge für eine Vielzahl unterschiedlicher Prozesse eingesetzt. Aus diesem Grund nehmen die Maschinen zur Laserstrahlbearbeitung einen gesonderten Platz innerhalb dieses Buches ein. In diesem Kapitel werden zuerst Hauptbestandteile einer Laseranlage erläutert: Diese sind die Strahlquelle sowie Komponenten zur Strahlführung und zur dynamischen Strahlformung in jeweils unterschiedlichen Bauformen. Weiterhin werden Bauarten von Laser- und Hybridmaschinen für trennende, abtragende und generative Fertigungsverfahren, in Analogie zu herkömmlichen Werkzeugmaschinen, erläutert. Informationen zu weiteren Laserverfahren finden sich in der einschlägigen Fachliteratur (beispielsweise [POPR05] oder [POPR11]).

7.1 Laserstrahlquellen

Zur Erzeugung von Laserstrahlen für die Materialbearbeitung stehen unterschiedliche Laserstrahlquellen zur Verfügung. Obwohl sich die unterschiedlichen Strahlquellen im prinzipiellen Aufbau ähneln, sind diese dennoch mit einem großen Spektrum an unterschiedlichen Ausprägungen erhältlich, wodurch eine Abstimmung auf die Erfordernisse der jeweiligen Anwendung erreicht werden kann. Für die Materialbearbeitung relevante Eigenschaften einer Strahlquelle sind Betriebsart, Wellenlänge, maximale Ausgangsleistung, Strahlqualität und elektrisch-optischer Wirkungsgrad.

Die Betriebsart richtet sich nach dem durchzuführenden Laserprozess: Für thermische Prozesse wie das Laserhärten oder das Laserschweißen kommen Laserquellen mit kontinuierlicher Strahlungsemission zum Einsatz. Gebräuchliche Bezeichnungen sind Dauerstrich- oder cw-Strahlquellen (cw = continuous wave). Gepulste Laserquellen emittieren Strahlungsimpulse mit einer definierten Pulsdauer und Wiederholrate. Die Pulsspitzenleistung eines Laserpulses liegt dabei deutlich über der mittleren Ausgangsleistung der Laserstrahlquelle. Gepulste Strahlquellen werden nach DIN EN 60 825 115 in „Impuls" (Pulsdauer 0,25 s – 1 µs), „Riesenimpuls" (Pulsdauer 1 µs – 1 ns) und „Modengekoppelt" (Pulsdauer < 1 ns), also nach ihrer Pulsdauer, eingeteilt [DIN15]. Gepulste Laserquellen werden auf Grund ihrer hohen Pulsspitzenleistung bei gleichzeitig geringer mittlerer Leistung und damit geringer thermischer Beeinflussung des Werkstücks beispielsweise für Beschriftungsprozesse sowie Schneid- und Abtragprozesse im Mikrobereich eingesetzt.

Bild 7.1 gibt einen Überblick über exemplarische Prozessbereiche unterschiedlicher Laserverfahren und zeigt dabei einen prinzipiellen Zusammenhang zwischen Bestrahlungsdauer und Laserstrahlintensität. Das Spektrum der Bestrahlungsdauern reicht von kontinuierlicher Bestrahlung bis zu extrem kurzen Pulsen von wenigen Picosekunden bei gepulsten Laserstrahlquellen. Bei der Verwendung kontinuierlicher Strahlquellen liegen die Intensitäten je nach Laserleistung und Fokusdurchmesser im Bereich von wenigen kW/cm² bis zu mehreren GW/cm². Bei gepulsten Laserstrahlquellen werden durch kurzzeitige Leistungsüberhöhung deutlich höhere Intensitäten erzielt. Das Produkt aus Bestrahlungsdauer und Laserstrahlintensität ist ein Maß für die ins Werkstück eingebrachte Energie: Im Bereich der Mikrobearbeitung können thermische Einflüsse auf das Werkstück durch extrem kurze, hochenergetische Pulse minimiert werden, wohingegen bei Prozessen

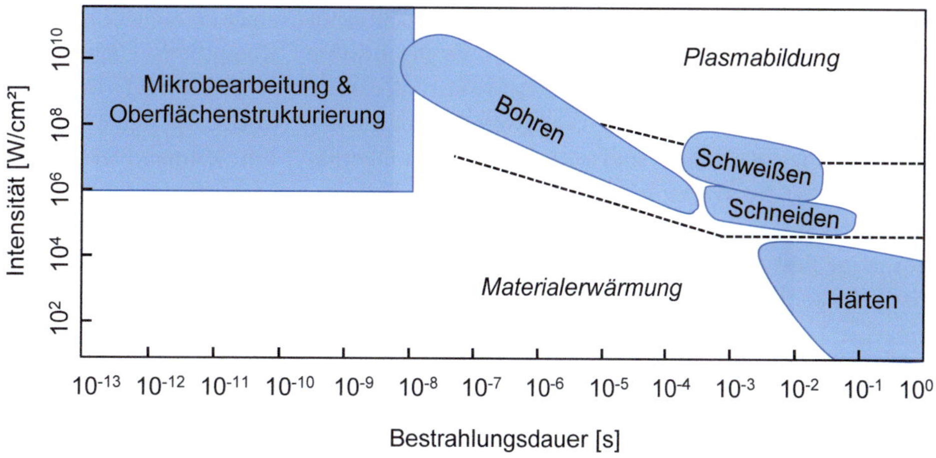

Bild 7.1 Prozesslandkarte zur Laserbearbeitung für unterschiedliche Kombinationen aus Bestrahlungsintensität und Bestrahlungsdauer. Nach [HÜGE09]

wie dem Schneiden, dem Schweißen und dem Härten eine makroskopische thermische Beeinflussung des Werkstücks durch lange Bestrahlungsdauern bei mittleren Intensitäten stattfindet. Laserprozesse weisen in der Regel eine obere und untere Intensitätsgrenze für eine gegebene Bestrahlungsdauer auf. Unterhalb einer Schwellintensität findet der Prozess nicht in der gewünschten Ausprägung statt. Bei zu hohen Intensitäten nehmen Effekte wie z. B. die Plasmabildung nichtlinear zu, wodurch Laserstrahlung vom Werkstück abgeschirmt werden kann und eine weitere Steigerung der ins Werkstück eingebrachten Leistung nicht möglich ist. [HÜGE09]

Die in Bild 7.1 gezeigten Prozessbereiche müssen für die weiterführende Prozessauslegung materialspezifisch betrachtet werden, da sowohl die Absorptionschartakteristik verschiedener Werkstoffe (s. Bild 7.2) als auch die Werkstoffphysik einen entscheidenden Einfluss auf die Grenzen der Bereiche bzw. deren Existenz für einen bestimmten Werkstoff haben können. Darüber hinaus können auch Umgebungsbedingungen (beispielsweise Umgebungsdruck oder Schutzgasstrom) einen Einfluss auf die Lage der Prozessbereiche und deren Grenzen haben.

Die Wellenlänge und die maximale Ausgangsleistung des Lasersystems werden nach den Erfordernissen der Laseranwendung gewählt. In Bild 7.2 sind wellenlängenabhängige Absorptionskurven für elementare Metalle und eine exemplarische Stahllegierung bei Raumtemperatur dargestellt. Oft kann die Energieeinbringung in das Werkstück durch die Wahl einer passenden Laserwellenlänge optimiert werden. Dazu stehen diskrete Wellenlängenbereiche markterhältlicher Strahlquellen zur Verfügung. Für Standardanwendungen sind Festkörperlaser mit einer Wellenlänge von ca. 1070 nm sowie Diodenlaser mit einem Wellenlängenbereich von etwa 808 bis 1060 nm etabliert. Kürzere Wellenlängen stehen durch Frequenzverdoppelung (530 nm) bzw. Frequenzverdreifachung (355 nm) von Laserstrahlung sowie durch alternative Lasermedien zur Verfügung. Beispielsweise wird die Laserwellenlänge 530 nm häufig bei der Bearbeitung von hochreflektiven Werkstoffe, wie beispielsweise Kupferlegierungen, eingesetzt. Momen-

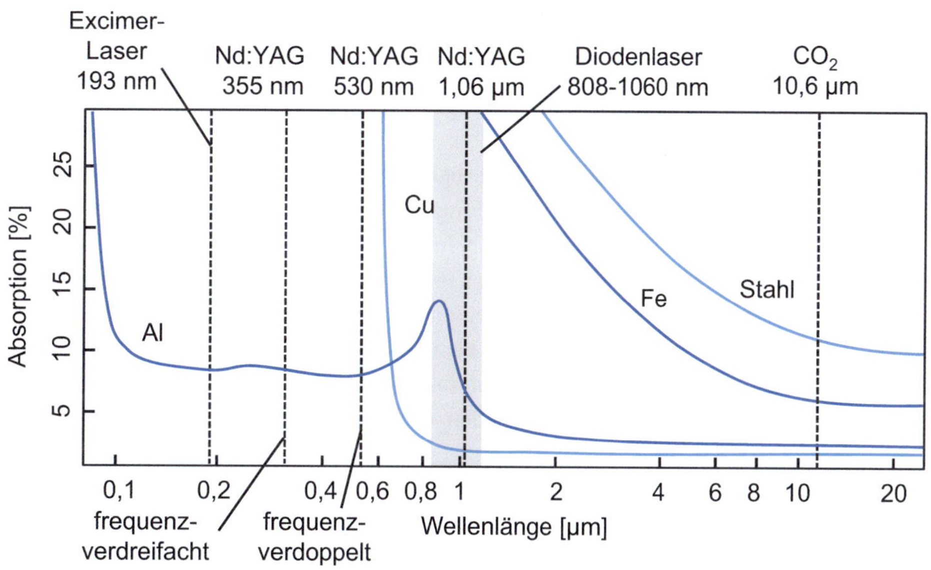

Bild 7.2 Wellenlängenabhängiges Absorptionsspektrum unterschiedlicher metallischer Werkstoffe und Laserwellenlängen gebräuchlicher Strahlquellen

tan weisen Strahlquellen für Wellenlängen im sichtbaren bzw. ultraviolettem Wellenlängenbereich vergleichsweise hohe Anschaffungskosten und vergleichsweise niedrigere Wirkungsgrade auf. Zusätzliche Einflussgrößen auf die Absorption eines Werkstoffes sind unter anderem der Oberflächenzustand, die Werkstücktemperatur und die Polarisation der Laserstrahlung. Für die Prozessauslegung ist die vorherige Bestimmung der genauen Absorptionscharakteristik des konkreten Werkstoffes empfehlenswert, da bereits einzelne Legierungselemente einen Einfluss auf das Absorptionsverhalten haben können.

Heute erhältliche Lasersysteme sind in der Lage, Ausgangsleistungen von über 100 kW zu erzeugen und damit den Großteil aller heutigen Laserprozesse in der Materialbearbeitung abzudecken. Prinzipiell führen hohe Strahlqualität und hohe Ausgangsleistung zu steigenden Kosten für eine Laserquelle. Die erforderlichen Parameter einer Strahlquelle vorab zu bestimmen ist deshalb sowohl technisch als auch wirtschaftlich notwendig.

Die Strahlqualität (M^2) und das Strahlparameterprodukt (SPP) sind wichtige Kenngrößen zur Charakterisierung von Laserquellen und sind in DIN EN ISO 11145 festgelegt [DIN08]. Anhand der Strahlqualitätskennzahl lässt sich bestimmen, wie präzise der Laserstrahl fokussiert werden kann, um sehr geringe Fokusdurchmesser und damit höhere Leistungsdichten bei gleicher Laserleistung zu erzeugen. Ist $M^2 = 1$ handelt es sich um einen idealen, gaußschen Laserstrahl (Single-Mode) mit bester Fokussierbarkeit. Mit zunehmendem M^2 sinkt die Strahlqualität – ein steigender minimaler Fokusdurchmesser ist die Folge. Laserquellen mit sehr hohen Ausgangsleistungen emittieren in der Regel Multimode-Laserstrahlung: Der Laserstrahl besteht aus einer Überlagerung unterschiedlicher elektromagnetischer Schwingungsformen und weist eine dementsprechend schlechtere Strahlqualität ($M^2 > 10$) auf. Hier wird dazu übergegangen, das Strahlparameterprodukt (SPP) aus halbem Öffnungswinkel im Fernfeld und Fokusradius in der Einheit mm·mrad zu verwenden. Aus dem SPP lässt sich bei gegebenem Strahlradius direkt die Divergenz des Laserstrahls zur Auslegung von optischen Systemen und Laserprozessen bestimmen.

Der elektrisch-optische Wirkungsgrad beschreibt die Effizienz der Umwandlung von elektrischer Eingangsleistung der Strahlquelle in optische Ausgangsleistung. Im Wirkungsgrad enthalten sind unter anderem die Effizienz der Pumpquelle, des Pumpvorgangs (Quantenausbeute), des Resonators sowie Verluste an den optischen Elementen. Der Wirkungsgrad ist stark bauartbedingt; in den folgenden Abschnitten über unterschiedliche Strahlquellen wird jeweils explizit darauf eingegangen.

Auf Grund der begrenzten Verfügbarkeit von Kombinationen aus Wellenlängen, Ausgangsleistung und Strahlqualität sowie wirtschaftlichen Betrachtungen muss bei der Wahl einer Laserquelle für einen Bearbeitungsprozess meistens ein Kompromiss eingegangen werden.

Das Prinzip der Anregung kann über das in ◘ Bild 7.3 links dargestellte Modell erklärt werden: Durch Energiezufuhr können Elektronen innerhalb eines Atoms durch Absorption der Energie auf ein höheres Energieniveau übergehen. Die Energieniveaus innerhalb des Atoms sind diskret verteilt und im thermischen Gleichgewicht nimmt ihre Besetzung mit steigender Energie ab. Die höheren Energieniveaus sind meist instabil, sodass das angeregte Elektron nach einer relativ kurzen Zeit von ca. 1 ns wieder auf ein stabileres Energieniveau relaxiert. Bei diesem Vorgang, der als spontane Emission bezeichnet wird, wird Energie entweder strahlungslos als Wärme oder in Form von elektromagnetischer Strahlung (optischer Übergang) frei. Eine Notwendige Bedingung für ein laseraktives Medium ist das Vorhandensein eines metastabilen Niveaus, in denen Elektronen für ca. 1 ms [EICH15] verweilen können. Zur Steigerung der Effizienz von laseraktiven Medien existieren neben dem hier dargestellten Drei-Niveau-System auch Vier-Niveau- und Mehr-Niveau-Systeme. Durch Pumpen von Elektronen auf das Pumpniveau und anschließende schnelle, strahlungslose Relaxation auf das metastabile Niveau kann eine Besetzungsinversion zwischen metastabilem Niveau (Laserniveau) und Grundniveau erzeugt werden. Durch elektromagnetische Wechselwirkung entsteht bei der Interaktion eines Photons mit einem angeregten Elektron Strahlung mit der gleichen Wellenlänge, Phasenlage und Richtung, wie das anregende Photon, während das Elektron gleichzeitig auf den Grundzustand relaxiert. Dieser Prozess wird stimulierte Emission genannt und ermöglicht die Verwendung des laseraktiven Mediums als optischen Verstärker zur Erzeugung von hochenergetischer Laserstrahlung.

Jede Laserstrahlquelle als technisches System lässt sich auf einen prinzipiellen physikalischen Aufbau aus den drei Komponenten laseraktives Medium, Pumpquelle und Resonator zurückführen (s. ◘ Bild 7.3 rechts).

Im laseraktiven Medium wird die zugeführte Energie aus der Pumpquelle zur Erzeugung und Aufrechterhaltung der Besetzungsinversion genutzt. Diese ist die Voraussetzung zur Erzeugung von Laserstrahlung durch stimulierte Emission. Das laseraktive Medium kann in fester, flüssiger oder gasförmiger Form vorliegen. Für die hier betrachteten Laserquellen sind gasförmige und feste laseraktive Medien relevant. Festkörperlaser enthalten Halbleiter oder dotierte Nichtleiter als laseraktives Medium. Bei dotierten laseraktiven Medien wird zusätzlich noch zwischen Substrat (meist in Kristallform, z. B. YAG: Yttrium-Aluminium-Granat) und Dotierungselement (typischerweise mehrwertige Metallionen, z. B. Nd^{3+} oder Yb^{3+}) unterscheiden. Häufig werden Laserstrahlquellen gemäß ihrem laseraktiven Medium bezeichnet. Eine aktuell häufig verwendete Kombination

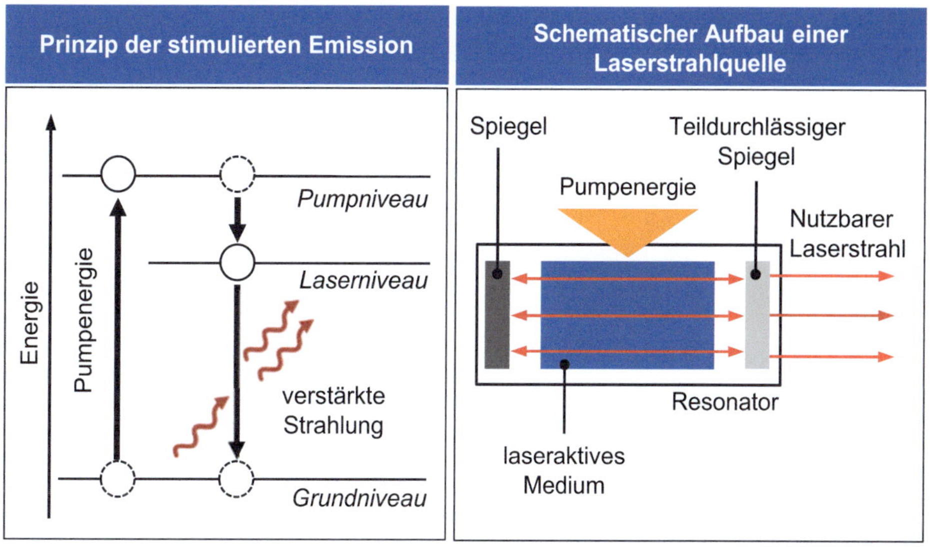

Bild 7.3 Prinzip der stimulierten Emission (links). Schematischer Aufbau einer Laserstrahlquelle (rechts). Nach [FÖRS01]

für Faserlaser ist beispielsweise Yb:YAG mit einer Zentralwellenlänge von 1070 nm. [FÖRS01]

Spontane und damit auch stimulierte Emissionsvorgänge finden, stochastisch verteilt, in allen Raumrichtungen statt. Durch den Aufbau des Resonators wird elektromagnetische Strahlung nur entlang der Resonatorachse durch mehrfaches Umlaufen der Laserstrahlung und wiederholte stimulierte Emission verstärkt. Eine mögliche Bauform beinhaltet einen voll reflektierenden und einen teiltransparenten Spiegel. Über die Spiegel findet zum einen die Verstärkung der Laserstrahlung auf die gewünschte Ausgangsleistung statt, zum anderen sind die Spiegel so zueinander angeordnet, dass durch Selektion bestimmter Schwingungsformen (transversale und longitudinale Moden) ein Laserstrahl mit möglichst geringer spektraler Bandbreite und einer hohen Strahlqualität erzeugt wird. (s. Bild 7.3 links). Die nutzbare Laserstrahlung wird in diesem Fall durch einen teildurchlässigen Spiegel aus dem Resonator ausgekoppelt. [POPR05]

Über die Pumpquelle wird Energie in das laseraktive Medium eingebracht. Die Anregung kann elektrisch, optisch, chemisch oder durch Stöße zwischen Teilchen stattfinden. Um eine hohe Quantenausbeute zu erzielen, ist die Pumpquelle so auf das laseraktive Medium abgestimmt, dass ein Großteil der Pumpenergie zur Erzeugung der Besetzungsinversion verwendet wird. So hat sich beispielsweise bei Festkörperlasern eine schmalbandige Anregung über Laserdioden gegenüber einer breitbandigen Anregung mittels Blitzlampen durchgesetzt und zu deutlichen Steigerungen im Wirkungsgrad dieser Laserquellen geführt.

In Gaslasern (z. B. CO_2, CO oder HeNe) stellen Gasmoleküle oder -atome das laseraktive Medium dar. Die Energiezustände bei Gaslasern entsprechen meist unterschiedlichen Schwingungsmoden eines Moleküls (z. B. Streck- oder Knickschwingung). Die Übergänge zwischen den Energiezuständen, die zur Strahlungsemission führen, finden dabei durch Stöße zwischen den Gasmolekülen bzw. -atomen statt.

Halbleiterlaser (auch Diodenlaser genannt) unterscheiden sich von dotierten Nichtleitern durch die Art des Pumpvorgangs. Die Anregung findet hier durch Aufprägen eines elektrischen Stroms am p-n Übergang des Halbleiters statt. Durch Rekombinationsprozesse zwischen Elektronen und Fehlstellen im Übergangsbereich wird Laserstrahlung emittiert.

Zum Betrieb einer Laserstrahlquelle wird zusätzlich ein Kühlaggregat für die Abfuhr der Wärme, die in der Leistungselektronik sowie bei Anregung und Strahlerzeugung entsteht, benötigt. Zusätzlich zur Strahlquelle werden Strahlführungssysteme, Bearbeitungsoptiken und Faserstecker aktiv gekühlt, um trotz hoher Ausgangsleitungen Temperaturstabilität zu gewährleisten.

7.1.1 Gaslaser (CO_2-Laser)

Bei Gaslasern wird zur Erzeugung von Laserstrahlung ein gasförmiges laseraktives Medium verwendet. Der CO_2-Laser ist neben anderen Gaslasern in der Materialbearbeitung aktuell am weitesten verbreitet. Ein CO_2-Laser emittiert Laserstrahlung mit einer Wellenlänge von 10,6 µm und hat je nach Bauart Wirkungsgrade von bis zu 30 %. Für diese Laser wird ein Gasgemisch aus Helium (He), Stickstoff (N_2) und Kohlenstoffdioxid (CO_2) im technischen Vakuum (100–250 hPa) verwendet. Die Anregung des CO_2 erfolgt über die N_2-Moleküle. Die elektrische Energie der Pumpquelle erzeugt freie Elektronen und wird über Elektronenstöße auf das N_2 Molekül übertragen. Die He-Atome haben die Funktion, über Stöße mit dem CO_2-Molekül Energie abzuführen und das CO_2-Molekül wieder in den Grundzustand zurückzuführen. [FÖRS01].

Bezüglich der Pumpquelle können CO_2-Laser in zwei Arten eingeteilt werden: Gleichstromanregung und Hochfre-

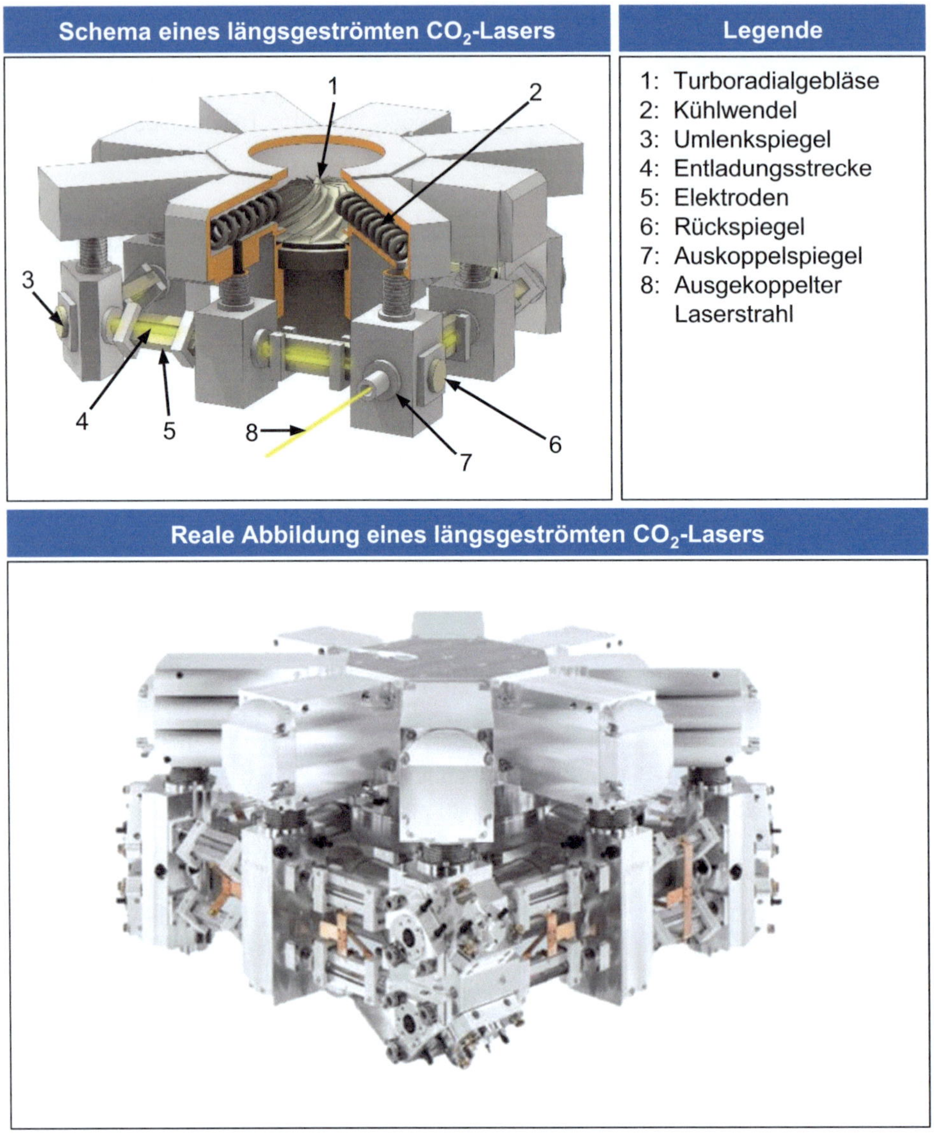

Bild 7.4 HF-angeregter, längsgeströmter CO_2-Laser. Quelle: TRUMPF-Gruppe

quenzanregung (HF). Bei der Gleichstromanregung befinden sich die beiden Anregungselektroden innerhalb des Gasgemischs. Vorteile dieser Anregungsart sind ein höherer Gesamtwirkungsgrad und eine einfache technische Realisierung. Allerdings tritt an den Elektroden Abbrand auf, wodurch es zu einer Verunreinigung des Gasgemisches und zu Elektrodenverschleiß kommt. Aus diesem Grund wird diese Anregungsart heutzutage nur noch selten verwendet. Bei der Hochfrequenzanregung erfolgt die Energieeinbringung über zwei Kondensatorplatten, die ein hochfrequentes elektromagnetisches Wechselfeld erzeugen. Die Kondensatorplatten befinden sich außerhalb des Resonators, wodurch technisch relevanter Elektrodenverschleiß vermieden wird. Durch die HF-Anregung können zudem die Wiederholrate der Laserpulse im Pulsbetrieb sowie die maximale Ausgangsleistung gesteigert werden.

Da bei der Strahlerzeugung ein erheblicher Teil der Pumpleistung in Wärme umgewandelt wird, muss das Gasgemisch kontinuierlich gekühlt werden. Hierzu wird zwischen den heute gebräuchlichen Bauformen diffusionsgekühlter und längsgeströmter CO_2-Laser unterschieden.

Der längsgeströmte CO_2-Laser mit Hochfrequenzanregung aus Bild 7.4 erreicht beispielsweise Strahlqualitäten von $M^2 = 1{,}8$ bei Ausgangsleistungen unter 10 kW. Selbst bei sehr hohen Ausgangsleistungen von bis zu 20 kW können mit dieser Bauart Laserstrahlen mit vergleichsweise hoher Strahlqualität von $M^2 = 5$ bzw. einem SPP von 17 mm · mrad erzeugt werden. Der Resonator des dargestellten Lasers ist so ausgeführt, dass der Laserstrahl vor der Auskopplung über einen quadratisch angeordneten Strahlweg geführt wird. Durch die sogenannte Faltung des Laserstrahls wird die Resonatorlänge, die annähernd proportional zur erreichbaren Ausgansleistung ist, unter Beibehaltung relativ kompakter Außenmaße erhöht. Dadurch ist es möglich, Laserstrahlquellen mit hohen Laserleistungen so kompakt zu gestalten, dass diese gut in Laserbearbeitungsmaschinen integriert

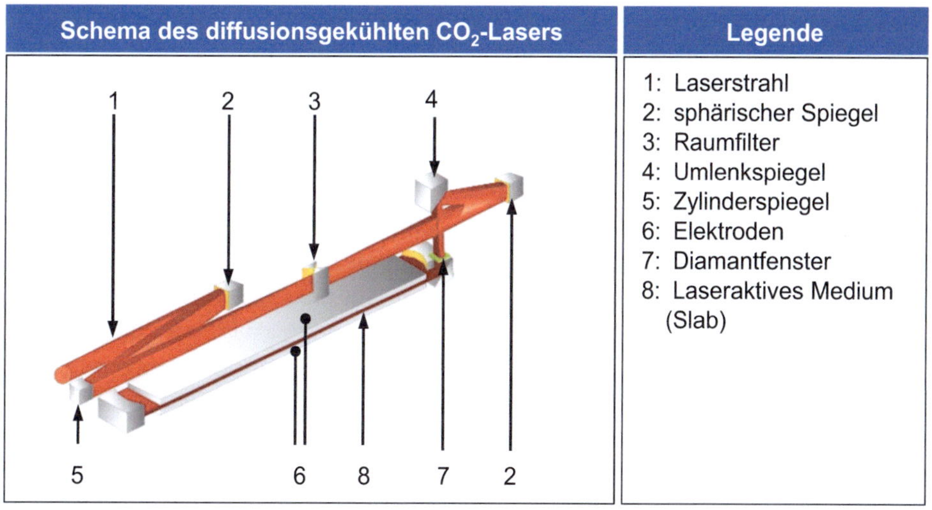

Bild 7.5 HF-angeregter, diffusionsgekühlter CO_2-Laser.
Quelle: Coherent-ROFIN

werden können. Zusätzlich kann durch die symmetrische Gasdurchströmung der einzelnen Teile des Resonators die thermische Stabilität der Laserquelle verbessert werden. Mit dem dargestellten Laser können Ausgangsleistungen von bis zu 20 kW erzeugt werden. Die Gasumwälzung erfolgt durch ein magnetgelagertes Turboradialgebläse, um den Wartungsbedarf zu senken (s. Bild 7.4). [TRUM08]

Bei diffusionsgekühlten CO_2-Lasern findet keine Gasumwälzung statt. Die Kühlung erfolgt mittels konvektivem Wärmeübergang zwischen Gasgemisch und Resonatorwand. Durch die geschlossene Systemausführung wird der Gasverbrauch reduziert, wodurch die Betriebskosten sinken. Eine häufig eingesetzte Strahlquelle mit Diffusionskühlung ist der Slab-Laser, (engl. Platte, Form des laseraktiven Mediums) bei dem sich das Gasgemisch zwischen zwei wassergekühlten quaderförmigen Elektroden befindet [FÖRS01]. In Bild 7.5 ist ein typischer diffusionsgekühlter CO_2-Slab-Laser dargestellt. Diese Laserquelle erreicht Strahlqualitäten von bis zu $M^2 = 1{,}05$ und Ausgangsleistungen von bis zu 8 kW. [ROFI14a]

7.1.2 Festkörperlaser

Bei einem Festkörperlaser liegt das laseraktive Medium im festen Zustand und in unterschiedlichen Geometrien vor. Die Anregung erfolgt in der Regel optisch, zum Beispiel mittels Blitzlampen oder, wie inzwischen Stand der Technik, über Laserdioden als Pumpquelle. Mit blitzlampengepumpten Lasern können aufgrund des breiten Wellenlängenspektrums der Lampen nur relativ geringe Gesamtwirkungsgrade (ca. 5 %) erzielt werden, was zu hohen Betriebskosten führt und deren Verwendung unwirtschaftlich machen kann. Bei diodengepumpten Festkörperlasern können heute Wirkungsgrade von über 50 % realisiert werden. Der Zugewinn an Effizienz entsteht durch Abstimmung der Pumpwellenlänge der Dioden auf die meist schmalen Absorptionslinien des laseraktiven Mediums (beispielsweise Nd^{3+}-Ionen bei 808 nm) und die Verbesserung der Effizienz der Pumpdioden, sodass ein höherer Wirkungsgrad erreicht wird. Durch die verlustärmere Anregung entstehen geringere thermische Lasten für den Resonator, was zusätzlich zu besseren Strahlqualitäten bei hohen Leistungen führt. [POPR05].

Unterschiede in der Ausführung der Laserquellen gibt es auch bei der Realisierung der gepulsten Betriebsart: Im Pulsbetrieb werden von der Strahlquelle diskontinuierliche Laserpulse emittiert. Die Pulsspitzenleistung kann dabei während der Pusldauer ein Vielfaches der mittleren Ausgangsleistung betragen. Bei einer gepulsten Laserquelle mit Pulsdauern von 200 ns können beispielsweise Pulsspitzenleistungen von 10 kW bei einer mittleren Leistung von 70 W erzielt werden. Zur Realisierung des Pulsbetriebs von Festkörperlasern können folgende Prinzipien verwendet werden:

Durch den pulsierenden Betrieb der Pumpquelle kann das laseraktive Medium zu diskontinuierlicher Emission angeregt werden. Diese Art der Anregung wird üblicherweise für Pulse von mehreren 100 ms bis zu 100 µs verwendet. Bedingt durch das Anregungsprinzip kann keine oder nur eine geringe Leistungsüberhöhung (10x) des Laserpulses, im Vergleich zu anderen Funktionsweisen der Pulserzeugung, stattfinden. Vorteilhaft ist die gesteigerte Flexibilität, da die Strahlquelle sowohl im cw-Betrieb bei Leistungen von mehreren kW als auch im gepulsten Betrieb mit hohen Pulsenergien von bis zu 200 J eingesetzt werden kann. [IPGL17]

Eine weitere Bauform von gepulsten Quellen ist der sogenannte „Master Oscillator Power Amplifier“ (MOPA). Um einen Laserpuls hoher Leistung und kurzer Dauer zu erzeugen, wird bei einem MOPA-Laser die Strahlung aus einer modulierten Laserdiode (im englischen auch Seed genannt) optisch verstärkt. Durch die Trennung von Signalerzeugung und -verstärkung können als Seed-Laser Laserdioden mit relativ geringen Ausgangsleistungen zugunsten einer hohen

Strahlqualität, einer geringen spektralen Breite und einer präziseren Ansteuerbarkeit eingesetzt werden. Die Verstärker bestehen aus einem laseraktiven Medium z. B. in Stab oder Faserform und werden bis knapp unterhalb der Laserschwelle gepumpt, sodass gerade noch keine stimulierte Emission stattfindet. Wenn das vorverstärkte Signal in den Verstärker eintritt, findet die stimulierte Emission statt und hohe Pulsspitzenleistungen können erzielt werden. Typische Pulsdauern für diese Bauart liegen im Bereich von 10 – 100 ns, ein cw-Betrieb ist meist möglich.

Eine Alternative für den MOPA-Aufbau ist die Güteschaltung (engl. Q-Switch). Durch die Verwendung eines Güteschalters kann der Resonator so beeinflusst werden, dass durch starke Resonatorverluste trotz ausreichender Pumpleistung kein Laserstrahl erzeugt wird. Dennoch kann im laseraktiven Medium ein hoher Grad von Besetzungsinversion aufrechterhalten werden, sodass bei Umschalten des Q-Switches, was zur Erhöhung der Resonatorgüte führt, ein Laserpuls von bis zu 10 ns mit hoher Pulsleistung erzeugt werden kann. Nachdem der Laserpuls ausgelöst wurde, wird der Güteschalter wieder geöffnet und das laseraktive Medium erneut durch Pumpen aufgeladen. Als Güteschalter können im einfachsten Fall rotierende Blenden eingesetzt werden. Am Markt etabliert sind Güteschaltungen mittels aktiver (z. B. akusto-optischer Modulator) oder passiver (z. B. sättigbarer Absorber) nichtlinearer, optischer Elemente.

Zur Erzeugung von ultrakurzen Pulsen mit einer Pulsdauer kleiner als 50 ps wird die Modenkopplung (engl. Mode Locking) eingesetzt. Im Resonator schwingen dabei mehrere longitudinale Moden an, deren Phasenbeziehung konstant ist. Durch konstruktive Interferenz bildet sich eine Welle mit starker und sehr kurzer Überhöhung der Amplitude aus. Die Verstärkung und Auskopplung der ultrakurzen Pulse wird über nichtlineare optische Elemente realisiert.

7.1.2.1 Stablaser

Zentrales Element eines Stablasers ist ein zylindrisches laseraktives Medium mit Durchmessern von bis zu 10 mm und einer Länge von bis zu 150 mm. [EICH15]. Das Pumpen kann durch Blitzlampen, die in ellipsoiden Resonatoren untergebracht sind, in deren gemeinsamen Brennpunkt sich das laseraktive Stabmaterial befindet, erfolgen. [POPR05] (s. ◘ Bild 7.6). Bei neueren, diodengepumpten Bauformen kann entweder seitlich oder, wie bei den meisten heute gebräuchlichen Laserquellen, koaxial zum Laserstab durch den für die Laserstrahlung undurchlässigen Spiegel gepumpt werden. Endgepumpte Stablaser ermöglichen eine vollständigere Ausnutzung des laseraktiven Mediums und höhere Strahlqualitäten.

Die stabförmige Ausführung des laseraktiven Mediums wurde auf Grund des einfachen Aufbaus vor allem bei Festkörperlasern älterer Bauart mit niedrigen Ausgangsleistungen verwendet. Durch die zylindrische Form entstehen vor allem bei hohen Laserleistungen thermische Linseneffekte im Stab, wodurch sich Strahlqualität und Stabilität des Resonators verschlechtern können, sodass ein stabiler Dauerbetrieb der Laserquelle bei hohen Ausgangsleistungen nicht mehr möglich ist. Nichtsdestotrotz kommen diodenge-

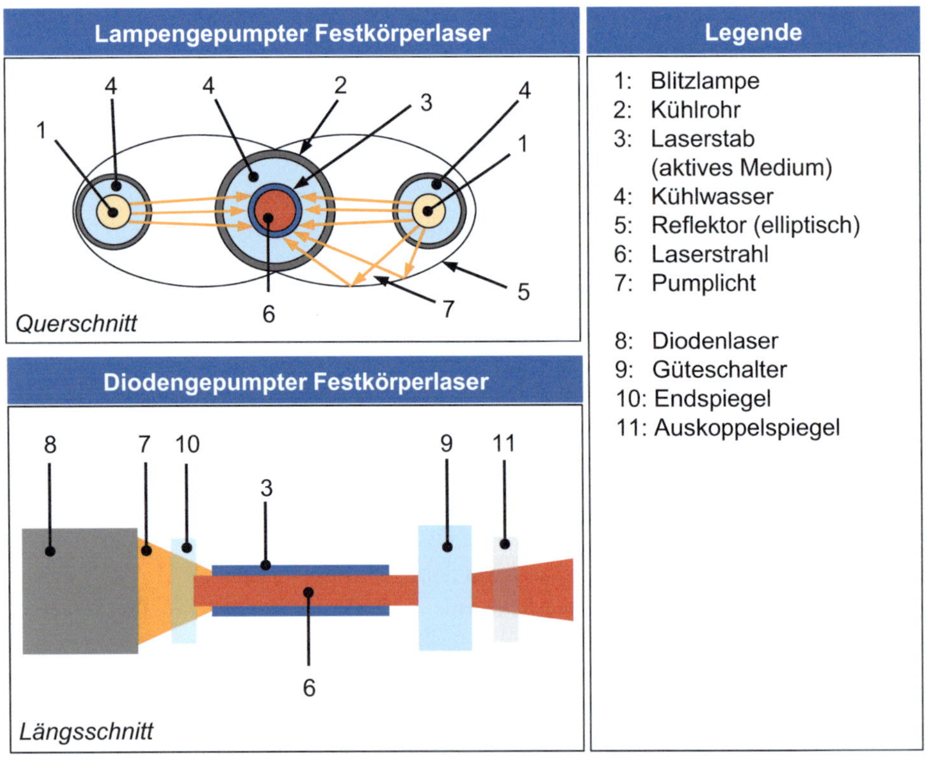

◘ **Bild 7.6** Festkörperlaser mit unterschiedlichem Pumpprinzip. Nach [POPR05]

pumpte Stablaser vor allem bei gepulsten Laserquellen zum Einsatz, da durch die geringe mittlere Laserleistung thermische Effekte beherrscht und hohe Strahlqualitäten erzielt werden können. Zur Verbesserung der Kühlung des aktiven Mediums wurden Faser- und Scheibenlaser entwickelt. Bei beiden Bauformen wurde das Problem des Wärmestaus in der Stabmitte durch die Optimierung der Geometrie des laseraktiven Mediums gelöst.

7.1.2.2 Faserlaser

Ein Faserlaser ist ein diodengepumpter Festkörperlaser, bei dem das laseraktive Medium in Form einer optischen Faser ausgeführt ist. Über die große Oberfläche der sehr dünnen Fasern kann die entstehende Abwärme effizient an die Umgebung abgegeben werden. Typische Faserlängen können 60 m und mehr betragen, um bei geringem Querschnitt entsprechend große Ausgangsleistungen erreichen zu können.

Die aktive Faser ist aus einem kristallinen Kern aus z. B. Yttrium-Aluminium-Granat (YAG), der mit Ytterbium- (Yb^{3+}) dotiert ist, aufgebaut. Die Strahlung der Pumpquelle wird entweder koaxial, über ein Faserende (s. ◘ Bild 7.7), oder durch seitlich angeschweißte Pumpfasern (engl. Splicen) in die aktive Faser eingekoppelt. Der Resonator entsteht durch Verspiegelung der Faserenden mittels Faser-Bragg-Gitter (FBG), sodass die Pumpstrahlung durch Totalreflexion in der Faser verbleibt bis sie vollständig in Laserstrahlung umgesetzt ist. Mit dem Faserlaser können höhere Ausgangsleistungen, sehr gute Strahlqualitäten und ein nahezu wartungsfreier Betrieb realisiert werden. Der Faserlaser aus ◘ Bild 7.7 (links unten) erreicht beispielsweise Ausgangsleistungen bis zu 6 kW. [ROFI14b].

Zur Erzeugung sehr hoher Ausgangsleistungen von mehr als 10 kW wird, z. B. bei der in ◘ Bild 7.7 (rechts unten) dargestellten Laserquelle, zwecks besserer Skalierbarkeit ein modularer Aufbau eingesetzt. Um hohe Ausgangsleistungen zu erzeugen, wird die Laserleistung aus den einzelnen Fasermodulen mit Ausgangsleistungen von bis zu 2 kW in einem sogenannten Combiner in einer einzigen Faser zusammengeführt. Der modulare Aufbau verbessert zudem die Robustheit und die Wartbarkeit der Laserquelle, da im Schadensfall einzelner Module mit geringerer Leistung oder durch Aktivierung eines Ersatzmodules weitergearbeitet werden kann, bis die defekten Module getauscht wurden. Dadurch sind Laserquellen von mehr als 100 kW Ausgangsleistung mit einer Wellenlänge von 1070 nm realisierbar (s. ◘ Bild 7.7). Mit heutigen Faserlasern können durch die effiziente Anregung über Pumpdioden und die verlustfreie opto-optische Umwandlung elektrisch-optische Wirkungsgrade von bis zu 50 % erzielt werden.

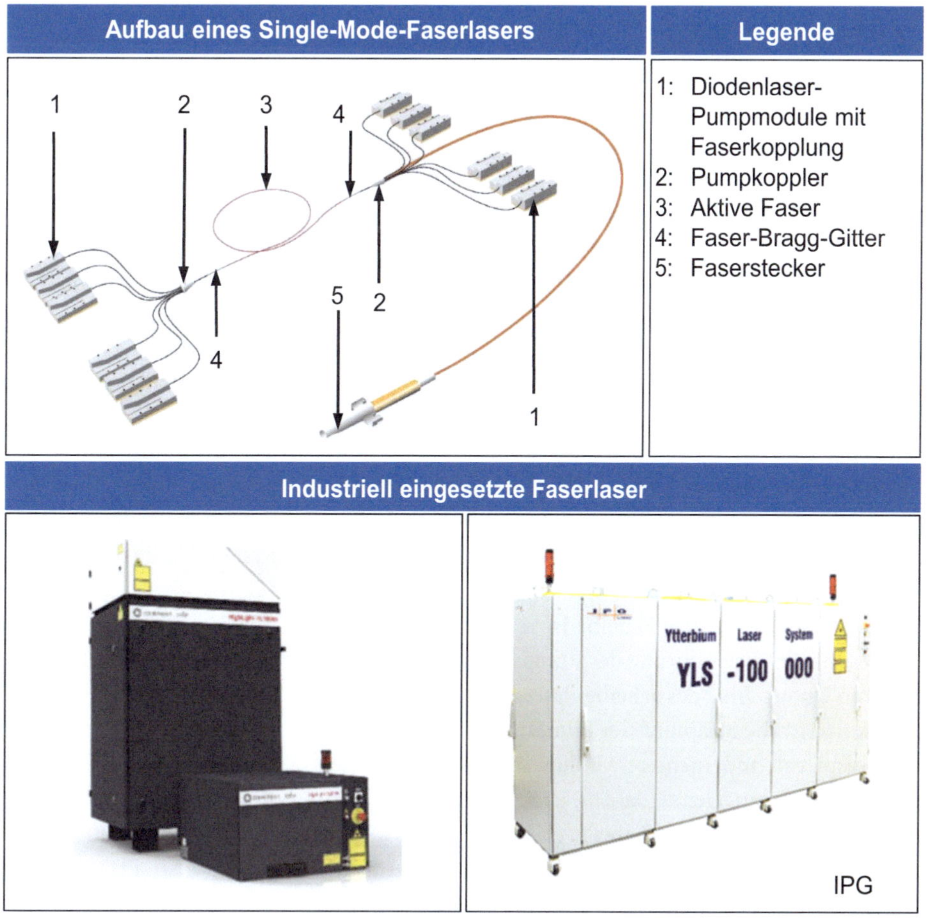

◘ **Bild 7.7** Aufbau und Ansicht industriell eingesetzter Faserlaser. Quelle: Coherent-ROFIN, IPG Laser

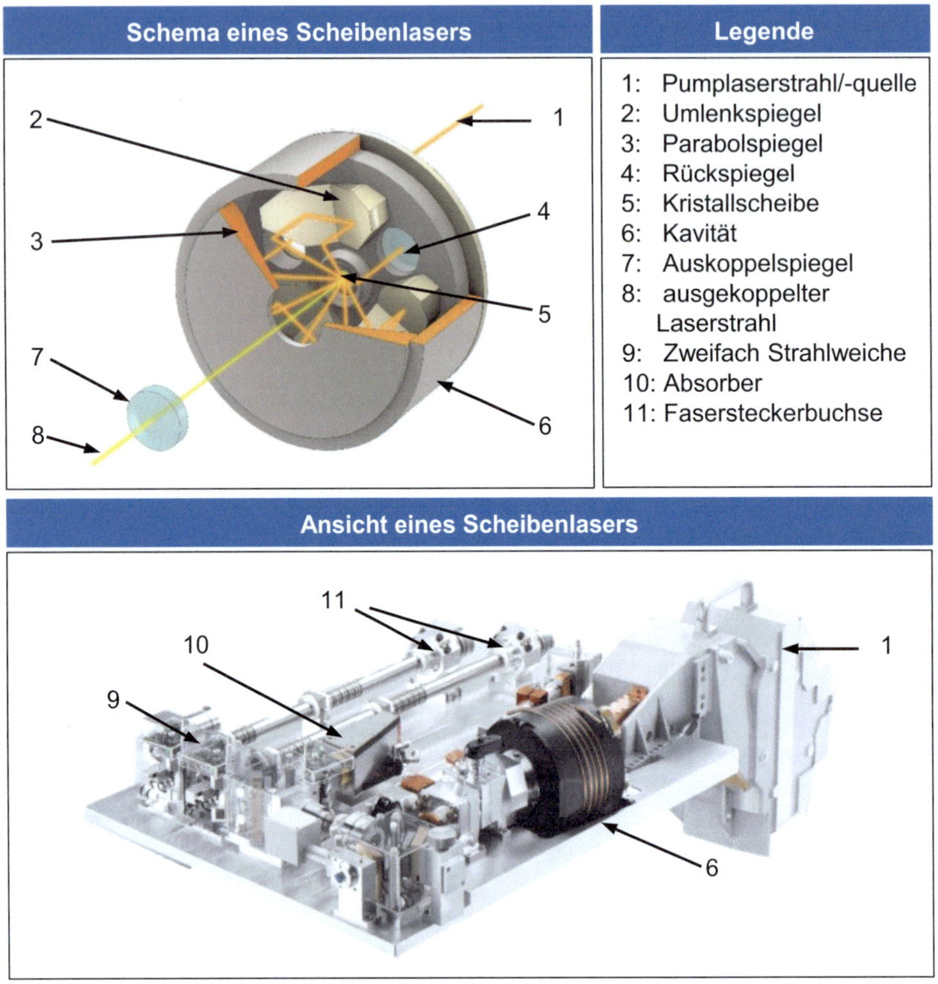

Bild 7.8 Schema und Ansicht eines Scheibenlasers. Quelle: TRUMPF-Gruppe

7.1.2.3 Scheibenlaser

Wie der Faserlaser ist auch der Scheibenlaser ein diodengepumpter Festkörperlaser. Das laseraktive Medium besteht in diesem Fall allerdings aus einer dünnen Yb:YAG-Kristallscheibe mit Dicken von 100 µm bis 200 µm und Durchmessern von ca. 15 mm, die Laserstrahlung der Wellenlänge 1.030 nm erzeugt. Die verhältnismäßig dünne Kristallscheibe ist auf einem Kühlkörper montiert, sodass über die Rückseite der Scheibe flächig gekühlt werden kann. In Folge dessen treten Temperaturgradienten nur in Scheibendickenrichtung auf und haben damit keinen negativen Einfluss auf die Strahlqualität. Dadurch können mit dem Scheibenlaser besonders gute Strahlqualitäten erzielt werden.

Die Kontaktfläche zur Scheibe ist verspiegelt und ist Teil des Resonators. Die Führung der Pumpstrahlung stellt einen weiteren Unterschied des Scheibenlasers zu anderen Festkörperlasern dar. Die Strahlung der Pumpquelle wird über einen Parabolspiegel und mehrere Umlenkspiegel der Rückseite der Kavität so umgeleitet, dass sie die Scheibe vielfach passiert wird und es zu einer nahezu vollständigen Absorption der Pumpstrahlung kommen kann (s. Bild 7.8). Auf diese Weise kann ein guter optisch-optischer Wirkungsgrad erzielt werden. Die Leistung dieser Laserbauart lässt sich zudem durch eine Serienanordnung mehrerer Scheibensysteme skalieren. Der in Bild 7.8 dargestellte Scheibenlaser kann bis zu 16 kW Ausgangsleistung erzielen [TRUM08].

7.1.3 Halbleiterlaser (Diodenlaser)

Bei Halbleiterlasern, im Sprachgebrauch in der Regel als Diodenlaser bezeichnet, besteht das laseraktive Medium aus dotierten Halbleitermaterialien wie beispielsweise dem System Gallium-Aluminium-Arsenid bzw. Gallium-Arsenid (GaAlAs bzw. GaAs)[KLOC07]. Eine Besonderheit der Diodenlaser ist die direkte Anregung durch elektrischen Strom. Dadurch können besonders hohe Wirkungsgrade von über 50 % erzielt werden, da keine Umwandlung von elektrischer in optische Pumpenergie nötig ist.

Das laseraktive Medium besteht aus einer p- und einer n-dotierten Schicht. Die p-dotierte Schicht ist mit weniger Elektronen als im Idealfall besetzt, während die n-dotierte Schicht ein Elektronenüberschuss aufweist [FÖRS01]. An diese beiden Schichten wird eine Spannung angelegt

(s. Bild 7.9). Am Übergang zwischen den beiden Schichten kommt es dadurch zu einem Wechsel der Elektronen vom Leitungs- zum Valenzband des Halbleiters, wobei Strahlung abgegeben wird. Die Abhängigkeit der Laserwellenlänge von der Zusammensetzung des Halbleitermaterials ermöglicht, Diodenlaser mit einem großen Spektrum an verschiedenen Wellenlängen vom UV bis zum IR-Bereich herzustellen [POPR05].

Das aktive Medium eines Diodenlasers ist allerdings aus technischen und physikalischen Gründen auf sehr geringe Abmessungen begrenzt. Dadurch können trotz der hohen Leistungsdichte mit einem einzelnen Diodenlaser nur sehr geringe absolute Ausgangsleistungen erreicht werden. Zur Erhöhung der Leistung werden daher jeweils etwa 20 bis 30 Laserdioden auf einem gemeinsamen Halbleiterchip zu sogenannten Laserbarren zusammengeführt. Die einzelnen Laserdioden können dabei elektrisch parallel betrieben werden und emittieren alle in der gleichen Richtung Strahlung. Die Laserstrahlung der Einzeldioden ist jeweils kohärent, zwischen den Laserstrahlen verschiedener Laserdioden besteht jedoch keine feste Phasenbeziehung. Durch Überlagerung vieler Teilstrahlen treten im Mittel keine Interferenzeffekte auf. Die Kühlung ist durch Auflöten der Laserbarren auf Wärmesenken realisiert.

Bei der Verwendung von Diodenlasern ist zu beachten, dass das Strahlparameterprodukt stark von der betrachteten Richtung bezüglich der Laserlinie abhängen. Entlang der Laserlinie (lateraler Richtung oder auch als Slow-Axis bezeichnet) wird eine relativ schlechte Strahlqualität erreicht und der Strahlöffnungswinkel beträgt etwa 5 ° – 12 ° (s. Bild 7.9). Senkrecht zur Laserlinie in transversaler Richtung (Fast-Axis) hingegen ist die Strahlqualität deutlich besser, wohingegen der Strahlöffnungswinkel mit etwa 45–90 ° wesentlich größer ist (s. Bild 7.9). Durch Mikrozylinderlinsen kann der Winkel in transversaler Richtung jedoch soweit reduziert werden, dass die Divergenz in lateraler Richtung dominiert.

Um die verfügbare Leistung noch weiter zu steigern, gibt es drei unterschiedliche Möglichkeiten: Das sogenannte Stacking, die Polarisationskopplung und die Wellenlängenkopplung. Beim Stacking werden mehrere Laserbarren inklusive der Wärmesenken und Mikrozylinderlinsen zu sogenannten Laserstacks zusammengefasst (s. Bild 7.10). Die einzelnen Barren werden übereinander angeordnet. Mit steigender Anzahl an Laserbarren innerhalb eines Stacks nimmt jedoch die Strahlqualität immer weiter ab, sodass sich die Verwendung von 6–15 Barren pro Stack bewährt hat.

Die Polarisationskopplung hingegen macht sich die Tatsache zunutze, dass Diodenlaser in der Regel linear polarisierte Strahlung emittieren. Damit kann die Strahlung zweier Laserbarren mittels polarisationsselektiven optischen Elementen so überlagert werden, dass ein Strahl mit doppelter Leistungsdichte ohne Verschlechterung der Strahlqualität erzeugt werden kann. Bei der Wellenlängenkopplung werden die unterschiedlichen Wellenlängen der einzelnen Laserbarren mit Hilfe wellenlängenselektiver Spiegel überlagert. Auf diese Weise lassen sich ebenfalls die Leistungsdichten addieren, ohne die Strahlqualität durch die Kombination negativ zu beeinflussen. Die Wellenlängenkopplung führt allerdings bei der Fokussierung durch optische Elemente zu Abbildungsfehlern (Aberrationen) und damit zu größeren Fokusdurchmessern. Unabhängig von der verwendeten Methode zur Leistungsskalierung kann der Gesamtstrahl schließlich noch über eine weitere Zylinderlinse auch in lateraler Richtung parallelisiert werden. Es ist allerdings zu beachten, dass trotz der genannten Maßnahmen die Diodenlaser im oberen Leistungsbereich im Vergleich zu den diodengepumpten Festkörperlasern eine deutlich schlechtere Strahlqualität erreichen. Vorteile bieten die Diodenlaser jedoch – neben ihren exzellenten Wirkungsgraden – durch ihre weitgehende Wartungsfreiheit sowie die besonders kompakte und leichte Bauweise. Letzteres ist besonders für den Einsatz auf bewegten Achsen oder Robotersystemen vorteilhaft. [POPR05]

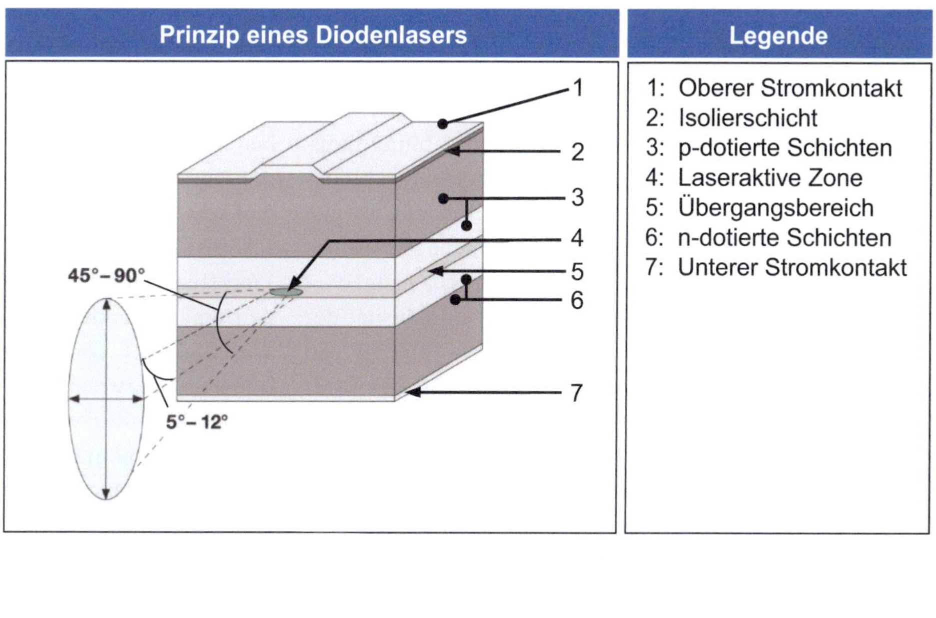

Bild 7.9 Diodenlaser. Quelle: TRUMPF-Gruppe

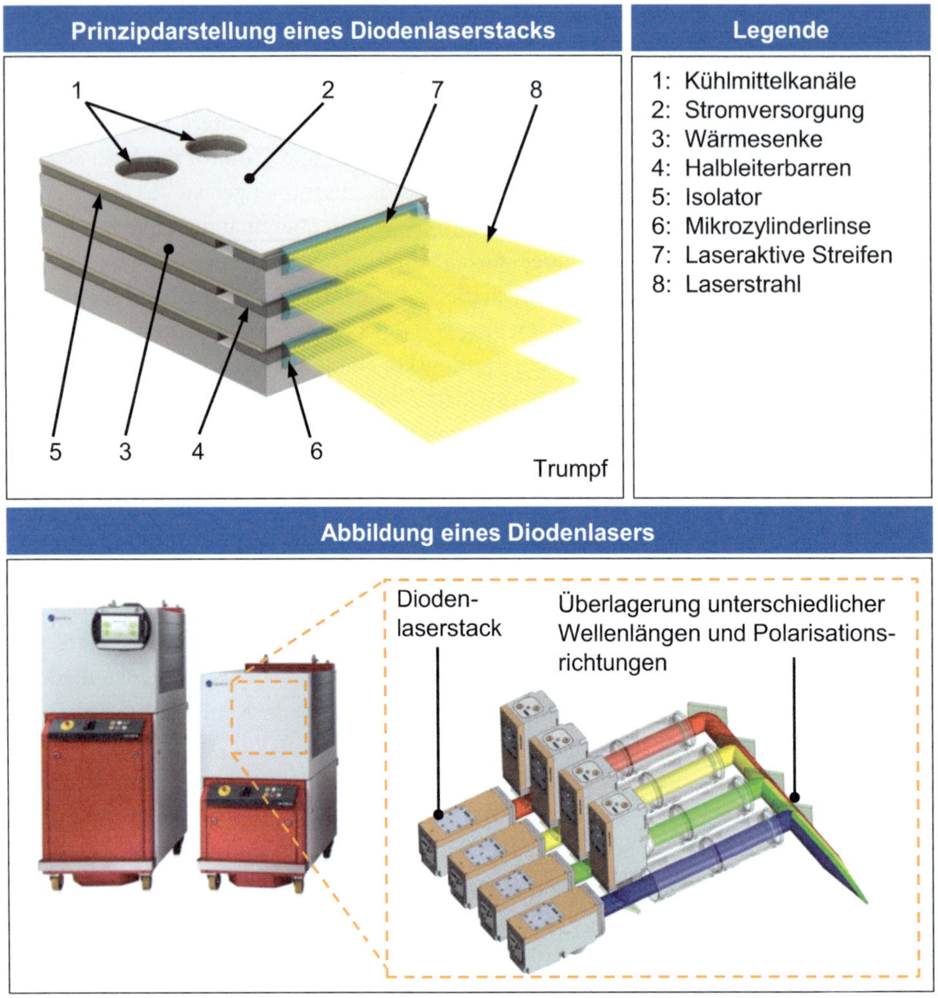

Bild 7.10 Diodenlaserstacks und Diodenlaserquelle. Quelle: TRUMPF-Gruppe, Laserline

Ein Diodenlaser der Firma Laserline inklusive Ansicht des Wellenlängen-Kopplers ist in Bild 7.10 unten zu sehen. Diese Laserquellen können aktuell Ausgangsleistungen bis zu 20 kW erreichen.

7.2 Strahlführung und -formung

Um Laserstrahlung von der Laserquelle bis zum Werkstück transportieren zu können, werden Strahlführungssysteme benötigt. Sie haben die Aufgabe, die Laserstrahlung möglichst verlustfrei und ohne Verschlechterung der Strahlqualität bis zum Einsatzort zu leiten. Zur Strahlführung werden Spiegelsysteme oder Lichtleitfasern verwendet. Welche Systeme zur Strahlführung eingesetzt werden, hängt von der Anwendung und der Wellenlänge sowie Intensität der Laserstrahlung ab. Insbesondere die Laserstrahlung von CO_2-, UV- und ultrakurzgepulsten Laserquellen kann nur mittels reflektierenden Optiken umgelenkt werden. Eine Strahlführung mittels Lichtleitfaser ist in relevanten Leistungsbereichen nicht möglich, da die Absorption von CO_2-, UV- und ultrakurzgepulster Laserstrahlung durch das Fasermaterial zu hoch ist und zur Zerstörung des Faserkerns führen würde.

Strahlführungssysteme für CO_2-Laser bestehen in der Regel aus einer Serie von wassergekühlten Kupfer-Umlenkspiegeln, die den Strahl an die gewünschte Stelle leiten. Der gesamte Strahlweg ist durch ein gasgeflutetes Rohrleitungssystem gekapselt, um Verunreinigungen der Spiegel oder Streuung des Laserstrahls an Partikeln in der Umgebungsluft zu vermeiden. Die Kapselung ist zudem aus Laserschutzgründen notwendig, um eine Schädigung von Mitarbeitern durch Streustrahlung auszuschließen. Die Anzahl der Umlenkspiegel in Strahlführungssystemen sollte minimal sein, da an jedem Spiegel Leistungsverluste von bis zu 1 % bis 2 % der Strahlleistung auftreten. Um den auf das Werkstück auftreffenden Laserstrahl zu fokussieren, werden sphärisch oder parabolisch geformte Spiegel bzw. Linsen eingesetzt. Die Linsen für CO_2-Laserstrahlführungen bestehen überwiegend aus Zinkselenid und eignen sich für kleine bis mittlere Strahlleistungen. Laserstrahlung von UV- und ultrakurzgepulsten Laserquellen wird über speziell beschichtete Spiegel umgelenkt. Je nach Emissionsspektrum der Laserquelle und der Leistungsdichte des Strahls

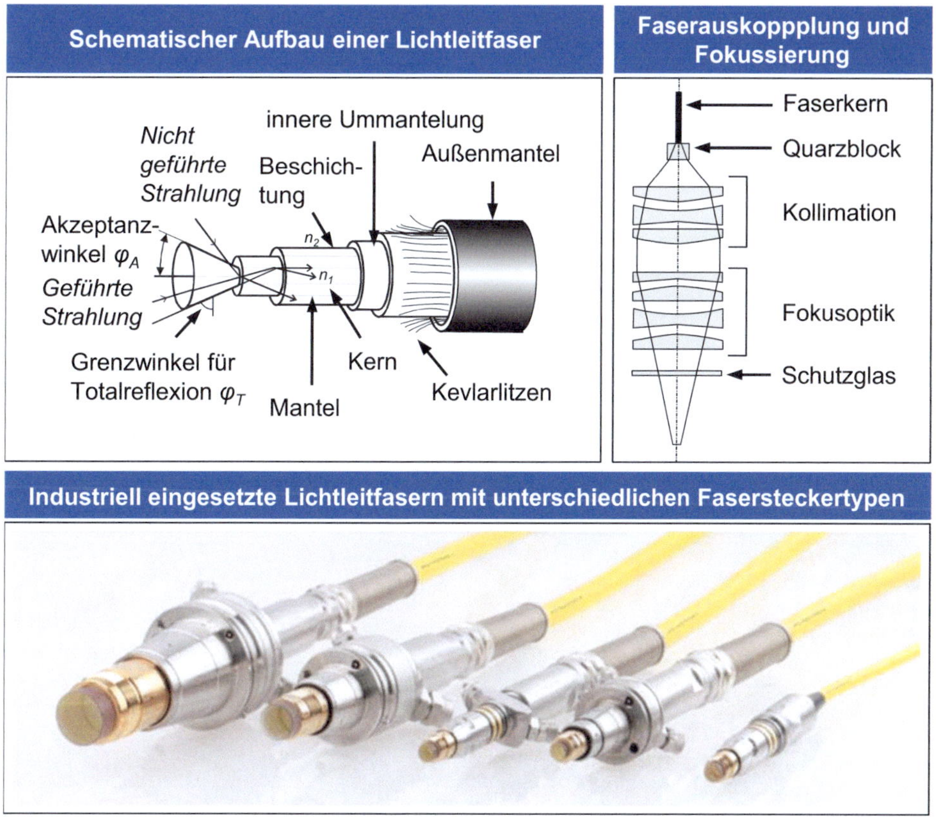

Bild 7.11 Lichtleitfaser zur flexiblen Strahlführung. Quelle: [POPR05], IPG Laser

auf dem Spiegel werden schmal- oder breitbandige Beschichtungen auf dielektrischer oder metallischer Basis, die auf ein Glassubstrat aufgebracht werden, verwendet.

Für die zur Materialbearbeitung eingesetzten cw-, kurz- oder langgepulsten Strahlquellen im nahen Infrarot-Wellenlängenbereich kann die Strahlführung auf einfache Weise durch eine Lichtleitfaser realisiert werden (s. Bild 7.11). Lichtleitfasern bestehen aus einem Quarzglaskern und -mantel. Durch einen Brechungsindex-Sprung zwischen Mantel und Kern (Stufenindexfaser) kann der Effekt der Totalreflektion genutzt werden, um das Licht verlustarm zu leiten. Der Mantel muss daher einen kleineren Brechungsindex als der Kern haben. Bei der Einkopplung von Laserstrahlung in die Faser muss der Akzeptanzwinkel der Lichtleitfaser berücksichtigt werden. Dieser gibt den maximalen Einfallswinkel in die Faser an, bei dem die Laserstrahlung mittels Totalreflektion noch geführt wird. Wird Laserstrahlung unter einem größeren Winkel als dem Akzeptanzwinkel in die Faser eingekoppelt, treffen diese mit einem größeren Winkel als dem Grenzwinkel für Totalreflexion auf die Grenzschicht zwischen Fasermantel und –kern auf. Dadurch werden diese nichtmehr vollständig reflektiert, sondern werden aus der Faser ausgekoppelt und führen im schlechtesten Fall zu deren Zerstörung. Ähnlich verhält es sich bei Fasern, die nicht gerade, sondern gebogen eingesetzt werden. Durch die Faserbiegung verändern sich die Winkelverhältnisse der internen Reflektion, sodass in der Regel ein Mindestbiegeradius (statisch) von ca. 100 mm eingehalten werden muss, um die Auskopplung von Laserstrahlung zu verhindern. Der Kerndurchmesser für Fasern zur Lasermaterialbearbeitung liegt zwischen 30 µm und 2 mm. Da der Lichtaustrittswinkel aus der Faser dem Eintrittswinkel entspricht, wird die divergente Laserstrahlung nach der Auskopplung mittels einer Kollimationsoptik parallelisiert.

Aktuell werden Hohlkernfasern entwickelt, um die vorteilhafte Handhabung heutiger Leichtleitfasern im industriellen Umfeld auch für Laserstrahlung mit Wellenlängen, die sich nicht für die Strahlführung in heute üblichen Quarzglasfasern eignen (z. B. CO_2-, UV-oder Ultrakurzpuls-Laserstrahlung), nutzbar zu machen. Zusätzlich können die übertragbaren Leistungsdichten oberhalb der Zerstörschwelle konventioneller Fasern liegen. Dieser Fasertyp besteht zwar ebenfalls aus Quarzglas, besitzt jedoch eine zylindrische Kavität entlang der Faserachse, in der das Licht geführt wird. Die Grenzfläche ist dazu mit reflektierenden Schichten (z. B. Silber) verspiegelt, sodass Totalreflektion stattfinden kann. Auf Grund der verhältnismäßig großen Durchmesser des Glasmantels, verglichen mit konventionellen Glasfasern, müssen aktuell noch sehr große Biegeradien eingehalten werden.

Für die dynamische Strahlführung werden Strahlablenkeinheiten, auch Laserscanner genannt, eingesetzt. Die Aufgabe eines Scanners besteht darin, die Laserstrahlung innerhalb eines zwei- oder dreidimensionalen Arbeitsfeldes

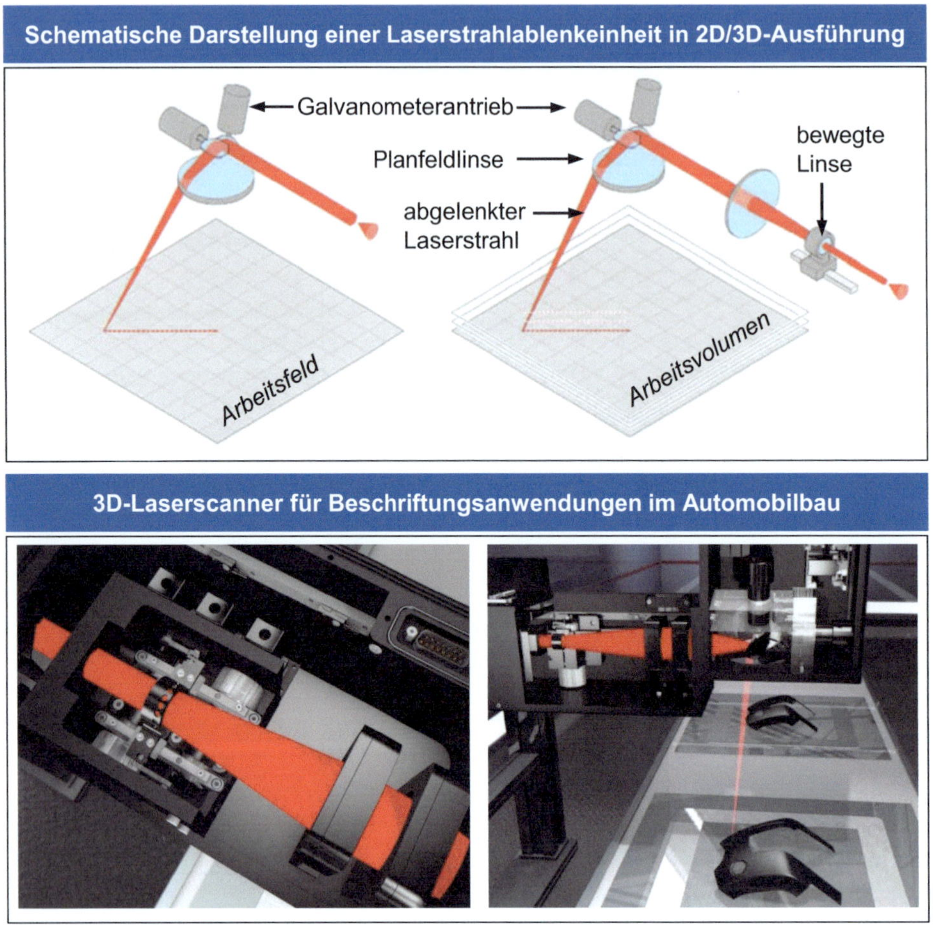

Bild 7.12 Schematische Darstellung eines 2- bzw. 3-Achs-Scansystems. Quelle: RAYLASE

bzw. -raums abzulenken und zu positionieren. Die Ablenkung in x-y-Richtung erfolgt bei den meisten zur Materialbearbeitung eingesetzten Scannern über zwei bewegliche Spiegel, die über Galvanometerantriebe rotatorisch bewegt werden (s. Bild 7.12). Da bei diesen optischen Achsen, im Vergleich zu Werkzeugmaschinenachsen, nur sehr geringe Massen bewegt werden müssen und mit kleinen Winkeländerungen des Spiegels eine große translatorische Auslenkung des Laserstrahlfokus in der Bearbeitungsebene erzielt wird, können bei typischen Systemkonfigurationen hohe Beschleunigungen und hohe Ablenkgeschwindigkeiten von bis zu 30 m/s in der Bearbeitungsebene erzielt werden. Für eine dreidimensionale Bearbeitung muss die Fokusebene des Laserstrahls entsprechend dem Materialabtrag bzw. der Bauteiloberfläche kontinuierlich nachgeführt werden. Die optische Z-Achse eines 3D-Ablenksystems kann über eine dynamisch verschiebbare Linse realisiert werden. Für viele Anwendungen ist jedoch eine zweidimensionale Ablenkung der Laserstrahlung in einem Arbeitsfeld ausreichend. In diesem Fall wird die Laserstrahlung nach der Auslenkung durch die Spiegel durch ein Bearbeitungsobjektiv fokussiert. Hierfür kommen vorwiegend Planfeld-Objektive (F-Theta-Objektive) zum Einsatz, die durch ein Mehrlinsensystem einen nahezu konstanten Brennfleckdurchmesser in der Arbeitsebene erzeugen. Die Ablenkung des Laserstrahlfokus ist dabei proportional zum Einstrahlwinkel in das Objektiv. Für einige Anwendungen, z. B. hochgenaue Strukturieranwendungen, ist es notwendig, dass die Laserstrahlung an jeder Position des Bearbeitungsfelds senkrecht auf die zu bearbeitende Oberfläche trifft und damit an jeder Stelle des Feldes identische Absorptionsbedingungen vorherrschen. Diese Anforderung erfüllen telezentrische Optiken. Die Größe des Arbeitsfelds kann in Abhängigkeit des verwendeten optischen Systems variieren und beträgt typischerweise zwischen 50 mm · 50 mm und 500 mm · 500 mm. Etablierte Anwendungsfelder für Scanner finden sich im Remoteschweißen und -schneiden, dem Laserabtragen und dem Laserhärten.

Für noch höhere Geschwindigkeiten und Anwendungen, bei denen die Laserstrahlablenkung nur in einer Dimension dynamisch abgelenkt werden muss, wurden Polygonscanner entwickelt. Die Laserstrahlung wird dabei durch einen rotierenden Facettenspiegel abgelenkt und durch eine eindimensionale Planfeldlinse auf das Werkstück fokussiert. Durch extrem hohe Rotationsgeschwindigkeiten des Polygons können Ablenkgeschwindigkeiten von über 300 m/s erzielt werden. Der Bauteilbewegung orthogonal zur Scanrichtung ist meist über eine mechanische Achse realisiert.

7.3 Laserschneidanlagen

Beim Laserschneiden wird die thermische Wirkung von Laserstrahlen mit ihrer hohen flächenbezogenen Energiedichte genutzt. Nach DIN 2310 Teil 6 wird Laserstrahlschneiden der Verfahrensgruppe „Thermisches Abtragen“ zugeordnet [DIN03]. Das Laserschneiden weist gegenüber mechanischen und anderen thermischen Trennverfahren eine Reihe von Vorzügen auf:

- nahezu kraftfreie Bearbeitung
- hohe Bearbeitungsgeschwindigkeiten
- kleine Wärmeeinflusszone
- geringer Verzug
- sehr geringe Schnittfugenbreiten
- nahezu verschleißfrei

In der industriellen Praxis werden mit dem Laserstrahl überwiegend metallische Werkstoffe geschnitten. Beispielhaft sind hier Bau-, Werkzeug- und rostfreie Stähle sowie Aluminium und seine Legierungen zu nennen. Für nichtmetallische Werkstoffe, z. B. Pappe, Holz, Leder oder Kunststoff, kann der Laserstrahl ebenfalls zum Trennen eingesetzt werden.

Das thermische Trennen mittels Laserstrahl wird in drei Verfahren unterteilt:

- Sublimierschneiden
- Schmelzschneiden
- Brennschneiden

Beim Sublimierschneiden wird der Werkstoff im Bereich der Schnittfuge direkt von dem festen in den gasförmigen Zustand überführt. Da nahezu keine Schmelze entsteht, können glatte Schnittkanten erreicht werden. Die Wärmeeinflusszone am Rand der Schnittkante und die gesamte Wärmebelastung des Werkstücks sind minimal. Nachteilig sind die, insbesondere bei Metallen, hohen erforderlichen Intensitäten (> 108 W/cm^2), die nur von leistungsstarken Strahlquellen mit hoher Strahlqualität erreicht werden können. Im Vergleich zum Schmelzschneiden werden beim Sublimierschneiden deutlich geringere Schnittgeschwindigkeiten erzielt. [POPR11]

In der Verfahrensvariante des Remoteschneidens werden dünne Bleche (< 1 mm) in einem Scanprozess geschnitten. Die Schnittkontur wird im Remoteschneidprozess mehrfach bestrahlt. Pro Überlauf wird eine bestimmte Ab-

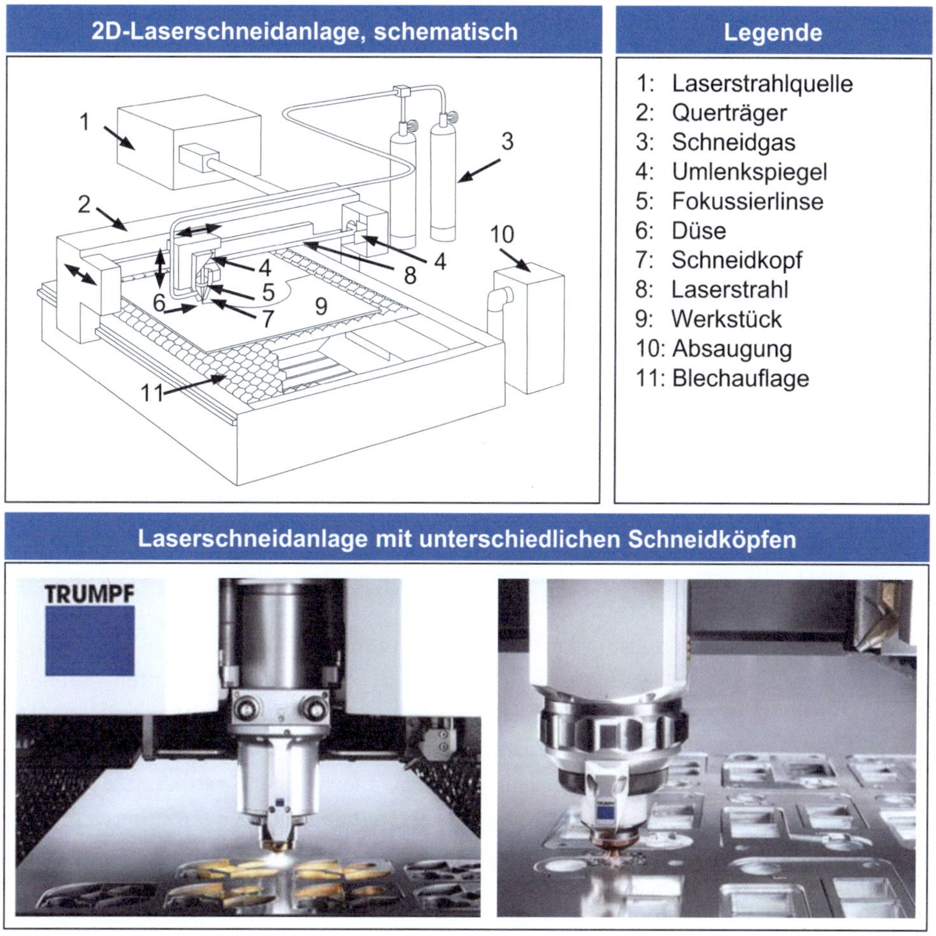

Bild 7.13 2D-Laserschneidanlage. Nach TRUMPF-Gruppe

tragtiefe in Abhängigkeit der Material- und Prozessparameter zwischen ca. 10 µm und 50 µm erzielt. Die Anzahl von Überläufen und somit die Prozessdauer ergibt sich aus der Materialstärke und dem Abtrag pro Überlauf.

Beim Schmelzschneiden wird der Werkstoff durch den Laserstrahl im Bereich der Schnittfuge aufgeschmolzen und mithilfe eines inerten Gasstrahls ausgetrieben. An den Kanten bilden sich durch die Schmelzbaddynamik Schnittriefen aus. Eine Verfahrensvariante ist das Hochdruckschneiden, bei dem das Schneidgas mit einem Druck von über 6 bar zugeführt wird. Dadurch werden Gratbildung und Schlackenanhaftung an der Schnittkante reduziert.

Das Laserbrennschneiden ist das effizienteste Schneidverfahren und wird vorwiegend zum Trennen von Metallen eingesetzt. Im Gegensatz zum Schmelzschneiden wird Sauerstoff als Schneidgas eingesetzt. Durch die resultierende exotherme Reaktion bei der Oxidation erfolgt im Bereich der Wechselwirkungszone von Laserstrahl und Werkstück eine zusätzliche Energiezufuhr. Die erreichbaren Schneidgeschwindigkeiten sind hierdurch um den Faktor 2 bis 6 größer als beim Laserschmelzschneiden. Nachteilig sind hingegen die entstehende Oxidschicht und die stärkere Riefenbildung.

Um den Laserstrahl auf dem Werkstück zu fokussieren, werden bei den überwiegend angewendeten Verfahren Schmelz- und Brennscheiden an den Laserbearbeitungsköpfen mit entsprechenden Optiken eingesetzt. Charakteristische Komponenten solcher Arbeitsköpfe sind die Fokussieroptik und die Düse. Letztere dient dazu, Prozessgase gezielt einzusetzen und die Optik zu schützen. Um während der Bearbeitung Unebenheiten des Werkstücks auszugleichen, wird ein Abstandssensor an der Düse genutzt. Dieser arbeitet für metallische Werkstoffe üblicherweise kapazitiv, für andere Materialien auch berührend. Der Laserkopf wird entsprechend der Unebenheit nachgeführt und hält so einen konstanten Abstand zur Werkstückoberfläche. Da für die Bearbeitung der Abstand des Laserkopfes definiert einstellbar sein muss, muss zwischen Fokussieroptik und Werkstück eine Relativbewegung möglich sein. Es sind daher folgende kinematische Verteilungen der Achsbewegungen auf zugehörige Handhabungssysteme möglich:

- stationäre Optik bei bewegtem Werkstück
- bewegte Optik bei stationärem Werkstück
- bewegte Optik bei bewegtem Werkstück

Ein weiteres Unterscheidungsmerkmal für Laserschneidanlagen ist die Zahl der Bewegungsachsen. Während 2D-Anlagen mit drei Achsen auskommen, sind bei 3D-Schneidanlagen bis zu fünf Bewegungsachsen erforderlich. Die größte Verbreitung haben 2D-Schneidanlagen für das Blechschneiden (s. ◘ Bild 7.13). Die Laserstrahlquelle erzeugt den zur Bearbeitung notwendigen Laserstrahl. Dieser wird über ein gekapseltes Strahlführungssystem einer X-Y-Verfahreinheit in Portalbauweise zum Laserkopf zugeführt. Der Schneidkopf bewegt sich in der Y-Achse auf dem Querträger. Der Querträger selbst ist in X-Richtung verfahrbar. Die genaue Höhenpositionierung des Laserstrahls auf dem Werkstück erfolgt in Z-Richtung durch eine höhenverstellbare Fokussiereinheit. Die zu bearbeitenden Bleche werden auf einen Auflagerost gelegt. Beim Schneiden auftretende Emissionen können so direkt von unten abgesaugt werden. Mit Filtersystemen werden die Schadstoffe aus der Abluft abgeschieden und die gereinigte Luft kann der Umgebung wieder zugeführt werden. Über verschiedene Gaszuführleitungen kann die Schneiddüse im Arbeitskopf je nach Anwendung mit unterschiedlichen Gasen (N_2, O_2, Ar, He) versorgt werden. Unterscheidungsmerkmale einer 5-Achs-Laseranlage zur Flachbettanlage sind der höhere Bauraum in Z-Richtung und die beiden zusätzlichen rotatorischen Achsen. Es können sowohl Bearbeitungsaufgaben an ebenen Bauteilen als auch komplexe räumliche Bearbeitungen durchgeführt werden.

7.4 Laserabtraganlagen

Das Laserabtragen ist ein subtraktives Verfahren und stellt somit den Gegenentwurf zu den laserbasierten additiven Verfahren dar. Das Ziel des Laserabtragens besteht darin, durch gepulsten Energieeintrag kleine Materialvolumina zu entfernen und somit aus einem Halbzeug die geforderte Sollgeometrie herauszuarbeiten. Wegen der bisher geringen maximal erreichbaren Abtragraten von einigen Kubikmillimetern pro Minute wird das Laserabtragen meist nur lokal, z. B. zur Modifizierung der Oberflächeneigenschaften (Näpfe zur Verbesserung von tribologischen Eigenschaften z. B. in Verbrennungsmotoren), für Spanleitstufen in cBN- oder PKD-Werkzeugen, Beschriftungen mittels Gravur oder zur Herstellung von kleinen Prototypen (Mikrospritzgusswerkzeuge, Prägestempel) angewendet.

Zum Laserabtragen kommen gepulste Festkörperlaser mit einer Pulsdauer im Femto- bis Nanosekundenbereich zum Einsatz. Beim Nanosekundenlaserprozess (Kurzpulslaserabtrag) wird der Werkstoff erwärmt, aufgeschmolzen und verdampft. Eine makroskopische Randzone mit Schmelzanhaftung ist in vielen Fällen unvermeidbar. Beim Abtrag mittels Femto- oder Pikosekundenlaserstrahlung (Ultrakurzpulslaserabtrag) wird der Werkstoff durch die hohen Strahlintensitäten und die extrem kurzen Pulsdauern größtenteils direkt sublimiert. So können Schmelzanhaftungen auf ein Minimum reduziert werden. Die Pulsspitzenleistung liegt bei Kurzpulslaserprozessen im Kilowattbereich, bei Ultrakurzpulslaserprozessen im Mega- bis Gigawattbereich. Die mittlere Ausgangsleistung beträgt jedoch nur zwischen ca. 10 und 1.000 W. Entscheidend für die Abtragrate und die Oberflächenqualität der Struktur sind dabei neben den Laserparametern die Geschwindig-

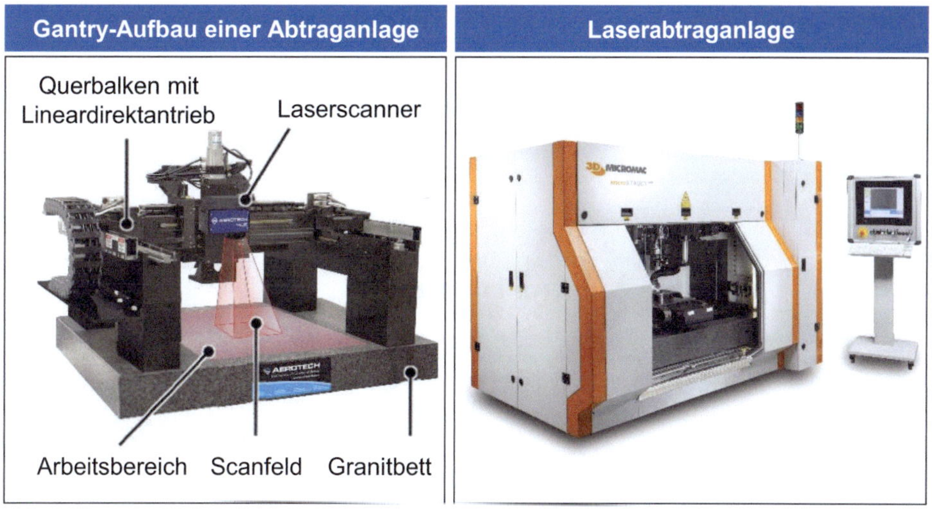

Bild 7.14 Achssystem und flexible Strukturieranlage, Quelle: AEROTECH, 3D-Micromac

keit und Genauigkeit der Strahlablenkung. Die Strahlablenkung erfolgt meist über einen Scanner.

Das Laserabtragen zeichnet sich u.a. aufgrund der Werkstoffunabhängigkeit, der lokal eng begrenzbaren Bearbeitungsmöglichkeit, der guten Integrierbarkeit in Bearbeitungsmaschinen sowie der geringen Umweltbelastung durch den Prozess aus. Mit dem Verfahren können Strukturgrößen von 10 µm mit Aspektverhältnissen von 10–100 und Oberflächengüten von $Ra = 0{,}1$ µm realisiert werden.

Anlagen zum Laserstrahlabtragen unterscheiden sich im Aufbau von zerspanenden Werkzeugmaschinen, was durch die Erfordernisse der unterschiedlichen Bearbeitungsprozesse begründet ist. Da die durchgeführten Laserprozesse kraftfrei sind, liegt das Hauptaugenmerk solcher Anlagen nicht auf einer besonders hohen statischen und dynamischen Steifigkeit. Stattdessen liegen die Entwicklungsschwerpunkte auf einem thermisch stabilen Aufbau, einer hohen Genauigkeit der verwendeten Achskinematik, der steuerungstechnischen Kopplung von Achsbewegungen mit Scannerbewegungen sowie Messtechnik zur Einmessung des Laserstrahlfokus.

Im Bild 7.14 ist ein Achssystem aus einer Laserabtragmaschine (links) und eine Laserabtragmaschine (rechts) gezeigt. Das Achssystem ist auf einem Granitbett montiert und ist in diesem Fall in Portalbauweise ausgeführt. Je nach Laserprozess können andere oder zusätzliche Kinematiken (z.B. Drehachsen zur Werkzeugbearbeitung) notwendig sein. Bei der gezeigten Abtragmaschine sind Strahlquellen mit fünf Wellenlängen für die Bearbeitung verschiedenster Materialien verbaut. Diese werden über einen Laserscanner abgelenkt. Zur Bauteilpositionierung verfügt die Anlage über ein Achssystem ähnlich zum Achssystem in Bild 7.14 links. Achssystem und Laserscanner erreichen zusammen eine Absolutgenauigkeit von 10 µm. Weiterhin ist Messtechnik zum Einmessen von Werkstücken und optische Messtechnik zur Scannerkalibrierung verbaut.

7.5 Anlagen zur generativen Fertigung

Durch die gute Fokussierbarkeit von Laserstrahlung ist es möglich, verschiedene Materialien präzise und lokal zu sintern oder zu verschweißen. Dies kann eingesetzt werden, um aus einem pulverförmigen Werkstoff dreidimensionale Objekte generativ herzustellen. Die Werkstücke werden hierbei schichtweise aufgebaut. Innerhalb jeder Schicht wird der Werkstoff nur an den Stellen verschmolzen, die im späteren Bauteil benötigt werden. Danach werden weitere Schichten hinzugefügt und mit den vorherigen verbunden bis das Bauteil vollständig gefertigt ist. Ein Vorteil dieses Herstellungsverfahrens ist die hohe herstellbare geometrische Komplexität vergleichen mit konventionellen Fertigungsverfahren. Ein Überblick über die verschiedenen generativen Verfahren wird in ▶ Kap. 2.6 gegeben. Nachfolgend wird das selektive Laserschmelz-Verfahren und die entsprechende Lasersystemtechnik näher erläutert. In ▶ Kap. 7.6 wird das Laserauftragsschweißen behandelt.

Die generative Verarbeitung metallischer Werkstoffe begrenzt sich zurzeit auf Nischenprodukte. Vorwiegend werden Bauteile für die Luft- und Raumfahrt, die Medizintechnik und vereinzelt auch den Werkzeugbau hergestellt. Metallische Produkte werden häufig mit selektiven Sinter- bzw. Schmelzverfahren gefertigt. Zu verarbeitende Werkstoffe auf kommerziellen Anlagen sind u.a. Edelstähle, Aluminiumlegierungen, Nickelbasislegierungen und Titanlegierungen. In Bild 7.15 sind Produktbeispiele mit metallischen Materialien dargestellt. Auf der linken Seite ist der topologieoptimierte Prototyp für eine Halterung innerhalb des Airbus A380 dargestellt, auf der rechten Seite ist eine individualisierte Hüftpfanne abgebildet.

Das am Fraunhofer-Institut für Lasertechnik ILT entwickelte Selektive Laserschmelz-Verfahren (Selective Laser Melting, SLM) ist ein pulverbettbasiertes generatives Fertigungsverfahren [MEIN99]. Als Pulverwerkstoff werden serienidentische metallische Materialien verwendet. Der Ab-

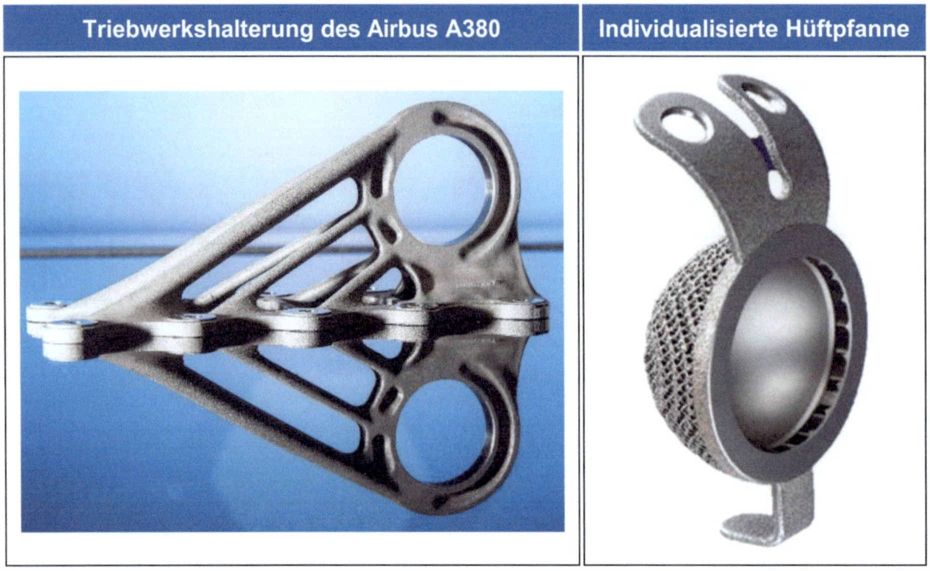

Bild 7.15 Produktbeispiele für die generative Fertigung mit Metallen. Quelle: Airbus, [POPR14]

lauf des Selektiven Laserschmelz-Verfahrens lässt sich in die drei Hauptabschnitte Datenaufbereitung, Bauteilgenerierung und Bauteilnachbearbeitung gliedern. Bei der Datenaufbereitung wird ein dreidimensionales CAD-Volumenmodell durch das Prinzip der Triangulation in ein STL Datenformat überführt, s. Bild 7.16. Folgend wird dieses Format in Schichten zerlegt, die der zu fertigenden Schichtdicke entsprechen. Bei diesem Prozessschritt, der im Englischen slicen genannt wird, kommt es zu Abbildungsfehlern, die sich in einem Treppeneffekt abbilden und mit steigender Schichtdicke zunehmen. Im Anschluss werden die einzelnen Schichtebenen mit Scanvektoren gefüllt, die Verfahrwege des Laserstrahlfokus in der Bearbeitungsebene definieren. Zudem können Bereiche des Bauteils, die sich in einem Überhang befinden, durch zusätzlich aufgebautes Material (Stützen / engl.: support) gestützt werden.

Die Bauteilgenerierung erfolgt schichtweise durch drei sich wiederholende und aufeinanderfolgende Prozessschritte. Im ersten Schritt wird das pulverförmige Material mittels einer Beschichtungseinheit in einer definierten Schichtdicke von 20 μm bis 200 μm aufgetragen. Die gleichmäßige Verteilung des Pulvers erfolgt typischerweise mithilfe einer Bürste, Silikonlippe oder einer Walze. Im nächsten Schritt wird das Pulverbett durch einen Laser selektiv belichtet. Der Pulverwerkstoff wird in der Wechselwirkungszone zwischen Laserstrahlung und Werkstoff vollständig aufgeschmolzen und bildet nach der Erstarrung eine schmelzmetallurgische Verbindung mit den daneben- und darunterliegenden Spuren. So

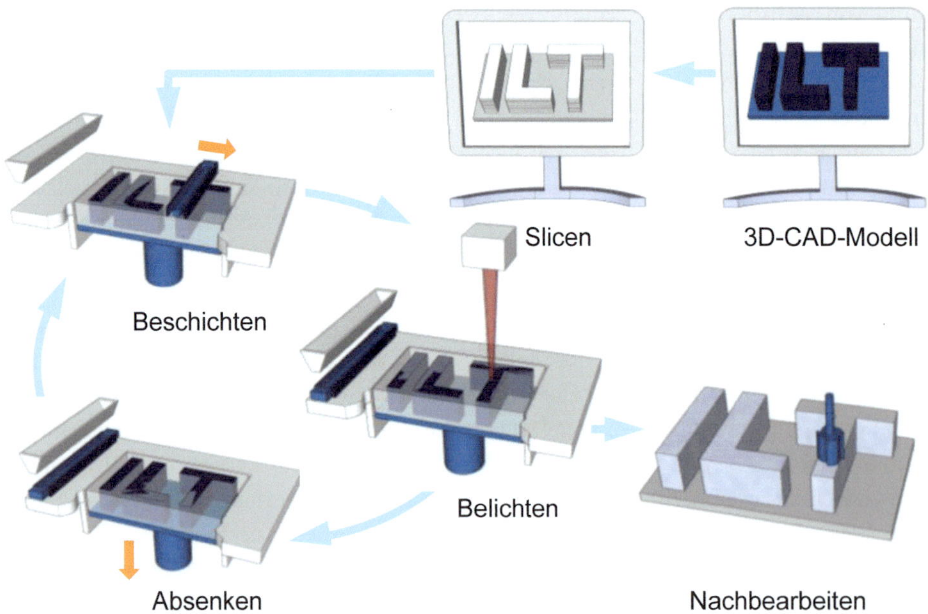

Bild 7.16 Ablaufschema des selektiven Laserschmelz-Verfahrens. Quelle: [SCHL12]

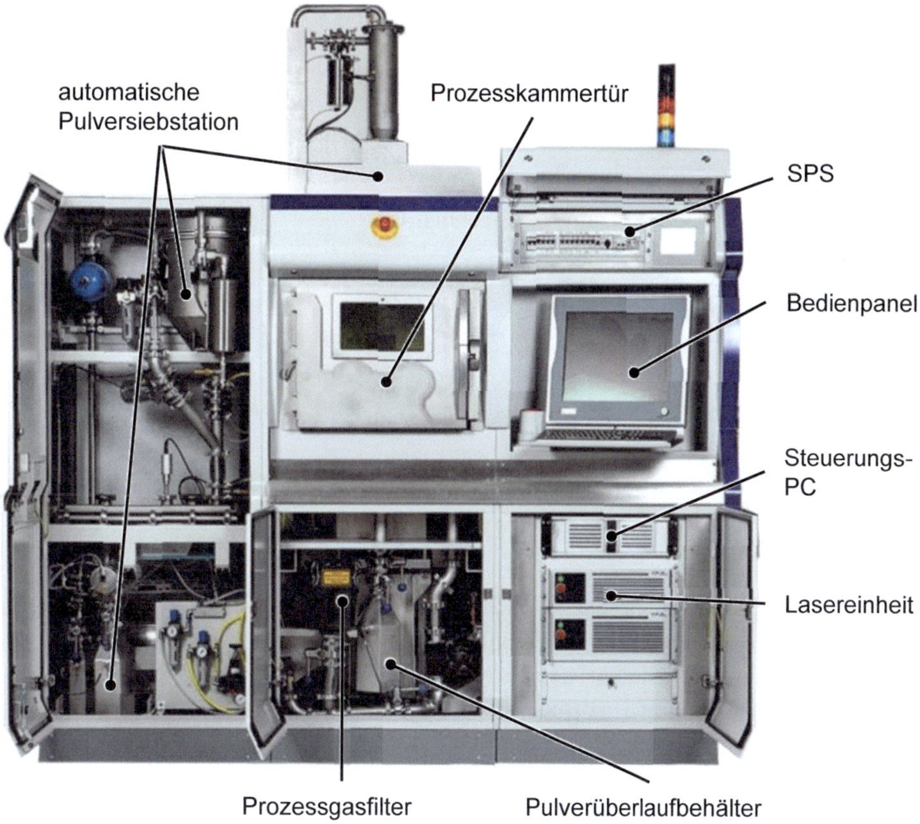

Bild 7.17 Aufbau einer SLM-Maschine. Quelle: SLM Solutions

wird eine Bauteildichte von annähernd 100 % erzielt. Es ergeben sich mechanische Eigenschaften, die den Werten von konventionell verarbeitetem Material entsprechen. Im folgenden Prozessschritt wird die Bauplattform um eine Schichtdicke abgesenkt und erneut Pulver aufgetragen. Die Anzahl der Wiederholungen dieses Zyklus ist von der Bauteilhöhe und der Schichtdicke abhängig. Unverbundenes Pulver kann nach einer Aufbereitung wiederverwendet werden. Nach der Bauteilgenerierung erfolgt die Nachbearbeitung. Dazu müssen zunächst die Bauteile aus der Baukammer entnommen und vom Pulver befreit werden. Anschließend erfolgt die Entfernung der Stützstrukturen. In Abhängigkeit des Einsatzbereiches des Bauteils können eine gezielte Wärmebehandlung und eine Nacharbeit von einzelnen Flächen zur Erreichung der geforderten Maßhaltigkeit und Oberflächenqualität erfolgen.

In Bild 7.17 ist der Aufbau einer SLM-Anlage dargestellt. Diese besteht aus einer Prozesskammer mit Bauplattform und dem Pulverauftragssystem, einer Laser- und Optikeinheit, einer Steuerung und einem Pulveraufbereitungssystem.

Der SLM-Prozess findet in einer geschlossenen Prozesskammer unter Schutzgasatmosphäre statt, Bild 7.18. Die Bauteile werden auf der absenkbaren Bauplattform aufgebaut. Das Pulver wird auf die Bauplattform vor eine Beschichtungseinheit gefördert und durch eine Linearbewegung des Pulverauftragssystems gleichmäßig auf der Bauplattform aufgebracht. Überschüssig gefördertes Pulvermaterial wird in Pulverüberlaufbehältern aufgefangen, Bild 7.18 rechts.

Das Optiksystem besteht zum einen aus der Laserstrahlquelle und zum anderen aus einem Laser-Scanner-System. Üblicherweise werden Faserlaser zur Erzeugung von Laserstrahlung der Wellenlänge von 1070 nm genutzt. Die Laserstrahlung wird über Lichtleitkabel in das Laser-Scanner-System geleitet. Dieses ist außerhalb der Prozesskammer installiert. Die Laserstrahlung wird durch ein Linsensystem fokussiert und durch Spiegel des Laser-Scanner-Systems auf die Bauplattform abgelenkt. Durch ein Einkoppelfenster wird das Optiksystem vor Verschmutzung durch die Prozessgase innerhalb der Prozesskammer geschützt. Um die Rauchgase und die Spritzer, die während des Laserschweiß-Prozesses entstehen, abzuführen, wird die Prozessgasatmosphäre durch eine kontinuierliche Umwälzung und anschließender Filterung gereinigt. Dazu wird ein Schutzgasstrom oberhalb der Bauplattform eingeleitet und auf der gegenüberliegenden Seite abgesaugt, linke Seite des Bild 7.18.

Der Markt für kommerzielle SLM-Anlagen ist von einem hohem Innovationsgrad und einer großen Dynamik geprägt. Kommerzielle Anlagen unterscheiden sich in fünf wesentlichen Punkten: dem Auftragsmechanismus, der verwendeten Lasereinheit, dem zur Verfügung stehenden Bauraum, der Schutzgasströmung und der Anlagenperipherie. Aktuelle Trends in der Anlagentechnik sind Multi-Scanner Systeme, die die gleichzeitige Belichtung des Pulverbetts mit mehreren Lasern ermöglichen. Dies ermöglicht

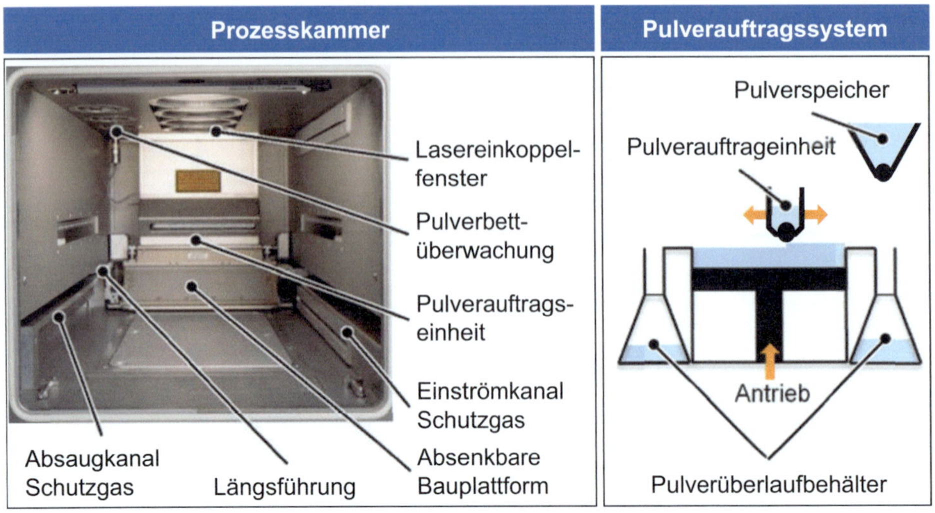

Bild 7.18 Prozesskammer der SLM-Maschine. Quelle: SLM Solutions

nicht nur eine Verringerung der Hauptzeit des Prozesses, sondern erlaubt auch durch die Verknüpfung einzelner Scanfelder größere Bauteile wirtschaftlich zu fertigen. Ein umfangreiches Monitoring des Prozesses zur Überwachung der Güte der aufgetragenen Schicht und des aufgeschmolzenen Materials sowie der Temperatur des Schmelzpools, der Laserausgangsparameter und der Schutzgasatmosphäre tragen zu einem optimierten Qualitätsmanagement bei SLM-Anlagen bei.

7.6 Anlagen zur laserunterstützten Bearbeitung

Neben Maschinen zur reinen Laserstrahlbearbeitung werden mittlerweile auch sogenannte Hybridmaschinen verwendet, auf denen sowohl eine spanende Bearbeitung als auch eine Bearbeitung mittels Laserstrahlen erfolgen kann.

7.6.1 5-Achs-Hybridmaschine zum Fräsen und generativen Fertigen von Bauteilen

Bei der in Bild 7.19 abgebildeten Maschine handelt es sich um eine solche Hybridkombination. Hierbei sind Laserauftragsschweißen und 5-Achs-Fräsen in einer Werkzeugmaschine realisiert. Die Maschine basiert auf einem konventionellen 5-Achs-Bearbeitungszentrum in Fahrständerbauweise und ist um eine Laserbearbeitungseinheit für die generative Fertigung erweitert. Für den generativen Auftragsprozess wird eine Metallpulverdüse verwendet, die im Laserbearbeitungskopf integriert ist. Der somit ermöglichte generative Prozess ist etwa um den Faktor 10 schneller als das generative Erzeugen von Bauteilen im Pulverbett. Die Leistung der Laserquelle wird abhängig von der gewünschten Applikation angepasst. Typischerweise werden aktuell 2,5 kW Laserleistung bei einer Wellenlänge von 1.030 nm verbaut. Durch die HSK-A63 Werkzeugaufnahme

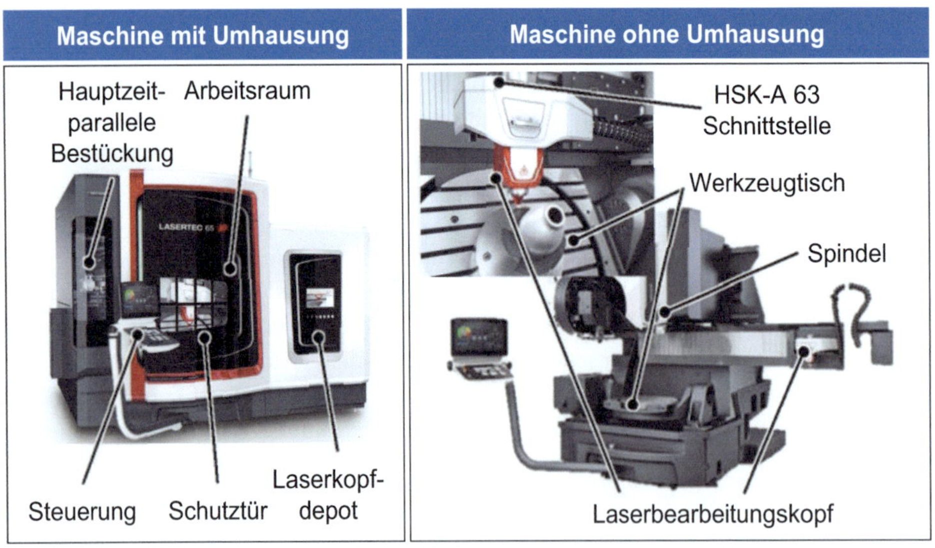

Bild 7.19 Hybridkombination aus 5-Achsfräsen und Laserauftragsschweißen am Beispiel der Lasertec 65 Additive. Quelle: DMG Sauer

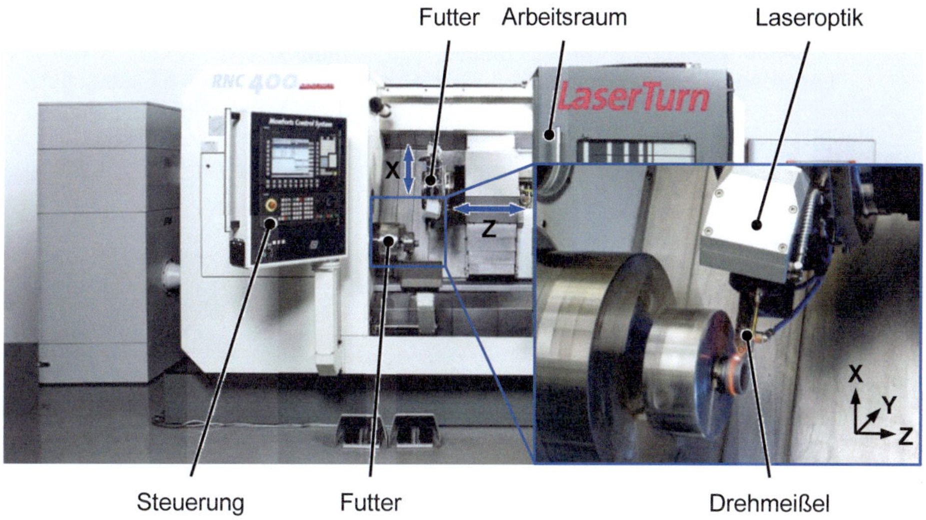

Bild 7.20 Maschine Laserturn zum laserunterstützten Drehen. Quelle: Monforts

an Fräs- und Laserwerkzeug können die Wechsel vollautomatisch erfolgen.

Während des Fräsprozesses verweilt der Laserkopf in einer gesicherten Dockingstation außerhalb des Arbeitsraumes, damit er vor Kühlmittel und Spänen geschützt ist. Durch die Fräsbearbeitung zwischen den Laserauftrag-Schritten können schwer erreichbare Stellen, wie Hinterschnitte, bearbeitet werden. An einem ausschließlich durch Fräsen hergestellten Bauteil wäre das geometrisch bedingt nicht möglich. Dadurch können Bauteile mit höheren Oberflächengüten sowie komplexe 3D-Geometrien ohne Stützgeometrien realisiert werden. Abhängig von den Laserparametern und der Düsengeometrie sind Wandstärken von 0,1 mm bis 5 mm umsetzbar. Im Gegensatz zum Laserschmelzen im Pulverbett zeichnet sich das Laserauftragsschweißen durch eine hohe Baurate von bis zu 1 kg/h aus, wodurch die Herstellung großer Bauteile in relativ kurzer Zeit ermöglicht wird. Im Fräsprozess können Eilganggeschwindigkeiten von bis zu 40 m/min und Achsbeschleunigungen von bis zu 6 m/s^2 erreicht werden. Die maximale Drehzahl der Frässpindel beträgt bis zu 20.000 1/min bei einem maximalen Moment von 100 Nm. Auf dem NC-Schwenkrundtisch können Werkstücke bis zu einem Durchmesser von 500 mm bzw. 350 mm Höhe und einem maximalen Gewicht von 600 kg bearbeitet werden.

Die Maschine aus Bild 7.20 basiert auf einer Zwei-Achs Drehmaschine mit einer Spindel und einer Gegenspindel, mit denen die Bearbeitung von zwei Seiten ermöglicht wird. Beide Spindeln besitzen eine eigene Kühlung. Neben der X-Achse mit Wälzlagerführung und der Z-Achse mit verschleißfreier hydrostatischer Führung kann in der dritten C-Achse ein Werkzeug z. B. für exzentrische Axialbohrungen angetrieben werden. Das Maschinenschrägbett ist eine Stahlschweißkonstruktion in 60 °-Schrägbettausführung, die auf einem Betonsockel ruht. Ein Werkstückausstoßer in der Gegenspindel sowie eine Werkstückentnahme in der Arbeitsraumtür unterstützen den Zerspanprozess. Die maximale Drehzahl der Werkzeugspindel beträgt 4.000 1/min bei einem maximalen Moment von 240 Nm. Die Spindeleinheit weist eine Rundlaufgenauigkeit von ca. 0,003 mm auf. Alle Achsantriebe sind über Kugelgewindetriebe mit vorgespannter Doppelmutter realisiert. Der integrierte Laser unterstützt den eigentlichen Drehprozess und erwärmt die Oberfläche des Werkstücks, sodass eine Weich- sowie eine Hartzerspanung möglich sind. Der für den Prozess notwendige Laserstrahl wird per Lichtleitfaser von hinten durch den Revolver geführt und durch die Laseroptik gezielt in die Prozesszone eingebracht. Potentielle Laserbearbeitungsprozesse, für die die Laseroptik ausgelegt ist, sind das Laserhärten und -beschichten. Besonders die kostenoptimierte laserunterstützte Zerspanung gesinterter keramischer Werkstoffe wird hiermit ermöglicht. Ein Ausbrechen der keramischen Werkstücke wird durch ein definiertes Abstechen im Spindelsynchronlauf verhindert. Bei der Bearbeitung von Keramik entstehen Staubpartikel im Nanobereich, die direkt am Spannmittel abgesaugt werden. Die Vorteile der Hybridmaschine sind eine Reduktion der Zerspankräfte, des Schneidplattenverschleißes und die Steigerung des Zeitspanvolumens. Zudem wird die Prozesskette verkürzt und die Rüst-, Transport- sowie Liegezeiten werden reduziert.

Die in Bild 7.21 gezeigte Maschine ist eine Multi-Technologie Werkzeugmaschine, die im Rahmen der ersten Phase der Exzellenzinitiative am WZL der RWTH Aachen aufgebaut wurde [BREC12]. Bei der Grundmaschine handelt es sich um ein fünf-achsiges Fräsbearbeitungszentrum in Fahrständerbauweise. Charakteristisch sind die beiden identischen Arbeitsräume mit je einem Drehschwenktisch. Beide Arbeitsräume können mit dem Fahrständer und der Spindel angefahren werden. Die Arbeitsräume werden von einer Mittelkonsole geteilt, die als Magazin für zwei Laserbearbeitungsköpfe dient. Unmittelbar vor der Mittelkon-

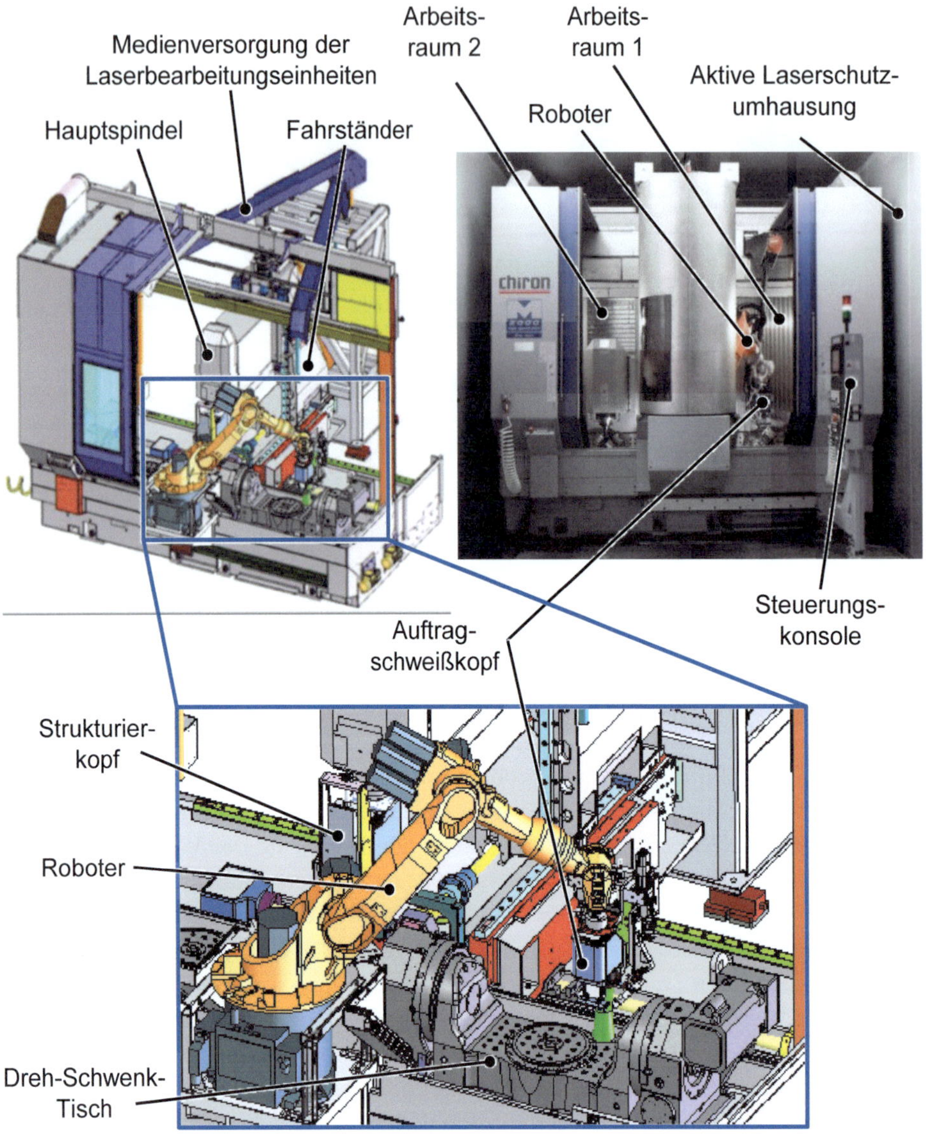

Bild 7.21 Multi-Technologie Werkzeugmaschine am WZL

sole ist ein Knickarmroboter integriert, der den Bereich vor der Maschine, die Konsole und die Arbeitsräume erreichen kann. Die Maschine ist für den Versuchsbetrieb von einer aktiven Laserschutzumhausung umgeben, die den Laserschutz der Klasse 1 gewährleistet.

Die beiden Laserbearbeitungsköpfe unterscheiden sich in ihren Anwendungsgebieten: Während der Strukturierkopf mit einer gepulsten Laserquelle mit einer mittleren Leistung von 50 W und hoher Genauigkeit von der Spindel geführt zum Entgraten und Strukturieren von Bauteiloberflächen eingesetzt werden kann, steht der Hybridkopf mit einer Leistung von 2,4 kW für energetisch aufwendigere Verfahren wie Härten oder Laserauftragschweißen durch den Roboter zur Verfügung. Für letzteres ist der Hybridkopf mit einem Schlauchpaket zur Heißdraht- und Schutzgaszufuhr ausgestattet. Die Versorgungsleitungen beider Köpfe werden zusammen nach oben geführt und dort von je einem beweglichen Arm aufgenommen. Da durch diese Medienversorgung der Anstellwinkel des Laserstrahls gegenüber der Z-Achse nur im Bereich von wenigen Grad variiert werden kann, sind mit der Multi-Technologie Werkzeugmaschine zwar Fräs- und Laserprozesse im Wechsel möglich, jedoch keine hybriden Prozesse, bei denen der Laserstrahl und ein Zerspanwerkzeug gleichzeitig zur Anwendung kommen. Allerdings kann mit dieser Maschine ein Werkstück in nur einer Aufspannung fertig bearbeitet werden [BREC12].

7.6.2 Systemtechnik zum laserunterstützten Fräsen

Hochleistungswerkstoffe, wie Titan- oder Nickelbasislegierungen aber auch technische Keramiken wie Siliziumnitrid (Si_3N_4) gewinnen wegen ihrer herausragenden thermo-mechanischen Eigenschaften zunehmend an industrieller Bedeutung. Ihre

Bild 7.22 Spindel und Werkzeug zum laserunterstützten Fräsen, Quelle: Fraunhofer IPT

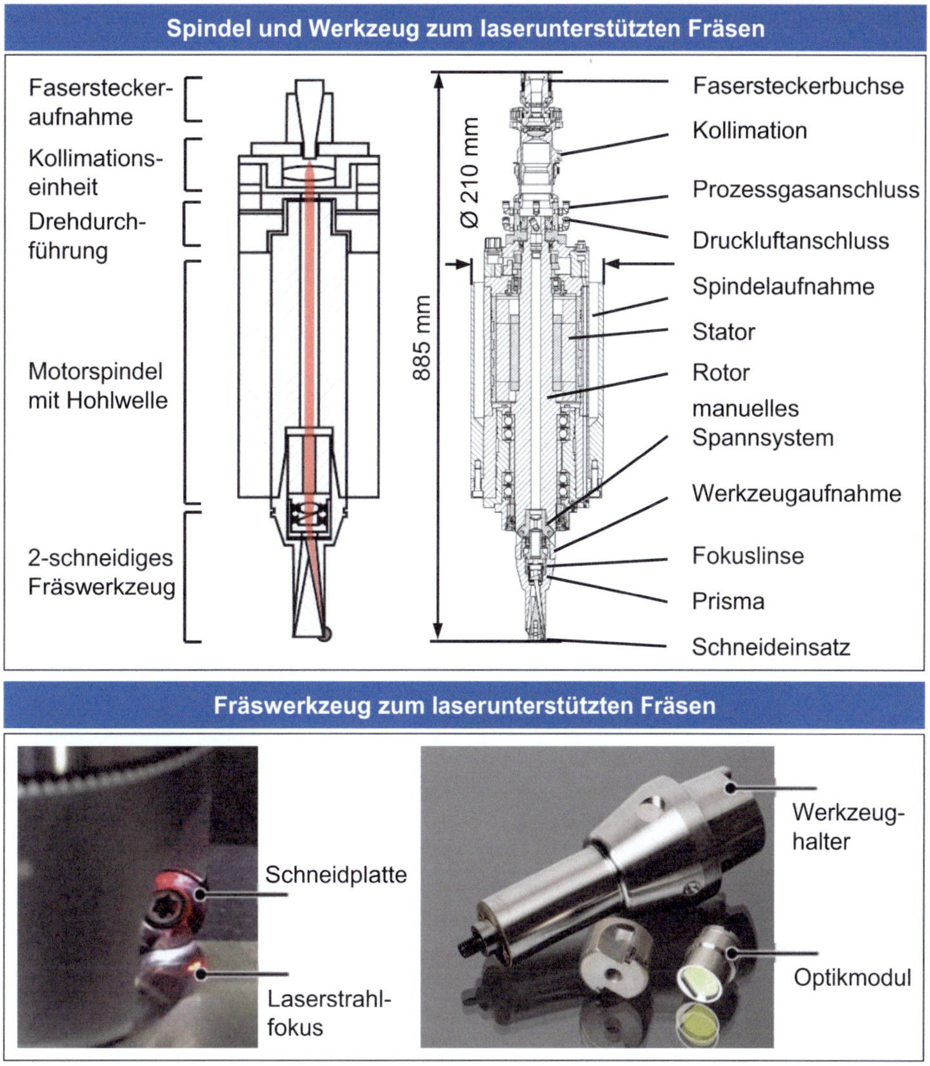

hohe Festigkeit stellt die mechanische Bearbeitung jedoch vor große Probleme. Insbesondere der hohe Werkzeugverschleiß erschwert oftmals eine spanende Bearbeitung mit definierter Schneide. Durch den Einsatz eines Laserstrahls kann das Werkstück direkt vor dem Werkzeugeingriff lokal erwärmt werden, sodass die Festigkeit des Werkstoffs reduziert wird. Dadurch wurden höhere Zeitspanvolumina bei geringerem Werkzeugverschleiß erzielt. [ROSE12]

Das Fraunhofer IPT hat dazu kompakte und robuste Lasersystemtechnik zur Integration von Strahlführungssystemen in bestehende Fräsmaschinen bestehend aus den folgenden Komponenten entwickelt:

- Automatisch verstellbare Kollimations- und Justageeinheit mit Fasersteckerbuchse
- Spindelsystem mit Hohlspindel und Drehdurchführung
- Zweischneidiges Fräswerkzeug mit integrierter Laserstrahlführung
- Echtzeit-Prozessteuerung für mehrachsige Bearbeitung

Der schematische Aufbau des Lasersystems ist in Bild 7.22 gezeigt. Nach Kollimation und Justierung wird der Laserstrahl über die Drehdurchführung durch die Hohlspindel geleitet. Die automatisch verstellbare Kollimation ermöglicht es, verschiedene Strahldurchmesser einzustellen und dadurch den Laserstrahlfokus auf die Eingriffsbedingungen anzupassen. Nach Übergabe des Laserstrahls in das eigens entwickelte Fräswerkzeug mit HSK63-Schnittstelle wird der Laserstrahl über eine kombinierte Linsen-Prismen-Optik direkt vor die Wendeschneidplatte des Werkzeugs gelenkt. Durch Erfassen der Achspositionen sowie Encoder-Signale der Frässpindel und Kopplung mit einem CAD-CAM-Bearbeitungsmodell wird die Laserleistung hochfrequent während des Werkzeugeingriffes auf das zu zerspanende Volumen sowie die Eingriffsverhältnisse angepasst. Durch die entwickelte System- und Prozesstechnik ist die geometrieflexible Bearbeitung von Hochleistungswerkstoffen mit mehreren simultanen Achsen möglich.

Abkürzungsverzeichnis

3D	Dreidimenisonal
Al	Aluminium
Ar	Argon
CAD	Computer Aided Design
CAM	Computer Aided Manufacturing
cBN	Kubisches Bornitrid
CO_2	Kohlenstoffdioxid
Cu	Kupfer
cw	Continuous wave
Er	Erbium
FBG	Faser-Bragg-Gitter
Fe	Eisen
GaAlAs	Gallium-Aluminium-Arsenid
GaAs	Gallium-Arsenid
He	Helium
HF	Hochfrequenzanregung
HF	Hochfrequenzanregung
HSK	Hohlschaftkegel
IR	Infrarote Strahlung
LASER	Light Amplificatioin by Stimulated Emission of Radiation
MOPA	Master Oscillator Power
N_2	Stickstoff
NC	Numerical Control
Nd	Neodym
O_2	Sauerstoff
PKD	Polykristalliner Diamant
pw	Puls wave
Si_3N_4	Siliziumnitrid
SLM	Selective Laser Melting
SPP	Strahlparameterprodukt
STL	Standard Tessellation Language
UV	Ultraviolette Strahlung
YAG	Yttrium-Aluminium-Granat
Yb	Ytterbium

Formelzeichenverzeichnis

Formelzeichen	Einheit	Bedeutung
M^2	–	Strahlqualität
R_a	[µm]	Arithmetrischer Mittenrauwert
φ_A	[°]	Akzeptanzwinkel
φ_T	[°]	Grenzwinkel für Totalreflexion

Literaturverzeichnis

[BREC12] Brecher, C. (Hrsg.): Integrative Production Technology for High-Wage Countries. Berlin: Springer, 2012

[DIN03] Norm DIN 2310 Teil 6 (Juni 2003). Thermisches Schneiden Teil 6 Einteilung, Prozesse

[DIN08] Norm DIN EN ISO 11145 (November 2008). Laser und Laseranlagen - Begriffe und Formelzeichen

[DIN15] N.N.: DIN EN 60 825 1 – VDE 0837 1: Sicherheit von Lasereinrichtungen – Teil 1: Klassifizierung von Anlagen und Anforderungen, Deutsches Institut für Normung (Hrsg.) Berlin: Beuth Verlag, 2015

[EICH15] Eichler, J.; Eichler, H.J.: Laser: Bauformen, Strahlführung, Anwendungen, Berlin: Springer, 2015

[FÖRS01] Förster, D.; Müller, W.: Laser in der Metallbearbeitung. 1. Aufl. Leipzig: Fachbuchverlag Leipzig im Carl Hanser Verlag, 2001

[HÜGE09] Hügel, H.; Graf, T.: Laser in der Fertigung, 2. Aufl. Wiesbaden: Vieweg+Teubner, 2009

[IPGL17] IPG: IPG Laserquellen. Burbach, 2017. Firmenschrift

[KLOC07] Klocke, F.; König, W.: Fertigungsverfahren 3. Abtragen, Generieren und Lasermaterialbearbeitung. (Reihe: Fertigungsverfahren. Bd. 3). 4. Aufl. Berlin: Springer, 2007

[MEIN99] Meiner, W.: Direktes selektives Lasersintern einkomponentiger metallischer Werkstoffe. Diss.RWTH Aachen, 1999

[POPR05] Poprawe, R.: Lasertechnik für die Fertigung. Berlin: Springer, 2005

[POPR11] Poprawe, R.: Tailored Light 2. Laser Apsplication Technology. Springer, 2011

[POPR14] Poprawe, Reinhart; Jauer, Lukas; Meiners, Wilhelm: Selective Laser Melting für medizinische Implantate. Aachen, 11/2014

[ROFI14a] Rofin: Rofin DC-Serie. Hamburg, 2014. Firmenschrift

[ROFI14b] Rofin: Rofin FL-Serie. Hamburg, 2014. Firmenschrift

[ROSE12] Rosen, C. J.: Laserunterstützte Fräsbearbeitung hochfester Werkstoffe. Dissertation, RWTH Aachen, 2012

[SCHL12] Schleifenbaum, J. H.: Verfahren und Maschine zur individualisierten Produktion mit High Power Selective Laser Melting. Diss. RWTH Aachen, 2012

[TRUM08] Trumpf: Laser: Jede Aufgabe perfekt lösen. Ditzingen, 2008. Firmenschrift

Kapitel 8

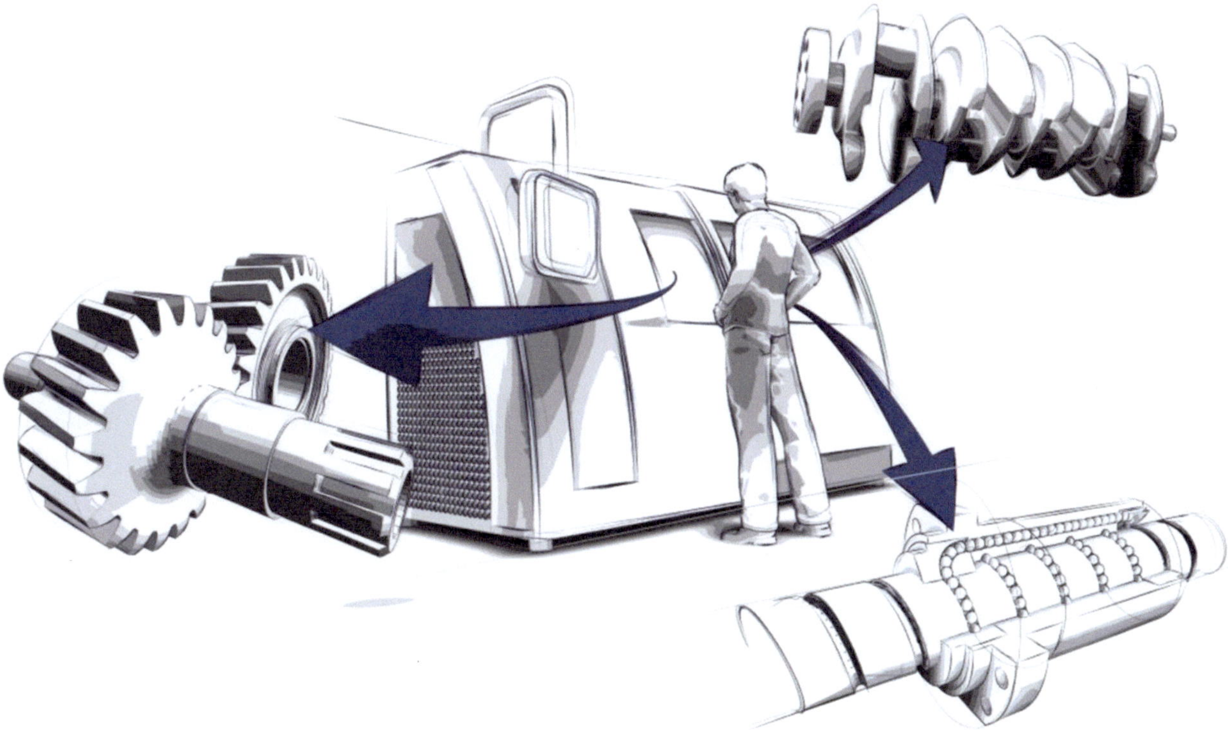

Einzweckmaschinen

Ich danke meinen Mitarbeitern Dr.-Ing. Dipl. Wirt.-Ing.Christoph Löpenhaus, Julia Mazak M.Sc., Alexander Hassis M.Sc., Dipl.-Ing. Bastian Esser und Dipl.-Ing. Jens Falker für ihre Mitwirkung bei der Überarbeitung dieses Kapitels.

Einzweckmaschinen

8.1 Verzahnende Maschinen

Zum Herstellen von Verzahnungen sind hochgenau arbeitende Werkzeugmaschinen mit teils komplexen kinematischen Bewegungskopplungen der Maschinenachsen erforderlich. Die geometrische Vielfalt der Verzahnungswerkstücke ist durch die Vielzahl der gebräuchlichen Verzahnungs- und Getriebearten bedingt. Die verschiedenen Bauarten von Zahnradgetrieben sind jeweils mit speziellen Verzahnungsverfahren auf ganz bestimmten Verzahnmaschinen wirtschaftlich zu fertigen.

Die verschiedenen Zahnradgetriebe können entsprechend ◘ Bild 8.1 nach ihrer Achslage eingeteilt werden. Die verbreitetste Verzahnung mit parallelen Achsen ist die Evolventenverzahnung, die gerad- oder schrägverzahnt ist. Weiterhin können auch Sonderverzahnungen wie Zykloiden- oder die abgebildete Kreisbogenverzahnung parallele Achsen aufweisen. Beveloids, auch als konische Zahnräder bezeichnet, können parallel montiert werden, wenn sie den gleichen Konuswinkel aufweisen.

Bei sich schneidenden Achsen werden Kegelräder eingesetzt, die über eine gerade oder spiralförmige Flankenlinien verfügen können. Bei Kronenrädern kämmt ein evolventisches Stirnrad mit einem Kronenrad. Sowohl für Kegel- als auch Kronenrädern ist ein Achskreuzwinkel von 90 ° weit verbreitet, aber nicht zwingend notwendig. Bei kleinen Achskreuzwinkeln kommen hingegen meist Beveloidverzahnungen zum Einsatz.

Bei kreuzender bzw. windschiefer Achsanordnung können Hypoidräder als allgemeiner Anwendungsfall des Kegelrads angewendet werden. Weiterhin können Schneckengetriebe aus Schnecke und Schneckenrad eingesetzt werden. Auch mit Beveloidrädern können innerhalb bestimmter, technischer Grenzen sich kreuzende Achsen realisiert werden. In den folgenden Abschnitten lieg der Fokus auf Maschinen zur Herstellung von Stirn-, Kegel- und Beveloidrädern.

Die Prozesskette zur spanenden Herstellung von Evolventenverzahnungen ist in ◘ Bild 8.2 dargestellt. In ihrer Systematik unterscheidet sich die Fertigung von Kegelrädern nicht wesentlich von der Herstellung von evolventischen Stirnrädern. Zunächst muss ein geschmiedeter oder aus Stangenmaterial geformter Rohling bereitgestellt werden. Der Rohling wird zerspant, sodass der Grundkörper entsteht. Anschließend erfolgt das Vorverzahnen. Um einerseits möglichst wirtschaftlich zu fertigen, andererseits aber eine hohe Verzahnungsgenauigkeit zu erzielen, verzahnt man zunächst mit hohen Schnittgeschwindigkeiten und großen Vorschüben. Je nach Abmessung, Einsatzgebiet und Losgröße der Verzahnung kann zwischen den verschieden wälzenden Verfahren Wälzfräsen, Wälzstoßen, Wälzschälen und dem mittlerweile weniger gebräuchlichen Wälzhobeln oder zwischen den profilierenden Verfahren Profilfräsen und Räumen gewählt werden. An das Vorverzahnen kann sich eine Weichfeinbearbeitung wie das Fertigwälzfräsen oder das Zahnradschaben anschließen, um die Verzahnungsqualität der Vorverzahnung zu verbessern und Zeit sowie Kosten für eine zusätzliche Hartfeinbearbeitung einzusparen. An die Weichfeinbearbeitung schließt sich die Wärmebehandlung an. [KLOC17]

Die Wärmebehandlung dient der Erhöhung der Verschleißfestigkeit der Randzone bei gleichzeitigem Erhalt der Elastizität des Zahninneren. So kann die Verzahnung im Einsatz der auftretenden Pressungen auf den Zahnflanken sowie der großen Anzahl an Lastwechseln standhalten. Aus diesem Grund wird für Verzahnungen mit kleinen und mittleren Moduln das Einsatzhärten und für großmodulige Verzahnungen das Induktions- oder Flammhärten als Wärmebehandlungsverfahren gewählt. Da es aufgrund der Wärmebehandlung jedoch zu Härteverzügen kommt, kann nachfolgend eine Hartfeinbearbeitung erfolgen. Hierbei kommen hauptsächlich schleifende oder andere abrasive Verfahren zum Einsatz. Dabei sind Wälzschleifen, Profilschleifen oder Honen

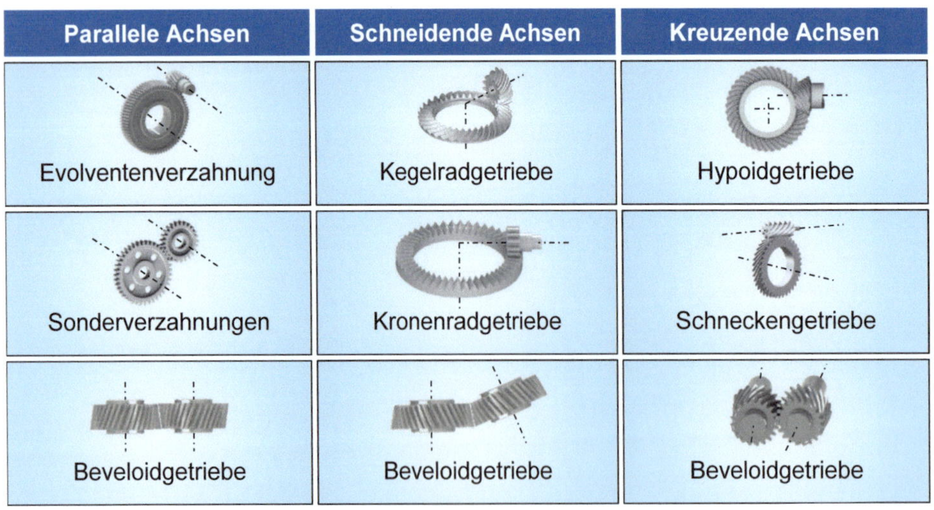

◘ **Bild 8.1** Einteilung der Zahnradgetriebe. Quelle: [KLOC17]

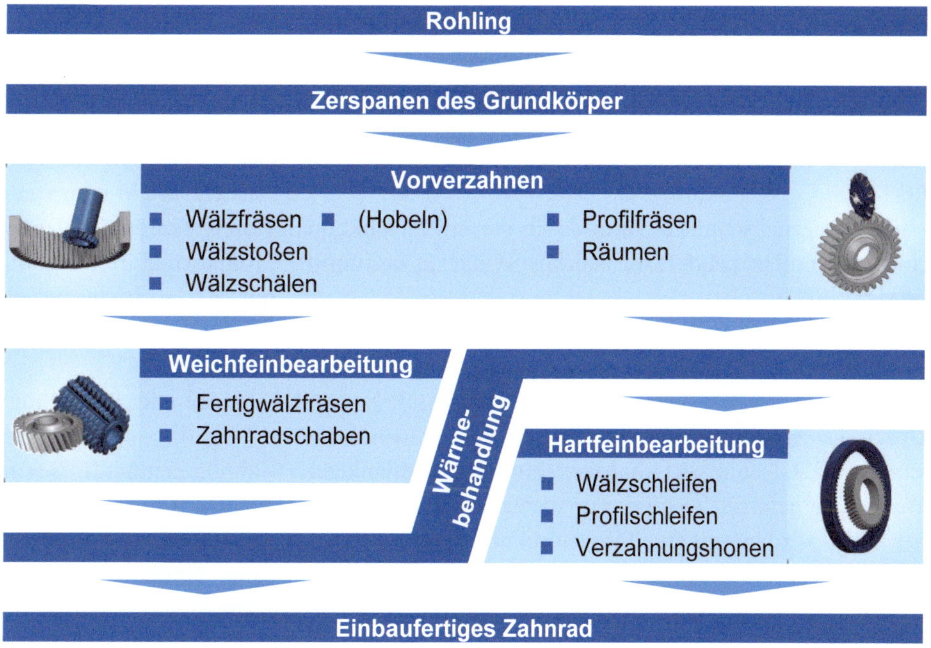

Bild 8.2 Spanende Verfahren zur Stirnradherstellung. Quelle: [KLOC17]

die dominierenden Verfahren zur Hartfeinbearbeitung. Die Hartfeinbearbeitungsmaschinen selbst weisen hinsichtlich ihrer Kinematik große Ähnlichkeiten mit den Maschinen zur Weichbearbeitung auf. Entsprechend den Eigenschaften eines Schleifprozesses treten hierbei wesentlich niedrigere Schnittkräfte und höhere Umfangsgeschwindigkeiten auf, sodass zur Feinbearbeitung grundlegend andere Maschinenkonzepte erforderlich sind. Am Ende der Prozesskette steht ein einbaufertiges Zahnrad. [FELT12]

Aufgrund der Vorteile der Evolvente stellen Evolventenverzahnungen den verbreitetsten Anwendungsfall von Verzahnungen mit parallelen Achsen dar. Die Evolvente als Profilform des Zahns zeichnet sich durch ihre Unempfindlichkeit gegenüber einer Änderung des Achsabstands bei gleichzeitig konstanter Übersetzung aus. Es handelt sich um spielarme Verzahnungen mit geringer Gleitreibung zwischen den Flanken. Die konstante Richtung der Zahnkraft resultiert in vergleichsweise anregungsarmen Verzahnungen. Weiterhin kann die Evolvente durch geradflankige Werkzeuge preiswert hergestellt werden. Als nachteilig erweist sich jedoch die hohe Flankenpressung aufgrund des Abwälzens zweier konvexer Zahnflanken aufeinander. Weiterhin besteht beim Einsatz von Profilverschiebung eine Unterschnitt- bzw. Spitzzahngefahr, was bei der Auslegung zu beachten ist. [MAAG85; SEHE13]

Den Zusammenhang zwischen theoretischer Erzeugung der Evolvente und der technischen Umsetzung liefert Bild 8.3. Durch das Abwickeln eines Fadens bzw. das Abwälzen einer Tangente an einem Kreis, dem Grundkreis, bildet das Ende des Fadens bzw. ein Punkt auf der Tangente die

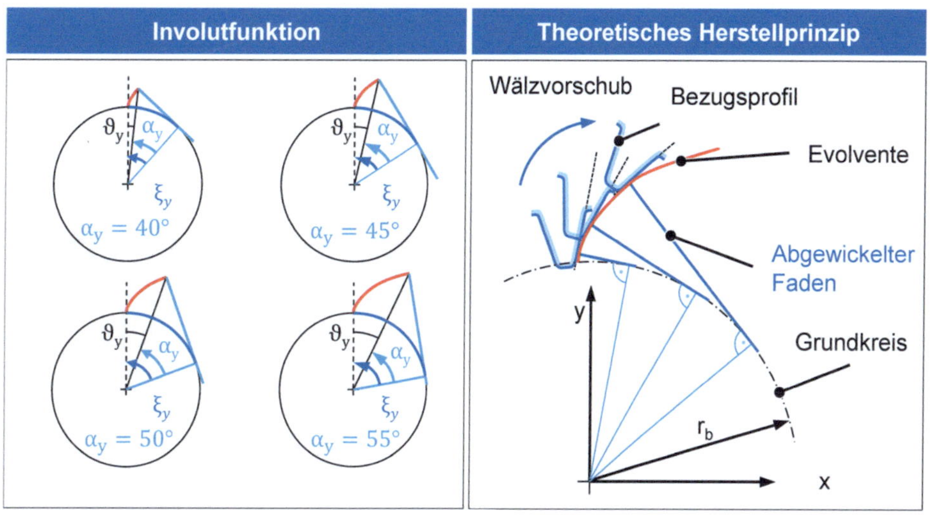

Bild 8.3 Die Involutfunktion und ihre theoretische Umsetzung

Evolvente. Unter Voraussetzung der schlupffreien und gleichförmigen Übersetzung sowie den geometrischen Beziehungen zwischen den einzelnen Strecken kann die Evolventenfunktion, auch Involutfunktion genannt, in Abhängigkeit vom Wälzwinkel ξ_y hergeleitet werden. [LITV04; SEHE13; ROTH98]

Der Bogenabschnitt ϑ_y kann durch die Involutfunktion entsprechend Formel (8.1) für beliebige Winkel α_y bestimmt werden.

$$\widehat{\vartheta_y} = inv(\alpha_y) = \tan(\alpha_y) - \widehat{\alpha_y} = \widehat{\xi_y} - \widehat{\alpha_y} \qquad (8.1)$$

Durch das Abwälzen einer Tangente an einem Grundkreis kann die Evolvente wirtschaftlich mithilfe geradflankiger Werkzeuge gefertigt werden. Für rechte und linke Flanke des Zahns wird jeweils eine Tangente benötigt. Beide Linien miteinander verbunden ergeben das Bezugsprofil, dessen Geometrie nach DIN 867 definiert ist [DIN05]. Die evolventische Zahnflankenform wird bei den Wälzverfahren durch die Abwälzbewegung des Werkzeugs auf dem Wälzkreiszylinder des Werkrades in der Verzahnmaschine erzeugt. Der Wälzkreisdurchmesser hängt dabei vom Eingriffswinkel der Werkzeugschneide ab. Der theoretische Wälzvorschub besteht aus zwei Bewegungsanteilen, die von der Maschine auszuführen sind. Der Werktisch mit dem Zahnrad führt eine Rotationsbewegung durch. Die translatorische Vorschubbewegung, die der Umfangsgeschwindigkeit des Werkrades am Wälzradius entspricht, kann das Werkzeug oder auch das Werkstück bewerkstelligen. Entsprechend der Abwälzbedingung sind beide Maschinenachsen miteinander gekoppelt. Dies geschieht heute in der Regel durch die Maschinensteuerung. Die Zahnflankenform entsteht als Einhüllende der einzelnen Werkzeugschnittflächen entlang des Wälzvorschubes.

Das Prinzip des Abwälzens von Werkzeug und Werkrad kann für die verschiedenen Verfahren unterschiedlich umgesetzt werden. Bild 8.4 zeigt das Erzeugungsprinzip der Evolvente bei wälzenden Verfahren für die Stirnradherstellung. Erfolgt der Wälzvorschub abschnittsweise für eine Zahnlücke oder eine Gruppe von Zahnlücken, dann handelt es sich um ein Teilwälzverfahren (Wälzhobeln), ansonsten spricht man von einem kontinuierlich arbeitenden Wälzverfahren (Wälzfräsen, Wälzstoßen). Werden keine Profilkorrekturen angewendet, kann bei allen Wälzverfahren das Werkzeug bei gleichem Verzahnungsmodul, d.h. unterschiedliche Durchmesser, eingesetzt werden. [KLOC17]

Neben der Erzeugung des Evolventenprofils hat die Fertigung die wichtige Aufgabe der Erzeugung definierter Zahnflankenmodifikationen. Moderne Hochleistungsgetriebe erfordern zur Gewährleistung eines bestimmten dynamischen und akustischen Verhaltens oder zur Anpassung eines bestimmten Tragbildes an einen Lastfall Profil- und Flankenlinienmodifikationen, wie sie in Bild 8.5 dargestellt sind.

Kopf- und Fußrücknahmen sind Modifikationen am Kopf oder am Fuß der Verzahnung, bei denen die Rücknahmebeträge über dem Wälzweg linear zu bzw. abnehmen. Dies entspricht einer konstanten Änderung des Grundkreisdurchmessers in diesem Bereich der Zahnflanke. Durch diese Modifikation der Zahnflankentopografie wird der Eingriffsstoß bei einer abwälzenden Zahnradpaarung vermindert.

Die Balligkeit in Profilrichtung ist eine Modifikationsform, die durch eine parabelförmige Flankenkorrektur beschrieben wird. Im Allgemeinen wird durch diese Modifikation eine Verbesserung der Tragfähigkeit einer Zahnradpaarung erreicht. Bei einer Profilwinkelmodifikation wird der Eingriffswinkel der Verzahnung verändert. Dadurch können Verlagerungen der Zahnradpaarung beim Betrieb unter Last kompensiert werden.

In Flankenlinienrichtung werden Endrücknahmen zur Modifikation der Flankenlinie vorgenommen. Diese End-

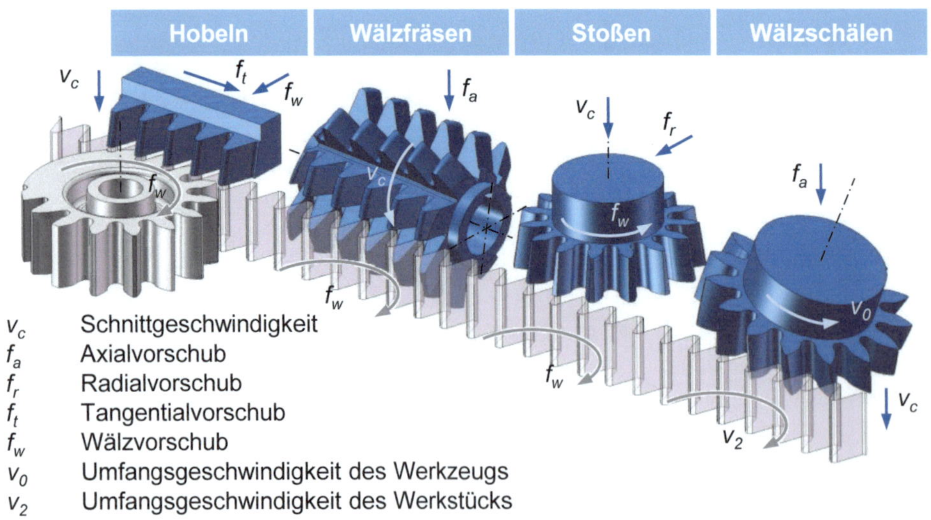

Bild 8.4 Erzeugungsprinzip der Evolvente bei wälzenden Verfahren

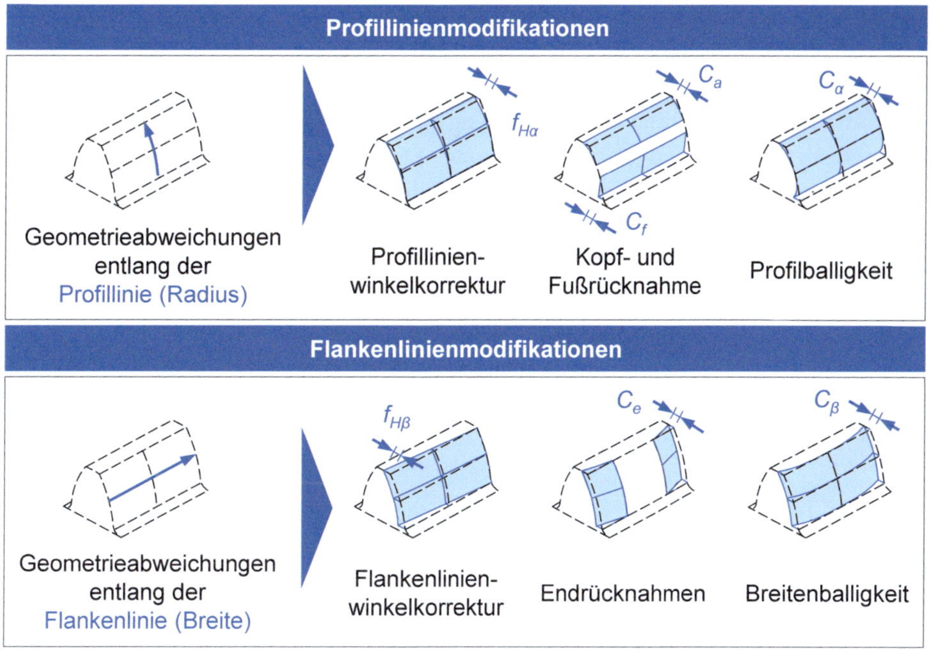

Bild 8.5 Modifikationen der Zahnflankentopografie in Profil- und Flankenlinienrichtung. Quelle: [KLOC17]

rücknahmen können linear oder parabelförmig ausgebildet sein. Durch den Betrieb unter Last können sich durch die elastische Verformung der Wellen und des Gehäuses die Tragbilder der Zahnradpaarung in Richtung der Stirnseiten der Verzahnung verlagern. Dadurch können an den Stirnseiten lokale Überlastungen der Zahnflanke durch Ecken- oder Kantenträger auftreten. Um das zu vermeiden, werden Endrücknahmen eingesetzt. [KLOC17]

Des Weiteren kann die Flankenlinie ebenso wie das Profil mit einer parabelförmigen Modifikation in Breitenrichtung oder auch mit einer Flankenlinienwinkelmodifikation versehen werden. Auch durch diese Modifikationen kann das Einsatzverhalten einer Verzahnung unter Last positiv beeinflusst werden. Dabei ist zu beachten, dass die Kontaktfläche der beiden Zahnflanken mit zunehmenden parabelförmigen Modifikationen kleiner wird. Somit muss bei der Wahl der Modifikation ein Kompromiss zwischen erzielter Robustheit und Kontaktfläche eingegangen werden. Weiterhin können topologische Korrekturen auf die Zahnflanke aufgebracht werden. Dabei kann der Betrag der Korrektur beliebig anhand eines Rasters vorgegeben werden. Die zur Verfügung stehenden Funktionen für den Verlauf der Modifikation gehen über lineare und parabelförmige Modifikationen hinaus. [KLOC17]

Je nach eingesetztem Feinbearbeitungsverfahren werden die genannten Verzahnungskorrekturen durch Modifikation der Werkzeuggeometrie oder durch Änderung der Maschinensteuerdaten, d. h. der Maschinenbewegungen realisiert. Die Herstellbarkeit der genannten Zahnflankenmodifikationen hängt in wesentlichem Maße von dem eingesetzten Bearbeitungsverfahren ab. [KLOC17]

8.1.1 Wälzende Verzahnmaschinen

Bei wälzenden Verzahnungsprozessen kann für alle Zahnformen bezüglich Zähnezahl und Profilverschiebung die Zahngeometrie durch die Einhüllende der Werkzeuggeometrie dargestellt werden. Durch den kontinuierlichen Arbeitsablauf wird eine gleichmäßige Teilung am Werkstück realisiert, die jedoch hohe Anforderungen an die Genauigkeit der einzelnen Bewegungen der Maschinenachsen sowie ihre Synchronisation stellt.

8.1.1.1 Wälzfräsmaschinen

Das Wälzfräsen stellt das Fertigungsverfahren mit der höchsten Produktivität und Wirtschaftlichkeit für die Herstellung von außenverzahnten Stirnrädern dar [BAUS11]. Aufgrund der hohen Flexibilität handelt es sich beim Wälzfräsen um ein sehr verbreitetes Verfahren. Die Anwendung beschränkt sich dabei hauptsächlich auf Außenverzahnungen mit genügend axialem Freiraum [FELT12]. Aufgrund der steigenden Anforderungen an die Qualität der Verzahnungen bestehen hohe Anforderungen an die Genauigkeit der Maschinenachsen.

Das Verfahrensprinzip des Wälzfräsens ist in Bild 8.6 dargestellt. Die evolventische Zahnform wird durch das Abwälzen des Bezugsprofils mit dem Werkstück erzeugt. Dabei wird für die theoretische Erzeugung die Abwälzbewegung in eine translatorische Hauptbewegung des Werkzeugs und eine rotatorische Bewegung des Werkstücks zerlegt. Für die technische Umsetzung der Erzeugung ist das Bezugsprofil um den Wälzfräser gewickelt, was in einem oder mehreren Gängen erfolgen kann [MAAG85]. Das Bezugsprofil ist unterbrochen durch Spannuten mit hinterarbeiteten Schneiden. Die Spannuten dienen dem Abtransport der Späne. Die hinterarbeiteten Schneiden gewährleisten den zum Zerspanen notwendigen Freiwinkel.

Während der Bearbeitung wälzen Werkzeug und Werkrad wie in einem Schneckenradgetriebe miteinander. Die Fräserdrehung erzeugt dabei die Schnittgeschwindigkeit v_c für die Schnittbewegung und zusätzlich die translatorische Wälzkomponente durch das tangentiale Verschrauben der Schneidflanken. Die Werkstückdrehung erzeugt den Wälzvorschub f_w. Der Schwenkwinkel des Fräsers η ergibt sich hierbei aus der Richtung und dem Betrag des Schrägungswinkels des zu fertigenden Zahnrads β_2 und des Steigungswinkels γ_0 der Fräserschnecke entsprechend Formel (8.2).

$$\eta = \gamma_0 \pm \beta_2 \tag{8.2}$$

Die Vorschubbewegung f_a beim Wälzfräsen wird durch Verfahren des Werkzeuges in Zahnbreitenrichtung erzeugt (Axialfräsen). [KLOC17]

Um alle Fräserzähne gleichmäßig zu belasten und den vorzeitigen Verschleiß einzelner Zähne zu verhindern, kann das Werkzeug kontinuierlich oder schrittweise in gewissen Zeitabständen tangential zum Werkstück verschoben werden. Die genannte tangentiale Verschiebung zum Werkstück wird realisiert, indem der Wälzfräser parallel zu seiner Rotationsachse axial verschoben wird. Dadurch werden bisher nicht am Fräsprozess beteiligte Fräserzähne mit dem Werkstück in Eingriff gebracht. Dieser Vorgang wird als „Shiften" des Fräsers bezeichnet und findet statt, wenn sich Werkstück und Werkzeug nicht im Eingriff befinden. Läuft der Tangentialvorschub für das Shiften kontinuierlich neben dem Axialvorschub ab, so spricht man vom Diagonalfräsen. [FELT12; PFAU76; MAAG85]

Mit einem Wälzfräser lassen sich für den ihm eigenen Modul und Eingriffswinkel sämtliche Zähnezahlen, alle Profilverschiebungen und beliebige Schrägungswinkel durch Variieren der Maschineneinstellungen erzeugen. Eine Begrenzung ergibt sich im Allgemeinen nur durch den Arbeitsbereich der Maschine und die aufgebrachten Modifikationen.

◘ Bild 8.7 zeigt die Gesamtansicht einer 6-Achsen-CNC-Wälzfräsmaschine mit von der Werkzeugachse entkoppeltem Direktantrieb des Werkstücktisches und zusätzlichem Gegenhalter. Die Realisierung der Wälzkopplung mit einem mechanisch gekoppelten Differentialgetriebe hat in aktuellen Bauformen weniger Bedeutung. Eingezeichnet sind alle zum Wälzfräsen erforderlichen Maschinenachsen. Die Tauchtiefe des Fräsers wird durch die Radialvorschubachse X_1 vorgegeben. Die Schrägstellung des Werkzeuges erfolgt über die Fräserschwenkachse A_1. Die Tangentialvorschubachse V_1 ermöglicht die Shift-Bewegung, d. h. die Verschiebung der Frässpindel auf dem Frässchlitten. Die eigentliche Wälzbewegung erfolgt durch Kopplung der Achsen von Fräserdrehung B, Tischdrehung C_1 und Axialvorschub Z_1. Die dargestellte Walzfräsmaschine ist für Nass- und Trockenbearbeitung geeignet. Die vertikale, ortsfeste Anordnung des Maschinentisches ist Voraussetzung für den geringen Platzbedarf der Maschinen. [PFAU76; OV14; KLOC17]

Der Antrieb der Tischdrehung C_1 kann über zwei verschiedene Bauformen realisiert werden, die auf der rechten Seite von ◘ Bild 8.8 dargestellt sind. Zum einen kann ein geteiltes, zweistufiges Stirnrad-Getriebe mit einer spielfreien Vorspannung durch axiales Verschieben einer Zwischenwelle verwendet werden. Zum anderen werden Werkstücktische mit Direktantrieb eingesetzt. Für beide Bauformen kann zusätzlich ein Gegenhalter (Z_2-Achse) zur Abstützung von Wellen vorgesehen werden, welcher gleichzeitig das automatisierte Werkstückhandling ermöglicht, indem um den Ständer des Gegenhalters ein Werkstückwechsler rotiert (C_1-Achse). [PFAU76; OV14; KLOC17]

In ◘ Bild 8.8 ist links der Arbeitsraum einer Wälzfräsmaschine dargestellt, die ebenfalls die Fertigung von Verzahnun-

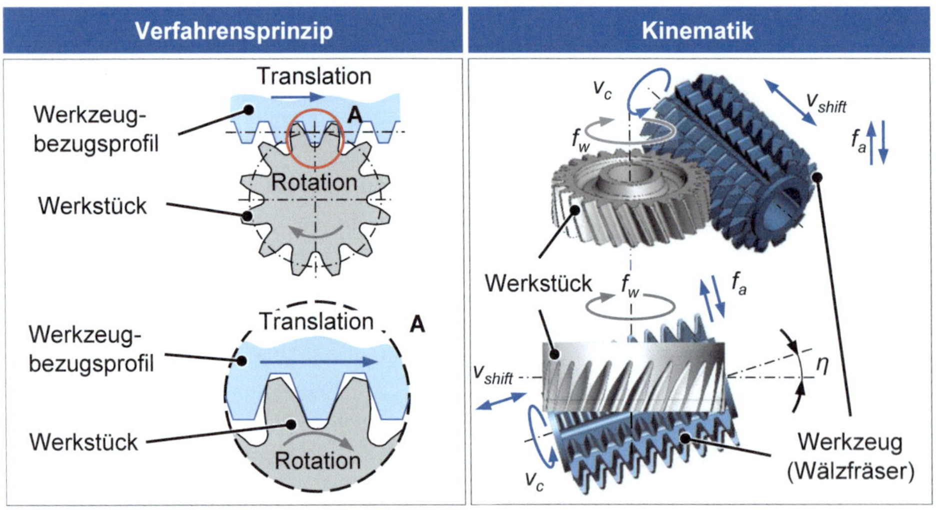

◘ **Bild 8.6** Das Verfahrensprinzip des Wälzfräsens. Quelle: [KLOC17]

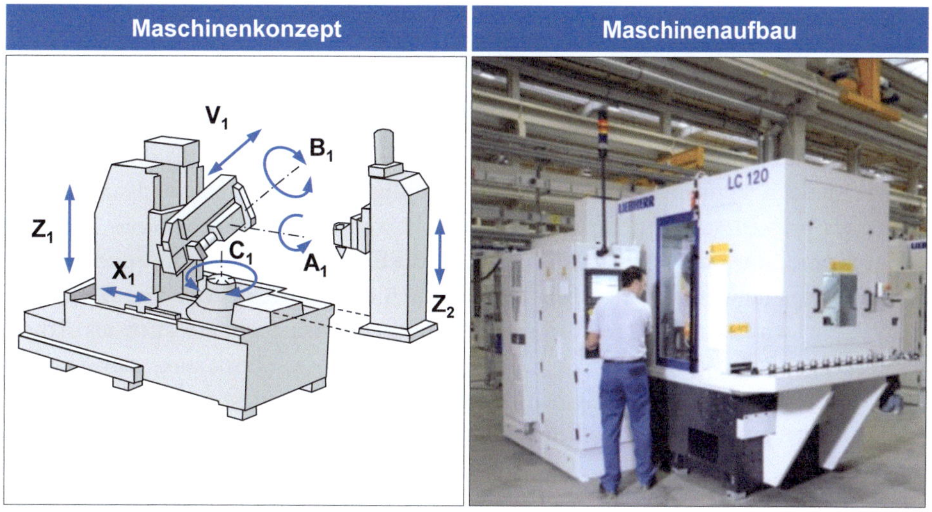

Bild 8.7 Aufbau einer Wälzfräsmaschine. Exemplarisch nach: Liebherr

gen sowohl unter Öl als auch im Trockenschnitt ermöglicht. Der Fräskopf (B-Achse) und die Werkstückspindel (C-Achse) sind für die exemplarisch gewählte LC120 der Firma Liebherr mit direktgetriebenen, wartungsfreien Antrieben versehen. Durch die vertikale Werkstückspindelanordnung fallen die Späne ungehindert auf den Späneförderer. Kurze Werkstücke können fliegend, das heißt ohne Gegenhalter, lange Werkstücke oder Wellen zwischen Spitzen unter Zuhilfenahme der Z_2-Achse aufgenommen werden. [OV14; KLOC17]

Als Verzahnwerkzeuge finden je nach den Gegebenheiten verschiedene Wälzfräserbauarten Anwendung, die als Block-, Räumzahn- oder Wendeschneidplattenwälzfräser ausgeführt werden. Blockwälzfräser, wie in Bild 8.8 unten rechts dargestellt, werden vollständig aus dem zum Einsatz kommenden Schneidstoff hergestellt. Da der Zahnkopfbereich des Werkzeugs beim Wälzfräsprozess stärker belastet werden als der Flankenbereich, resultiert daraus ein erhöhter Verschleiß an den Kopfschneiden der Blockwälzfräser. Räumzahnwälzfräser verfügen neben Profilschneiden über zusätzliche Kopfschneiden, um bei einer gleichbleibenden Werkzeugbelastung produktiver zerspanen zu können. Räumzahnwälzfräser sind bei großem Zerspanungsvolumen wirtschaftlich und werden darum bei größeren Modulen eingesetzt. Wendeschneidplattenwälzfräser bestehen aus einem Stahlgrundkörper und aufgeschraubten Wendeschneidplatten. Das Lückenprofil des Werkzeugs wird auf mehrere Wendeschneidplatten aufgeteilt. Die Aufbereitung verschlissener Werkzeuge erfolgt über den Austausch einzelner Wendeschneidplatten, sodass ein wirtschaftlicher Einsatz der Werkzeuge bei großen Werkzeugdurchmessern gewährleistet wird ohne den Schneidenträger aus Hartmetall ausführen zu müssen. [KLOC17]

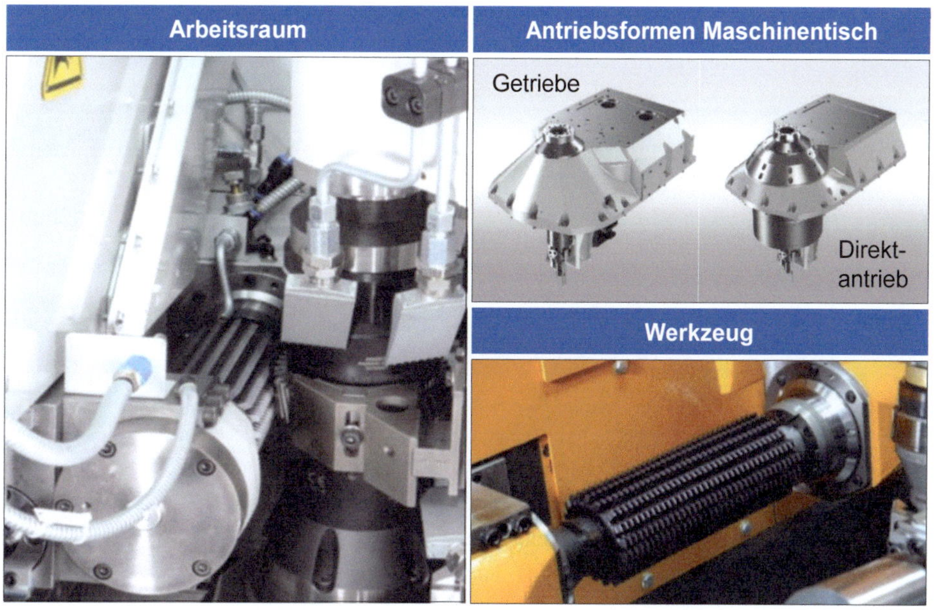

Bild 8.8 Arbeitsraum und Tischantrieb einer Wälzfräsmaschine. Exemplarisch nach: Liebherr

Bei Großserien im Automobilbereich kommt Trockenfräsen mit hartstoffbeschichteten Schnellarbeitsstählen auf Pulvermetallbasis oder beschichtete Hartmetallwälzfräser zum Einsatz. Bei Werkzeugen aus Hartmetall muss die Bruchempfindlichkeit bei der Handhabung berücksichtigt werden. Jedoch können höhere Schnittgeschwindigkeiten gegenüber Fräsern aus Schnellarbeitsstahl erreicht werden, wodurch eine hohe Produktivität erzielt wird. Da die Energie bei der Zerspanung zu einem großen Teil thermisch in den Span abführt wird, wird der Arbeitsraum mit Stahlblech ausgekleidet und darauf geachtet, dass keine Spänenester entstehen können. So wird einer thermischen Verlagerung der Maschinenachsen aufgrund der Spantemperaturen vorgebeugt. [KLOC17]

8.1.1.2 Wälzstoßmaschinen

Wälzstoßmaschinen sind kontinuierlich arbeitende Verzahnmaschinen, bei denen die Wälzkinematik wahrend des Stoßens von Werkrad und Werkzeug in Form eines Getriebes mit parallelen Achsen nachgebildet wird. Das Haupteinsatzgebiet des Stoßens liegt im Vorverzahnen von Gerad- und Schrägverzahnungen, die sowohl innen- als auch außenverzahnt sein können [BAUS11; MAAG85; ROTH98]. Im Gegensatz zum Wälzfräsen können mit dem Wälzstoßen auch Verzahnungen mit Störkonturen hergestellt werden [BAUS11; MAAG85]. Eine weitere Anwendung des Wälzstoßens ist das Vorverzahnen von Beveloids und Kronenrädern [BAUS11; ROTH98].

Bild 8.9 zeigt das Verfahrensprinzip des Wälzstoßens. Das Werkzeug entspricht einem Zahnrad mit Evolventenprofil, dessen Grundkreisteilung die gleiche ist wie die des Werkstücks [PFAU76; ROTH98]. Die Evolvente an der Zahnflanke entsteht, indem Werkzeug und Werkstück mit parallelen Achsen aufeinander abwälzen. Die Wälzkopplung hängt von den Zähnezahlen des Werkzeugs und Werkstücks ab, sodass keine zusätzliche Teilbewegung notwendig ist [MAAG85]. Soll ein schrägverzahntes Werkstück gefertigt werden, ist auch das Werkzeug schrägverzahnt. Der Abwälzbewegung des Werkstücks wird die Rotation zur Erzeugung des Schrägungswinkels überlagert [BAUS11].

Um für die Zerspanung notwendige Freiwinkel am Kopf und an der Flanke des Werkstücks zu erzeugen, sind die Werkzeugzähne hinterarbeitet [PFAU76]. Der Wälzvorschub f_w zwischen Werkstück und Werkzeug realisiert das Abwälzen von Werkstück und Werkzeug [BAUS11]. Der Stoßhub, auch als Arbeitshub bezeichnet, erzeugt die zur Zerspanung notwendige Schnittgeschwindigkeit und bewirkt dadurch die Spanabnahme [BAUS11; FELT12]. Wird die translatorische Werkzeugachse durch einen Kurbelantrieb bewegt, liegt keine konstante Schnittgeschwindigkeit vor, sondern die Bewegung weist einen sinusförmigen Verlauf auf, der ein Maximum der Schnittgeschwindigkeit auf der Hälfte des Stoßhubes aufweist. Der anschließende Abhebevorgang erfolgt radial, um das Werkzeug vor Verschleiß zu schützen sowie eine gute Oberflächenqualität zu gewährleisten. Der Rückhub, auch Leerhub genannt, dient dazu, das Werkzeug zurück in die Ausgangslage zu bringen ohne die Wälzbewegung zu unterbrechen [ROTH98]. [KLOC17]

Zum Herstellen von Schrägverzahnungen ist der Einsatz von schrägverzahnten Schneidrädern erforderlich. Zusätzlich muss das Stoßrad während des Hubes durch die Werkradverzahnung geschraubt werden. Um bei einer Schrägführungsbuchse mit konstanter Steigungshöhe der Schraubenführung einen bestimmten Werkradschrägungswinkel β zu realisieren, muss der Stoßraddurchmesser einen bestimmten Wert annehmen. Der Stoßraddurchmesser d_s berechnet sich dabei nach Formel (8.3).

$$d_s = \frac{p_z}{\pi} \cdot \tan \beta \qquad (8.3)$$

Diese Drehbewegung wurde bei älteren Maschinen durch eine hydrostatische Schrägführung der Stoßspindel erreicht,

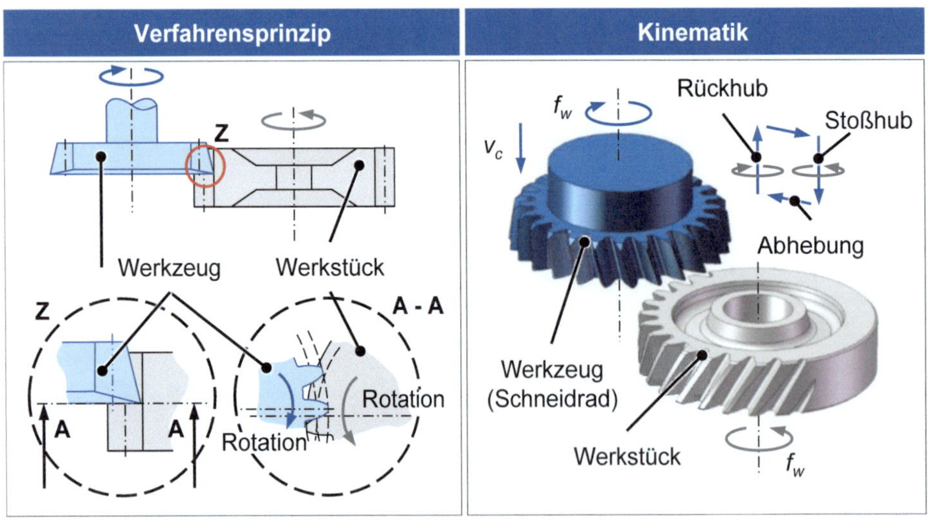

Bild 8.9 Das Verfahrensprinzip des Wälzstoßens. Quelle: [KLOC17]

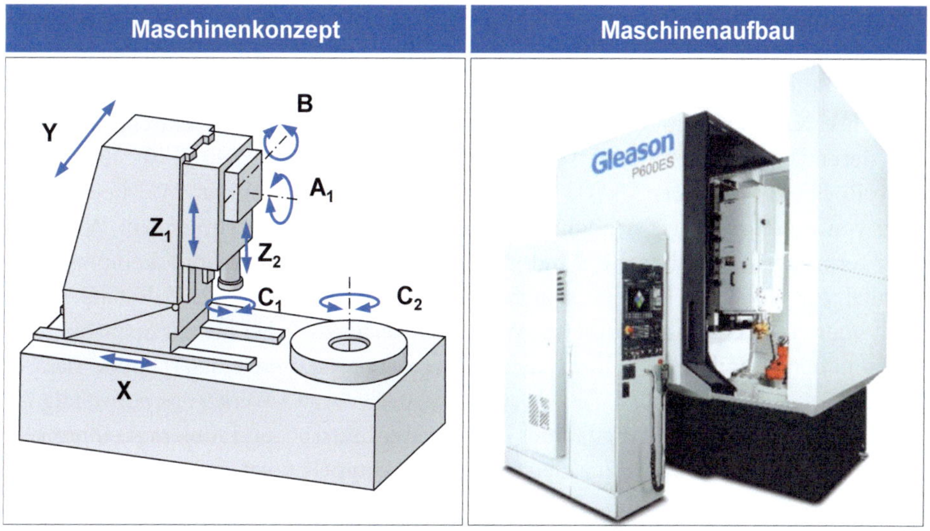

Bild 8.10 Aufbau einer Wälzstoßmaschine. Exemplarisch nach: Gleason

die für jeden Schrägungswinkel angepasst werden musste. Der Wechsel der Schrägführung stellte einen großen Aufwand dar und musste bei der Werkstückauslegung beachtet werden. Mittlerweile kann die notwendige Schraubbewegung jedoch durch die CNC-Steuerung der einzelnen Achsen realisiert werden.

Wegen der kurzen Werkzeug-Überlaufwege und der parallelen Achsenanordnung von Werkzeug und Werkrad findet das Wälzstoßen sein Haupteinsatzgebiet beim Herstellen von Innenverzahnungen und Verzahnungen mit begrenztem axialen Freiraum, wie z. B. Doppelschrägverzahnungen und Verzahnungen an Stufenwellen, Kupplungsverzahnungen oder dergleichen. Bei Kupplungsverzahnungen sind Sondervorrichtungen zum Schrägstellen des Tisches für das Hinterstoßen der Abdachungen notwendig.

Die Kinematik des Wälzstoßens wird mithilfe der Maschinenachsen einer Wälzstoßmaschine umgesetzt, wie sie am Beispiel der Gleason-Pfauter P600 ES in Bild 8.10 dargestellt ist [o.V.15]. Das Werkzeug und das Werkstück verfügen jeweils über eine eigene Drehachse, die Achsen C_1 und C_2. Über Direktantriebe kann die Synchronität der Wälzkopplung gewährleistet werden, was einen entscheidenden Einfluss auf die resultierende Verzahnungsqualität hat [BAUS11]. Das Einstellen der Tauchtiefe geschieht über den Radialvorschub der X-Achse. Die Tauchtiefe wird je nach Verfahrensmodifikation vor oder während der Abwälzbewegung eingestellt [ROTH98]. Die Achse Z_1 dient der Verstellung der Hublage, die zur Bearbeitung unterschiedlicher Zahnbreiten notwendig ist. Die eigentliche Hubbewegung des Schneidrads führt die

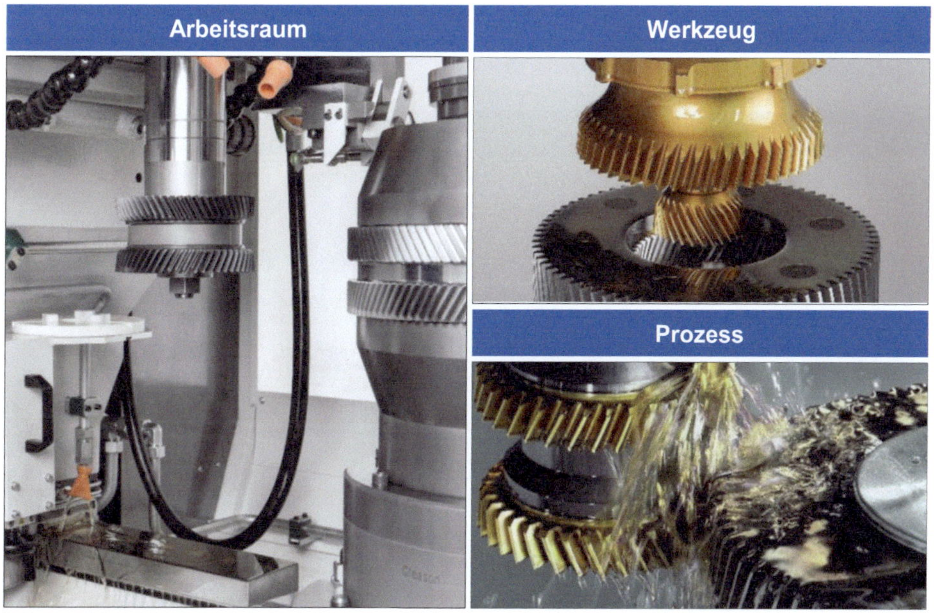

Bild 8.11 Arbeitsraum und Werkzeuge in einer Wälzstoßmaschine. Exemplarisch nach: Gleason

Achse Z_2 durch. Die Aufteilung in Hublage und Hubbewegung der Z-Achse dient speziell Anwendungen mit höheren Flexibilitätsanforderungen [BAUS11]. Die radiale Zustellachse X dient dazu gezielt einen Abhebewinkel zu realisieren [BAUS11]. Auf diese Weise wird eine Kollision beim Rückhub vermieden [BAUS11] und so die Bearbeitung von Sonderprofilen ermöglicht. Die Schrägstellung des Werkzeugs kann über die Schwenkachse A erfolgen. Parallel zur C_2-Achse können manche Maschinentypen noch über einen Gegenhalter für das Werkstück verfügen, der in der Abbildung jedoch nicht dargestellt ist. [KLOC17]

In ◘ Bild 8.11 ist der Arbeitsraum einer Wälzstoßmaschine mit einem Werkzeug zur Herstellung von Doppelschrägverzahnungen gezeigt. Die Düsen oberhalb des Werkzeugs dienen der Zuführung von Kühlschmierstoff. Rechts im Vordergrund ist das Werkstück in die Werkstückaufnahme eingespannt. Werkstücke mit geringem Auslauf sind eine Hauptanwendung für das Stoßen. [KLOC17]

Für Stoßwerkzeuge können je nach Einsatzfall verschiede Bauformen zur Anwendung kommen. Es werden Scheiben-, Glocken-, Schaft- oder Hohlschneidräder unterschieden. Die Ausführung des Werkzeugs erfolgt in allen Fällen konisch und es werden hauptsächlich hartstoffbeschichtete Schnellarbeitsstähle eingesetzt. Die Wiederaufbereitung verschlissener Werkzeuge erfolgt durch Abschleifen der Spanfläche. Allen Werkzeugformen des Stoßens ist gemein, dass sich der Teilungsfehler des Schleifens direkt auf die Verzahnungsqualität des Werkstücks auswirkt. Alternativ zu konventionellen Werkzeugen können Wafer-Werkzeuge zum einmaligen Gebrauch eingesetzt werden. Dabei handelt es sich um profilierte, dünne Scheiben, die in einer verzahnten Aufnahme eingespannt werden und nach Standzeitende ausgetauscht werden. [KLOC17]

8.1.1.3 Wälzschälmaschinen

Das Wälzschälen ist ein vom Wälzstoßen (▶ Kap. 8.1.1.2) hergeleitetes Verzahnverfahren. Vergrößert man den Achsenwinkel zwischen Schneidrad und Werkrad, der beim Stoßverfahren 0 ° beträgt, so wird die Wälzbewegung zur Schraub-Wälzbewegung mit zunehmendem Schraub- und abnehmendem Wälzanteil. Der Schraubanteil bewirkt eine Bewegungskomponente der Schneidrad-Schneiden in Richtung der Zahnflanken, die bei genügend großem Achsenwinkel die zur Spanabnahme erforderliche Schnittgeschwindigkeit liefert, ohne dass eine zusätzliche Hubbewegung des Werkzeugs notwendig ist. Das Wälzschälen wird für Innen- und Außenverzahnungen von sowohl gerad- als auch schrägverzahnten Stirnrädern eingesetzt [BAUS11]. In der Prozesskette der Zahnradherstellung findet das Wälzschälen für das Vorverzahnen Anwendung [ROTH98].

Das Verfahrensprinzip zur Erzeugung der Verzahnung beim Wälzschälen ist in ◘ Bild 8.12 links dargestellt. Das Werkzeug weist ein Evolventenprofil auf. Über die Rotation von Werkzeug und Werkstück wird eine kontinuierliche Abwälzbewegung zwischen Werkzeug und Werkstück erzeugt. Somit ist keine zusätzliche Teilbewegung zur Erzeugung des Profils notwendig.

Das Werkstück und Werkzeug bilden beim Wälzschälen eine Schraubradpaarung [ROTH98]. Dabei kann das Werkzeug eine zylindrische oder kegelförmige Außenkontur aufweisen und gerad- oder schrägverzahnt sein. Bei der Herstellung von Schrägverzahnungen ergibt sich der Achskreuzwinkel Σ aus den Schrägungswinkeln des Werkzeugs und des Werkstücks, wie im Detail der rechten Abbildung in ◘ Bild 8.132 dargestellt ist. Die Schnittgeschwindigkeit v_c resultiert aus den unterschiedlichen Rotationsgeschwindigkeiten von Werkzeug und Werkstück. Der Axialvorschub f_a wirkt parallel zur Werkstückachse [ROTH98].

Es gilt mithilfe der Rotationsgeschwindigkeit des Werkzeuges v_0 und dem Schrägungswinkel des Werkstückes β_2 der

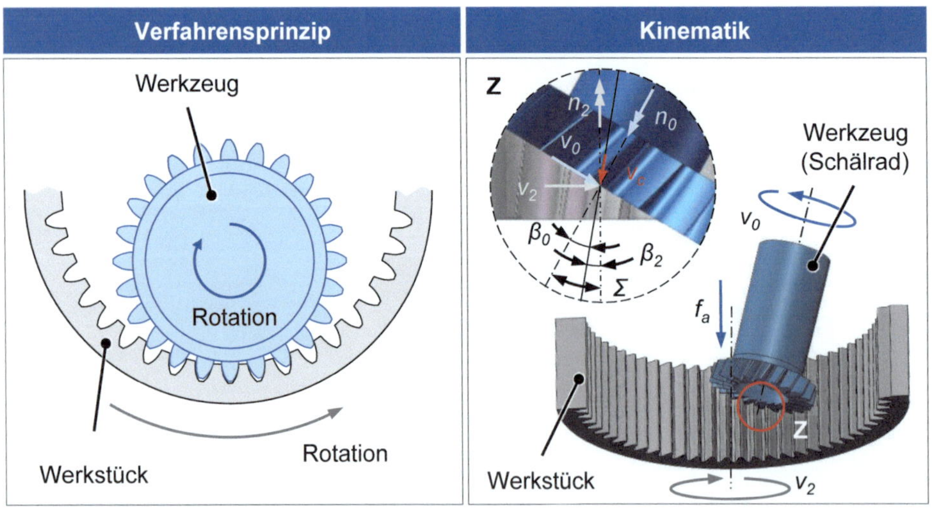

◘ **Bild 8.12** Das Verfahrensprinzip des Wälzschälens. Quelle: [KLOC17]

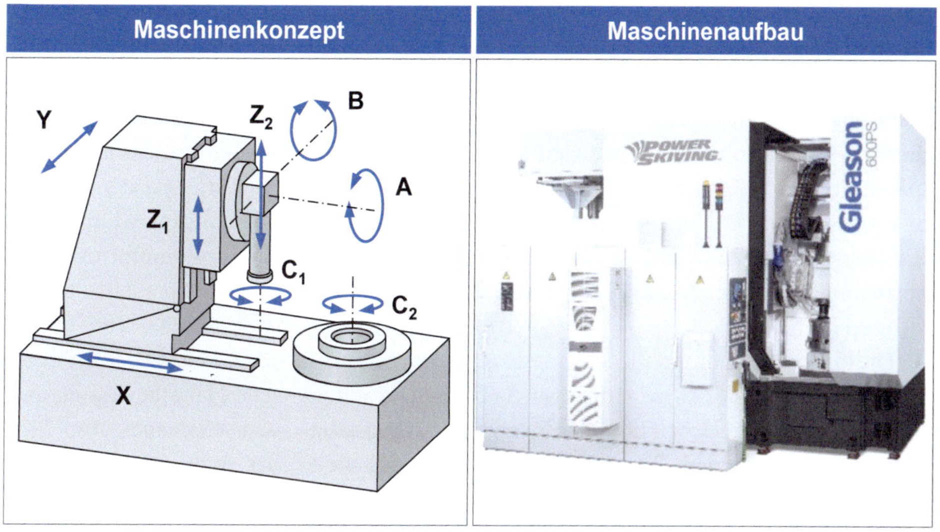

Bild 8.13 Aufbau einer Wälzstoßmaschine. Exemplarisch nach: Gleason

Zusammenhang gemäß Formel (8.4) für die Schnittgeschwindigkeit v_c.

$$v_c \approx \frac{v_0 \cdot \sin \Sigma}{\cos \beta_2} \tag{8.4}$$

Der Achsenwinkel Σ setzt sich zusammen aus dem Schrägungswinkel des Werkzeuges β_0 und dem Schrägungswinkel des Werkstückes β_2. Während der Bearbeitung erfolgt neben der Drehbewegung von Werkzeug und Werkstück eine Verschiebung des Werkzeuges parallel zur Werkstückachse mit der Vorschubgeschwindigkeit v_a. Gleichzeitig führt das Werkstück relativ zum Werkzeug eine Zusatzdrehung aus. Die Überlagerung der Verschiebung und der Zusatzdrehung ergibt eine Schraubbewegung. [KLOC17]

Die notwendigen kinematischen Bewegungen werden mithilfe der Maschinenachsen einer Wälzschälmaschine umgesetzt, wie sie in Bild 8.13 am Beispiel einer Gleason P600 PS dargestellt ist. Der Axialvorschub wird über die Z_2-Achse durchgeführt, die Z_1-Achse dient der festen Einstellung der Höhe. Über eine Kombination aus X- und Y-Achse werden verschiedene Vorschubstrategien realisiert. Der Achskreuzwinkel wird über die A-Achse eingestellt. Wird anstatt eines kegeligen Werkzeuges ein zylindrisches verwendet, so kann über ein Schwenken des Werkzeuges um die B-Achse der Kopffreiwinkel eingestellt werden. Zusätzlich wird die B-Achse beim Schälen von Innenverzahnungen verwendet, um Interferenzen der Werkzeugrückseite mit den gegenüber der Zerspanstelle liegenden Zähnen zu vermeiden. Dies ist insbesondere dann wichtig, wenn der Durchmesser des Schälrades sehr groß ist. [SCHM03; KLOC17]

Das Werkzeug und das Werkstück verfügen jeweils über eine eigene Drehachse, die Achsen C_1 und C_2, die über Di-

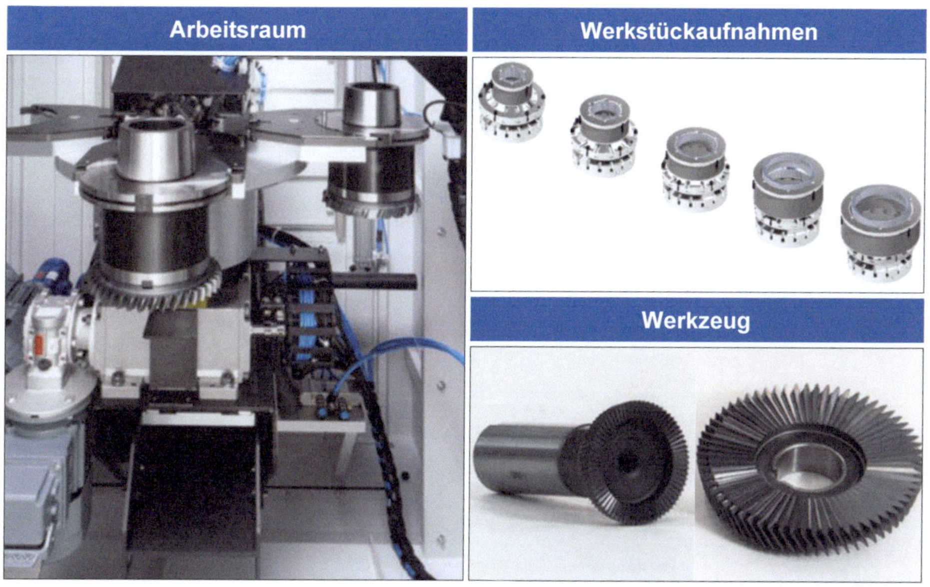

Bild 8.14 Arbeitsraum und Werkstückaufnahme einer Wälzstoßmaschine. Exemplarisch nach: Gleason

rektantriebe miteinander gekoppelt werden. Aufgrund der beschriebenen Verfahrenskinematik sind hohe Werkzeug- und Werkstückdrehzahlen zur Realisierung einer ausreichend großen Schnittgeschwindigkeit notwendig. Entsprechend bestehen hohe Anforderungen an die Präzision der Spannmittel für Werkzeug und Werkstück, um Unwuchten zu vermeiden. In ◘ Bild 8.14 sind rechts beispielhaft modulare Werkstückaufnahmen dargestellt, die die beschriebene Aufspannung für unterschiedliche Werkstückdurchmesser realisieren. [KLOC17]

Die klassische Bauform für Schälwerkzeuge sind Schälräder aus Vollmaterial. Diese einteiligen Werkzeuge können eine gewölbte Spanfläche aufweisen oder spanflächenseitig nachgeschliffen werden. Im ◘ Bild 8.14 unten rechts sind Werkzeuge mit Treppenschliff dargestellt. Für das Nachschleifen sind bei schrägverzahnten, treppengeschliffenen Werkzeugen Spezialmaschinen notwendig. [KLOC17]

8

8.1.1.4 Zahnradschabmaschinen

Das Zahnradschaben wird als Weichfeinbearbeitungsverfahren in Mittel- und Großserien eingesetzt [FELT12; ROTH98], um eine Verbesserung der Verzahnungsqualität vor der Wärmebehandlung zu erreichen [BAUS11]. Die primäre Aufgabe besteht darin, die vorhandenen Abweichungen von der Evolventenform zu eliminieren und darüber hinaus gegebenenfalls weitere definierte Modifikationen in die Zahnform einzuarbeiten. Der zusätzliche Verfahrensschritt kann wirtschaftlich sinnvoll sein, da eine Qualitätssteigerung von zwei bis drei Toleranzklassen möglich ist [BAUS11; ROTH98]. Das Zahnradschaben weist eine ähnliche Kinematik wie das Wälzschälen auf [BAUS11] und kann für Gerad- und Schrägverzahnungen sowie Außen- und Innenverzahnungen angewendet werden [ROTH98].

Das Verfahrensprinzip des Zahnradschabens ist in ◘ Bild 8.15 am Beispiel eines außenverzahnten Werkstücks dargestellt. Das Werkzeug weist ebenfalls ein evolventenförmiges Zahnprofil auf und wälzt im Zweiflankenkontakt mit dem Werkstück ab [BAUS11]. Dementsprechend werden beide Zahnradflanken gleichzeitig gefertigt und es herrscht theoretisch nur eine Punktberührung zwischen den Flanken des Werkstücks und den Flanken des Werkzeugs [FELT12].

Aufgrund der Kinematik des Zahnradschabens wird das Werkstückprofil in einer Mischung aus spanenden, schälenden und umformenden Anteilen erzeugt [BAUS11]. Die hohe Zerspanleistung wird durch eine mehrfache Hintereinanderreihung von Einzelschneiden am Werkzeug erreicht [BAUS11]. Die Schnittbewegung wird durch eine translatorische Hauptbewegung ausgeführt, die sich aus der Rotation von Werkstück und Werkzeug zusammensetzt. Aufgrund des Achskreuzwinkels Σ wälzen Werkstück und Werkzeug wie ein hyperbolisches Schraubwälzgetriebe miteinander ab. Dadurch wird eine Längsgleitbewegung zwischen Werkzeug- und Werkstückflanke verursacht. Diese Längsgleitbewegung resultiert entsprechend des Betrags des Gleitens in für das Zahnradschaben typischen, in der Regel regelmäßigen Bearbeitungsspuren. Beim Parallelschaben erfolgt der Vorschub $f_{a,p}$ parallel zur Werkstückachse. Neben dem Parallelschaben gibt es weitere Verfahrensvarianten wie das Diagonal-, Quer- und Tauchschaben. [BAUS11]

Den zur Spanabnahme nötigen Anpressdruck zwischen den Zahnrad- und Werkzeugflanken bringt die Maschine durch ein radiales Annähern beider Räder auf. Bei Schraubgetrieben liegt theoretisch eine Punktberührung vor, die sich infolge der Anpresskräfte zu einer Berührzone erweitert. Um das Werkrad auf der gesamten Breite zu bearbeiten, ist ein entsprechender Vorschub in Richtung der Werkstückachse erforderlich. Der Aufbau einer Zahnradschabmaschine ist am Beispiel einer Gleason 130SV in ◘ Bild 8.16 dargestellt. Bis auf die Werkstückrotation sind alle Bewegungen auf die Werkzeugachse bezogen [BAUS11]. Die Achse A dient der Einstellung des Achskreuzwinkels. Über die Werkzeugrotation C_1 und die Werkstückdrehung C_2 wird die Relativge-

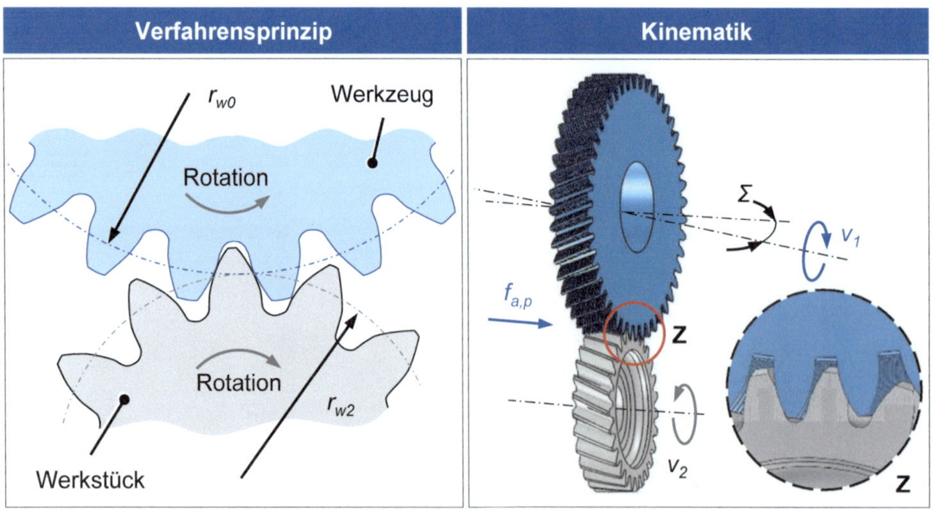

◘ Bild 8.15 Das Verfahrensprinzip des Zahnradschabens. Quelle: [KLOC17]

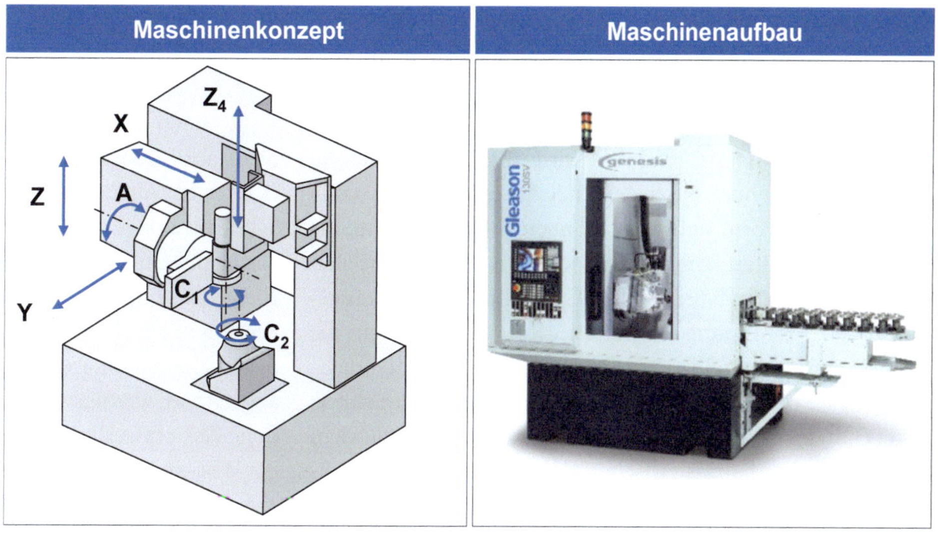

■ **Bild 8.16** Aufbau einer Zahnradschabmaschine. Exemplarisch nach: Gleason

schwindigkeit zwischen Werkzeug und Werkstück am Wälzkreis eingestellt. Über die X-, Y- und Z-Achsen wird je nach Verfahrensvariante die Vorschubrichtung eingestellt. [o.V.15; KLOC17]

In ■ Bild 8.17 ist der Arbeitsraum einer Zahnradschabmaschine dargestellt. Neben den beschriebenen Achsen, die verfahrensnotwendige Bewegungen ausführen, kann die Maschine weitere Verfahrachsen für ein automatisches Werkstückwechselsystem aufweisen. Durch einen kurvenscheibengetriebenen Wechsler mit zwei Greifarmen kann das Werkstück nach Prozessende durch einen Rohling aus dem Magazin ersetzt werden. Beschichteter, pulvermetallbasierter Schnellarbeitsstahl hat sich in der Vergangenheit als effektivster Werkzeugschneidstoff für das Zahnradschaben erwiesen. [SCHR06; KLOC17]

8.1.1.5 Wälzschleifmaschinen

Grundsätzlich wird beim Wälzschleifen zwischen diskontinuierlichen und kontinuierlichen Prozessen unterschieden [KLOC05]. Beim diskontinuierlichen Wälzschleifen, auch Teilwälzschleifen genannt, werden die Zahnlücken nacheinander geschliffen, sodass nach jeder Lücke ein Teilvorgang stattfindet. Als Werkzeuge werden Schleifscheiben verwendet, deren Geometrien das Bezugsprofil der Verzahnung aufweisen. Dabei können entweder beide Zahnflanken gleichzeitig oder nacheinander bearbeitet werden. [BAUS11; ROTH98]

Aufgrund des verfahrenstypischen Teilvorgangs sind die diskontinuierlichen Verfahren in ihrer Produktivität begrenzt und sind in der industriellen Praxis nur noch vereinzelt in der Anwendung. Daher wird sich im Folgenden auf

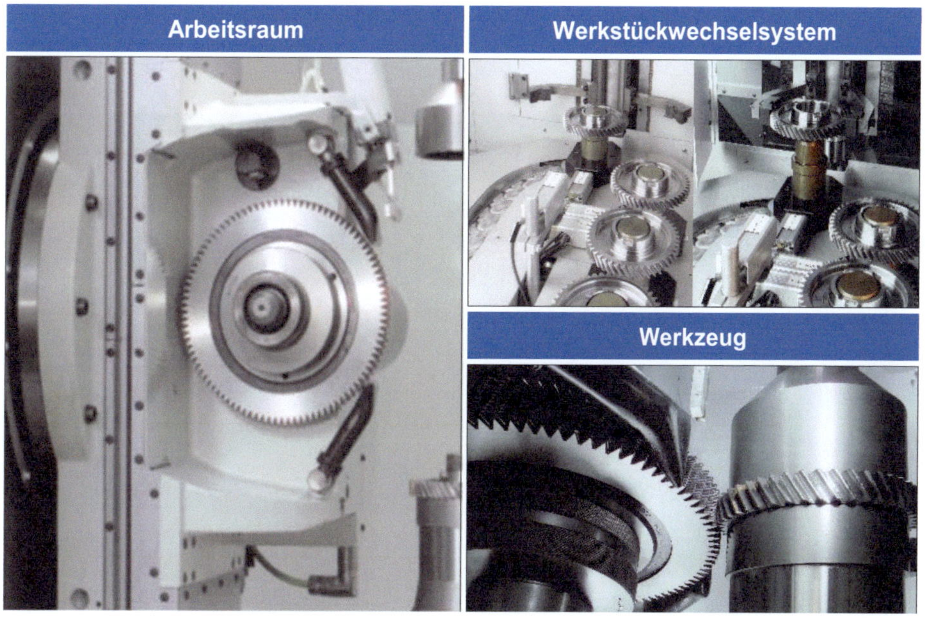

■ **Bild 8.17** Arbeitsraum und Werkzeuge in einer Zahnradschabmaschine. Exemplarisch nach: Gleason

das produktivere kontinuierliche Wälzschleifen konzentriert. In der Serienproduktion von Zahnrädern mit einem Normalmodul von $m_n = 0{,}5$ mm bis $m_n = 10$ mm ist das kontinuierliche Wälzschleifen eines der dominierenden Feinbearbeitungsverfahren. Das Verfahren wird für außenverzahnte Stirnräder verwendet, welche einen Schrägungswinkel sowie eine konische Form aufweisen können. Beim kontinuierlichen Wälzschleifen kommen zylindrische Schleifschnecken zum Einsatz, die im Normalschnitt der Schnecke das Bezugsprofil der Verzahnung aufweisen [KLOC05]. Durch die Schneckenform entfällt der Teilvorgang und es werden mehrere Lücken der Verzahnung gleichzeitig bearbeitet. Schleifschnecke und Zahnrad rotieren synchronisiert mit dem Übersetzungsverhältnis zwischen der Zähnezahl des Werkstücks und der Anzahl der Schneckengänge. Diese Synchronisation durch das elektronische Getriebe wird auch Wälzkopplung genannt. Durch diese Kopplung wird die Evolvente im Hüllschnittverfahren analog zum Wälzfräsen erzeugt. Dabei wird die translatorische Bewegungskomponente des Bezugsprofils durch die Rotation der Schleifschnecke und die Spirale des Werkzeuggangs realisiert, wie in ◘ Bild 8.18 auf der linken Seite dargestellt ist. Die rotatorische Bewegungskomponente wird durch die Drehung des vorverzahnten Zahnrads ausgeführt. Neben der Wälzkopplung wird die Schleifschnecke zusätzlich geschwenkt, um die Steigung der Schneckengänge auszugleichen. Dadurch wird ein gesteigerter Auslaufweg des Werkzeugs notwendig und das Verfahren wird hinsichtlich Störkonturen, z. B. bei der Wellenbearbeitung, eingeschränkt [BAUS11]. Zudem müssen verfahrensbedingte Abweichungen wie Verschränkungen, die bei der Fertigung von Flankenmodifikationen bei Schrägverzahnungen entstehen, berücksichtigt werden. Das kontinuierliche Wälzschleifen ermöglicht eine Vielzahl von Profil- und Flankenmodifikationen wie Kopf- und Fußrücknahmen, Profil- und Breitenballigkeiten, Profil- und Flankenlinienwinkelmodifikationen sowie End- und Eckrücknahmen. Außerdem sind gezielt aufgebrachte Verschränkungen als Modifikationen möglich, um z. B. die zuvor erwähnte natürliche Verschränkung zu kompensieren. [BAUS11; KLOC17]

Je nach Verfahrensvariante werden abrichtbare und nicht-abrichtbare Werkzeuge eingesetzt. Zu den nicht abrichtbaren Werkzeugen zählen galvanisch gebundene cBN-Schnecken oder -Scheiben. Diese Werkzeuge besitzen bereits das geforderte Bezugsprofil und können nur für einen speziellen Verzahnprozess eingesetzt werden. Abrichtbare Werkzeuge aus z. B. keramisch gebundenem Korund können auf der Wälzschleifmaschine auf das gewünschte Bezugsprofil abgerichtet werden. Hierfür werden meistens scheibenförmige Abrichtwerkzeuge verwendet. [BAUS11; KLOC17]

Wie zuvor beschrieben, rotieren Schleifschnecke und Zahnrad beim kontinuierlichen Wälzschleifen mit einem definierten Übersetzungsverhältnis. Neben der Rotation zählen weitere Bewegungen zur Verfahrenskinematik, die in ◘ Bild 8.18 rechts abgebildet sind. Zur Bearbeitung der Zahnflanke in Breitenrichtung wird die Schleifschnecke mit dem axialen Vorschub f_a am Zahnrad entlanggeführt. Damit Material am Zahnrad zerspant wird, muss die Schleifschnecke um die radiale Zustellung a_e zugestellt werden. Das zerspante Aufmaß kann über den Eingriffswinkel und die radiale Zustellung berechnet werden. Durch ein definiertes Zusammenspiel von axialem Vorschub, radialer Zustellung und Rotation des Zahnrads können die zuvor erwähnten Modifikationen der Zahnflanke in Breitenrichtung (s. ◘ Bild 8.5) erzeugt werden. Um einen gleichmäßigen Verschleiß der Schleifschnecke zu erreichen und ungenutzte Bereiche der Schleifschnecke in Eingriff zu bringen, wird eine Shiftbewegung durchgeführt. Diese Bewegung erfolgt entlang der Rotationsachse der Schleifschnecke, analog zum Shiften beim Wälzfräsen. Hierbei sind verschiedene Shiftstrategien möglich. Zum einen kann das Shiften nach der Bearbeitung eines Zahnrads erfolgen, dies wird als diskontinuierliches Shiften bezeichnet. Zum anderen wird das

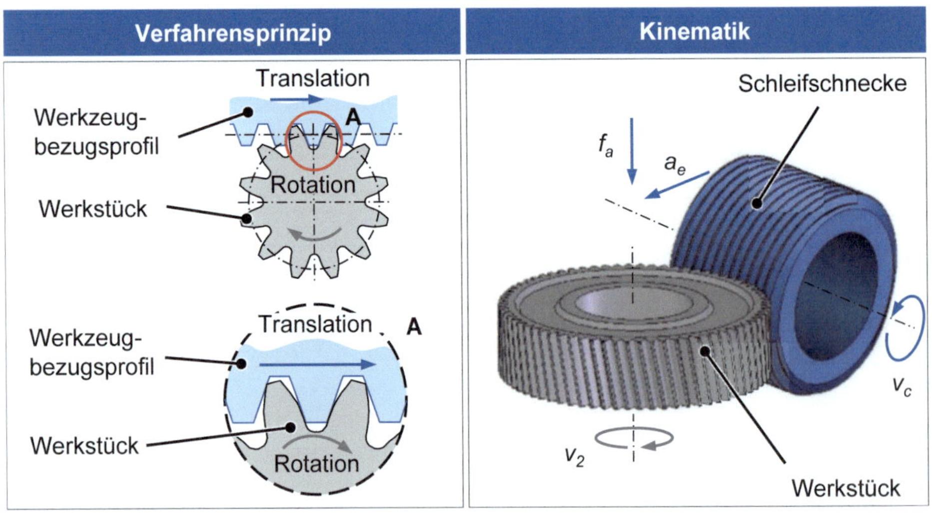

◘ **Bild 8.18** Das Verfahrensprinzip des Wälzschleifens. Quelle: [KLOC17]

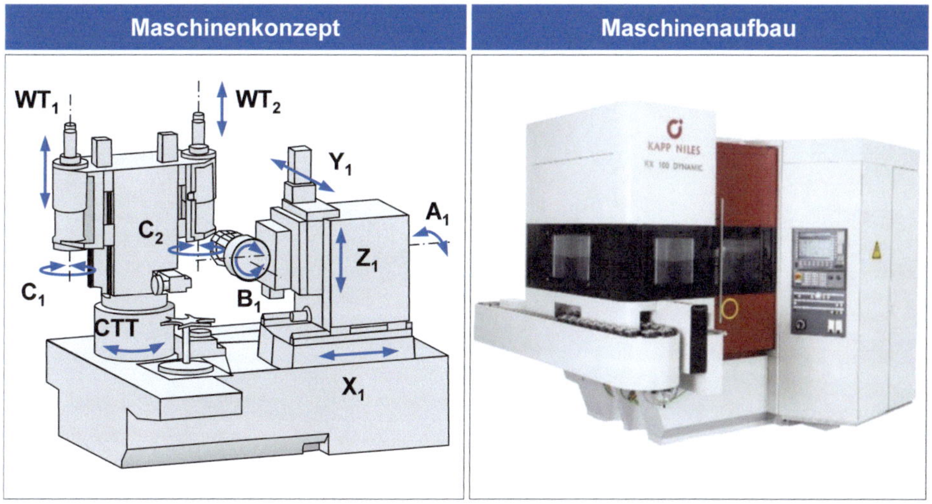

Bild 8.19 Aufbau einer Wälzschleifmaschine. Exemplarisch nach: Kapp Niles

kontinuierliche Shiften eingesetzt, bei dem die Schleifschnecke während der Bearbeitung verfahren wird. Häufig wird das kontinuierliche Shiften bei der Schruppbearbeitung eingesetzt, anschließend wird auf eine unbenutzte Schneckenposition mittels des diskontinuierlichen Shiftens verfahren und an dieser Position im Axialschliff ohne Shiftbewegung die Verzahnung geschlichtet. Aus der Werkzeugrotation ergibt sich der Schnittgeschwindigkeitsvektor, welcher tangential entlang der Zahnflanke wirkt. [SCHR08; KLOC17]

Aus der Verfahrenskinematik ergeben sich die Maschinenachsen, die für die Realisierung des Prozesses notwendig sind. In Bild 8.19 ist ein schematischer Aufbau einer Wälzschleifmaschine am Beispiel einer KX 100 Dynamic der Firma KAPP NILES inklusive Achsbezeichnungen dargestellt [OV15b]. Die Rotation des Werkzeugs wird durch die B_1-Achse, die Rotation des Werkstücks durch die Achsen C_1, bzw. C_2 realisiert. Die Werkzeugspindel kann über die Achse Z_1 in vertikaler und die Achse Y entlang der Werkzeugrotationsachse verfahren werden. Damit werden durch die Achse Z_1 der axiale Vorschub f_a des Vorschubschlittens und durch die Achse Y die Shiftbewegung des Shiftschlittens v_{Shift} abgebildet. Die radiale Zustellung a_e wird durch die Achse X_1 eingestellt. Der gesamte Schleifkopf kann über die A_1-Achse geschwenkt werden, sodass der Schwenkwinkel der Schleifschnecke eingestellt werden kann. Der Schwenkwinkel entspricht der Summe aus dem Schrägungswinkel des Zahnrads und dem Steigungswinkel der Schleifschnecke. Der gesamte Reitstockständer kann um die Achse CTT rotiert werden, sodass die Abrichteinheit in Abrichtposition bzw. die Werkstückrotationsachsen C_1 und C_2 in Bearbeitungsposition verfahren werden können. Ein Zweispindelsystem kommt zum Einsatz, um bei der Fertigung hauptzeitparallel Be- und Entlade- sowie Ausrichtvorgänge durchführen zu können. [BAUS11; SCHR08; KLOC17]

Das Zahnrad besitzt durch die beschriebene C-Achse der Schleifmaschine einen rotatorischen Freiheitsgrad um die Werkstückachse. Zusätzlich kann das Werkstück über einen Reitstock geklemmt werden, der durch die Achse WST_2 bzw. WST_1 verfahren werden kann [SCHR08]. Zur Fertigung eines Beveloids muss das Werkzeug an einem konischen Grundkörper entlanggeführt werden. Dies wird in der Regel über eine Kopplung von axialem Vorschub entlang der Z_1-Achse und radialer Zustellung in X_1-Richtung erreicht. Soll eine Breitenballigkeit auf die Verzahnung aufgebracht werden, so wird ebenfalls die radiale Zustellung über der Zahnradbreite angepasst. Dabei verfährt die Schleifschnecke in vertikaler Richtung nicht mehr entlang einer Geraden, sondern entlang einer parabelförmigen Bahnkurve in X_1-Richtung. Zur Realisierung von End- und Eckrücknahmen wird ebenfalls die Bewegung der X_1-Achse angepasst. Eine Flankenlinienwinkelmodifikation wird realisiert, indem die Kopplung zwischen C_2-, Z_1- und Y_1-Achse angepasst wird. Sämtliche Profilmodifikationen (Balligkeiten, Rücknahmen und Profilwinkelmodifikationen) werden durch Modifikationen des Werkzeugprofiles während des Abrichtvorganges erreicht. Eine Sonderform stellt das topologische Wälzschleifen dar. Hierbei kann das Werkzeug so abgerichtet werden, dass sich das Werkzeugprofil kontinuierlich in einem Schneckengang verändert. Wird eine solche Schnecke mit einer modifizierten Kinematik eingesetzt, ist es möglich, die natürliche Verschränkung, die sich bei der Fertigung einer achsabstandsbasierten Flankenmodifikation bei einer Schrägverzahnung beim kontinuierlichen Wälzschleifprozess ergibt, zu kompensieren oder eine gezielte Verschränkung aufzubringen. Ebenfalls ist es möglich, durch Manipulation der Achsbewegungen in Verbindung mit einem veränderlichen Werkzeugprofil freie Zahnflankenmodifikationen zu realisieren. [BAUS11; SCHR08; KLOC17]

In Bild 8.20 ist der Arbeitsraum einer Wälzschleifmaschine mit im Eingriff befindlichen Schleifwerkzeug und Werkstück abgebildet. Durch längeren Einsatz weisen Schleifwerkzeuge makrogeometrischen Verschleiß wie bei-

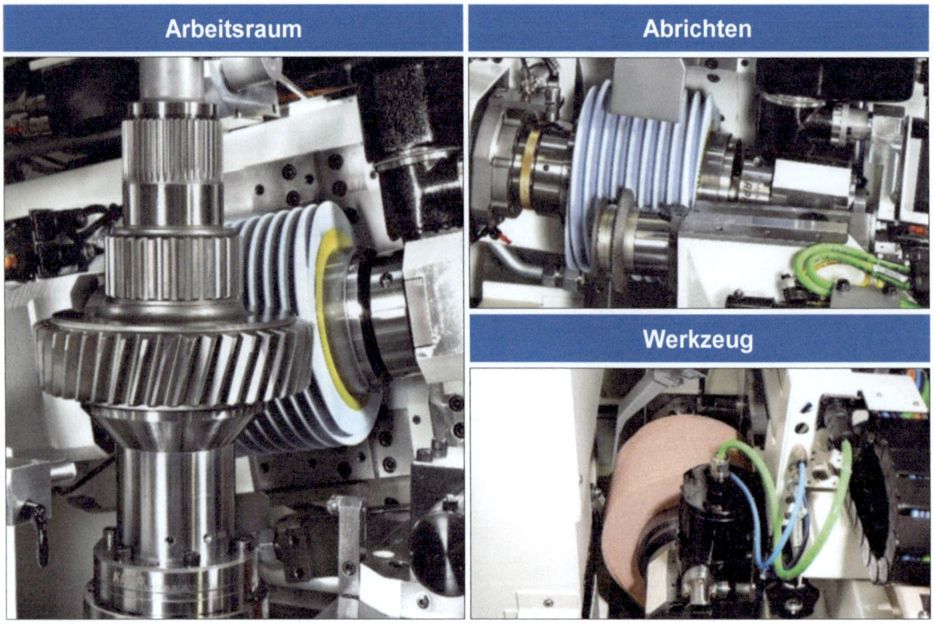

Bild 8.20 Arbeitsraum und Werkzeug in einer Wälzschleifmaschine. Exemplarisch nach. KAPP NILES

8

spielsweise Unrundheiten, Welligkeiten oder Profilverlust auf, die zu Störungen im Schleifprozess und/oder einer fehlenden Maßhaltigkeit der Werkstücke führen. Die Kombination aus Profilieren zur Erzeugung eines definierten Werkzeugprofils und Schärfen zur Erzeugung einer definierten Werkzeug-Mikrotopographie wird als Abrichten bezeichnet. Das Abrichten kann direkt auf der Maschine erfolgen, sodass ein Ausbau des Werkzeugs nicht erforderlich ist.

8.1.1.6 Verzahnungshonmaschinen

Das Verzahnungshonen dient als Hartfeinbearbeitung für Innen- und Außenverzahnungen, die gerad- oder schrägverzahnt ausgeführt sein können. Es kann als eigenständiges Verfahren eingesetzt werden oder auch als Ergänzung zu vorangegangenen Hartfeinbearbeitungsverfahren [FELT12]. Aufgrund des geringen Werkzeugauslaufs eignet sich das Honen sehr gut zum Hartfeinbearbeiten von Verzahnungen mit Störkonturen [ROTH98].

Das Verfahrensprinzip des Verzahnungshonens ist in Bild 8.21 am Beispiel eines außenverzahnten Werkstücks dargestellt. Das Werkzeug hat für dieses Werkstück die Form eines innenverzahnten Hohlrads und wird auch als Honring bezeichnet [BAUS11]. Dadurch ist eine große Überdeckung zwischen Werkzeug und Werkstück möglich, was sich positiv auf die resultierende Verzahnungsqualität beim Verzahnungshonen auswirkt. Werkzeug und Werkstück wälzen aufeinander ab, indem beide in die gleiche Drehrichtung rotieren. Es besteht die Möglichkeit, beide Flanken gleichzeitig oder nacheinander einflankig zu bearbeiten. Durch das Abwälzen des vorverzahnten Werkstücks mit der evolventenförmigen Innenverzahnung des Werkzeugs entsteht die Evolvente in Profilrichtung des Werkstücks.

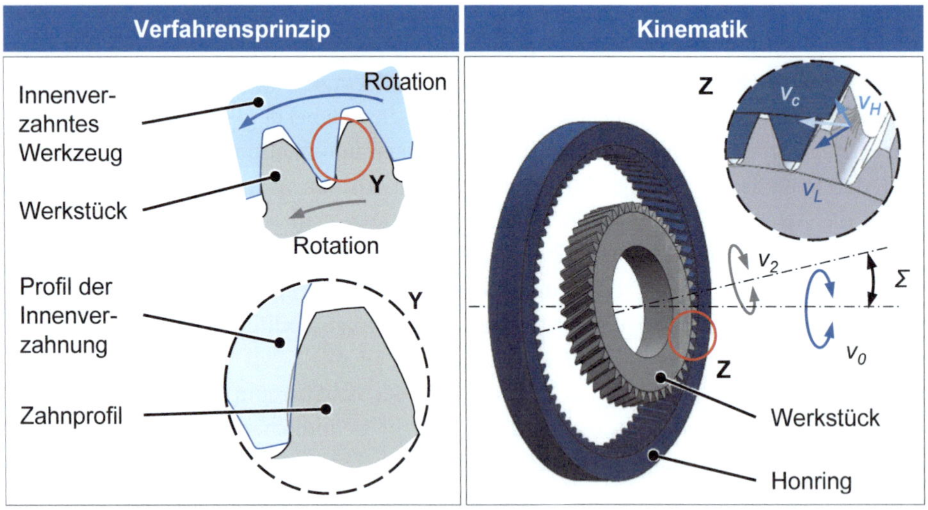

Bild 8.21 Das Verfahrensprinzip des Verzahnungshonens. Quelle: [KLOC17]

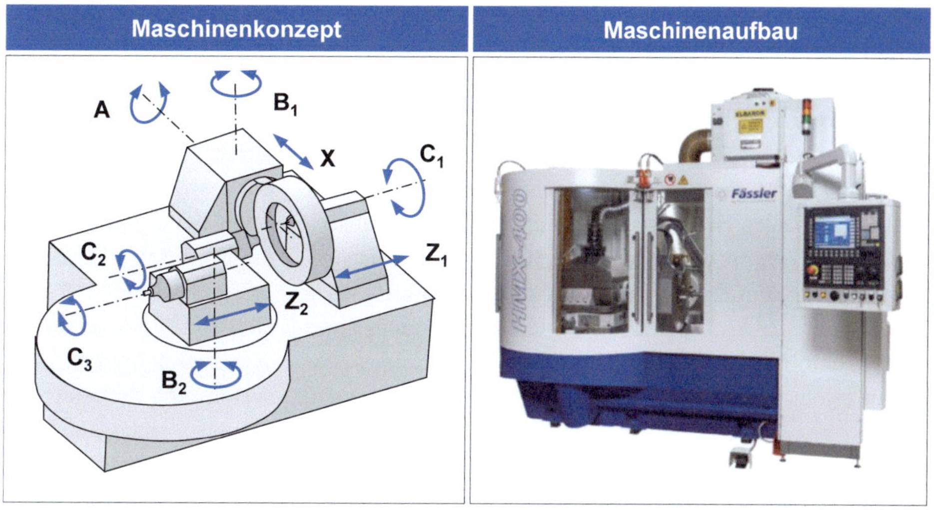

Bild 8.22 Aufbau einer Verzahnungshonmaschine. Exemplarisch nach: Daetwyler

Das Werkzeug und das Werkstück bilden beim Abwälzen ein hyperbolisches Schraubwälzgetriebe [BAUS11]. Der Bewegungsablauf entspricht der Kinematik des Zahnradschabens im Tauchschabverfahren (vgl. ▶ Kap. 8.1.1.4) bzw. dem Wälzschälen (vgl. ▶ Kap. 8.1.1.3). Der Achskreuzwinkel Σ ergibt sich aus der Summe der Schrägungswinkel des Werkzeugs und Werkstücks. Das konstante Rollen ist von einem Gleiten der Teilkörper überlagert [BAUS11], das sich aus einer Höhengleitgeschwindigkeit v_H und einer Längsgleitgeschwindigkeit v_L zusammensetzt. Aufgrund der sich ändernden Schnittgeschwindigkeitsverteilung entlang der Werkstückflanke entstehen die für das Verzahnungshonen charakteristischen Bearbeitungsspuren [FELT12].

Bild 8.23 zeigt exemplarisch den Aufbau einer Verzahnungshonmaschine am Beispiel einer HMX 400 der Firma Daetwyler. Über die C_1-Achse wird durch einen Direktantrieb die Werkzeugdrehung erzeugt. Die Werkstückdrehung wird über die beiden ebenfalls direkt angetriebenen Achsen C_2 und C_3 realisiert. Durch die doppelte Ausführung der Werkstückrotationsachsen kann der Werkstückwechselvorgang durch eine Drehung der B_2-Achse und einer Längsbewegung des Spindelstocks in Z_2-Richtung mit kurzen Nebenzeiten durchgeführt werden [BAUS11; OV15c]. Über die X-Achse wird die radiale Zustellung des Honrings realisiert [OV15c]. Der Längsvorschub der Z_1-Achse führt eine oszillierende Bewegung durch, sodass das Werkzeug über seiner Breite gleichmäßig genutzt wird [BAUS11; OV15c; KLOC17].

Das Schwenken des Honrings zur Erzeugung einer Breitenballigkeit wird durch eine Rotation um die B_1-Achse realisiert. Eine weitere Möglichkeit zur Erzeugung einer Breitenballigkeit besteht darin, über das Abrichtwerkzeug die Breitenballigkeit direkt in den Honring einzubringen. Dadurch ist kein Schwenken der Werkzeugachse bei der Bearbeitung des Werkstücks notwendig. [OV15c; KLOC17].

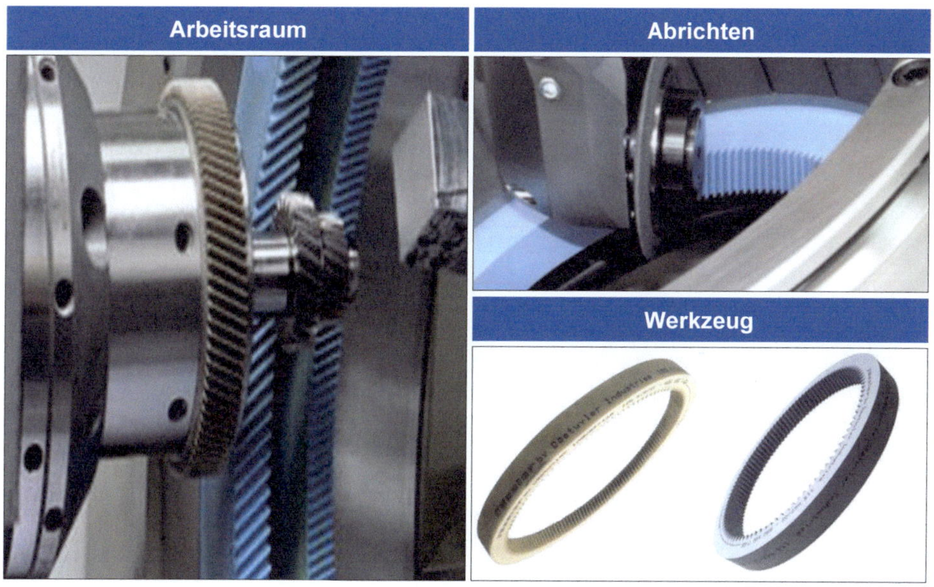

Bild 8.23 Arbeitsraum und Werkzeuge in einer Verzahnungshonmaschine. Exemplarisch nach: Daetwyler

Bild 8.23 zeigt auf der rechten Seite die unkonventionelle Variante des Abrichtprozesses eines Honrings mit einer Profilrolle. In der Regel wird der keramisch gebundene Korundhonring durch ein diamantbesetztes Abrichtzahnrad profiliert und geschärft. Weiterhin besteht die abgebildete Alternative, mit einer keramisch gebundenen cBN-Profilschleifscheibe den Honring abzurichten. Neben der industriell üblichen keramischen Bindung, können auch kunstharzgebundene Korundhonringe zum Einsatz kommen. Wie beim Wälzschleifen kann das Abrichten des Werkzeugs und die Hartfeinbearbeitung des Werkstücks auf derselben Maschine erfolgen. [KLOC17]

8.1.2 Profilierende Verzahnmaschinen

Bei der Herstellung nach dem Profilverfahren hat das Werkzeug (Profilfräser, Schleifscheibe, Umformwerkzeug) die Kontur der zu fertigenden Zahnlücke. Es wird bei den meisten Formverfahren jede Zahnlücke einzeln gefertigt und anschließend das Werkrad zur Bearbeitung der nächsten Zahnlücke um den Winkel der Zahnteilung gedreht (Einzelteilverfahren). Das Werkzeugprofil muss hierbei genau dem Zahnlückenprofil entsprechen. Dieses Verfahren kommt daher schwerpunktmäßig im Bereich der Einzelfertigung sehr großer Werkstücke bzw. bei der Massenfertigung kleinerer Zahnräder zum Einsatz.

Die Vorteile der profilierenden Bearbeitung von Verzahnungen liegen in der Linienführung und somit exakten Abbildung der Evolvente und ihrer Modifikationen in Profilrichtung. Weiterhin können hohe Schnittleistungen erreicht werden. Nachteilig äußert sich, dass für jede Zahnform ein anderes Werkzeug eingesetzt werden muss. Aufgrund der notwendigen Teilbewegung bestehen hohe Anforderungen bezüglich der Wiederholgenauigkeit und Synchronisation der Maschinenachsen für Werkzeugmaschinen die für profilierende Verzahnmaschinen eingesetzt werden.

8.1.2.1 Profilfräsmaschinen

Das Profilfräsen ist ein vielseitig einsetzbares Verfahren, das nicht nur zur Fertigung von evolventischen Innen- und Außenverzahnungen, sondern auch zur Herstellung von nicht durch Wälzen herstellbaren Profilen wie beispielsweise bei Sonderverzahnungen verwendet wird [BAUS11; ROTH00]. Auch bei Schnecken mit kleiner Zähnezahl und Steigung findet es Anwendung [BAUS11]. In allen Fällen enthält der Fräser das Profil d*er zu fräsenden Zahnlücke und wird axial zum Werkstück verschoben. Bei der Herstellung einer Geradverzahnung dreht sich das Werkstück nicht. Bei der Schrägverzahnung dreht sich das Werkrad während des Axialvorschubes, sodass sich das Werkzeug entsprechend dem Zahnschrägungswinkel auf einer Schraubenlinie relativ zum Werkrad bewegt.

Das Verfahrensprinzip des Profilfräsens ist in Bild 8.24 am Beispiel eines Scheibenfräsers mit Wendeschneidplatten dargestellt. Bei dem Werkzeug kann es sich aber auch um Fräser in Fingerform handeln [BAUS11; ROTH98]. Das Werkzeug weist im Achsschnitt ein evolventisches Profil auf, das in der Lücke abgebildet wird [BAUS11]. Beim Profilfräsen wird jede Lücke einzeln gefertigt. Anschließend dreht sich das Werkstück um eine Zahnteilung weiter und die nachfolgende Lücke wird gefräst, bis das Werkstück vollständig verzahnt ist.

Da zur Erzeugung des Evolventenprofils kein Abwälzen notwendig ist, wird die Kinematik des Profilfräsens von der Schnittgeschwindigkeit v_c, dem Radialvorschub f_r und dem Axialvorschub f_a bestimmt. Die Schnittgeschwindigkeit v_c wird durch die Rotation des Scheibenfräsers um die eigene Achse erzeugt und verursacht die Spanbildung. Durch den Axialvorschub f_a wird das Werkstück entlang der Breite bearbeitet. Durch den Radialvorschub f_r wird die Zustellung des Werkzeugs zum Werkstück beschrieben. [KLOC17]

Bild 8.25 zeigt den Aufbau einer Profilfräsmaschine. Grundsätzlich werden für das Profilfräsen Maschinen ver-

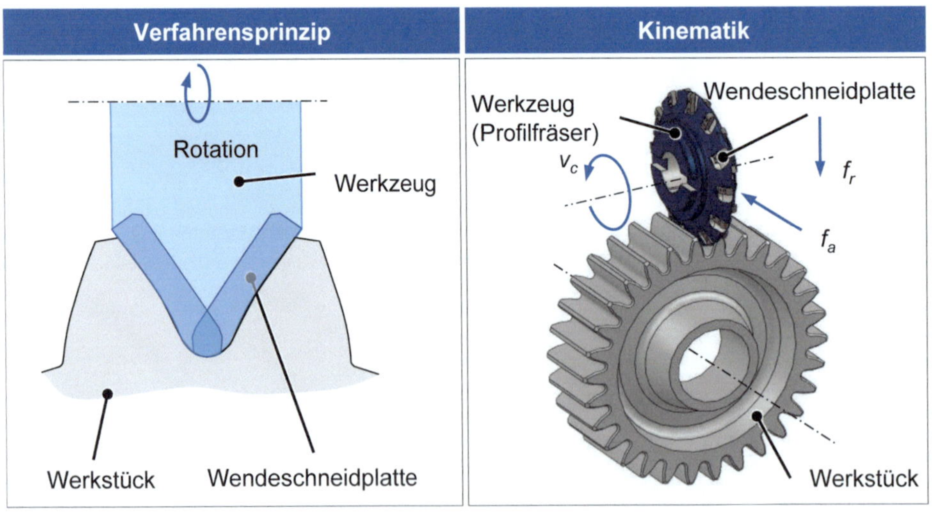

Bild 8.24 Das Verfahrensprinzip des Profilfräsens. Quelle: [KLOC17]

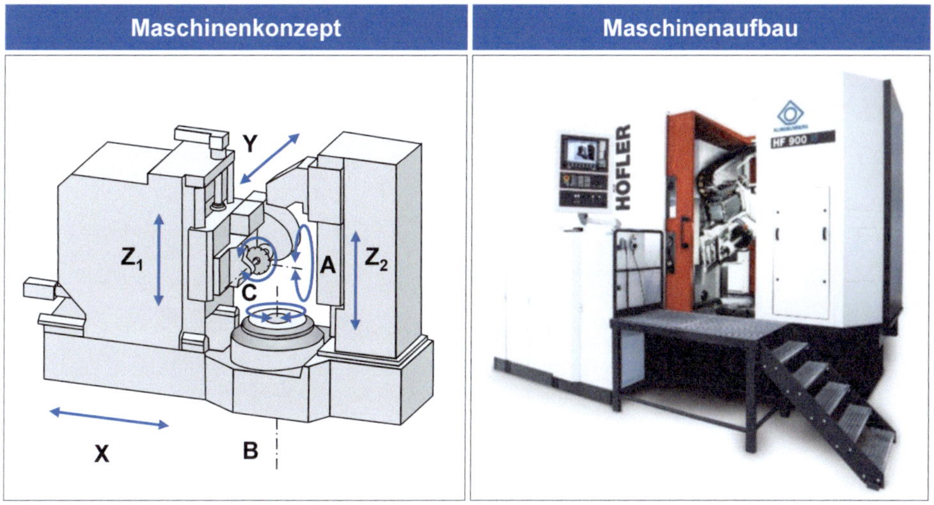

Bild 8.25 Aufbau einer Profilfräsmaschine. Exemplarisch nach: Klingelnberg

wendet, deren Achsanordnung der des Wälzfräsens ähnelt, sodass Profil- und Wälzfräsoperationen für Verzahnungen häufig auf derselben Maschine realisiert werden [DIET14]. Die Kinematik für das diskontinuierliche Profilfräsen unterscheidet sich vom kontinuierlichen Wälzfräsen dadurch, dass die A-Achse zur Realisierung des Schrägungswinkels geklemmt wird. Wird ein schrägverzahntes Zahnrad gefräst, so rotiert die B-Achse mit dem auf dem Maschinentisch aufgespannten Zahnrad. Die Rotation wird an den axialen Vorschub des Fräsers in Richtung der Achsen B und Z gekoppelt, sodass der definierte Schrägungswinkel β gefräst wird. Die radiale Zustellung in Richtung der X-Achse ist in der Regel konstant. Das Profilfräsen kann man unter bestimmten Bedingungen auch auf konventionellen Fräszentren realisieren.

Der Arbeitsraum einer Profilfräsmaschine ist exemplarisch in Bild 8.26 dargestellt. Die Werkzeugaufnahmen werden oftmals so gestaltet, dass sowohl Wälzfräs- als auch Profilfräswerkzeuge aufgenommen werden können. Neben dem abgebildeten Werkzeug mit Hartmetallwendeschneidplatten können grundsätzlich auch Fingerfräser zum Einsatz kommen. Diese benötigen ein anderes Werkzeugantriebskonzept. [KLOC17]

8.1.2.2 Profilschleifmaschinen

Für das Profilschleifen stehen verschiedene Verfahrensvarianten zur Verfügung [BAUS11; MAAG85]. Sie können in kontinuierliche Verfahren wie das Schleifen mit einer Globoidschnecke oder in diskontinuierliche Verfahren wie das Schleifen mit Profilschleifscheiben oder Schleifstiften eingeteilt werden [BAUS11]. In diesem Kapitel liegt der Fokus gemäß der industriellen Relevanz auf dem diskontinuierlichen Profilschleifen mit einer Schleifscheibe. Das Profil-

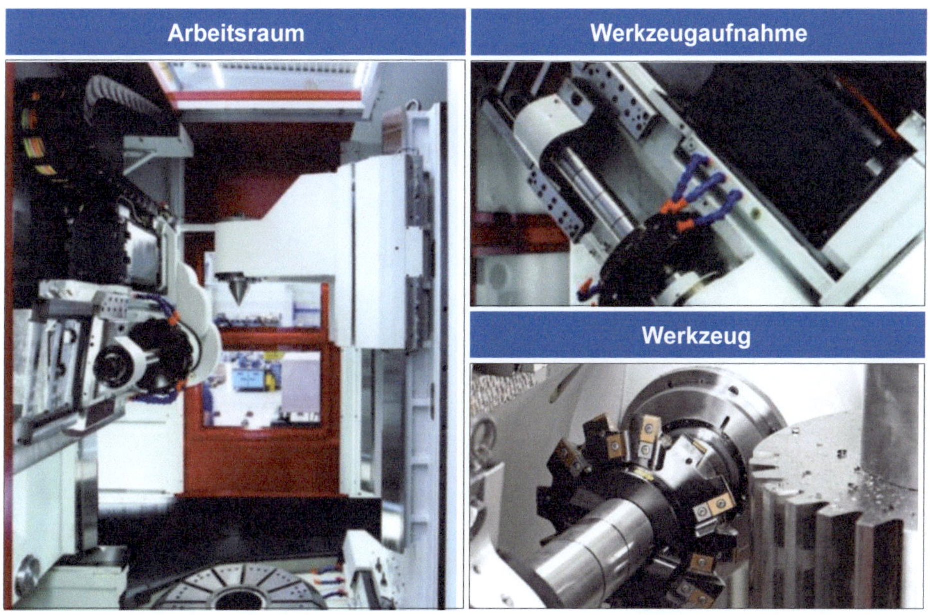

Bild 8.26 Arbeitsraum und Werkzeuge in einer Profilfräsmaschine. Exemplarisch nach: Klingelnberg

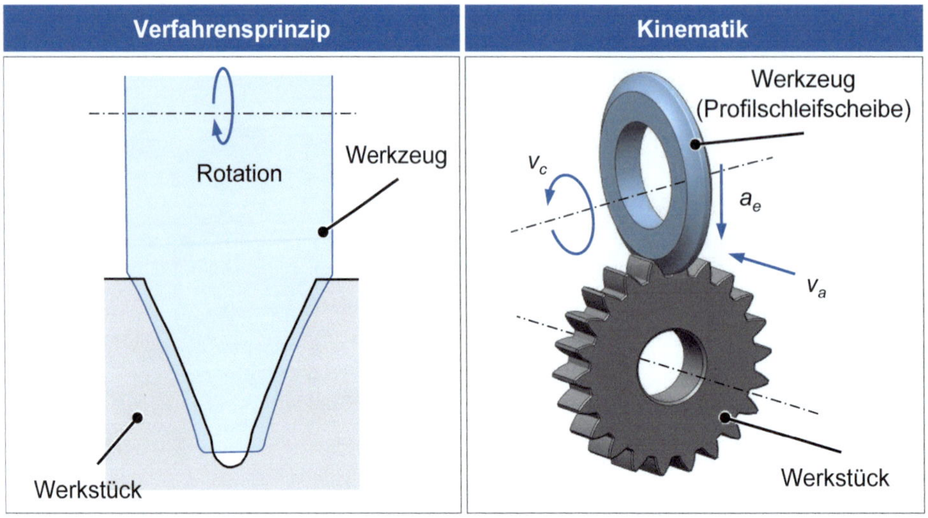

Bild 8.27 Das Verfahrensprinzip des Profilschleifens. Quelle: [KLOC17]

schleifen entspricht in seinem Bewegungsablauf dem Profilfräsen in ► Kap. 8.1.2.1. Das Profil der Schleifscheibe entspricht dem Gegenprofil der gewünschten Zahnlücke. Die Schleifscheiben sind für jede Verzahnungsgeometrie entsprechend zu profilieren.

Das Verfahrensprinzip des Profilschleifens ist in Bild 8.27 dargestellt. Wie beim Profilfräsen weist das Werkzeug im Achsschnitt ein evolventisches Profil auf. Zusätzlich sind die gewünschten Profilmodifikationen im Werkzeugprofil integriert. Das Werkzeugprofil wird in der Lücke des vorverzahnten Werkstücks abgebildet. Ebenfalls analog zum Profilfräsen wird eine Lücke des Werkstücks bearbeitet und das Werkstück anschließend um eine Zahnteilung zur Bearbeitung der darauffolgenden Zahnlücke gedreht. [KLOC17]

Die zum Zerspanen notwendige Schnittgeschwindigkeit v_c wird durch eine Rotation der Schleifscheibe realisiert. Die axiale Vorschubgeschwindigkeit v_a ermöglicht die Bearbeitung der Zahnlücke in Breitenrichtung. Die radiale Zustellung a_e bestimmt das zu zerspanende Aufmaß. Durch eine Achsabstandsänderung über der Zahnbreite können Modifikationen in Flankenrichtung aufgebracht werden. Die Prozessführung kann im Gleich- oder Gegenlauf erfolgen. Ebenso kann das Aufmaß in einem einzelnen Hub oder durch einen bzw. mehrere Hin- und Rückhübe geschliffen werden.

Bild 8.28 zeigt den Aufbau einer Profilschleifmaschine am Beispiel einer VX 55 der Firma KAPP NILES. Die A-Achse übernimmt die Drehung des Werkstücks, die für die Teilungsbewegung und als Zusatzbewegung für das Profilschleifen von Schrägverzahnungen notwendig ist. Über die Rotation der C-Achse wird die zur Zerspanung notwendige Schnittgeschwindigkeit des Werkzeugs erzeugt. Die Linearachse Y bildet die radiale Zustellachse, über die in Verbindung mit der axialen Vorschubachse X Verzahnungskorrekturen in Flankenlinienrichtung auf dem Werkstück aufgebracht werden können. Ebenso wie beim Wälzschleifen (vgl. ► Kap. 8.1.1.5) entsteht beim Profilschleifen eine natürliche Verschränkung für den Fall, dass die Modifikation einer

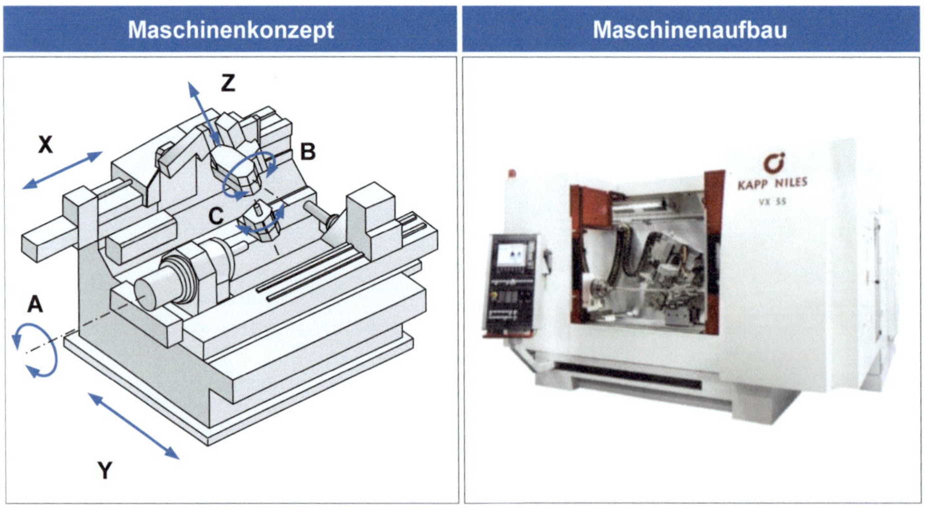

Bild 8.28 Aufbau einer Profilschleifmaschine. Exemplarisch nach: KAPP NILES

Schrägverzahnung eine Achsabstandsänderung zwischen Schleifscheibe und Werkstück über der Verzahnungsbreite bedingt. Die Schwenkachse B dient dem Einstellen der Schleifscheibe auf den gewünschten Schrägungswinkel beim Profilschleifen von Schrägverzahnungen. Mit der Z-Achse wird die Schleifscheibe verfahren, um Korrekturen auf die Zahnflanke aufzubringen oder Verzahnungen im Einflankenschliff zu bearbeiten. Weiterhin ist die Bewegung notwendig, um die Schleifscheibe zum integrierten Abrichter zu positionieren. Zudem kann über eine Kopplung mehrerer Achsen eine gezielte Topologie auf die Zahnflanke aufgebracht werden. Hierfür sind des Weiteren zusätzliche Freiheitsgrade in der Abrichtbewegung für Modifikationen im Werkzeugprofil notwendig. [KLOC17]

In ◘ Bild 8.29 ist der Arbeitsraum einer Profilschleifmaschine dargestellt. Die pfeilverzahnte Werkstückwelle mit Steckverzahnung ist fliegend an der C-Achse aufgespannt. Zum Einsatz kommende Werkzeuge können fliegend eingespannte Profilschleifscheiben oder beidseitig eingespannte Schleifwellen sein. Es werden entweder abrichtbare Korund-, Sol-Gel- oder cBN-Schleifscheiben für die Prototypen- und Kleinserienfertigung oder abrichtfreie cBN-Profilschleifscheiben mit Stahlgrundkörper und einschichtigem, galvanisch aufgebrachten cBN-Belag für die Großserienfertigung verwendet. Beim Abrichten verfährt die galvanisch gebundene Diamantabrichtformrolle entlang der Kontur der Schleifscheibe. Dies kann wie bei Hon- oder Wälzschleifmaschinen auf der gleichen Maschine und ohne Werkzeugwechsel erfolgen. [KLOC17]

8.1.2.3 Räummaschinen

Zahnrad-Räummaschinen arbeiten im Formschneidverfahren ohne Wälzbewegung. Das Werkzeug erhält dabei die Kontur der Zahnlücke bzw. des Zahnradnegativs. Das Räumen von Verzahnungen kann sowohl für das Vorverzahnen als auch die Hartfeinbearbeitung von gerad- und schrägverzahnten Stirnrädern mit Außen- und Innenverzahnung eingesetzt werden [BAUS11]. Weiterhin können auch geradverzahnte Kegelräder durch Räumen vorverzahnt werden [ROTH98]. Das Räumen kommt aufgrund seiner hohen Zerspanleistung bei gleichzeitig hohen Werkzeugkosten in der Großserie zum Einsatz. Der Maschinenaufbau und die Maschinenkinematik entsprechen weitgehend denen herkömmlicher Räummaschinen. Verzahnungsspezifisch ist daher nur die Zusatzbewegung zur Erzeugung von Schrägverzahnungen sowie die Gestaltung der Räumwerkzeuge.

Das Verfahrensprinzip des Räumens ist in ◘ Bild 8.30 am Beispiel eines geradverzahnten Zylinderhohlrads dargestellt. Die Räumnadel ist leicht konisch ausgeführt. Sie tritt zunächst mit kleinem Außendurchmesser in das vorgebohrte Werkstück ein und führt so einen Schruppprozess aus [FELT12; ROTH98]. Bei Austritt aus dem Werkstück führt der große Außendurchmesser die Schlichtbearbeitung der Verzahnung durch [BAUS11; FELT12; ROTH98]. Im Schlichtbereich weist das Werkzeug das Negativ der gewünschten Werkstückverzahnung auf.

Die Schnittgeschwindigkeit v_c wird beim Räumen erzeugt, indem das Werkzeug durch das Werkstück gezogen wird [BAUS11]. Meist wird eine Verzahnung in einem einzigen Hub gefertigt [FELT12]. Dadurch kommt jede Schneide pro Werkstück nur einmal in den Eingriff [BAUS11]. Die Zustellung wird durch das mehrschneidige Werkzeug realisiert [BAUS11] und benötigt somit keine zusätzliche Werkzeugbewegung. Hinterschnitte erzeugen den notwendigen Spanwinkel für die Spanabnahme, wobei der Abstand der einzelnen Werkzeugschneiden in radialer

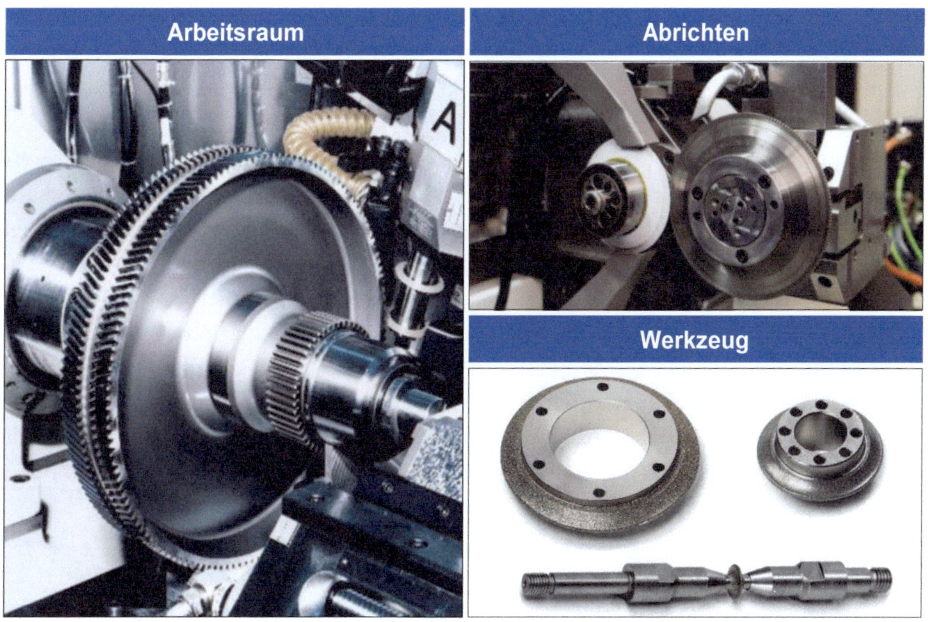

◘ **Bild 8.29** Arbeitsraum und Werkzeuge in einer Profilschleifmaschine. Exemplarisch nach: KAPP NILES

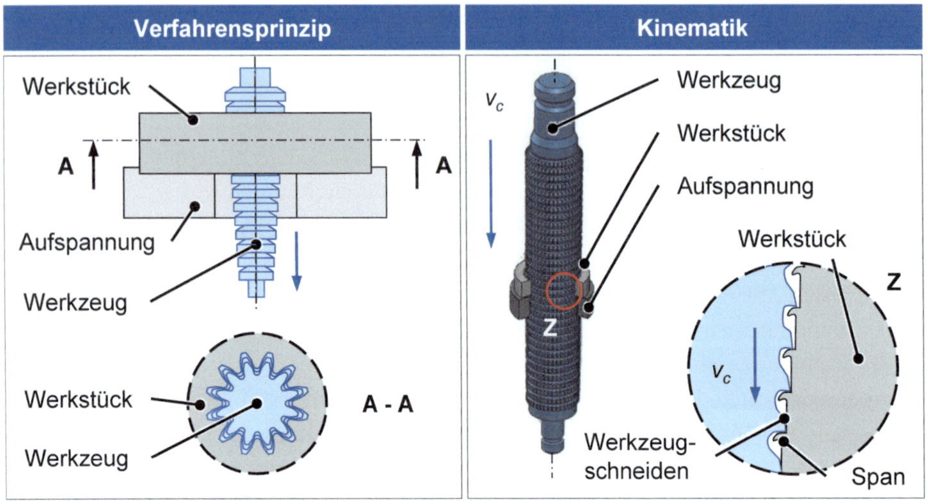

Bild 8.30 Das Verfahrensprinzip des Räumens. Quelle: [KLOC17]

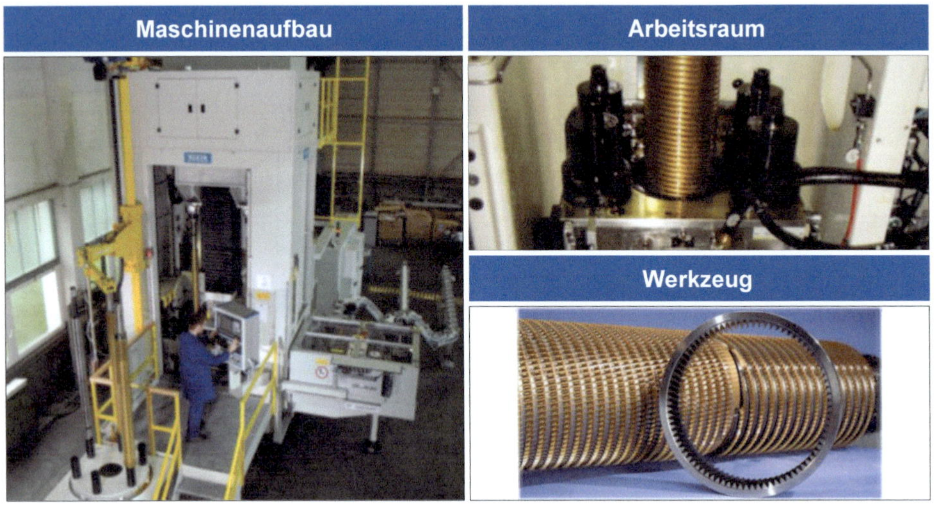

Bild 8.31 Aufbau einer Räummaschine. Exemplarisch nach: Forst Technologie

Richtung die Spandicke beeinflusst [FELT12]. Die Späne sammeln sich in den Spankammern zwischen den Werkzeugschneiden an, wo sie bis zum Austritt des Werkzeugs aus dem Werkstück verbleiben. Anschließend fallen sie in den Spanraum der Räummaschine [BAUS11] und können abtransportiert werden.

Je nach Vorschubrichtung der Räumnadel können Räummaschinen in Vertikal- und Horizontalräummaschinen eingeteilt werden. Bild 8.31 zeigt den Aufbau einer Räummaschine senkrechter Bauweise für das Räumen von Geradverzahnungen exemplarisch am Beispiel einer Räummaschine der Firma Forst. Für Schrägverzahnungen werden Drallräummaschinen eingesetzt. Der Antrieb der Vorschubachse, der die Räumnadel in Vorschubrichtung bewegt, ist oberhalb des eigentlichen Maschinengestells angeordnet. Durch die Doppelständerbauweise können die hohen Prozesskräfte, die beim Räumen entstehen, aufgenommen werden. [BAUS11; FELT12; KLOC17]

8.1.3 Sonderverzahnmaschinen

Neben den in den ▶ Kap. 8.1.1 und 8.1.2 vorgestellten Werkzeugmaschinen zur Fertigung von zylindrischen Stirnradverzahnungen gibt es weitere Sonderverzahnmaschinen. Diese dienen beispielsweise dem Vorverzahnen von Kegelrädern, wie mechanische Kegelradfräsmaschinen oder 6-Achs-Universal-Fräsmaschinen. Weiterhin werden alternative Verfahren und Maschinen vorgestellt, wie das Vorverzahnen auf etablierten 5-Achs-Fräsmaschinen (▶ Kap. 4.3).

Die Besonderheit bei der Auslegung und Fertigung von Kegelrädern besteht darin, dass beide einander bedingen: zur Auslegung und Berechnung der Flankengeometrie sind genaue Kenntnisse über die Maschineneinstelldaten notwendig. Ohne die Kenntnisse der Kontaktbedingungen der Kegelradverzahnung können jedoch keine Maschinendaten berechnet werden. Dieser Kreisschluss wird heutzutage über moderne Berechnungsprogramme gelöst, mithilfe derer ein Anwender auf Basis einer Grundauslegung die Maschinen-

Bild 8.32 Das Verfahrensprinzip des Kegelradfräsens. Exemplarisch nach: Gleason. Exemplarisch nach: [KLOC17]

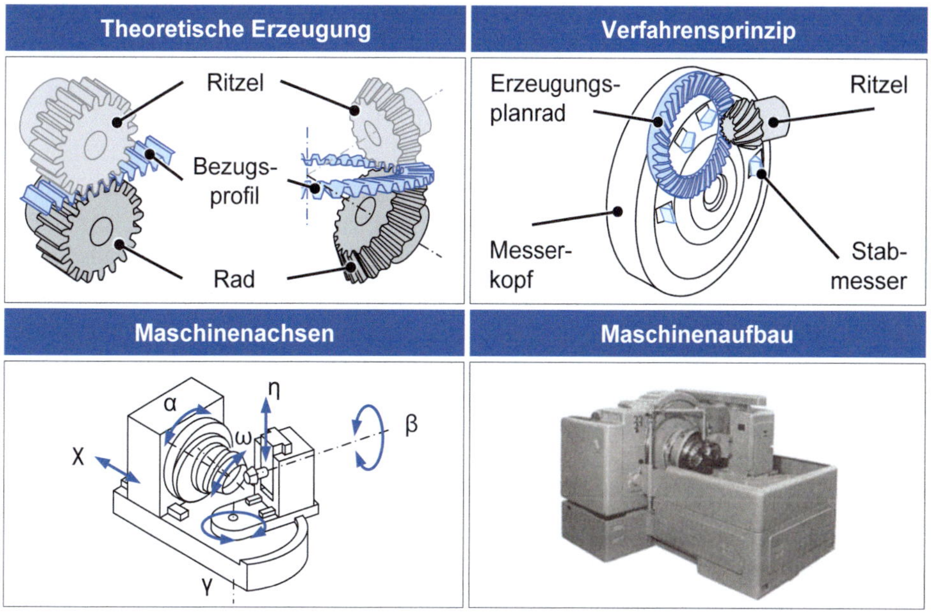

einstelldaten und Flankengeometrie ermitteln kann. Diese Berechnungsansätze beruhen auf der Kenntnis der Maschinenkinematik der virtuellen Werkzeugmaschine, die im Folgenden anhand einer mechanischen Kegelradfräsmaschine beschrieben wird. [KLIN08; KRUM67; MÜLL13; STAD13]

Das Verfahrensprinzip der Kegelraderzeugung ist in Bild 8.32 dargestellt. Die theoretische Erzeugung der Kegelradflanken kann in Analogie zu dem am Anfang des ► Kap. 8.1 erläuterten Prinzip des Abwälzens einer Zahnstange mit einem Zylinderrad hergeleitet werden. Ein Stirnrad, das auf einem trapezförmigen Bezugsprofil rollt, kann gleichförmig mit einem Stirnrad wälzen, das mit demselben theoretischen Bezugsprofil erzeugt wurde. Entsprechend weisen auch Kegelräder ein gemeinsames Bezugsprofil auf, das sowohl mit Rad als auch Ritzel abwälzen kann. Bei dem gemeinsamen Profil handelt es sich um das Erzeugungsplanrad. Im Gegensatz zum Bezugsprofil bei Stirnrädern, weist das Erzeugungsplanrad eine definierte theoretische Zähnezahl und je nach Verzahnungsart gerade, gekrümmte oder kegelförmige Zähne auf. [KLIN08; KRUM67; STAD13]

Bei der Herstellung von Kegelrädern wird das Prinzip des Abwälzens eines Kegelrads mit dem Erzeugungsplanrad durch das Werkzeug nachgebildet. Es kommt ein mehrteiliges Werkzeugsystem bestehend aus einem Messerkopf mit mehreren Stabmessern zum Einsatz. Das rotierende Werkzeug repräsentiert dabei einen einzelnen Zahn des Erzeugungsrads. Durch die Bewegung des Messerkopfs im Raum wird das Abwälzen des Erzeugungsplanrads mit dem Werkstück abgebildet. Der Messerkopf muss dementsprechend so positioniert sein, dass die Zähne des Erzeugungsplanrads mit dem zu fertigenden Kegelrad in Eingriff kommen können. [KLIN08; STAD13; KRUM67]

Tabelle 8.1 Übersicht über einstellbare Maschinenachsen mechanischer Kegelradfräsmaschinen nach [KLIN08]

Achse	Name	Bewegung
β	Werkraddrehung	β=β(α,ω)
γ	Maschinengrundwinkel	γ=γ(α)
ε	Horizontalverschiebung	ε=ε(α)
η	Erzeugungsachsversatz	η=η(α)
σ	Schwenk-Winkel Swivel	σ=σ(α)
τ	Schwenk-Winkel Tilt	τ=τ(α)
φ	Werkzeugexzentrizität	φ=konst.
χ	Tiefenposition	χ=χ(α)
mccp	Abstand zwischen Maschinenmitte und Achskreuzpunkt	mccp = konst.

8.1.3.1 Mechanische Kegelradfräsmaschinen

Für die Positionierung des Werkzeugs entsprechend des Prinzips des Erzeugungsplanrads kamen ursprünglich mechanische Verzahnmaschinen zum Einsatz, die bis zu zwölf Achsen aufweisen. Die Bewegungen der einzelnen Achsen wurden durch Rollbänder und Kurvenscheiben miteinander gekoppelt, wie am Beispiel der Gleason No. 116 unten in ◻ Bild 8.32 dargestellt ist. Als Führungsgrößen der Fertigung dienen der Wälzwiegenwinkel α, der die Rotation für die Abwälzbewegung zwischen Erzeugungsplanrad und Werkstück abbildet, sowie der Werkzeugdrehwinkel ω, der durch eine Messerkopfrotation die notwendige Schnittgeschwindigkeit realisiert. Für mechanische Maschinen gibt es eine Vielzahl von Varianten, die über weniger Achsen verfügen können und somit in der Erzeugung von angewendetem Verfahren, Zahnflankenmodifikationen und Profilform der Kegelräder eingeschränkt sind. Eine Übersicht über weitere mögliche, einstellbare Achsen mechanischer Kegelradmaschinen gibt ◻ Tabelle 8.1. [KLIN08; MÜLL13; STAD13]

8

8.1.3.2 6-Achs-Universal-Fräsmaschinen

Die in ▸ Kap. 8.1.3 aufgeführten Achsen mechanischer Kegelradfräsmaschinen veranschaulichen zwar die Positionierung von Werkzeug, Erzeugungsplanrad und Werkstück, weisen jedoch mathematische Redundanzen in der Positionierung von Werkzeug und Werkstück auf. Durch den Fortschritt in der Entwicklung von Antrieben und der Steuerungstechnik von Elektromotoren können die notwendigen Achsbewegungen zur Erzeugung von Kegelradzahnflanken durch sechs CNC-Achsen abgebildet werden. Diese bilden durch drei unabhängige, lineare Achsen und drei unabhängige Rotationsachsen alle möglichen Freiheitsgrade im Raum ab. Durch die Reduktion der Maschinenachsen wurde eine höhere Genauigkeit bei größerer Steifigkeit der Werkzeugmaschinen erreicht, da CNC-Maschinen weniger Fügestellen aufweisen. Weiterhin konnten mit der Entwicklung von 6-Achs-Universal-Fräsmaschinen auch die Kosten und Komplexität der Kegelradfräsmaschinen gesenkt werden. [KLIN08; MÜLL13; STAD13]

Prinzipiell können die Fertigungsverfahren spiralverzahnter Kegelräder nach den Kategorien kontinuierliches oder diskontinuierliches Verfahren sowie tauchende oder wälzende Verfahren eingeteilt werden. Dafür kommen unterschiedliche Werkzeugsysteme zum Einsatz. ◻ Bild 8.33 zeigt eine Übersicht über die Verfahrenskinematik und zum Einsatz kommenden Werkzeugkonzepte für die Fertigung von Kegelrädern auf modernen 6-Achs-CNC-Fräsmaschinen. [KLOC17]

Bei den abgebildeten Herstellverfahren handelt es sich um diejenigen, die am meisten Anwendungen finden. Für Spezialfälle und besondere Anwendungen existieren noch weitere Verfahren, auf die jedoch nicht näher eingegangen werden soll. Im Einzel-Teil-Verfahren, das aufgrund seiner Teilungsbewegung auch als diskontinuierliches Verfahren oder Face Milling bezeichnet wird, wird die Zahnlücke einzeln gefertigt. Dabei durchläuft die Werkzeugschneide durch die Messerkopfrotation eine kreisförmige Bahn, die in der Abbildung blau dargestellt ist. Ist eine Zahnlücke gefertigt, erfolgt eine Rückhubbewegung und Werkstückdrehung, um die nächste Lücke zu fertigen. Dabei muss dies nicht konsekutiv geschehen, sondern es können auch gegenüberliegende Lücken gefertigt werden, um die Wärmeeinbringung in das Bauteil aufgrund des Fertigungsprozesses minimal zu halten. Beim kontinuierlichen Verfahren, für das auch die Bezeichnung Face Hobbing verwendet wird, beschreibt die Bahn der Werkzeugschneide aufgrund

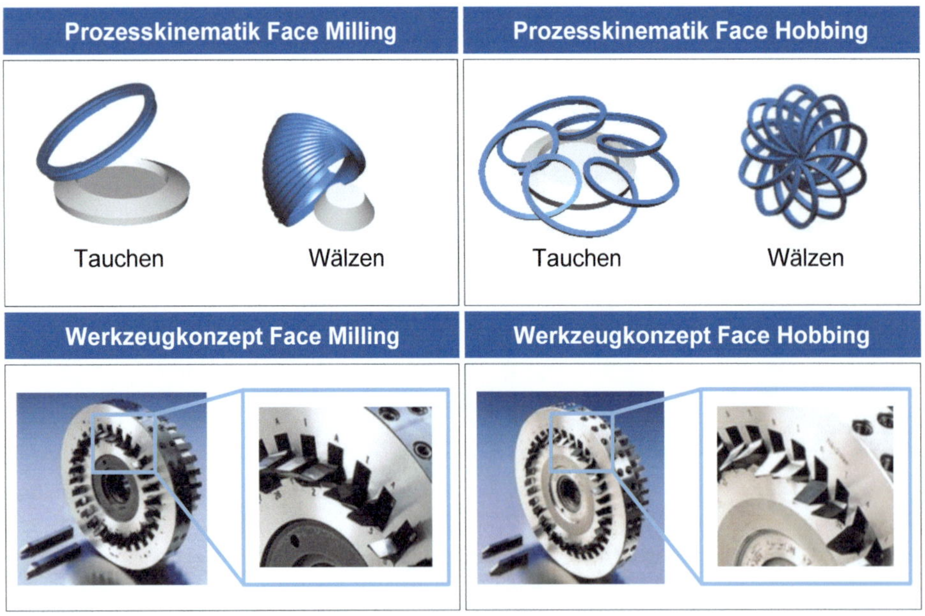

◻ **Bild 8.33** Verfahrenskinematik und Werkzeugkonzepte für CNC-gesteuerte Kegelradfräsmaschinen. Exemplarisch nach: [KLOC17]

ihrer Anordnung und der Messerkopfrotation eine Epizykloide. Dabei werden alle Lücken gleichzeitig gefertigt, sodass das Verfahren kontinuierlich und ohne Unterbrechungen durch eine Rückhubbewegung abläuft. [KLIN08; STAD13]

Grundsätzlich besteht ein Messerkopf unabhängig von angewendeten Verfahren entweder aus einem Innen- und Außenring, die miteinander verschweißt sind [STAD13], oder wird aus einem Grundkörper durch Drahterodieren gefertigt [KLIN08]. Der Innenring ist mit hochgenau positionierten Taschen zum Einsetzen der Hartmetallstabmesser versehen. Diese werden in Gruppen zusammengefasst. Für das diskontinuierliche Verfahren sind die Taschen auf einem Kreisbogen auf dem Werkzeugnennradius angeordnet. Für das kontinuierliche Verfahren kommen Messerköpfe zum Einsatz, deren Taschen tangential zu einem auf dem Werkzeugnennradius angeordneten Rollkreis liegen. Zusätzlich kann das Messer mithilfe von austauschbaren Unterlegscheiben innerhalb der Tasche genauer positioniert werden. Ist die Ausrichtung abgeschlossen, werden die Messer über Schrauben im Außenring des Messerkopfs arretiert. [KLIN08; STAD13; KLOC17]

Prinzipiell lassen sich zwei Aufbaukonzepte von 6-Achs-Universal-Fräsmaschinen unterscheiden, die in ◘ Bild 8.34 gegenübergestellt sind. Bei der horizontalen Bauweise sind die Werkstück- und Werkzeugachsen waagerecht angeordnet. Dies bietet den Vorteil eines einfachen Werkzeugwechsels. Durch die Anordnung der CNC-Achsen an einer Säule entstehen kurze Kraftflusswege und eine, bezogen auf die Spindelachsen, symmetrische Anordnung von Werkstück und Werkzeug. Beides wirkt sich positiv auf das Verformungsverhalten der Achsen durch die auftretenden Prozesskräfte aus. Die auftretenden Späne fallen aufgrund der Achsanordnung in den Spanraum der Maschine und können abtransportiert werden, ohne weitere spezielle Einrichtungen zu erfordern. [STAD13]

Vorteile der vertikalen Bauweise von 6-Achs-Universal-Fräsmaschinen liegen in der geringen Verformung der Werkzeug- und Werkstückachsen durch die Schwerkraft. Da aufgrund der Herstellkinematik keine Gegenhalter für

◘ **Bild 8.34** Bauarten NC-gesteuerter 6-Achs-Universal-Fräsmaschinen

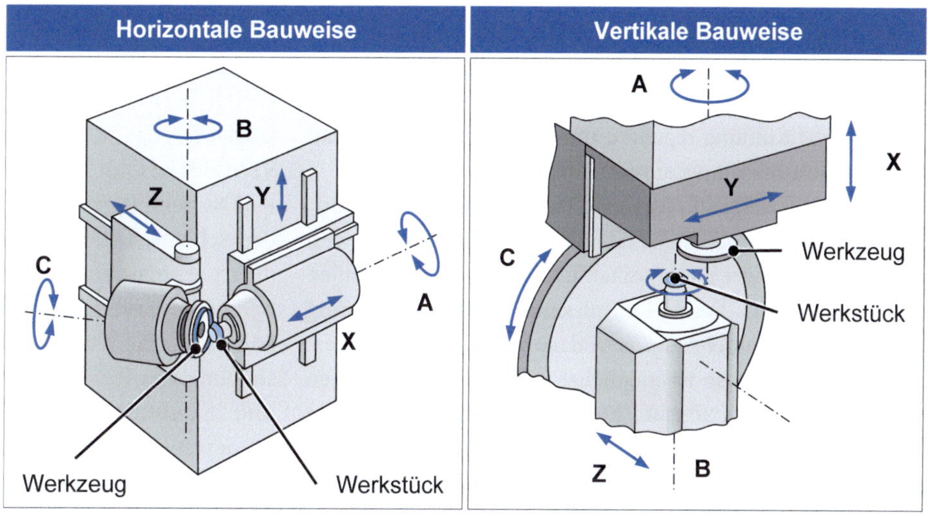

◘ **Bild 8.35** 6-Achs-Universal-Fräsmaschine. Exemplarisch nach: Gleason

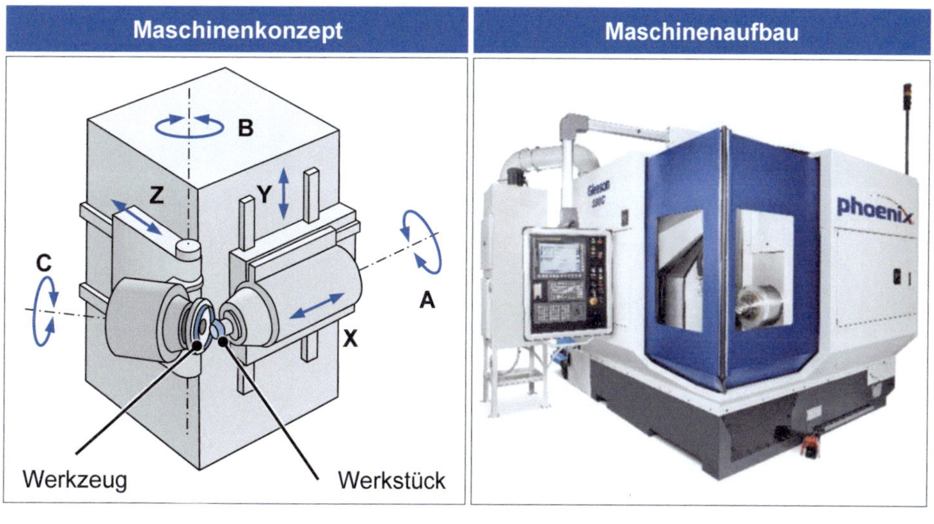

Werkstück und Werkzeug eingesetzt werden können, kann diese Verformung besonders bei großen und damit schweren Bauteilen einen Einfluss auf die Verzahnungsqualität haben. Das Werkstück ist bei der vertikalen Bauweise leicht zugänglich, wodurch der Wechsel vereinfacht und die Fehleranfälligkeit verringert wird. Durch die große Masse des Maschinenbetts weisen Universal-Fräsmaschinen der vertikalen Bauweise ein positives Dämpfungsverhalten auf. [KLIN08; MÜLL13]

◘ Bild 8.35 zeigt die horizontale Bauart einer 6-Achs-Universal-Fräsmaschine. Anstatt das Werkstück zur Bearbeitung zu schwenken, wie es bei den in ▶ Kap. 8.1.3.1 beschriebenen mechanischen Kegelradfräsmaschinen der Fall ist, wird das Werkzeug durch die Rotation der B-Achse geschwenkt. Diese Schwenkbewegung wird durch einen direkt angetriebenen Kugelgewindetrieb realisiert. Die Winkelposition der B-Achse wird durch einen Winkelschrittgeber bestimmt, der direkt mit dem oberen Drehpunkt der Achse verbunden ist. [STAD13; OV15a]

Aufgrund der großen zur Fertigung notwendigen Linearbewegungen und den daraus resultierenden hohen Linearbeschleunigungen, können durch diese Bauweise Einbußen der Positionsgenauigkeit vermieden werden. Die Linearachsen X, Y und Z werden durch direkt angetriebene Kugelrollspindeln bewegt. Die Temperatur der einzelnen Direktantriebe wird durch aktive Kühlung reguliert, um Verlagerungen aufgrund von Wärmeausdehnung zu vermeiden. [STAD13; OV15a]

◘ Bild 8.36 zeigt die vertikale Bauart einer 6-Achs-Universal-Fräsmaschine. Im Vergleich zum Schleifen kommen beim Fräsen höhere Drehmomente und kleinere Drehzahlen zum Einsatz. Aus diesem Grund kann die Spindellagerung der Werkzeugspindel A durch Wälzkörper realisiert werden. Die Frässpindelachse ist möglichst nah an den Führungen der Vertikalachse X angebracht, um so eine hohe Steifigkeit zu realisieren. Die Frässpindel ist durch eine Fest-Los-Lagerung gelagert. Das zweireihige vorgespannte Spindellager der Festlagerung ist am unteren Ende der Spindel angebracht. So werden die Kräfte, die beim Fräsen entstehen, auf kurzem Weg in das Maschinenbett geleitet. Die Radiallagerung hingegen ist am oberen Ende der Spindel durch ein zweireihiges Spindellager in X-Anordnung umgesetzt. Dadurch resultiert eine kleine axiale Längenzunahme der Spindel bei Erwärmung. [MÜLL13]

8.1.3.3 Kegelradschleifmaschinen

Wie bei der Herstellung von Stirnrädern dient das Schleifen von Kegelrädern hauptsächlich der Hartfeinbearbeitung und kann für kleine Losgrößen oder zu Entwicklungszwecken auch zum Vorverzahnen eingesetzt werden. ◘ Bild 8.37 gibt eine Übersicht über das Verfahrensprinzip sowie den Aufbau von modernen, CNC-gesteuerten Kegelradschleifmaschinen.

Beim Kegelradschleifen werden Topfschleifscheiben eingesetzt. Dabei handelt es sich in der Regel um Korundkörner in einer keramischen Bindung. Das Profil der Topfschleifscheibe erzeugt das Kegelradzahnprofil wälzend oder tauchend und enthält die gewünschten Profilmodifikationen der Zahnflanke. Die rotationssymmetrische, kreisförmige Topfschleifscheibe erzeugt eine kreisförmige Flankenlängslinie, sodass das Schleifen für das diskontinuierliche Fräsverfahren, auch Face Milling genannt, geeignet ist. Der Durchmesser der Topfscheibe ist dabei an die Krümmung der Flankenlängslinie des Kegelrads angepasst. [KLIN08; MÜLL13; STAD13; KLOC17]

Die Schnittgeschwindigkeit v_c resultiert aus der Rotation der Schleifscheibe. Die Führungsgeschwindigkeit $v_{w,0}$ wird durch die Maschineneinstelldaten wie bei CNC-Fräsmaschinen zum Vorverzahnen von Kegelrädern erzeugt. Sie beinhaltet auch die Werkstückrotation v_{w2}, die zur wälzenden Erzeugung des Zahnprofils notwendig ist. Da Schleifscheibe und Flankenlängslinie des Werkstücks ähnliche Krümmungsradien aufweisen, entsteht ein flächenhafter Kontakt zwischen Schleifscheibe und Werkstück. Dies führt zu einer

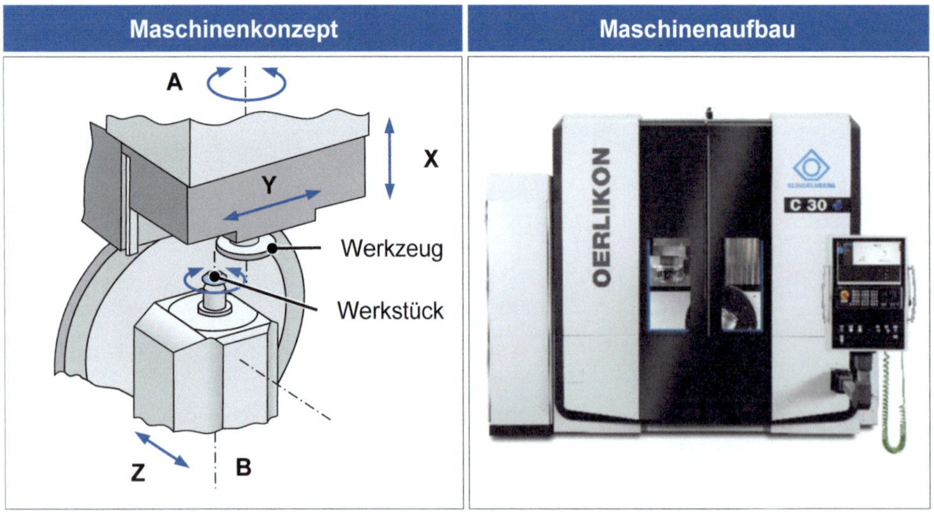

◘ **Bild 8.36** 6-Achs-Universal-Fräsmaschine. Exemplarisch nach: Klingelnberg

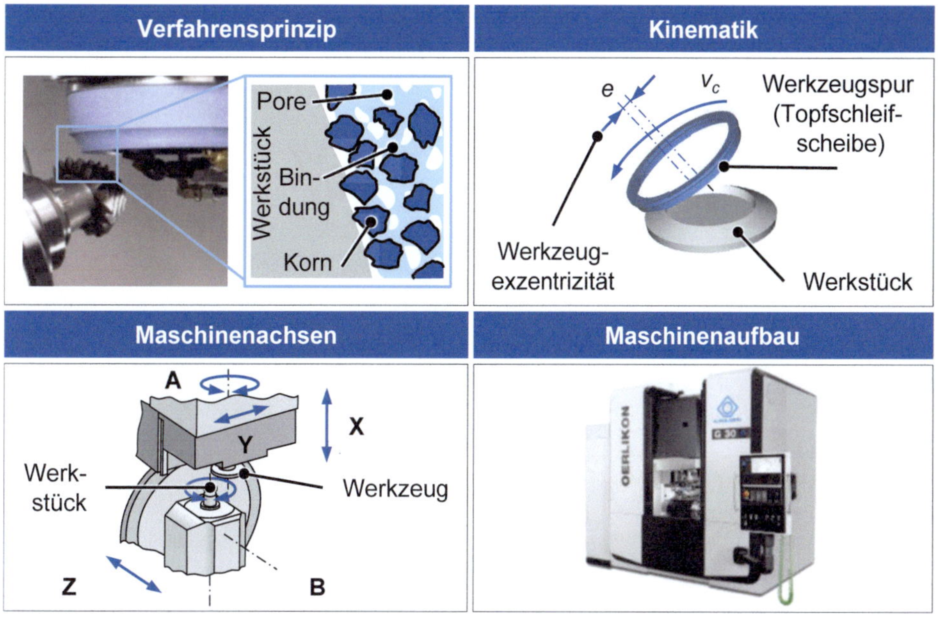

Bild 8.37 Das Verfahrensprinzip und Maschinenaufbau beim Kegelradschleifen. Exemplarisch nach: Klingelnberg

hohen Energieeinbringung in das Werkstück, wodurch das Risiko der thermischen Randzonenbeeinflussung steigt. Aus diesem Grund wird die Führungsbewegung mit einer Exzentrizität e beaufschlagt, die im Bereich weniger hundertstel Millimeter bis zu einem Millimeter liegt. Aufgrund dieser Exzentrizität führt die Schleifscheibe eine oszillierende Bewegung durch, wodurch der Flächenkontakt an den Flanken für kurze Zeit unterbrochen wird. Diese Zusatzbewegung wird als Waguri-Bewegung bezeichnet. [KLIN08; MÜLL13; STAD13]

Um einen optimalen Schleifdruck zwischen Werkzeug und Werkstück zu realisieren sowie die Abdrängung des Werkzeugs zu verhindern, ist eine hohe Steifigkeit der Maschinenachsen für das Schleifen von Kegelrädern notwendig. Die zum Einsatz kommenden Drehzahlen sind beim Schleifen deutlich höher als beim Fräsen, weshalb das dynamische Verhalten der Werkzeugspindel A einen großen Einfluss auf die zu erreichende Oberflächengüte hat. Aufgrund der beschriebenen, hohen Energieeinbringung in das Material, muss ein geeigneter Volumenstrom an Kühlschmierstoff in den Kontakt zwischen Schleifscheibe und Werkstückflanke geführt werden. Aus diesem Grund verfügen Kegelradschleifmaschinen über ein System an ausrichtbaren Düsen, Vorrichtungen zur Kühlschmierstoffzuführung sowie Löschanlagen. Die zuvor beschriebene Exzenterbewegung des Werkzeugs wird durch eine Exzenterspindel innerhalb der Werkzeugspindel realisiert. Da zur Erzeugung der Flankengeometrie eine ähnliche Kinematik wie zum Vorverzahnen notwendig ist, sind CNC-Maschinen für das Kegelradschleifen ebenfalls mit sechs unabhängigen Achsen aufgebaut. Aufgrund der höheren Drehzahlen und Schnittgeschwindigkeiten unterscheiden sich Antriebe und Lagerungen von Kegelradschleifmaschinen. [KLIN08; MÜLL13; STAD13]

8.1.3.4 Kegelradläppmaschinen

Das Läppen kann als einzelnes Hartfeinbearbeitungsverfahren für Kegelräder oder ergänzend zum Schleifen zur Verbesserung der Oberflächengüte und -geometrie der Zahnflanken eingesetzt werden [KRUM67]. **Bild 8.38** gibt eine Übersicht über das Verfahrensprinzip sowie den Aufbau von modernen, CNC-gesteuerten Kegelradläppmaschinen.

Beim Läppen befinden sich feine Körner zur Spanabnahme in einem ölhaltigen Läppfilm. Ritzel und Rad wälzen miteinander ab, wodurch es aufgrund der Relativbewegung der Flanken zur Zerspanung kommt. So findet eine gleichzeitige Bearbeitung der sich im Eingriff befindlichen Flanken von Rad und Ritzel statt. Durch das alleinige Abwälzen beider Verzahnungen wird eine Fläche auf den Flanken bearbeitet, die dem Tragbild im Einsatz der jeweiligen Flanke entspricht. Der Betrag des zerspanten Materials hängt von der Relativgeschwindigkeit zwischen den Zahnflanken ab. Über die Achsen, die je nach Maschinenhersteller als V-, H-, J-Position oder E-, P-, G-Position bezeichnet werden, können verschiedene Läpppositionen eingestellt werden. Dadurch verlagert sich das Tragbild und der bearbeitete Bereich auf der Flanke vergrößert sich. Da die Bearbeitung von Tellerrad und Ritzel gleichzeitig erfolgt und der Kegelradsatz ein individuelles Tragbild aufweist, muss die Paarung von Rad und Ritzel im Anwendungsfall beibehalten werden. Man spricht auch von „verheiratetem" Rad und Ritzel. Im Schadensfall kann das betroffene Kegelrad nicht ausgetauscht werden, sondern der gesamte Radsatz muss gewechselt werden. [KLIN08; STAD13; KLOC17]

Eine Läppmaschine verfügt über drei lineare und zwei rotatorische Achsen. Exemplarisch ist ein Aufbau im **Bild 8.38** abgebildet. Die Achse J bzw. G stellt die Tellerradposition

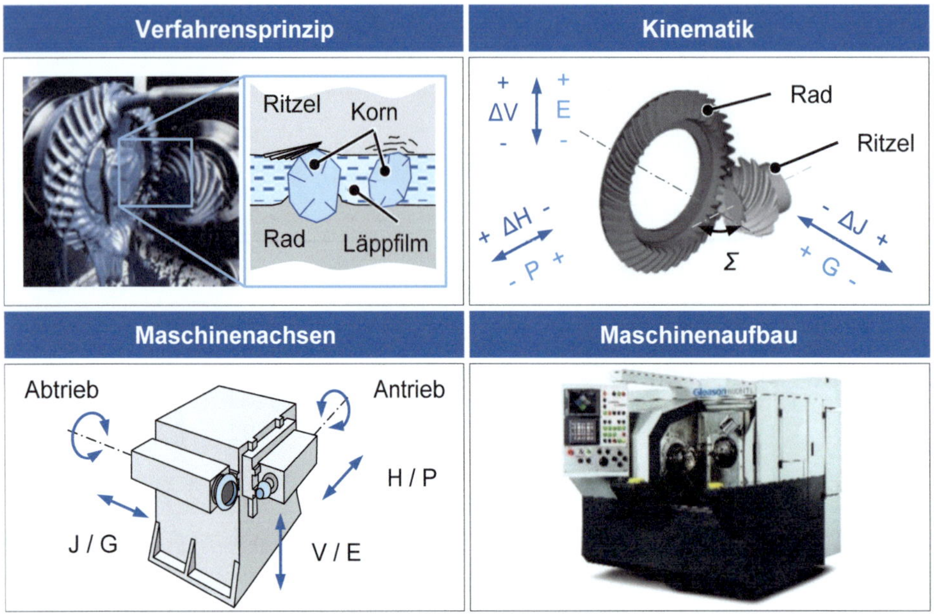

Bild 8.38 Das Verfahrensprinzip und Maschinenaufbau beim Kegelradläppen. Exemplarisch nach: Gleason

8

beim Läppen ein. Die Achse H bzw. P positioniert das Ritzel. Die Achse V bzw. E stellt den Achsversatz zwischen Tellerrad und Ritzel ein. Der Antrieb erfolgt über das Ritzel und der Abtrieb über das Rad. Die aufgebrachten Momente sind jedoch vergleichsweise gering [KRUM67]. Durch die abgebildete Säulenbauweise einer Läppmaschine resultieren kurze Kraftübertragungswege und ein kompakter Arbeitsraum, der das Be- und Entladen der Werkstücke erleichtert. [KLIN08; STAD13; KLOC17]

8.1.3.5 5-Achs-Fräsmaschinen

Aufgrund der steigenden Anforderungen an die Flexibilität für Fertigungssysteme, besonders in der Kleinserie und Prototypenfertigung von Stirn- und Kegelrädern, findet das Fräsen von Zahnrädern auf 5-Achs-Fräsmaschinen vermehrt Beachtung [JAST12]. Das Verfahren zeichnet sich durch eine hohe Flexibilität bezüglich der Maschinen- und Werkzeugwahl aus. Aufgrund der langen Bearbeitungsdauer und der damit verbundenen niedrigen

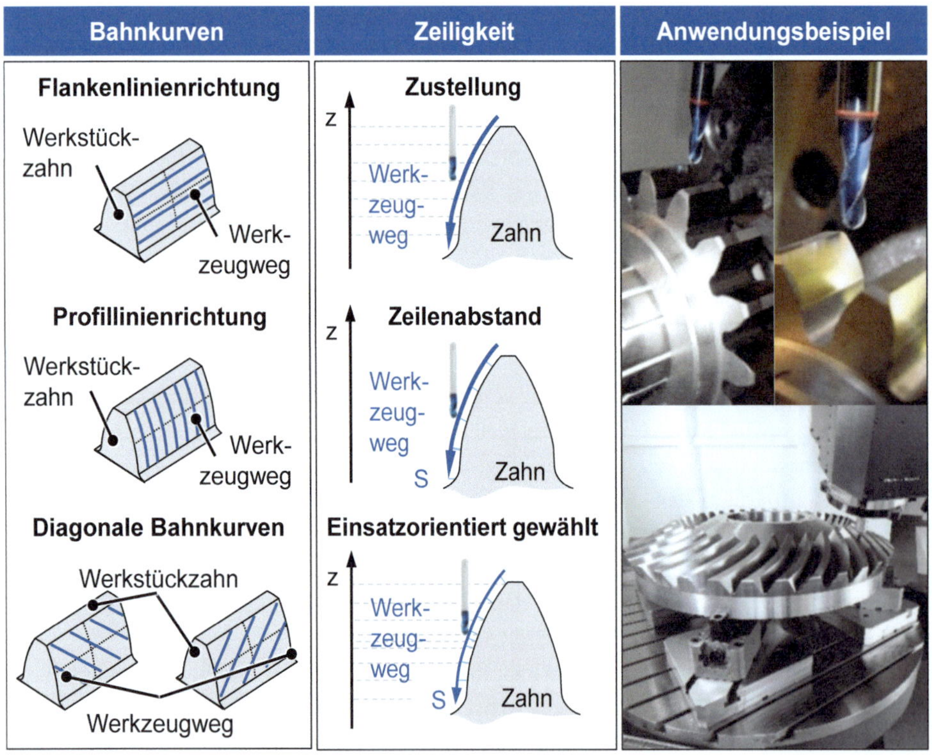

Bild 8.39 Bearbeitungsstrategien beim 5-Achs-Fräsen von Verzahnungen. Exemplarisch nach: [KLOC17]

Produktivität stellt das 5-Achs-Fräsen eine Ergänzung zu konventionellen Verzahnverfahren dar, jedoch keinen Ersatz. [KLOC13]

Die Haupteinsatzgebiete für die 5-Achs-Bearbeitung von Verzahnungen liegen in der Prototypen- und Einzelteilfertigung und Vorentwicklung. Besonders in der Einzelteilproduktion sowie der Reparatur und Bereitstellung von Ersatzteilen findet es bei Großgetrieben wie bei Schiffsgetrieben oder Zementmühlen Anwendung. [KLOC13]

Die Verfahrenscharakteristika des 5-Achs-Fräsens sind durch die Werkzeugwahl, die Eingangsdatenerzeugung sowie die Bearbeitungsstrategie definiert. Dadurch ergeben sich verfahrensspezifische Bauteileigenschaften [POTT13; SCHU15]. Bild 8.39 gibt eine Übersicht über mögliche Bearbeitungsstrategien beim 5-Achs-Fräsen von Verzahnungen. Die Bahnkurve des Fräsers kann frei gewählt werden, um Strukturen zu imitieren oder neuartige Strukturen zu definieren. Beispielsweise kann die Bahnkurve in Flanken- oder Profilrichtung der Verzahnung liegen. Diagonale Bahnkurven weisen eine komplexere Bewegung der Maschinenachsen auf, weshalb die Vorteile der erzeugten Oberfläche mit den Einbußen bei der Wirtschaftlichkeit abgewogen werden müssen. [KLOC13]

Die Zeiligkeit beschreibt sowohl die Anzahl der Werkzeugüberläufe, die notwendig sind, um eine Zahnflanke komplett zu bearbeiten sowie das Schema, nach dem die Zeilen auf der Zahnflanke verteilt sind. Dabei kann der Fräskopf konstant zugestellt werden. Die Zustellung kann aber auch so gewählt werden, dass der Zeilenabstand konstant bleibt. Werden beispielsweise geringe Rauheiten auf der Höhe des Wälzkreises angestrebt, kann die Zeiligkeit im Bereich des Wälzkreisdurchmessers einsatzorientiert angepasst werden, sodass sich der Abstand der Zeilen untereinander verringert. [KLOC13]

8.1.4 Umformende Verzahnmaschinen

Bei der Verzahnungsfertigung können sich auch die Vorteile der ur- und umformenden Verfahren zu Nutze gemacht werden, wozu eine geringe Fertigungszeit bei gegebener Werkstückqualität und einer fast vollständigen Ausnutzung des Materials gehören. Aufgrund der eingeschränkten Flexibilität und einem hohen Zeit- sowie Kostenaufwand bei der Produkt- und Prozessauslegung ist der Einsatz dieser Verfahren jedoch nur bei großen Losgrößen wirtschaftlich. [BAUS11]

Urformende Maschinen finden für Verzahnungen zur Rohlingserzeugung Anwendung [FELT12]. Das Sintern bzw. Pulverschmieden von Verzahnungen findet auf Maschinen statt, die in ▶ Kap. 2.7 erläutert werden. Druckgussmaschinen, die in ▶ Kap. 2.4 beschrieben werden, kommen hauptsächlich für Sonderanwendungen mit Nicht-Eisen-Werkstoffen wie Kunststoffen und Zink-, Zinn- oder Bleilegierungen zum Einsatz [FELT12].

8.1.4.1 Walzmaschinen

Das Walzen stellt ein schrittweises Druckumformen mit einem oder mehreren Werkzeugen dar [BAUS11]. Es können gerad- und schrägverzahnte Zahnräder sowie Sonderverzahnungen wie z. B. Wildhaber-Novikov-Verzahnungen hergestellt werden [ROTH98]. Beim Walzen kann zwischen verschiedenen Walzverfahren unterschieden werden. Das Längswalzen mit Profilrollen zerlegt die Umformarbeit in mehrere Einzelschritte [BAUS11; FELT12]. Das Querwalzen wird mithilfe von Zahnstangen oder mit Walzrädern durchgeführt. Auf das Querwalzen mit Walzrädern, das auch als Profil-Querwalzen oder Formabwickeln bezeichnet wird [ROTH98], soll im Folgenden näher eingegangen werden [BAUS11; FELT12].

Bild 8.40 gibt eine Übersicht über das Verfahrensprinzip sowie den Aufbau der Maschine beim Querwalzen mit

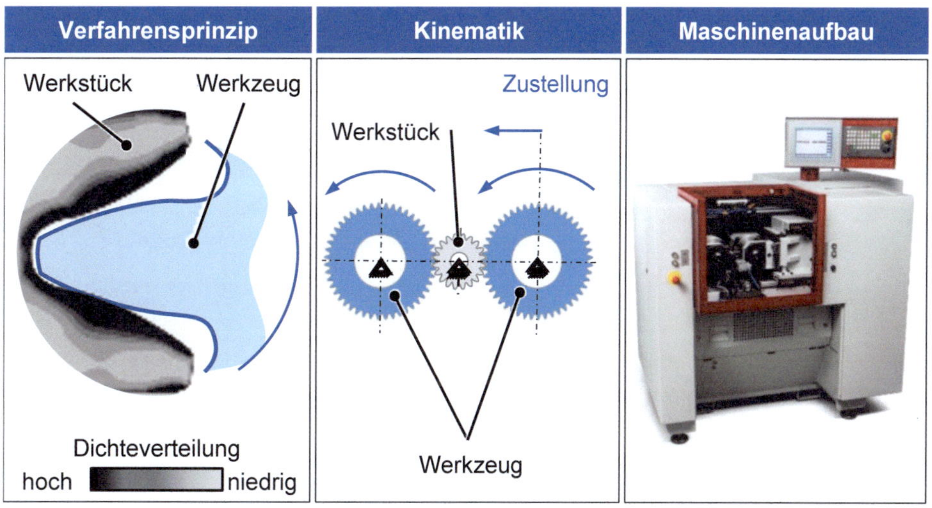

Bild 8.40 Das Verfahrensprinzip und Maschinenaufbau beim Verzahnungswalzen. Exemplarisch nach: Profiroll. Quelle: Exemplarisch nach: [KLOC17]

Walzrädern. Die Achsabstandsänderung der achsparallelen, außenverzahnten Werkzeuge leitet den Umformvorgang ein [FELT12; ROTH98]. Die Zahnform wird in einer lokal begrenzten Umformzone zeitlich nacheinander durch das Abwälzen des Werkstücks zwischen den beiden Werkzeugen erzeugt. Anschließend wird die Wälzrichtung reversiert. Da auf ein- und auslaufender Flanke unterschiedliche Spannungen vorliegen, wird durch den Reversiervorgang eine gleichbleibende Qualität auf beiden Zahnflanke sichergestellt. Aufgrund des Materialflusses auf der Zahnflanke nimmt der Kopfkreisdurchmesser im Walzprozess zu. Der erforderliche Rohteildurchmesser muss in Vorversuchen theoretisch oder empirisch ermittelt werden [FELT12; ROTH98].

Auf der rechten Seite von ◻ Bild 8.40 ist der Maschinenaufbau dargestellt. Ein Werkzeug steht zur Bearbeitung des Rohteils fest, während das andere linear zugestellt wird. Die Werkzeugspindeln sind elektronisch weggeregelt. Da die Werkstückqualität gewalzter Verzahnungen direkt von der Regelung der einzelnen Werkstückachsen abhängt, bestehen hohe Anforderungen an die Achspositionierung und -regelung der Werkzeuge [BAUS11; KLOC17].

8.1.4.2 Taumelpressen

Das Taumelpressen ist ein Umformverfahren, das für rotationssymmetrische Bauteile und Bauteile mit großen Durchmesserunterschieden eingesetzt wird. Es ermöglicht eine gute Ausformung auch bei kritischen Werkstückquerschnitten [BAUS11] und wird hauptsächlich für das Umformen von Rohlingen zu geradverzahnten Kegelrädern eingesetzt. ◻ Bild 8.41 gibt eine Übersicht über das Verfahrensprinzip sowie den Maschinenaufbau von Taumelpressen.

Beim Taumelpressen führt das Obergesenk eine taumelnde Bewegung um die Rotationsachse aus. Die Taumelbewegung kann durch eine Kreis- oder Spiralbewegung, durch ein geradliniges, exzentrisches Verfahren sowie durch die sogenannte Mehrblatt-Kurvenbewegung, die sternförmig von der Mittellage des Obergesenk ausgeht, erzeugt werden [FELT12]. Durch die Taumelbewegung wirkt die Umfangskraft nur auf eine Teilfläche des Rohlings. Mit wachsender Zustellung wächst auch die Umformkraft auf den Rohling. Die hohen Umformgrade können durch einen kombinierten Press- und Walzvorgang bei vergleichsweise niedriger Umformkraft realisiert werden [BAUS11]. Dies resultiert in einer verringerten Reibleistung zwischen Rohteil und Gesenk und nimmt so positiven Einfluss auf die Oberflächenqualität des Bauteils [BAUS11; KLOCK17].

Die Maschinenachsen und der Maschinenaufbau sind beispielhaft in ◻ Bild 8.41 dargestellt. Der Taumelkopf (1) erzeugt eine Taumelbewegung des Obergesenks (2) mechanisch durch zwei unabhängig voneinander angetriebene Exzenterhülsen. Die Presskraft wird hydraulisch im Unterteil der Maschine erzeugt und über den Pressstößel (3) übertragen. Dadurch führt das Untergesenk (4) eine nach oben gerichtete, lineare Bewegung aus. Der Anschlag (5) dient der Begrenzung der Bewegung. Nach Abschluss der Umformbewegung wird das Werkstück durch den Ausstoßer (6) aus dem Untergesenk gelöst. [FELT12; KLOC17]

8.2 Maschinen zur Kurbelwellenproduktion

Bei der Herstellung von Kurbelwellen kommt eine Vielzahl unterschiedlicher Fertigungsverfahren zum Einsatz. Dies ist zum einen auf die komplexe Geometrie des Werkstücks zurückzuführen, die in erster Linie aus der exzentrischen

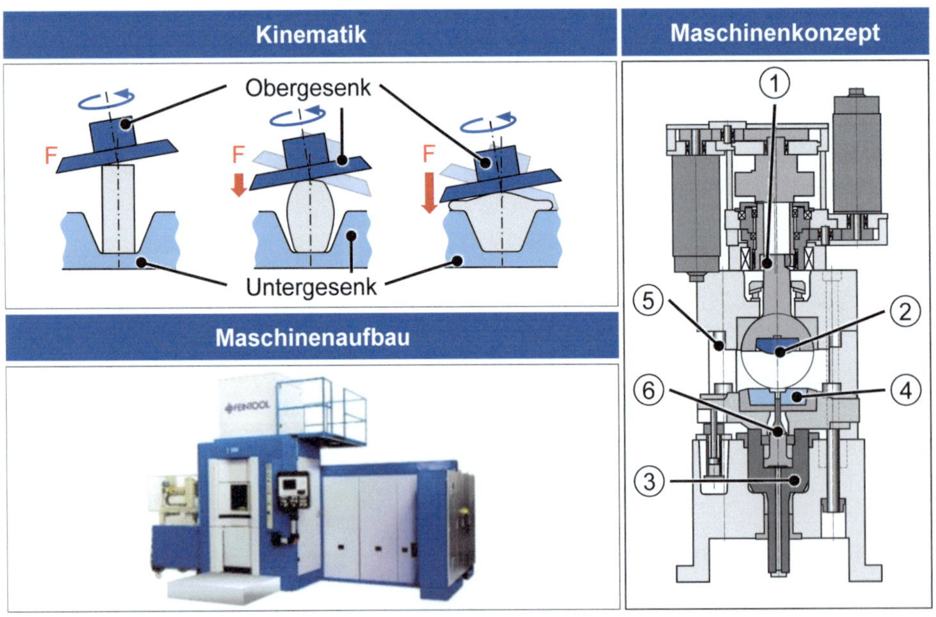

◻ **Bild 8.41** Das Verfahrensprinzip und der Maschinenaufbau beim Taumelpressen von Verzahnungen. Exemplarisch nach: Feintool

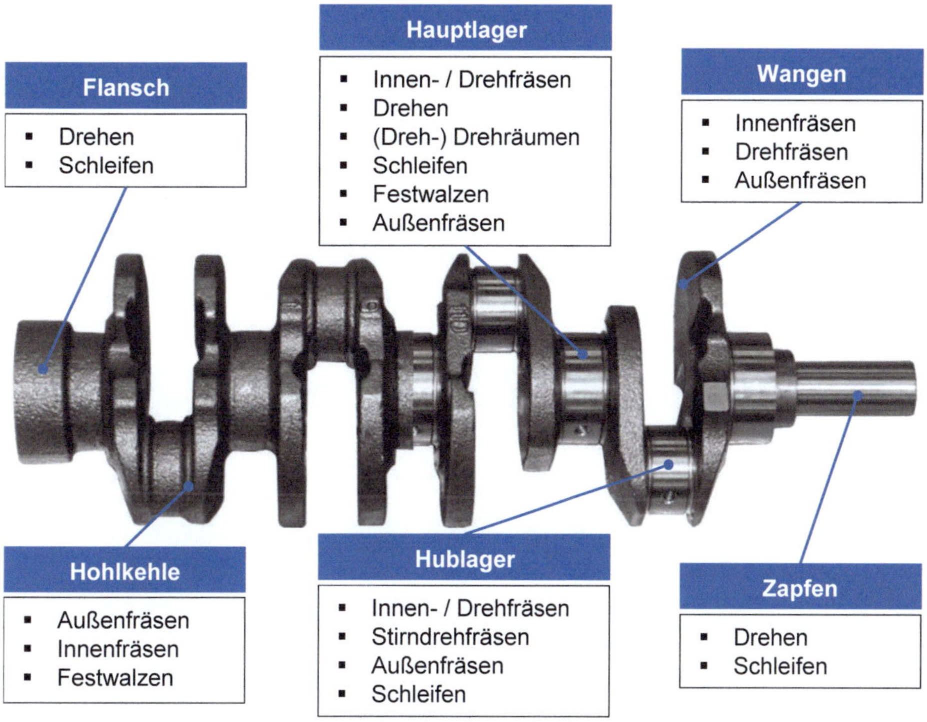

Bild 8.42 Bearbeitungsverfahren für die Sektionen einer Kurbelwelle. Quelle: MAG

Anordnung der Hublager resultiert, zum anderen auf die engen Fertigungstoleranzen. In modernen Kurbelwellen-Produktionslinien kommen neben Fräs- und Drehoperationen ebenfalls Räum-, Walz- und Schleifverfahren zum Einsatz. Je nach Sektion der Kurbelwelle werden bei der Fertigung unterschiedliche Verfahren kombiniert. Bild 8.42 ordnet die in den nachfolgenden Kapiteln vorgestellten Maschinen und Bearbeitungsverfahren den einzelnen Sektionen einer Kurbelwelle zu. Die größte Herausforderung bei der Fertigung ist die Bearbeitung der exentrisch liegenden Hublager.

8.2.1 Kurbelwellen-Fräsen

Die Bearbeitung der Haupt- und Hublager von Kurbelwellen kann sowohl durch Innen- als auch durch Außenfräsoperationen erfolgen, wobei die Wangen gleichzeitig bearbeitet werden. Innerhalb dieser Hauptverfahren wird einerseits hinsichtlich der Bewegung des Werkstücks in Innenfräsen mit feststehendem bzw. drehendem Werkstück und andererseits hinsichtlich der Anordnung des Werkzeugs relativ zum Werkstück in Außenumfangsfräsen mit parallelen Achsen und Außenfräsen unterschieden. Für Fräsverfahren sind der unterbrochene Schnitt und hohe erzielbare Zerspanungsleistungen charakteristisch. Im Gegensatz zu den Drehverfahren rotiert die Kurbelwelle nur mit geringer Umfangsgeschwindigkeit oder überhaupt nicht. Unwuchten, wie sie bei hohen Werkstückgeschwindigkeiten z. B. bei Dreh- oder Drehräumoperationen auftreten, werden somit vermieden.

8.2.1.1 Innenfräsen mit feststehendem Werkstück

In der Vergangenheit wurden Haupt- und Hublager häufig durch Innenfräsen mit feststehendem Werkstück bis auf Schleifaufmaß bearbeitet. Dieses Verfahren kommt heute nicht mehr zum Einsatz, da das im nachfolgenden Kapitel vorgestellte Innenfräsen mit drehendem Werkstück deutlich effizienter ist. Aufgrund der langjährigen Bedeutung des Innenfräsens mit stehendem Werkstück für die Fertigung von Kurbelwellen soll das Verfahren an dieser Stelle dennoch vorgestellt werden.

Bei dem auch als Wirbeln bezeichneten Verfahren werden ringförmige Innenfräswerkzeuge mit Wendeschneidplatten eingesetzt, die sich relativ zur Werkstückachse numerisch gesteuert auf konzentrischen Kreisbahnen um die Lagerachse bewegen. Die Werkzeugschneiden sind auf dem inneren Umfang des ringförmigen Innenmesserkopfs angeordnet, in dessen Zentrum das Werkstück axial bewegt und positioniert wird. Das rotierende Werkzeug wird axial am Haupt- bzw. Hublager der Kurbelwelle positioniert und anschließend über zwei senkrecht zur Werkstückachse angeordnete CNC-Achsen radial zugestellt und auf einer konzentrischen Kreisbahn einmal um die zu bearbeitenden Lagerstellen herumgeführt (Rundvorschub). Nach einem Umlauf der Fräseinheit ist die Lagerstelle bis auf das Schleifaufmaß vorbearbeitet. Die in Bild 8.43 gezeigte Maschine diente der Massenproduktion von drei- bis sechshubigen PKW-Kurbelwellen. Sie besitzt zwei voneinander unabhängige Frässchlitten, die zur weiteren Verkürzung der Fertigungszeit auch mit Mehrfachmesserköpfen ausgerüstet

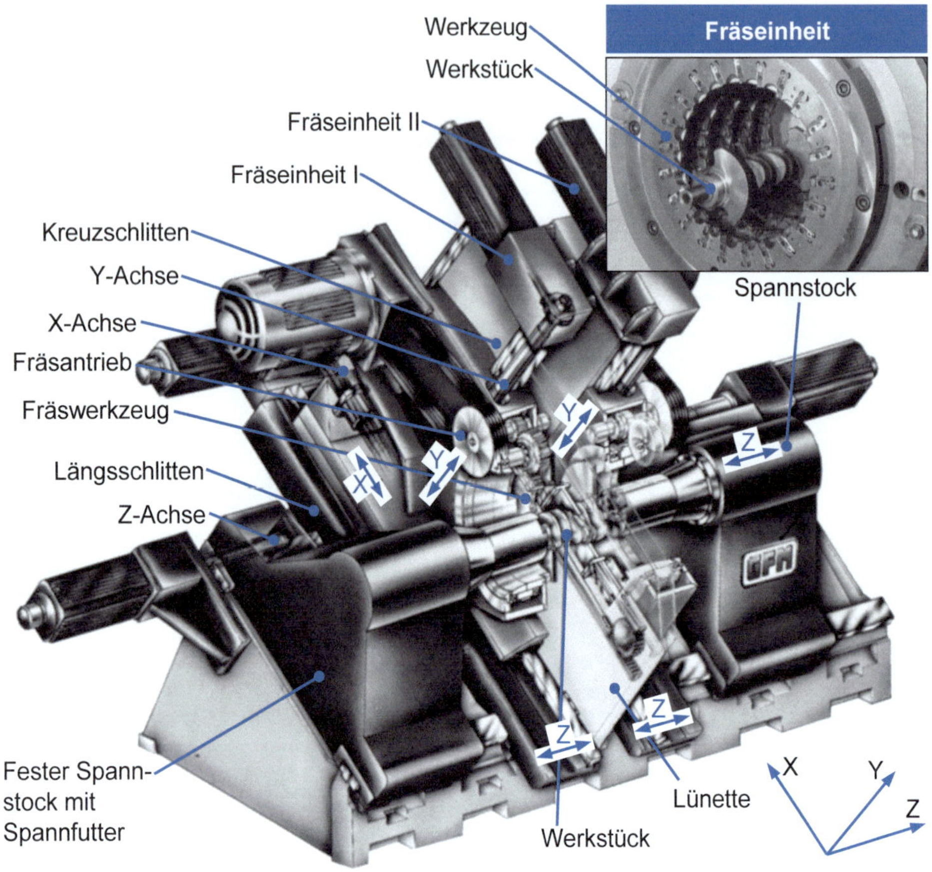

Bild 8.43 Innenfräsen bei ruhendem Werkstück. Quelle: GFM

werden können. Der prinzipielle Ablauf einer Fräsbearbeitung von Hub- und Hauptlager einer vierhubigen Kurbelwelle nach dem oben beschriebenen Verfahren ist Bild 8.44 zu entnehmen. Für diese Bearbeitung ist die Maschine mit einem Kreuzschlitten ausgerüstet, der drei separate, in vertikaler Richtung verfahrbare, Werkzeugaufnahmen trägt.

Das Werkstück wird an beiden Enden sowie durch zwei Lünetten zwischen den Fräsern eingespannt. Zum Fräsen der Hauptlagerzapfen werden die Werkzeugträger mit fünf Messerköpfen bestückt. Mit einem gemeinsamen Einstich und innerhalb eines Umlaufes der vom Kreuztisch bewegten Messerköpfe werden die Hauptlagerzapfen bis zum Schleifaufmaß bearbeitet.

Zum Fräsen der Hublager tragen die mittlere Werkzeugaufnahme zwei, die beiden äußeren Aufnahmen jeweils einen Messerkopf. Nach der axialen Positionierung der Kurbelwelle werden die mittleren Werkzeugaufnahmen um das Maß des Hubes nach oben und die beiden äußeren um das gleiche Maß nach unten verfahren. Anschließend erfolgt die gleichzeitige Fräsbearbeitung der vier paarweise gegenüberliegenden Hublager.

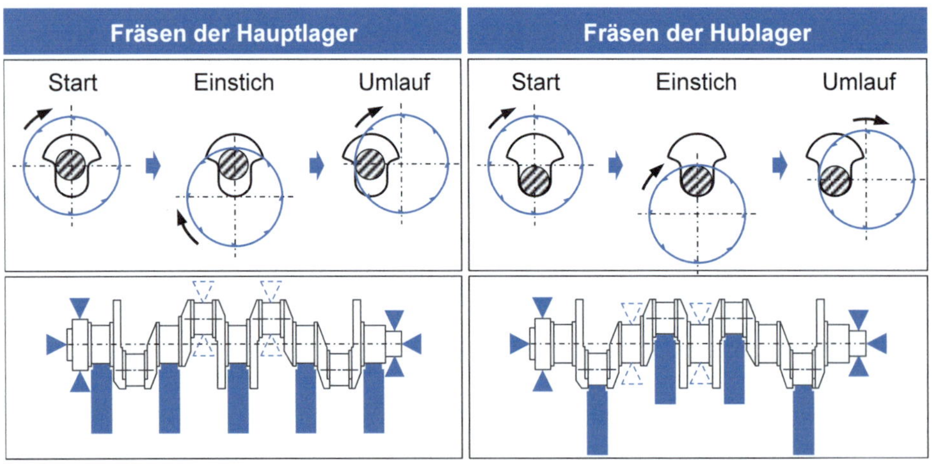

Bild 8.44 Bearbeitungsablauf beim CNC-Kurbelwellenfräsen. Quelle: GFM

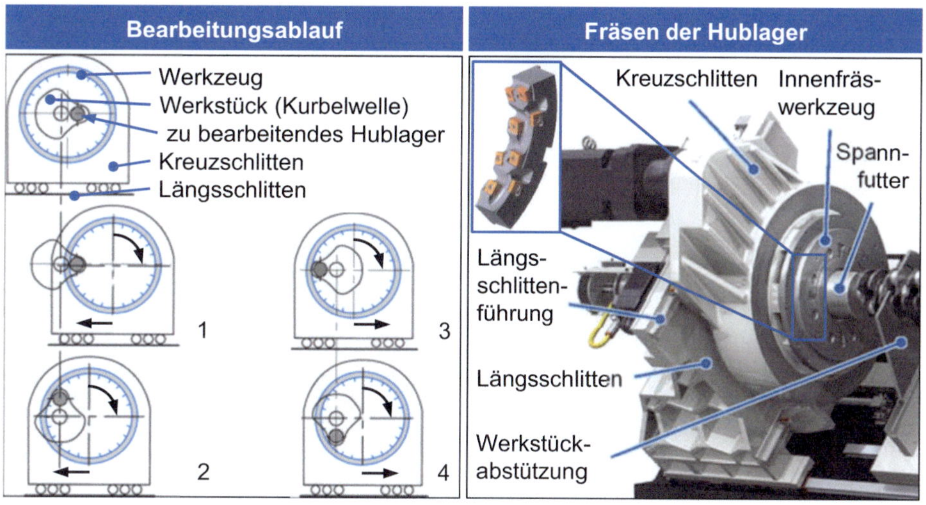

Bild 8.45 Innenfräsen mit drehendem Werkstück. Quelle: Heller, MAG, Sandvik

8.2.1.2 Innenfräsen mit drehendem Werkstück

Das Kurbelwellen-Innenfräsen unterscheidet sich vom Wirbeln durch die Art der Vorschuberzeugung. Der Rundvorschub wird durch die Rotation der Kurbelwelle erzeugt. Zur Bearbeitung der Lagerzapfen wird der rotierende Messerkopf bei stehendem Werkstück axial an der zu bearbeitenden Stelle positioniert und in radialer Richtung mit einer CNC-gesteuerten X-Achse solange zugestellt, bis das gewünschte Maß des Durchmessers erreicht ist. Anschließend erfolgt eine rotatorische Bewegung der Kurbelwelle. Nach genau einer Werkstückumdrehung ist die Fräsbearbeitung abgeschlossen.

Zur Bearbeitung der exzentrisch angeordneten Hublager führt die Fräseinheit eine pendelnde Bewegung aus. Dabei wird die Drehung der zentrisch gespannten Kurbelwelle so gesteuert, dass eine gleichmäßige Spanabnahme erreicht wird. Der Prozess des Pendelhubfräsens ist für die Bearbeitung eines Hublagers in Bild 8.45 dargestellt.

Eine für das Innenfräsen mit drehendem Werkstück typische Maschine ist in Bild 8.46 dargestellt. Im Unterschied zum Wirbeln hat die Fräseinheit dieser Maschine lediglich eine X-Achse, da der Rundvorschub durch die C-Achse realisiert wird. Zur Erhöhung der Steifigkeit und Prozessstabilität wird die Kurbelwelle einerseits durch einfache Lünetten und andererseits durch eine Stabilisierungslünette abgestützt. Die Stabilisierungslünette hat drei Spannbacken, die den benachbarten Zapfen spannt und so die Systemstabilität erhöht.

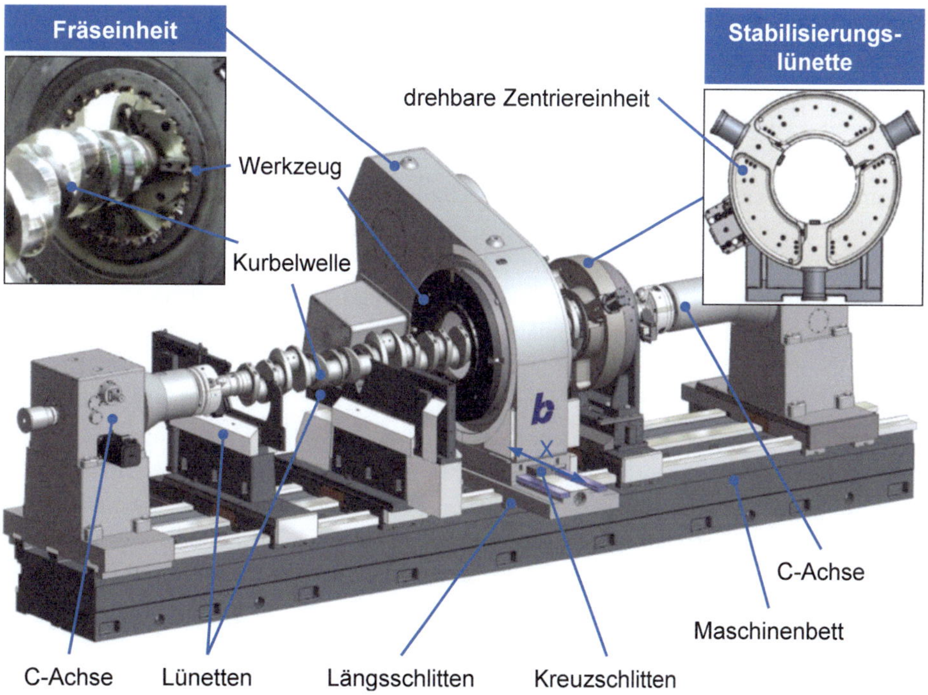

Bild 8.46 Innenfräsmaschine. Quelle: Burgsmüller

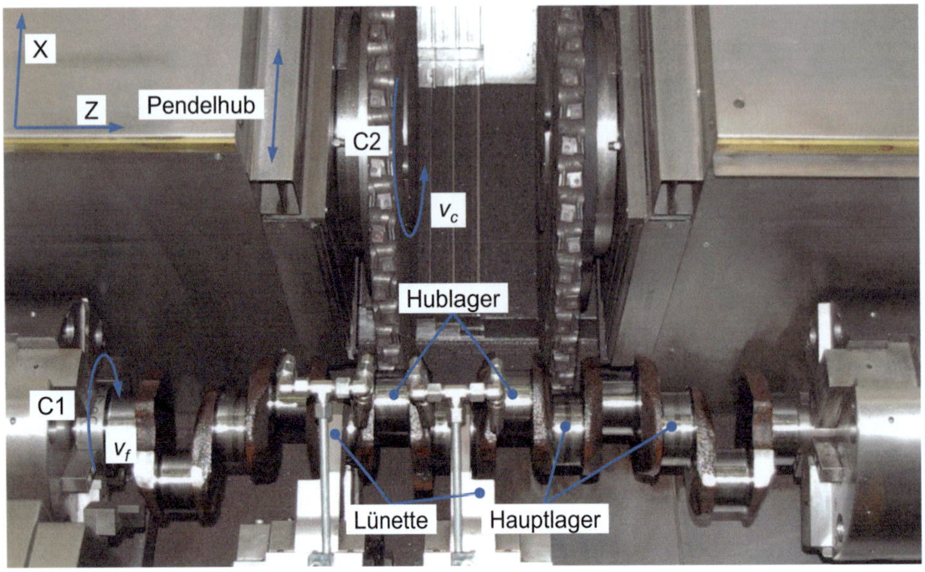

Bild 8.47 Außenfräsen mit parallelen Achsen. Quelle: MAG

8

8.2.1.3 Außenfräsen mit parallelen Achsen (Drehfräsen)

Ein in den 80er Jahren entwickeltes Verfahren stellt das Drehfräsen oder auch Außenfräsen mit parallelen Achsen von Kurbelwellenlagern dar, welches die Innenfräsbearbeitung weitgehend abgelöst hat. Beim Drehfräsen sind Werkzeug- und Werkstückachse, wie in Bild 8.47 dargestellt, parallel zueinander angeordnet. Die Kurbelwelle rotiert in einer zentrischen Einspannung langsam um ihre Hauptlagerachse (Rundvorschub), während der Scheibenfräser radial zugestellt wird. Durch die Rotation des Scheibenfräsers wird die notwendige Schnittgeschwindigkeit erzeugt. Die Bewegung der gesamten Fräseinheit wird über CNC-gesteuerte Achsen erzeugt, sodass mit Hilfe einer radialen Pendelhubbewegung (Pendelhubfräsen) die Hublagerbearbeitung bei zentrischer Einspannung der Kurbelwelle erfolgen kann. Damit können sämtliche Haupt- und Hublager sowie die Wangen einer Kurbelwelle in einer Aufspannung bearbeitet werden. Als Werkzeuge kommen Scheibenfräser mit Durchmessern bis zu 700 mm zum Einsatz, die aus einzelnen, mit Schneidplatten bestückten Segmenten bestehen. Daraus ergibt sich für eine Frässcheibe mit einer Profilaufteilung aus vier Schneidreihen beispielsweise eine Schneidplattenanzahl von 240 Stück, die mit engen Toleranzen montiert werden müssen, um die Planlaufanforderungen der Kurbelwellen zu erfüllen. Der Fräsvorgang erfolgt grundsätzlich ohne Kühlschmierstoff. Die konventionell erreichbaren Schnittgeschwindigkeiten beim Außenfräsen liegen bei bis zu 250 m/min. Mittlerweile sind durch verbesserte Werkzeugmaterialien beim sogenannten Hyperspeed-Fräsen Schnittgeschwindigkeiten von bis zu 600 m/min bei der Finishingbearbeitung mit Hartmetall möglich. Mit keramischen Schneidwerkzeugen können noch höhere Schnittgeschwindigkeiten erreicht werden. Seit Mitte der neunziger Jahre wird das achsparallele Drehfräsen in modernen Produktionslinien aufgrund der höheren Wirtschaftlichkeit üblicherweise zur Hublagerbearbeitung eingesetzt, da hierdurch das beim Drehräumen notwendige Spannen in Exzenterspannfuttern entfällt. Das Verfahren ist außerdem flexibel gegenüber beliebigen Kröpfungen und veränderlichen Lagerbreiten.

Charakteristisch für dieses Verfahren sind die im Vergleich zum Innenfräsen geringen Schnittkräfte infolge geringerer Überdeckung zwischen Werkzeug und Werkstück, die daraus resultierende hohe Werkstückgenauigkeit sowie die problemlose Bearbeitung der exzentrisch angeordneten Hublager. Dabei pendeln die unabhängig voneinander arbeitenden Werkzeuge winkellageabhängig entlang der jeweiligen X-Achse. Die Werkstückbeschickung der Maschine ist im Vergleich zum Innenfräsen einfacher und schneller zu realisieren, da die Positionierung der Kurbelwellen in die Hohlwerkzeuge entfällt. Dadurch fallen die Taktzeiten beim Außenfräsen geringfügig kürzer aus. Mittels Drehfräsprozessen lassen sich geringe Oberflächenrauheiten erreichen, was die notwendigen Aufmaße für die nachfolgende Schleifbearbeitung auf ein Minimum reduziert.

8.2.1.4 Außenfräsen (Stirndrehfräsen)

Beim Stirndrehfräsen ist die Fräserachse, wie Bild 8.48 zeigt, orthogonal zur Werkstückachse angeordnet. Das Verfahren unterscheidet sich vom achsparallelen Drehfräsen vor allem durch eine zusätzliche Y-Vertikalachse. Diese ermöglicht zusammen mit der X-Achse die Erzeugung beliebiger Exzenter- und Polygonprofile, wodurch dieses Bearbeitungsverfahren besonders universell einsetzbar ist. So lassen sich Kurbelwellen aller Art auch in kleinen Losgrößen wirtschaftlich herstellen.

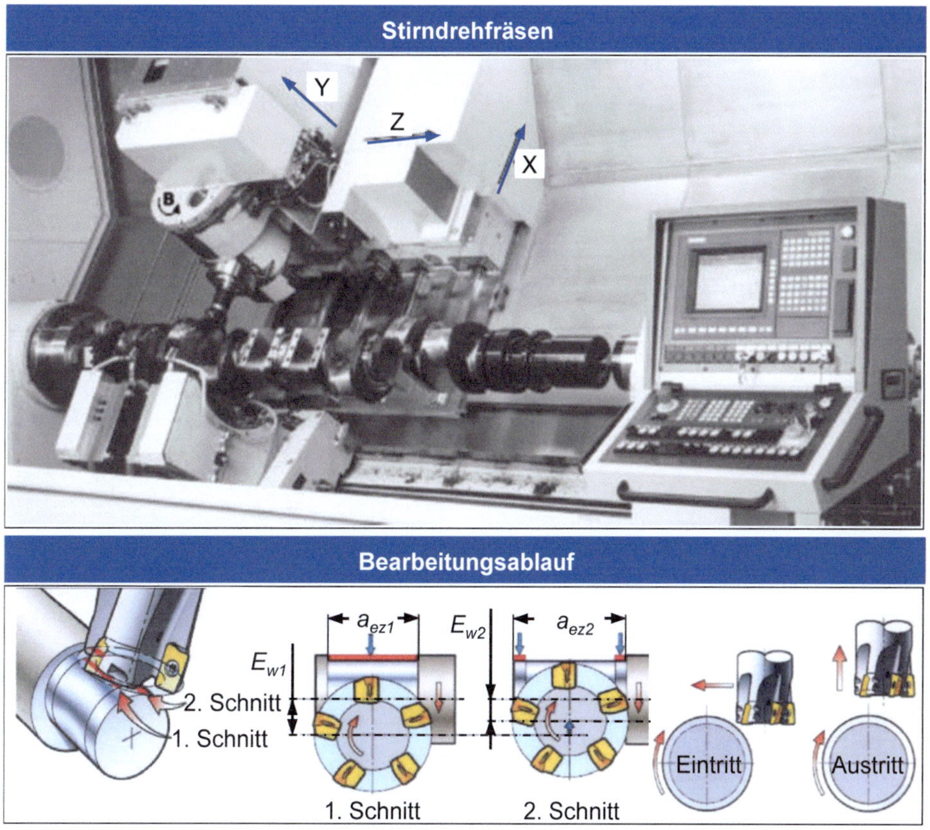

Bild 8.48 Stirndrehfräsen von Kurbelwellen-Hublagern. Quellen: Niles-Simmons, Sandvik

In Bild 8.48 ist unten die Erzeugung zylindrischer Flächen beim Stirndrehfräsen dargestellt [SAND13]. Das Fräswerkzeug erzeugt im ersten Schnitt eine zylindrische Fläche, wobei die Fräserachse um das Maß E_{W1} verschoben zu der zu bearbeitenden Zapfenachse angeordnet ist und die Stirnschneidenfläche parallel zur Werkstückachse verläuft. Hierbei hängt die Exzentrizität von der möglichen Stirnschneidlänge des Werkzeugs ab, die durch den Werkzeugaußendurchmesser (Eckenradius) und durch die radiale Nebenschneidenlänge gebildet wird. Hierdurch wird die Mitte des Zapfens zylindrisch bearbeitet und es verbleiben an den Rändern rechts und links verzerrte Stellen, die durch einen weiteren Schnitt mit reduzierter Exzentrizität E_{W2} entfernt werden müssen. Hierbei wird die Werkzeugachse im Grenzfall mittig über der Zapfenachse angeordnet.

8.2.2 Kurbelwellen-Drehen und (Dreh-) Drehräumen

Als weitere Verfahren zur Kurbelwellenfertigung sind das Drehen und das Drehräumen von Kurbelwellen zu nennen. Bei beiden Operationen wird die Schnittgeschwindigkeit durch das rotierende Werkstück erzeugt. Um Verdrehungen der torsionsweichen Kurbelwelle zu vermeiden, wird diese üblicherweise an beiden Enden synchron angetrieben. Durch die hohen Drehzahlen sind Auswirkungen der Unwuchtkräfte auf die Genauigkeit unvermeidbar. Beim Drehen erfolgt die Hublagerbearbeitung unter Verwendung von Exzenterspannfuttern, welche die Kurbelwelle so spannen, dass die Hublagermitte zentrisch in der Drehachse der Hauptspindel liegt. Aufgrund von Unwuchten treten häufig unerwünschte Schwingungen und Verformungen des Bauteils auf. Zusätzlich werden die Werkstückspindeln durch Unwuchtkräfte stark beansprucht. In diesem Fall muss die Drehzahl und somit die Schnittgeschwindigkeit reduziert werden, wodurch der Drehprozess unwirtschaftlich wird. Des Weiteren ist die Verwendung von Exzenterspannfuttern nicht umrüstfreundlich und es gibt keine Korrekturmöglichkeiten für Hub- und Winkelabweichungen. Hublager werden daher heute weitgehend mittels Außenfräsen bearbeitet. Andere Sektionen (▶ Kap. 8.2) werden jedoch häufig durch Drehen bearbeitet.

8.2.2.1 Drehen

Die Drehbearbeitung spielt in der Serienfertigung von Kurbelwellen eine wichtige Rolle. Insbesondere bei der Bearbeitung von Flansch und Zapfen, Gegengewichts-Außendurchmesser und Wangenplanfläche sowie beim Fertigdrehen von Haupt- und Passlagerplanflächen und Geberringkontur wird dieses Verfahren angewendet. Bild 8.49 zeigt exemplarisch die Bearbeitung der Hauptlager sowie die zugehörigen Verfahren bzw. Werkzeuge beim Schruppen (a-c) und Schlichten (d-f).

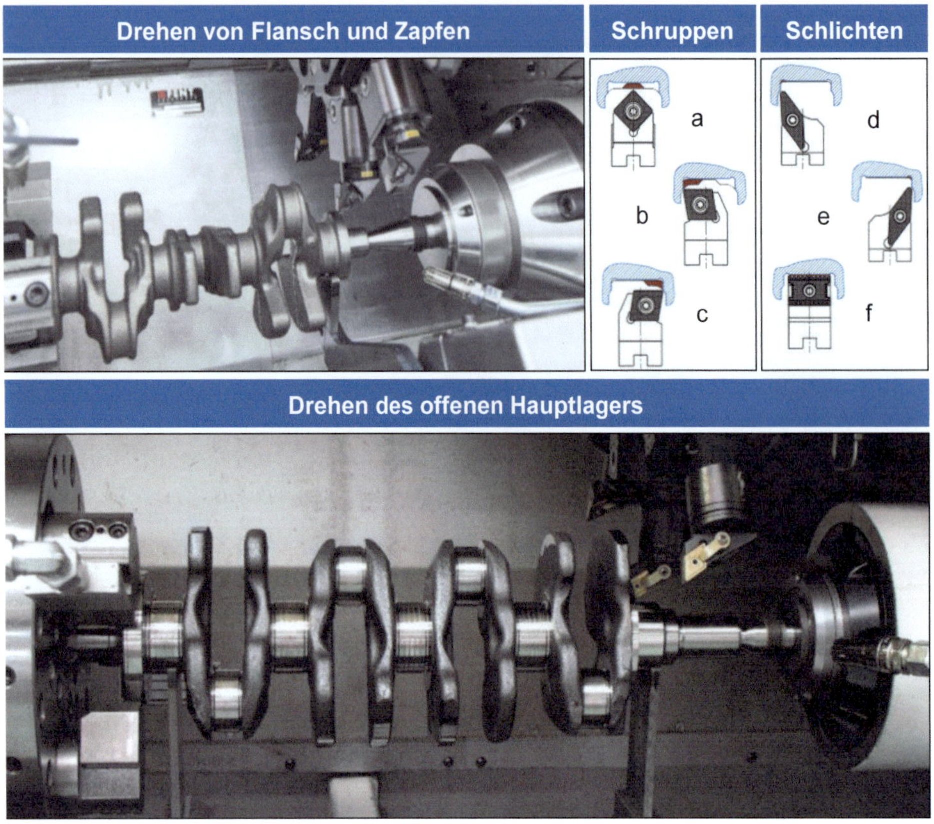

Bild 8.49 Drehen. Quellen: MAG, Sandvik

8

Zum Einsatz kommen CNC-Drehmaschinen, die entsprechend der Bearbeitungsfolge und den spezifischen Anforderungen ausgerüstet werden. Die Maschinen sind meist mit zwei Scheibenrevolvern mit bis zu 45 Werkzeugplätzen ausgerüstet. Die schmalen Scheiben ermöglichen ein kollisionsfreies Eintauchen zwischen den Kurbelwangen bei gleichzeitig kurzer Kraglänge und damit maximaler Stabilität der Werkzeugträger. Die Werkzeugträger sind so bestückt, dass sich eine wirtschaftlich optimale Bearbeitungsreihenfolge mit minimalen Werkzeugwechselzeiten ergibt. Um die Gesamteinsatzdauer der bestückten Revolverköpfe zu erhöhen, sind sie mit mehreren Redundanten Werkzeugsätzen ausgestattet. Das Verfahren ist flexibel in Bezug auf veränderliche Bauteilabmessungen, da diese Änderungen durch Anpassen des CNC-Steuerprogramms vorgenommen werden können, sodass keine Umbestückung des Werkzeugträgers notwendig ist. Sind bei der Kurbelwellenbearbeitung neben Radialeinstichen auch axiale Freistiche erforderlich, ist die Drehbearbeitung durch kein anderes spanendes Verfahren zu ersetzen. Zur Reduzierung der Bearbeitungszeit werden für die Schlichtbearbeitung der Lagerdurchmesser Mehrzahn-Werkzeuge, sogenannte Strehl-Werkzeuge, verwendet (vgl. Bild 8.49).

8.2.2.2 Drehräumen

In der Vergangenheit fand das Drehräumen bei der Bearbeitung der Haupt- und Hublager häufig Anwendung, wurde aber mit der Entwicklung alternativer effizienterer Verfahren weitgehend abgelöst. Aufgrund seiner historischen Bedeutung wird das Verfahren an dieser Stelle dennoch vorgestellt. Entsprechend DIN 8589-5 [DIN03b] ist das Drehräumen aufgrund seiner Kinematik der Gruppe des Drehens und des Formräumens zuzuordnen. Beim Drehräumen wird das rotierende Werkstück von einem rotatorisch bewegten, runden Räumwerkzeug bearbeitet. Bei dem Räumwerkzeug handelt es sich um die Abwicklung einer geraden Räumnadel auf dem Umfang einer zylindrischen Scheibe. Da bei dem Bearbeitungsvorgang jede Werkzeugschneide nur einmal im Eingriff ist, sind die mechanischen und thermischen Belastungen der Werkzeuge gering. Beim Drehräumprozess des Hauptlagers wird die Kurbelwelle beidseitig zentrisch in die beiden synchronisiert angetriebenen Hauptspindeln eingespannt. Die eingestellte Werkstückdrehzahl bestimmt die Schnittgeschwindigkeit. Der in Bild 8.50 dargestellte Werkzeugsupport besitzt eine CNC-gesteuerte X-Planachse und eine C2-Rundachse, wodurch die radiale Position und die Bewegung des mehrschneidigen Räumwerkzeugs vorgegeben werden. Das Räumwerkzeug ist aus mehreren Segmenten zusammengesetzt, die auf einer externen Vorrichtung mit Schneidplatten bestückt und eingestellt werden. Wie beim herkömmlichen Räumvorgang auch, erfolgt die Zustellung durch die nacheinander in Eingriff kommenden Werkzeugschneiden. Dabei ist für jede Schneide eine unterschiedliche, unveränderliche Position festgelegt. Der Vorschub

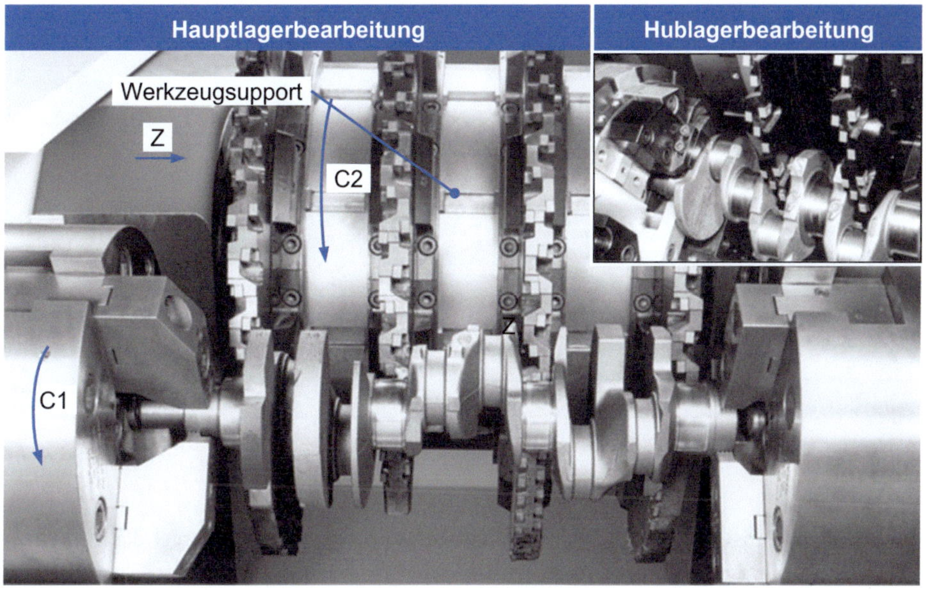

Bild 8.50 Drehräumen. Quelle: Boehringer

erfolgt somit durch die kontinuierliche langsame Rotationsbewegung des Räumwerkzeugs.

Das Räumwerkzeug ist in eine Schrupp- und eine Schlichtzone unterteilt. Nachdem die letzte Schneide des Werkzeugs in Eingriff gekommen ist, ist der Bearbeitungsvorgang für das Hauptlager abgeschlossen. Zur Bearbeitung mehrerer Lager, zum Beispiel der gleichzeitigen Bearbeitung aller Hauptlager, können Satzwerkzeuge aus identischen Werkzeugscheiben benutzt werden. Das bedeutet aber auch, dass für jede Maßänderung an der Kurbelwelle ein neuer Werkzeugsatz eingestellt werden muss. Schlanke Werkstücke mit geringer Steifigkeit können von einer Lünette abgestützt werden. In diesem Fall wird zunächst der abzustützende Lagersitz bearbeitet. Nach Anlage der Lünette werden die verbleibenden Stellen bearbeitet. Neben der Bearbeitung der Wangen und Mittellager lassen sich auch die Hublager bearbeiten. Hierzu werden spezielle Spannfutter mit exzentrischer Werkstückaufnahme eingesetzt (vgl. Bild 8.50, oben rechts). Mittels Drehräumen lassen sich hohe Maßgenauigkeiten erzielen; besonders zur Schlichtbearbeitung vor dem abschließenden Schleifen ist es sehr gut geeignet. Aufgrund der geringen Flexibilität des Verfahrens durch die fest eingestellten Werkzeuge hat das Drehräumen in den letzten Jahren an Bedeutung verloren und wurde inzwischen fast vollständig durch das Dreh-Drehräumen ersetzt.

8.2.2.3 Dreh-Drehräumen

Seit Beginn der 90er Jahre wird das Dreh-Drehräumverfahren sehr verbreitet in der Industrie angewendet. Es verbindet die Vorteile des Drehens (hohe Zerspanungsleistung) als Schruppbearbeitung und des Drehräumens (hohe Genauigkeit und Oberflächengüte) als Schlichtbearbeitung. Dadurch hat sich das Dreh-Drehräumen als besonders wirtschaftliche und flexible Bearbeitung durchgesetzt und die beiden Einzelverfahren Drehen und Drehräumen als Standard abgelöst. Grundsätzlich lässt sich mit Exzenterspannfuttern die gesamte Kurbelwelle bearbeiten. In modernen Produktionslinien wird aber üblicherweise nur die Bearbeitung der zentrischen Hauptlager mittels Dreh-Drehräumen abgedeckt und die Hublagerbearbeitung auf Drehfräsmaschinen durchgeführt. Wie beim Drehräumen wird die Kurbelwelle zentrisch eingespannt und beidseitig angetrieben, um ein Verdrehen des Werkstücks während der Bearbeitung weitgehend zu verhindern. Die Werkzeugsupporte haben neben der CNC-gesteuerten X/U-Planachse und den C1/C2-Rundachsen eine zusätzliche CNC-gesteuerte Z/W-Längsachse, die ein axiales Positionieren des Werkzeugs ermöglicht und dadurch flexibel bei Maßänderungen ist. Wie im Beispiel von Bild 8.51 gezeigt, werden häufig zwei voneinander unabhängige Supporte eingesetzt. Die verwendeten Werkzeuge sind auf großen Scheiben montiert, die meistens zusätzlich mit redundanten Werkzeugen bestückt werden, um eine möglichst hohe Standzeit zu ermöglichen. Dementsprechend folgen nach mehreren Schneidplatten zum Drehen die auf die Endkontur eingestellten Räumsegmente. Da die Räumsegmente nur zum Schlichten gebraucht werden, sind sie wesentlich kleiner als beim konventionellen Drehräumen. Der so frei werdende Raum auf der Werkzeugscheibe kann für Räumsegmente unterschiedlicher Geometrien genutzt werden.

Das Dreh-Drehräumen zeichnet sich durch seine hohe Flexibilität aus. Einerseits können durch die Axialpositionierung die Lagerbreiten angepasst, andererseits durch die Vielzahl montierbarer Werkzeugsegmente mehrere Kurbelwellentypen ohne Werkzeugaustausch auf der gleichen Maschine produziert werden. Der Werkzeugwechsel erfolgt durch Weiterdrehen der Scheibe. Während der Drehbearbeitung wird die Rundachse der Werkzeugscheibe hydraulisch geklemmt.

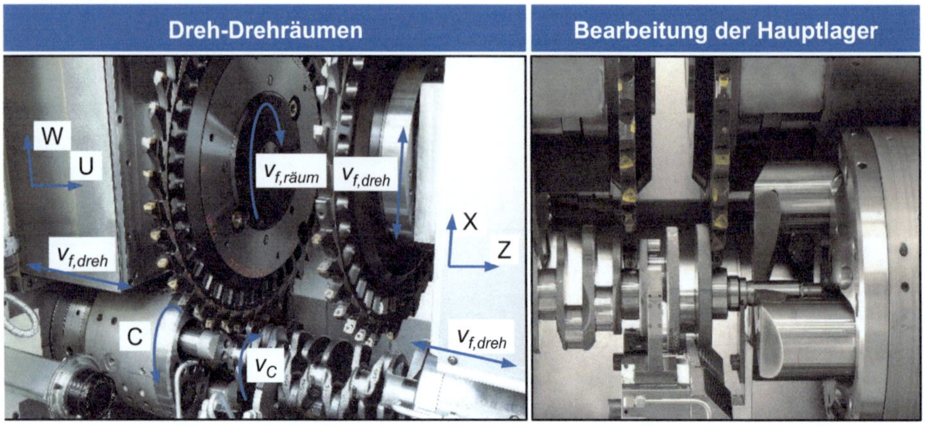

Bild 8.51 Dreh-Drehräumen. Quelle: MAG

8

Auf diese Weise wird das durch die Bearbeitungskräfte entstehende Moment abgestützt. Zum anschließenden Räumen wird die Klemmung gelöst und das entsprechende Räumsegment mit konstantem Rundvorschub bewegt. Zuerst erfolgen alle Drehoperationen wie Schruppen der Kontur und Anlaufbunde, Wangenbearbeitung und eventuelle Ein- oder Hinterstiche. Im letzten Schritt werden die Lagerdurchmesser geräumt. Lünetten verhindern die Biegeverformung der Kurbelwelle während der Bearbeitung.

8.2.3 Kurbelwellen-Schleifen

Sowohl die Haupt- als auch die Hublager müssen durch Schleifen nachbearbeitet werden. Während die Hauptlager im normalen Einstechschleifverfahren zwischen Spitzen bzw. mit zentrischer Spannung geschliffen werden, kann die Bearbeitung der Hublager bei konventionellen Maschinen nur in einer exzentrischen Aufspannung erfolgen. Hierbei ist die Kurbelwelle jeweils so aufzunehmen, dass das eigentlich exzentrisch laufende Hublager zentrisch zur Drehachse des Werkstückantriebes läuft. Bild 8.52 veranschaulicht dies am Beispiel des Außenrundschleifens einer ein- sowie einer vierhubigen Kurbelwelle. Bei der vierhubigen Welle werden die jeweils zwei in einer Hubebene liegenden Hublager , Wangen und Hohlkehlen mit zwei Schleifscheiben in einem Einstich geschliffen. Um die entstehenden großen Unwuchtkräfte und -momente zu kompensieren, verfügen die Exzenterfutter häufig über Ausgleichsmassen (vgl. Bild 8.52, links).

Häufig sind bei Kurbelwellen für Mehrzylinder-Motoren die Hublager in verschiedenen Winkeln angeordnet. Daher muss die Kurbelwelle zur Bearbeitung der Hublager in mehreren Richtungen jeweils in die zentrische Position gebracht werden. Der Verschiebungsvorgang im Futter muss sehr genau erfolgen, um die geforderten Toleranzen einzuhalten. Weiterhin führen die großen Unwuchten zu hohen Kräften auf die Spannköpfe, die sehr steif ausgeführt werden müssen. Daneben treten infolge der großen Unwuchtmomente hohe Lastschwankungen für die Antriebe auf, die zu Fertigungsungenauigkeiten führen können. Die konventionelle Schleifbearbeitung wird insbesondere durch die exzentrische Aufspannung der Kurbelwellen sehr aufwändig. Weiterhin ist die Flexibilität konventioneller Maschinen stark eingeschränkt,

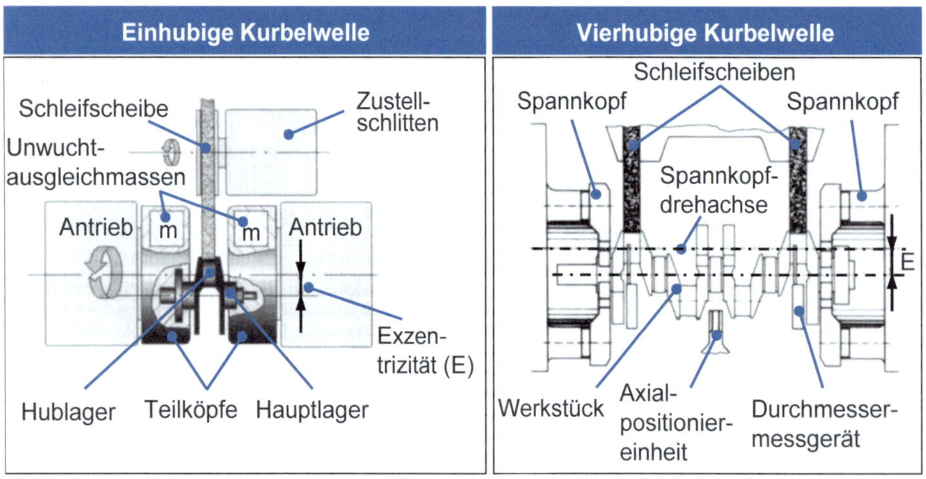

Bild 8.52 Konventionelle Schleifbearbeitung. Quelle: EMAG

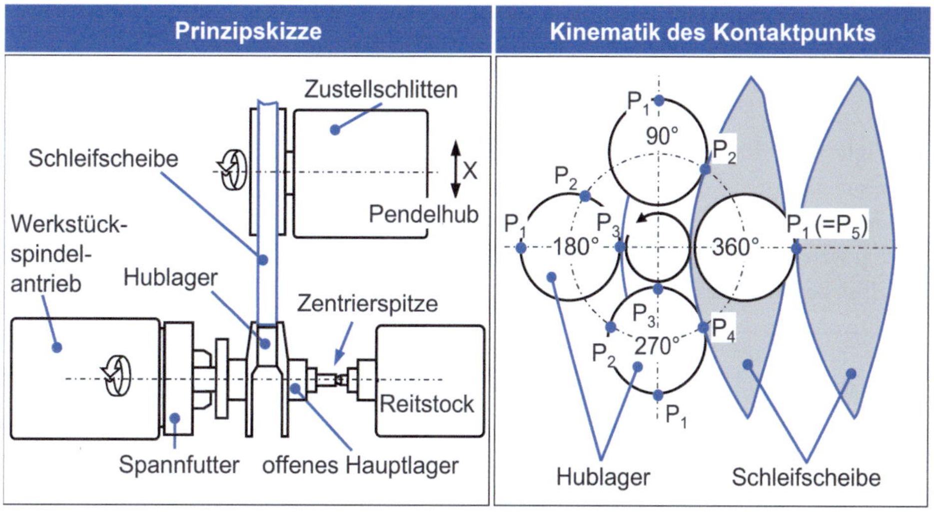

Bild 8.53 Maschinenkonzept für das Pendelhubschleifen von Kurbelwellen. Quelle: EMAG

da bei jedem Werkstückwechsel neue Exzenterspannfutter mit neuen Verschieberichtungen erforderlich sind.

Das Pendelhubkonzept nach Bild 8.53 vermeidet diesen aufwändigen mechanischen Aufbau der konventionellen Schleifmaschine. Beim Pendelhubschleifen wird das Werkstück zentrisch zwischen Spitzen aufgenommen. Die pendelnde Bewegung, die zum Ausgleich der Exzentrizität der Hublager notwendig ist, wird vom Zustellschlitten der Maschine (X-Achse) ausgeführt. Somit ist die Maschinenkinematik mit der Maschine zum Außenfräsen mit parallelen Achsen (▶ Kap. 8.2.1.3) vergleichbar. Die maximal zulässige Werkstückdrehzahl ist bei diesem Verfahren unmittelbar vom Hub der Kurbelwelle und von der Antriebsdynamik der X-Vorschubachse abhängig, um die Zylindrizitätsabweichungen in den geforderten engen Toleranzen zu gewährleisten. Da eine Erhöhung der Werkstückdrehzahl zu reduzierten Schleifzeiten führt, ist eine hohe Vorschubdynamik, d.h. eine Vorschuberzeugung mit geringem Folgefehler, für dieses Schleifverfahren unabdingbar. Die im rechten Teil von Bild 8.53 dargestellte Kinematik des Kontaktpunktes zeigt die Bearbeitungsfolge während eines Pendelhubs. Der Einstich erfolgt im ersten Punkt (P1) bei einer Lage von 0 °. Während die Kurbelwelle eine Drehbewegung durchführt, wird die Schleifscheibe entlang der X-Achse nachgeführt. In

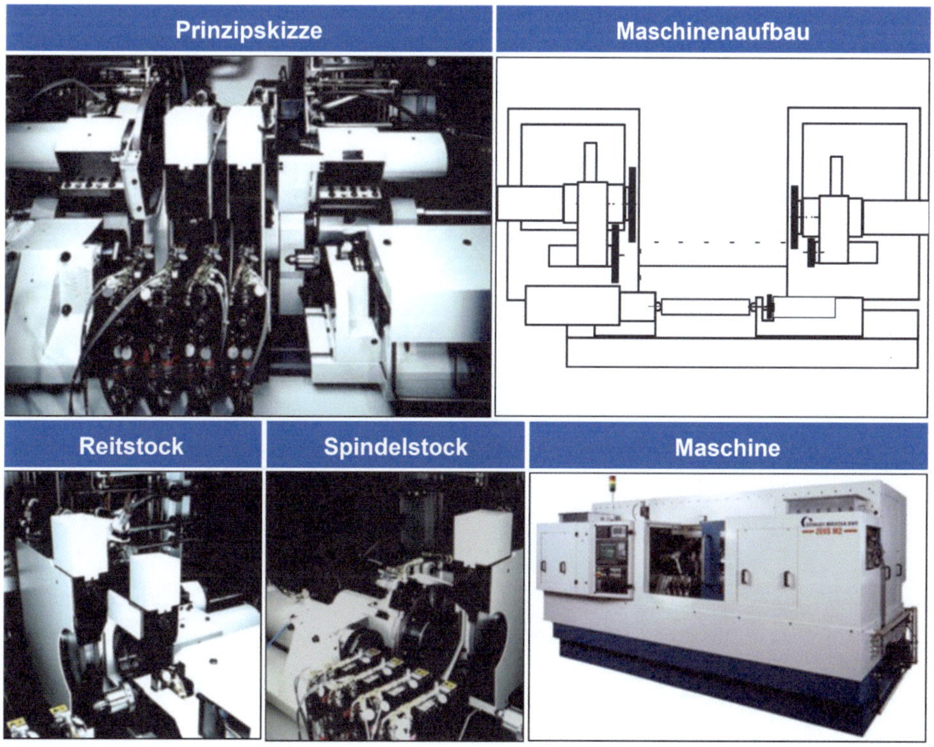

Bild 8.54 Aufbau einer Kurbelwellen-Schleifmaschine in Zweischlittenversion Quelle: Schaudt

den Extrempositionen 90 °, 180 ° und 270 ° entstehen so die Kontaktpunkte P2, P3 und P4 zwischen der zu bearbeitenden Oberfläche und der Schleifscheibe.

Ein modernes, flexibles Maschinenkonzept mit zwei unabhängigen Werkzeugschlitten zeigt ◘ Bild 8.54. Mit diesem Maschinenkonzept können durch Kombination der einzelnen Baugruppen über 30 verschiedene Maschinen-Varianten erzeugt werden. Die dargestellte Zweischlitten-Variante kann mit bis zu vier Schleifscheiben bestückt werden. Alle Schleifeinheiten besitzen eine Abrichteinheit und berührungslose, automatische Auswuchtsysteme auf den Schleifspindeln.

Der Maschinentisch ist unter einem Winkel von 20 ° gegenüber der Grundfläche geneigt und wie das Maschinenbett optimal auf den Kraftfluss der Schleifbearbeitung abgestimmt. Die beiderseitig angeordnete Anschlagleiste gewährleistet beim Umrüsten beste Wiederholgenauigkeiten der Position der Tischaufbauten. Die Steifigkeit des Gesamtsystems wird durch die Schwalbenschwanzführung der Tischaufbauten und die steife Anbindung an den Maschinenunterbau erreicht. Je nach Bearbeitungsaufgabe kann ein anderes Führungssystem eingesetzt werden. Dabei reichen die Möglichkeiten von kostengünstigen Linearwälzführungssystemen, über Gleitführungen beim Rundschleifen bis zu hydrostatischen Führungen mit hydrostatischer Gewindespindel beim Nockenformschleifen. Der Einsatz eines Linearmotors für die Kurbelwellenbearbeitung ist konstruktiv ebenfalls berücksichtigt. Bei der Zweischlitten-Version ermöglicht die Auslegung der Führungsbahnen das Zusammenfahren beider Schlitten bis auf einen sehr geringen Sicherheitsabstand der Schutzhauben. Dadurch können selbst nahe beieinanderliegende Nocken oder Durchmesser simultan geschliffen werden. Während der Bearbeitung erfolgt eine dynamische Kollisionsüberwachung über die CNC-Steuerung. Die Maschine ist zusätzlich mit einem automatischen Hochgeschwindigkeits-Auswuchtsystem ausgestattet, das einen kontaktlosen Geber und Aufnehmer direkt auf der Schleifspindel vorsieht. Die ausreichend dimensionierten Verfahrwege der Achsen ermöglichen den Einsatz von nur einem Abrichtsystem, das als feststehende Diamantfliese oder als rotierendes Abrichtgerät wie Form- und Profilrolle oder Topfscheibe ausgeführt werden kann.

8.2.4 Kurbelwellen-Walzen

In der Regel werden die Oberflächen von Kurbelwellen durch Walzen nachbearbeitet. In Abhängigkeit des durch das Walzen angestrebten Bearbeitungsergebnisses wird zwischen drei Walzverfahren unterschieden: Festwalzen, Glattwalzen und Richtwalzen.

Ziel des Festwalzens ist die Lebensdauersteigerung der Kurbelwelle. Deren Dauerschwingfestigkeit wird infolge gezielt eingebrachter Druckeigenspannungen signifikant erhöht. Aus der plastischen Verformung der oberflächennahen Schichten resultiert eine Werkstoffverfestigung, die sowohl die Oberflächenhärte als auch die dynamische Belastbarkeit der gesamten Kurbelwelle erhöht. Das Festwalzen kommt meist nach dem Härten der Lagerlaufflächen und vornehmlich im Bereich der Hohlkehlen zum Einsatz.

Das Richtwalzen wird häufig mit einem Festwalzvorgang kombiniert und dient der Minimierung des Kurbelwellen-

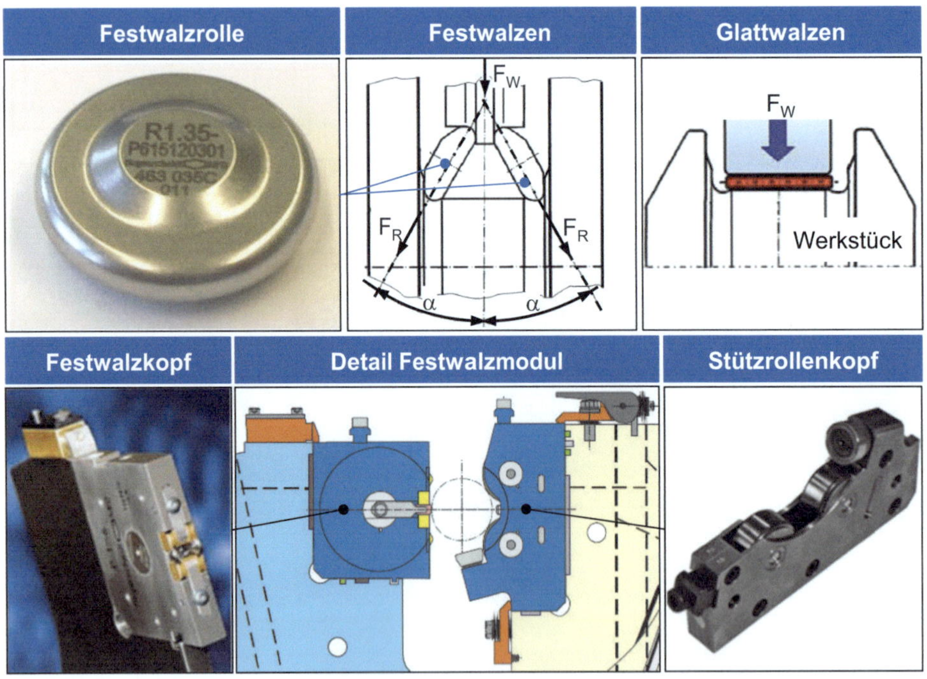

◘ **Bild 8.55** Fest- und Glattwalzen von Kurbelwellen. Quelle: Hegenscheidt-MFD

Radialschlags bzw. Rundlauffehlers ohne Festigkeitsreduktion. Beim winkelabhängigen Festwalzen der Hohlkehlen werden die Planlaufabweichungen der Ölbunde reduziert indem die Walzkraft den unterschiedlichen Nachgiebigkeiten der Ölbunde angepasst wird.

Das Glattwalzen von Kurbelwellen dient der Erzeugung von Funktionsflächen, wie den Anlaufbunden der Passlager, Schultern oder Flansche und der Lagerlaufflächen. Das Glattwalzen stellt ein umformendes Feinstbearbeitungsverfahren dar, bei dem geringe Rauhtiefen mit einem hohen Profiltraganteil sowie eine hohe Oberflächenhärte erzielt werden.

In ◘ Bild 8.55 ist oben links eine Festwalzrolle, in der Mitte das Prinzip des Festwalzens und rechts das Prinzip des Glattwalzens dargestellt. Die Hohlkehlen werden mit den im unteren Teil des Bildes dargestellten Festwalzmodulen, welche sich aus einem Festwalzkopf und einem Stützrollenkopf zusammensetzen bearbeitet. Die Lagerlaufflächen werden mit einem Walzkopf bearbeitet, der eine schlanke Glattwalz-Nadel über die gesamte Lagerbreite mit der Walzkraft beaufschlagt. Beim Walzen sorgt ein hydrostatisches Nachführsystem für eine dem eingestellten Flüssigkeitsdruck proportionale Walzkraft und gleicht Fertigungstoleranzen automatisch aus.

Der mechanische Aufbau einer Fest- und Richtwalzmaschine für Kurbelwellen ist in ◘ Bild 8.56 dargestellt. Auf einem Grundrahmen sind alle Module der Maschine untergebracht. Diese sind im Einzelnen der Spindelkasten mit Spannfutter und Drehstrom-Servomotor, der Reitstock mit Pinole, die Fest- und Richtwalzmodule mit ihren Werkzeugen sowie die zugehörigen Mess-, Positionier- und Markiereinrichtungen, mit denen die Walzmodule auf dem Walzmodulträger axial positioniert werden können. Während in früheren Maschinen Meisterkurbelwellen die Bewegung der Walzgeräte steuerten, können heutzutage alle Fest- und Richtwalzgeräte in ihren Funktionen einzeln angesteuert werden. Die dargestellte Maschine kann bis zu 13 Festwalzgeräte aufnehmen.

Die einzelnen Walzmodule sind für das Fest- und Richtwalzen ausgelegt. Alle Festwalzmodule für die Lagerbearbeitung sind durch Pneumatikzylinder gewichtsentlastend aufgehängt. Die Festwalzmodule an den offenen Hauptlagern (zapfen- oder flanschseitig) sind axial seitlich abgestützt. Die Festwalzmodule sind je nach Bedarf in Arbeits- / Parkstellung zu schwenken. Die Anschlüsse für Hydraulik, Walzöl, Pneumatik und Sensoren für Kraft- und Positionsgeber sind in den Festwalzmodulen integriert. ◘ Bild 8.57 zeigt ein Festwalzmodul in Arbeits- und Parkstellung sowie die zugehörigen Komponenten.

Der Walzmodulträger der Maschine ist mit Gleitführungen (3) und Rollenführungen für die Aufnahme der Festwalzmodule ausgelegt. Die Energieanbindung jedes einzelnen Festwalzmoduls erfolgt zentral von der Maschinenrückseite aus. Die manuelle Verstellung der Linearschlitten (1) kann durch ein Ritzel mit Zahnstange (2) und Klemmung erfolgen. Die Ausgleichswippe (5) nimmt die Gerätezange mit Vorder- (10) und Hinterwange (13) auf. Durch Pneumatikzylinder (4) mit integrierter Klemmung kann die Gerätezange auf bzw. ab oder im gewichtsentlastenden Zustand gehalten werden. Durch die Zylinderklemmung kann die Gerätezange in jeder beliebigen Position gehalten werden. Die Vorder- und Hinterwange bilden, über ein Lager verbunden, zusammen mit dem Schließmechanismus und -zylinder die Spannzange des Festwalzmoduls. Das Hydraulik-Power-Pack (8) zwischen Vorder- und Hinterwange erzeugt die nötige Walzkraft. Die individuelle Kraftsteuerung je Modul wird durch die Abfrage der Ist-Kraftwerte an Kraftsensoren in Verbindung mit einer Veränderung des Hydraulikdrucks am Aggregat realisiert. Über einen Hebel (7) öffnet bzw. schließt das Hydraulik-Power Pack die Gerätezangen. Die weit geöffneten Wangen bilden den Raum für Beschickungs- und Wartungstätigkeiten. An den Wangen ist der auf den jeweiligen Kurbelwellenlagertyp abgestimmte Festwalzrollenkopf (11)

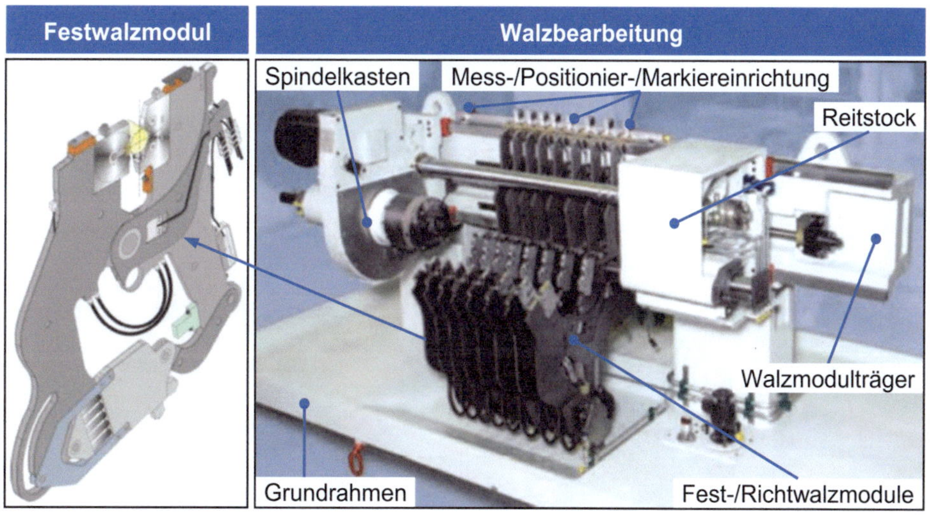

◘ **Bild 8.56** Maschinenkonzept zur Walzbearbeitung von Kurbelwellen. Quelle: Hegenscheidt-MFD

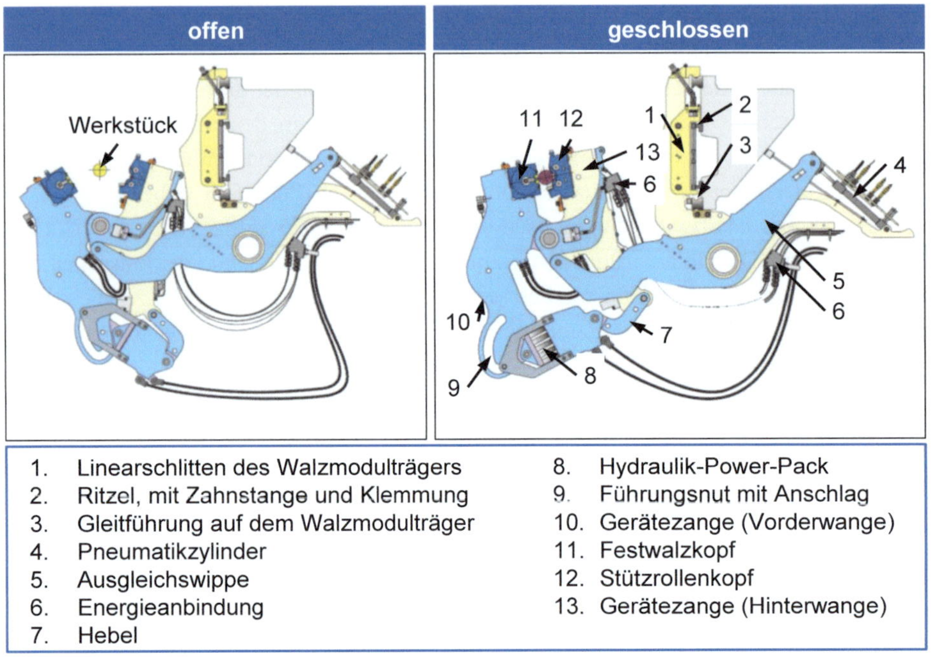

Bild 8.57 Aufbau eines Festwalzmoduls. Quelle: Hegenscheidt-MFD

Bild 8.58 Arbeitsraum einer Kurbelwellen-Walzmaschine. Quelle: Hegenscheidt-MFD

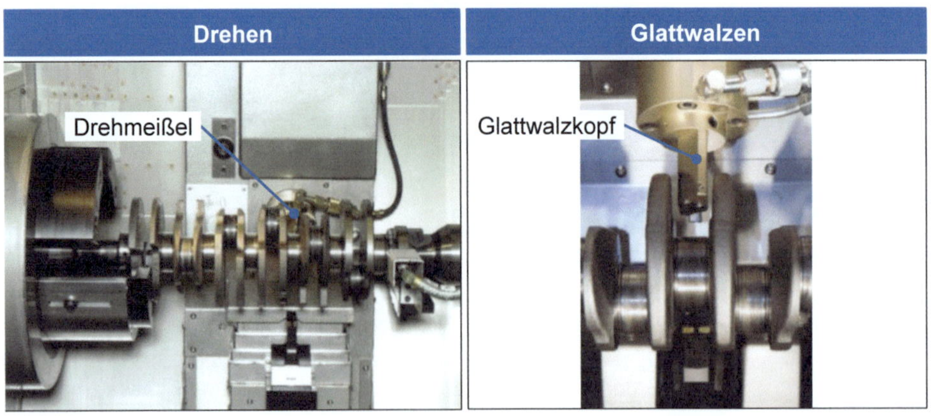

Bild 8.59 Kombinierte Glattwalz- und Feindrehmaschine. Quelle: Hegenscheidt-MFD

und Stützrollenkopf (12) durch Klemmhalter eingespannt [HEGE11b]. Der Arbeitsraum einer modernen Kurbelwellen-Walzmaschine für die Fest- und Richtwalzbearbeitung ist in Bild 8.58 dargestellt.

Um die Endbearbeitung in möglichst wenigen Aufspannungen realisieren zu können, werden zunehmend mehrere Bearbeitungsarten innerhalb hybrider Bearbeitungszentren kombiniert. In Bild 8.59 ist eine hybride Glattwalz- und Feindrehmaschine dargestellt, mit der die Finish-Bearbeitung der Passlager von Kurbelwellen wirtschaftlich durchgeführt werden kann [HEGE11a]. Im ersten Bearbeitungsschritt wird die Breite der Passlager in einem Feindrehprozess auf Endmaß gedreht. Die Parallelität der Lager-Planflächen ist aufgrund der Bearbeitungsgenauigkeit des Feindrehprozesses sehr hoch. Durch das nachfolgende Glattwalzen wird der Traganteil der Planflächen deutlich erhöht. Zusätzliche CNC-getriebene Querschlitten können weitere Abschnitte der Kurbelwelle wie die Flanschstirnflächen oder Geberringkonturen in einer Aufspannung bearbeiten, was sich positiv auf die axialen Fertigungstoleranzen auswirkt.

8.3 Maschinen für die Nockenwellenproduktion

Nockenwellen sind rundstabförmige Maschinenelemente, sie weisen in den meisten Fällen parallel zur Wellenachse verlaufenden Nockenkonturen auf. Nockenwellen werden hauptsächlich in Hubkolbenmotoren als Teil des Ventiltriebs zur Steuerung der Ein- und Auslassventile eingesetzt. Bis vor wenigen Jahren wurden Nockenwellen ausschließlich gegossen oder in Ausnahmefällen geschmiedet und anschließend spanend bearbeitet. In den letzten Jahren kamen zunehmend zusammengesetzte (gebaute) Nockenwellen, bei denen Nocken und Welle separat gefertigt und anschließend gefügt werden, auf den Markt. Vorteilhaft hierbei sind die geringeren Herstellkosten, die reduzierte Masse, eine höhere Flexibilität bei der Fertigung sowie die Möglichkeit der Realisierung neuer Nockenwellengeometrien. Trotz der Vorteile gebauter Nockenwellen wird bis heute die Mehrzahl der eingesetzten Nockenwellen aus gegossenen oder geschmiedeten einteiligen Rohlingen gefertigt.

Die allgemeine Einteilung der Fertigungsverfahren nach DIN 8580 ist in Bild 1.10 dargestellt. Zur Fertigung einteiliger Nockenwellen werden trennende Fertigungsverfahren mit geometrisch bestimmter Schneide (Fräsen) und geometrisch unbestimmter Schneide (Schleifen mit rotierendem Werkzeug) eingesetzt. Im Folgenden werden die zur Bearbeitung einteiliger Nockenwellen eingesetzten Maschinen genauer vorgestellt. Das Drehen und Nachformdrehen war früher die klassische Methode der Vorbearbeitung gegossener oder geschmiedeter Nockenwellen für das nachfolgende Härten und Schleifen. Die komplizierte Mechanik war weder leistungsfähig noch umrüstfreundlich. Heute erfolgt die mechanische Bearbeitung einteiliger Nockenwellen deswegen fast ausschließlich durch CNC-gesteuertes Pendelhubfräsen mit anschließendem Rund- bzw. Unrundschleifen (vgl. Bild 8.60).

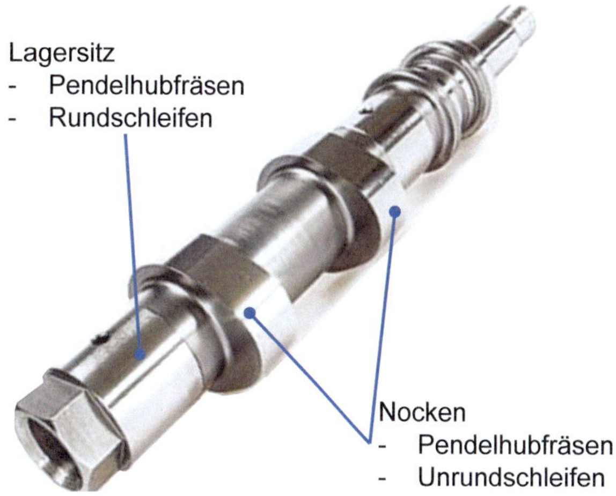

Bild 8.60 Bearbeitungsverfahren für die Sektionen einer gegossenen Nockenwelle. Quelle: Windschiegl Maschinenbau

8.3.1 Nockenwellen-Fräsmaschinen

Um alle Nockenformen, auch solche mit geradlinigem oder konkavem Konturverlauf fräsen zu können, werden außen verzahnte Scheibenfräser verwendet. Durch Profilfräser können in einem Arbeitsgang auch die Fasen an den Nocken der Rohlinge bearbeitet werden. Bild 8.61 verdeutlicht das Bearbeitungsprinzip und zeigt den prinzipiellen Aufbau einer Nockenwellen-Fräsmaschine. Zur Bearbeitung wird der an den Enden und den Lagerstellen vorbearbeitete Rohling automatisch in die Maschine eingelegt, an beiden Enden in Spannfuttern gespannt und an den Lagerstellen mit Lünetten spielfrei abgestützt. Die Fräsbearbeitung erfolgt bei drehender Nockenwelle. Zur Erzielung einer gleichmäßigen Spanabnahme pro Zahn werden über die Steuerung der Rundvorschub und der Pendelhub der Fräseinheit entsprechend der Nockenform angepasst. Nach einer Werkstückumdrehung ist ein Nocken fertig gefräst und der Vorgang wiederholt sich, bis alle Nocken bearbeitet sind.

8.3.2 Nockenwellen-Schleifmaschinen

Das Verfahren des Nockenformschleifens ist mit dem des Nockenfräsens bezüglich der Anordnung und der Bewegung von Werkstück und Werkzeug ähnlich. Auch hier wird die Nockenkontur durch Überlagerung der Nockendrehbewe-

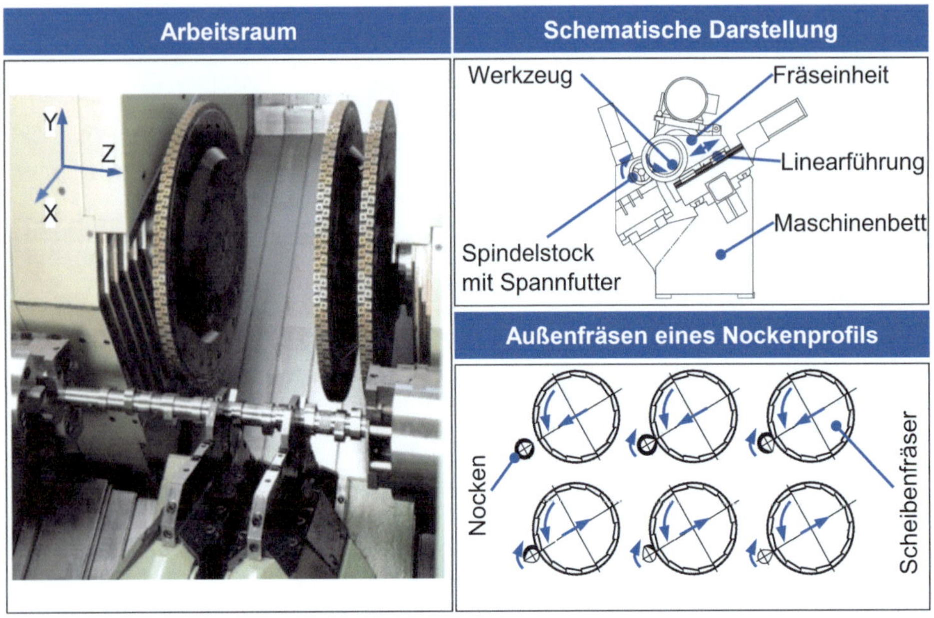

Bild 8.61 Fräsen von Nockenwellen. Quelle: Heller

gung und der Hubbewegung des Schleifschlittens erzeugt. Um eine genaue Nockenform zu erzeugen, berechnet die Steuerung in kleinen Winkelintervallen in Abhängigkeit des aktuellen Schleifscheibendurchmessers die notwendige Vorschubbahn. Der Drehvorschub der Nockenwelle richtet sich nach dem abzutragenden Materialvolumen je Winkeleinheit, das sehr stark von der Nockenform abhängt. Ziel ist es, das Zeitspanvolumen möglichst konstant zu halten. Bild 8.62 zeigt den Arbeitsraum einer Einschlitten-Universal-Schleifmaschine mit maximal zwei Schleifscheiben für Werkstücke bis zu einer Länge von 650 mm. Maschinen dieses Typs ermöglichen eine Komplettbearbeitung von Nockenwellen in nur einer Aufspannung. Dies ist möglich, da sowohl die Lager, die Passlager als auch die Schultern und die Enden der Nockenwelle ohne Umspannung bearbeitet werden können. Die Maschine ist sowohl für die Bearbeitung von Nockenwellen als auch für die Bearbeitung anderer wellenförmiger Werkstücke geeignet. Die Z-Achse der Schleifstockspindel ist als Gleitführung in V-Form ausgeführt, ihre X-Achse als Wälzführung. Die Maschine ist für Kühlschmierungen sowohl mit Emulsionen als auch Öl ausgelegt. Es können CBN-Schleifscheiben oder auch galvanisch belegte oder metallgebundene Werkzeuge verwendet werden. Der maximale Scheibendurchmesser beträgt 480 mm. Moderne Maschinen

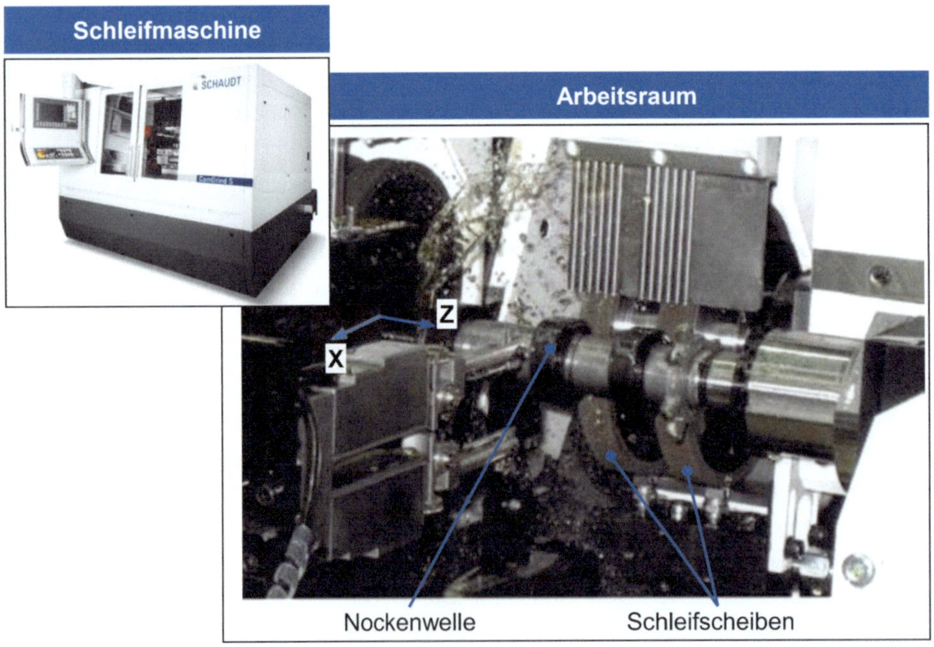

Bild 8.62 Ansicht und Arbeitsraum einer Nockenwellenschleifmaschine. Quelle: Schaudt

zur Nockenwellenbearbeitung bieten die Möglichkeit zur In-Prozess-Messung der Werkstückgeometrie. Das Messen wird während des Schleifvorgangs durchgeführt, manuelle Anpassungen durch den Maschinenbediener werden somit überflüssig und ungewollte Nebenzeiten deutlich verkürzt.

8.4 Maschinen für die Produktion von Gewindespindeln

Um Werkstücke bearbeiten zu können, sind Prozesskräfte sowie Relativbewegungen zwischen Werkzeug und Werkstück erforderlich. Beides wird in Werkzeugmaschinen von Vorschubachsen bereitgestellt. Eine Vorschubachse kann grundsätzlich mit einem Direktantrieb, zum Beispiel einem Linearmotor, realisiert werden. Es werden jedoch überwiegend Vorschubantriebe bestehend aus einem Servomotor mit zugehörigen mechanischen Komponenten, welche die Wandlung rotatorischer in translatorische Bewegung übernehmen, eingesetzt. Kugelgewindetriebe gehören zu den am häufigsten in Werkzeugmaschinen eingesetzten mechanischen Vorschubkomponenten. In ◻ Bild 8.63 ist links der grundsätzliche Aufbau eines Kugelgewindetriebs (KGT) dargestellt. Kugelgewindetriebe bestehen aus einer gewindeförmig profilierten Spindel sowie Mutter. Um die Reibung im Gewindekontakt zu minimieren, befinden sich Kugeln in der Gewindeprofilierung. Auf diese Weise wird Gleitreibung durch die verlustärmere Rollreibung ersetzt. Damit die Kugeln nicht aus dem Zwischenraum zwischen Spindel- und Mutterprofilierung herauswandern, werden diese mit Hilfe der Kugelrückführung entweder nach einem Gewindeumlauf oder nach dem Durchlauf durch die gesamte Mutter zurückgeführt.

Neben den Kugelgewindetrieben werden in Werkzeugmaschinen auch Trapezspindeln, hydraulische Gewindespindeln sowie Rollengewindetriebe (RGT), welche ebenfalls zu den sogenannten Spindel- oder Gewindetrieben gehören, eingesetzt. Auch hier wird eine rotative Antriebsbewegung in eine lineare Vorschubbewegung durch ein Gewindeprofil umgesetzt. Während bei der Trapezspindel der Kontakt zwischen Mutter und Spindel ohne Zwischenelemente erfolgt, wird die Reibung in hydraulischen Gewindetrieben durch Öltaschen und in Rollengewindetrieben durch Planetenrollen verringert. In ◻ Bild 8.63 ist rechts der grundsätzliche Aufbau eines Rollengewindetriebs dargestellt. Eine detaillierte Betrachtung von Kugel- und Rollengewindetrieben erfolgt in ▶ Band 2, Kap. 6 dieser Buchreihe.

Bei der Fertigung von Spindeln der genannten Spindeltriebe kann grundsätzlich zwischen zwei Fertigungsaufgaben unterschieden werden: die Fertigung der Gewindeprofilierung und die Fertigung der Spindelenden. Im vorliegenden Kapitel werden Fertigungsverfahren sowie Maschinen zur Herstellung von Gewinden behandelt. Zur Herstellung der Gewindegeometrie kommen vorwiegend Verfahren aus den Gruppen Druckumformen, Spanen mit geometrisch bestimmten Schneiden sowie Spanen mit geometrisch unbestimmten Schneiden zum Einsatz (◻ Bild 8.64). Im Folgenden werden die wichtigsten Verfahren zur Gewindeherstellung kurz beschrieben.

Häufig wird zur Herstellung von Spindeln das Verfahren Gewindewalzen, auch Gewinderollen genannt, verwendet. Das Verfahren gehört zur Gruppe Druckumformen (◻ Bild 8.65). Beim Gewindewalzen wird das Gewindeprofil durch die Kaltumformung der Mantelfläche runder Rohlinge durch eine oder zwei Walzen unter der Einwirkung sehr hoher Kräfte erzeugt. Als Gewindewalzen werden gleichermaßen die Verfahren Profil-Schrägwalzen von Vollkörpern sowie Profil-Querwalzen von Vollkörpern bezeichnet. Beim Profil-Schrägwalzen sind die Achsen der Walzen gegenüber der Achse des Werkstücks in einem Winkel angeordnet. Die

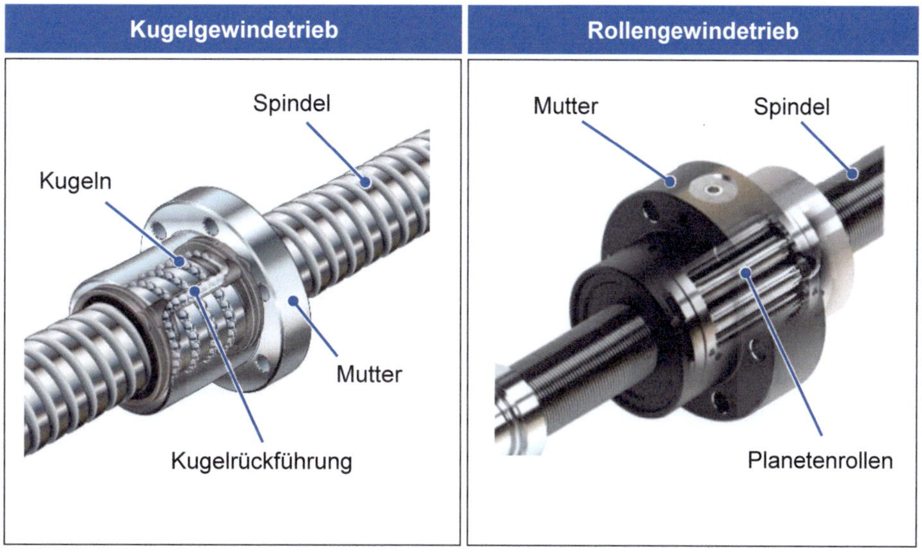

◻ **Bild 8.63** Beispielhafter Aufbau von Spindeltrieben. Links: Kugelgewindetrieb, Rechts: Rollengewindetrieb. Quelle: Bosch Rexroth

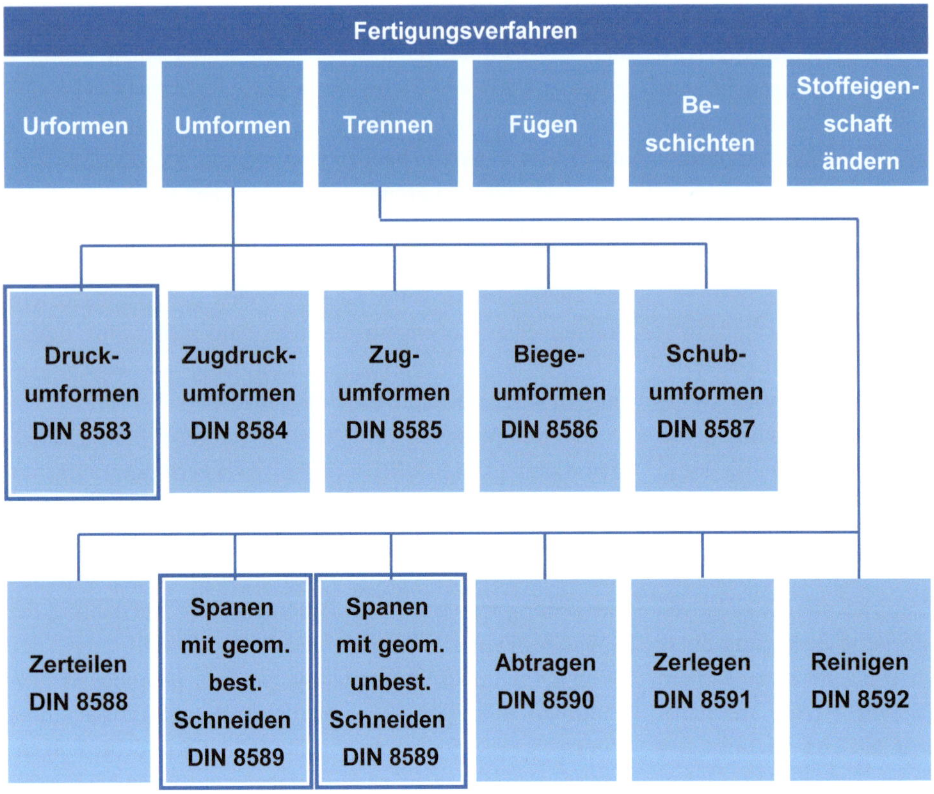

Bild 8.64 Einteilung der Fertigungsverfahren nach DIN 8580 [DIN03a] (Ausschnitt)

Walzen sind rillenprofiliert und rotieren um die eigene Achse. Durch die überlagerte Vorschub- und Rotationsbewegung des Werkstücks wird eine Gewindegeometrie in die Werkstückoberfläche gedrückt. Das Verfahren eignet sich insbesondere für die Herstellung von langen Gewindestangen oder Gewindetrieb-Spindeln, (Bild 8.65, rechts). Beim Profil-Querwalzen sind die Walzen gewindeprofiliert und parallel zum Werkstück angeordnet. Während der Bearbeitung rotieren die Walzen und das Werkstück um die eigene Achse. Es findet keine Axialbewegung des Werkstücks statt, womit die herstellbare Gewindelänge durch die entsprechende Walzenlänge limitiert ist (Bild 8.65, links).

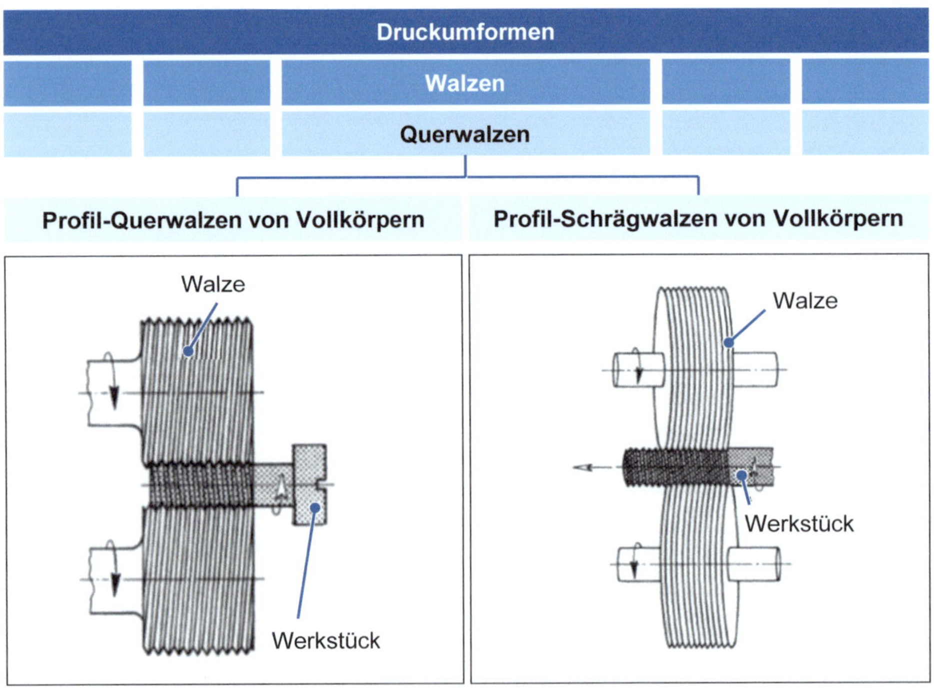

Bild 8.65 Gewindewalzen nach DIN 8583-2 [DIN03e]

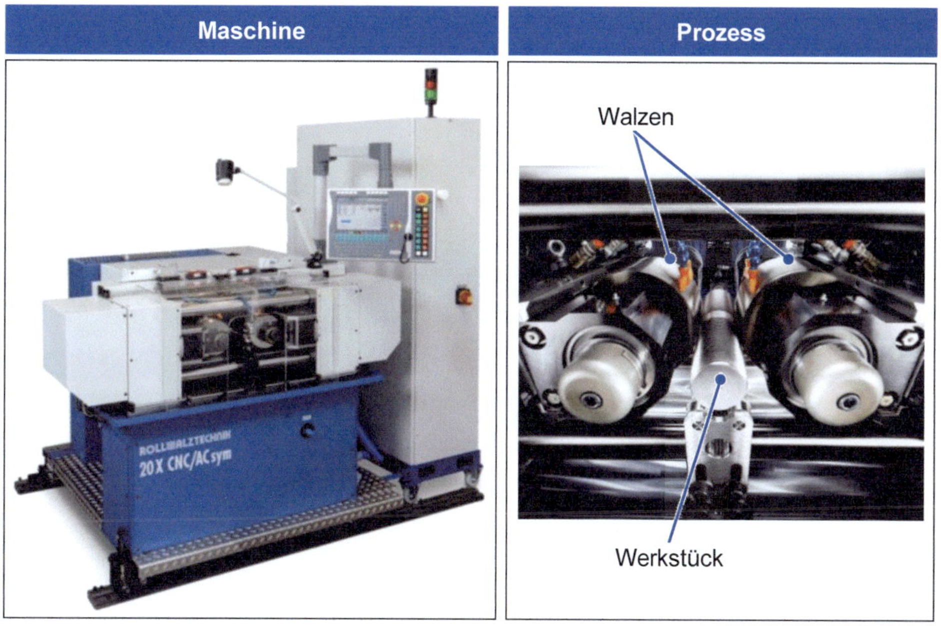

Bild 8.66 Gewindewalzen. Links: Maschine, rechts: Prozess. Quelle: Rollwalztechnik Abele + Höltich

Verfahrensbedingt weisen die mittels Gewindewalzen hergestellten Spindeln eine Reihe positiver Eigenschaften auf. Hierzu gehören unter anderem die Steigerung der Festigkeit durch Kaltverformung mit Verminderung der Kerbempfindlichkeit sowie gute Rauheitswerte auf den bearbeiteten Oberflächen. Da für jede Gewindegeometrie entsprechende Walzen benötigt werden, kommt das Gewindewalzen besonders bei der Fertigung hoher Stückzahlen zum Einsatz. Zur Herstellung von gewalzten Gewinden werden Walzmaschinen eingesetzt. Neben den auf eine Walzart spezialisierten Maschinen werden Universalmaschinen angeboten, welche sowohl das Profil-Querwalzen als auch das Profil-Schrägwalzen ermöglichen. Ferner besteht die Möglichkeit der Integration von Walzmaschinen in Produktionsstraßen. In Bild 8.66 ist eine Gewindewalzmaschine abgebildet, welche beide Walzverfahren ermöglicht. Mit einer maximalen Walzkraft von 300 kN können Werkstücke bis zu einem Durchmesser von 75 mm gefertigt werden, wobei die Gewindesteigung bei maximal 7 mm liegt. Die für den Walzvorgang erforderlichen hohen Prozesskräfte können grundsätzlich entweder hydraulisch oder mechanisch aufgebracht werden.

Neben den Walzverfahren werden häufig unterschiedliche Fräsverfahren aus der Gruppe Spanen mit geometrisch bestimmten Schneiden bei der Herstellung von Spindeln eingesetzt. Hier sind besonders die Verfahren aus der Untergruppe

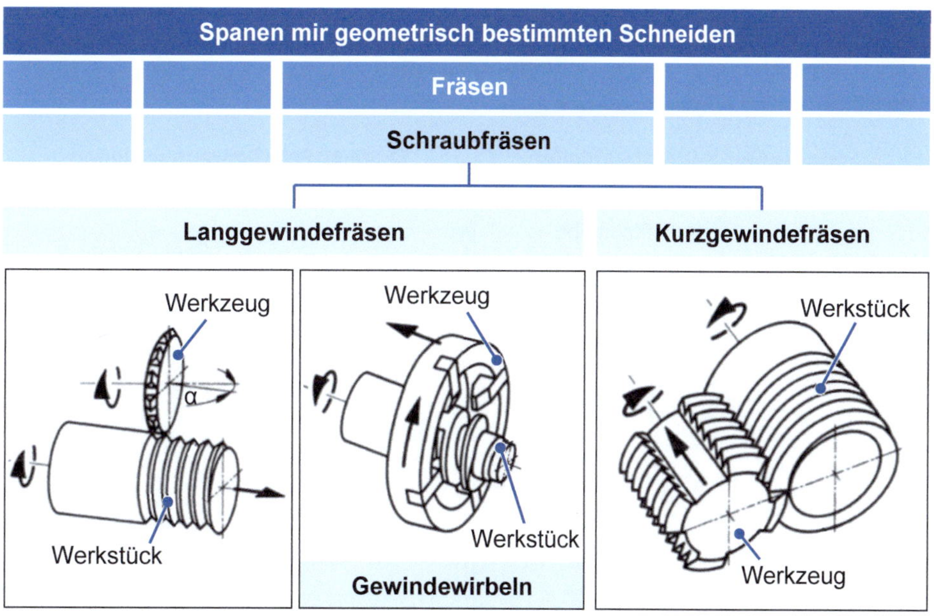

Bild 8.67 Fräsverfahren zur Herstellung von Spindelprofilen nach DIN 8589-3 [DIN03c]

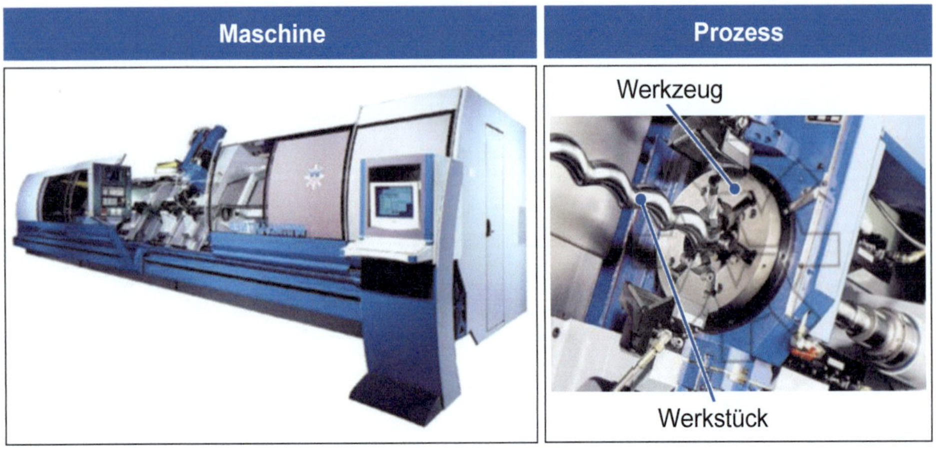

Bild 8.68 Gewindewirbeln. Links: Maschine, rechts: Gewindewirbeln eines Demonstrationswerkstücks. Quelle: Weingärtner Maschinenbau

8

Schraubfräsen von Bedeutung. Eines dieser Verfahren ist das Langgewindefräsen. Eine Variation des Langgewindefräsens ist das Gewindewirbeln (auch als Gewindeschälen bezeichnet), welches die wirtschaftlichste Methode zur Gewindeherstellung darstellt (Bild 8.67, Mitte). Beim Gewindewirbeln wird ein innenverzahntes einprofiliges Fräswerkzeug verwendet, dessen Achse in Richtung der Gewindesteigung geneigt ist und dessen Vorschub der Gewindesteigung entspricht. Das klassische Langgewindefräsen wird mit ähnlicher Kinematik, jedoch mit einem außenverzahnten Werkzeug, durchgeführt (Bild 8.67, links). Das Gewindewirbeln bringt gegenüber dem klassischen Langgewindefräsen eine Zeitersparnis von bis zu 75 %. Da beim Kurzgewindefräsen die herstellbare Gewindelänge der Fräserbreite entspricht, ist dieses ebenfalls zur Untergruppe Schraubfräsen gehörende Verfahren für die Herstellung des Spindelprofils weniger geeignet.

Wie für das Walzen werden für das Langgewindefräsen spezialisierte Maschinen eingesetzt. In Bild 8.68 sind eine Maschine zum Gewindewirbeln sowie die Herstellung eines Demonstrationswerkstücks dargestellt. Je nach Kundenwunsch kann die Maschine sowohl mit einem Fräswerkzeug für das klassische Langgewindefräsen als auch für das Gewindewirbeln ausgestattet werden. Abhängig von der Baugröße ist eine Fertigung von gewindeprofilierten Werkstücken mit einem Durchmesser von bis zu 200 mm sowie einer Länge von maximal 9000 mm möglich, wobei sowohl eingängig als auch mehrgängig profilierte Spindeln hergestellt werden können. Als Option wird eine in den Prozess integrierte Vermessung der gefertigten Geometrie mittels Messtaster mit Funkübertragung angeboten.

Nach der Erzeugung der Geometrie der Kugelgewindetriebspindel durch eines der oben genannten Verfahren wer-

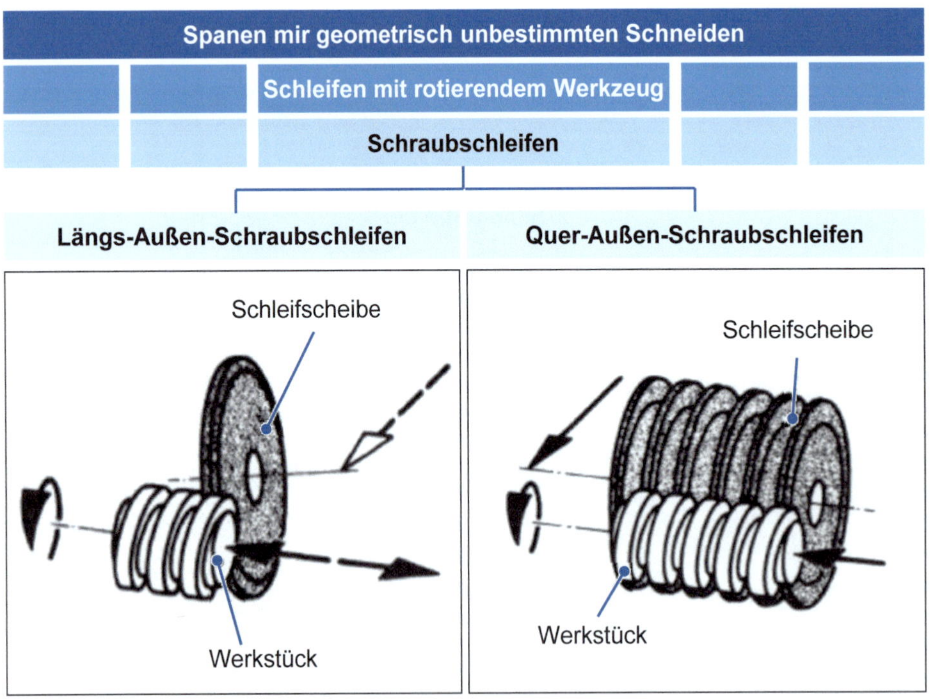

Bild 8.69 Schleifverfahren zur Herstellung von Spindelprofilen nach DIN 8589-11 [DIN03d]

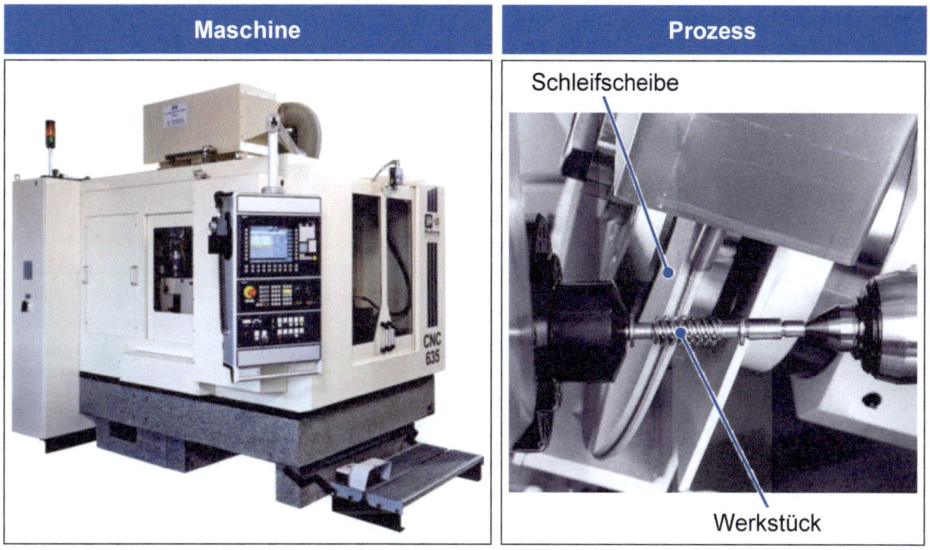

■ **Bild 8.70** Gewindeschleifen. Links: Gewindeschleifmaschine CNC 635, rechts: Längs-Außen-Schraubschleifen. Quelle: Buderus Schleiftechnik

den die Oberflächen gehärtet und nach Bedarf geschliffen. Durch das Schleifen wird eine höhere Steigungsgenauigkeit der Spindeln sowie eine Verbesserung der Oberflächenrauheit nach dem Fräsen erzielt. Häufig werden die Verfahren Längs-Außen-Schraubschleifen sowie Quer-Außen-Schraubschleifen eingesetzt. Beim Längs-Außen-Schraubschleifen wird eine einprofilige Schleifscheibe verwendet (■ Bild 8.69, links). Die Schleifscheibe sowie das Werkstück rotieren. Die Schleifscheibe wird zunächst in Richtung der Werkstückachse zugestellt. Durch die der Rotation überlagerte axiale Vorschubbewegung des Werkstücks (Spindel) wird die Gewindegeometrie erzeugt. Nach dem Durchlaufen der gewünschten Gewindelänge wird das Werkstück axial zurück in die Ausgangslage verfahren. Die Schleifscheibe wird erneut um ein Stück in Richtung der Spindelachse zugestellt und das Werkstück verfahren. Die Schritte werden wiederholt, bis die gewünschte Gewindetiefe erreicht ist. Beim Quer-Außen-Schraubschleifen wird eine mehrprofilige Walze verwendet, die zusammen mit dem Werkstück rotiert (■ Bild 8.69, rechts). Gleichzeitig wird das Werkstück axial verfahren und die Walze kontinuierlich in Richtung der Werkstückachse zugestellt. Da bei diesem Verfahren das Schleifwerkzeug mindestens genauso lang wie die zu schleifende Schraubfläche sein muss, eignet sich dieses Verfahren nur für kürzere Spindeln sowie die Bearbeitung von Spindelenden.

In ■ Bild 8.70 ist eine Gewindeschleifmaschine für Längs-Außen-Schraubschleifen dargestellt. Mit einer Werkstücklänge von bis zu 1.000 mm, einem maximalen Werkstückdurchmesser von 300 mm und Gewindesteigungswinkel von bis zu 40 ° für rechtsgängige und 35 ° für linksgängige Gewinde sowie einer breiten Auswahl an realisierbaren Profilformen, wie dem gotischen Spitzbogenprofil oder dem Radius-Profil, kann die Maschine zur Fertigung von allen gängigen Spindelprofilen eingesetzt werden.

Abkürzungsverzeichnis

CBN	Cubic Boron Nitride
CNC	Computerized Numerical Control
DIN	Deutsches Institut für Normung e.V.
KGT	Kugelgewindetrieb
NC	Numerical Control
RGT	Rollengewindetrieb

Formelzeichenverzeichnis

Formelzeichen	Einheit	Bedeutung
E_{wi}	[mm]	Exzentrizität beim Schnitt i
E	[mm]	Exzentrizität
F_W	[N]	Walzkraft
F_R	[N]	Walzrollenkraft
a_{ezi}	[mm]	Schnittbreite beim Schnitt i
d_s	[mm]	Stoßraddurchmesser
m	[g]	Masse
p_z	[mm]	Werkzeugteilung
v_c	[m/mm]	Schnittgeschwindigkeit
v_0	[m/min]	Rotationsgeschwindigkeit des Werkzeugs
v_f	[m/min]	Vorschubgeschwindigkeit
α	[°]	Neigungswinkel
ξ_y	[rad]	Wälzwinkel
β	[°]	Werkradschrägungwinkel
β_2	[°]	Werkstückschrägungswinkel
γ_0	[°]	Steigungswinkel der Fräserschnecke
η	[°]	Schwenkwinkel des Wälzfräsers
Σ	[°]	Achsenwinkel
θ_y	[rad]	Bogenabschnitt

Literaturverzeichnis

[BAUS11] Bausch, T.: Innovative Zahnradfertigung. 4. neu bearb. und aktualisierte. Aufl. Renningen: Expert-Verl., 2011

[DIET14] Dietsche, F.: Zur IMTS mit vier Stars. Freiburg im Breisgau, 28.08.2014

[DIN03a] Norm DIN 8580 (September 2003). Fertigungsverfahren – Begriffe, Einteilung

[DIN03b] Norm DIN 8589-6 (September 2003). Fertigungsverfahren Spanen – Teil 6: Sägen – Einordnung, Unterteilung, Begriffe

[DIN03c] Norm DIN 8589-3 (September 2003). Fertigungsverfahren Spanen – Teil 3: Fräsen – Einordnung, Unterteilung, Begriffe

[DIN03d] Norm DIN 8589-11 (September 2003). Fertigungsverfahren Spanen – Teil 11: Schleifen mit rotierendem Werkzeug – Einordnung, Unterteilung, Begriffe

[DIN03e] Norm DIN 8583-2 (September 2003). Fertigungsverfahren Druckformen – Teil 2: Walzen – Einordnung, Unterteilung, Begriffe

[DIN05] Norm 867 (03/2005). Bezugsprofile

[FELT12] Felten, K.: Verzahntechnik. 3. Auflage. Aufl: Expert Verlag, 2012

[HEGE11a] Hegenscheidt-MFD GmbH & Co.KG: Universale Feindreh- und Glattwalzmaschine zur Bearbeitung von Kurbelwellen TYP 7794. Erkelenz, 2011. Firmenschrift

[HEGE11b] Hegenscheidt-MFD GmbH & Co.KG: Universale Fest- und Richtwalzmaschine Typ 7893R. Erkelenz, 2011. Firmenschrift

[JAST12] Jaster, M.: Multifunctional Advancements. The Latest in Big Gear Machining with DMG/Mori Seiki. In: Gear Technology, 2012, Nr. 01, S. 42–44

[KLIN08] Klingelnberg, J.: Kegelräder. Berlin, Heidelberg: Springer Berlin Heidelberg, 2008

[KLOC05] Klocke, F.; König, W.: Fertigungsverfahren 2. Schleifen, Honen, Läppen. (Reihe: Fertigungsverfahren. Bd. 2). 4. Aufl. Berlin: Springer, 2005

[KLOC13] Klocke, F.; Brumm, M.; Staudt, J.: Potentiale des Freiformfräsens von Verzahnungen. In:: Tagungsband Zahnrad und Getriebetechnik. Tagungsband zu Zahnrad- und Getriebetechnik. (. Bd. 54.). Aachen, 15.-16.05.2013: WZL der RWTH Aachen (Veranst.), S. 15

[KLOC17] Klocke, F.; Brecher, C.: Zahnrad- und Getriebetechnik. München: Hanser, 2017

[KRUM67] Krumme, W.: Klingelnberg Spiralkegelräder. 3. Auflage. Aufl. Berlin: Springer, 1967

[LITV04] Litvin, F. L.; Fuentes, A.: Gear geometry and applied theory. 2. Aufl. Cambridge: Cambridge University Press, 2004

[MAAG85] Maag-Zahnräder AG (Hrsg.): MAAG Taschenbuch. Zürich, 1985

[MÜLL13] Müller, H.: Kegelradmaschinen. (. Bd. 360). Landsberg: Moderne Industrie, 2013

[OV14] o. V.: Die CNC-Wälzfräsmaschinen LC 80 – LC 180. Kempten, 07/2014

[OV15a] o. V.: 275HC Bevel Gear Cutting Machine. Ludwigsburg, 2015

[OV15b] o. V.: RZ 550. Wallisellen, 2015

[OV15c] o. V.: HMX 400. Bleienbach, 2015

[PFAU76] Pfauter, H.: Pfauter-Wälzfräsen. Berlin: Springer, 1976

[POTT13] Potts, M.: Steigerung der Tragfähigkeit freiformgefräster Kegelräder im Großmodulbereich. In: DMK 2013. Tagungsband zu: DMK; Dresdner Maschinenelemente Kolloquium; DMK 2013 (Veranst.)

[ROTH00] Roth, K.: Zahnradtechnik. (. Bd. 1). 2. Aufl. Berlin: Springer, 2000

[ROTH98] Roth, K.: Zahnradtechnik – Evolventen-Sonderverzahnungen zur Getriebeverbesserung. Berlin: Springer, 1998

[SAND13] Sandvik AG: Drehfräsen. Düsseldorf, Wien, Luzern, 2013. Firmenschrift

[SCHM03] Schmidt, J.; Tröndle, H.-P.; Felten, K.; Bechle, A.: Anforderungen an die Neuentwicklung einer Wälzschälmaschine – mechatronische Analyse des Maschinenkonzeptes. In: wt Werkstattstechnik online, 2003, Nr. 93, S. 549

[SCHR06] Schröder, T.: Analyse der Werkzeugbelastungen beim Zahnradschaben. Diss.RWTH Aachen, 2006

[SCHR08] Schriefer, H.: Kontinuierliches Wälzschleifen von Verzahnungen. 1. Aufl. Wallisellen: Reishauer, 2008

[SCHU15] Schug, P.: Modellierung, Bewertung, Analyse und Optimierung von CAx-Prozessketten. Diss.RWTH Aachen, 2015

[SEHE13] Seherr-Thoss, H. C. v.: Die Entwicklung der Zahnrad-Technik. o.O.: Springer, 2013

[STAD13] Stadtfeld, H. J.: Gleason Kegelradtechnologie. Renningen: expert, 2013

[THE 15] 130SV(C) Shaving Machine. Ludwigsburg, 2015

Kapitel 9

Mehrmaschinensysteme

Ich danke meinen Mitarbeitern Simon Storms M.Sc., Alexander Hassis M.Sc. und Lars Lienenlüke M.Sc. für ihre Mitwirkung bei der Überarbeitung dieses Kapitels.

Maschinensysteme

Die Forderung nach kontinuierlich steigender Flexibilität und Produktivität der industriellen Produktion besteht seit es Werkzeugmaschinen gibt. ◘ Bild 9.1 zeigt, wie sich die in diesem Kapitel beschriebenen Mehrmaschinensysteme hinsichtlich der grundsätzlich konträren Forderung nach größtmöglicher Flexibilität und Produktivität einordnen lassen. Neben der Gruppe der Mehrmaschinensysteme werden auch Einzelmaschinen aufgeführt. So spannt sich der Bogen von handbedienten Universalmaschinen, welche eine hohe Flexibilität bei sehr geringer Produktivität aufweisen, bis hin zu Sonderwerkzeugmaschinen, die hoch produktiv, jedoch stark unflexibel aufgebaut sind.

Bei Sonderwerkzeugmaschinen und Transferstraßen handelt es sich um werkstückspezifische Mehrmaschinensysteme, d. h. die einzelnen Bearbeitungsstationen des Systems sind auf spezielle Bearbeitungsaufgaben eines Werkstücks, ggf. auch auf ein eingeschränktes Werkstückvariantenspektrum, zugeschnitten (Einzweckmaschinen). Aufgrund allgemein kürzer werdender Produktlebenszyklen, größerer Produktvarianz und somit kleiner werdender Stückzahlen und Losgrößen besteht in der Serienfertigung die Notwendigkeit, die Produkt- und Stückzahlflexibilität der starren Transferstraßen zu erhöhen. Dies führte zur Entwicklung der flexiblen Transferstraßen, die dadurch gekennzeichnet sind, dass sie durch die Verkettung NC-gesteuerter Bearbeitungseinheiten an unterschiedliche Bearbeitungsaufgaben angepasst werden können.

Die Forderung nach einem hohen Maß an Flexibilität und weitreichender Automatisierung, sowohl hinsichtlich des Maschineneinsatzes und der freien räumlichen Anordnung, als auch in Bezug auf die Anlagenerweiterung und Weiterverwendung, führte im Bereich der Klein- und Mittel-, ebenso wie in der Großserienfertigung zum Einsatz flexibler Fertigungssysteme. Kennzeichnendes Merkmal dieser Systeme ist, dass mehrere gleichartige oder auch unterschiedliche Universal-NC-Maschinen durch eine gemeinsame, automatische Werkstück- und ggf. auch Werkzeugversorgung mit einer integrierten Rechnersteuerung zu einem geschlossenen System verbunden sind.

Flexible Fertigungszellen kommen in Produktionsbereichen zur Anwendung, in denen hauptsächlich kleinere Losgrößen wirtschaftlich gefertigt werden müssen. Durch den Einsatz einer Universalmaschine (Bearbeitungszentrum) als zentraler Bestandteil des Systems, gekoppelt mit einem Werkstückspeicher sowie mit Einrichtungen für die Werkstück- und ggf. auch Werkzeughandhabung, ist die flexible Fertigungszelle ein System mit hoher Flexibilität. Die Produktivität ist jedoch deutlich geringer als bei Transferstraßen.

In den folgenden Kapiteln werden jeweils Beispiele aus den Gebieten der Sondermaschinen, der starren und flexiblen Transferstraßen, der flexiblen Fertigungszellen und der flexiblen Fertigungssysteme vorgestellt.

9.1 Grundlagen der Maschinenverkettung

Mehrmaschinensysteme sind individuelle, auf den jeweiligen Prozess zugeschnittene Systeme. Sie folgen keinem festen Bauplan. Baukastensysteme können die Zusammenstellung der Anlage bereits parallel zu Prozessplanung unterstützen. Im folgenden Kapitel werden zunächst unterschiedliche Fertigungsformen vorgestellt, wie sie in der Praxis zu finden

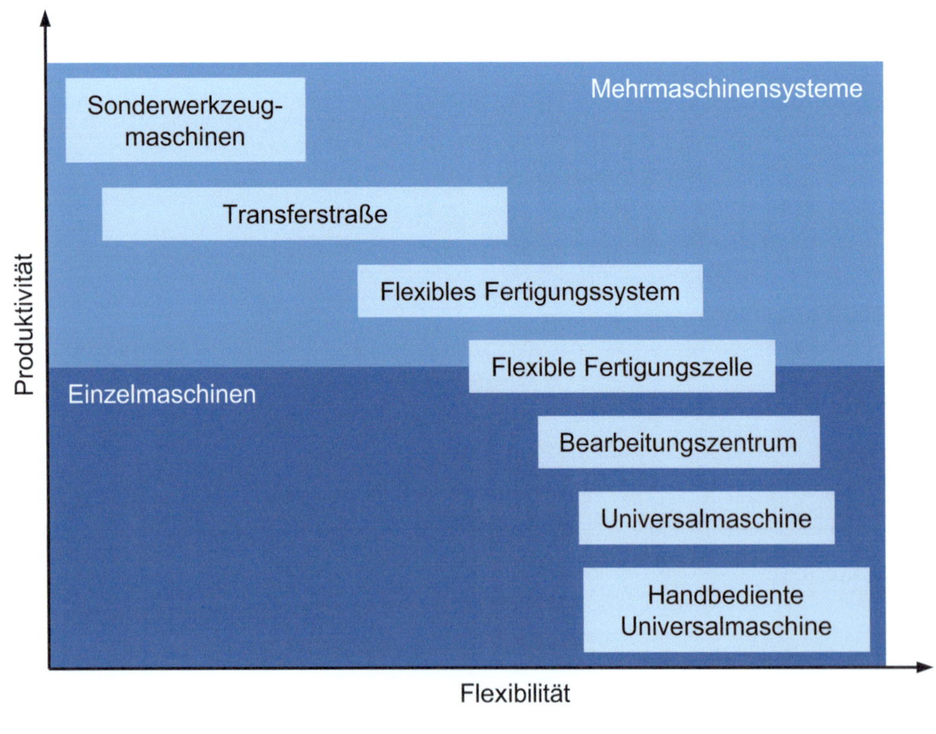

◘ **Bild 9.1** Produktivität und Flexibilität verschiedener Fertigungssysteme

sind. Von der gewählten Fertigungsform ist abhängig, wie die einzelnen Maschinen innerhalb der Mehrmaschinensysteme angeordnet bzw. gruppiert werden. Weiter werden Bearbeitungsmaschinen beschrieben, die typischerweise in Mehrmaschinensystemen zum Einsatz kommen. Abschließend werden Maschinen und Anlagen für die Verkettung in Mehrmaschinensystemen betrachtet.

9.1.1 Fertigungsformen

Sind unterschiedliche Prozessschritte zur Fertigung eines Bauteils notwendig, ist es erforderlich, das Werkstück verschiedenen Bearbeitungsmaschinen zuzuführen. Die dabei möglichen Anordnungen der Maschinen werden als Fertigungsformen bezeichnet und lassen sich mit Blick auf ihre typischen räumlichen Anordnungen und ihre wesentlichen Merkmale in die in ◘ Bild 9.2 gezeigten verfahrens- und gegenstandsorientierten Fertigungsformen unterteilen.

Bei der klassischen Werkstattfertigung findet eine Gruppierung der Maschinen mit gleichen bzw. ähnlichen Fertigungsverfahren statt. Alle Maschinen sind ortsfest, die Werkstücke werden entsprechend den Fertigungsanforderungen zwischen den Maschinen lose, also ohne Verkettung, bewegt. Vorteil der Werkstattfertigung ist die Flexibilität hinsichtlich wechselnder Produktionsaufgaben. Nachteilig wirken sich die hohen Transportaufwände aus [GRUN09]. Die Werkstattfertigung ist eine Fertigungsform, welche verfahrensorientiert ist.

Eine weitere Fertigungsform, die in Teilen verfahrensorientierte aber auch gegenstandsorientierte Fertigung zulässt,

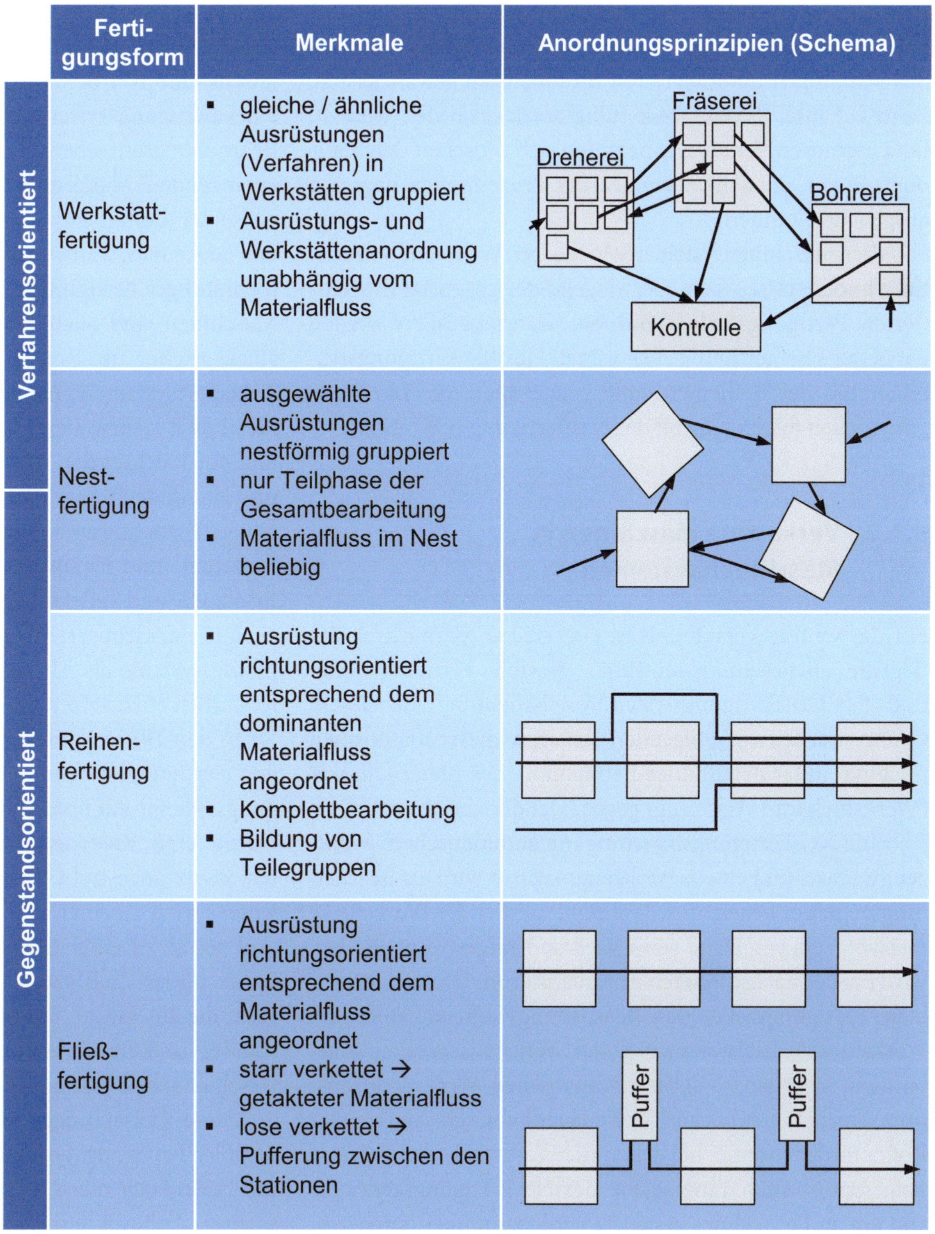

◘ **Bild 9.2** Fertigungsformen. Nach [GRUN09]

ist die Nestfertigung. Bei der Nestfertigung werden einzelne Bearbeitungsstationen zusammengezogen und meist ringförmig angeordnet. Die Auswahl der Maschinen hängt dabei von den am Werkstück zu verrichtenden Arbeitsschritten ab. Ein Nest deckt meist nur eine Teilphase der Gesamtbearbeitung ab. Der Materialfluss im Nest ist beliebig.

Die Reihenfertigung stellt eine vollständig gegenstandsorientierte Fertigungsform dar. Für die komplette Bearbeitung der Werkstücke werden die notwendigen Bearbeitungsmaschinen entsprechend des dominanten Materialflusses angeordnet. Es ist möglich, die Bearbeitung von Werkstücken in definierten Stationen auszusetzen oder der Fertigungslinie separat zuzuführen. Diese Möglichkeit ist bei der Fließfertigung nicht vorgesehen. Die Fließfertigung unterscheidet sich von der Reihenfertigung durch eine starre bzw. lose Verkettung. Ein Mehrmaschinensystem mit Fließfertigung und starrer Verkettung folgt einem festen Takt. Dies setzt voraus, dass die Prozesszeiten in den einzelnen Stationen aufeinander abgestimmt sind und keinen großen Schwankungen unterliegen. Ist dies nicht zu gewährleisten, kann auf lose, flexible Verkettung zurückgegriffen werden. Bei einer losen Verkettung befinden sich zwischen den Stationen Puffer, die Schwankungen der Prozesszeiten begrenzt ausgleichen können.

Mehrmaschinensysteme, wie sie im Weiteren Betrachtung finden, lassen sich überwiegend der gegenstandsorientierten Fertigungsform zuordnen. Transferstraßen werden dabei der Fließfertigung zugeordnet. Flexible Fertigungssysteme sind der Reihenfertigung zuzuordnen, flexible Fertigungszellen folgen sehr oft der Nestfertigung [GRUN09].

9.1.2 Verkettete Maschinen in Maschinensystemen

Für das weitere Verständnis ist eine strikte Abgrenzung der Begriffe „Bearbeitungszentrum“, „flexible Fertigungszelle“ und „flexibles Fertigungssystem“ von Bedeutung. Aus diesem Grund werden im Folgenden Anlagen dieser Bauformen nochmal unter detaillierter Betrachtung des Materialflusses (Werkstück und Werkzeug) gegeneinander abgegrenzt.

Eine NC-Fertigungsmaschine mit automatischem Werkzeugwechsel und einem Werkzeugmagazin wird als Bearbeitungszentrum bezeichnet. Während hierbei die Werkstücke meist einzeln von Hand gewechselt und aufgespannt werden, wird bei der nächsthöheren Automatisierungsstufe, der flexiblen Fertigungszelle, das Bearbeitungszentrum über ein Werkstückwechselsystem an einen Werkstückspeicher angebunden, s. Bild 9.3. Den automatischen Werkstücktransport übernehmen beispielsweise Handhabungssysteme oder Rollenfördersysteme, bei denen die Werkstücke auf Paletten aufgespannt sind. Eine solche flexible Fertigungszelle, die von einem Leitrechner gesteuert wird, kann über einen großen Zeitraum selbstständig arbeiten. Überwachungssysteme erkennen Fehlentwicklungen und Fehler an den maschinellen Einrichtungen und beim Prozessablauf. Auf diese Weise ist es möglich, eine mannarme oder gar bedienerlose Fertigung über einen längeren Zeitraum (z. B. komplette Schicht) zu realisieren.

Mit dem Ziel, ein Fertigungssystem zu schaffen, das die gegensätzliche Forderungen nach hoher Produktivität bei hoher Flexibilität möglichst gut erfüllt, wurden sogenannte flexible Fertigungssysteme entwickelt. Über ein rechnergestütztes Werkstücktransportsystem werden mehrere NC-Maschinen – beispielsweise Bearbeitungszentren, Messmaschinen und Reinigungsmaschinen – verknüpft. In Zusammenhang mit flexiblen Fertigungssystemen versteht man unter „sich ersetzenden“ Bearbeitungsmaschinen gleichartige Maschinen, welche die gleichen Bearbeitungsfunktionen aufweisen und somit gegeneinander austauschbar sind. In diesem Fall wird von einstufigen Fertigungssystemen gesprochen, d. h. zur Fertigbearbeitung steuert ein Werkstück nur jeweils eine Bearbeitungsmaschine an. Sind die Maschinen eines Fertigungssystems so konzipiert, dass sie sich in ihren Bearbeitungsaufgaben ergänzen, so spricht man von „sich ergänzenden“ Maschinen. In diesem Fall muss ein Werkstück zu seiner Fertigbearbeitung mehrere Bearbeitungsmaschinen ansteuern. Entsprechend wird ein solches System als mehrstufiges Fertigungssystem bezeichnet. Neben den NC-Maschinen sind auch die automatisch bedienbaren Werkstückspeicher für Roh- und Fertigteile zum Teil mit den Transportsystemen gekoppelt. Um die Einsatzbreite, d.h. die Flexibilität zu erweitern, ist eine automatische Bereitstellung und ein Wechsel der Werkzeuge über automatische Förder- und Handhabungssysteme möglich. Die Konzeption von flexiblen Fertigungssystemen ist auf die Anforderungen der Einzelteil- und Kleinserienfetigung sowie insbesondere auf Ersatzteil- und Teilefamilienfertigungen zugeschnitten. Aber auch in der Großserienfertigung wird versucht, flexible Fertigungssysteme als Alternative zu den dort üblichen Transferstraßen einzusetzen.

In den 1980er Jahren sollte die technische Verfügbarkeit von Fertigungssystemen mit der Idee der flexiblen Fertigungssysteme auf über 90 Prozent gesteigert werden. Zudem wurde eine Kosteneinsparung durch reduzierten Personaleinsatz angestrebt. Die Automatisierung des Werkzeugwesens sollte zu einer vollen Ausnutzung der Reststandzeiten und somit zu einer Senkung der Werkzeugkosten führen. Unter dieser Zielsetzung wurden Fertigungsanlagen realisiert, die aus bis zu 30 verketteten Werkzeugmaschinen bestanden und ein Teilespektrum von mehreren hundert unterschiedlichen Werkstücken fertigen konnten. [VIEH92]

Diese Zielsetzungen hinsichtlich der Leistungsfähigkeit flexibler Fertigungssysteme aus den 1980er und 1990er Jahren ließen sich meist nicht erfüllen. Die hohe Komplexität solcher Anlagen einschließlich ihrer Steuerungslösungen

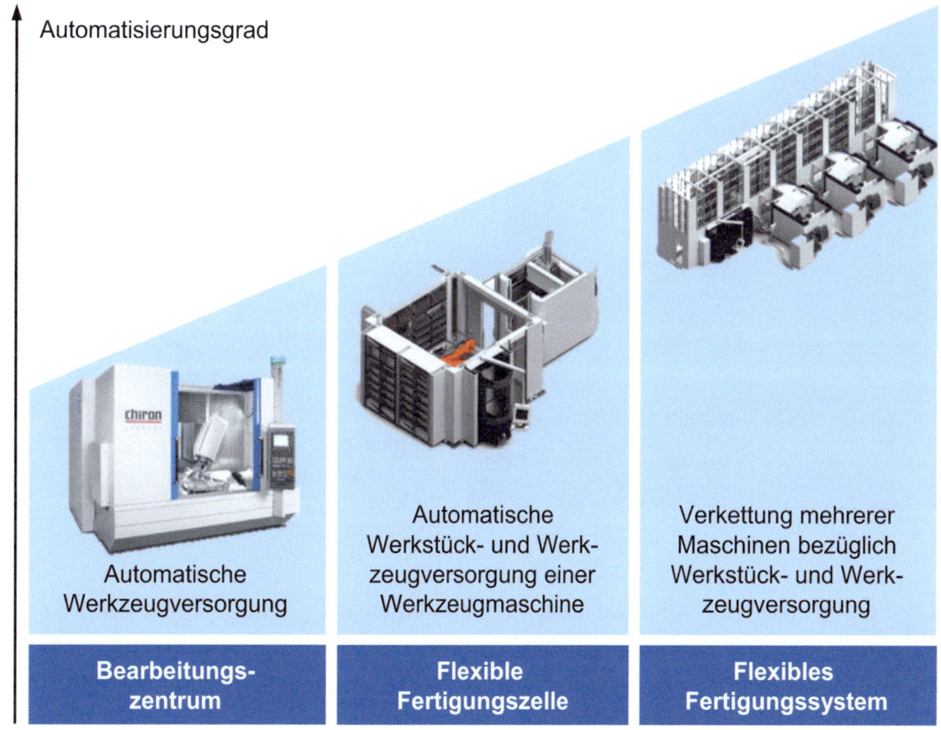

Bild 9.3 Automatisierungsgrad verschiedener Fertigungssysteme. Nach CHIRON Werke und PROMOT Automation

sowie eine teilweise unzureichende Prozesssicherheit führten häufig zu unvertretbar hohen Ausfallzeiten, sodass die geforderte Systemverfügbarkeit und Betriebssicherheit nicht erreicht werden konnte [LAY01]. Zudem wurde häufig das Bedien- und Servicepersonal überfordert [HOFM00]. Die Anlagen waren meist nur von Experten bedienbar, die bei Ausfällen den Fehler schnell auffinden und beheben konnten. Die hohen Investitionskosten für diese vollautomatischen, verketteten Mehrmaschinensysteme standen daher im Nachhinein vielfach nicht im Verhältnis zu den erreichten Zielen, wie z. B. erhöhter Produktivität, höherer Qualität und höherer Maschinenauslastung. Es ist daher immer genau abzuwägen, welcher Komplexitätsgrad in Anbetracht der Ausfallwahrscheinlichkeit der Anlage, des Ausbildungsgrades der Mitarbeiter, die für die Anlage verantwortlich sind, und des Auslastungsgrades wirtschaftlich vertretbar ist.

Aufgrund der gesammelten Erfahrungen sowie des technischen Fortschrittes in den vergangenen Jahren sind flexible Fertigungssysteme insgesamt prozesssicherer und ausgereifter aber auch kleiner geworden, sodass anwenderseitig ein steigendes Interesse an diesen Anlagen beobachtet werden kann. Dieser Trend spiegelt sich auch in der Marktentwicklung für in Deutschland hergestellte Mehrwege- und Transfermaschinen wieder, deren Umsatzvolumen zwischen 2010 und 2014 von 466 Mio. € auf 902 Mio. € (+ 93 %) stark angestiegen ist. Die Zunahme der deutschen Produktion spanender Werkzeugmaschinen betrug im gleichen Zeitraum ca. 55 % (von 5.092 Mio. € 2010 auf 7.912 Mio. € 2014). [VERE]

9.1.2.1 Werkzeugmaschinen

Als Beispiel für eine Bearbeitungsstation zur mehrspindligen Bearbeitung innerhalb eines Mehrmaschinensystems zeigt Bild 9.4 eine modular aufgebaute Bearbeitungseinheit mit Spindelkopfwechsler und integriertem Mehrspindelkopfmagazin. Die Bearbeitungseinheit kann bis zu sechs Ein- und Mehrspindelköpfe mit aufgabenspezifisch ausgelegten Spindeldurchmessern und Spindellagerungen aufnehmen. Beim Einsatz von Einspindelköpfen kann außerdem ein Werkzeugmagazin mit Wechsler vorgesehen werden. Die Einschleusung weiterer Spindelköpfe aus einem rückseitigen Zusatzmagazin ist ebenfalls möglich. Das modulare System bietet eine Aufwärts- und Abwärtskompatibilität. Das Basismodul besteht aus einer 3-Achsen-NC-Einheit mit austauschbaren Ein- und Mehrspindelköpfen. Die einfachste Ausführung ist ein 1-Achsen-NC-Modul (Z-Achse) mit festem Spindelkopf. Die Einheit besitzt eine Spindelkopfwechselzeit von sieben Sekunden und eine Span-zu-Span-Zeit von zehn Sekunden.

Eine weitere Mehrspindeleinheit mit Bohrkopfwechselsystem ist in Bild 9.5 dargestellt. Der Bohrkopfwechsel wird durch eine translatorische und eine rotatorische Bewegung des Werkzeugträgers realisiert. Nach dem Zurückfahren des Werkzeugträgers (Orbiter) wird der neue Bohrkopf aufgenommen (vgl. Bild 9.5b). Anschließend erfolgt eine Rotation des Orbiters um 180 ° (vgl. Bild 9.5c). Der alte Bohrkopf wird abgesetzt und der neue Bohrkopf wird durch eine translatorische Bewegung des Werkzeugträgers in Arbeitsstellung gebracht. Alternativ können auch vier Bohrköpfe rund um den Orbiter angeordnet werden, die durch

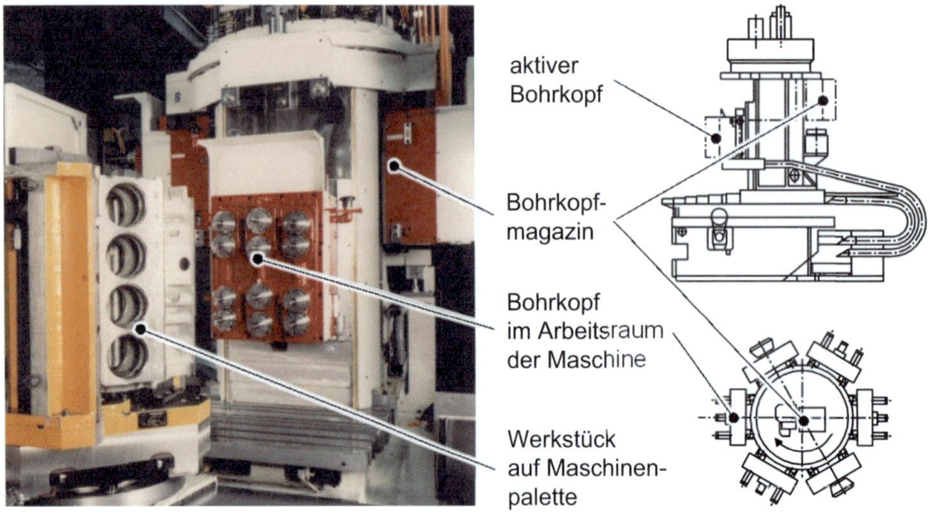

Bild 9.4 Bohrkopfwechseleinheit mit integriertem Bohrkopfmagazin. Nach Honsberg

9

Drehung des Trägers in Arbeitsstellung gebracht werden. Die Bohrkopfwechselzeiten solcher Systeme liegen bei neun Sekunden.

In Mehrmaschinensystemen werden heute zunehmend mehrspindlige Bearbeitungszentren (z. B. Doppelspindler) eingesetzt, um entweder den Durchsatz gegenüber Standard-Bearbeitungszentren zu steigern oder den Platzbedarf der Anlage sowie die Investitionskosten zu reduzieren. Dabei gibt es zwei grundsätzliche Maschinenkonzepte:

- Mehrspindelbearbeitung am selben Maschinenständer
- Doppelspindlige Bearbeitung mit separatem Ständer für jede Spindeleinheit

Bearbeiten die Spindeln mehrere gleiche Teile auf einmal, erhöht sich der Durchsatz pro Maschinenstunde. In diesem

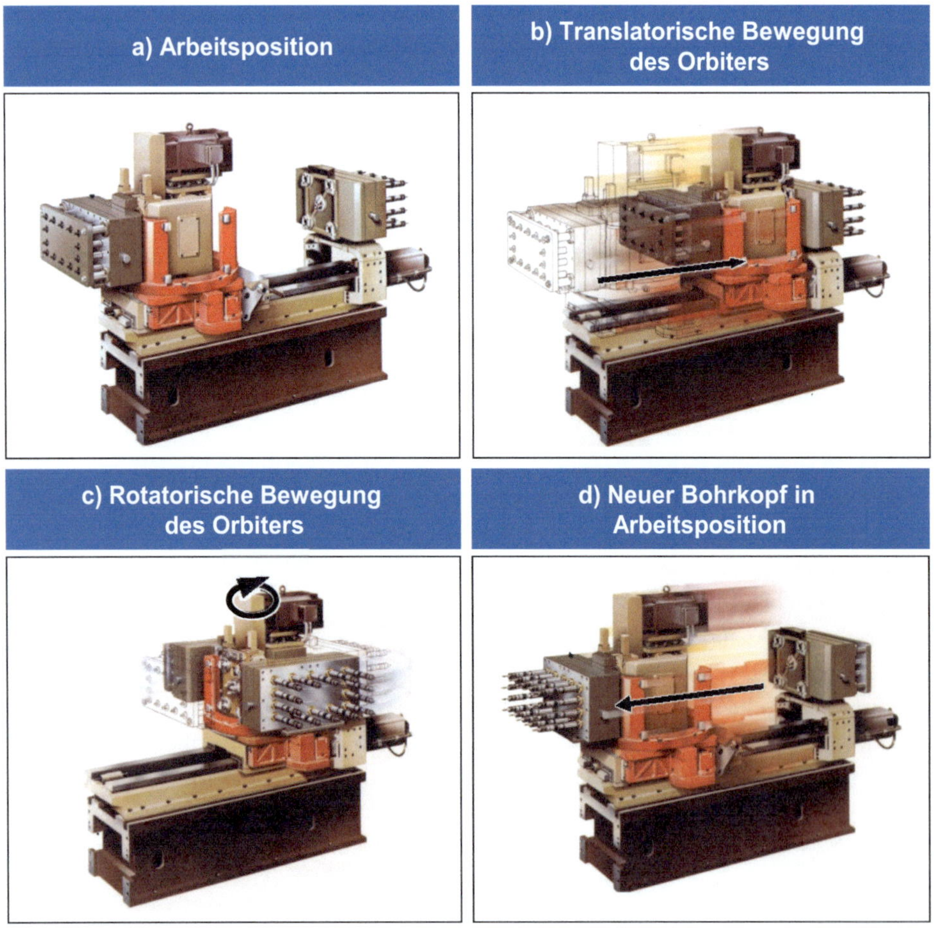

Bild 9.5 Automatischer Bohrkopfwechsler in flexibler Transferstraße. Nach MAG IAS

Bild 9.6 Mehrspindel Bearbeitungszentrum. Quelle: CHIRON Werke

Fall befinden sich in den Maschinen bis zu acht Spanntische nebeneinander, auf denen gleiche Werkstücke von parallel angeordneten Spindeln bearbeitet werden. Ein solches Bearbeitungszentrum mit vier Spindeln ist in Bild 9.6 dargestellt. Die vier Spindeln nutzen die gleichen Verfahreinrichtungen. Es können folglich vier Werkstücke mit identischer Kontur hergestellt werden. Ein Nachteil dieses Konzeptes sind die vergleichbar eingeschränkten dynamischen Eigenschaften. Die prozessstabil umsetzbaren Zerspanleistungen sind im Vergleich zu zwei einzelnen Fräszentren geringer. Die Produktivität eines Doppelspindlers entspricht daher je nach Ausführung nur dem 1,7 – 1,8-fachen eines vergleichbaren Fräszentrums. Neben der Ausführung mit vier Spindeleinheiten am selben Maschinenständer gibt es Fräszentren mit jeweils separatem Ständer für jede Spindeleinheit. Nachteilig wirken sich dabei die doppelten Antriebs- und Führungssysteme und der größere Raumbedarf aus. Diese Fräszentren können jedoch gleichzeitig an einem Werkstück mit unterschiedlichen NC-Programmen arbeiten. Jede dieser Spindeleinheiten kann mit einer bzw. mehreren Spindeln ausgerüstet werden. [JUNG99]

Das in Bild 9.7 dargestellte doppelspindlige Bearbeitungszentrum zeichnet sich durch eine gleichzeitige Bearbeitung von zwei Werkstücken in jeweils separater Aufspannung mit zwei baugleichen Werkzeugspindeln aus. Dabei ist eine fünfseitige Bearbeitung aller Werkstücke möglich. So lässt sich durch gleichzeitige Aufspannung von zwei Werkstücken eine Reduzierung der Stückzeiten durch geringere Nebenzeiten sowie eine Stückkosteneinsparung von bis zu 40 % erreichen.

Die Erhöhung der Zahl gleichzeitig im Eingriff befindlicher Arbeitsspindeln führt zu einer Parallelisierung der Bearbeitung und zu einer proportionalen Steigerung der Ausbringung. Zudem nutzt die Maschine einen Werkzeugspeicher mit automatischem Werkzeugwechselsystem für jede Spindel.

Eine weitere Besonderheit findet sich in der Möglichkeit des gefahrlosen hauptzeitparallelen Be- und Entladens der Werkzeugmaschine durch eine Mittentrennwand. Durch diese Werkstückwechseleinrichtung können in der einen Maschinenkabine die bereits gefertigten Werkstücke entnommen werden und die Maschine kann mit neuen Teilen bestückt werden, während in der anderen Maschinenkabine die doppelspindlige Bearbeitung der Werkstücke stattfindet. Über ein Schwenksystem werden die Teile anschließend gleichzeitig von einer Kabine in die andere transportiert. Zu beachten ist bei diesem Maschinenkonzept allerdings, dass die gleichzeitig stattfindenden Arbeitsprozesse sich gegenseitig dynamisch anregen. Dies kann zu Prozessinstabilitäten führen, welche durch eine geeignete Prozessparameterwahl zu vermeiden sind.

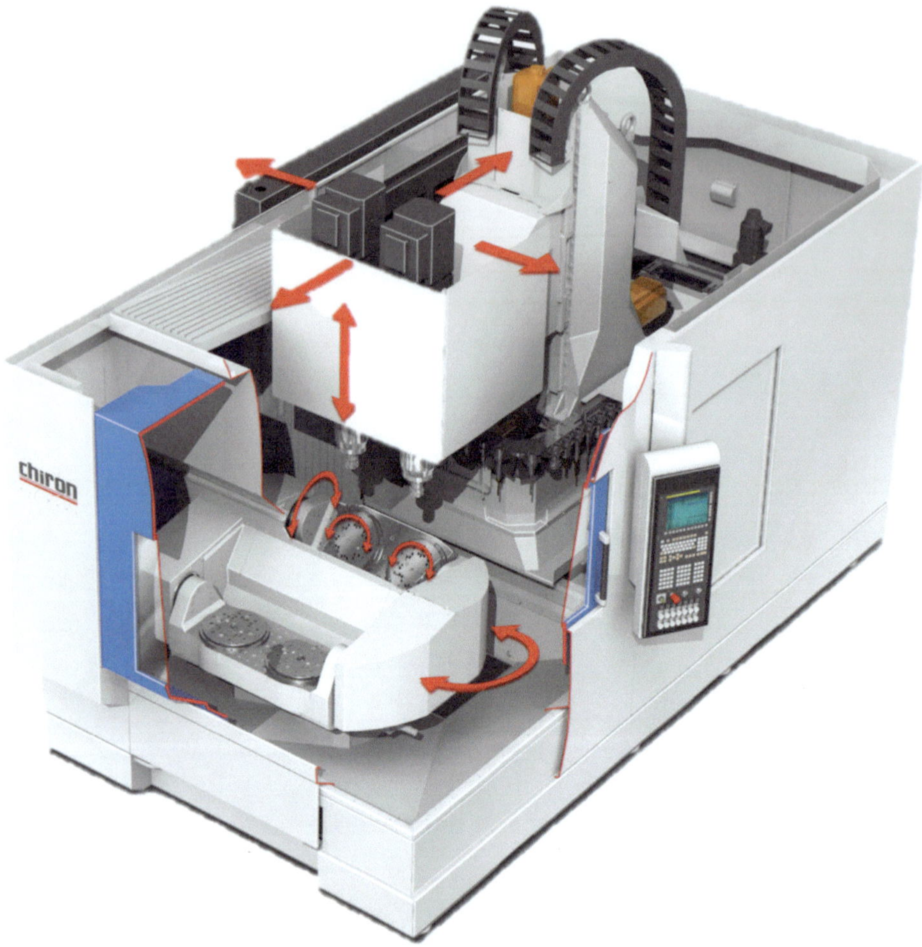

Bild 9.7 Doppelspindliges Bearbeitungszentrum. Quelle: CHIRON Werke

9

9.1.2.2 Reinigungsmaschinen

Die Forderung nach hohem Durchsatz bei gleichzeitiger Einhaltung definierter Restzschmutzvorgaben stellt Unternehmen der metallverarbeitenden Industrie insbesondere bei Teilen für die Automobilindustrie, Feinmechanik und Hydraulik vor Herausforderungen. [SCHU12]. Hier müssen hohe Anforderungen für die Werkstückreinigung eingehalten werden. Aus diesem Grund werden Bearbeitungsstationen in Mehrmaschinensystem oft mit speziellen Reinigungsmaschinen ausgestattet, um Verschmutzungen der Werkstücke durch Öl, Emulsion oder Späne zu entfernen.

Grundsätzlich wird das Reinigungsergebnis an zwei Bewertungspunkten gemessen. Zum einen dürfen keine Partikel oder Rückstände am Bauteil verbleiben, die einen definierten Grenzwert überschreiten, zum anderen wird die Gesamtmenge der Rückstände, die nicht beseitigt wurden, gemessen. Eine typische Restschmutzanforderung einer Antriebswelle sieht vor, dass keine Partikel oder Rückstände größer 200 µm und eine maximale Restschmutzmenge von 0,5 mg pro Bauteil zurück bleiben dürfen [HAIM13].

Reinigungsprozesse sind werkstückindividuelle Kombinationen aus Spritzverfahren, Flutinjektionsreinigung, Spülen im Spritzverfahren und Spülen im Flutinjektions-Verfahren [ISEN11]. Bei der Spritzreinigung trifft ein Reinigungsmittelstrahl mit hoher kinetischer Energie auf das Bauteil. Der Impuls des Wasserstrahls entfernt insbesondere Partikelverschmutzungen, wie zum Beispiel Späne. Sacklochbohrungen und Hinterschneidungen mit Hohlräumen können so von Bearbeitungsrückständen befreit werden. Bei Flutinjektionsprozessen wird das gesamte Bauteil in ein Reinigungsmedium getaucht und mit einer großen Strömungsgeschwindigkeit umspült. Abschließend folgt die Trocknung im Luftzirkulationsverfahren oder im Vakuum [ISEN11]. Bei der Vakuumtrocknung wird durch das Evakuieren einer Vakuumkammer die Siedetemperatur der Wasserrückstände reduziert, was zur Folge hat, dass die Rückstände bereits bei Umgebungstemperatur verdampfen und das Werkstück abtrocknet.

Zentrale Reinigungskonzepte mussten im vergangenen Jahrzehnt häufig dezentralen, aufgabenbezogenen Lösungen weichen. Die oft modularen Lösungen bieten kürzere logistische Wege sowie eine mögliche Redundanz zur Vermeidung von Engpässen [KOBL14]. Eine solche modulare Reinigungsanlage ist in Bild 9.8 dargestellt.

Die gezeigte Reinigungsanlage ist in vier Module unterteilt: Verkettung, Schleuse, Hauptanlage und Vakuumtrock-

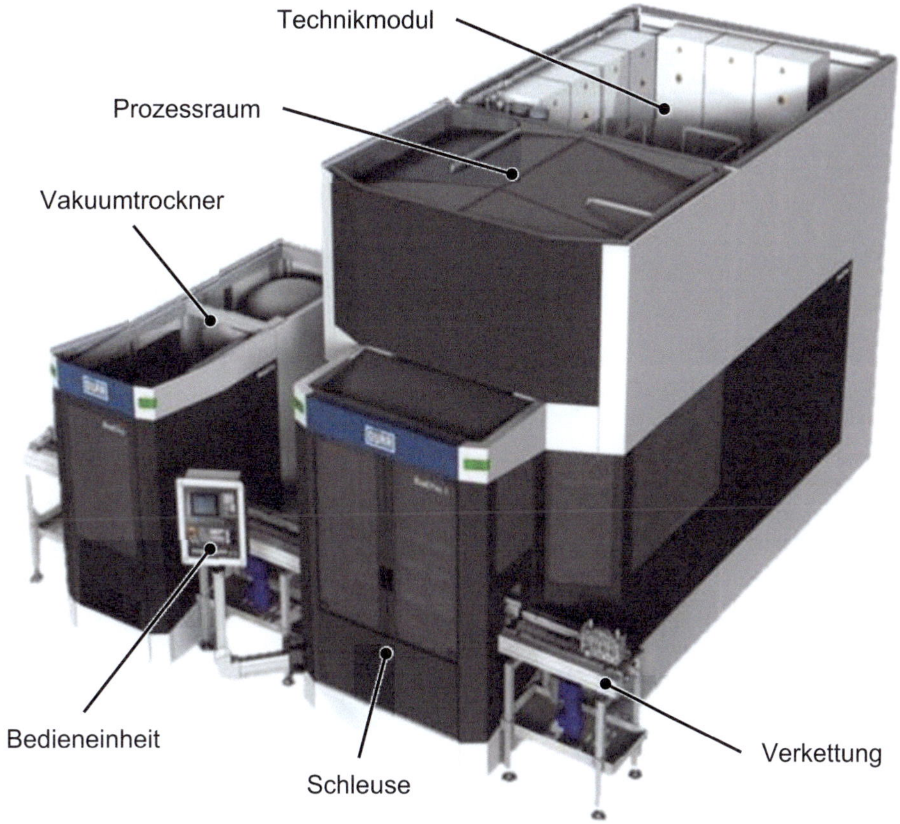

Bild 9.8 Reinigungsanlage. Nach Ecoclean

ner. Über die Verkettung werden Werkstücke der Schleuse zugeführt. Dort werden die Bauteile entweder durch einen Sechsachs-Industrieroboter (vgl. ▶ Kap. 9.2.1.2) oder einen eigens für die Handhabung von Werkstücken in Reinigungsanlagen entwickelten SCARA-Manipulator aufgenommen. Der jeweilige Roboter ist im Prozessraum der Reinigungsanlage verortet und manipuliert die Werkstücke entsprechend dem vorgesehenen Reinigungsprozess an den vorhandenen Prozessstationen (Spritz- oder Flutinjektions-Verfahren). Die Werkstücke können dabei entweder auf einem Werkstückträger fixiert sein oder vom Roboter direkt gegriffen werden.

Im rückwärtigen Teil der Reinigungsanlage befindet sich das Technikmodul. Hier sind sämtliche Systeme untergebracht, welche die Anlage für den Betrieb benötigt. Anlagen dieser Bauform sind Stand-Alone-Geräte, das heißt Hochdruckaufbereitung, Filterung und Aufheizen der Reinigungsmedien, Anlagen- und Robotersteuerung sowie Schaltschränke für die Verdrahtung sind hier zu finden. Nach Ende des Reinigungsdurchlaufes wird das Werkstück durch den Manipulator wieder in der Schleuse abgelegt. Das gereinigte Bauteil wird über die Verkettung der Trocknung zugeführt, während der Reinigungsprozess für das nächste Bauteil erneut durchlaufen wird. In der dargestellten Anlage ist die Trocknung als Vakuumtrockner ausgeführt.

9.1.3 Verkettungssysteme

Einen Überblick über typische Verkettungssysteme in Mehrmaschinensystemen zeigt ◘ Bild 9.9. Bei der in ◘ Bild 9.9a dargestellten Variante wird ein herkömmlicher Knickarmroboter zur Beschickung der Bearbeitungszentren eingesetzt. Die Werkstücke werden dabei über Rollenbänder zu- bzw. abgeführt (Zellenverkettung). Während dieses Konzept im Vergleich zu den anderen Varianten hinsichtlich Flächenbedarf und Kosten im mittleren Segment angesiedelt ist, weist es Nachteile bei der Zugänglichkeit, der Volumenflexibilität und Erweiterbarkeit auf. Vorteilhaft erweist sich hingegen die einfache Integration von Pufferplätzen in der Zelle (Speicherfunktion der Zelle), da der Roboter beliebige Positionen innerhalb seines Aktionsradius anfahren kann. Eine einfache und kostengünstige Lösung stellt die in ◘ Bild 9.9b gezeigte Variante dar. Hier werden die Zellen ebenfalls über Rollenbänder verkettet, von denen Einschubeinrichtungen die Werkstückträger in die einzelnen Maschinen abzweigen. Diese Lösung findet insbesondere bei linearen Materialflüssen mit nur wenigen parallel arbeitenden Maschinen Anwendung. Ist mehr Kapazitätsflexibilität erforderlich, werden einzelne Zellen mit mehreren Bearbeitungszentren ausgestattet. Dabei wird die Ver- und Entsorgung der Maschinen mit Werkstücken

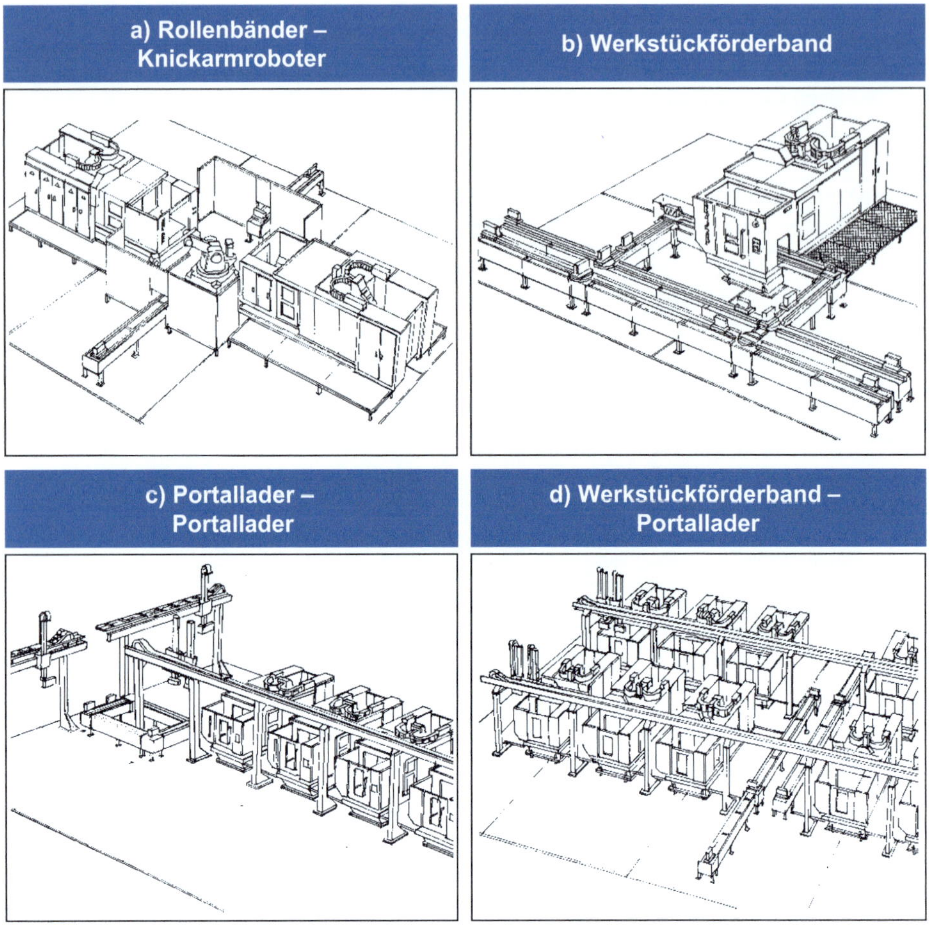

Bild 9.9 Verkettungsarten in Mehrmaschinensystemen. Nach MAG IAS

9

durch Portallader realisiert, die die Werkstücke aus einem Zwischenpuffer entnehmen. Dies kann wie in Bild 9.9c dargestellt z. B. ein Werkstückumlaufband sein. Der zellenübergreifende Werkstückfluss wird dabei durch weitere Übersetzer in Portalbauweise realisiert, welche die Werkstücke zwischen den Werkstückumlaufbändern der einzelnen Zellen weiter transportieren. Vorteilhaft sind insbesondere die Volumenflexibilität und Erweiterbarkeit sowie die sehr gute Zugänglichkeit der einzelnen Bearbeitungsstationen, wohingegen die Portallader und -übersetzer die Investitionskosten erhöhen und die Verfügbarkeit senken. Aus diesem Grund werden große Transferstraßen häufig entsprechend der in Bild 9.9d dargestellten Variante ausgeführt. Hierbei dienen ebenfalls Portallader zur Bestückung der Maschinen, wohingegen Rollenbänder zur Zellenverkettung eingesetzt werden. Dabei kann – wie dargestellt – ein Rollenband (links) zur Anlieferung der Roh- bzw. Halbteile eingesetzt werden, wohingegen die fertig bearbeiteten Teile auf ein zweites Rollenband (rechts) zum Weitertransport abgelegt werden. Die Rollenbänder dienen dabei gleichzeitig als Zwischenpuffer. Darüber hinaus wird die höchste Verfügbarkeit unter den dargestellten Verkettungskonzepten erreicht.

Das in Bild 9.10 dargestellte Hub-Senkförderer-Transportsystem wird in Transferstraßen für den Werkstücktransport in einer Bearbeitungsstation eingesetzt. Dieses Fördersystem wird meist in der Automobilindustrie eingesetzt, um Karosserien oder Karosserieteile zu transportieren und zu positionieren. Die Hubbewegung wird über zwei geregelte Servoantriebe realisiert. Einer der Antriebe ermöglicht die vertikale Hub- und Absenkbewegung über eine Zylinderkurbel, während der zweite Antrieb über ein formschlüssiges Riemensystem die Längsbewegung umsetzt. Die Hubbewegung erfolgt in fünf Schritten. Ein Zyklus beginnt mit der Aufwärtsbewegung des Werkstückträgers. Das Bauteil wird aufgenommen und dann bis an die Förderposition angehoben. Anschließend senkt sich das System ab. Nachdem das Bauteil auf den Positionierstellen abgelegt ist, wird der Werkstückträger bis in seine Endposition verfahren. Die Dauer eines solchen Zyklus beträgt weniger als acht Sekunden. Üblicherweise werden solche Transportsysteme für Transferstraßen mit mehreren aufeinanderfolgenden Bearbeitungsstationen eingesetzt. Dabei müssen die einzelnen Transportsysteme synchronisiert werden, sodass das fertige Werkstück einer Bearbeitungsstation zunächst von dem nachfolgenden Transportsystem aufgenommen

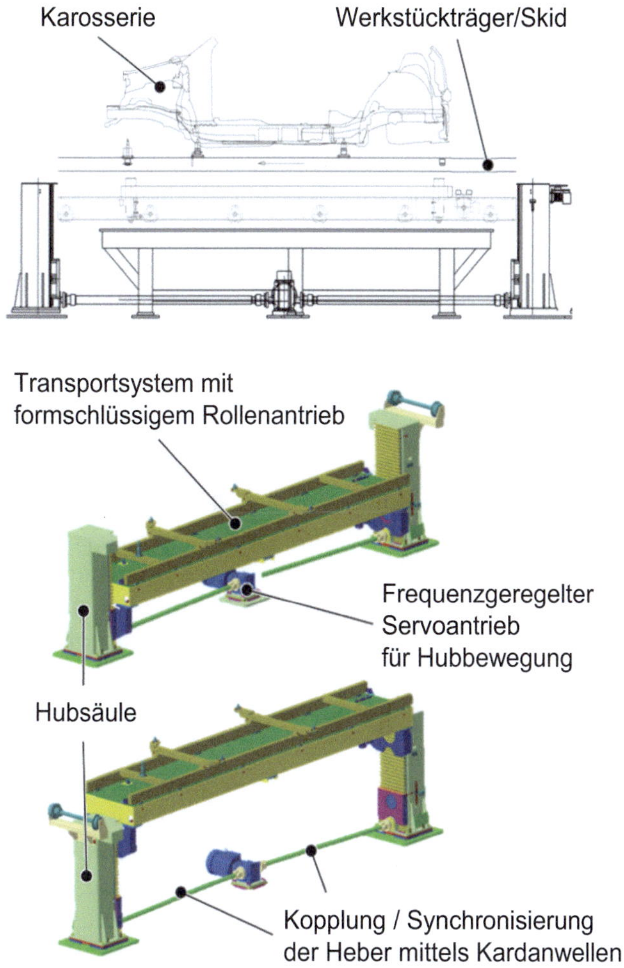

Bild 9.10 Hub-Senkförderer Transportsystem für Transferstraßen. Nach EXPERT-TÜNKERS

wird, bevor das vor der Bearbeitungsstation liegende Transportsystem ein neues Werkstück weitergibt. Der Vorteil des dargestellten Transportsystems liegt in dem geringen Platzbedarf, dem ruck- und stoßfreien Heben und Senken, den variablen Schrittlängen und Hubhöhen sowie einer kurzen Taktzeit.

9.2 Handhabungssysteme

Bei Mehrmaschinensystemen in Gestalt von Transferstraßen und flexiblen Fertigungssystemen ist es notwendig, Werkstücke durch Handhabungsgeräte zu manipulieren. Bei flexiblen Fertigungszellen können auch für die Realisierung mannloser Schichten Handhabungsgeräte zum Einsatz kommen. Neben dem Zuführen von Werkstücken ist es möglich, die automatisierte Handhabung auch auf Werkzeuge auszudehnen. Dabei kann sowohl ein vorhandenes Werkzeugwechselsystem bedient, als auch der Werkzeugtausch an der Spindel von einem externen Handhabungsgerät durchgeführt werden.

9.2.1 Einlegegeräte und Industrieroboter

Einlegegeräte werden eingesetzt, wenn bei der Maschinenbeschickung einfache, immer wiederkehrende Bewegungsabläufe auszuführen sind. Wegen ihrer problemangepassten Kinematik haben sie oft sehr kurze Taktzeiten. Sie werden in großer Zahl zur Werkzeugmaschinenbeschickung in der Serien- und Massenproduktion (insbesondere bei Pressen, Drehmaschinen, Rundschleifmaschinen, Druck- und Spritzgießmaschinen), in automatischen Montagelinien sowie für Verpackungsaufgaben eingesetzt. Beschleunigungs- und Geschwindigkeitsverläufe können bei mechanischen Lösungen dabei in der Regel nicht frei programmiert werden. Die Weginformationen können durch Anschläge oder Schaltnocken in Verbindung mit Schaltern und Ventilen vorgegeben werden. Diese Anschläge und Schaltnocken sind bei einer Änderung der Einlegeaufgabe in ihrer mechanischen Lage zu verstellen. Eine derart ausgeführte, starre Bewegungsführung wird heutzutage fast immer durch eine frei programmierbare Bewegungssteuerung ersetzt. Dabei wird die Bewegung von Achsen ausgeführt, die über Wegmesssysteme verfügen und mithilfe einer speicherprogrammierbaren Steuerung (SPS) oder Motion Control (► Band 3 Kap. 10) in definierte Lagen verfahren werden. Die freie Programmierung umfasst nicht nur die jeweiligen Zielpositionen, sondern auch Parameter, die z. B. Geschwindigkeit und Beschleunigung beschreiben.

9.2.1.1 Einlegesysteme

Integrierte Einlegesysteme

Bild 9.11 zeigt das integrierte Werkstückladesystem eines Drehzentrums. Der über einen seitlichen Beschickungsschacht in den Arbeitsraum der Maschine greifende Arm nimmt über einen schwenkbaren Doppelgreifer mit Dreibackenfutter zunächst das bearbeitete Werkstück aus der Spindel auf und wechselt anschließend das im zweiten Futter mitgeführte Rohteil ein. Durch die seitliche Anordnung des Laders ist ein einfacher Zugriff auf den integrierten Werkstückspeicher möglich.

Modulare Handlingsysteme

Zur Reduktion von Kosten bei wechselnden Anforderungen an ein Handlingsystem können für Montage- und Verpackungsaufgaben auch Geräte eingesetzt werden, die aus einzelnen Modulen zusammengesetzt sind. Der Vorteil der modularen Bauweise ist, dass die Komponenten beliebig miteinander kombinierbar sind und die Kinematik so auf den jeweiligen Anwendungsfall zugeschnitten werden kann, vgl. Bild 9.12. Zudem sind die Module bei geänderten Anforderungen wiederverwendbar. Angetrieben werden die Module zumeist pneuma-

Integriertes Einlegesystem

- Vierachsige Kinematik
- Zugriff durch Beschickungsschacht der Maschine
- Seitlich angeordneter Werkstückspeicher

Bild 9.11 Integriertes Einlegesystem. Nach PROMOT Automation

tisch, es sind jedoch auch elektrisch betriebene Komponenten (Motor und Kugelgewindetrieb) am Markt verfügbar. Antriebsmodule mit integriertem Wegmesssystem haben den Vorteil, dass sie im Rahmen des möglichen Bewegungsspielraums frei positionierbar sind und in begrenztem Maße den Bau einer modularen, verketteten Kinematik erlauben.

9.2.1.2 Industrieroboter

Industrieroboter werden in zunehmendem Maße für flexibel automatisierte Fertigungsaufgaben eingesetzt. Dabei reicht ihr Aufgabenspektrum von der einfachen Werkstückhandhabung bis hin zur komplexen sensorgeführten Werkzeughandhabung, wie z. B. beim Lichtbogenschweißen, Entgraten oder Polieren. Die Mehrzahl der installierten Roboter wird in Deutschland in den Bereichen Handhabung, Montage, Bahn- und Punktschweißen eingesetzt [HAUN13], siehe dazu auch Anwendungsgebiete von Industrierobotern, ▶ Band 3 Kap. 13, und Positionsmesssysteme für NC-Maschinen, ▶ Kap. 2.3. In Mehrmaschinensystemen kommen Roboter zumeist als Handhabungssysteme zum Einsatz. Dabei beschränkt sich ihre Aufgabe auf das Wechseln von Werkstücken oder Werkzeugen. Am Anfang und Ende eines Mehrmaschinensystems können auch Palettier-, Depalettier- und Verpackungsaufgaben von Industrierobotern übernommen werden.

Im Wesentlichen unterscheidet man Roboterbauarten anhand deren Kinematik, die prinzipiell aus rotatorischen und linearen Achsen konfigurierbar ist. Aus der Vielzahl der möglichen Bauarten haben sich die in Bild 9.13 aufgeführten, gebräuchlichen Varianten durchgesetzt.

In Mehrmaschinensystemen finden zwei Bauformen von Industrierobotern breite Anwendung. Zum einen Roboter mit sechs rotatorischen Bewegungsachsen (Knickarmroboter), vgl. Bild 9.14a, die universell einsetzbar sind und die Möglichkeit bieten, ihren Endeffektor mit sechs Freiheitsgraden im Raum zu positionieren. Zum anderen solche mit kartesischem Aufbau in Portalbauweise (Portalroboter), vgl. Bild 9.14c, die in den meisten Fällen Werkstücke translatorisch frei im Raum bewegen. Für die Handhabung hoher Traglasten haben sich Industrieroboter mit Parallelogramm-Achsstruktur bewährt, wie Bild 9.14b zeigt, da sie wegen ihres stabilen mechanischen Aufbaus einen präziseren Bewegungsablauf bei höheren Traglasten als Knickarmroboter ermöglichen.

Die bauartspezifische mechanische Struktur gibt die statischen, dynamischen und thermischen Eigenschaften und damit die Leistungsgrenzen des Roboters vor, welche

Aufbau eines modularen Handlingsystems

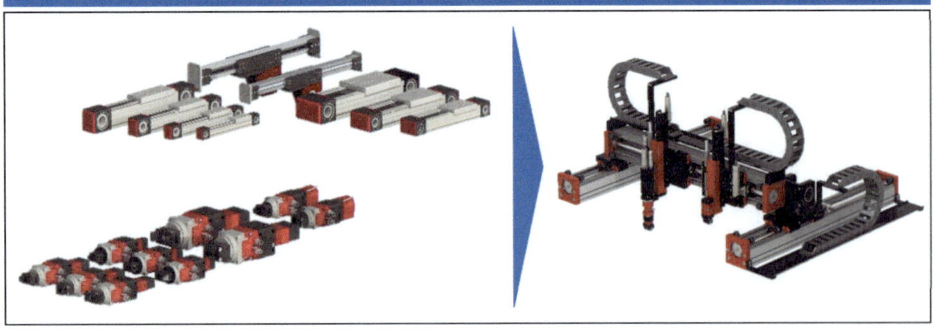

Bild 9.12 Modulares Handlingsystem. Nach Afag Automation

■ **Bild 9.13** Bauarten und Kennwerte von Industrierobotern, spezifiziert nach ihren Hauptachsen und Nebenachsen. Nach ABB, EPSON DEUTSCHLAND GmbH, Fanuc, KUKA, Liebherr-Verzahntechnik

	Benennung	Prinzip	Achsen	Nutzlast	Arbeitsraum
Hauptachsen	Vertikaler Knickarm	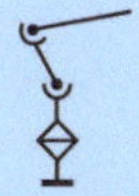	3	≤ 2300 kg	Halbkugel r ≤ 4,6 m
Hauptachsen	Horizontaler Knickarm (SCARA)	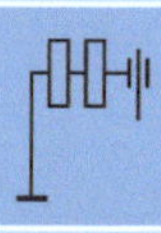	3	≤ 20 kg	Sichel r ≤ 1,5 m h ≤ 0,5 m
Hauptachsen	Zylinder-koordinaten	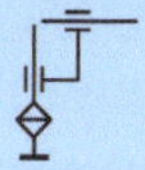	3	≤ 80 kg	Zylinder r ≤ 2 m h ≤ 1 m
Hauptachsen	Kugelkoordinaten	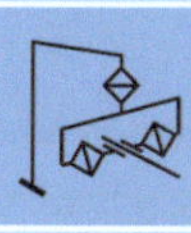	3	≤ 200 kg	Kugel r ≤ 2 m
Hauptachsen	Linienportal	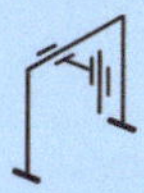	2	≤ 2400 kg	Fläche l ≤ 50 m h ≤ 2m
Hauptachsen	Flächenportal	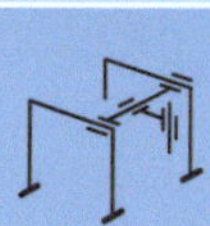	3	≤ 1300 kg	Quader l ≤ 60 m b ≤ 12 m h ≤ 2,4 m
Nebenachsen	Doppelwinkelhand	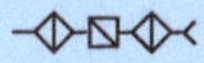	3	≤ 150 kg	Halbkugelfläche
Nebenachsen	Zentralhand	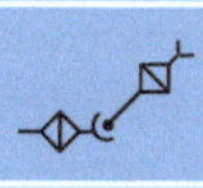	3	≤ 200 kg	Halbkugelfläche
Nebenachsen	Dreh-Schwenkgelenk	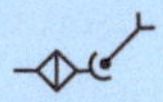	2	≤ 200 kg	Halbkugelfläche
Nebenachsen	Drehgelenk		1	≤ 500 kg	Kreis (Punkt)

sich direkt auf den Einsatzbereich auswirken und diesen beschränken, ■ Bild 9.15. Die Abbildung stellt die Merkmale Positioniergenauigkeit, Nutzlast, Aktionsdynamik und Arbeitsraum gegenüber. Dabei ist zu erkennen, dass sich die Merkmale aufgrund physikalischer Gesetzte zum Teil widersprüchlich verhalten. So lässt sich beispielsweise eine große Nutzmasse, welche bei ausreichender Steifigkeit mit einem hohen Eigengewicht einhergeht, nicht mit einer hohen Anforderung an die absolute Positioniergenauigkeit bei großer Aktionsdynamik kombinieren. Der untere Teil von ■ Bild 9.15 zeigt deutlich, dass der Robotertyp (Kinematik) allein vom erforderlichen Arbeitsraum bestimmt wird.

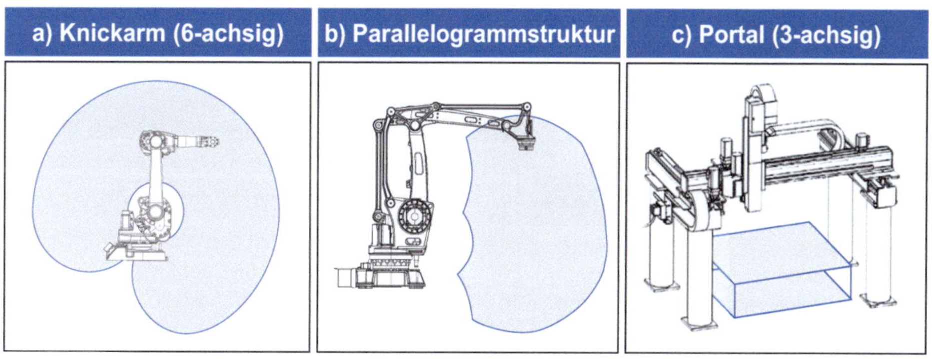

■ **Bild 9.14** Robotertypen und ihre Arbeitsbereiche. Nach ABB, KUKA

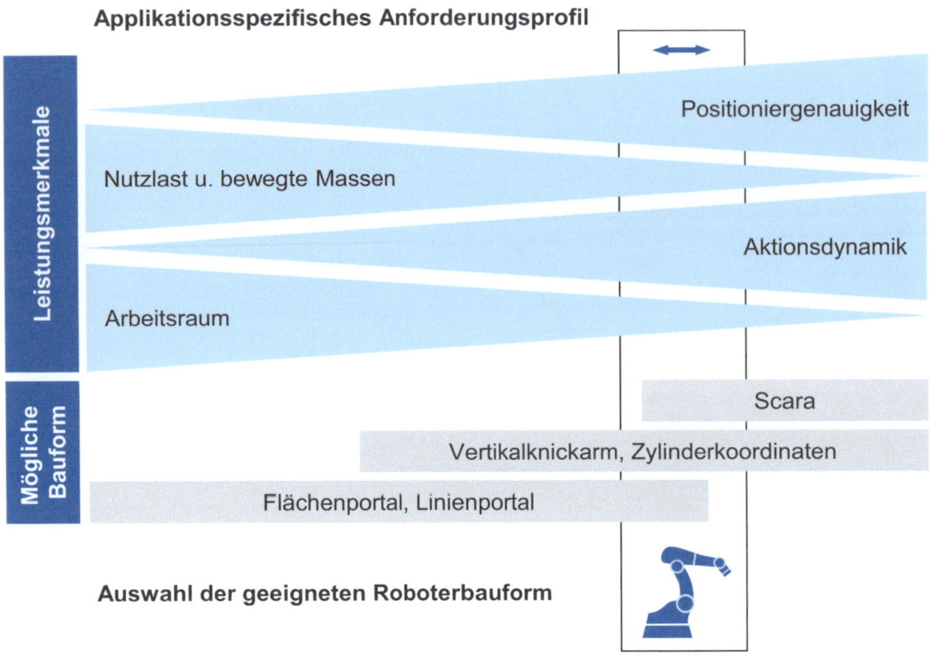

Bild 9.15 Leistungsgrenzen von Roboterbauarten

Vertikaler Knickarmroboter

Der in Bild 9.16 gezeigte Vertikal-Knickarmroboter entspricht in seiner Achsanordnung der Standardkinematik vertikaler Knickarmroboter. Er besteht aus sechs rotatorischen Achsen, die von Drehstrom-Servomotoren mit integrierter Haltebremse angetrieben werden. Ausführlichere Informationen über den Aufbau der einzelnen Antriebsachsen oder der messtechnischen Erfassung der aktuellen Position sind ▶ Band 3, Kap. 13.2.1 zu entnehmen.

Horizontaler Knickarmroboter

Der horizontale Knickarmroboter ähnelt in seinem Aufbau einem menschlichen Arm und wird daher auch als SCARA (Selective Compliance Assembly Robot Arm) bezeichnet. Aufgrund seiner schnellen und wiederholgenauen Bewegung eignet er sich besonders für Montage- und Fügeaufgaben, zum Beispiel zur Platinenbestückung in der Elektronikindustrie, s. auch ▶ Band 3 Kap. 13.2.2. Dazu trägt vor allem die hohe Steifigkeit in vertikaler Richtung bei, da alle auftre-

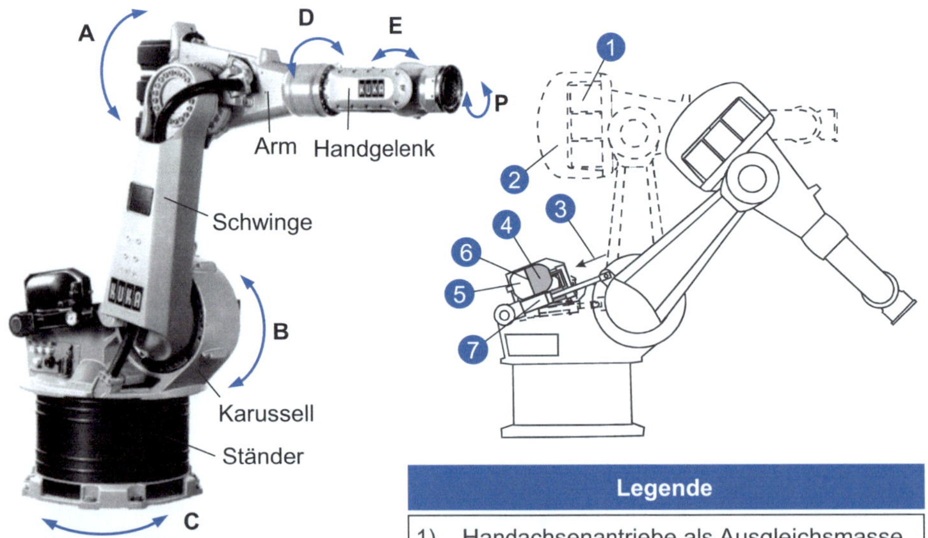

Leistungsdaten

- Nutzmasse:	150,0 kg
- Reichweite:	2,4 m
- Wiederholgenauigkeit:	± 0,2 mm
- Max. Geschwindigkeit:	100,0 °/s

Legende

1) Handachsenantriebe als Ausgleichsmasse
2) Zusatzmasse als Option für 150 kg
3) Rückstellkraft F
4) Hydraulikmedium
5) Stickstoffdruckspeicher
6) Membran
7) Hydraulikzylinder

Bild 9.16 Vertikal-Knickarmroboter mit hydraulischem Massenausgleich. Nach KUKA

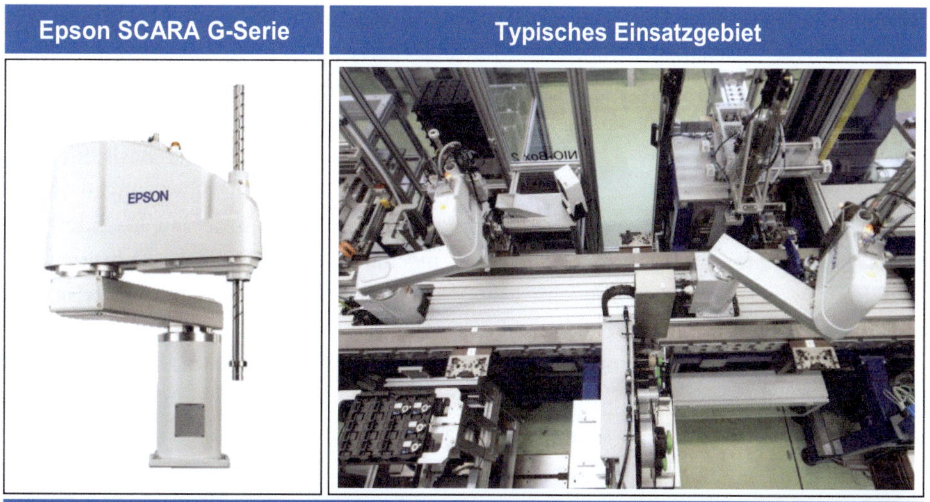

Leistungsdaten	
Bauart:	innenorientierter horizontaler Gelenkarm
Traglast:	max. 0,5 - 20 kg
Reichweite:	175 - 1.000 mm (horizontal)
	100 - 420 mm (vertikal)
Wiederholgenauigkeit:	±0,01 m

Bild 9.17 Vierachsiger Horizontal-SCARA-Roboter in einer Produktionslinie. Nach EPSON DEUTSCHLAND GmbH

tenden Kräfte sowie das Eigengewicht als Moment senkrecht zu den Lagerdrehachsen wirken, Bild 9.17. Die dargestellten vierachsigen Handhabungsgeräte besitzen drei Rotations- und eine Translationsachse.

Parallelkinematik

Im Gegensatz zur seriellen Kinematik, die aus einer Aneinanderreihung von Armteilen besteht, wirken bei Parallelrobotern, welche seit Mitte der 90er Jahre im Werkzeugmaschinenbau Einzug gehalten haben, mehrere Schubgelenke direkt auf den bewegten Werkzeugträger. Bild 9.18 zeigt einen vierachsigen Roboter, bestehend aus einer dreiachsigen Parallelkinematik mit einer zusätzlichen Drehachse in der Roboterhand. Er eignet sich besonders gut für Pick-and-Place Anwendungen z. B. in der Verpackungsindustrie. Die Plattform erhält ihre Orientierung bei der Bewegung im Raum konstant, d.h. die Greiferachse P bleibt in ihrer senkrechten Lage. Dies wird durch die spezielle Bauweise erreicht, bei der

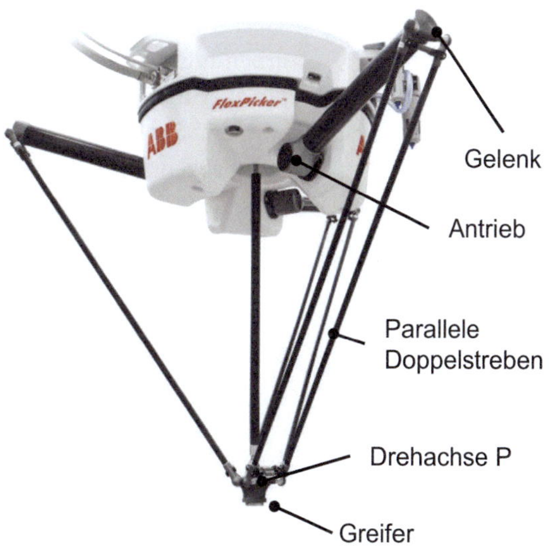

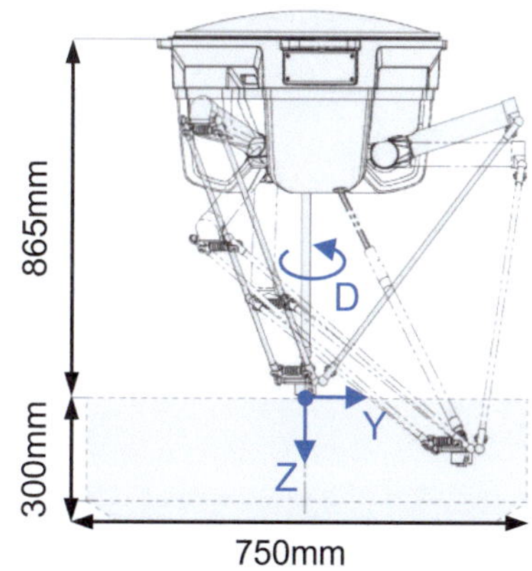

Leistungsdaten	
Achsen:	4
Nennlast:	1 kg
Arbeitsraum-D.:	750 mm
Wiederholgen.:	0,1 mm
Verfahrgeschw.:	10 m/s
Beschleunigung:	15 m/s^2

Bild 9.18 Vierachsige Parallelkinematik für Pick & Place Operationen. Nach ABB

an den drei rotatorisch bewegten Armen am Grundgestell jeweils zwei parallele Doppelstreben über Kardangelenke angekoppelt sind, welche auf der anderen Seite mit der bewegten Plattform über Kugelgelenke verbunden sind.

Hybridkinematiken

Um die Eigenschaften unterschiedlicher Bauformen zu vereinigen, kombinieren Hybridkinematiken zwei mechanische Strukturkonzepte. ◘ Bild 9.19 zeigt eine sechsachsige Hybridkinematik, welche die Vorteile des Linearkonzepts mit denen eines Knickarmroboters verbindet. Die aus dem kompakten Aufbau des Roboters und der kombinierten Linear-Knickarm-Kinematik resultierende sehr geringe Bauhöhe eignet sich auch für niedrige Produktionshallen, womit sich die Einsatzmöglichkeiten als sehr flexibel gestalten.

Leistungsdaten	
Achsen:	5 Drehachsen/1 Linearachse
Maximallast:	16 kg
Arbeitsraum (linear):	bis zu 30 m
Wiederholgen.:	±0,05 mm

◘ **Bild 9.19** Sechsachige Hybridkinematik. Nach KUKA

Koordinatensysteme und Bezugspunkte

Die Festlegung von Koordinatensystemen im Arbeitsraum und von Bezugspunkten am Industrieroboter sind zur Beschreibung der Bewegungsoperationen erforderlich und bilden die Basis für die eindeutige Definition von Bewegungsanweisungen im Programm des Roboters. Abhängig von der zu lösenden Handhabungsaufgabe können unterschiedliche Koordinatensysteme gewählt werden. So werden beispielsweise zwischen Basiskoordinaten (base frame), welche fest mit dem Sockel des Roboters verbunden sind und Werkstückkoordinaten (object frame), die mit dem Werkstück verbunden sind, unterschieden.

Bedienung und Programmierung von Robotern

Die Programmierung eines Roboters hat das Ziel, Steuerbefehle in Form von Programmen zu erzeugen, die eine gestellte Automatisierungsaufgabe umsetzen. Das Aufgabenspektrum kann dabei von einfachen Werkstückhandhabungsfunktionen bis hin zu komplexen, sensorgeführten Bearbeitungs- oder Montageaufgaben reichen.

Es existieren verschiedene, teilweise rechnerunterstützte Programmierverfahren, deren Eignung je nach Anwendungsgebiet unterschiedlich ist. Die wichtigsten Verfahren sind die Online-, Offline- und Hybriden-Verfahren, die grundsätzlich nach dem Ort der Programmeingabe unterschieden werden. Für detailliertere Informationen s. dazu ▶ Band 3, Kap. 13.5.

Einsatz von Industrierobotern in Mehrmaschinensystemen

◘ Bild 9.20 zeigt beispielhaft einen sechsachsigen Knickarmroboter, welcher zur Vergrößerung seines Aktionsradius auf einer Linearachse angebracht ist. Der sechsachsige Knickarmroboter wird hingegen vornehmlich dort eingesetzt, wo sich das Handhaben von Werkstücken und Werkzeugen auf einen kleinen Raum beschränkt. In den meisten Anwendungen wird der Knickarmroboter genutzt, um Werkstücke aus einem Magazin zu entnehmen und der Bearbeitung zuzuführen. Mit einem Knickarmroboter können gleichermaßen Werkstücke und Werkzeuge manipuliert werden. Ein entscheidender Vorteil einer solchen Anordnung gegenüber einem Portalroboter ist, dass auf die hochbauenden Komponenten der Portalkinematik verzichtet werden kann.

9.2.2 Endeffektoren

Die Schnittstelle zwischen Handhabungssystem und Werkstück bilden Greifer und Greifersysteme. Ihnen kommt beim Werkstück- und Werkzeugtransport eine besondere Bedeutung zu. Anforderungen und Ausprägungen verschiedener Greiftechniken finden aus diesem Grund im Folgenden Betrachtung. Eine weitere Peripheriekompo-

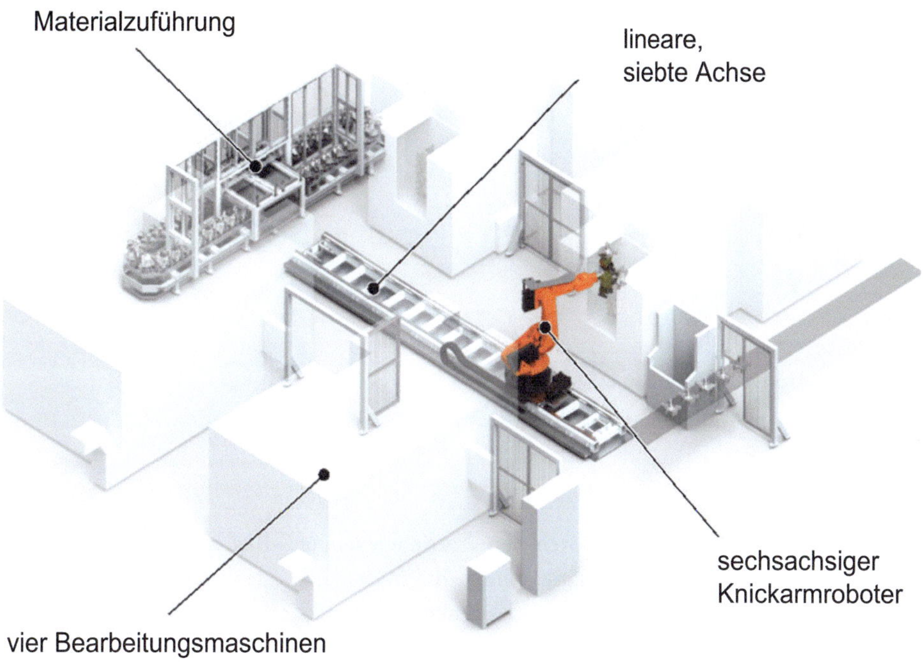

Bild 9.20 Flexibles Fertigungssystem. Nach PROMOT Automation

nente in Werkzeugmaschinen stellen Werkzeugwechselsysteme dar. Neben den klassischen Systemen mit Werkzeugmagazin finden in Mehrmaschinensystemen oft Werkzeugträger in Revolverbauform mit mehreren Spindeln Anwendung.

9.2.2.1 Greifer

Greifer lassen sich zum einen über das gewählte Wirkprinzip und zum anderen über die jeweilige Bauform des technischen Systems in Kategorien unterteilen. Für viele Anwendungen werden spezielle Bauformen entwickelt, die sich nicht auf andere Anwendungsfälle übertragen lassen. Hier soll daher lediglich auf standardisierte, mechanische und pneumatische, Greifertypen eingegangen werden, die insbesondere auch im Umfeld von Werkzeugmaschinen zu finden sind. Weitere Greifertypen finden sich in ▶ Band 3, Kap. 13.8.3.

Mechanische Greifer

In Robotersystemen werden häufig mechanische Greifer eingesetzt. Unter Ausnutzung von Formschluss bzw. eines stabilen Kraftgleichgewichtes halten sie das Greifobjekt, ◘ Bild 9.21. Das Gleichgewicht stellt sich ein, indem durch den Greifer Kräfte in das Greifobjekt eingeleitet werden. Für die Auslegung von mechanischen Greifern ist daher entscheidend, wie die Freiheitsgrade des Greifobjektes beschränkt werden und ob die zur Fixierung notwendigen (Reib-)Kräfte erreicht werden können.

Der am häufigsten verwendete Greifer in industriellen Robotersystemen ist der Parallelbackengreifer, der im folgenden als beispielhafter Greifertyp vorgestellt wird. Er verfügt über zwei parallel angeordnete Greifbacken, die während des Greifprozesses aufeinander zu- und voneinander wegbewegt werden. Beide Greifbacken sind durch die meist symmetrischen Öffnungs- und Schließvorgänge aktiv an der Bewe-

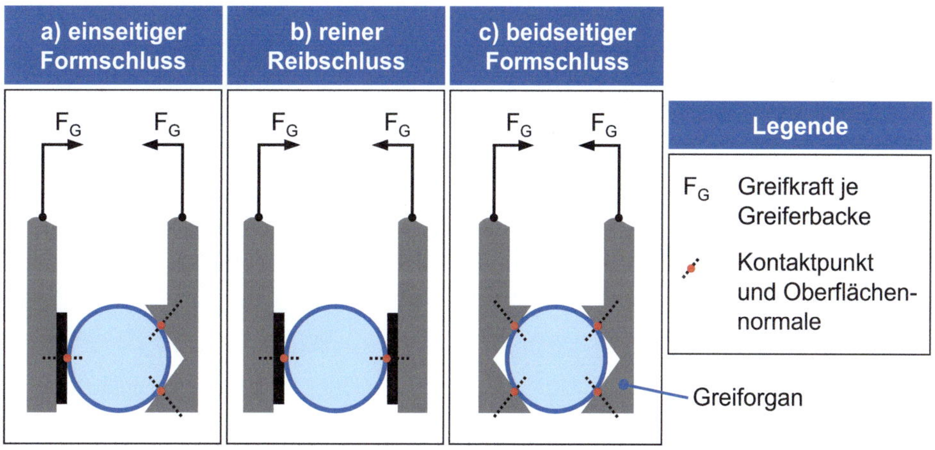

Bild 9.21 Möglichkeiten der Greifkrafteinleitung

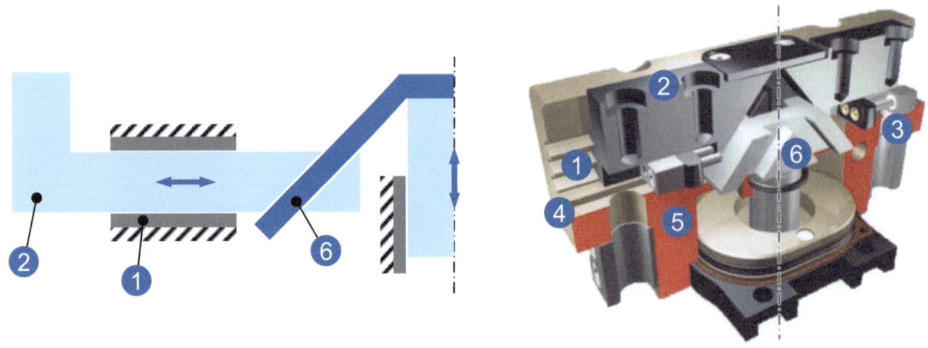

Bild 9.22 Keilhakenkinematik für mechanische Parallelbackengreifer. Nach Schunk

gung beteiligt. Dazu wird die durch den Antrieb erzeugte Kraft durch ein Getriebe (Kinematik) geteilt und in die einzelnen Greiffinger geleitet. Die Keilhakenkinematik, Bild 9.22, zeichnet sich durch hohe erzeugbare Greifkräfte aus, die beidseitig, d.h. beim Öffnen und Schließen übertragen werden können und ist ein Beispiel für ein derartiges Getriebe.

Die Keilhakenkinematik eignet sich auch für den Einsatz in einem Dreifingergreifer, der über ein dreigeteiltes Greiforgan verfügt, s. Bild 9.23. Auch hier werden alle Greiffinger zeitgleich bewegt und legen während des Schließvorgangs den gleichen Weg zurück. Dabei wird das Greifobjekt so lange mitbewegt, bis seine Bewegung durch die übrigen Greiffinger behindert und so zentriert wird. Durch die Zentrierung eignet sich der Dreifingergreifer insbesondere für Fügeprozesse von zylindrischen Bauteilen, die hohe Anforderungen an eine definierte Bauteillage sowie an die aufbringbare Greifkraft stellen.

Pneumatische Greifer

Im Gegensatz zu den bisher vorgestellten Greifern verfügen pneumatische Greifer nicht über ein Getriebe oder eine Kinematik zur Kraftumwandlung, sondern stellen den Kontakt zum Greifobjekt mittels Druckunterschied her [HESS04]. Pneumatische Greifer können in Überdruck- und Unterdruckgreifer unterschieden werden. Überdruckgreifer zeichnen sich dadurch aus, dass es sich bei den aufgebrachten Kräften um Druckkräfte handelt, sie also in Richtung des Greifobjektes zeigen. Bei dem umgekehrten Fall, wird eine Druckabsekung angewandt, um Greifkräfte, die vom Greifobjekt weg in Richtung des

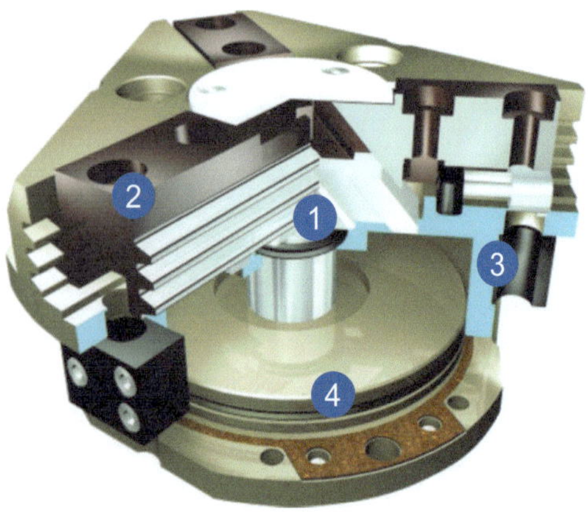

Bild 9.23 3-Finger-Zentrischgreifer. Nach Schunk

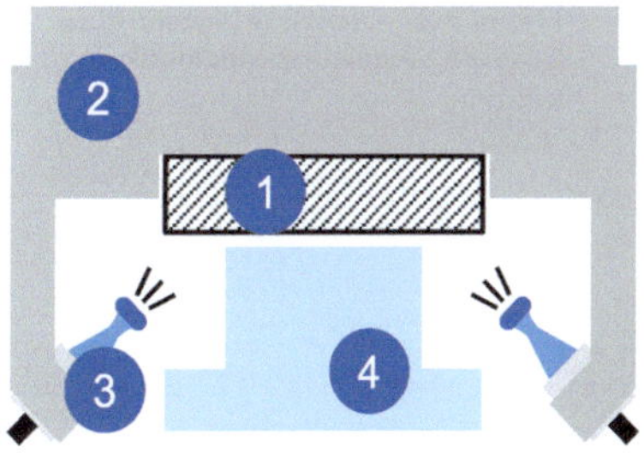

Bild 9.24 Schematisches Wirkprinzip eines Luftstrahlgreifers. Nach [HESS04]

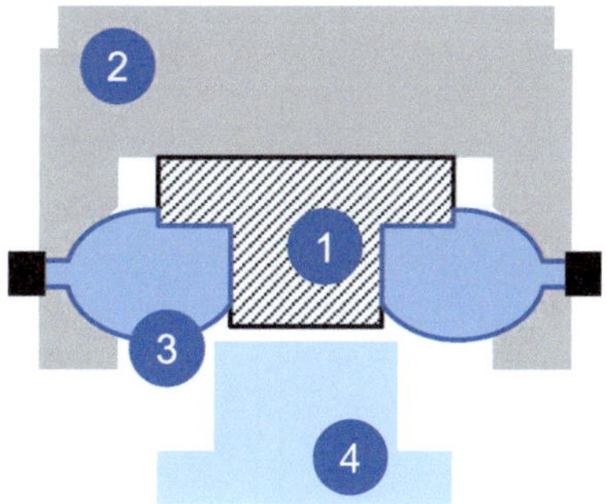

Bild 9.25 Wirkprinzip eines Membrangreifers nach [HESS04]

Greifers zeigen, zu erzeugen. Umgangssprachlich wird dieses Prinzip auch als Unterdruck bezeichnet, wovon sich die Bezeichnung der Gruppe der Unterdruckgreifer ableitet.

Ein Luftstrahlgreifer, Bild 9.24, stellt den physikalisch einfachsten Aufbau eines Überdruckgreifers dar. Über eine oder mehrere Öffnungen tritt im geschalteten Zustand Druckluft als Luftstrom aus, dessen Form über Düsen so beeinflusst wird, dass sich ein definierter Luftstrahl ausbildet. Wird der Strahl auf das zu greifende Werkstück gerichtet, bildet sich ein Staudruck aus, durch den das Werkstück angehoben und, unterstützt durch eine Gleitführung, gegriffen wird. Das Freigeben des Werkstücks erfolgt durch Schließen der Greiferventile.

Überdruckgreifer existieren auch in einer anderen Ausführung, bei der die Druckluft in geschlossene Kavitäten geleitet wird, die sich unter Einwirkung der inneren Druckerhöhung verformen können. Durch die Formänderung werden Greifobjekte temporär festgeklemmt und Bewegungskräfte aufgebracht. Zum Freigeben der Greifobjekte wird der Kavitätsdruck abgesenkt, wodurch der Greifer wieder seine ursprüngliche Form annimmt. Die verformbaren Kavitäten werden meist durch dünne Membranen gebildet, die sich in Greifrichtung ungehindert verformen und damit an die Gestalt des Greifobjektes anpassen können. Die derart ausgeführten Greifer werden daher auch als Membrangreifer bezeichnet (vgl. Bild 9.25).

Nähere Erläuterungen zum Wirkprinzip der Unterdruckgreifer sind in ▶ Band 3, Kap. 13.8.3.2 zu finden.

Anwendungsbeispiel eines Greifsystems an einem Industrieroboter

Eine typische Anordnung aus Industrieroboter und Greifsystem zeigt Bild 9.26.

Ein mit einem Greifsystem ausgerüsteter Industrieroboter bestückt zwei Spannvorrichtungen in einer Werkzeugmaschine. Das Greifsystem ist als Doppelgreifer ausgeführt. So ausgestattet kann der Greifer entweder mit einem Verfahrzyklus zwei Fertig- bzw. Rohteile transportieren oder aber ein Fertigteil aus der Spannvorrichtung entnehmen

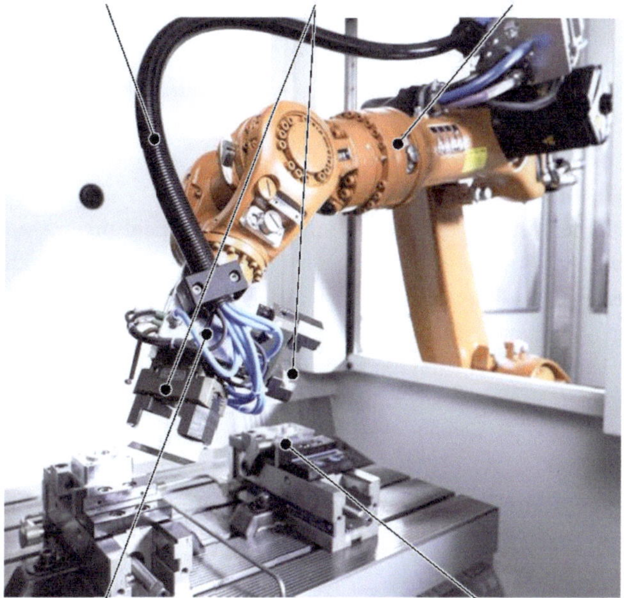

Bild 9.26 Greifsystem an Robotersystem. Nach DMG MORI

und ein Rohteil, welches sich im zweiten Greifer befindet, einlegen. Lassen Bauteilgröße und Traglast es zu, kann mit der Verwendung von Mehrfachgreifern Rüstzeit eingespart werden. Eine weiterführende Beschreibung von Greifsystemen und umfangreiche Informationen zur Greiftechnik sind in ▶ Band 3, Kap. 13 zu finden.

9.2.2.2 Greifsysteme

Ein großer Bereich der heute eingesetzten Greifertechnologien wird durch die unterschiedlichen beschriebenen Greifprinzipien und Konzepte abgebildet. Darüber hinaus existieren an der Schnittstelle zwischen Greifer und Handhabungsgeräte noch weitere Vorrichtungstypen, die der Unterstützung der Handhabungs- und Montageprozesse dienen. Die Kombination, der einzelnen an das Handhabungsgerät angebrachten Vorrichtungen und Greifer, wird als Greifersystem bezeichnet, welches neben der mecha-

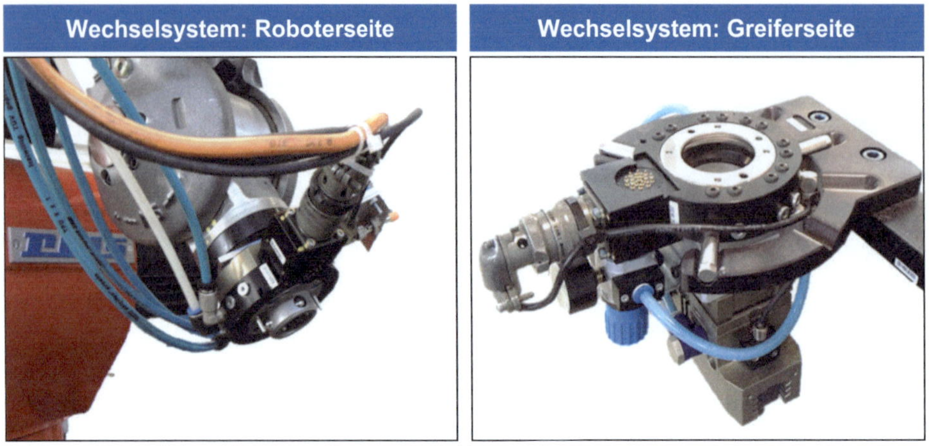

Bild 9.27 Greiferwechselvorrichtung mit Signal- und Mediendurchführung

nisch wirksamen Aktorik und den Führungselementen Steuerungseinrichtungen umfasst, die den Informationsfluss des Greifprozesses kontrollieren.

Wechselvorrichtungen

Greifer für automatisierte Handhabungseinrichtungen sind meist produktspezifisch angefertigt und können damit nach einem Produktwechsel oder bei sich ändernden Produkteigenschaften häufig nicht weiter verwendet werden. Um dennoch mit einem Handhabungsgerät eine hohe Variantenvielfalt abdecken zu können, muss das Handhabungssystem in der Lage sein, seine Greiftechnik zur Laufzeit auswechseln zu können. Zweiteilige Wechselsysteme werden daher jeweils an das Handhabungsgerät und an den Greifer angebracht, um deren Verbindung gesteuert herstellen bzw. aufheben zu können, Bild 9.27.

Wechselvorrichtungen stellen neben der mechanischen Verbindung auch eine Schnittstelle für verschiedene Arbeitsmedien bzw. Signale bereit. Die einzelnen Durchführungen können bei der Inbetriebnahmephase des Greifersystems beliebig belegt werden. Es muss jedoch bei der Wiederverwendung der einzelnen Module darauf geachtet werden, dass die jeweilige Durchführung mit dem vorhandenen Steuerungscode übereinstimmt. Nach erfolgtem Greiferwechsel treten häufig Fehlfunktionen auf, wenn Greifer über kompatible Wechselsysteme auf verschiedenen Handhabungsgeräten eingewechselt werden.

Greifersteuerungen und Sensorik

Je nach verwendetem Energieträger werden die Antriebe eines Greifers über unterschiedliche Stellmöglichkeiten gesteuert. Elektrisch angetriebene Greifer verfügen häufig über eigene Greifersteuerungen und zusätzlich über eine Vielzahl alternativer Hard- und Softwareschnittstellen zur Signalübertragung. Die Schnittstellen werden sowohl zur Einstellung verschiedener Parameter der Steuerung, als auch zur Feldintegration zur Betätigung der Greiferantriebe genutzt.

Pneumatische Greifer benötigen Ventile, die einzeln über die Ausgänge der internen Robotersteuerung oder einer externen SPS schaltbar sind und häufig als Ventilinseln zur Verringerung der Druckverluste in der Nähe des Einsatzortes angebracht sind.

Die zunehmende sensorische Überwachung der Greifprozesse und kontinuierliche Rückführung von Messwerten in den Steuerungsprozess ermöglicht es, eine Regelungsstruktur zu erstellen und dadurch Handlungsoperationen toleranter gegenüber Fehlpositionierungen auszuführen.

Weitere Informationen zu Greifsystemen werden in ► Band 3, Kap. 13.8.4 erläutert.

9.2.2.3 Zugeschnittene Werkzeugwechselsysteme in Mehrmaschinensystemen

Die hohe Produktivität der Bearbeitungsstationen in Mehrmaschinensystemen wird u. a. durch sehr geringe Nebenzeiten erreicht. So werden häufig Werkzeugträger in Revolverbauform mit mehreren Spindeln verwendet, die einen schnellen Werkzeugwechsel durch Weiterschalten von einer Arbeitsspindel zur nächsten ermöglichen.

Bild 9.28 zeigt eine Ausführungsform eines Kronenrevolvers mit insgesamt acht Plätzen für angetriebene Werkzeuge. Die Anzahl der für die Bearbeitung zur Verfügung stehenden Werkzeuge kann durch den Einsatz von Mehrfachspindelköpfen an Stelle von Einzelwerkzeugen weiter erhöht werden. Die Werkzeugachse bildet mit der Revolver-Schwenkachse einen Winkel von 45 °, sodass eine möglichst hohe Kollisionsfreiheit der nicht-aktiven Werkzeuge mit dem Werkstück gewährleistet wird.

Besonderes Merkmal dieses Kronenrevolvers ist die Verwendung eines einzelnen AC-Servomotors, welcher sowohl für das Revolverschwenken, als auch für den Werkzeugantrieb verwendet wird. Das Schaltprinzip verdeutlicht Bild 9.29.

Während des Werkzeugbetriebs ist der Motor direkt über eine Welle-Nabe-Verbindung mit dem Werkzeug verbunden. Die einzelnen Arbeitsspindeln mit Werkzeugaufnahmen

Bild 9.28 Werkzeug-Kronenrevolver. Nach Sauter

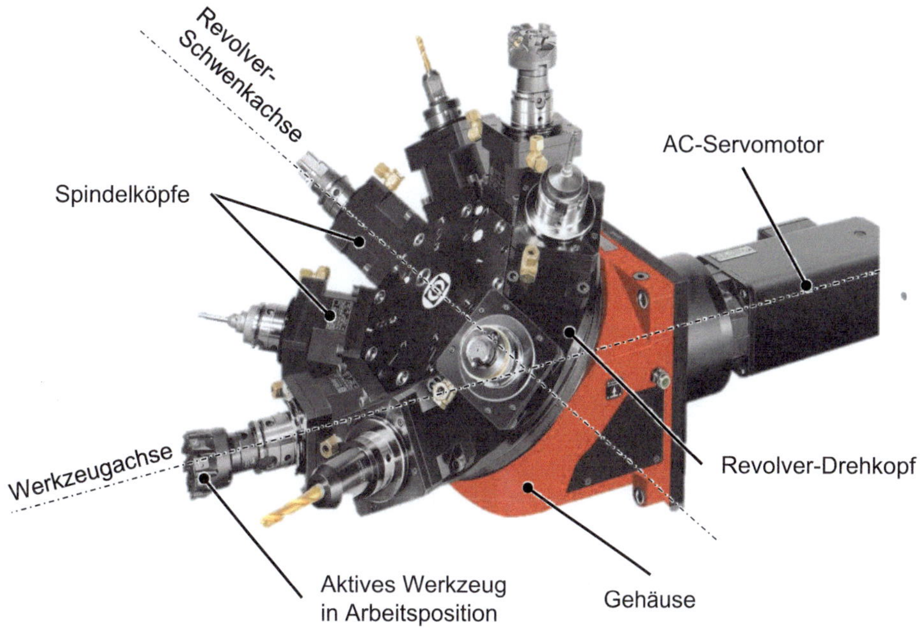

können individuell auf Kundenwünsche abgestimmt werden, sodass entweder angetriebene Werkzeuge des Revolverherstellers oder Werkzeuge mit genormter Schnittstelle eingesetzt werden können.

Für den Werkzeugwechsel wird der Motor gestoppt und über die Hydraulikleitung A auf Schwenkbetrieb umgestellt. Dazu wird die Leitung A mit Druck beaufschlagt, sodass zum einen die Werkzeugantriebswelle nach rechts gedrückt und zum anderen der Verriegelungsmechanismus der Hirth-Verzahnung an der Werkzeugaufnahmescheibe entriegelt wird. Die Welle-Nabe-Verbindung zum Werkzeug wird dabei gelöst und das Zylinderritzel in das Kronenrad für den

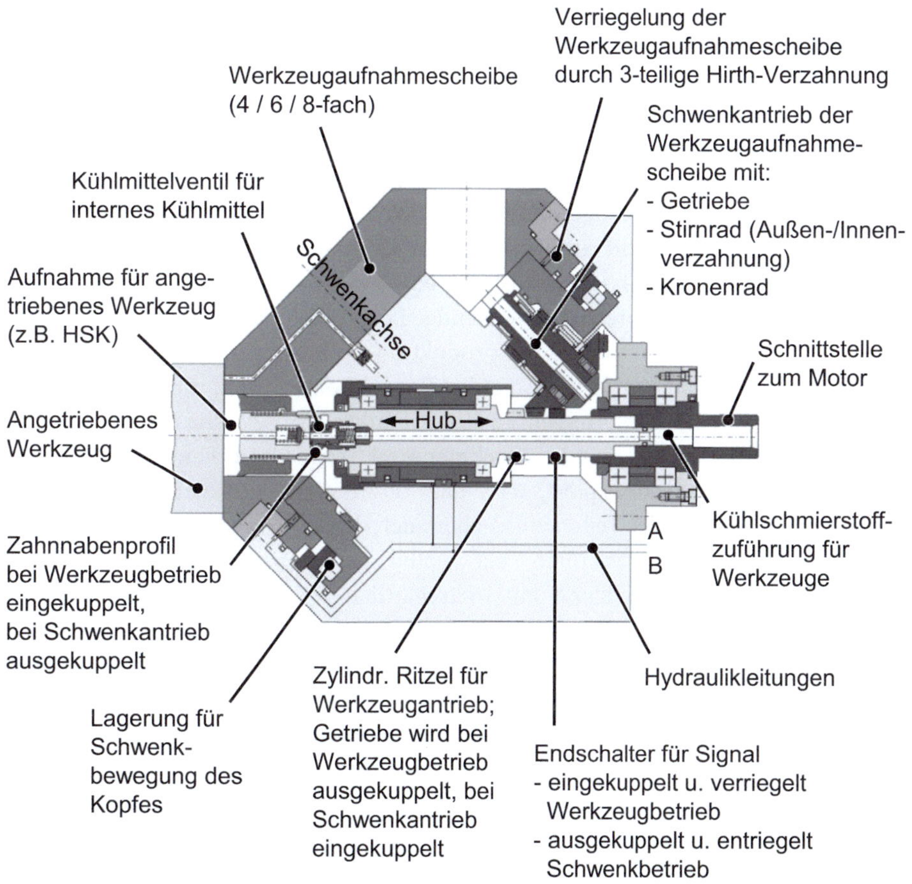

Bild 9.29 Schaltprinzip eines Werkzeug-Kronenrevolvers. Nach Sauter

Schwenkbetrieb eingekuppelt. Sobald die Umschaltung von Werkzeug- auf Schwenkbetrieb abgeschlossen ist, wird die Werkzeugaufnahmescheibe in die nächste Arbeitsposition gedreht. Anschließend wird die Hydraulik-Leitung B mit Druck beaufschlagt. Die Werkzeugaufnahmescheibe wird in dieser Position verriegelt, die Antriebswelle wieder mit dem Werkzeug verbunden und die Bearbeitung des Werkstücks kann fortgesetzt werden.

Die Positioniergenauigkeit der Werkzeugaufnahmescheibe wird mit der 3-teiligen Hirth-Verzahnung sichergestellt. Da die Ent- und Verriegelung kein Abheben der Werkzeugaufnahmescheibe erfordert, wird der gesamte Revolvermechanismus bestmöglich vor äußeren Einflüssen geschützt. Die schnelle Werkzeugwechselzeit wird u. a. dadurch erreicht, dass die Ver- und Entriegelung parallel mit dem Schlittenfahrweg ausgeführt wird.

9

9.3 Sonderwerkzeugmaschinen

Unter dem Begriff Sonderwerkzeugmaschinen werden solche Fertigungssysteme zusammengefasst, die auf eine spezielle Bearbeitungsaufgabe zugeschnitten sind. Dies äußert sich in der Regel darin, dass nur ein Werkstücktyp, evtl. mit kleinen Geometrievariationen, bearbeitet werden kann. Aufgrund der geringen Flexibilität und hohen Produktivität finden solche Systeme ausschließlich in der Serien- und Massenproduktion Anwendung. Ist die Bearbeitungsaufgabe so umfangreich, dass sie nicht mit Hilfe einer einzigen Bearbeitungsstation vollständig durchgeführt werden kann, wird sie auf mehrere Stationen aufgeteilt. Die Werkstücke werden hierbei linear und getaktet von Station zu Station weiterbefördert (Transferstraße), vgl. ▶ Kap. 9.4. Die Bearbeitungsstationen können auch im Kreis angeordnet sein. In diesem Fall wird von Rundtaktmaschinen gesprochen, vgl. ▶ Kap. 9.3.1. Zunehmende Variantenvielfalt und entsprechend sinkende Losgrößen führen auch in der Serien- und Massenproduktion zu steigenden Flexibilitätsanforderungen an die Produktionsmittel, ohne dass die Forderungen an die Produktivität zurückgenommen werden. Sondermaschinen und Transferstraßen werden so konzipiert, dass das kurzfristige Umrüsten innerhalb einer Teilefamilie, aber auch der generelle Umbau der Maschinen auf völlig andere Fertigungsaufgaben, schnell und mit wirtschaftlich vertretbaren Investitionen möglich sind [BULL03]. Um diese Anforderungen bestmöglich zu erfüllen, wird versucht, die werkstückoperationsspezifischen Bearbeitungsstationen weitestgehend durch modular aufgebaute, mehrachsige NC-Einheiten mit Werkzeugspeicher und automatische Werkzeugwechseleinheiten zu ersetzen. Durch den Einsatz der NC-Technik und die Verwendung von Komponenten aus einem Baukastensystem kann die Flexibilität der Anlagen deutlich gesteigert werden. Der modulare Aufbau von Transferstraßen mit standardisierten Bearbeitungsstationen führt zudem zu einer Reduzierung und Standardisierung der Schnittstellen, einer Steigerung der Prozesssicherheit und einer Senkung der Investitionskosten.

9.3.1 Rundtaktmaschinen

Rundtaktmaschinen gehören zur Gruppe der Sonderwerkzeugmaschinen. Sie werden zur ein- und mehrseitigen Bearbeitung komplexer Werkstücke mittlerer und hoher Stückzahlen eingesetzt, die Bohr-, Senk-, Gewinde- und Fräsoperationen erfordern können. Das Konzept der Rundtaktmaschine bietet im Vergleich zur Transferstraße mit linearem Werkstückfluss neben kürzesten Taktzeiten und geringem Platzbedarf den Vorteil, dass Spannvorrichtungen ohne Mehraufwand nach einem Umlauf automatisch in die Werkstückwechselposition zurückkehren. Dies muss bei Fertigungslinien aufwändiger gelöst werden. Von Nachteil ist jedoch, dass die Anzahl der Stationen und die Abmessungen der Werkstücke begrenzt sind [LOTT12].

◘ Bild 9.30 zeigt eine Rundtaktmaschine, die mit bis zu 16 Bearbeitungsstationen für unterschiedliche Fertigungsschritte, wie z. B. Bohren, Fräsen, Drehen oder Schleifen, ausgerüstet werden kann. Entsprechend der Fertigungsaufgabe werden die Werkstücke an den einzelnen Arbeitsstationen entlang getaktet. Die Werkstücke werden an allen Bearbeitungsstationen gleichzeitig bearbeitet. Je Bearbeitungsstation können bis zu drei simultan arbeitende, ein- oder mehrspindlige Bearbeitungseinheiten installiert werden. Dadurch sind die Werkstücke von fünf Seiten bearbeitbar. Wird anstelle einer Bearbeitungsstation eine Wendestation eingesetzt, kann zudem die sechste Werkstückseite bearbeitet werden. Die Werkstückaufnahmen in der Rundtaktmaschine können als Spindel ausgeführt werden. Damit ist die Voraussetzung gegeben, die Werkstücke auch rotierend zu bearbeiten.

Die einzelnen Achsen einer Rundtaktmaschine können mechanisch über eine Königswelle oder NC / SPS / CNC-gesteuert (vgl. elektronische Königswelle ▶ Band 3 Kap. 8.4) ausgeführt sein. Im Fall der SPS gesteuerten Anlagen werden die Bearbeitungseinheiten entsprechend der vorgewählten Vorschubgeschwindigkeit auf die Werkstücke zubewegt. Nachdem die Einheiten die durch Festanschläge oder Endschalter bestimmte Endlage ihres jeweiligen Vorschubweges erreicht haben, fahren sie im Eilgang zurück. Durch den Einsatz von CNC-Bearbeitungseinheiten kann die geringe Flexibilität SPS-gesteuerter Rundtaktmaschinen deutlich erhöht werden, da die Bewegungsbahnen der Werkzeuge frei programmierbar sind. Sobald alle Bearbeitungseinheiten ihren Arbeitsgang beendet haben, taktet der

■ **Bild 9.30** Rundtaktmaschine. Nach PFIFFNER

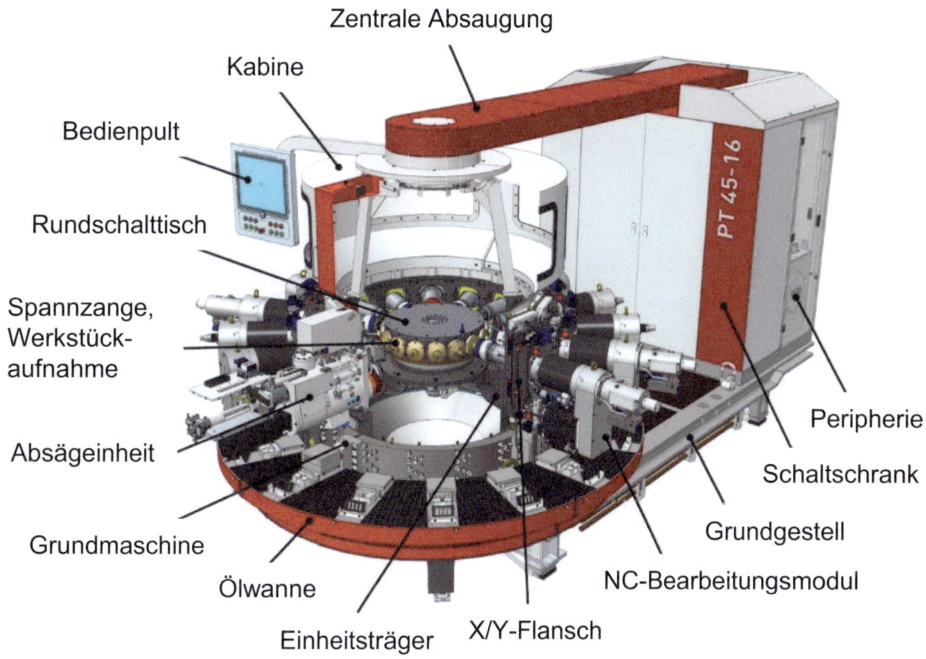

Tisch um einen Schritt weiter. Neben den Bearbeitungsstationen können zusätzlich auch Messstationen eingerichtet werden, um bestimmte Qualitätsmerkmale, z. B. mit Hilfe von Messtastern oder Durchmesserdornen, an jedem Werkstück prüfen zu können. Nach jedem Arbeitstakt wird ein Werkstück fertiggestellt. Dieses Werkstück wird dann manuell oder durch ein Ladeportal der Maschine entnommen und durch ein unbearbeitetes Werkstück ersetzt. Die Taktzeiten solcher Rundtaktmaschinen liegen zwischen drei Sekunden und einer Minute, in den meisten Fällen aber zwischen 10 und 30 Sekunden. Damit werden im Dreischichtbetrieb Jahresstückzahlen von 200.000 bis 1,5 Millionen erreicht. Die mit Hilfe von Standmengenzählern erfassten Werkzeugstandzeiten liegen bei der Bearbeitung von Aluminium im fünfstelligen Bereich bei 10.000 bis 50.000 Werkstücken, bei Guss und Stahl zwischen 500 und 2.000 Werkstücken. Somit werden ein- bis zweimal pro Schicht circa zwei Minuten dauernde Werkzeugwechsel notwendig. Um Schäden oder fehlerhafte Werkstücke durch Werkzeugbruch zu vermeiden, verfügen die Maschinen zusätzlich über elektronische oder mechanische Systeme zur Werkzeugbruchüberwachung.

9.3.2 Längstaktmaschinen

Bei Rundtaktmaschinen ist die Anzahl der Bearbeitungsstationen baubedingt begrenzt. Scheidet eine Kombination mehrerer Rundtaktmaschinen aus, kann auf sog. Längstaktmaschinen zurückgegriffen werden. Der Werkstückfluss ist dabei linear gerichtet, wobei Beginn und Ende räumlich getrennt liegen. Längstaktmaschinen nutzen im Gegensatz zu Rundtaktmaschinen die Produktionsfläche besser aus und sind für Wartungsarbeiten besser zugänglich [LOTT12]. Längstaktmaschinen finden in der Produktion oft im Bereich der Montageautomatisierung Anwendung. Betrachtet man Materialfluss und Layout von Transferstraßen, so decken sich die Eigenschaften mit denen von Längstaktmaschinen. Da Transferstraßen aber einen Zusammenschluss von mehreren Maschinen darstellen, wird die Bezeichnung Längstaktmaschine im Kontext der Mehrmaschinensysteme nicht genutzt.

9.4 Transferstraßen

Transferstraßen bestehen aus einer Vielzahl hintereinander gereihter Bearbeitungsstationen (Dreh-, Bohr-, Schleif-, Hon-, Messstationen usw.). Kennzeichnend für eine Transferstraße ist der gerichtete, lineare Materialfluss, d. h. die Werkstücke durchlaufen die Anlage mit einer festen Stationsfolge. Durch eine automatische Werkstücktransporteinrichtung sind die Stationen räumlich und vielfach auch zeitlich miteinander verkettet, wobei sich die Arbeitsräume der Bearbeitungseinheiten unmittelbar im Werkstückfluss befinden. Die Arbeitsfolge ist getaktet oder mit Zwischenpuffern ungetaktet. Sobald alle Maschinen bei getakteten Anlagen ihre jeweiligen Bearbeitungsaufgaben erfüllt haben, werden die Werkstücke um einen Taktweg zur nächsten Bearbeitungsstation weiterbefördert. Aufgrund der geringen Flexibilität (d. h. Möglichkeit zur Anpassung an andere Bearbeitungsaufgaben) und der hohen Investitionskosten sind starre Transferstraßen nur in der Massen- bzw. Großserienproduktion wirtschaftlich einsetzbar.

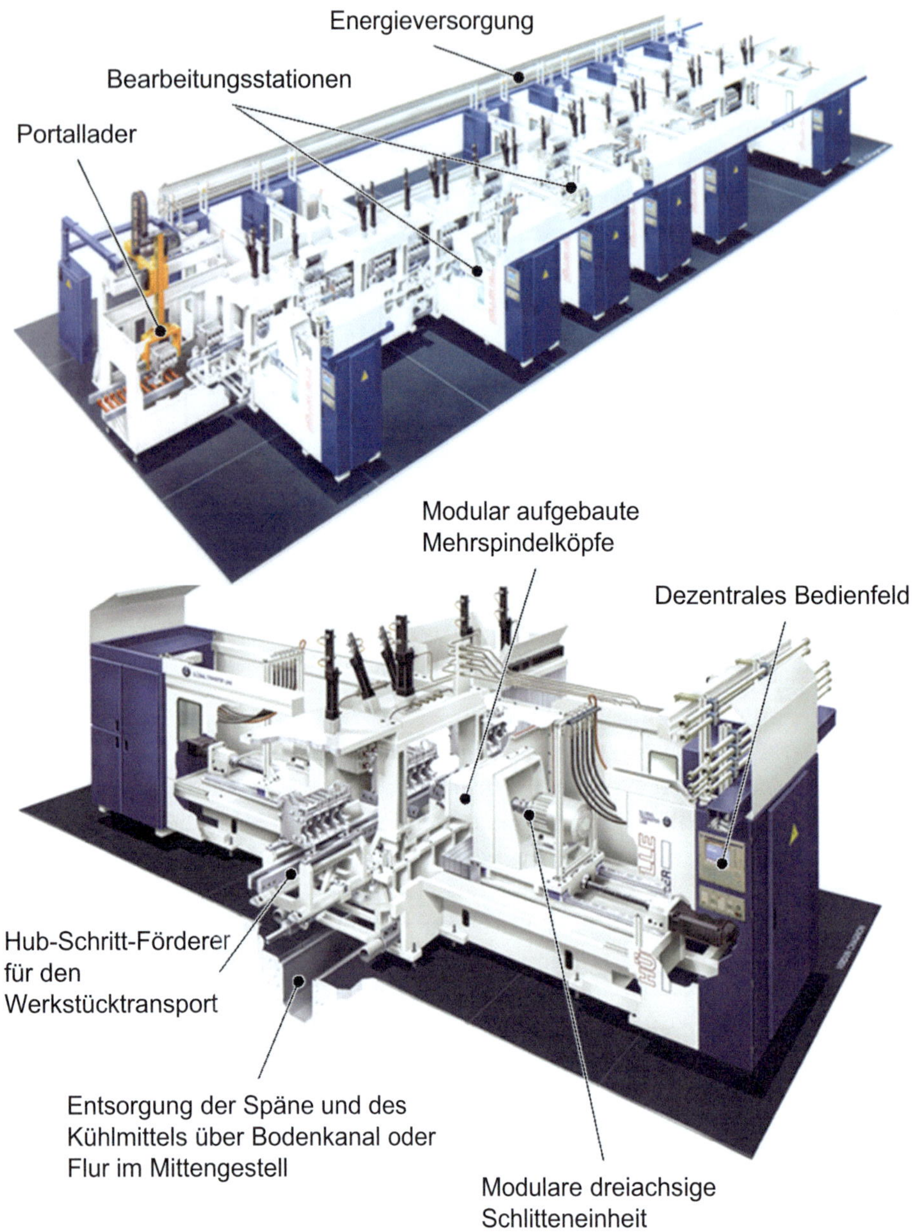

Bild 9.31 Starre Transferstraße. Nach MAG IAS

9.4.1 Starre Transferstraßen

Bild 9.31 zeigt eine Transferstraße zur Bearbeitung von PKW-Motorblöcken. Die Rohteile werden dem System über eine Verkettung zugeführt und über einen Portallader in die Transferstraße übergesetzt. Im unteren Bildteil ist der als Hub-Schritt-Förderer ausgelegte Werkstücktransport zu erkennen. Er arbeitet mechanisch und wird über eine Servomotor-getriebene Schlitteneinheit mit Kugelgewindetrieb angetrieben. Als Bearbeitungsstationen kommen Z-Einheiten (einachsig), Kreuzschlitteneinheiten (zweiachsig) oder Dreiachseinheiten zum Einsatz. Die Stationen können ein- oder beidseitig des Transportsystems angeordnet werden und verfügen über modulare Mehrspindelköpfe. Die erreichbaren Span-zu-Span-Zeiten liegen bei einer Sekunde. Dauert eine Bearbeitungsoperation länger als die Vorgängeroperation, besteht die Möglichkeit, zwei Werkstücke simultan in zwei gleichartigen Bearbeitungsstationen zu bearbeiten. Zur Sicherstellung höchster Bearbeitungsqualität befinden sich in den wichtigsten Bearbeitungsstationen Messeinrichtungen, die bei Maßabweichungen die Zustellung der Achsen anpassen.

9.4.2 Flexible Transferstraßen

Da die Forderung nach größerer Flexibilität auch in der Serien- und Massenfertigung zunimmt, werden moderne Transferstraßen vielfach nicht mehr aus Einzweckmaschinen, sondern aus modularen NC-Bearbeitungseinheiten auf-

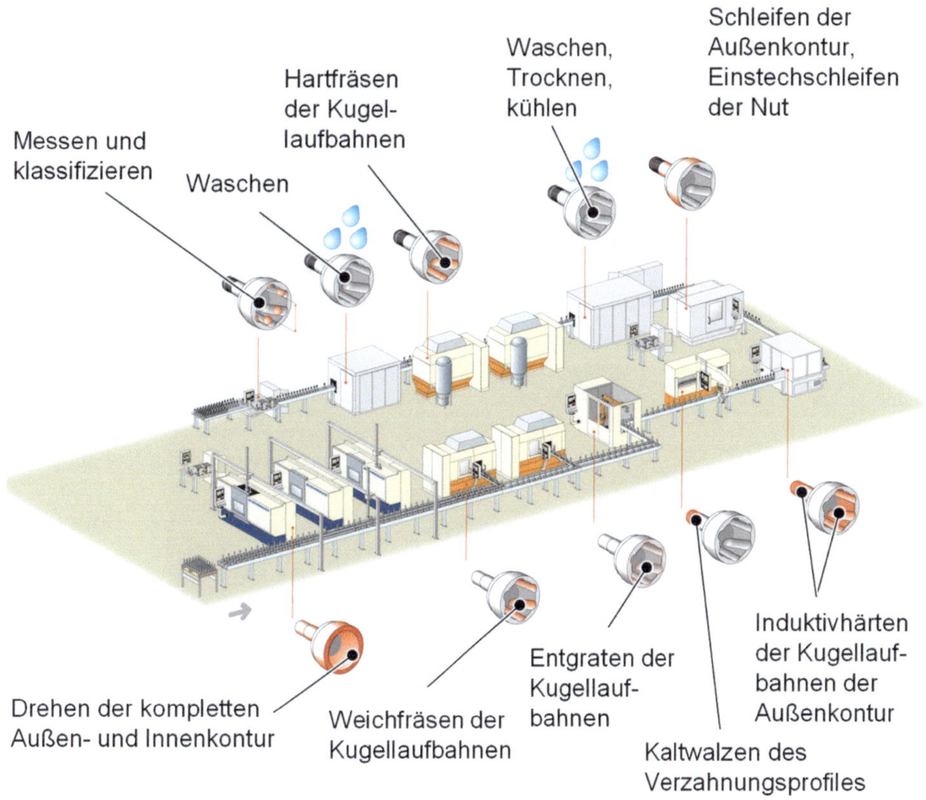

Bild 9.32 Flexible Transferstraße. Nach MAG IAS

gebaut. Diese Art der Fertigungsanlagen für die Fließfertigung bezeichnet man nicht mehr als „starre", sondern als „flexible" Transferstraßen.

Eine flexible Transferstraße dient der Herstellung eines Teilespektrums, an dessen Produktion jeweils die gleichen Maschinenstationen in derselben Reihenfolge beteiligt sind. Bei den Bearbeitungsstationen handelt es sich, im Gegensatz zur starren Transferstraße, nicht um Einzweckmaschinen mit fest vorgegebenen Werkzeugen, sondern um mehrachsige NC-Bearbeitungsmaschinen mit Werkzeugmagazin und Werkzeugwechseleinrichtungen. Hierdurch wird ein universeller Einsatz der Einzelstation möglich. Den Produktivitätsnachteil im Vergleich zur starren Transferstraße, bei der meist mehrere Werkzeuge je Einheit im Eingriff sind, und den Zeitverlust durch Werkzeugwechsel (2 bis 5 Sekunden) bei den NC-Einheiten versucht man durch HSC-Bearbeitung (High-Speed-Cutting) zu reduzieren. Vorschubleerwege werden mit großen Beschleunigungen (1 – 2 g) und Vorschubgeschwindigkeiten von bis zu 100 m/min durchfahren. Dies erfordert hochdynamische Antriebe und geringe Massen der bewegten Strukturbauteile. Der Materialfluss zwischen den in Reihe angeordneten Maschinenstationen wird, wie bei starren Anlagen, in getakteter oder durch Verwendung von Rollenförderern oder Werkstücktransportbändern mit Zwischenpuffern in nichtgetakteter Form vorgenommen [NEUG12]. Für den Anwender bieten flexible Transferstraßen vor allem Flexibilität hinsichtlich zukünftiger Werkstückänderungen und eventueller Anlagenerweiterungen in Abhängigkeit vom Marktbedarf der gefertigten Produkte [JUNG99].

In Bild 9.32 wird eine flexible Transferstraße zur Fertigung von Gleichlaufgelenken dargestellt. Die auf Paletten bereitgestellten Rohlinge werden auf ein Transportband umgesetzt und dann zu einem von drei Drehzentren transportiert, wo die komplette Außen- und Innenkontur simultan in zwei Operationen gedreht wird. Die Beladung der Drehmaschinen erfolgt mittels Ladeportal. Die fertigen Drehteile werden erneut auf dem Transportband abgelegt und in eines von zwei Hochgeschwindigkeitsfräszentren weitertransportiert. Dort erfolgt das Fräsen der Kugellaufbahnen. Anschließend werden die Teile in einer robotergestützten Zelle entgratet. Nach dem Kaltwalzen des Verzahnungsprofils folgt ein induktiver Härtevorgang der Kugellaufbahnen und der Außenkontur, welche im folgenden Bearbeitungsschritt geschliffen wird. In einer Reinigungsmaschine werden die Werkstücke gereinigt, bevor die Kugellaufbahnen in einer von zwei Fräszentren hartgefräst werden. Abschließend folgt ein weiterer Waschgang und das Messen und Klassifizieren der Fertigteile. Die dargestellte Anlage besteht ausschließlich aus Standard-NC-Bearbeitungszentren, die jederzeit auch für andere Werkstücktypen einsetzbar sind. Dadurch ergibt sich für den Anwender eine höhere Investitionssicherheit als bei Sondermaschinen.

Die Flexibilitätserhöhung bei flexiblen Transferstraßen durch den Einsatz NC-gesteuerter Bearbeitungsstationen mit Einzelwerkzeugbearbeitung hat gegenüber der starren

Bild 9.33 NC-Bearbeitungsstation in flexibler Transferstraße. Nach HELLER

Transferstraße mit angepassten Mehrspindelbohrköpfen den Nachteil einer geringeren Produktivität. Um einerseits den Vorteil der hohen Produktivität der Mehrspindeleinheiten zu nutzen und andererseits eine ausreichende Flexibilität zu realisieren, werden in flexiblen Transferstraßen auch wechselbare Mehrspindelköpfe eingesetzt. Bei Hinzunahme eines neuen Werkstückes mit veränderter Geometrie in das Bearbeitungsprogramm der Straße sind entsprechend angepasste, neue Mehrspindelköpfe in das System einzufügen. In Bild 9.33 ist der Bearbeitungsraum eines speziellen Bearbeitungszentrums für flexible Transferstraßen dargestellt. Zu sehen ist ein Bohrwerk zum Ausdrehen von Bohrungen in Getriebegehäusen. Darüber hinaus ist die Maschine mit einem zusätzlichen Mehrspindelrevolverkopf für weitere Bohr- und Fräsoperationen ausgestattet. Von oben ragt der Greifer des Portalladers in den Bearbeitungsraum, der das Werkstück aus der hydraulischen Spannvorrichtung entnimmt.

Die in Bild 9.34 dargestellte flexible Transferstraße dient der Herstellung von PKW-Kurbelgehäusen aus einer Typfamilie, vgl. [BRAN00]. Die Rohlinge werden vorbearbeitet aus der Gießerei angeliefert und in der dargestellten Anlage komplett bis zum montagefertigen Zustand bearbeitet. Das Werkstückspektrum gliedert sich dabei in zwei Werkstücktypen mit unterschiedlichen Zylinderanzahlen. Darüber hinaus ist die Anlage so ausgelegt, dass sie zur Herstellung vier weiterer Kurbelgehäusetypen erweitert werden kann. Bei der Gesamtanlage handelt es sich um ein hybrides System, welches 18 hochproduktive Universal-Bearbeitungszentren sowie fünf NC-gesteuerte Sondermaschinen umfasst. In den Sondermaschinen können Bearbeitungen zusammengefasst werden, für die Bearbeitungszentren technisch beziehungsweise wirtschaftlich nicht geeignet sind. Aufgrund der geringen Flexibilität dieser Sondermaschinen handelt es sich dabei vorwiegend um nicht oder nur geringfügig veränderliche Bearbeitungsaufgaben, wie z. B. die Vor- und Feinbearbeitung der Kurbelwellenlagerung [JUNG99].

Jedes Kurbelgehäuse trägt einen Datenträger, auf dem Informationen zum Werkstück, z. B. Identnummer, Werkstücktyp, Fertigungsdatum sowie prozess- und qualitätsbezogene Daten, abgelegt sind. Über diese Datenträger werden die Werkstücke in den Maschinen identifiziert und in der NC-Steuerung die erforderlichen werkstücktypspezifischen Bearbeitungsprogramme gestartet.

Bild 9.35 zeigt beispielhaft den Innenraum eines Bearbeitungszentrums, wie man es in flexiblen Transferstraßen findet. Das Werkstück ist auf einer Adapterplatte montiert, welche wiederum von den Spannzangen der hydraulisch betätigten Spannvorrichtung fixiert wird, vgl. ▶ Kap. 10.4.

Eine weitere Bauform flexibler Transferstraßen zur 5-Seiten-Bearbeitung komplexer kubischer Werkstücke mit einer maximalen Kantenlänge von 200 mm ist in Bild 9.36 darge-

Bild 9.34 Flexible Transferstraße für PKW-Kurbelgehäuse. Nach GROB-WERKE GmbH & Co. KG

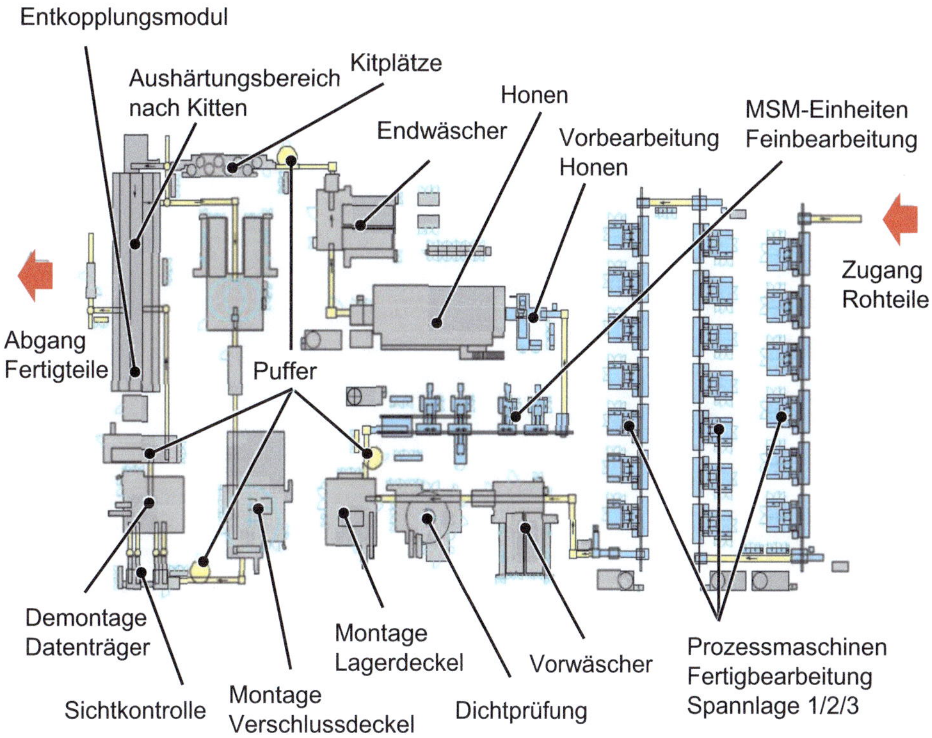

stellt. Das kompakte Linear-Transfersystem besteht aus mehreren direkt verbundenen, zweispindligen NC-Bearbeitungsmodulen. Die Werkzeugversorgung in jedem Modul erfolgt durch zwei Scheibenmagazine mit je 18 Werkzeugen. Zur Bearbeitung werden die Werkstücke wechselweise den beiden Arbeitsspindeln zugeführt. Zum Werkzeugwechsel an einer Arbeitsspindel befindet sich diese im Werkzeugwechselbereich, während die jeweils andere im Spanraum ihre Arbeit verrichtet. Auf diese Weise können extrem niedrige Span-zu-Span-Zeiten von weniger als einer Sekunde realisiert werden, da die Werkzeugwechselzeit in die Hauptzeit der jeweils anderen Spindel fällt.

Eine weitere Besonderheit der Anlage stellt das Werkstücktransportsystem dar, vgl. Bild 9.37. Bei herkömmlichen Transferanlagen mit Werkstückspannpaletten sind für den Materialfluss zwei Transporteinrichtungen erforder-

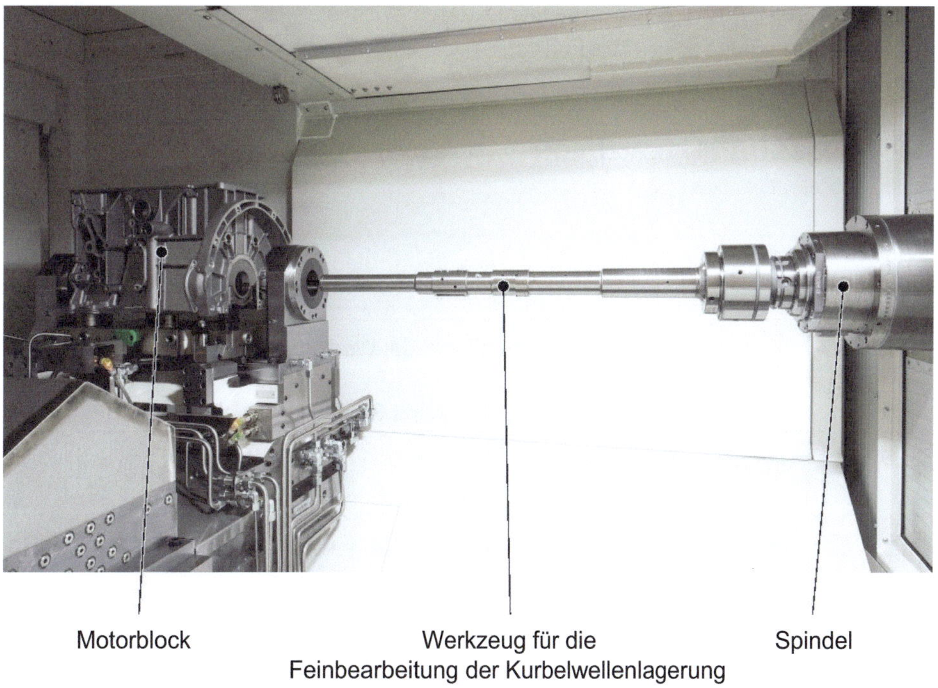

Bild 9.35 Feinbearbeitung einer Kurbelwellenlagerung. Nach MAG IAS

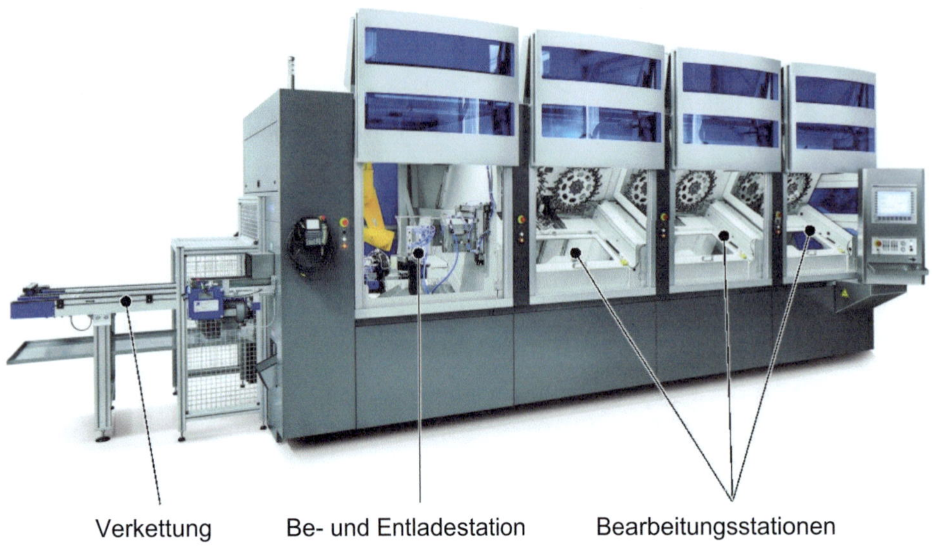

Bild 9.36 Linear-Transfersystem. Nach Mikron SA Agno

lich: Eine dient dem Vorwärtslauf zur Bearbeitung der gespannten Werkstücke, eine weitere dem Rücklauf der leeren Spannmittel. Diese teuren Hilfsmittel sind während des Rücktransports gebunden, was sich aus wirtschaftlicher Sicht nachteilig auswirkt. Diese Nachteile werden bei der in Bild 9.36 dargestellten Transferanlage durch eine Neuorganisation des Werkstücktransports vermieden. Mit Hilfe von Doppelgreifern erhalten die Werkstücke mitsamt Werkstückträger durch paarweises und wechselseitiges Umsetzen zwischen je zwei benachbarten Stationen in kontinuierlichem Fluss sowohl eine vorlaufende als auch eine rücklaufende Bewegung. Jedes Werkstück erfährt auf seinem Weg von der ersten bis zur letzten Station die Hälfte der Bearbeitungsgänge. Anschließend wird es auf dem umgekehrten Weg mit denselben Transportmitteln wieder zurücktransferiert und fertig bearbeitet. Dadurch wird das Werkstück in jeder Station, die Endstation ausgenommen, zweimal bearbeitet.

Der kontinuierliche Fluss entsteht dadurch, dass abwechselnd nur jeder zweite Doppelgreifer eingesetzt wird, also entweder die eine oder die andere Gruppe von Umsetzern arbeitet. Die Umsetzbewegung zwischen zwei benachbarten Stationen dauert eine Sekunde. Das Ent- und Verriegeln der Werkstückträger und der Informationsaustausch dauert hier etwa drei Sekunden, sodass eine Span-zu-Span-Zeit des Werkstückwechsels von ca. vier Sekunden entsteht. Gegenüber der kurzen Zeit des Wechsels der Arbeitsspindeln (ca. eine Sekunde) ist dieser Vorgang eher langsam. Die sehr geringen Nebenzeiten resultieren bei dieser Anlage aus den vorher beschriebenen geringen Nebenzeiten des hauptzeitparallelen Werkzeugwechsels eines Bearbeitungsmoduls. Um die längere Nebenzeit des Werkstückwechsels nicht kontraproduktiv zu akkumulieren, sollte eine Mindestverweilzeit des Werkstücks auf einem Modul von ca. 20 Sekunden nicht unterschritten werden. Die Anlage ist dann wirtschaftlich einzusetzen, wenn viele Werkzeugwechsel erforderlich sind und eine gleichmäßige Arbeitsaufteilung auf die einzelnen Bearbeitungsstationen möglich ist.

Bild 9.37 zeigt das Prinzip des Werkstücktransports exemplarisch für vier Transportschritte. Um ein Werkstück

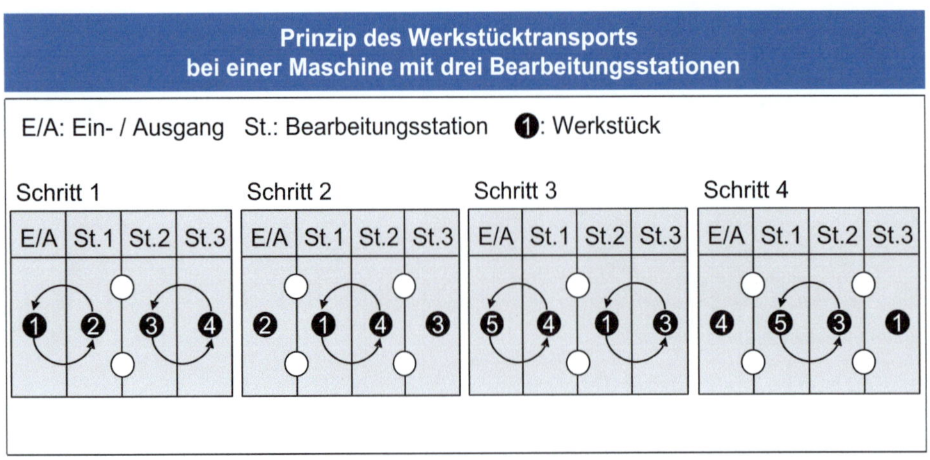

Bild 9.37 Exemplarischer Werkstücktransport

durch die gesamte Anlage zu takten, sind acht Transportschritte erforderlich. Das automatische Be- und Entladen des Systems erfolgt mittels eines Industrieroboters, der die Rohteile von einer DIN-Palette entnimmt und in das automatische Spannmittel einlegt. Fertigteile werden auf dem gleichen Weg in die freien Plätze der Palette zurückbefördert.

9.5 Flexible Fertigungszellen

Aufgrund hoher Investitionskosten von NC-Bearbeitungszentren ist man bestrebt, die Amortisationszeit durch einen Mehrschichtbetrieb der Maschinen zu reduzieren und die Neben-, Rüst-, Liege- und Transportzeiten zu senken, um eine wirtschaftlichere Fertigung zu ermöglichen. Für eine mehrschichtige Nutzung der Maschine in Verbindung mit personalreduzierten Schichten ist die Anbindung der Maschine an ein Werkstückmagazin mit automatischem Werkstückwechsel notwendige Voraussetzung. Die Werkstückspeicher der flexiblen Fertigungszelle (Werkstücke auf Aufspannpalette oder Werkstückträger in Verbindung mit Handhabungssystemen) werden während der Tagschicht in ausreichender Menge mit unbearbeiteten Teilen bestückt. Eine erhebliche Senkung der Durchlaufzeit ist durch ein hauptzeitparalleles Spannen der Werkstücke möglich.

Die Bearbeitung der meist unterschiedlichen Werkstücke erfolgt sequentiell entsprechend der durch das Spannen bzw. das Bestücken vorgegebenen Reihenfolge oder entsprechend einer im Leitrechner definierten Arbeitsreihe. Die Zuordnung der Bearbeitungsprogramme zu den Werkstücken kann dann ebenfalls dem Zellenrechner entnommen werden oder geschieht über das Einlesen entsprechender Informationen, die auf einem codierten Informationsträger (z. B. RFID-Transponder) gespeichert sind. Das entsprechende NC-Bearbeitungsprogramm wird nach dem Einwechseln der Werkstücke automatisch aktiviert. Auf diese Weise kann die Maschine in einer zweiten und dritten Schicht (mannlos oder mannreduziert) selbstständig die ihr vorgegebenen Bearbeitungsaufgaben abarbeiten.

Um die Anwendungsbereiche durch Fertigung einer Vielzahl verschiedener Teile zu erhöhen und bei Ausfall bzw. Grenzverschleißüberschreitung eines Werkzeugs eine ausreichende Anzahl von Schwesterwerkzeugen bereitzustellen, können auch große Werkzeugspeicher eingesetzt werden, wie z. B. Ketten- oder Turmmagazine. Die Grenzen liegen hier unter anderem im Kapitalaufwand für die bereitgestellten Werkzeuge und in der Größe der Werkzeugmagazine.

Zur Verwirklichung einer personalreduzierten Schicht sind weitere Maschineneigenschaften erforderlich. Die reine Standzeitüberwachung der Werkzeuge kann als Stand der Technik angesehen werden. Zusätzlich sind Werkzeugbruch- und Werkzeugverschleißüberwachungssysteme notwendig, die heute vielfach noch nicht die geforderte Aussagesicherheit erreicht haben, vgl. ▶ Band 3, Kap. 6. Daher werden bei

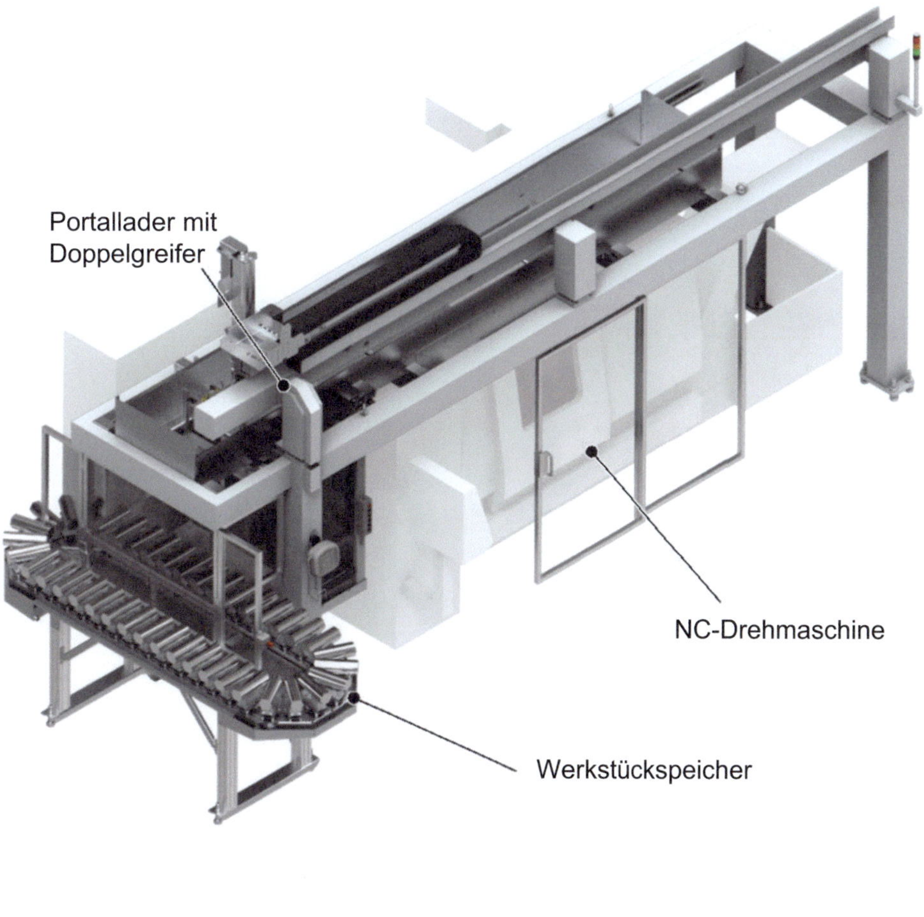

Bild 9.38 NC-Drehmaschine mit Portallader und Werkstückspeicher. Nach PROMOT Automation

flexiblen Fertigungszellen in der unbeaufsichtigten Zeit die Schnittwerte (Schnittgeschwindigkeit und Vorschub) häufig zurückgenommen, um sicher zu gehen, dass die Werkzeuge diese Zeit unbeschadet überstehen. Der Einsatz von Diagnosesystemen zur Maschinenzustandserfassung ist eine weitere Voraussetzung, um Schäden an der Maschine und damit verbundene zeitaufwändige und kostspielige Ausfallzeiten des Systems zu vermeiden. Darüber hinaus werden entsprechende Fertigungszellen heute meist mit Systemen zur Fernwartung ausgerüstet, um größere Probleme schnell, unkompliziert und kostensparend in Zusammenarbeit mit den Servicetechnikern des Werkzeugmaschinenherstellers lösen zu können, vgl. ► Band 3 Kap. 6.

Eine flexible Fertigungszelle für die Dreh-, Bohr- und Fräsbearbeitung ist in ◻ Bild 9.38 dargestellt. Bei dem gezeigten Bearbeitungszentrum handelt es sich um einen Universaldrehautomaten, der über einen Portallader bestückt wird. Für das Werkstückhandling wird ein Linearportal mit schwenkbaren Doppelgreifer verwendet. Die Aufgabe des Portalroboters ist es, ein Rohteil und ein in der Maschine gefertigtes Werkstück durch einen Werkstückwechsel auszutauschen. Der Greifer kann zwei Werkstücke aufnehmen und ermöglicht so einen schnellen Werkstückwechsel in der Maschine und kurze Span-zu-Span-Zeiten.

Bei dem in ◻ Bild 9.39 gezeigten Portallader handelt es sich um einen H-Lader (Doppel-Portallader) mit zwei Greifarmen. Bei diesem H-Lader sind zwei unabhängige Arme mit Greifern auf dem Laufkatzenschlitten parallel in Verfahrrichtung angeordnet. Ein Arm dient zur Aufnahme des Rohteils, der andere Arm trägt ein Fertigteil. Der Abstand zwischen den Armen ist fixiert. Diese Anordnung wird z. B. für lange Wellenteile verwendet, bei denen ein schwenkbarer Doppelgreifer nicht mehr eingesetzt werden kann. Für die Bereitstellung von Rohteilen oder zur Ablage von Fertigteilen können unterschiedliche Teilemagazine zum Einsatz kommen, wie z. B. Palettenbänder, Stangenlager im Falle von Stangendrehautomaten, Palettenvertakter oder Stapelzellen. Zum Umrüsten auf einen anderen Werkstücktyp müssen ggf. die Greifer bzw. die Greiffinger des Portalroboters gewechselt sowie das Roboterprogramm angepasst werden. Übliche Zeiten für Umrüstvorgänge liegen zwischen fünf und zehn Minuten.

Die in ◻ Bild 9.39 und ◻ Bild 9.40 dargestellten, flexiblen Fertigungszellen können sowohl um weitere Bearbeitungszentren als auch um Zusatzstationen erweitert werden, die z. B. das Wenden und Ausschleusen von Teilen für die statistische Prüfdatenerfassung oder Markier- und Entgrataufgaben übernehmen.

Auch in der Blechbearbeitung werden flexible Fertigungszellen eingesetzt, wobei numerisch gesteuerte Schneidmaschinen bei der automatischen Fertigung kleinerer und mittlerer Serien Anwendung finden, vgl. ◻ Bild 9.40. Ziel der Fertigung ist es, Blechteile auftragsbezogen mit möglichst geringem Verschnitt und kurzer Durchlaufzeit herzustellen und gleichzeitig die Materialbestände zu minimieren. Die Realisierung dieses Ziels wird in der Planungsphase durch CAM-Systeme mit Schachtelungsoptimierung und Lagerverwaltungssystemen unterstützt. Teile aus gleichem Material und gleicher Stärke werden aus verschiedenen Fertigungsaufträgen einer Planungsperiode zusammengefasst. Die Zuordnung der Blechtafeln mit bekannten Abmessungen erfolgt so, dass der Verschnittanteil minimiert wird.

◻ Bild 9.40 zeigt beispielhaft eine flexible Fertigungszelle für das 2D-Laserschneiden von Blechen. Die Rohblechtafeln können aus einem Kompaktlager abgerufen werden. Dazu wird mit einem automatischen Regalbediengerät das ge-

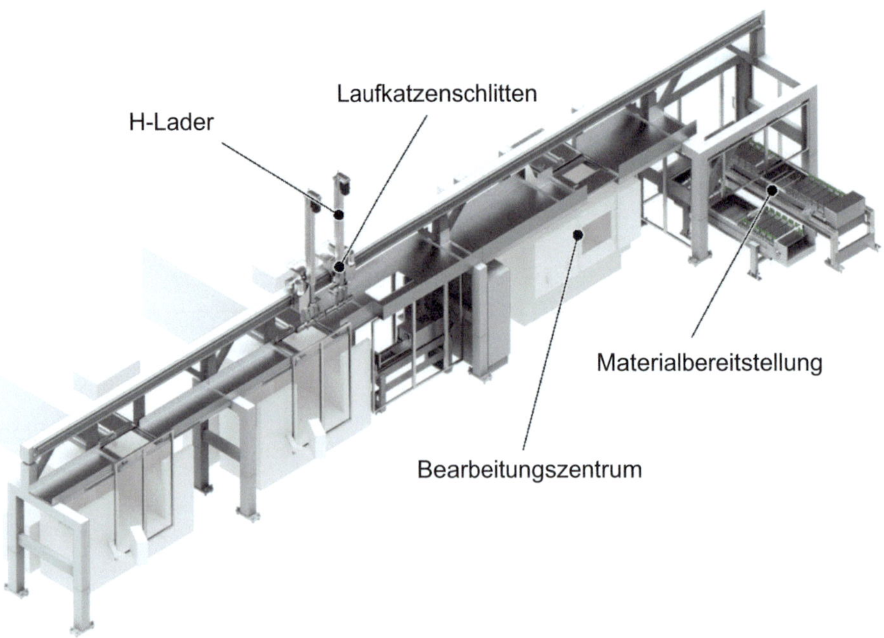

◻ **Bild 9.39** NC-Fertigungszelle mit H-Lader. Nach PROMOT Automation

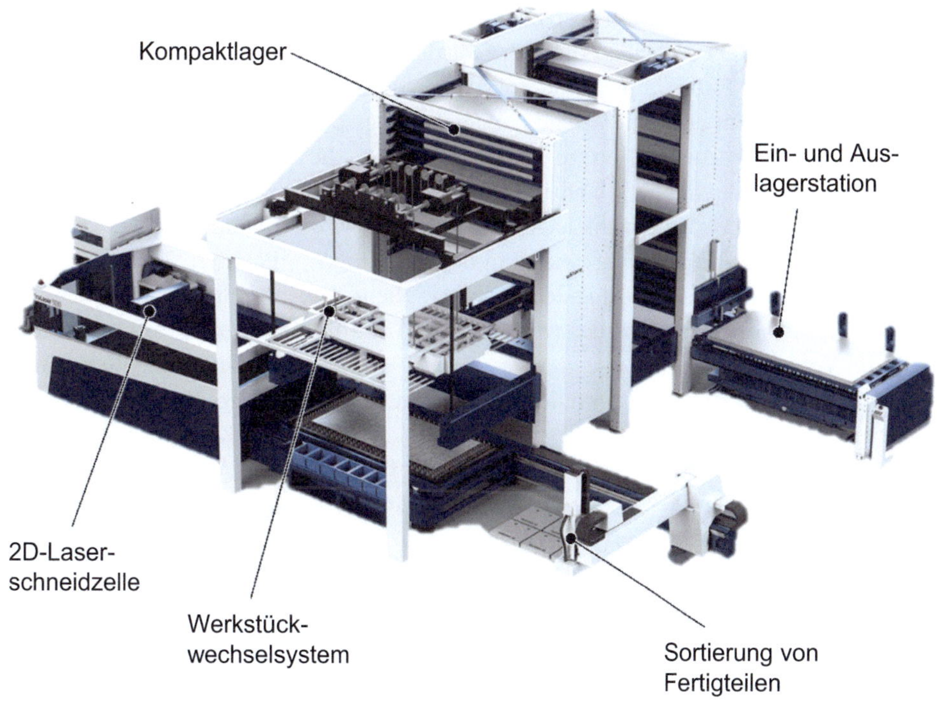

Bild 9.40 Flexibel automatisierte Laserschneidzelle. Nach TRUMPF-Gruppe

wünschte Material herausgefahren und mittels eines linearen Werkstückwechselsystems entnommen. Durch dieses können mehrere Teile aufgenommen und am erforderlichen Ort abgelegt werden. Dies ist erforderlich, um während des Schneidprozesses gleichzeitig fertig geschnittene Teile oder Resttafeln wieder in das Lager zu befördern. Der Beladetisch vor der Maschine ist üblicherweise mit einer Zentrier- oder Positioniereinrichtung ausgestattet. Die Bleche werden dann der Maschine über Rollenförderer oder Linienportale mit Sauggreifern zugeführt. Nach erfolgter Schneidoperation werden die Restgitter samt Fertigteilen wieder aus der Maschine herausgefördert. Das lineare Werkstückwechselsystem transportiert die Restgitter auf einen separaten Ablageplatz. Währenddessen werden die Fertigteile je nach Bauteilgröße mittels eines linearen Abstapelsystems auf DIN-Paletten oder in Kisten abgelegt. Alternativ können Fertigteile auch über das Regalbediengerät ins Lager zurücktransportiert werden. Das Lager verfügt über eine separate Aus- und Einlagerstation, über die die Fertigungszelle mit neuem Rohmaterial versorgt wird bzw. Fertigteile entnommen werden können.

9.6 Flexible Fertigungssysteme

Die Grundbausteine jedes flexiblen Fertigungssystems (FFS) bilden mehrere numerisch gesteuerte Einzelmaschinen, in der Regel Bearbeitungszentren, die durch eine geeignete Peripherie zur Werkstück- und Werkzeugversorgung ergänzt werden. Die Verknüpfung der einzelnen Systemkomponenten wird mit Hilfe eines Zentralrechners für die Werkstück- und Werkzeugtransportsysteme sowie die NC- und Betriebsdatenhandhabung gesteuert. Der entscheidende Unterschied zu flexiblen Transferstraßen besteht in dem bei flexiblen Fertigungssystemen eingesetzten flexiblen Transportsystemen. Das flexible Transportsystem ist dabei so ausgeführt, dass eine beliebige Reihenfolgeansteuerung der Bearbeitungseinheiten erfolgen kann. Bei flexiblen Transferstraßen dagegen ist die Bearbeitungsfolge durch die räumliche Anordnung der Maschinen vorgegeben.

Während noch Anfang der 1980er Jahre flexible Fertigungssysteme mit dem Ziel entwickelt wurden, eine vollkommen automatisierte und effektive Serien- und Einzelteilfertigung, d.h. Auftragswechsel ohne Zeitverlust in Verbindung mit einem personalreduzierten Betrieb der Anlagen, zu realisieren, hat in den 1990er Jahren ein rezessionsbedingter Bewusstseinswandel bei der Entwicklung von flexiblen Fertigungssystemen eingesetzt. Die Forderung nach einer lückenlosen Automation führte in der Vergangenheit zu Systemen mit extrem hoher Komplexität und sehr hohen Investitionskosten. Flexible Fertigungssysteme mit 70 oder mehr Einzelmaschinen waren in der Vergangenheit in der Automobilindustrie keine Seltenheit. Die Flexibilität solcher Großsysteme war jedoch geringer als ursprünglich angenommen. Zudem führte die Komplexität der Systeme zu erheblichen Einschränkungen bezüglich der Systemverfügbarkeit und der Betriebssicherheit sowie zu enormen Akzeptanzproblemen beim Bedienpersonal. [HAMM94]

Flexible Fertigungssysteme werden heute oft als schlanke „Low-Cost"-Lösungen mit häufig zwei bis fünf Einzelmaschinen ausgeführt. Die Anlagen werden aus standardisierten Baugruppen zusammengestellt, wodurch die

Kosten bei der Erstinvestition, bei Umbauarbeiten sowie beim Nachrüsten der Anlagen erheblich reduziert werden können. Bei der Entwicklung moderner flexibler Fertigungssysteme ist ein deutlicher Trend zur anwendungsspezifischen, flexiblen Automation zu verzeichnen, d.h. die Systeme werden auf ein überschaubares Teilespektrum mit einer begrenzten Variantenzahl angepasst. Hierbei wird versucht, ein Over-Engineering, wie es in der Vergangenheit praktiziert wurde, zu vermeiden [LAY01]. Nicht das technisch Machbare, sondern das wirtschaftlich Sinnvolle steht im Vordergrund.

Steuerung und Bedienung von flexiblen Fertigungssystemen unterliegen hohen Anforderungen. Dabei ist eine vorausschauende Ressourcendisposition für die Planung der meist über längere Zeit andauernden Produktionsprozesse Voraussetzung für einen effizienten Betrieb. Anders als bei Einzelmaschinen hat ein Steuerungssystem für flexible Fertigungssysteme die Aufgabe, Werkstücke in unterschiedlichen Varianten, also mit stark divergenten Bearbeitungszeiten, auf verschiedene Bearbeitungsmaschinen zu verteilen. Dabei gilt es die Maschinenbelegung optimal auszureizen und Durchlaufzeiten zu minimieren. Weitere Aufgaben der übergeordneten Steuerung sind die Lagerhaltung von Roh- und Fertigteilen, sowie die Werkzeug- und Spannmittelbereitstellung für die Bearbeitungsmaschinen. Weitere Informationen zu Fertigungs- und Prozessleittechnik finden sich in ▶ Band 3, Kap. 14.

In ◘ Bild 9.41 ist ein flexibles Fertigungssystem dargestellt, bei dem der Werkstücktransport über ein Regalbediengerät erfolgt, welches Maschinenpaletten zwischen den Lagerplätzen des zentral angeordneten Hochregallagers und den Bearbeitungsstationen transportiert. Das dargestellte Fertigungssystem verfügt über drei Rüststationen, an denen der Anlagenbediener Rohteile auf leere Paletten spannt, Umspannoperationen an Halbteilen durchführt oder Fertigteile entnimmt. Als Bearbeitungsstationen kommen drei Standard-NC-Maschinen zum Einsatz, die über einen Palettenwechsler vom Regalbediengerät bestückt werden. Für den rechnergesteuerten Werkzeugaustausch zwischen den maschinengebundenen Werkzeugmagazinen und dem gemeinsamen Werkzeugpool in Form eines Regalmagazins wird ein Portallader verwendet, der mit einem schwenkbaren Doppelgreifer ausgerüstet ist. Über dieses System erfolgt die zeitnahe Versorgung der Maschinen mit den zur Bearbeitung des geplanten Werkstückspektrums notwendigen Werkzeugen. Das Austauschen der verschlissenen Werkzeuge geschieht automatisch und hauptzeitparallel, während die Werkzeugvermessung durch das Bedienpersonal mit Hilfe eines optional direkt an den Fertigungsleitrechner angeschlossenen Einstellgerätes vorgenommen wird. Die Bedienung des Systems erfolgt über ein Bedienpanel, das den gesamten Prozessablauf zur Auftragsabarbeitung, zum Werkstückhandling, zur Werk-

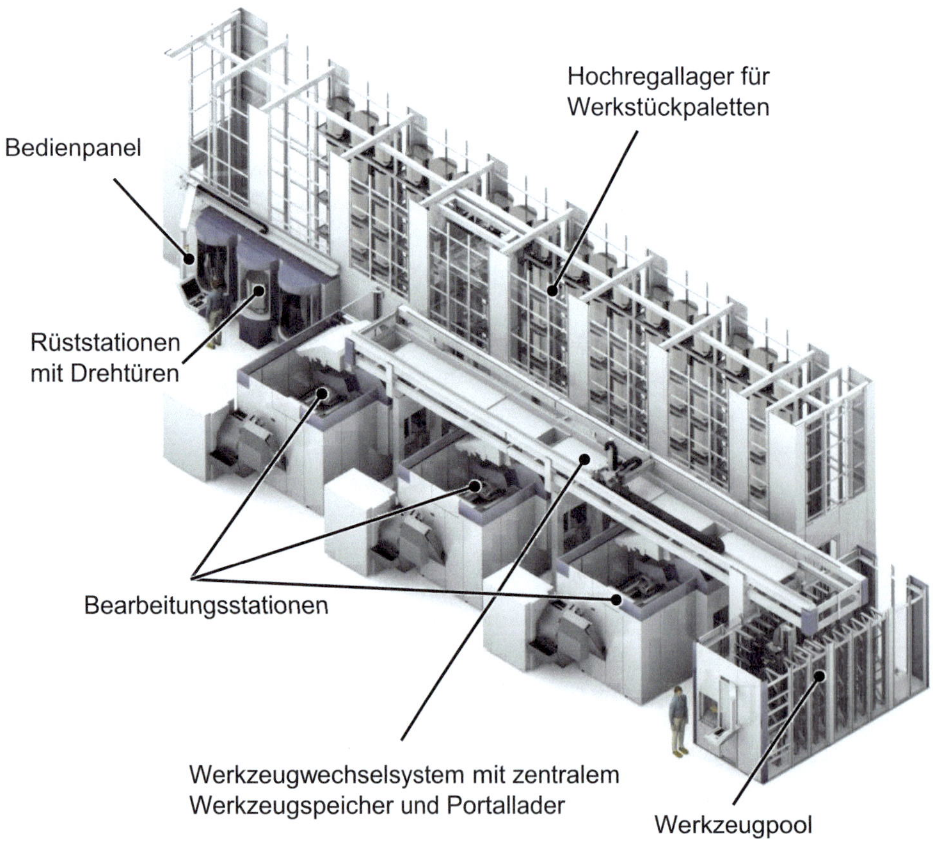

◘ **Bild 9.41** FFS mit automatisiertem Werkstück- und Werkzeugfluss. Nach PROMOT Automation zeugplanung und -kontrolle sowie zur Betriebsdatenerfassung koordiniert. Entsprechend dem dargestellten Aufbau sind sowohl das Lagersystem als auch die Bearbeitungskapazität durch Anbindung weiterer Maschinen problemlos erweiterbar.

Für die Bearbeitung von Großwerkstücken ist der Einsatz von Portalbearbeitungszentren (vgl. ▶ Kap. 4.3.1) erforderlich. Das in ◘ Bild 9.42 dargestellte flexible Fertigungssystem besteht aus drei, sich ersetzenden, Portalbearbeitungszentren. Jede dieser Senkrechtmaschinen ist mit einem Werkzeugwechselsystem für bis zu 182 Werkzeugplätze ausgerüstet. Zusätzlich sind feste Winkelköpfe, wie Horizontalspindeleinheiten oder andere Sonderspindeleinheiten einwechselbar. Mit zweiachsigen NC-gesteuerten Zusatzköpfen, die zusätzliche Schwenkbewegungen der Werkzeuge erlauben, können die Maschinen zu 5-Achs-Maschinen aufgerüstet werden. Auf diese Weise lassen sich neben 5-Seitenbearbeitungen auch 5-Achs-Simultanbearbeitungen durchführen, die beispielsweise bei der Fertigung von Turbinenschaufeln, Werkzeugformen oder Schiffsschrauben erforderlich sind.

Die Paletten werden mit einem Palettentransportwagen zwischen Werkstückrüstplatz, Bearbeitungszentren und Werkstücklagerplätzen transportiert. Die Aufnahme von zwei Werkstückträgern auf dem Palettentransportwagen ermöglicht kurze Wechselzeiten und eine zeitweilige Pufferung von Paletten auf dem Palettenwagen.

Zum manuellen Auf- und Abspannen der Werkstücke steht ein Rüstplatz zur Verfügung.

Ein weiteres flexibles Fertigungssystem mit Bearbeitungszentren für Aerospace Großbauteile aus Aluminium zeigt ◘ Bild 9.43. Die abgebildeten Werkzeugmaschinen zeichnen sich durch ihren parallelkinematischen Bearbeitungskopf aus, der hochdynamisches Fünfachsfräsen von Flugzeugintegralbauteilen ermöglicht. Durch die hohe installierte Spindelleistung von 120 kW bei 30.000 U/min werden Zeitspanvolumen von bis zu 10 l/min aus dem vollen hochfesten Aluminium erreicht. Die Maschinen verfügt jeweils über eine Siemens-Steuerung (Sinumerik 840 D), ein Regal-Werkzeugmagazin mit 125 Plätzen, Vakuum-Spannsysteme für Werkstücke und Videoüberwachung des Arbeitsraumes. Ein Schienentransportsystem mit 63 Stationen zum Be- und Entladen sowie Speichern verbindet dabei die sieben Maschinen zu einem flexiblen Fertigungsverbund, in dem 60 Paletten (Palettengröße 2.000 mm · 6.000 mm) im dynamischen Wechsel zwischen Rüsten und Bearbeiten für eine hochproduktive Fertigung sorgen. Gesteuert wird das flexible Fertigungssystem von einem übergeordneten Leitrechner, der alle automatisierten Funktionen, wie Palettenwechsel, Werkzeugwechsel, Start von Bearbeitungsprogrammen, etc. regelt. Durch diesen Leitrechner wird das System so ausgesteuert, dass die Zerspanmaschinen maximal zur Produktion kommen. Die Speicherstationen für Paletten dienen dabei als Puffer, um Engpässe durch einzelne Module des Systems zu vermeiden. Der Trend zu flexiblen Fertigungszentren ist allgemein bei Großteilen zu erkennen, da auch in diesem Bereich die Forderung nach höherer Produktivität und reduzierten Betreiberkosten besteht.

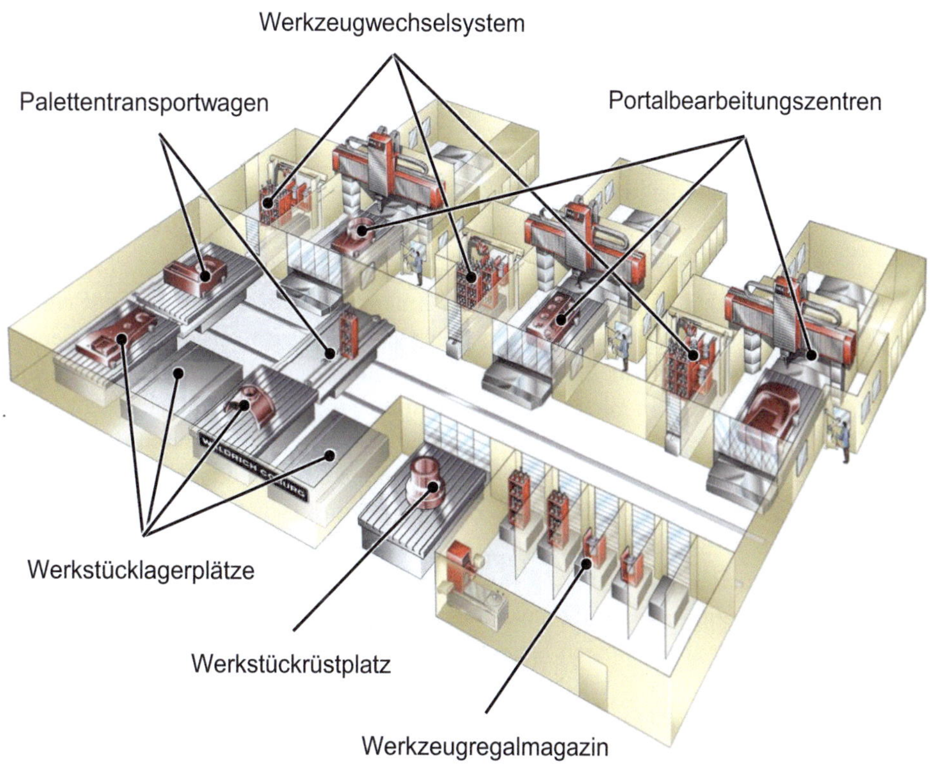

◘ **Bild 9.42** FFS mit Portalbearbeitungszentren. Nach WALDRICH COBURG

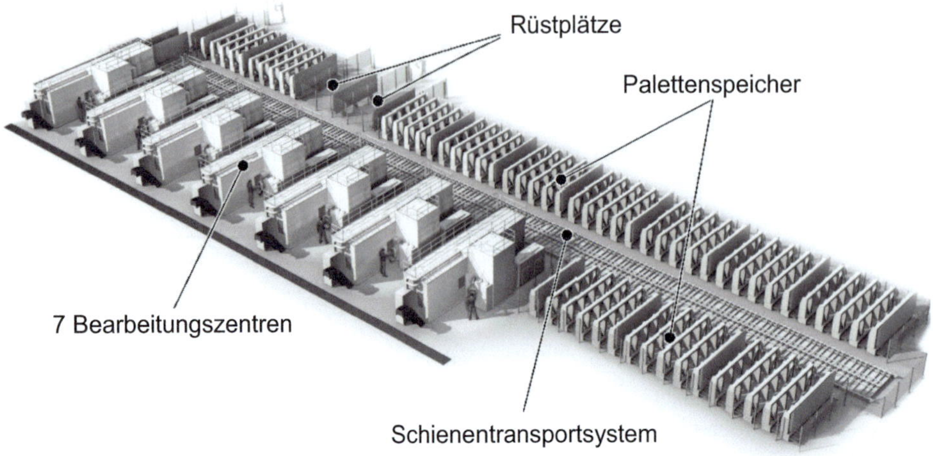

Bild 9.43 FFS für Aerospace Großbauteile, Produktbereich Ecospeed. Nach Starrag Technology GmbH

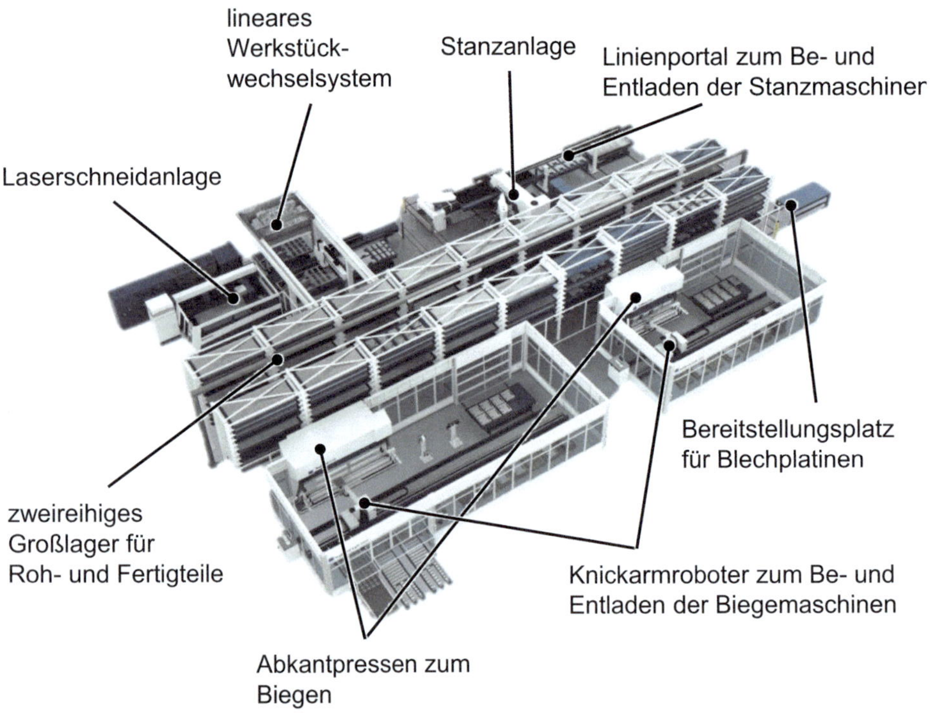

Bild 9.44 FFS für die Blechbearbeitung. Nach TRUMPF-Gruppe

9

Auch in der Blechbearbeitung werden zunehmend flexible Fertigungssysteme eingesetzt. Das in Bild 9.44 dargestellte Fertigungssystem zur Blechbearbeitung stellt die Ausbaustufe einer flexiblen Fertigungszelle entsprechend Bild 9.40 dar. Das Materiallager besteht hier aus einem zweireihigen Großlager, das über ein mittig angeordnetes Regalbediengerät be- und entladen wird. Zur Bearbeitung stehen eine Stanz-/Schneidanlage und ein 2D-Laserschneidzentrum zur Verfügung.

Die beiden Abkantpressen sind ebenfalls an den automatisierten Materialfluss angeschlossen. Sie werden über Knickarmroboter beschickt, welche im Anschluss die Fertigteile auf DIN-Paletten stapeln. Die dargestellte Stanzanlage wird über ein Linienportal be- und entladen. Dabei werden die Rohblechtafeln auf einem schienengeführten Transportwagen aus dem Lager bereitgestellt. Das Abstapeln von Fertigteilen erfolgt hingegen auf Paletten, die von einem Kettenförderer bereitgestellt werden. Kleinteile können über Sortiereinrichtungen in Kisten abgeführt werden. Die Maschine verfügt über einen separaten externen Werkzeugspeicher, der die Werkzeugkapazität der Maschine um zusätzliche 40 oder 70 Plätze erweitert. Der Werkzeugspeicher verfügt über einen eigenen Ausleger mit Schwenkarm, der über zwei Greifer Werkzeuge zwischen Maschine und Speicher austauschen kann. Das Rüsten des Werkzeugspeichers kann hauptzeitparallel erfolgen.

Literaturverzeichnis

[BRAN00] Brandner, H.; Jung, P.: Flexible Fertigung. Kombinierter Einsatz von Bearbeitungszentren und flexiblen Transferstraßen. In: WB Werkstatt und Betrieb. 133. Jg., 2000, Nr. 4, S. 55–58

[BULL03] Bullinger, H.-J.; Warnecke, H.-J.; Westerkämper, E.: Neue Organisationsformen im Unternehmen. (Reihe: Engineering online library). 2. Aufl. Berlin: Springer, 2003

[GRUN09] Grundig, C.-G.: Fabrikplanung. 3. Aufl. München: Hanser, 2009

[HAIM13] Haimerl, C.: Reinigen im Rundtakt. In: JOT – Journal für Oberflächentechnik. 53. Jg., 2013, Nr. 3, S. 54–55

[HAMM94] Hammer, H.: Flexible Fertigungssysteme im Lean-Trend. In: Werkstattstechnik – Produktion und Management. 84. Jg., 1994, Nr. 3, S. 85–90

[HAUN13] Haun, M.: Handbuch Robotik. Berlin, Heidelberg: Springer, 2013

[HESS04] Hesse, S.: Robotergreifer. München, Wien: Hanser, op. 2004

[HOFM00] Hofmann, G.: Flexible Fertigungssysteme von heute. In: WB Werkstatt und Betrieb. 133. Jg., 2000, Nr. 3, S. 46–49

[ISEN11] Isenburg, T.: Zylinderköpfe energieeffizient reinigen. In: JOT – Journal für Oberflächentechnik. 51. Jg., 2011, Nr. 6, S. 68–70

[JUNG99] Jung, P.: Bearbeitungszentren für Groß- und Mittelserien. Bearbeitungszentren contra Transferstraßen. In: WB Werkstatt und Betrieb. 132. Jg., 1999, Nr. 5, S. 48–51

[KOBL14] Koblenzer, G.: Maßgeschneidert modular. In: JOT – Journal für Oberflächentechnik. 54. Jg., 2014, Nr. 3, S. 62–64

[LAY01] Lay, G.; Schirrmeister, E.: Sackgasse Hochautomatisierung? Mitteilungen aus der Produktionsinnovationserhebung. Karlsruhe, 2001

[LOTT12] Lotter, B.; Wiendahl, H.-P.: Montage in der industriellen Produktion. Berlin: Springer, 2012

[NEUG12] Neugebauer, R.: Werkzeugmaschinen. (Reihe: SpringerLink : Bücher). Berlin: Springer Vieweg, 2012

[SCHU12] Schulz, D.: Eine perfekte Anlagentechnik allein reicht nicht. In: JOT – Journal für Oberflächentechnik. 52. Jg., 2012, Nr. 12, S. 50–51

[VERE] Verein Deutscher Werkzeugmaschinenfabriken e. V. (VDW): Marktbericht 2014. Frankfurt, 2015

[VIEH92] Viehweger, B.: FFS als wesentlicher Bestandteil von Fertigungsarchitekturen. In: CIM. 8. Jg., 1992, Nr. 2, S. 10–32

Kapitel 10

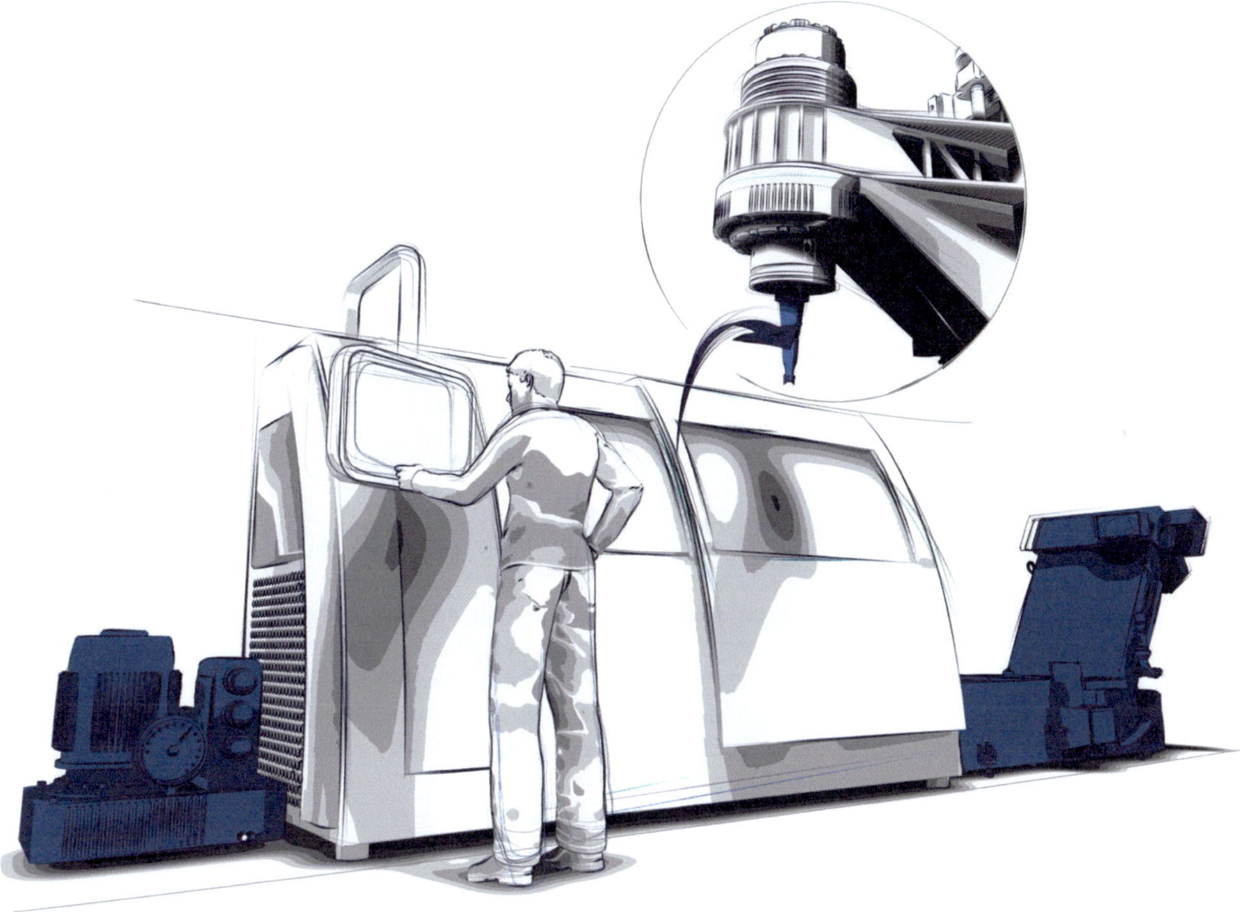

Ausrüstungskomponenten für Werkzeugmaschinen

Ich danke meinen Mitarbeitern Alexander Hassis M.Sc., Christian Bergs M.Sc., Dipl.-Ing. Jens Falker, Dipl.-Ing. David Jasper und Dipl.-Ing. Richard Habermann für ihre Mitwirkung bei der Überarbeitung dieses Kapitels.

Ausrüstungskomponenten für Werkzeugmaschinen

Eine umfassende Erläuterung von Standard- und Zusatzausrüstungen für sämtliche Werkzeugmaschinenarten ist im Rahmen dieses Buches nicht möglich. Es werden deshalb schwerpunktmäßig Ausrüstungen für Bohr- und Fräsmaschinen sowie für Drehmaschinen behandelt. Nach Darstellung der Aufgaben und der Bedeutung der Ausrüstungskomponenten werden ihre Funktionsprinzipien erläutert. Die darauf folgende Vorstellung der einzelnen Komponenten anhand von Beispielen erstreckt sich von den Betriebsmitteln bis zu den Wechsel- und Speichereinrichtungen für Werkzeuge und Werkstücke.

10.1 Übersicht

Zum Betrieb einer Werkzeugmaschine sind die Betriebsmittel (Werkzeuge, Vorrichtungen, Mess- und Prüfmittel) zwingend notwendig. Zusätzlich werden bei dem heute hohen Automatisierungsgrad verschiedene Wechsel- und Speichereinrichtungen für Werkzeug und Werkstück benötigt.

Im Folgenden wird am Beispiel einer Drehmaschine Art und Funktion von Ausrüstungszubehör grundsätzlich erläutert. Den Umfang möglicher Zubehörkomponenten für eine Drehmaschine verdeutlicht ◘ Bild 10.1. Werkzeuge, Spanneinrichtungen, Handhabungs- und Speichereinrichtungen als Komponenten des Werkzeug- und Werkstücksystems können in Abhängigkeit von Bearbeitungsaufgabe, Maschinenbauform und Automatisierungsgrad unterschiedliche Ausführungen besitzen. Insbesondere im Hinblick auf die automatisierte NC-Fertigung werden wesentliche Ausrüstungskomponenten in den nächsten Abschnitten vorgestellt.

In ◘ Bild 10.2 sind die funktionalen Zusammenhänge zwischen der Werkzeugmaschine mit ihren Teilkomponenten und den Werkstück- und Werkzeugträgern sowie den Spannelementen und den sich daraus ergebenden Schnittstellen dargestellt. Mithilfe der Betriebsmittel werden die Werkzeugmaschinen befähigt, die jeweiligen Bearbeitungsaufgaben auszuführen. Werkstücke und Werkzeuge werden auf den entsprechenden Trägern gehalten bzw. gespannt. Unter den Aspekten der Austauschbarkeit und der flexiblen Anpassung der Werkzeugmaschine an unterschiedliche Bearbeitungsaufgaben kommt der Gestaltung der mechanischen Schnittstellen zwischen den verschiedenen Betriebsmittelkomponenten und der Maschine besondere Bedeutung zu. In diesem Abschnitt werden sowohl die Funktionen der Teilkomponenten als auch der Schnittstellen beschrieben.

Neben den maschinenbezogenen Schnittstellen existieren an Werkzeugmaschinen Schnittstellen für die automatische Be- und Entladung von Werkzeugen, Spannzeugen und Werkstücken. Der heute weitestgehend realisierten Vereinheitlichung der Schnittstelle Werkzeug-Maschine steht werkstückseitig die schwierige Aufgabe einer flexiblen Anpassung an wechselnde Werkstückgeometrien gegenüber. Die Werkstücke erfordern aufgrund ihrer unterschiedlichen Gestalt und Größe flexible Spanneinrichtungen.

Werkzeuge und Werkstücke müssen entsprechend der geforderten Bearbeitungsaufgabe in einer bestimmten Lage relativ zum Maschinenkoordinatensystem positioniert und gespannt werden. Die genaue Lagebestimmung, d. h. die definierte räumliche Ausrichtung von Werkzeugen und Werkstücken zueinander, erfolgt durch geometrisch eindeutige Fixierung. Die Anforderungen an das wiederholte, automatische Wechseln erzwingen einheitliche Schnittstellen, durch die eine schnelle und eindeutige Lagebestimmung von Werkzeugen und Werkstücken bzw. deren Vorrichtungen ermöglicht wird. Neben dem Lagebestimmen durch Positionieren und Orientieren ist das Spannen eine wesentliche Funktion im Wirkungsfeld von Werkstück, Werkzeug und Werkzeugmaschine. Werkstückseitig werden die genannten

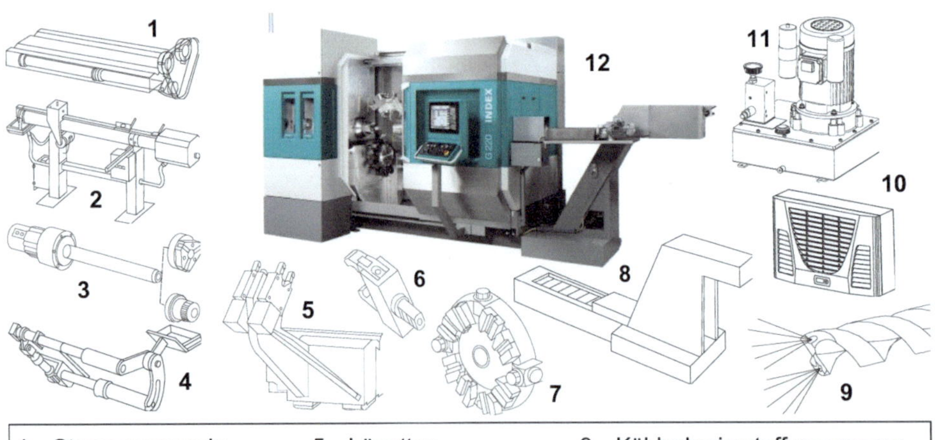

1 Stangenmagazin	5 Lünetten	9 Kühlschmierstoffversorgung
2 Stangenführung	6 Stangengreifer	10 Kühlaggregat
3 Kraftspanneinrichtung	7 Werkzeugrevolver	11 Hydraulikaggregat
4 Abholeinrichtung	8 Späneförderer	12 Dreh-Fräszentrum

◘ **Bild 10.1:** Ausrüstungszubehör eines NC-Bearbeitungszentrums für die aufgabenspezifische Automatisierung. Quellen: Gildemeister, INDEX, LUKAS Hydraulik, Rittal

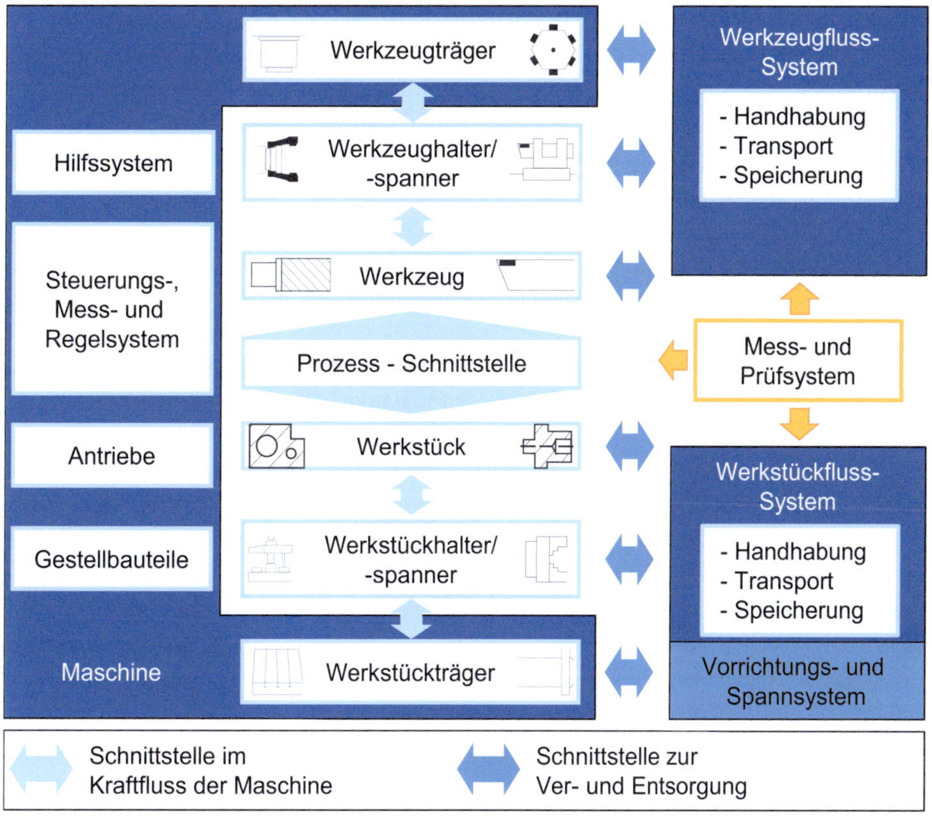

Bild 10.2: Schnittstellen der Ausrüstungskomponenten zur Werkzeugmaschine und zum Umfeld

Funktionen durch Vorrichtungen, Trägerpaletten und Indexierungen auf den Bearbeitungstischen oder an den Werkstückspindeln realisiert. An die Werkzeugseite sind dieselben konstruktiven Anforderungen gestellt, welche jedoch durch die Gestaltähnlichkeit einfacher zu realisieren sind. In ◘ Bild 10.3 sind diese Zusammenhänge dargestellt [VDI90a].

Neben den genannten lagebestimmenden Funktionen und Spannfunktionen sind weitere Aufgaben der Betriebsmittel in Wechselwirkung mit Werkzeugmaschinen und Handhabungseinrichtungen zu erfüllen. Um die Nachgiebigkeit von beispielsweise dünnwandigen Werkstücken oder auskragenden Werkzeugen zu verringern, werden Elemente

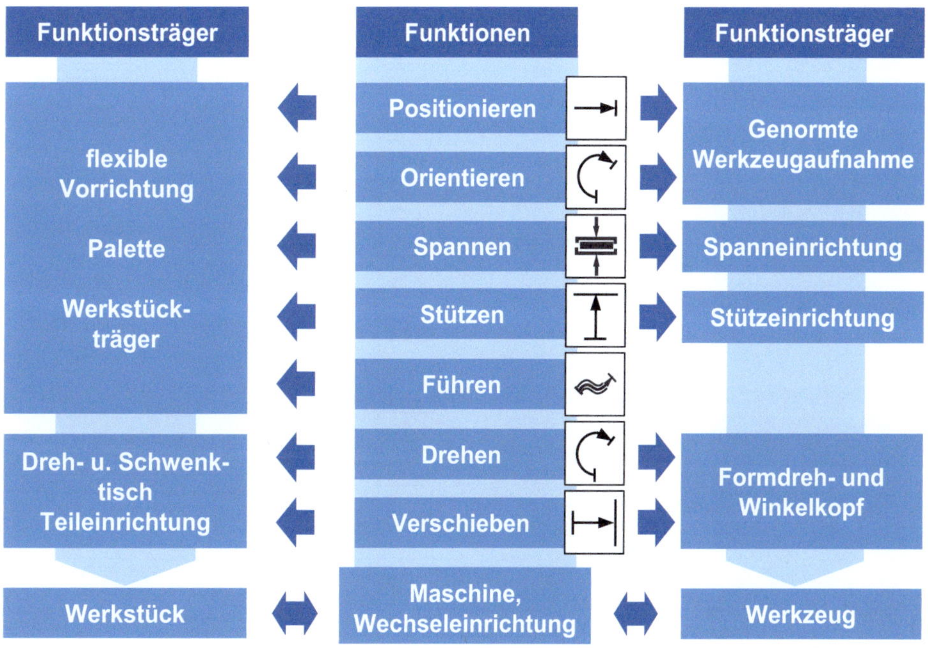

Bild 10.3: Funktionen von Trägern, Haltern und Spanneinrichtungen

mit Stützfunktion eingesetzt. Gegebenenfalls wird die exakte Lage der Werkzeuge zum Werkstück durch eine zusätzliche Führung gewährleistet. Die Funktionsträger modular aufgebauter Vorrichtungs- und Werkzeugsysteme müssen zur Realisierung der jeweiligen Gesamtfunktion miteinander verbunden werden. Weitere Funktionen der Vorrichtungen, wie Drehen, Schieben oder Schwenken, dienen der Erweiterung der Maschinenfunktionen, wie z. B. einer allseitigen Bearbeitung oder der definierten wiederholten Lagebestimmung (Längs- und Kreisteilen) [LOCK84].

Automatisch arbeitende Werkzeug- und Werkstück-Flusssysteme haben bei den heutigen Bearbeitungsmaschinen eine große Bedeutung. Für die flexible Versorgung von Einzel- und Mehrmaschinensystemen mit Werkzeugen und Werkstücken werden in Abhängigkeit vom angestrebten Automatisierungsgrad unterschiedliche Ausrüstungskomponenten benötigt. Dabei sind im Wesentlichen die drei Funktionen Handhaben, vgl. ◘ Bild 10.4, Transportieren und Speichern zu realisieren.

10

Neben den zuvor beschriebenen Einrichtungen sind für den Betrieb einer Werkzeugmaschine verschiedene Peripheriegeräte notwendig. Aufgabe der **Kühlsysteme** ist das Aufrechterhalten eines möglichst konstanten Temperaturniveaus in der Werkzeugmaschine. In spanenden Werkzeugmaschinen werden beispielsweise die Hauptspindeln, die Lineardirekt- und Vorschubantriebe, die Hydrauliksysteme, der Schaltschrank und der Kühlschmierstoff gekühlt. Ein weiteres Peripheriegerät ist die **Kühlschmierstoffversorgung**. Diese führt die Prozesswärme aus der Kontaktstelle Werkzeug-Werkstück ab, reduziert durch Schmierung die Wärmeentstehung und übernimmt den Abtransport der Späne von der Bearbeitungsstelle. Die Späne werden anschließend von **Handhabungssysteme** wie Späneförderer, Spänezentrifugen bzw. Brikettierern weiter transportiert bzw. verarbeitet. Durch **Zentralschmieranlagen** werden unterschiedlichste Schmierstellen in Werkzeugmaschinen mit Schmierstoff beschickt. Auf diese weise kann mit dosierten Mengen die Funktionalität von Lagerungen, Führungen und Getrieben sichergestellt werden. Mit Hilfe von **Hydraulikaggregaten** werden in Werkzeugmaschinen beispielsweise die Funktionen Werkzeugwechsel, Werkstückspannung, Palettenwechsel und Gewichtsausgleich vertikaler Achsen realisiert. Die Funktionsweise und der Aufbau dieser Peripheriegeräte wird im folgenden Kapitel beschrieben.

10.2 Peripheriegeräte für Werkzeugmaschinen

10.2.1 Kühlsysteme

Die Fertigungsqualität einer Werkzeugmaschine wird durch thermoelastische Verformungen der Maschinenbauteile infolge verschiedener Wärmequellen stark beeinträchtigt. Die prozessabhängigen inneren Einflüsse, z. B. die Verlust-

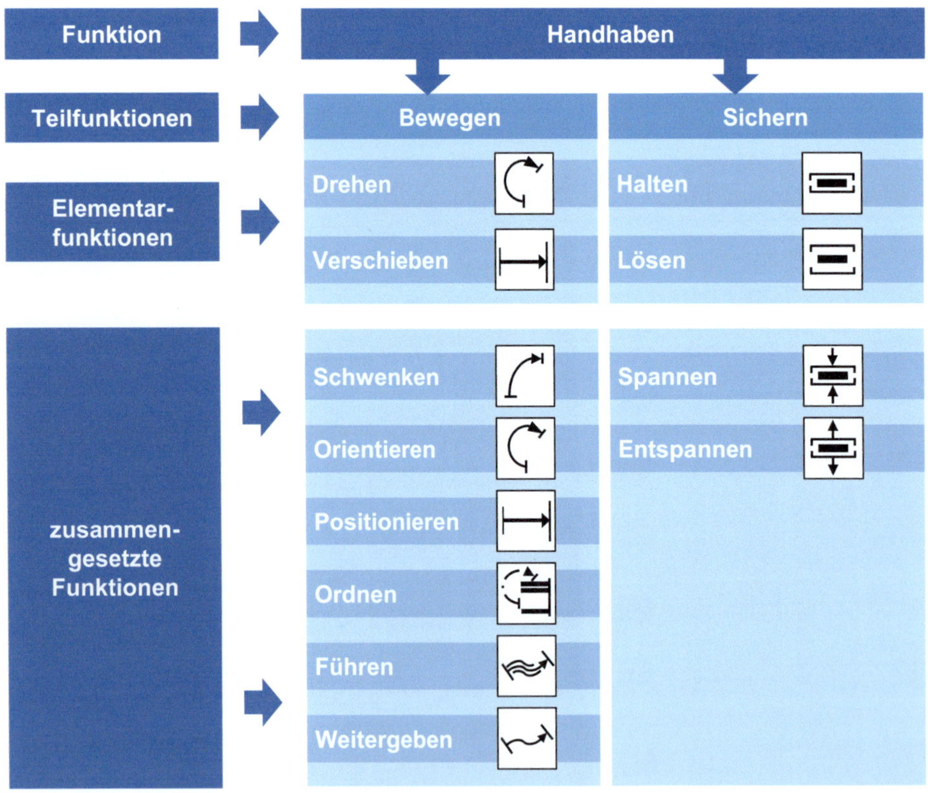

◘ **Bild 10.4:** Funktionsgliederung des Begriffes Handhaben leistung der Motoren, Getriebe und Hauptspindellager und die Prozesswärme im Werkzeug und in den Spänen, sowie äußere Einflüsse, wie z. B. schwankende Hallentemperaturen, sind zeitvariant und erzeugen ein instationäres Temperaturfeld über der Maschinenstruktur. Bei hohen Genauigkeitsanforderungen müssen deshalb zur Konstanthaltung der Temperaturen Temperiergeräte eingesetzt werden, die sowohl kühlen als auch erwärmen können.

Kühlsysteme werden in spanenden Werkzeugmaschinen beispielsweise zur Kühlung der Hauptspindeln, der Lineardirekt- und Vorschubantriebe, der Hydrauliksysteme, der Schaltschränke, und des Kühlschmierstoffs eingesetzt.

Die prinzipielle Wirkungsweisen dieser Geräte und ihrer Komponenten sind in Bild 10.5 dargestellt. In einem äußeren Kreislauf (Kühlkreislauf) zirkuliert Kühlwasser, um in Wärmetauschern die Temperatur des Hydrauliköles, des Kühlschmierstoffes, des Schaltschrankes (z. B. Luft-Wasser-Wärmetauscher) sowie der Gestellbauteile der Werkzeugmaschine möglichst exakt auf einem Temperaturniveau zu halten bzw. dem Niveau der Raumtemperatur nachzuführen. Die Kühlwassertemperatur wird durch einen inneren Kältekreislauf oder durch eine externe Heizung eingestellt.

Das wichtigste Auslegungskriterium bei der Maschinenkühlung ist die Genauigkeit der Kühlwasser-Temperaturregelung im Tank. Für Standard-Bearbeitungszentren kann zumeist eine größere Hysterese (Abweichung von der Solltemperatur z. B. ±1,5 °K) gewählt werden als für hochpräzise Bearbeitungsprozesse (Abweichung z. B. ±0,5 °K) [ROTH10; ABEL13]. In Abhängigkeit des Anspruchs an die Temperaturregelung werden die konventionellen Methoden „getakteter Verdichter“ und „Heißgas-Bypass“ zur bedarfsgerechten Bereitstellung der Kühlleistung unterschieden. Deutliche Energieeinsparpotenziale zeigen die Methoden „frequenzgeregelter Verdichter“ und „digitaler-Scroll-Verdichter“ [ROTH10].

Bei einem **getakteten Verdichter** läuft der Verdichter so lange unter Volllast bis die Tanktemperatur den unteren Grenzwert erreicht hat. Das Erreichen der minimalen Temperatur führt zum Abschalten des Verdichterantriebs und des Lüfters. Der Wärmetauscher geht in einen Grundzustand über, in dem lediglich die Pumpe des Kühlwassers läuft. Im Vergleich zu Systemen mit dauerhaft laufendem Verdichter wird durch das Abschalten des Verdichters eine Steigerung der Energieeffizienz erreicht. Die Anzahl der Schaltzyklen eines Verdichterkühlers pro Stunde sind jedoch auf zehn bis zwölf begrenzt, da sich häufige Schaltvorgänge negativ auf die Lebensdauer des Verdichters auswirken [ROTH10]. Des Weiteren können bei ständigem An -und Abschalten des Verdichters keine hohen Temperaturregelgenauigkeiten (Hysterese kleiner ± 0,5 K) realisiert werden. Wichtig ist daher, dass der Verdichter für den Anwendungsfall nicht überdimensioniert ist.

Bei hochpräzisen Bearbeitungsprozessen, bei denen eine Hysterese kleiner ± 0,5 K verlangt wird, wird aus diesem

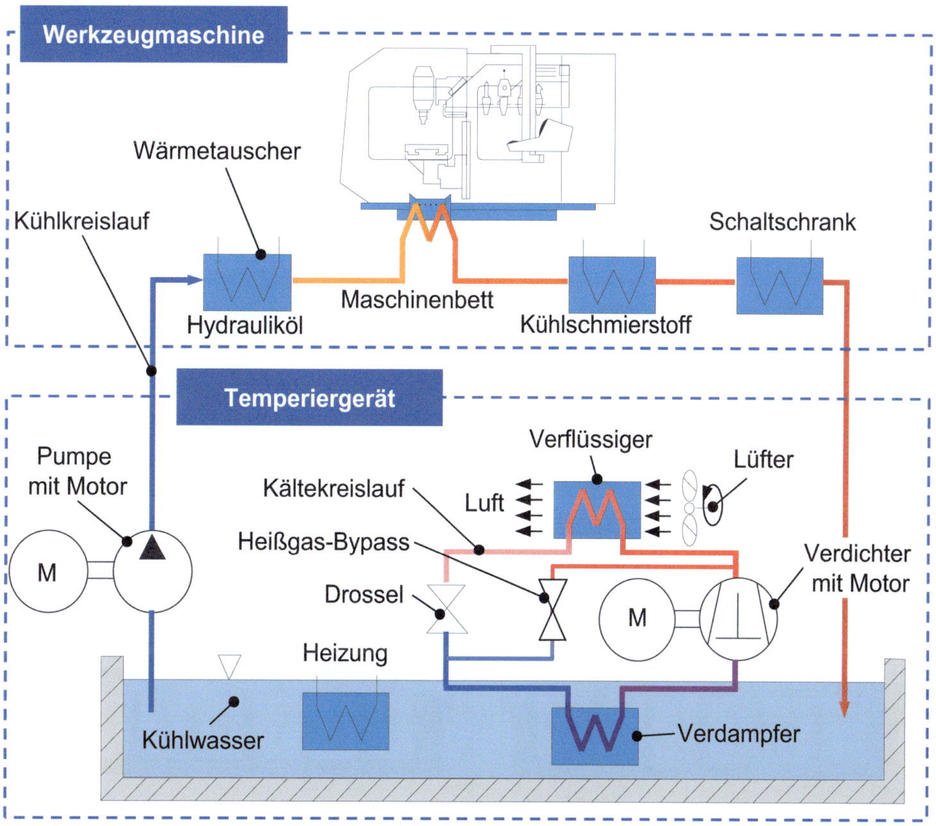

Bild 10.5 Kreisläufe eines Temperiergerätes. Nach Behr

Grund die Temperaturregelung nicht durch einen getakteten Verdichter, sondern durch die **Heißgas-Bypass** Methode realisiert [RITT10b]. In diesem Fall läuft der Kompressor im Dauerbetrieb. Die Kühlleistung wird durch Änderung der Kältemittelmenge geregelt und kann in einem Bereich von 0 bis 100 % stufenlos eingestellt werden. Die überschüssige verdichtete Kältemittelmenge wird nach dem Verdichter über einen Bypass direkt vor dem Verdampfer eingespritzt. Der Verflüssiger und die Drossel wird dabei übergangen (s. Bild 10.5). Auf diese Weise lässt sich zwar die geforderte Hysterese erreichen, aber die anteilig aufgebrachte Antriebsenergie wird vollständig dissipiert. Die Leistungsaufnahme des Verdichters verringert sich im Teillastbetrieb zwar um ca. 15 bis 20 % gegenüber dem Volllastbetrieb, dennoch besitzen Kühlsysteme mit der Heißgas-Bypass Methode besonders im Teillastbereich eine geringe Energieeffizienz, da überschüssige Kühlleistung durch eine künstliche Belastung im Bypass dissipiert wird [DENK11; RITT10b; ROTH10; SIEM15].

Um der schlechten Energieeffizienz der Heißgas-Bypass Methode zu begegnen und gleichzeitig die Kühlung kompakt gestalten zu können, wurden zwei neuartige Prinzipien entwickelt:

10

- der frequenzgeregelte Verdichter und
- der digitale Scroll-Verdichter.

Diese sind seit kurzem am Markt verfügbar bzw. stehen kurz vor der Serienreife. Allerdings haben beide Systeme den Nachteil höherer Investitionskosten.

Frequenzgeregelte Verdichter und Lüfter stellen einen neuen Ansatz für eine gleichmäßige Temperaturregelung dar und erzielen gleichzeitig eine Energieeffizienzsteigerung gegenüber der Heißgas-Bypass Methode. Die Energieeffizienz wird vor allem im Teillastbereich gesteigert, da auf die Dissipation von Kühlleistung im Bypass verzichtet werden kann. Laut Herstellern lassen sich mit dieser Methode je nach Anwendungsfall bis zu 70 % der Energiekosten der Maschinenkühlung einsparen [RITT10a]. Verwirklicht wird die Frequenzregelung durch den Einsatz der Inverter-Technologie. Ein Gleichrichter wandelt den Wechselstrom in Gleichstrom um. Der Wechselrichter erzeugt aus dem Gleichstrom einen künstlichen Dreiphasenwechselstrom mit einer bestimmten Frequenz und Amplitude. Der künstliche Dreiphasenwechselstrom wird dem Verdichter- bzw. dem Lüfterantrieb zugeführt. Der Wechselrichter ermöglicht eine Drehzahlregelung der Antriebe durch Frequenzänderung und kann die Kühlleistung des Kühlsystems im Bereich von 0 bis 100 % anpassen [TOSH].

Die Kühlleistung des **digitalen-Scroll-Verdichters** lässt sich bei konstanter Drehzahl des Verdichters stufenlos von 10 bis 100 % regeln. Den Kern des digitalen Scroll-Verdichters bilden zwei archimedische Spiralen, Scroll genannt, mit konstantem Windungsabstand (s. Bild 10.6, oben rechts). Oben links in Bild 10.6 werden Aufbau und Verdichtungsvorgang dargestellt: Die mit der Bodenfläche verbundene Spirale steht fest (Stator), während die um 180 ° gedrehte Spirale der Deckel-

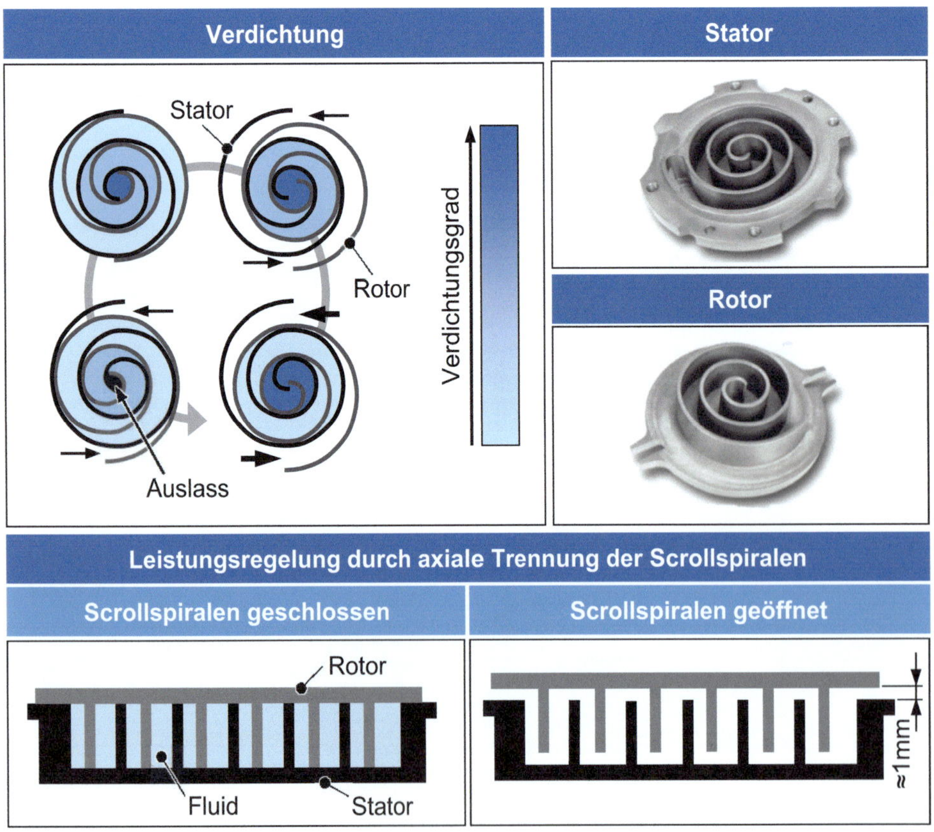

Bild 10.6 Funktionsweise und Aufbau eines digitalen-Scroll-Verdichters. Quelle: Emerson Climate Technologies

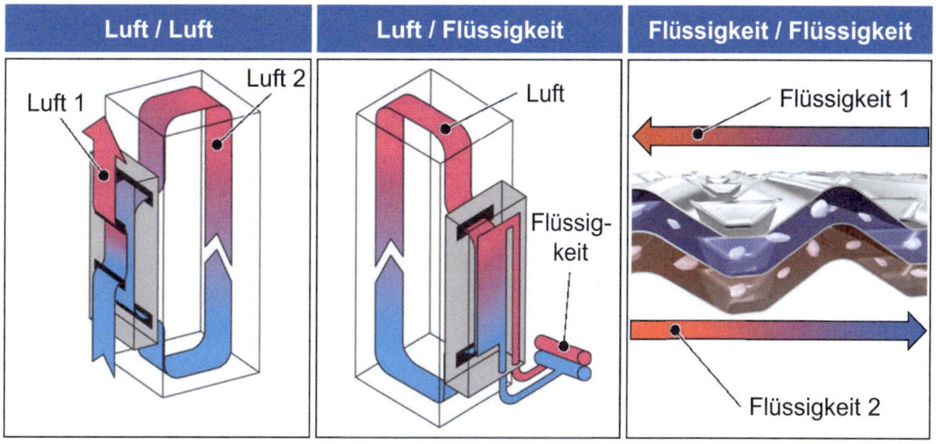

Bild 10.7 Typen und Aufbau verschiedener Wärmetauscher. Quelle: Kelvion PHE, Rittal

fläche gegen Erstere über einen Exzenter verschoben wird. Nach einem Umlauf entsteht eine gegen den Außendruck abgeschlossene sichelförmige Fläche. Diese Fläche wird bei weiterer Drehung weiter reduziert. Ist das Gas maximal komprimiert, strömt es durch die Mitte des Stators aus. Die Druckregelung erfolgt über eine gesteuerte Trennung der beiden Spiralen um etwa 1 mm (Bild 10.6, unten). Dazu wird die Verbindung zwischen Druck- und Ansaugseite über ein Magnetventil geöffnet bzw. geschlossen. Bei geöffnetem Ventil trennt ein Steuerkolben den Stator von der beweglichen Spirale. Durch diesen Druckausgleich zwischen Druck- und Ansaugseite wird kein Druckgas mehr erzeugt. Bei geschlossenem Ventil werden die Spiralen wieder zusammengeschoben und es erfolgt normaler Kompressorbetrieb. Das Verhältnis von Verschlusszeit des Ventils zur Gesamtzykluszeit bestimmt die Kühlleistungsregelung des Verdichters. [ENER13]

Der digitale-Scroll-Verdichter weist insbesondere im Teillastbereich eine verbesserte Energieeffizienz auf. Nachteil dieses Rückkühlaggregats sind die hohen Investitionskosten in Form von zusätzlichen Regeleinrichtungen und komplexer Reglerparametrierung.

Neben dem Verdichter sind Wärmetauscher wichtige Komponenten des Kühlkreislaufs. Die Wärmetauscher übertragen zum einen die Kälteleistung des Verdichterkreislaufs auf das Kühlmedium (Verdampfer), zum anderen sorgen sie dafür, dass die Wärme der Peripheriegeräte an das Kühlmedium übertragen wird. Diese Wärmetauscher sollen im Folgenden beschrieben werden.

Bild 10.7 zeigt die Funktionsprinzipien und den Aufbau verschiedener Wärmetauscher. Der Plattenwärmetauscher im Bild rechts dient zum Wärmetausch zwischen zwei flüssigen Medien. In dem im Bild links gezeigten Luftkühler wird Wärme beispielsweise eines Schaltschranks an die Umgebungsluft abgegeben (Luft/Luft-Wärmetauscher). Die Temperatur im Schaltschrank liegt dadurch immer über der Raumtemperatur. Mit einem Luft/Flüssigkeits-Wärmetauscher, der in der Mitte von Bild 10.7 dargestellt ist, kann z. B. die Wärme aus einem Schaltschrank an einen Kühlkreislauf abgegeben werden. Im Regelfall befindet sich oben der Ansaugbereich für die warme Luft, nach unten wird die Kaltluft geführt.

10.2.2 Kühlschmierstoffversorgung

Bei der spanenden Bearbeitung metallischer Materialien stellen Kühlschmierstoffe ein wichtiges Hilfsmittel dar. Die hierbei zum Einsatz kommenden Öle und wassergemischten Emulsionen erlauben üblicherweise eine Reduzierung der auftretenden Prozesstemperaturen, eine Erhöhung der Werkzeugstandzeit und der möglichen Zerspanleistung sowie eine Verbesserung der erzielbaren Oberflächenqualitäten und Genauigkeiten. Außerdem unterstützen Kühlschmierstoffe den Abtransport der bei der Bearbeitung anfallenden Metallspäne.

Kühlschmierstoffe haften nach der spanenden Bearbeitung an den rauen Spanoberflächen und werden zusammen mit den Spänen aus der Bearbeitungsmaschine ausgetragen. Der Transport und das Recycling durch Kühlschmierstoff verunreinigter Metallspäne ist kostenintensiv und wird zunehmend durch Umweltauflagen eingeschränkt. Andererseits entstehen Kosten durch den Ersatz des verlorengegangenen, wertvollen Kühlschmierstoffs, sodass sowohl unter wirtschaftlichen als auch ökologischen Gesichtspunkten eine Abscheidung und Rückgewinnung des Kühlschmiermittels innerhalb des Fertigungsbetriebes zunehmend an Bedeutung gewinnt.

Im folgenden Kapitel werden einleitend die Grundlagen der Kühlschmierstoffversorgung erläutert und anschließend verschiedene Systeme zur Minimalmengenkühlschmierung und Trennverfahren zur Reinigung von Kühlschmierstoffen (KSS) vorgestellt. Bei der Verwendung brennbarer, nicht wassermischbarer Kühlschmierstoffe (Schneidöle) ist Vorsorge gegen Ölbrände und druckschwache Ölnebel-Explosionen (Verpuffungen) zu treffen. Abschließend werden daher Brandschutzmaßnahmen erläutert.

10.2.2.1 Grundlagen der Kühlschmierstoffversorgung

Moderne Kühlschmierstoffsysteme müssen zur Erreichung eines hohen Leistungsniveaus die folgenden Hauptaufgaben erfüllen [KLOC08]:

- Abfuhr der Prozesswärme aus der Kontaktstelle Werkzeug-Werkstück durch Kühlen,
- Reduktion der Wärmeentstehung durch Schmierung und
- Abtransport der Späne.

Wie in Bild 10.8 dargestellt, werden Kühlschmierstoffe nach DIN 51385 in drei Kategorien, in nichtwassermischbare, wassermischbare und wassergemischte Kühlschmierstoffe (KSS) unterteilt. [DIN13d]

Nichtwassermischbare Kühlschmierstoffe bestehen meist aus Mineralölen, die zur Verbesserung der Schmierfähigkeit, des Verschleißschutzes, des Korrosionsschutzes, der Alterungsbeständigkeit und des Schaumverhaltens noch zusätzliche Wirkstoffe enthalten. Schmierungsverbessernde Zusätze (sog. Antiwear-Additive) dienen dazu, die Reibung an der Zerspanstelle herabzusetzen. Hierzu werden natürliche Fettöle (Palmöl, Rüböl) oder synthetische Fettstoffe (Ester) zulegiert. Neben den Mineralölen kommen auch niedrigviskose Esteröle zum Einsatz. Derzeit finden jedoch noch überwiegend Mineralöle (Anteil ca. 90 %) Verwendung. Wassermischbare Kühlschmierstoffe werden als Konzentrat angeliefert und vor dem Gebrauch von dem Anwender mit Wasser verdünnt. Der hohe Wasseranteil von bis zu 99 % ist Ursache für die gute Kühlwirkung, aber auch für die korrosionsfördernden Eigenschaften. Der Rostschutz wird durch den leicht alkalischen Charakter (pH-Wert 8–9) der Flüssigkeit gewährleistet. Ein emulgierbarer KSS kann eine diskontinuierliche Phase einer Emulsion Öl-in-Wasser bilden, wohingegen wasserlösliche KSS mit Wasser gemischt eine Lösung ergeben. Die wichtigsten Zusätze von Kühlschmieremulsionen sind Emulgatoren. Sie haben die Aufgabe, das Öl im Wasser zu dispergieren, sodass sich nach dem Anmischen mit Wasser eine stabile Öl-in-Wasser-Emulsion einstellt. Wassergemischte Kühlschmierstoffe beschreiben gebrauchsfertige Mischungen und müssen somit vom Anwender nicht mehr mit Wasser verdünnt werden. Sie entsprechen den fertig angemischten wassermischbaren Kühlschmierstoffen. [DIN13d; KLOC08]

In Bild 10.9 ist der typische Aufbau eines KSS-Versorgungssystems abgebildet. Vom Reintank wird der KSS von den jeweiligen Pumpen zur Werkzeugmaschine gepumpt. Neben der KSS-Versorgung der Bearbeitungsstelle (äußere und innere Zufuhr, s. ► Kap. 10.2.2.2) können Pumpen für die Arbeitsraumspülung installiert sein. Verunreinigtes KSS strömt mit den Spänen in einen Späneförderer. Ein Endlos-Kratzband, bestehend aus zwei Kettensträngen, die durch Förderleisten verbunden sind (s. ► Kap. 10.2.3.1), fördert die Späne kontinuierlich auf dem Behälterboden über die Abwurfstelle in den Spänebehälter. Der KSS wird durch einen Grobfilter mit einer über Niveauschalter gesteuerten Pumpe in den Schmutztank gepumpt. In dem Schmutztank saugt eine Filterpumpe, welche mit der Innenkammer der Filtertrommel verbunden ist, den KSS in das Trommelinnere. Hierbei werden die Schmutzpartikel an der Oberfläche der Filtertrommel über ein Feinstgewebe zurückgehalten. Neben diesem Verfahren kommen weitere mechanische Trennverfahren zum Einsatz, s. ► Kap. 10.2.2.3. Der Unterdruck steigt durch den Widerstand des sich aufbauenden Filterkuchens an. Bei Erreichen eines einstellbaren Grenzunterdrucks erfolgt automatisch eine Trommelspülung über eine Spülpumpe von innen nach außen. Die Schmutzpartikel sedimentieren und werden über ein Endlos-Kratzband auf dem Behälterboden im Taktbetrieb zum Schlammbehälter gefördert. Der gereinigte KSS wird durch die Filterpumpe vom Trommelinneren in den Reintank gepumpt.

Neben den technologischen Vorteilen, die die Kühlschmierstoffe bei ihrem Einsatz bieten, besteht auch eine gewisse Gefährdung für die damit arbeitenden Menschen sowie für die Umwelt. Werden nicht-wassermischbare Kühlschmierstoffe eingesetzt, müssen Sicherheitskonzeptes für die Werkzeugmaschine getroffen werden, die einen Brandschutz sicherstellen, s. ► Kap. 10.2.2.4. KSS-Bestandteile wie Bakterizide und Fungizide, im Kühlschmierstoff entstehende Reaktionsprodukte sowie eingeschleppte Fremdstoffe können zudem Auslöser für Erkrankungen sein. Leckage- und Ausschleppverluste, Emissionen, Waschwasser und die Entsorgung verbrauchter Kühlschmierstoffe stellen eine Belastung

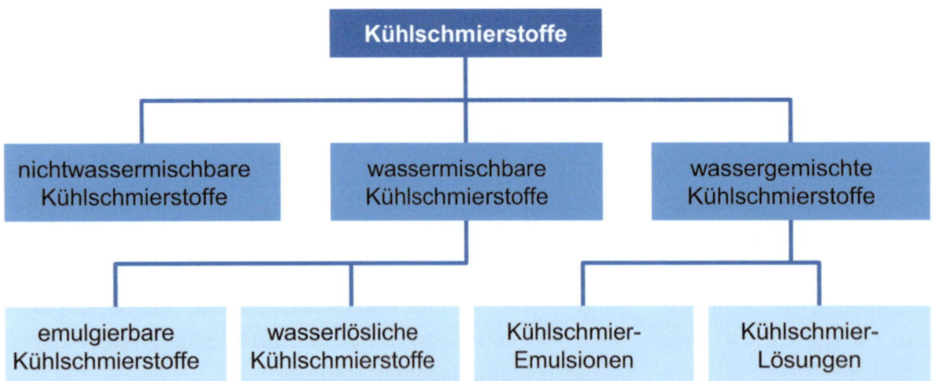

Bild 10.8 Unterteilung der für die Metallbearbeitung wichtigsten Kühlschmierstoffe, nach DIN 51385 [DIN13]

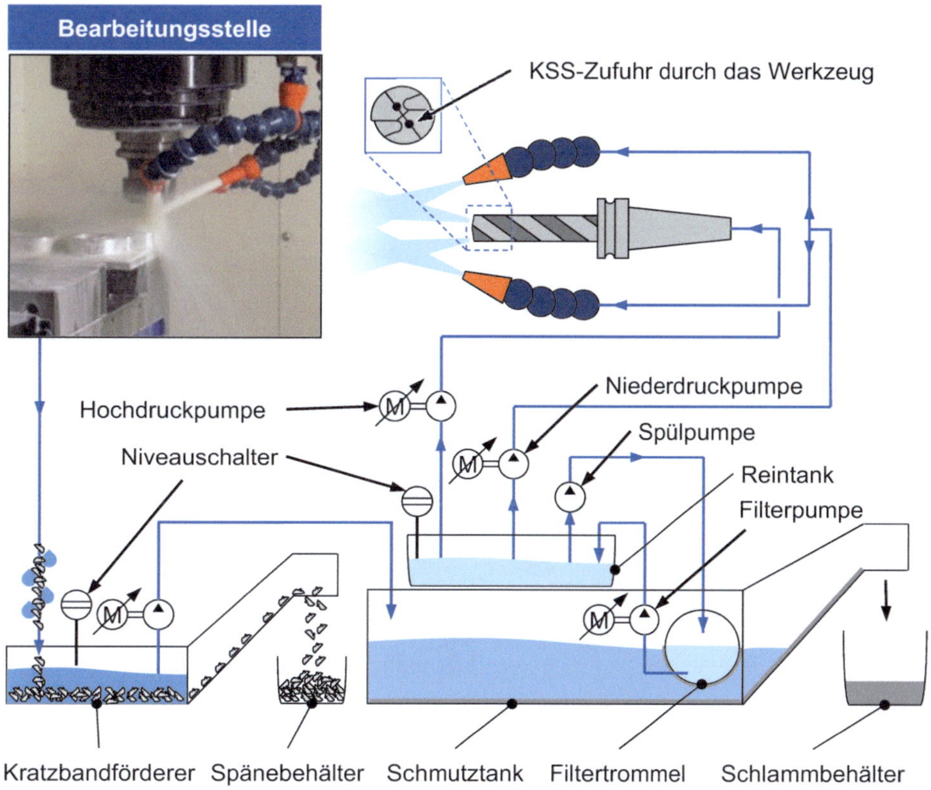

Bild 10.9 Aufbau eines KSS-Versorgungssystems

von Boden, Wasser und Luft dar. Der Umgang mit Kühlschmierstoffen und deren Entsorgung ist daher gesetzlich und von Berufsgenossenschaften durch strenge Auflagen geregelt. Hinweise über Anforderungen an Kühlschmierstoffe und zugehörige Einrichtungen, über Pflege und Entsorgung von Kühlschmierstoffen sowie über die zu beachtenden Gesetze, Verordnungen sowie berufsgenossenschaftliche Vorschriften und Regeln werden u. a. von folgenden Stellen gegeben:

- Berufsgenossenschaftliche Regeln BGR 143: Tätigkeit mit Kühlschmierstoffen [HAUP06],
- VDI Richtlinie 3397: Kühlschmierstoffe für spanende und umformende Fertigungsverfahren [VDI07] und
- VDMA Leitfaden: Kühlschmierstoffe – Frische Luft am Arbeitsplatz [VDMA02].

Für die Unternehmen bedeuten diese Vorschriften und Auflagen neben einer hohen Verantwortung gegenüber ihren Mitarbeitern vor allem steigende finanzielle Belastungen. Für die Fertigung stellt sich damit zunehmend die Aufgabe, Auflagen des Umweltschutzes zu berücksichtigen, ohne die Wirtschaftlichkeit der Produktion in Frage zu stellen. Ein Ansatz hierzu stellt die Verringerung bzw. Vermeidung des KSS-Einsatzes dar. Eine Verringerung des KSS-Einsatzes zielt darauf, dem Prozess nur das technologisch notwendige KSS-Volumen zuzuführen. Sekundäre Aufgaben des Kühlschmierstoffs wie z. B. der Spänetransport innerhalb der Maschine oder deren Temperierung müssen durch andere Maßnahmen gelöst werden, die neben dem Werkzeug auch die Werkzeugmaschine betreffen [KLOC08].

10.2.2.2 Systeme zur Minimalmengenkühlschmierung

Die Trockenbearbeitung verzichtet im Gegensatz zur Nassbearbeitung auf Kühlschmierstoffe, welche üblicherweise als Träger der Funktionen Schmieren, Kühlen und Spantransport dienen. Motiviert ist der Trend zur Trockenbearbeitung vor allem durch das Einsparpotential bei Investitionen für den Betrieb sowie die Reinhaltung und Entsorgung von Kühlschmierstoffen. Weitere wichtige Gründe sind die Arbeitshygiene und die Reinhaltung des Arbeitsumfeldes.

Bestimmte Kombinationen von Bearbeitungsverfahren und Werkstoffen zeigen jedoch bei vollständiger Trockenbearbeitung starken adhäsiven und abrasiven Verschleiß, sodass in diesen Fällen auf Schmierung nicht vollkommen verzichtet werden kann. Kritisch sind oftmals das Bohren, das Reiben oder das Gewindeschneiden. Es hat sich gezeigt, dass schon geringste Schmierstoffmengen von 10–50 ml pro Prozessstunde sowohl die Zerspantemperaturen als auch den Werkzeugverschleiß deutlich senken können. Unter einer Minimalmengenkühlschmierung (MMKS) wird die gezielte Zuführung des Schmiermediums in die Wirkstelle der Zerpanung bezeichnet, welche ein Maximalvolumenstrom von weniger als 50 ml pro Prozessstunde aufweist. [WEIN99]

Die Schmierung zwischen Werkzeug und Werkstück wird durch einen Luftstrom mit fein dispergierten Öltröpfchen, einem sogenannten Aerosol, realisiert.

10

Methode	Aufwand	sprüht ja / nein?	Größe des Sprüh-kegels?	kontinuier-liches Sprühen?	Tropfen-größe
auf Fingernagel sprühen	gering	◕	◔	◔	◔
auf Löschblatt / Spiegel sprühen	mittel	◕	●	◔	○
auf vorbei-ziehendes Löschblatt sprühen	hoch	◕	◕	●	○
Laser-spektral-analyse	sehr hoch	◕	○	○	●

● sehr gute Aussage ◕ gute Aussage
◔ bedingt mögliche Aussage ○ keine Aussage möglich

Bild 10.10 Funktionskontrolle von MMKS-Systemen. Quelle: Steidle

Als Schmiermedien kommen Kohlenwasserstoffe, Fettalkohole, Polyglykole und Fettsäureester zum Einsatz. Diese Substanzen werden mit einem Druckluftstrahl an die Zerspanstelle transportiert. Prinzipiell ist Druckluft in ihrer Transportwirkung für die Späne und ihrer Kühlwirkung den Flüssigkeiten der Nassbearbeitung unterlegen.

Die Auswahl der geeigneten Schmierstoffkomponente unterliegt einer Vielzahl von Anforderungen und sollte neben der technologischen Anwendbarkeit vor allem die toxikologische und dermatologische Verträglichkeit bezogen auf den Maschinenbediener und die Verträglichkeit mit den Konstruktionsmaterialien (z. B. Dichtungen) der Werkzeugmaschine berücksichtigen [KLOC98]. Bei der Gestaltung und dem Betrieb der Maschine ist sicherzustellen, dass arbeitsschutzrechtliche Vorgaben wie technische Richtkonzentrationen (TRK) und maximale Arbeitsplatzkonzentrationen (MAK) bezüglich der verwendeten Bearbeitungshilfsstoffe eingehalten werden [PFLA98; BUND06].

Die in Bild 10.10 aufgeführten Methoden ermöglichen mehr oder weniger umfassende Aussagen zum Sprühbild einer Düse und erlauben damit eine Funktionskontrolle. Die beschriebenen Vorgehensweisen sind auf die innere Minimalmengenkühlschmierung übertragbar. Die Zuleitung des Schmiermediums lässt sich durch die Spindel in äußere und innere Zufuhr unterteilen. Diese Zuführungsvarianten werden im Folgenden beschrieben. Aktuelle Entwicklungen haben eine sensorische Funktionskontrolle der an die Schneide geführten Menge im Sinne einer prozesssicher automatisierbaren Bearbeitung zum Ziel.

Äußere Zufuhr

Bei der äußeren Zuführung kommt der Düse eine wichtige Bedeutung zu, da verzögerungsfrei ein gleichmäßiges Sprühbild ohne Nebelbildung und Nachtropfen bei Abschaltung erzeugt werden soll. Da sie dem Spanflug direkt ausgesetzt sind, sind die Düsen Verschleißteile, deren einwandfreie Funktion regelmäßig kontrolliert werden sollte.

Das in Bild 10.11 dargestellte Minimalmengenschmiersystem besteht aus einem Schmierstoffvorratsbehälter (4), einer Gemischreguliereinheit und Schmierstoffleitungen mit Sprühdüse (9). Die über ein Magnetventil (1) zugeführte Druckluft setzt den Schmierstoffvorratsbehälter unter Druck, wodurch der Schmierstoff von der Druckluft getrennt über ein Kanal- und Leitungssystem zur Sprühdüse transportiert wird. Die Regulierung der erforderlichen Schmierstoff- (5, 6) und Zerstäuberluftmengen (7, 8), sowie die Einstellung des Innendrucks (2, 3) des Schmierstoffvorratsbehälters erfolgt manuell über die am Schmierstoffvorratsbehälter montierten Regelventile. Die Schmierstoffleitungen sind als Koaxialleitungen ausgeführt, um Schmierstoff und Zerstäuberluft getrennt voneinander zur Sprühdüse zu transportieren. Die Sprühdüse ist als Zweistoffdüse ausgeführt, da zwei unterschiedliche Stoffe gemischt werden. Die eigentliche Aerosolerzeugung findet am Düsenaustritt statt. Durch die vorbeiströmende Druckluft wird der Schmierstoff in feinste Partikel zerstäubt und auf die Zerspanstelle gesprüht.

Zu den Vorteilen der äußeren Zufuhr gehören die einfache Adaption beim Umrüsten herkömmlicher Werkstattmaschinen und die Überbrückung größerer Sprühabstände von bis zu 300 mm. Jedoch können umherfliegende Späne, Vib-

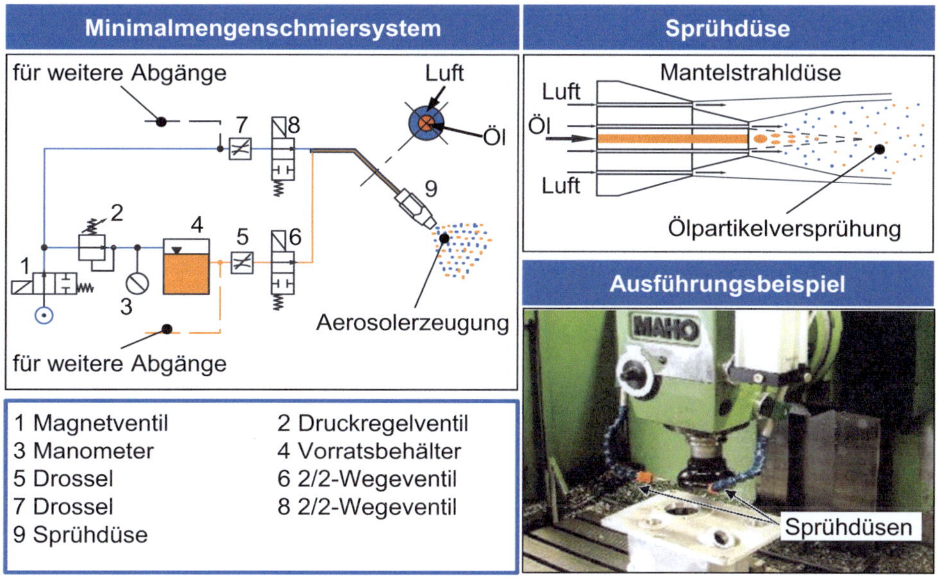

Bild 10.11 System zur äußeren MMKS-Zufuhr. Quelle: SKF Lubrication Systems

rationen oder Störkonturen die notwendige genaue Ausrichtung der Düsen auf die Zerspanstelle beeinträchtigen. Der effektive Einsatz erfordert Werkstücke und Bearbeitungsverfahren mit guter Zugänglichkeit für den Sprühstrahl zur Stelle des Schneideneingriffs.

Innere Zufuhr

Die innere Zufuhr ermöglicht den direkten Transport des Schmierstoffs an die Wirkstelle. Der Schmierstoff wird durch die Drehdurchführung, die Spindel und die inneren Kühlkanäle des Werkzeugs transportiert. Im Gegensatz zur externen Zuführung ist keine Justage von Zuführdüsen notwendig und es treten nur geringe Streuverluste auf. Eine interne Zufuhr des Mediums wird dann gewählt, wenn eine externe Zufuhr entweder nicht mehr ausreicht, z.B. beim Bohren mit großen L/D-Verhältnissen, oder bei der Forderung nach einer Erhöhung der Maschinenproduktivität, um kürzere Bearbeitungszeiten erzielen zu können. Abhängig von dem Ort der Erzeu-

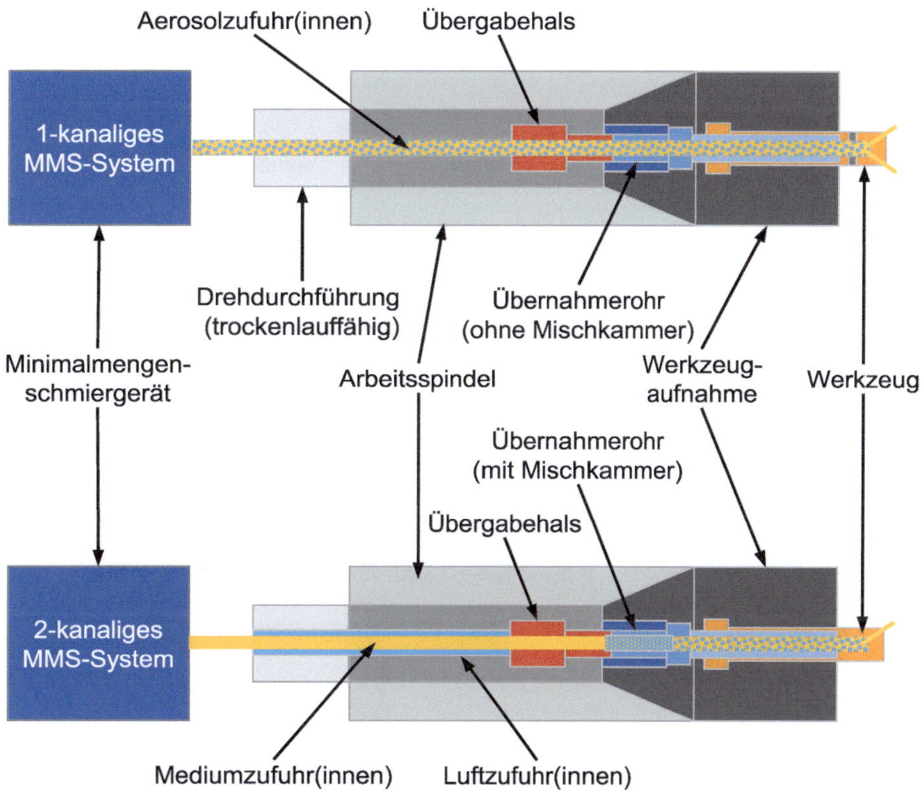

Bild 10.12 Gegenüberstellung einkanalige und zweikanalige MMKS Systeme [DGUV10]

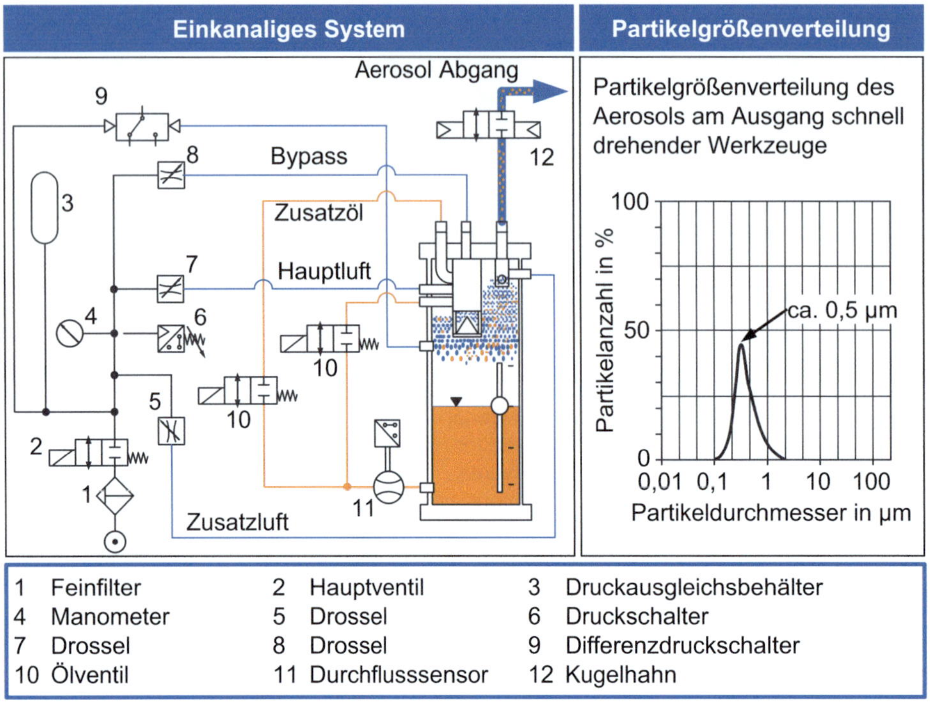

Bild 10.13 Aerosolbereitung für innere, einkanalige MMKS-Zufuhr. Quelle: SKF Lubrication Systems

gung des Nebels haben sich zwei Wirkprinzipien durchgesetzt. Beim 1-Kanal-System findet die Aerosolerzeugung im Behälter, d.h. vor dem Eintritt in die Spindel statt. Beim 2-Kanal-System werden beide Medien getrennt durch die Spindel geführt und erst nach dem Austritt aus der Spindel unmittelbar vor dem Werkzeug zum Aerosol vermischt, s. Bild 10.12. [DGUV10]

Das in Bild 10.13 gezeigte einkanalige System basiert auf einem Aerosolerzeuger, mit dem sich eine mittlere Öltröpfchengröße von ca. 0,5 µm erzeugen lässt. Bedingt durch diese geringe Größe besitzen die Tröpfchen kaum Trägheit bzw. Fallgeschwindigkeit. So bewirken auch längere Transportwege, starke Umlenkungen oder Fliehkräfte rotierender Werkzeugspindeln kaum einen Entmischungseffekt und die Schmierstoffpartikel stehen durchgängig an der Werkzeugschneide zur Verfügung. Durch die Schaltung von Ventilen kann die für das jeweilige Werkzeug und die Bearbeitungsaufgabe individuell erforderliche Aerosol-

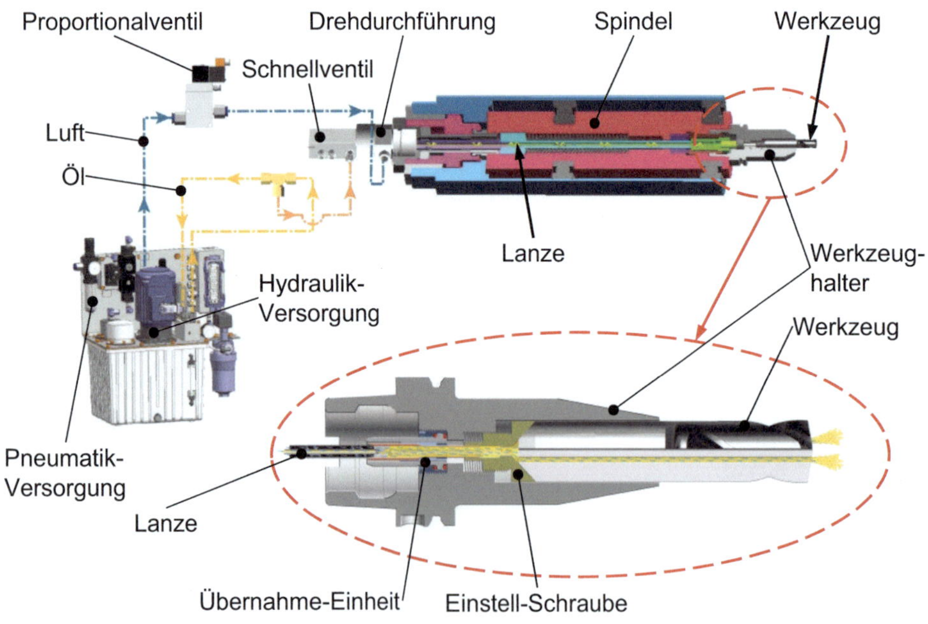

Bild 10.14 Aufbau von inneren, zweikanaligen MMKS-Systemen. Quelle: BIELOMATIK

menge und -zusammensetzung eingestellt werden. Dies ermöglicht den Einsatz einer Vielzahl unterschiedlicher Werkzeuge, wie es bei modernen Bearbeitungszentren mit automatischem Werkzeugwechsler üblich ist.

Bei zweikanaligen Systemen zur inneren MMKS-Zufuhr werden Luft und Schmierstoff mit getrennten Leitungen durch die Spindel geführt und erst unmittelbar vor dem Werkzeug in Kontakt gebracht. Dabei wird eine für die Spindelmaximaldrehzahl geeignete, trockenlauffähige und zweikanalige Drehdurchführung benötigt.

Das in ◘ Bild 10.14 vorgestellte System zeigt, wie die zweikanalige, innenliegende Minimalmengenkühlschmierstoffversorgung realisiert werden kann.

Vom Aggregat wird das Öl in einer Ringleitung zu einem Schnellventil gefördert. Die Zahnradpumpe sorgt für einstellbare und konstante Druckverhältnisse in der Ringleitung. Die Öl-Dosierung wird durch das Schnellventil, der Luftstrom durch das Proportionalventil geregelt. Die Zyklus- und Öffnungszeit des Schnellventils sowie die Luftmenge werden von der Maschinensteuerung bzw. dem Maschinenbediener vorgegeben. Eine in der Spindel zentrisch gelagerte Lanze sorgt für eine getrennte Zuführung von Öl im Innenkanal und Druckluft im Außenkanal (Ringleitung). Das vordere Ende der Lanze ragt in die Mischkammer der Rohrdüse, von wo das erzeugte Öl-Luftgemisch dem Werkzeug zugeführt wird. Die in das genormte Kühlmittelrohr eingepresste Rohrdüse besteht aus einer Mischkammer und einem Rohrstück, welches auf die jeweilige Einbausituation abgelängt wird [DGUV10].

An der Werkzeugschnittstelle stehen Öl und Luft prozessnah zur Verfügung. Die Leitung des Schmierstoffs durch das Werkzeug unmittelbar an die Werkzeugschneide ist somit ein Vorteil der inneren Zufuhr. So gelingt eine zuverlässige, robuste Versorgung. Weitere Vorteile sind die kalibrierbare Ölzufuhr, die unabhängig von der Drehzahl ist, sowie die kurzen Ansprechzeiten des Systems.

10.2.2.3 Trennverfahren zur Reinigung von Kühlschmierstoffen

Zur Aufrechterhaltung konstanter Bedingungen bei der spanenden Bearbeitung unter Einsatz von Kühlschmiermitteln ist unter anderem eine permanente Reinigung des durch den Bearbeitungsprozess mit Spänen und Schmutz verunreinigten Kühlschmierstoffs erforderlich. Von den bekannten mechanischen Trennverfahren eignen sich dazu insbesondere die Verfahren Sedimentieren, Filtrieren und Magnetabscheiden. Die zugehörigen Einrichtungen mit Einsatzgrenzen und Anwendungsgebieten sind in ◘ Bild 10.15 zusammengefasst und werden im Folgenden beschrieben.

Der Begriff Sedimentieren beschreibt das Abscheiden von Feststoffbestandteilen aus einer Suspension durch Massenkräfte. In der Praxis werden hierfür die Schwerkraft

Methode	Trenngrenze [µm]	Verschmutzung des Mediums	Anwendungsgebiet
Sedimentieren			
Sedimentationsbecken	30	hoch	Schleifen, Bohren, Drehen (niedrigviskoses Fluid mit Bröckelspänen)
Hydrozyklon	10	sehr hoch	Schleifen (niedrigviskoses Fluid mit krümeligen oder staubförmigen Spänen)
Filtrieren			
Schwerkraftbandfilter	10	hoch	Drehen, Fräsen, Bohren, Schleifen (Späne aller Art)
Saugbandfilter	5	hoch	Drehen, Fräsen, Bohren, Schleifen (Späne aller Art)
Rotationsbandfilter	15	mittel	Drehen, Fräsen, Bohren, Schleifen (kurze Späne, Größe max. 20mm)
Rückspülfilter	20	mittel	Schleifen, Bohren, Drehen (niedrig- und hochviskose Fluide mit Bröckelspänen)
Anschwemmfilter	5	niedrig	Feinstfilterung (keine Emulsion)
Magnetabscheider			
Magnetrotorabscheider	5	mittel	Schleifen, Bohren, Drehen (niedrig- und hochviskose Fluide mit ferromagnetischen Bröckelspänen)

◘ **Bild 10.15** Mechanische Trennverfahren zur Reinigung von Kühlschmierstoffen

oder Zentrifugalkräfte genutzt. Zur Filtration werden abhängig vom Verschmutzungsgrad und dem nach der Filterung erforderlichen Reinheitsgrad verschiedene physikalische Filter eingesetzt. Grundsätzlich bedingt eine hohe Filterfeinheit einen großen Durchströmungswiderstand und begrenzt den durchsetzbaren Volumenstrom. Ein Magnetabscheider ist eine Anlage zum Trennen ferromagnetischer Späne von Kühlschmierstoffen. Im Folgenden werden diese Verfahren gegenübergestellt.

Sedimentieren

◘ Bild 10.16 zeigt das Prinzip eines einfachen Sedimentationsbeckens. Der Einlauf in Bodennähe erfolgt turbulenzfrei, um ein Aufwirbeln bereits abgeschiedener Teilchen zu vermeiden. Der Abfluss nahe der Fluidoberfläche muss vom Einlauf möglichst weit entfernt sein. Bei vereinfachender Annahme kugelförmiger Feststoffteilchen in einem newtonschen Fluid stellt

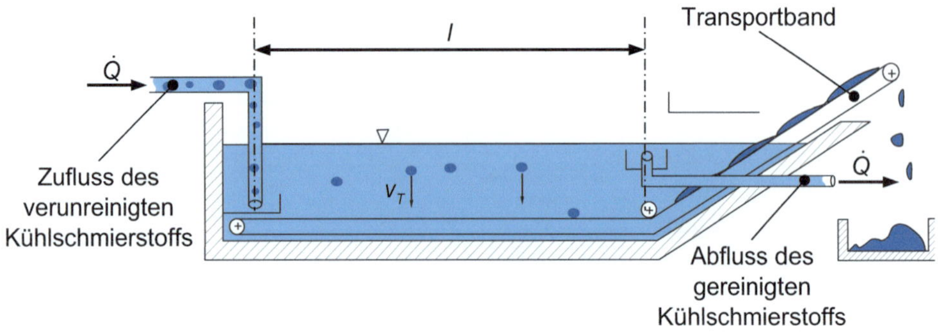

Sinkgeschwindigkeit des Teilchens: $v_T = \dfrac{d^2 * \Delta\rho * g}{18\eta}$

Mittlere Steiggeschwindigkeit des Fluids: $v_{Fl} = \dfrac{\dot{Q}}{b * l}$

Abscheidungsbedingungen: $v_T > v_{Fl} \Rightarrow b * l > \dfrac{18 * \eta * \dot{Q}}{\Delta\rho * g * d^2}$

$\Delta\rho$ = Differenz von Teilchen- und Fluiddichte	d = Teilchendurchmesser
η = Viskosität des Fluids	g = Erdbeschleunigung
$\dot{Q}$ = Volumenstrom des Kühlschmierstoffes	l = effektive Behälterlänge

Bild 10.16 Funktionsprinzip eines Sedimentationsbeckens

sich nach dem Satz von Stokes die angegebene stationäre Sinkgeschwindigkeit v_T der Teilchen ein. Sie muss größer als die mittlere Sinkgeschwindigkeit v_{Fl} des Fluids sein, die sich aus der Vertikalkomponente des Volumenstroms im Becken ergibt. Daraus lässt sich die minimal erforderliche, effektive Behälterfläche *b* x *l* ableiten. Die sedimentierten Stoffe werden durch einen Bandförderer zu einem Schmutzbehälter transportiert.

Zentrifugalkräfte in einem Hydrozyklon lassen sich ebenfalls zur Trennung von Feststoff und Fluid nutzen. Die Schmutzflüssigkeit tritt links in die in Bild 10.17 gezeigte Zyklonzelle ein und wird durch den schraubenförmigen Kanal im Einlaufstück in Rotation versetzt (Primärwirbel). Mittransportierte Feststoffteilchen lagern sich durch ihre höhere Dichte an der Düsenwandung ab und werden mit einem kleinen Teil der Flüssigkeitsmenge unten ausgetra-

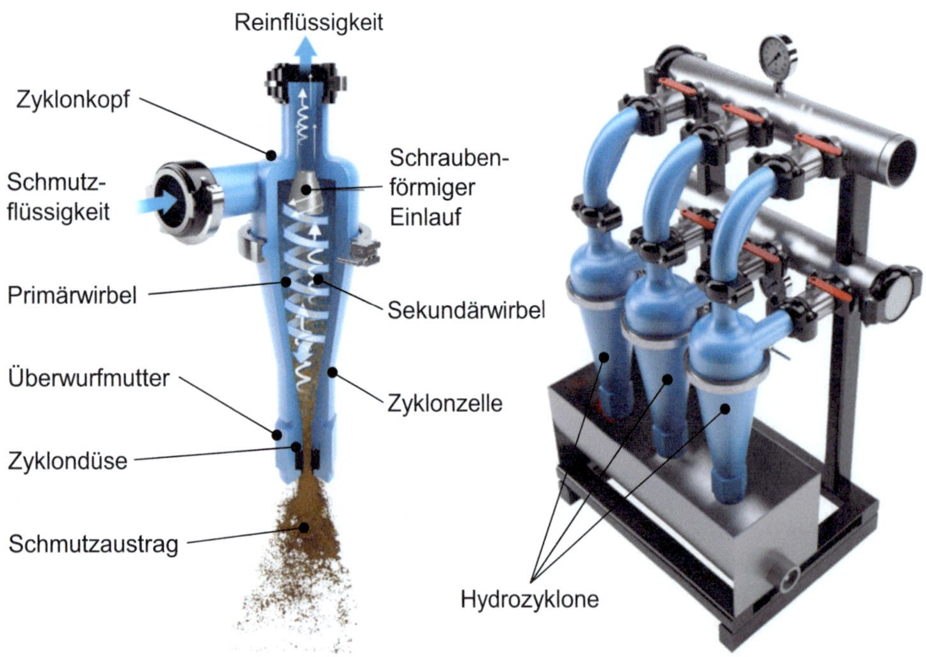

Bild 10.17 Funktionsprinzip eines Hydrozyklons. Nach [COMP17]

gen. Der Großteil der Flüssigkeit fließt in einem gleichsinnig rotierenden, inneren Wirbel (Sekundärwirbel) nach oben zurück. Zyklonanlagen eignen sich für niedrigviskose Medien (z. B. Emulsionen) mit hohem Verschmutzungsgrad.

Filtrieren

Zur Reinigung des Kühlschmiermittels von Dreh-, Fräs- oder Schleifspänen werden üblicherweise Bandfilter eingesetzt. ◻ Bild 10.18 zeigt Aufbau und Wirkungsweise eines Schwerkraftbandfilters. Das zu filternde Medium tritt durch den Einlaufkasten in das muldenförmige Filterbecken, durch das mittels einer Siebkette ein Filterband aus Papier- oder Gewebevlies bewegt wird. Während die flüssigen Bestandteile in den Behälter sickern, lagern sich Verunreinigungen oberhalb einer Korngröße von etwa 10 µm auf dem Filtermaterial ab.

Der sich bildende Filterkuchen führt zu einer immer feineren Filtration, behindert jedoch auch den Durchfluss, wodurch das Verhältnis von zufließendem zu abfließendem Volumenstrom beeinflusst wird. Der hierdurch ansteigende Schmutzwasserspiegel betätigt über eine Schwimmerkugel einen Schalter, der dann den Abtransport des verbrauchten Filterbandes in den Schmutzbehälter sowie die Zufuhr frischen Filtermaterials auslöst.

Die Filterleistung von Bandfiltern lässt sich steigern, indem man auf der Reinseite durch Abpumpen einen Unterdruck erzeugt. ◻ Bild 10.19 zeigt das Schema einer Saugbandfilteranlage. Der verschmutzte KSS strömt von der WZM in den Schmutztank des Unterdruckfilters (1). Der KSS wird mittels einer Pumpe durch das Filtermedium in die Unterdruckkammer gesaugt (2). Gleichzeitig fördert die Pumpe den gereinigten KSS aus der Unterdruckkammer wieder zur WZM (3). Dabei wird mit einem Teilstrom die

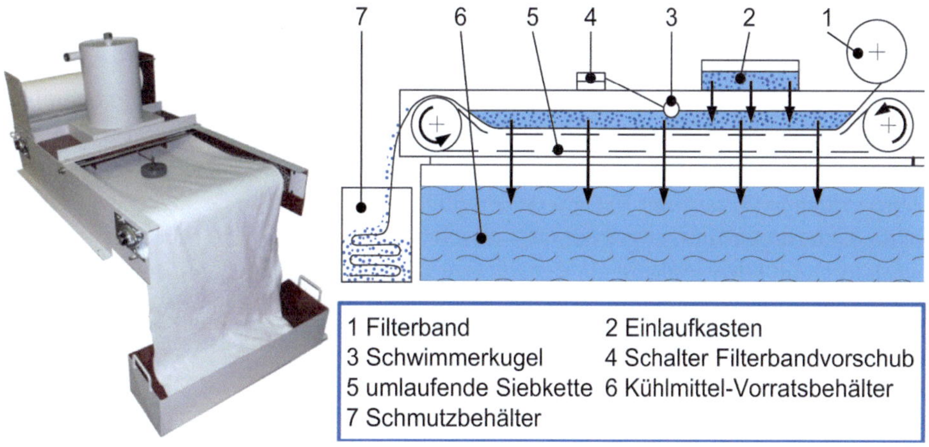

◻ **Bild 10.18** Aufbau und Funktionsweise eines Schwerkraftbandfilters. Quelle: FAUDI

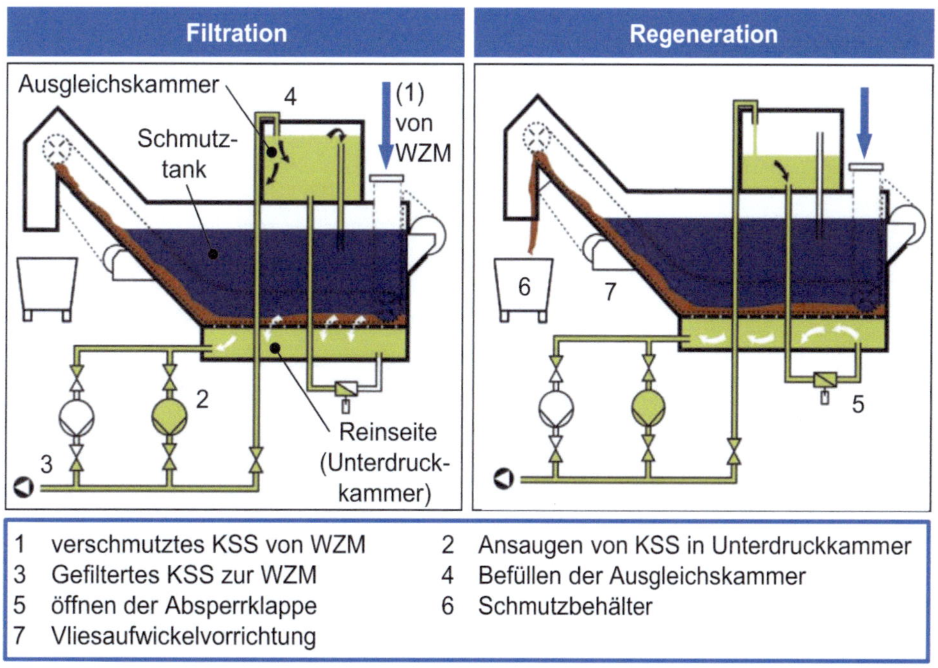

◻ **Bild 10.19** Aufbau und Wirkungsweise einer Saugbandfilteranlage. Quelle: FAUDI

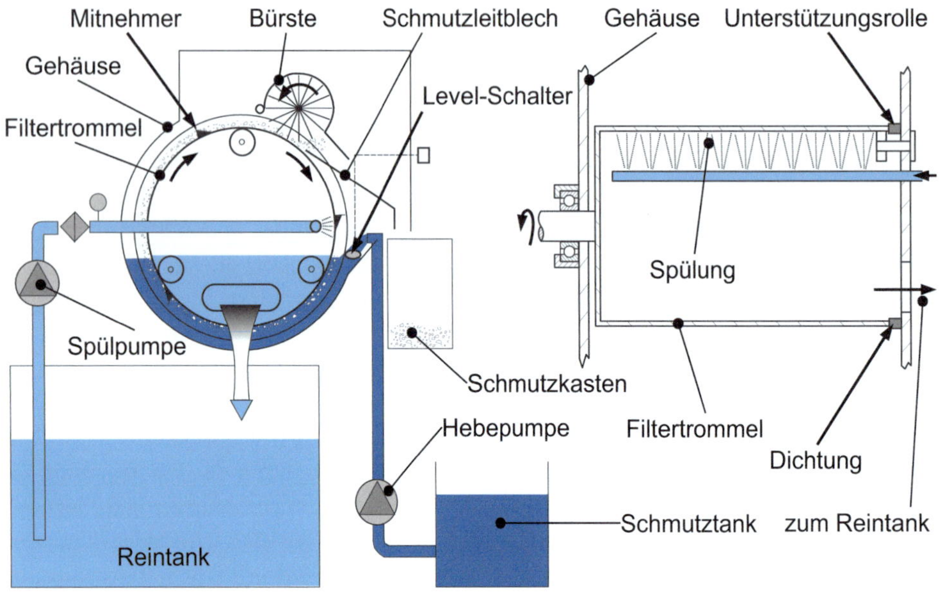

Bild 10.20 Aufbau und Wirkungsweise eines Rotationsbandfilters. Quelle: Mayfran

10

Ausgleichskammer gefüllt (4). Als Maß für den Verschmutzungsgrad des Vlieses wird der Differenzdruck zwischen Schmutz- und Reinseite gemessen und bei Überschreiten eines Grenzwertes die Regeneration des Filters (s. rechts in Bild 10.19) ausgelöst. Hierbei wird durch Öffnen einer Absperrklappe (5) sauberer KSS aus der Ausgleichskammer in die Unterdruckkammer geleitet. Das verschmutzte Vlies wird durch im Filter umlaufende Kratzereisen aus dem Filter herausgefördert (6). Das verbrauchte Vlies wird mit der Vliesaufwickelvorrichtung aufgewickelt (7).

Bild 10.20 zeigt einen Rotationsbandfilter, der ohne Filterhilfsstoffe arbeitet. Der zu filternde Kühlschmierstoff wird vom Schmutztank zum Filtergehäuse gepumpt und von einer rotierenden Edelstahltrommel gefiltert. Der entstehende Filterkuchen wird durch eine rotierende Bürste abgetragen und in einem Schmutzkasten aufgefangen. Grobpartikel, welche sich im Filtergehäuse ablagern, werden durch die auf der Trommel angebrachten Leisten mitgenommen und ebenfalls von der Bürste entfernt. Die Reinigung des Edelstahl-Filtergewebes geschieht durch

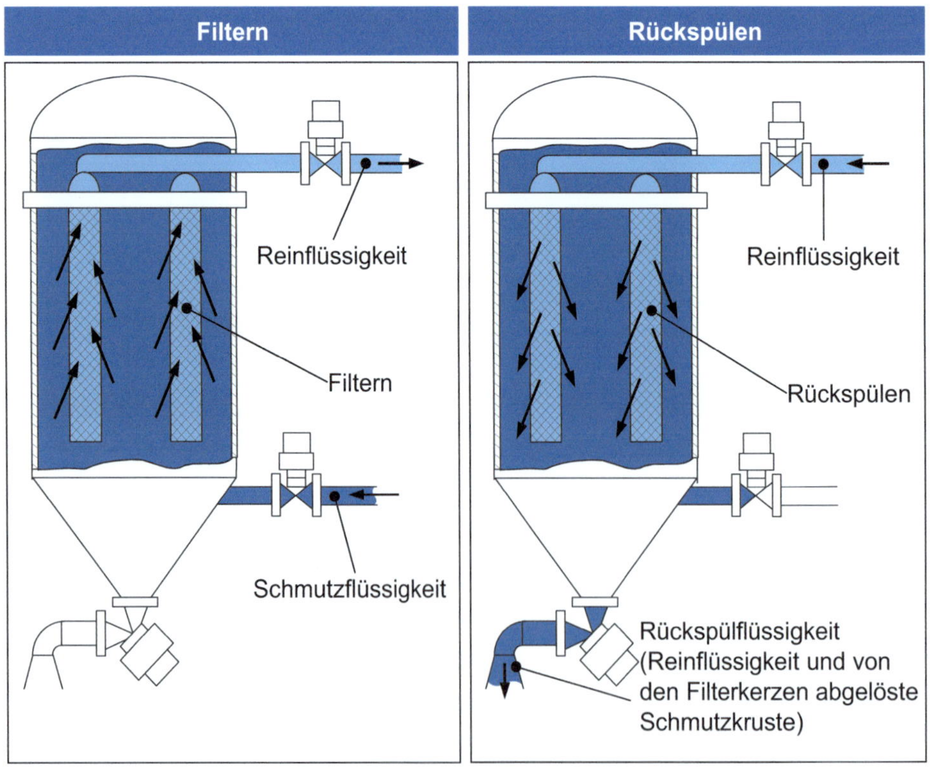

Bild 10.21 Funktionsweise eines Rückspülfilters. Quelle: Mann & Hummel

Spülen, wobei reiner Kühlschmierstoff von innerhalb der Trommel nach außen gepumpt wird. Dieses Filterprinzip zur Reinigung von Kühlschmierstoffen eignet sich besonders zur Filtrierung von Ölen und Emulsionen aus Schleifprozessen. Die Größe der Späne ist auf maximal 20 mm beschränkt. Je nach Modell erzielt die Anlage einen Durchsatz von 50 bis 1.500 l/min Kühlschmierstoff mit einem Reinigungsgrad von 15 – 40 µm.

Zur Reinigung höherviskoser Bearbeitungsflüssigkeiten werden Rückspülfilter verwendet. Bei der in ◘ Bild 10.21 gezeigten Ausführung werden in einem zylindrischen Behälter angeordnete Filterkerzen von außen nach innen durchströmt. Mit fortschreitender Verschmutzung des Filterkerzenmantels steigt der Differenzdruck zwischen Schmutz- und Reinseite an. Bei Erreichen eines einstellbaren Schwellwertes wird der Zulauf gesperrt und der Rückspülprozess eingeleitet. Dazu werden die Kerzen mit Pressluft oder sauberem Kühlschmiermittel von innen nach außen durchströmt, um den Schmutzmantel von der Außenwand der Filterkerzen abzulösen. Die Rückstände werden z. B. einem Bandfilter zugeführt.

Die Filterfeinheit einer solchen Anlage kann dadurch erhöht werden, dass vor dem eigentlichen Filtervorgang ein Hilfsstoff, üblicherweise Kieselgur, an die Gewebefasern des Filters angeschwemmt wird, um dessen Durchlässigkeit zu senken.

Magnetabscheiden

Magnetabscheider eignen sich für die Trennung von Kühlschmierstoffen und ferritischen Spänen. Sie arbeiten nach dem in ◘ Bild 10.22 gezeigten Prinzip. Die verunreinigte Arbeitsflüssigkeit strömt, durch Strombrecher beruhigt, turbulenzfrei in einen Behälter ein, in dem ein zylindrischer Permanentmagnet langsam rotiert. Die Drehbewegung erfolgt kontinuierlich oder wird durch Spiegelhöhensensoren gesteuert. Ferritische Verunreinigungen werden durch die Magnetkräfte angezogen und zu dem schräg angestellten Abstreifer transportiert. Die Länge des Abstreifers und die leichte Steigung ermöglichen den Rückfluss von Flüssigkeitsresten. Der vom Rotor abgenommene Schlamm wird zum Schmutzbehälter geschoben.

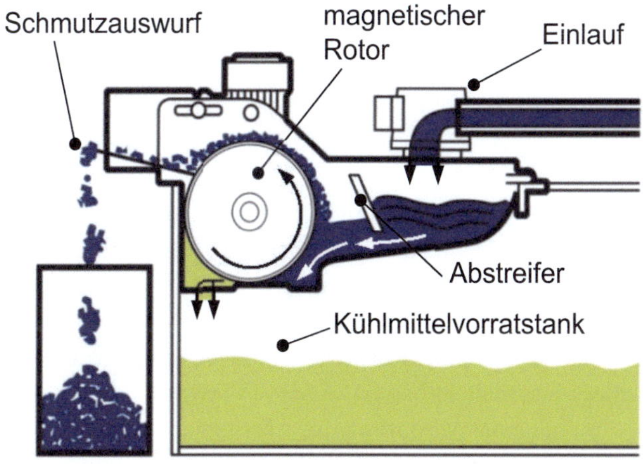

◘ **Bild 10.22** Magnetabstreifer. Quelle: FAUDI

10.2.2.4 Brandschutz beim Einsatz nicht wassermischbarer Kühlschmierstoffe

Bei Verwendung brennbarer, nicht wassermischbarer Kühlschmierstoffe (z. B. Schneidöle) ist Vorsorge gegen Ölbrände und druckschwache Ölnebel-Explosionen (Verpuffungen) in Form eines Sicherheitskonzeptes für die Werkzeugmaschine zu treffen. Oft werden diese Konzepte zusammen mit dem späteren Betreiber der Werkzeugmaschine entwickelt und können daher bei gleichem Schutzziel alternative Maßnahmen aufweisen [WECK].

Hohe Werkzeugdrehzahlen und Kühlschmierstoffzufuhrdrücke bis zu 80 bar zerstäuben den Kühlschmierstoff beim Eintritt in den Arbeitsraum und bilden ein fein verneheltes Aerosol. Überschreitet die Aerosolkonzentration eine als untere Explosionsgrenze (UEG) des Luft-Kühlschmierstoffgemisches bezeichnete Konzentration, kann eine Zündquelle einen explosionsartigen Abbrand verursachen.

Präventiv sollten daher verdampfungsarme Kühlschmierstoffe mit einem Flammpunkt > 140 °C und einer Mindestviskosität von 10 – 16 mm²/s bei 40 °C zum Einsatz kommen. Für eine kontinuierliche Abfuhr feinster Kühlschmierstoffaerosole und -dämpfe aus dem Arbeitsraum der Werkzeugmaschine muss eine leistungsfähige Absauganlage installiert sein. Die ordnungsgemäße Funktion der Absauganlage stellt eine Grundbedingung für den Betrieb der Werkzeugmaschine dar und muss daher von der Maschinensteuerung z. B. über eine Unterdrucküberwachung abgefragt werden. Die Absaugung mit einer zentralen Abscheidung erfordert im Brandfall das Entkoppeln der einzelnen Maschine von der restlichen Anlage.

Die komplexen und variantenreichen Bearbeitungsvorgänge im Arbeitsraum einer Werkzeugmaschine erschweren eine allgemeine Aussage über das Gefahrenpotential eines Bearbeitungsprozesses. Oftmals führen außerordentliche Ereignisse zur Entstehung von Zündquellen. So können z. B. durch zu geringe Kühlschmierstoffzufuhr, Werkzeugbruch, falsche Werkstückspannung oder Kollisionen Funken und heiße Oberflächen entstehen. Eine Entzündung kann daher nicht völlig ausgeschlossen werden, solange brennbarer Kühlschmierstoff eingesetzt wird [HIRS97].

Gegen den Ölbrand ist eine Löschanlage vorzusehen. Automatische Löschanlagen zum Schutz von Werkzeugmaschinen arbeiten üblicherweise mit den Löschgasen Argon oder Kohlendioxid. Bei der Ölbearbeitung von Magnesium sollte konsequenterweise Argon eingesetzt werden. ◘ Bild 10.23 zeigt wichtige Komponenten einer Löschanlage und gibt

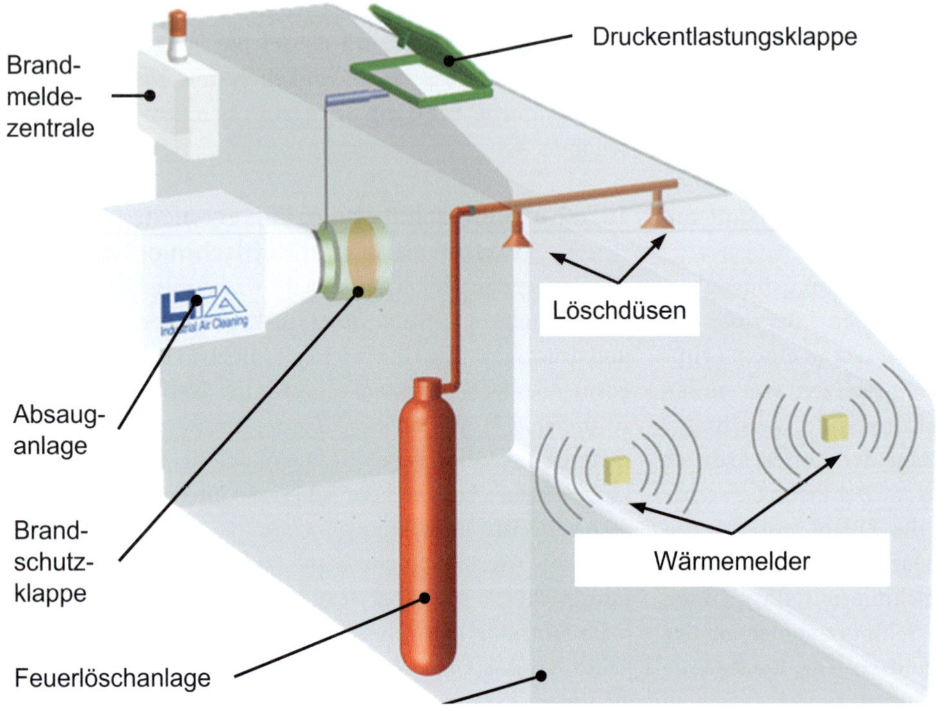

Bild 10.23 Sicherheitskomponenten für die Öl-Nassbearbeitung. Quelle: LTA Lufttechnik

einen Einblick in den Arbeitsraum einer Werkzeugmaschine mit installierter Brandschutzausrüstung.

Die Komponenten der Löschanlage sind mit einer separaten, von der Werkzeugmaschine unabhängigen Energieversorgung auszustatten. Akkumulatoren halten die Anlage für den Fall eines Stromausfalls betriebsbereit. Die Erkennung eines Brandes im Arbeitsraum übernehmen zwei Thermo-Maximal-Melder in logischer Oder-Verknüpfung, deren Ansprechtemperatur auf ca. 60 °C eingestellt ist. Eine schnellere Detektion kann durch den alternativen Einsatz von Infrarot-Flammenmeldern erreicht werden. Ergänzend wird ein Taster für eine Handauslösung an einem ortsfesten, gut sichtbaren und zugänglichen Platz nahe dem Bedienpult angebracht. Signale der Melder werden über bruchüberwachte Kabel direkt der Löschanlagensteuerung zugeleitet. Eine Wiegevorrichtung übernimmt die Füllstandsüberwachung der Löschgasflaschen, um einen Funktionsausfall z. B. aufgrund einer schleichenden Entleerung zu erkennen.

Sind die Türen zum Arbeitsraum geschlossen, erfolgt bei einem Alarm die Einbringung des Löschgases und die Werkzeugmaschine wird in den „Not-Aus"-Status versetzt. Aus Gründen des Personenschutzes muss die Einbringung von Löschgas verhindert werden, solange sich Personen in Bereichen der Maschine befinden können, in denen erstickungsgefährliche Löschgaskonzentrationen erreicht werden.

Diese Überlegungen haben zur Folge, dass der Öffnungszustand von Türen, welche Zugang zu löschgasbeaufschlagten Bereichen erlauben, überwacht werden muss. Der Türöffnungszustand muss daher unabhängig von der Maschinenspannung und sicher vor Manipulationen an die Löschanlagensteuerung übertragen werden. Die Auswirkungen eines Alarms sind nachstehend zusammengefasst:

- Maschine geht in , „Not-Aus"-Status, Türen verriegeln im Brandfall,
- Löschanlage löst unverzüglich aus, sobald Türen geschlossen sind,
- akustische und optische Warnsignale werden über Hupe bzw. Blitzlampe an der Maschine ausgegeben,
- Unterbrechung des Absaugluftvolumenstroms durch Brandschutzklappe und
- falls vorhanden, Informationsweiterleitung des Brandsignals der Löschanlagensteuerung an die Brandmeldezentrale.

Da es im Arbeitsraum zu Verpuffungen kommen kann, muss im Fall manueller und hauptzeitparalleler Beladung ein Hineinschlagen heißer Verbrennungsgase oder Flammen in den Bereich des Beladeplatzes ausgeschlossen sein. Um den Maschinenbediener, der sich dort bei geöffneter Beladetür befinden kann, zu schützen, werden ergänzend zur Trennwand möglicherweise weitere automatische Sicherheitsschutzklappen zur Abdichtung und Trennung des Beladeplatzes von dem Arbeitsraum notwendig. Unvermeidbare Spalte an Zugangstüren zum Arbeitsraum müssen flammendurchtrittshemmend durch beidseitig überlappende Ausführung in Form von Labyrinthdichtungen ausgeführt werden. Durch die richtige Gestaltung dieser Dichtungen kann die Durchschlagssicherheit verbessert werden [VDW98].

Im Fall einer Verpuffung im Arbeitsraum muss der Maschinenbediener vor dem Austritt von Flammen und heißen Verbrennungsgasen geschützt werden. Um die Auswirkun-

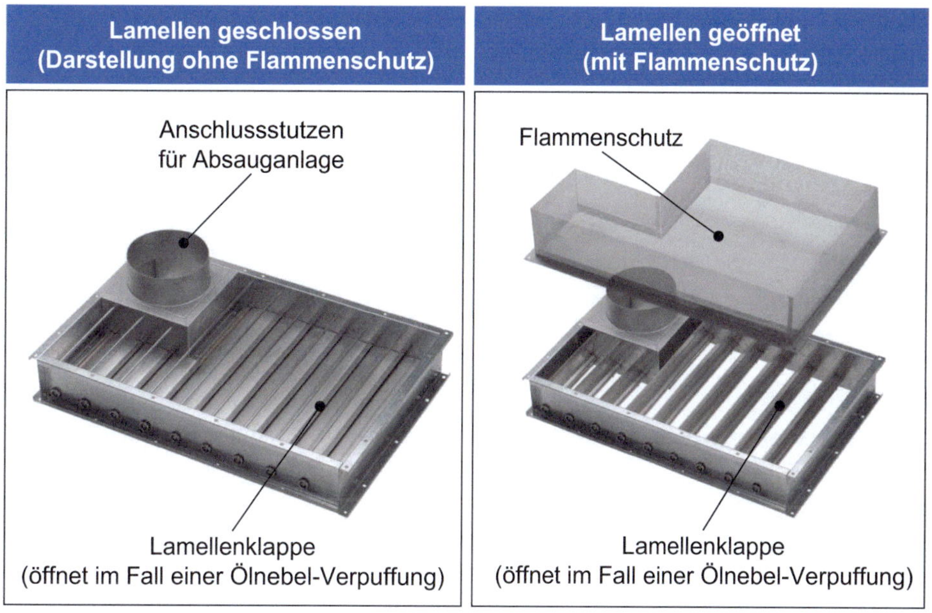

Bild 10.24 Druckentlastungs-Lamellenklappe. Quelle: RERUCHA

gen einer Verpuffung zu begrenzen, muss die Werkzeugmaschine mit einer wirksamen Druckentlastungseinrichtung ausgestattet sein. Im Vergleich zu Berstscheiben oder -folien haben sich Lamellenklappen wie in Bild 10.24 gezeigt, etabliert.

Diese geben bei einer Verpuffung durch Hochklappen der Lamellen eine definierte Entlastungsfläche frei, was den Druckanstieg im Gehäuse auf ein unbedenkliches Maß begrenzt. Eine Auslegung der Entlastungsfläche ist mit Hilfe der in [VDMA95] angegebenen Nomogramme möglich (Bild 10.25). Die Berechnungsgrundlagen basieren auf der Erfahrung, dass die bei Ölnebelverpuffungen zu erwartenden Explosionsüberdrücke u. a. nicht über 0,1 bar liegen und die Druckfestigkeiten der Maschinengehäuse nicht größer als 0,1 bar sind [VDW96].

Neben dem Gehäusevolumen (1) werden die Explosionsfestigkeit des Maschinengehäuses bzw. der angestrebte reduzierte Explosionsdruck (2) benötigt. Aus Herstellerangaben der Druckentlastungseinrichtung geht deren statischer Ansprechdruck (3) hervor, sodass sich letztendlich die konstruktiv vorzusehende Entlastungsfläche (4) ablesen lässt. Der Befüllungsgrad, im Beispiel 5 %, gibt den erwarteten Anteil explosionsfähiger Atmosphäre am Gesamtvolumen des Arbeitsraumes an. Bei der Auslegung von Lamellenklappen ist deren geringere Entlastungsfähigkeit im Vergleich zu Berstfolie zu berücksichtigen. Die zur Entlastungswirkung von

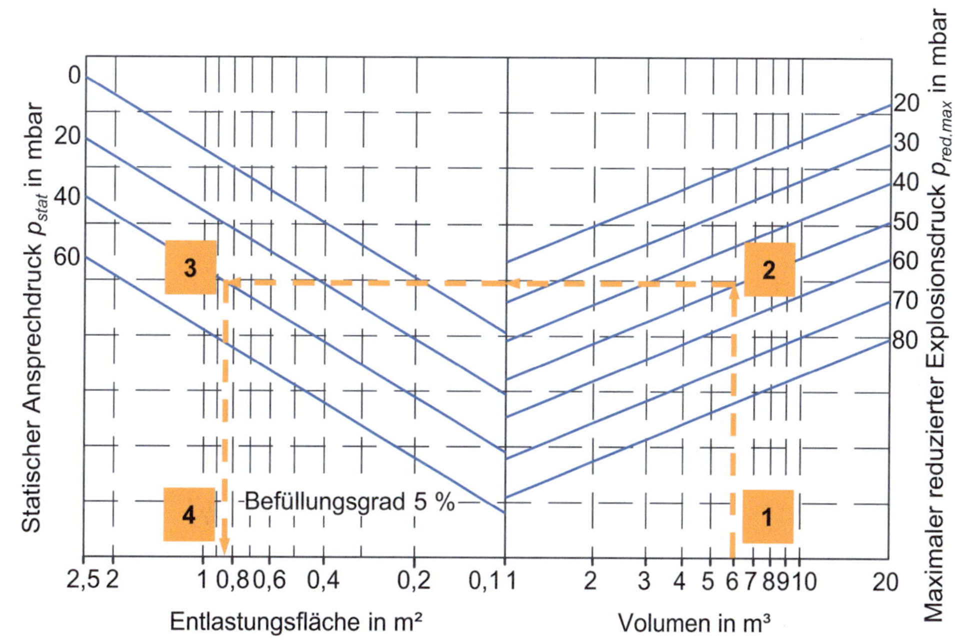

Bild 10.25 Nomogramm zur Auslegung von Druckentlastungsflächen bei Entlastung mittels Berstfolie. Nach [VDW96; VDMA95]

Berstfolie äquivalente Entlastungsfläche einer Lamellenklappe fällt somit um einen konstruktions- bzw. herstellerspezifischen Faktor größer aus.

In der Dokumentation zur Maschine ist darauf hinzuweisen, dass es im Bereich der Druckentlastungsflächen zu Flammenaustritten kommen kann, falls diese nicht über eine zuverlässige Flammensperre verfügen. Ggf. sind derartige Orte als Gefahrenbereiche zu kennzeichnen und dort keine Installationen ohne entsprechenden Schutz durch z. B. Kabelrinnen vorzunehmen.

10.2.3 Systeme zur Handhabung von Spänen

10.2.3.1 Späneförderer

Die geforderten hohen Schnittgeschwindigkeiten und die wachsende Leistungsfähigkeit numerisch gesteuerter Werkzeugmaschinen führen zu großen Zerspanvolumina je Zeiteinheit. Je nach dem zeitlichen Spanaufkommen, dem Schüttgewicht der Späne, der Spanform und der zusätzlich anfallenden Menge an Kühlschmierstoff werden unterschiedliche Förderer eingesetzt.

Scharnierbandförderer stellen die im Werkzeugmaschinenbau am weitesten verbreitete Bauform dar (◘ Bild 10.26). Bei diesem Typ läuft ein endloses Scharnierband aus Stahl in einem geschlossenen Gehäuse um und schleppt die aufgeworfenen Späne auf dem Obertrum zu einem bereitstehenden Behälter. Gezogen und geführt wird das Band durch seitlich angebrachte Rollenketten (◘ Bild 10.27). Eine Kühlmitteltrennung lässt sich durch gelochte Scharnierplatten erreichen (s. ◘ Bild 10.27, Mitte). Der Boden des Förderers ist dann als Wanne ausgebildet. Von hier wird das aufgefangene Kühlmittel nach Reinigung in den Kühlmittelbehälter zurückgeführt. Für den Transport von kleinen Stanzabfällen und Nibbelspänen wird anstelle des Scharnierbandes ein Gurtband aus kunststoffbeschichtetem Gewebe eingesetzt. Zum Transport von „klebrigen" Teilen werden Scharnierbänder mit Sicken eingesetzt (s. ◘ Bild 10.27, rechts).

Bröckelspäne lassen sich auch durch den im Aufbau einfacheren Kratzbandförderer transportieren (s. ◘ Bild 10.28, links). Hier wird auf ein Transportband verzichtet. Die Späne fallen auf den Boden des trogförmigen Gehäuses und werden auf der Untertrumseite von Kratzblechen, die zwischen zwei Rollenketten befestigt sind, zu einem Behälter geschoben. Größere Materialstücke und Spanbüschel führen dabei leicht zum Blockieren der Anlage. Es wird zwischen den Bauformen gerade (a), gerade / stei-

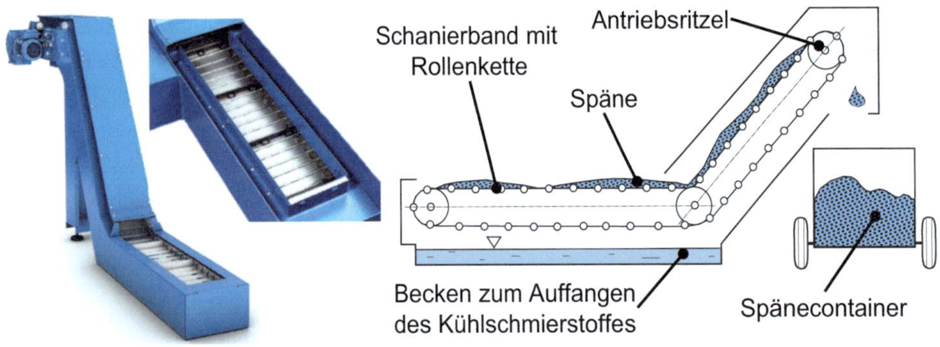

◘ **Bild 10.26** Bandförderer mit Kühlmittelbehälter. Quelle: KABELSCHLEPP

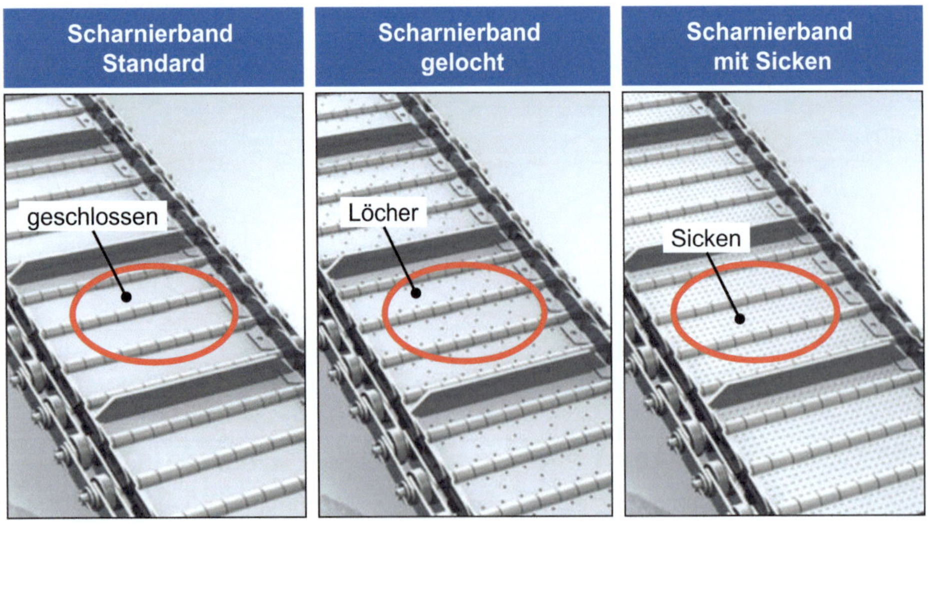

◘ **Bild 10.27** Ausführungsformen von Scharnierbändern. Quelle: KABELSCHLEPP

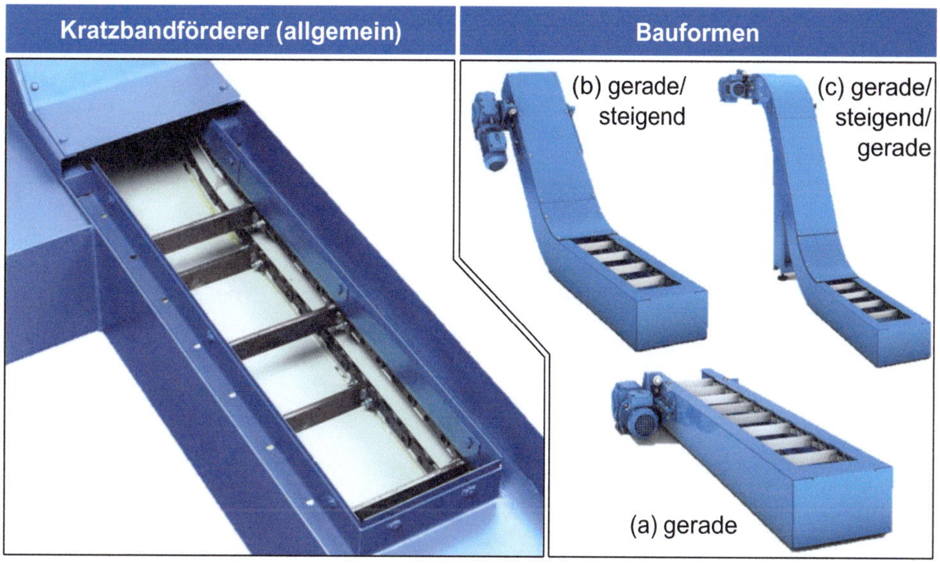

Bild 10.28 Kratzbandförderer. Quelle: KABELSCHLEPP

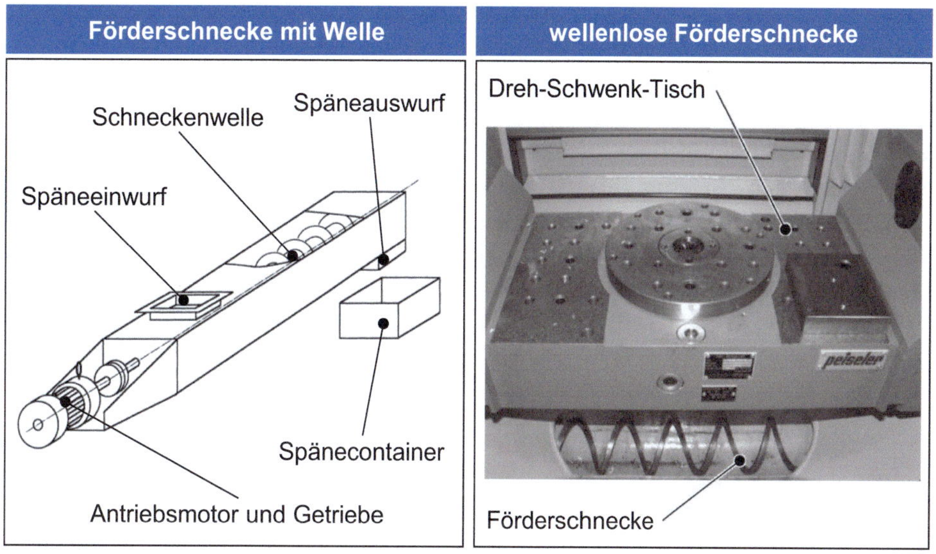

Bild 10.29 Aufbau eines Schneckenförderers. Quelle: KABELSCHLEPP

gend (b) und gerade / steigend / gerade (c) unterschieden (s. Bild 10.28, rechts).

Die Bandgeschwindigkeit kann bei allen drei Bauformen in einem Bereich von 1,3 – 3 m/min bei kühlmittelbenetzten Spänen und zwischen 1,3 – 12 m/min bei trockenen Spänen variieren. Neben der Bandgeschwindigkeit beeinflusst die Breite des Förderbandes die mögliche Transportleistung des Förderers linear. Einfluss auf die Bandbreite haben neben konstruktiven Randbedingungen auf Grund der Gestaltung der Werkzeugmaschine die Schüttdichte der Späne (kg/m^3), der Massenstrom der Späne (kg/h) und die an den Spänen haftende Kühlmittelmenge. Für einen handelsüblichen Scharnierbandförderer bedeutet dies beispielsweise bei 600 mm Bandbreite und 8 m/min Fördergeschwindigkeit eine mögliche Spänefördererleistung von 10 m^3/h bei horizontaler Förderstrecke. Bei einem Steigungswinkel von 30 ° (60 °) muss mit einer Minderung der Förderleistung um 30 % (60 %) gerechnet werden.

Zum Transport von Stahlspänen können Magnetförderer eingesetzt werden. Die zu fördernden Späne fallen auf ein verschleißfestes, austenitisches Blechband. Auf der Unterseite dieses Bandes werden Permanentmagnete vorbeibewegt, deren magnetische Felder durch das Blech auf die Späne wirken und diese mitschleppen.

Die in Bild 10.29 gezeigten Schneckenförderer finden wegen ihrer geringen Baugröße vorwiegend bei beengten Platzverhältnissen Verwendung. Die Späne werden durch Drehung der schraubenförmigen Förderschnecke bewegt. Der vergleichsweise hohe Energiebedarf und die Verschleißanfälligkeit von Schneckenförderern sind Folge der hohen Reibung und Klemmneigung zwischen Schnecke und Trogwandung. Schneckenförderer sind anfällig gegen Grobteile und sollten nur für kurze Späne eingesetzt werden.

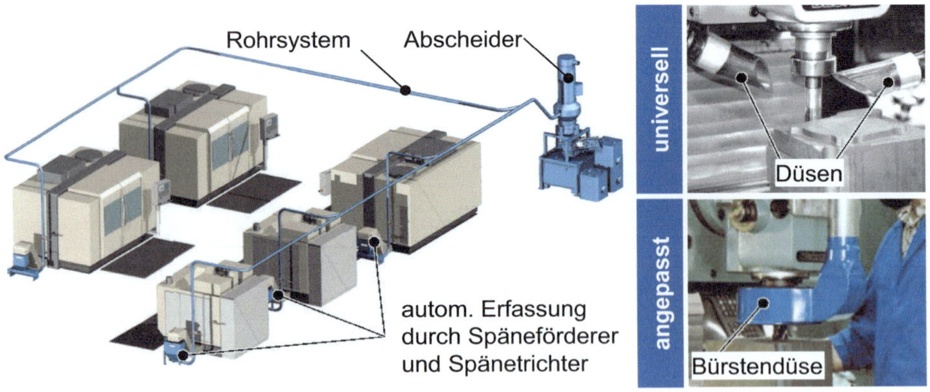

Bild 10.30 Zentrale Absauganlage, Beispiele für werkzeugnahe Partikelerfassung. Quelle: Ringler/Kärcher Group

Neben der mechanischen Förderung von Spänen kommt deren pneumatischer Förderung im Zuge der Trockenbearbeitung wachsende Bedeutung zu. Aber auch feuchte Späne aus der Nassbearbeitung lassen sich absaugtechnisch erfassen. Bild 10.30 zeigt links eine stationäre, zentrale Absauganlage mit mehreren Erfassungsstellen. Die Absaugung erfolgt aus einem Sammelbehälter, in den die Späne fallen, nachdem sie mechanisch aus dem Maschinenbett gekratzt wurden. Im Gegensatz dazu werden rechts in Bild 10.30 zwei Varianten der werkzeugnahen Erfassung direkt an der Entstehungsstelle der Späne gezeigt. Die Gestaltung der Erfassungseinrichtung variiert von relativ einfachen und universell einsetzbaren Düsen (Bild 10.30, rechts oben) und aufwendigen, speziell an die Gestalt des Werkzeugs angepassten Konstruktionen (Bild 10.30, rechts unten).

10

Bei der Konzeption sowohl stationärer als auch mobiler Absauganlagen ist zu beachten, ob sie für staubexplosionsgefährliche Stoffe wie z. B. Leichtmetalle eingesetzt werden. In diesem Fall sind besondere Sicherheitsbestimmungen zu beachten und entsprechende Schutzmaßnahmen vorzusehen [BERU90; HAUP05]

10.2.3.2 Spänezentrifugen

Spänezentrifugen ermöglichen die Trennung der Flüssigkeit von den Metallspänen durch die bei hohen Drehzahlen entstehenden Zentrifugalkräfte. Bei einer dezentralen Aufstellung einer solchen Zentrifuge direkt an der Bearbeitungsmaschine ist die Befüllung über den Späneförderer der Maschine und eine unmittelbare Rückführung des abgeschleuderten Kühlschmierstoffs in den Kühlschmierstoffkreislauf der Be-

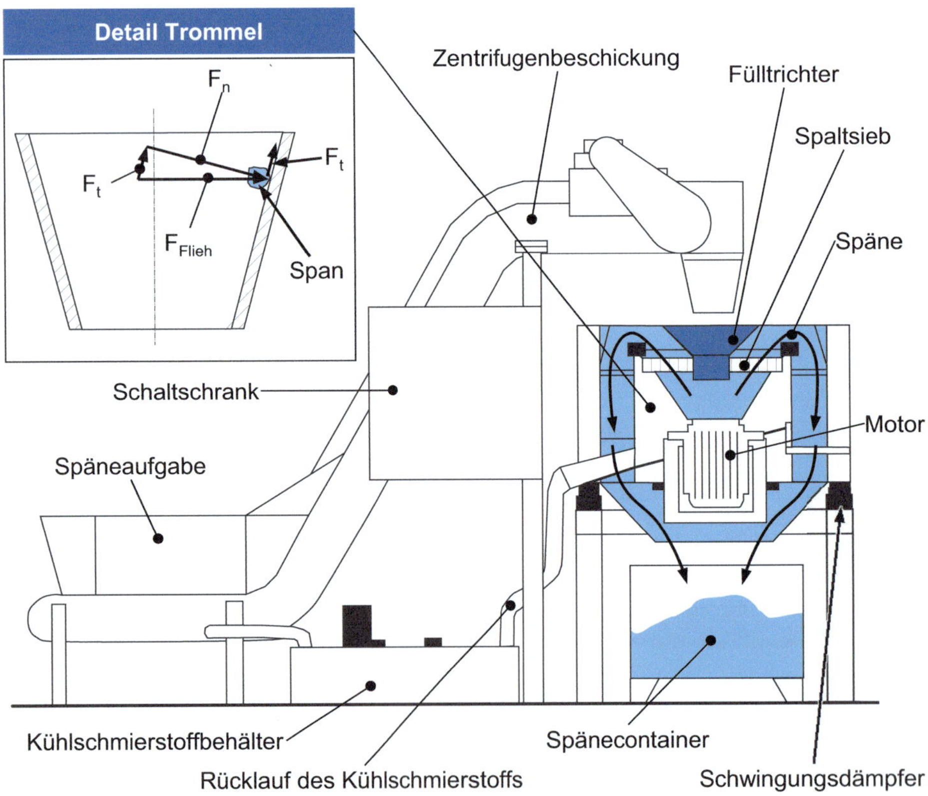

Bild 10.31 Funktionsprinzip einer kontinuierlichen Spänezentrifuge. Quelle: CEPA

arbeitungsmaschine möglich. Der dabei maximal erreichbare Trocknungsgrad der Späne liegt, je nach zerspantem Material, Spanform und Kühlschmierstoff, bei ca. 3 % Restflüssigkeit. Im Gegensatz dazu können durch einfaches Abtropfen unter Schwerkrafteinfluss, z. B. auf einem Späneförderer, lediglich ca. 50 % des anhaftenden Kühlschmierstoffes zurückgewonnen werden. Übliche Durchsatzraten von käuflich erhältlichen Spänezentrifugen für den maschinennahen Einsatz betragen in der Regel 0,2 bis 4 t/h (Stahlspäne) bei Antriebsleistungen von 1 bis 7 kW und Trommeldrehzahlen von 750 bis 1.500 min^{-1}.

Nach ihrer Funktionsweise wird im Wesentlichen zwischen

- kontinuierlich arbeitende Spänezentrifugen und
- diskontinuierlich arbeitende Spänezentrifugen

unterschieden.

Bei kontinuierlich arbeitenden Zentrifugen wird z. B. über eine konische Formgebung der Trommelinnenflächen aus der Zentrifugalkraft eine auf die Späne wirkende, axiale Kraftkomponente parallel zur Drehachse der Zentrifugentrommel erzeugt (Bild 10.31). Dadurch entsteht eine axiale Bewegung der Späne durch die Trommel in Richtung des größten Trommeldurchmessers, wo der Kühlschmierstoff über ein eingelassenes Spaltsieb von den Spänen getrennt und aus der Trommel befördert wird. Die getrockneten Späne werden über die obere Kante aus der Trommel herausgeschleudert und fallen in einen Spänebehälter bzw. Späneförderer.

Durch dieses Prinzip ist ein kontinuierlicher Betrieb ohne zusätzlichen Be- und Entladevorgang möglich. Die Verweildauer der Späne in der Zentrifuge und die dadurch erreichbare Trocknung werden im Wesentlichen durch den Zufluss an Spänen und die Betriebsdrehzahl der Trommel bestimmt. Bei nicht kontinuierlicher Beschickung der Zentrifuge ist zur gleichmäßigen Befüllung der Trommel meist eine zusätzliche Dosiervorrichtung erforderlich. Bei diskontinuierlich arbeitenden Zentrifugen mit einfacher, zylindrischer Trommelgeometrie werden in der Regel sowohl der Be- und Entladevorgang als auch das eigentliche Zentrifugieren zeitlich gesteuert. Der Be- bzw. Entladevorgang verlangt eine Reduktion der Trommeldrehung bis hin zu einen vollständigen Stillstand der Trommel, je nachdem ob eine Entleerung oder ein vollständiger Wechsel des in diesem Fall als Spänecontainer ausgeführten Trommelkörpers erfolgen soll. Die notwendigen Beschleunigungs- und Abbremsvorgänge bedingen einen wesentlich höheren Energieverbrauch sowie eine aufwendigere Steuerung als bei kontinuierlichen Zentrifugen. Dafür ist eine erheblich einfachere und variablere Anpassung an unterschiedliche Betriebsbedingungen möglich.

Bei der in Bild 10.32 dargestellten Variante einer diskontinuierlich arbeitenden Zentrifuge werden die in die Trommel über einen Einfülltrichter eingeführten Späne über einen rotierenden Teller beschleunigt und an die ebenfalls rotierende Trommelwandung abgespritzt. Die Flüssigkeit wird durch die Zentrifugalkraft nach außen gedrängt und fließt durch die perforierte Trommelwand ab. Nach Errei-

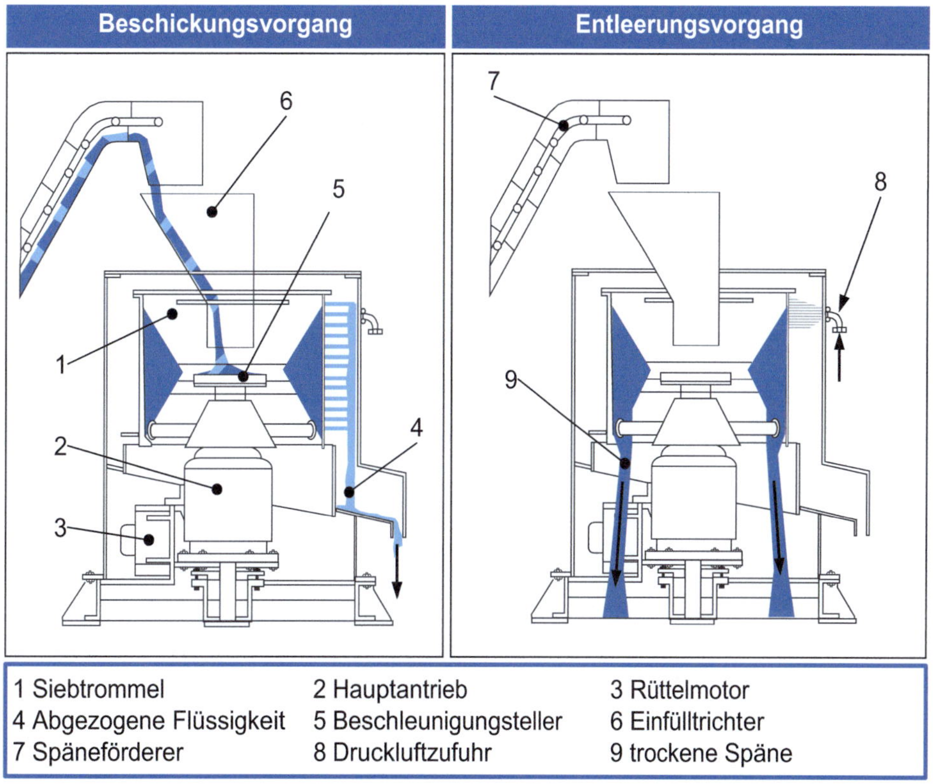

Bild 10.32 Funktionsprinzip einer diskontinuierlichen Spänezentrifuge. Quelle: Steimel

chen des Aufnahmevolumens der Trommel wird die Zuführung gestoppt und der zeitlich gesteuerte Zentrifugiervorgang beginnt. Zum Entladen wird die Trommeldrehzahl reduziert und die Späne werden, unterstützt durch einen Rüttelmotor, und unter zusätzlichem Einblasen von Pressluft von der Trommelwand gelöst. Sie fallen nach unten aus der Zentrifuge heraus.

Zur Steigerung des Wirkungsgrades der eingesetzten Spänezentrifuge oder bei besonderen Anforderungen kann zusätzlich ein Heißluftgebläse verwendet werden, wodurch bei gleichzeitig erhöhtem Energieaufwand eine zusätzliche Trocknung bzw. eine Senkung der Viskosität der verwendeten Kühlschmierstoffe und damit eine verbesserte Trennbarkeit von den Spänen erreicht werden kann. Ungünstige Spanformen, wie sie z. B. bei Wirr- oder Bandspänen vorliegen, die ein Verstopfen der Zentrifuge und einen schlechten Wirkungsgrad zur Folge haben können, machen unter Umständen den zusätzlichen Einsatz eines vorgeschalteten Spanbrechers erforderlich.

10.2.3.3 Brikettieren

Seit dem Inkrafttreten des neuen Kreislaufwirtschafts- und Abfallgesetzes wird in Deutschland die Abfallverwertung der Abfallbeseitigung eindeutig vorgezogen. Die Lagerung, Entsorgung und Wiederverwertung anfallender Späne lässt sich durch Verdichten des losen Materials zu zylinderförmigen Briketts mittels einer hydraulisch arbeitenden Stempelpresse vereinfachen. Links im ◘ Bild 10.33 sind Beispiele für Spanbriketts verschiedener Materialien und rechts eine Presse zum Brikettieren abgebildet.

Allgemein reichen die brikettierfähigen Materialien von Metallspänen und Schleifschlämmen über staubförmige Hüttenabfälle, wie sie bei der Stahl- und Gusseisenproduktion entstehen, bis zu Papierschnipseln und Kunststoffen. Neben einer Volumenreduzierung wird bei nassen Materialien eine weitgehende Trennung von anhaftendem Kühlschmierstoff erreicht.

Die zunehmende Bearbeitung von Magnesiumwerkstoffen führt zu einem häufigeren Umgang mit leicht entzündlichen Magnesiumspänen. Eine sofortige Brikettierung vor der Lagerung oder weiteren Handhabung dieser Späne bietet einen hohen Sicherheitsgewinn für den Produktionsbetrieb, da das Risiko einer Entzündung mit anschließender rascher Brandausbreitung stark reduziert wird. ◘ Bild 10.34 zeigt die Funktionsweise einer Brikettpresse.

Die Förderschnecke transportiert die Späne vom Sammelbehälter zum Vorverdichter (A). Die Laufzeit der Schnecke wird steuerungsseitig berechnet. Nachdem eine entsprechende Spanmenge in die Vorverdichtungskammer gefördert worden ist, kommt es durch Niederfahren (B) des Verdichtungskolbens zur Vorverdichtung des Materials senkrecht zur waagerechten Hauptpressrichtung. Anschließend drückt der Hauptpresskolben das Pressgut in eine der beiden Pressformen und verdichtet es zu einem massiven Block (C). Parallel dazu fährt ein ebenfalls an die Bewegung des Hauptpresskolbens angekoppelter Ausstoßstempel in die zweite Pressform und stößt ein bereits fertiges Brikett aus der Auswurföffnung. Nach dem Rückzug des Vorverdichtungs- und Hauptpresskolbens wechselt die Pressform und ein neuer Zyklus beginnt (D).

Das Pressen eines beispielsweise zylindrischen Briketts mit 60 mm Durchmesser und 60 mm Länge benötigt pro Brikett ca. 7 Sekunden.

10.2.4 Zentralschmieranlagen

Reibung und Verschleiß treten in allen Materialkontaktstellen mit Relativbewegung auf. Um die verursachten Verluste in Grenzen zu halten, werden Werkzeugmaschinen mit Zentralschmieranlagen ausgerüstet, die den Lagerungen, Führungen und Getrieben zuverlässig dosierte Schmierstoffmengen zuführen. Man unterscheidet nach [VOGE03]

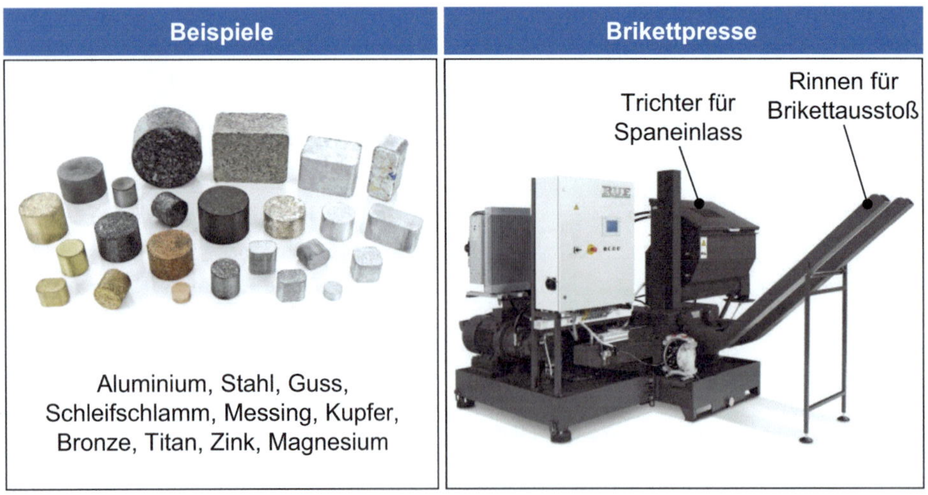

◘ **Bild 10.33** Brikettpresse mit Briketts unterschiedlicher Materialien. Quelle: Ruf Maschinenbau

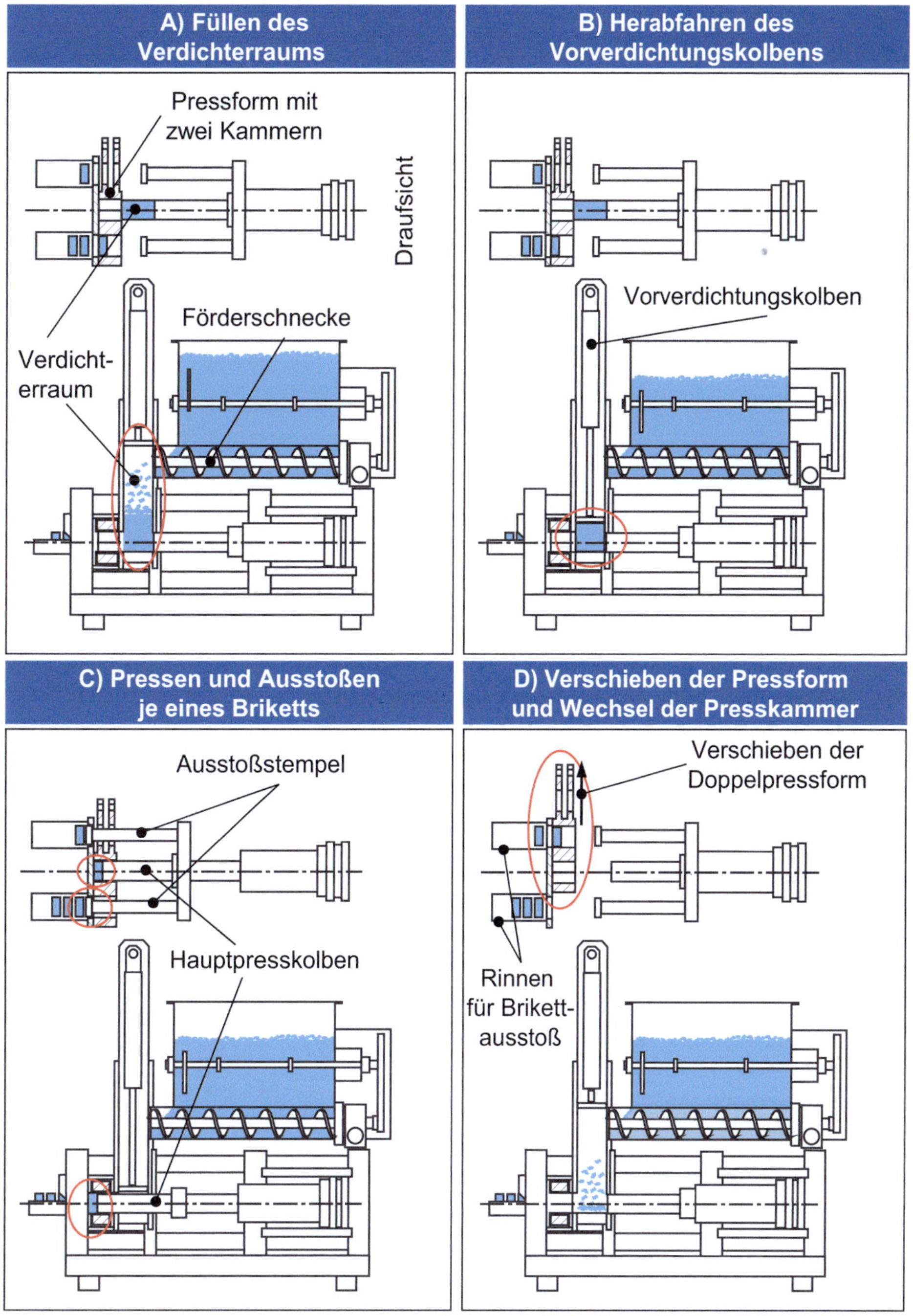

Bild 10.34 Funktionsweise einer Brikettpresse. Quelle: Ruf Maschinenbau

Verbrauchsschmieranlagen für die Öl-, Ölnebel-, Öl-Luft- und Fettschmierung, in denen der Schmierstoff den Schmierstellen zugeführt und dort verbraucht wird, sowie Umlaufschmieranlagen für die Ölschmierung, in denen das Öl, ggf. nach Filterung und Rückkühlung, in den Vorratsbehälter zurückgeführt wird.

Verbrauchsschmieranlagen bestehen dem Grundaufbau nach aus einem Schmierstoff-Vorratsbehälter, einer Pumpe für den Schmierstofftransport, einem Verteiler und Mengenregler, der Hauptrohrleitung zwischen Pumpe und Verteiler und der Schmierstellenleitung zwischen dem Verteiler und den Schmierstellen. Der Schmierstoff ist nach Gebrauch verloren. Er vermischt sich mit dem Kühlschmierstoff des Fertigungsprozesses oder wird in Auffangbehältern gesammelt. Umlaufanlagen hingegen führen den Schmierstoff nach Gebrauch der Schmierstelle wieder zu. Sie unterscheiden sich von den Verbrauchsanlagen grundsätzlich nur durch ein Ölauffangsystem und eine zusätzliche Rücklaufleitung. Beide Typen werden deshalb nachfolgend gemeinsam behandelt.

Tabelle 10.1 gibt einen Überblick über die gebräuchlichsten Anlagentypen. Man unterscheidet Einleitungsanlagen, Progressivanlagen, Zweileitungsanlagen, Mehrleitungsanlagen und Drosselanlagen, die in ▶ Kap. 10.2.4.1 bis

Anlagentyp	Dosiervolumen in cm³/Impuls	Schmierstoff	Schmierstellen	Anwendungsbereich
Einleitungsanlagen	0,01 – 1,5	Öl, Fließfett	10 – 100	Verbrauchsschmierung, kleine und mittelgroße Maschinen- und Anlagen
Progressivanlagen	0,05 – 3,2	Öl, Fett, Fließfett	10 – 100	Verbrauchs- und Umlaufschmierung, kleine und mittelgroße Maschinen und Anlagen
Zweileitungsanlagen	0,03 – 15	Öl, Fett, Fließfett	50 – 50	Verbrauchs- und Umlaufschmierung, mittlere und große Maschinen und Anlagen
Mehrleitungsanlagen	0,5 – 200	Öl, Fett, Fließfett	2 – 36	Verbrauchs- und Umlaufschmierung, kleine Maschinen
Drosselanlagen	10 – 10.000	Öl	über 100	Verbrauchs- und Umlaufschmierung, große Maschinen und Anlagen

Tabelle 10.1 Zentralschmieranlagen

10.2.4.5 näher beschrieben werden. Durch das Bestreben, die Wälzlager schnelldrehender Hauptspindeln mit minimalen Schmierstoffmengen zu versorgen, um die Reibung möglichst klein zu halten, werden zunehmend auch Anlagen für die Öl-Luft-Schmierung an die Zentralschmierung angekoppelt. Auf diese unter dem Oberbegriff „Druckluftbeölungsanlagen" zusammengefassten Geräte wird in ► Kap. 10.2.4.6 eingegangen.

10.2.4.1 Einleitungsanlagen

Die Einleitungsanlage ist der preiswerteste und im Werkzeugmaschinenbau am weitesten verbreitete Anlagentyp. Sie wird sowohl für die Verbrauchs- als auch für die Umlaufschmierung mit Ölen und Fließfetten eingesetzt und ist für die Versorgung von zehn bis zu mehreren hundert Schmierstellen geeignet. Der Schmierstoff wird von der Pumpe zu einem Kolbenverteiler gefördert und von dort gleichzeitig an alle Schmierstellen weitergegeben. Es kommen elektrisch,

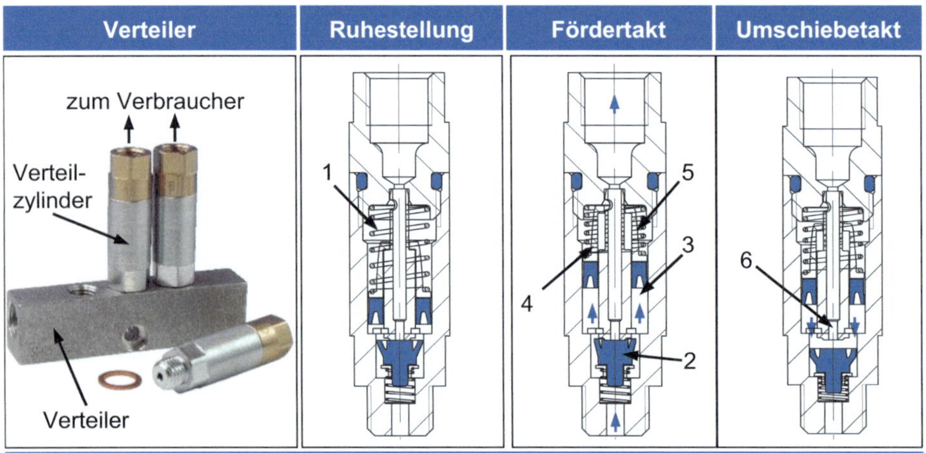

Ruhestellung:	Der Schmierstoff befindet sich in der Federkammer 1
Fördertakt:	Die Pumpe läuft an und fördert Schmierstoff an der Steuermanschette 2 vorbei in den Kolbenraum 3. Der Kolben 4 fährt gegen die Kraft der Feder 5 nach oben und schiebt den Schmierstoff aus der Federkammer zur Schmierstelle.
Umschiebetakt:	Die Pumpe ist abgeschaltet, der Kolben wird durch die Feder in die Ausgangsposition zurückgedrückt. Dabei wird die Steuermanschette gegen die Feder nach unten gedrückt, wodurch die Überstrombohrung 6 freigegeben und der Schmierstoff in den Federraum gefördert wird.

Bild 10.35 Kolbenverteiler einer Einleitungsanlage. Quelle: SKF Lubrication Systems

hydraulisch oder pneumatisch betätigte Kolben- oder Zahnradpumpen zum Einsatz.

Die Kolbenverteiler sorgen dafür, dass je Schmierzyklus eine von der Laufzeit der Pumpe unabhängige, konstante Schmierstoffmenge zum Verbraucher abgegeben wird. Die Pumpenlaufzeit muss so gewählt werden, dass eine sichere Befüllung aller Verteilerkammern gewährleistet ist. Meist wird die Pumpe durch ein Zeitsignal eingeschaltet und über einen Schwellschalter durch den Druck in der am weitesten entfernten Schmierstellenleitung nach einer zusätzlichen Sicherheitsnachlaufzeit von ca. 15 Sekunden wieder ausgeschaltet. Das Fördervolumen je Schmierzyklus hängt nur von den geometrischen Abmessungen des Verteilers ab. Die mit handelsüblichen Verteilern erreichbaren Werte liegen zwischen 0,01 cm³ und 1,5 cm³ je Schmierimpuls.

◘ Bild 10.35 zeigt den Querschnitt eines typischen Kolbenverteilers. In der Ruhestellung befindet sich das zu fördernde Öl in der Federkammer. Durch Beaufschlagen der Hauptleitung mit Pumpendruck wird der Kolben entgegen der Federkraft nach oben gedrückt. Die Fördermenge wird dadurch nach oben zum Verbraucher ausgeschoben. Nachdem der Pumpendruck abgefallen ist, drückt die Feder den Kolben zurück. Durch ein feststehendes Überströmrohr in der Zylindermitte rückt Schmierstoff in die Federkammer nach. Der Verteiler ist jetzt für den nächsten Schmierzyklus bereit. Durch die voneinander unabhängigen Verteilzylinder ist die Erweiterung oder Verkleinerung einer bestehenden Anlage durch Anflanschen weiterer Verteilerblöcke oder durch Verschluss einzelner Ausgänge vergleichsweise einfach, die Überwachung der Anlage aber in gleichem Maße schwierig. In der Regel werden nur die Versorgung einzelner, wichtiger Schmierstellen und der Druck in der Hauptleitung überwacht.

10.2.4.2 Progressivanlagen

Eine Progressivanlage führt den verschiedenen Verbrauchern den Schmierstoff progressiv, d.h. fortschreitend und nacheinander zu, wobei allen Verbrauchern unabhängig vom Strömungswiderstand die gleiche Menge zugeteilt wird. Das Funktionsprinzip eines Progressivverteilers geht aus ◘ Bild 10.36 hervor.

In der Ausgangsposition steht die obere Stirnfläche des rechten Kolbens unter Pumpendruck. Der Kolben verfährt nach unten und schiebt den entsprechenden Zylinderinhalt durch den Anschluss 1a aus. Durch die Bewegung des Kolbens wird die Verbindung der Hauptleitung zur oberen Stirnfläche des mittleren Kolbens freigegeben. Der Kolben verfährt, schiebt den Schmierstoff durch den Anschluss 2a aus und initiiert die Bewegung des dritten Kolbens. Dieser Zyklus läuft ab, bis der Förderstrom der Pumpe abgeschaltet wird. Die Dosierfeinheit hängt somit entscheidend von den Leistungsdaten der Pumpe ab. Das Volumen einer Dosierkammer liegt zwischen 0,05 cm³ und 3,2 cm³.

Progressivanlagen stellen im mittleren Dosiermengenbereich eine Alternative zu den Einleitungsanlagen dar. Sie sind

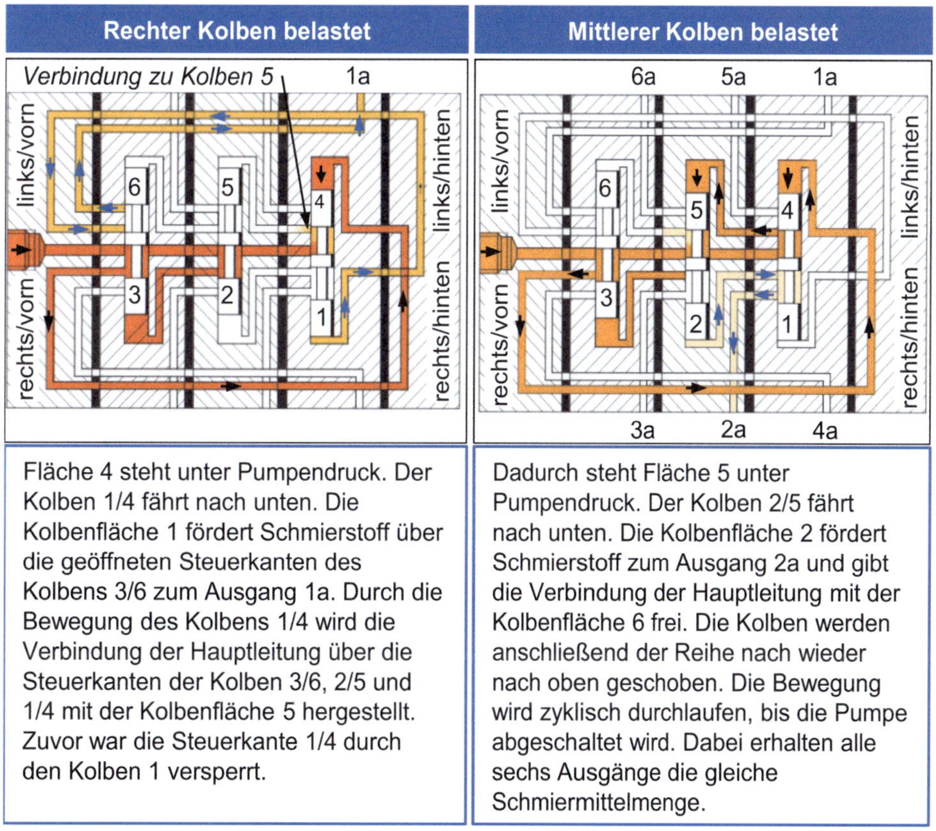

◘ **Bild 10.36** Kolbenverteiler einer Progressivanlage. Quelle: SKF Lubrication Systems

robuster und dadurch auch für die Förderung von Fett geeignet. Durch den Zwangslauf der einzelnen Verteilerkolben reicht die Überwachung einer Schmierstelle zur Beurteilung der Funktionstüchtigkeit der Gesamtanlage aus. Eine Veränderung der Schmierstellenanzahl ist jedoch umständlich, da überzählige Anschlüsse nicht verschlossen werden dürfen, sondern zum Vorratsbehälter zurückgeführt werden müssen, um den Bewegungsablauf der Kolben aufrechtzuerhalten.

10.2.4.3 Zweileitungsanlagen

Eine Zweileitungsanlage besitzt im Gegensatz zu den beiden vorstehend beschriebenen Typen zwei Hauptleitungen, die über ein Umsteuerventil wechselseitig die beiden Kammern des Verteilzylinders versorgen (Bild 10.37). Die Fördermenge wird über das Schmierimpuls-Pause-Verhältnis eingestellt. Nach Ablauf der eingestellten Pausezeit läuft die Pumpe an und fördert den Schmierstoff durch den vom Steuerkolben freigegebenen Kanal in den linken Dosierraum. Der Dosierkolben bewegt sich nach rechts und fördert den Schmierstoff aus dem rechten Dosierraum über den rechten Auslass und die Leitung 13 (rechts) zum angeschlossenen Verbraucher. Für den nächsten Impuls wird das Umsteuerventil betätigt und der rechte Dosierraum mit dem Pumpendruck beaufschlagt. Der Schmierstoff fließt zum linken Verbraucher. Dieser Vorgang wiederholt sich, bis der Zeitgeber die Pumpe ausschaltet. Das Fördervolumen je Hub liegt zwischen 0,03 cm^3 und 15 cm^3.

Zweileitungsanlagen sind außerordentlich robust und deshalb gut für Fette und zähe Fließfette geeignet. Durch den erhöhten apparativen Aufwand (zwei Hauptleitungen und das Umsteuerventil) sind Zweileitungsanlagen erst ab etwa 100 Schmierstellen wirtschaftlich.

10.2.4.4 Mehrleitungsanlagen

Wesentliches Bauteil einer Mehrleitungsanlage ist eine Mehrkolbenpumpe mit bis zu 36 Förderzylindern. Die Auslässe sind direkt mit den Schmierstellen verbunden, sodass eine Hauptleitung und ein Verteiler nicht erforderlich sind. Mehrleitungsanlagen werden vornehmlich für die Fettschmierung kleiner Maschinen eingesetzt.

10.2.4.5 Drosselanlagen

Die Drosselanlage stellt den dem Aufbau nach einfachsten Anlagentyp dar. Sie ist jedoch nur für Maschinen und Anlagen mit einem größeren Ölmengenbedarf und mit der Erfordernis einer ununterbrochenen Versorgung geeignet. Der Schmierstoff wird von einer Pumpe in ein Rohrleitungsnetz gefördert, das über Rohrverzweigungen und Verteilerleisten mit allen Schmierstellen verbunden ist. In den einzel-

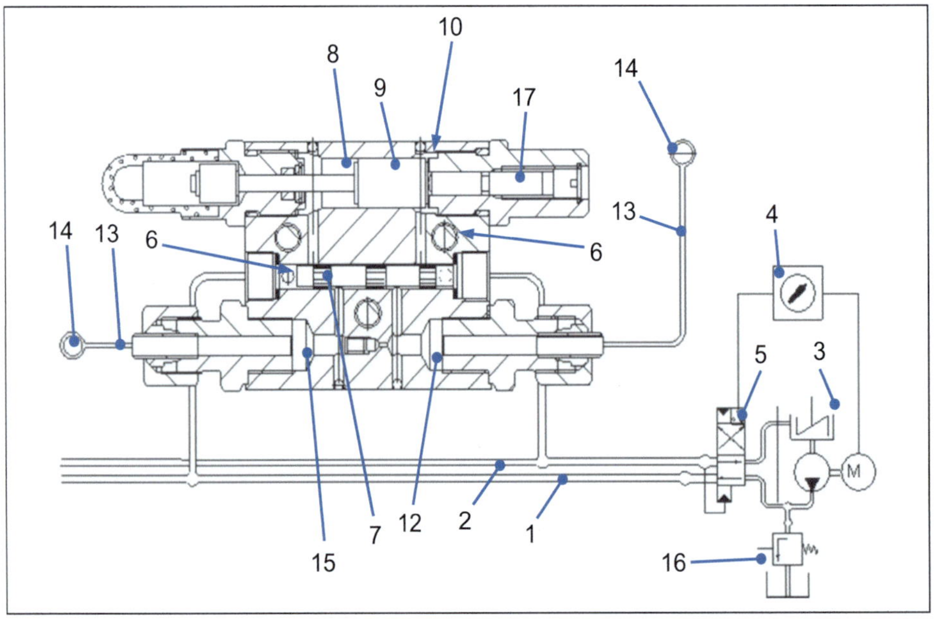

1. Hauptleitung 1
2. Hauptleitung 2
3. Pumpe mit Schmierstoffbehälter
4. Steuergerät
5. Umsteuerventil
6. linker Steuerkolbenraum
7. Steuerkolben
8. linker Dosierraum
9. Dosierkolben
10. rechter Dosierraum
11. rechter Steuerkolbenraum
12. rechter Auslass
13. Schmierstellenleitung
14. Schmierstelle
15. linker Auslass
16. Druckbegrenzungsventil
17. Dosierschraube

Bild 10.37 Kolbenverteiler einer Zweileitungsanlage. Quelle: SKF Lubrication Systems

Bild 10.38 Auslegung einer Drosselanlage

Vorgehen

1. Volumenstrom aller Schmierstellen festlegen:

$$Q_{Pumpe} \geq \sum_{i=1}^{n} Q_i \quad \text{, hier n = 2}$$

2. Leitungslänge bzw. –querschnitt so dimensionieren, dass sich die erforderliche Stromaufteilung einstellt:

$$\frac{Q_1}{Q_2} = \left(\frac{d_1}{d_2}\right)^4 \cdot \frac{l_2}{l_1}$$

3. Prüfen, ob der von der Pumpe zu überwinde Druckverlust durch den maximalen Pumpendruck abgedeckt wird:

$$\Delta p = \frac{128 \cdot \eta \cdot l_1 \cdot Q_1}{\pi \cdot d_1^4} + \sum \Delta p_{Drossel} + \Delta p_{Verbraucher} \leq \Delta p_{Pumpe}$$

(Nachweis nur für eine Schmierstellenleitung, da der Druckverlust in allen Leitungen gleich groß ist)

Schema einer Drosselanlage

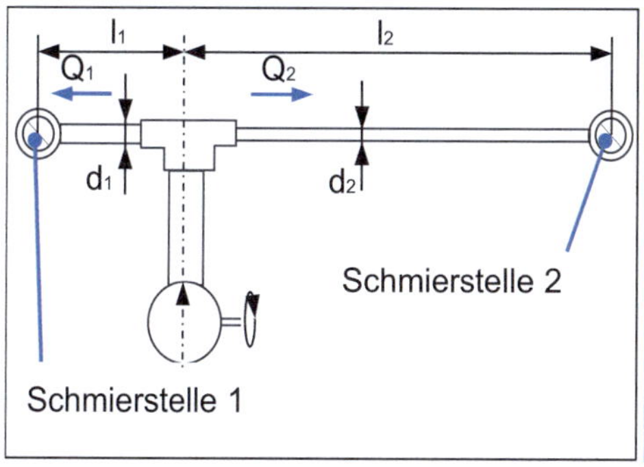

- d - Rohrdurchmesser
- l - Rohrlänge
- η - dynamische Viskosität des Schmierstoffs
- Q - Volumenstrom
- $\Delta p_{Drossel}$ - Druckverlust in Einschraubdrosseln, T-Stücken und Verteilerleisten
- $\Delta p_{Verbraucher}$ - Druckverlust des Verbrauchers

nen Zweigen des Leitungssystems stellt sich entsprechend der Drosselverluste durch den Strömungswiderstand des Rohres und durch ggf. zusätzlich vorgesehene, einstellbare Einschraubdrosseln der Volumenstrom ein.

Bei der Auslegung einer Anlage mit zwei Schmierstellen wird gemäß Bild 10.38 zunächst der insgesamt für alle Schmierstellen erforderliche Ölvolumenstrom, der sog. Anschlusswert, ermittelt. Er muss einem an der Pumpe einstellbaren Förderwert entsprechen. Die Aufteilung des Volumenstromes stellt sich proportional zu den summierten, durch Rohrleitungen, Einschraubdrosseln, T-Stücke und Verteilerleisten auf dem Weg zur Schmierstelle verursachten Druckverlusten ein. Innendurchmesser und Länge der Leitungen müssen darauf abgestimmt sein. Die erforderliche Pumpenleistung errechnet sich als Produkt aus diesem Druckverlust und dem Gesamt-Ölvolumenstrom.

Bei der Auswahl der Drosseln ist die Verschmutzungsneigung enger Spalte und Bohrungen zu berücksichtigen. Wo Einstellbarkeit nicht unbedingt erforderlich ist, sollte deshalb den Drosselrohren der Vorrang gegeben werden. Eine sorgfältige Filterung des Öls ist insbesondere bei Umlaufschmierung für einen störungsfreien Betrieb unerlässlich.

10.2.4.6 Druckluftbeölungsanlagen

Zur Beölung von Druckluft in pneumatischen Anlagen (Zylinder-Kolben-Systeme) oder für die Öl-Luft-Schmierung von schnell drehenden, wälzgelagerten Spindeln werden die drei in Tabelle 10.2 genannten Systeme eingesetzt. Für große Maschinen mit vielen Schmierstellen wird eine Zentralschmieranlage (meist eine Einleitungsanlage) mit einem Mischventil bestückt, in dem Druckluft und Öl nach dem Venturiprinzip zusammengeführt werden (Bild 10.39). Um das Absetzen von Öl in der Schmierstellenleitung zu vermeiden, erfolgt die Mischung möglichst nah am Verbraucher.

Für das Schmieren mit kleinsten Mengen, die sog. Öl-Luft-Minimalmengenschmierung, werden Einspritzöler verwendet, deren Funktionsprinzip aus Bild 10.40 hervorgeht. Über ein Fallrohr gelangt das Öl unter Schwerkrafteinfluss aus dem Vorratsbehälter in die Dosierkammer. Der Schmierzyklus wird durch einen Signalgeber nach einer vom Benutzer eingestellten Pausenzeit ausgelöst. Zunächst wird die Mischkammer mit Druckluft geflutet, wodurch sich die Steuerklappe nach oben bewegt und die Ansteuerbohrung zum Dosierkolben freigibt.

Anlagentyp	Dosiervolumen in cm³/Impuls	Schmierstoff	Schmier-stellen	Anwendungsbereich
Zentralschmieranlagen, z.B. Einleitungsanlage	0,01 – 1	Öl, Schmierfett	10 – 100	Schmierung von Druckluftzylindern
Einspritzöler	0,003 – 0,03	Öl, Schmierfett	1 – 10	Öl-Luft-Schmierung von Wälzlagern, Kettenschmierung, Benetzen von Formen und Gesenken
Taktöler	0,03 – 0,3	Öl	1 – 100	Schmierung von Druckluftwerkzeugen

Tabelle 10.2 Druckluft-beölungsanlagen

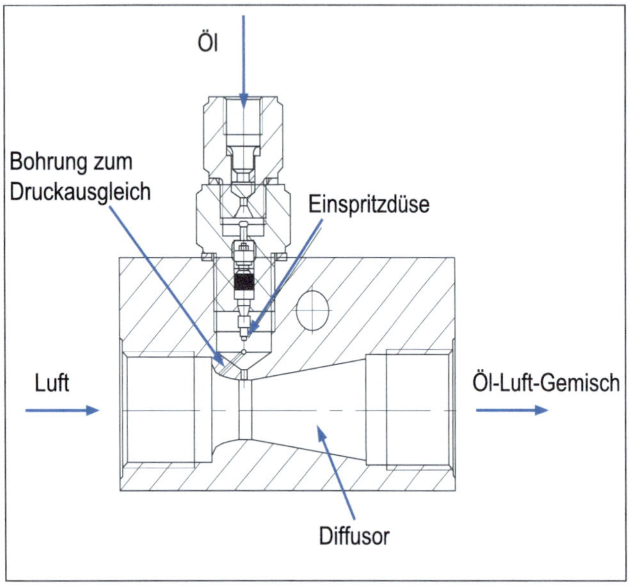

Bild 10.39 Mischventil für die Öl-Luft-Schmierung mit einer Zentralschmieranlage. Quelle: SKF Lubrication Systems

Der Kolben des Ölers wird dadurch mit Luftdruck beaufschlagt, verfährt gegen die Federkraft nach rechts und schiebt das sich im Dosierraum befindende Öl durch die Einspritzdüse aus. Während der Ausschiebephase ist die Öl-Zufuhrbohrung der Dosierkammer durch den Kolben verschlossen, sodass unabhängig von der Verfahrgeschwindigkeit des Kolbens der nur das Zylindervolumen zugeführt wird. In der Pausenzeit verhindert ein Rückschlagventil unkontrollierten Ölaustritt.

Der Öl-Luft-Strom wird einem im Bypass an dem Einspritzöler vorbeigeführten, permanent anliegenden Luftstrom beigemischt. Die kleine Ölmenge legt sich an die Schlauchwandung an und wird durch die vorbeiströmende Luft zu einem schlierenartigen Tropfen in die Länge gezogen. Bei ausreichend großer Schlauchlänge stellt sich beim Verbraucher ein konstanter Schmierstoff-Volumenstrom ein. Mit zunehmender Schlauchlänge nimmt jedoch auch die Trägheit des Systems zu, sodass in der Praxis eine Leitungslänge vom Öler zum Verbraucher von 1 m bis 3 m anzustreben ist.

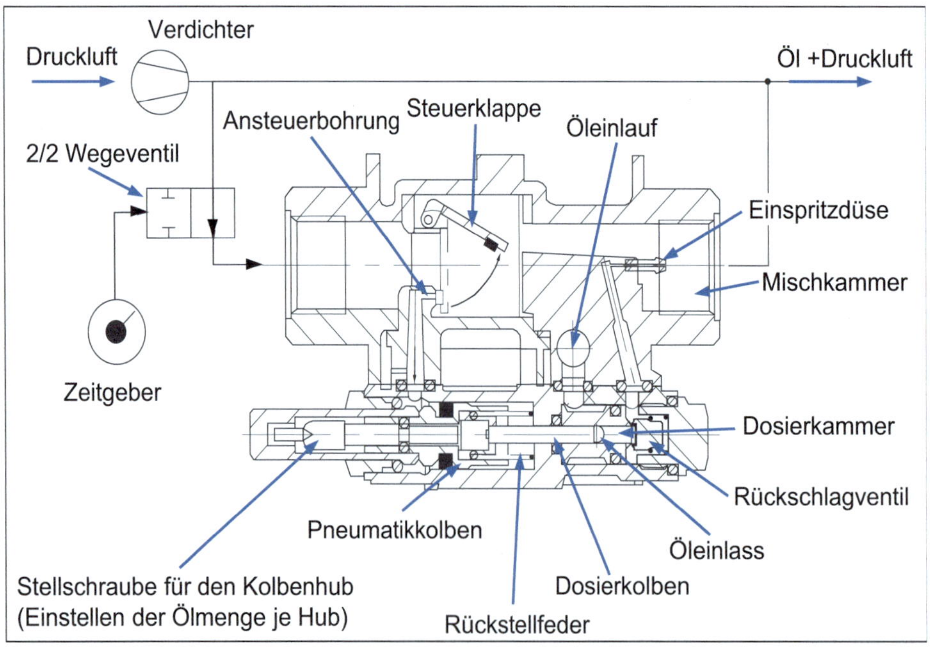

Bild 10.40 Funktionsweise eines Einspritzölers. Quelle: SKF Lubrication Systems

Druckluftwerkzeuge, deren Betrieb durch einen hohen aber unregelmäßigen Volumenstrombedarf gekennzeichnet ist, erfordern einen robusteren Öler, dessen Dosierung der Schmierstoffmenge von der Luftentnahme abgekoppelt ist. Der hierfür geeignete Taktöler ähnelt dem Aufbau und Funktionsprinzip nach einem Einspritzöler. Um eine Überölung der Luft zu vermeiden, wird hier jedoch die Dosierkammer nicht zwangsläufig nach jedem Druckluftimpuls, sondern von einer zeitabhängig betätigten Pumpe befüllt.

10.2.5 Hydraulikaggregate

10.2.5.1 Aufgaben und Bedeutung von Hydrauliksystemen

Gegenstand der Hydraulik ist die Energie- und Signalübertragung durch Fluide. Zum Einsatz kommen Druckflüssigkeiten auf Basis von Mineralölen und natürlichen oder synthetischen Estern. Für besondere Anforderungen wie Schwerentflammbarkeit oder den Betrieb von Bremsen werden schwer entflammbare sowie Sonderflüssigkeiten eingesetzt. Das Gebiet der Hydraulik wird in die beiden Gebiete Hydrostatik und Hydrodynamik unterteilt.

In der Hydrostatik wird die Energie mit Hilfe des statischen Drucks übertragen. In der Regel arbeiten hydrostatische Maschinen mit hohen Drücken und niedrigen Strömungsgeschwindigkeiten. Bei hydrodynamischen Kraftübertragungen wird dagegen die kinetische Energie der strömenden Flüssigkeit genutzt; hier treten hohe Strömungsgeschwindigkeiten bei niedrigen Drücken auf. [MURR12]

In Systemen mit hydrostatischer Energieübertragung ist die kinetische Energie gegenüber der Druckenergie vernachlässigbar klein. Umgekehrt kann bei hydrodynamischer Energieübertragung die im Förderstrom enthaltene Druckenergie meist vernachlässigt werden. Im Maschinenbau haben die hydrostatischen Antriebe eine wesentlich größere Bedeutung als die hydrodynamischen Antriebe. Die Hydrostatik ist daher Gegenstand der Behandlung im folgenden Abschnitt. Anstelle des Begriffs hydraulischer Antrieb werden gleichbedeutend auch die Begriffe hydraulische Anlage, hydraulisches System oder Hydrosystem verwendet [GROL10].

Die Hauptaufgabe des Hydraulikaggregats ist die Leistungsübertragung verbunden mit der Druck- und Bewegungsübertragung. Hydraulische Funktionen einer Werkzeugmaschine sind beispielsweise der Werkzeugwechsel, die Werkstückspannung, der Palettenwechsel oder der Gewichtsausgleich vertikaler Achsen. Darüber hinaus kann die Übertragung von Signalen für Steuerungs- und Regelungszwecke realisiert werden. Mit etwa 74 % ist Mineralöl das am häufigsten eingesetzte Hydraulikmedium (Druckflüssigkeit) [HERS11].

Bild 10.41 fasst die aus heutiger Sicht bestehenden Vor- und Nachteile von hydraulischen Antrieben und Steuerungen zusammen.

Vorteile

- einfache Realisierung von linearen Bewegungen
- hohe Leistungsdichte
- gute Steuer- und Regelbarkeit
- gute Schmierung und Abfuhr von Verlustwärme durch das Fluid
- einfacher Überlastschutz durch Druckbegrenzungsventile
- gutes Zeitverhalten durch niedrige Trägheitswiderstände der Hydraulikmotoren und Arbeitszylinder
- stufenlose Änderung der Abtriebsbewegungen
- einfache Umkehr der Bewegungsrichtung
- Anfahren aus dem Stillstand unter Volllast möglich
- einfache Anzeige der Belastung durch Druckmessgeräte

Nachteile

- Schmutzempfindlichkeit und Verschleiß der Komponenten
- Energieverbrauch (Verluste durch Reibung und interne Leckage)
- Lärmentwicklung
- Feuergefährdung
- Abhängigkeit der Viskosität und der Kompressibilität von Druck und Temperatur beeinflussen das Betriebsverhalten
- relativ hohe Schwingungsneigung infolge hoher Leistungsdichte und geringer Dämpfung
- Gefährdung der Umwelt durch Hydraulikflüssigkeit

Bild 10.41 Vor- und Nachteile hydraulischer Antriebe und Steuerungen. Nach [HERS11; MURR12]

10.2.5.2 Grundsätzlicher Aufbau eines Hydrauliksystems

Ein hydraulisches System weist in Abhängigkeit der geforderten Funktionalität verschiedene Bauelemente auf. Anhand eines einfachen hydraulischen Systems werden nachfolgend die wichtigsten Bauelemente und deren Funktionsweise beschrieben. In der linken Hälfte von ◘ Bild 10.42 werden die einzelnen Bauelemente des Hydrosystems durch schematische Schnittzeichnungen dargestellt, während in der rechten Hälfte die dafür nach DIN ISO 1219-1 genormten Symbole in einem Schaltbild abgebildet sind [ISO12].

Aus dem Tank (1) saugt die Hydropumpe (2) (hier: Außenzahnradpumpe) Öl an und wandelt die über die Antriebswelle zugeführte mechanische Energie in hydraulische Energie um. Diese liegt am Druckanschluss der Pumpe hauptsächlich als Druckenergie im Ölstrom (Förderstrom) vor. In Abhängigkeit des mechanisch-hydraulischen Wirkungsgrades der Pumpe entstehen bei der Energieumwandlung Verluste in Form von Wärme.

Zum Ausfahren der Kolbenstange wird das Wegeventil (7) so geschaltet (Magnet (b)) , dass der von der Hydropumpe geförderte Ölstrom über das Rückschlag- (3) und Wegeventil (7) sowie das Rückschlagventil von (8*) auf die Kolbenseite des Hydrozylinders (9) gelangt. Das sich auf der Kolbenstangenseite im Hydrozylinder befindende Öl wird über Drosselventil von (8), das Wegeventil (7) und den Filter (4) dem Tank zugeführt.

Zum Einfahren der Kolbenstange wird das Wegeventil geschaltet. Der von der Hydropumpe geförderte Ölstrom gelangt jetzt über das Rückschlagventil von (8) auf die Kolbenstangenseite des Hydrozylinders: Die Kolbenstange fährt ein und das sich auf der Kolbenseite im Hydrozylinder befindende Öl wird über das Drosselventil von (8*) dem Tank zugeführt. Mit Hilfe der Manometer (5) kann der Druck im System überwacht werden.

Die Aufgabe des Wegeventils besteht darin, den Weg des Förderstroms zu steuern, um nach Bedarf das Aus- bzw. Einfahren der Kolbenstange des Hydrozylinders zu ermöglichen. Der dabei von der Pumpe erzeugte Öldruck ist abhängig von der an der Kolbenstange angreifenden Belastung. Diese wird als Lastwiderstand des Druckölverbrauchers bezeichnet.

Das Druckbegrenzungsventil (6) wird auf den für das Hydrosystem maximal erlaubten Druck eingestellt. Wird der eingestellte Druck erreicht, öffnet es, und ein Teil des Ölstroms gelangt zurück zum Tank. Ein weiterer Anstieg des am Druckanschluss der Pumpe wirkenden Drucks wird da-

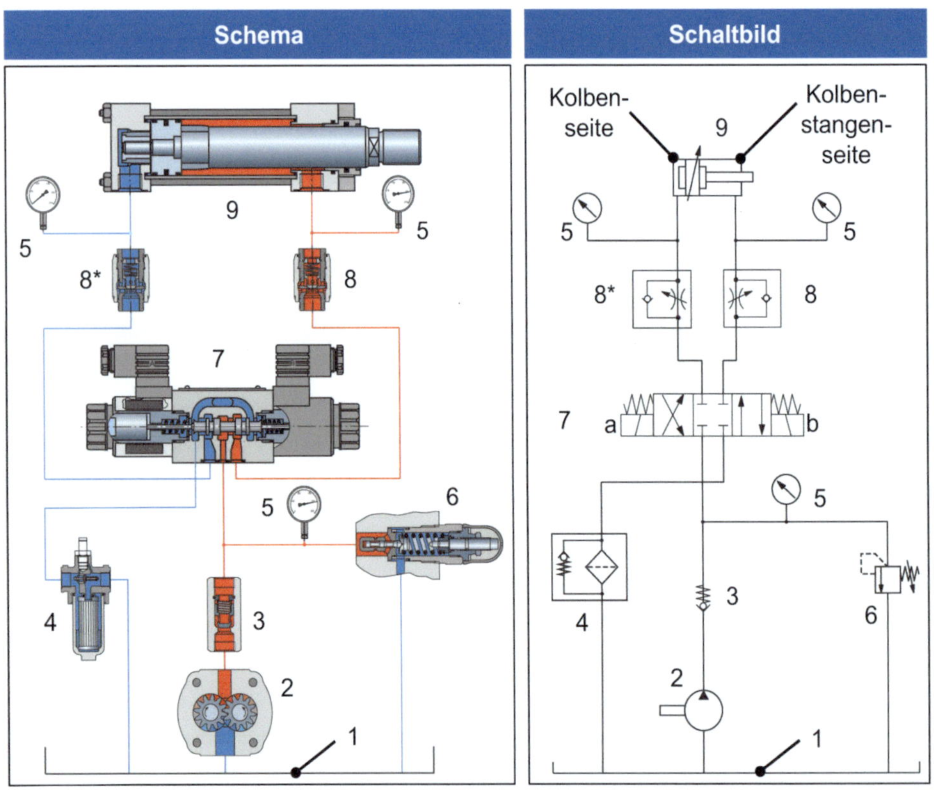

1 Tank	2 Hydropumpe	3 Rückschlagventil
4 Rücklauffilter	5 Manometer	6 Druckbegrenzungsventil
7 Wegeventil	8 Drosselrückschlagventil	9 Hydrozylinder

◘ **Bild 10.42** Grundsätzlicher Aufbau eines Hydrosystems. Quelle: Bosch Rexroth durch verhindert. Das Druckbegrenzungsventil ist somit das Sicherheitsventil des Hydrosystems.

Mit den Drosselventilen von (8) bzw. (8*) können in Verbindung mit dem Druckbegrenzungsventil der zum Hydrozylinder gelangende Ölstrom und damit die Ausfahrgeschwindigkeit der Kolbenstange beeinflusst werden. Wird über die Einstellschraube des Drosselventils deren Drosselquerschnitt verkleinert, steigt der zwischen dem Druckanschluss der Hydropumpe und dem Drosselventil herrschende Druck an. Erreicht dieser Druck bei weiterer Verkleinerung des Drosselquerschnittes den am Druckbegrenzungsventil eingestellten, für das Hydrosystem maximal erlaubten, Druck, öffnet es, und nur ein Teil des insgesamt von der Hydropumpe geförderten Ölstroms gelangt zum Hydrozylinder; der andere Teil strömt über das Druckbegrenzungsventil zum Tank. Die Folge ist ein Absinken der Aus- bzw, Einfahrgeschwindigkeit der Kolbenstange, die abhängig ist von der Kolbenfläche und von dem in den Hydrozylinder eintretenden Förderstrom. Als alternativer Druckölverbraucher kann ein Hydromotor eingesetzt werden. Dieser findet Verwendung, wenn keine translatorische Arbeitsbewegung, sondern eine Drehbewegung gefordert wird.

Die Hydraulikpumpe ist die Schlüsselkomponente eines hydraulischen Systems. Die über die Antriebswelle zugeführte mechanische Energie wird größtenteils in hydraulische Energie gewandelt. Der Rest wird in Form von Wärme als Verlustenergie an die Umgebung abgegeben [GROL10].

Alle Hydraulikpumpen arbeiten grundsätzlich nach dem gleichen Prinzip: In stetigem Wechsel werden Kammern mit einem Druckmedium gefüllt und geleert. Der Füllvorgang beginnt bei minimalem Kammervolumen. Bei Erreichen des maximalen Kammervolumens (des maximalen Füllgrades) wird der Füllvorgang durch Abtrennen der Kammer von der Füllleitung (Tankseite) beendet. Das Kammervolumen verringert sich im weiteren Verlauf, wodurch ein Druck aufgebaut wird. Die Energie des am Druckanschluss der Pumpe austretenden Volumenstroms steht für den Betrieb von Hydromotoren oder Hydrozylindern zur Verfügung. Diese Druckölverbraucher wandeln die hydraulische Energie wieder in mechanische Energie um. Als Antriebsmotoren von Hydropumpen werden meistens Elektromotoren, aber auch Verbrennungsmotoren (bei Baumaschinen z. B. Dieselmotoren) verwendet.

Hydrosysteme erfordern in der Regel hohe Drücke bei kleinen Förderströmen, die nur in seltenen Fällen größer als 300 1/min sind. Kreiselpumpen können diese Forderungen nicht erfüllen. Deshalb arbeiten Hydropumpen fast ausnahmslos nach dem Verdrängerprinzip, das auf sich vergrößernden und verkleinernden Kammern basiert. Maschinen, die nach diesem Prinzip arbeiten, werden auch als Verdrängermaschinen bezeichnet. Üblicherweise wird das Medium bei Verdrängerpumpen entweder durch einen Kolben, ein Zahnrad, einen Flügel oder eine Membran gefördert. [GROL10]

Die meisten Verdrängereinheiten können sowohl als Pumpe, als auch als Motor eingesetzt werden, da der hydrostatische Förderprozess reversibel ist. Das Bestreben zur jeweils optimalen Lösung führt aber dazu, dass Pumpen und Motoren in der Praxis oft unterschiedlich gestaltet sind. Aus demselben Grund kommt für die verschiedenen Einsatzfälle eine Vielzahl von Verdrängerprinzipien zur Anwendung. [MURR12]

Der Aufbau und die Funktionsweise sowie die Berechnung der unterschiedlichen Verdrängerprinzipien werden in in ▶ Band 2, Kap. 5 dieser Reihe ausführlich beschrieben.

10.2.5.3 Ausführungsformen von Hydraulikaggregaten

Im Folgenden werden neben einem klassischen Hydraulikaggregat verschiedenen Ausführungsformen von energieeffizienten Hydraulikaggregaten sowie ein kompaktes Pumpenaggregat beschrieben.

Im klassischen Hydraulikaggregat wird eine Verstellpumpe eingesetzt, die von einem Motor, unabhängig vom Betriebszustand der Werkzeugmaschine, mit konstanter Drehzahl angetrieben wird. Häufig sind für die verschiedenen Hydraulikfunktionen zwei Druckkreisläufe (Niederdruck (ND) und Hochdruck(HD)) notwendig. In diesem Fall werden zwei Verstellpumpen auf einer gemeinsamen Welle installiert (s. ◘ Bild 10.43, links oben). Wird eine hydraulische Funktion ausgeführt, fördert die Pumpe ihren maximalen Volumenstrom. Liegt keine hydraulische Funktion an, fördert die Pumpe „auf Block" und schwenkt auf Minimalhub (Druckhaltefunktion).

Eine Möglichkeit die Energieeffizienz eines Hydraulikaggregats mit zwei Druckkreisläufen zu steigern, besteht in dem Einsatz eines Boosters. Hierbei wird die Hochdruckpumpe durch einen Booster ersetzt, der von der Niederdruckpumpe gespeist wird und über ein festes Übersetzungsverhältnis den gewünschten Hochdruck erzeugt (s. ◘ Bild 10.43, links Mitte). Diese Optimierung reduziert im Wesentlichen die Leistungsverluste, die durch die hohe Leckage im Hochdruckkreislauf hervorgerufen werden. Im Vergleich zum klassischen Hydraulikaggregat kann durch den Einsatz des Booster während der Druckhaltefunktion die Leckage im Hochdruckkreislauf um 94 % reduziert werden. Die Leckage im Niederdruckkreislauf ist in beiden Fällen sehr gering. Die Leistungsaufnahme wurde um 90 % verringert. Ein weiterer Vorteil des Boosters ist seine Unempfindlichkeit gegen Verschmutzung. [BREC13b; TRIE15]

Ein weiteres energieeffizientes Hydraulikaggregat ist der sog. Drehzahlvariable-Pumpenantrieb (DvP). Dieses System ist mit einer Speicherladeschaltung ausgestattet, die es ermöglicht, in einen niedrigen Umlaufdruck zu schalten, solange keine hydraulische Funktion benötigt wird. Dieses

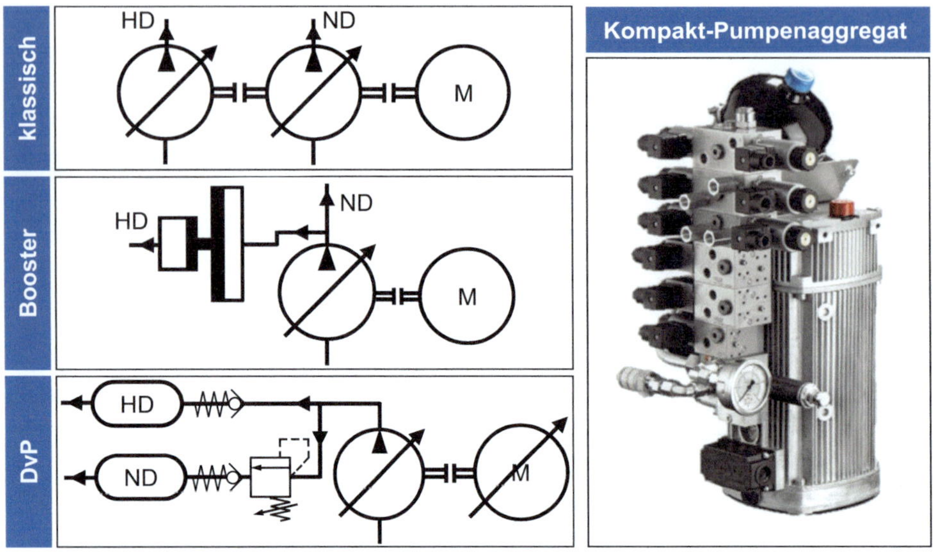

Bild 10.43 Ausführungsformen von Hydraulikaggregaten. Quellen: HAWE Hydraulik SE, [TRIE15]

Aggregat zielt hauptsächlich auf die Senkung der Leistungsaufnahme während der Druckhaltefunktion ab. Im lastfreien Zustand des Hydraulikkreislaufs läuft der mit einem Frequenzumrichter (FU) ausgestattete Motor mit sehr geringer Drehzahl. Die Pumpe hält so einen niedrigen Umlaufdruck aufrecht und fördert keinen Volumenstrom (Standby-Zustand). Fällt der Druck im Hochdruck- bzw. Niederdruckspeicher unter den eingestellten Druckschaltpunkt, steigt die Drehzahl auf einen einstellbaren Wert und die Druckspeicher werden durch die Pumpe wieder aufgefüllt. Rückschlagventile verhindern einen Druckausgleich zwischen den beiden Kreisläufen während des Betriebs und blockieren den Rückfluss in Pumpenrichtung während des Leerlaufs. Sind die Speicher aufgefüllt, schaltet die Pumpe wieder in den Standby-Zustand. [BREC13b; TRIE15]

Kompakt-Pumpenaggregate eröffnen für Werkzeugmaschinen mit wenigen hydraulischen Funktionen die Möglichkeit, das Hydraulikaggregat mit sehr geringem Bauraum und niedrigem Energieumsatz zu realisieren. Die Kompaktheit wird durch eine Unterölbauweise erreicht. Die Pumpe und der Motor befinden sich unter Öl in dem Gehäuse, das gleichzeitig auch den Tank darstellt. Durch die bessere Wärmeabfuhr der Motorwärme über das Hydrauliköl im Vergleich zu einer konventionellen Luftkühlung des Motors kann je nach Anwendung ein Motor mit geringerer Nennleistung und kleineren Abmaßen eingesetzt werden. Der geringe Energieumsatz ergibt sich dadurch, dass Kompakt-Pumpenaggregate im Kurzzeit- oder Aussetzbetrieb eingesetzt werden. Je nach Anforderung kann ein zusätzlicher Druckspeicher verwendet werden, der den Betriebsdruck aufrecht hält und die hydraulischen Funktionen mit dem benötigten Volumenstrom und Druck versorgt. Weitere Informationen sind ▶ Band 2, Kap. 5 dieser Reihe zu entnehmen.

10.3 Werkzeugsysteme

Als Werkzeugsystem wird das mechanische System aus Werkzeugschnittstelle, Werkzeughalter und Werkzeug verstanden. Werkzeugsysteme können je nach Maschinenart unterteilt werden in stehende Systeme bei Drehmaschinen und rotierende Systeme bei Bohr-, Fräs- und Schleifmaschinen.

Die folgenden Abschnitte enthalten Beispiele für konstruktive Lösungen der Werkzeugschnittstellen sowie von Wechsel- und Speichereinrichtungen. Den erläuterten Beispielen sind Ausführungen über die Funktionen von Haltern und Spanneinrichtungen sowie Wechsel- und Speichereinrichtungen vorangestellt. Die allgemeine Beschreibung der Funktionen von Werkzeug- und Werkstückträgern ist den jeweiligen Ausführungen über die Maschinenart zu entnehmen.

10.3.1 Werkzeugsysteme für Bohr- und Fräsmaschinen

Werkzeugsysteme für Bohr- und Fräsmaschinen zeichnen sich durch einen meist rotationssymmetrischen Aufbau aus und sind darüber hinaus an ihren charakteristischen Einsatzfall angepasst. Mit der Einführung automatischer Werkzeugwechsler sind unterschiedliche Schnittstellen entwickelt worden. Es lassen sich Schnittstellen in drei Arten einteilen:

1. Die erste Schnittstelle, zwischen Antriebsspindel und Werkzeug, wird als Werkzeugschnittstelle bezeichnet. Sie wird zum Austausch ganzer Werkzeuge verwendet und ist in vielen Fällen für den automatisierten Werkzeugwechsel geeignet.

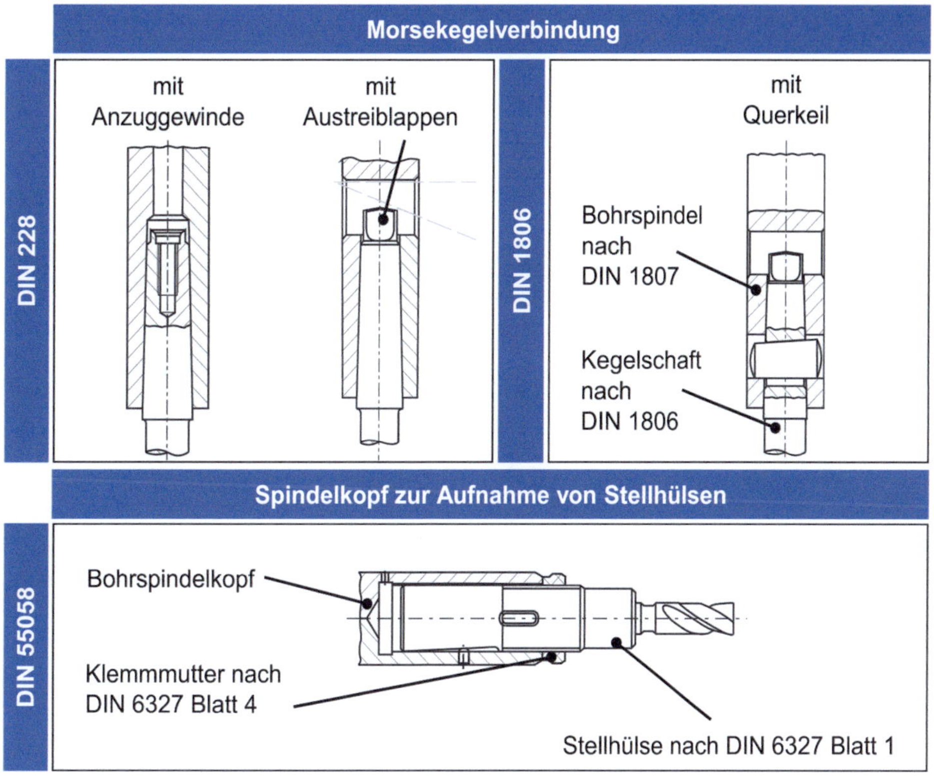

Bild 10.44: Ausführungsformen von Bohrspindelköpfen. Nach [DIN87b; DIN87a; DIN64; DIN78]

2. Die zweite Schnittstelle, welche sich zwischen der Werkzeug- und der Schnittstelle zu den Schneidplatten befindet, dient dem modularen Aufbau von Zerspanungswerkzeugen. Bei dieser herstellerspezifischen Schnittstelle werden oft Schrauben als Verbindungselemente gewählt, da hier keine Schnellwechselfunktionalität gewünscht ist.
3. Die dritte Schnittstelle bezeichnet den Sitz der austauschbaren Schneidelemente (z. B. Wendeschneidplatten). Diese Verschleißteile können durch eine mechanische Schnittstelle einfach und schnell ausgewechselt werden.

10.3.1.1 Mechanische Schnittstelle zwischen Spindel und Werkzeug (Werkzeugschnittstelle)

Im Bestreben nach einheitlichen, universell auf verschiedenen Maschinen einsetzbaren Bohr- und Fräswerkzeugen wurden genormte Schnittstellen, d. h. Anschlussformen und Spannsysteme, entwickelt. Trotz Normung existieren immer noch eine Reihe herstellerspezifischer Ausführungen.

Morsekegel nach DIN 228

Für einfache Bohroperationen im Werkstattbereich ausschließlich ohne automatisierten Werkzeugwechsel wird nach wie vor der Morsekegel nach DIN 228 [DIN87a; DIN87b] eingesetzt. Im Bereich der automatisch wechselbaren Schnittstellensysteme haben sich verschiedene Geometrien durchgesetzt, die durch nationale sowie internationale Standards genormt sind.

Bohrspindeln von Standbohrmaschinen und Pinolen von Reitstöcken haben Kegelbohrungen zur Aufnahme der Werkzeugkegel nach DIN 228 [DIN87a; DIN87b] (Bild 10.44, oben links). Die Kraft- und Momentenübertragung wird bei diesen Morsekegeln mit einer Kegelsteigung von 1:20 durch selbsthemmenden Reibschluss ermöglicht. Für höhere Belastungen werden Ausführungen mit Anzugsgewinde oder Querkeil eingesetzt. Das Werkzeug wird durch Ausdrückschrauben oder einen mit dem Hammer am Ende des Morsekegels eingetriebenen Querkeil wieder aus der Spindel gelöst. Bohrspindelköpfe nach DIN 55058 [DIN78] (Bild 10.44, unten) werden auf Mehrspindelbohrmaschinen zur Aufnahme von Stellhülsen nach DIN 6327 [DIN85a; DIN85b; DIN85c; DIN81] verwendet. Diese Köpfe ermöglichen das Einstellen der Werkzeuge auf die gewünschte Werkzeuglänge. Die vorgestellten Aufnahmen sind für den automatischen Werkzeugwechsel jedoch ungeeignet.

Für den automatisierten Werkzeugwechsel von Bohr- und Fräswerkzeugen haben sich weitere Schnittstellentypen auf dem Markt etabliert (Bild 10.45). Die in der Chronologie der automatisch wechselbaren Werkzeugschnittstellen als erstes entwickelte Schnittstelle wird als „Steilkegel“ bezeichnet.

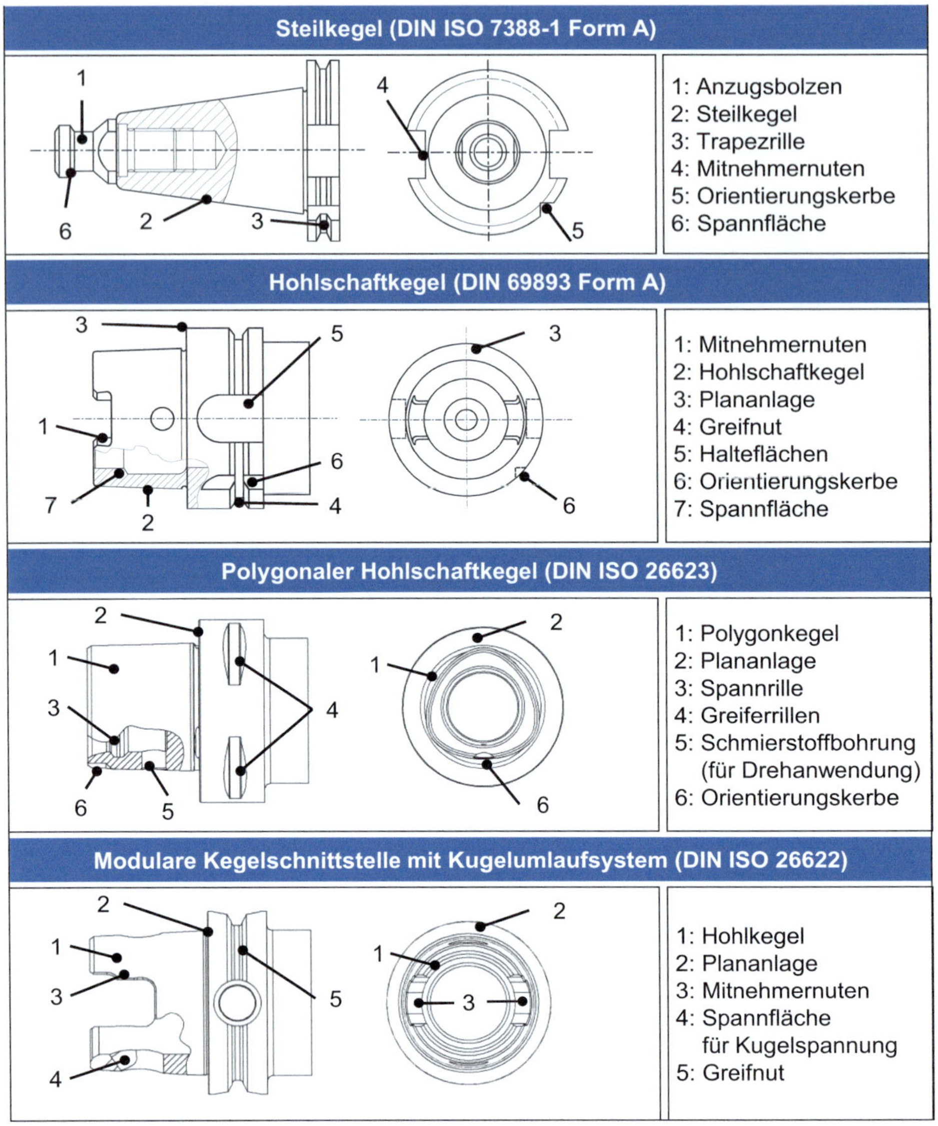

Bild 10.45: Gegenüberstellung genormter Werkzeugschnittstellen für Bohr- und Fräsanwendungen. Nach [DIN14a; DIN11a; DIN10e; DIN13b]

Steilkegel (SK) nach DIN ISO 7388

Die Werkzeugsteilkegel (Kegel 7:24) sind nicht selbsthemmend und werden durch das Spannsystem mit der Maschinenspindel verspannt. Unterschiedliche Funktionsflächen an den Greifflanschen dienen zum Halten und Orientieren der Werkzeuge in Greif- und Speichereinrichtungen. Die gebräuchlichste Steilkegelform nach DIN ISO 7388-1 [DIN14a] ist die Form A mit Trapezrille und Orientierungsnut. Die Drehmomentübertragung erfolgt bei geringen Beanspruchungen über den Reibschluss des Kegels. Für große Momente und stoßartige Belastungen übernehmen beim Steilkegel die Mitnehmersteine den Hauptanteil der Drehmomentübertragung, Bild 10.46. Die Mitnehmersteine an der Spindel, welche in die Mitnehmernuten der Werkzeugaufnahme eingreifen, haben unterschiedliche Breiten, um für das Werkzeug eine eindeutige Orientierung zu garantieren. Die Werkzeuge nach DIN ISO 7388-1 [DIN14a]werden mit Anzugsbolzen nach [DIN15b] versehen und können bei Verwendung von meist hydraulisch betätigten Spannzangen sehr schnell automatisch gewechselt werden (s. ▶ Kap. 10.3.1.2).

Hohlschaftkegel (HSK) nach DIN 69893

Die Hohlschaftkegel-Schnittstelle (HSK) nach DIN 69893 [DIN11a] hat im Bereich der spanenden Bearbeitung weite Verbreitung gefunden. Sie kann als Weiterentwicklung des Steilkegels angesehen werden. Mittlerweile besitzt sie aufgrund ihrer Vorteile hinsichtlich Genauigkeit und Steifigkeit sowie der Eignung für hohe Drehzahlen und schnellen Werkzeugwechsel eine deutliche Vorrangstellung gegenüber dem herkömmlichen Steilkegel.

Der Hohlschaft mit Kegel 1:10 ist radial elastisch. Hierdurch wird es möglich, trotz Überbestimmung den Werkzeugbund an der Spindel zur Plananlage zu bringen. Die formschlüssige Drehmomentübertragung befindet sich am Schaftende. Das System wird von innen durch sich aufweitende Spannzangensegmente gespannt. Auch hier dienen

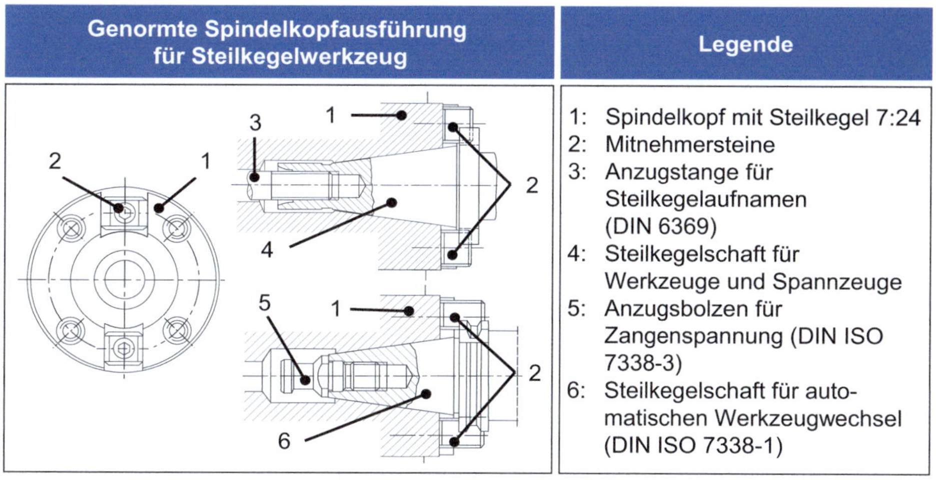

Bild 10.46: Genormte Spindelkopfausführungen für Steilkegelwerkzeuge. Nach [DIN87c]

Funktionsflächen an den Greifflanschen zum Halten und Orientieren der Werkzeuge. Es existieren insgesamt sechs verschiedene Formen mit unterschiedlichen Eigenschaften, Bild 10.47. Konstruktiv unterschiedlich ist die Breite der Plananlage. Während die Arten A, C und E (linke Reihe in Bild 10.47) eine schmale Plananlage vorweisen, besitzen die Arten B, D und F bei gleichem Plananlagedurchmesser den Kegel der nächstkleineren Baugröße und damit eine breitere Plananlage (rechte Reihe in Bild 10.47). Unterschiede zeigen sich auch in der Kühlmittelzufuhr. Bei den Bauformen B und D ist diese durch eingebrachte Bohrungen über den Bund realisiert, wohingegen das Kühlschmiermittel bei den restlichen Bauformen zentral an das Werkzeug übergeben wird. Die Ausführungen C und D weisen keine Greifernuten auf und sind daher nur für den manuellen Werkzeugwechsel geeignet. Die gebräuchlichste Hohlschaftkegelform ist nach [DIN11a] die Form A. Speziell geeignet für Hochgeschwindigkeitsbearbeitung ist Form E.

Der Hohlschaftkegel erreicht durch seine Plananlage und dem damit verbundenen größeren Stützdurchmesser eine im Vergleich zum Steilkegel höhere radiale und axiale Steifigkeit. Insbesondere die Biegesteifigkeit ist bedeutend höher als bei Steilkegeln oder Zylinderschäften vergleichbarer Größe, Bild 10.94.

Aufgrund der Plananlage liegt die axiale Einwechselwiederholgenauigkeit des Hohlschaftes reproduzierbar bei Werten unter 1 µm, während beim Steilkegel schon aufgrund der Tolerierung axiale Lageabweichungen im Zehntel-Millimeter-Bereich auftreten können. Durch die niedrigere Masse und die geringere Länge des HSK gegenüber dem Steilkegel vereinfachen sich die Werkzeugwechsel- und Handhabungsvorgänge.

Polygonaler Hohlschaftkegel mit Plananlage (PSC) nach DIN ISO 26623

Der polygonale Hohlschaftkegel mit Plananlage (PSC) wurde von der Firma SANDVIK COROMANT unter dem Produktnamen „Capto" entwickelt und vertrieben. Mittlerweile ist dieses Schnittstellensystem in der DIN ISO 26623 [DIN10e] standardisiert.

Der prinzipielle Aufbau ähnelt dem des HSK, jedoch ist der kegelige Schaft mit der Steigung von 1:20 als dreiseitiges polygonales Profil ausgeführt. Somit werden die Torsionsmomente anders als beim HSK nicht über Nutensteine sondern durch das Polygon übertragen. Ein weiteres Unterscheidungsmerkmal ist die Art der Krafteinleitung des

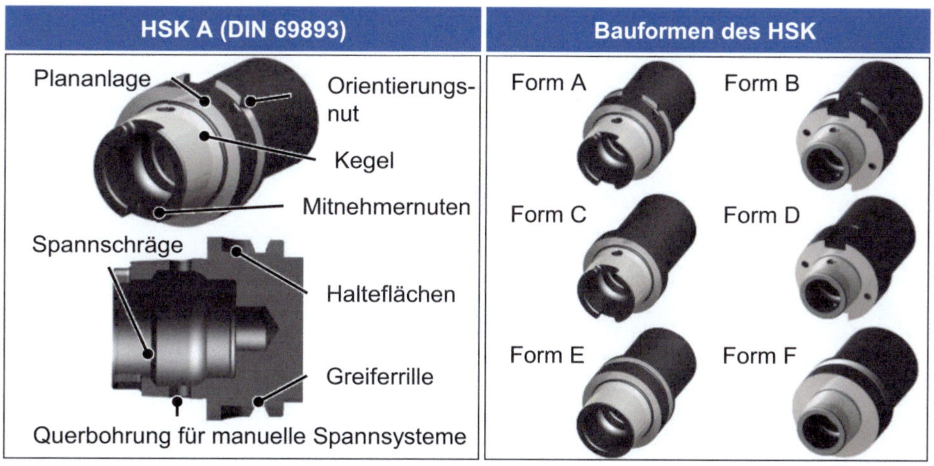

Bild 10.47: Übersicht der Bauformen der Hohlschaftkegelschnittstelle. Nach [DIN11a; DIN13c; DIN12; DIN03]

Spannsystems in das Werkzeug. Während beim HSK eine Spannschräge vorgesehen ist, wird der PSC über eine Spannrille oder wahlweise ein zentrisch im Werkzeug angeordnetes Gewinde gespannt.

Modulare Kegelschnittstelle mit Kugellaufbahnsystem (TS) nach DIN ISO 26622

Auch das mittlerweile nach DIN ISO 26622 [DIN13b] genormte TS-System der Firma Kennametal basiert auf einem hohlen Kegel zur Zentrierung und einer Planauflage zur axialen Positionierung sowie Erhöhung der Biegesteifigkeit. Grundlegendes Unterscheidungsmerkmal ist die Art der Werkzeugspannung. HSK und PSC nutzen Spannzangen zur Einleitung der axialen Spannkraft in das Werkzeug. Das TS-System besitzt im Kegel des Werkzeuges eingebrachte schräge Bohrungen, in welche zwei Kugeln durch das Spannsystem radial nach außen gedrückt werden. Hierdurch wird die zum Spannen des Werkzeuges erforderliche Spannkraft erzeugt.

10.3.1.2 Werkzeugspannsysteme

Die hier vorgestellten Werkzeugsysteme benötigen alle eine axiale Kraft zur Realisierung der Funktionalität. Hierbei kommen sowohl automatische als auch handbetätigte Systeme zum Einsatz. Steilkegel-, HSK- und PSC-Werkzeuge werden üblicherweise mit Spannzangen-Werkzeugspannern für schnelles automatisches Spannen gespannt. Hierbei wird die notwendige Betätigungskraft oft durch ein Federpaket bereitgestellt.

Bild 10.48 zeigt ein Beispiel einer konstruktiven Lösung mit Löse- und Spannstellung für eine Steilkegelspannung. In der Spannstellung drückt das Tellerfederpaket (9) auf die Spannhülsen (6), sodass die Federkraft über die Kugeln (5) auf den Spannring (3) übertragen wird. Die unterschiedlichen Schrägungswinkel der Spannhülse und des Spannrings an der Kontaktstelle zur Kugel bewirken eine um den Faktor 3 bis 3,5 erhöhte Spannkraft im Vergleich zu normalen Federspannern, die in der Spannstellung (größter Federweg) ihre kleinste Spannkraft liefern. Der Spannring (3) ist mit der Zugstange (7) fest verbunden, sodass die erhöhte Zugkraft auf die Zugstange und somit auf den Zangenhalter (8) wirkt. Eine Übersicht über die in den Normen vermerkten Spannkräfte gibt Tabelle 10.3.

Weit verbreitet für das Lösen bzw. Austreiben des Werkzeugs sind hydraulische Löseeinheiten. Je nach Anwendungsfall kommen aber auch pneumatische oder elektrische Systeme zum Einsatz. Im Beispiel wird der Kolben (1) durch hydraulischen Druck in Bild 10.48 von links nach rechts gedrückt. Die Druckbolzen (2) schieben daraufhin die Spannhülsen entgegen der Federkraft nach rechts. Die in Bild 10.48 gezeigte Lösung hat den Vorteil, dass zum einen die Einzugskraft um den Faktor 3 bis 3,5 höher als die Federkraft ist und zum Lösen lediglich die einfache Federkraft durch das Hydrauliksystem aufgebracht werden muss. Zum anderen werden durch das direkte Andocken des Zylinders an die Spindel die Spindellager durch die hohen Anzugskräfte nicht belastet.

Kompakte Spanner mit möglichst geringer rotierender Masse erlauben Drehzahlen bis zu 45.000 1/min. Für hohe Drehzahlen wird die hydraulische Löseeinheit ortsfest als nicht mitrotierende Einheit am Spindelkasten befestigt. In diesem Falle wirken die Lösekräfte auf die Spindellager und können leicht zu Überbelastungen führen.

Zur Verwendung von Werkzeugen mit innerer Kühlschmiermittelzufuhr und für die Kegelreinigung mit Luft werden die Werkzeugspanner mit Zweikanaldrehdurchführungen ausgerüstet.

An der abgebildeten Flanschspindel sind die HSK Werkzeugaufnahme sowie der Spannsatz für den automatischen Werkzeugwechsel mit Zugstange und dem Federpaket zu erkennen, Bild 10.49. Die Druckluftkanäle sind so gelegt, dass

Schnittstelle	Baugröße 25	32	40	50	63	80	100	125	160
SK									
HSK-A/C	3	5	6,8	11	18	28	45	70	115
HSK-B			5	6,8	11	18	28	45	70
HSK-E	1,5	5	6,8	11	18				
HSK-F				6,8	11	18			
HSK-T		5	8	14	24	37	55	86	150
PSC		15	20	25	30	40			
TS		9 - 18	13 - 27	22 - 40	36 - 58	53 - 80	75 - 110		

Tabelle 10.3: Übersicht der genormten Mindestspannkräfte in kN

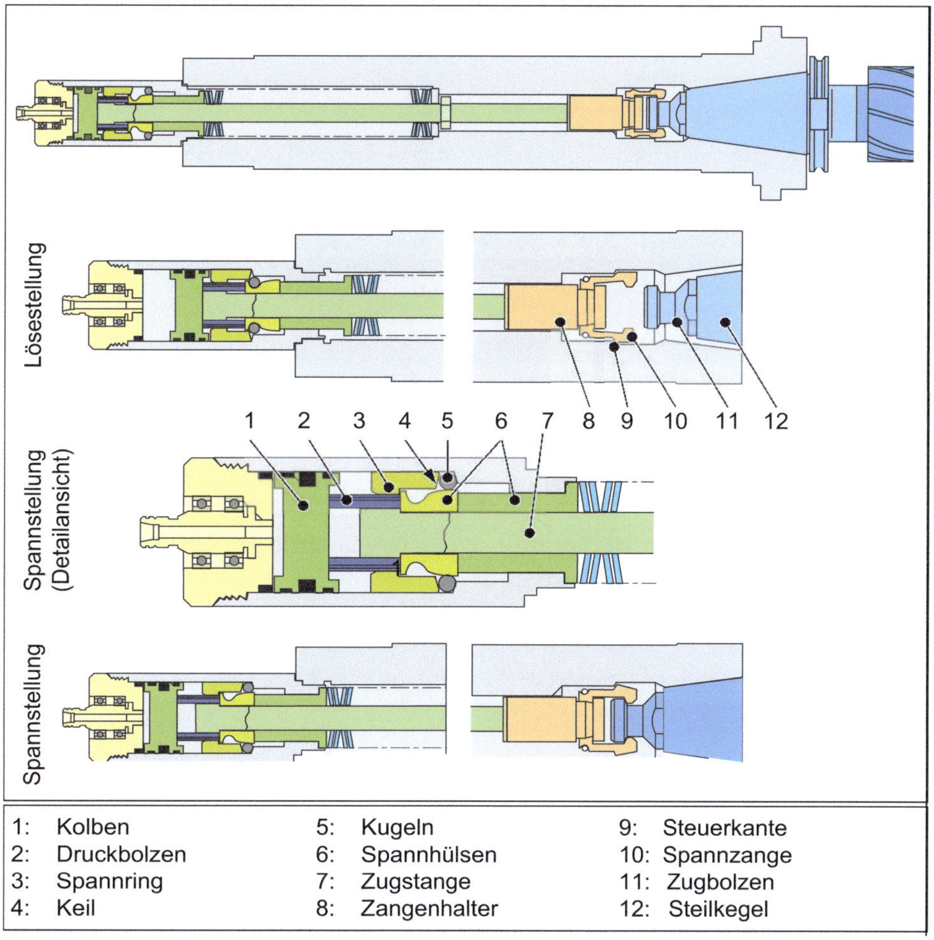

Bild 10.48: Werkzeugspanner mit kraftverstärkendem Keilgetriebe. Quelle: OTT-JAKOB SPANNTECHNIK

während des Werkzeugwechsels der Aufnahmekegel mit Luft von Spänen gereinigt werden kann. Die Kühlschmierstoffversorgung erfolgt zentral durch die Drehdurchführung über die Spannstange bis in den Einbauspannsatz. Von hier aus wird der Kühlschmierstoff durch ein Übergaberohr in das Werkzeug geleitet. Die Kühlmittelzufuhr durch die Maschinenspindel kann neben der beschriebenen zentralen Versorgung bei anderen Werkzeugaufnahmen auch durch stirnseitig in die Spindel eingelassene Kanäle erfolgen. In Abhängigkeit von der Art der spindelseitigen Kühlmittelzufuhr müssen Werkzeuge bzw. Werkzeughalter für die jeweilige Kühlmittelzufuhr ausgerüstet sein. Die Kühlmittelzufuhr außerhalb der Maschinenspindel erfordert einen Werkzeughalter mit stehendem Zuführring und Drehübertragung.

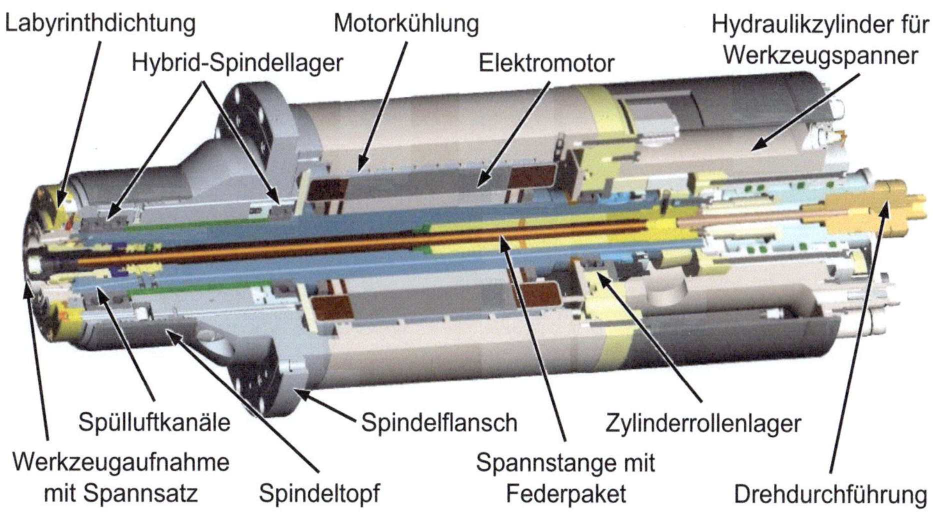

Bild 10.49: Werkzeugaufnahme und Spanneinrichtung in einer Flanschspindel. Quelle: GF Machining Solutions

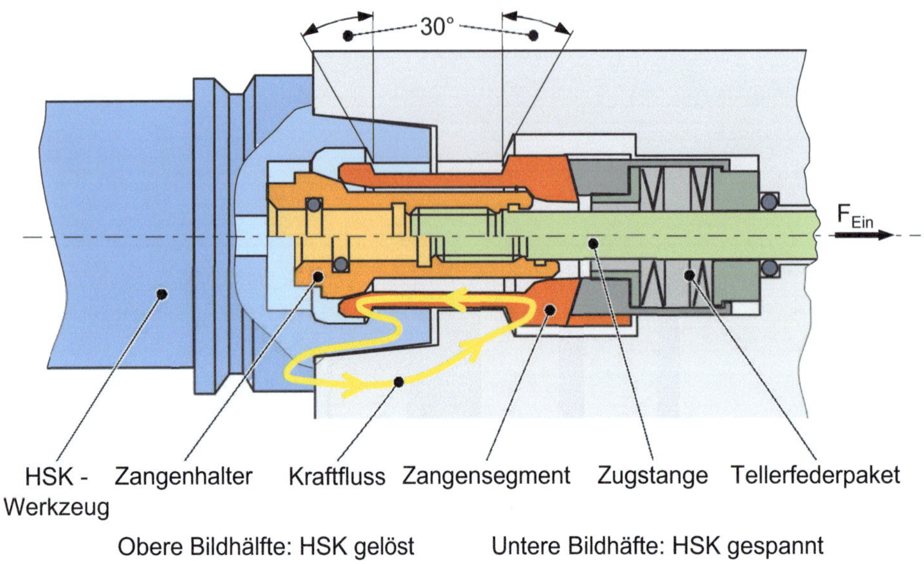

Bild 10.50: Automatische HSK-Spannung für Spindeln. Quelle: OTT-JAKOB SPANNTECHNIK

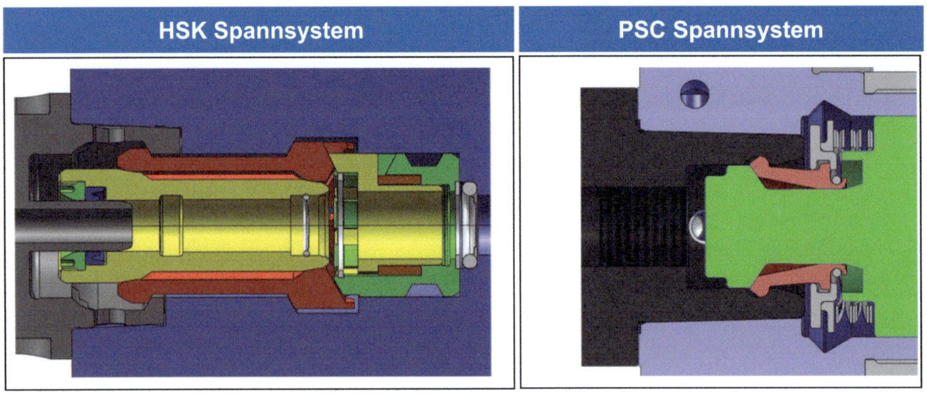

Bild 10.51: Vergleich des Aufbaus des HSK- und PSC Spannsystems. Quellen: OTT-JAKOB SPANNTECHNIK, SANDVIK COROMANT

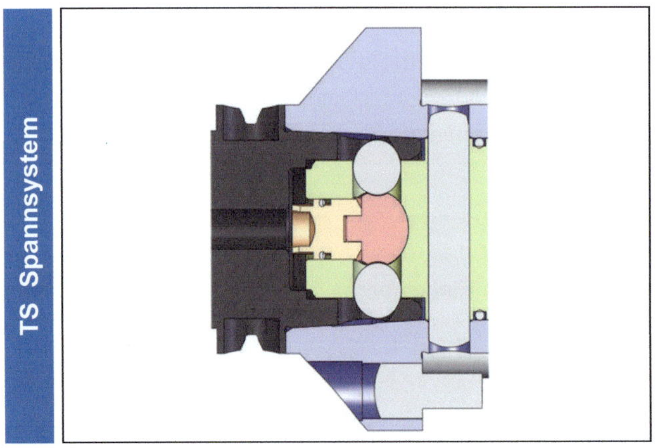

Bild 10.52: Aufbau des TS Werkzeugspannsystems. Quelle: Kennametal

Der Spannmechanismus für den Hohlschaftkegel ist in Bild 10.50 dargestellt. Wesentliches Merkmal ist die Spannkraftwirkung radial von innen nach außen und die Anordnung der Spannschräge im Inneren des Hohlschaftes. Die Zangensegmente des verwendeten Spannsystems greifen an der Spannschräge an und verstärken durch deren Schrägstellung um 30 ° die axiale Einzugskraft. Bei hohen Drehzahlen wird durch die Fliehkraft der Spannelemente die Spannkraft nicht vermindert, sondern erhöht.

Das Spannsystem arbeitet – je nach Nenngröße – mit sechs bzw. acht Zangensegmenten, die sich beim Spannvorgang durch Bewegung der Zugstange nach hinten so lange über die Schrägen des Zangenhalters radial nach außen bewegen, bis sie sich auf den Spannschultern abstützen. Nun wird die Spannkraft aufgebaut, indem die Spannzangen über den Winkel des Zugkegels weiter nach außen gepresst werden.

Der geschlossene Kraftfluss verläuft über die Spannzangenelemente, über die beiden 30 °-Spannflächen von Spindel und Werkzeugschaft, über den Steilkegel und die Plananlage. Das kurze Tellerfederpaket hat lediglich die Funktion, beim Lösevorgang die Spannzangen radial nach innen zu drücken und dadurch beim Werkzeugwechsel das Werkzeug freizugeben.

Das PSC-Werkzeugsystem wird ebenfalls mithilfe von Spannzangensegmenten in die Spindel eingezogen, Bild 10.51. Entgegen der üblichen Konstruktion beim HSK werden hier jedoch die Spannzangen nicht auf Zug belastet, sondern dienen nur der Übertragung von Druckkräften, welche durch den Spannbolzen in das Werkzeug eingeleitet werden. Die Einzugskraft wird somit direkt in das Werkzeug eingeleitet und nicht wie beim HSK üblich durch die Spannschrägen zusätzlich verstärkt. Falls eine Kraftverstärkung erforderlich ist, muss diese durch geeignete Bauteile wie z. B. mechanische Keilgetriebe nachgeschaltet umgesetzt werden.

Das TS-Werkzeugsystem unterscheidet sich grundsätzlich von den vorangegangenen Systemen, ◘ Bild 10.52. Hier wird die erforderliche Axialkraft durch zwei Kugeln in das Werkzeug eingeleitet. Diese werden mechanisch, radial in jeweils einer schrägen Bohrung im Werkzeug geführt. Durch den Dreipunktkontakt zwischen Werkzeug, feststehender Führung und Spannbolzen erfährt das Werkzeug eine radiale und axiale Kraftkomponente auf den Schaft.

10.3.1.3 Werkzeugtypen (modulare Werkzeuge / Werkzeughalter)

Für Bohr- und Fräswerkzeuge existieren zahlreiche Standardausführungen, die funktionsspezifisch unterschiedliche Schnittstellen aufweisen. Eine Übersicht gebräuchlicher Standardwerkzeuge zeigen ◘ Bild 10.53 und ◘ Bild 10.54. Diese Standardwerkzeuge werden in Werkzeughalter eingespannt, deren maschinenseitige Schnittstellen meist als genormte Schnittstelle (HSK, PSC, SK oder TS) ausgeführt sind. Die Werkzeughalter

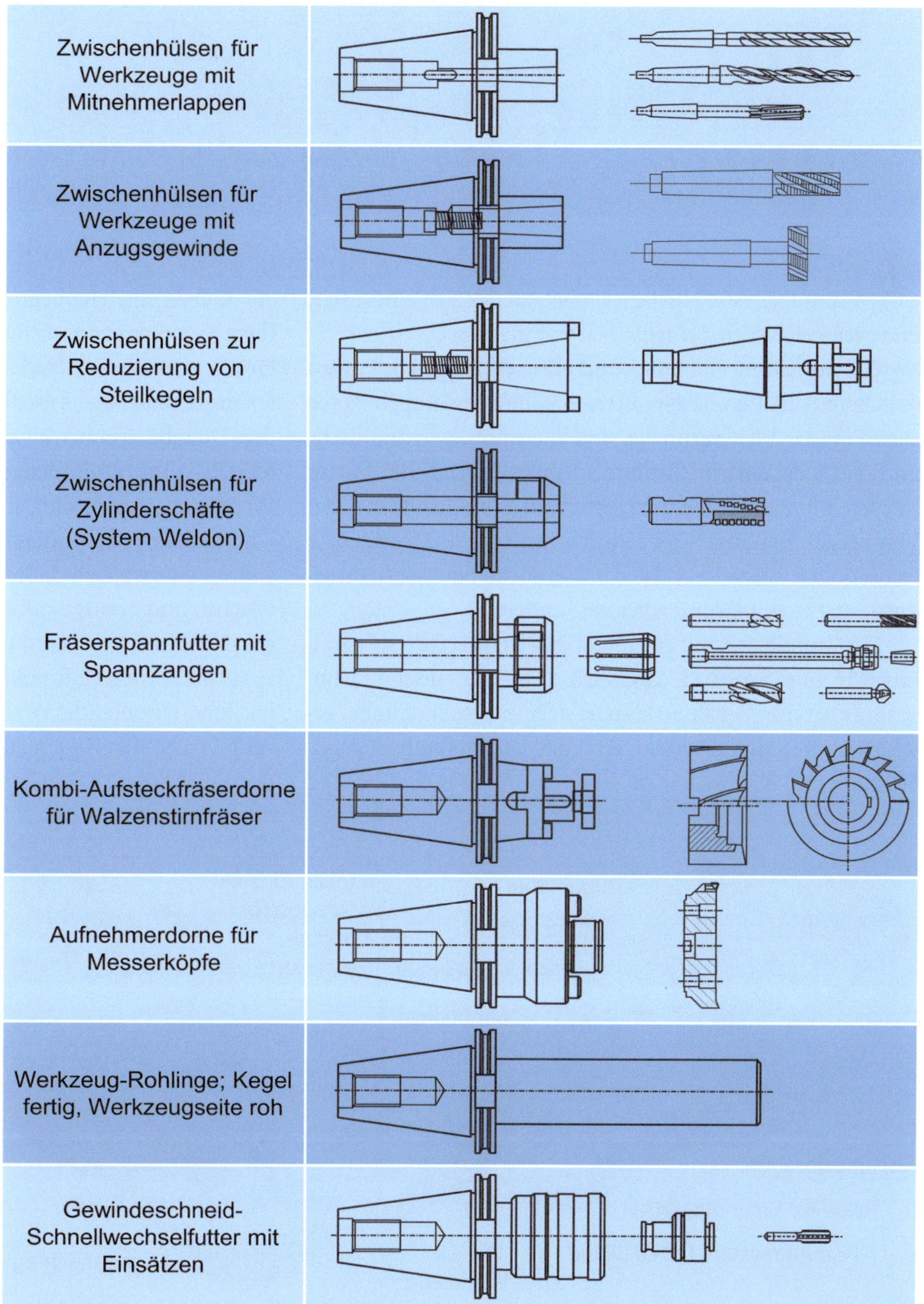

◘ **Bild 10.53:** Grundaufnahmen nach DIN ISO 7388 [DIN14b] mit verschiedenen Werkzeugaufnahmen. Quellen: Kelch

Bild 10.54: Abbildung verschiedener Grundaufnahmen nach DIN ISO 7388 [DIN14b]. Quelle: W&F Werkzeugtechnik

wirken somit als ein Zwischenelement, an das sich eine zweite und eventuell weitere Schnittstellen anschließen.

Zur Aufnahme von Bohr- und Fräswerkzeugen mit zylindrischem Schaft kommen unterschiedliche Spannprinzipien zum Einsatz. Weit verbreitet sind thermische, hydraulische und rein mechanische Spannmechanismen. Darüber hinaus werden oft zusätzliche Einrichtungen zum Erhitzen oder Verpressen benötigt. Walzenstirnfräser und Messerköpfe werden über spezielle Aufsteckfräserdorne oder Aufnahmedorne mit einem Grundhalter verbunden.

Ein Grundhalter mit einem universell einsetzbaren Spannfutter ist in Bild 10.55 dargestellt. Das hydraulische Dehnspannfutter für Schaftwerkzeuge stellt ein vollkommen geschlossenes Kammersystem dar, das unempfindlich gegen Schmutz und Kühlwasser ist. Über eine Spannschraube wird ein Kolben mit Hubbegrenzung betätigt, der die mit Öl gefüllte Kammer rund um die Spannbüchse unter hydraulischen Druck setzt. Um die volle Spannkraft zu erreichen, muss die Spannschraube auf Anschlag gedreht werden. Die dünnwandige Dehnbüchse aus Spezial-Schnellstahl mit einer Härte von 55 HRC wird zusammengepresst und spannt das zylindrische Werkzeug. Durch die eingebaute Hubbegrenzung ist eine Überdehnung nicht möglich. Die Büchse schrumpft auf der ganzen Länge gleichmäßig zylindrisch und zentrisch zur Mittelachse und verfügt auf der Innenseite über mehrere Rillen zur Aufnahme von Schmutzpartikeln und Spänen.

Das mit dem Hydraulik-Medium gefüllte Kammersystem hat eine dämpfende Wirkung auf das eingespannte Werkzeug. An beiden Enden ist die Dehnbüchse mit dem Grunddorn dicht ohne Dichtelement verbunden. Durch diese me-

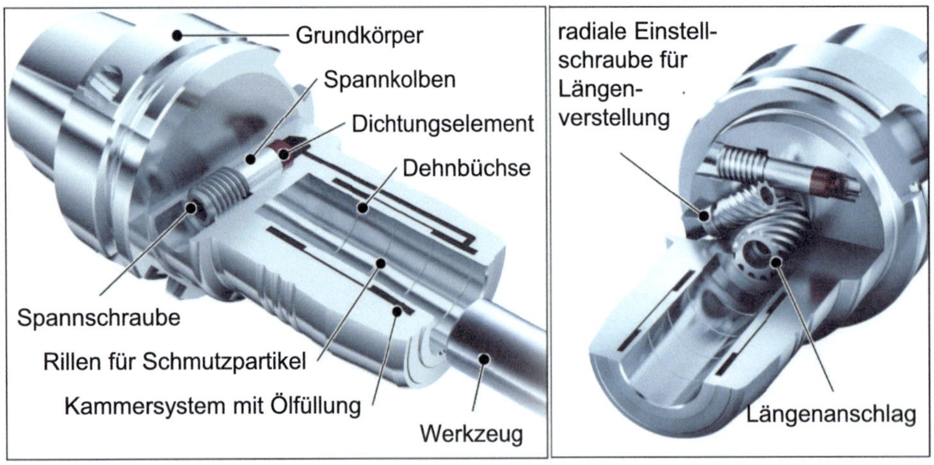

Bild 10.55: Hydro-Dehnspannfutter TENDO für Handspannung. Quelle: Schunk

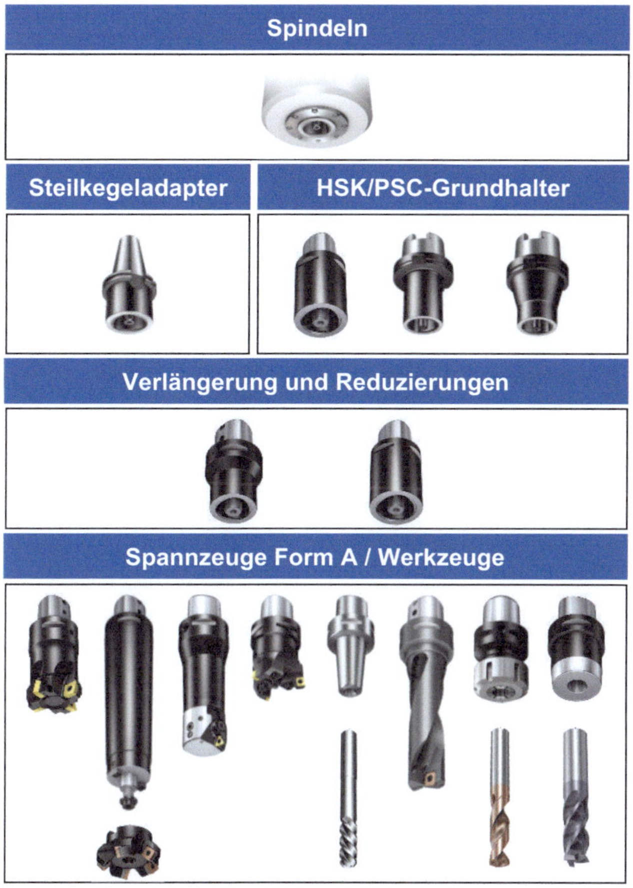

Bild 10.56: Modulares Werkzeugsystem für manuellen und automatischen Wechsel. Quelle: Sandvik Coromant

tallische Verbindung zum Grundkörper sind eine gute Stabilität und Torsionssteifigkeit gewährleistet. Nach der Druckentlastung durch das Lösen der Spannschraube dehnt sich die Dehnbüchse wieder. Sie bewegt sich in ihre Ausgangslage zurück und gibt den Werkzeugschaft wieder frei.

Mit bis maximal 3 µm Zentriergenauigkeit hat dieses Futter eine hohe Dauerrundlaufgenauigkeit. Wenn geschlitzte Zwischenbüchsen verwendet werden, um mit einem Dehnspannfutter mehrere Schaftdurchmesser zu spannen, verringert sich die Rundlaufgenauigkeit auf bis zu 5 µm. Manche Ausführungsformen besitzen zudem noch einen zusätzlichen, radial betätigten Verstellmechanismus zur µm-genauen Voreinstellung von Werkzeuglängen (in Bild 10.55 rechts dargestellt). Es können sowohl Werkzeuge mit glatten Zylinderschäften bis 32 mm Durchmesser als auch mit Ausnehmungen (nach DIN 1835-1 [DIN99] Form B, C, D, E und DIN 6535 [DIN92] Form HB, HE) direkt und ohne Zwischenhülsen gespannt werden. Für einen stationären Einsatz des Dehnspannwerkzeuges kann die Druckbeaufschlagung auch direkt über ein Hydraulikaggregat eingeleitet werden. Dafür findet eine Variante des gezeigten Futters mit axialer Ölversorgung Verwendung.

Neben den Komplettwerkzeugen, bei denen der Werkzeugkörper direkt mit der Grundaufnahme verbunden ist, werden für die NC-Technik modulare Werkzeugsysteme eingesetzt. Ein hoher Werkzeugbedarf, bedingt durch die vielfältigen Bearbeitungsaufgaben, ist hiermit kostengünstig abdeckbar. Eine Möglichkeit, diesen Anforderungen gerecht zu werden, besteht in der Anwendung austauschbarer Werkzeugmodule, die anforderungsgerecht zu Einzelwerkzeugen zusammengestellt werden können. Der Werkzeugbestand kann so auf relativ wenige Grundhalter, Zwischenstücke und Werkzeuge reduziert werden.

Modulare Werkzeugsysteme unterscheiden sich neben der Eignung für verschiedene Bearbeitungsverfahren primär durch die Art der konstruktiven Ausführung der Trennstellen. Sie werden in verschiedenen Größenstufungen angeboten. Es existieren vielfältige konstruktive Lösungen, die sich nach dem Verbindungs- bzw. Spannprinzip einteilen lassen. Es kann eine mittelbare Spannung über eine axial oder radial angeordnete Schraube, eine unmittelbare Verschraubung der Module oder eine Verspannung über schraubbetätigte Spannkeile erfolgen.

Mit allen konstruktiven Verfahren werden neben einer Zentrierung, die eine Einwechselwiederholgenauigkeit unter 5 µm im Durchmesser garantiert, eine exakte axiale Lagebestimmung sowie eine eindeutige Orientierung der Schneidenlage erreicht. Den prinzipiellen Aufbau eines modularen Werkzeugsystems auf der Basis des genormten Hohlschaft- bzw. Steilkegels zeigt Bild 10.56. Verschiedene Bohr-, Fräs- und Ausdrehwerkzeuge können entweder direkt oder über ein verlängertes Zwischenstück im Grundhalter aufgenommen werden. Verschiedene Grundhalter bieten die Möglichkeit der Anpassung der Werkzeuge an die verschiedenen Aufnahmen in den Maschinen.

Das dargestellte Spannzeugprogramm umfasst alle bekannten Elemente für vorzugsweise rotierende Anwendungen von Spannfuttern für Zylinderschäfte und Spannzangenvarianten über Hydraulik-Dehnspannfutter und Gewindeschneid-Schnellwechselfutter bis hin zu Werkzeughaltern für Bohrer, Zwischenhalter für Morsekegel und Aufsteckfräserdornen.

Herzstück dieses modularen Spannsystems ist eine Spannpatrone, die in Spindeln und Grundhaltern entweder direkt oder über Aufnahmeflansche zum Einsatz kommt, Bild 10.57. Beim Spannen werden zwei Spannbacken durch eine Schraube mit Außen- und Innengewinde radial nach außen geführt. Dabei legen sich die Spannbacken an der 30 °-Schulter des Hohlschaftes an und erzeugen axiale und radiale Spannkräfte. Beim Entspannen wird gleichzeitig ein Auswerferstift betätigt, der das Werkzeug aus der vorgespannten Verbindung ausstößt.

Durch die Kombination verschiedener Systemelemente ergibt sich ein modulares System für vorrangig rotierende Anwendungen, das auch bei großen Auskragungen sehr gute Bearbeitungsergebnisse erlaubt. Nach einer Reduzierung der HSK-Nenngröße wird hier eine über eine Spannpatrone ver-

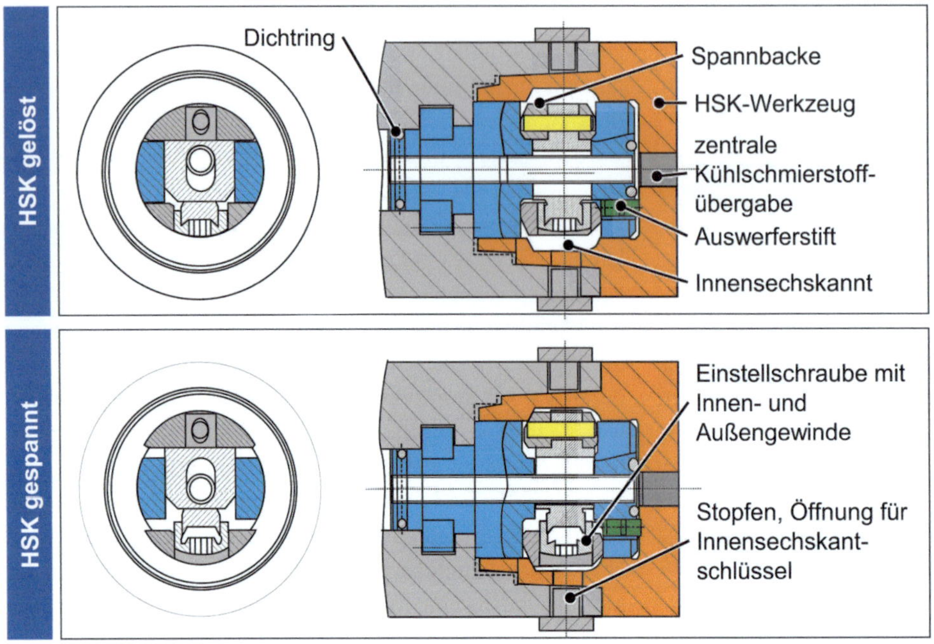

Bild 10.57: Manuelles Spannsystem für Hohlschaftkegel-Werkzeuge und Minimalmengenschmierung (MMS). Quelle: MAPAL

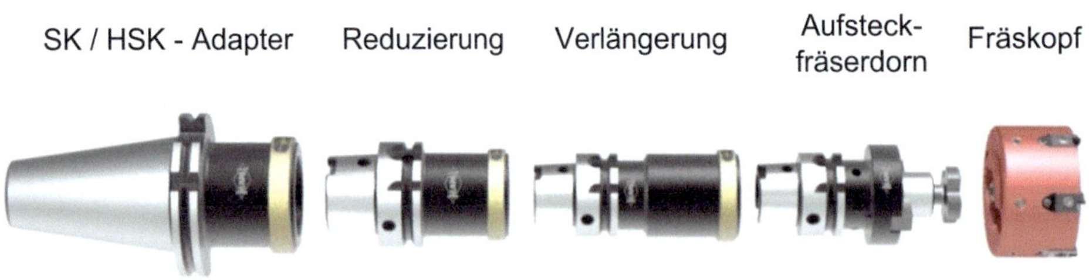

Bild 10.58: Modulares Werkzeugsystem. Quelle: MAPAL

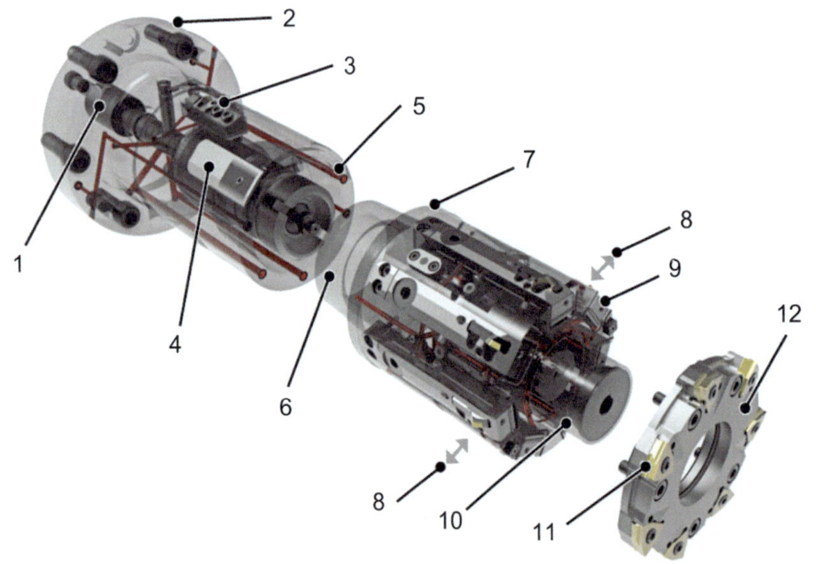

1: Zugstange und Gegenschieber
2: Modul 160 Schnittstelle
3: ISO-Klemmhalter mit Wendeschneidplatte zur Fasenbearbeitung
4: Deckel für HSK Spannschraube
5: Umgelenkte Kühlmitteldurchführung
6: HSK-E100 Schnittstelle
7: Feinbohrwerkzeug
8: Aussteuerbewegung
9: Siebenschneidiges Aussteuersystem
10: Rundlaufkontrollstelle
11: Wendeschneidplatte
12: Aufbohrwerkzeug

Bild 10.59: Modulares Aussteuerwerkzeug. Quelle: MAPAL

spannte Verlängerung und über eine weitere Spannpatrone ein Aufsteckfräserdorn gehalten, auf den der Fräskopf montiert wird.

Neben den bisher dargestellten Anwendungen existieren auch Spezialwerkzeuge wie das in ◘ Bild 10.59 gezeigte Aussteuerwerkzeug für die kombinierte Bearbeitung mehrerer Flächen. Es besteht aus einem siebenschneidigen Aufbohrwerkzeug an der Spitze des Werkzeugs sowie einem Feinbohrwerkzeug mit einem Aussteuersystem mit insgesamt sieben Schneiden zum Anfasen und Ausdrehen eines größeren Durchmessers. Das Feinbohrwerkzeug wird über eine HSK-100-Aufnahme mit manuellem Spannsatz in den Grundhalter eingesetzt, welcher selbst über eine Spanstufe mit ISO-Kurzklemmhaltern und Wendeschneidplatten verfügt.

10.3.1.4 Wechseleinrichtungen und Speicher für Werkzeuge

Die Darstellung der Einzelkomponenten und funktionalen Abläufe eines umfassenden Werkzeugversorgungssystems, ◘ Bild 10.60, veranschaulicht prinzipiell die Handhabungs-, Transport- und Speicherfunktionen. Werkzeughandhabung beinhaltet An- und Rückstellbewegungen eines Werkzeuges durch Maschinenkomponenten, den eigentlichen Werkzeugwechsel, die Werkzeugvorwahl durch entsprechende Positionierung der Werkzeuge im Maschinenmagazin und den Werkzeugaustausch. Bei jedem dieser Handhabungsvorgänge müssen die Werkzeuge u. a. positioniert, orientiert sowie gehalten und gelöst werden.

Aus der Vielzahl möglicher Speicherbausteine werden in den folgenden Abschnitten jene betrachtet, die dem spindelnahen Bereich zuzuordnen sind (Maschinenmagazine).

Eine Übersicht möglicher Magazinbauformen mit beweglichen und stationären Werkzeugplätzen gibt ◘ Bild 10.61. Das Speichern der Werkzeuge im Sinne des geordneten Aufbewahrens geometrisch bestimmter Körper [VDI90b] kann in unterschiedlichen geometrischen Anordnungen erfolgen. Wesentliche Kennzeichen eines Magazins mit beweglichen Werkzeugplätzen sind dabei die Lage der Werkzeuge zur Rotationsachse, die Anzahl der Rotationsachsen sowie die Anzahl der Werkzeugebenen.

Neben den beschriebenen Magazinbauformen können in der Gruppe der Magazine mit stationären Werkzeugplätzen in Abhängigkeit von der Zahl der Koordinatenachsen Leisten, Paletten, Kassetten und Regale als Bauformen unterschieden werden, ◘ Bild 10.61 unten.

Zu den automatisch arbeitenden Werkzeugversorgungssystemen gehören sowohl Komponenten, die dem unmittelbaren Maschinenbereich zuzuordnen sind als auch jene, die Funktionen im zentralen Lagerbereich übernehmen (vgl. ◘ Bild 10.60). In diesem Abschnitt werden spindelnahe Wechseleinrichtungen und Speicher vorgestellt. Über diesen Bereich der Ausrüstungskomponenten hinausgehende Erläuterungen, insbesondere zur Verkettung mehrerer Maschinen, enthält ► Kap. 9.

Spindelnahe Werkzeugversorgungssysteme können entsprechend den unterschiedlichen Maschinenbauformen und Maschinenbaugrößen vielfältige Gestalt annehmen. Erste Kriterien bei der Festlegung der Komponenten für die Werkzeugversorgung sind Anzahl und Lage der Arbeitsspindeln, sowie die Zahl der Bewegungsachsen im Werkzeugträger der Maschine. In Abhängigkeit von der für eine bestimmte Fertigungsaufgabe notwendigen Maschinenbauform werden dann bei der Erarbeitung eines Gesamt-

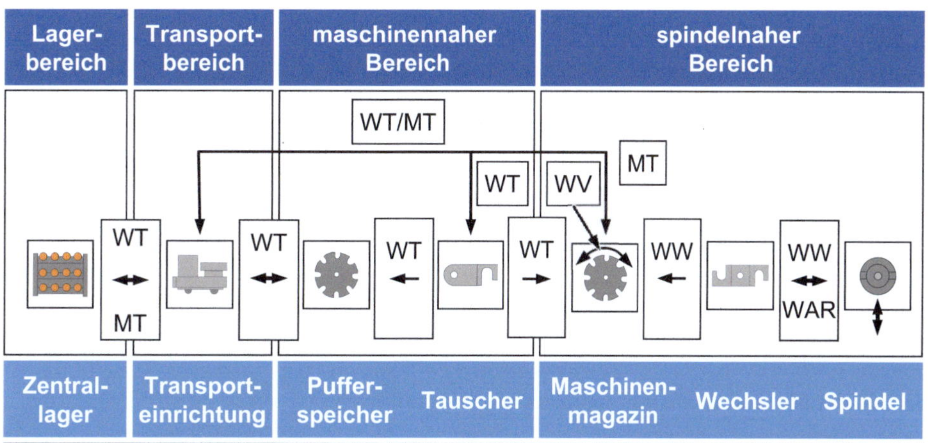

WAR :	Werkzeug- An- und Rückstellbewegung	WT :	Werkzeug- Austausch
		MT :	Magazin- Austausch
WW :	Werkzeug- Wechsel	TR :	Werkzeug- oder Magazin- Transport
WV :	Werkzeug- Vorwahl		

◘ **Bild 10.60:** Einzelkomponenten und Abläufe in einem Werkzeugversorgungssystem

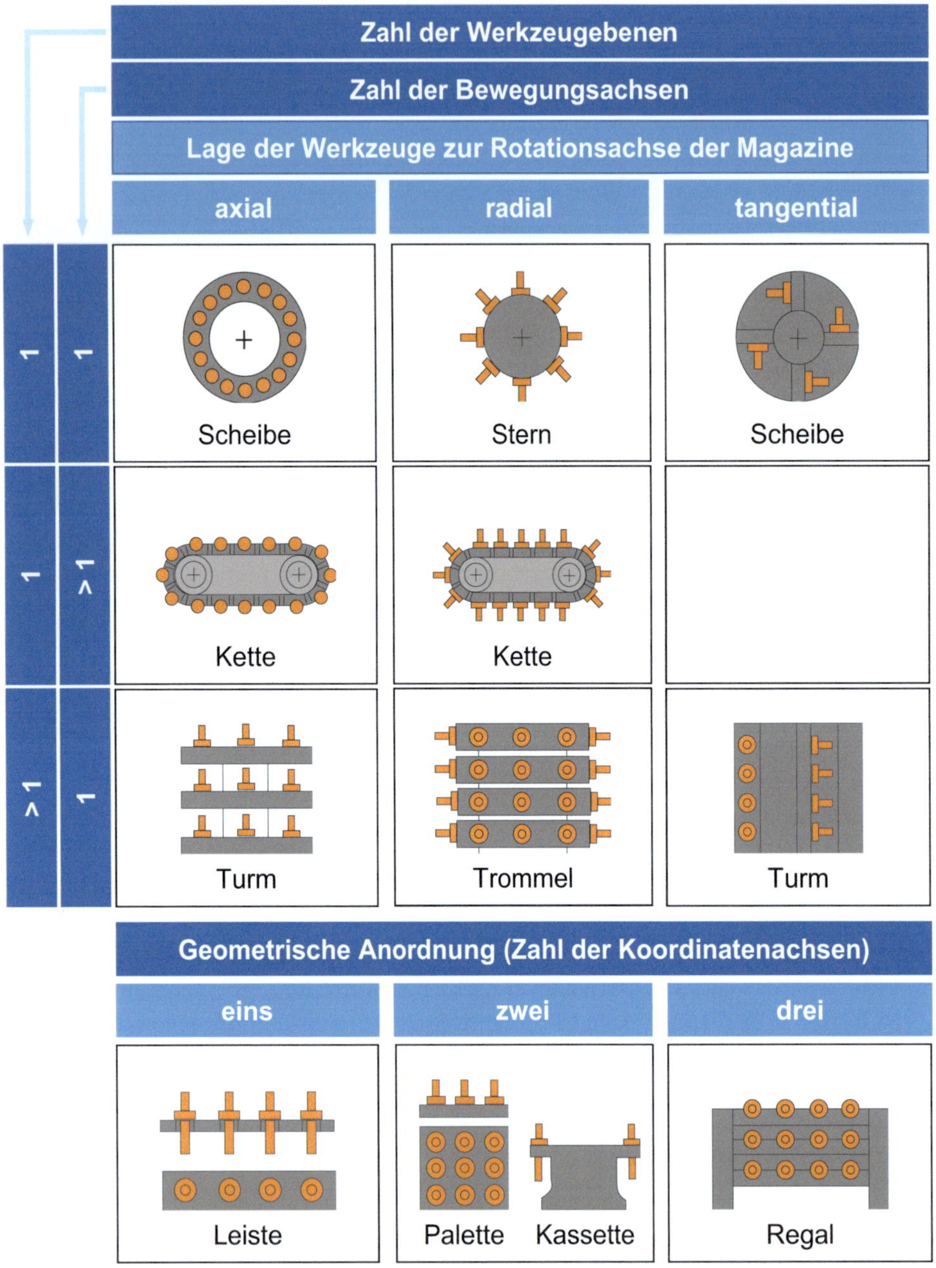

Bild 10.61: Magazinbauformen mit beweglichen und stationären Werkzeugplätzen

konzeptes die Magazine und Wechseleinrichtungen optimal ausgelegt.

Neben der Magazinbauform sind das Wechselprinzip und die Greiferbauform Hauptbeschreibungskriterien für automatische Werkzeugversorgungseinrichtungen (vgl. Bild 10.61). Als wesentliche Wechselprinzipien können der Wechsel mit Zusatzeinrichtung, meist Doppelarmgreifern, sowie der Wechsel durch kombinierte Bewegungen von Funktionsträgern in der Maschine und im Magazin (Pick-Up) unterschieden werden.

Hauptgesichtspunkt bei der Auswahl geeigneter Wechseleinrichtungen ist die erreichbare Span-zu-Span-Zeit, die wesentlich durch die Wechselzeit bestimmt wird. In Abhängigkeit von der Bauform der Maschinen und der Werkzeugwechselfrequenz wird die Span-zu-Span-Zeit darüber hinaus durch die Werkzeugvorwahl und die Zeit für Werkzeugan- und rückstellbewegungen beeinflusst.

Anhand von Beispielen werden im Folgenden ausgewählte Werkzeugwechselkonzepte für Bearbeitungszentren im Detail beschrieben.

In Bild 10.62 ist der Arbeitsraum eines Hochgeschwindigkeits-Bearbeitungszentrums mit vertikaler Spindel dargestellt. Zu Anfang des Werkzeugwechsel-Vorgangs wird die Spindel in die Werkzeugwechselposition verfahren. Das Kettenmagazin fährt in den Arbeitsraum hinein, wobei das aktuell in der Spindel gespannte Werk-

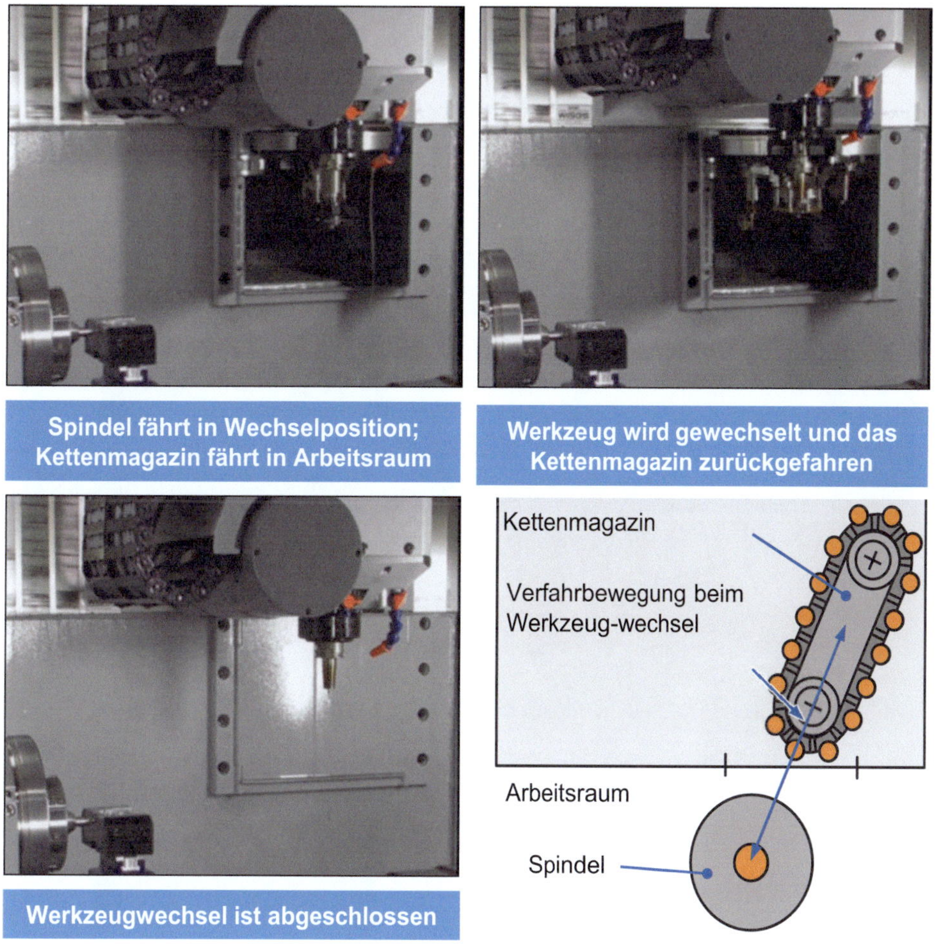

Bild 10.62: Werkzeugwechsel mit Kettenmagazin. Quelle: CHIRON Werke

zeug in einen freien Magazinplatz abgelegt wird. Das Kettenmagazin stellt nun das nächste Werkzeug zur Verfügung. Nach Abschluss des Spannvorgangs fährt das Kettenmagazin aus dem Arbeitsraum heraus und die Bearbeitung kann fortgesetzt werden.

Eine weitere Methode der Werkzeugmagazinierung und des Werkzeugwechsels ist in Bild 10.63 dargestellt. Die Werkzeuge sind in einem sogenannten Korb radial um die Spindel untergebracht, welcher fest mit der Spindelachse verbunden ist. Jedes Werkzeug wird von einem separaten Arm in der Greifernut gehalten. Die Arme werden pneumatisch betätigt. Hierbei wechseln sie von der Speicherposition im Korb nach unten zur Übernahme in die Spindel bzw. umgekehrt. Zu Beginn des Werkzeugeinwechselvorganges fährt der gesamte Korb in Spindelachsrichtung nach unten. Dabei wird das Werkzeug aus der Spindel herausgezogen (Bild 10.63 a). Das bisherige Werkzeug wird zurückgezogen und das neue Werkzeug unterhalb der Spindel in Position gebracht (Bild 10.63 b und c). Danach wird der gesamte Korb wieder nach oben verfahren, das neue Werkzeug in die Spindel eingefahren und gespannt (Bild 10.63 d).

Diese Form des Werkzeugwechsels ist sehr schnell und aufgrund des pneumatischen Antriebs der Hubbewegung des Korbes und der einzelnen Arme wartungsarm. Des Weiteren entfällt das Verfahren der Spindel zu einem bestimmten Werkzeugwechselpunkt, an dem der Werkzeugwechsel stattfindet. Nachteilig ist das zusätzliche Gewicht am Spindelkopf, da der komplette und begrenzte Werkzeugsatz mit Wechselmechanismus mitbewegt werden muss.

Werden anstelle der Magazine mit beweglichen Werkzeugplätzen solche mit feststehenden Werkzeugplätzen verwendet, ergibt sich ein Werkzeugversorgungskonzept, das insbesondere durch die Möglichkeit der einfachen Erweiterung der Speicherkapazität gekennzeichnet ist, Bild 10.64. Als Magazinbauformen kommen Paletten, Kassetten oder Regale zur Anwendung.

Bei diesen Konzepten sind Handhabungseinrichtungen in Portalbauweise oder Regalbediengeräte für die Werkzeugvorwahl und -bereitstellung, sowie zur Überbrückung des großen Abstandes von Werkzeugspeicher und Spindel erforderlich. Dabei können beliebige Werkzeuge hauptzeitparallel entnommen und für den Doppelarmgreifer bereitgestellt werden. Das Umrüsten der mit Werkzeugen be-

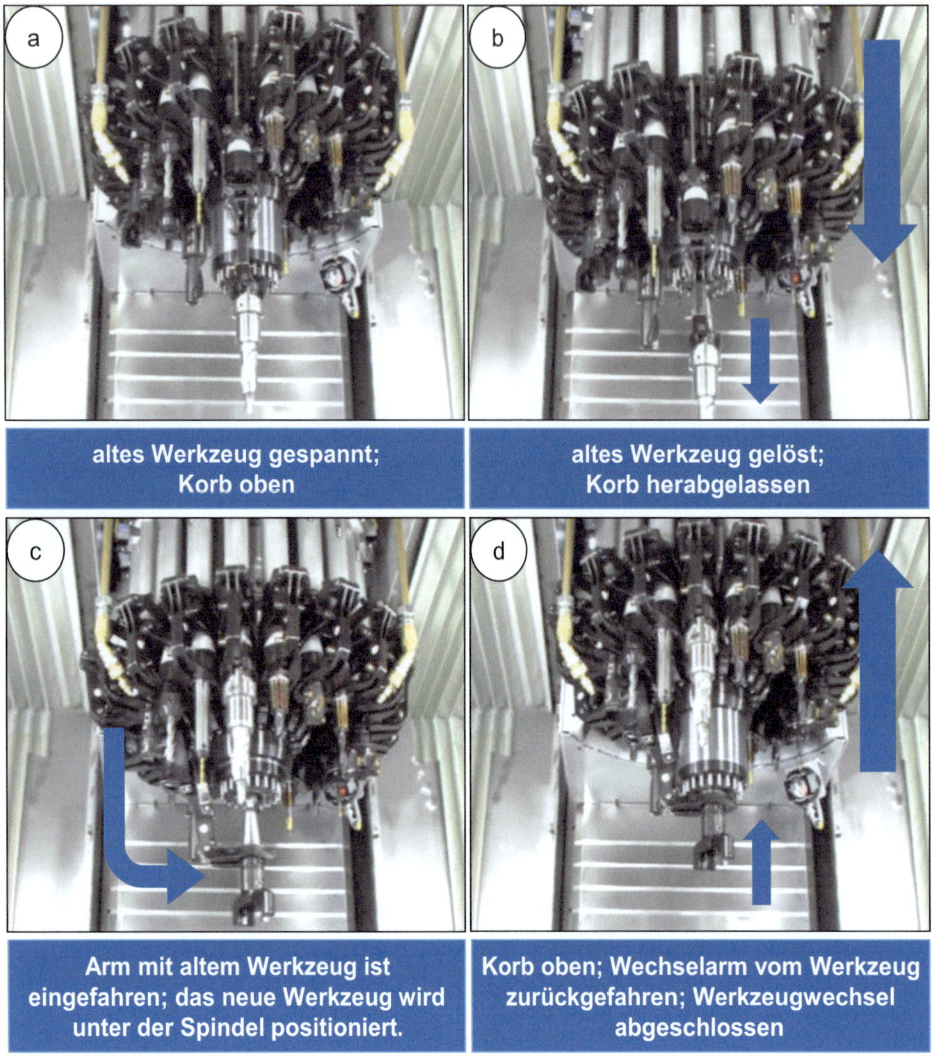

Bild 10.63: Werkzeugwechsel mit Doppelarmgreifer. Quelle: Zuse Hüller Hille

10

stückten Magazinkassetten kann manuell oder mit Flurförderfahrzeugen erfolgen.

Beim Werkzeugwechsel mit einem Doppelarmgreifer muss das einzuwechselnde Werkzeug durch die Handhabungseinheit aus dem Kassetten-Werkzeugmagazin geholt und in der Übergabeposition nahe der Spindel bereitgestellt werden, Bild 10.65. Dazu schwenkt die Handhabungseinrichtung aus ihrer senkrecht nach unten gerichteten Stellung in die waagerechte Lage. Nachdem eine Schiebetür zwischen Bearbeitungsraum und Werkzeugmagazin geöffnet worden ist, kann der Werkzeugwechsel stattfinden. Der Doppelarmgreifer schwenkt aus seiner senkrechten Stellung in die waagrechte, greift beide Werkzeuge, zieht die Werkzeuge über achsparallelen Hub aus Spindel und Handhabungseinheit, dreht um 180 ° und bestückt die Spindel und die Handhabungseinheit. Spindel und Werkzeugbereitstellungseinheit fahren aus der Werkzeugwechselposition, sodass der Doppelarmgreifer in die vertikale Ruheposition zurückdrehen kann. Nachdem die Schiebetür geschlossen ist, kann die Bearbeitung fortgesetzt werden, während die Werkzeugbereitstellungseinheit das Werkzeug ablegt und den nächsten Werkzeugwechsel vorbereitet.

Sowohl bei Bearbeitungszentren mit horizontaler als auch mit vertikaler Spindel kann der Werkzeugwechsel ebenfalls durch kombinierte Spindel- und Magazinbewegung durchgeführt werden. Mit der Einsparung einer Werkzeugwechseleinrichtung ist jedoch im Allgemeinen eine längere Werkzeugwechselzeit verbunden. Vorzugsweise wird dieses Pick-Up-Verfahren für den Wechsel schwerer Werkzeuge oder Werkzeugträger angewendet, da das handhabbare Werkzeuggewicht bei Doppelarmgreifern je nach Ausführung bis maximal 2 · 40 kg reicht.

Den Werkzeugwechselablauf an einem Bearbeitungszentrum mit einem Scheiben-Werkzeugmagazin zeigt Bild 10.66. Das aus der Spindel auszuwechselnde Werkzeug wird nach einer translatorischen Bewegung (1) des Scheibenmagazins von den Spannelementen der Magazinscheibe gefasst. Durch Ständerrückbewegung bei gleichzeitigem Öffnen der Werkzeugspannzange wird das Werkzeug freigege-

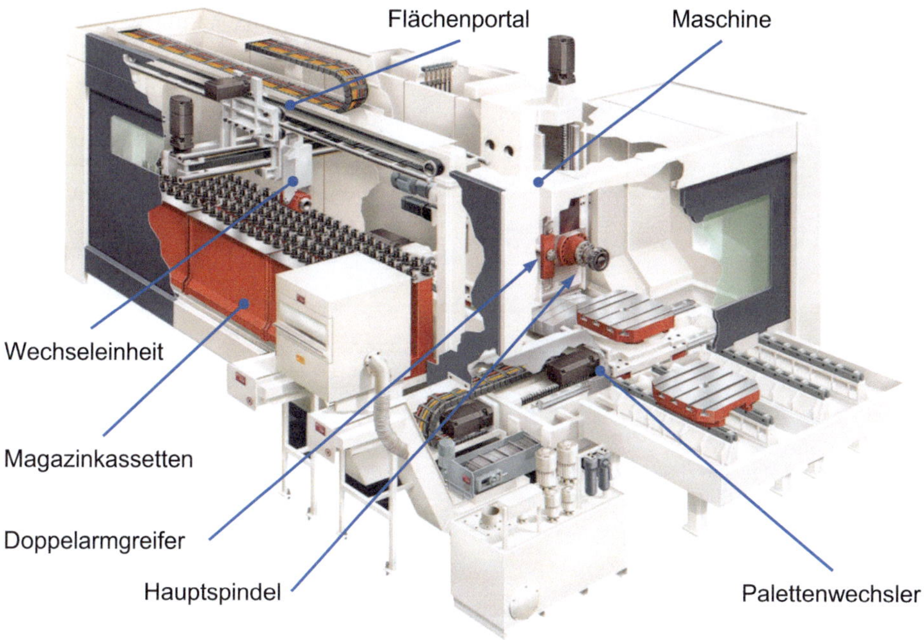

Bild 10.64: Magazinkassetten mit feststehenden Werkzeugplätzen an einem Kreuzbett-Bearbeitungszentrums. Quelle: Zuse Hüller Hille

ben (2). Das neue Werkzeug wird in Spindelposition durch Drehen der Magazinscheibe gebracht (3) und über eine Ständerrückbewegung (4) in der Spindel aufgenommen. Mit dem Zurückfahren des Magazins in seine Ausgangsposition ist die Maschine wieder freigegeben (5). Dieses Wechselprinzip wird auch bei Maschinen in Fahrständerbauweise (drei Achsen im Werkzeugträger) angewendet, wobei das Magazin dann keine zusätzliche Translationsachse benötigt.

1 Einarmgreifer
2 Spindel im Arbeitsraum
3 Handhabungseinrichtung
4 Werkzeugmagazin

Bild 10.65: Werkzeugwechsel mit Doppelarmgreifer. Quelle: Zuse Hüller Hille

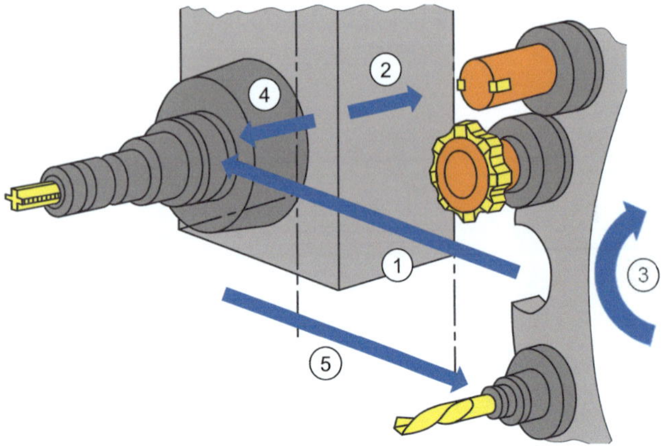

Bild 10.66: Werkzeugwechsel durch kombinierte Spindel- und Magazinbewegung. Nach Zuse Hüller Hille

Eine weitere Möglichkeit der Werkzeugspeicherung ist die Verwendung eines Kettenmagazins, Bild 10.67. Hier werden die Werkzeuge in Halterungen fixiert, die jeweils an einem Kettenglied befestigt sind. Die Ketten verfügen über einen Antrieb und stellen die Werkzeuge an der Werkzeugwechsel- oder Rüstposition zur Verfügung. Wie in Bild 10.67 links dargestellt, lassen sich Kettenmagazine auch dreidimensional anordnen, sodass auch das Maschinendach oder die Rückseite für das Werkzeugmagazin verwendet werden können. Durch die Möglichkeit, die Ketten mäanderförmig anzuordnen (Bild 10.67 rechts), lassen sich viele Werkzeuge auf kleinem Raum speichern.

Die Werkzeuge sind in den Speicherplätzen meist verriegelt und werden nur im Bedarfsfall an der Werkzeugwechselposition freigegeben. Hier gibt es vielfältige konstruktive Lösungen.

Bei allen Werkzeugaufnahmen gilt das Grundprinzip, dass bei einem Ausfall der Maschine bzw. der Bereitstellungseinrichtung die Werkzeuge weiterhin sicher gespannt bleiben müssen. Deswegen wird die sichere Spannung meist durch Federn und durch formschlüssige Elemente gewährleistet, während für die Entspannung entweder mechanische, hydraulische oder pneumatische Zusatzsysteme notwendig sind. Bild 10.68 zeigt einen Blick in die Werkzeugaufnahme von Werkzeugspeicherketten für die HSK-, die Steilkegel- und die PSC-Werkzeugaufnahme.

Ein Spannmechanismus im Falle des HSK-63 ist in Bild 10.69 dargestellt. Der HSK-Schaft wird von den Spannzangen aufgrund der Federspannung stets sicher gehalten, wobei die Orientierung des HSK im Magazin durch den Nutenstein gewährleistet wird. Das Werkzeug kann mit Hilfe eines Greifers aus der Aufnahme herausgezogen und wieder eingewechselt werden. Dies ist durch den ungehinderten Zugang zu der Greifernut des HSK-Schaftes möglich. Lediglich für die manuelle Entnahme eines Werkzeuges aus der Aufnahme – z. B. beim Bestücken des Magazins oder beim Auswechseln verschlissener Werkzeuge – ist ein Auswerferstift in das System integriert, um eine komfortable Bedienung zu gewährleisten.

Die beschriebene Werkzeugaufnahme klemmt das Werkzeug durch die Federn fest. Dies funktioniert nur bis zu einer Grenzlast, die wegen der Entnahme und Zuführung nicht sehr groß sein kann. Bei schweren Werkzeugen besteht deshalb die Gefahr, dass sich Werkzeuge lösen und aus der Aufnahme herausfallen. Bessere und sicherere Systeme sind solche mit Verriegelungsmechanismen, Bild 10.70. Im Beispiel ist die Konstruktion mit radial verschiebbaren Kugeln ausgeführt, die eine verriegelte Spannung an der HSK-Innenseite sicherstellen. Der Verriegelungsstift wird durch die Feder zurückgezogen, wodurch die Kugeln über die Schrägen des Stiftes nach außen gedrückt werden. Der Greifer fährt für den Werkzeugwechsel an das Werkzeug heran und greift es in der HSK-Nut. Die Entriegelung des Werkzeugs in der Aufnahme geschieht über einen pneumatischen Zylinder, welcher die Zylinderplatte und somit den Verriegelungsstift

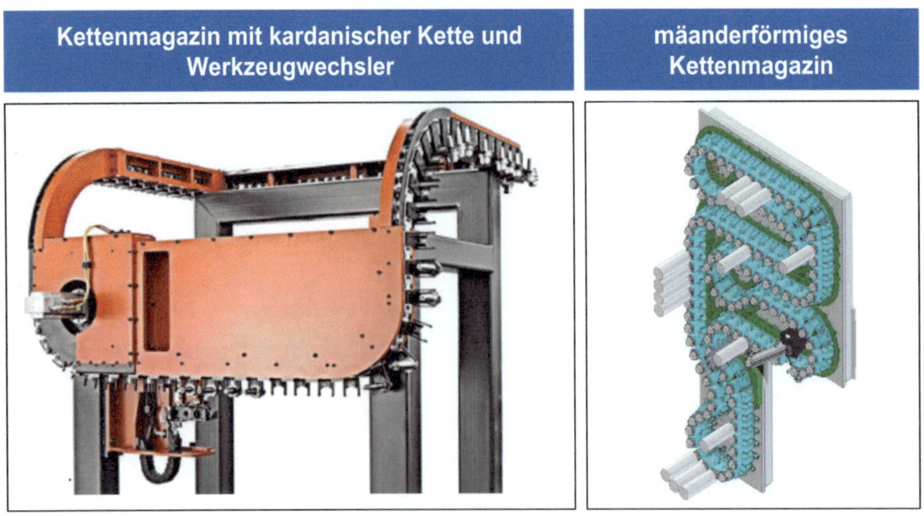

Bild 10.67: Werkzeugwechsel mit Kettenmagazin. Quelle: ktc Handhabungstechnik

Bild 10.68: Werkzeugaufnahmen in einem Kettenmagazin. Quellen: ktc Handhabungstechnik

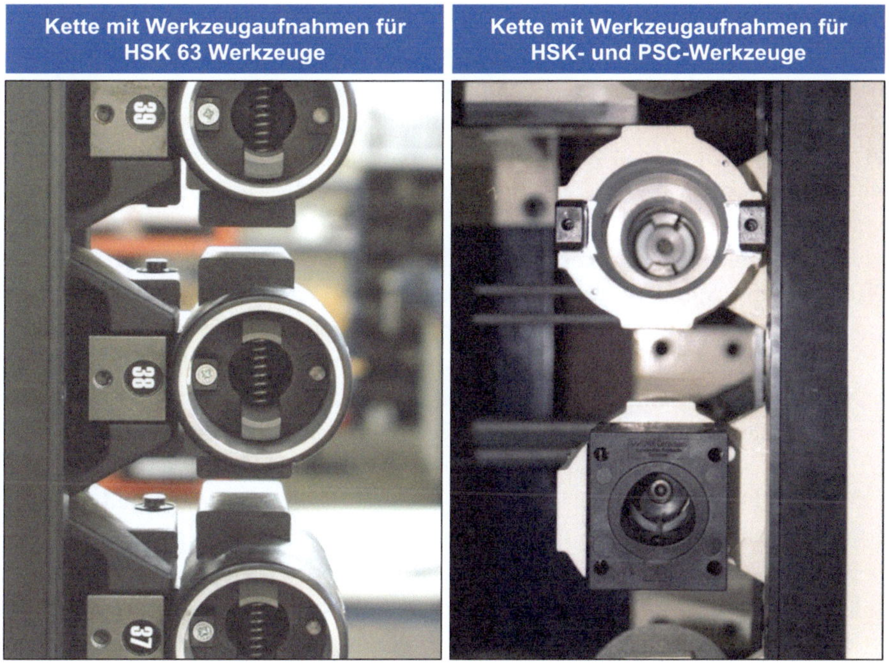

Bild 10.69: HSK-63-Werkzeugaufnahme in einem Kettenmagazin. Quellen: ktc Handhabungstechnik

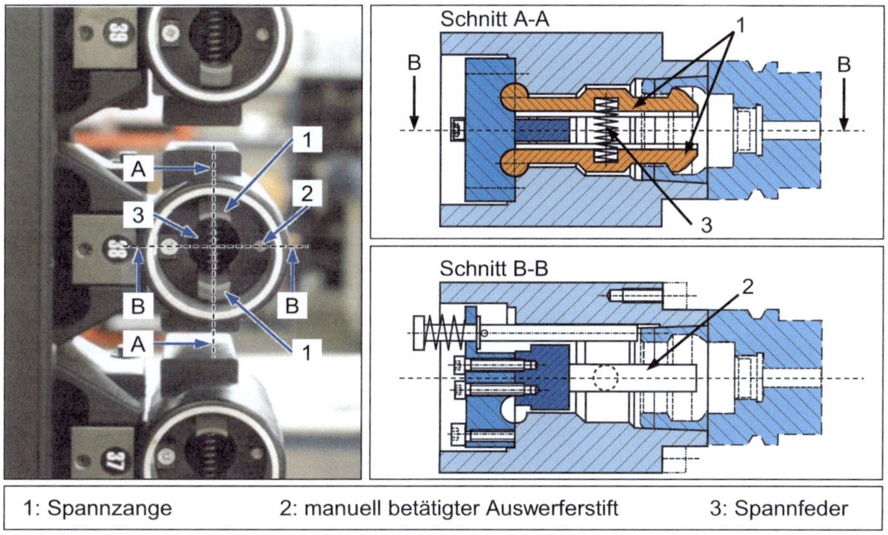

Bild 10.70: Greifer und HSK-80-Werkzeugaufnahme, Quellen: ktc Handhabungstechnik

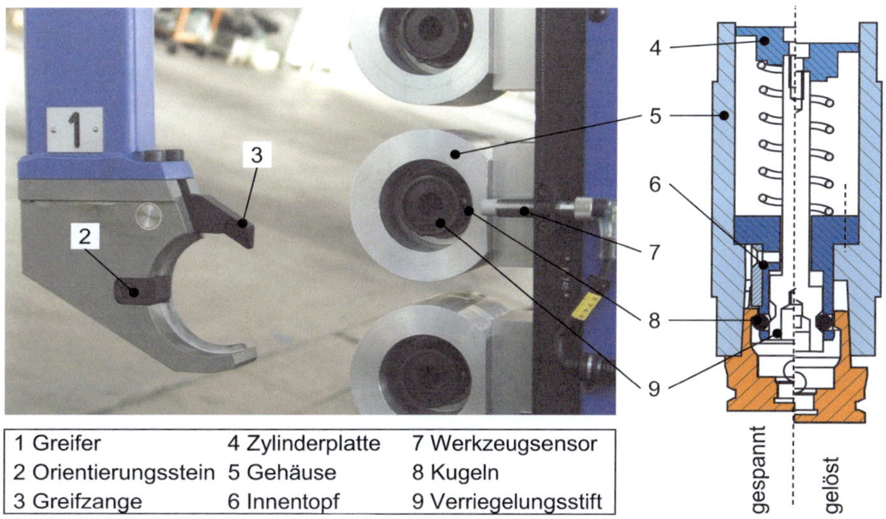

axial entgegen der Federkraft, in der Zeichnung nach unten, bewegt. Die Kugeln können so bei der Entnahme des HSK-Schaftes in die Nut des Verriegelungsstiftes ausweichen, sodass das Werkzeug freigeben wird. Ein Herausfallen der Kugeln im gelösten Zustand wird durch eine Verengung des Lochdurchmessers an der Außenkante des Innentopfes sichergestellt.

Neben den beiden beschriebenen Systemen gibt es eine Vielzahl weiterer Möglichkeiten, Werkzeuge sicher in Kettenmagazinen zu speichern. ▫ Bild 10.71 zeigt auf der linken Seite eine zusätzliche Variante zum Spannen von HSK-Werkzeugen. Die Haltezange hält den HSK-Schaft sicher gespannt. Zum Lösen muss der Entriegelungsstift entgegen der Federkraft gedrückt werden. Rechts in ▫ Bild 10.71 ist ein Prinzip für die Aufnahme eines SK-50-Werkzeugs dargestellt. Um die Werkzeugaufnahme einfach und kostengünstig zu fertigen, ist der Kegel in der Aufnahme nicht durchgehend ausgeführt: Der Steilkegel stützt sich lediglich auf zwei Anlageflächen ab. Der Spannmechanismus funktioniert ähnlich wie bei der Hohlschaftkegelaufnahme in ▫ Bild 10.70. Die Kugeln greifen jedoch von außen in die Rille des Anzugsbolzens. Zum Lösen muss der Druckzylinder betätigt werden, damit die Kugeln radial nach außen ausweichen können und den Schaft freigeben.

Wird das Werkzeug nicht durch einen Greifer aus dem Magazin geholt, sondern direkt mit der Spindel im sogenannten Pick-Up-Verfahren aufgenommen, können einfachere Aufnahmesysteme verwendet werden, ▫ Bild 10.72. Der wesentliche Unterschied besteht darin, dass beim Pick-Up-Verfahren die Greifernut des Werkzeuges für die Magazinierung verwendet werden kann. Bei den bisherigen Beispielen musste diese für den Greifer frei zugänglich sein.

Der Großteil der abgebildeten Systeme spannt das Werkzeug aufgrund der elastischen Haltekraft der Spannzangen (HSK-100, PSC 63, SK 40, HSK-50). Teilweise müssen besondere Maßnahmen ergriffen werden, um die Zangen zuverlässig über den größten Schaftdurchmesser zu führen. Im Fall der PSC 63-Zange im vorderen Bildteil kommen z. B.

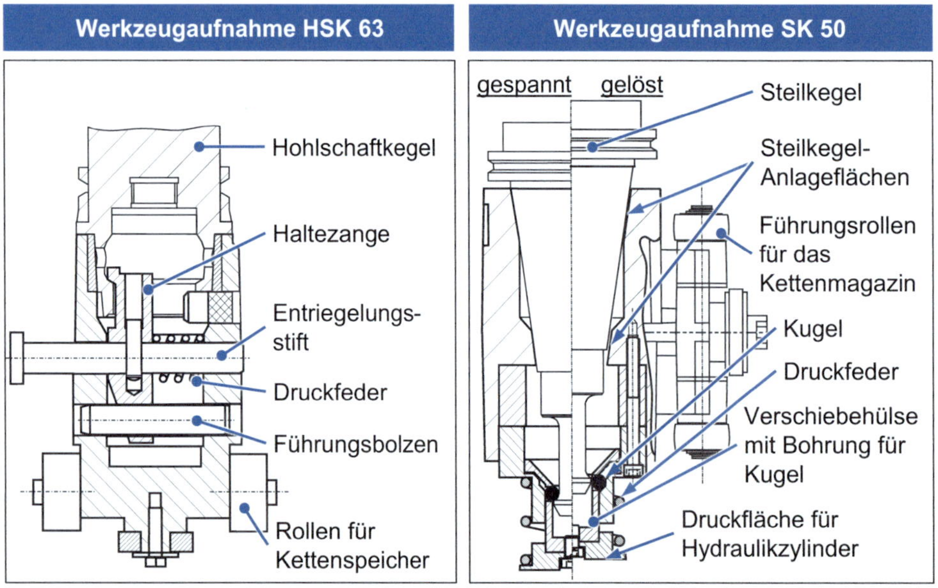

▫ **Bild 10.71:** HSK- und SK-Werkzeugaufnahmen. Quellen: ktc Handhabungstechnik

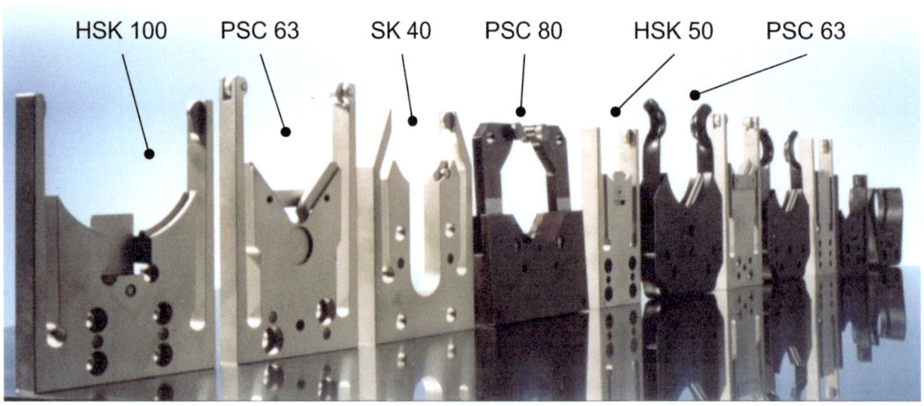

▫ **Bild 10.72:** Zangen für unterschiedliche Werkzeuge beim Pick-Up-Verfahren. Quelle: ktc Handhabungstechnik

Rollen an den Enden der Zangensegmente zum Einsatz. Abweichend von diesen rein elastisch federnden Systemen können auch gelagerte Zangensegmente zum Einsatz kommen, welche durch eine Feder das Werkzeug spannen. Dies ist z. B. im Falle der Aufnahme für ein PSC 63-Werkzeug ganz rechts in Bild 10.72 der Fall, welche unter der Vorgabe möglichst geringen Raumbedarfes konstruiert wurde.

10.3.1.5 Identifikationssysteme für Werkzeuge

In automatisierten Fertigungssystemen ist der Bedarf an Werkzeugen teilweise sehr hoch, sodass die Werkzeugverwaltung geeignete Identifkationssysteme benötigt. Derartige Systeme sind ebenfalls für den flexibel automatisierten Werkstückfluss, insbesondere zur Codierung von Paletten, erforderlich. Während an Paletten genügend Bauraum für die Codeträger zur Verfügung steht, muss die Baugröße der Codeträger für Werkzeuge und Werkzeugmodule möglichst minimiert werden.

Ursprünglich wurden für die Werkzeugidentifizierung hauptsächlich im Werkzeugschaft oder am Werkzeugbund angebrachte Codierschrauben oder Codierringe verwendet. Über induktive Schalter kann abgefragt werden, ob eine Schraube vorhanden ist oder nicht. Die Informationsspeichermöglichkeiten sind mit diesen Systemen jedoch beschränkt. Außerdem haben sie großen Platzbedarf und können z. B. nicht an den heute in der Drehbearbeitung verbreiteten Schneidköpfen eingesetzt werden. Strichcode-Klebeetiketten sind wegen der Notwendigkeit der ständigen Aktualisierung ebenfalls nur begrenzt in automatisierten Systemen einsetzbar. Optisch abtastende Systeme sind wegen der Verschmutzung im Bearbeitungsraum der Werkzeugmaschinen nur bedingt anwendbar, haben dafür allerdings keinen Einfluss auf die Wuchtung des Werkzeuges und kommen daher vereinzelt zum Einsatz. In Bild 10.73 ist ein Werkzeug mit 2-D-Matrixcode auf dem Werkzeugbund dargestellt.

Der stabile Schaltungsaufbau und die vollkommene Verschleißfreiheit bei Verwendung von RFID-Speicherchips sowie die hohe Störsicherheit bei der induktiven Datenübertragung von und zum Schreib-/Lesekopf hat sich in der industriellen Praxis bewährt. Im EEPROM-Datenträger (Transponder) mit einer Speicherkapazität von ca. 116 Byte

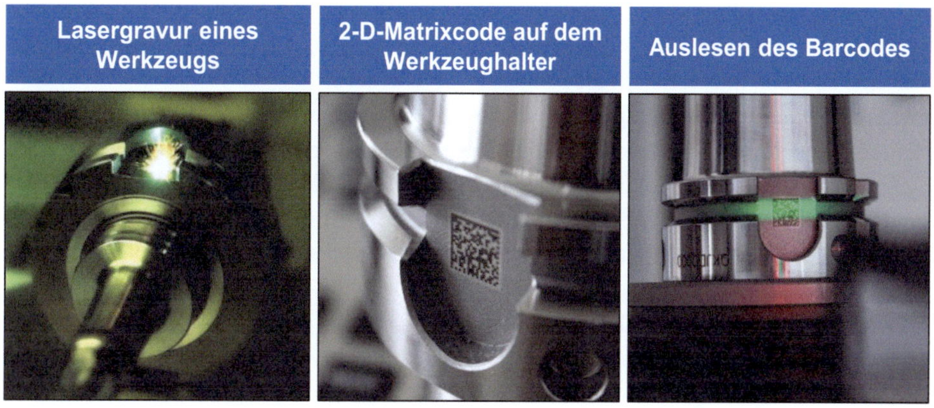

Bild 10.73: Werkzeugidentifikation mit 2-D-Matrixcode. Quelle: MySolutions

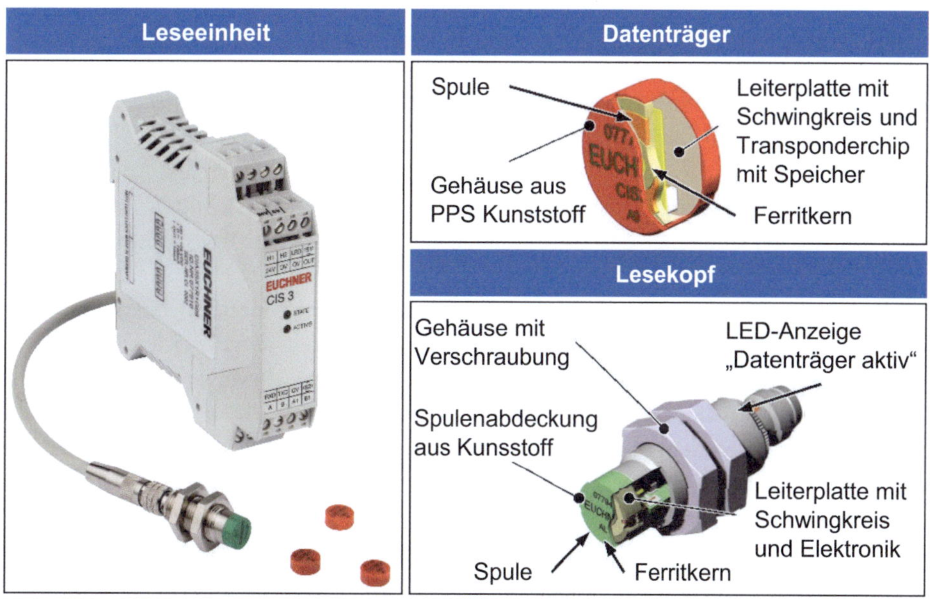

Bild 10.74: Identifikationssysteme für Werkzeuge. Quelle: EUCHNER

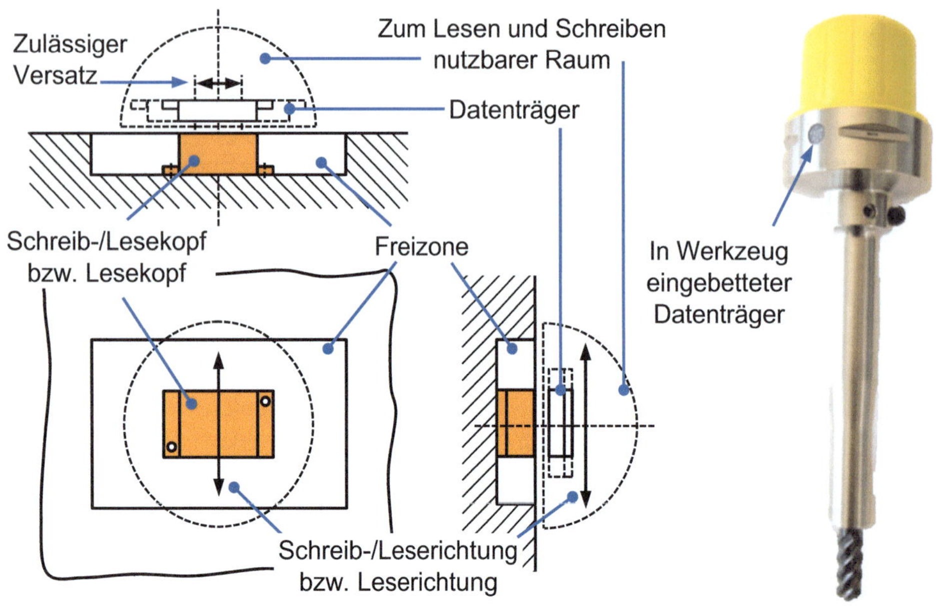

Bild 10.75: Adaption von Identsystemen an Werkzeugen und Darstellung des Schreib-/ Lesevorgangs. Quellen: Balluff, SANDVIK COROMANT

[EUCH13] werden die Informationen ohne Batterie über 20 Jahre gespeichert, Bild 10.74 rechts oben.

Die Schreib-/Lesestationen verfügen über verschiedene serielle oder Bus-Schnittstellen. Die Datenübertragung kann beispielsweise nach dem 3964R-Protokoll abgewickelt werden, was eine einfache Integration in die gängigsten SPS-Steuerungen ermöglicht. Zur Datenträgerprogrammierung außerhalb der Anlage kommen PC-basierte Systeme zum Einsatz. Die Datenträger können sehr klein gebaut werden (4 mm Höhe bei 10 mm Durchmesser), sodass sie relativ einfach in Werkzeughalter integriert werden können, Bild 10.75 rechts [EUCH13]. Entscheidend für den reibungslosen Datenaustausch zwischen der Schreib-/Leseeinheit und dem Datenträger ist die Einhaltung einer ausreichenden Verweilzeit des Datenträgers in einer begrenzten räumlichen Entfernung vom Schreib-/Lesekopf, Bild 10.75 links.

Datenträger, die anstatt des in Bild 10.75 gezeigten Rundantennen-Systems eine Stabantenne besitzen, eignen sich auch für dynamische Leseoperationen mit Relativgeschwindigkeiten bis zu 25 mm/s. Zu beachten ist allerdings, dass sich der Lesekopf und der Datenträger nur in einer bestimmten Richtung relativ zueinander bewegen dürfen. Dabei findet der Schreib-/Lesevorgang nach folgendem Schema statt: Der Datenträger empfängt das Energiesignal des Senders, baut daraus seine Versorgungsspannung auf und sendet seine Daten in Richtung Schreib-/Lesekopf. Dieser empfängt die Daten und tauscht mit dem Datenträger Informationen aus. Die Schnittstelleneinheit verwaltet den beiderseitigen Datentransfer und dient als Zwischenspeicher. Sie ist das Bindeglied zwischen dem übergeordneten System und dem Datenträger. Die Sicherheit der Datenübertragung wird über Prüfalgorithmen sichergestellt.

Die hohe Speicherkapazität der Codeträger erlaubt es, alle für den Einsatz in der automatisierten Fertigung notwendigen werkzeugbeschreibenden Daten, wie z. B. Werkzeugtyp, Werkzeug-, Schneide- und Korrekturmaße, Soll- und Ist-Standzeiten im Werkzeug selbst unterzubringen, sodass ein Informationsverlust bei Ausfall des übergeordneten Steuerrechners vermieden wird.

10.3.2 Werkzeugsysteme für Drehmaschinen

Bei der Fertigung von Drehbauteilen bestimmen die geometrische Komplexität, die erforderliche Genauigkeit und die Abmessungen der zu fertigen Bauteile den eingesetzten Maschinentyp sowie das damit einhergehende Werkzeugsystem. Ebenfalls spielen der Automatisierungsgrad und die Flexibilität in der Fertigung eine Rolle bei der Auswahl und Auslegung des Werkzeugsystems. Während bei kleineren manuellen Werkstattmaschinen die Werkzeuge über einfache Werkzeugträger mit dem Werkzeugschlitten verbunden werden, verfügen CNC-Drehmaschinen zumeist über einen Werkzeugträger in Revolverbauart. Mithilfe der Werkzeugträger werden die Werkzeuge entweder direkt oder über entsprechende Adapter wie z. B. Klemmhalter mit dem Maschinenschlitten verbunden. Viele CNC-Drehmaschinen verfügen heute zudem über die Möglichkeit, auch angetriebene Werkzeuge einzusetzen, welche für zusätzliche Fräs- oder Bohroperationen genutzt werden können. Diese Werkzeuge werden über einen zusätzlichen Werkzeugantrieb im Revolver angetrieben.

10.3.2.1 Werkzeugtypen in Drehmaschinen

Bei der Drehbearbeitung werden abhängig von der Maschinenart und Bearbeitungsaufgabe unterschiedliche Arten von Werkzeugen eingesetzt. Klemmhalter mit Vierkant- oder Zylinderschaft werden in nahezu allen Maschinen- und Werkzeugträgertypen eingesetzt. In den meisten Revolvern von CNC-Maschinen können zudem auch Werkzeuge mit Schnellwechselschnittstelle aufgenommen werden. Angetriebene Werkzeuge für rotierende Anwendungen können in speziellen Revolvern mit Werkzeugantrieb eingesetzt werden. ◘ Bild 10.76 gibt eine Übersicht über die verschiedenen Werkzeugtypen.

In der klassischen Grundform besteht ein Drehwerkzeug aus einem Schaft und einem Schneidteil. Die Schneidkörper werden heute nur noch in seltenen Fällen auf den Schaft gelötet. Sie werden vielmehr in Form von Wendeschneidplatten in entsprechende Halter geklemmt. Die genormten Formen von Klemmhaltern mit Vierkantschaft werden in DIN ISO 5610 [DIN15a] beschrieben. Außenbearbeitungswerkzeuge haben quadratische bzw. rechteckige (Seitenverhältnis 1:1,6) Schaftquerschnitte. Für die Innenbearbeitung kommen Werkzeuge mit Kreisquerschnitt zur Anwendung.

Wendeschneidplatten aus Hartmetall oder Oxidkeramik haben sich weitgehend durchgesetzt. Verschlissene Schneidplatten können mehrfach verwendet werden, indem sie gedreht oder gewendet eingebaut werden. Stark verschlissene oder zerstörte Schneidplatten werden ausgetauscht. Die Aufgabe eines Klemmhalters besteht darin, die Wendeplatte stets in der gleichen Position zu klemmen, sodass nach dem Wechseln der Schneide kein neues Justieren des Werkzeuges nötig ist. Je nach verwendetem Klemmsystem unterscheidet man Schneidplatten mit und ohne Loch sowie solche mit und ohne Spanleitstufe. Wesentliche konstruktive Ausführungen der Klemmsysteme sind Hebel-, Keil-, Schraubspann- und Spannfinger-Systeme.

◘ Bild 10.77 zeigt die Hebelspannung von Lochwendeplatten. Die Spannkraft wird mithilfe einer Spannschraube eingeleitet, die von der Ober- und Unterseite des Halters leicht zugänglich ist. Die Kopfform des Winkelhebels gestattet eine form- und kraftschlüssige Übertragung der Spannkraft auf die Wendeschneidplatte. Die resultierende Spannkraft besitzt horizontale und vertikale Komponenten. Die Kraft ist auf die Winkelhalbierende der beiden senkrechten Auflageflächen ausgerichtet, sodass eine sichere Klemmung auch bei Schnittunterbrechung und wechselnden Vorschubrichtungen garantiert ist. Gleichzeitig kann unabhängig von den Fertigungstoleranzen der Wendeschneidplatten eine hohe Positionsgenauigkeit erzielt werden.

Die Spannmechanismen sowie die Wendeschneidplatten sind für die klassischen Klemmhalter die gleichen wie für die in ◘ Bild 10.76 dargestellten Drehwerkzeuge mit Schnellwechselschnittstelle.

Neben den konventionellen Drehmeißeln, also stehenden Werkzeugen, werden in zunehmendem Maße auch angetriebene Werkzeuge für Bohr- und Fräsoperationen auf

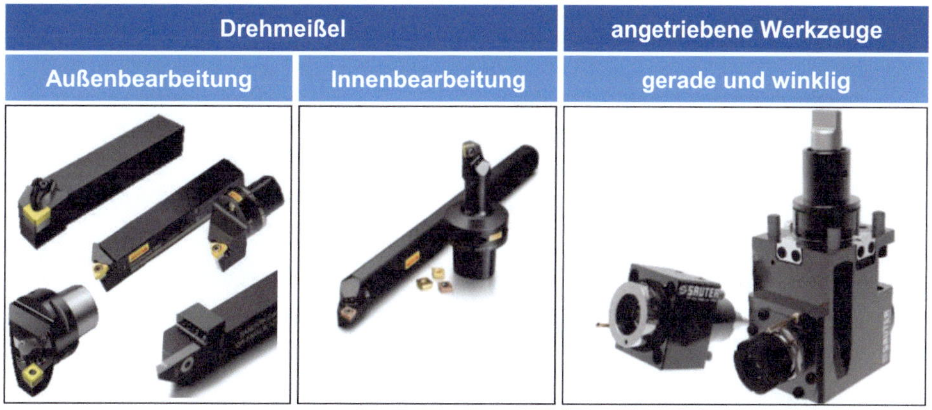

◘ **Bild 10.76:** Werkzeugtypen in Drehmaschinen. Quellen: SANDVIK COROMANT, Sauter Feinmechanik

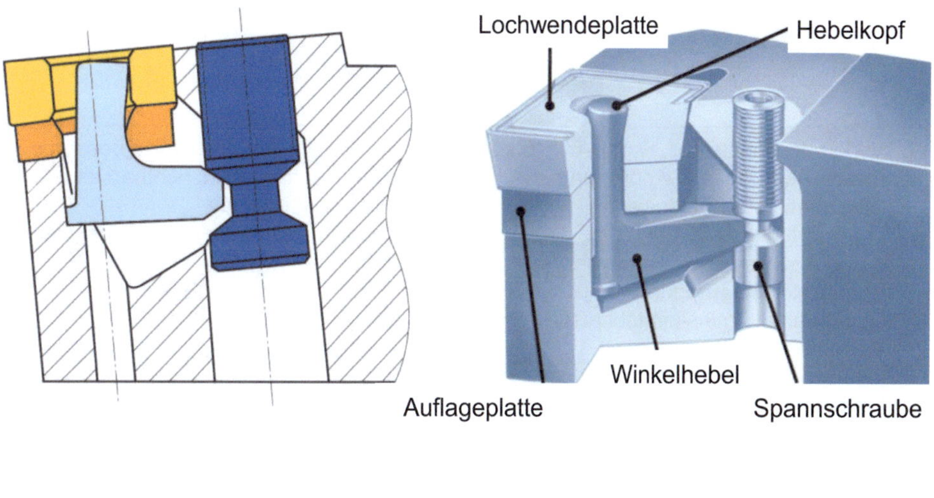

◘ **Bild 10.77:** Hebelspannung von ISO-Lochwendeplatten. Quellen: Walter Montanwerke, Hommel Hercules Werkzeughandel

Drehmaschinen eingesetzt. Hierbei wird die Antriebsleistung für die Werkzeuge über den Revolver bereitgestellt. Die Komplexität der Mechanik durch den relativ geringen verfügbaren Bauraum bei diesen Werkzeugen zeigt ◘ Bild 10.78 am Beispiel eines angetriebenen 90 °-Winkelkopfes.

Der Winkelkopf besitzt einen Zylinderschaft als Schnittstelle zur Revolverscheibe. Die Spannverzahnung ist hierbei jeweils auf beiden entgegengesetzten Seiten angebracht. Diese universelle Schaftausführung ermöglicht es, den Spindelkopf mit um 180 ° versetzter Orientierung in der Werkzeugaufnahme zu spannen, sodass unterschiedliche Bearbeitungsprozesse mit einem Spindelkopf möglich sind. Die am Spindelkopf befindliche Ausrichteeinrichtung ermöglicht es, den Spindelkopf schnell und unkompliziert im Revolver auszurichten.

Die verzahnte Kupplung zum Antrieb ist zusätzlich mit einer axial verschiebbaren Hülse ausgestattet, sodass eine definierte Spindelorientierung bei nicht eingekuppeltem Werkzeug beibehalten wird. Dies reduziert die Einkuppelzeit zum Antrieb, da beide Partner der Kupplungsverzahnung gleich orientiert sind und somit kein zeitaufwendiger Suchlauf notwendig ist.

Die Kühlschmierstoffzuführung kann wahlweise extern oder durch das Werkzeug erfolgen. Der Spindelkopf kann mit verschiedenen Werkzeugaufnahmen, z. B. Spannzangen, HSK- oder PSC-Schnittstelle, ausgestattet werden. Durch die innenliegende Spannmutter werden hohe Steifigkeit und optimale Hebelverhältnisse zur Spindellagerung erreicht.

10.3.2.2 Revolverschnittstelle

Die Revolverschnittstelle stellt die Verbindung zwischen Revolverscheibe und dem Werkzeug bzw. dem Werkzeughalter dar. Je nach Maschine und Anwendungsfall werden unterschiedliche Systeme eingesetzt. Um der Forderung nach einheitlichen Werkzeugaufnahmen gerecht zu werden, wurden einige dieser Systeme genormt. Die Schnittstellensysteme der Zylinderschaftaufnahme [DIN06] und der Prismenaufnahme [DIN87d] wurden eigens für die Drehbearbeitung entwickelt, ◘ Bild 10.79. Bei diesen beiden Schnittstellen wird das Werkzeug über einen Schraubmechanismus gespannt. Ein weiteres genormtes System, womit Werkzeuge jedoch auch automatisch oder manuell mit einfachen Bewegungen gespannt werden können, ist der HSK-T (Turning) [DIN11b]. Dieser ist eine modifizierte und auf die Anforderungen beim Drehen angepasste Bauform des im Fräsbereich bereits etablierten HSK. Die ebenfalls als Frässchnittstellen bekannten und genormten Systeme PSC [DIN10e] und TS [DIN13a] können in ihrer ursprünglichen Bauform als Revolverschnittstelle eingesetzt werden (vgl. ► Kap 10.3.1). Neben den genormten Systemen existieren etliche herstellerspezifische Lösungen. Bei der BMT-Lösung (Bolt-Mounted-Turret) wird die erforderliche Klemmkraft über eine einfache Schraubverbindung aufgebracht.

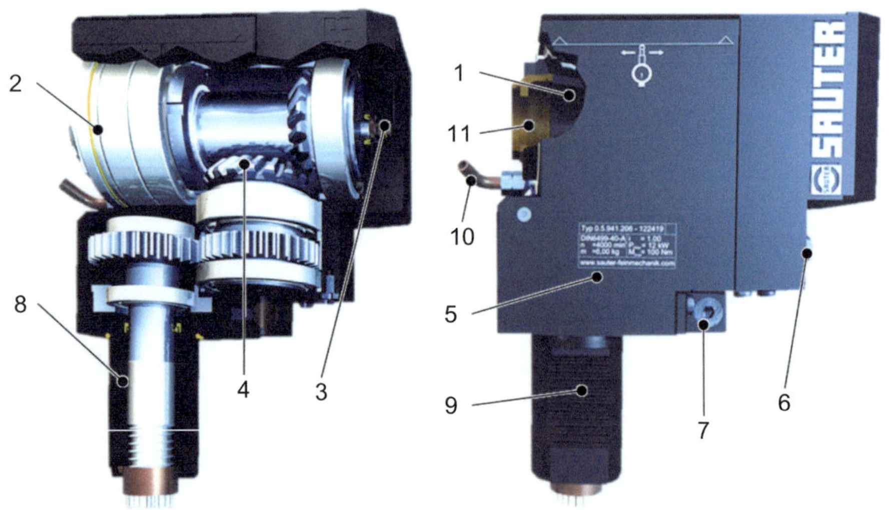

1: Werkzeugschnittstelle, Rundlauf <5μm
2: Spindellagerung in O-Anordnung
3: Kühlschmierstoff-Einspeisung (für Innenkühlung bis 80 bar)
4: zyklopalloidverzahnte Kegelräder für gute Kraftübertragung
5: Kenndatenfeld mit allen technisch relevanten Informationen
6: separater externer KSS-Anschluss
7: Ausrichteinrichtung zur Minimierung der Rüstzeit, für besseres Handling, schnelle Ausrichtbarkeit
8: Verdrehlagesicherung
9: universelle Schaftausführung (beidseitig verzahnt)
10: externe Kühlstoffschmierstoff-Zuführung
11: innenliegende Spannmutter für höchste Steifigkeit und optimale Hebelverhältnisse zur Spindellagerung

◘ **Bild 10.78:** Angetriebener 90°-Winkelkopf mit Zylinderschaft. Quelle: Sauter Feinmechanik

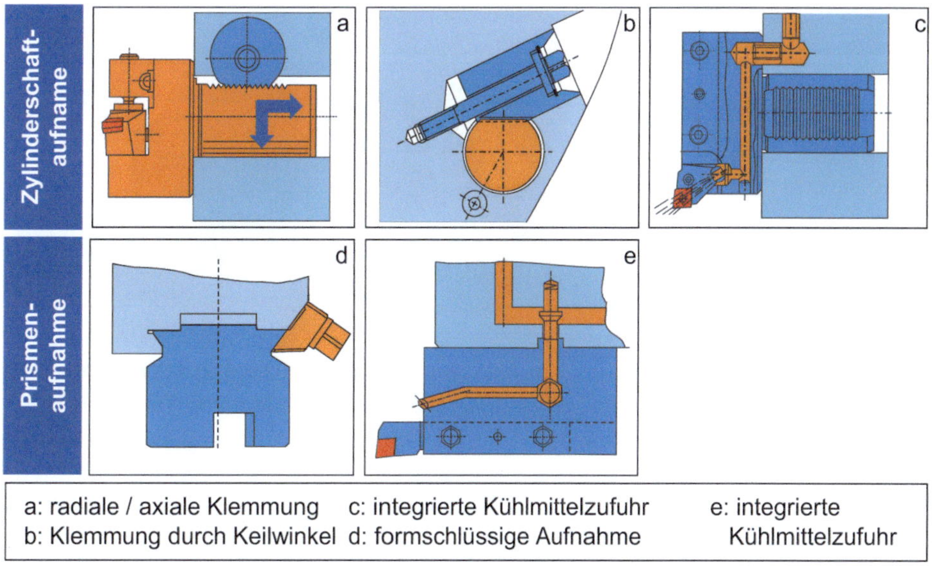

Bild 10.79: Zylinderschaft- und Prismenaufnahme. Quellen: Heyligenstaedt, Hessapp

Werkzeughalter mit Zylinderschaft nach DIN 69880

Der in mehreren Baugrößen genormte Zylinderschaft [DIN06] (Bild 10.79, oben) wird vorzugsweise für kleinere Werkzeuge und Maschinen eingesetzt. Der Schaft des Werkzeuges ist an einer Seite abgeflacht und mit einer Verzahnung versehen. Das Spannen des Werkzeughalters erfolgt mittels eines ebenfalls verzahnten Spannstückes, wobei radiale und axiale Spannkräfte erzeugt werden, die zu einer hohen Spanngenauigkeit und einer großen Steifigkeit des Systems beitragen. Durch die minimal von der Kreisform abweichende Gestaltung der Aufnahmebohrung und des verzahnten Spannstücks wird eine exakte Positionierung mit hoher Wiederholgenauigkeit gewährleistet. Das System wird üblicherweise für Waagerecht-Drehmaschinen eingesetzt. Die Lage des Revolvers in Bezug zur Drehachse, die Art der Bearbeitung (innen oder außen) und die Spindeldrehrichtung bestimmen die notwendigen Ausführungsformen von Drehmeißeln und Werkzeughaltern.

Prismenaufnahme

Das schwerere Werkzeugsystem Prismenaufnahme [DIN87d] (Bild 10.79, unten) wird für große Senkrechtdrehmaschinen verwendet. Es ist durch ein Schwalbenschwanzprisma gekennzeichnet. Die klassische Form des Prismas gestattet ein einfaches Aufnehmen und Spannen des Werkzeughalters. In Längsrichtung wird der Werkzeughalter durch einen Nutenstein fixiert, durch den auch die Kühlmittelzufuhr erfolgt.

Hohlschaftkegel für stehende Werkzeuge (HSK-T) nach DIN 69863-7

Der HSK-T [DIN11b] stellt eine modifizierte Bauform des aus dem Fräsbereich bekannten HSK-A (vgl. ▶ Kap 10.3.1.1) dar. Der wesentliche Unterschied besteht im Spiel an den Mitnehmernuten. Beim HSK-T wurden hier die Maße und Toleranzen an Werkzeug und Aufnahme so verändert, dass sich insgesamt ein geringeres Spiel ergibt. Dies ist notwendig, da es im Gegensatz zu rotierenden Anwendungen beim Drehen auf

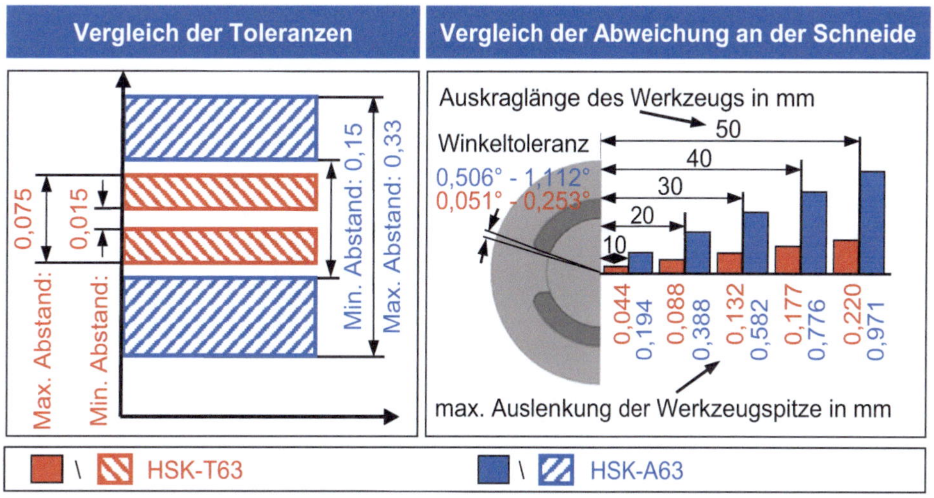

Bild 10.80: Toleranzen und resultierende Genauigkeit des HSK-T

Bild 10.81: BMT-Systeme verschiedener Hersteller. Quellen: ESA EPPINGER, INDEX, SANDVIK COROMANT

eine genaue winklige Positionierung des Werkzeugs ankommt. Weiterhin wurde die in der Norm vorgeschlagene Spannkraft erhöht, um eine höhere Belastbarkeit der Schnittstelle zu erzielen. Bild 10.80 zeigt die Toleranzbetrachtung des Systems. Im linken Bildteil sind die Toleranzen zwischen den Mitnehmersteinen der HSK Aufnahmen und den Mitnehmernuten an den Werkzeugen dargestellt. Die Auswirkung der eingeengten Toleranzen des HSK-T zeigt sich im rechten Bildteil, in dem die aus der Verdrehung des Werkzeugs resultierenden Abweichungen der Werkzeugschneide bei verschiedenen Auskraglängen der Werkzeuge dargestellt sind.

Bolt Mounted Turret (BMT)

Eine kostengünstige Alternative zu den genormten Systemen stellen die verschiedenen herstellerspezifischen Bolt-Mounted-Turret Systeme (kurz: BMT) dar. Bei diesen wird die Verbindung zwischen Revolverscheibe und Werkzeug als einfache Schraubverbindung ausgeführt. Die Positionierung der Werkzeuge erfolgt durch jeweils unterschiedliche Ausrichtelemente wie zum Beispiel Stifte oder Nutensteine. Bild 10.81 zeigt einige Ausführungsbeispiele für BMT-Systeme, die über eine Schnellwechselschnittstelle für Fräswerkzeuge verfügen.

10.3.2.3 Werkzeugträger für Drehmaschinen

Mit der Wahl eines bestimmten Werkzeugträgers für numerisch gesteuerte Drehmaschinen wird unmittelbar Einfluss auf die Flexibilität des Maschineneinsatzes genommen. Unterschiedliche Bauformen der Werkzeugträger resultieren aus den beabsichtigten Fertigungsaufgaben und dem gewählten Maschinenkonzept. Maßgeblichen Einfluss hat dabei die Werkzeugkollisionsbetrachtung. So können die wesentlichen Bauformen Linear-, Stern-, Mehrkant-, Trommel-, Kronen- und Scheibenrevolver unterschieden werden.

Das in Bild 10.82 und Bild 10.83 dargestellte Dreh-Fräszentrum besitzt eine Haupt- und eine Gegenspindel gleicher Bauweise und gleicher Leistung. Hierdurch können entweder zwei Werkstücke parallel oder ein Werkstück von allen Seiten bearbeitet werden. Für Letzteres wird das Werkstück innerhalb der Maschine von einer auf die andere Spindel umgespannt, was mit Hilfe der verfahrbaren Spindeln automatisch geschehen kann. Für die Fertigbearbeitung von allen Seiten stehen in den Sternrevolvern die notwendigen Werkzeuge zur Verfügung. Um anspruchsvolle Werkzeugkonturen fertigen zu können, besitzt jede Multifunktionseinheit zusätzliche angetriebene Werkzeugspindeln. Die mit Hohlschaftkegel-Werk-

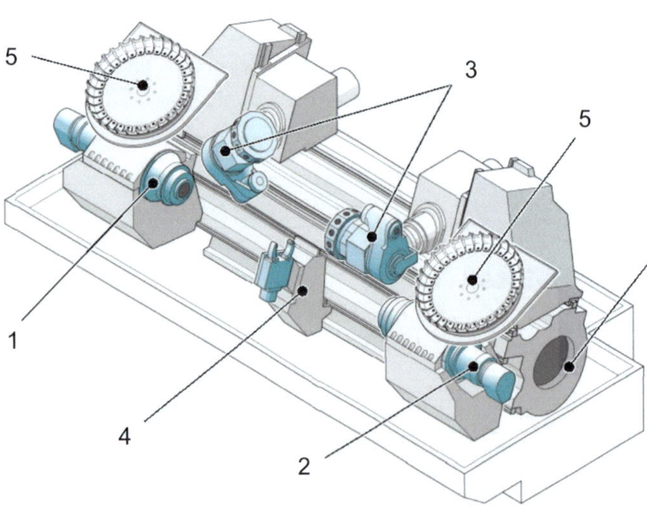

1: Hauptspindel	4: Lünette
2: Gegenspindel	5: Werkzeug-Scheibenmagazin
3: Multifunktionseinheit mit Revolver und Frässpindeln	6: Rohrförmiges Maschinenbett

Bild 10.82 Aufbau einer Horizontaldrehmaschine. Quelle: INDEX

Bild 10.83 Anordnung zweier Sternrevolver in einer Horizontaldrehmaschine. Quelle: INDEX

1: Multifunktionseinheit	5: angetriebene Werkzeug-Spindel
2: Revolver	6: Werkstück
3: Lünette	7: Werkzeug-Scheibenmagazin
4: Gegenspindel mit Werkstück	

zeugen bestückten Werkzeugmagazine in Scheibenform sind nah am Arbeitsraum positioniert, sodass der Werkzeugwechsel direkt ohne Greifer durchgeführt werden kann und kürzeste Span-zu-Span-Zeiten erzielbar sind.

In Bild 10.83 ist die parallele Bearbeitung des Werkstücks durch den Revolver 1 dargestellt, während die zweite Multifunktionseinheit gerade einen Werkzeugwechsel durch Schwenken der Werkzeug-Spindeleinheit durchführt. Mehrkantrevolver sind Sonderformen der Sternrevolver, die mit horizontaler oder vertikaler Drehachse eingesetzt werden. Der in Bild 10.84 dargestellte Mehrkantrevolver ist als Vierfachrevolverkopf mit Prismenaufnahme ausgelegt, wobei auf jeder Kopfseite die Möglichkeit besteht, zwei Werkzeugaufnahmen zu verwenden. Die Indexierung erfolgt über einen hydraulisch betätigten Kolben, der mit einer Hirth-Stirnverzahnung versehen ist. Eine Richtungslogik erlaubt das Anfahren der programmierten Position auf kürzestem Weg. Der kompakte Revolverkopf ist zur Aufnahme hoher Bearbeitungskräfte ausgelegt.

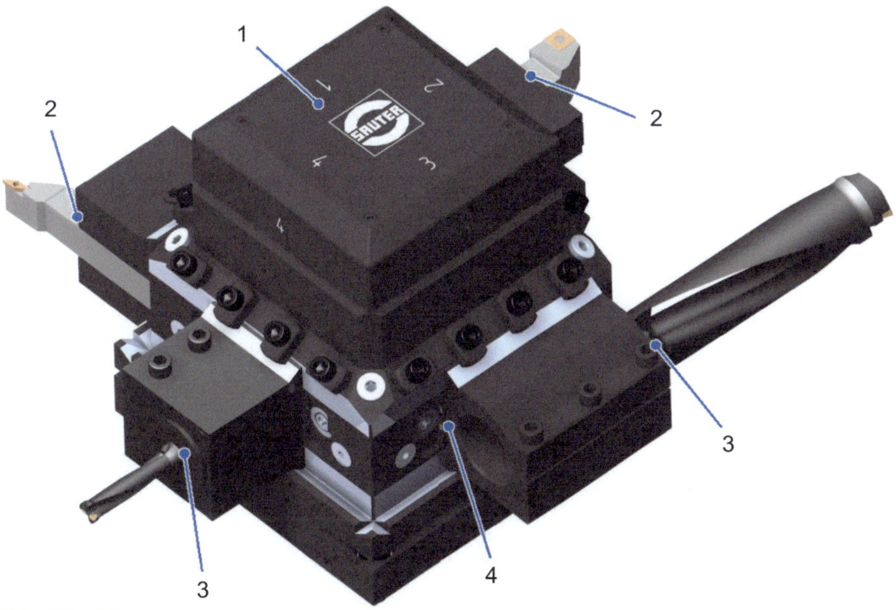

Bild 10.84 Vierfachrevolverkopf mit Prismenaufnahme. Quelle: Sauter Feinmechanik

1: Hauptkörper	3: Werkzeug für Innenbearbeitung
2: Werkzeug für Außenbearbeitung	4: Prismenaufnahme (DIN 69880)

1: Werkzeug für Außenbearbeitung
2: Werkzeug für Innenbearbeitung
3: angetriebenes Werkzeug

Bild 10.85 Revolver einer Hochleistungsdrehmaschine in Kronenbauform. Quelle: INDEX

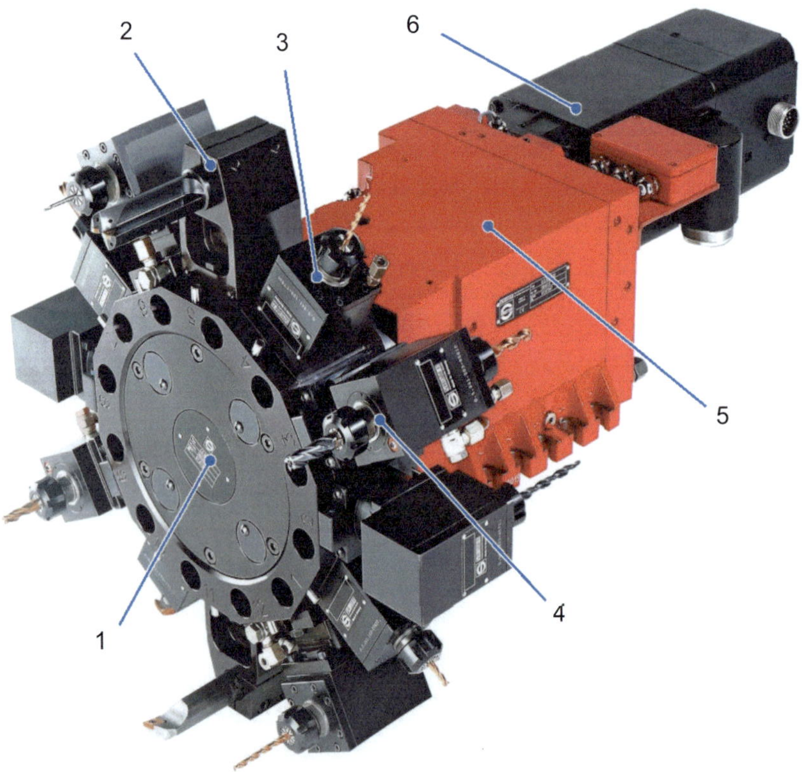

1: Revolverscheibe
2: festehendes Werkzeug für Drehbearbeitung
3: Spindelkopf für radiale Bohrbearbeitung
4: Spindelkopf für axiale Bearbeitung (vor- und rückwärtig)
5: Revolvergehäuse
6: Antriebsmotor

Bild 10.86 Ansicht eines Werkzeug-Scheibenrevolvers mit AC-Servomotor. Quelle: Sauter Feinmechanik

Notwendige Werkzeuganzahl, Maschinenbauform und Kollisionsüberlegungen können für die Wahl eines Revolvers in Kronenbauform ausschlaggebend sein. Eine Ausführung mit zwölf Plätzen für stehende und angetriebene Werkzeuge zeigt ◘ Bild 10.85.

Scheibenrevolver zeichnen sich durch hohe Positionier-Wiederholgenauigkeit aus, welche im Bereich von 1–2 Winkelsekunden liegt. Durch bidirektionale Drehrichtung kann die Schwenkzeit minimiert werden, sodass die Schwenkwinkel nicht über 180 ° liegen. Die Variantenvielfalt ist groß, es gibt Scheibenrevolver

- mit oder ohne Werkzeugantrieb,
- bei denen alle Werkzeuge gleichzeitig, oder nur jeweils das sich in Arbeitsposition befindliche Werkzeug angetrieben werden,
- bei denen die Spindeln der angetriebenen Werkzeuge in ihrem Drehwinkel angesteuert werden können (Gewindeschneiden),
- mit zwei separaten Motoren oder nur einem Motor für den Werkzeug- und den Schwenkantrieb.

Während sich bei den ersten Revolverköpfen mit mehreren angetriebenen Werkzeugen alle Werkzeuge gleichzeitig drehten, wird bei den heutigen Konstruktionen nur das aktive Werkzeug angetrieben, die anderen stehen still. Auf diese Weise werden die Wärmeeinbringung und damit die thermoelastische Verformung des Revolverkopfes auf ein Minimum reduziert. Als Schnittstelle zwischen Werkzeugrevolver und Werkzeugaufnahme hat sich die Zylinderschaftaufnahme nach DIN ISO 10889 [DIN06] weitestgehend durchgesetzt.

Des Weiteren gibt es Scheibenrevolver, deren Verriegelungs- und Steuermechanismus elektromechanisch, pneumatisch oder hydraulisch erfolgt. Einen Scheibenrevolver mit radial angebrachten, einzeln angetriebenen und unterschiedlich ausgerichteten Werkzeugen für die Großserienfertigung zeigt ◘ Bild 10.86. Die Werkzeugaufnahme des Revolvers ermöglicht die Verwendung von Werkzeugen für die Radial- und Axialbearbeitung mit der Möglichkeit der Spindelpositionierung. Für das Schwenken und den Werkzeugantrieb wird nur ein AC-Servomotor verwendet. Die Verriegelung des Schwenkantriebs kann wahlweise hydraulisch oder pneumatisch erfolgen.

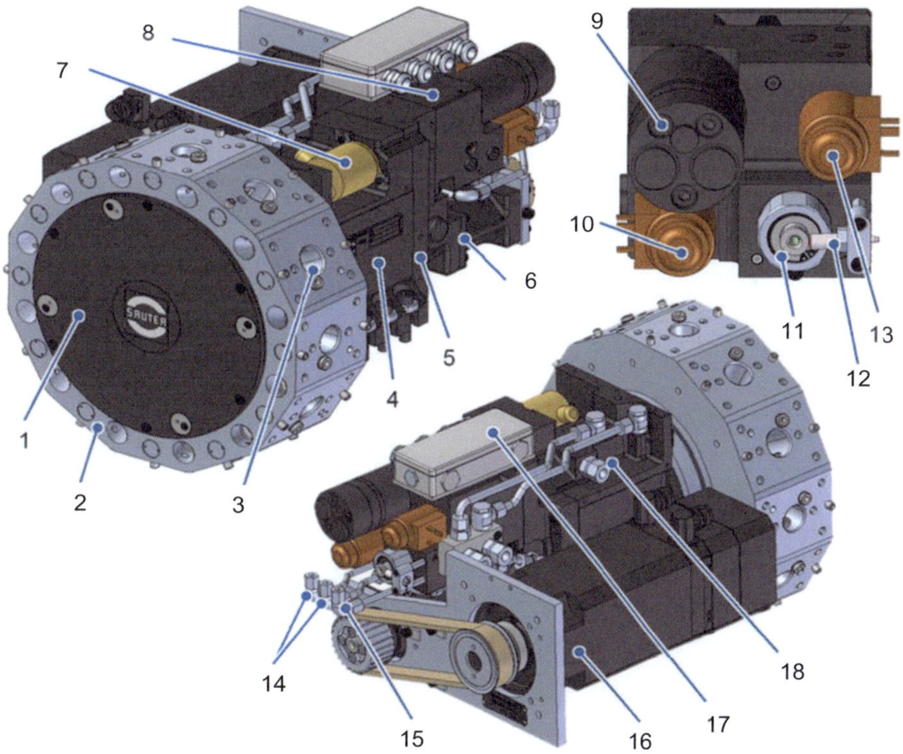

1: Verschlussplatte	10: Hydraulikventil
2. Werkzeugscheibe	11: Steuerventil
3: Werkzeugaufnahme	12: Näherungsschalter
4: Revolvergehäuse	13: Hydraulikventil
5: Lagerplatte	14: Hydraulikanschlüsse
6: Schwenktrieb	15: Anschluss Sicherheitsventil
7: Winkelpositionsgeber	16: Werkzeug-Antriebsmotor
8: Hydroschwenkantrieb	17: Klemmkasten
9: Hydromotor	18: Anschluss Kühlschmierstoffventil

◘ **Bild 10.87** Ansicht eines Werkzeugrevolvers mit Hydromechanik. Quelle: Sauter Feinmechanik

Stehen Robustheit und Kollisionsunempfindlichkeit im Vordergrund, kommt für den Schwenkantrieb und die Revolververriegelung eine Hydromechanik mit geringem Ölvolumen und einfacher Ansteuerung mit hoher Schwenkgeschwindigkeit zum Einsatz, ◘ Bild 10.87. Für den Werkzeugantrieb wird weiterhin ein AC-Servomotor eingesetzt, welcher an den Revolver angekoppelt wird.

Das Schaltprinzip für einen solchen hydraulisch gesteuerten Scheibenrevolver mit getrennten Motoren für das Schwenken und den Antrieb der Werkzeuge zeigt ◘ Bild 10.88. Die Steuerung des sehr klein bauenden Hydromotors erfolgt über das Steuerventil, welches zum einen von der Steuerung, zum anderen durch die Schaltkulisse am Zahnrad angesprochen wird. Diese Schaltkulisse gewährleistet, dass bei Erreichen der Soll-Schwenkposition der Öl-Zufluss zum Motor unterbrochen wird.

Die Darstellung zeigt den Revolver im Werkzeugbetrieb, bei dem der Antriebsmotor entweder direkt oder über Zahnriemen angeschlossen ist. Muss die Werkzeugaufnahmescheibe gedreht werden, wird die Werkzeugkupplung hydraulisch radial nach innen verschoben, sodass das Werkzeug nicht mehr mit dem Antrieb verbunden ist. Gleichzeitig wird die Verriegelung der Werkzeugaufnahmescheibe (dreiteilige Hirth-Verzahnung) gelöst, indem der Steuerring hydraulisch nach rechts verschoben wird. Sensoren an der Werkzeugkupplung und an dem Verriegelungsmechanismus gewährleisten die einwandfreie Umschaltung zwischen den Betriebsmodi.

Sobald die Werkzeugkupplung und die Hirth-Verzahnung vollständig gelöst sind, wird der Revolverkopf in die nächste Bearbeitungsposition gedreht. Als Überlastschutz bei Kollision während des Schwenkvorgangs dienen 12 bis 16 über den Umfang verteilte T-Nuten-Steine, welche bei zu großer Momentenbelastung in der T-Nut durchrutschen können.

Ist die gewünschte Schwenkposition erreicht, stoppt der Hydromotor und das nächste Werkzeug wird mit dem Antrieb verbunden, indem die Werkzeugkupplung hydraulisch radial nach außen verfährt. Die dargestellten Hydraulikzuführungen innerhalb der zentralen Welle – insgesamt gibt es fünf Leitungen von denen nur zwei im Schnitt dargestellt sind – werden zur Steuerung des Kupplungsvorgangs und zur Versorgung hydraulisch betätigter Werkzeuge, wie Greifer, Lünetten usw. benutzt.

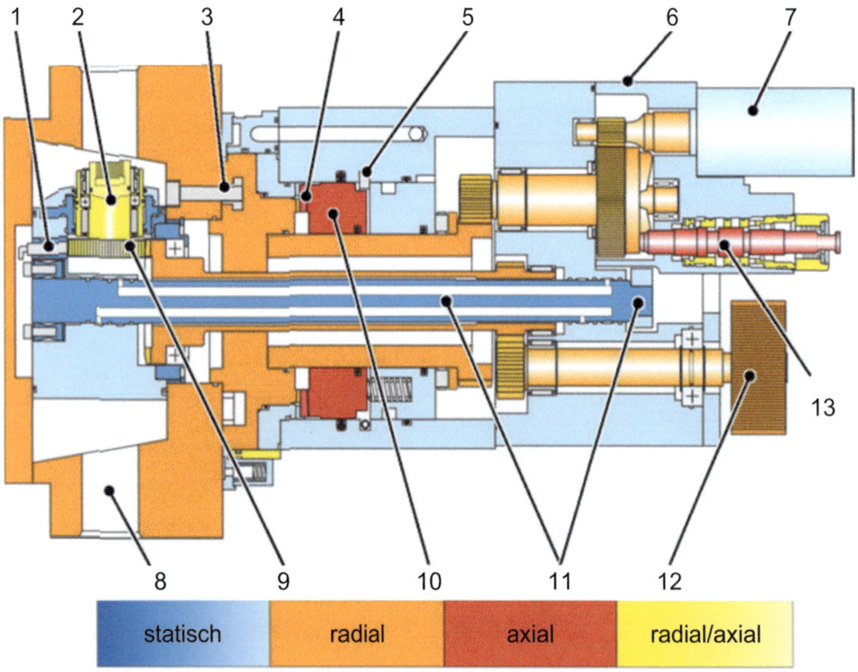

1: Positionssensor
2: Getriebekopf mit Werkzeugkopf
3: 12 bis 16 über den Umfang verteilte T-Nutsteine als Überlastschutz bei Kollision
4: Verriegelung der Werkzeugaufnahmescheibe durch dreiteilige Hirth-Verzahnung
5: Sensor
6: Schwenkantrieb der Werkzeugscheibe
7: Hydromotor
8: Werkzeugaufnahmescheibe
9: Kronenrad zum Antrieb des Getriebekopfes
10: Steuerring für Revolverfixierung
11: Drehmomentstütze und Zuführung für Hydraulik
12: Zahnriemenscheibe für Werkzeugantrieb
13: Steuerventil

◘ **Bild 10.88** Schaltprinzip eines Werkzeug-Scheibenrevolvers. Quelle: Sauter Feinmechanik

10.3.2.4 Modulare Werkzeuge

Modulare Werkzeuge verfügen neben der Revolverschnittstelle zusätzlich über eine zweite schnellwechselbare Schnittstelle. Dies hat den Vorteil, dass beim Werkzeugwechsel das je nach Revolverschnittstelle unterschiedlich aufwändige Ausrichten und Spannen auf der Revolverscheibe entfallen kann. Es werden stattdessen nur die Schneidköpfe getauscht. Ein weiterer Vorteil dieser Systeme besteht darin, dass je nach Bedarf auch nur einzelne Revolverplätze mit der Möglichkeit zum Schnellwechsel ausgestattet werden können. Als Schnellwechselschnittstellen kommen die in den ► Kap.10.3.1.1 und 10.3.2.2 beschriebenen Schnittstellen HSK-T, PSC, TS sowie weitere herstellerspezifische Systeme zum Einsatz.

Das in ◘ Bild 10.89 dargestellte ABS-System ist ein Beispiel für ein modulares Werkzeugsystem. Es besteht aus einer spindelseitigen Zylinderbohrung mit Orientierungsnut und quer wirkender Spann- und Kegelschraube. Auf der Werkzeugseite befindet sich die zylindrische Aufnahme mit quer beweglichem Pendelbolzen. Durch den konstruktiven Achsversatz von Spann- und Kegelschraube relativ zum Pendelbolzen kommen beim Anziehen der Spannschraube die Kegelflächen zur Anlage und bewirken eine axiale Verspannung der Komponenten. Beim Auftreten von Schnittkräften bzw. -momenten erlaubt ausreichendes Spiel zwischen der Positionierbohrung der Werkzeugaufnahme und dem werkzeugseitigen Positionierstift eine bewusst zugelassene minimale Verdrehung. An Werkzeugen, bei denen eine exakt definierte Schneidenlage erforderlich ist oder hohe Drehmomente übertragen werden müssen, erfolgt die Positionierung und Drehmomentaufnahme über zwei Mitnehmernuten an der Aufnahme bzw. über zwei Mitnehmersteine am Werkzeug. Eine exakt abgestimmte Dimensionierung des ABS-Systems im Zusammenhang mit einem äußerst geringen Passungsspiel führt über eine minimale Verformung zu einer selbstzentrierenden Vierpunktanlage, aus der eine erhöhte Biegesteifigkeit, höhere Wechselgenauigkeit und ein vorteilhaftes Dämpfungsverhalten resultieren. Das ABS-System wird auch als Direktaufnahme in Spindeln verwendet.

Das in ◘ Bild 10.90 gezeigte modulare Werkzeugsystem basiert auf der PSC-Schnittstelle als Schnellwechselverbindung. Es überträgt Drehmomente, ohne die üblichen Verzahnungen, Keile, Kugeln oder Bolzen zu benötigen. Der Schaft der Werkzeuge ist als Polygon ausgebildet und wird mit hoher Vorspannung in der Spanneinheit geklemmt. Die Kontaktflächen der Kupplung (Plananlage und Konus) sind präzisionsgeschliffen und garantieren eine hohe Wiederhol- bzw. Wechselgenauigkeit. Die im Bild unten gezeigte automatische Spanneinheit wird hydraulisch betätigt. Für den entspannten Zustand ist die vordere Kammer druckbeaufschlagt und die hintere Kammer drucklos. Der über den Druckring gekoppelte Zugbolzen wird nach vorne bewegt. Die Federn wirken über Hebelelemente auf die Zangensegmente und führen dazu, dass sie am Zugbolzen anliegen. Dieser Teil des Systems ähnelt dem Innenspannmechanismus für den HSK. Ein Werkzeug kann nun kollisionslos entnommen oder eingesetzt werden. Um ein Werkzeug zu spannen, wird die hintere Kammer mit Druck beaufschlagt und die vordere Kammer drucklos gesetzt. Dadurch werden der Hohlkolben nach vorne und die Keilsegmente radial nach innen bewegt. Der Zugbolzen erfährt eine nach hinten ge-

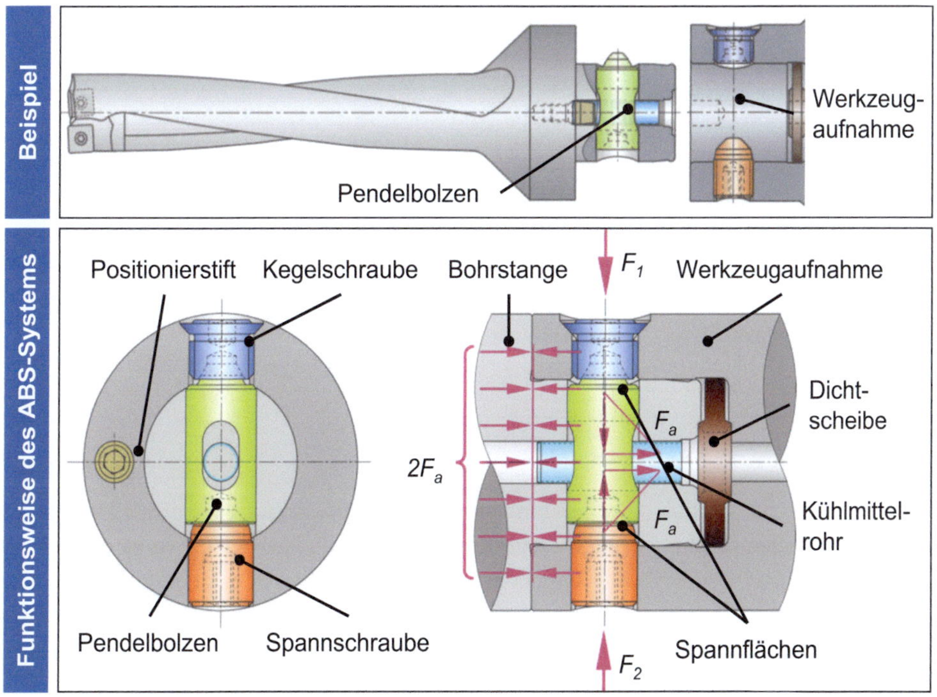

◘ **Bild 10.89:** Modulares Werkzeugsystem mit ABS-Spannsystem. Quelle: KOMET GROUP

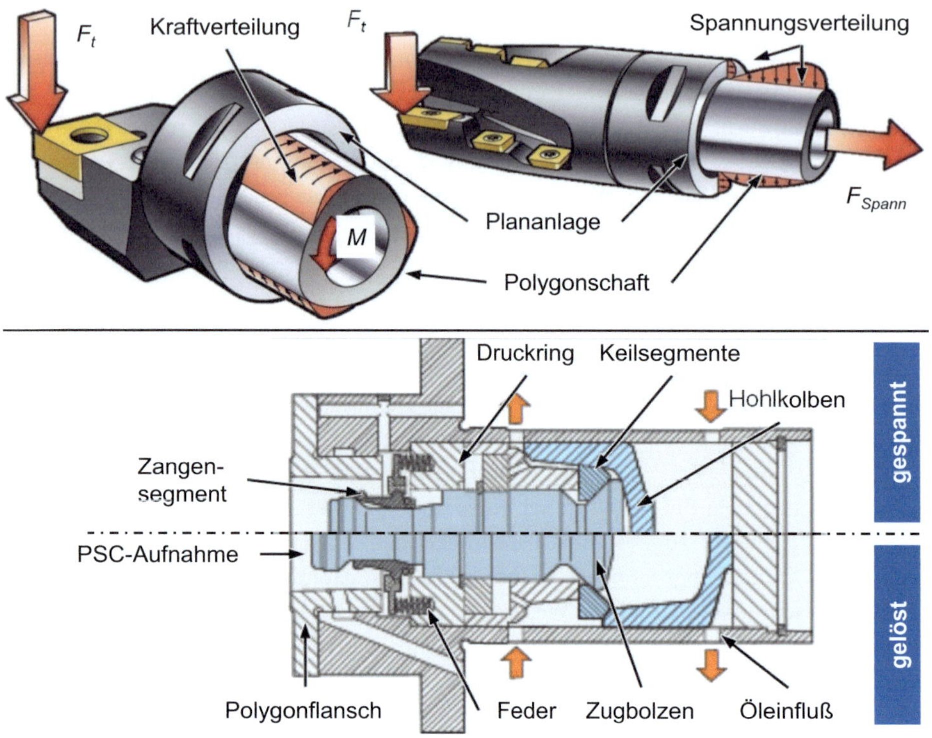

Bild 10.90: Modulares Werkzeugsystem mit PSC-Schnittstelle. Quelle: SANDVIK COROMANT

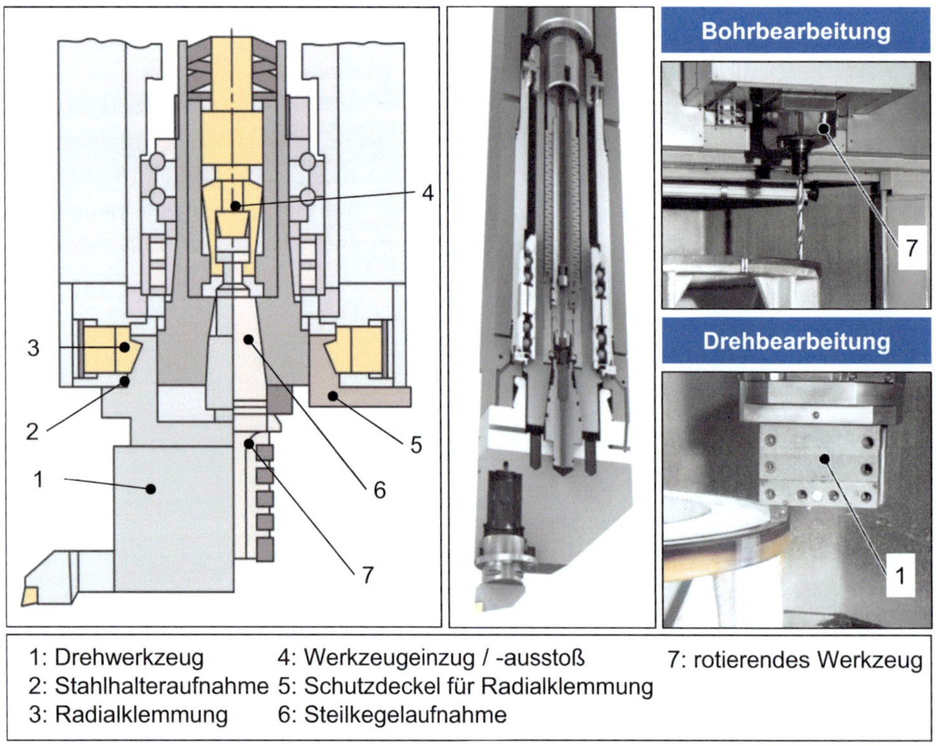

Bild 10.91: kombinierte Fräs- und Drehschnittstelle. Quelle: Starrag Technology (Produktbereich Scharmann)

richtete Zugkraft. Die anliegenden Zangensegmente werden über die Schrägen am Zugbolzen radial nach außen geschoben und spannen so das Werkzeug.

Die kombinierte Werkzeugschnittstelle, Bild 10.91, vereint eine Drehschnittstelle für die Schwerzerspanung und eine Frässchnittstelle im Z-Schieber einer Vertikal-Drehmaschine. Links im Bild ist die Spannung für große Drehwerkzeuge dargestellt. Wird ein Fräswerkzeug verwendet, wird die Radialklemmung durch einen Schutzdeckel vor Beschädigung und Verschmutzung geschützt. Das Fräswerkzeug wird über die Steilkegelschnittstelle in der integrierten Frässpindel gespannt.

10.3.3 Mechanische Schnittstelleneigenschaften

Das statische Verhalten von Werkzeugschnittstellen hat – bei Beaufschlagung mit Prozesskräften durch die Bearbeitung – starke Auswirkungen auf das Bearbeitungsergebnis. Das Verhalten unter statischer Belastung stellt ein wichtiges Kriterium zur Beurteilung der Schnittstelleneigenschaften hinsichtlich ihrer Leistungsfähigkeit und Belastbarkeit dar.

Eine wichtige Einflussgröße auf das Verhalten von Werkzeugschnittstellen stellt die Einzugskraft dar, mit welcher die Werkzeuge in der Aufnahme gespannt werden. In der Praxis werden häufig kraftverstärkende Spannsysteme eingesetzt, die jedoch keine direkte Messung der aufgebrachten Spannkraft im gespannten Zustand erlauben. Daher kommen für die Untersuchungen Referenzspannsysteme ohne Kraftverstärkung zum Einsatz, bei denen sich die Spannkraft über Dehnungsmessstreifen auf der eingesetzten Zugstange bestimmen lässt.

Je nach Einsatz der Werkzeugschnittstelle sind vorwiegend das Biege- oder Torsionsverhalten der Schnittstelle relevant. Bild 10.92 zeigt die charakteristischen Biege- und Torsionkennlinien, die das Verhalten der Schnittstellen bei einer radialen oder axialen Momentenbelastung darstellen. Anhand der Kennlinien lassen sich vergleichbare Kennwerte für verschiedene Schnittstellen ableiten. Die Torsionkennlinie zeigt die axiale Momentenbelastung ausgehend vom Ursprung bis zur Torsion in die beiden Endlagen. Die Biegekennlinie stellt einen Belastungszyklus mit radialer Last dar.

Bild 10.92: Charakteristische Biege- und Torsionskennlinie

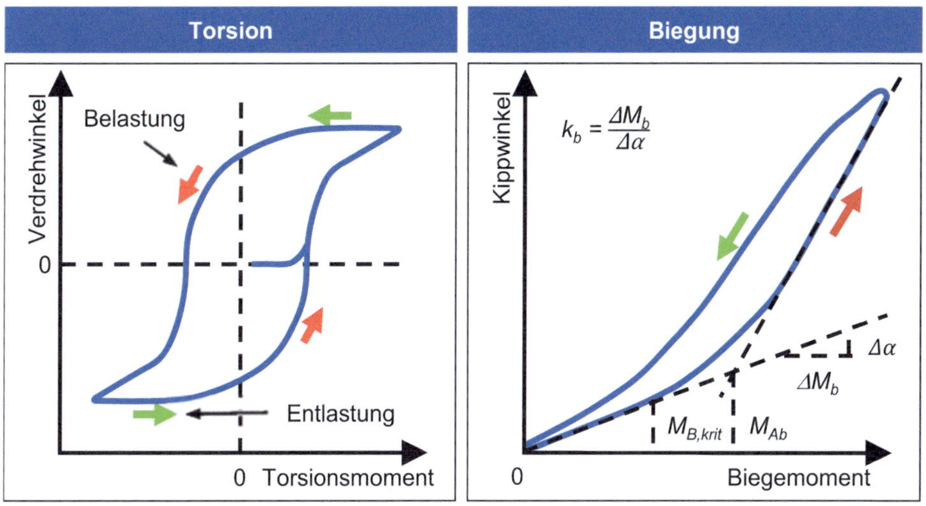

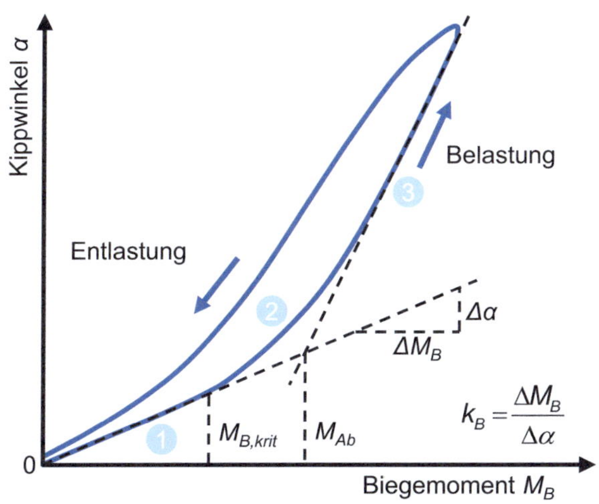

k_B:	Biegesteifigkeit (linearer Belastungsbereich)
M_B:	Biegemoment
M_{Ab}:	Abhebemoment (konstruiert)
$M_{B,krit}$:	Ende linearer Bereich

Bild 10.93 Biegekennlinie einer Schnittstelle mit Plananlage. Nach [SCHU94; LEMB93]

Biegung

Aus dem Bereich der Belastung werden die Kennwerte für das Schnittstellenverhalten unter Biegebelastung ermittelt. In Bild 10.93 ist eine Biegekennlinie dargestellt, wie sie für Werkzeugschnittstellen mit Plananlage charakteristisch ist. Im ersten Bereich (1) verläuft die Biegekennlinie nahezu linear, sodass hier durch den Kehrwert der Steigung einer approximierten Geraden die Biegesteifigkeit k_b bestimmt werden kann. Im ersten Bereich wird das Biegemoment maßgeblich durch die Plananlage aufgenommen. Am Ende des linearen Bereichs $M_{b,krit}$ beginnt die Plananlage des Werkzeugs auf einer Seite den Kontakt zur Spindel zu verlieren, wodurch die Schnittstellensteifigkeit im folgenden Übergangsbereich (2) sinkt. Hier beginnen der Kegel und das Spannsystem sukzessive mehr Biegemoment aufzunehmen, bis sich erneut ein linearer Bereich einstellt (3), in dem Spannsystem und Kegelverbindung die Steifigkeit bestimmen. Um hohe Schnittstellensteifigkeiten zu realisieren, sollten Werkzeugschnittstellen unterhalb von $M_{b,krit}$ eingesetzt werden. [BREC15]

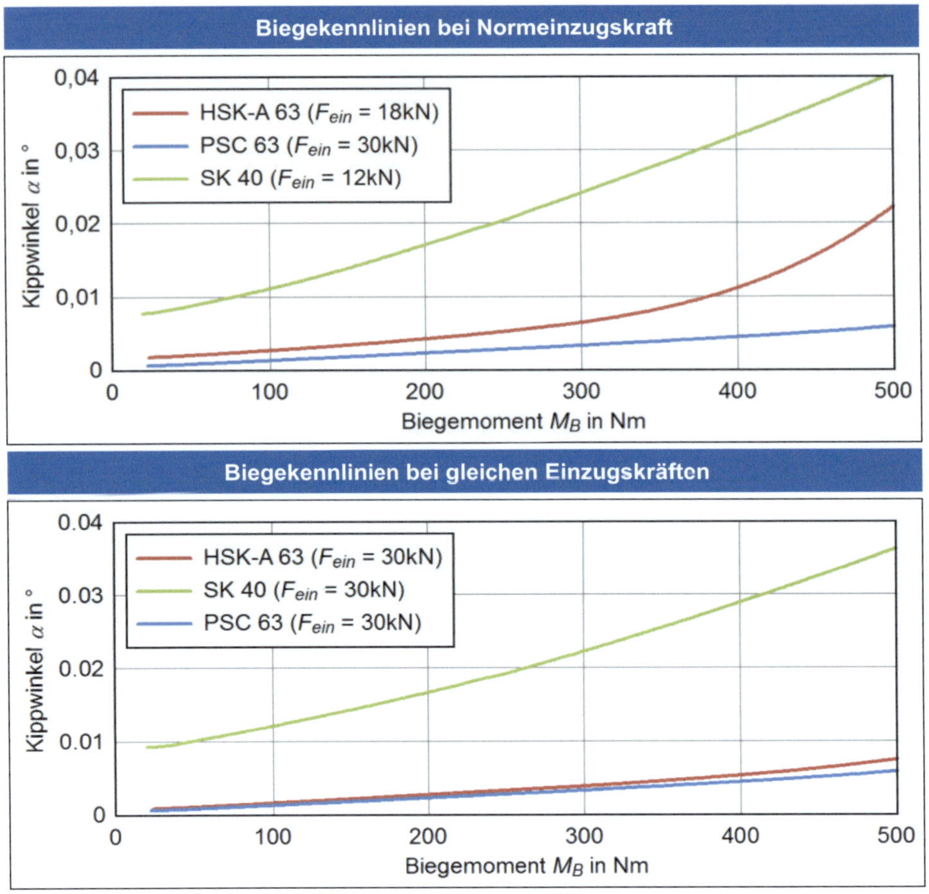

Bild 10.94: Biegekennlinien genormter Werkzeugschnittstellen. Nach [BREC15]

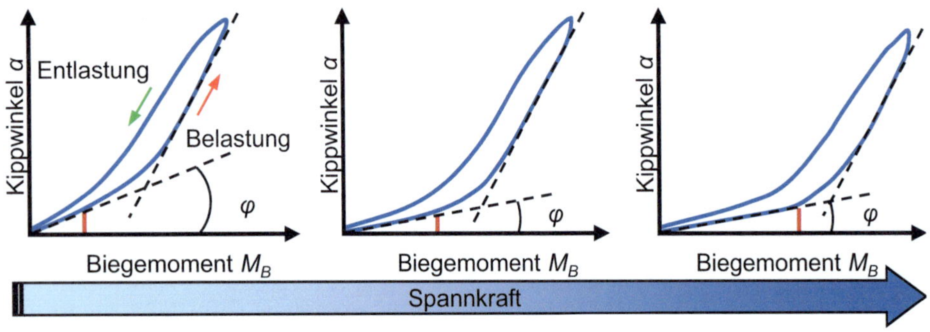

Bild 10.95: Biegekennlinie eines Werkzeugs mit Plananlage bei Spannkrafterhöhung

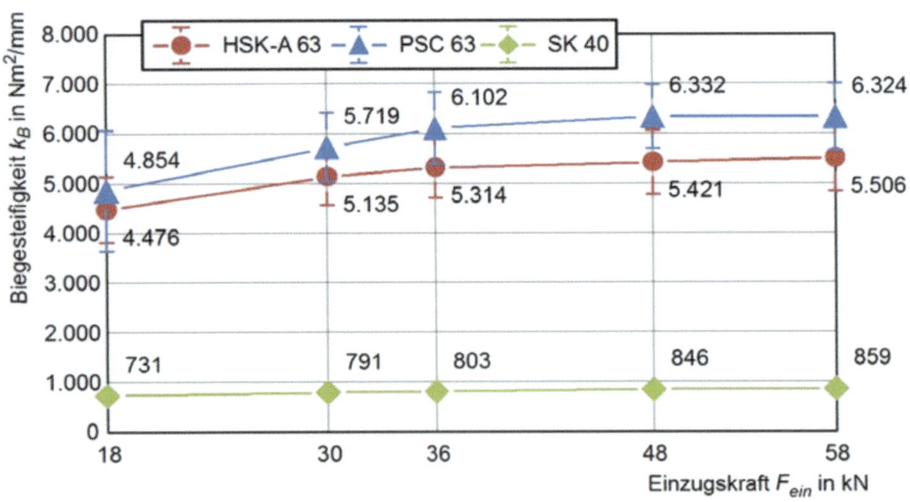

Bild 10.96: Biegesteifigkeiten genormter Werkzeugschnittstellen. Nach [BREC15]

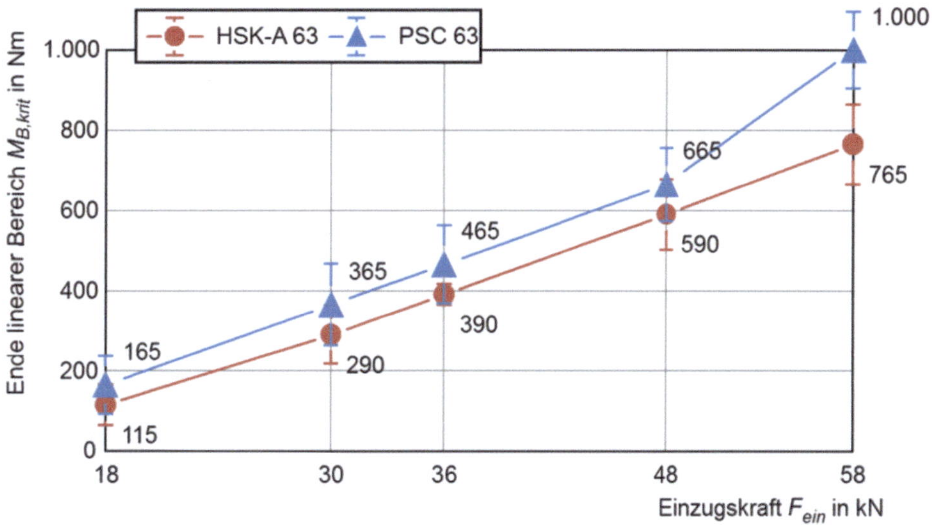

Bild 10.97 Ende des linearen Bereich $M_{B,krit}$ bei Plananlageschnittstellen. Nach [BREC15]

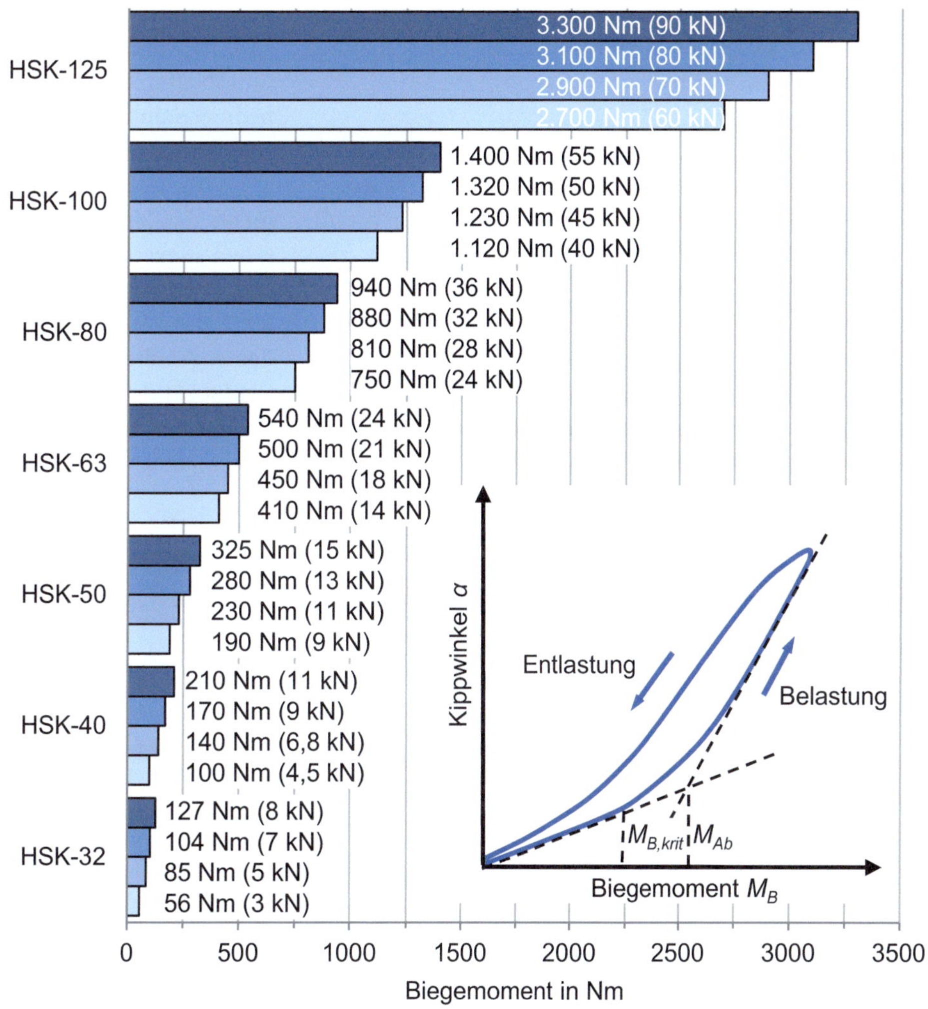

Bild 10.98: Spannkraftabhängigkeit des Abhebemoments

Das Abhebemoment M_{Ab} wird durch den Schnittpunkt der Geraden, die die beiden linearen Bereiche der Biegekennlinie im ersten und dritten Bereich approximieren, bestimmt. Dadurch, dass der dritte Bereich stark von Spannsystem und Kegel beeinflusst wird, trifft dies auch auf M_{Ab} zu. Der reale Punkt des Abhebens ist jedoch hiervon unabhängig und lässt sich durch die Abschätzung $M_{B,krit} \approx 0{,}7 \cdot M_{Ab}$ aus dem Abhebemoment ermitteln. [BREC15]

Bild 10.94 zeigt den Belastungsteil der Biegekennlinien der Werkzeugschnittstellen HSK-A 63, PSC 63 und SK 40. Im oberen Bildteil sind Biegekennlinien bei der jeweiligen niedrigsten Einzugskraft nach zugehöriger Norm dargestellt, im unteren Bildteil bei gleicher Einzugskraft von 30 kN. Erwähnenswert ist hierbei, dass der SK auf Grund der fehlenden Plananlage keinen Knick in der Biegekennlinie aufweist und auch kein Abhebemoment ermittelt werden kann.

Die Biegesteifigkeit vor dem Abheben der Plananalage ist vom eingesetzten Spannsystem unabhängig und lässt sich nur begrenzt durch die Spannkraft beeinflussen. ◘ Bild 10.95 zeigt, dass ab einer gewissen Spannkraft keine Erhöhung der Steifigkeit mehr erreicht werden kann, sich jedoch der Punkt des Abhebens der Plananlage verschiebt. Dieses Verhalten wird in ◘ Bild 10.96 und ◘ Bild 10.97 bei den Plananlageschnittstellen HSK-A und PSC deutlich.

◘ Bild 10.98 zeigt die Abhebemomente verschiedener HSK-Baugrößen in Abhängigkeit der aufgebrachten Spannkräfte. Im Regelfall liegen die Abhebemomente über den im Betrieb auftretenden Momenten. Ausnahmen bilden nur lang auskragende Werkzeuge mit großer Schnittbelastung.

10

Torsion

Das charakteristische Torsionsverhalten einer Werkzeugschnittstelle lässt sich in der sogenannten Torsionskennlinie darstellen, welche den relativen Verdrehwinkel α_T zwischen Werkzeug und Aufnahme bei Belastung durch ein Torsionsmoment M_T darstellt. Die Torsionskennlinien verschiedener Werkzeugschnittstellen unterscheiden sich aufgrund verschiedener konstruktiver Merkmale zum Teil deutlich. Daher ist ein Vergleich anhand allgemeingültiger Kennwerte nicht sinnvoll. [BREC13a]

Einige Werkzeugschnittstellen weisen ein ausgeprägtes Verdrehspiel bei Torsionsbelastung auf, welches beispielsweise am HSK auf Spiel zwischen Mitnehmersteinen und -nuten zurückgeführt werden kann. Links in ◘ Bild 10.99 ist die Torsionskennlinie für ein solches System dargestellt. Zu Belastungsbeginn (1) wird das Moment reibschlüssig übertragen: es kommt zu einer geringfügigen Verdrehung aufgrund des tangential-elastischen Verhaltens in der Fuge. Wird das Losbrechmoment M_L überschritten, beginnt der Übergang zur Gleitreibung. Bei Erreichen des reibschlüssig übertragbaren Moments M_R findet ohne weitere Lasterhöhung eine Verdrehung statt (2), bis sich Kontakt an den Mitnehmerelementen ausbildet (3). Ist der Kontakt vollständig ausgebildet, stellt sich ein lineares Last-Verformungsverhalten ein (4). Der Kehrwert der Steigung der Kennlinie in diesem Bereich ergibt die Torsionssteifigkeit k_T. Bei Systemen, die kein Verdrehspiel aufweisen, besteht der Formschluss schon bei Belastungsbeginn und es kommt zu keinem Anlegen der Mitnehmerelemente, sodass der lineare Belastungsbereich sofort erreicht wird. [BREC16]

Wird nach Erreichen des maximalen Torsionsmoments das Moment verringert, kommt es zu einer elastischen Reversion des Verdrehwinkels. Beim Erreichen eines ausreichend hohen Moments in Gegenrichtung, beginnt das Werkzeug in der Aufnahme zu gleiten, bis es an den gegenüberliegenden Mitnehmern zur Anlage kommt. [BREC16]

Der Verdrehwinkel unter Last ist sowohl vom Verdrehspiel S, dem reibschlüssig übertragbaren Moment M_R und

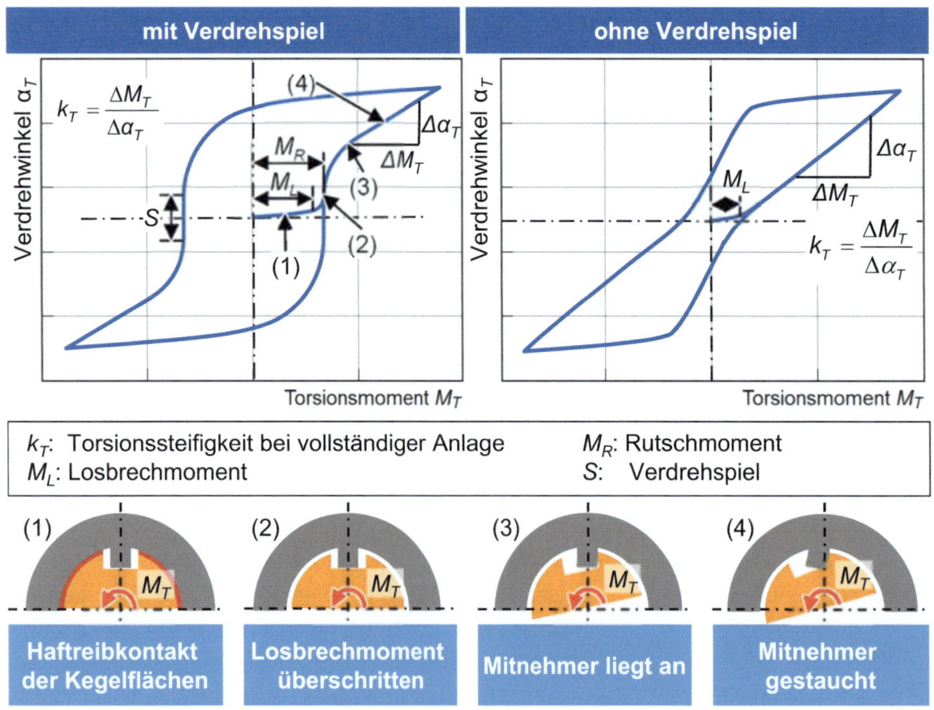

◘ **Bild 10.99:** Torsionskennlinien. Nach [BREC16]

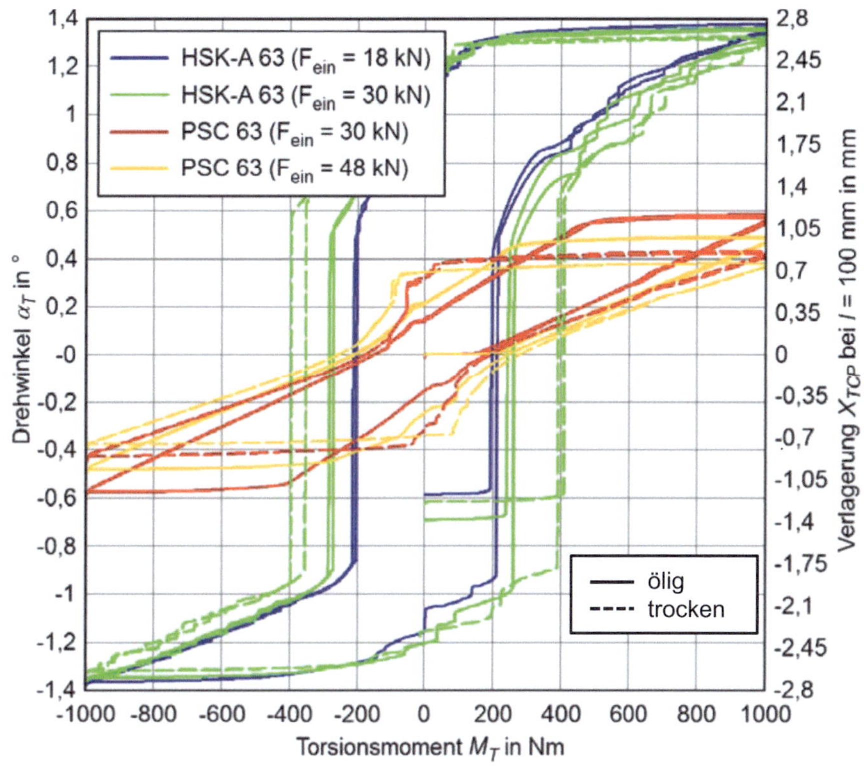

Bild 10.100 Einfluss von Einzugskraft und Reibung auf das Torsionsverhalten. Nach [BREC16]

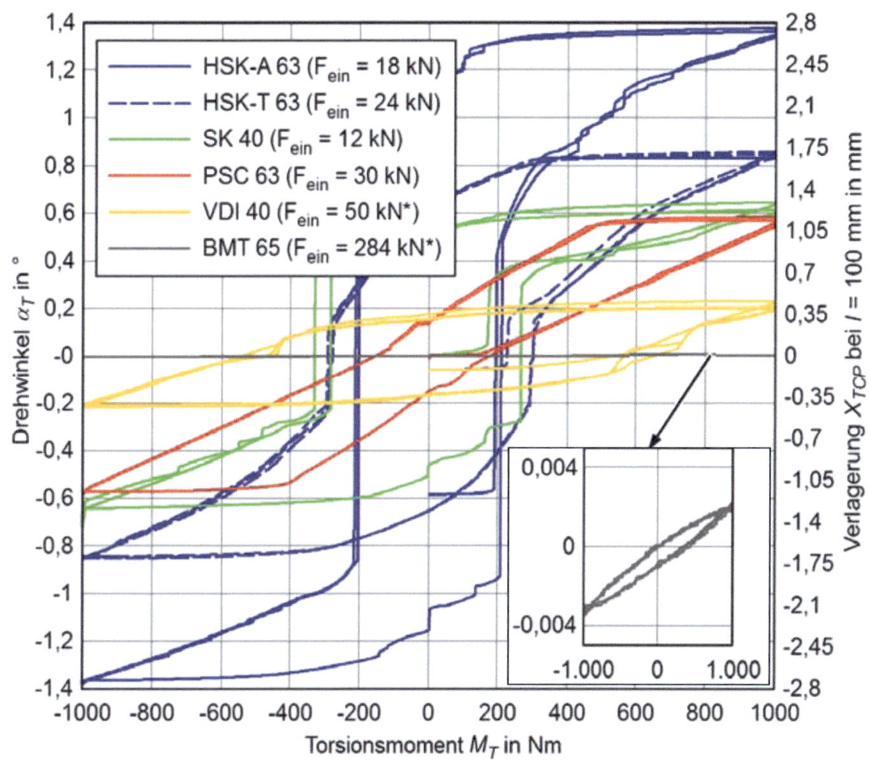

Bild 10.101 Torsionskennlinien verschiedener Schnittstellen bei Normspannkraft [BREC16]

der Torsionssteifigkeit k_T als auch vom Kennlinienverlauf in den Übergangsbereichen abhängig. Daher hat eine Beschreibung des Torsionsverhaltens durch einzelne Kennwerte nur eine bedingte Aussagekraft. [BREC16]

In Bild 10.100 ist der Einfluss der Einzugskraft auf das Torsionsverhalten von HSK-A und PSC und in Bild 10.101 sind Torsionkennlinien verschiedener Schnittstellen bei Normeinzugskräften dargestellt.

Dauerfestigkeit

Für die Torsionsbelastbarkeit der HSK-Schnittstelle wurde das Bruchmoment bei statischer sowie die Dauerfestigkeit bei schwellender Torsionslast ermittelt. Da der verwendete Werkstoff einen maßgeblichen Einfluss auf die Grenzbelastbarkeit hat, wurden exemplarisch drei in der Praxis verwendete Werkstoffklassen untersucht:

- 16MnCr5 (1.7131), 56 HRC
- 34CrNiMo6 (1.6582), 52 HRC
- X38CrMoV51 (1.2343), 52 HRC

Die angegebenen Kennwerte entsprechen jeweils dem ersten Auftreten von Anrissen an den getesteten Werkzeugaufnahmen. Das typische Versagensbild ist ein Bruch im belasteten Mitnehmernutgrund. Zur statistischen Absicherung wurden alle Versuche mehrfach mit gleichen Testwerkzeugen einer Charge durchgeführt. Aufgrund von Unterschieden im Werkstoffgefüge, in der metallurgischen Zusammensetzung sowie im eingesetzten Härteverfahren können bei nominell gleichem Werkstoff deutliche Differenzen in den Grenzbelastbarkeiten auftreten. Die durchgeführten Versuche haben Abweichungen von über 30 % ergeben. Die hier genannten Kennwerte können daher lediglich als Anhaltswert dienen.

Die Tabelle in Bild 10.102 gibt einen Überblick zu den statischen Torsionsbruchmomenten in Abhängigkeit der HSK-Nenngröße und des Werkstoffes. Der einsatzgehärtete Werkstoff 1.7131 wurde für Nenngrößen unter 63 nicht untersucht, da die dort vorliegenden kleinen Wandstärken im Schaftbereich die Gefahr einer belastbarkeitsreduzierenden Durchhärtung deutlich erhöhen. Aus diesem Grunde werden HSK-Nenngrößen kleiner 63 im Normalfall nicht aus Einsatzstahl gefertigt. Für Schnittstellen aus dem hochzähen Vergütungswerkstoff 1.2343 konnte kein Bruch nachgewiesen werden, stattdessen trat unter hohen Lasten starke plastische Deformation der Nutseitenflächen auf. Da diese Deformation nicht die Aufgabe der Nut, nämlich die Drehmomentübertragung, beeinträchtigt, konnte für diesen Werkstoff keine Versagensgrenze festgelegt werden. Die angegebenen Werte in der Tabelle stellen somit die höchste noch geprüfte Belastung dar.

Die statischen Torsionsversuche charakterisieren die Belastbarkeit der Schnittstelle nicht vollständig, da im realen Zerspanprozess eine zusätzliche dynamische Belastung auftritt, deren Grenze nur durch Dauerfestigkeitsuntersuchungen bestimmt werden kann. In Anlehnung an einen realen Fräsprozess wurde einer statischen Vorlast

Torsionsmoment statisch / dynamisch

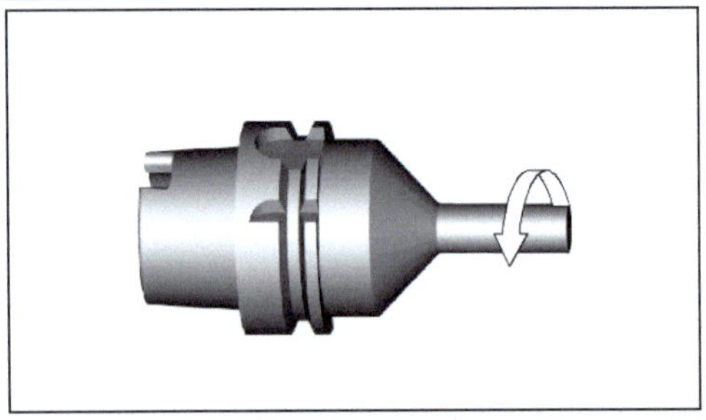

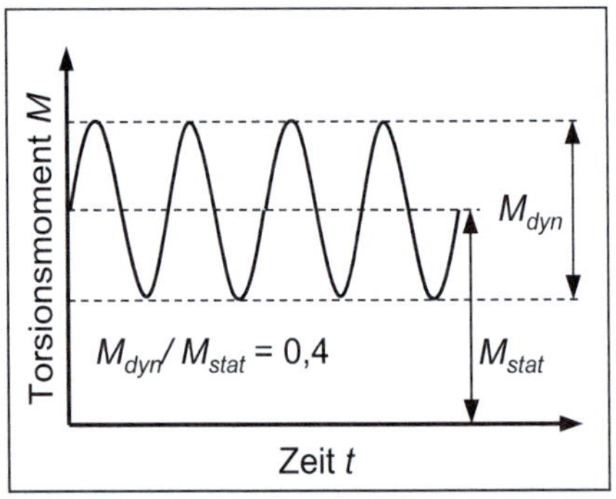

Größe	statisches Torsionsmoment [Nm]			mittleres Torsionsmoment [Nm]		
	1.7131	1.6582	1.2343	1.7131	1.6582	1.2343
32	—	400	> 600	—	350	> 500
40	—	880	> 880	—	800	> 800
50	—	2.270	> 3.000	—	1400	> 1.800
63	2.600	3.500	> 3.500	1.600	2.000	> 2.500
80	4.400	7.000	> 10.000	3.300	4.000	> 5.200
100	9.300	14.200	> 18.000	6.000	7.500	> 10.000
125	15.000	—	—	> 11.500	12.900	—

Bild 10.102: Statische und dynamische Torsionsbelastbarkeit des HSK

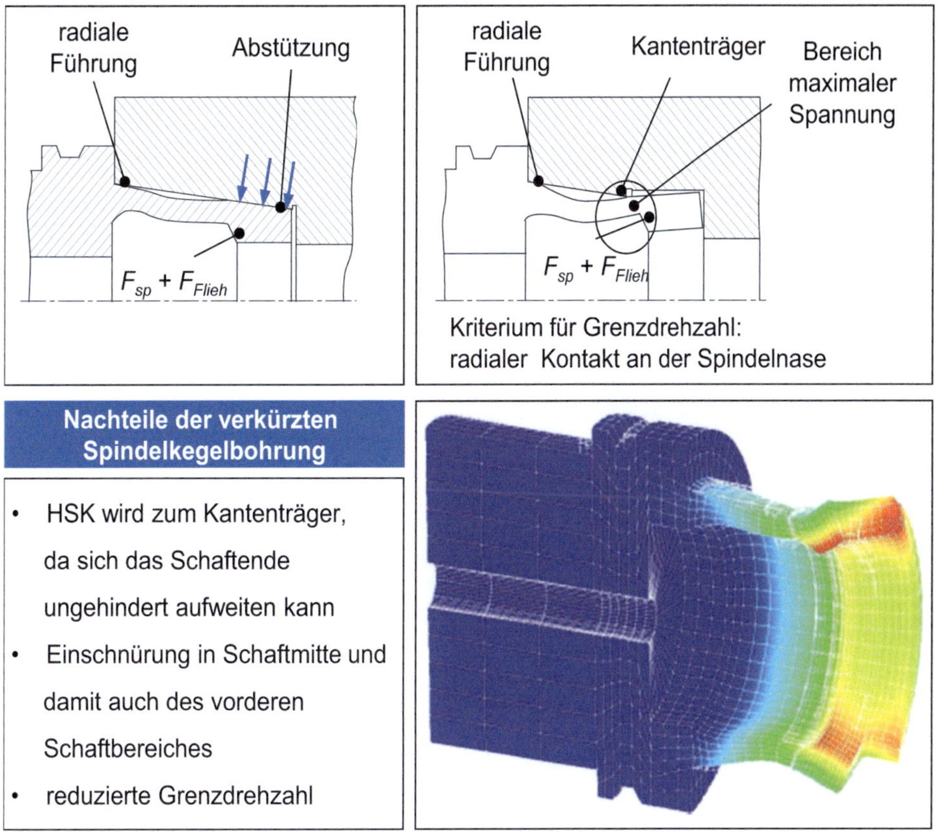

Bild 10.103: Einfluss der radialen Abstützung auf die Grenzdrehzahl

eine dynamische Torsionslast überlagert. Das Verhältnis von dynamischem zu statischem Anteil beträgt 0,4. Von Dauerfestigkeit wurde ab einer beschädigungsfrei absolvierten Lastspielzahl von 4×10^6 Lastwechseln ausgegangen. Die in Bild 10.102 dargestellten Daten geben das dauerhaft ertragene mittlere dynamische Moment in Abhängigkeit von der HSK-Nenngröße und des Werkstoffes an. Für Schnittstellen aus dem Werkstoff 1.2343 konnte vergleichbar dem statischen Bruchmoment kein Versagen nachgewiesen werden. Auch hier traten plastische Deformationen der Nutseitenflächen des HSK auf.

Grenzdrehzahlen

Die maximal mögliche Drehzahl des HSK ist durch den Verlust der Führung im vorderen Kegelteil und durch das Erreichen der Bruchspannung an der hinteren Spannstelle bestimmt. Die sogenannte Grenzdrehzahl wird von einer Vielzahl von Faktoren beeinflusst. So haben die Länge des tragenden Aufnahmekegels, das radiale Übermaß zwischen Schaft und Spindelaufnahme sowie das eingesetzte Spannsystem einen großen Einfluss. Für Anwendungen bei hohen Drehzahlen ist daher eine fallbezogene Bestimmung der Grenzdrehzahl notwendig, wobei zwei grundsätzliche Kriterien überprüft werden müssen:

- Die Spannungsmaxima unter Drehzahleinfluss bilden sich in der Regel im Bereich des Übergangsradius zwischen Spannschräge und Schaftinnendurchmesser sowie im Nutgrund der tiefen Mitnehmernut aus, Bild 10.103
- Die werkstoffabhängigen maximalen Vergleichsspannungen dürfen nicht überschritten werden.
- Die exakte radiale Führung des Werkzeuges im vorderen Schaftbereich nahe der Plananlage muss gewährleistet sein. In diesem Bereich ist daher kein radiales Spiel zulässig.

Generell ist eine über der gesamten Kegellänge tragende Aufnahme deutlich zu bevorzugen, Bild 10.103 links. Hierdurch werden ein Kantentragen bei hohen Drehzahlen und eine Einschnürung in der Kegelmitte, die zu einer Verringerung des Traganteiles führt, vermieden. Die auf Grund der ungehinderten Aufweitung am Schaftende bei freigedrehtem Kegel der Spindel im hinteren Bereich resultierenden Spannungserhöhungen im Schaft schränken die erreichbare Drehzahl deutlich ein, Bild 10.103 rechts.

In Bild 10.104 sind die Grenzdrehzahlen des HSK-63 mit den Formen A und E durch die Finite-Elemente-Berechnung ermittelt worden. Abhängig von der Passung von Schaft und Aufnahme ergeben sich unterschiedliche

Form	Passung	Kriterium	Grenzdrehzahl
HSK-A	worst case	radiales Spiel an der Plananlage	22.500 1/min
	best case	Überschreiten der Vergleichsspannung	27.500 1/min
HSK-E	worst case	radiales Spiel an der Plananlage	25.000 1/min
	best case	radiales Spiel an der Plananlage	37.500 1/min

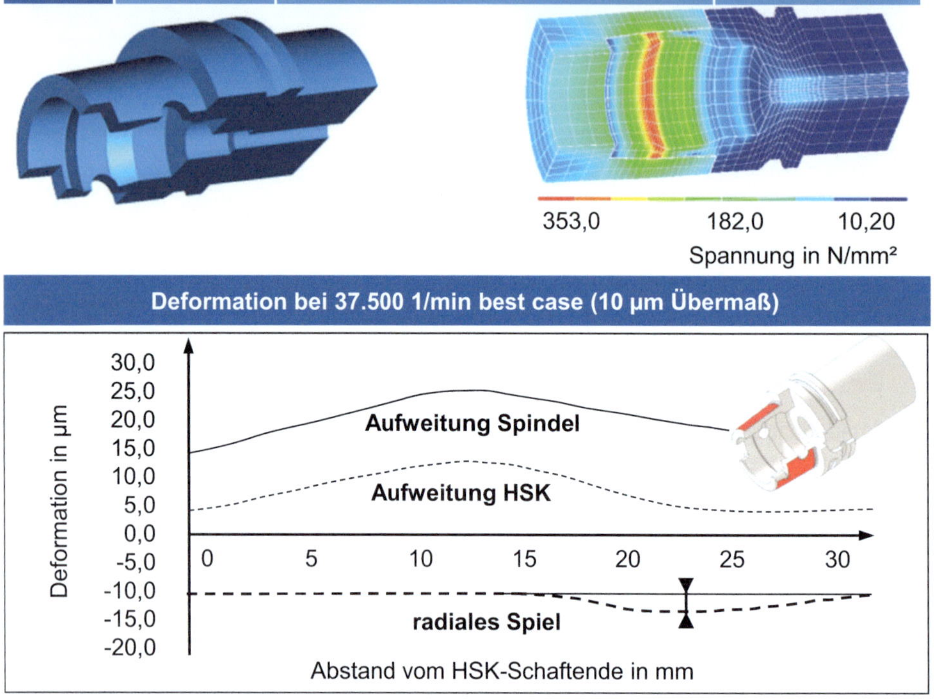

Bild 10.104: Grenzdrehzahlen der HSK-Schnittstelle (HSK-63, Formen A und E)

maximale Drehzahlen mit unterschiedlichen Versagensursachen. Es muss darauf hingewiesen werden, dass in der Praxis durchaus höhere Grenzdrehzahlen erreicht werden können, als die in der Simulation ermittelten.

10.4 Werkstückspannung und -zuführsysteme

Werkstückspann- und Zuführsysteme nehmen in der automatisierten Fertigung eine wichtige Rolle ein. Die Werkstückspannung hat die Aufgabe, die zu bearbeitenden Werkstücke sicher und präzise in der Maschine zu halten. Hierbei sind der Rüstaufwand und die auf das Werkstück wirkenden Kräfte möglichst gering zu halten. Je nach Fertigungsaufgabe sind eine hohe Flexibilität und Anpassungsfähigkeit an unterschiedlichste Bauteile oder ein hoher Grad der Spezialisierung gefordert. Die notwendigen Rüstzeiten sind in Hinsicht auf einen hohen Hauptzeitanteil der Werkzeugmaschine so gering wie möglich zu halten. Zuführsysteme stellen Werkstücke automatisiert für die Bearbeitung zur Verfügung. Hierdurch entfällt das manuelle Zuführen.

10.4.1 Aufgaben von Werkstückspann- und -zuführsystemen

Um ein Werkstück in einer Vorrichtung oder ein Werkzeug in der Werkzeugmaschine exakt spannen zu können, muss die Lage der zu spannenden Elemente genau bestimmt werden. Dabei bilden Körperoberflächen oder Mittelebenen die zu fixierenden Bezugsebenen. Im ersten Fall spricht man von „Bestimmen", im zweiten von „Zentrieren." Durch Bestimmen und Zentrieren werden dem Werkstück oder Werkzeug Bewegungsfreiheitsgrade entzogen. Anzahl und Anordnung der Zentrier- und Bestimmebenen, die in einer Vorrichtung zu realisieren sind, werden durch die Werkstückgeometrie bzw. durch die Bearbeitungsaufgabe vorgegeben. Nicht bei jeder Bearbeitungsaufgabe ist es notwendig, die Lage des Werkstücks in allen sechs möglichen Freiheitsgraden eines Körpers im Raum zu definieren, bevor das Werkstück fixiert wird.

In Bild 10.105 oben ist der Zusammenhang zwischen der Anzahl der verbleibenden Freiheitsgrade und der Anzahl der Bestimmebenen angegeben. Wird wie Bild 10.105 links unten z. B. nur eine Fläche des Werk-

Bild 10.105: Freiheitsgrade und Anzahl der Bestimmebenen für unterschiedliche Fertigungsaufgaben

Halbbestimmen	Bestimmen	Vollbestimmen
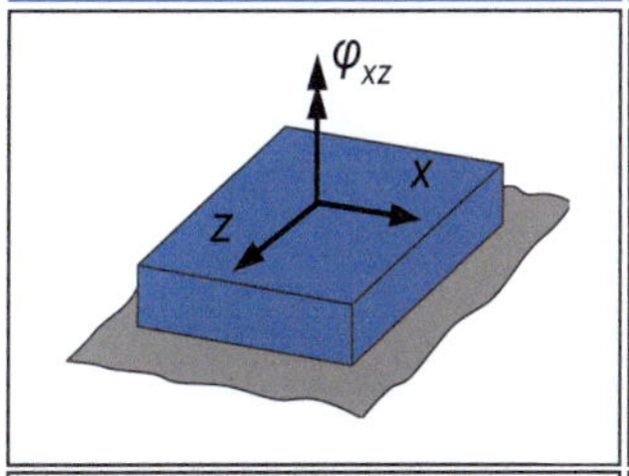	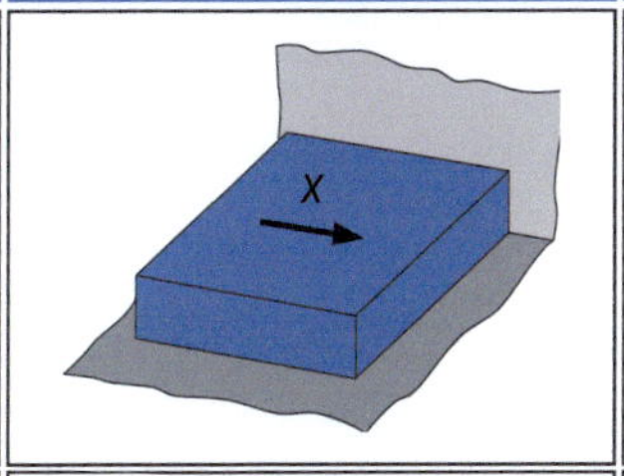	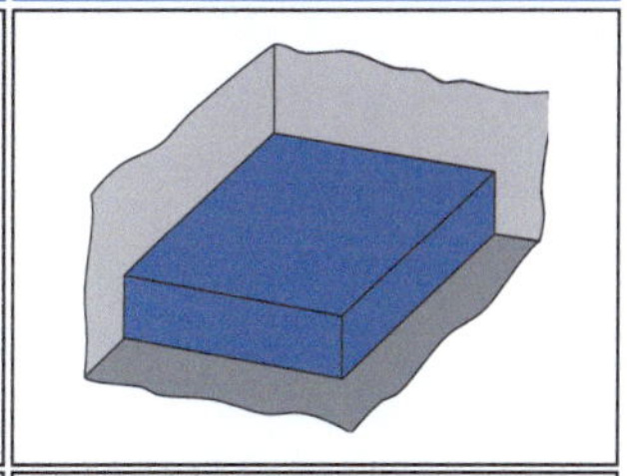
Durch eine Bestimmebene wird das Werkstück bis auf drei Freiheitsgrade festgelegt	Durch zwei Bestimmebenen wird das Werkstück bis auf einen Freiheitsgrad festgelegt	Durch drei Bestimmebenen wird das Werkstück in allen Freiheitsgraden festgelegt
Halbbestimmen ist z. B. zum Planen einer Fläche ausreichend	**Bestimmen** ist z. B. zum Fräsen einer durchgehenden Nut ausreichend	**Vollbestimmen** ist z. B. zum Fräsen einer nicht durchgehenden Nut notwendig
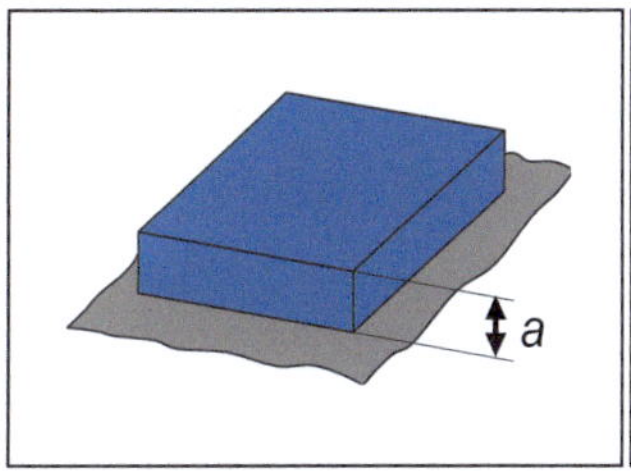	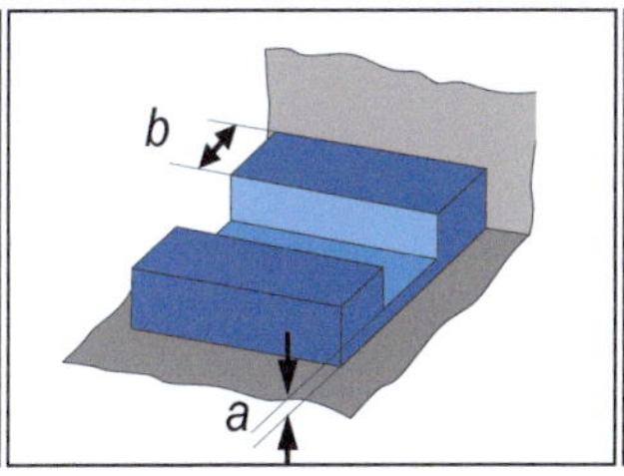	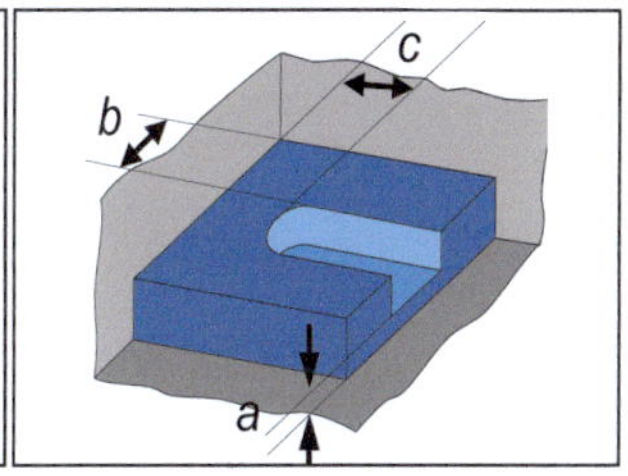

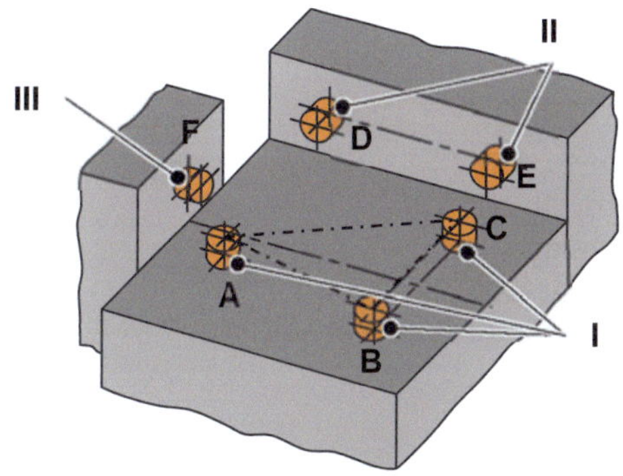

I. Bestimmebene:	3 Bestimmpunkte (A, B, C)
II. Bestimmebene:	2 Bestimmpunkte (D, E)
III. Bestimmebene:	1 Bestimmpunkt (F)
Ingesamt: 6 Bestimmpunkte für 6 Freiheitsgrade	

Bild 10.106: Aufteilen der Bestimmebenen in Bestimmpunkte

stückes, also das Maß *a* bearbeitet, so haben Position (*x*, *z*) und Orientierung (φxz) des Werkstückes auf der Bestimmebene keine Bedeutung. Soll dagegen eine durchgehende Nut mit den Abstandmaßen *a* und *b* gefräst werden, so werden zwei Bestimmebenen benötigt. Die Position in x-Richtung muss nicht exakt festgelegt werden. Beim Fräsen einer Nut mit drei Abstandsmaßen (*a*, *b*, *c*) sind drei Bestimmebenen in der Vorrichtung festzulegen. Dadurch wird das Werkstück vollständig in Position und Orientierung fixiert. Alle sechs Freiheitsgrade sind dem Werkstück hierbei entzogen.

Um Überbestimmungen zu vermeiden, sollten entsprechend den sechs möglichen Freiheitsgraden auch nur sechs Bestimmpunkte in der Vorrichtung gewählt werden. Da eine Ebene durch drei Punkte beschrieben wird, sind Anordnungen mit drei flächig ausgebildeten Bestimmebenen überbestimmt ($3 \cdot 3 = 9$ Freiheiten entzogen). Zum Vollbestimmen ist deshalb die in Bild 10.106 gewählte Anordnung mit sechs Bestimmpunkten ausreichend. Die Bestimmpunkte werden je nach Aufgabenstellung als feste, bewegliche oder einstellbare Anschläge, Auflagebolzen, Stützschrauben, Auflageleisten oder Auflageflächen ausgeführt.

Die zweite Form der Lagebestimmung besteht in der Fixierung der Mittelebenen eines Körpers. Man spricht hierbei von Zentrierung, Bild 10.107. Besteht die Bearbeitungsaufgabe lediglich darin, in ein zylindrisches Werkstück mit einem toleranzbehafteten Durchmesser eine radiale Bohrung mittig einzubringen, so muss eine Mittelebene des Zylinders fixiert werden. In Bild 10.107 links ist die senkrechte Mittelebene als notwendige Bezugsebene hervorgehoben, rechts erkennt man die zent-

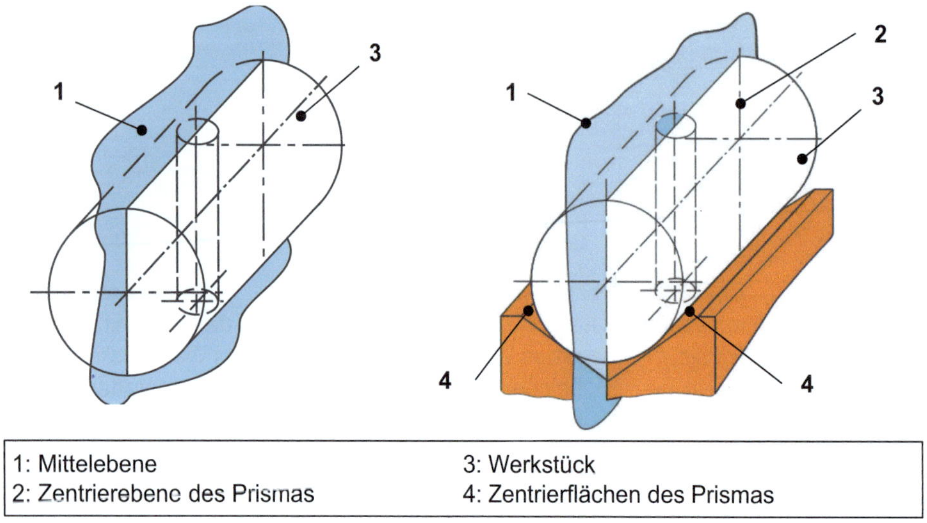

Bild 10.107: Halbzentrieren eines zylindrischen Werkstückes

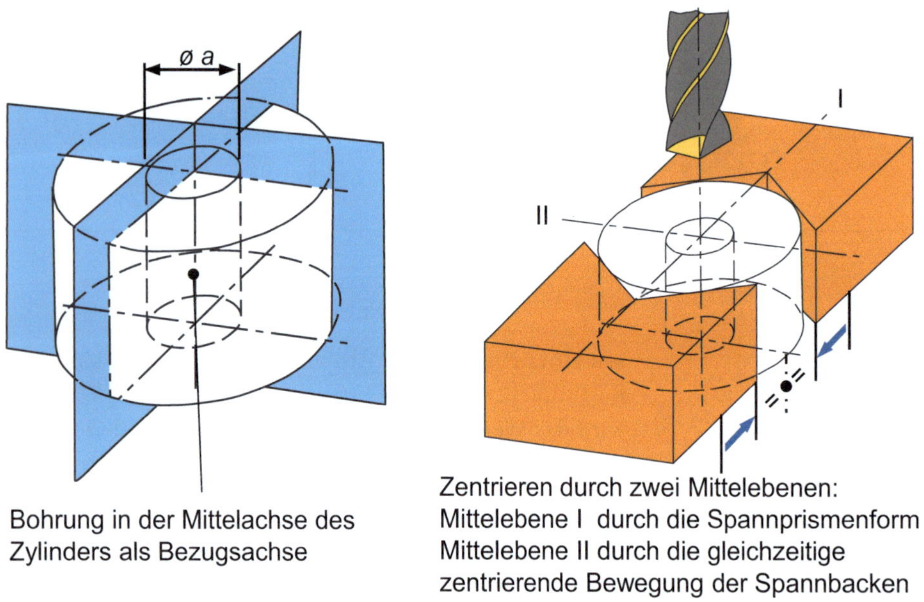

Bild 10.108: Zentrieren eines Zylinders nach zwei Mittelebenen

10

rierend wirkenden Werkstückauflageflächen der Vorrichtung, die in Form eines Prismas ausgebildet ist.

Besteht beispielsweise die Bearbeitungsaufgabe darin, in einen toleranzbehafteten Zylinder eine achsmittige Bohrung einzubringen, dann muss die Zylinderachse fixiert werden. Die Zylinderachse ist die Schnittlinie zweier (am besten) orthogonaler Zentrierflächen des Zylinders. Diese Aufgabe übernimmt die Vorrichtung in Bild 10.108 durch das Fixieren der zwei senkrecht aufeinander stehenden Mittelebenen. Eine Mittelebene wird durch die prismatische Form der Spannbacken und die andere Mittelebene durch die sich gleichzeitig synchron aufeinander zu bewegenden Backen fixiert [INST80].

10.4.1.1 Spannen

Durch die Lagebestimmung bzw. Zentrierung werden Werkstück bzw. Werkzeug in eine definierte Lage zur Werkzeugmaschine bzw. Vorrichtung gebracht. Beim Spannen wird diese Lage gesichert, wobei die Aufnahme bzw. die Übertragung von Kräften und Drehmomenten ermöglicht wird. Die während der Bearbeitung auf Werkzeug und Werkstück wirkenden Bearbeitungskräfte, u. U. noch erhöht durch Trägheitskräfte und Eigengewicht, dürfen das eingespannte Werkstück bzw. Werkzeug nicht aus seiner vorgegebenen Lage verschieben, in unzulässige Schwingungen versetzen oder derart verformen, dass die geforderte Genauigkeit und Qualität des Werkstückes nicht mehr gewährleistet ist. In Vorrichtungen oder Spanneinrichtungen für Werkzeugmaschinen werden die Spannkräfte auf Werk-

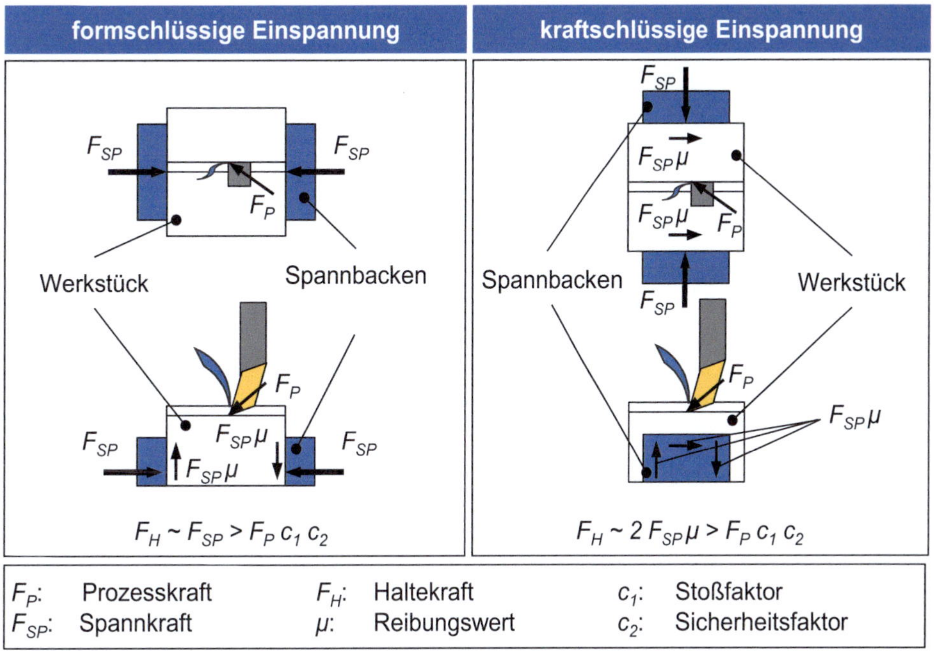

Bild 10.109: Kraft- und formschlüssiges Einspannen

stück bzw. Werkzeug in der Weise aufgebracht, dass sie als Normal- und Tangentialkräfte wirken. Aus dem konstruktiven Aufbau und der Anordnung der Spannelemente ergibt sich das Verhältnis von Spannkraft zu maximal möglicher Haltekraft. Ebenso können in Abhängigkeit vom Konstruktionsprinzip verschiedene Automatisierungsstufen realisiert werden. Die Gesamtkrafterzeugung ist durch Nutzung verschiedener physikalischer Effekte (mechanisch, hydraulisch, pneumatisch, usw.) möglich. Hydraulischen Spanneinrichtungen kommt in der NC-Fertigung eine ständig wachsende Bedeutung zu.

Am Beispiel der Werkstückeinspannung in einem Maschinenschraubstock werden in Bild 10.109 die zwei prinzipiellen Möglichkeiten des Spannens, die formschlüssige und die kraftschlüssige Einspannung gezeigt [VDI72]. Da bei der formschlüssigen Einspannung die Hauptschnittkraft unmittelbar gegen eine Spannbacke wirkt, braucht man die Spannkraft nur so groß zu wählen, dass die Prozesskräfte die Vorspannung nicht aufheben können und ein Herauskippen des Werkstückes sicher unterbleibt. Beim kraftschlüssigen Einspannen wird das Werkstück allein durch die Reibkräfte an den beiden Spannbacken gehalten. Berücksichtigt man bei der rechnerischen Abschätzung der Haltekraft für beide Fälle gleich hohe Stoß- und Sicherheitsfaktoren *c1* und *c2*, so ergibt sich beispielsweise für die Werkstoffkombination Stahl-Stahl mit einem Reibungsbeiwert von $\mu = 0{,}1$ eine fünfmal höhere nötige Spannkraft für die kraftschlüssige als für die formschlüssige Einspannung. Bei der Auswahl des Spannprinzips sollte deshalb der formschlüssigen Verbindung wegen der kleineren Bedien- und Spannkräfte und der hieraus resultierenden kleineren Werkstückverformungen der Vorzug gegeben werden [THIE71]. Aus Sicherheitsgründen muss zusätzlich darauf geachtet werden, dass für die Dauer der Bearbeitung die nötige Spannkraft in voller Höhe erhalten bleibt. Die Vorrichtung ist deshalb mit Verriegelungseinrichtungen oder selbsthemmenden Spannelementen auszuführen. Entsprechende Überlegungen gelten für Werkzeugeinspannungen, die für geringe Bearbeitungskräfte rein kraftschlüssig und bei schwerer Bearbeitung kraft- und formschlüssig ausgelegt werden. In letzterem Fall dienen die Formelemente entweder der zusätzlichen Kraftaufnahme oder stellen Sicherheitselemente bei Überbelastung dar.

10.4.1.2 Werkstückhandhabung

Die Funktionsbetrachtungen zur Werkstückspannung gelten sinngemäß auch für die Werkstückversorgung. Aus der Vielgestaltigkeit der Werkstücke resultiert die Notwendigkeit, die Schnittstellen zwischen Werkstück und Maschine bzw. die Handhabungsgeräte flexibel zu gestalten.

Für den automatischen Werkstückwechsel können zwei verschiedene Wechselstrategien entsprechend der Wahl der Wechselstelle unterschieden werden, Bild 10.110. Der direkte automatische Werkstückwechsel verlangt sowohl flexible Anpassung zwischen Werkstück und Maschinentisch als auch zwischen Werkstück- und Handhabungsgerät. Beim indirekten Werkstückwechsel über Palettensysteme werden einheitliche Schnittstellen zwischen Palette und Maschine sowie Palette und Wechseleinrichtung geschaffen.

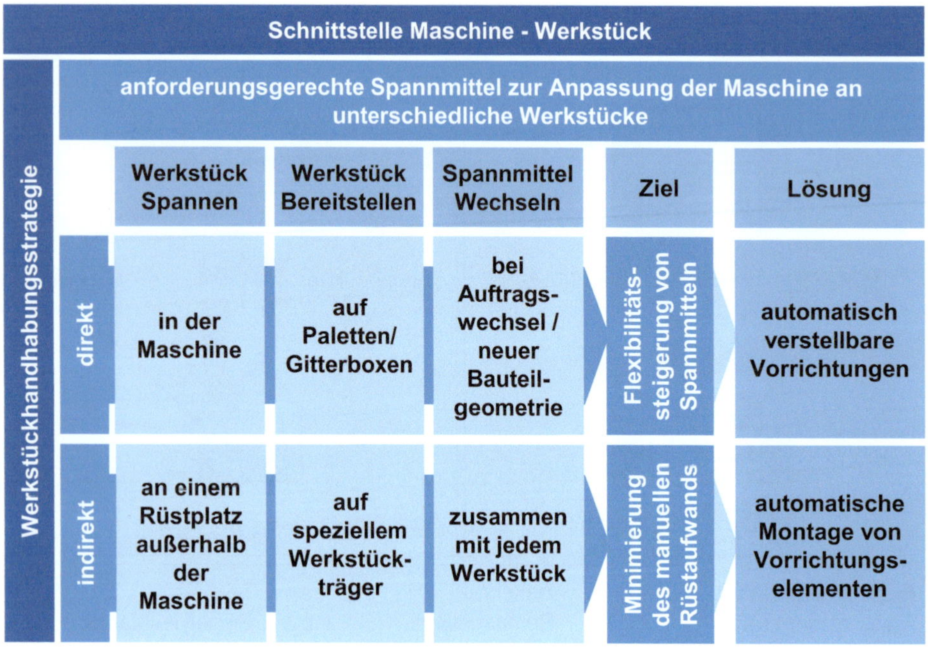

Bild 10.110: Werkstückspannung in der flexibel automatisierten Fertigung

10.4.2 Werkstückspannsysteme und Vorrichtungen an Bohr- und Fräsmaschinen

10.4.2.1 Werkstückspanner und Vorrichtungen

Werkstückspannsysteme haben die Aufgabe, das sichere Halten von Werkstücken unterschiedlicher Geometrie zu gewährleisten. Die gegenüber rotationssymmetrischen Werkstücken höhere Gestaltungsvielfalt prismatischer Werkstücke macht insbesondere in der flexiblen NC-Fertigung anpassungsfähige Vorrichtungen notwendig, sodass sich die Spannsysteme hinsichtlich ihrer Flexibilität stark unterscheiden. In diesem Abschnitt liegt der Schwerpunkt auf Vorrichtungen, die als universelle bzw. Standardspannmittel betrachtet werden. Werkstückgebundene Spezialvorrichtungen sind meist Sonderkonstruktionen und werden nicht vorgestellt. Die Vorrichtungen zur Werkstückspannung können in vier Gruppen eingeteilt werden:

- Einfache Spannmittel und Positionierteile (Pratzen, Spannwinkel, Unterlagen, Positionier- und Stützelemente),
- Standardvorrichtungen (Spannstöcke, Bohr- und Fräsvorrichtungen, Backenfutter, Schwenk- und Kipptische, Teileinrichtungen),
- Baukasten- und Systemvorrichtungen,
- Spezialvorrichtungen.

Vielfach erlaubt es die Fertigungsaufgabe, insbesondere im Werkstattbetrieb, dass Vorrichtungsgrundkörper oder auch Werkstücke direkt auf den Maschinentisch gespannt werden. Spannklauen, Spanneisen oder Spannunterlagen werden dabei über T-Nuten oder Gewindebohrungen auf den Werkstückträgern aufgenommen. Ein umfangreiches, genormtes Elementsortiment verschiedenster Größenstufungen erlaubt einen flexiblen Einsatz, verursacht jedoch einen erheblichen manuellen Rüstaufwand. Diese Normspannelemente werden deshalb nur in der Einzel- und Kleinserienfertigung eingesetzt. Bild 10.111 gibt hierzu einige Beispiele.

Die am häufigsten angewendete Standardspannvorrichtungen für kleinere Teileabmessungen sind Spannstöcke oder Maschinenschraubstöcke, die in unterschiedlichen Bauformen, Größen und Genauigkeitsklassen erhältlich sind. Spannstöcke dienen vorzugsweise dem genauen und schnellen Spannen von prismatischen Werkstücken und werden universell eingesetzt. Durch aufsteckbare oder aufschraubbare Sonderspannbacken können die Spannstöcke den Werkstückgeometrien und Werkstoffen in bestimmten Grenzen angepasst werden. Die Spannbacken können von Hand betätigt, oder durch pneumatische, hydraulische oder elektrische Energie bewegt werden.

Die Ausführung eines Spannstockes mit mechanischem Antrieb und Hydraulikkraftübersetzung zeigt Bild 10.112. Die mechanische Vorspannung wird durch Drehen der Handkurbel erzeugt, wobei die Gewindespindel die bewegliche Backe zur Anlage an das Werkstück bringt. Das Bedienmoment wird über einen Kupplungsbolzen übertragen, der beim Überschreiten eines Grenzmoments auskuppelt. Die Antriebsdrehung wird nach dem Auskuppeln auf eine innere Spindel übertragen, durch deren translatorische Bewegung ein Druckbolzen betätigt wird. Die axiale Bewegung des Druckbolzens bewirkt durch Ölverdrängung in der Hydraulik-Einheit einen hohen Öldruck, der durch die große Zylinderfläche eine hohe Spannkraft ermöglicht. Eine zusätzliche Spannkraftsicherung während der Bearbeitung wird durch

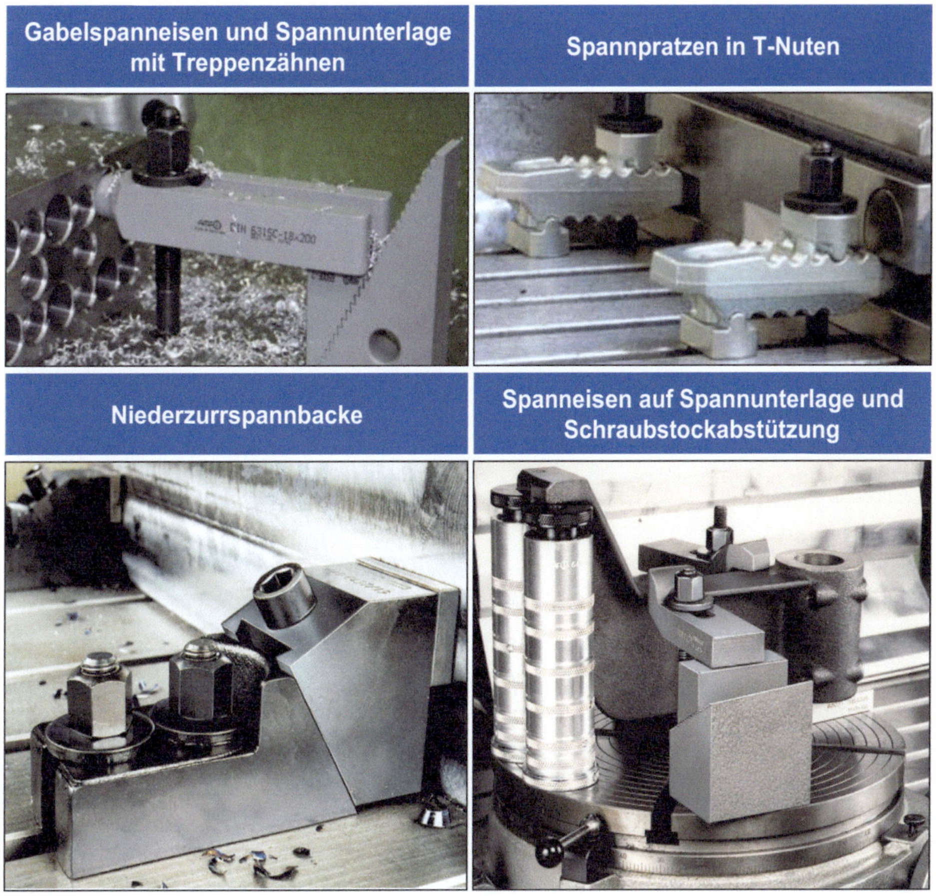

Bild 10.111: Spanneisen und Spannunterlagen. Quelle: AMF ANDREAS MAIER

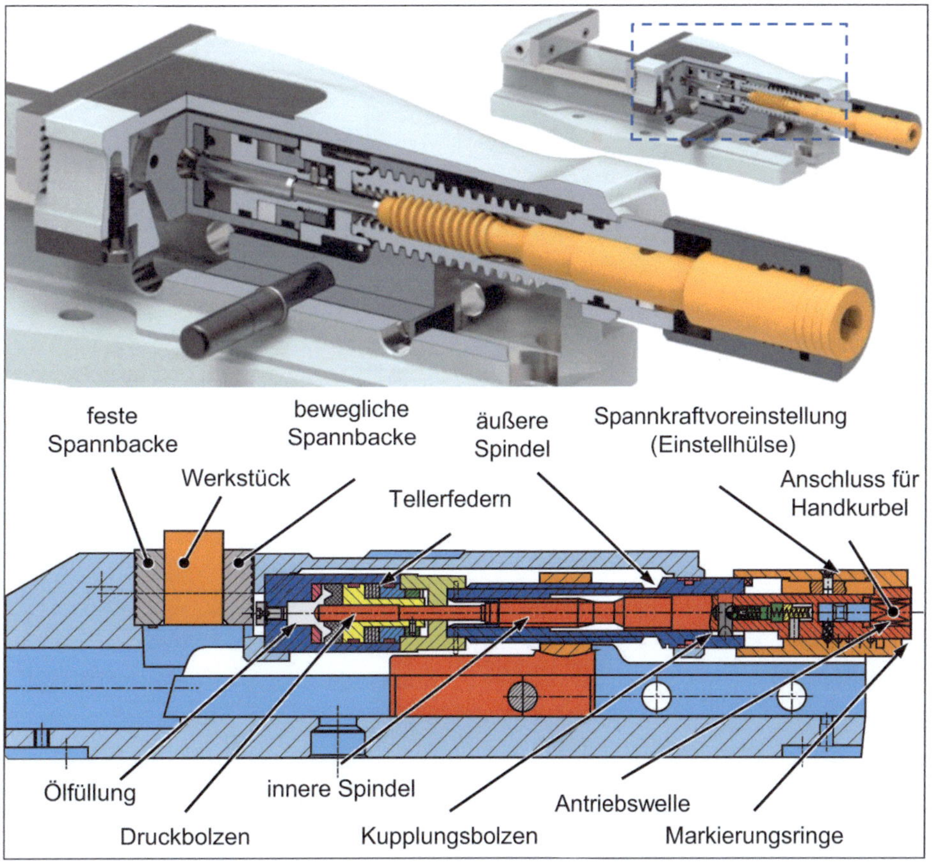

Bild 10.112: Schraubstock mit mechanisch-hydraulischem Antrieb. Quelle: Röhm

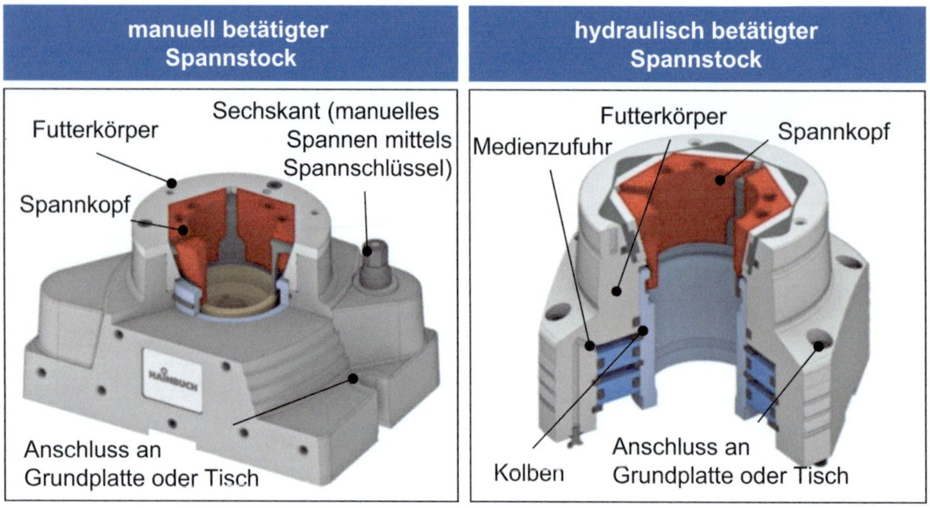

Bild 10.113: Spannstöcke. Quelle: Hainbuch Spannende Technik

10

Tellerfedern gewährleistet. Durch Eindrücken der Handkurbel in die Antriebswelle wird eine Einstellhülse entriegelt, mit der, auf den Markierungsringen, eine bestimmte Spannkraft einstellbar ist. Diese Voreinstellung erlaubt konstante Spannkräfte bei jedem Spannvorgang und damit eine hohe Wiederholgenauigkeit.

Für die Bohr- und Fräsbearbeitung von runden Werkstücken in der Einzel- und Kleinserienfertigung kann der Einsatz von Schnellspannvorrichtungen in vielen Fällen eine werkstückgebundene Vorrichtung ersetzen. Bild 10.113 zeigt einen manuell betätigten Spannstock sowie einen Spannstock mit hydraulischer Betätigung. Die Montage der

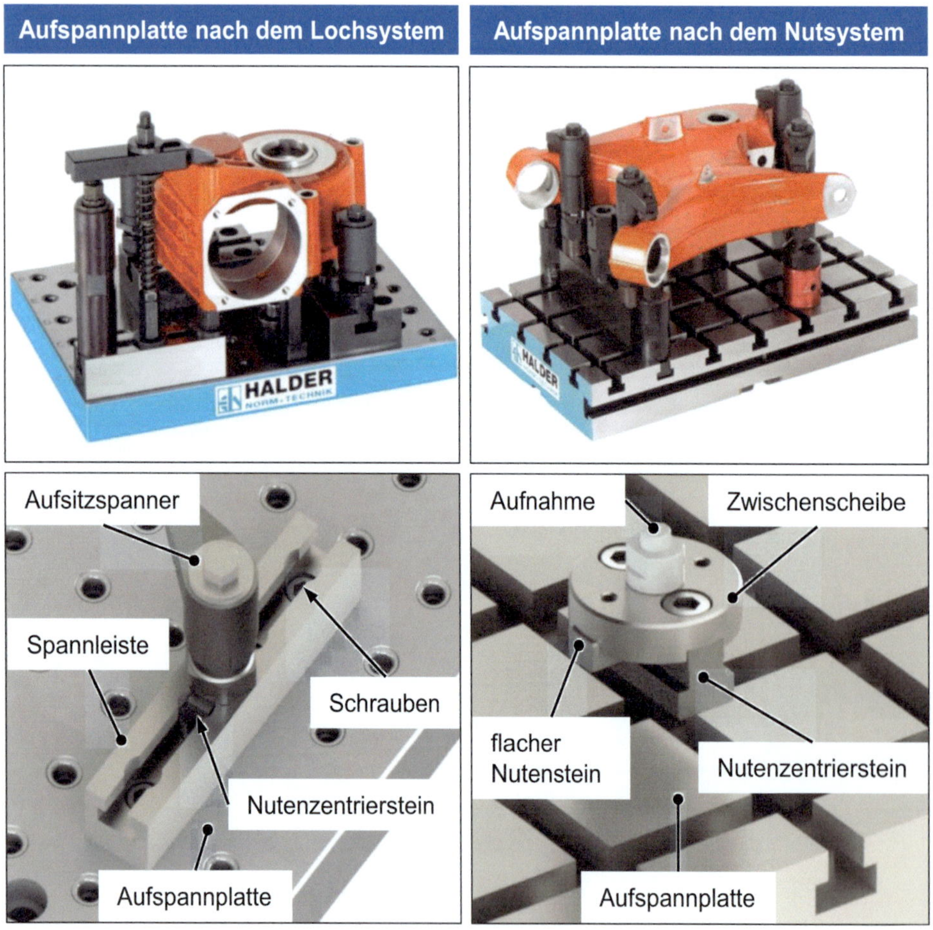

Bild 10.114: Baukastenvorrichtungen nach dem Nut- und dem Lochsystem. Quelle: Erwin Halder

Spannstöcke erfolgt direkt auf dem Maschinentisch. Durch das Drehen des Sechskants mit einem Spannschlüssel wird der Spannkopf nach unten gezogen. Der Spannkopf besteht aus Stahlsegmenten und elastischen Zwischenelementen. Aufgrund der kegeligen Innenfläche des Futterkörpers führt der Spannkopf neben der axialen Bewegung eine radiale Bewegung zum Spannen des Werkstückes aus. Bei dem im rechten Bildteil gezeigten Spannstock erfolgt das Spannen des Werkstückes hydraulisch. Durch Druckbeaufschlagung der oberen Kolbenfläche wird der Kolben nach unten bewegt und zieht den Spannkopf in den Spannkegel des Futterkörpers. Die Spannköpfe existieren in verschiedenen Durchmesservarianten oder sind der Werkstückgeometrie individuell angepasst. Das Umrüsten der Spannköpfe erfolgt über manuelle oder pneumatisch betätigte Wechselvorrichtungen. [HAIN15]

Modular aufgebaute, mechanische Vorrichtungsbaukästen bieten bezüglich der Werkstückgeometrie nahezu unbegrenzte Aufspannmöglichkeiten. Der Einsatzbereich umfasst die Einzel- oder Kleinserienfertigung von Werkstücken, bei der sich der Einsatz werkstückgebundener Vorrichtungen nicht lohnt. Aus einem vorhandenen Elemente- und Funktionsträgersortiment kann ohne Konstruktionsaufwand eine Vorrichtung selbst für komplizierte Teile zusammengestellt werden. Weitere Vorteile der Baukastenvorrichtungen sind die schnelle Verfügbarkeit und die Wiederverwendbarkeit der Bauteile.

Die konstruktive Ausführung der Verbindungselemente zur Aufnahme der Baukastenelemente auf den Spannplatten kennzeichnet ein Baukastensystem. Nut- und Bohrungssysteme mit verschiedenen Rastergrundplatten sind weit verbreitet. In ◘ Bild 10.114 oben ist eine Baukastenvorrichtung im Nutsystem dargestellt. Durch die Nutenzentriersteine wird eine eindeutige Referenzpunktfestlegung an jedem Nutenkreuz gewährleistet. Im unteren Bildteil ist die Aufspannmöglichkeit nach dem Lochsystem abgebildet, bei dem die Referenzpunkte durch die Passbohrungen mit Gewindelöchern in der Aufspannplatte vorgegeben werden. Durch diese Bohrungs-/Gewindesysteme ist eine Kombination von Spann- und Positionierfunktion in nur einer Achse möglich.

Bei dem in ◘ Bild 10.115 gezeigten System kann jede Rasterbohrung wahlweise als Pass- oder Gewindebohrung genutzt werden, wodurch ein geringerer Teileumfang des Baukastensystems erforderlich ist. Darüber hinaus eignet sich dieses System zur roboterunterstützten Montage von Vorrichtungselementen. Im rechten Bildteil ist der Fügevorgang in einzelnen Stufen und die an der Zentrier- und Spannaufgabe beteiligten Vorrichtungselemente dargestellt. Nach der Positionierung der Schraube über der Bohrung wird diese axial bis zum Gewindeeingriff zugestellt. Danach erfolgt das Festdrehen bis zum Passungseingriff und der festen Verbindung über den Passbolzen der Schraube mit den beiden Passungsbuchsen der Grundplatte sowie des Vorrichtungselementes.

Die Spann- und Stützelemente des in ◘ Bild 10.116 gezeigten Systems besitzen abgeflachte, um alle drei Raumachsen bewegliche Kugeln, die ein verzugsfreies Spannen ermöglichen. Ein Verspannen oder Verschieben der Werkstücke durch den Spannvorgang ist ausgeschlossen, da sich sowohl

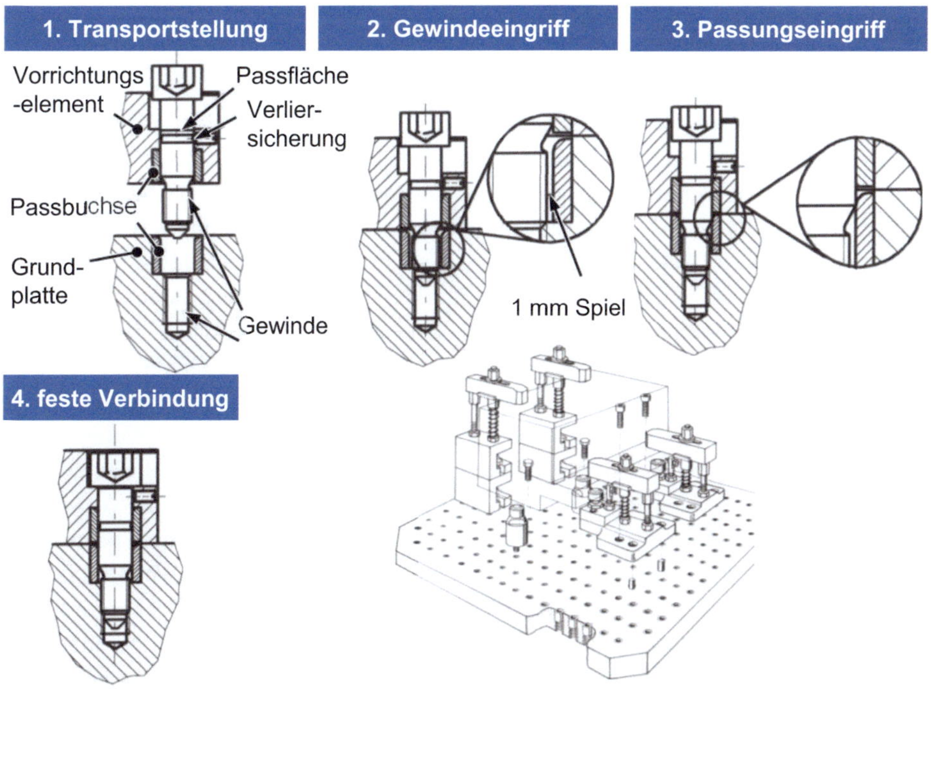

◘ **Bild 10.115:** Flexibles Bestimm- und Spannsystem. Quelle: Niedecker

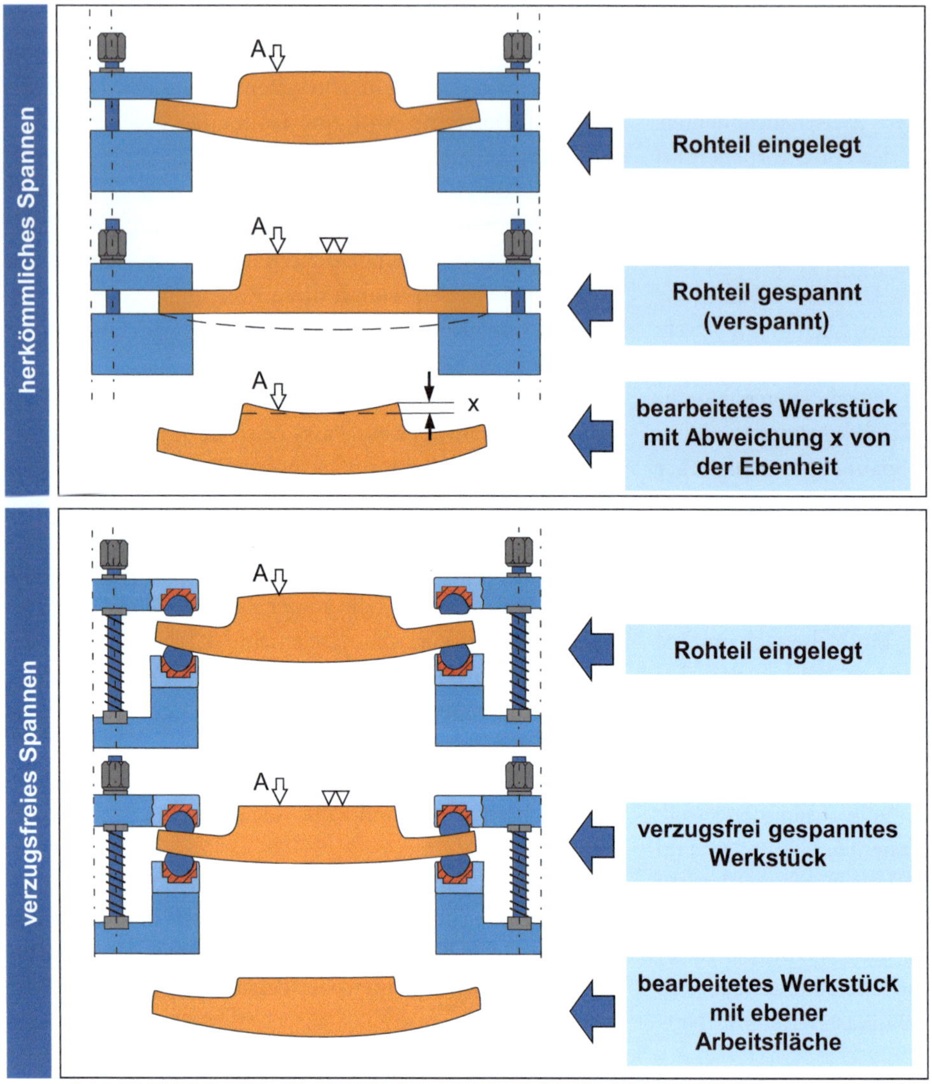

Bild 10.116: Spannen eines stark verzogenen Teiles. Nach Niedecker

im Auflagebereich als auch im gegenüberliegenden Spannelement der Einheiten je eine Kugel befindet.

Das Bild 10.117 zeigt die Aufbaumöglichkeiten eines modularen Vorrichtungssystems bestehend aus Grund-, Aufbau-, Positionier- und Spannelementen. Hiermit lassen sich auch komplexe Werkstücke sicher und einfach spannen. Wie in dem obigen Beispiel zeichnet sich dieses System durch das kombinierte Passbohrungs- und Gewindesystem aus.

Zur Verringerung des Spannaufwands und für den automatischen Werkstückwechsel haben ansteuerbare, hydraulische Spanneinrichtungen eine große Bedeutung. Teilweise werden hydraulische Elemente in die Baukastenvorrichtungen einbezogen. Darüber hinaus werden eigens für den Zweck der automatischen Werkstückaufspannung entwickelte Spannsysteme angeboten. Hydraulische Elemente sind auch zum Aufbau von Mehrfachspannvorrichtungen geeignet, bei denen mehrere kleine Bauteile gleichzeitig auf den Werkstückträger gespannt werden.

Neben der Spannkrafterzeugung ist die Aufrechterhaltung der Spannkraft während der Bearbeitung eine wichtige Funktion hydraulischer Spannmittel. Den Aufbau eines hydraulischen Schwenkspannzylinders mit mechanischer Verriegelung sowie den Funktionsablauf zeigt Bild 10.118, links. Die mechanische Verriegelung dieser Spannelemente basiert darauf, dass nach dem Erreichen des Spanndrucks der Kolben mit einem hydraulisch betätigten Schließkeil mechanisch verriegelt wird. Dabei wird die Spannkraft unabhängig von der hydraulischen Versorgung durch Selbsthemmung der Keilelemente aufrechterhalten. Bei einem Einsatz mit Wechselpaletten kann der Werkstückwechsel außerhalb der Maschine vorgenommen werden. Das Hydraulikaggregat ist an der Spannstelle vorhanden und mit der Palette verbunden. Während des Transportes zur Maschine und während der Bearbeitung ist die Vorrichtung von der Druckquelle getrennt. Der Funktionsablauf verdeutlicht das hydraulisch betätigte Schwenken, Spannen und Verriegeln (1,2), den drucklosen Betrieb (3) während des Bearbeitens sowie in den

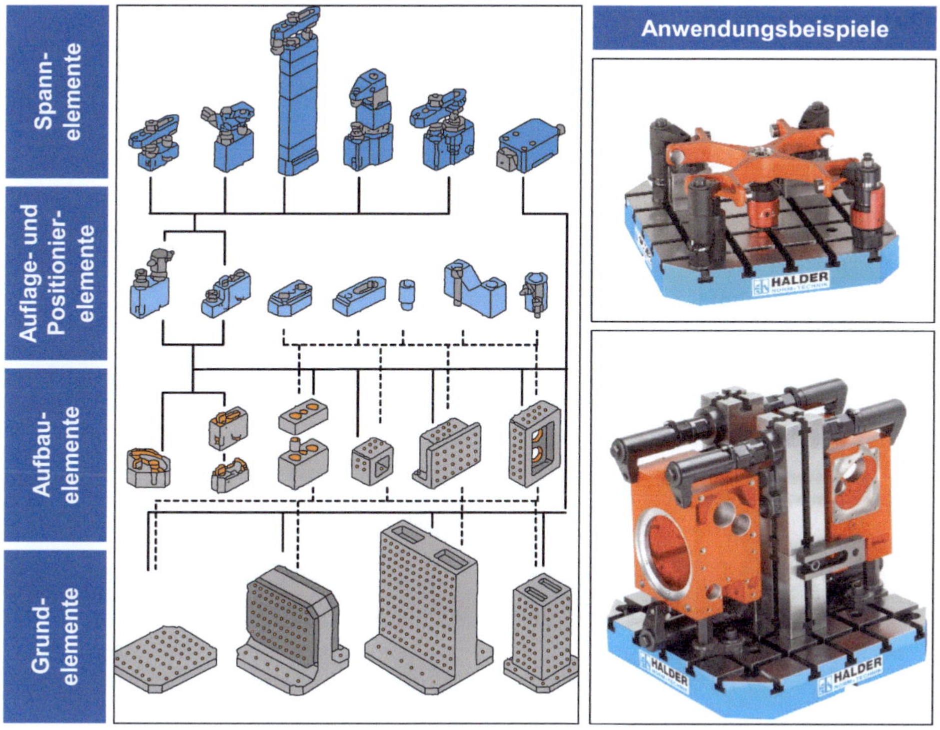

Bild 10.117: Modulares Vorrichtungssystem. Nach AMF ANDREAS MAIER, Erwin Halder

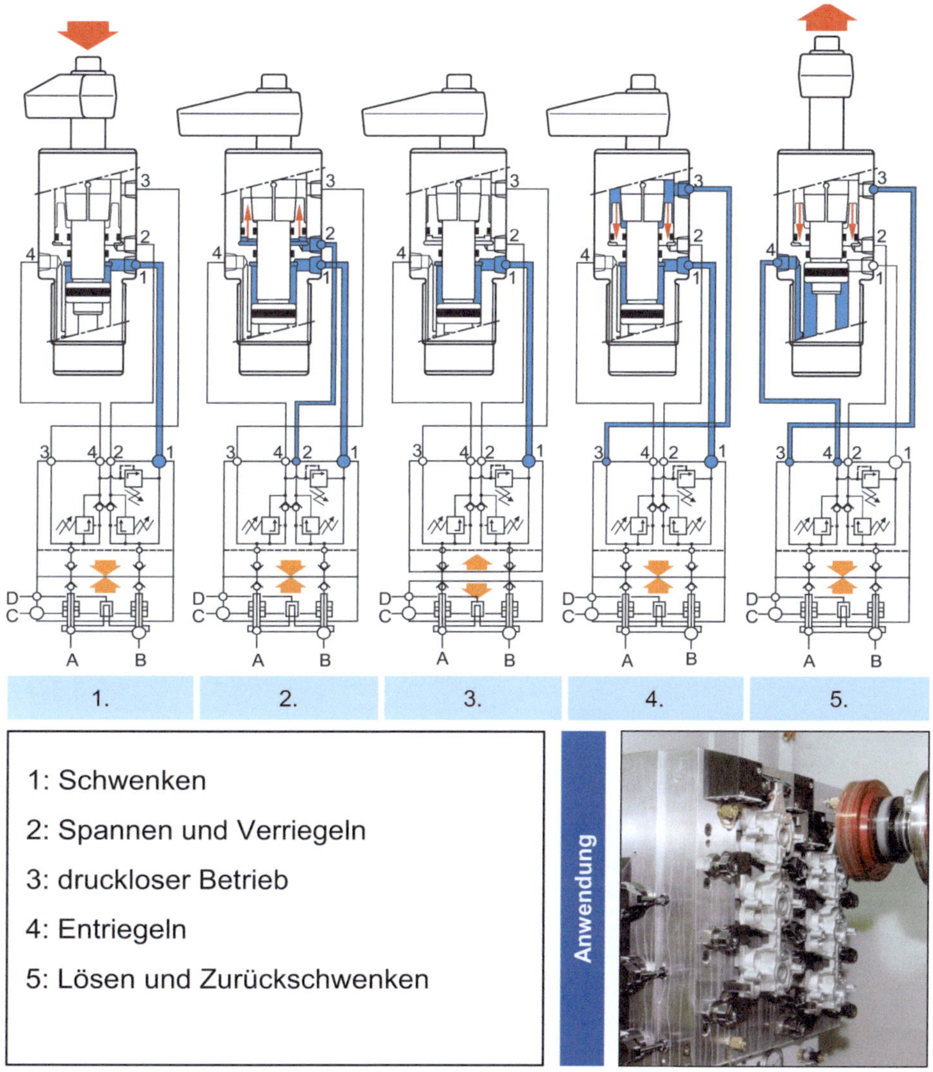

Bild 10.118: Funktionsablauf eines hydraulischen Schwenkspannzylinders. Nach Enerpac, Zuse Hüller Hille

Phasen (4) und (5) das hydraulische Entriegeln, Lösen und Rückschwenken.

Ein flexibles Spannmittel, welches ebenfalls für den automatischen Werkstückwechsel geeignet ist, stellt die Magnetspannplatte dar. Dabei ist das Werkstück ein integraler Bestandteil des Magnetkreises, d.h. der magnetische Fluss wird über das Werkstück geschlossen. Es wird zwischen drei Bauarten unterschieden: Permanent-Magnetspannplatten, Elektropermanent-Magnetspannplatten und Elektro-Magnetspannplatten. Bei Permanent-Magnetspannplatten wird die Magnetkraft durch Permanentmagnete erzeugt. Die Permanentmagnete befinden sich innerhalb der Spannplatte und werden mit einem Betätigungshebel derart geschwenkt, dass ihr magnetischer Fluss zum einen durch das Werkstück geht (Spannen) und zum anderen daran vorbei (Entspannen). Unabhängig von einer externen Energiequelle sind sie überall einsetzbar. Bei sehr enger Primärpolteilung mit niedrigstem Magnetfeld sind sie besonders geeignet für die Bearbeitung von kleinen oder dünnen Teilen auf Erodier- und Fräsmaschinen. [WALK04]

Demgegenüber bieten Elektropermanent-Magnetspannplatten eine wesentlich höhere Haltekraft. Diese Spannwerkzeuge bestehen aus einer Kombination von Permanent- und Elektromagneten. Im Spannzustand sind die Feldlinien beider Magnete gleichgerichtet und sie durchfließen das Werkstück, ◘ Bild 10.119, rechts oben. Zum Entspannen wird der Elektromagnet eingeschaltet. Hier heben sich die nun entgegengesetzt wirkenden Feldlinien im Spannbereich auf. Das Werkstück kann entnommen werden, ◘ Bild 10.119 rechts unten.

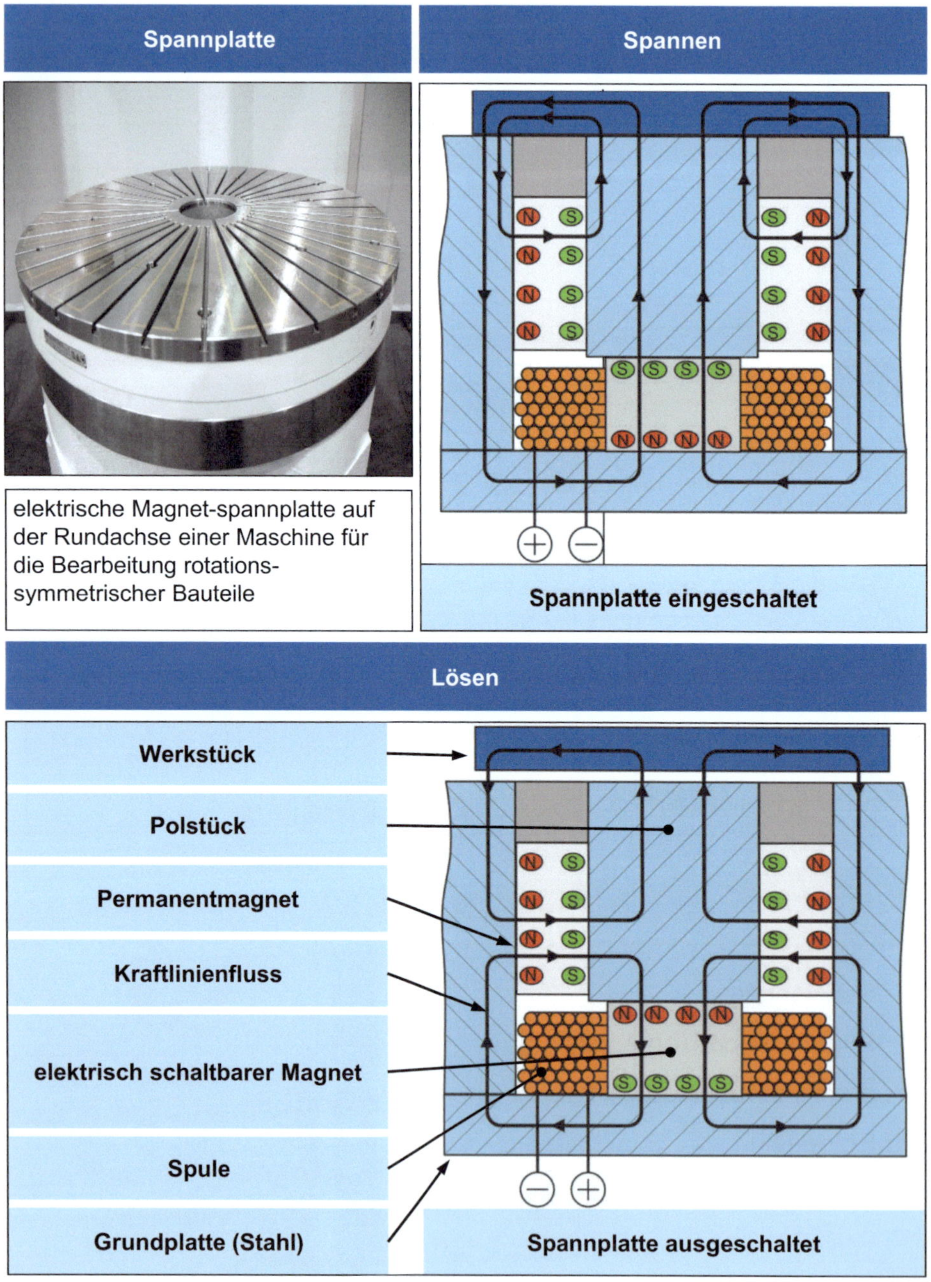

◘ **Bild 10.119:** Elektropermanente Magnetspannplatte. Nach Starrag Technology (Produktbereich Schar-mann); Walker Magnetics

Bei Elektro-Magnetspannplatten wird die Magnetspannkraft durch Elektromagnete erzeugt. Die Elektromagnete bestehen im Prinzip aus einem Stahlkern mit Spule und werden durch einen elektrischen Gleichstrom konstant gespeist. Eine Polplatte verteilt das Magnetfeld der Stahlkerne. Beim Ausschalten verwendet man üblicherweise eine kurze Zeit wirkende Wechselspannung zum Abbau des Restmagnetismus im Werkstück, wofür ein spezielles Steuergerät erforderlich ist. Ein Nachteil dieser Variante ist die Erwärmung, weshalb eine hohe Genauigkeit, beispielsweise für Schleifanwendungen, nicht möglich ist [WALK04]. Mit einer Wasserkühlung kann die in den Spulen entstehende Wärme jedoch abgeführt werden.

10.4.2.2 Werkstückträger und Paletten

Zu den Werkstückträgern gehören Bodenplatten, Kastentische, Drehtische, Drehverschiebetische oder andere Tischausführungsformen. Als Ausrüstungszubehör wurden Werkstückträger bereits bei den Standardvorrichtungen vorgestellt.

Für flexible automatische Werkstückträgersysteme finden Paletten Anwendung, die das Aufspannen der Werkstücke außerhalb der Maschine hauptzeitparallel erlauben. Insbesondere bei Universal-, Fräs- und Bohrmaschinen ist der Einsatz unterschiedlicher Werkstückträger zur aufgabenangepassten Erweiterung der Maschinenfunktionen möglich. ◘ Bild 10.120 zeigt Arbeitstische für Bearbeitungszentren.

Neben starren, über Kugelgewindespindeln, Ritzelzahnstangen oder Linearmotoren angetriebenen Arbeitstischen können verschiedene Rundtische eingesetzt werden, die neben der linearen Bewegungsachse eine Drehachse besitzen. Bei Rundschwenktischen kann die Tischplatte zusätzlich eine Schwenkbewegung ausführen, während der Drehtisch sich endlos drehen kann, ◘ Bild 10.121. Bei dem im mittleren Bildteil gezeigten 2-Achs-Rundschwenktisch erfolgt das Schwenken der Tischplatte in einem Bereich von +91 ° bis −121 °. Bei dem im linken Bildteil dargestellten NC-Rundschwenktisch werden die Achsen über Schneckengetriebemotoren angetrieben. Weiterhin werden NC-Rundschwenktische auch mit Direktantrieb angeboten, ◘ Bild 10.121, rechts. Die Direktantriebe in der B- und C-Achse ermöglichen hohe Geschwindigkeiten und Beschleunigungen, wie sie für eine 5-Achs-Simultan-Hochgeschwindigkeitsbearbeitung notwendig sind. Zusätzlich werden Rundschwenktische auch in Ausführungen verbaut, bei denen das Schwenken manuell über ein Handrad erfolgt.

Teileinrichtungen zum definierten, wiederholten Einstellen von Bauteillagen werden in vielfältigen Ausführungsfor-

◘ **Bild 10.120:** Ausführungsformen von Arbeitstischen. Quelle: DMG MORI

◘ **Bild 10.121:** Arbeitstische mit Schwenkachse. Quelle: GF Machining Solutions

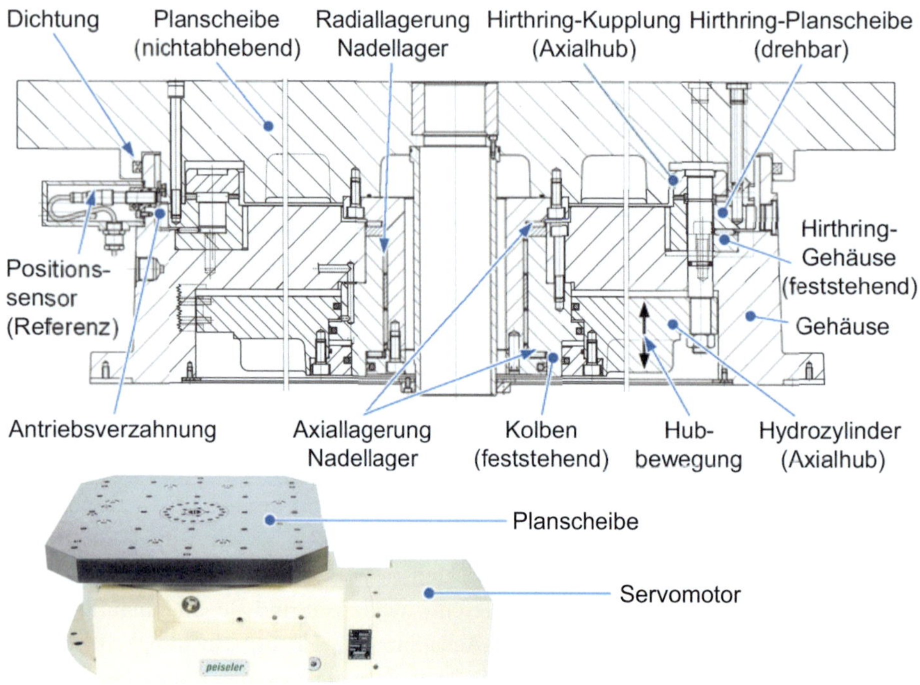

Bild 10.122: Automatischer Teilapparat mit nichtabhebender Planscheibe. Quelle: Peiseler

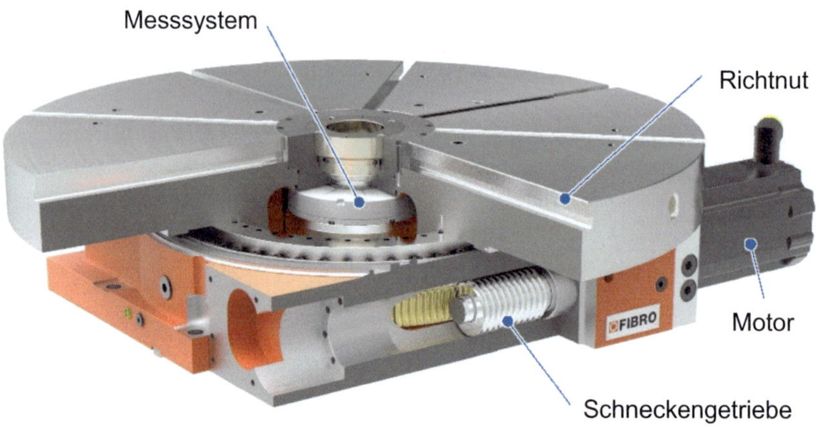

Bild 10.123: NC-Rundtisch für die Mehrseitenbearbeitung in einer Aufspannung, Quelle: FIBRO

men angeboten. Das in Bild 10.122 gezeigte automatische Teilgerät dient dazu, die Planscheibe und die mit ihr verbundenen Vorrichtungen und Werkstücke in diskreter Winkelstellung der Drehachse zu positionieren oder kontinuierlich zu drehen. Das Gehäuse und die Planscheibe sind je mit einer gehärteten und geschliffenen Planverzahnung versehen. Eine dritte hydraulisch betätigte Planzahnkupplung verriegelt in Arbeitsstellung die Zahnringe von Planscheibe und Gehäuse und zentriert beide Teile. Durch einen Druckaufbau in der oberen Kammer zwischen dem feststehenden Kolben und dem axial beweglichen Hydrozylinder werden der Zylinder und die über Bolzen verbundene Hirthring-Kupplung nach oben gedrückt. Die Hirthring-Kupplung trennt dabei die Verbindung zwischen dem Gehäuse und der Planscheibe. Bei ausgehobener Planzahnkupplung lässt sich die Planscheibe im Gehäuse auf Wälzlagern frei drehen. Hierbei handelt es sich um mehrere Nadellager, die kompakt sind und den Tisch innen und außen abstützen. Die Lagekontrolle des Planzahnringes erfolgt über einen induktiven Näherungsschalter. Das Gehäuse und die Planscheibe sind über schleifende Dichtungen gegen eindringendes Kühlwasser oder Späne geschützt. Die nicht abhebende Ausführung verhindert die gefährliche Pumpwirkung der Planscheibe. Der Drehantrieb der Planscheibe erfolgt durch einen Servomotor, ein Schneckengetrieberad und ein Stirnradgetriebe. NC-Teilgeräte in dieser Bauform werden in horizontaler oder vertikaler Ausführung in den Baugrößen 200 mm bis 2.500 mm hergestellt und eignen sich für mittlere bis schwere Zerspanungsleistungen sowie für die Positionier- und Rundbearbeitung. [PEIS03]

Den konstruktiven Aufbau eines als NC-Rundtisch ausgeführten Maschinentisches zeigt Bild 10.123. Der Antrieb erfolgt über einen Servomotor in Verbindung mit einem Zahn-

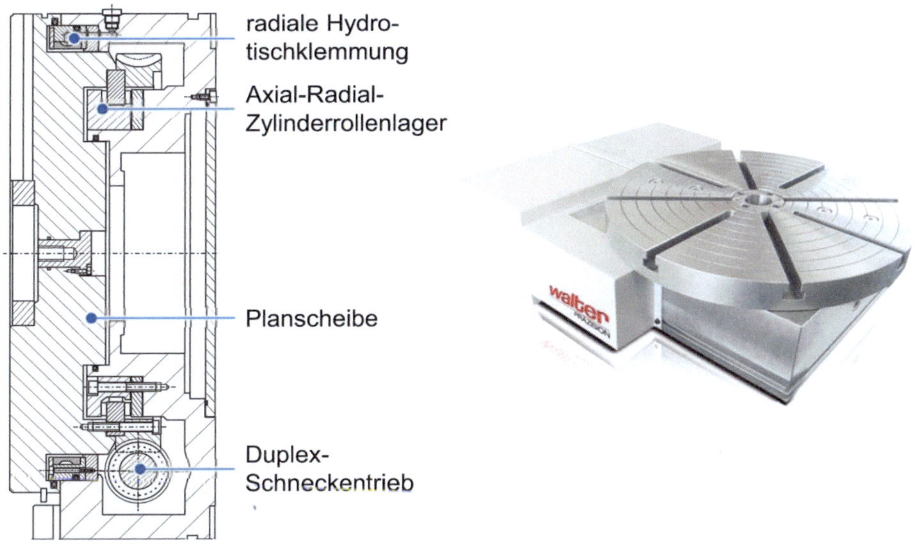

Bild 10.124: Beispiel eines NC-Rundtisches. Quelle: Walter Maschinenbau

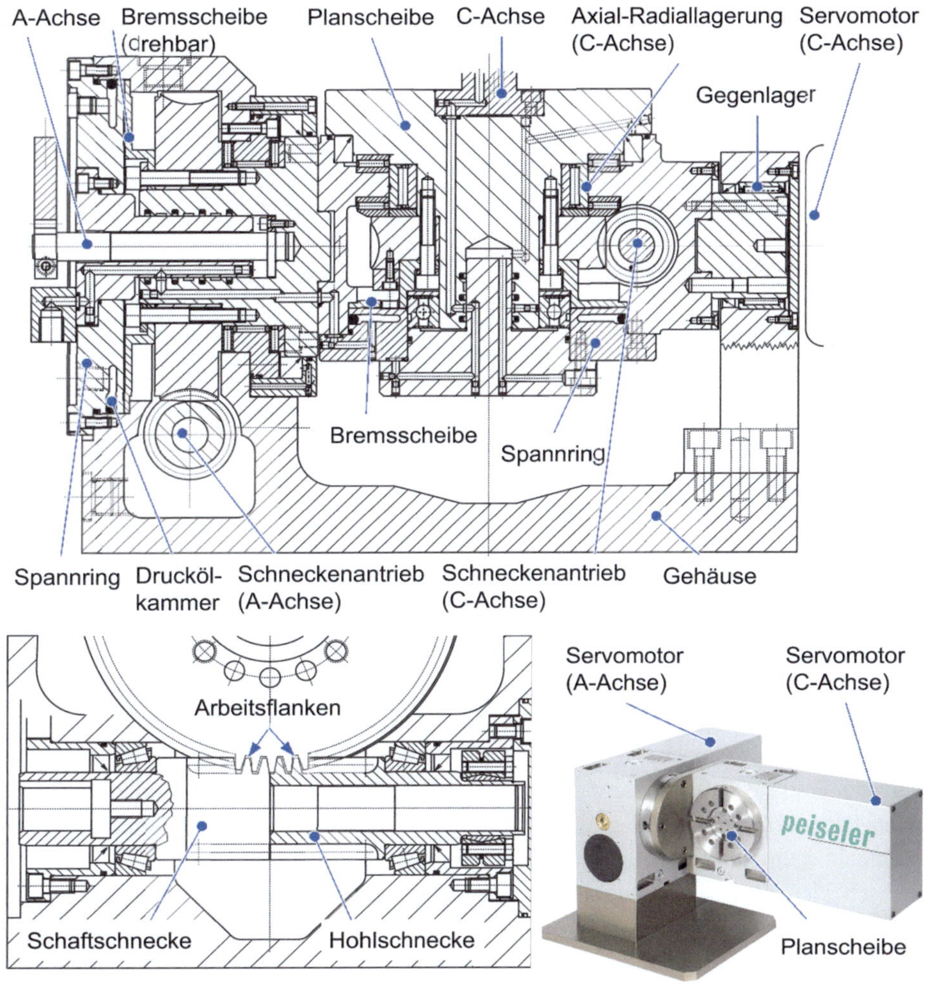

Bild 10.125: Beispiel einer Zweiachsen-Schwenkeinheit. Quelle: Peiseler

radvorgelege und einem spielfrei eingestellten Schneckenantrieb. Hohe Abtriebsmomente erlauben Rundfräsarbeiten mit erheblichen Zerspanungskräften. Eine hydraulische, axiale Klemmung bewirkt eine erhöhte Steifigkeit in positionierter Stellung und vermeidet Verformungen oder Verlagerungen der Werkstückaufspannfläche. Die hochgenaue Positionierung erfolgt über ein zentrisch angeordnetes Messsystem.

Ein weiteres Beispiel für die Anwendung eines Schneckenantriebes in einem vertikalen NC-Rundtisch zeigt **Bild 10.124**. Die Planscheibe wird über Schneckenwelle

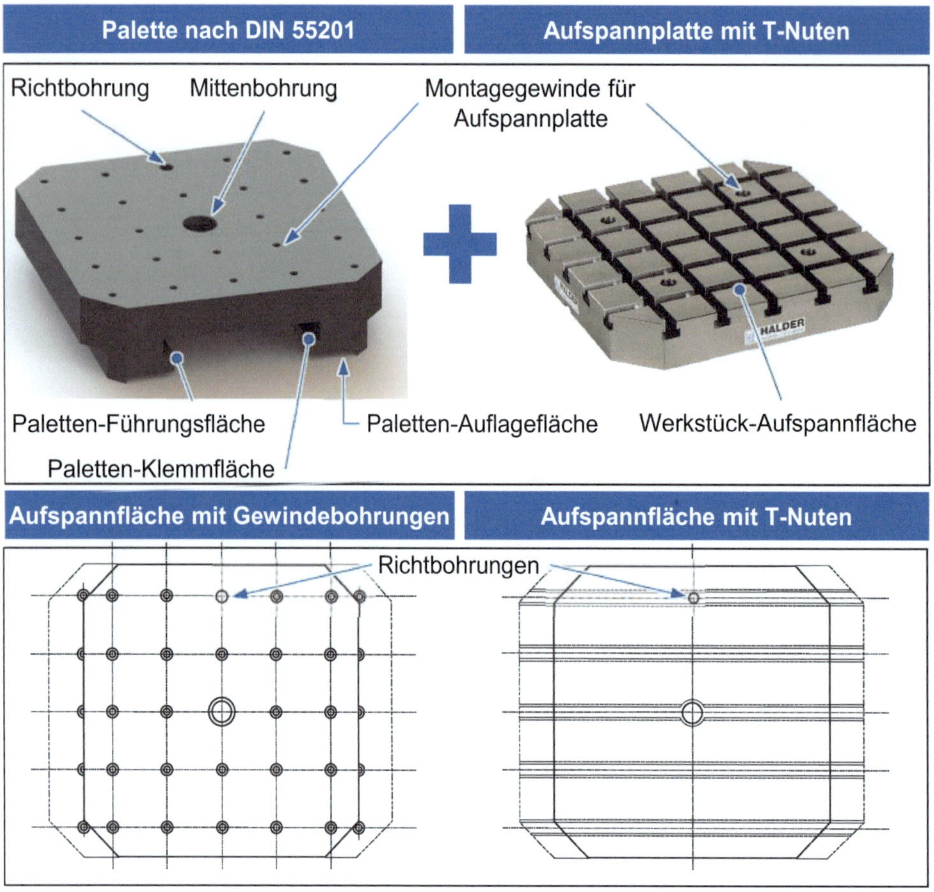

Bild 10.126: Paletten für Werkzeugmaschinen. Quellen: [DIN85d], Erwin Halder

10

und Schneckenrad angetrieben. Der Rundtisch ist in Axial-Radial-Zylinderrollenlagern gelagert, welche eine hohe Steifigkeit aufweisen. Die Klemmung erfolgt über eine hydraulisch mit Druck beaufschlagte radial wirkende Buchse. Es kommen sowohl indirekte Messsysteme an der Schneckenwelle oder am Antriebsmotor als auch direkte Messsysteme an der Teilspindel zum Einsatz, um die Winkellage des Drehtisches im NC-Betrieb genau zu erfassen.

Das Bild 10.125 zeigt einen kompakten Rundschwenktisch. Beide Achsantriebe sind NC-gesteuert. Die Servomotoren leiten über Schneckengetriebe die Drehbewegung ein. Bei den Festlagern für beide Achsen handelt es sich um Axial-Radial-Zylinderrollenlager. Zur Aufnahme großer Momente während der Bearbeitung sind beide Achsen hydraulisch klemmbar ausgeführt. Zur spielfreien Einstellung der Schneckenantriebe sind die Schnecken jeweils in eine Schaft- und Hohlschnecke geteilt. Die Spieleinstellung erfolgt durch Verdrehen der Schneckenhälften. Über ein Spannelement wird die Klemmung zwischen Schaft- und Hohlschnecke erreicht.

Die moderne NC-Fertigung stellt in zunehmendem Maße Anforderungen an die Austauschbarkeit von Werkstückträgern. Die Palette bildet einen austauschbaren Teil der Maschinen-Tisch-Oberfläche. Austauschbare Paletten müssen in Analogie zu den Werkzeugen notwendigerweise einheitliche Schnittstellen zur Maschine besitzen. Neben einigen herstellerspezifischen Ausführungen werden auch genormte Paletten eingesetzt, Bild 10.126. Ebenso sind zweiteilige Systeme etabliert, bei denen die maschinenspezifische Palette mit einer Aufspannplatte versehen wird. Quadratische oder rechteckige Paletten (im Bild strichpunktiert gezeichnet) sind aufspannseitig mit Rasterbohrungen oder parallel angeordneten T-Nuten versehen. Auf der Palettenunterseite liegen die Transportführungsflächen sowie die Positionier- und Klemmflächen zur Maschine. Für Paletten mit Nenngrößen über 800 mm sind zwei Doppel-Nuten vorgesehen, um eine sichere Palettenklemmung zu ermöglichen. [DIN85d; DIN87e]

Eine Weiterentwicklung herkömmlicher Spannsysteme hinsichtlich Wechselwiederholgenauigkeit und Rüstzeitverkürzung stellen sogenannte Nullpunktspannsysteme dar. Typischerweise basieren solche Spannsysteme auf einer Palette, welche über eine spezielle Schnittstellengeometrie und Anordnung automatisch in der Maschine positioniert, ausgerichtet und gespannt werden kann. Kernstück des hier vorgestellten Nullpunktspannsystems ist ein System aus Spannbolzen, Zentrierkegel und Plananlage. Durch die Kombination dieser Elemente in einer wie in Bild 10.127 darge-

Bild 10.127: Nullpunktspannsytem. Quelle: Schunk

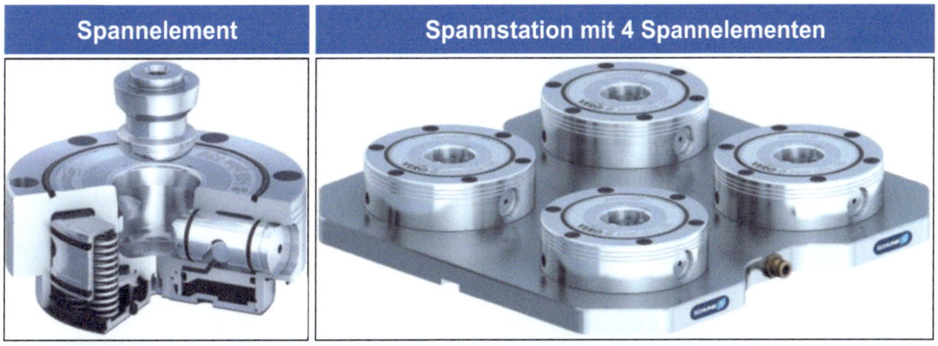

Schnittstellengestaltung		Module: Werkzeugmodule	Module: Werkstückmodule	Mehrfachanordnung
Anschlussgeometrie	Kreis	• Fräsköpfe • Drehrevolver • Wälzfräseinheiten	• Schwenktische • Rundtische • Schwenkbrücken	
Anschlussgeometrie	Reihe/Raster	• Mehrspindelköpfe • Drehrevolver • Werkzeughalter • Spindelhalter	• Spannmittel • Werkstückspindeln	
Anschlussgeometrie	Rechteck	• Fräsköpfe • Kopfrevolver • Spindelhalter	• Vorrichtungen • Tische • Paletten	

stellten Mehrfachanordnung wird eine exakte Positionierung der Palette bzw. des Werkstückes auf dem Maschinentisch möglich.

Die Betätigung des Spannmechanismus erfolgt üblicherweise hydraulisch oder pneumatisch, wobei ein Federpaket für die notwendige Haltekraft im Falle eines Energieverlustes sorgt.

Durch diese Art der Werkstückhandhabung ist es möglich, Bauteile hauptzeitparallel außerhalb der Maschine hochgenau aufzuspannen. Wiederholgenauigkeiten <5 µm sind bei Nullpunktspannsystemen durchaus üblich.

10.4.2.3 Palettenwechseleinrichtungen und -speicher

Der automatische Werkstückwechsel über den Austausch von Spannpaletten ist eine verbreitete Materialhandhabungsform in flexiblen Fertigungseinrichtungen. Bearbeitungszentren für die Bohr- und Fräsbearbeitung können durch die Ausrüstung mit Palettenwechslern und Palettenspeichern zu flexiblen Fertigungszellen erweitert werden. Im Gegensatz zu den Paletten ist der Übergabemechanismus nicht genormt, sodass beim Verketten von Maschinen verschiedener Hersteller Probleme auftreten können.

Eine für kleinere Paletten angewandte Form des automatischen Palettenwechsels ist ein Wechselarm in Analogie zum automatischen Werkzeugwechsel, ◘ Bild 10.128 rechts. Zum Wechsel muss die Palette in eine Übergabeposition gefahren werden. In dieser Stellung greift die Doppelgreifergabel des Schwenkwechslers beide Paletten. Nach dem Lösen der Klemmung hebt der Doppelarmgreifer beide Paletten aus den Aufnahmen und wechselt sie durch eine 180 °-Drehung. Dadurch wird Be- und Entladen sowie Umrüsten der Palette unabhängig von der Bearbeitung ermöglicht. Die Palettenwechselzeit beträgt je nach Palettengröße 5–15 Sekunden. Weiterhin existieren 90 °-Schwenkwechsler in Kreuzbauweise mit dementsprechend vier Paletten. [HÜLL03a]

Für höhere Werkstückgewichte werden sehr häufig Palettenwechsler als Palettenverschiebestation ausgeführt, ◘ Bild 10.128 links. Voraussetzung für diese Art des automatischen Palettenwechsels ist die Möglichkeit des Anfahrens zweier Übergabepositionen durch den Werkstückschlitten der Maschine. Eine Station wird für die Bereitstellung einer neuen Palette benötigt, während die andere zur Aufnahme der abgearbeiteten Palette dient. Über ein Lineartransportsystem mit schienengeführtem Palettenwagen oder über Flurfördertransportsysteme werden die Paletten der Maschine zugeführt bzw. an die Be- und Entladeplätze transportiert.

Linear angeordnete Palettenspeicher oder Speicher in Regalform werden meist in Mehrmaschinensystemen eingesetzt. Soll ein Bearbeitungszentrum zu einer autonomen Fertigungszelle ausgebaut werden, dann werden die Paletten häufig kreisförmig oder oval zu einem Palettenspei-

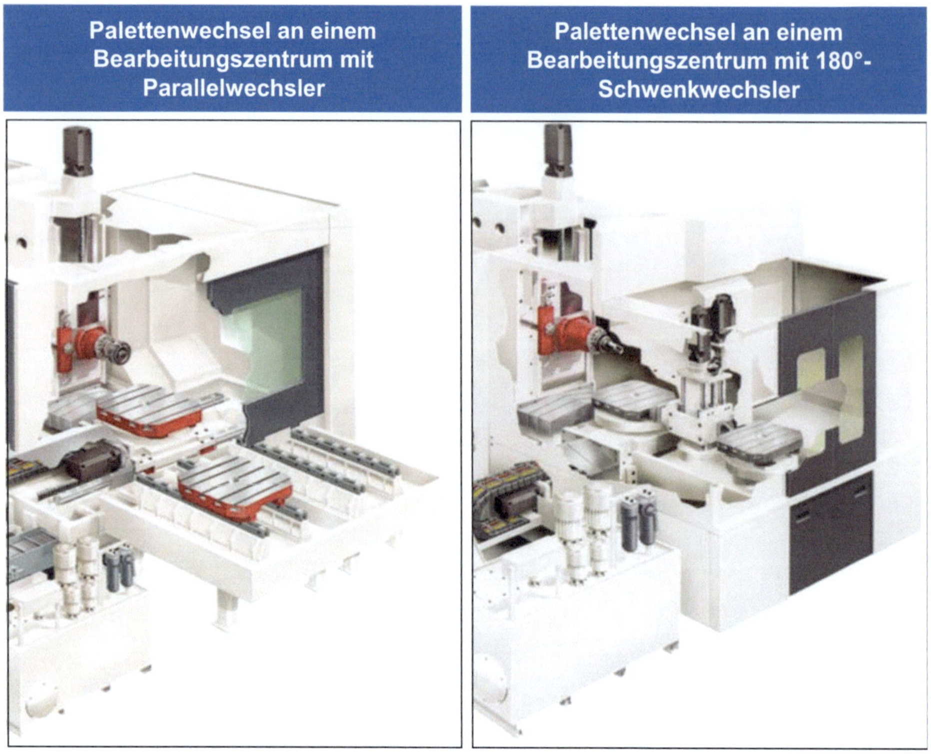

Bild 10.128: Palettenwechseleinrichtungen. Quelle: Zuse Hüller Hille

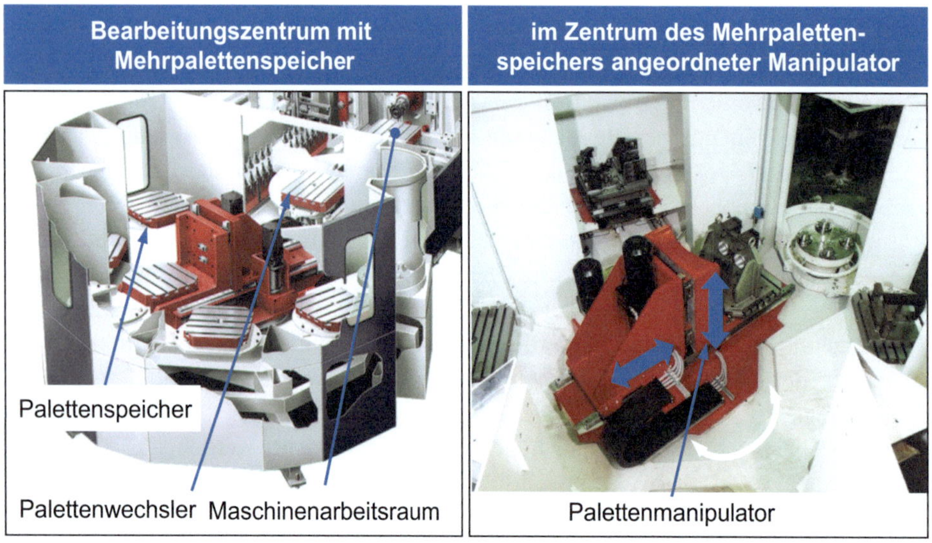

Bild 10.129: Palettenspeichersystem mit zentralem Manipulator. Quelle: Zuse Hüller Hille

cher angeordnet, Bild 10.129. Beim Mehrpalettenspeicher können je nach Baugröße sechs bis acht Paletten bevorratet werden. Für den Palettenwechsel fährt ein im Zentrum des Speichers befindlicher Manipulator unter die Palette, hebt diese an und setzt sie nach einer Drehung im Arbeitsraum ab. Der Mehrpalettenspeicher besitzt einen separaten, drehbaren Be- und Entladeplatz, wodurch hauptzeitunabhängig be- und entladen werden kann. Besonders kompakt und platzsparend ist die Version mit zwei übereinander liegenden Ablage-Ebenen. Sie ermöglicht die Aufnahme von bis zu zwölf Paletten im System. [HÜLL03b]

10.4.3 Werkstückspannung, Abstützung und Zuführung in Drehmaschinen

10.4.3.1 Spannsysteme

Spannsysteme an Arbeitsspindeln von Drehmaschinen haben die Aufgabe, durch zentrierendes Spannen Werkstückachse und Spindeldrehachse in Übereinstimmung zu bringen sowie die notwendigen Bearbeitungskräfte und Momente auf das Werkstück zu übertragen.

Drehwerkstücke werden meist in Spannfuttern unterschiedlicher Größe mit vielfältigen Betätigungsmechanismen gespannt. Großwerkstücke werden auf Planscheiben, kleine Werkstücke oder Stangenmaterial werden in Spannzangen gespannt.

Ausführungsformen von Spindelköpfen

Spindelenden in Drehmaschinen werden zumeist als Kurzkegelaufnahme ausgeführt. Es gibt verschiedene Normen zur Befestigung der vereinheitlichten Werkstückspannfutter, ◘ Bild 10.130. Bei seltenen Futterwechseln kommen Spindelköpfe mit einer Futterverschraubung von vorn zum Einsatz [DIN10b]. Ebenfalls werden über einen Kurzkegel Futter auf Spindelköpfen nach [DIN10c] aufgenommen, wobei die im Futter befestigten Stehbolzen über Bundmuttern gegen die Bajonettscheibe verschraubt werden. Dieses Prinzip ist für häufigere Futterwechsel geeignet, benötigt jedoch zwischen Spindelstock und Spindelkopf einen Freiraum für die Bundmutter, die manuell angezogen wird. Eine einfache Betätigung des Arretierungsmechanismusses ist bei der Camlock-Ausführung nach [DIN10a] durch Verdrehen von exzentrisch gelagerten Klemmnocken möglich.

Für die Aufnahme von rotationssymmetrischen Werkstücken (Wellen, Scheiben) werden zentrisch spannende Dreibackenfutter mit drei unter 120 ° versetzt angeordneten Spannbacken verwendet. Zum Spannen mehrflächiger Werkstücke werden Vierbackenfutter im Kreuzversatz eingesetzt. Dreibackenfutter gibt es für die manuelle Betätigung (Handspannfutter) oder als Automatikfutter.

Das ◘ Bild 10.131 zeigt Möglichkeiten zum Spannen von Werkstücken mit großen und kleinen Werkstückdurchmessern. Durch den Einsatz von Stufen- bzw. Zangenbacken lässt sich der Spanndurchmesserbereich dem Werkstückdurchmesser anpassen.

Bei den Handspannfuttern sind die Planspiralfutter und die Keilstangenfutter weit verbreitet [DIN10d]. ◘ Bild 10.132 zeigt ein Handspannfutter nach dem Keilstangenprinzip. Hinter jeder Spannbacke ist im Futterkörper eine quer verschiebbare Keilstange angeordnet. Sie steht über einer schräg liegenden Modulverzahnung mit der rückwärtigen Verzahnung der Spannbacke im Eingriff. Werden die Keilstangen bewegt, führen die Backen je nach Bewegungsrichtung einen Spannhub nach innen oder nach außen aus. Das symmetrische Spannen durch den exakten Gleichlauf der drei Keilstangen bewirkt der dahinter liegende Treibring. Er nimmt in drei radial liegenden Nuten die Gleitsteine auf, von denen jeder auf einem Zapfen an der Rückseite der Keilstange gelagert ist. Eine der drei Keilstangen wird durch die im Futter-

◘ **Bild 10.130:** Genormte Spindelkopfausführungen für Arbeitsspindeln. Nach [DIN80a; DIN80b; DIN80c]

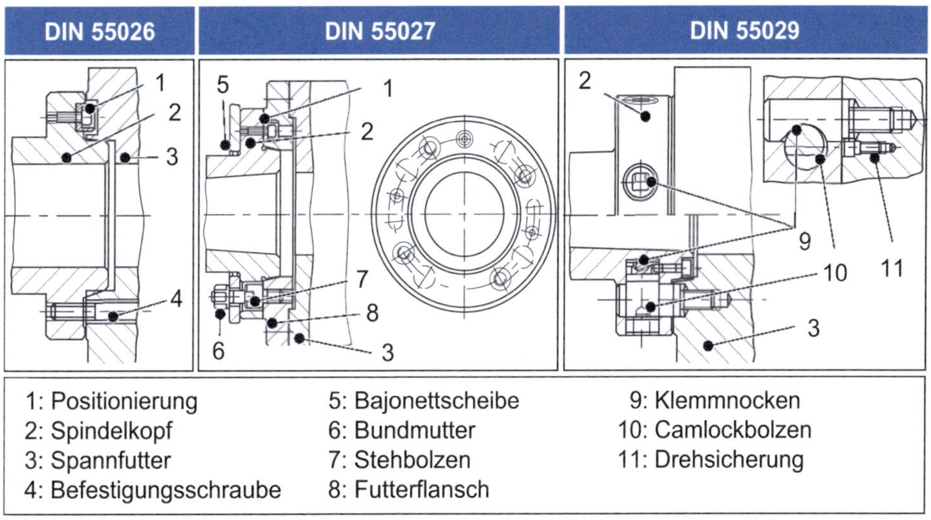

◘ **Bild 10.131:** Spannen von großen und kleinen Werkstücken. Quelle: Schunk

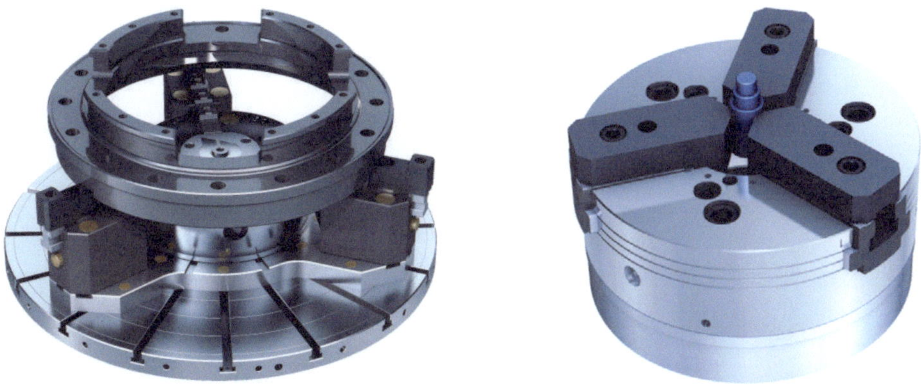

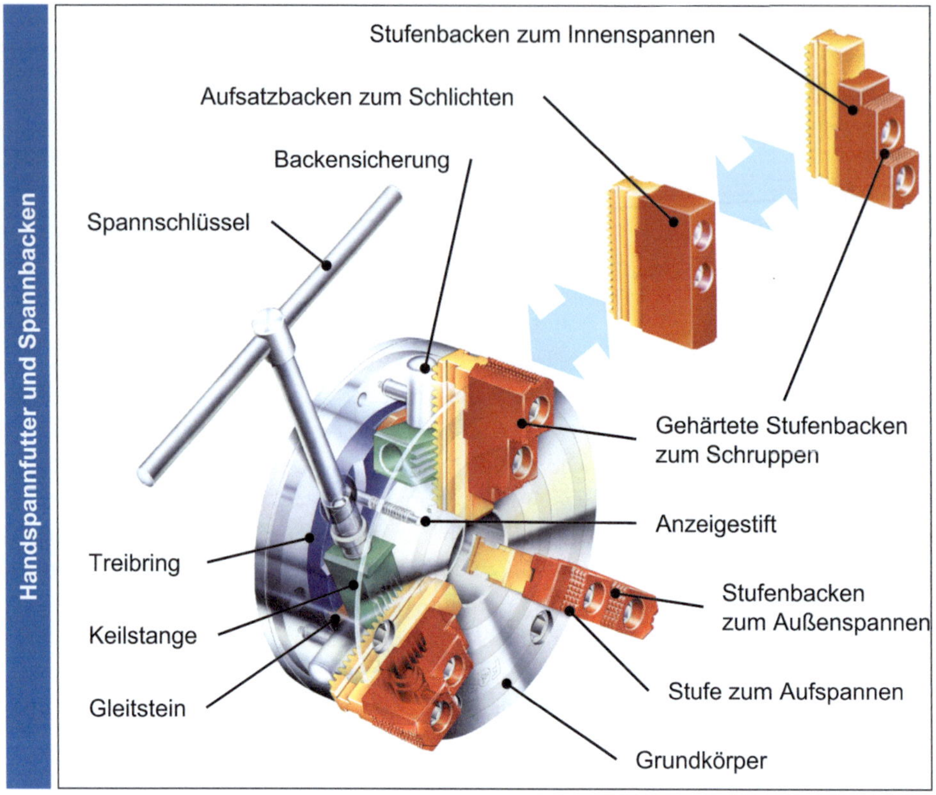

Bild 10.132: Handspannfutter nach dem Keilstangenprinzip. Quelle: Forkardt

körper gelagerte Gewindespindel angetrieben. Das Ende des nutzbaren Backenhubs wird durch das Heraustreten des Anzeigestifts markiert. In diesem Fall besteht die Gefahr, dass die Spannverzahnung nicht oder nur unzureichend im Eingriff ist, oder dass nicht genügend Nachspannhub für das sichere Festhalten des Werkstückes vorhanden ist. Für schwere Schrupparbeiten roher oder vorgedrehter Werkstücke werden harte Stufenbacken mit Pflastersteinverzahnung auf der Spannfläche verwendet. Für das genaue Spannen bereits bearbeiteter Werkstücke, die an der Spannfläche nicht beschädigt werden dürfen, werden weiche Spannbacken mit glatter Spannfläche eingesetzt. [FORK13]

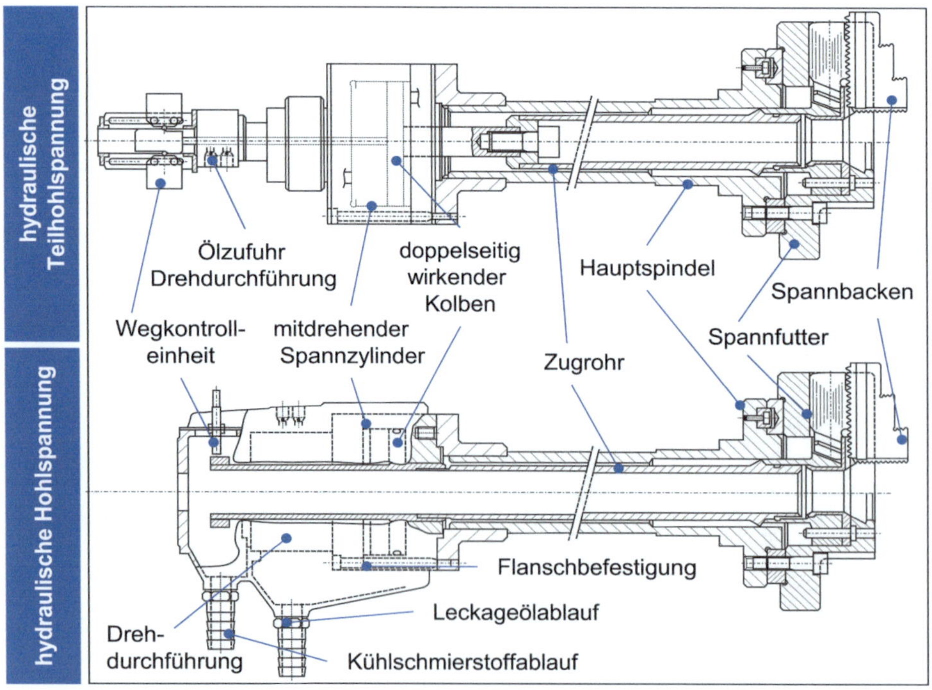

Bild 10.133: Kraftspanneinrichtungen für Drehmaschinen. Quelle: Forkardt

Bild 10.134: Kraftbetätigtes Keilhakenspannfutter mit Fliehkraftausgleich. Quelle: Forkardt

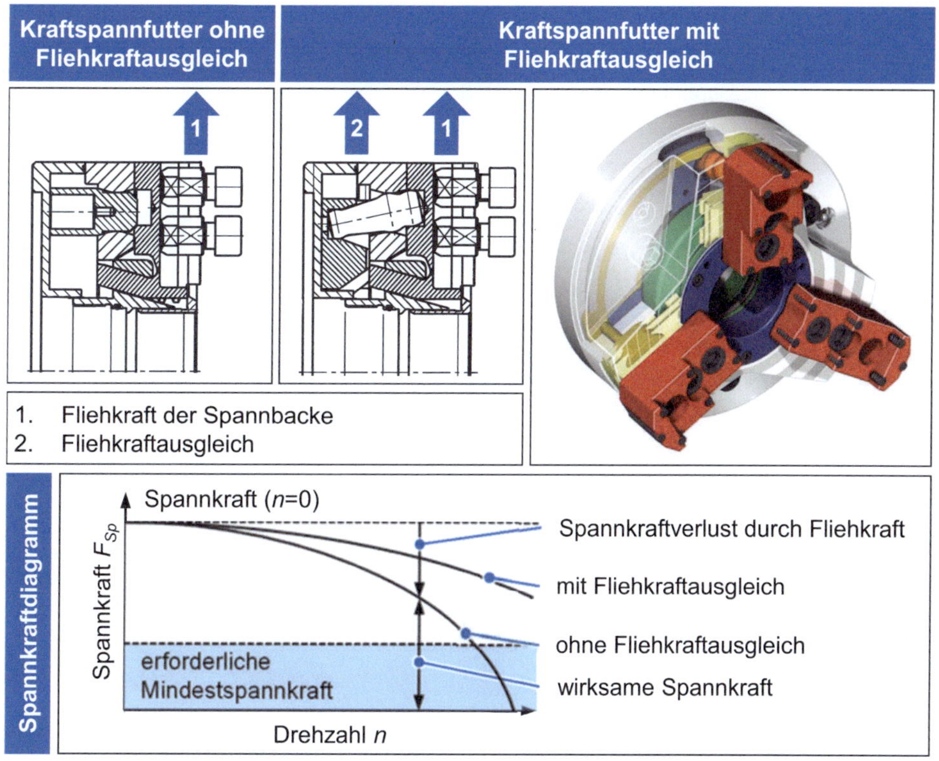

Für Produktionsmaschinen werden automatisch betätigte Spannfutter eingesetzt. Ein Spannkolben bewirkt über Keil- oder Hebelmechanismen die Spannbewegung der Backen. Für die Betätigung des Spannkolbens kommen Pneumatik- oder Hydraulikzylinder bzw. elektromechanische Kraftspanneinrichtungen zum Einsatz, die am rückwärtigen Spindelende angebracht werden. Das Druckmedium wird über Drehübertrager auf das umlaufende Zylinder-Kolbensystem übertragen. Je nach Fertigungsaufgabe werden Hohlspann- oder Teilhohlspanneinrichtungen angewendet, Bild 10.133.

Der Drucköl-Spannzylinder für die Teilhohlspannung, Bild 10.133 oben, besitzt einen einfachen, kurzen Zylinderflansch mit einer Befestigung von der Zylinderrückseite aus. Dieser befindet sich relativ nahe am hinteren Spindellager, was sich bei hohen Drehzahlen positiv auf die Laufruhe auswirkt. Mit dem Drucköl-Spannzylinder für Hohlspannung, Bild 10.133 unten, ist auch die Bearbeitung von Stangenmaterial möglich. Das bei der Zerspanung verwendete und durch eine Spindelbohrung nach hinten abfließende Kühlmittel wird vom Zylindergehäuse aufgefangen. Beiden Systemen gemeinsam ist, dass eine Wegkontrolleinheit die Stellung des Zugrohres und damit die Lage der Spannbacken kontrolliert. Zu beachten ist hierbei, dass die axiale Bewegung des Zugrohres bei unterschiedlichen Spannfuttern verschieden groß ist. Bei dem Wechsel von Spannfuttern ist daher unter Umständen eine Neueinstellung der Endschalter notwendig.

Die Spannkraft des Spannfutters wird bei hohen Drehzahlen sehr stark von den dabei auftretenden Fliehkräften der Spannbacken beeinflusst. Bei Außenspannung kann die Spannkraft soweit vermindert werden, dass ein sicheres Bearbeiten eines Werkstückes nicht mehr gewährleistet ist. Um dies zu vermeiden, werden Fliehkraftausgleichsysteme eingesetzt, die die Fliehkraft der Spannbacken soweit kompensieren, dass in allen Drehzahlbereichen genügend Spannkraft auf das Werkstück wirkt. Bei dem in Bild 10.134 gezeigten Beispiel wird diese Kompensationskraft durch das Umlenken der Fliehkraft des Ausgleichgewichtes gegen die Grundbacke erreicht. Bei der Auslegung der Massen und Hebelarme ist auch das elastische Aufweiten des Futterkörpers einzubeziehen.

Membranspanntechnik

Das Bild 10.135 zeigt das Prinzip der Membranspanntechnik. Die Funktion dieses Spannfutters basiert auf der elastischen Verformung einer Membran. Die im äußeren Bereich des Spannfutters verschraubte Membran wird im inneren Bereich über ein Zugrohr verformt, wodurch die Backen sich durch Schrägstellen schließen und das Werkstück gespannt wird. Hinter der Membran befinden sich mit den Spannbacken verbundene Gegengewichte aus Schwermetall. Durch die Rotation auftretende Fliehkräfte werden somit kompensiert. Dabei gibt es keine gleitenden Teile, weshalb das System weitgehend schmutzunempfindlich und verschleißarm ist [SMW13]. Der Spannbereich ist nicht sehr groß und bewegt sich im Zehntelmillimeterbereich.

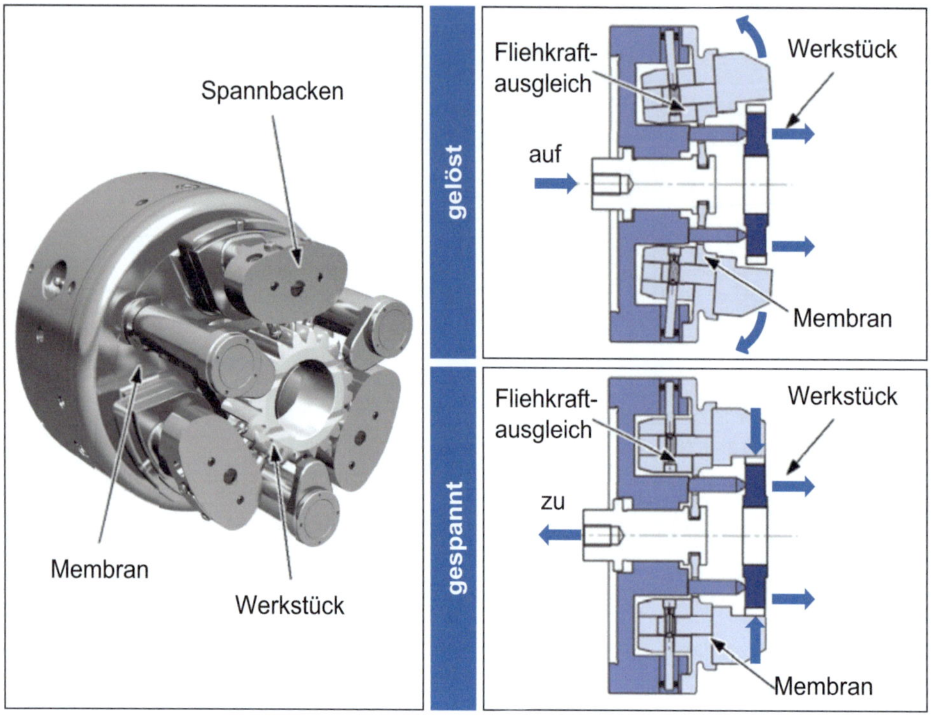

■ **Bild 10.135:** Prinzip der Membranspanntechnik. Quelle: SMW-Autoblok

10

Spannzangen

Für das automatische Spannen von Stangenmaterial und vorgefertigten Rohlingen eignen sich Spannzangen. Das sind Spannfutter aus Stahlbacken mit elastischen Zwischenelementen, ■ Bild 10.136. Der äußere, kegelförmige Spannkopf wird über das Zugrohr mittels Spannzylinder in den Kegel des Futterkörpers gezogen. Futterflansch und Grundkörper werden jeweils an die Maschine und die Spannkopfbacken an das Werkstück angepasst. Die Herstellung der Spannbacken geschieht so, dass diese in Form eines geschlossenen Rings zusammenhängend bearbeitet und anschließend in einzelne Backen getrennt werden. Danach werden die Stahlsegmente durch vulkanisierte Gummizwischenlagen elastisch miteinander verbunden [HAIN15]. Der Spannbereich liegt in einem Bereich kleiner 0,5 mm.

Für die Massenfertigung von Stangenmaterial werden auch Spannzangen nach einem anderen Konstruktionsprinzip eingesetzt. Die Spannzangen sind auf bestimmte Werkstückdurchmesser abgestimmt. Ihr Spannbereich ist daher gering (< 0,3 mm). Sie erlauben durch das großflächige, gleichmäßige Spannen rundum auch die Bearbeitung von dünnwandigen Werkstücken (z. B. Rohren). Das ■ Bild 10.137 zeigt eine Spannzangenausführung, bei der im Gegensatz zur Ausführung in ■ Bild 10.136 nicht die Spann-

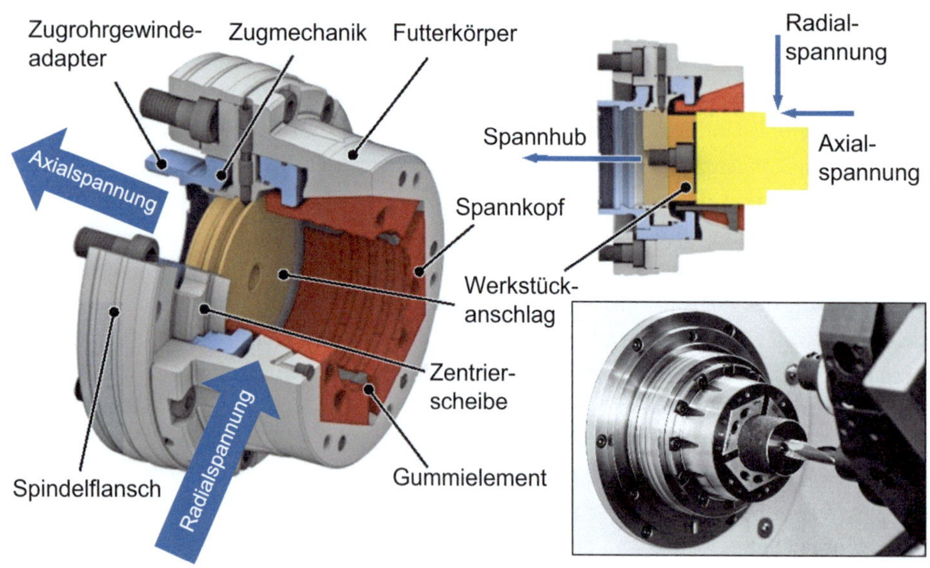

■ **Bild 10.136:** Spannfutter mit vulkanisierten Stahlsegmenten. Quelle: Hainbuch Spannende Technik

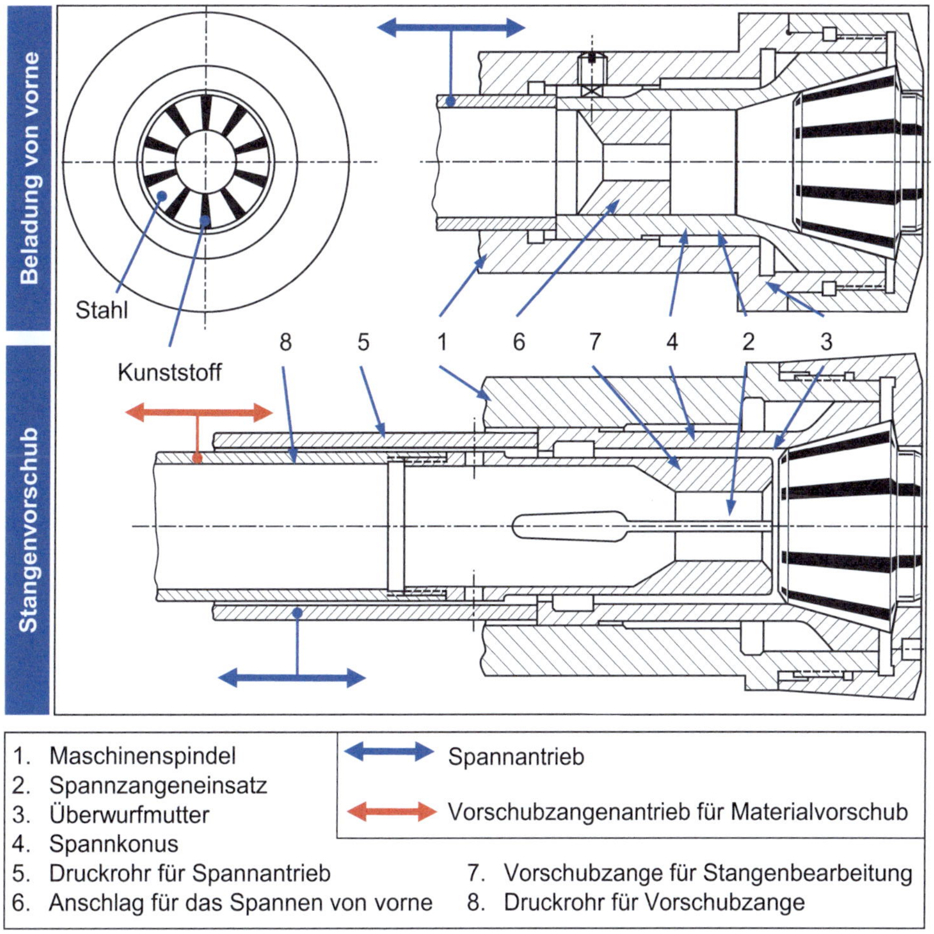

Bild 10.137: Spannzangen mit und ohne Stangenvorschub. Quelle: Ortlieb Präzisionssysteme

hülse in den Kegel hineingezogen wird, sondern umgekehrt der Kegel durch das hydraulisch betätigte Druckrohr über die elastische Spannhülse geschoben wird, um das Werkstück festzuhalten.

Spanndorne

Zahlreiche Ausführungsformen existieren bei der Gruppe der innen spannenden Spannzeuge, den Spanndornen. Aufgrund des für eine hohe Spanngenauigkeit notwendigen, geringen Spannhubs, müssen die Spanndorne den unterschiedlichen Werkstückdurchmessern angepasst werden. Ein kraftbetätigter Segmentspanndorn wird in Bild 10.138 vorgestellt. Der Spanndorn besteht aus einem segmentierten Stahlbolzen mit elastischen Zwischenelementen. Der über einen Zugbolzen betätigte axiale Spannhub bewirkt auf dem Futterkegel neben der Axialbewegung eine radiale Aufweitung des Stahlbolzens.

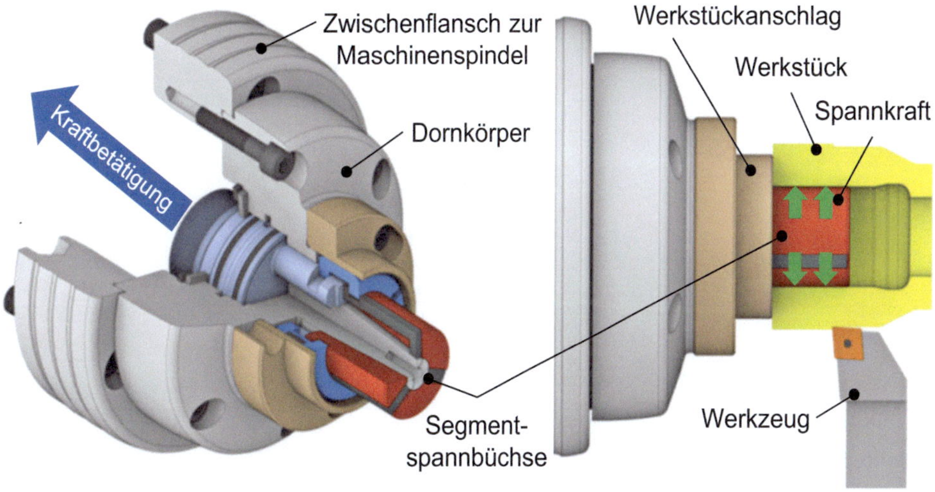

Bild 10.138: Kraftbetätigter Segmentspanndorn. Quelle: Hainbuch Spannende Technik

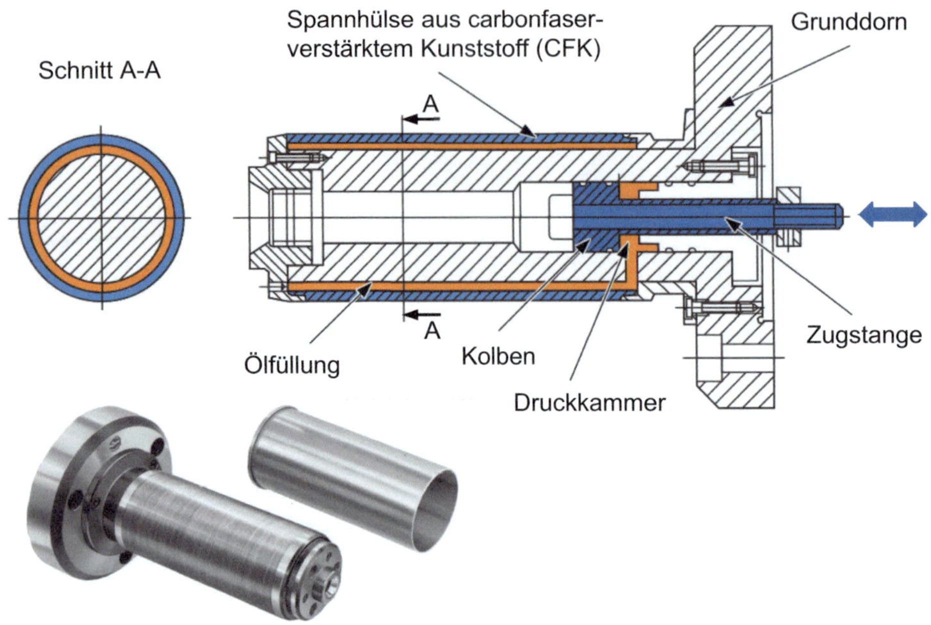

Bild 10.139: Hydraulischer Spanndorn. Quelle: Röhm

Dadurch wird eine wiederholgenaue Positionierung und sichere Spannung des Werkstückes erreicht.

Eine andere Variante bilden die hydraulischen Spanndorne mit Kunststoff-Spannhülse, Bild 10.139. Das Fließfett oder Hydrauliköl wird über einen Kolben mit Druck beaufschlagt und dehnt die glasfaser- oder carbonfaserverstärkte Kunststoff-Spannhülse. Die Dehnung kann maximal ein Prozent des Durchmessers der Dehnhülse betragen, sodass aufgrund des geringen Spannbereiches nur eng tolerierte Werkstückbohrungen spannbar sind. Das Werkstück lässt sich direkt über die Dehnhülse oder indirekt über eine zylindrische und beidseitig geschlitzte Zwischenhülse spannen. Die Zwischenhülse kann auch als Wechselteil für die Anpassung an verschiedene Spanndurchmesser ausgelegt werden. Die Konstruktion und der Faserverlauf der Dehnhülse ermöglichen eine zylindrische und runde Dehnung über den gesamten Spannbereich bei einer maximalen Werkstückdurchmessertoleranz von 5 µm [RÖHM13].

Spannung zwischen Spitzen

Wellenteile werden häufig zwischen Spitzen gespannt und über Stirnseitenmitnehmer angetrieben. Für einen großen Arbeitsbereich besitzt das in Bild 10.140 abgebildete Stirnfutter wechselbare Mitnehmermesser, die sich in die Stirnfläche des Werkstückes eingraben und auf diese Weise für eine formschlüssige Momentenübertragung sorgen. Ein hydraulischer Ausgleich gewährleistet einen gleichmäßigen Eingriff der Mitnehmermesser auch bei stark unebenen Stirnflächen. Dazu sind die vier Messer jeweils auf Kolben gelagert, welche ihrerseits auf untereinander verbundenen Ölsäulen ruhen. Das Öl steht dabei unter

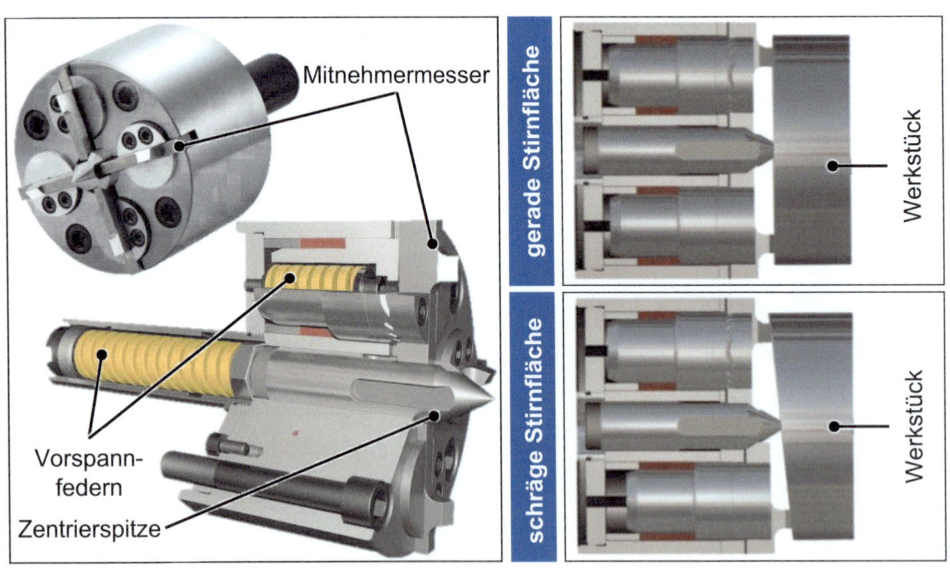

Bild 10.140: Stirnfutter mit hydraulischem Ausgleich. Quelle: Karl Bruckner

Bild 10.141: Spannen großer Werkstücke auf einer Planscheibe. Quelle: Starrag Technology (Produktbereich Scharmann)

Federvorspannung. Die Zentrierspitze ist ebenfalls federnd gelagert und übernimmt die Zentrierfunktion [KARL14].

Planscheiben

Zur Bearbeitung von großen, unrunden oder unregelmäßigen Werkstücken kommen oft Vertikaldrehmaschinen zum Einsatz, bei denen das Werkstück auf einer Planscheibe aufgespannt wird. Auf den Planscheiben wird das Werkstück manuell ausgerichtet und mithilfe von vier bis acht einzeln verstellbaren Spannbacken sowie gegebenenfalls mit zusätzlichen Spannklauen, Spanneisen und Spannunterlagen befestigt. Hierbei sind insbesondere die Fliehkräfte zu berücksichtigen und Unwuchten durch entsprechende Gegengewichte auszugleichen. Großdrehmaschinen dieser Baureihe dienen zur Bearbeitung von rotationssymmetrischen Werkstücken mit einem maximalen Umlaufdurchmesser von über 12 m und einem maximalen Werkstückgewicht von 350 t. Planscheiben finden ebenfalls als Werkstückträger für Senkrechtdrehmaschinen Anwendung. Das Bild 10.141 zeigt eine Senkrechtdrehmaschine mit Planscheibe bei der parallelen Bearbeitung mit zwei Drehwerkzeugen.

Komplettbearbeitung eines Bauteils

Eine Variante zur Komplettbearbeitung von Wellen in einer Aufspannung ist in Bild 10.142 dargestellt. Zum Andrehen des Spanndurchmessers wird das Werkstück zwischen Spitzen durch Stirnmitnehmer angetrieben. Die Mitnehmerbolzen werden über den inneren Kolben des Doppelkolben-Spannzylinders in die Werkstückstirnseite eingedrückt. Die gleichmäßige Kraftübertragung auf alle Mitnahmebolzen wird über ein Kugelgelenk erreicht. Anschließend erfolgt die Übertragung von höheren Drehmomenten auf das Werkstück bei der Schruppbearbeitung über ein Wellenspannfutter. Die Betätigung des Spannfutters nach dem Keilstangenprinzip erfolgt mithilfe des vorderen Kolbens. [SMW13]

10.4.3.2 Abstützung langer Werkstücke

Lange Werkstücke werden zwischen Zentrierspitzen oder Zentrierkegeln aufgenommen und durch Setzstöcke abgestützt. Im Folgenden werden einige repräsentative Anwendungsbeispiele vorgestellt.

Feste oder mitlaufende Zentrierspitzen besitzen meist einen Spitzenwinkel von 60 °. Sie sind gehärtet und geschliffen. In Bild 10.143 ist oben eine mitlaufende Körnerspitze mit Dreifachlagerung dargestellt. Zum Antrieb der Werkstücke kann ein Stirnseitenmitnehmer in die Spindel eingesetzt werden, der neben einer Zentrierspitze einen Mitnehmer besitzt, welcher in die Stirnfläche des Werkstücks eingreift.

Zum Abstützen von langen, rotierenden Werkstücken kommen Setzstöcke bzw. Lünetten zum Einsatz, wodurch das elastische Durchbiegen auf Grund des Eigengewichtes und der Schnittkräfte verhindert wird. Ein Setzstock besitzt bewegliche Backen, die zentrisch auf den Durchmesser des Werkstücks und die richtige Drehhöhe eingestellt werden.

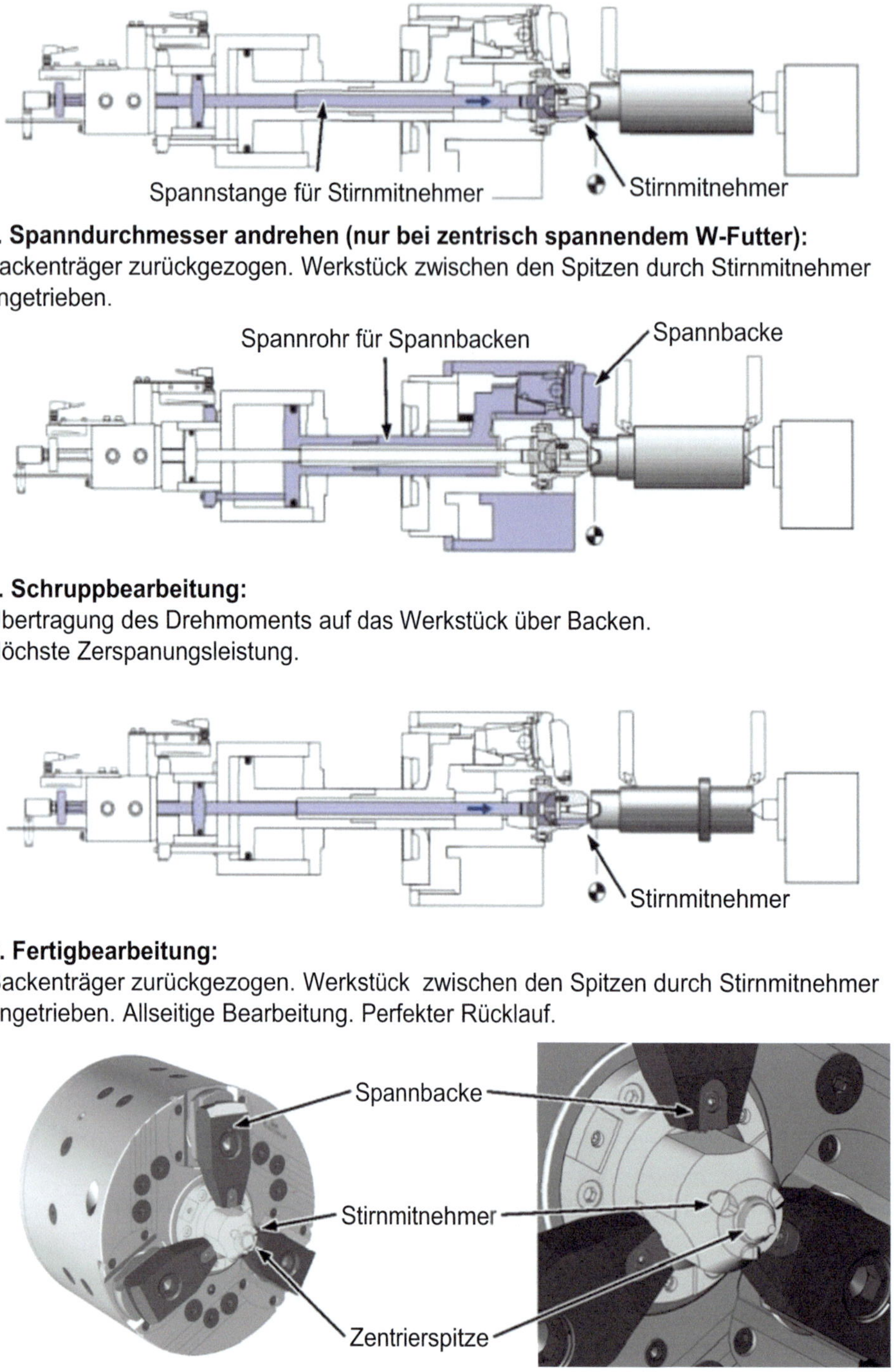

Bild 10.142: Wellenspannfutter mit rückziehbaren Backen und Stirnmitnehmer. Quelle: SMW-Autoblok

10

Lünetten haben Rollen, die das Werkstück stützen, und erlauben eine stirnseitige Bearbeitung des freien Endes. Hierzu wird das Werkstück einerseits im Drehfutter eingespannt und auf der Gegenseite durch die Lünette abgestützt. Die Lünette wird auf einem eigenen Schlitten montiert und kann entlang der Werkstückachse verfahren werden. Häufig werden Werkstücke zunächst mit einer Zentrierspitze bearbeitet und nur für die Endenbearbeitung in der Lünette geführt, Bild 10.144. Ist kein eigener Schlitten vorgesehen, können Revolverlünetten auf 2-Schlitten-Drehmaschinen oder Dreh-Fräszentren eingesetzt werden, die wie ein Werkzeug am Revolver montiert werden.

Die in Bild 10.145 dargestellte Lünette wirkt über ein Getriebe selbstzentrierend. Die Betätigungskraft kann hydraulisch oder pneumatisch aufgebracht werden. Das Ausfahren des Kolbens bewirkt über die Schrägen des Mittelstücks, an dem die mittlere Rolle angebracht ist, die synchrone Übertragung der Bewegung auf die beiden Span-

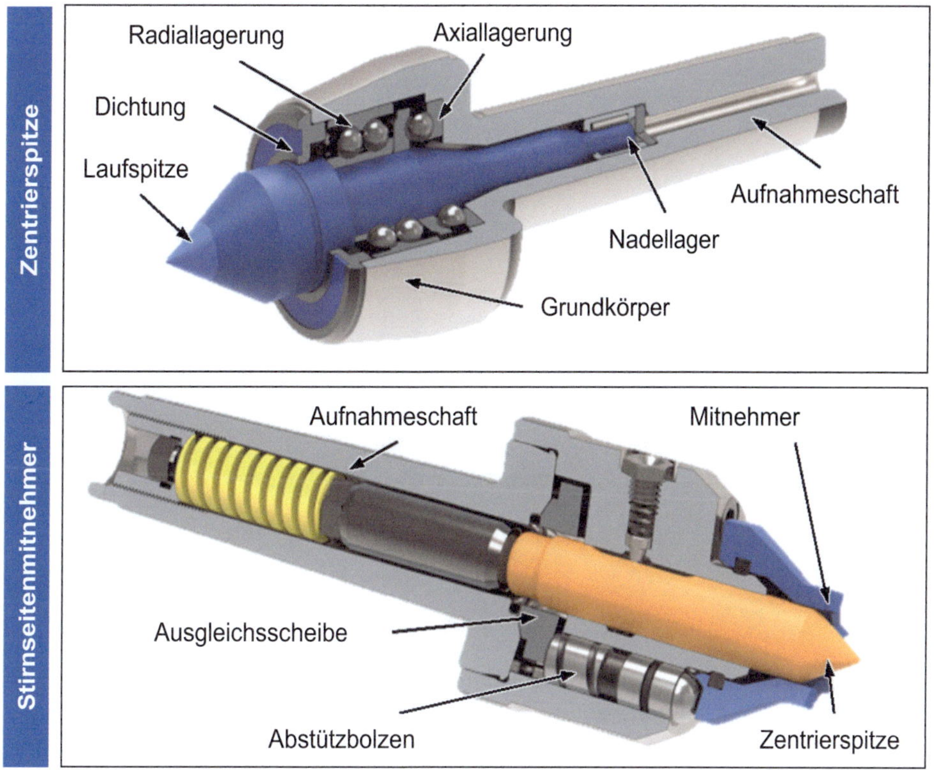

Bild 10.143: Mitlaufende Zentrierspitze und Stirnseitenmitnehmer. Quelle: Röhm

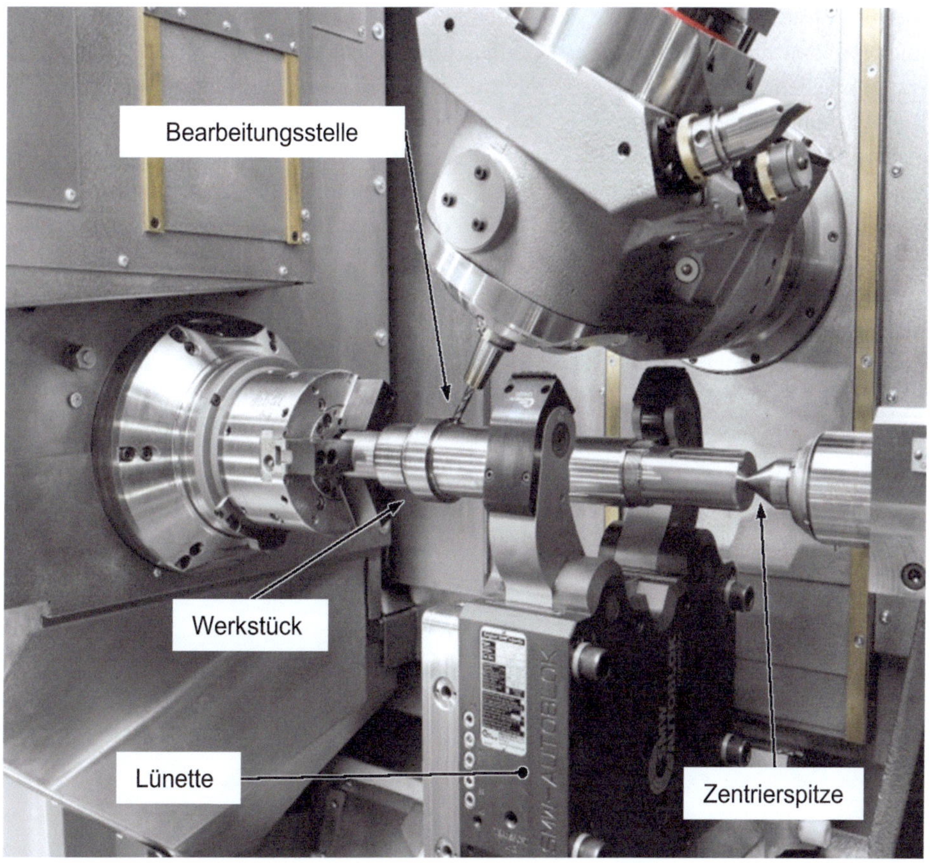

Bild 10.144: Selbstzentrierende Lünette in einem Dreh-Fräszentrum. Quelle: INDEX

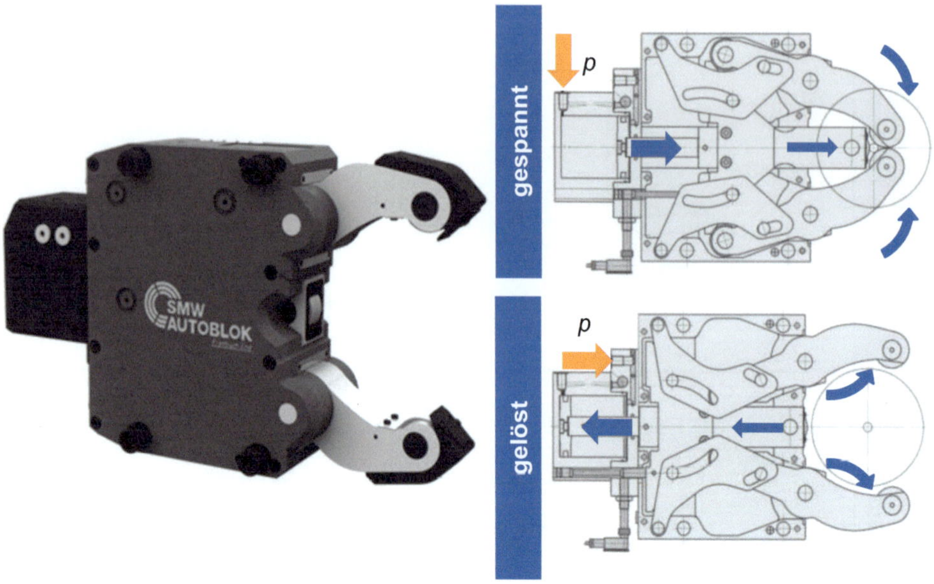

Bild 10.145: Selbstzentrierende Lünette. Quelle: SMW-Autoblok

10

narme. Der Spannhub wird dabei über die Wegekontrolle und die Spannkraft mithilfe eines Sicherheitsrückschlagventil begrenzt.

10.4.3.3 Wechseleinrichtungen und Speicher für Werkstücke

Ausrüstungskomponenten für das automatische Zuführen und Entladen der Werkstücke bei Drehmaschinen reichen von einfachen Ladehilfen bis zu frei programmierbaren Robotern und können in ihrer Vielgestaltigkeit hier nur auszugsweise wiedergegeben werden. Von Interesse sind automatisch arbeitende Wechseleinrichtungen, die sich unterschiedlichen Werkstückformen anpassen und das mannlose Arbeiten einer Drehmaschine erlauben.

Entsprechend den zur Verfügung stehenden Roboterbauformen werden unterschiedliche Werkstückversorgungskonzepte angewendet. Wenn es die Platzverhältnisse erlauben, können Handhabungsgeräte in den Arbeitsraum einer Drehmaschine integriert werden, Bild 10.146. Hier bewegt ein 4-Achs-Ladeportal die Rohlinge von dem Werkstückträger-Palettensystem rechts von der Maschine in den Arbeitsraum und die Fertigteile wieder zurück. Für die Werkstückbeschickung mehrerer Arbeitsspindeln werden in die Werkzeugmaschine integrierte oder extern angeordnete Roboter eingesetzt. Bei dem in Bild 10.147 dargestellten CNC-Mehrspindel-Drehautomaten übernimmt der im Arbeitsraum angebrachte 6-achsige Knickarmroboter die Be- und Entladung der Werkstücke. Die Werkstückbeschickung in Bild 10.147 wird durch die Werkstückzufuhr außerhalb des Bearbeitungsraums mit integriertem Palettierungssystem aus Bild 10.148 mit Werkstücken versorgt. Für den Werkstückwechsel ist je ein Greifer mit Dreipunktspannung an zwei kleinen Flächenportalen montiert. Der Fertigteilgreifer entnimmt das Werkstück aus der Materialschleuse und legt es in der Fertigteilpalette ab, während gleichzeitig der Rohteilgreifer einen Rohling aus der Rohteilpalette entnimmt und für die Be-

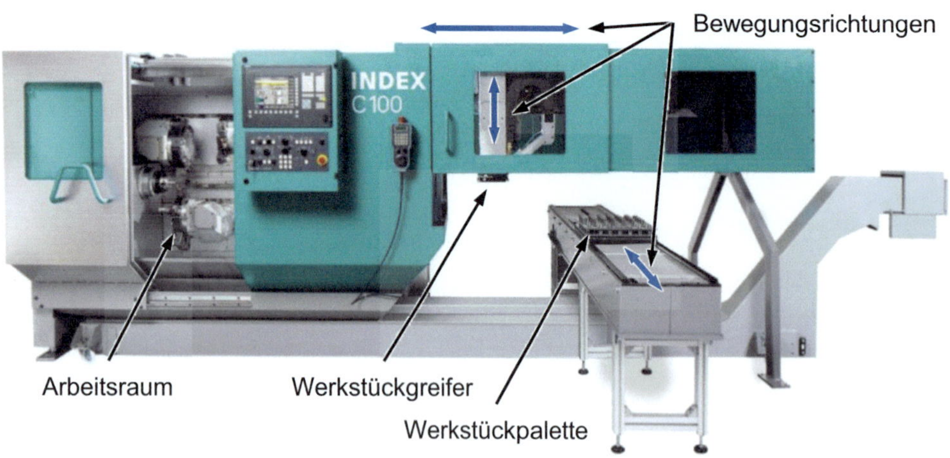

Bild 10.146: Automatische Werkstückbeschickung mittels Handhabungsgerät. Quelle: INDEX

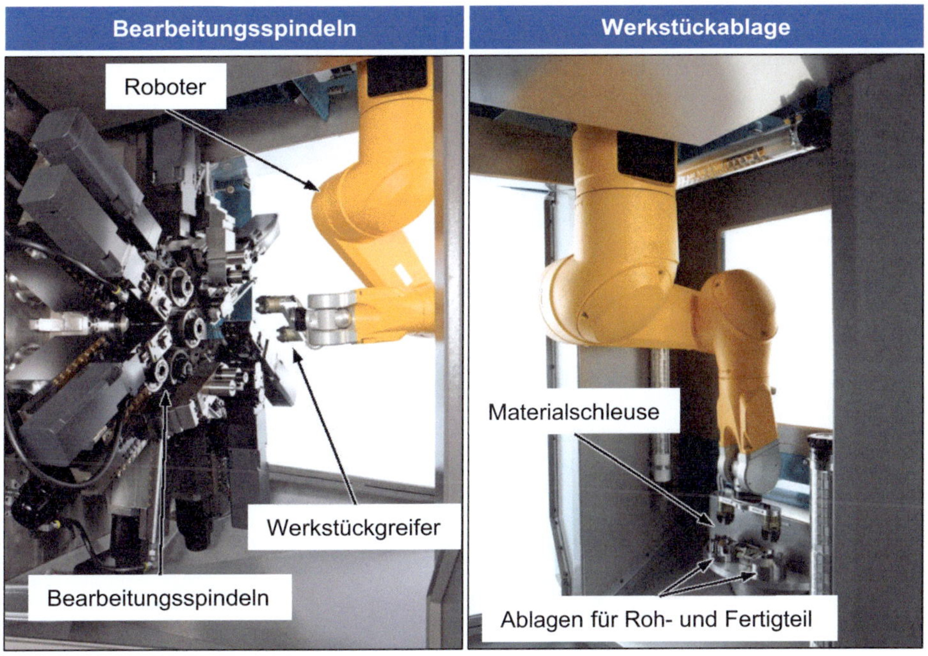

Bild 10.147: Mehrspindel-Drehautomat mit automatischer Werkstückbeschickung. Quelle: INDEX

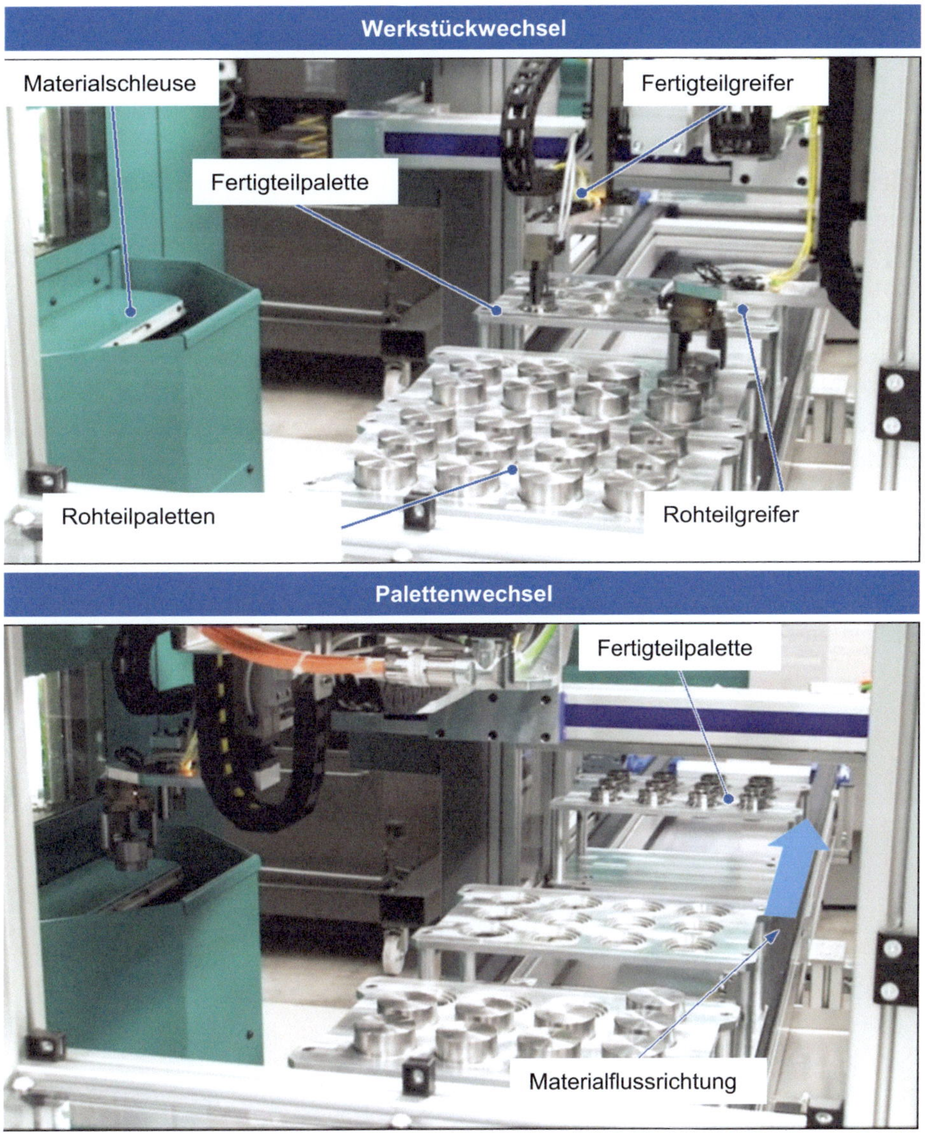

Bild 10.148: Werkstückzufuhr mit Palettierung. Quelle: INDEX

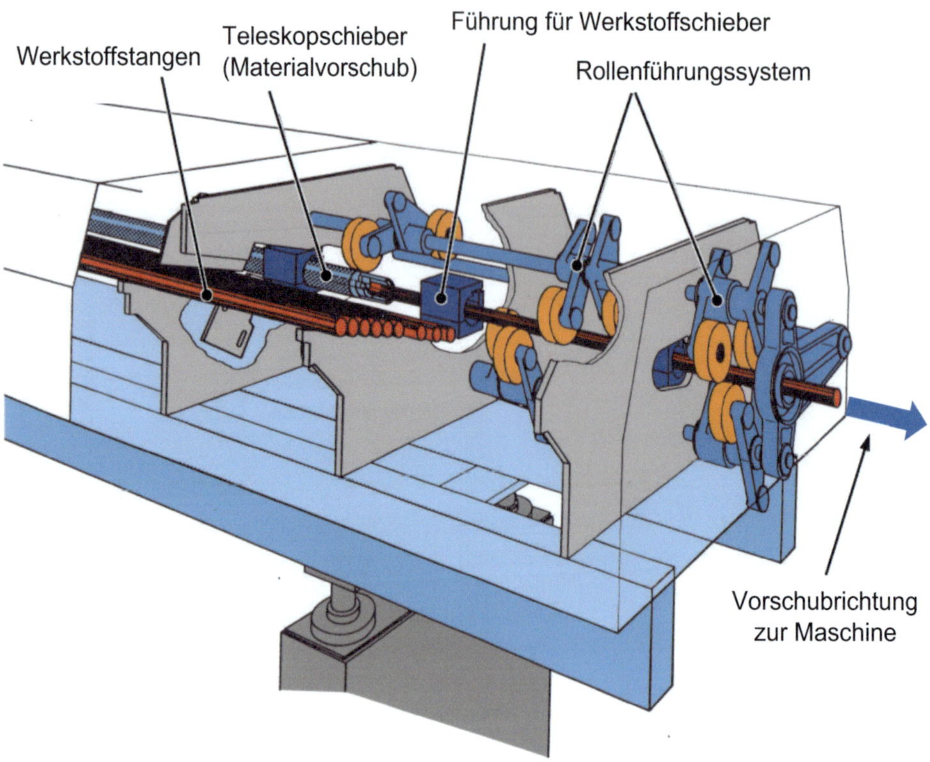

Bild 10.149: Prinzipieller Aufbau eines automatischen Stangenlademagazins. Quelle: Traub

arbeitung bereitstellt. Die beiden Flächenportale können jeweils die Werkstückpositionen auf der Roh- und Fertigteilpalette anfahren. Die Paletten müssen also stets an der richtigen Position stehen, jedoch nicht für jedes Werkstück neu positioniert werden. So wie sich der Werkstückspeicher durch die Rohteilentnahme leert, werden die Fertigteilpaletten gefüllt und in Materialflussrichtung abgeführt und können dort weiteren Maschinen oder der Entladung zugeführt werden.

Das Ausgangsmaterial für Drehteile bilden Wellen- und Futterrohlinge sowie Werkstoffstangen. Die Stangenverarbeitung ist für die Großserienfertigung geeignet und erfordert hohen Umrüstaufwand beim Auftragswechsel. Mit dem in Bild 10.149 gezeigten NC-Stangenlademagazin kann dieser Umrüstaufwand reduziert werden. Die Führung der Werkstoffstangen erfolgt durch elastische Rollen, die sich automatisch an die jeweils zu verarbeitende Werkstoffstange anlegen. Zur Vermeidung von Schwingungen der Werkstoffstangen wird die Stange in der Arbeitsspindel durch eine zusätzliche Reduzierhülse geführt. Die bis zu 6 m langen Stangen werden abschnittweise nach dem Abstechen eines fertig bearbeiteten Werkstückes durch den Teleskopschieber durch die geöffnete Spannzange vorgeschoben. Der Materialvorschub des Reststückes der Werkstoffstange im Bereich der Arbeitsspindel erfolgt durch den Innenschieber des Teleskopschiebers, der auch das Reststück ausstößt. Eine vereinzelte, neue Werkstoffstange wird vom Einwerfer in den

Führungskanal befördert, wobei die Schieberführung und die Zentrierrollenarme aufklappen und sich die Rollen wieder an die Stange anlegen. Das Auswechseln durchmesserabhängiger Spannhülsen entfällt.

Abkürzungsverzeichnis

AC	alternating current
BGR	Berufsgenossenschaftliche Regel
BMT	Bolt-Mounted-Turret
CNC	*Computerized Numerical Control*
DIN	Deutsches Institut für Normung
DvP	Drehzahlvariable-Pumpenantrieb
EEPROM	electrically erasable programmable read-only memory
FU	Frequenzumrichter
HD	Hochdruck
HRC	Härte nach Rockwell
HSK	Kegel-Hohlschaft
ISO	International Organization for Standardization
KSS	Kühlschmierstoff
MAK	maximale Arbeitsplatzkonzentrationen
MMKS	Minimalmengenkühlschmierung
MMS	Minimalmengenschmierung
NC	Numeric Control
ND	Niederdruck
PSC	polygonaler Hohlschaftkegel
RFID	Radio-Frequency-Identification
SK	Steilkegel
TKR	technische Richtkonzentrationen
TS	Modulare Kegelschnittstelle mit Kugellaufbahnsystem
VDI	Verein Deutscher Ingenieure
VDMA	Verband Deutscher Maschinen- und Anlagenbau

Formelzeichenverzeichnis

Formelzeichen	Einheit	Bedeutung
F_A	[N]	Axialkraft
F_{Ein}	[kN]	Einzugskraft
F_{Flieh}	[N]	Fliehkraft der Spannzangen
F_H	[N]	Haltekraft
F_P	[N]	Prozesskraft
F_{SP}	[N]	Spannkraft
F_{sp}	[N]	Spannzangenkraft
F_{Spann}	[N]	Spannkraft
F_T	[N]	Torsionskraft
M	[Nm]	Moment
M_{Ab}	[Nm]	Abhebemoment
M_{AN}	[Nm]	Anzugsmoment
M_B	[Nm]	Biegemoment
$M_{B,krit}$	[Nm]	Ende des linearen Bereichs
M_{dyn}	[Nm]	Dynamische Torsionslast
M_L	[Nm]	Losbrechmoment
M_R	[Nm]	Rutschmoment
M_{stat}	[Nm]	Statische Torsionslast
M_T	[Nm]	Torsionsmoment
a	[mm]	Abstandsmaß
a	[mm]	Durchmesser
b	[mm]	Abstandsmaß
c	[mm]	Abstandsmaß
c_1	–	Stoßfaktor
c_2	–	Stoßfaktor
k_b	[Nm²/mm]	Biegesteifigkeit
k_T	[Nm/rad]	Torsionssteifigkeit
n	[min⁻¹]	Drehzahl
p	[bar]	Hydraulikdruck
S	[µm]	Verdrehspiel
x	[mm]	Raumrichtung
y	[mm]	Raumrichtung
z	[mm]	Raumrichtung
α	[°]	Kippwinkel
α_T	[°]	Verdrehwinkel
φ	[°]	Steigungswinkel
φxz	[°]	Rotationsachse
μ	–	Reibungsbeiwert

Literaturverzeichnis

[ABEL13] Abele, E.; Sielaff, T.; Beck M.: Schlussbericht zum Projekt Maxiem. Darmstadt, 2013

[BERU90] Richtlinie BGR 109 (April 1990). Richtlinien zur Vermeidung der Gefahren von Staubbränden und Staubexplosionen beim Schleifen, Bürsten und Polieren von Aluminium und seinen Legierungen

[BREC13a] Brecher, C.; Müller, F.; Wagner, P.: Statisches Verhalten von Werkzeugschnittstellen. In: VDI-Z. 155. Jg., 2013, Nr. 1, S. 36–39

[BREC13b] Brecher, C.; Triebs, J.; Jasper, D.: Energy Efficient Solutions for Hydraulic Units of Machine Tools. In: Nee, A. Y. C; Song, B.; Ong, S. N. (Hrsg.): Re-engineering manufacturing for sustainability. Singapore: Springer, 2013, S. 191–196

[BREC15] Brecher, C.; Müller, F.; Wagner, P.; Fey, M.: Analyse des Biegeverhaltens von Werkzeugschnittstellen. In: MM Maschinenmarkt. 121. Jg., 2015, Nr. 30, S. 44–48

[BREC16] Brecher, C.; Müller, F.; Wagner, P.: Werkzeugschnittstellen unter Torsionsbelastung. In: MM Maschinenmarkt. 122. Jg., 2016, Nr. 14, S. 64–69

[BUND06] Technische Regeln für Gefahrstoffe TRGS 900 (Oktober 2006). Grenzwerte in der Luft am Arbeitsplatz „Luftgrenzwerte"

[COMP17] Compatible Components Corporation: Urethane VorSpin Hydrocyclone. URL: https://www.cccmix.com/urethane-vorspin-hydrocyclone/. [Stand: 01.12.2017]

[DENK11] Denkena, B.; Möhring, H.-C.; Hackelöer F.; Hülsemeyer L.; Dahlmann D.; E. Augenstein; J. Nelles; A. Grigoleit: Effiziente Fluidtechnik für Werkzeugmaschinen. In: wt Werkstattstechnik online. 101. Jg., 2011, Nr. 5, S. 347–352

[DGUV10] Information BGI/GUV-I 718 (November 2010). Minimalmengenschmierung in der spanenden Fertigung

[DIN03] Norm DIN 69893-6 (März 2003). Kegel-Hohlschäfte mit Plananlage – Teil 6: Kegel-Hohlschäfte Form F, Maße und Ausführung

[DIN06] Norm DIN ISO 10889-1 (Januar 2006). Werkzeughalter mit Zylinderschaft – Teil 1: Zylinderschaft, Aufnahmebohrung; Technische Lieferbedingungen

[DIN10a] Norm DIN ISO 702-2 (April 2010). Werkzeugmaschinen – Spindelköpfe und Drehfutter, Anschlussmaße – Teil 2: Kurzkegelaufnahme mit Camlock-Befestigung

[DIN10b] Norm DIN ISO 702-1 (April 2010). Werkzeugmaschinen – Spindelköpfe und Drehfutter, Anschlussmaße – Teil 1: Kurzkegelaufnahme mit Schrauben von vorne

[DIN10c] Norm DIN ISO 702-3 (April 2010). Werkzeugmaschinen – Spindelköpfe und Drehfutter, Anschlussmaße – Teil 3: Kurzkegelaufnahme mit Bajonett-Befestigung

[DIN10d] Norm DIN 6350-1 (Mai 2010). Drehfutter handbetätigt – Spannbacken zentrisch spannend – Teil1: Zylindrische Zentrieraufnahme

[DIN10e] Norm DIN ISO 26623-1 (November 2010). Polygonaler Hohlschaftkegel mit Plananlage – Teil 1: Maße und Bezeichnung von Schäften (ISO 26623-1:2008)

[DIN11a] Norm DIN 69893-1 (April 2011). Kegel-Hohlschäfte mit Plananlage – Teil 1: Kegel-Hohlschäfte Form A und Form C; Maße und Ausführung

[DIN11b] Norm DIN 69893-7 (April 2011). Kegel-Hohlschäfte mit Plananlage – Teil 7: Kegel-Hohlschäfte Form T für stehende Werkzeuge; Maße und Ausführung

[DIN12] Norm DIN 6989-5 (Oktober 2012). Kegel-Hohlschäfte mit Plananlage – Teil 5: Kegel-Hohlschäfte Form E; Maße und Ausführung

[DIN13a] Norm DIN 26622 (August 2013). Modulare Kegelschnittstelle mit Kugellaufbahnsystem – Teil 1: Maße und Bezeichnung von Schäften

[DIN13b] Norm DIN ISO 26622-1 (August 2013). Modulare Kegelschnittstelle mit Kugellaufbahnsystem – Teil 1: Maße und Bezeichnung von Schäften (ISO 26622-1:2008)

[DIN13c] Norm DIN 69893-2 (November 2013). Kegel-Hohlschäfte mit Plananlage – Teil 2: Kegel-Hohlschäfte Form B und Form D; Maße und Ausführung

[DIN13d] Norm DIN 51385 (Dezember 2013). Schmierstoffe – Bearbeitungsmedien für die Umformung und Zerspanung von Werkstoffen – Begriffe

[DIN14a] Norm DIN ISO 7388-1 (Juli 2014). Steilkegelschäfte für automatischen Werkzeugwechsel – Teil 1: Maße und Bezeichnungen von Schäften der Formen A, AD, AF, U, UD, UF (ISO 7388-1:2007)

[DIN14b] Norm DIN ISO 7388-1 (Juli 2014). Werkzeugschäfte mit Kegel 7/24 für automatischen Werkzeugwechsel – Teil 1: Maße und Bezeichnung von Schäften der Formen A, AD, AF, U, UD und UF

[DIN15a] Norm DIN ISO 5610-1 (Februar 2015). Klemmhalter mit Vierkannschaft für Wendeschneidplatten. Teil 1: Übersicht, Zuordnung und Bestimmung der Maße

[DIN15b] Norm DIN ISO 7388-3 (März 2015). Werkzeugschäfte mit Kegel 7/24 für automatischen Werkzeugwechsel – Teil3: Anzugsbolzen für Schäfte der Formen AC, AD, AF, UC, UD, UF, JD, und JF (ISO 7338-3:2013)

[DIN64] Norm DIN 1806 (Juni 1964). Kegelschäfte für Querkeilbefestigung

[DIN78] Norm DIN 55058 (September 1978). Spindelköpfe für Stellhülsen; Anschlußmaße

[DIN80a] Norm DIN 55026 (März 1980). Werkzeugmaschinen – Spindelköpfe mit Zentrierkegel und Flansch – Maße

[DIN80b] Norm DIN 55027 (März 1980). Werkzeugmaschinen – Spindelköpfe mit Zentrierkegel, Flansch und Bajonettscheibenbefestigung, Zubehör – Maße

[DIN80c] Norm DIN 55029 (März 1980). Spindelköpfe und Futterflansche mit Zentrierkegel Camlock-Ausführung, Zubehör - Maße

[DIN81] Norm DIN 6327-4 (August 1981). Stellhülsen mit Werkzeugkegel, Nuttmuttern und Klemmmuttern

[DIN85a] Norm DIN 6327-3 (Juni 1985). Stellhülsen mit Werkzeugkegel – abgesetzte Bauart

[DIN85b] Norm DIN 6327-1 (Juni 1985). Stellhülsen mit Werkzeugkegel – kurze Bauart

[DIN85c] Norm DIN 6327-2 (Juni 1985). Stellhülsen mit Werkzeugkegel – lange Bauart

[DIN85d] Norm DIN 55201 Teil 1 (September 1985). Werkzeugmaschinen – Paletten für Werkzeugmaschinen – Nenngrößen bis 800mm – Form A

[DIN87a] Norm DIN 228-1 (März 1987). Morsekegel und Metrische Kegel; Kegelschäfte

[DIN87b] Norm DIN 228-2 (März 1987). Morsekegel und Metrische Kegel; Kegelhülsen

[DIN87c] Norm DIN 2079 (August 1987). Werkzeugmaschinen; Spindel mit Steigkegel 7:24

[DIN87d] Norm DIN 69881-1 (September 1987). Werkzeughalter mit Prisma; Prisma, Prismaaufnahme; technische Lieferbedingungen

[DIN87e] Norm DIN 55201 Teil 2 (Dezember 1987). Werkzeugmaschinen – Paletten für Werkzeugmaschinen – Nenngrößen ab 800mm – Form A

[DIN92] Norm DIN 6535 (Februar 1992). Zylinderschäfte für Spiralbohrer und Schaftfräser aus Hartmetall; Maße

[DIN99] Norm DIN 1835-1 (Januar 1999). Zylinderschäfte für Fräser – Teil 1: Maße

[ENER13] Energie-Loesungen: Digital-Scroll-Technologie. URL: http://www.energie-loesungen.de/energie-loesungen/encyclopedia/thema.php?keyID=441. [Stand: 15.01.2013]

[EUCH13] Euchner: Identsystem CIS. Leinfelden-Echterdingen, Januar 2013. Firmenschrift

[FORK13] Forkardt Deutschland: Betriebsanleitung Handspannfutter F+. Erkrath, März 2013. Firmenschrift

[GROL10] Grollius, H.-W.: Grundlagen der Hydraulik. 5. Aufl. München: Hanser, 2010

[HAIN15] Hainbuch: Katalog 2015. Marbach, 2015. Firmenschrift

[HAUP05] Richtlinie BGR 204 (August 2005). Umgang mit Magnesium

[HAUP06] Richtlinie BGR 143 (Januar 2006). Tätigkeit mit Kühlschmierstoffen

[HERS11] Herschel, D.: Druckflüssigkeiten. In: Will, D.; Gebhardt, N.; Ströhl, H. (Hrsg.): Hydraulik. 5. Aufl. Berlin: Springer, 2011

[HIRS97] Hirsch, W.; Hempel, D.: Untersuchungen zum Explosionsschutz beim Einsatz von Kühlschmierstoffen in Werkzeugmaschinen. (Reihe: PTB-Bericht). Bremerhaven: Wirtschaftsverl. NW, 1997

[HÜLL03a] Hüller Hille: Die CNC Zentren-Baureihe. Diedesheim, 2003. Firmenschrift

[HÜLL03b] Hüller Hille: Horizontal-Bearbeitungszentren. Diedesheim, 2003. Firmenschrift

[INST80] Institut für Fachschulwesen der DDR (Hrsg.): Vorrichtungen. Berlin: Verlag Technik, 1980

[ISO12] Norm DIN ISO 1219-1 (2012). Fluidtechnik – Graphische Symbole und Schaltpläne – Teil 1: Graphische Symbole für konventionelle und datentechnische Anwendungen

[KARL14] Karl Bruckner: Stirnfutter HS. Weinstadt, 2014. Firmenschrift

[KLOC08] Klocke, F.; König, W.: Fertigungsverfahren 1. 8. Aufl. Berlin: Springer, 2008

[KLOC98] Klocke, F.: Minimalmengen Kühlschmierung – Systeme, Medien, Einsatzmöglichkeiten. In:: VDI-Bericht 1375. Tagungsband zu VDI-Fachtagung. Aachen, 30.- 31. März 1998, S. 337–369

[LEMB93] Lembke, D.: Untersuchung der Gestaltungsmöglichkeiten für die Schnittstelle Maschine / Werkzeug. Diss. RWTH Aachen, 1993

[LOCK84] Lock, F.: Konzeption und Entwicklung von Vorrichtungssystemen für die spanende Fertigung. Diss. RWTH Aachen, 1984

[MURR12] Murrenhoff, H.; Linden, D.: Grundlagen der Fluidtechnik. (Reihe: Reihe Fluidtechnik. Bd. 2). 7. Aufl. Aachen: IFAS, 2012

[PEIS03] Peiseler: Automatisches Teilgerät. Remscheid, 2003. Firmenschrift

[PFLA98] Pflaumenbaum, B.; Kleine, S.: BIA Report 1/98, Gefahrstoffliste 1998. St. Augustin: Hauptverband der gewerblichen Berufsgenossenschaften (HVBG), 1998

[RITT10a] Rittal GmbH & Co. KG: Rittal ist Partner beim Themencluster Energieeffizienz Sparprogramm für Maschinenkühlung. In: Industrie Anzeiger, 2010, Nr. 38, S. 76

[RITT10b] Rittal GmbH & Co. KG: Frequenzgeregelter Wärmetauscher mit 70 Prozent weniger Energieverbrauch. In: MAV Maschinen Anlagen Verfahren, 2010, Nr. 9, S. 122

[RÖHM13] Röhm: Spanndorne. Sontheim/Brenz, 2013/2014. Firmenschrift

[ROTH10] Rothenbücher, S.; Kuhrke, B.: Energiebündel auf dem Prüfstand. In: WB Werkstatt und Betrieb, 2010, Nr. 9, S. 130–137

[SCHU94] Schubert, I.: Grenzlastverhalten von Schnittstellen zwischen Maschine und Werkzeug. Diss. RWTH Aachen, 1994

[SIEM15] Siemens Building Technologies: Handbuch Kältetechnik. URL: https://www.cee.siemens.com/web/austria/de/industry/bt/support/Documents/5476_1811.pdf. [Stand: 16.07.2015]

[SMW13] SMW-Autoblok Spannsysteme: Katalog 13G. Meckenbeuren, 2013. Firmenschrift

[THIE71] Thiel, H.: Vorrichtungen – Gestalten, Bemessen, Bewerten. München: Hanser, 1971

[TOSH] Toshiba: Grundlagen der Invertertechnologie. URL: http://www.toshiba-klima.net/images/content/file/Techniklexikon/INVERTER_allgemeine_Infos.pdf

[TRIE15] Triebs, J. B.: Analyse, Optimierung und Simulation des Energieumsatzes dezentraler Fluidkreisläufe von Werkzeugmaschinen. Dissertation RWTH Aachen, 2015

[VDI07] Richtlinie VDI 3397 (Mai 2007). Kühlschmierstoffe für spanende und umformende Fertigungsverfahren

[VDI72] VDI (Hrsg.): VDI-Handbuch Betriebstechnik / Teil 3. Betriebsmittel. (Reihe: VDI-Handbuch Betriebstechnik. Bd. 3). Düsseldorf: VDI, 1972

[VDI90a] Richtlinie VDI 2860 (Mai 1990). Montage- und Handhabungstechnik

[VDI90b] Richtlinie VDI 2860 (Mai 1990). Montage- und Handhabungstechnik – Handhabungsfunktionen, Handhabungseinrichtungen; Begriffe, Definitionen, Symbole

[VDMA02] VDMA: Kühlschmierstoffe – Frische Luft am Arbeitsplatz. Frankfurt: FV ALT, 2002

[VDMA95] VDMA: Verpuffungen und Brände in Werkzeugmaschinen. Expertenbericht der Fachgemeinschaft Werkzeugmaschinen und Fertigungssysteme des VDMA. Frankfurt, 1995

[VDW96] Abschlussbericht 3002 (1996). Explosionsdruckentlastung von spanabhebenden Werkzeugmaschinen

[VDW98] Forschungsbericht VDW 3001/1 (1998). Untersuchungen zur Vermeidung von Brand- und Explosionsgefahren sowie zur Gewährleistung der Sicherheit des Bedienpersonals spanabhebender Werkzeugmaschinen

[VOGE03] Willy Vogel AG: Vogel Zentralschmieranlagen, 2003. Firmenschrift

[WALK04] Walker Magnetics Europe: Magnetspanntechnik, 2004. Firmenschrift

[WECK] Weck, M.; Marpert, M.: Einfluss des Kühlschmierstoffsystems auf die Gestaltung von Werkzeugmaschinen zur Magnesiumbearbeitung. In:

[WEIN99] Weinert, K.: Trockenbearbeitung und Minimalmengenkühlschmierung. (Reihe: VDI-Buch). Berlin: Springer, 1999

Kapitel 11

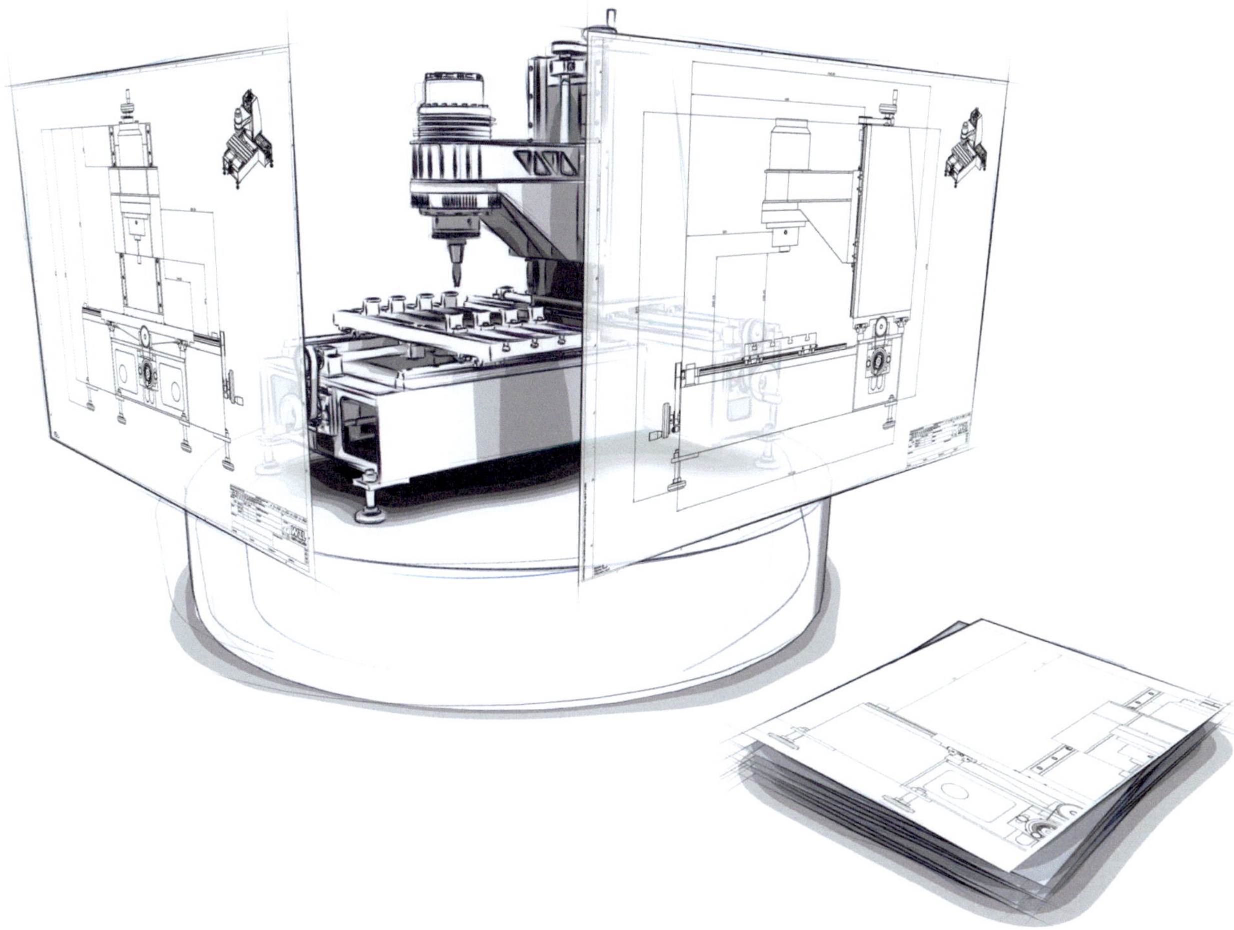

Ausführungsbeispiele ausgewählter Werkzeugmaschinen

Ich danke meinen Mitarbeitern Dipl.-Ing. Richard Habermann, Alexander Hassis M.Sc., Caroline Kiesewetter-Marko M.Sc., Andreas Bartelt M.Sc. und Thomas Frenken M.Sc. für ihre Mitwirkung bei der Überarbeitung dieses Kapitels.

Ausführungsbeispiele ausgewählter Werkzeugmaschinen

Nachdem in den vorherigen Kapiteln bereits unterschiedlichste Werkzeugmaschinen und ihre Funktionsweisen vorgestellt wurden, werden nachfolgend drei ausgewählte Beispiele betrachtet, mithilfe derer ein Einblick in die praktische Umsetzung von Aufbau und Konstruktion von Werkzeugmaschinen gegeben wird. Die vorgestellten Werkzeugmaschinen umfassen ein Bearbeitungszentrum der Firma Starrag Technology GmbH, eine Schleifmaschine der Firma Elb-Schliff Werkzeugmaschinen GmbH und eine Drehmaschine der Firma INDEX-Werke GmbH & Co. KG.

11.1 Bearbeitungszentrum

11.1.1 Unternehmensprofil

Die Starrag Technology GmbH ist ein Schweizer Werkzeugmaschinenhersteller mittlerer bis großer, qualitativ hochwertiger und anspruchsvoller Produkte für die Techniken des Bohrens, Drehens, Schleifens und Fräsens. In den mehr als 120 Jahren Maschinenbauerfahrung hat sich die Firma als Zulieferer breit gefächerter, international orientierter Industriesektoren einen Namen gemacht.

11.1.2 Übersicht

Die ALPHA Baureihe der Starrag Technology GmbH ist ein modulares Bearbeitungszentrum mit einem neuartigen Ständer-/Schrägbett-Konzept. Durch dieses Konzept können die bewegten Massen im Vergleich zu konventionellen Doppelsäulen- oder Box-in-Box-Konstruktionen bei erhöhter Steifigkeit leichter ausfallen. Des Weiteren wirken die Achsantriebe bei diesem Konzept auf die Massenschwerpunkte der Maschinenhauptkomponenten und es kann ein geringer Abstand zwischen Z-Führung und Hauptspindel erreicht werden. Die Modularität des Systems ermöglicht die Verwendung einer großen Anzahl an verschiedenen Hauptspindeln, Werkzeugversorgungen und Tischen.

Bild 11.1 zeigt exemplarisch den Aufbau der Maschine ALPHA mit Horizontalspindel, Regalmagazin und Rüstplatz. Das Angebot an Hauptspindeln umfasst Horizontalspindeln, Motorspindeln, einen Dreh-Bohr-Fräs-Kopf, Pinolen, eine Planscheibe, einen Horizontal-Vertikal-Kopf sowie eine Schwenkspindel zur 5-Achsen-Simultanbearbeitung. Die Werkzeugversorgung ist als Standard-Kettenmagazin oder als Regalmagazin in verschiedenen Größen ausführbar.

Der Tisch kann für zusätzliche Drehbearbeitungen als Drehtisch ausgeführt werden. Mehrere ALPHA Maschinen können, mithilfe eines Palettensystems, zu einem flexiblen Fertigungsverbund kombiniert werden.

11.1.3 Allgemeine Beschreibung

Wie in Bild 11.2 dargestellt ist, besteht die Maschine aus zwei getrennten Betten, dem Tischbett **7**, auf dem der Drehtisch **6** montiert ist, und dem Ständerbett **9**. Beide Betten sind mit Aufstellelementen **10** auf dem Boden aufgestellt, mit denen die Maschine ausgerichtet werden kann. Die Maschine ist aufgrund ihrer Größe nicht eigensteif, die Betten erhalten ihre Steifigkeit über die Aufstellelemente durch das Fundament. Auf dem Ständerbett ist der in Z-Richtung verfahrbare

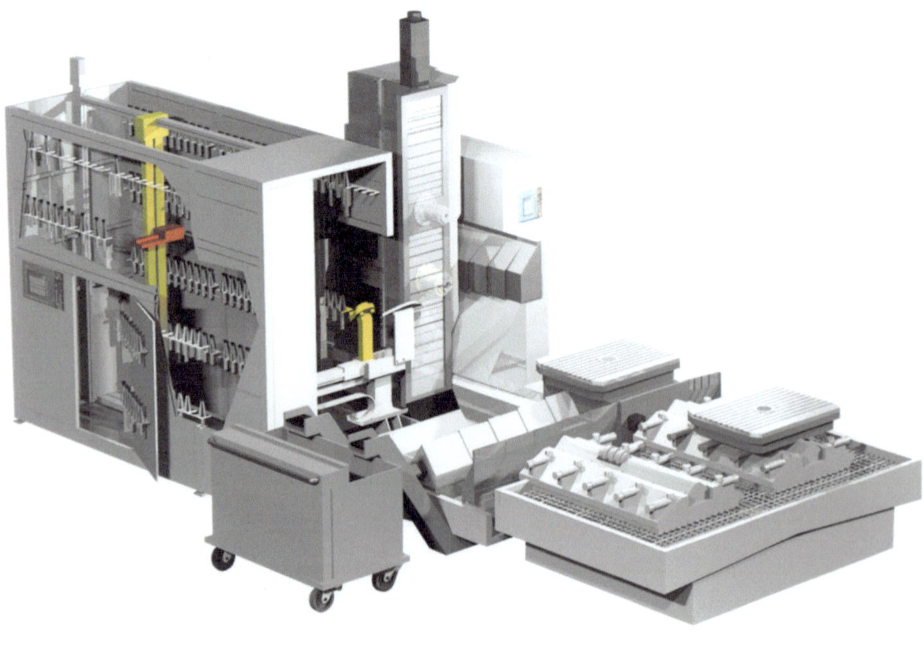

Bild 11.1 Übersicht der Baureihe ALPHA. Quelle: Starrag Technology (Produktbereich Scharmann)

Maschinenständer **3** angebracht. In der Frontsicht ist die Ausführung dieses Bettes als Schrägbett erkennbar. An dem Maschinenständer ist der Spindelkasten **2** befestigt, der in y-Richtung verfahren kann. In dem Spindelkasten ist die Hauptspindel **1** untergebracht. Unter dem Drehtisch befindet sich ein Späneförderer **8**. Um eine schnelle Beladung der Maschine zu erreichen, ist eine Distanzbrücke **5** montiert. Die gesamte Maschine ist aus Sicherheitsgründen mit der Umhausung **4** gekapselt.

11.1.4 Maschinenverbund

Mehrere ALPHA-Maschinen können in einem Maschinenverbund zusammengeschlossen werden. In ◘ Bild 11.3 sind beispielsweise zwei Maschinen nebeneinander aufgestellt und mit einem Palettenfördersystem **16** verbunden. Beide Maschinen verfügen über einen Kühlmittelbehälter **12**, einen automatischen Werkzeugwechsler mit Werkzeuglagerplatz **11**, einen Späneförderer **8** und ein Bedienfeld **14**. Im Steuerschrank **13** ist die Elektronik für die Berechnung der Bewegung und der Bereitstellung der elektrischen Energie untergebracht.

Der Bearbeitungsraum **15** ist mit dem Palettenfördersystem verbunden, sodass die Rüstzeiten gering gehalten werden können. Die Rüstung des Werkstücks auf Paletten erfolgt außerhalb der Maschinen auf dem Rüstplatz **18**. Das gesamte System wird vom Bediener **17** gesteuert.

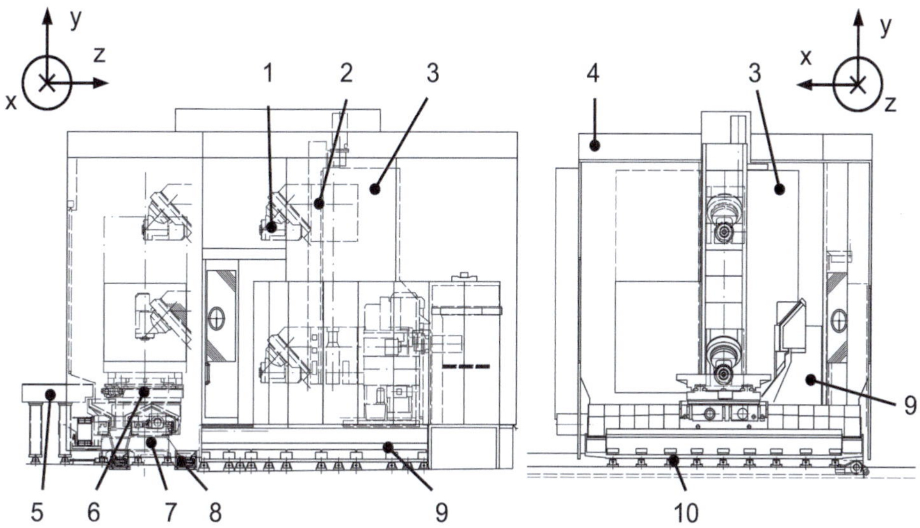

◘ **Bild 11.2** Aufbau der DST ALPHA mit getrennten Betten. Nach Starrag Technology (Produktbereich Scharmann)

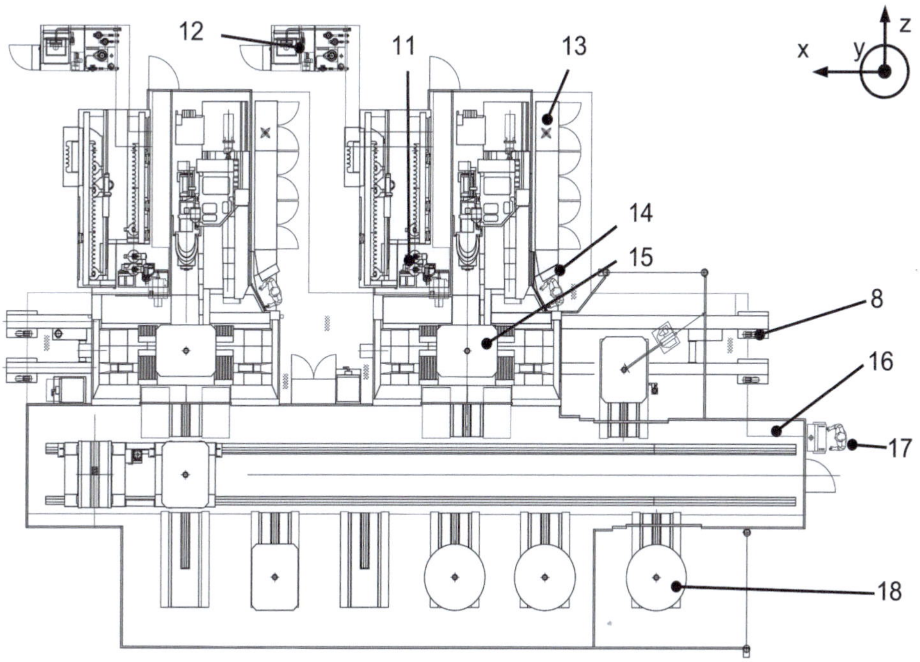

◘ **Bild 11.3** DST ALPHA im Maschinenverbund. Nach Starrag Technology (Produktbereich Scharmann)

11.1.5 Tischbett

In ◘ Bild 11.4 ist das Tischbett **7** der ALPHA-Maschine dargestellt. Es handelt sich um eine Schweißkonstruktion, die wie abgebildet auf den Aufstellelementen **10** steht. Der Schlitten **25**, der die X-Achse der Maschine bildet, wird über einen Kugelgewindetrieb (KGT) bewegt. Dazu gehören der Motor **19**, das Festlager **20** und das kippsteife Loslager **26**, die Kugelgewindespindel **21** und die Spindelmutter **22**. Die Spindelmutter ist mit dem Schlitten verbunden und wandelt die Rotation der Spindel in die Translation des Schlittens um. Auf dem Schlitten ist ein Drehtisch **6**, hier nur angedeutet, angebracht. Der Palettenwechsel wird über den Antrieb **23** realisiert und über die Führungen **24** geführt.

Tischbett: Ansicht A

In der Draufsicht auf das Tischbett sind in ◘ Bild 11.5 der Motor **19**, die KGT-Spindelmutter **22**, die Kugelgewindespindel **21** und das kippsteife Loslager **26** zu erkennen. Das direkte Messsystem **27** erfasst die Position des Schlittens.

Außerdem ist in dieser Ansicht die Ausrichtung der Führungsschienen **28** ersichtlich. Die beiden unteren Führungsschienen sind horizontal auf dem Tisch befestigt, während die obere Führungsschiene um 90 ° versetzt angebracht ist. Dieses Konzept der gewinkelten Führungsschiene findet sich auch in den der Y- und Z-Achse wieder und nutzt die hohe Zug-/Druck-Steifigkeit, im Vergleich zur Seitensteifigkeit, der Profilschienenführungen in Richtung der Hauptbelastungsrichtung aus.

11

Tischbett: Schnitt B-B

Im Schnitt sind, wie in ◘ Bild 11.6 dargestellt, die Teleskopabdeckungen **29** der Achse und die Verrippung **30** des Tischbetts zu sehen. Die Führungsschienen **28** sind wie beschrieben zueinander angeordnet. Zwei Führungsschienen, in dieser Ansicht links und in der Mitte, sind parallel zum Fundament angebracht, die rechte Führungsschiene ist um 90 ° verdreht angeordnet. Die Kugelgewindespindel **21** wird im Festlager sowie im kippsteifen Loslager **26**, hier ohne Lager dargestellt, gelagert. Die Aufstellelemente **10** sind direkt unter Taschen an der Bettstruktur montiert.

Tischbett: Detail Z Lagerung Kugelgewindetrieb

Im ◘ Bild 11.7 ist im Detail die Lagerung des Kugelgewindetriebs dargestellt. Der Motor **19** ist über den Flansch **31** mit dem Tischbett verbunden. Über die Montageöffnung **32** kann die Kupplung **36** montiert werden. Das Festlager **20** besteht aus vier Schrägkugellagern **35**, wovon drei Lager in gleicher Richtung montiert sind. Die Außenringe werden über die Stellmutter **34** fixiert, die Lagerinnenringe werden über die Mutter **33** auf Block gezogen.

Das kippsteife Loslager **26** besteht aus zwei Zylinderrollenlagern **37**, die durch die Dichtungen **38** abgedichtet werden. Durch diese Loslageranordnung wird eine hohe biegekritische Drehzahl erreicht.

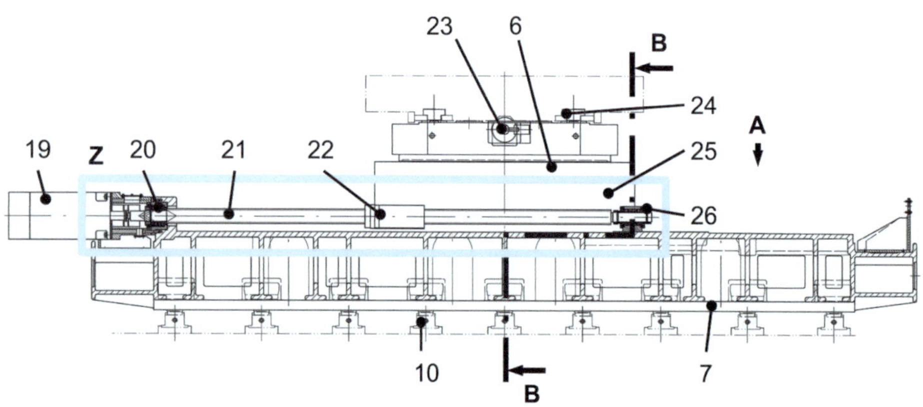

◘ **Bild 11.4** Tischbett im Schnitt. Nach Starrag Technology (Produktbereich Scharmann)

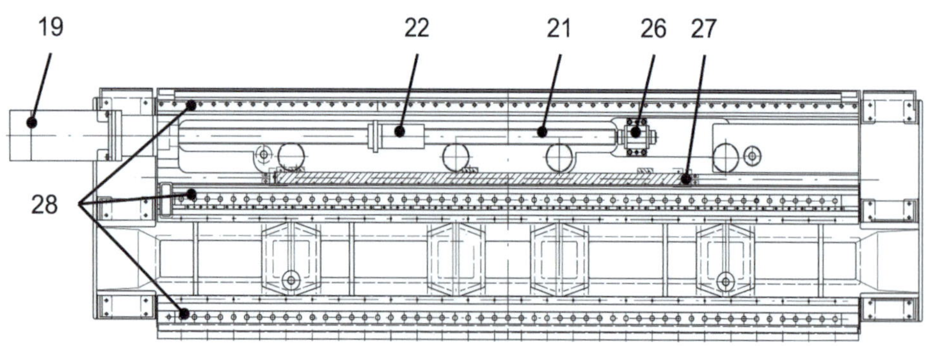

◘ **Bild 11.5** Tischbett Ansicht A. Nach Starrag Technology (Produktbereich Scharmann)

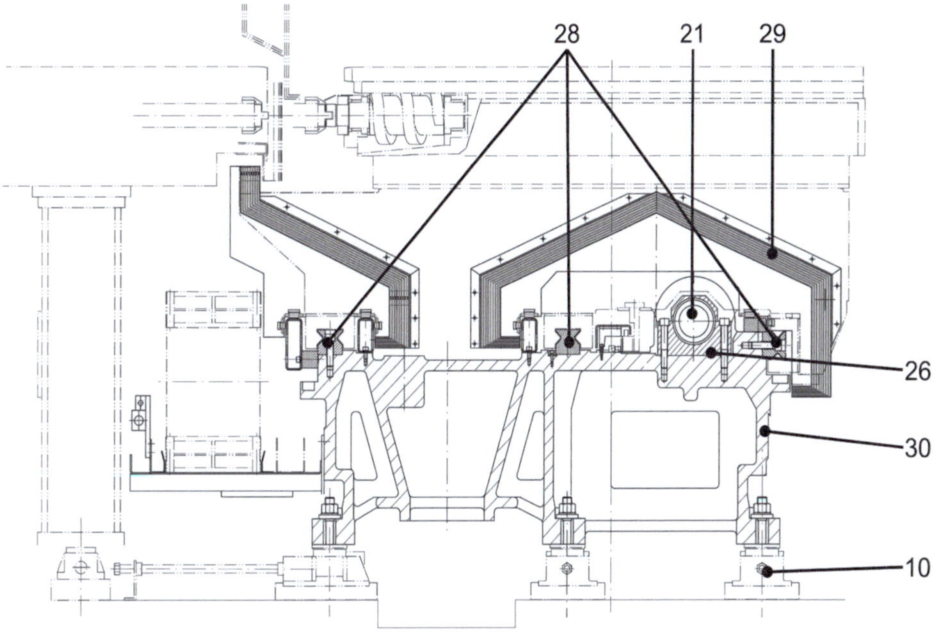

Bild 11.6 Tischbett Schnitt B-B. Nach Starrag Technology (Produktbereich Scharmann)

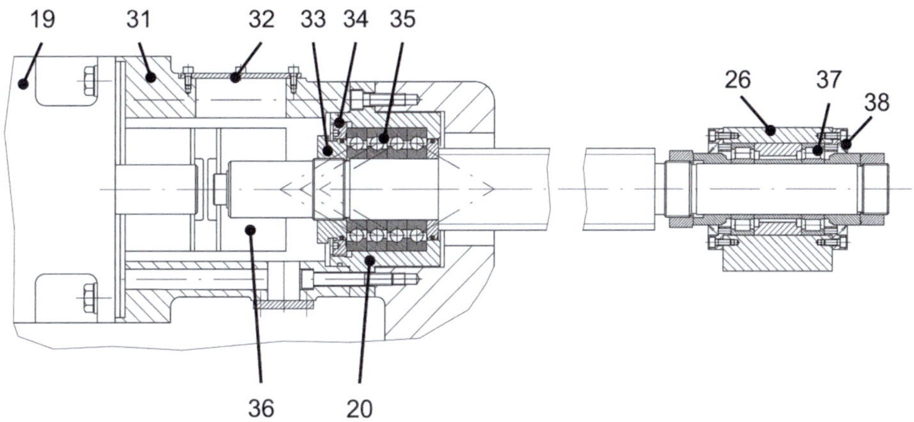

Bild 11.7 Tischbett Detail Z. Nach Starrag Technology (Produktbereich Scharmann)

11.1.6 Ständerbett

Das Ständerbett ist als neuartiges Schrägbett konzipiert, um die Masse des verfahrbaren Ständers kleinhalten zu können. Das Bett ist vergleichsweise groß ausgeführt, um die Prozesskräfte ohne großen Hebelarm aufnehmen zu können. In Bild 11.8 links ist diese besondere Bauweise gut erkennbar. Die Führungen befinden sich somit nicht wie bei dem Tischbett in einer Ebene, stattdessen befindet sich die erste Führung **41** an der höchsten Stelle des Bettes und ist parallel zum Boden montiert. Die zweite Führung **42** befindet sich auf der mittleren Ebene der Konstruktion und ist um 90 ° verdreht montiert. Der Antrieb **39** und der zugehörige Lagerbock **40** befinden sich wiederum in der oberen Ebene. Das Ständerbett ist wie das Tischbett auf Aufstellelementen **10** montiert.

Ständerbett: Aufsicht C

In der Aufsicht, dargestellt in Bild 11.9, sind die beiden Führungsschienen **41** und **42** sowie das direkte Messsystem **43** sichtbar. Mithilfe des Messsystems wird die aktuelle Position des Ständers erfasst.

Ständerbett: Schnitt A-A

Wie in Bild 11.10 zu sehen, sind die Führungsschienen mit dem Ständerbett verschraubt. Die Verrippung des Ständers unterstützt die Führungsschienen. Im Schnitt D-D sind die Querschotten sichtbar.

Ständerbett: Schnitt B-B

Im Schnitt B-B des Ständerbetts, Bild 11.11, sind die Taschen für die Anbindung der Aufstellelemente sowie die Verrippung des Bettes zu sehen.

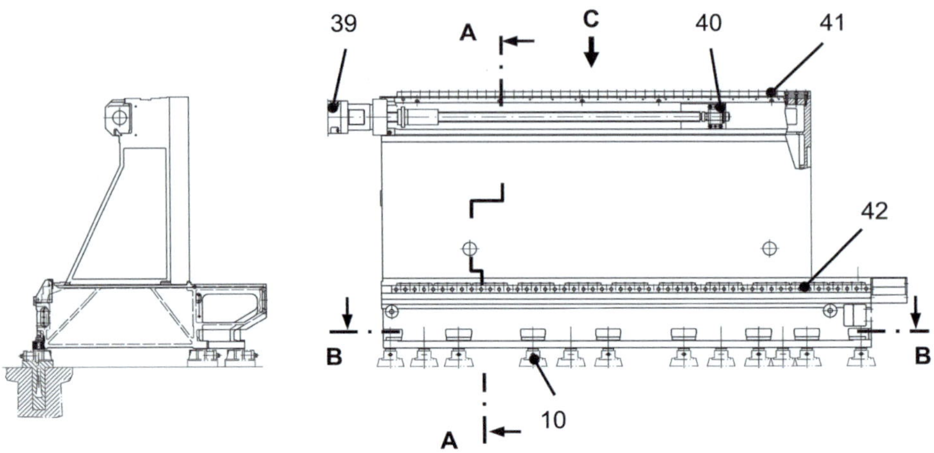

Bild 11.8 Ständerbett. Nach Starrag Technology (Produktbereich Scharmann)

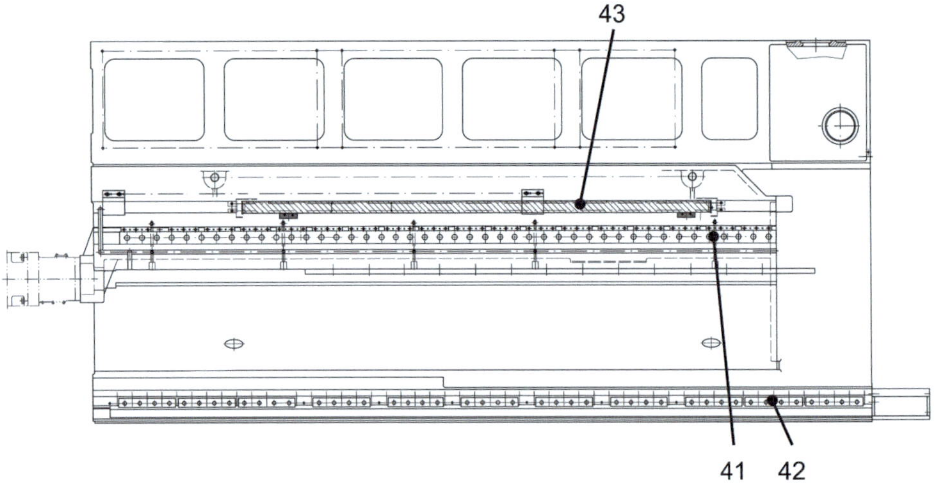

Bild 11.9 Ständerbett: Aufsicht C. Nach Starrag Technology (Produktbereich Scharmann)

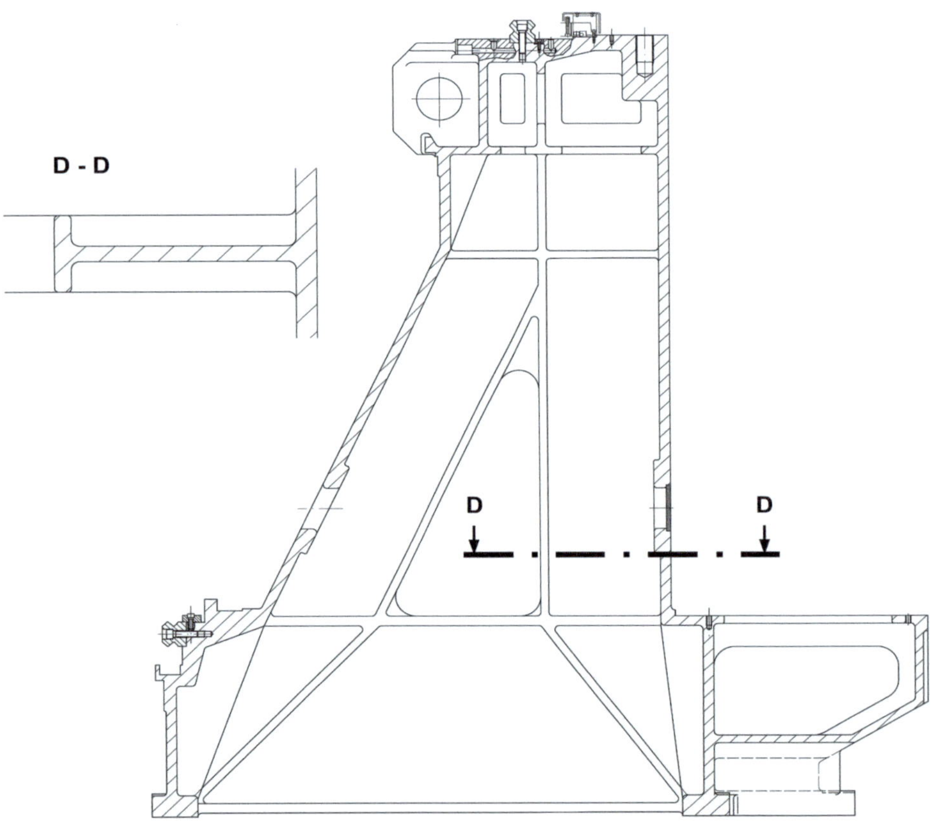

Bild 11.10 Ständerbett: Schnitt A-A und D-D. Nach Starrag Technology (Produktbereich Scharmann)

11

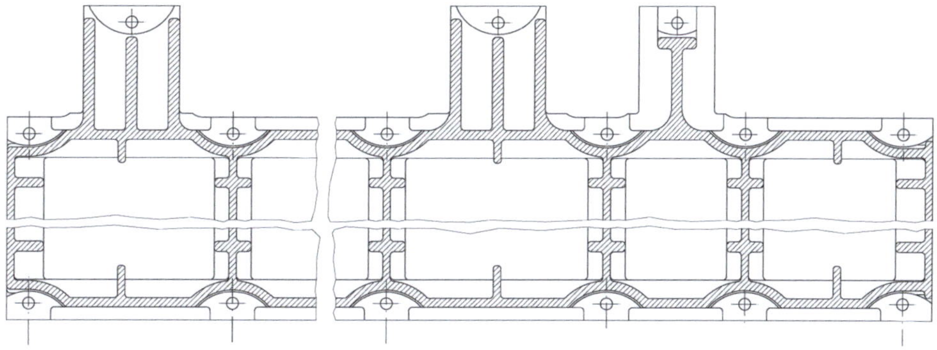

Bild 11.11 Ständerbett: Schnitt B-B. Nach Starrag Technology (Produktbereich Scharmann)

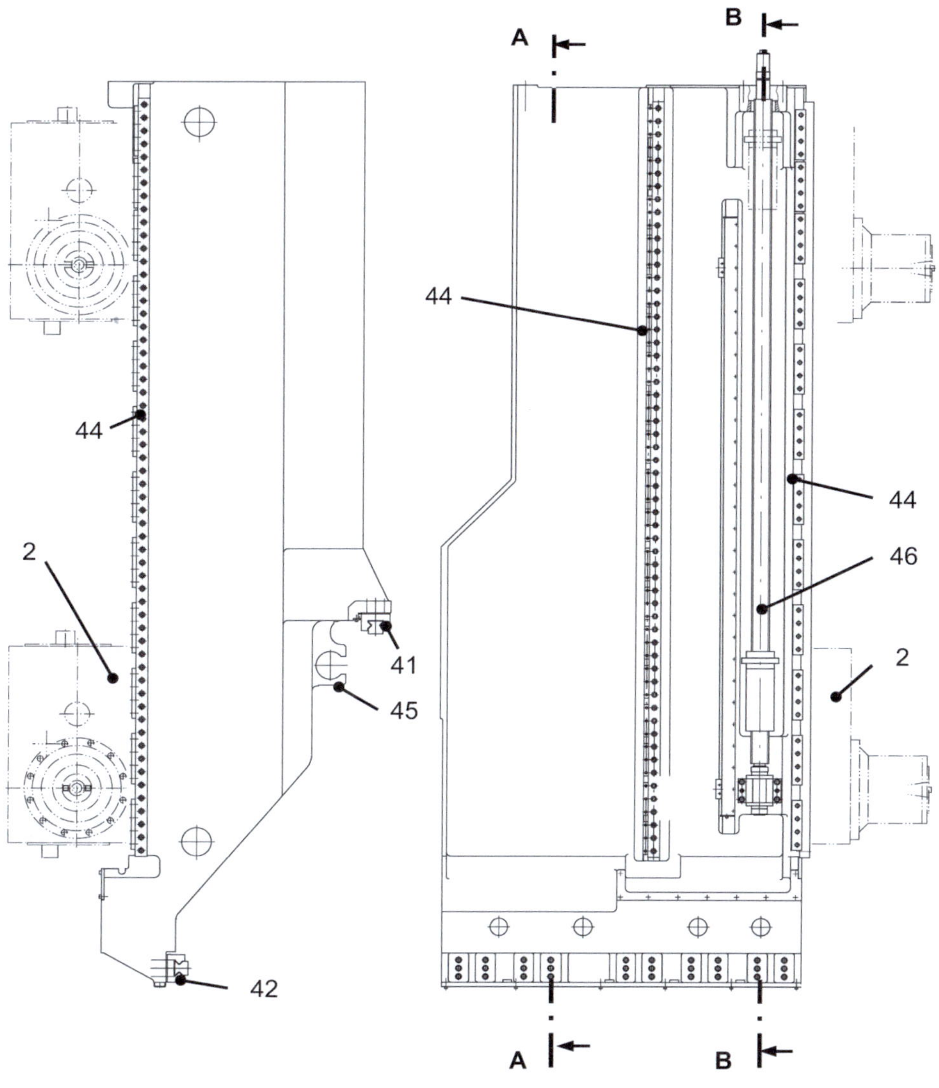

Bild 11.12 Ständer. Nach Starrag Technology (Produktbereich Scharmann)

11.1.7 Ständer

In Bild 11.12 ist der verfahrbare Ständer der ALPHA abgebildet. Der Spindelkasten **2** wird über die Führungen **44** entlang der Y-Achse geführt und mit dem Kugelgewindetrieb **46** angetrieben. Zudem sind die Spindelmutteraufnahme **45** und die Führungsschuhe **41**, **42** der Z-Achse abgebildet.

Ständer: Schnitt A-A und B-B

In den Schnittansichten des Ständers, Bild 11.13, ist die Verrippung, welche eine hohe Steifigkeit bei geringer Masse gewährleistet, dargestellt. In Bereichen höherer Beanspruchung, wie in der Umgebung der Führungssysteme, sind die größeren Wandstärken deutlich zu erkennen. Die Lagerung der KGT-Spindel für den Ständerkasten erfolgt mittels einer Fest-/Loslagerung. Das kippsteife Loslager

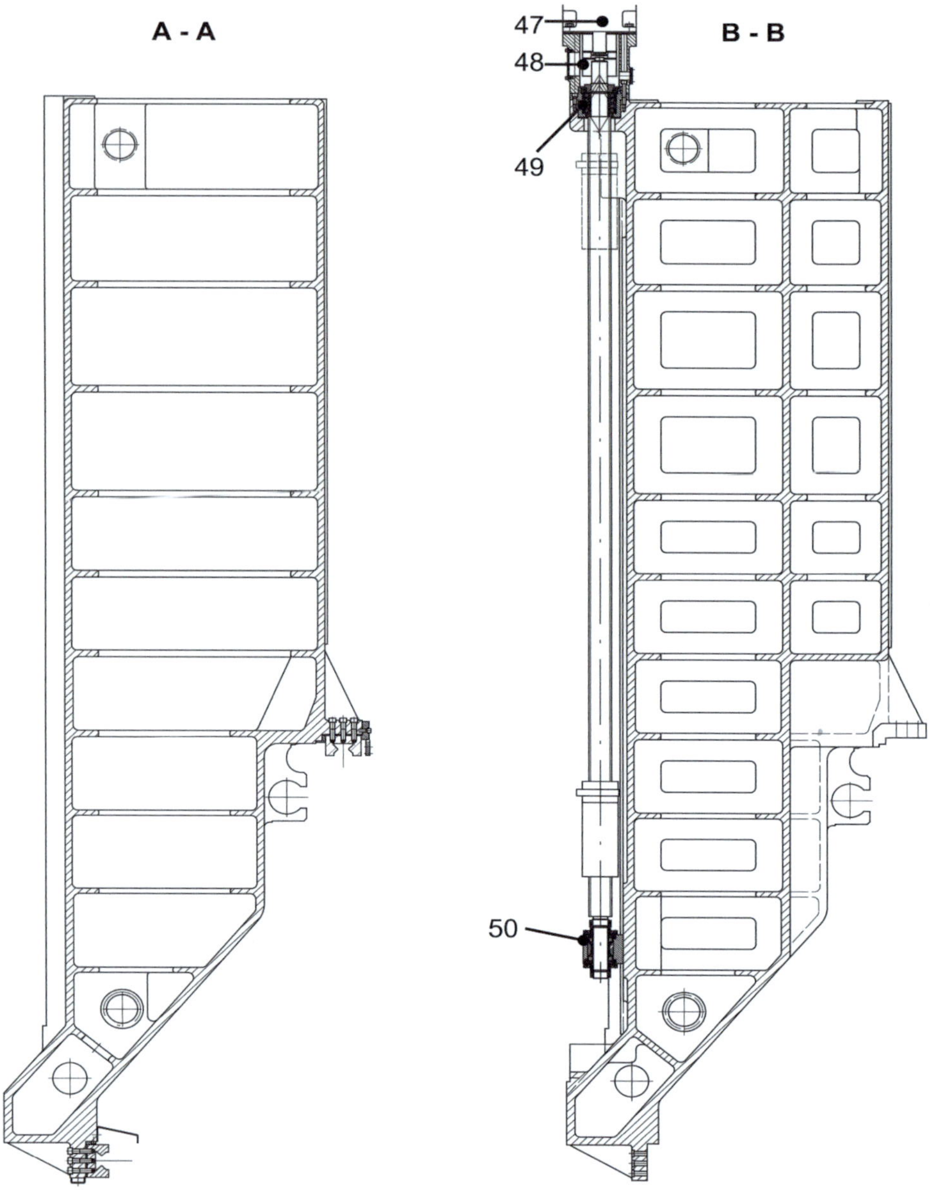

Bild 11.13 Ständer Schnitt A-A und B-B. Nach Starrag Technology (Produktbereich Scharmann)

50, welches aus zwei mit Abstand montierten Zylinderrollenlagern besteht, nimmt nur radiale Kräfte auf. Das Festlager **49** besteht aus vier Schrägkugellagern. Über den Motor **47** und die Kupplung **48** wird die KGT-Spindel angetrieben.

11.1.8 Horizontal-Vertikal-Kopf

In Bild 11.14 ist der Aufbau des Horizontal-Vertikal-Kopfes (HV-Kopf) dargestellt. Dieser erlaubt die Positionierung der Hauptspindel **1** relativ zum Spindelkasten **2** in einer horizontalen Lage (links) und einer vertikalen Lage (rechts). Dabei wird der Kopf mit einem Schwenkmechanismus um die Schwenkachse **51** rotiert. An der Hauptspindel erfolgt die Werkzeugaufnahme **52**. Über die Kühlschmierstoffdüsen **53** wird der Kühlschmierstoff in den Arbeitsraum geleitet.

HV-Kopf im Schnitt

In Bild 11.15 ist der HV-Kopf im Schnitt abgebildet. Der Antrieb der Hauptspindel erfolgt mit Kegelradpaarungen von der Antriebswelle **54** über eine Zwischenwelle **57** auf die Spindelwelle **61**. Die Antriebswelle sowie die Zwischenwelle sind in O-Anordnungen gelagert (**55**). Die Verzahnungen sind ölgeschmiert, wobei das Schmieröl unter Schwerkraft an die tiefste Stelle (horizontale Lage: **62**, vertikale Lage: **60**) des Kopfes fließt und von dort abgesaugt wird. Je nach Stellung des Kopfes ist eine der beiden Absaugleitungen **59** im Schwenkgehäuse **58** mit der Absaugleitung im Kopfgehäuse **56** verbunden und die andere geschlossen.

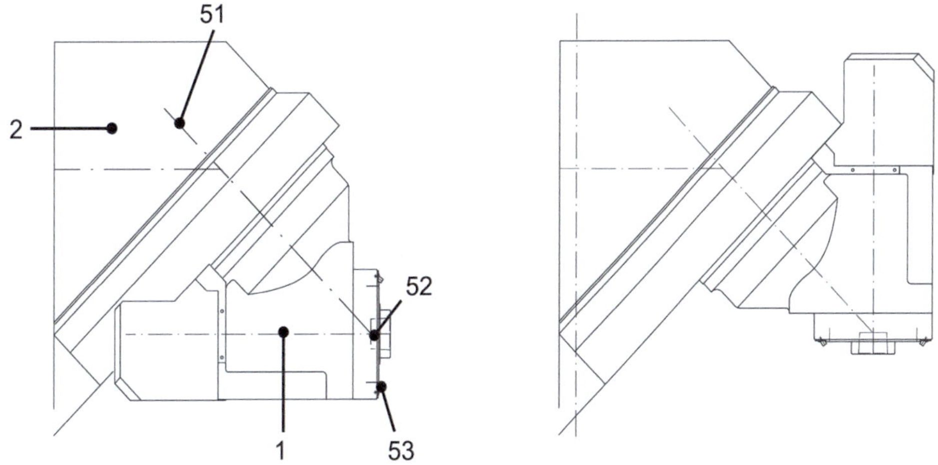

Bild 11.14 Horizontal-Vertikal-Kopf. Nach Starrag Technology (Produktbereich Scharmann)

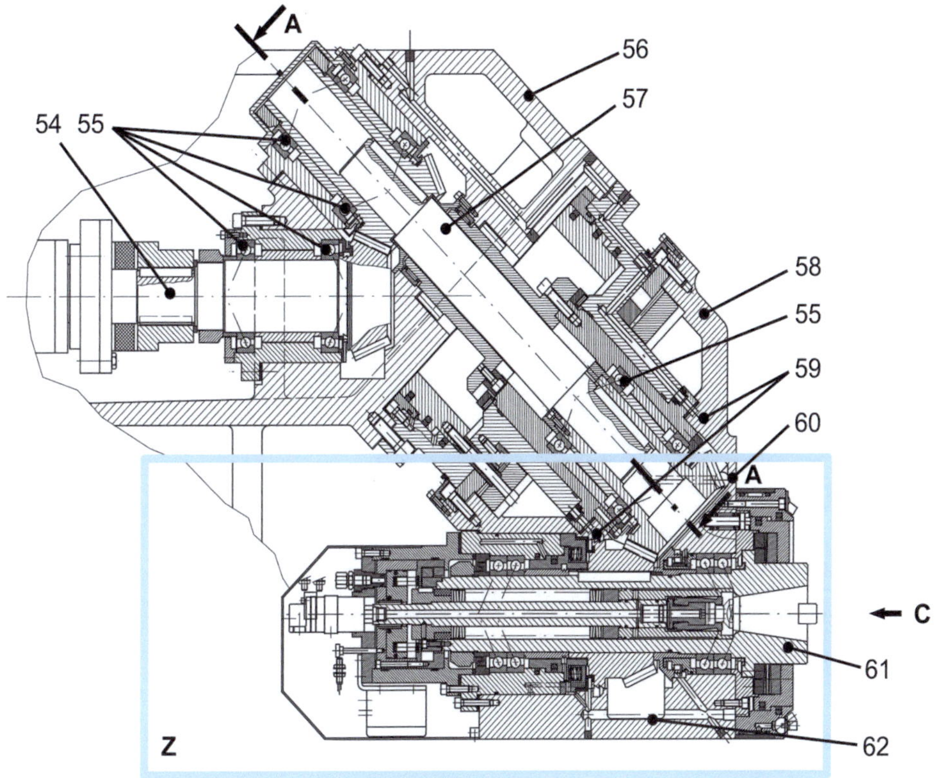

Bild 11.15 HV–Kopf im Schnitt. Nach Starrag Technology (Produktbereich Scharmann)

HV–Kopf: Schnitt A-A

Das Schwenkteil des HV-Kopfs, in Bild 11.16 dargestellt, wird über einen doppeltwirkenden Zylinder (s. Schnitt B-B, Bild 11.17) angetrieben. Dieser bewegt die Zahnstange **65**, die mit der Schwenkwelle **64** kämmt. Die Schwenkwelle ist eine Hohlwelle und gegenüber dem feststehenden Gehäuse radial über das Nadellager **63** sowie axial über das Axiallager **66** gelagert. Sie treibt über Nutensteine **73** das mitschwenkende Lagergehäuse **69**, welches mit dem Schwenkgehäuse **58** verschraubt ist (**70**), an.

Bevor der Kopf geschwenkt werden kann, muss zunächst die Klemmung gelöst werden. Hierzu wird der Klemmkolben der Hirthverzahnung **72** hydraulisch nach vorne geschoben, sodass die Hirthverzahnung **68** über die Hülse **67** geöffnet wird. Der Zustand der Kopfklemmung wird über die Sensoren **71** abgefragt.

HV–Kopf: Schnitt B-B

Bild 11.17 zeigt den Schwenkmechanismus des HV-Kopfes. Über den doppeltwirkenden (Ein- und Ausfahren des Zylinders möglich) Hydraulikzylinder **74** erfolgt die Translation der Zahnstange **65**. Die Zahnstange befindet sich im Eingriff mit der hohlen Schwenkwelle **64**, in der die Hauptantriebswelle **57** liegt. Die Bewegung der Zahnstange führt zur Rotation der Schwenkwelle. Durch die Rotation der Schwenkwelle erfolgt die Schwenkung der Hauptspindel um die

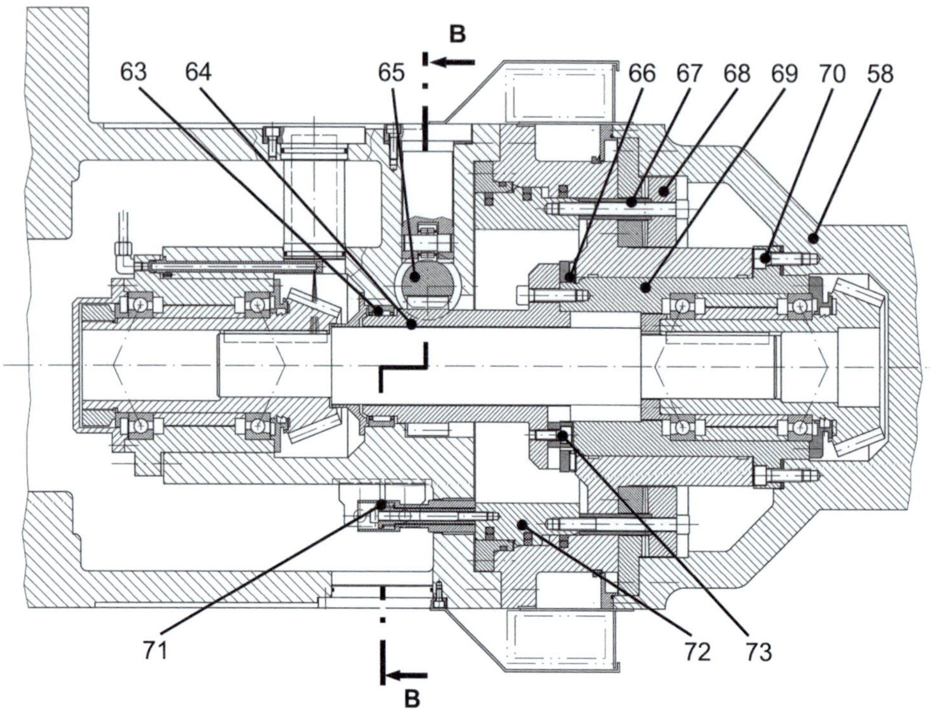

Bild 11.16 HV-Kopf: Schnitt A-A. Nach Starrag Technology (Produktbereich Scharmann)

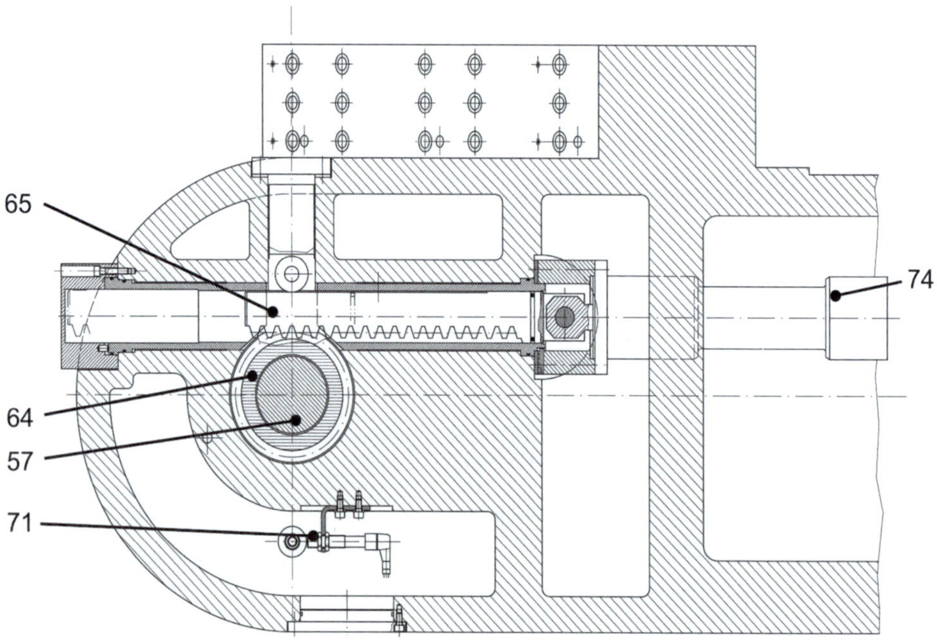

Bild 11.17 HV-Kopf: Schnitt B-B. Nach Starrag Technology (Produktbereich Scharmann)

Schwenkachse. Über einen Sensor **71** wird die Kopfklemmung überwacht.

HV-Kopf: Ansicht C und Schnitte D und E

In Bild 11.18 sind Details des HV-Kopfes dargestellt. Der Kühlschmierstoff wird durch das Schwenkgehäuse **58** in den Vorsatz **75** geleitet und in diesem über eine Ringnut **76** auf die Kühlschmierstoffdüsen **53** verteilt. Die Hydraulikleitung **77** der Spindelklemmung wird ebenfalls durch das Schwenkgehäuse geführt.

HV-Kopf: Detail Z

Die Spindelwelle **61**, in Bild 11.19 dargestellt, wird über das Kegelrad **87** angetrieben, wobei das Drehmoment über eine Passfederverbindung **86** vom Kegelrad auf die in Tandem-O-Anordnung gelagerte Spindelwelle übertragen wird. Bei der Verzahnung an dieser Stelle handelt es sich um eine Zyklo-Palloid-Verzahnung. Die Vorspannung der Lagerung kann bei der Montage über die Passscheibe **83** eingestellt werden. Die Kegelradpaarungen werden ölgeschmiert, während die Schrägkugellager fettgeschmiert sind. Zur Trennung der Schmiermedien wird an den Stellen **85** und **88** Sperrluft ein-

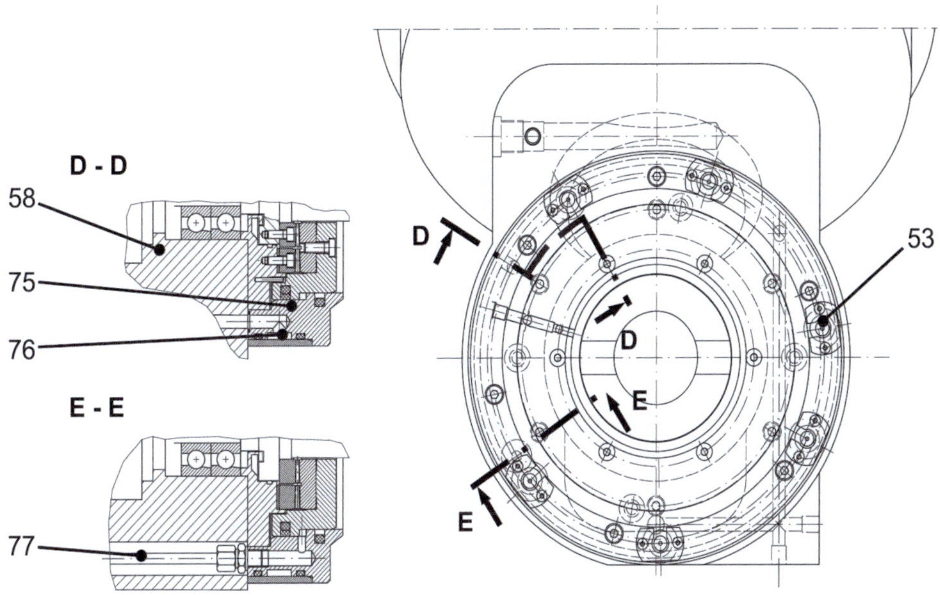

Bild 11.18 HV-Kopf: Ansicht C. Nach Starrag Technology (Produktbereich Scharmann)

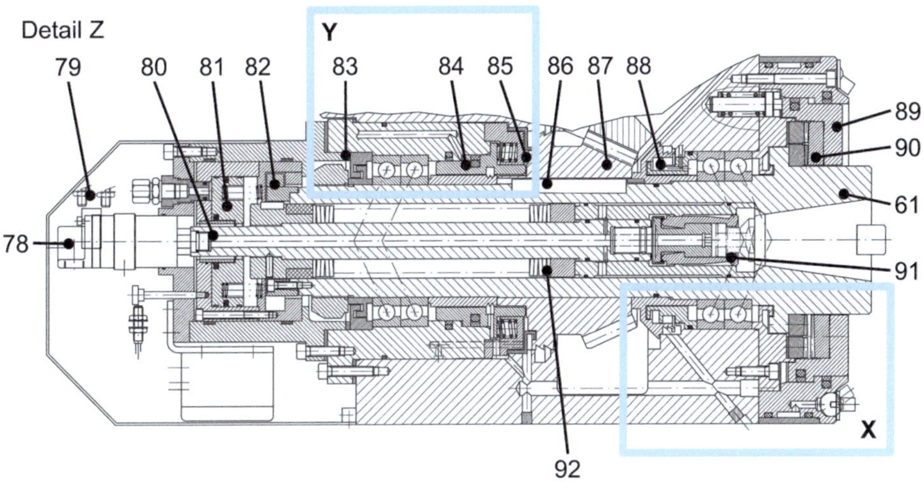

Bild 11.19 HV-Kopf: Detail Z. Nach Starrag Technology (Produktbereich Scharmann)

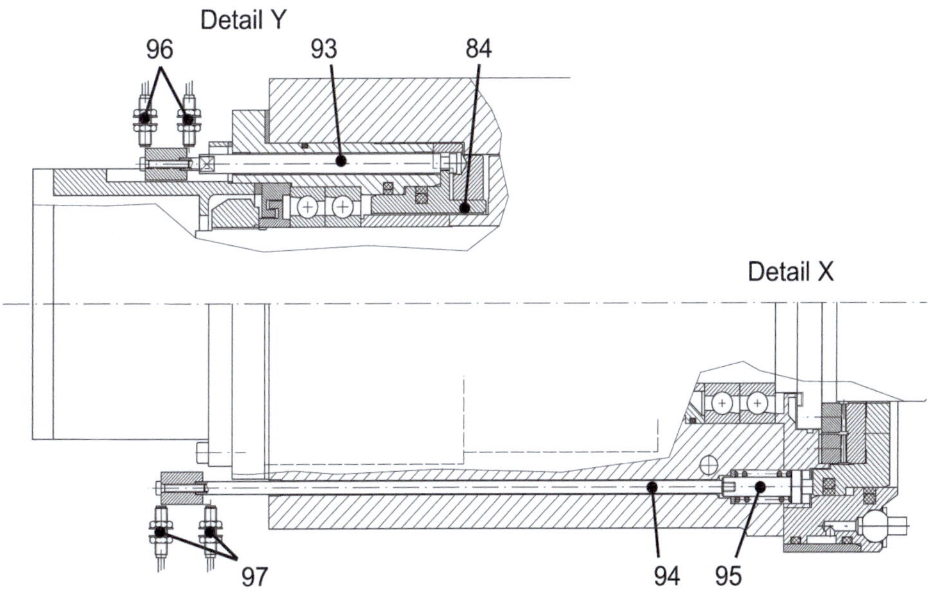

Bild 11.20 HV-Kopf: Detail X und Y. Nach Starrag Technology (Produktbereich Scharmann)

gesetzt, welche über eine Drehdurchführung (nicht dargestellt) in das Schwenkteil geleitet wird. Da mit einem schnelldrehenden Maschinentisch Drehbearbeitungen am sich drehenden Werkstück möglich sind, kann die Spindelwelle festgestellt werden. Hierzu wird zum einen vorne über den Kolben **89** die Hirthverzahnung **90** geschlossen. Zum anderen werden die inneren Lagerringe des rechten Lagerpakets über den Kolben **84** verschoben, sodass die Lagerung aus dem Kraftfluss genommen wird und somit z. B. bei einer Bearbeitung mit unterbrochenem Schnitt nicht beschädigt wird.

Zum Lösen des Werkzeugs wird die Zugstange **80** mithilfe des Kolbens **81** gegen das Tellerfederpaket **92** verschoben. Zur Entlastung der Spindellagerung stützt sich das System hierbei axial über die Schultern der Bajonettverbindung **82** ab. Durch die Verschiebung der Zugstange **80** öffnen die Spannzangen **91** und das Werkzeug wird freigegeben. Kühlschmierstoff bzw. Druckluft zum Reinigen werden durch die Zugstange **80** geleitet. Die Anschlüsse hierfür sind in der Drehdurchführung **78** angebracht, wo auch die Abfrage der Werkzeugspannung über die Sensoren **79** erfolgt.

HV-Kopf: Detail X und Y

In ◻ Bild 11.20 sind die Details X und Y des HV-Kopfes abgebildet. Die Abfrage der hinteren Kopfklemmung erfolgt über die Sensoren **96** mittels einer Mitnehmerstange **93**, die über eine Nut vom Kolben **84** mitbewegt wird. Zur Abfrage der vorderen Spindelklemmung ist eine Zwischenstange **94** in einen der Federbolzen **95** geschraubt und durch das Schwenkgehäuse geführt, welche den Klemmzustand an die Sensoren **97** weitergibt.

11.2 Schleifmaschine

11.2.1 Unternehmensprofil

ELB-Schliff und aba Grinding Technologies sind Bestandteil der Lapmaster Wolters Gruppe, einem Werkzeugmaschinenkonzern für technologieorientierte Systemlösungen in der Feinbearbeitung.

Die Elb-Schliff Werkzeugmaschinen GmbH produziert seit 1948 Flach- und Profilschleifmaschinen. aba Grinding Technologies GmbH wurde 1898 unter dem Namen „Messwerkzeugfabrik Alig & Baumgärtel Aschaffenburg“ gegründet und stellt seit 1933 Präzisions-Schleifmaschinen her. Das Fertigungsprogramm reicht von hochgenauen Flach-, Profil-, Tiefschleif- und Rundtischmaschinen bis hin zu automatisierten Mehrtechnologie-Produktionszellen.

11.2.2 Übersicht

Das Konzept der Produktlinie ELB-Schliff smartLine ◻ Bild 11.21 ermöglicht es den kompletten Bereich der Tischverfahrmaschinen abzubilden. So lassen sich Schleifprozesse vom einfachen Flachschleifen im Pendelverfahren über Schnellhubschleifen, Nut- und Profilschleifen bis zum Tiefschleifen realisieren. Ein flexibles Baukastensystem ermöglicht vielfältige Komponentenkombinationen. Das Grundpaket für einfache Schleifanwendungen dient als Basis, die durch zusätzliche Komponenten erweitert werden kann. Dazu stehen verschiedene Tischantriebskonzepte, Führungsarten, Steuerungen und entsprechendes Zubehör zur Verfügung. Der Baukasten umfasst die Komponenten für den Einsatz im Werkstattbereich bis hin zu hochtechnologisierten Lösungen in der automatisierten Produktion. Im Folgenden werden die Grundkomponenten der ELB-Schliff smartLine beschrieben und anschließend einige beispielhafte Lösungen vorgestellt.

11.2.3 Allgemeine Beschreibung

◻ Bild 11.22 zeigt den grundlegenden Aufbau der ELB smartLine Kombi. Die Maschine besteht aus zwei getrennten Betten: Dem Vorderständer **1**, auf dem der Arbeitstisch **2** montiert ist, und dem Rückenständer **3**. Der Vorderständer kann je nach Anforderung angepasst werden. Neben der Wahl zwischen unterschiedlichen Führungssystemen, kann auch die Tischlänge variiert werden. In der Anlagenmontage werden die Betten nach dem Ausrichten miteinander verklebt und zur Erzielung einer maximalen Positionstreue zusammen vergossen. Der Vorderständer realisiert die Verfahr-

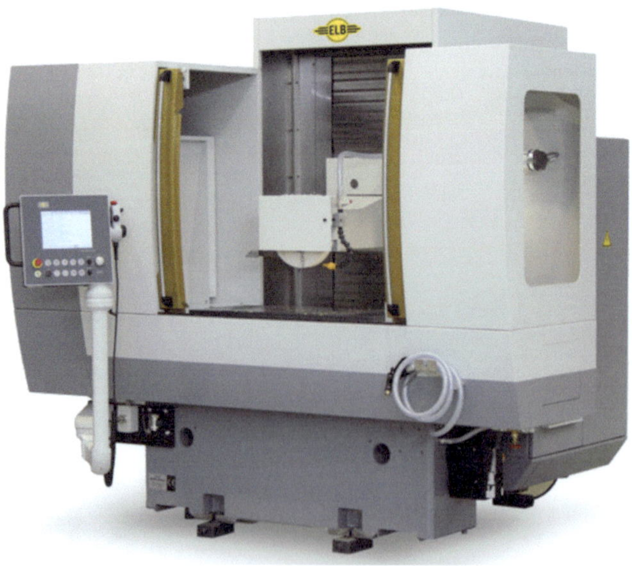

◻ **Bild 11.21** Übersicht über die ELB-Schliff smartLine. Nach Elb-Schliff

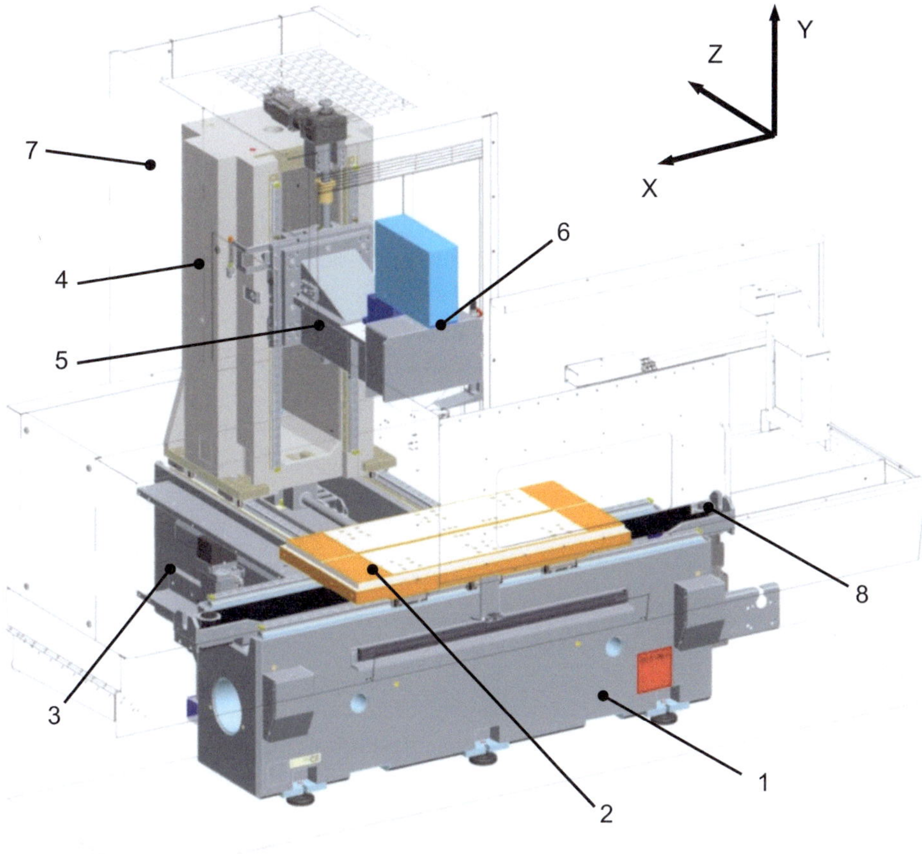

Bild 11.22 Aufbau der ELB smartLine Kombi. Nach Elb-Schliff

bewegung des Tisches in X-Richtung. Hierfür kann der Tischantrieb **8**, je nach Anforderung, als Zahnriemen-, Hydraulik- oder Kugelgewindeantrieb ausgeführt werden. Der Rückenständer liegt in drei Ausführungen vor, die sich in ihrer Länge unterscheiden und somit unterschiedliche Z-Verfahrwege der Säule **4** ermöglichen. Die auf dem Rückenständer montierte Säule ist ebenfalls in unterschiedlichen Ausführungen erhältlichund kann in Abhängigkeit der Anforderungen gewählt werden. Neben der Auswahl dreier unterschiedlicher Längen, steht auch eine steifere Säulenausführung für Anwendungen mit höheren Belastungen zur Verfügung.

An der Säule ist der Spindelkasten **5** mit einem Synchron- oder Asynchronmotor angebracht. Bei der Ausführung der

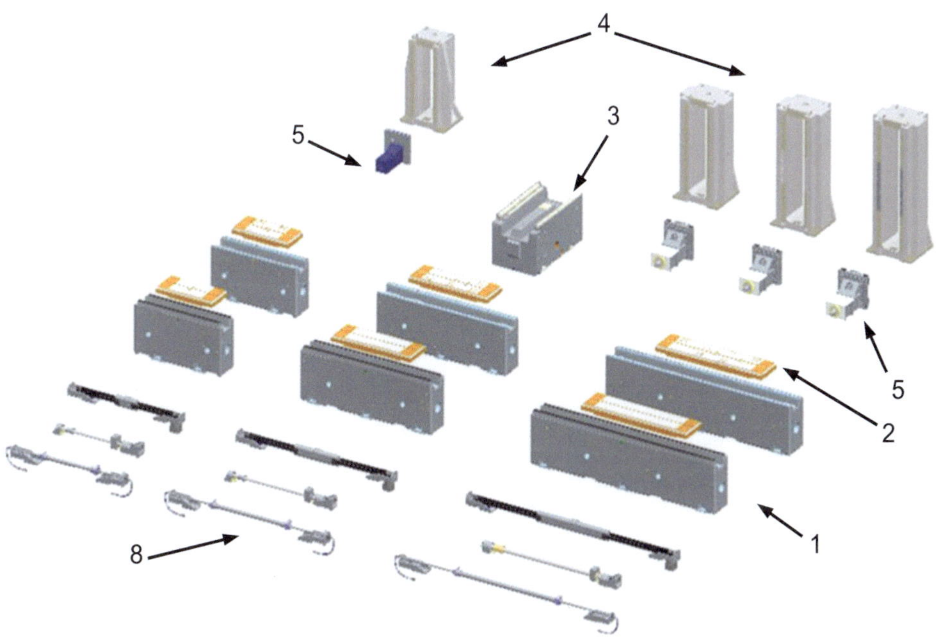

Bild 11.23 Modularer Aufbau der ELB smartLine Kombi. Nach Elb-Schliff

Spindel besteht die Möglichkeit zwischen einer fremdgetriebenen Spindel oder einer Motorspindel zu wählen. Dadurch können Spindelleistungen von 5,5 kW bis 52 kW erreicht werden. Die Schleifspindel ist im Spindelkasten gelagert und besitzt am Ende eine Schleifscheibenaufnahme. Zudem ist der Abrichter **6** am Spindelkasten montiert. Die gesamte Maschine ist aus Sicherheitsgründen mit einer Umhausung **7** gekapselt.

Die Komponenten des Baukastens, die zur Kombination zur Verfügung stehen, sind in ◘ Bild 11.23 zusammengefasst dargestellt. Wie bereits erwähnt, lassen sich verschiedene Ausführungen von Vorderständer **1**, Arbeitstisch **2**, Rückenständer **3**, Säule **4**, Spindelkasten samt Spindel **5** sowie der Tischantrieb **8** miteinander kombinieren. Neben den mechanischen Komponenten der Maschine, kann auch bei der Steuerung, zwischen NC (Numerical Control) oder SPS (speicherprogrammierbare Steuerung), gewählt werden.

11.2.4 Vorderständer und Tisch

Der Vorderständer, wie in ◘ Bild 11.24 dargestellt, besteht aus einem Monolith-Guss **9** aus Reaktionsharzbeton. Reaktionsharzbeton setzt sich zusammen aus einem Gemisch aus gebrochenem Hartgestein in unterschiedlichen Körnungen mit einem Reaktionsharz und besitzt eine gute Schwingungsdämpfung, große Gestaltungsfreiheit, hohe Thermostabilität sowie eine hohe Medienbeständigkeit. Die auf die Dichte bezogene Steifigkeit des Reaktionsharzbetons ist vergleichbar mit Gusswerkstoffen.

Am Vorderständer zu erkennen sind zudem die Transportvorrichtung **10** und der Zugang zu den Fixatoren des Vorderständers **11**. Die Fixatoren sind im Vorderständer eingelassen, damit sie direkt im Kraftfluss der Gestellkomponente liegen. In ◘ Bild 11.24 ist eine Vorderständervariante mit Linearführungen dargestellt. Zu erkennen sind die Führungsschienen **12** und die Führungswagen **13**, auf denen der Tisch montiert wird. Je nach Anwendung können Vorderständer in unterschiedlichen Längen und Abständen der Führungsschienen verwendet werden.

Auch der Tisch ist in mehreren Varianten verfügbar, die sich in der Aufspannmöglichkeit und der Führungsart unterscheiden. Als Aufspannmöglichkeit für das Werkstück bietet sich zum einen die Standard-Magnetaufspannung an, zum anderen sind anforderungsspezifische Ausführungen des Tisches, z. B. mit Zusatzachsen oder T-Nutfeldern, realisierbar.

Grundsätzlich existieren zwei Varianten unterschiedlicher Führungsbahnsysteme:

- Linearführungen
- V-Flachführung

Die Leisten zur Befestigung der Linearführungsschienen werden bei der Herstellung des Vorderständers mit eingegossen. Im Falle einer V-Flachführung (s. ◘ Bild 11.26) besteht jedoch auch die Möglichkeit, die Flächen der Führungsbahn in das Bett einzuformen.

◘ Bild 11.25 zeigt den Aufbau einer Tischvariante mit Linearführungen als Führungsbahnsystem. Bei Tief- und Profilschleifverfahren sowie bei Aufgaben mit Interpolationen eignen sich Profilschienenführungssysteme **14** besonders. Die Verwendung von Ultrapräzisions-Linearführungen ermöglicht ein hochgenaues Arbeiten. Der Antrieb des Tisches ist hier über einen Kugelgewindetrieb realisiert, wobei die Mutter **15** am Tisch montiert ist. Über die Aufspannmöglichkeit **16** kann das Werkstück auf dem Tisch befestigt werden.

Eine Variante des Tisches mit dem zweiten lieferbaren Führungsbahnsystem, der V-Flachführung, ist in ◘ Bild 11.26 zu sehen. V-Flachführungen bzw. beschichtete Gleitbahnführungen mit Ölschmierung eignen sich besonders zum Pendelschleifen und zur Erzielung bester Schliffbilder. Hier zu erkennen sind die V-Führung **17**, die Flachführung **18** sowie die Aufspannmöglichkeit **19**. Dabei übernimmt die V-Führung die Führung in Bewegungsrichtung. V-Flachführungen eignen sich besonders gut zur Aufnahme von Kräften senkrecht zu den Gleitflächen.

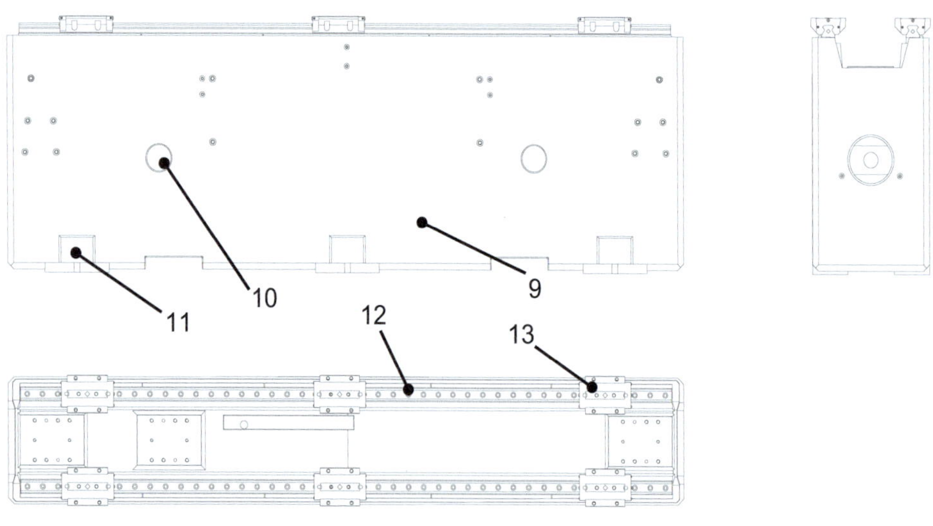

◘ **Bild 11.24** Aufbau des Vorderständers. Nach Elb-Schliff

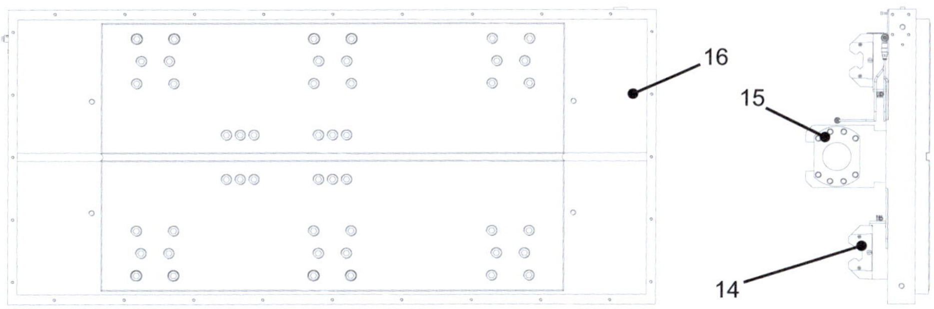

Bild 11.25 Aufbau des Tisches mit Linearführungen. Nach Elb-Schliff

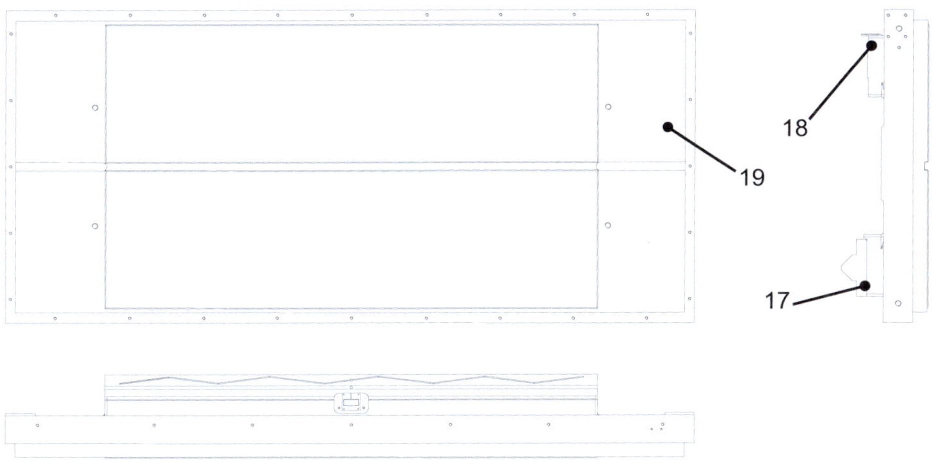

Bild 11.26 Aufbau des Tisches mit V-Flachführung. Nach Elb-Schliff

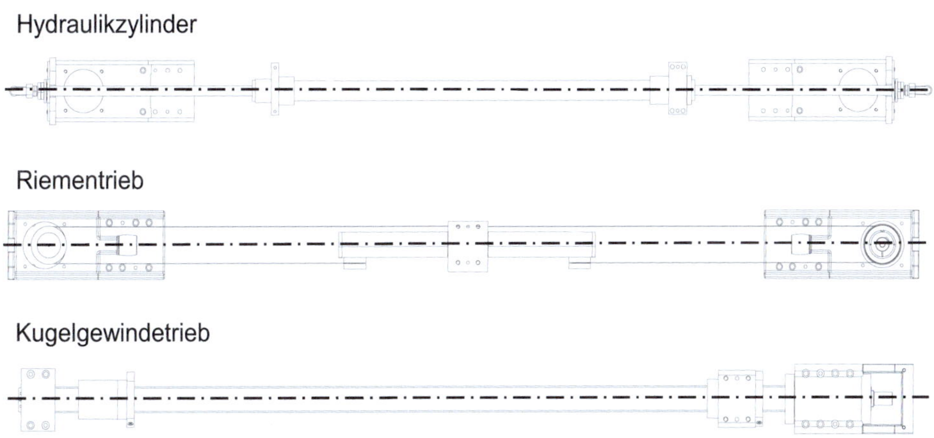

Bild 11.27 Übersicht über die Antriebe des Tisches. Nach Elb-Schliff

Die Zustellachse (Y-Achse) und die Vorschubachse (Z-Achse) werden generell mit Linearführungen und Kugelgewindetrieb ausgestattet. Der Antrieb und die Führung der Längsachse (X-Achse) werden entsprechend der Anforderungen an das Werkstück, der geforderten Genauigkeit und des Schleifprozesses gewählt. Die Wahl der Prozesseinstellgrößen (Zustellung, Werkstückgeschwindigkeit, Schnittgeschwindigkeit und Zerspanungsvolumen) beeinflusst das Arbeitsergebnis erheblich.

Zur Auswahl stehen folgende Antriebe (vgl. Bild 11.27):

- Der Hydraulikzylinder zeichnet sich durch eine gute Dämpfung aus. Die dämpfenden Eigenschaften des Hydrauliköls im Hydraulikzylinder sorgen beim Pendelschleifverfahren für gute Schliffbilder.
- Der Zahnriemenantrieb wird verwendet, wenn für die Bearbeitung des Werkstücks hohe Oszillationsgeschwindigkeiten (z. B. Schnellhubschleifen) gefordert werden.
- Der Kugelgewindetrieb (KGT) bietet eine hohe axiale Steifigkeit, wie sie zum Beispiel beim Tiefschleifprozess benötigt wird. Direkt angetriebene Kugelrollspindeln bieten neben der hohen Steifigkeit auch die spielfreie Positionierung des Tisches. Diese Eigenschaften werden für das Profilschleifverfahren sowie für Aufgaben mit Interpolationen benötigt.

11.2.5 Rückenständer

Der Rückenständer, abgebildet in ◘ Bild 11.28, besteht, wie auch der Vorderständer, aus Reaktionsharzbeton und weist ebenso eine Transportvorrichtung **20** und Zugänge zu den Fixatoren **21** auf. Der Rückenständer ist mit zwei Führungsschienen **22**, vier Führungswagen **23** und einem Antrieb **24**, hier einem Kugelgewindetrieb, ausgestattet. Damit kann die senkrecht auf dem Rückenständer installierte Säule in Z-Richtung verfahren werden. Die hochgenaue Positionierung in Z-Richtung wird durch einen Maßstab **25** sichergestellt. Der Rückenständer ist in den drei Ausführungen ALPHA, BETA und GAMMA lieferbar, die jeweils eine unterschiedliche Führungsbahn-Länge aufweisen. Die verfügbaren Führungsbahnlängen betragen 400 mm, 600 mm und 750 mm.

11.2.6 Säule

Die Säule stellt den Grundkörper der Schleifmaschinen Y-Achse **26** dar (vgl. ◘ Bild 11.29). Sie ist mit zwei Führungsschienen **27** bestückt, auf denen sich vier Führungswagen **28** befinden. Der auf den Führungswagen montierte Spindelkasten **5** kann über einen Kugelgewindetrieb **29** in Y-Richtung verfahren werden. Die im Spindelkasten befindliche

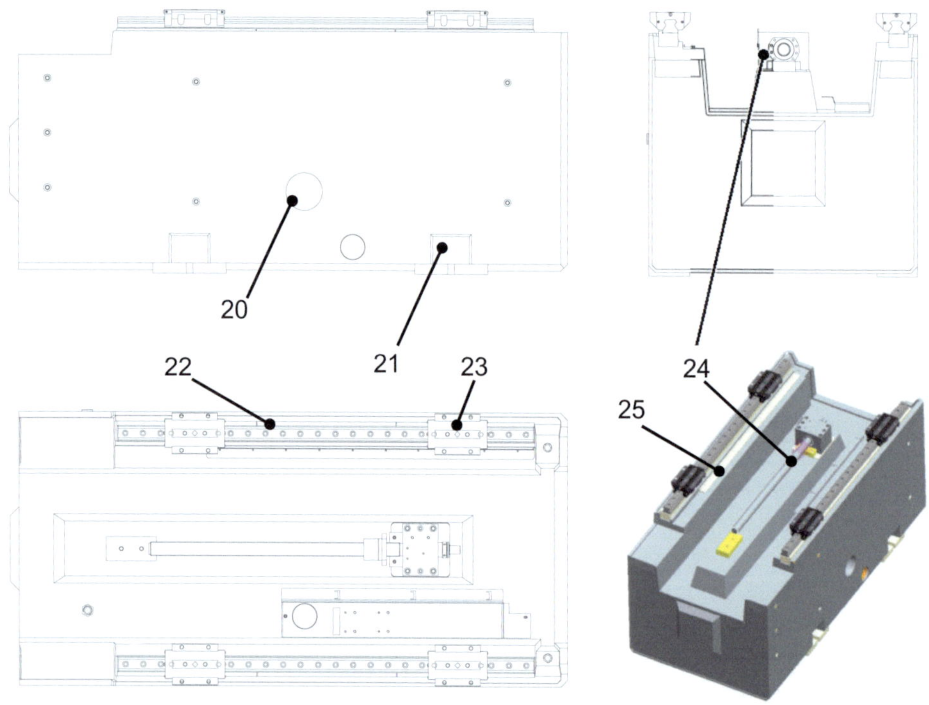

◘ **Bild 11.28** Aufbau des Rückenständers. Nach Elb-Schliff

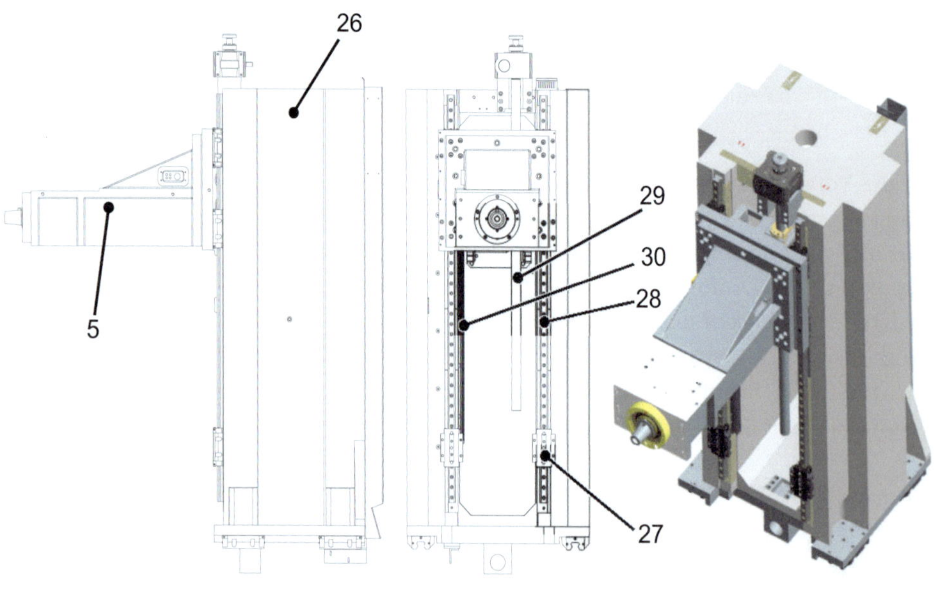

◘ **Bild 11.29** Gesamtansicht der Säule mit Schleifspindeleinheit. Nach Elb-Schliff

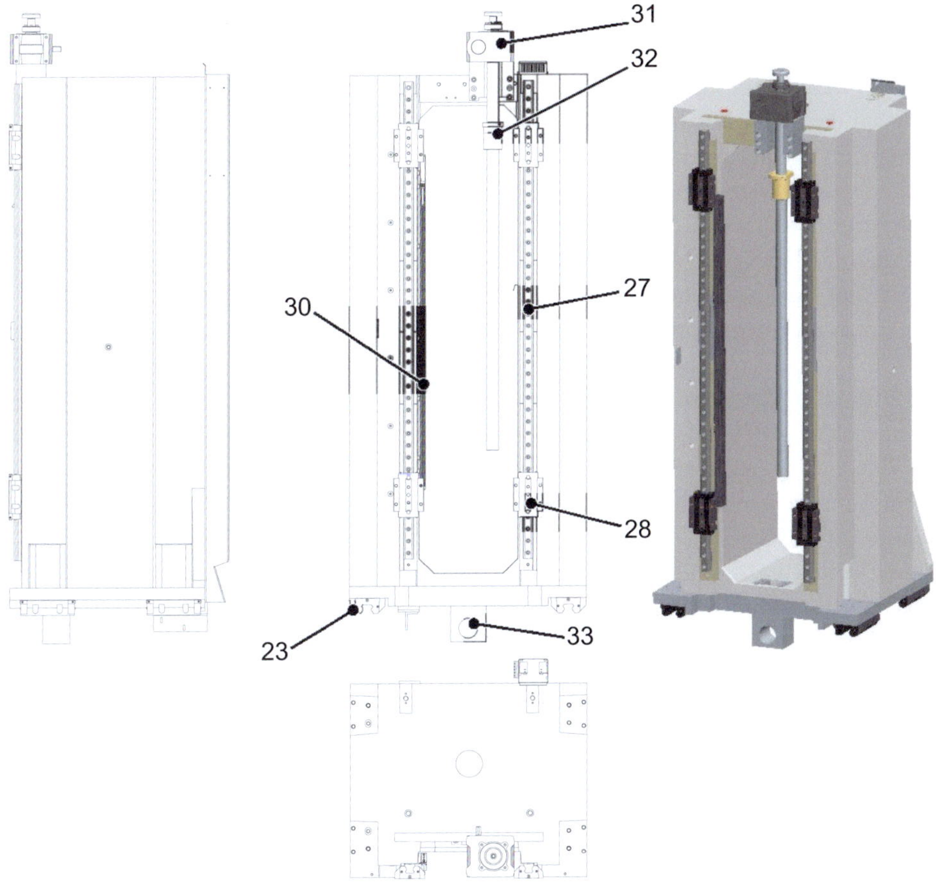

Bild 11.30 Aufbau der Säule. Nach Elb-Schliff

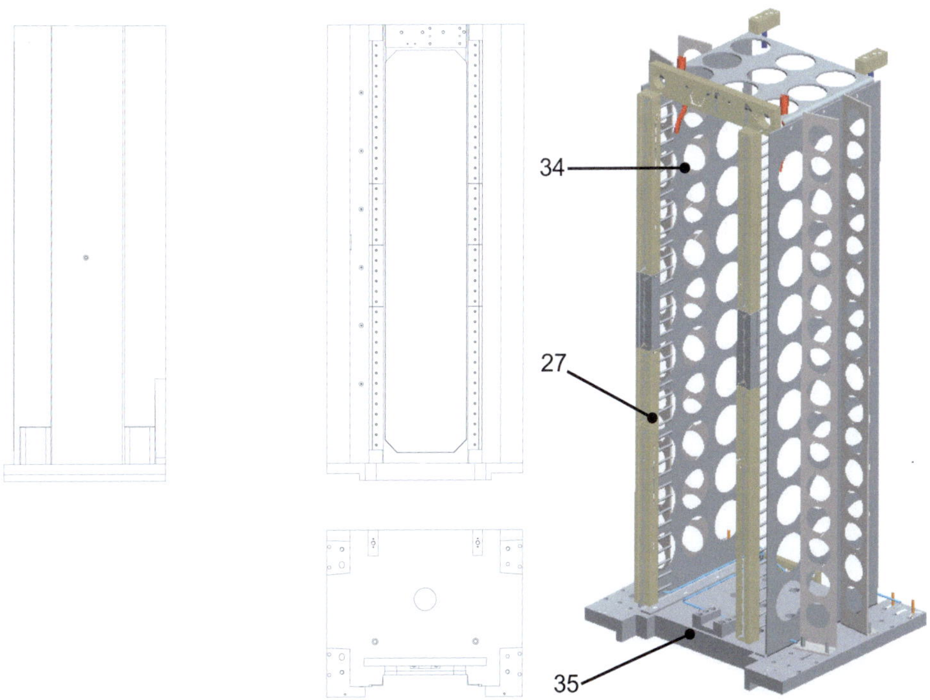

Bild 11.31 Verstärkung der Säule. Nach Elb-Schliff

Schleifspindeleinheit wird von einem Synchronmotor angetrieben, wobei die Kraftübertragung über eine Kupplung des Typs Rotex GS erfolgt. Die hochgenaue Positionierung in Y-Richtung wird von einem Maßstab **30** gewährleistet. Hierbei wird die Verfahrposition von einem Messkopf erfasst.

Bild 11.30 zeigt die Säule ohne Schleifspindeleinheit. Der Antrieb des KGT erfolgt anhand eines Schneckengetriebes **31**. Durch die am Spindelkasten befestigte Mutter **32** erfolgt die Verfahrbewegung in Y-Richtung. Über die vier Führungswagen **23** und den Mutterbock **33** (mit integrierter Mutter) werden Führung und Antrieb der Säule in Z-Richtung auf dem Rückenständer realisiert. Die Säule ist je nach Anwendungsgebiet in verschiedenen Höhen lieferbar. So stehen insgesamt vier verschiedene Schleifhöhen (500 mm, 750 mm, 1000 mm und 1250 mm) zur Verfügung. Ebenso wie das Maschinenbett, besteht die Säule aus Reaktionsharzbeton und kann gegebenenfalls für die größeren Schleifhöhen durch die Integration einer wabenförmigen Bewehrung verstärkt werden (vgl. ◘ Bild 11.31).

Dies wird vor allem für Schleifprozesse mit höheren Spindelleistungen, wie z. B. Tiefschleifprozesse, angewendet, die eine höhere Steifigkeit der Säule erfordern. Die Versteifungselemente werden hierbei, bei gleichbleibender Konstruktion, in die Säule mit eingegossen. Ebenso werden Befestigungsleisten und die Führungsschienen **27** mit eingegossen. Die verstärkte Säule ist in ◘ Bild 11.31 dargestellt. Die Verstärkung besteht aus einer wabenförmigen Grundkonstruktion **34**, die auf der Grundplatte **35** befestigt ist.

11

11.2.7 Spindel

Die Spindel zum Antrieb des Werkzeuges kann entsprechend der Anforderungen angepasst werden. Es besteht die Möglichkeit, fremdgetriebene Spindeln oder Motorspindeln einzusetzen. Dabei können Spindelleistungen von 5,5 kW bis 52 kW erreicht werden. Der Werkzeugwechsel kann entweder manuell oder durch einen automatischen Scheibenwechsler erfolgen. Je nach Bearbeitungsprozess besteht die Möglichkeit, eine Innenkühlung der Spindel und eine Schmiermitteldurchfuhr durch die Spindel zu ermöglichen.

Die Schnittdarstellung in ◘ Bild 11.32 beinhaltet eine Schleifspindeleinheit **36**, die innerhalb des Spindelkastens

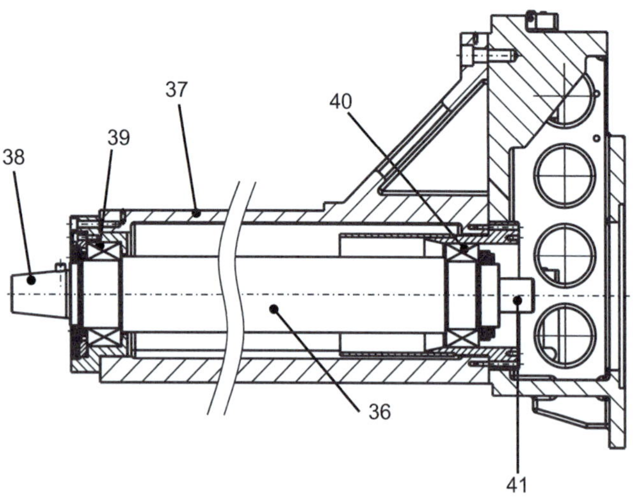

◘ **Bild 11.32** Übersicht über den Spindelkasten mit einer fremdangetriebenen Spindel. Nach Elb-Schliff

37 gelagert ist. Auf der Seite der Schleifscheibenaufnahme **38** der Spindel befindet sich die Festlagerung **39**, während auf der Motorseite die Loslagerung **40** zu finden ist. Die Fest- und Loslagerung sind jeweils als Lagerpakete in O-Anordnung ausgeführt. Die Schleifspindel ist, abhängig vom Anwendungsgebiet, vier- oder sechsfach gelagert. Ein Synchronmotor treibt über eine Rotex-GS-Kupplung, die auf dem Spindelende **41** montiert ist, die Schleifspindel an.

Als Alternative zur fremdgetriebenen Spindel kann eine Motorspindel, wie in ◘ Bild 11.33 dargestellt, verwendet werden. Bei der Motorspindel ist der Rotor des Synchronmotors **42** direkt auf der Welle der Spindel aufgeschrumpft. Der Stator des Synchronmotors **43** ist im Spindelgehäuse eingebracht. Auch hier befindet sich werkzeugseitig die Festlagerung **44** der Spindel und auf der gegenüberliegenden Seite die Loslagerung **45**, beide ausgeführt als Lagerpakete in O-Anordnung. Abgedichtet wird die Spindel werkzeugseitig mit einer Sperrluftdichtung **46**. Die Schleifscheibe **47** kann über eine Zugstange und ein Werkzeugspannsystem **48** automatisch gewechselt werden. Über den Drehgeber **49** wird die Drehzahl der Spindel erfasst.

11.2.8 Abrichter

Das Abrichten dient der Einsatzvorbereitung von Schleifscheiben. Es wird durchgeführt, um das gewünschte Schleifscheibenprofil (Makrogeometrie) und eine schneidfähige Topographie (Mikrogeometrie) herzustellen. Dabei kann eine Unterscheidung in Systeme mit einem stehenden und einem rotierendem Abrichtwerkzeug vorgenommen werden. Zu den Systemen mit stehendem Werkzeug zählen die Einkorn-, Mehrkorn-, Vielkorn- und Klappabrichter. Abrichter mit einer rotierenden Form- oder Profilrolle sind zur Erhöhung der Genauigkeit auf dem Maschinentisch befestigt. Rotierende Werkzeuge werden auch bei Schwenkabrichtern oder Einrollgeräten zum kontinuierlichen Abrichten eingesetzt. Im Folgenden werden Beispiele für die verschiedenen Möglichkeiten des Abrichtens vorgestellt.

◘ Bild 11.34 zeigt einen Klappabrichter mit drei Einzeldiamanten **50**. Dieser wird über die Tischbefestigung **51** auf dem Arbeitstisch montiert. Um eine Kollision zwischen Abrichtblock und Maschinenkomponenten zu verhindern, kann der Abrichtblock während der Bearbeitung um die Schwenkachse **52** zur Seite gedreht werden. Die Drehung wird dadurch ermöglicht, dass über ein pneumatisches oder hydraulisches System **53** eine Zahnstange **54** bewegt wird, die ein auf der Schwenkachse befindliches Ritzel **55** in Drehung versetzt.

Eine Möglichkeit zum Abrichten mit rotierendem Abrichtwerkzeug stellt das Tischeinrollgerät dar (◘ Bild 11.35). Dieses wird über die Tischbefestigung **56** auf dem Arbeitstisch montiert. Über einen Motor **57** wird eine zweifach gela-

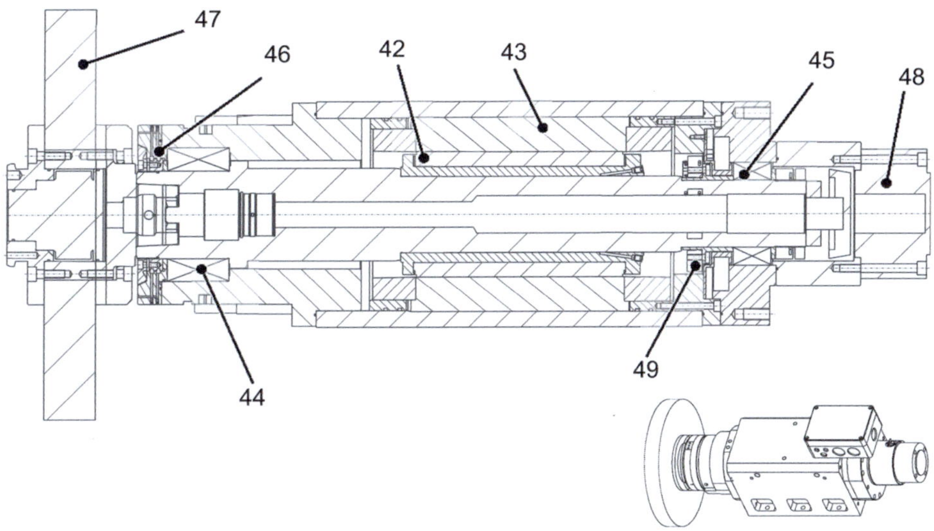

■ **Bild 11.33** Übersicht über eine Motorspindel mit automatischem Scheibenwechsler. Nach Elb-Schliff

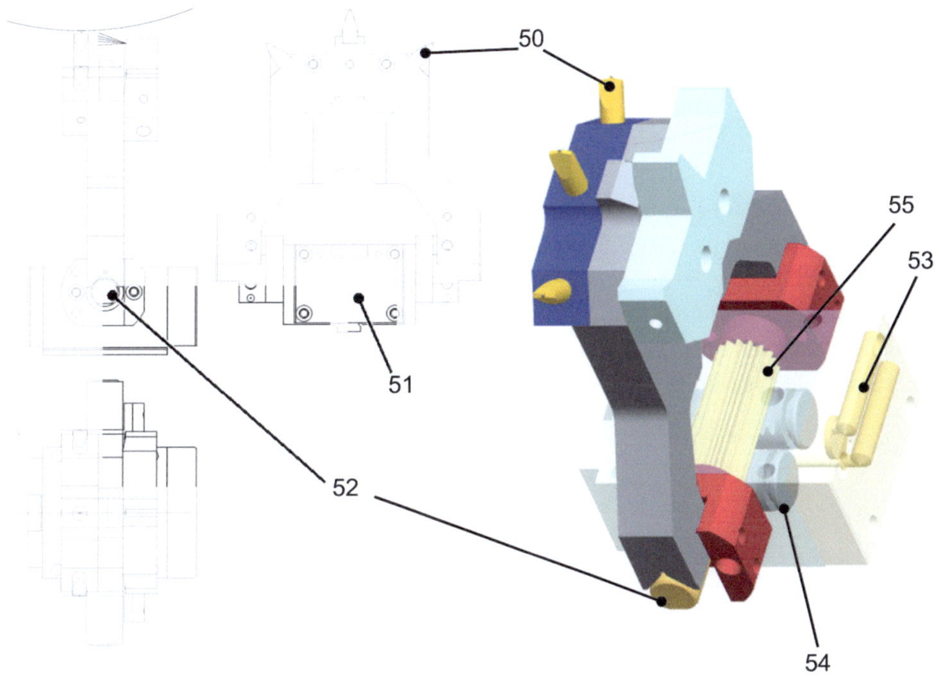

■ **Bild 11.34** Aufbau eines Klappabrichters. Nach Elb-Schliff

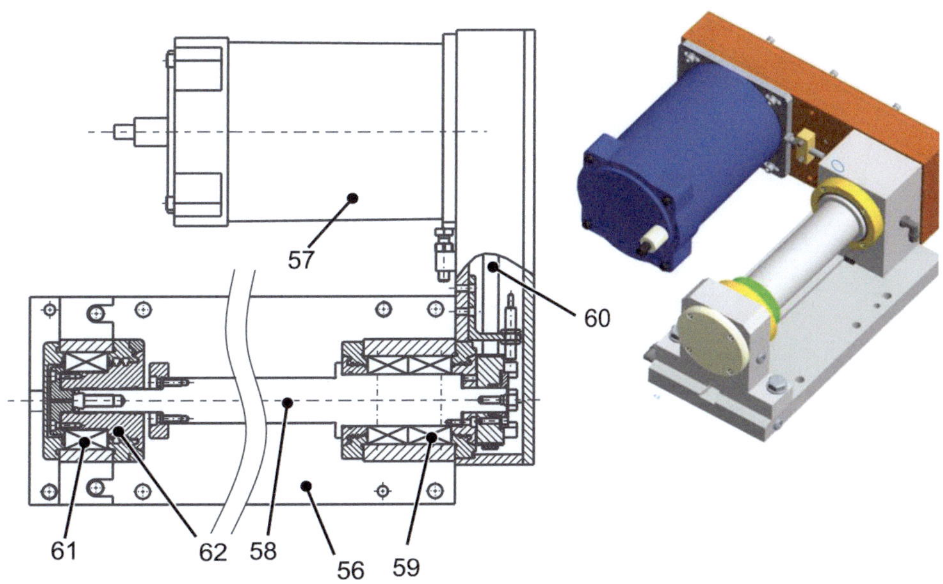

■ **Bild 11.35** Aufbau eines Tischeinrollgerätes. Nach Elb-Schliff

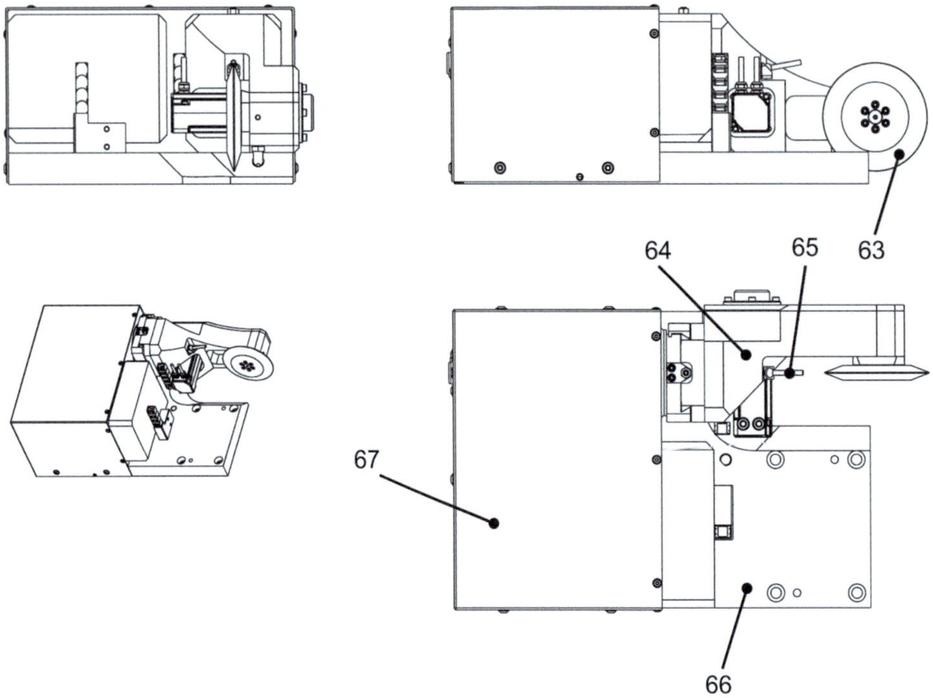

■ **Bild 11.36** Aufbau eines Schwenkabrichters mit rotierendem Abrichtwerkzeug. Nach Elb-Schliff

11

gerte Welle **58**, die als Aufnahme für das Abrichtwerkzeug (hier nicht dargestellt) dient, angetrieben. Dabei befindet sich die Festlagerung **59** auf der Seite des Zahnriemens **60**, der Welle und Motor miteinander koppelt. Die Loslagerung **61** befindet sich auf der gegenüberliegenden Seite. Abgedichtet werden die Lagerungen durch Labyrinthbuchsen **62**.

Einen Schwenkabrichter mit rotierendem Abrichtwerkzeug **63** zeigt ■ Bild 11.36. Die Halterung des Abrichtwerkzeuges **64** ist drehbar gelagert, sodass das gewünschte Profil auf die Schleifscheibe aufgebracht werden kann. Über die Kühlschmierstoffzuführung **65** können Schmierstoff und Kühlmittel dem Abrichtprozess zugeführt werden. Über die

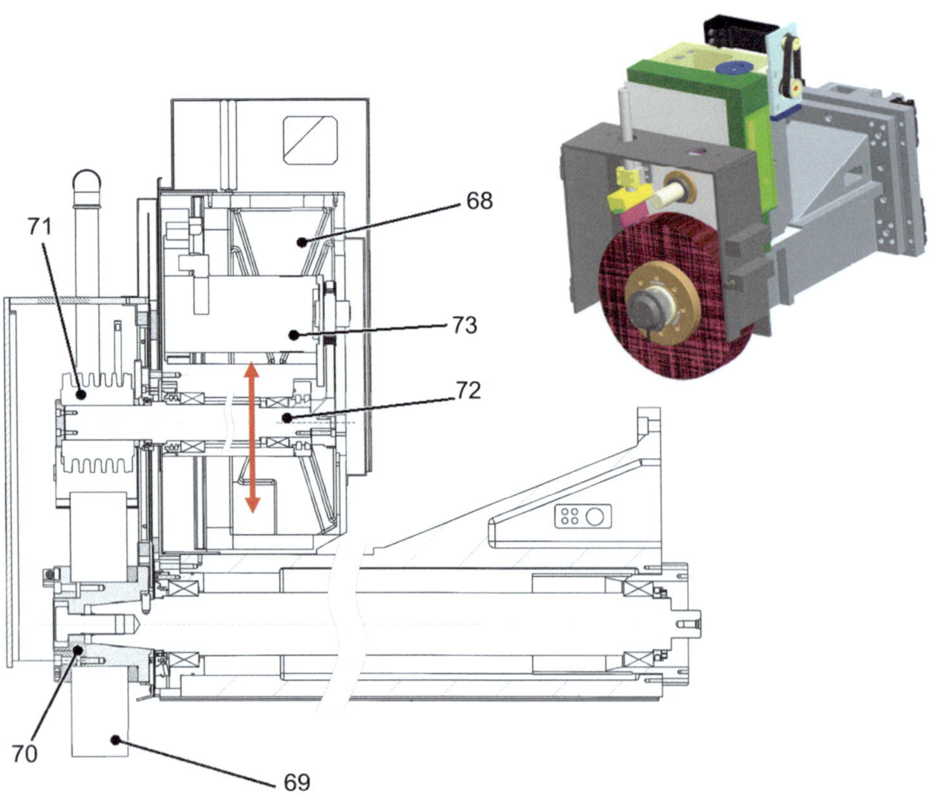

■ **Bild 11.37** Aufbau eines Einrollgerätes zum kontinuierlichen Abrichten. Nach Elb-Schliff

Tischbefestigung **66** wird der Schwenkabrichter auf dem Tisch montiert. Angetrieben wird das Abrichtwerkzeug über einen motorgetriebenen Zahnriemen, der im Gehäuse **67** untergebracht ist.

Das Abrichten kann, bei der Verwendung von Profilrollen, kontinuierlich (hauptzeitparallel) oder diskontinuierlich (Intervallabrichten) durchgeführt werden. Das kontinuierliche bzw. hauptzeitparallele Abrichten wird auch als CD-Verfahren (Continuous Dressing) bezeichnet. Beim CD-Verfahren wird während der Schleifbearbeitung eine Abrichtrolle auf das Schleifwerkzeug zugestellt. Dabei wird der Abrichtbetrag in der Zustellachse ausgeglichen. Für das kontinuierliche Abrichten müssen die Profilrollen direkt am Spindelkasten montiert sein und eine eigene Verfahrachse besitzen. Dies hat den Vorteil, dass Profiländerungen auf Grund von Verschleiß während des Prozesses permanent ausgeglichen werden und so die Produktivität erhöht wird. Das CD-Verfahren wird überwiegend bei hochproduktiven Tiefschleifsystemen in der Massenfertigung eingesetzt. Neben dem Vorteil der hohen Profilhaltigkeit durch einen kontinuierlichen Ausgleich des Verschleißes, bietet das CD-Verfahren ein sehr konstantes Zerspanverhalten, da sich eine quasikonstante Mikrogeometrie ausbildet. Neben dem erhöhten Schleifscheibenverbrauch, der zu einem häufigen Werkzeugwechsel führt, sind jedoch auch die hohen Anschaffungskosten als Nachteil zu nennen.

In ◘ Bild 11.37 ist ein entsprechendes Einrollgerät **68** zusammen mit der Schleifspindel dargestellt. Die Schleifscheibe **69** ist über den Scheibenflansch **70** an der Spindel befestigt. Über der Schleifscheibe ist das Abrichtwerkzeug **71** (z. B. eine Diamantrolle) angebracht. Die Welle **72**, auf der das Abrichtwerkzeug sitzt, wird über einen Riemen durch einen Motor **73** angetrieben.

11.2.9 Technologielösungen und Produktionssysteme

Basierend auf dem oben vorgestellten smartLine-Grundbaukasten sind standardisierte Technologielösungen verfügbar. Diese reichen von Zusatzachsen, Sonder- und Zusatzspindeln über Werkzeug- und Werkstückwechselsysteme bis hin zu Zusatztechnologien wie dem Fräsen und dem Laserauftragschweißen. Die Produktionssysteme sind meist für bestimmte Bauteiltypen optimiert und stehen in Verbindung mit einer angepassten Bearbeitungssoftware. Zudem steht ein breites Portfolio an Messtechnik für die Zustandsüberwachung der Maschinen sowie das Einmessen und Vermessen der Bauteile zur Verfügung. Nachfolgend sind beispielhaft zwei Ausstattungsvarianten dargestellt.

Die Ausführung der smartLine als millGrind-Baureihe, wie in ◘ Bild 11.38 dargestellt, wurde speziell für die Anforderungen der Turbinenindustrie und der Mehrtechnologiebearbeitung in einer Aufspannung entwickelt. Je nach Anforderung ist die Verwendung einer Horizontal- oder Schwenkspindel **74** möglich. Des Weiteren besitzt die hier gezeigte Variante ein Überkopf-Einrollgerät **75**. Der Teilapparat **76** steht als 2- oder 3- Achsen Variante zur Auswahl, sodass das Bearbeitungszentrum mit bis zu sieben Bearbeitungsachsen ausgerüstet werden kann. Eine flexible Schnittstelle zur Spannvorrichtung, z. B. ein Nullpunkt-Spannsystem, ermöglicht die einfache Anbindung an Werkstückwechselsysteme. Werkzeugseitig steht ein modularer Wechsler **77** für Schleifscheiben, Abrichtrollen, Bohr- und Fräswerkzeuge sowie Messtaster zur Verfügung. Die Einbindung einer Lasereinheit **78** ermöglicht weitere Bearbeitungsverfahren wie das Laserauftragschweißen.

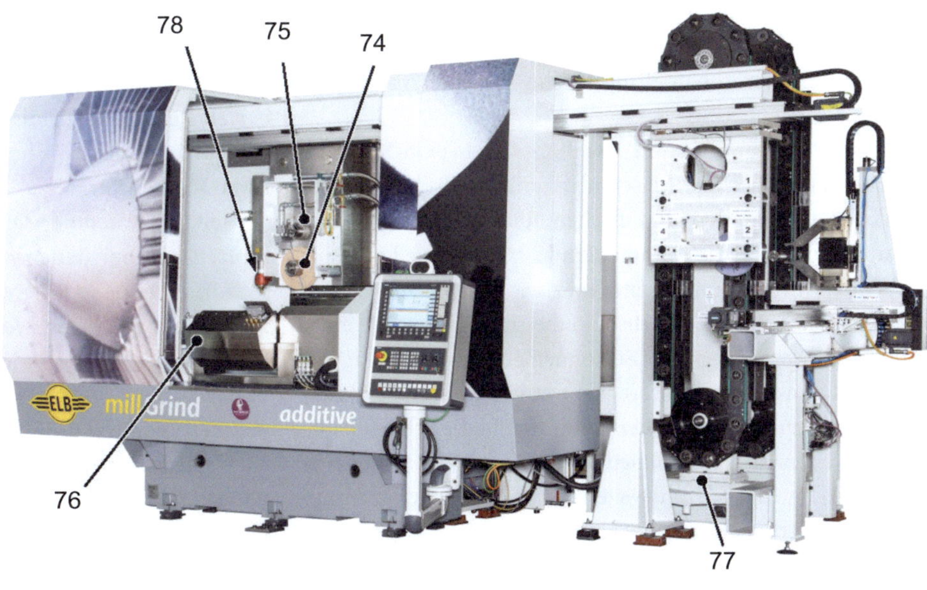

◘ **Bild 11.38** Übersicht über die ELB-Schliff smartLine millGrind. Nach Elb-Schliff

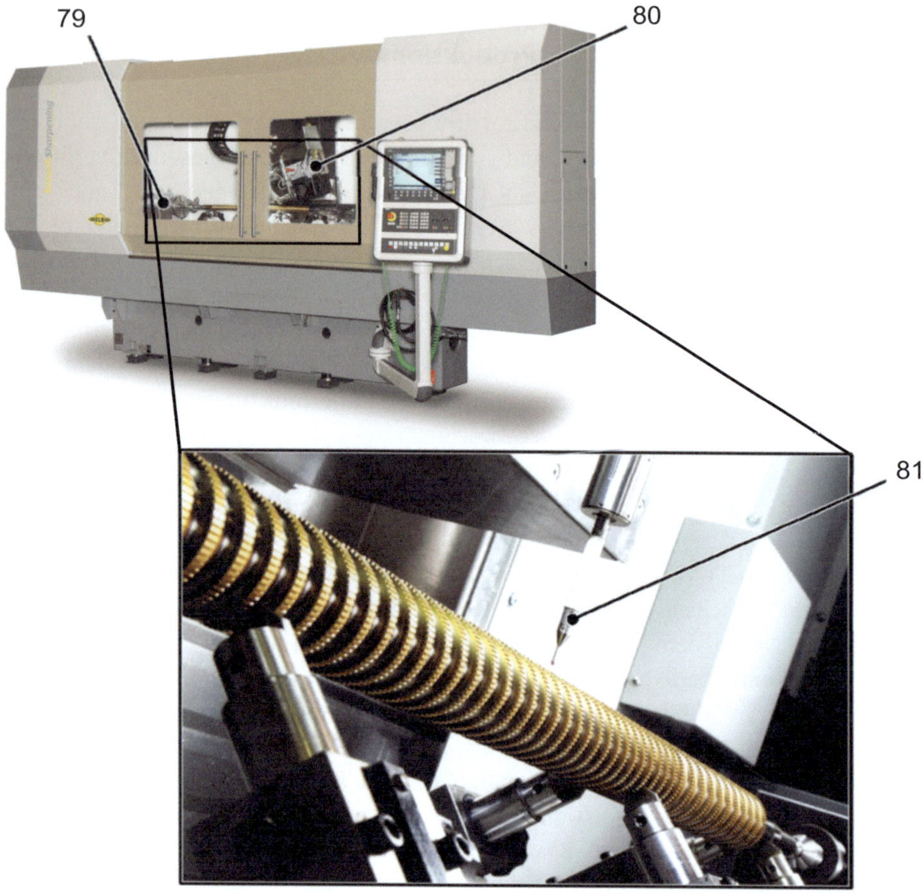

Bild 11.39 Übersicht über die ELB-Schliff smartLine BGS. Nach Elb-Schliff

Für das Leistungsschleifen werden die Schleifscheiben mittels Überkopfeinrollgerät intermittierend oder kontinuierlich abgerichtet. Für Einzelteile und Kleinserien kommt ein Tischabrichtgerät zum achsinterpolierenden Erzeugen des Profils über Zustell- und Querachse zum Einsatz. In Kombination mit einem auf dem Arbeitstisch aufgebauten Dreh-Schwenktisch sind Mehrseitenbearbeitung an Werkstücken möglich. Ein mehrachsig interpolierendes Schleifen komplexer Formen wird durch die moderne Programmierung der CNC-Steuerung erreicht. Für viele Applikationen existieren bauteilspezifische erprobte Anwenderzyklen.

Das Produktprogramm der BG- und BGS-Variante, s. Bild 11.39, umfasst Maschinen zum Profilschleifen und Schärfen von runden und flachen Räumwerkzeugen. Die Hauptmärkte sind die Automobilindustrie und die Luftfahrt.

Durch die Integration eines präzisen Teilapparates **79** auf dem Maschinentisch (A-Achse) in die smartLine sowie einer optionalen Schwenkspindel **80** können gerad- und schrägverzahnte Räumwerkzeuge bearbeitet werden. Mittels Messtaster **81** können unter anderem der Zahnfuß und die Schneidkante erfasst werden, um die Zahnteilung zu ermitteln. Die Baureihe ist ebenso für eine Vielzahl weiterer Schleifanwendungen rotationssymmetrischer Werkstücke geeignet.

11.3 Drehmaschine

11.3.1 Unternehmensprofil

Die INDEX-Werke wurden 1914 von Hermann Hahn gegründet, der 1914 mit der Produktion von Revolverdrehautomaten begann. Nach dem Tod von Eugen Hahn, dem Sohn des Firmengründers, wurden 85 % der Firmenanteile in eine Stiftung eingebracht. Im Jahr 1997 wurde die TRAUB Drehmaschinen GmbH & Co. KG aus dem benachbarten Reichenbach/Fils übernommen und in die INDEX-Gruppe integriert. Bis heute verfolgt das Unternehmen eine Zwei-Marken-Strategie.

Seit 2002 bietet INDEX multifunktionale Produktionszentren an, bei denen verschiedene Verfahrenstechnologien in einer Maschine vereint werden können. Durch die Komplettbearbeitung werden nicht nur die Qualität und Präzision erhöht, sondern auch die Produktionskosten durch kürzere Durchlaufzeiten gesenkt. Zu den Hauptabnehmern von INDEX-Drehmaschinen zählen vor allem die Automobil- und Automobilzulieferindustrie, der Maschinenbau, die Elektrotechnik- und Elektronikindustrie sowie Hersteller in der Fluidtechnik und dem Armaturenbau.

Bild 11.40 Übersicht über die Index RatioLine G250. Nach INDEX

Wachstumsmärkte ergeben sich in der Medizintechnik sowie in der Luft- und Raumfahrt.

11.3.2 Übersicht

Die G250 ist eine Maschine aus der INDEX RatioLine G-Baureihe (Bild 11.40). Ein modularer Systembaukasten ermöglicht verschiedene Maschinenkonfigurationen, die auf den jeweiligen Anwendungsfall angepasst werden können. So lässt sich das Drehfräszentrum sowohl für die flexible Bearbeitung kleiner und mittlerer Losgrößen als auch für die hochproduktive Fertigung von großen Losgrößen zusammenstellen.

11.3.3 Allgemeine Beschreibung

Bild 11.41 und Bild 11.42 zeigen den Aufbau der Index G250 RatioLine. Das einteilige Maschinenbett **1** besteht aus Grauguss und trägt alle Hauptkomponenten der Werkzeugmaschine. Eine mit dem Maschinenbett verschraubte Stahlschweißkonstruktion **0** trägt die Umhausung sowie weitere Nebenkomponenten, dient als geschlossene Wanne gegen Austritt von Medien aus der Maschine und bildet die Verbindung des Maschinenbettes mit dem Untergrund. Die dargestellte Konfiguration verfügt über zwei Drehspindeln. Die Hauptspindel **2** ist am Maschinenbett montiert, die Gegenspindel **3** entlang

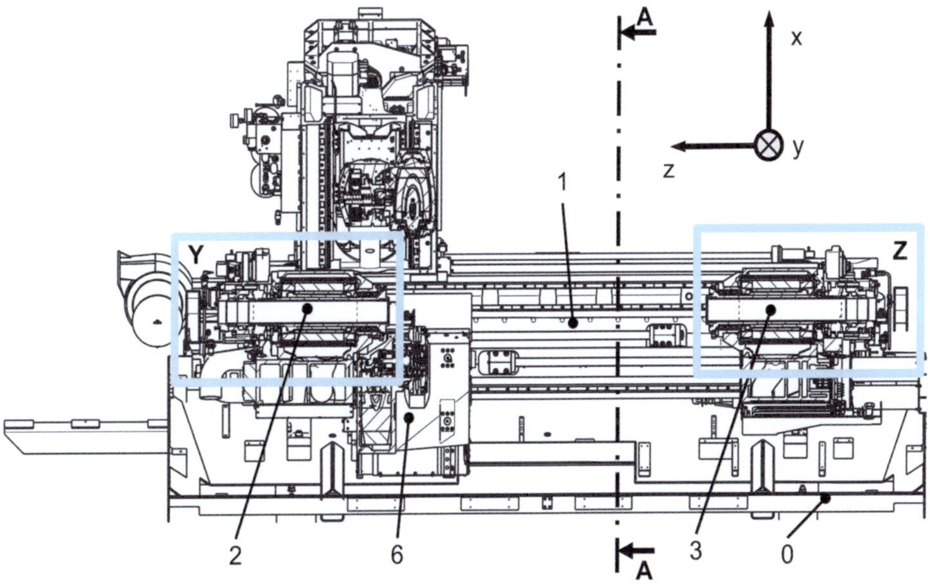

Bild 11.41 Aufbau (Frontansicht) der Index RatioLine G250. Nach INDEX

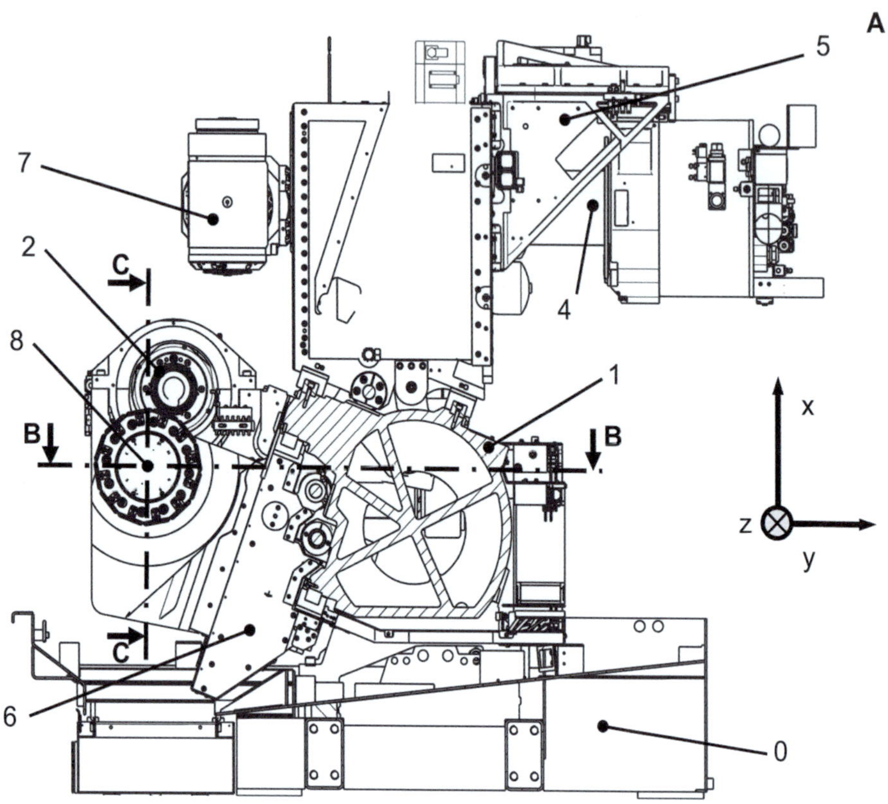

Bild 11.42 Aufbau (Seitenansicht) der Index RatioLine G250. Nach INDEX

11

der Z-Achse verschiebbar. Mit dieser Konfiguration ist eine Zweiseitenbearbeitung an beiden Spindeln parallel möglich. Für die Bearbeitung steht neben einem Werkzeugschlitten **6** mit Revolver **8** auch eine auf einem separaten Schlitten **5** montierte Motorfrässpindel **7** zur Verfügung. Eine Besonderheit der Kinematik der Fräseinheit ist die Ausführung mit drei Verfahrachsen. Der in Z-Richtung verfahrende Fräsständer trägt einen zentrisch geführten Vertikalschlitten **5,** der in X-Richtung verfahren kann. In diesem ist ein hydrostatisch geführter Y-Achsen Ausleger **4** gelagert. Bei anderen Drehfräszentren wird die Verfahrbewegung der X- oder Y-Achse häufig durch die simultane Rotation der Drehspindel ersetzt.

11.3.4 Maschinenbett

In Bild 11.43 und Bild 11.44 wird das Maschinenbett ohne Achsschlitten dargestellt. Der Z-Antrieb der Achsschlitten erfolgt durch Servomotoren **9**, welche über einen Riementrieb Kugelgewindetriebe **10** antreiben. Der in Bild 11.43 abgebildete Kugelgewindetrieb erzeugt die Vorschubbewegung des Revolverschlittens **6**. Für eine hohe Steifigkeit des Vorschubsystems sind die langen Gewindetriebe beidseitig festgelagert **11**.

Auf Bild 11.44 ist die Anordnung der Motoren **9** und Kugelgewindetriebe **10** sowie das Übersetzungsverhältnis der Riementriebe zu erkennen. Auffällig ist außerdem die

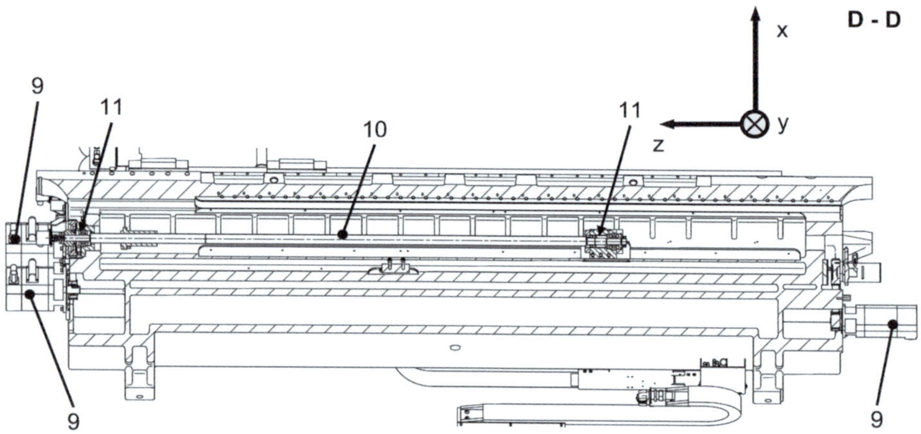

Bild 11.43 Maschinenbett **1** (Frontansicht) der Index RatioLine G250. Nach INDEX

■ Bild 11.44 Maschinenbett 1 (Seitenansicht) der Index RatioLine G250. Nach INDEX

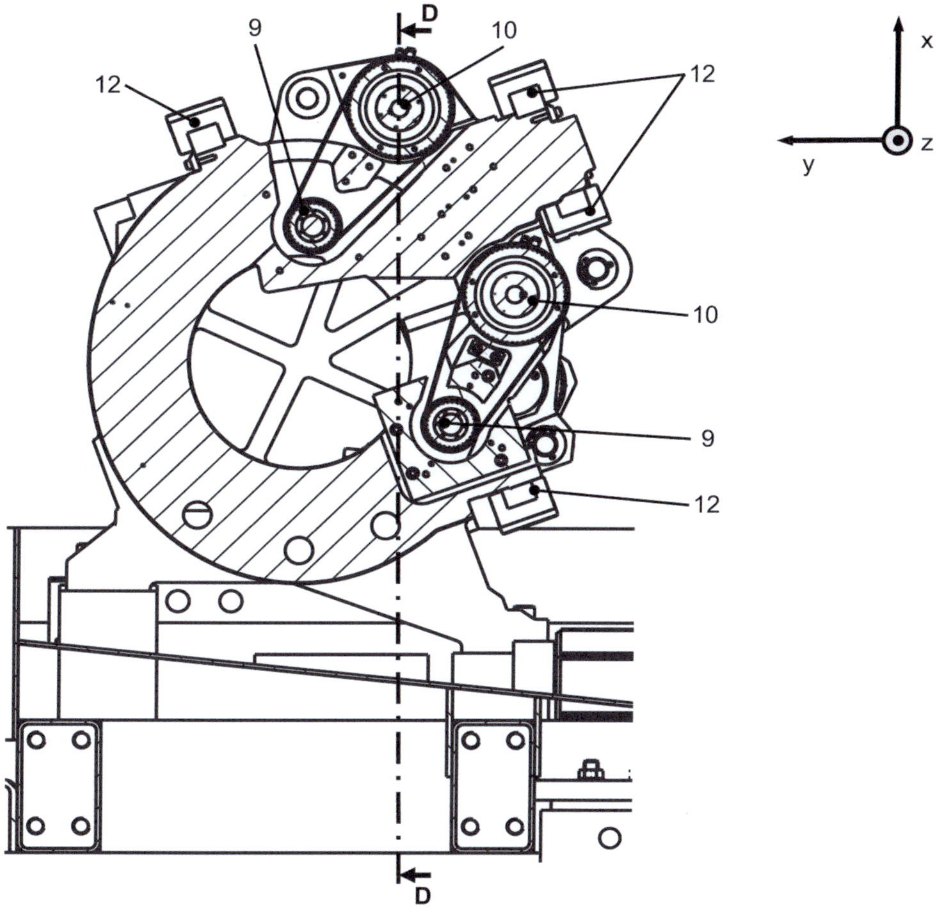

Anordnung der Linearwälzführungen **12**, welche als Profilschienenführungen mit Kugeln als Wälzkörper ausgeführt sind. Die beiden obenliegenden Führungen **12** tragen den Fräsständer der Motorfrässpindel. Auf den im ■ Bild rechts montierten Führungen **12** sind der Revolverschlitten und die Gegenspindel montiert.

11.3.5 Revolverschlitten

Der auf dem Maschinenbett in axialer Werkstückrichtung (Z-Richtung) geführte Revolverschlitten verfügt über eine X-Achse für die radiale Zustellbewegung der Werkzeuge. Wie in ■ Bild 11.45 zu sehen, erfolgt die Führung auch an dieser Stelle mittels Profilschienenführungen. Der Vorschub wird ebenfalls über einen Kugelgewindetrieb **13** realisiert. Der Werkzeugrevolver der G250 bietet 12 Werkzeugstationen **14**, die alle über einen Motor **20** indirekt angetrieben werden. In ■ Bild 11.46 und ■ Bild 11.48 ist der Antriebsstrang im Detail abgebildet. Sie zeigen die Drehmomentübertragung über ein zweistufiges Kegelradgetriebe **16**, **17**. Der Motor **20** treibt über die Kegelradpaarung **16** die Welle **18** an. Die Welle **18** ist im Inneren des Revolvers über die Wälzlager **15** drehbar gelagert und überträgt das Drehmoment über das Kegelradpaar **17** auf die Zwischenwelle **19**, die wiederum das jeweils aktive Werkzeug antreibt. Die Kupplung erfolgt durch radiales Einschwenken der Werkzeuge in einen sogenannten Zweiflach nach DIN 1809. Die Drehmomentübertragung erfolgt dabei über einen Steg, ähnlich einer axialen Passfeder, am Werkzeug und einer Nut in der Antriebswelle. Die nicht im Einsatz befindlichen Werkzeuge werden nicht angetrieben. Die Antriebsleistung bei 25 % Einschaltdauer beträgt 11 kW oder optional 17 kW bei einer Maximaldrehzahl von 6000 min^{-1}.

11.3.6 Haupt- und Gegenspindel

Die als Motorspindel ausgeführte Haupt- und Gegenspindel der G250 unterscheiden sich, wie in ■ Bild 11.49 und ■ Bild 11.50 (s. Seite 496) zu sehen, nur wenig im grundlegenden Aufbau. Die Spindelbohrung hat, je nach gewählter Ausführung, entweder 65 mm, 90 mm oder 102 mm Durchmesser. Die auswählbaren Futterdurchmesser liegen zwischen 200 mm und 315 mm. Das Drehmoment der Motorspindeln beträgt bis zu 610 Nm bei 40 % Einschaltdauer. Die Leistung bei dieser Einschaltdauer liegt bei

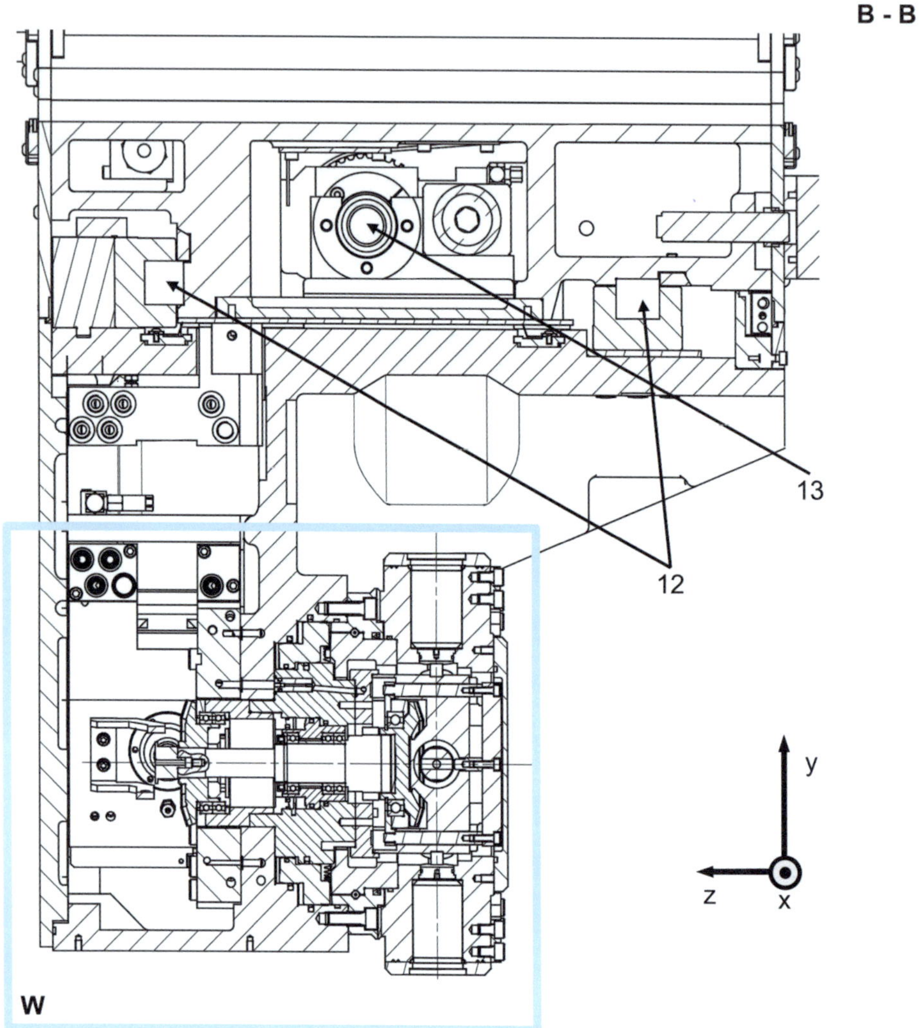

Bild 11.45 Revolverschlitten **6** (Draufsicht) der Index RatioLine G250. Nach INDEX

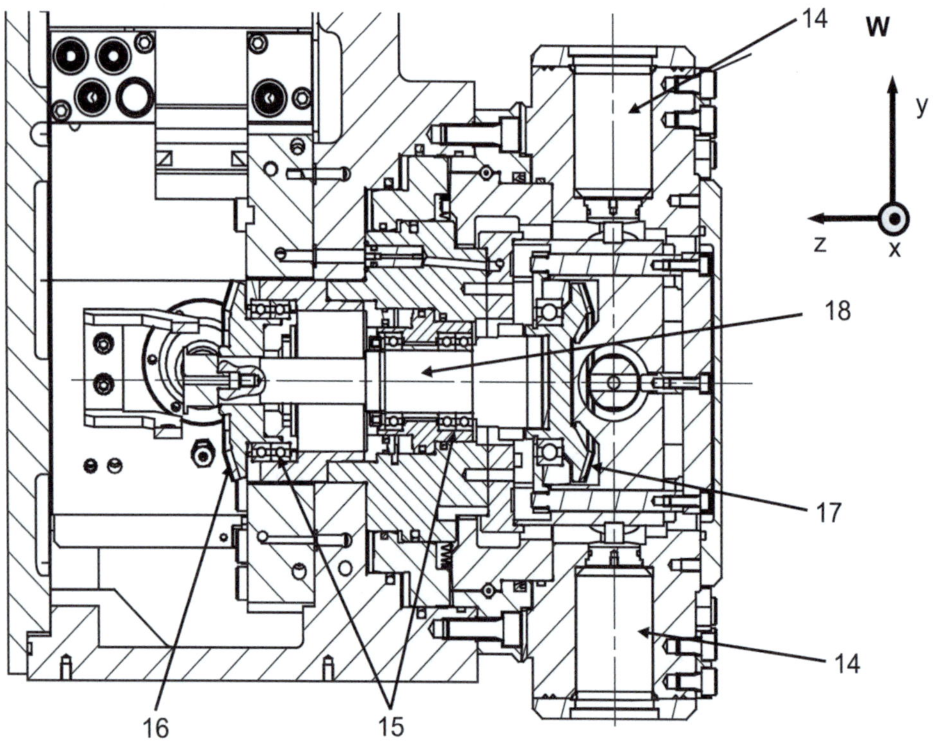

Bild 11.46 Revolver (Detail W) der Index RatioLine G250. Nach INDEX

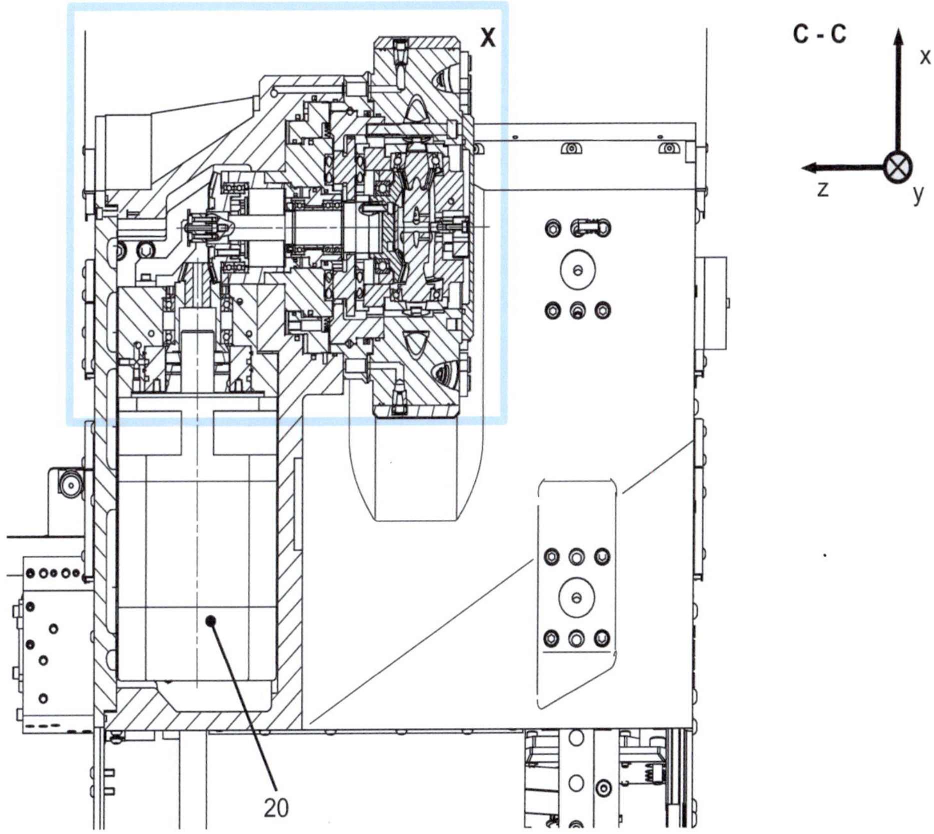

Bild 11.47 Revolverschlitten **6** (Frontansicht) der Index RatioLine G250. Nach INDEX

60 kW. Für die Verwendung als aktive C-Achse verfügen beide Spindeln über eine Auflösung von 1 µGrad. Die Spindeln lassen sich über eine Verzahnung in 2,5 °-Schritten für die Fräs- und Bohrbearbeitung arretieren. Der Spindeldurchmesser am vorderen Lagersitz **21** ist 110 mm bei der kleinsten Variante und 140 mm bei den beiden größeren Durchlassdurchmessern. Die erreichbare Maximaldrehzahl liegt bei 5.000 min^{-1} bei der Variante mit 65 mm Durchlass und 3.500 min^{-1} bei den anderen Varianten. Die Lagerung der Motorspindeln erfolgt über drei

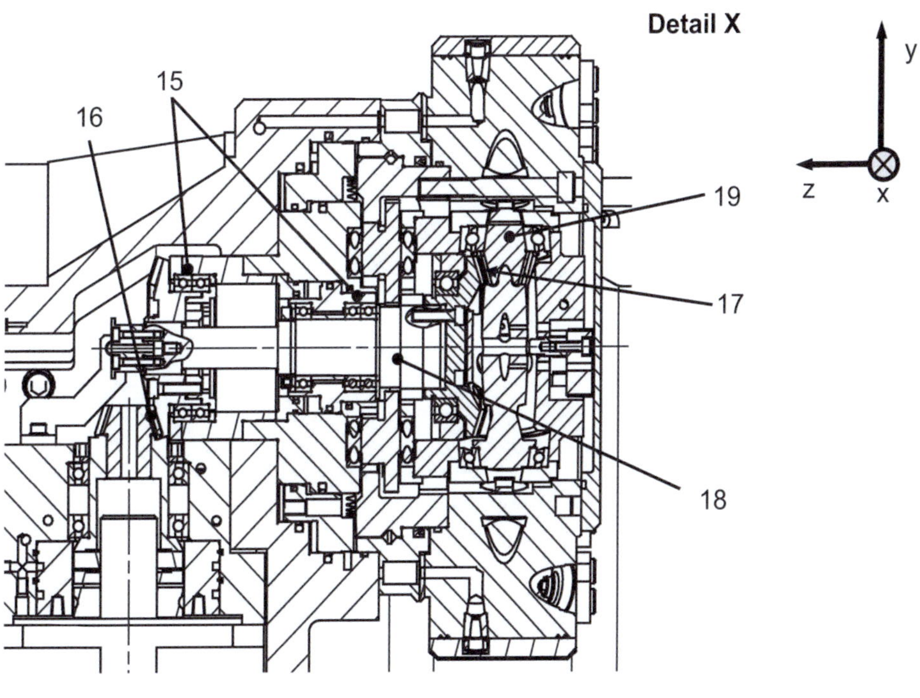

Bild 11.48 Revolver (Detail X) der Index RatioLine G250. Nach INDEX

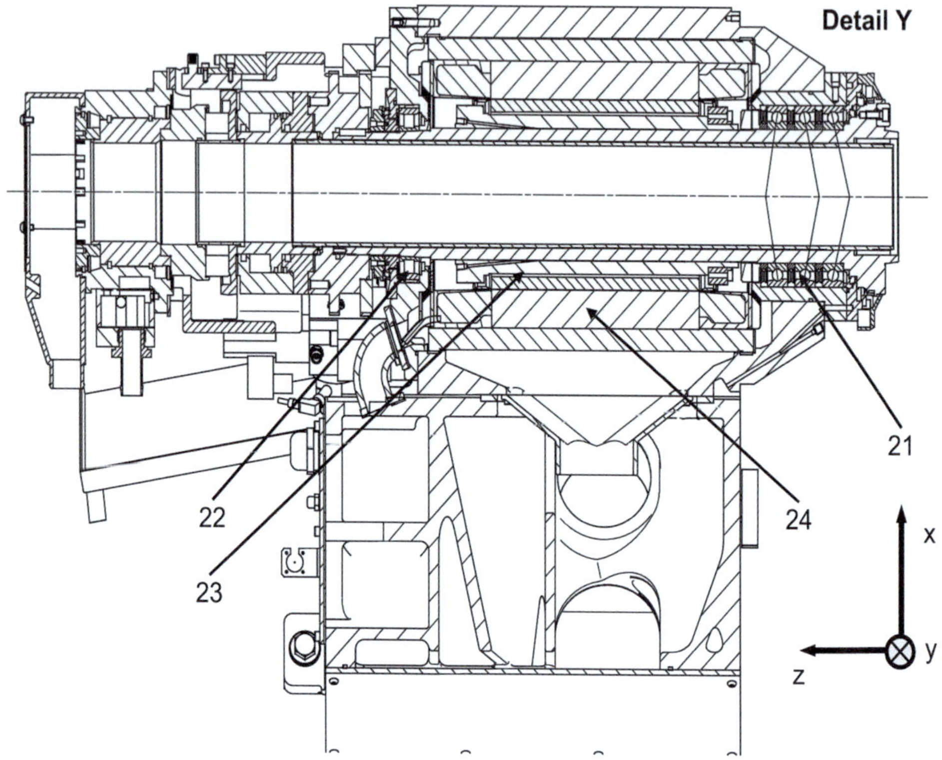

Bild 11.49 Hauptspindel 2 (Frontansicht) der Index RatioLine G250. Nach INDEX

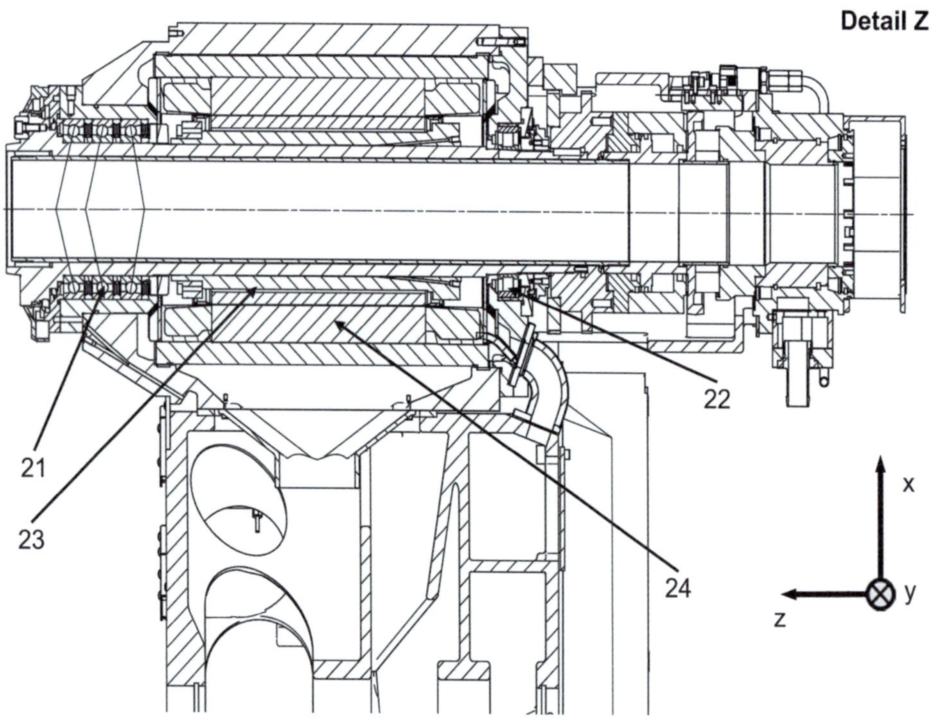

Bild 11.50 Gegenspindel 3 (Frontansicht) der Index RatioLine G250. Nach INDEX

gegeneinander angestellte Spindellager **21** an der Futterseite und ein Zylinderrollenlager **22** als Loslager an der dem Futter abgewandten Seite. Um Temperatureinflüsse aufgrund der Abwärme der Motorspindel gering zu halten, ist der Stator **24** von einem Kühlmantel umgeben. Der Rotor **23** besteht aus Permanentmagneten und ist kraftschlüssig mit der Spindelwelle verbunden.

11.3.7 Schlitten Motorfrässpindel A- und B-Achse

Der Schlitten, der die Motorfrässpindel **7** trägt (Bild 11.42), verfährt in Z-Richtung auf den an der Oberseite des Maschinenbettes befestigten Profilschienenführungen **12** (Bild 11.44). In den Querschlitten **5**

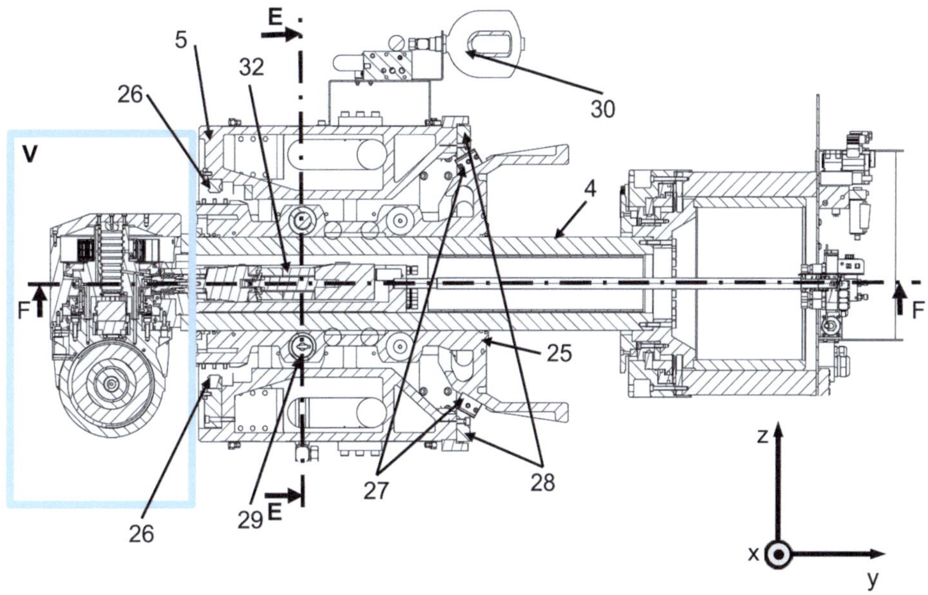

Bild 11.51 Schlitten Motorfrässpindel 5 (Draufsicht) der Index RatioLine G250. Nach INDEX

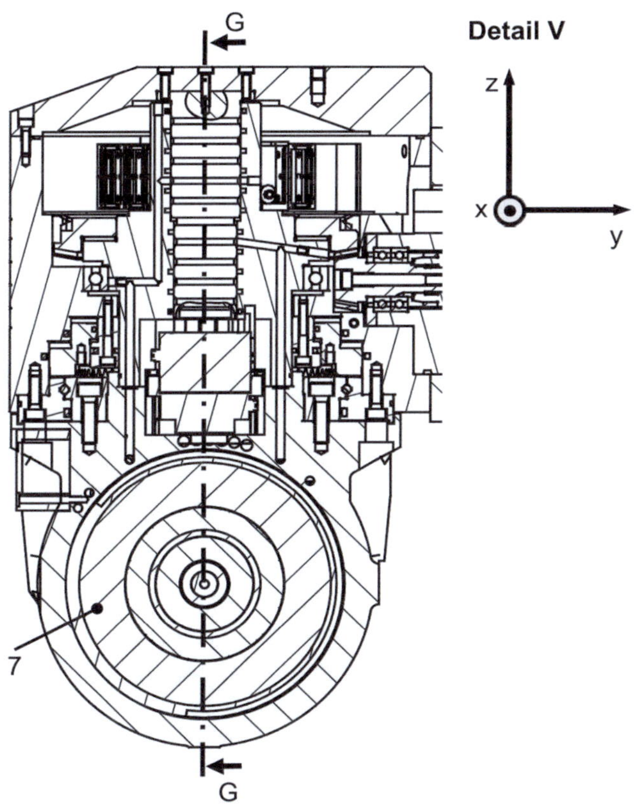

Bild 11.52 Schwenkkopf Motorfrässpindel (Detail V) der Index RatioLine G250. Nach INDEX

der Motorfrässpindel ist ein Vertikalschlitten **25** integriert, welcher in X-Richtung verfahren werden kann. Die Führung des Vertikalschlittens **25** in der vertikalen X-Achse erfolgt, wie auf Bild 11.51 dargestellt, ebenfalls über Wälzführungen. Spindelseitig werden Profilschienenführungen **26** eingesetzt. Auf der Rückseite des Vertikalschlittens erfolgt die Führung über Rollenumlaufschuhe **27**, die auf angeschraubten, gehärteten Stahlleisten **28** abwälzen. Der Gewichtsausgleich dieser vertikalen Achse wird über einen Hydraulikzylinder **29** und ein System mit Gasdruckbehältern **30** realisiert. Die Vorschubbewegung wird, wie in Bild 11.53 dargestellt, mittels eines Kugelgewindetriebs **33** realisiert, welcher von einem Servomotor **34** direkt angetrieben wird. Das Axiallager **35** des Gewindetriebs ist in einem auskragenden Gehäuse montiert.

Der zylindrische Ausleger der Y-Achse **41** ist in zwei hydrostatischen Lagerstellen **40** radial geführt, wie in Bild 11.54 dargestellt. Diese ermöglichen eine Rotation des gesamten Auslegers um die B-Achse. Die B-Achse kann über eine reibschlüssige Klemmeinheit **42** in beliebigen Winkelpositionen fixiert werden. Der Antrieb erfolgt über den Torquemotor **43**. Der innenliegende Rotor ist di-

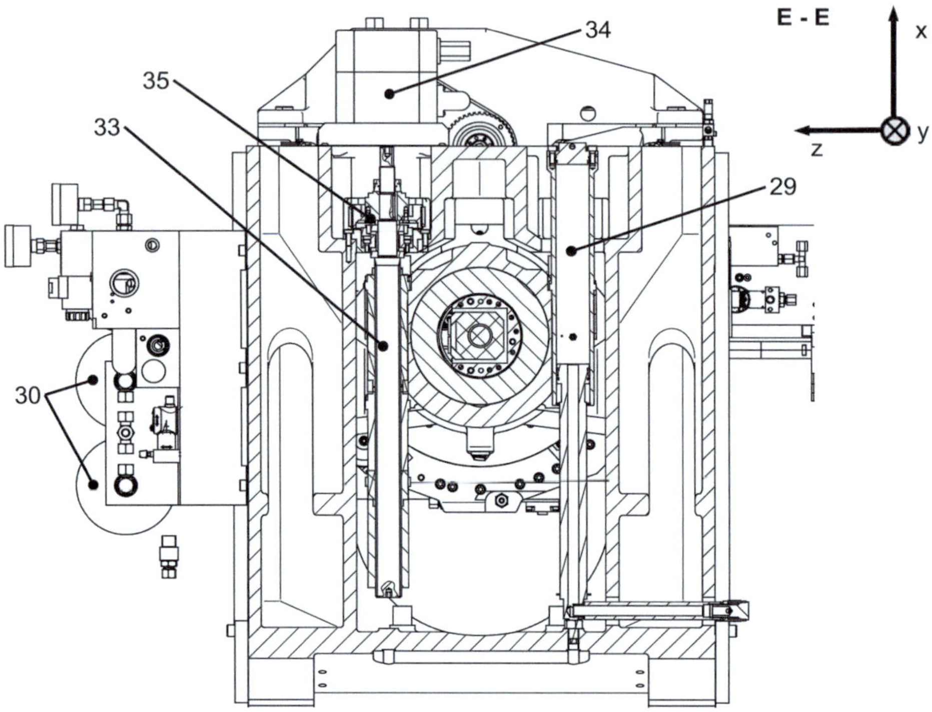

Bild 11.53 Schlitten Motorfrässpindel 5 (Schnitt E) der Index RatioLine G250. Nach INDEX

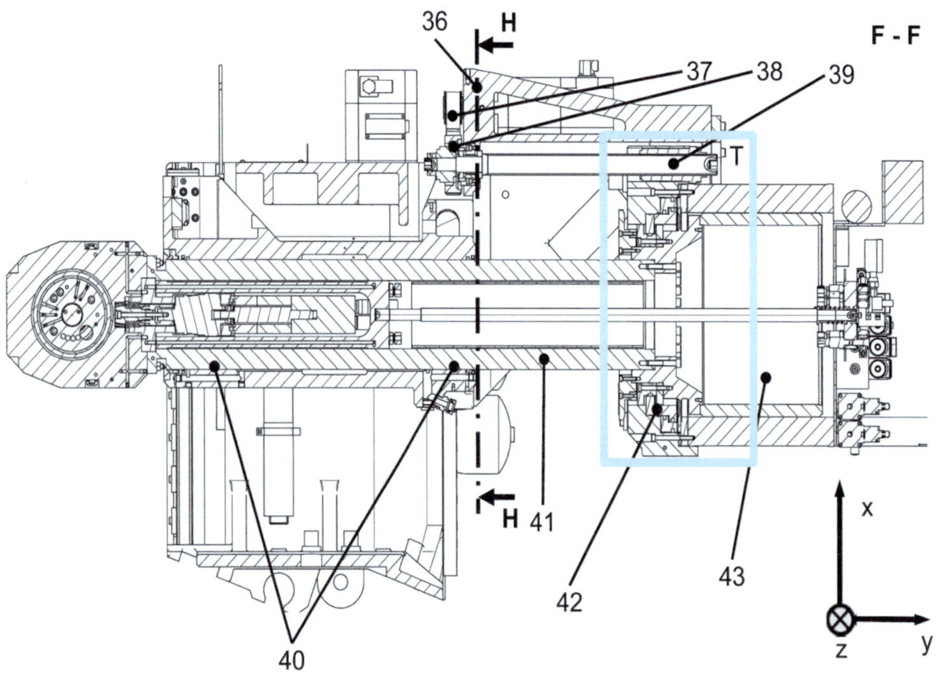

Bild 11.54 Schlitten Motorfrässpindel 5 (Seitenansicht) der Index RatioLine G250. Nach INDEX

rekt an dem Ausleger der Y-Achse **41** angeflanscht. Im Gegensatz zu der A-Achse ist die B-Achse für Simultanbearbeitung geeignet. Der auskragende Ausleger **36**, der an dem vertikalen X-Schlitten **25** (vgl. Bild 11.51) befestigt ist, trägt die Komponenten der Vorschubachse für den Y-Ausleger **4** und dient über zwei Profilschienenführungen **44** als Drehmomentstütze der B-Achse. Den Vorschub erzeugt ein von einem Servomotor **37** über einen Riementrieb **38** angetriebener Kugelgewindetrieb **39**. Aufgrund der kurzen Auskraglänge wird hier eine Fest-Freilagerung, mit Nadel-Axial-Zylinderrollenlager (vgl. Bild 11.56), verwendet.

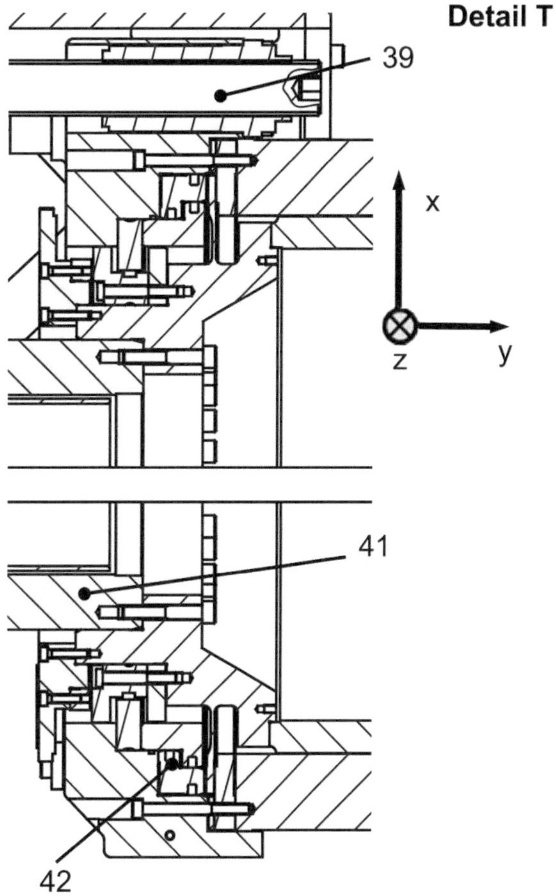

Bild 11.55 Torquemotor Klemmeinheit Detailansicht der Index RatioLine G250. Nach INDEX

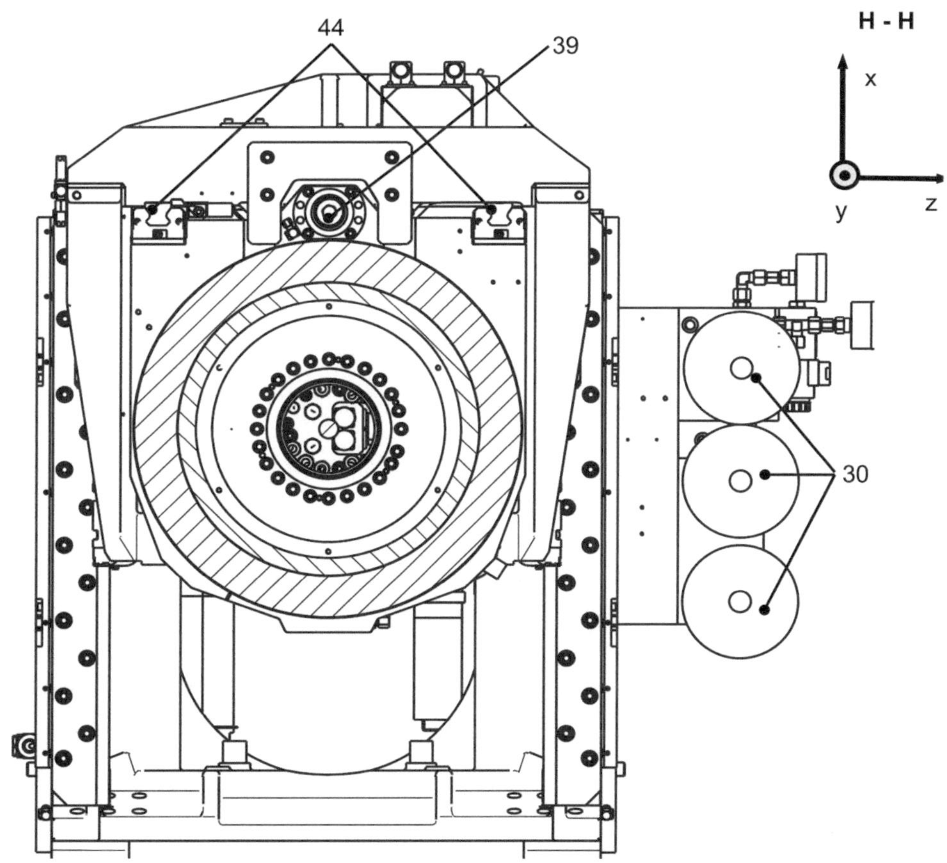

Bild 11.56 Schlitten Motorfrässpindel 5 (Rückansicht) der Index RatioLine G250. Nach INDEX

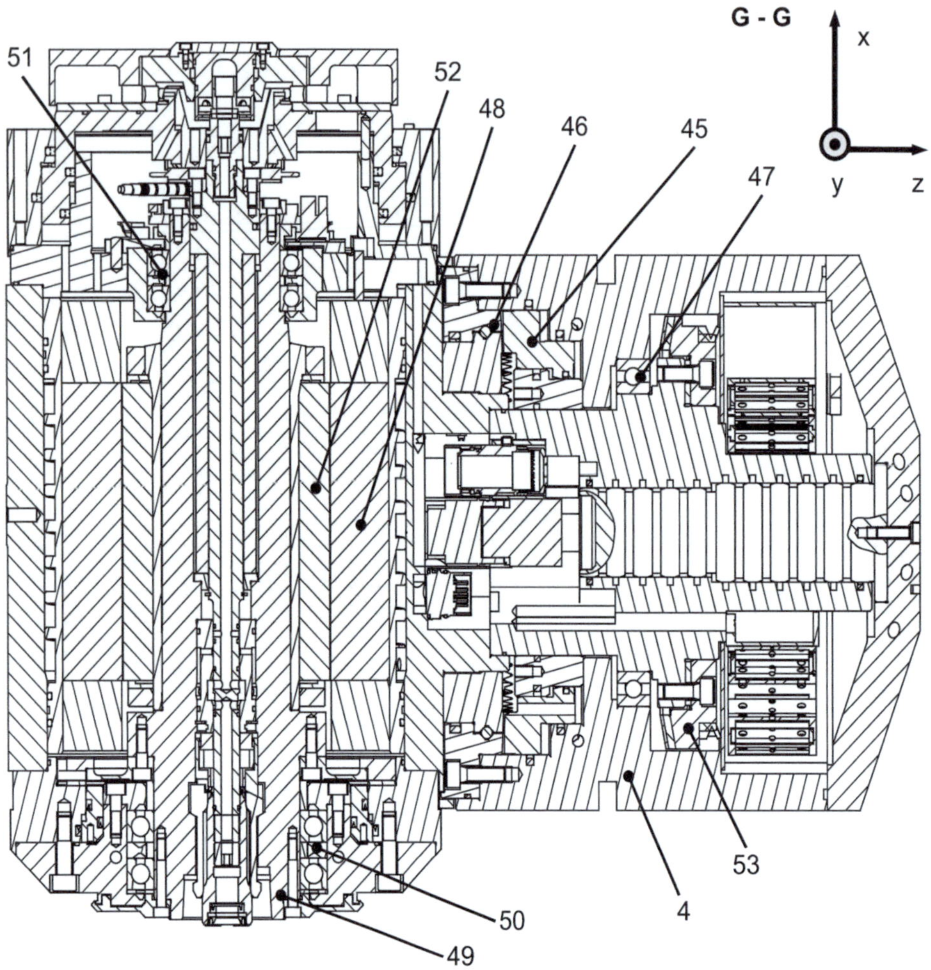

Bild 11.57 Motorfrässpindel (Schnittansicht) der Index RatioLine G250. Nach INDEX

11.3.8 Motorfrässpindel und A-Achse

Die hier vorgestellte Konfiguration der G250 RatioLine verfügt über eine A-Achse, mit welcher die Motorfrässpindel um 180 ° um die X-Achse geschwenkt werden kann. Die Achsbezeichnungen für die hier beschriebene Konfiguration der Maschine sind in Bild 11.58 dargestellt. Hierbei befindet sich die Motorfrässpindel in horizontaler Position. Auf allen anderen Darstellungen ist die Motorfrässpindel in vertikaler Position zu sehen. Bild 11.57 zeigt einen Schnitt durch die Spindel **7** und den Kopf des Y-Achsen Auslegers **4**.. Durch diese Schwenkung sind eine gute Ausnutzung des Bearbeitungsraumes und kurze Hebellängen bei der Drehbearbeitung möglich. Der Antrieb der A-Achse erfolgt mittels eines Servomotors mit Planetengetriebestufe **30**, welcher über eine Kegelradstufe **53** die Motorspindeleinheit schwenkt. Die Winkelposition wird dabei über eine hydraulisch betätigte Verzahnungsklemmung **45** (Bild 11.57) in 5 ° Schritten fixiert. Im nicht geklemmten Zustand wird die Motorspindel drehbar mit dem Kreuzrollenlager **46** und dem Rillenkugellager **47** gelagert. Eine bearbeitungssimultane Ansteuerung der A-Achse ist nicht möglich.

Die Motorfrässpindel selbst wird von einem Servomotor, dessen permanenterregter Rotor **52** direkt in die Welle integriert ist, angetrieben. Der Stator **48** befindet sich im Gehäuse der Spindel und ist flüssigkeitsgekühlt. Die Lagerung der Spindelwelle erfolgt mittels zweier gegeneinander flexibel angestellter Duplexspindellagersätze **50, 51**. Die beiden Hauptlager **50** an der Werkzeugaufnahme **49** haben dabei einen größeren Durchmesser als die beiden Gegenlager **51** auf der Loslagerseite. Die Werkzeugaufnahme **49** ist entweder als HSK-A63 oder als Capto C6 ausgeführt. Die maximale Leistung beträgt sowohl bei 100 % als auch bei 25 % Einschaltdauer 27,5 kW, das Drehmoment 75 Nm bei 100 % und 115 Nm bei 25 % Einschaltdauer. Maximal sind 12.000 min^{-1}, optional bis zu 18.000 min^{-1} möglich.

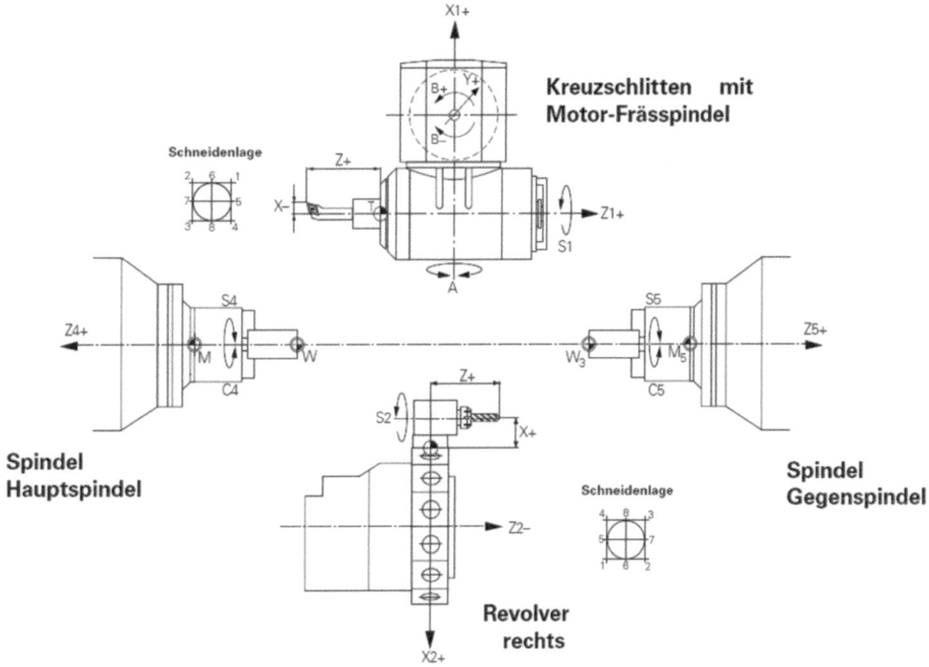

Bild 11.58 Achsenbezeichnungen (Frontansicht) der Index RatioLine G250. Nach INDEX

Abkürzungsverzeichnis

CD	Continuous Dressing (kontinuierliches Abrichten)
CNC	Computerized Numerical Control
HSK	Hohlschaftkegel
HV-Kopf	Horizontal-Vertikal-Kopf
KGT	Kugelgewindetrieb
NC	Numerical Control
SPS	Speicherprogrammierbare Steuerung

Serviceteil

Stichwortverzeichnis

T

U

V

W

Z

MIX
Papier aus verantwortungsvollen Quellen
Paper from responsible sources
FSC® C105338

If you have any concerns about our products,
you can contact us on
ProductSafety@springernature.com

In case Publisher is established outside the EU,
the EU authorized representative is:
Springer Nature Customer Service Center GmbH
Europaplatz 3, 69115 Heidelberg, Germany

Printed by Libri Plureos GmbH
in Hamburg, Germany